MANUAL PARA O TRATAMENTO COGNITIVO-COMPORTAMENTAL DE TRANSTORNOS PSICOLÓGICOS DA ATUALIDADE

Intervenção em crise, transtornos da personalidade e do relacionamento e psicologia da saúde

O GEN | Grupo Editorial Nacional – maior plataforma editorial brasileira no segmento científico, técnico e profissional – publica conteúdos nas áreas de ciências da saúde, exatas, humanas, jurídicas e sociais aplicadas, além de prover serviços direcionados à educação continuada e à preparação para concursos.

As editoras que integram o GEN, das mais respeitadas no mercado editorial, construíram catálogos inigualáveis, com obras decisivas para a formação acadêmica e o aperfeiçoamento de várias gerações de profissionais e estudantes, tendo se tornado sinônimo de qualidade e seriedade.

A missão do GEN e dos núcleos de conteúdo que o compõem é prover a melhor informação científica e distribuí-la de maneira flexível e conveniente, a preços justos, gerando benefícios e servindo a autores, docentes, livreiros, funcionários, colaboradores e acionistas.

Nosso comportamento ético incondicional e nossa responsabilidade social e ambiental são reforçados pela natureza educacional de nossa atividade e dão sustentabilidade ao crescimento contínuo e à rentabilidade do grupo.

MANUAL PARA O TRATAMENTO COGNITIVO-COMPORTAMENTAL DE TRANSTORNOS PSICOLÓGICOS DA ATUALIDADE

Intervenção em crise, transtornos da personalidade e do relacionamento e psicologia da saúde

VICENTE E. CABALLO (ORG.)

Título em Espanhol:	Manual para el Tratamiento Cognitivo-Conductual de los Trastornos Psicológicos – Vol. 2
Título em Português:	Manual para o Tratamento Cognitivo-Comportamental de Transtornos Psicológicos da Atualidade
Autor:	Vicente E. Caballo (Org.)
Diagramação:	Adriano V. Zago
Revisão de Texto:	Ruy Cintra Paiva
Revisão Científica:	Maria Luiza Marinho Professora da Universidade Estadual de Londrina/PR Departamento de Psicologia Geral e Análise do Comportamento
Capa:	Gilberto R. Salomão

© Vicente E. Caballo

Copyright © 2012 by **LIVRARIA SANTOS EDITORA LTDA.**
Uma editora integrante do GEN | Grupo Editorial Nacional
Travessa do Ouvidor, 11 – Rio de Janeiro, RJ – CEP 20040-040
Tels.: (21)3543-0770 / (11)5080-0770 | Fax: (21)3543-0896
www.grupogen.com.br | faleconosco@grupogen.com.br

1ª edição, 2007
1ª reimpressão, 2008
2ª reimpressão, 2012
3ª reimpressão, 2014
4ª reimpressão, 2016
5ª reimpressão, 2019

Todos os direitos reservados à Livraria Santos Editora Com. Imp. Ltda. Nenhuma parte desta edição poderá ser reproduzida sem a permissão prévia do editor.

CIP-BRASIL. CATALOGAÇÃO-NA-FONTE
SINDICATO NACIONAL DOS EDITORES DE LIVROS, RJ

M251

Manual para o tratamento cognitivo-comportamental de transtornos psicológicos da atualidade: intervenção em crise, transtornos da personalidade e do relacionamento e psicologia da saúde / Vicente E. Caballo (org.); [tradução de Sandra M. Dolinsky]. - [Reimpr.]. - São Paulo: Santos, 2019.
718p. : il. ; 24 cm

Tradução de: Manual para el tratamiento cognitivo-conductual de los trastornos psicológicos.
Inclui bibliografia
ISBN 978-85-7288-600-0

1. Terapia do comportamento. 2. Terapia cognitiva. I. Caballo, V. E. (Vicente E.), 1955-.

12-3262.
CDD: 616.89142
CDU: 616.89-008.447

SUMÁRIO

Prólogo, *Cyril M. Franks* xix
Prefácio, *Vicente E. Caballo* xxiii
Autores xxvii

INTERVENÇÃO PSICOLÓGICA EM SITUAÇÕES DE CRISE E TRAUMA

1. TERAPIA COGNITIVO-COMPORTAMENTAL NA CATÁSTROFE: PRIMEIROS SOCORROS PSICOLÓGICOS, RELAXAMENTO, TREINAMENTO DE ESTRATÉGIAS DE ENFRENTAMENTO E EXPOSIÇÃO TERAPÊUTICA DIRETA *(Francis R. Abueg e Bruce H. Young)* 03
    I.   Introdução 03
    II.   Por que empregar a TCC em catástrofes? 04
    III.   Primeiros socorros psicológicos e psicoeducação básica em catástrofes 05
    IV.   Intervenção de relaxamento para redução de ansiedade, controle e como uma habilidade de enfrentamento 13
    V.   Intervenções de auto-eficácia e aceitação/plena atenção 16
    VI.   Solução do problema social: TCC como intervenção de "ponte" nas Filipinas e o caso de Paul 17
    VII. Diretrizes de exposição terapêutica direta e o caso de Tess 19
    VIII. Caso de Tess no furacão Marilyn 23
    IX.   Resumo e conclusão 24
    Referências bibliográficas 25

2. CRESCIMENTO PÓS-TRAUMÁTICO EM INTERVENÇÕES CLÍNICAS COGNITIVO-COMPORTAMENTAIS *(Lawrence G. Calhoun e Richard G. Tedeschi)* 29
    I.   Introdução 29
    II.   Fundamentos da perspectiva pós-traumática 30
       II.1. Principais elementos de crescimento pós-traumático 31
          II.1.1. Mudança de significado do self 31
          II.1.2. Mudança nas relações: mais íntimas e expressivas 31
          II.1.3. Mudança na filosofia de vida 32
       II.2. Crescimento pós-traumático e conforto psicológico 32
       II.3. Fundamentos teóricos e empíricos 33
    III. Crescimento pós-traumático nas intervenções psicológicas 34
       III.1. Não é uma nova escola ou "técnica" 34

III.2. Sistema de referência sugerido 34
    III.2.1. Vínculo e processamento cognitivo 34
    III.2.2. Revelação, apoio e narrativa 36
    III.2.3. Narrativa da vida e sabedoria 37
IV. Crescimento pós-traumático em intervenções
cognitivas e comportamentais 38
    IV.1. Respeito ao sistema de referência geral do paciente 38
    IV.2. O crescimento e o valor de ouvir com efetividade 40
    IV.3. Detectar e informar sobre o crescimento pós-traumático 41
    IV.4. Ressaltar o crescimento pós-traumático quando ele é notado 41
    IV.5. Crescimento e a questão do momento exato 42
    IV.6. Alguns eventos são simplesmente horríveis demais? 43
    IV.7. Escolha da palavra correta 43
    IV.8. Advertências e lembretes 44
V. Conclusões e tendências futuras 44
Referências bibliográficas 45
Leituras para aprofundamento 47

TRANSTORNOS ASSOCIADOS AOS VÍCIOS E ÀS NECESSIDADES BIOLÓGICAS

3. HABILIDADES DE ENFRENTAMENTO PARA O COMPORTAMENTO DE
BEBER E ASSESSORIA MOTIVACIONAL SISTEMÁTICA: TRATAMENTOS
COGNITIVO-COMPORTAMENTAIS PARA PESSOAS QUE TÊM PROBLEMAS
COM ÁLCOOL *(W. Miles Cox, John E. Calamari e Mervin Langley)* 51
I. Introdução 51
II. Habilidades de enfrentamento para o comportamento de beber 52
    II.1. O modelo conceitual 52
    II.2. Avaliação e intervenção 54
        II.2.1. A fase de avaliação 55
        II.2.2. O tratamento 57
III. A assessoria motivacional sistemática 63
    III.1. O modelo motivacional do consumo de álcool 64
    III.2. Avaliação da motivação: O "Questionário da estrutura motivacional" 67
IV. Conclusões 86
Referências bibliográficas 87
Leituras para aprofundamento 88

4. TRATAMENTO DO TABAGISMO *(Elisardo Becoña)* 91
I. O fumo como problema de saúde pública 91
II. Deixar de fumar como processo 92
III. A avaliação do comportamento de fumar 93
IV. O tratamento dos fumantes 96
    IV.1. Conselho médico e tratamento farmacológico (chiclete e adesivo
    de nicotina) 97
    IV.2. Tratamento psicológico 99

IV.3. Tratamentos comunitários e de auto-ajuda 101
V. Existe um tratamento idôneo para deixar de fumar? 103
VI. O programa para deixar de fumar: tratamento passo a passo 104
   VI.1. Objetivos, racionalidade, tarefas e estratégias para atingir os objetivos do tratamento sessão a sessão 105
      VI.1.1. Sessão 1 105
      VI.1.2. Sessão 2 (Unidade 2, 2ª semana) 110
      VI.1.3. Sessão 3 (Unidade 3, 3ª semana) 114
      VI.1.4. Sessão 4 (Unidade 4, 4ª semana) 116
      VI.1.5. Sessões 5 e 6 (Unidade 5, 5ª e 6ª semanas) 118
VII. Conclusões 120
Referências bibliográficas 122
Leituras para aprofundamento 128

5. TRATAMENTO COGNITIVO-COMPORTAMENTAL DO VÍCIO EM HEROÍNA E COCAÍNA *(José Luis Graña Gómez e Marina J. Muñoz-Rivas)* 129
I. Introdução 129
II. Estágios e processos de mudança nos vícios 131
   II.1. Introdução 131
   II.2. Estágios de mudança 131
   II.3. Processos de mudança 134
   II.4. Integração dos estágios e processos de mudança 136
III. Tratamento cognitivo-comportamental 137
   III.1. Introdução 137
   III.2. Desábito físico 139
   III.3. Desábito psicológico 141
      III.3.1. Procedimentos de exposição 141
      III.3.2. Comportamento de procura por drogas 144
      III.3.3. Outras drogas de abuso 144
   III.4. Modificação do estilo de vida 145
      III.4.1. Saúde física e mudança de imagem 145
      III.4.2. Reações de raiva 146
      III.4.3. Busca de sensações 147
   III.5. Técnicas de reestruturação cognitiva 147
IV. Prevenção de recaídas 148
   IV.1. Formulação teórica 148
   IV.2. Avaliação da prevenção de recaídas 152
      IV.2.1. Avaliação das situações de alto risco 152
      IV.2.2. Fatores de risco e sinais de aviso 153
   IV.3. Procedimentos de intervenção em prevenção de recaídas 155
V. Conclusões 158
Referências bibliográficas 159
Leituras para aprofundamento 162

6. TERAPIA COGNITIVO-COMPORTAMENTAL PARA OS TRANSTORNOS DA ALIMENTAÇÃO *(Donald A. Williamson, Cheryl F. Smith e Jane M. Barbin)* ... 163
    I.   Introdução 163
    II.   A anorexia nervosa 163
    III. A bulimia nervosa 163
    IV. Transtorno alimentar não especificado (NE) 165
    V.   Terapia cognitivo-comportamental para os transtornos alimentares 165
        V.1. História do tratamento dos transtornos alimentares 165
        V.2. As bases teóricas da terapia cognitivo-comportamental 166
        V.3. As técnicas comportamentais 166
        V.4. Procedimentos cognitivos 172
        V.5. Um programa estruturado para os transtornos da alimentação 172
        V.6. Questões práticas 177
        V.7. A pesquisa sobre os resultados do tratamento 178
    VI. Conclusões 180
    Referências bibliográficas 181
    Leituras para aprofundamento 183

7. TRATAMENTO PASSO A PASSO DOS TRANSTORNOS DO COMPORTAMENTO ALIMENTAR *(Fernando Fernández-Aranda)* 185
    I.   Introdução 185
    II.   Clínica e diagnóstico 185
    III. Bases teóricas e empíricas do tratamento nos TAs 189
        III.1. Anorexia nervosa 189
        III.2. Bulimia nervosa 191
    IV. Tratamento dos transtornos da alimentação (TAs) 193
        IV.1. Terapia cognitivo-comportamental dos TAs 194
        IV.2. Técnicas geralmente utilizadas 195
    V.   Tratamento na prática clínica nos TCAs, passo a passo 197
        V.1. Sessões probatórias 198
        V.2. Sessões terapêuticas 200
            V.2.1. Objetivação de peso e alimentação (auto-registros) 200
            V.2.2. Pautas nutricionais e psicoeducativas sobre alimentação e peso 201
            V.2.3. Pautas básicas para pacientes e familiares para conseguir uma redução de fatores mantenedores do transtorno 203
            V.2.4. Introdução e aplicação do modelo cognitivo 204
            V.2.5. Solução de problemas 206
            V.2.6. Prevenção de recaídas e análise de fatores de risco 206
    VI. Conclusões e tendências futuras 207
    Referências bibliográficas 207
    Leituras para aprofundamento 208

8. AVALIAÇÃO E TRATAMENTO DA OBESIDADE *(María Nieves Vera Guerrero)* .. 209
    I.   Introdução 209
    II.   Avaliação da obesidade 210

II.1.	Diagnóstico diferencial da obesidade	210
II.2.	Diagnóstico funcional da obesidade	211
III.	Tratamento da obesidade	215
III.1.	Aplicação passo a passo de um programa cognitivo-comportamental de controle do excesso de peso	217
IV.	Conclusões	226
	Referências bibliográficas	227
	Leituras para aprofundamento	230
	Apêndices	231

9. TRATAMENTO COMPORTAMENTAL DOS TRANSTORNOS DO SONO

(Vicente E. Caballo, J. Francisco Navarro e J. Carlos Sierra) 241

I.	Introdução	241
II.	Características básicas do sono	242
III.	Classificação dos transtornos do sono	242
IV.	Principais transtornos do sono	244
IV.1.	Dissonias	244
IV.1.1.	Insônia	244
IV.1.2.	Síndrome narcoléptica	258
IV.1.3.	Transtornos do sono relacionados com a respiração: síndrome de apnéia do sono (SAS)	259
IV.1.4.	Transtornos do ritmo circadiano	261
IV.2.	Parassonias	264
IV.2.1.	Terrores noturnos	264
IV.2.2.	Pesadelos	265
IV.2.3.	Sonambulismo	267
IV.2.4.	Transtornos do movimento rítmico durante o sono	268
IV.2.5.	Sonilóquio	269
IV.2.6.	Bruxismo noturno	269
IV.2.7.	Enurese noturna	270
V.	Conclusões	271
	Referências bibliográficas	271
	Leituras para aprofundamento	275

10. TRATAMENTO COGNITIVO-COMPORTAMENTAL DE PARAFILIAS

(Richard D. McAnulty e Lester W. Wright, Jr.) 277

I.	Introdução	277
II.	Fundamentos teóricos	278
II.1.	Desenvolvimento de excitação aberrante	278
III.	Condicionamento aversivo	279
III.1.	Aversão elétrica	279
III.2.	Aversão a odores	279
III.3.	Sensibilização velada	280
IV.	Saciedade masturbatória	281
V.	Recondicionamento orgásmico	282

VI. Treinamento de habilidades 284
    VI.1. Treinamento de habilidades sociais 284
    VI.2. Treinamento de assertividade 284
    VI.3. Manejo da raiva 286
    VI.4. Educação sexual 286
    VI.5. Terapia sexual 287
VII. Reestruturação cognitiva 287
VIII. Treinamento de empatia com a vítima 288
IX. Prevenção de recidivas 290
X. Conclusões 291
Referências bibliográficas 292
Leituras para aprofundamento 297
Apêndice 297

TRANSTORNOS ASSOCIADOS A PROBLEMAS FÍSICOS

11. O ENFRENTAMENTO DO ESTRESSE: ESTRATÉGIAS COGNITIVO-COMPORTAMENTAIS *(Phillip L. Rice)* 301
I. Introdução 301
II. A terminologia do enfrentamento: origens e definições 302
III. Categorias de enfrentamento: enfrentamento centrado no problema comparado com o centrado na emoção 302
IV. Recursos de enfrentamento: atributos e apoios 304
    IV.1. Traços pessoais: auto-eficácia e otimismo 304
    IV.2. O apoio social: estruturas e funções 305
V. Estratégias de enfrentamento combativas e preventivas 307
VI. Estilos de enfrentamento: estratégias reativas e pró-ativas 310
VII. Enfrentar as tensões: métodos de relaxamento 312
VIII. Enfrentar a pressão do tempo: barreiras e soluções para a manipulação do tempo 317
    VIII.1. O problema: a confusão – A solução: prioridades 318
    VIII.2. O problema: indecisão – A solução: auto-exame 320
    VIII.3. O problema: a difusão – A solução: centrar-se 320
    VIII.4. O problema: deixar para amanhã – A solução: primeiro as coisas difíceis 321
    VIII.5. O problema: as interrupções – A solução: períodos específicos para elas 321
    VIII.6. Outras sugestões para a manipulação do tempo 323
IX. Exercício físico e saúde 324
X. Enfrentar a dor: tipos de dor e métodos de enfrentamento 325
    X.1. Tipos de dor: aguda e crônica 326
    X.2. Controle da dor: estratégias médicas e cognitivas de enfrentamento 326

XI.	Enfrentar o estresse do trabalho: estratégias cognitivas e programas de ajuda aos empregados	328
XII.	Enfrentar o desastre: etapas e estratégias	330
XIII.	Conclusões	332
	Referências bibliográficas	333
	Leituras para aprofundamento	336

12. TRATAMENTO COGNITIVO-COMPORTAMENTAL DO PADRÃO DE COMPORTAMENTO TIPO A *(Antonio del Pino Pérez)* 337

I.	Introdução	337
II.	Fundamentos teóricos da manifestação do padrão de comportamento Tipo A	338
II.1.	O modelo mecanicista ou de interação estatística	339
II.2.	O modelo de interação biológica	339
II.3.	Os modelos transacionais	339
II.3.1.	O modelo transacional de aprendizagem cognitivo-social	340
II.3.2.	O modelo interativo biopsicossocial	340
III.	Explicações do risco de doença coronária associado à manifestação do padrão de comportamento Tipo A	341
IV.	Bases empíricas da modificação do padrão de comportamento Tipo A e seus efeitos sobre a cardiopatia coronária	342
V.	Tratamento cognitivo-comportamental para modificar o PCTA	344
V.1.	Justificativa teórica e metodológica do tratamento	344
V.2.	Estrutura e conteúdo do programa	345
V.2.1.	Estrutura do programa	345
V.2.2.	Conteúdo do programa	346
VI.	Conclusões e tendências futuras	356
	Referências bibliográficas	357
	Leituras para aprofundamento	360
	Apêndice	361

13. CONTROLE DA DOR POR MEIO DA HIPNOSE *(Daniel L. Araoz, Jan M. Burte e Marie A. Carrese)* 363

I.	Introdução	363
II.	Sobre a dor	363
III.	Os tipos de dor	364
IV.	Avaliação e tratamento da dor	365
V.	A hipnose como método clínico	366
V.1.	Métodos hipnóticos para tratar a dor aguda	369
V.2.	Métodos hipnóticos para a dor crônica	371
V.3.	Casos extremos	373
V.4.	A prática psicológica diária	374
VI.	Conclusões	376
	Referências bibliográficas	376
	Leituras para aprofundamento	378

14. TRATAMENTO COGNITIVO-COMPORTAMENTAL DAS CEFALÉIAS
(Frank Andrasik e Anderson B. Rowan) 379
I.   Introdução 379
II.   Questões diagnósticas 379
III.   Fundamentos teóricos e empíricos 382
IV.   Eficácia dos tratamentos cognitivos e combinados 383
V.   Técnicas de tratamento 388
       V.1. Preparação cognitiva e educação do paciente 389
       V.2. O auto-registro 390
       V.3. A análise e o treinamento em habilidades de enfrentamento 392
VI.   Conclusões e tendências futuras 403
Referências bibliográficas 404
Leituras para aprofundamento 408

15. TERAPIA COGNITIVO-COMPORTAMENTAL PARA A SÍNDROME
PRÉ-MENSTRUAL *(Carol A. Morse)* 409
I.   Introdução 409
II.   Aspectos metodológicos 410
III.   Critérios de pesquisa para o transtorno disfórico pré-menstrual (TDP) 411
IV.   Teorias etiológicas da síndrome pré-menstrual (SPM) 412
V.   Terapia cognitiva para a síndrome pré-menstrual 414
       V.1. Considerações gerais 414
       V.2. Confirmação do perfil de síndrome pré-menstrual 416
       V.3. Procedimentos de reestruturação cognitivo-emocional 417
             V.3.1. A reestruturação cognitivo-comportamental da ansiedade 418
             V.3.2. A reestruturação cognitivo-comportamental da depressão 419
             V.3.3. A reestruturação cognitivo-comportamental da ira 422
             V.3.4. Estimular a assertividade responsável 424
VI.   Conclusões e tendências futuras 425
Referências bibliográficas 427
Leituras para aprofundamento 431
Apêndice 432

16. INTERVENÇÕES COGNITIVO-COMPORTAMENTAIS COM PESSOAS COM
HIV/AIDS *(Peter E. Campos e Bradley Thomason)* 441
I.   Introdução ao HIV/AIDS 441
       I.1. Epidemiologia do HIV/AIDS 441
       I.2. Imunologia do HIV 442
       I.3. Curso clínico/médico 443
       I.4. Manifestações neuropsiquiátricas 444
       I.5. Manifestações psicossociais 445
II.   Intervenções cognitivo-comportamentais 448
       II.1. Questões gerais sobre o tratamento 448
       II.2. Redução do risco de transmissão do HIV 448

	II.3. Melhora das estratégias de enfrentamento	452
	II.4. Aumento do apoio social	455
III.	Conclusões	456
	Referências bibliográficas	456
	Leituras para aprofundamento	459
	Apêndice	460

17. INTERVENÇÃO PSICOLÓGICA COM PESSOAS NA FASE FINAL DA VIDA
(Mª Pilar Barreto Martín, Pilar Arranz e Carrillo de Albornoz, Javier Barbero Gutiérrez e Ramón Bayés Sopena) 463

I.	Introdução	463
II.	A quem se dirige a intervenção?	464
	II.1. O paciente	465
	II.2. A família	466
	II.3. A equipe terapêutica	467
III.	O quê: os objetivos	469
	III.1. Objetivos gerais	469
	III.2. Objetivos intermediários	469
IV.	Como: a avaliação e a intervenção	470
	IV.1. A avaliação	470
	IV.2. A intervenção	472
	IV.2.1. Notas históricas	472
	IV.2.2. Pressupostos da intervenção	473
	IV.2.3. Controle de sintomas	473
	IV.2.4. Sugestões para a intervenção psicológica	474
	IV.2.5. Intervenção em famílias	476
	IV.2.6. Promoção de recursos de equipe	478
V.	Conclusões	480
	Referências bibliográficas	481
	Leituras para aprofundamento	483

TRANSTORNOS DA PERSONALIDADE

18. TRATAMENTO COGNITIVO-COMPORTAMENTAL DOS TRANSTORNOS DA PERSONALIDADE *(Vicente E. Caballo)* 487

I.	Introdução	487
II.	Classificação e tratamento dos transtornos da personalidade	488
	II.1. Classificação	488
	II.2. O tratamento cognitivo-comportamental dos transtornos da personalidade	489
	II.3. O Grupo A dos transtornos da personalidade: os esquisitos ou excêntricos	490
	II.3.1. O transtorno da personalidade paranóide (TPP)	491

II.3.2. O transtorno da personalidade esquizóide (TPE) 493

II.3.3. O transtorno da personalidade esquizotípica (TPET) 494

II.4. O Grupo B dos transtornos da personalidade: os dramáticos, emotivos ou imprevisíveis 497

II.4.1. O transtorno da personalidade anti-social (TPAS) 497

II..4.2. O transtorno da personalidade *borderline* (TPB) 499

II.4.3. O transtorno da personalidade histriônica (TPH) 503

II.4.4. O transtorno da personalidade narcisista (TPN) 507

II.5. O Grupo C dos transtornos da personalidade: os ansiosos ou medrosos 510

II.5.1. O transtorno da personalidade esquiva (TPE) 511

II.5.2. O transtorno da personalidade dependente (TPD) 514

II.5.3. O transtorno da personalidade obsessivo-compulsiva (TPOC) 517

III. Terapias cognitivo-comportamentais para o tratamento geral dos transtornos da personalidade 519

III.1. A terapia cognitiva de Beck 520

III.2. A terapia cognitiva centrada nos esquemas, de Young 522

III.3. A terapia cognitivo-interpessoal, de Safran 525

III.4. A terapia de valoração cognitiva, de Wessler 527

IV. Conclusões e tendências futuras 529

Referências bibliográficas 530

Leituras para aprofundamento 533

PROBLEMAS DE COMUNICAÇÃO INTERPESSOAL

19. TRATAMENTO COGNITIVO-COMPORTAMENTAL DOS PROBLEMAS CONJUGAIS *(Ileana Arias e Amy S. House)* 537

I. Introdução 537

II. O modelo cognitivo-comportamental do funcionamento conjugal 538

II.1. Apoio empírico do modelo 539

III. A terapia conjugal cognitivo-comportamental 540

III.1. Componentes comportamentais 540

III.1.1. O treinamento em habilidades de comunicação 540

III.1.2. O treinamento em solução de problemas 542

III.1.3. O contrato comportamental 543

III.2. Intervenções cognitivas 544

III.2.1. O auto-registro 544

III.2.2. A reatribuição e a análise lógica 545

IV. A estrutura da terapia conjugal cognitivo-comportamental 545

IV.1. A avaliação 545

IV.2. Estrutura da intervenção 548

V. A terapia conjugal cognitivo-comportamental na literatura especializada 553

Sumário **xv**

	V.1.	Os componentes comportamentais comparados com controles de lista de espera 553
	V.2.	Comparações entre os componentes comportamentais 554
	V.3.	A importância clínica do impacto dos componentes comportamentais 555
	V.4.	A terapia conjugal cognitivo-comportamental 555
VI.		Conclusões e tendências 556

Referências bibliográficas 558
Leituras para aprofundamento 561

20. UM PROTOCOLO COGNITIVO-COMPORTAMENTAL PARA A TERAPIA CONJUGAL *(Juan I. Capafóns Bonet e C. Dolores Sosa Castilla)* 563

I.	Introdução 563
II.	Programa cognitivo-comportamental para os problemas conjugais 565

    II.1. Treinamento em reciprocidade 565
    II.2. Treinamento em comunicação 569
    II.3. Treinamento em negociação 574
    II.4. Treinamento em solução de conflitos 578

III. Conclusões 582

Referências bibliográficas 582
Leituras para aprofundamento 584

21. TRATAMENTO COGNITIVO-COMPORTAMENTAL DOS PROBLEMAS FAMILIARES *(Cole Barton, James F. Alexander e Michael S. Robbins)* 585

I. Introdução 585
II. Características dos modelos de intervenção cognitivo-comportamental centrados na família para atuar com crianças e adolescentes que externalizam seu comportamento 586
III. As tarefas cognitivas da intervenção com base na família 588
IV. A fase de apresentação e formação de impressões 588

    IV.1. Cognições-problema na fase de apresentação e formação de impressões .. 589
    IV.2. A decodificação das cognições-problema na fase de apresentação e formação de impressões 590
    IV.3. A codificação de problemas na fase de apresentação e formação de impressões 591
    IV.4. A estratégia pública na fase de apresentação e formação de impressões 591
    IV.5. A estratégia privada na fase de apresentação e formação de impressões ... 592
    IV.6. Resumo da fase de apresentação e formação de impressões 592

V. A fase de avaliação e compreensão 593

    V.1. Cognições-problema na fase de avaliação e compreensão 594
    V.2. A decodificação das cognições-problema na fase de avaliação e compreensão 595
    V.3. A codificação dos problemas na fase de avaliação e compreensão 595
    V.4. A estratégia pública na fase de avaliação e compreensão 596
    V.5. A estratégia privada na fase de avaliação e compreensão 596

V.6. Resumo da fase de avaliação e compreensão 597
VI. A fase de terapia e indução 597
    VI.1. Cognições-problema na fase de terapia e indução 598
    VI.2. A decodificação das cognições-problema na fase de terapia e indução . 601
    VI.3. A codificação dos problemas na fase de terapia e indução 603
    VI.4. A estratégia pública na fase de terapia e indução 604
    VI.5. A estratégia privada na fase de terapia e indução 606
    VI.6. Resumo das dimensões cognitivas da fase de terapia e indução 607
VII. A fase de tratamento e educação 609
    VII.1. As expectativas de eficácia na fase de tratamento e educação.............. 609
    VII.2. As cognições-problema na fase de tratamento e educação 610
    VII.3. A decodificação das cognições-problema na fase de tratamento e
          educação 612
    VII.4. A codificação das cognições-problema na fase de tratamento e
          educação 612
    VII.5. A estratégia pública na fase de tratamento e educação 613
    VII.6. A estratégia privada na fase de tratamento e educação........................ 613
    VII.7. Resumo da fase de tratamento e educação 613
VIII. A fase de generalização e encerramento 614
    VIII.1. Cognições-problema na fase de generalização e encerramento 615
    VIII.2. A decodificação das cognições-problema na fase de generalização e
           encerramento 616
    VIII.3. A codificação das cognições-problema na fase de generalização e
           encerramento 616
    VIII.4. A estratégia pública na fase de generalização e encerramento 617
    VIII.5. A estratégia privada na fase de generalização e encerramento 618
    VIII.6. Resumo da fase de generalização e encerramento 618
IX. Conclusões 619
Referências bibliográficas 620
Leituras para aprofundamento 622

22. INTERVENÇÃO COGNITIVO-COMPORTAMENTAL PARA O CONTROLE DA IRA
(Jerry L. Deffenbacher e Rebekah S. Lynch) 623
I. Introdução 623
II. A ausência diagnóstica dos transtornos por ira 623
III. O enfoque das habilidades de enfrentamento cognitivas de relaxamento
   (HECR) para o controle da ira 624
IV. Descrição sessão a sessão do procedimento das HECRs 628
    IV.1. Considerações gerais para o tratamento 629
    IV.2. Sessão 1 630
    IV.3. Sessão 2 631
    IV.4. Sessão 3 635
    IV.5. Sessão 4 646
    IV.6. Sessão 5 649
    IV.7. Sessão 6 649

IV.8. Sessões 7, 8 e restantes 650
IV.9. Outras estratégias de mudança cognitiva 651
V. Conclusões 656
Referências bibliográficas 656
Leituras para aprofundamento 657

INTERVENÇÃO FARMACOLÓGICA

23. TERAPIA FARMACOLÓGICA PARA OS TRANSTORNOS PSICOLÓGICOS
(Aristides Volpato Cordioli) 661
    I. Introdução 661
    II. Ansiolíticos e hipnóticos 662
        II.1. Ansiedade: aspectos gerais 662
        II.2. Os benzodiazepínicos 663
        II.3. Buspirona 665
        II.4. Zolpidem, zopiclona e zaleplon 666
    III. Antidepressivos 667
        III.1. Depressão: aspectos gerais 667
        III.2. Drogas antidepressivas 671
            III.2.1. Tricíclicos 671
            III.2.2. Inibidores seletivos da recaptação da serotonina 672
            III.2.3. Antidepressivos diversos 673
        III.3. Farmacodinâmica e mecanismos de ação dos antidepressivos 674
    IV. Antipsicóticos ou neurolépticos 675
        IV.1. Indicações e contra-indicações 675
        IV.2. Efeitos colaterais e reações adversas 676
        IV.3. Uso clínico e doses diárias 677
            IV.3.1. Escolha do antipsicótico 677
            IV.3.2. Tratamento dos episódios psicóticos agudos 677
            IV.3.3. Tratamento de manutenção e prevenção de recaídas 678
        IV.4. Mecanismos de ação 678
        IV.5. Clozapina 678
    V. Estabilizadores do humor 679
        V.1. Lítio 679
        V.2. Ácido valpróico, divalproato 681
        V.3. Carbamazepina 681
        V.4. Outros estabilizadores do humor 682
        V.5. Diretrizes gerais para o tratamento farmacológico do transtorno
            bipolar 683
        V.6. Terapia de manutenção e prevenção de recaídas 684
    Referências bibliográficas 684

PRÓLOGO

CYRIL M. FRANKS*

"The times they are achangin"
Bob Dylan

Faz aproximadamente um século que Ebbinghaus pronunciou sua famosa frase, que diz que a Psicologia tem um longo passado e uma curta história. Algo muito parecido poderia ser dito da terapia comportamental (TC), um termo cunhado há menos de meio século. Por outro lado, o reforço, um termo essencial na TC desde sempre, foi aplicado de forma inconsciente e não sistemática durante muitos séculos, enquanto que a TC como uma disciplina formal é relativamente nova. Pode-se dizer, também, que, de modo implícito ou manifesto, qualquer livro que se preze implica uma ordem do dia. Aqui, explícita tanto no título como no conteúdo, a ordem do dia é descaradamente manifesta. A mensagem é tripla. Em primeiro lugar, considerando a distribuição geográfica dos numerosos capítulos de ambos os volumes, a ênfase de "internacional" no título é adequada. Em segundo lugar, embora hoje em dia a visão do termo mais recente, terapia cognitivo-comportamental (TCC), seja óbvia, tal termo é exibido com destaque na cabeceira do livro, enquanto que o de TC *per se* não é mencionado tanto no que concerne ao título em espanhol. Suspeito que isto não foi um descuido. Em terceiro lugar, apesar da impressionante variedade de temas, o termo sócio-politicamente correto "[...] nos anos 1990" não aparece nem no texto nem no título. Outro descuido? Desta vez penso que sim. Em todo caso, estes dois volumes reúnem, de uma ou outra maneira, a essência da TC e da TCC contemporâneas.

Neste prólogo, meu objetivo principal é situar em seu contexto as origens da TC, tal como as vejo, e ao fazê-lo, repassar de forma seletiva as principais contribuições. Escreverei, também, algumas palavras sobre a identidade vacilante e mutante da TC e da TCC contemporâneas, alguns temas não-resolvidos e um ou dois cenários futuros. Fazer justiça a esses assuntos complexos não é possível em poucas páginas, mas tentarei.

Nos Estados Unidos e no Reino Unido, principalmente, havia, nos anos 1940, somente uma psicoterapia aceita, de forma geral, para os transtornos funcionais. Era a psicoterapia psicodinâmica, limitada exclusivamente à prática psiquiátrica, e as únicas alternativas permitidas eram as intervenções físicas, como a terapia eletroconvulsiva (TEC) e algumas medicações com psicofármacos. Por esses dias, psicoterapia queria dizer terapia psicodinâmica e somente os médicos (pelo poderoso sistema médico) tinham permissão de realizar ou receber treinamento para a psicoterapia. Inclusive, se, de alguma forma, esse treinamento fosse proporcionado a profissionais não-médicos – um

---

*O autor do prólogo refere-se à tradução para o inglês do primeiro volume deste manual pela editorial Pergamon Press (1998) com o título *The international handbook of cognitive and behavioural treatments for psychological disorders*. Traduzido e adaptado do inglês por V. E. Caballo.

fato pouco provável – não era permitido, sob nenhuma circunstância, quer fossem psicólogos ou trabalhadores sociais, que realizassem uma prática clínica independente. E posto que a terapia psicodinâmica não devia ser questionada, não se considerava a possibilidade de algum tipo de validação com base em dados.

Em 1950, Miller e Dollard, duas figuras eminentes em seu campo, tentaram tornar compreensível entre si dois vocabulários mutuamente estranhos, dois modos de pensar incompatíveis (algo que agora é menos extremo que na época). Adiantando-se a seu tempo, essa tentativa fracassou e o livro de Dollard e Miller criou pouco interesse. A partir do nosso ponto de vista, não foi surpreendente que, naqueles primeiros dias, ambos os autores propusessem a suposição implícita de que a teoria e a prática psicodinâmicas eram uma verdade imutável e que nenhuma aplicação clínica da teoria da aprendizagem, que ainda não era conhecida como terapia comportamental, poderia ser nunca algo mais que uma ajuda complementar ao tratamento "real". Não devemos estranhar que inclusive psiquiatras bem-intencionados não vissem razões para a mudança!

Levando em conta esse ambiente incapacitante, um pequeno mas distinto e profundamente insatisfeito grupo de psicólogos, todos trabalhando no Instituto de Psiquiatria da Universidade de Londres (o Hospital Maudsley) em pesquisa e medição tradicional, procuraram uma alternativa mais equilibrada e reforçadora. Os dois membros de maior destaque desse grupo eram o falecido Hans J. Eysenck, naquela época um distinto psicólogo e acadêmico por direito próprio, e o falecido Joseph Wolpe, um psiquiatra sul-africano que logo seria excomungado pela comunidade médica devido à "heresia" de se atrever a desafiar seus colegas médicos. Tive a sorte de ser um membro jovem desse grupo. Finalmente, depois de uma certa comprovação inicial de campo e de uma validação limitada, chegamos à – naquela época inovadora – combinação E-R (estímulo-resposta) ou condicionamento de base pavloviana e à metodologia das ciências comportamentais. Tal como se esperava, essa combinação topou com a resistência geral de praticamente todos os psiquiatras e a maioria dos psicólogos clínicos.

Nessa época, a TC não constituía nenhum desafio à terapia psicodinâmica. A primeira, baseada exclusivamente no condicionamento, era simplista e dirigia-se a pacientes verbal e culturalmente limitados. A última, que abordava questões mais importantes, era muito diferente e facilmente aplicável a indivíduos sofisticados e verbalmente habilidosos. Diferentemente da TC, a terapia psicodinâmica requeria muitas sessões, mas seus procedimentos eram atraentes e intelectualmente estimulantes, em vez de limitarem-se à estrutura mais rígida e de alcance cognitivo restrito da TC da época. Outras diferenças-chave eram que a TC requeria menos sessões e a avaliação dos resultados era uma preocupação notável.

Então ocorreu algo importante, algo que mudou totalmente a natureza da TC, um salto adiante que impulsionou a TC à Idade Moderna. Esse acontecimento foi a publicação, em 1958, da psicoterapia de inibição recíproca (e da dessensibilização sistemática) de Wolpe, algo que se encontra muito bem documentado e que não precisa de maiores explicações aqui. Esse fato mudou totalmente a aparência e a natureza da TC. Devido a essa contribuição, a TC podia, por fim, prestar atenção a problemas significativos e interações cognitivas. Curiosamente, a recusa de Wolpe em aceitar qualquer desvio de seu procedimento clínico ou de sua explicação neurológica do sucesso da dessensibilização sistemática há tempos foi invalidada pela pesquisa posterior, mas isso tem, agora, somente um interesse histórico. História é, também, felizmente, o já há tempos abandonado chauvinismo dos primeiros terapeutas comportamentais, incluindo Wolpe, e uma imatura atitude de "eu-sou-melhor-que-você", dirigida especialmente aos psicanalistas freudianos. Conforme a terapia comportamental foi-se sentindo mais segura, essa irritante atitude defensiva foi desaparecendo. Dito em poucas palavras, a TC estava nascendo.

Naquela época, com perspectivas ligeiramente diferentes, os clínicos comportamentais estavam evoluindo de forma mais ou menos independente em diferentes partes do mundo. No Reino Unido, Eysenck (1960) havia definido a TC como algo vagamente descrito como a "moderna" teoria da aprendizagem a serviço do tratamento psicológico para os transtornos mentais funcionais. A TC decolou com uma surpreendente rapidez e, salvo a rígida resistência de uns poucos intransigentes, a oposição contínua desapareceu. A TC havia sido incorporada à corrente principal. As técnicas aumentaram em número, diversidade e sofisticação, e a definição simplista de Eysenck foi substituída por um grande leque de amplas definições que praticamente não deixavam nada de fora. Gradualmente, a base de condicionamento pavloviano da TC começou a incorporar cada vez mais aspectos das ciências naturais e sociais e da cognição e, em menor medida, o afeto foi sendo pouco a pouco incorporado em um novo quadro da TC. De forma similar, no final dos anos 1980, quatro ou cinco modelos alternativos bem desenvolvidos da TC eram capazes de existir ao mesmo tempo em harmonia. Em essência, a TC tornou-se uma permissiva confederação de terapias baseadas na teoria da aprendizagem, compartilhando uma metodologia da ciência comportamental comum. Assim, no final dos anos 1980, a identidade claramente definida da TC como algo único entre as terapias começou a se delinear. Cada vez se tornava mais difícil decidir qual era e qual não era TC. Esses fatos tinham características positivas ou negativas, dependendo do ponto de vista do observador.

No final dos anos 1990, a TCC era dominante e os terapeutas cognitivo-comportamentais viraram maioria. Infelizmente, alguns clínicos começaram a tomar atalhos metodológicos, talvez devido a um desejo de melhorar a visão profissional ou, talvez, para favorecer o surgimento de um novo paradigma. Em primeiro lugar, o paradigma psicodinâmico reinante deu passagem a um novo paradigma que hoje em dia pode ser denominado TC tradicional. Então, segundo alguns indivíduos notavelmente desencaminhados, teve lugar outra mudança de paradigma – a era da TCC. O fato de que, em maior ou menor medida, a cognição entrou inevitavelmente em toda a TC foi passado por alto. No que a mim concerne, penso que não há uma diferença qualitativa entre a TC e a TCC e, portanto, não ocorreu uma mudança de paradigma.

Em 1981, propus a seguinte pergunta, aplicável hoje em dia com maior razão: "No ano 2081 seremos muitos, ou talvez um, ou talvez nenhum?" (Franks, 1981). No ano 1998 continuei refletindo sobre o futuro da TC e propus uma pergunta relacionada e ainda sem resposta: "De que maneira a TC e suas ramificações podem incluir a diversidade e conservar sua identidade, uma identidade que, em certa época, era única entre as terapias?". A esse respeito, sensato é dizer, com todos os avanços da TC e da TCC, pouco ou nada conceitualmente inovador surgiu desde que a TC começou, há mais de meio século. Percebo, agora, que seria triste, embora não necessariamente um desastre, se a TC, tal como a conhecemos hoje em dia, desaparecesse da face da Terra. Em certa época, faz muito tempo, a TC era realmente única entre as terapias. Agora, pro bem ou pro mal, os acontecimentos posteriores parecem demonstrar que, na prática, se não também na teoria, o "componente de arte" na TC, contrariamente a nossas esperanças iniciais, parece ser maior atualmente que o que originalmente se acreditava. Esse é o caminho de todas as revoluções ideológicas. E, qualquer que seja o futuro da TC e da TCC, nossos principais objetivos são o progresso do conhecimento clínico, a diminuição do sofrimento humano e a melhora da sociedade em grande escala. Essas preocupações devem ter preferência sobre a ideologia e "ser diferente para melhor" é o que realmente importa.

Concluindo, depois de ler esses dois volumes, estou contente pela capacidade dos autores de incorporar tanto o espírito original da TC, passando por suas mudanças posteriores, e, ao mesmo tempo, refletir fielmente a essência da TC e da TCC tal como são hoje em dia. E assim, as contribuições desses aguerridos paladinos como Lewinsohn, Mueser, Barlow, Andrasik, Ladouceur e Arthur e Christine Nezu, entre outros, conservam seu costumeiro espírito provocador. Tenho de parabenizar o doutor Caballo e seus colaboradores. Com toda a certeza, aparecerá uma segunda edição e novos volumes.

REFERÊNCIAS BIBLIOGRÁFICAS

Eysenck, H.J. (dir.) (1960). *Behaviour therapy and the neuroses*. Londres: Pergamon.

Dollard, J. e Miller, N. E. (1950). *Personality and psychotherapy*. Nova York: McGraw-Hill.

Franks, C. M. (1981). 2081: Will we be many or one – or none? *Behavioural Psychotherapy, 9*, 287-290.

Franks, C. M. (1998). The importance of being theoretical. Em J. L. Plaud e G. H. Eifert (dirs.), *From behavior theory to behavior therapy*. Needham Heights, MA: Allyn & Bacon.

Wolpe, J. (1958). *Psychotherapy by reciprocal inhibition*. Stanford, CA: Stanford University Press.

CYRIL M. FRANKS
Distinguished Professor Emeritus
Rutgers University (EUA)
20 de maio de 1998

PREFÁCIO

VICENTE E. CABALLO*

Dois anos depois do aparecimento da tradução do primeiro volume do *Manual para o Tratamento Cognitivo-comportamental dos Transtornos Psicológicos* (Ed. Santos, 2003) aparece este novo volume, que aborda outros problemas do mundo atual e outros transtornos diferentes. Os clínicos encontraram no primeiro volume diretrizes sistemáticas para começar a tratar alguns transtornos psicológicos especialmente difíceis, com propostas inovadoras e estruturadas. Os acadêmicos e estudantes puderam ver a aplicação prática, passo a passo, de alguns dos conhecimentos teóricos sobre uma grande variedade desses transtornos.

Este novo volume aspira ser uma continuação satisfatória do volume anterior. O conteúdo do primeiro volume seguia com bastante fidelidade a classificação proposta pelo DSM-IV (APA, 1994), e este segundo tenta fazer o mesmo, apesar da dificuldade de classificar ou encaixar alguns problemas (p. ex., padrão de conduta Tipo A, problemas conjugais ou de família, ira) dentro desse sistema nosológico. Porém, penso que, no fim, foi possível uma ordem coerente, e espero que o conteúdo valha a pena, especialmente para o clínico praticante. Os capítulos tentam ser essencialmente práticos, assim como no primeiro volume, embora nem sempre tenha sido possível. Mas o resultado final promete ser de grande utilidade na prática clínica.

O conteúdo geral do livro consta de seis grandes tópicos, embora com alguns desequilíbrios de extensão entre eles, visto que enquanto dois dos tópicos incluem um único capítulo, outros dois englobam até sete e oito capítulos. Mas, também, não era necessário existir esse equilíbrio. O primeiro tópico contém dois capítulos dedicados à intervenção psicológica em situações de crise e trauma, um tema notavelmente atual, infelizmente, em nossos dias. Tais capítulos foram escritos por eminentes especialistas na matéria, e achamos que serão de grande utilidade para todos os profissionais que trabalham no difícil campo da ajuda psicológica às vítimas de situações de crise e desastres.

O segundo grande tópico trata de temas relacionados às necessidades fisiológicas do organismo, em geral, especialmente onde a psicologia comportamental possui estratégias de intervenção de eficácia comprovada. Áreas como o consumo de substâncias psicoativas ou os transtornos da alimentação são de uma atualidade revoltante, com um crescente

---

*Universidade de Granada (Espanha).

número de pessoas sob a tirania dos comportamentos ligados a esses elementos. Mas em questões de alimentação não somente são abordados problemas como a anorexia ou a bulimia, mas também a obesidade. No penúltimo tema desse tópico são abordados os transtornos do sono, e embora para muitos desses transtornos não existam tratamentos comportamentais, a eficácia dessas intervenções para alguns deles está comprovada. O último transtorno abordado nesse tópico refere-se ao tratamento das parafilias, um tema muito atual também, mas de enorme complexidade para modificar.

O terceiro grande tópico é mais heterogêneo e centra-se principalmente em problemas físicos que podem receber ajuda psicológica, seja como um todo ou em alguns de seus sintomas. Assim, o capítulo sobre enfrentamento do estresse propõe estratégias úteis e aplicadas para combatê-lo, desde a prática de esportes até o gerenciamento do tempo. O capítulo seguinte também está relacionado ao estresse e refere-se ao tratamento do polêmico padrão de conduta Tipo A, descrevendo um programa estruturado para sua modificação. Outro tema bem representado nesse tópico é a dor, abordado de forma geral ou como dor de cabeça (cefaléias), embora a síndrome pré-menstrual também contribua com seu grãozinho de areia nesse tema. Finalmente, a Aids ou a fase final da vida tem sua representação em dois capítulos mais teóricos, com alguns elementos práticos.

O quarto tópico aborda um único tema, os transtornos da personalidade. Essa área foi e continua sendo controversa na pesquisa comportamental ou cognitivo-comportamental, e não há, atualmente, muitas estratégias empiricamente comprovadas de tratamento para a intervenção nesses transtornos. No capítulo dedicado a esse tema, são descritos, brevemente (não podia ser de outra forma), procedimentos de tratamento para todos os dez transtornos da personalidade incluídos na classificação oficial do DSM-IV-TR (APA, 2000). O leitor pode dar-se conta das muitas lacunas que há nesse terreno e, inclusive, procurar melhorar ele mesmo o tratamento para esse tipo de transtorno, no caso de trabalhar com pacientes que sofram desse tipo de síndrome.

O quinto tópico trata de problemas de comunicação, fundamentalmente com o parceiro e com a família. Ao tema das dificuldades conjugais são dedicados dois capítulos, que embora se sobreponham em algumas coisas, em muitas outras se complementam e ajudam. O capítulo sobre os problemas de família é especialmente inovador, particularmente porque não existe muita literatura sobre a intervenção cognitivo-comportamental com a família como um todo. Embora o modelo sistêmico domine quase que exclusivamente essa área, talvez o capítulo aqui apresentado sirva para estimular outras concepções e perspectivas sobre o tema, basicamente a cognitivo-comportamental. Finalmente, o último capítulo desse tópico (e do livro) aborda de forma prática um tema totalmente atual, mas bastante esquecido pela psicologia clínica científica – o enfrentamento da ira. A apresentação de um programa sistemático de intervenção nesse tema torna-o um capítulo verdadeiramente atraente.

Finalmente, o sexto e último tópico aborda a área da intervenção farmacológica que, embora não diretamente vinculado à prática terapêutica do psicólogo clínico, pode ser de grande utilidade para conhecer os efeitos que têm em pacientes que muitas vezes podem recorrer ao psicólogo clínico enquanto continuam em tratamento farmacológico.

Se considerarmos conjuntamente o volume anterior, *Manual para o tratamento cognitivo-comportamental dos transtornos psicológicos,* e o presente, encontramo-nos com mais de quarenta capítulos de caráter eminentemente prático, dedicados a problemas clínicos, e mais de oitenta colaboradores, muitos deles autoridades máximas em suas respectivas disciplinas. Creio que esses dois volumes dão uma boa idéia do estado da área da terapia cognitivo/comportamental "no final do século passado e começo do presente" (corrigindo o "descuido" que o autor do prólogo do presente volume, Dr. Cyril M. Franks, assinala).

Não gostaria de terminar este pequeno prefácio sem dedicar uma breve e carinhosa lembrança ao autor do prólogo do volume anterior, o Dr. Hans J. Eysenck, que faleceu entre o aparecimento de ambos os volumes, e ao Dr. Joseph Wolpe, que se havia comprometido a escrever o prólogo para este segundo volume, e que sua morte nos privou de apreciar. Quero expressar novamente meu mais sincero agradecimento pessoal e profissional a ambas as figuras, peças-chave na origem e desenvolvimento da terapia comportamental (veja Caballo, 1997*a, b;* Franks, 1998). O esforço que eles realizaram há várias décadas, enfrentando um ambiente inicialmente hostil, defendendo e propagando o conhecimento e o método comportamental, vê-se, talvez, recompensado de alguma maneira pela vitalidade do campo hoje em dia, mostra do qual são os dois volumes que apareceram sobre tratamento cognitivo-comportamental.

REFERÊNCIAS BIBLIOGRÁFICAS

American Psychiatric Association (1994). *Diagnostic and statistical manual of mental disorders. 4ª edição (DSM-IV).* Washington, DC: APA

American Psychiatric Association (2000). *Diagnostic and statistical manual of mental disorders. 4ª edição – Texto revisado (DSM-IV-TR).* Washington, DC: APA

Caballo, V. E. (1997*a*). Adiós, Dr. Eysenck... *Psicologia Comportamental, 5,* 297-299.

Caballo, V. E. (1997*b*). En memoria de Joseph Wolpe. *Psicologia Comportamental, 5,* 467-469.

Caballo, V. E. (1998). *International handbook of cognitive and bebavioural treatments for psychological disorders.* Oxford: Pergamon.

Franks, C. M. (1998). Prólogo. *In* V. E. Caballo (dir.), *Manual para el tratamiento cognitivo/conductual de los trastornos psicológicos,* vol. 2. Madri: Siglo XXI.

AUTORES

James F. Alexander, PhD, University of Utah, Utah, Estados Unidos.

Frank Andrasik, PhD, Behavioral Medicine Laboratory, University of West Florida, Pensacola, Flórida, Estados Unidos.

Daniel L. Araoz, PhD, Long Island Institute of Ericksonian Hypnosis, Estados Unidos.

Ileana Arias, PhD, Department of Psychology, University of Georgia, Athens, Georgia, Estados Unidos.

Pilar Arranz e Carrillo de Albornoz , Hospital La Paz, Madrid, Espanha.

Javier Barbero Gutiérrez, U.V.A.A. Oficina Regional del V1H/SIDA, Comunidad de Madrid, Madrid, Espanha.

Jane M. Barbin, Our Lady of the Lake Regional Medical Center, Baton Rouge, Louisiana, Estados Unidos.

Mª Pilar Barreto Martín, PhD, Universidad de Valencia, Valencia, Espanha.

Cole Barton, PhD, Davidson College, Estados Unidos.

Ramón Bayés Sopena, Universidad Autónoma de Barcelona, Barcelona, Espanha.

Elisardo Becoña, PhD, Facultad de Psicología, Universidad de Santiago de Compostela, Espanha.

Jan M. Burte, Center for Health Living, Estados Unidos.

Vicente E. Caballo, PhD, Facultad de Psicología, Universidad de Granada, Granada, Espanha.

John E. Calamari, Chicago Medical School, North Chicago, Illinois, Estados Unidos.

Peter E. Campos, PhD, Department of Psychiatry and Behavioral Sciences, Emory University School of Medicine, Atlanta, Georgia, Estados Unidos.

Juan I. Capafóns Bonet, PhD, Dpto. de Psicología, Universidad de La Laguna, Islas Canarias, Espanha.

Marie A. Carrese, York College, Estados Unidos.

W. Miles Cox, PhD, University of Wales, Bangor, Gwynedd, Reino Unido.

Jerry L. Deffenbacher, PhD, Department of Psychology, Colorado State University, Colorado, Estados Unidos.

Cyril M. Franks, PhD, Rutgers University, New Brunswick, Princeton, N.J., Estados Unidos.

José Luis Graña Gómez, PhD Facultad de Psicología, Universidad Complutense de Madrid, Madrid, Espanha.

Elizabeth Á. de Greiff, Fundación Universitaria Konrad Lorenz, Bogotá, Colômbia.

Amy S. House, Department of Psychology, University of Georgia, Athens, Georgia, Estados Unidos.

Mervin Langley, Clinical Psychology Associates, Burlington, Wisconsin, Estados Unidos.

Rebekah S. Lynch, PhD, Tri-Ethnic Center for Prevention Research, Department of Psychology, Colorado State University, Colorado, Estados Unidos.

Carol A. Morse, PhD, Royal Melbourne Institute of Technology, Bundoora, Victoria, Austrália.

Marina J. Muñoz-Rivas, Práctica privada, Universidad Complutense de Madrid, Madrid, Espanha.

J. Francisco Navarro, PhD, Dpto. de Psicobiología, Universidad de Málaga, Málaga, Espanha.

Antonio del Pino Pérez, PhD, Facultad de Psicología, Universidad de La Laguna, Tenerife, Espanha.

Phillip L. Rice, PhD, Department of Psychology, Moorhead State University, Estados Unidos.

Michael S. Robbins, PhD, University of Miami School of Medicine, Estados Unidos.

Anderson B. Rowan, PhD, Landstuhl Regional Medical Cerner, Landstuhl, Alemanha.

J. Carlos Sierra, PhD, Facultad de Psicología, Universidad de Granada, Granada, Espanha.

Cheryl F. Smith, Our Lady of the Lake Regional Medical Center, Baton Rouge, Louisiana, Estados Unidos.

C. Dolores Sosa Castilla, PhD, Dpto. de Psicología, Universidad de La Laguna, Islas Canarias, Espanha.

Bradley Thomason, PhD, Department of Family Medicine, Department of Psychiatry and Behavioral Sciences, Emory University School of Medicine, Atlanta, Georgia, Estados Unidos.

María Nieves Vera Guerrero, PhD, Facultad de Psicología, Universidad de Granada, Granada, Espanha.

Donald A. Williamson, PhD, Department of Psychology, Louisiana State University, Louisiana, Estados Unidos.

Francis R. Abueg, Trauma Resource Consulting & Therapy, Estados Unidos.

Bruce H. Young, Veterans Affairs Palo Alto Healthcare System, Estados Unidos.

Fernando Fernández-Aranda, Hospital Universitario de Bellvitge, Barcelona, Espanha.

Richard D. McAnulty
University of North Carolina at Charlotte, Estados Unidos.

Lester W. Wright, Jr., Western Michigan University, Estados Unidos.

Aristides Volpato Cordioli, Universidade Federal do Rio Grande do Sul, Brasil.

Laurence G. Calhoun, University of North Carolina at Charlotte, Estados Unidos.

Richard G. Tedeschi, University of North Carolina at Charlotte, Estados Unidos.

INTERVENÇÃO PSICOLÓGICA EM SITUAÇÕES DE CRISE E TRAUMA

Capítulo 1

TERAPIA COGNITIVO-COMPORTAMENTAL NA CATÁSTROFE: PRIMEIROS SOCORROS PSICOLÓGICOS, RELAXAMENTO, TREINAMENTO DE ESTRATÉGIAS DE ENFRENTAMENTO E EXPOSIÇÃO TERAPÊUTICA DIRETA

FRANCIS R. ABUEG[1] e BRUCE H. YOUNG[2]

I. INTRODUÇÃO

Os tratamentos comportamentais do transtorno do estresse pós-traumático (TEPT) está, comprovadamente entre as intervenções mais pesquisadas e mais eficazes para uma grande variedade de sobreviventes de guerra, estupro e ataque sexual, vítimas de crimes e acidentes com veículos automotores (Foa, Keane & Friedman, 2000; Follette, Ruzek & Abueg, 1999). Com o advento da pesquisa muito necessária sobre avaliação e tratamento de *transtorno de estresse agudo (TEA)* – o transtorno clínico predecessor de TEPT no primeiro mês pós-trauma – a relevância e aplicabilidade das abordagens da terapia comportamental cognitiva (TCC) no estresse traumático aumentou ainda mais. É compreensível que clínicos, clínicos-cientistas, responsáveis por decisões e profissionais da saúde pública tenham devotado sua atenção às conceitualizações e métodos da TCC ao abordar as necessidades complexas e, em geral, esmagadoras das pessoas que sobrevivem a catástrofes de todos os tipos, naturais ou provocadas pelo homem, inclusive terrorismo. A pesquisa empírica foi conduzida lentamente, porém com segurança, no contexto de diversas catástrofes recentes em todo o mundo: explosões do World Trade Center (WTC) e do Pentágono de 11 de setembro, explosão em Oklahoma, bombas em Madri em 3 de novembro, furacão Mitch e terremotos na Armênia, em El Salvador e na Turquia. A partir da ocasião que este texto foi escrito, talvez um dos desastres naturais de maior magnitude na história do mundo, o maremoto do Oceano Índico e o subseqüente Tsunami asiático de dezembro de 2004, devastou sociedades de 12 países e, sem dúvida, pressagia grande quantidade de relatos e pesquisas sobre intervenção de saúde mental em casos de catástrofe.

É preciso reconhecer que uma ampla gama de técnicas e paradigmas teóricos foram, sem dúvida, usados com efeitos positivos em populações traumatizadas no contexto de desastres. As modalidades de aconselhamento farmacológico, interpessoal e de apoio em geral provavelmente são responsáveis pela maior proporção de estratégias não-comportamentais que tratam as conseqüências emocionais relacionadas com o trauma em catástrofes. É preciso, ainda, ressaltar que a integração de métodos entre as escolas de pensamento foi implementada com êxito em incontáveis contextos clínicos, inclusive

---

[1] Trauma Resource Consulting & Therapy (EUA).
[2] Veterans Affairs Palo Alto Healthcare System (EUA).

pelos autores deste guia de intervenções. O aconselhamento de apoio e as intervenções de serviço social dominaram o campo da intervenção nas crises durante décadas. Talvez, o único modelo mais influente de intervenção em catástrofes, além da intervenção geral na crise, tenha sido o modelo de interrogatório psicológico (IP), mais bem caracterizado pelo interrogatório de estresse em incidente crítico (IEIC) e variantes do tema. Infelizmente, pouca, se tanto, pesquisa empírica confiável surgiu para corroborar o modelo de IP (Litz, Gray, Bryant & Adler, 2002; Litz, 2003) e um número reduzido de estudos clínicos bem controlados, assim como evidências empíricas sugeriram recentemente que o IP pode até ser prejudicial quando se trata da intervenção inicial (por exemplo, Bisson, Jenkins, Alexander & Bannister, 1997).

Neste capítulo, analisaremos porque a TCC é tão promissora para mitigar o sofrimento dos sobreviventes de catástrofes. Discussões recentes sobre a pesquisa de risco e de poder de adaptação serão abertas devido à sua relevância para ampliar as intervenções da TCC, focalizando-se a atenção em precauções, contra-indicações e problemas do termo de consentimento livre e esclarecido para a provisão desse tipo de atendimento de saúde mental no contexto das catástrofes. Por fim, aproveitamos os desenvolvimentos recentes da pesquisa sobre TCC, assim como ampliamos ainda mais nossa experiência direta no uso dessas técnicas, fornecendo orientação de conduta nas intervenções em três áreas: 1) primeiros socorros psicológicos; 2) intervenções baseadas em relaxamento e circunspeção; 3) treinamento das habilidades de enfrentamento e solução de problemas e 4) exposição terapêutica direta.

II.   POR QUE EMPREGAR A TCC EM CATÁSTROFES?

Os métodos cognitivos-comportamentais cresceram quanto à sua relevância no contexto de trauma em desastres, em parte devido ao aumento do número de estudos de desenlace clínico para mostrar realmente seu valor como intervenção inicial no transtorno do estresse agudo em vítimas de trauma não proveniente de desastres (Bryant & Harvey, 2000). Bryant *et al.* tiveram especial influência não só porque esses estudos são bem delineados e executados, mas também porque as conclusões são exatamente as que os terapeutas de saúde mental em desastres (SMD) esperavam: comprovou-se que as breves intervenções de TCC reduzem os índices de conversão do transtorno de estresse agudo (TEA) em transtorno de estresse pós-traumático (TEPT). Esses métodos já foram formalmente prescritos em fóruns de consenso de especialistas nacionais e internacionais, como parte de um elenco essencial durante a fase secundária (isto é, depois do período de impacto agudo, em geral, duas semanas depois do evento) para reagir ao desastre (National Institute for Mental Health, 2002; Organização Mundial de Saúde, 2005).

Além da persuasão da pesquisa sobre desenlace clínico, as intervenções de TCC em geral são articuladas por escrito, "de modo manual", para apoiar a pesquisa e os esforços subseqüentes para replicar as descobertas. Essas orientações passo a passo são altamente acessíveis aos clínicos de todas as tendências. Alguns dos autores forneceram algumas orientações manuais de TCC para TEPT (por exemplo, Foa & Rothbaum, 2001; Resick & Schnicke, 1993) e pelo menos um livro resume toda a gama de intervenções baseadas em evidência na TEPT (Schiraldi, 2000). Richard Bryant dedica-se, em um capítulo deste livro, *Transtorno de estresse agudo*, a elucidar os elementos das intervenções usadas em seus estudos (Bryant, 2002; pp. 87-134). É difícil encontrar guias bem articulados para a intervenção de TCC específica para catástrofes (Abueg, Drescher & Kubany, 1993 e Abueg, Woods & Watson, 1999; Young, Ruzek & Ford, 1999). O segundo autor desse capítulo (BY) é o principal autor de um guia operacional para compreender e administrar serviços de saúde mental no contexto do turbilhão caótico de organizações não-governamentais (ONGs), agências governamentais, hospitais e outras instituições que fornecem alívio e recuperação. Esse guia (Young, Ford, Ruzek, Friedman & Gusman, 1999) é muito recomendado para qualquer clínico iniciante ou veterano que pretenda oferecer atendimento nessas situações. Proporciona uma boa base para realmente realizar algumas das técnicas analisadas aqui.

Notas importantes sobre segurança e contra-indicações

Embora as intervenções de TCC tenham sido usadas com sucesso em populações psiquiátricas muito doentes (por exemplo, treinamento de habilidade com esquizofrênicos), pacientes com lesão cerebral (por exemplo, técnicas de reabilitação cognitiva) e crianças muito pequenas, com menos de 5 anos de idade, o tema deste capítulo não se destina a essas populações em contexto de catástrofes. Espera-se que os serviços hospitalares ou de instituições estejam disponíveis no contexto de desastres para esse tipo de sobrevivente; espera-se ainda que os pesquisadores e clínicos sejam capazes de estudar e partilhar suas tentativas de ajudar essas populações vulneráveis mencionadas. Também é preciso afirmar que uma pequena proporção de sobreviventes mais funcionais podem apresentar psicose reativa aguda de curta duração ou tendência grave a suicídio, inclusive com adaptações anoréxicas. Para a segurança desses indivíduos, deve prevalecer o bom discernimento clínico: hospitalização e farmacoterapia podem ser as linhas mais sensatas de intervenção. Com respeito à aplicação de TCC em crianças, é tranqüilizador que cada uma dessas classes de intervenções de TCC não tenha sido tentada no contexto de catástrofes, mas que tenha chegado a desenlaces clínicos positivos (por exemplo, Stein, Jaycox, Kataoka *et al.*, 2003; Chemtob *et al.*, 2002). Devido à extensão deste capítulo, porém, limitaremos nossa análise às intervenções com adultos que apresentam estresse relacionado a trauma, com pelo menos alguns sinais e sintomas de transtorno de estresse agudo ou pós-traumático, sem excluir sinais limitados de comorbidades comuns, como uso excessivo ou dependência de álcool ou substâncias químicas, transtorno depressivo e de pânico.

III. PRIMEIROS SOCORROS PSICOLÓGICOS E PSICOEDUCAÇÃO BÁSICA EM CATÁSTROFES

Na fase aguda do desastre, isto é, dentro de duas semanas do impacto na maioria dos casos, o consenso formal (National Institute of Mental Health, 2002; Organização Mundial de Saúde, 2005) confirmou o que há muito é intuitivo, sensato e prudente: a provisão de atendimento de saúde mental deve ser coerente com as necessidades prementes básicas de segurança, deslocamento, reunião com os entes queridos, alimentação, água e cuidados de saúde (por exemplo, tratamento e prevenção de doenças) *e* consiste no apoio potencialmente menos prejudicial. Os profissionais da área começaram a usar mais sistematicamente o termo *primeiros socorros psicológicos* para caracterizar essas intervenções. Para muitos com experiência em catástrofes e para os que trabalham na área de violência no local de trabalho ou que auxiliam os profissionais de perícia e serviços de emergência depois de eventos traumáticos, a recomendação será reconhecida como um recuo do interrogatório psicológico (IP) clássico. Ao contrário dos métodos de maior sondagem, em geral, métodos de provocação da narrativa emocional da IEIC, os primeiros socorros psicológicos visam confortar, corroborar, tranqüilizar e educar em doses toleráveis. Em nossa experiência, todos esses objetivos são totalmente coerentes com o modelo psicoeducacional comportamental; não só a intervenção mitiga o sofrimento a curto prazo, como também, como corroboram relatos anteriores (ver Abueg, Drescher & Kubany, 1992; Abueg, Woods & Watson, 1996), pode ser a base essencial para identificar indivíduos em risco, para articular o sobrevivente com outros serviços, e proporcionar uma sensação de eficácia não só com relação à aceitação geral, mas também na busca subseqüente de ajuda sozinho.

As intervenções psicoeducacionais foram iniciadas por terapeutas comportamentais pioneiros, pelo menos há três décadas (cf. Goldstein & Foa, 1980) em uma ampla gama de indivíduos com transtornos clínicos que variam de ansiedade e transtornos do humor, transtornos de personalidade e populações forenses, até transtornos de desenvolvimento e lesão neuropsicológica. Essas intervenções envolvem informar o indivíduo afetado e sua família sobre o início e o curso do transtorno, os aspectos fenomenológicos de ter sintomas específicos relacionados com o transtorno psicológico, e maneiras rudimentares de lidar com os sintomas, o que envolve métodos cognitivos e comportamentais. Em geral, um componente importante da boa psicoeducação é ajudar o paciente a se conscientizar do curso dos sintomas esperados, de modo a incluir o agravamento, que justifica um sessão terapêutica com um profissional.

Os elementos dos primeiros socorros psicológicos devem incluir o máximo possível do que segue, listado aqui em ordem de importância. Primeiro, as necessidades de nutrição e saúde devem ser monitoradas; os sobreviventes precisam saber ou ser lembrados do fato que o choque traumático e a insensibilidade emocional podem levar a rupturas importantes dos cuidados pessoais. Afirmações como "Não é incomum que os sobreviventes esqueçam de se alimentar ou percam o apetite, em especial depois de um choque desses" podem ser benéficas. A observação rígida da alimentação e do consumo de bebidas e do acesso ao atendimento de saúde, principalmente em contextos em que os recursos ficam gravemente prejudicados (isto é, campos de desabrigados ou abrigos de emergência) deve ser realizada pelos especialistas em SMD. Alguns sobreviventes não cuidarão de feridas e apresentarão comportamento irritável e com possível risco à vida, como beber água não tratada em áreas de risco de contaminação.

Segundo, conectar o sobrevivente com os recursos apropriados não só aumenta a capacidade de sobrevivência e o futuro retorno à normalidade, mas também estabelece as bases para o critério do trabalho da TCC: aumento da auto-eficiência e do controle percebido. O emaranhado de serviços de socorro pode ser estonteante para os próprios provedores desses serviços, sem falar nas vítimas com suas necessidades prementes. "Você sabe onde está sua família?" "Você sabe que pode ser enviado para abrigos auspiciados pelo governo?" Os serviços de auxílio para reunião da família e de acompanhar e orientar o sobrevivente na parte burocrática são exemplos de primeiros socorros psicológicos. O terrorismo biológico e químico impõe desafios exclusivos para os provedores de SMD: podem surgir sintomas de doença física que simplesmente não são diagnosticáveis ou que nunca foram observados. Em resposta a doenças epidêmicas inexplicáveis clinicamente, a Organização Mundial de Saúde (2005) sugere que "é preferível evitar a sugestão 'não há nada errado' ou que o episódio é puramente psicogênico ou sociogênico, porque isso invalida a experiência da pessoa, e uma das maneiras de provar que há algo errado é continuar doente" (OMS, 2005 citando Bartholomew & Wessely, 2002). Proporcionar acesso a fontes confiáveis de informação geral é um elemento básico para ajudar o sobrevivente a lidar com suas necessidades e as de sua família.

Em terceiro lugar, a validação da gama de respostas emocionais pode ser fornecida por uma lista e pela descrição de possíveis sintomas. O discernimento clínico tentará "escalonar" a profundidade ou os detalhes dessa informação descritiva para a audiência. O luto pela perda de entes queridos ou da casa ou, possivelmente, de toda uma comunidade é bastante compreensível para leigos. O que é surpreendente, porém, é a intensidade dessas reações quando são experimentadas pessoalmente ou testemunhadas nos outros. "Chorar, às vezes, pode ser incontrolável. Às vezes, você pode sentir-se paralisado, como se estivesse em um sonho ou um filme."

A constelação tripartite de sintomas de TEA/TEPT em geral é esclarecedora para a maioria dos sobreviventes. Em nossa experiência, as vítimas de desastres são freqüentemente surpreendidas e perturbadas por terem sintomas de novo e por obterem alívio ao reconhecer o nome desses elementos, como parte de sua experiência pessoal ou de seus entes queridos. Os seguintes exemplos ilustram como esses sintomas podem ser descritos.

> O estresse pós-traumático geralmente envolve alguns sintomas que podem ser classificados em uma de três categorias: sentir outra vez, evitação e ansiedade excessiva ("hiperexcitação"). Primeiro, ter novamente os problemas pode afetá-lo durante o dia ou a noite. Durante o início da manhã, você pode pensar constantemente sobre o desastre, na verdade, vendo cenas ou ouvindo sons do trauma sofrido, ou mesmo sentindo como se estivesse passando pelo trauma novamente. As coisas que o lembram de sua experiência traumática também causam muita ansiedade ou medo. Seu sono pode ser afetado por pesadelos sobre o evento ou sobre assuntos perturbadores relacionados.
>
> O segundo tipo é evitação: isso envolve tentar ficar distante do que lembra o trauma. Pode ocorrer apenas em seus pensamentos, isto é, tentar não pensar no que aconteceu é uma maneira de controlar os sentimentos. A evitação pode afetar a maneira usual de você sentir: as coisas que uma vez foram agradáveis ou interessantes, podem não ser mais. Às vezes, é difícil sentir alguma coisa, como se você estivesse deslocado

ou entorpecido. O problema mais típico é querer ficar longe de locais ou situações que lembram você das piores partes de sua experiência. Em geral, isso não é possível ou é inviável, considerando o peso da catástrofe.

Terceiro e último, a ansiedade excessiva ou hiperexcitação é uma reação comum ao estresse extremo. Isso é um sinal de como seu corpo e sua mente estão tentando adaptar-se a uma ameaça para sua segurança. Ansiedade, tensão e irritabilidade podem ser os únicos sentimentos que você tem. Você pode sentir-se constantemente na defensiva, como se você ou sua família ainda estivessem inseguros. Você pode estar bastante tenso, a ponto de seu sono ser intermitente ou tão leve que não o satisfaz.

Adaptação X transtorno. Achamos muito benéfico explicar a diferença entre o que é adaptação normal, que envolve luto e os sintomas de estresse traumáticos já mencionados a curto prazo nos problemas de gravidade moderada ou verdadeiramente incapacitantes. O fornecimento de uma heurística simples para considerar assistência profissional adicional, pode ser expresso da seguinte maneira.

Pensamentos persistentes, evitação ou problemas de sono, por exemplo, que duram mais de duas semanas ou que interferem nas funções do dia-a-dia podem justificar mais atendimento. A maioria dos indivíduos acha que seus problemas serão resolvidos com o tempo. Para as pessoas que não melhoram com o apoio da família, de amigos ou da comunidade, sabemos que conversar com um terapeuta pode proporcionar alívio e evitar o problema de o transtorno tornar-se completo, que é um estado verdadeiramente incapacitante. Se você não está seguro sobre a gravidade de seus problemas, procure a ajuda de um profissional.

A preocupação ao cuidar de crianças e sobre "o que dizer" aos pequenos é, via de regra, muito grande para os pais. Afirmações de tranqüilização, reações emocionais fortes no sentido da normalização e informar os sobreviventes de que a maioria das pessoas sente muitas dessas coisas podem ser benéficas; ao mesmo tempo, pode-se dizer aos sobreviventes que "a maioria das pessoas sente essa dor e emoções intensas diminuindo ou desaparecendo". Conhecer as necessidades básicas da população sobrevivente pode ajudar a elaborar essas mensagens educacionais; no bombardeio da Embaixada dos EUA em Nairóbi, por exemplo, os profissionais de saúde estavam conscientes da alta porcentagem de gestantes que foram vítimas da explosão e, assim, as mensagens informativas visaram diretamente seus medos exclusivos e suas necessidades médias pós-trauma (Njenga, Nyamai, Woods *et al.*, 1999).

Em quarto lugar, os sobreviventes podem ser informados do que os poria em maior risco de problemas emocionais futuros e que a breve ajuda pode agora realmente melhorar sua função mais tarde. Esse tipo de informação pode ser beneficiada em nosso crescente conhecimento dos fatores de risco para outras psicopatologias (por exemplo, Norris, Friedman, Watson, Byrne, Diaz & Kaniasty, 2002; Brewin, Andrews & Valentine, 2000). Os maiores preditores de problemas posteriores são a exposição extrema à perda de vidas e recursos, sintomas ou transtornos psiquiátricos anteriores, altos níveis de dissociação durante o trauma ou logo depois dele ("dissociação peritraumática"), crianças pequenas e pessoas de meia-idade que sobrevivem (40-60 anos) e indivíduos com experiências traumáticas não resolvidas previamente (ver Watson *et al.*, 2001). Despersonalização, desrealização e amnésia durante e imediatamente após o trauma são preditores comprovados de sintomas de estresse pós-traumático (Marmar, 1997). Um estudo mostrou que os sintomas medidos uma semana depois do trauma predisseram a sintomatologia cinco meses depois (Shalev *et al.*, 1996). As instruções específicas relacionadas a esses riscos em geral provam que são benéficas para o comportamento de busca de ajuda da vítima: "Se você se sente como num estado de não ser você mesmo, entorpecimento ou 'em confusão' uma boa parte do tempo nas duas últimas semanas ou mais, considere conversar com um dos profissionais de saúde mental para ser triado e avaliado."

Nas catástrofes, essas intervenções baseadas em informações também podem ser fornecidas pelos meios de comunicação, por meios institucionais e governamentais, por organizações comunitárias, escolas e corporações. O contexto ideal em sua experiência e das recomendações de boas práticas formais é fornecer informações em sessões em grupo ou individuais. As intervenções comunitárias sistêmicas que visam os comportamentos de saúde proporcionaram modelos interessantes de mudança de comportamento. A informação relacionada à catástrofe continua a ser o melhor modo de preparar os indivíduos e suas famílias *antes* de um desastre: a meta envolve explicitamente a mitigação do impacto total da devastação por planos de preparação e alocação de recursos (por exemplo, um plano para desastres no local de trabalho, uma rede telefônica para transmissão de informações, como chamar os profissionais de atendimento de emergência) durante a violência de uma catástrofe e logo após ela. *Depois* do impacto do desastre, a informação fornecida aos funcionários no local de trabalho, quando a infra-estrutura permanece funcional, é um método eficiente comprovado depois de catástrofes. A seguinte narrativa é um protótipo de intervenção de primeiros socorros psicológicos realizada por um profissional de saúde mental em desastres (SMD) que foi destinado a um abrigo para vítimas de incêndio na floresta, cujas casas haviam sido destruídas alguns dias antes.

Vendo uma senhora de meia-idade sentada sozinha e olhando para longe em sua cama, o profissional aproxima-se da mulher.

Profissional de SMD: "Olá... Não pude deixar de notar que a senhora está sentada aqui sozinha, com alguma preocupação. A senhora está bem? Posso trazer-lhe algo gelado para beber?"

Mulher: "Estou bem... quem é você?"

Profissional de SMD: "Meu nome é Bruce. Faço parte de um pequeno grupo de profissionais de saúde mental a serviço da prefeitura, o qual está verificando com as pessoas se e como podemos dar algum apoio, considerando a quantidade de coisas que as pessoas que perderam suas casas têm de enfrentar. Há quanto tempo a senhora está aqui?"

Mulher: "Cheguei ontem à tarde, quando fui impedida de voltar para casa. Bem, na verdade, disseram que não havia mais casa para eu voltar."

Profissional de SMD: "Sinto muito. Deve ser um choque dar-se conta de que não pode mais voltar para casa."

Mulher: "Realmente, ainda estou em estado de choque."

Profissional de SMD: "Não é para menos."

Mulher: "Parece tão irreal. Tudo parece irreal. Sinto-me afastada das coisas. Não quero comer, não quero estar com pessoas. Estou muito triste."

Profissional de SMD: "Sinto muitíssimo que esteja passando por isso. Outras pessoas com quem conversei nos últimos dias mencionaram que parece surreal, que é difícil acreditar que isso aconteceu. Quando a senhora se alimentou pela última vez?"

Mulher: "Acho que comi alguma coisa ontem à noite."

Profissional de SMD: "Então a senhora não tomou café da manhã nem almoçou hoje?"

Mulher: "Não."

Profissional de SMD: "A senhora está ingerindo líquidos?"

Mulher: "Não."

Profissional de SMD: "Tomaria água se eu trouxesse para a senhora?"

Mulher: "Sim, acho que sim."

O profissional de SMD traz um copo d'água para a mulher e um sanduíche da área de alimentação.

Profissional de SMD: "Aqui está a água, e eu gostaria de ver você comer este sanduíche. Mesmo se não tiver fome, é importante que você coma. Não comer ou beber só tornará as coisas mais difíceis."

Mulher: "Você não entendeu, Não quero comer."

Profissional de SMD: "Onde você prefere que eu me sente? (Senta onde recomendado). Há quanto tempo morava nessa casa?"

Mulher: "10 anos."

Profissional de SMD: "É bastante tempo. Você tem amigos que também perderam a casa?"

Mulher: "Não."

Profissional de SMD: "Você tem contato com familiares, parentes ou amigos que possam ajudá-la?"

Mulher: "Não tenho contato com minha família."

Profissional de SMD: "É mesmo? Teve alguma desavença recente ou há muito tempo?"

Mulher: "Foi há muito tempo. Quase não fui íntima de ninguém enquanto cresci."

Profissional de SMD: "Quero respeitar sua privacidade, mas parece que não tem amigos nem família."

Mulher: "Eu preferi que fosse assim."

Profissional de SMD: "O que quer dizer com isso?"

Mulher: "É que não me sinto à vontade com pessoas e tenho ficado só há muito tempo. Na verdade, não confio nas pessoas. Acho que a maioria delas é irritante.

Profissional de SMD: "Ouvi a mesma coisa de outras pessoas que ficaram decepcionadas com alguém em quem confiavam e queriam. Não só se decepcionaram, mas feriram-se profundamente."

Mulher: "O fato é que meu pai abusava sexualmente de mim quando eu era menina e quando tentei pedir ajuda, ninguém acreditou em mim. Claro, isso foi 30 anos atrás e eu vivia em uma área rural. As crianças são mais ajudadas hoje, acho."

Profissional de SMD: "Oh... Sinto muito...está explicado porque é cautelosa quanto às pessoas em quem confia. Sua infância foi mais difícil do que eu poderia imaginar, você se isolou dos outros na idade adulta e, agora, este incêndio. Você deve estar arrasada, uma verdadeira sobrevivente. Você recebeu algum tipo de ajuda profissional, por exemplo, terapia pelo que sofreu na infância e traz até a idade adulta?"

Mulher: "Não... Na maior parte do tempo deixei pra lá, ao perder minha casa no incêndio, me dei conta disso ...os sentimentos de insegurança... não ter um lar... lembrou-me quando eu era menina e também sentia como se não tivesse um lar."

Profissional de SMD: "É, entendo como as duas experiências se interligam. Existe um movimento crescente de apoio a adultos sobreviventes de abuso infantil.

Você foi muito resistente, mas merece o crédito dos outros, merece contar sua história, ser ouvida e entendida, em especial por outras mulheres que sofreram abuso na infância. A perda de sua casa e de seus pertences é o suficiente para arrasar qualquer um ...mas o estresse adicional de ter uma história de abuso, em minha opinião, é muito pesado para qualquer pessoa lidar sozinha. Acho que seria muito bom para você ter alguém que a ajudasse no processo de resolução... que ajudasse você a encontrar as formas corretas e os locais corretos para ir, que a ajudasse a navegar pelo sistema. Será que você aceitaria esse tipo de apoio?"

Mulher: "Quem pode fazer isso?"

Profissional de SMD: "Nas próximas duas semanas, podem ser os membros da equipe em que estou. Tenho o prazer de fazer umas ligações telefônicas para ver se a Cruz Vermelha pode oferecer uma ajuda mais abrangente."

Mulher: "Não tenho certeza se quero isso. Sinto-me bem com você, mas não sei se será igual ter muitas pessoas a quem falar, as quais não conheço."

Profissional de SMD: "Compreendo que... especialmente quando você fica falando várias vezes a mesma coisa para pessoas diferentes. Garanto para você que os homens e mulheres que compõem nossa equipe são bastante profissionais e muito dedicados. Faria diferença para você se fosse homem ou mulher? ...você preferiria que fosse uma mulher que lhe desse apoio?"

Mulher: "Prefiro, mas se você puder fazer parte desse apoio, seria bem-vindo."

Profissional de SMD: "Ótimo. Podemos arranjar uma mulher e eu mesmo também trabalharei com você. Com certeza precisamos atender suas necessidades mais imediatas, em especial lembrá-la de comer e ingerir líquidos, mas em algum momento, as pesquisas sobre grupos de apoio podem beneficiá-la. Mas vamos fazer uma coisa por vez. Estou com fome. Quer comer um sanduíche comigo? Posso trazer algo mais para você beber?"

O profissional de SMD usa um "quebra-gelo" para criar um vínculo e, depois, proporciona argumentos lógicos para conversar com a mulher e com outras pessoas que estão no abrigo. A mulher rapidamente reconhece a angústia de saber da destruição de sua casa e o profissional de SMD normaliza suas reações de choque e descrença. Em cada oportunidade, o profissional de SMD procura validar a experiência emocional da mulher.

O profissional de SMD fica sabendo que a mulher está com dificuldade para comer e imediatamente traz alimento e bebida. Ela não mostra sinais de desidratação nem outros efeitos prejudiciais e, assim, não necessita de atendimento médico. Quando o profissional de SMD incentiva a mulher a comer o sanduíche, encontra resistência e um pouco de contrariedade, porque a mulher acha que o profissional de SMD realmente não compreende seu grau de choque. O profissional de SMD reduz a pressão sentida pela mulher buscando caminhos para que ela aumente a sensação de controle, perguntando-lhe diretamente onde quer que ele se sente. Ele ajuda a chamar a atenção dela fazendo uma pergunta fácil: "Há quanto tempo morava nessa casa?"

O profissional de SMD explora a qualidade do sistema de apoio da mulher e ela revela espontaneamente que foi vítima de abuso sexual na infância há trinta anos. A resposta do profissional de SMD a essa revelação incrível e marcante é formulada por limitações de tempo. Nos Estados Unidos, a resposta NGO aguda em geral envolve equipes de intervenção durante duas semanas por vez; qualquer interação simples pode durar apenas alguns minutos até meia hora no máximo. O profissional de SMD valida o longo sofrimento da mulher, reestrutura seu sofrimento como resistência, valida sua percepção sobre os sentimentos de insegurança que estão aflorando, valida o enfrentamento baseado na evitação, ao mesmo tempo em que ajuda a mulher na resolução de seu problema mais imediato. O profissional de SMD oferece acompanhamento, apoio concreto e está querendo garantir o apoio contínuo com uma agência que fará exatamente isso. Além disso, o profissional de SMD continua a buscar meios de fortalecer a mulher e ajudá-la a se sentir mais segura, perguntando se prefere trabalhar com um homem ou uma mulher. Quando a mulher expressa ambivalência sobre aceitar ajuda, o profissional de SMD valida a ambivalência, mas passa a dirigir, levando o plano adiante.

IV. INTERVENÇÃO DE RELAXAMENTO PARA REDUÇÃO DE ANSIEDADE, CONTROLE E COMO UMA HABILIDADE DE ENFRENTAMENTO

O treinamento de relaxamento tornou-se uma habilidade básica para as intervenções de TCC e é atraente para o profissional de SMD por vários motivos. Um dos mais notáveis motivos para seu uso difundido em clínica é sua eficácia comprovada no tratamento de transtornos de ansiedade: TEPT, pânico, ansiedade generalizada e transtorno obsessivo-compulsivo. A técnica é facilmente assimilada pelos pacientes. Além disso, os clínicos, auxiliares e não-clínicos de todos os níveis de educação podem ser treinados para proporcionar o treinamento de relaxamento em contextos de catástrofes de todos os tipos, em especial quando os atendentes do desastre, os clínicos e profissionais de saúde estão sobrecarregados ou ausentes, ou eles mesmos com problemas psiquiátricos ou físicos.

Os profissionais de TCC reconhecem rapidamente como as intervenções mais complexas relacionadas ao trauma dependem da capacidade do paciente de reconhecer o aumento de tensão em seu corpo, inclusive correlatos viscerais e cognitivos com essa tensão. A pesquisa no tratamento do transtorno do pânico indica com veemência o poder de aumentar o enfrentamento percebido por meio de redução da ansiedade — especificamente com técnicas de respiração e relaxamento — em face de estímulos reais ou previstos de medo (Barlow & Cerny, 1988). Na exposição terapêutica direta, a capacidade de relaxamento realmente é uma medida adicional de segurança para a exposição extensa a um clínico, que pode durar 20 ou 30 minutos por triagem (ver seção sobre exposição terapêutica direta mais adiante).

Usamos os seguintes roteiros em quase todos os contextos de catástrofe em que trabalhamos com todos os tipos de indivíduos, jovens e idosos, leigos e profissionais. O guia abaixo é subdividido em quatro seções: as unidades subjetivas da escala de angústia (SUDS) e a verificação do corpo; ajuda para determinar a adequação para a intervenção, em conjunto com afirmações preventivas (relaxamento melhora a ansiedade, precisa estar com os olhos fechados e cuidado com a tendência de dissociação); relaxamento muscular progressivo e segurar e soltar a respiração.

> Unidades subjetivas de angústia (Subjective Units of Distress, SUDS). Para o exercício seguinte, gostaria que você percebesse qualquer tensão em seu corpo. Sempre que você está ansioso ou tenso, o corpo dá indícios desse tipo de sentimento. Algumas pessoas podem sentir os ombros rígidos ou voltados para cima, pode haver cerramento de mandíbula e tensão na área peitoral. Outros podem sentir a tensão de uma dor familiar na região lombar das costas, nas têmporas ou na testa, ou rigidez nos pés. Outros sinais de ansiedade podem ser encontrados na maneira como você respira: a respiração pode ser rasa, como se não captasse ar suficiente ou pode ser muito rápida. Seus pensamentos podem ser velozes, e você pode ter sensação e pensamentos de incômodo, desconforto ou preocupação. Seja qual for a sensação, só peço que você observe seu estado geral de corpo e mente. Gostaria que você pensasse em uma escala de 1 a 10, sendo que 1 corresponde ao mais relaxado e despreocupado que seu corpo possa estar e 10, o mais tenso ou contraído que seu corpo possa estar. Pensando em como seu corpo e sua mente estão agora, qual número você daria a si mesmo? Chamo

essa escala de unidades subjetivas de angústia ou SUDS e perguntarei qual é sua classificação intermitentemente enquanto aprende esta técnica de relaxamento.

As seguintes afirmações preventivas são benéficas no contexto de catástrofes, devido ao problema comum da distração, senão de franca sintomatologia dissociativa. A idéia de fixar o olhar e apoiar o corpo através da orientação de auto-afirmações é emprestada diretamente das intervenções com pacientes com transtornos dissociativos (por exemplo, Kluft, 1996).

Se você já teve uma experiência ruim com meditação, auto-hipnose ou relaxamento, por favor, avise. Peço que feche os olhos caso se sinta confortável fazendo isso durante os próximos 20 minutos de prática de relaxamento. Algumas pessoas têm pensamentos muito rápidos ou as imagens que lhes vêm à mente são muito perturbadoras quando fecham os olhos. Se você acha que tem esse problema, simplesmente fixe o olhar em um ponto do assoalho. Lembre-se que não precisa preocupar-se se seus pensamentos começarem a vagar. Isso é comum: simplesmente dirija sua atenção para as instruções; se aparecer algum pensamento doloroso ou desagradável, muitas pessoas acham que perceber seu corpo na cadeira ou dizer para si própria "Tudo bem, estou sentado aqui e posso estar aqui e acompanhar o que está acontecendo agora".

As seguintes afirmações proporcionam um importante argumento lógico de dupla finalidade para o sobrevivente: que o treinamento de relaxamento é um método de lidar com os picos de ansiedade e tensão — uma habilidade para controlar a ansiedade — e um modo generalizado de enfrentamento que pode tornar-se um ritual e ter amplo efeito benéfico sobre o enfrentamento em geral e a saúde mental. Observe que modificamos intencionalmente muitas dessas técnicas para incorporar a linguagem de aceitação e concentração no momento atual, uma tendência bem-vinda nos recentes artigos sobre TCC (cf. Hayes, 2002).

Sempre que sentir que seu corpo está ficando tenso, pode começar a respirar com maior consciência e usar essas técnicas deliberadamente para liberar a tensão. Isso pode ser feito a qualquer tempo e em qualquer lugar. Se, quando estiver tenso, for capaz de trabalhar pelo menos dois ou três grupos de músculos importantes (cabeça, ombros e peito ou peito, braços e pernas) e passar no mínimo 10 minutos realmente concentrando-se em contrair e relaxar músculos ao respirar, sentirá o benefício imediato em termos de reduções da SUDS. Também salientamos que o relaxamento muscular progressivo é uma maneira excelente de cuidar de si mesmo. Se você for capaz de fazer o exercício de relaxamento inteiro — na versão de 20 minutos — *todos os dias* como uma rotina para acalmar seu corpo, você notará que o relaxamento torna-se mais profundo, sua ansiedade geral em outros momentos pode ser menos intensa e sua sensação de controle de suas emoções pode melhorar. Achamos que as pessoas ficam mais alertas quanto ao nível de tensão de seu corpo, e podem, praticamente, condicionar-se, lembrando da sensação de relaxamento sentindo redução quase imediata da tensão.

Para começar, gostaria que você se concentrasse nos músculos de sua testa e do couro cabeludo. Quando eu contar até três, quero que você contraia os músculos da testa, unindo as sobrancelhas e enrugando a testa. A região ficará contraída e tensa, mas não dolorosa, não 100% retesada. Um, dois, três: contraia esses músculos ...muito bem. Observe a tensão dos músculos, onde ela se encontra e como é sentida. Agora, libere a tensão. Solte e desenrugue esses músculos e sinta a diferença. Você consegue sentir a diferença? Lembrando-se de respirar regularmente, quero que se concentre nos músculos ao redor dos olhos e das bochechas. Depois de eu contar até três, gostaria que você fechasse firmemente os olhos, como se não quisesse que entrasse nenhuma luz. Um, dois, três: contraia os músculos em torno dos olhos e da bochecha. Muito bem. Observe como sua atenção se volta bem para essa região de seu corpo. Agora, solte toda a tensão em torno de seus olhos. Relaxe bem e veja a diferença. É fácil, neste momento, observar a mudança gradual em seu corpo, cada vez mais relaxado. Sempre lembrando de respirar, quero que volte sua atenção para os músculos da mandíbula e do pescoço. Quando eu contar até três, quero que você cerre a mandíbula e sinta a tensão em seu pescoço e na parte inferior de sua cabeça. Um, dois, três: contraia esses músculos. Muito bem.

{Repita o procedimento para os seguintes grupos de músculos: ombros [leve os ombros para cima, na direção de suas orelhas, depois solte]; braços [junte o braço e o antebraço no exercício de contrair e relaxar]; mãos [feche o punho, lembrando que você não quer apertar muito, depois solte]; peito [contraia a caixa torácica e depois, solte]; região do estômago e região lombar; músculos da coxa, panturrilhas e pés [a contração dos pés pode ser dividida em duas partes: apontando para o teto e soltando, ou na direção contrária ao corpo e soltando]}

Alternativa ou acréscimo à TRP: Prender/soltar a respiração e concentração

Algumas pessoas gostam de outras maneiras de relaxar durante o dia e a pesquisa apóia pelo menos alguns modos distintos de fazer isso. Esta técnica é chamada controle da respiração, ou técnica de soltar a respiração. Você pode fazer isso confortavelmente, sem ter autoconsciência total, em especial em lugares públicos. Envolve inspirar profundamente, imaginando abranger toda a tensão em seu corpo, prendendo a respiração por alguns segundos, contando um, dois, três, quatro. [Mostre para o paciente] A seguir, solte lentamente a respiração, deixando que toda a tensão acumulada em seu corpo saia com ela. Quer tentar? Ao contar até três, quero que você inspire profundamente. Um, dois, três, inspire. Imagine que está reunindo toda a tensão de seu corpo. Muito bem. Prenda a respiração, um, dois, três, quatro. Agora solte o ar e a tensão de seu corpo suavemente e devagar, deixando que a tensão saia de seu corpo.

Observe seu corpo enquanto ele encontra seu ritmo natural de respiração. [Repita o procedimento seis ou sete vezes, intercalando as experiências com um retorno à respiração normal e com afirmações de eficácia ou aceitação, como "Deixe seu corpo perceber este momento de liberação e alívio. Essa é a maneira de você cuidar de você mesmo agora. Um modo natural de ser carinhoso e cuidar de si mesmo."]

V. INTERVENÇÕES DE AUTO-EFICÁCIA E ACEITAÇÃO/PLENA ATENÇÃO

É muito benéfico em termos clínicos prestar atenção ao constructo de auto-eficácia e estabelecimento de metas próximas, idéias da teoria de aprendizagem social defendida por Albert Bandura (Bandura, 1971) e adaptada por outros autores para a intervenção, mais especificamente para o trauma, por Donald Meichenbaum (2002). Ao enfatizar realizações pequenas, de fácil observação nos sobreviventes de catástrofes, deparamo-nos não só dando elogios autênticos pelos pequenos comportamentos de autocuidado e pelas pequenas cognições, como também descobrimos modos de ajudar as vítimas a dar sentido aos contextos de catástrofe sem sentido e sem esperança. Por exemplo, a idéia de procura de ajuda para a saúde mental para a maioria dos sobreviventes de desastre pela primeira vez é uma nova habilidade. As interações breves com os profissionais de saúde mental em desastres podem, assim, tornar-se momentos decisivos no sentido de como a pessoa percebe esses profissionais e se podem ou não continuar a procurar mais contato. As buscas de auto-eficácia são mais frutíferas se forem visadas em comportamentos iminentes e altamente específicos. Por exemplo, "Você se sente confiante para dar este próximo passo de preencher estes formulários do governo sozinho?" não só mostra sensibilidade para o indivíduo com baixa autoconfiança, como também formaliza o estabelecimento de meta e resolução do problema.

Em segundo lugar, e provavelmente muito mais importante, é demonstrar como a consciência do aqui e agora e aceitação profunda e cabal de si e dos outros pode proporcionar uma nova maneira de interpretar a si mesmo e o lugar que ocupa no mundo, especialmente no contexto de um evento que coloca a vida em risco. Em vez da abordagem tradicional da terapia cognitiva, na qual o objetivo é provocar o pensamento irracional, é melhor conceituar a meta como um modo de sentir o que está menos ligado a um desenlace clínico em particular, mas sim, atenção, respeito e compaixão totais por si e pelos outros. O trauma e a perda repentinos podem, para muitas pessoas, dar uma abertura espontânea para um modo novo e estimulante de construir o mundo. Algumas cognições saudáveis que em geral são descritas espontaneamente são "O furacão realmente me fez compreender o que é importante". "Percebi que as vítimas desse desastre são exatamente como eu — ninguém mais é estranho." "A vida sempre foi frágil, mas isto foi uma advertência." "Sinto muita compaixão pelas pessoas que perderam tanta coisa, especialmente os que perderam mais do que eu."

O trauma das catástrofes geralmente impele os sobreviventes a atitudes construtivas. Embora os profissionais que atendem desastres estejam em harmonia com problemas da "anarquia do altruísmo" e da fadiga da compaixão, constatamos que as cognições positivas mencionadas vão muito além dos primeiros meses depois do desastre. Como nossa impressão é que esses pensamentos correlacionam-se fortemente com o comportamento pró-social, a aceitação e o apoio dado, e a uma repercussão mais rápida na saúde mental, buscamos constantemente essas experiências ou relatos nas vítimas. Recomendamos muito que os clínicos salientem esse tipo de consciência quando ela surge. Outra maneira de recompor a perda de um membro da família ou de um amigo íntimo ou de abordar a culpa do sobrevivente, é pedir a ele que imagine como aquela pessoa teria querido que ele continuasse sua vida. Não é raro que o sobrevivente reconheça com rapidez que cuidar de si mesmo, viver bem a vida etc. é uma maneira de *honrar* quem morreu. Resistir ao impulso de se automedicar é outra lição importante. Não usar substâncias químicas diante de tristeza, raiva ou ansiedade permite a compreensão mais cabal de toda a gama de sentimentos da pessoa, que foram precipitados pelo trauma. Não estar sob ação de substâncias químicas desnecessárias permitirá ao sobrevivente reconhecer seu poder e resistência pessoal e evitar o agravamento biológico dos estados de entorpecimento, irrealidade ou agravamento induzido por substância química de um episódio depressivo real importante ou TEPT.

O relaxamento adapta-se bem à prática de maior auto-aceitação. Permite que o clínico lembre a vítima que "vá devagar", "não se pressione demais", que sua adaptação será única, e para respeitar "o ritmo natural da cura". Observamos que os sobreviventes têm urgência de melhorar, de "voltar para o normal" e que os lembretes amáveis de que "os processos de recuperação em geral levam meses e até anos" podem ajudar. Como para a reconstrução da infra-estrutura de uma cidade, a recuperação emocional requer escavação, planejamento, tempo e esforço de grupo. Em geral, lembramos desses indivíduos, com freqüência entre vítimas de desastres ou entre profissionais de ajuda, que são impulsionados por níveis hipomaníacos de atividade do princípio de *controle do estímulo*. Como demonstram as pesquisas depois de 11 de setembro, além da ameaça direta à vida, os sintomas pós-traumáticos em adultos e crianças podem ser, em parte, previstos pelas horas vendo televisão com os relatos do desastre. Recomendamos que os sobreviventes monitorem o grau em que se expõem às histórias de sofrimento, em especial aos relatos visuais que aparecem na televisão.

VI. SOLUÇÃO DO PROBLEMA SOCIAL: TCC COMO INTERVENÇÃO DE "PONTE" NAS FILIPINAS E O CASO DE PAUL

Paul era um triatleta filipino de 26 anos de idade e universitário formado que exercia trabalho voluntário na Cruz Vermelha Internacional nas montanhas de Mindanao, no Sul das Filipinas. Ele e sua namorada decidiram "servir" antes do próximo passo em suas vidas: entrar para a escola de medicina. Uma das principais tarefas humanitárias naquela região do país era levar alimentos e suprimentos médicos para os rebeldes insurgentes isolados nas montanhas de Mindanao.

Paul estava sentado no assento dianteiro de uma camionete bem marcada com o símbolo da Cruz Vermelha entre o motorista e sua namorada, preparado para subir a montanha em um dia comum de entregas. O motorista parou ao ver uma menina acenando e sorrindo, que segurava um pacote. Ela deu o pacote pela janela, colocando-o no colo da namorada de Paul e saiu correndo. O pacote explodiu, matando brutalmente a namorada e ferindo Paul e o motorista gravemente. Paul teve queimaduras de terceiro grau em mais de 40% do corpo, ficou com o rosto desfigurado e perdeu completamente a visão do olho direito. Eu (FRA) fui convidado a dar uma conferência em Davao City, Mindanao e, depois da palestra, perguntaram-me se eu queria ver Paul. A equipe da Cruz Vermelha deu-me um breve resumo de seus problemas: pesadelos horríveis, choro incontrolável e dor.

Em uma única sessão de duas horas, optei por fazer o seguinte, em resposta ao resumo de sua história e em vista do pouco tempo disponível: identificar quais foram os aspectos mais dolorosos e assustadores da bomba para ele, ensiná-lo sobre os sintomas que tinha e por quanto tempo deveriam durar, e explicar a idéia de exposição terapêutica através de conversas e liberação das emoções em situações seguras com um terapeuta, com amigos ou entes queridos. Decidi de antemão que qualquer trabalho com exposição direta comigo seria conduzido com muita cautela, caso fosse propício. No entanto, ajudá-lo a identificar o que não estava sendo verbalizado parecia absolutamente essencial na ocasião. Vi meu contato com ele e com o serviço da Cruz Vermelha como uma intervenção de "ponte", para fornecer uma ligação entre sua aceitação de auxílio à saúde mental e o futuro tratamento e auto-ajuda em minha ausência.

No processo do encontro, descobri várias coisas esclarecedoras sobre a capacidade de recuperação desse jovem, muitas das quais articuladas com sua identidade cultural. Ele era um cristão devoto que havia ajudado a namorada a deixar as drogas, a adotar a fé e a se comprometer com uma vida de serviços juntos. Como é comum na cultura filipina, a família dela passou a ser a extensão de sua família e continuou a ser importante para seu apoio emocional e social após a morte dela. Ele disse que havia pranteado a morte da namorada nas últimas cinco semanas com sua própria família, com a família dela, com seus amigos do sexo masculino e "com Deus". Pareceu aliviado ao saber que os pesadelos são comuns nas pessoas que sofreram um trauma dessa gravidade. Eu disse "às vezes, os pesadelos têm informações sobre coisas que parecem impossíveis de verbalizar com alguém". Também pedi que ele encontrasse seus amigos do sexo masculino uma vez por semana, todas as semanas, sem falhas. Ele disse que eles lhe davam muito apoio e que ao mostrar a fotografia da namorada eles choraram com ele. Esse "apoio de grupo" que ocorre naturalmente foi digno de nota por pelo menos duas razões. Primeira, Paul e seus amigos foram capazes de expressar e partilhar emoções tristes em grupo, que é atípico para a maioria dos homens norte-americanos com os quais eu estava acostumado a trabalhar. Segunda, a existência desses grupos de homens é nativa da cultura filipina. Não eram companheiros de bebidas, de esporte ou de outras atividades; o único motivo para se encontrarem era conversar e pôr em dia para os outros o que estava realizando na vida.

Surgiu uma pergunta naturalmente dessas revelações: Você seria capaz de partilhar os aspectos mais terríveis do trauma com seus amigos homens? Delineei os motivos pelos quais esse grupo seria muito promissor para as revelações difíceis. Falamos sobre *hiya* ou a vergonha de falar da brutalidade da tristeza de perder a namorada e, pior ainda, de maneira tão violenta. Ele disse que se contasse ao grupo que o incentivei a partilhar esses sentimentos quando eles surgissem, eles provavelmente dariam todo o apoio. Quando perguntei se ele poderia lembrar o episódio, ele disse que tudo o que podia ver era o clarão de luz e a sensação de queimadura em todo o seu corpo. Ele lembra de ter-se afastado da camionete e, depois, de ser levado para o hospital. Lembrou também de perguntar por sua namorada e de ter compreendido que ela "se fora, morrera". "Ainda parece irreal. Não posso acreditar no que houve até hoje". Garanti a ele que não queria que ele lutasse para se lembrar nada mais do que era capaz. Esse episódio traumático foi excepcional devido às lesões físicas causadas ao jovem, à violência do que o explosivo fez ao corpo da mulher e ao profundo significado e ligação que a relação tinha para esse voluntário. Alertei-o que poderia esperar várias coisas: que emergiriam outras memórias com o tempo, que vivê-las seria, certamente, muito doloroso, e que sua reabilitação, o aspecto físico do trabalho para fortalecer seu corpo e recuperar-se das queimaduras atuariam como lembretes de diferentes aspectos do trauma. Com relação à memória da namorada, reconheceu que pensava nela "quase o tempo todo". Dividia seu tempo entre sua família, a família dela e o hospital; garanti que dar tempo à memória e honrar a vida dela (isto é, lembrar sua bondade, seu desejo de servir com ele e seu amor por ele, além de sua fé em Deus) era uma parte importante da cura que precisava acontecer.

Descobri que seu médico o havia encaminhado a um psiquiatra, mas ele optou por não ir e preferiu conversar com o chefe da Cruz Vermelha, um assistente social que queria acompanhá-lo. Reforcei bastante sua intenção de continuar vendo o diretor. Eu tinha dito que gostaria de falar com o diretor sobre o que nós conversamos e que eu estava incentivando Paul a partilhar as memórias "veladas" com ele, conforme elas surgissem com o tempo nas próximas semanas e meses.

Finalmente, dei um fundamento lógico mais extenso de como a exposição direta ou prolongada funciona, e sobre a importância de estar ligado a algum tipo de terapia relacionada com o trauma. Disse a ele que a cicatrização das queimaduras era uma boa metáfora para a cicatrização das feridas emocionais deixadas pelo trauma. Considerando a gravidade dessas feridas, sua cura seria melhor com a ajuda de um profissional. Diferentes partes das feridas cicatrizam em velocidades diferentes e dependem do quão grave foi o trauma naquela parte. Por exemplo, as queimaduras superficiais cicatrizam sozinhas, com pouca intervenção. As feridas profundas, porém, exigem desbridamento ou limpeza, um processo lento e em geral doloroso que garante que não haja infecção e que exista tecido suficiente para a cicatrização. Da mesma forma, a maioria das partes terríveis da explosão precisam de tempo e atenção; as memórias que no momento não estão disponíveis podem aparecer mais tarde ou em resposta a outros eventos. Em termos de construir uma nova maneira de viver, sem a namorada e com um corpo diferente e parcialmente deficiente, sugeri que o tecido cicatricial e os enxertos cutâneos bem-sucedidos eram como dar novo significado à vida, e, talvez, em parte, honrar a vida da namorada e sua própria fé (surpreendentemente não abalada pelo evento). Ele me disse que desejava ainda fazer o que pudesse, mesmo durante a reabilitação, na agência da Cruz Vermelha em Davao City. Seu fisioterapeuta disse que poderia fazer trabalho burocrático até que recuperasse a força na perna e no braço, nos próximos meses; a equipe estava preocupada com ele e insistia para que ele não trabalhasse. Disse que eu incentivaria que a agência aceitasse sua oferta de ajudar de maneira limitada.

VII. DIRETRIZES DE EXPOSIÇÃO TERAPÊUTICA DIRETA E O CASO DE TESS

A exposição terapêutica direta (ETD) pode ter um papel poderoso de cura no tratamento de sobreviventes de desastres, em especial dos que já apresentam sintomas de transtorno de estresse agudo ou, que depois de um desastre, apresentam muitos dos sintomas de TEPT. Nosso trabalho nessa área é realizado por teóricos e clínicos que articularam bem o modelo de condicionamento de evitação traumática de TEPT (Levis, 1980; Fairbank & Brown, 1986) e a pesquisa sobre desenlaces clínicos na ETD em veteranos de guerra (Boudewyns, Hyer & Woods, 1990; Fairbank & Brown, 1987; Keane, Fairbank, Caddell & Zimering, 1989) e vítimas de ataque sexual (uma variante de ETD chamada exposição prolongada, empregada por Foa & Rothbaum, 2001) e uma grande quantidade de pesquisas de desenlaces clínicos recentes com outros indivíduos com TEPT que não se deve a catástrofes (por exemplo, van Minnen, Arntz, Keijsers, 2002). Os leitores devem ser lembrados da falta de pesquisa controlada sobre desenlaces clínicos com sobreviventes de desastres *per se* usando essas técnicas. Estas descrições de intervenções são fornecidas com a ressalva de que os clínicos que adotam essas técnicas devem ter tido, de modo ideal, alguma experiência fora de desastres, usando a exposição com pacientes de TEA ou TEPT; no mínimo, novos clínicos com supervisão de perto dos que têm essa experiência.

1. Introdução à Exposição. Uma vez que se estabelece que um sobrevivente é bom candidato para a exposição terapêutica direta, deve-se fornecer argumentos lógicos para a técnica e se obter um consentimento livre e esclarecido. A metáfora da ferida e da cicatrização adequada (ver o caso de Paul neste capítulo) pode ser usada para descrever a técnica. O risco de sintomas de agravamento e de sentimentos de angústia e medo deve ser discutido abertamente. Deve-se, porém, garantir à pessoa que o clínico também tomará medidas para parar se acreditar que é melhor suspender o tratamento. Os benefícios, por esse motivo, devem ser analisados. Descreva as etapas envolvidas e quantas sessões você acha que vai precisar.

Farei perguntas a você sobre as partes mais angustiantes do trauma, inclusive se e quando você achou que corria risco de vida. Ensinarei a você um exercício de relaxamento profundo com o qual começaremos e terminaremos. A parte do exercício que é parecida com a limpeza da ferida, ou exposição direta, envolve reviver a cena, com minha ajuda, com a maior quantidade de detalhes possível. Durante muitos minutos, ajudarei você a ter aquelas emoções, concentrando-se no medo ou na angústia, enquanto lembrarei a você de respirar e ter a sensação de que pode parar a qualquer momento. O objetivo, contudo, será liberar a emoção: isso pode ser esmagador ou demasiado, mas você será capaz de seguir minhas instruções e desacelerar se o seu corpo precisar.

2. Sondagem Imagética. Avalie a capacidade de praticar a imagética, isole duas memórias mais angustiantes e elabore sobre esses eventos (isto é, contexto de estímulo), para incluir auto-afirmações. Considere o término da intervenção se as memórias mais angustiantes forem numerosas, isto é, mais de três, se não tiverem relação com o trauma do desastre ou se indicarem psicopatologia complexa e/ou comórbida (por exemplo, culpa não tratável relacionada com uma depressão grave de longa duração).

Em que ponto, se isso ocorreu, você achou que ia morrer? Ou, em que ponto você viu que a vida de alguém estava em perigo? Que outras memórias ou experiências do trauma são mais perturbadoras para você?

Com os olhos fechados ou ligeiramente abertos, concentrando-se em algum ponto do piso à sua frente, gostaria que você realmente visualizasse, ouvisse ou sentisse qualquer uma dessas sensações novamente. Em uma escala de 1 a 7, classifique quão vívida ou realista a experiência é agora, sendo que 7 é extremamente vívida e 1, você não pode realmente ver ou ouvir o que o circunda em sua imaginação. Os indivíduos que respondem 1 ou 2 em geral podem responder ao seguinte: *Se for mais fácil para você simplesmente vasculhar em sua memória, isso também serve. Conte-me qualquer detalhe da cena ou da situação a que ficou exposto. Você lembra que coisas passavam por sua mente, que coisas dizia a si mesmo?*

3. Desenvolvimento de Indícios. Avalie os indícios ambientais para o medo condicionado. *O que estava acontecendo ao seu redor? Você pode dizer o que pensava e sentia?* Deixe que essa resposta venha livremente o máximo possível. Observe os altos e baixos do medo e da ansiedade no conteúdo verbalizado da história. Além disso, tome nota de todos os sinais visíveis de ansiedade durante o relato da história. *Se você conseguir, gostaria que pensasse em todas as visões, sons, posição física, cheiros ou outras sensações corporais (por exemplo, náusea, tontura) que não tenha mencionado e que sentiu durante os aspectos mais aterrorizantes do trauma.* Tome nota de todos os indícios interoceptivos, cognitivos *("Achei que a parede ia cair em cima de mim.")* e somáticos *("Tinha uma sensação de morte no meu estômago de que eu nada mais poderia fazer.")*

4. Ensinar a escala SUDS e pedir ao indivíduo para classificar sua ansiedade depois de contar sua história.

5. Treinamento de Relaxamento. Oriente o paciente no relaxamento muscular progressivo de 20 minutos (TRP) ou no exercício de prender a respiração e liberá-la, prestando bastante atenção a qualquer desconforto, distração ou emocionalidade inesperada. Breves intervenções que ajudam a abordar as distrações ou o aumento da excitação são pedir ao paciente e abra os olhos e que fixe o olhar ou que faça a respiração seguinte: *Concentre-se na inspiração, observe sua respiração lentamente; você pode fazer isso. Concentre-se na expiração; deixe o ar sair lentamente. O que está fazendo agora é uma maneira de cuidar de si próprio.* {Se o paciente estiver visivelmente perturbado ou angustiado*: Por favor, diga se quer desacelerar, dar uma parada ou terminar por agora.*}

6. Avalie a SUDS e Forneça Comentário sobre Formação de Eficácia. Depois do TRP, peça ao paciente para classificar sua ansiedade. Se a ansiedade não apresentar declínio ou se realmente aumentar, considere a suspensão da intervenção. A maioria dos indivíduos relatará declínio moderado da excitação: elogie o fato com linguagem que enfatize o maior controle e enfrentamento: *O que você acabou de demonstrar é como pode fazer um exercício bastante específico e reduzir sua tensão. Vamo-nos basear nessa habilidade enquanto exploramos as partes mais dolorosas do trauma que enfrentou.*

7. Experiência de Exposição Nº 1. *Das duas lembranças ou experiências mais dolorosas do desastre, com qual gostaria de trabalhar agora? Qual é sua classificação atual na SUDS, de 1, extremamente relaxado a 10, extremamente angustiado? Quero que imagine os minutos ou segundos que precederam a parte mais aterradora da experi-*

ência que acabou de escolher. O que você vê ou ouve? Quero que observe como a ansiedade ou o medo começa a crescer. O que mais você percebe? [O clínico pode ampliar a narrativa do paciente com detalhes obtidos anteriormente, tendo o cuidado de não introduzir elementos que não foram relatados ainda.] *Como classificaria sua angústia agora?* [A SUDS deve estar aumentando marcantemente.] *Você está indo muito bem. Lembre-se de se permitir aceitar esses sentimentos conforme vão crescendo e respire. Agora, gostaria que você desdobrasse a experiência devagar, conforme se aproxima da parte mais aterrorizante da experiência.* [A ansiedade deve estar em franca elevação. O clínico pode reafirmar elementos que sejam mais evocativos.] *O que está acontecendo dentro de seu corpo? Você está indo bem. Agora, realmente se permita ver ou ouvir toda pior parte. Qual é a coisa mais dolorosa? Tente não deter esses sentimentos. É assustador e incômodo, mas é importante liberar esses sentimentos. Qual é sua classificação agora, de 1 a 10?* [O clínico continua com a apresentação desses indícios, repetindo-os quando necessário por um mínimo de alguns minutos. Procure um pico de excitamento que começa a diminuir.] Sonde um tempo final com indícios interoceptivos ou ambientais relacionados. Se não ocorrer mais excitação, a experiência de exposição pode ser terminada. O tempo pode variar muito: a duração da cena modal varia de 3 ou 4 minutos até 8 ou 20 minutos.

8. SUDS Pós-exposição mais *Feedback*. Solicite uma classificação da SUDS depois da experiência. Provoque o *feedback* sobre o que acabou de acontecer. Na maioria das respostas bem-sucedidas à exposição, o indivíduo relata alívio espontaneamente como resposta a ter resistido ao exercício. Algumas pessoas relatam outras memórias ou detalhes. Pergunte se a pessoa percebeu algo novo sobre a memória ou as emoções relacionadas com o trauma do desastre.

9. Experiência de Exposição nº 2. Repita exatamente a mesma cena, ampliando-a com qualquer detalhe coletado durante a primeira exposição. Procure aumento de ansiedade e deixe que o indivíduo "respire" durante esses aumentos da excitação. Obtenha uma classificação da SUDS se possível, no auge da excitação. Se o ponto mais alto da excitação for superior ao da primeira experiência, considere a realização de uma terceira experiência se houver tempo.

10. Repita o Passo 7.

11. Realize a Experiência de Exposição nº 3 se o indivíduo desejar e o tempo permitir.

12. Termine a sessão com um procedimento de relaxamento final. Obtenha o *feedback* final referente à experiência de exposição e faça elogios que confirmem a capacidade de o indivíduo liberar os sentimentos, o fato de ele estar melhor ou que foi doloroso, porém suportável. Todas as atribuições à técnica ou ao terapeuta podem, em geral, ser reestruturadas confortavelmente, de acordo com a vontade de abordar a dor e de como está aproveitando o senso de equilíbrio e força durante seu envolvimento ativo na terapia. Instrua o paciente a observar os sintomas do estresse traumático nos próximos dias, até a próxima sessão. Mapeie o plano de contatos novamente: *Vamo-nos encontrar por mais {uma, duas} sessão{ões}, passando o tempo juntos para abordar essas mesmas emoções difíceis ou outras que você ache necessário abordar.*

VIII. CASO DE TESS NO FURACÃO MARILYN

Tess era uma mãe de 26 anos de idade, de uma menina de 4 anos, e membro ativo da National Guard nas Ilhas Virgens, no Mar do Caribe. Ela e sua família sobreviveram ao Furacão Marilyn, o segundo furacão em dez dias, e a segunda vez que ela era chamada para ajudar nesse desastre civil. Dez pessoas morreram e 80% das edificações em St. Thomas, a maior das ilhas, foram destruídas. Tess estava com a família, a mãe e a filha, quando o Furação Marilyn passou. Apesar dos reforços instalados desde o Furacão Luis, o teto de sua casa foi arrancado, com um barulho de rangido forte seguido por um estrondo enorme. As três esperaram quatro horas no banheiro, até que a primeira tempestade caiu. Foram capazes de ir ao abrigo local, aproximadamente um quilômetro e meio de distância. A família continuou a morar no abrigo com mais 200 sobreviventes, enquanto Tess realizava os deveres diários, inicialmente trabalhando em um depósito, distribuindo camas portáteis e aquecedores, indo depois para o controle de trânsito para auxiliar a manutenção da ordem local. Seu supervisor encaminhou-a para a equipe de saúde mental na Coast Guard Armory (onde eu [FRA] estava) quando ela admitiu perder o controle com um motorista exasperado, dando golpes com a mão no capô do carro e ameaçando-o com o cassetete.

Em nosso primeiro encontro, ficou estabelecido que Tess tinha muitos dos sintomas de transtorno de estresse agudo pela combinação de dois furacões, com pesadelos, transtorno do sono em geral, ruminações sobre a segurança de sua mãe e de sua filha e culpa do sobrevivente. Ela tinha visto um terapeuta alguns meses depois do término de seu casamento, três anos antes, e relatou que tinha sido benéfico; nenhum outro contato com serviço psiquiátrico nem história de transtorno mental foi relatada. A parte mais angustiante de sua reação ao desastre é que ela ficou muito mais irritável ("como meu ex-marido costumava ser") com a família e o acesso com o motorista foi apenas um exemplo. Ela admitiu uma leve reação dissociativa, sentindo-se brevemente "fora de meu corpo e olhando para nós no chão".

Tess aprendeu a técnica de relaxamento e o fundamento lógico da terapia de exposição administrada. Determinamos que seria viável realizar com ela duas ou três sessões, já estávamos na base Armory, onde ela precisava passar todos os dias. Os profissionais em posições de liderança também deram apoio ao trabalho e ofereceram uma sala de exames para esses contatos de terapia. Ela prontamente identificou o elemento mais assustador da segunda experiência com o furacão, os altos ruídos de rompimento do teto reforçado com metal e a queda de escombros do lado de fora do banheiro onde ela e seus entes queridos estavam abrigados. A cognição mais perturbadora na hora do impacto foi "Não há nada que eu possa fazer – minha filha vai morrer e eu não posso fazer nada". Durante a primeira experiência de exposição, ela foi capaz de enfrentar um alto nível de excitação (SUDS = 10) e chorou muito. Ela lembra de respirar com dificuldade e também ter aquele sintoma em certo grau. Ela achou que a primeira experiência de exposição foi um alívio e lembrou espontaneamente como se sentia forte durante o primeiro furacão. Sentiu-se corajosa e no controle, mantendo a casa em ordem e acalmando sua família durante o auge daquela tempestade.

A segunda experiência de exposição (primeira sessão) e durante a exposição de episódios similares da segunda sessão surgiram outros pensamentos e sentimentos relacionados com a impotência e a raiva. Ela disse que nunca tinha-se sentido tão impotente em sua vida, em geral orgulhosa de sua força como mulher, tendo sido atlética em toda sua vida, e sobrevivendo bem como mãe sozinha. Ela chorou na sessão, como fez naquela noite de terror durante o Furacão Marilyn. "Senti como se nada mais tivesse para dar. Tinha vergonha de parecer amedrontada na frente de minha filha." Respondi a esses comentários com validação e reformulação: "É bom que você possa reconhecer todos esses sentimentos humanos normais. Você fica mais forte com isso. Compreendendo todas essas emoções, terá menos probabilidade de se surpreender com raiva ou irritação." Tess era uma aluna tão rápida e ávida de relaxamento com compromisso que o praticava fielmente duas vezes por dia. Ela pretendia que isso fizesse parte de seus rituais diários, de maneira diferente que a oração era quando era menina. A freqüência dos pesadelos caiu imediatamente depois da segunda sessão, quando, quatro dias depois, teve apenas um deles. A ansiedade e a irritação foram mais afetadas ainda. Ela relatou sensação de alívio, sempre tendo em mente a próxima oportunidade de fazer uma exposição. Três sessões foram realizadas com Tess, no curso de nove dias, com cerca de 3-4 exposições por sessão. Embora ela não sentisse necessidade de acompanhamento do tratamento na clínica de saúde mental local, que estava recebendo fundos governamentais devido ao desastre para realizar serviços a longo prazo, foram dados nomes e telefones de contato para ela, como medida de segurança. Concluímos nossa última sessão com uma indução de relaxamento com numerosas afirmações de enfrentamento do terapeuta e da própria Tess. "Sinto-me melhor mãe depois de olhar para esses sentimentos horríveis e saber que posso sobreviver também a eles." "Minha mãe deu-me sua religião; acho que aprendi como ser compassiva com os outros, mas também como ser compassiva com meus próprios medos." "Minha raiva e irritação são indícios de algo mais profundo."

IX. RESUMO E CONCLUSÃO

Este capítulo teve o intuito de orientar para quatro tipos de intervenções de TCC para sobreviventes de desastres, os quais foram pesquisados no transtorno do estresse agudo, recomendado em consensos de especialistas ou realizados no contexto de desastre pelos próprios autores. A primeira intervenção, fortemente recomendada com uma alternativa mais segura para desenvolver abordagens na fase aguda inicial, foram os primeiros socorros psicológicos. Fornecemos um exemplo dessa intervenção para ilustrar como entrar nessas conversações para prestar ajuda com ênfase psicoeducacional. Segundo, as intervenções de relaxamento foram descritas em detalhe com breve atenção ao desenvolvimento de terapia de orientação e compromisso. Terceiro, as abordagens de solução de problemas sociais e habilidades de enfrentamento foram discutidas e ilustradas por uma breve intervenção realizada nas Filipinas. Quarto, a exposição terapêutica direta em três sessões foi descrita em detalhes e ilustrada por um caso ocorrido em St. Thomas, nas Ilhas Virgens dos Estados Unidos. Esperamos que os leitores deste guia de intervenções tornem-se parte do crescente corpo de clínicos e pesquisadores que tentam não só servir os sobreviventes de desastres, como voltar a contar a história na forma de relatos ou pesquisas controladas publicados.

REFERÊNCIAS BIBLIOGRÁFICAS

Abueg, F. R. (1991, May). *Posttraumatic stress disorder research in San Francisco Bay Area after the Loma Prieta earthquake*. Invited lecture at the Conference on Research on Mount Pinatubo, Department of Foreign Affairs, Manila, Philippines.

Abueg, F. R. (1991, May). *Psychological first aid in humanitarian relief interventions*. Invited workshop at the Working Conference for Humanitarian Relief Workers sponsored by the International Committee for Red Cross and Philippine Red Cross, Davao City, Philippines.

Abueg, F. R. Kubany, E. S. & Drescher, K.D. (1994). Treating trauma survivors in disaster. In F. M. Dattilio & A. Freeman, [eds.]; *Cognitive-behavioral strategies in crisis intervention* New York: Guilford Publications.

Abueg, F. R.; Woods, G. W.; Watson, D. S. (2000). Disaster trauma. In: Dattilio, Frank M; Freeman, Arthur [ed.]; *Cognitive-behavioral strategies in crisis intervention,* 2nd ed (pp. 243-272). NY: Guilford Publications.

Bandura, A. (1971). *Social learning theory.* New York: General Learning Press.

Barlow, D. (1993). Treatment of panic disorder. NY: Guilford Press.

Bisson, J. I., Jenkins, P. L., Alexander, J. & Bannister, C. (1997). Randomised controlled trial of psychological debriefing for victims of acute burn trauma. *British Journal of Psychiatry,* 171, 78-81

Boudewyns, P. A., Hyer, L. Woods, M.G. & Harrison, W. R. (1990). Physiological response to combat memories and preliminary treatment outcome in Vietnam veteran PTSD. *Behavior Therapy,* 21, 63-87.

Brewin, C. R., Andrews, B. & Valentine, J. D. (2000). Meta-analysis of risk factors for posttraumatic stress disorder in trauma-exposed adults. *Journal of Consulting and Clinical Psychology,* 68, 748-766.

Bryant, R. A., Harvey, A. G., Dang, S. T., Sackville, T. & Basten, C. (1998). Treatment of acute stress disorder: A comparison of cognitive-behavioral therapy and supportive counseling. *Journal of Consulting and Clinical Psychology,* 66, 862-866.

Bryant, R. A., Sackville, T., Dang, S. T., Moulds, M. & Guthrie, R. (1999). Treating acute stress disorder: An evaluation of cognitive behavior therapy and supportive counseling techniques. *American Journal of Psychiatry,* 156, 1780-1786.

Chemtob, C.M., Nakashima, J., Carlson, J.G. (2002). Brief treatment for elementary school children with disaster-related posttraumatic stress disorder: a field study. *Journal of Clinical Psychology,* 58, 99-112.

Chemtob C.M., Nakashima J. & Hamada, R. S. (2002). Psychosocial intervention for postdisaster trauma symptoms in elementary school children: A controlled community field study. *Archives of Pediatric & Adolescent Medicine,* 156, 211-216.

Drescher, K.D. & Abueg, F. R. (1995). Psychophysiological indicators of PTSD following Hurricane Iniki: The multisensory interview. University of Colorado: *Natural Hazards Observer: Quick Response Report #77.*

Eriksson, C. B., Van de Kemp, H., Gorsuch, R., Hoke, S. & Foy, D. W. (2001). Trauma exposure and PTSD symptoms in international relief and development personnel. *Journal of Traumatic Stress,* 14, 205-212.

Fairbank, J.A., & Brown, T.A. (1987). Current behavioral approaches to the treatment of post-traumatic stress disorder. *The Behavior Therapist,* 10, 58-64.

Foa, E.B., Keane, T.M. & Friedman, M.J. (2000). *Effective treatments for PTSD : Practice guidelines from the International Society for Traumatic Stress Studies (ISTSS).* NY: Guilford Press.

Foa, E. B. & Rothbaum, B. O. (2001). *Treating the trauma of rape: Cognitive-behavioral therapy for PTSD.* NY: Guilford Press.

Gentilello, L. M., Rivara, F. P., Donovan, D. M., Jurkovich, G. J., Daranciang, E., Dunn, C. W., Villaveces, A., Copass, M. & Ries, R. R. (1999). Alcohol interventions in a trauma center as a means of reducing the risk of injury recurrence. *Annals of Surgery,* 230, 473-483.

Goldstein, A. & Foa, E. (Eds.) (1980). *Handbook of behavioral interventions: A clinical guide.* New York: Guilford Press.

Gusman, F. D., Stewart, J. A., Hiley-Young, B., Riney, S. J., Abueg, F. R. & Blake, D. D. (1996). A multicultural developmental approach for treating trauma. In A. J Marsella, M. J. Friedman, E. T. Gerrity, R. M. Scurfield, [Eds.]; *Ethnocultural aspects of posttraumatic stress disorder: issues, research, and clinical applications* (pp. 439-457); Washington, DC: American Psychological Association.

Hayes, S. (2002). Acceptance, mindfulness, and science. *Clinical Psychology: Science and Practice,* 9:101-106.

Heather, N. (1995). Brief intervention strategies. In R. K. Hester and W. R. Miller (Eds.), *Handbook of alcoholism treatment approaches* (2nd Ed.). New York: Pergamon Press.

Keane, T.M., Fairbank, J.A., Caddell, J.M. & Zimering, R.T. (1989). Implosive (flooding) therapy reduces symptoms of PTSD in Vietnam combat veterans. *Behavior Therapy,* 20, 345-260

Kluft, R. P. (1996). Treating the traumatic memories of patients with dissociative identity disorder. *American Journal of Psychiatry,* 153, 103-110.

Levis, D. J. (1980). Implementing the technique of implosive therapy. Chapter in A. Goldstein & E. B. Foa (Eds.), *Handbook of behavioral interventions: A clinical guide.* NY: Wiley & Sons.

Litz, B. (2004). *Early intervention for trauma and traumatic loss.* NY: Guilford Press.

Litz, B. T., Gray, M. J., Bryant, R. A. & Adler, A. B. (2002). Early intervention for trauma: Current status and future directions. *Clinical Psychology: Science and Practice,* 9, 112-134.

Meichenbaum, D. (1994). *A clinical handbook/practical therapist manual for assessing and treating adults with post-traumatic stress disorder (PTSD).* Waterloo, Ontario: University of Waterloo.

National Institute of Mental Health (NIMH) (2002). *Mental Health and Mass Violence: Evidence-Based Early Psychological Intervention for Victims/Survivors of Mass Violence.* A Workshop to Reach Consensus on Best Practices. Bethesda, MD.

Njenga, F., Nyamai, C., Woods, G. W., Watson, D. S. & Abueg, F. R. (June 1999). *The Kenya/Tanzania Embassy Bombings: When forensic science, politics, and cultures collide. International Congress on Law and Mental Health,* Toronto, Quebec, Canada.

Norris. F.H., Friedman, M.J., Watson, P.J., Byrne, C., Diaz, E. & Kaniasty, K. (2002). 60,000 disaster victims speak. Part. I. An empirical review of the empirical literature, 1981-2001. *Psychiatry,* 65, 207-239.

Resick, P. & Schnicke, M. (1993). *Cognitive processing therapy for rape victims: A treatment manual.* Newbury Park, CA: Sage.

Schiraldi, G. R. (2000). *Post-traumatic stress disorder sourcebook.* NY: McGraw-Hill.

Stein, B. D., Jaycox, L.H., Kataoka, S. H., Wong, M., Tu, W., Elliott, M. N. & Fink, A. (2003). Randomized trial using mental health intervention with children exposed to violence. *Journal of the American Medical Association,* 290, 603-611.

van Minnen, A., Arntz, A. & Keijsers, G. P. (2002). Prolonged exposure in inpatients with chronic PTSD: Predictors of treatment outcome and dropout. *Behaviour Research & Therapy,* 40, 439-457.

World Health Organization (2005). *Mental health of populations exposed to biological and chemical weapons.* Mental Health: Evidence & Research Department of Mental Health & Substance Abuse. Geneva, Switzerland.

Young, B. H. (1992). Trauma reactivation and treatment: Integrated case examples. *Journal of Traumatic Stress,* 5, 545-555.

Young, B. H., Ford, J. D., Ruzek, J. I., Friedman, M. J. & Gusman, F. D. (1999). *Disaster mental health services: A guidebook for clinicians and administrators. Menlo Park, CA: National Center for PTSD.* [Available at http://www.ncptsd.org//publications/disaster/]

Young, B. H., Ruzek, J. I. & Ford, J. D. (1999). Cognitive-behavioral group treatment for disaster-related PTSD. Chapter in B. H. Young & D. D. Blake (Eds.), *Group treatments for post-traumatic stress disorder* (pp. 149-200). Philadelphia: Brunner/Mazel.

Young, B.H., Ruzek, J. I. & Gusman, F. D. (1999). Disaster mental health: current status and future directions. *New Directions for Mental Health Services,* 82, 53-64.

Capítulo 2

CRESCIMENTO PÓS-TRAUMÁTICO EM INTERVENÇÕES CLÍNICAS COGNITIVO-COMPORTAMENTAIS

LAWRENCE G. CALHOUN e RICHARD G. TEDESCHI

I. INTRODUÇÃO

Um número significativo de pessoas que procura ajuda psicológica, em especial no atendimento ambulatorial, é motivado por encontrar desafios intensos na vida. Tem sido usada uma variedade de termos para descrever essas circunstâncias variáveis da vida, inclusive "crise" (Caplan, 1967) e "evento traumático" e "estressor traumático extremo" (American Psychiatric Association, 2000). Embora as palavras escolhidas tendam a refletir certa variação de gravidade e intensidade de uma situação, essas expressões distintas referem-se a circunstâncias que partilham elementos comuns.

O foco deste capítulo está nas respostas dos indivíduos que enfrentaram esses desafios na vida, sejam eles chamados de crise, estressores, eventos traumáticos ou de outras formas semelhantes. Embora seja possível derivar distinções claras entre essas expressões, a atenção aqui recai sobre o amplo domínio de todos os percalços que têm probabilidade de partilhar características semelhantes. Os tipos de circunstâncias que têm possibilidade de representar uma crise importante na vida para o indivíduo tendem a ser as que lhe são incomuns. Por exemplo, eventos como ser vítima de agressão criminal, exposição a combate, morte súbita de um ente querido, sobreviver a um desastre de meios de transporte etc. Os tipos de eventos que são experimentados como traumáticos representam uma ameaça expressiva ao bem-estar e à integridade do indivíduo, como ser mantido refém, fugir do incêndio que destrói a casa ou sobreviver ao afundamento de um navio. Outra característica das crises na vida é a percepção dos indivíduos que as sofrem, de que as circunstâncias foram ou são incontroláveis. Junto com a falta de controle percebida, as circunstâncias traumáticas em geral têm conseqüências irreversíveis, ou reversíveis apenas depois de altos níveis de esforço e do transcurso de tempo considerável. Esses desafios podem incluir ficar paralisado em decorrência de acidente, diagnóstico de câncer com o conseqüente tratamento cirúrgico radical ou morte de um ente querido.

Um tema importante dos desafios da vida que são focalizados aqui é sua natureza *sísmica* (Calhoun & Tedeschi, 1998). Muito semelhantes aos terremotos que podem causar impacto ao ambiente físico, os eventos que representam crises importantes na vida são os que abalam, desestabilizam ou destroem o modo de o indivíduo compreender

---

*UNC Charlotte (EUA).

o mundo (Janoff-Bulman, 1992). Essas circunstâncias sísmicas, caracterizadas por suas qualidades incomuns, incontroláveis, potencialmente irreversíveis e ameaçadoras, podem produzir grave reviravolta na concepção que o indivíduo tem do mundo, do lugar que ocupa nele e como dar sentido à vida. Quando esse abalo das fundações do mundo presumido do indivíduo (Parkes, 1970) atinge um limiar catastrófico suficiente, o indivíduo está passando por uma crise importante na vida.

O centro da discussão que segue são os indivíduos que enfrentam esses desafios na vida e que buscam ajuda de profissionais de saúde mental. Em outras seções, analisaremos os fundamentos gerais sobre os quais nossas idéias sobre as intervenções clínicas, com atenção sobre o crescimento pós-traumático, são baseadas e, a seguir, forneceremos um sistema de referência geral para a inclusão de temas sobre o crescimento pós-traumático nas intervenções psicológicas.

II. FUNDAMENTOS DA PERSPECTIVA PÓS-TRAUMÁTICA

É preciso, obviamente, começar com o lembrete, talvez desnecessário, de que os eventos de alto *stress* tendem a produzir diversas respostas de angústia nas pessoas que passam por eles. Essas respostas são, via de regra, difíceis e quase sempre desagradáveis, às vezes, de longa duração, e para algumas pessoas, as circunstâncias traumáticas podem levar ao desenvolvimento de transtornos psiquiátricos identificáveis. Seria um erro e uma trágica má compreensão do que estamos dizendo, se a interpretação fosse *trauma é bom* – **com certeza, não queremos dizer isso**. O que sugerimos e o que a literatura empírica indica é que muitos indivíduos relatam que, apesar das repercussões negativas das crises que sofreram, também passaram por transformações, que podem ser radicais e marcantes. A essas transformações positivas, advindas da experiência de luta com a tragédia, denominamos crescimento pós-traumático.

O crescimento pós-traumático é uma mudança positiva significativa pela qual o indivíduo passa em decorrência da luta com um uma crise importante na vida. Os relatos de mudança positiva associados aos esforços diante de eventos extremamente negativos foi tema religioso, é tema de muitas obras literárias, antigas e modernas e, mais recentemente, foi relatado na literatura científica social e comportamental. Os pensadores pioneiros, como Caplan (1964) e Frankl (1963) reconheceram a possibilidade de ocorrência de mudanças psicológicas positivas no contexto de circunstâncias de alto *stress*. Nos primeiros relatos empíricos, o crescimento associado às tentativas de se adaptar a eventos muito difíceis foi examinado como um fator periférico (por exemplo, Andreasen & Norris, 1972; Lopata, 1973). Mais recentemente, foram realizadas pesquisas para examinar especificamente o processo de crescimento pós-traumático em pessoas que enfrentavam desafios importantes na vida (por exemplo, Calhoun & Tedeschi, 1989-1990; Maercker & Langner, 2001; Park, Cohen & Murch, 1996; Tedeschi & Calhoun, 1996). Os dados existentes sugerem que, pelo menos, uma minoria significativa (mas, em geral, a maioria) de indivíduos que enfrentam um conjunto de grandes problemas, inclusive perda da casa em um incêndio, divórcio, nascimento de uma criança clinicamente vulnerável, agressão sexual, transplante de medula óssea, combate militar e seqüestro, diagnóstico de HIV e outros, relatam alguns elementos de crescimento pós-traumático em sua luta contra uma grande crise (Tedeschi & Calhoun, 1995).

II.1. Principais elementos de crescimento pós-traumático

Primeiro, apresentamos uma breve explanação semântica desta área de pesquisa. Defendemos o uso do termo *Crescimento pós-traumático*, mas outros pesquisadores que analisam o mesmo fenômeno geral empregaram suas próprias designações, inclusive crescimento relacionado ao *stress* (Park *et al.*, 1996), florescimento (Ryff & Singer, 1998), subprodutos positivos (McMillen, Howard, Nower & Chung, 2001), benefícios da compreensão (Affleck & Tennen, 1996), expansão (O'Leary & Ickovics, 1995), descoberta de significado (Bower, Kemeny, Taylor & Fahey, 1998) e emoções positivas (Folkman & Moskovitz, 2000). Cada um desses termos pode ser considerado sinônimo ou, pelo menos, que denota muitos dos aspectos do crescimento pós-traumático. Os tipos de mudanças positivas que os indivíduos experimentam na luta com o trauma podem ser classificados em três grupos principais: mudança de significado do *self*, mudança de significado das relações com os outros e mudança na filosofia de vida (Tedeschi & Calhoun, em impressão).

II.1.1. Mudança de significado do self

Uma expressão que resume esse elemento de crescimento é a frase aparentemente contraditória "Estou mais vulnerável, embora fortalecido(a)". É de se esperar que indivíduos que passam por eventos negativos relatem maior sensação de vulnerabilidade, congruente com a evidência empírica de que eles realmente sofreram de maneira que não puderam controlar ou evitar (Janoff-Bulman, 1992). No entanto, um tema comum na experiência das pessoas que enfrentaram grandes desafios é um senso maior de suas próprias capacidades de sobreviver e de se impor (Calhoun & Tedeschi, 1999). "*Se pude enfrentar isso e consegui manter minha sanidade, posso encarar quase tudo que venha a me acontecer. Sou muito mais forte do que imaginava.*"

II.1.2. Mudança nas relações: mais íntimas e expressivas

Embora o foco aqui seja o crescimento pós-traumático, é importante indicar que a ocorrência de uma crise grande pode produzir mudanças negativas nas relações. Alguns relacionamentos podem tornar-se menos importantes e outros, simplesmente, podem dissipar-se. Um assunto importante desse elemento do crescimento pós-traumático, porém, é a sensação de ficar mais íntimo e de se sentir mais confortável com o outro. Embora algumas relações possam não sobreviver à crise, os indivíduos em geral relatam que "*você descobre quem são seus verdadeiros amigos e quais relações são melhores e mais profundas*". Dizem ainda, que obtêm *mais conforto e confiança ao revelar* seus pensamentos e emoções a outros. Isso parece, de alguma forma, ser um reflexo interpessoal da maior sensação de autoconfiança relatada por muitas pessoas que passaram por eventos traumáticos. Um outro componente dos elementos interpessoais do crescimento pós-traumático é ter uma *sensação maior de compaixão* por outros que passam dificuldades. Ainda que essa sensação maior de compaixão possa estender-se a outras pessoas no geral, parece ser particularmente o caso dos outros que passam por dificuldades semelhantes. Como disse um pai enlutado:

Fui impelido a ajudar quando encontrei alguém que havia perdido um filho. Entrarei em contato com essas pessoas e lhes direi que podem contar comigo se precisarem.

II.1.3. Mudança na filosofia de vida

Os indivíduos que enfrentam uma crise importante têm mais probabilidade de se tornarem engajados cognitivamente com as questões existenciais fundamentais sobre a morte e o sentido da vida. Ao enfrentar a crise, muitos indivíduos passam por mudanças significativas na filosofia de vida, que eles consideram fundamentais. Em geral, constata-se uma *mudança nas prioridades*. Uma mudança típica é que o indivíduo passe a valorizar mais as "pequenas coisas" e menos as coisas aparentemente mais importantes. Por exemplo, a família, os amigos e pequenos prazeres diários podem ser mais importantes que antes e, talvez, passem a ser vistos como mais importantes que outros, como trabalhar por períodos prolongados. Uma *apreciação maior* da vida propriamente e de seus aspectos mais insignificantes também é uma experiência comum. Como descreve Hamilton Jordan (2000, p.216), em suas memórias sobre sua experiência com o câncer:

Depois de meu primeiro câncer, mesmo as menores alegrias da vida assumiram um significado especial – observar um lindo pôr-do-sol, um abraço de meu filho, uma risada com Dorothy.

Uma grande proporção de indivíduos passa por mudanças significativas e importantes nos componentes *religioso, espiritual, existencial* de sua filosofia de vida. O teor específico varia, obviamente, de acordo com as crenças iniciais do indivíduo e com os contextos culturais dentro dos quais ocorrer as crises. Um tema comum, porém, é que, depois de um período de busca espiritual ou existencial, os indivíduos normalmente relatam que sua filosofia de vida ficou mais desenvolvida, satisfatória e significativa para eles.

Por fim, os elementos que definem crescimento pós-traumático parecem oferecer complemento para os conceitos gerais de sabedoria de vida, em especial em termos do desenvolvimento de "pragmática fundamental da vida" (Baltes & Smith, 1990) e do maior desenvolvimento da narrativa da própria vida do indivíduo (McAdams, 1993; Tedeschi & Calhoun, 1995)

II.2. Crescimento pós-traumático e conforto psicológico

Uma das áreas em que há certa incompatibilidade de dados empíricos é a relação entre crescimento pós-traumático e a sensação de conforto psicológico (Park, 1998; Calhoun & Tedeschi, em impressão). Embora alguns estudos encontrem certa relação entre medidas de angústia e medidas de crescimento, outros não o fazem. Parece razoável supor que a experiência de crescimento pós-traumático e angústia e conforto psicológicos são dimensões essencialmente distintas. Essa suposição geral é muito relevante no contexto clínico, porque os indivíduos que passam por graus expressivos de crescimento pós-traumático não necessariamente têm uma redução proporcional em sua angústia nem aumento nos graus de felicidade. Achamos que é possível que a manutenção do crescimento pode exigir lembretes cognitivos periódicos, que não são agradáveis, do que se perdeu, mas também, de um modo aparentemente contraditório, do que se ganhou. O crescimento pós-traumático pode levar a uma vida mais satisfatória e gratificante, mas não parece ser a mesma coisa que não ter preocupações, estar feliz ou sentir-se bem. Viver uma vida melhor não é necessariamente a mesma coisa que sentir-se bem.

II.3. Fundamentos teóricos e empíricos

Nossa conceitualização de crescimento pós-traumático e da inclusão desses elementos na intervenção psicológica baseia-se em dois elementos: a literatura crescente, embora ainda limitada, sobre o fenômeno, e nossa experiência clínica combinada na prática clínica de psicologia. A literatura empírica concentrada especificamente em crescimento pós-traumático, como já sugerimos, ainda é recente e bastante reduzida. E, quando nos baseamos em experiência clínica, sempre existe a possibilidade de distorção involuntária. Contudo, desde que nossas conceitualizações referentes ao crescimento pós-traumático têm alguns dados de apoio, essa maneira de pensar parece oferecer uma expansão possivelmente benéfica da maneira como são feitas as intervenções psicológicas com as pessoas que passam por trauma e suas conseqüências.

É possível que existam alguns elementos de distorção da intensificação do *self* ao trabalhar com a experiência de crescimento pós-traumático (McFarland & Alvaro, 2000), mas essas distorções cognitivas não parecem ser totalmente responsáveis pela experiência do crescimento pós-traumático (Calhoun & Tedeschi, em impressão). Nossa visão é que o clínico deve abordar essas experiências do ponto de vista de seus pacientes, aceitando a realidade da experiência do indivíduo. Além disso, as evidências empíricas existentes sugerem que a auto pontuação de crescimento de parte dos indivíduos que enfrentam desafios significativos na vida tende a se correlacionar com a pontuação que lhes é atribuída por terceiros (Park *et al.*, 1996; Weiss, 2002), o que indica que a experiência de crescimento pós-traumático é mais do que a mera satisfação de uma distorção cognitiva de intensificação do *self*.

III. CRESCIMENTO PÓS-TRAUMÁTICO NAS INTERVENÇÕES PSICOLÓGICAS[1]

III.1. *Não é uma nova escola ou "técnica"*

O crescimento pós-traumático ocorre nas pessoas que passam por uma ampla gama de estressores importantes na vida e essa experiência é profundamente expressiva, às vezes, radical, para muitas pessoas. Parece razoável que se dê atenção a esse processo e, quando for clinicamente apropriado, o incentivo do processo de crescimento pós-traumático, pode fornecer um acréscimo benéfico às intervenções psicológicas destinadas a ajudar as pessoas a se adaptar com mais sucesso às grandes dificuldades. A sugestão aqui não é empregar uma nova técnica nem é uma proposta de nova "escola terapêutica". A recomendação é que os clínicos ampliem suas perspectivas clínicas, de modo que os elementos para o crescimento pós-traumático e a possibilidade de ajudar a melhor desenvolvê-lo, sejam parte da perspectiva clínica geral que empregam ao tentar compreender e ajudar as pessoas que foram psicologicamente afetadas pela crise. A estrutura dentro da qual conduzimos nosso trabalho clínico é mais bem explicada como eclética. O modo como abordamos os problemas do crescimento pós-traumático é, via de regra, orientado por certos elementos do ponto de vista cognitivo e construtivista. No entanto, a atenção aos elementos do crescimento pós-traumático é compatível com uma ampla variedade de abordagens que atualmente são empregadas para ajudar as pessoas a lidarem com a crise.

III.2. *Sistema de referência sugerido*

III.2.1. Vínculo e processamento cognitivo

Sugerimos que as crises importantes têm efeitos sísmicos sobre os mundos supostos dos indivíduos que passam por elas. A literatura empírica indica claramente que um elemento comum na experiência das pessoas que enfrentam grandes crises é um alto grau de pensamentos ruminativos. Ao encarar problemas significativos, é comum que os indivíduos pensem repetidamente sobre as circunstâncias, que é uma forma de processamento cognitivo caracterizado por "racionalização, resolução do problema, reminiscência e expectativa" (Martin & Tesser, 1996, p. 192).

As crises importantes representam desafio significativo para os esquemas fundamentais do indivíduo, suas crenças ou metas. Ao se deparar com um evento traumático, o *vínculo cognitivo* do indivíduo, o pensamento ruminativo recorrente, tende a refletir a falta de coerência entre o que aconteceu e a reação do indivíduo por um lado, e os esquemas de organização, crenças e metas, por outro. Esse vínculo cognitivo repetitivo com os elementos que ficaram salientados pela crise, pode levar ao reconhecimento de

---

[1] Uma análise mais extensa da inclusão de considerações sobre o crescimento pós-traumático em intervenções clínicas pode ser encontrada em Calhoun & Tedeschi (1999).

que certas metas já não são exeqüíveis, que certos esquemas não refletem mais com precisão o que é e que certas crenças (por exemplo, *meu mundo é completamente seguro*) já não são válidos.

Como resultado, às vezes, com a árdua tarefa do vínculo cognitivo, os sobreviventes de grandes crises tendem a desenvolver uma sensação de vida antes e depois da crise, como um ponto decisivo crítico (McAdams, 1993; Tedeschi & Calhoun, 1995). Essa conseqüência da luta com o trauma pode ser exatamente o caso em que a crise apresentou um grande desafio ou invalidou as metas e esquemas de ordem superior (Carver, 1998). Como o indivíduo reconhece que algumas metas já não são atingíveis, e que alguns componentes do mundo hipotético podem não assimilar a realidade empírica das repercussões da crise, é possível que o indivíduo comece a formular novas metas e a rever componentes importantes do mundo hipotético de maneira a acomodá-los às circunstâncias da mudança de vida. À medida que o vínculo cognitivo produz esse tipo de alterações, e que o indivíduo começa a se movimentar para atingir novas metas de vida, é possível esperar maior satisfação com a vida (Little, 1998).

Os indivíduos que enfrentam grandes estressores, em geral têm altos níveis de angústia emocional que, para algumas pessoas, pode ser debilitante. Nossa suposição é que, para muitas pessoas, o nível de angústia emocional, que tende a ser maior logo após o surgimento de um estressor identificável na vida, tende também a ser acompanhado pelo vínculo cognitivo que é mais automático do que deliberado. As atividades cognitivas nos estágios iniciais de adaptação mais provavelmente têm elementos intrusivos, e para as pessoas que lidam com eventos altamente traumáticos, o processo pode incluir também imagens invasivas. Conforme os mecanismos de adaptação do indivíduo tornam-se mais eficientes para manejar os altos níveis de angústia emocional, por fim, a redução do cansaço e o processo de vínculo cognitivo em andamento com a crise na vida podem levar ao desligamento adaptativo das metas e das crenças e suposições fundamentais que já não são sustentáveis. É importante, porém, ter em mente que, para algumas pessoas, esse processo demora bastante, podendo atingir meses ou anos. Ainda, é possível que para algumas pessoas, a tentativa de adaptação à perda ou ao trauma nunca atinja um desenlace clínico psicológico totalmente satisfatório (Wortman & Silver, 2001).

Para muitas pessoas que enfrentam crises e perdas importantes, as circunstâncias tendem a levá-las a se tornar mais ligadas cognitivamente a dois domínios gerais: compreender as circunstâncias imediatas e compreender os elementos mais fundamentais de significância gerados pelas circunstâncias (Calhoun, Selby & Selby 1982; Davis, Nolen-Hoeksema, & Larson 1998). O primeiro domínio reflete o processo de tentar compreender a seqüência específica de eventos que levaram o conjunto de circunstâncias que a pessoa precisa enfrentar no momento. Por exemplo, tentar entender o que levou um ente querido a cometer suicídio, ou que seqüência de eventos produziu um acidente de transporte. O segundo domínio geral reflete preocupações mais amplas e mais abstratas, em geral de natureza existencial ou espiritual, sobre o significado fundamental das circunstâncias e como elas podem ser entendidas dentro das hipóteses gerais do indivíduo sobre a finalidade e o significado da vida. Por exemplo, qual é o significado ou finalidade fundamental do trágico suicídio de um adolescente.

Uma hipótese central do crescimento pós-traumático no tratamento psicológico aqui proposto, então, é que o desafio a elementos importantes do mundo hipotético preexistente do indivíduo, inclusive metas importantes e esquemas fundamentais na vida, leve a um aumento proporcional da proeminência cognitiva desses elementos e a um aumento concomitante do vínculo cognitivo com eles. Além disso, supõe-se ainda que o aumento do vínculo cognitivo proporciona a oportunidade de fundamentar mudanças em metas importantes de ordem superior e em esquemas essenciais da vida, mudanças essas que podem ser o elemento chave para a experiência de crescimento pós-traumático. Contudo, parte da literatura existente sobre "ruminação", termo que tende a ser usado atualmente para designar o pensamento negativo auto focalizado (Nolen-Hoeksema, McBride & Larson, 1997), deveria ser visto como aparentemente contraditório à presente abordagem.

O tipo de atividade cognitiva que estamos focalizando neste sistema de referência proposto consiste no pensamento que Martin e Tesser (1996) descrevem como consciente e de fácil lembrança, mas que também ocorre sem memória direta, e que envolve tentativas de compreender, resolver o problema, reminiscências ou previsões. Quando a atenção está sobre esse tipo de pensamento recorrente, há uma certa sugestão empírica de que pode estar relacionada com níveis altos de crescimento pós-traumático. Em um estudo, por exemplo, adultos jovens que passaram por estressores importantes na vida tenderam a relatar níveis mais altos de vínculo cognitivo e de processamento que se lembravam haver ocorrido logo após a crise (Calhoun, Cann, Tedeschi & McMillan, 2000). Em um estudo dos efeitos de fazer um diário (Ullrich & Lutgendorf, 2002), estudantes universitários que foram instruídos a processar cognitivamente as respostas emocionais, em comparação com os que foram instruídos a concentrar-se nos fatos ou nas emoções associadas isoladamente, relataram níveis maiores de crescimento pós-traumático depois de quatro semanas. Embora esse tipo de achado seja apenas sugestivo, é congruente com a visão de que vínculo cognitivo e processamento de elementos importantes relacionados com a crise tendem a ser associados a níveis mais altos de crescimento pós-traumático.

III.2.2. Revelação, apoio e narrativa

O vínculo cognitivo e o processamento cognitivo que o indivíduo apresenta na crise podem ser auxiliados pela revelação desse processo interno a outros, em ambientes de apoio social. As evidências existentes sugerem que essa "revelação", na forma de comunicações por escrito, podem ser benéficas para a saúde (Pennebaker, 1997). A "revelação" por escrito do material relacionado com o trauma também pode ter impacto sobre a extensão do crescimento pós-traumático, quando a concentração recai sobre o processamento de elementos cognitivos e emocionais (Ullrich & Lutgendorf, 2002). O grau em que os indivíduos percebem seus contextos sociais para incentivar e aceitar ou inibir e reprimir a revelação do material relacionado com a crise pode ter um papel importante no processo de crescimento pós-traumático. Quando as pessoas ficam diante de estressores e percebem seu companheiro como quem não deseja ouvir suas dificuldades, o processamento cognitivo pode ser inibido. E, à medida que os processos de vínculo cognitivo com o material relacionado com a crise são limitados, pode-se esperar que o crescimento seja menor (Cordova, Cunnigham, Carlson & Andrykowski, 2001).

A experiência de restrições sociais que inibem a revelação dos pensamentos relacionados com a crise, em especial os pensamentos inquietantes e invasivos, produz uma relação segura entre a ocorrência desses pensamentos e depressão (Lepore & Helgeson, 1998; Lepore, Silver, Wortman & Wayment, 1996). As pessoas que estão comprometidas com níveis expressivos de processamento cognitivo relacionado a trauma, mas que sofrem restrições sociais que limitam ou proíbem essa revelação, parecem correr mais risco de emoções disfóricas em conseqüência de uma crise importante na vida. Os indivíduos que não são restringidos, mas sim, são apoiados quando se empenham na revelação do processamento cognitivo relacionado com a crise, podem não só ter menos probabilidade de ter depressão, mas também ter níveis mais altos de crescimento pós-traumático. Há alguma evidência que sugere que buscar e encontrar apoio social também pode levar a níveis superiores de crescimento pós-traumático, pelo menos em certas circunstâncias (Nolen-Hoeksema & Larson, 1999).

Conforme o indivíduo que enfrenta uma crise importante na vida faz tentativas de se adaptar ao que aconteceu, a presença e a resposta de um sistema de apoio social não restringe, mas sim, aceita as revelações do indivíduo com relação ao trauma são componentes importantes para o manejo das emoções angustiantes e para a possibilidade de crescimento pós-traumático. Além disso, pode ocorrer que *a existência de um meio social que aborde e incentive explicitamente o crescimento* seja um fator importante na promoção do crescimento pós-traumático. As maneiras como os outros respondem ao indivíduo em crise, por exemplo, pelos tipos de revelações que são aceitas e aquelas às quais os outros reagem de forma positiva, podem constituir incentivo adicional para o crescimento pós-traumático. A disponibilidade de narrativas de crescimento no meio social imediato, talvez do tipo de narrativa sobre como os outros mudaram positivamente ao enfrentar os estressores importantes, ou pela exposição a outros que tenham passado por dificuldades semelhantes e exibem ou descrevem o modo como a luta os mudou, pode ampliar a chance de o indivíduo atingir crescimento pós-traumático.

III.2.3. Narrativa da vida e sabedoria

Quando os indivíduos entrelaçam a experiência do crescimento pós-traumático na malha da narrativa de sua vida (McAdams, 1993), a maneira como compreendem a si próprios e sua vida podem mudar. A crise pode incorporar-se à história de vida do indivíduo de maneiras bastante notáveis. Para muitos que sofrem interferências cruciais na vida isso pode ser visto como um "tempo de avaliação" que estabelece o estágio para algumas mudanças fundamentais da perspectiva (Tedeschi & Calhoun, 1995) ou, pelo menos, uma "seqüência de redenção" (McAdams, Reynolds, Lewis, Hatten & Bowman, 2001) que se incorporam às narrativas da vida. À medida que os clínicos dão atenção aos elementos da narrativa da vida em psicoterapia, um dos elementos que pode ser benéfico incluir é a maneira como os eventos essencialmente negativos passam a fazer parte da história de vida, o que permite que a luta com os eventos negativos seja entendida como provedora do fundamento de uma alteração importante na compreensão de si próprio e de seu lugar no mundo.

O conceito de crescimento pós-traumático também parece adequar-se ao conceito de sabedoria de vida (Baltes & Freund, 2003; Baltes & Smith, 1990). A luta com circunstâncias altamente adversas proporcionam ao indivíduo a oportunidade de vivenciar elementos de crescimento pós-traumático, assim como de desenvolver mais sabedoria de vida. Nossa tendência é conceitualizar crescimento pós-traumático e sabedoria de vida como complementares. Sabedoria, porém, é um constructo mais amplo e mais abrangente, ao passo que crescimento pós-traumático é um conceito um pouco mais simples aplicável a um conjunto mais limitado de circunstâncias. No entanto, à medida que os indivíduos passam pelo crescimento pós-traumático, conforme foi descrito aqui, supomos que eles também têm uma oportunidade de vivenciar um maior desenvolvimento de certos aspectos de sua sabedoria de vida.

O processo de crescimento pós-traumático não é estático. O desenvolvimento das mudanças que o caracterizam tende a desenvolver-se dinamicamente com o tempo, e os processos que levam à sua manutenção e, para alguns, talvez sua mitigação com o tempo são dinâmicos também. O crescimento pós-traumático é um processo progressivo que pode, inclusive, ser visto como produtor de mudanças claras para os indivíduos que passam por ele.

IV. CRESCIMENTO PÓS-TRAUMÁTICO EM INTERVENÇÕES COGNITIVAS E COMPORTAMENTAIS

Como já sugerimos, os indivíduos que enfrentaram recentemente uma crise importante ou que estão no centro de uma, tendem a mobilizar um alto nível de vínculo cognitivo e processamento cognitivo para os elementos relacionados com a crise. Esse não é, certamente, o único impacto psicológico desses eventos, mas é o que pode proporcionar a maior concentração para as intervenções psicológicas, em especial as que enfatizam elementos cognitivos. Se as circunstâncias enfrentadas pelo indivíduo tiverem produzido alto nível de angústia emocional, os clínicos devem, com certeza, dar o tipo de apoio que possa ajudar o indivíduo a melhor manejar os altos níveis de angústia. Do ponto de vista cognitivo, contudo, é provável que o domínio que o clínico julgue o mais produtivo para uma possível concentração nos elementos de crescimento pós-traumático seja o processo de vínculo cognitivo, processamento cognitivo e mudança cognitiva. A seguir, fornecemos algumas diretrizes gerais para os clínicos em seu trabalho com pessoas para as quais o elemento essencial do problema apresentado envolve a luta com uma crise grande na vida.

IV.1. *Respeito ao sistema de referência geral do paciente*

Embora para a maioria dos clínicos este lembrete seja desnecessário, provavelmente é útil repetir uma recomendação generalizada para envidar todos os esforços para compreender o modo como o paciente pensa sobre o problema, dentro do contexto de vários fatores sociais que podem influenciar o modo como o cliente compreende e pensa sobre a situação de crise. A suposição de que é importante entender os fatores sociais, culturais e ambientais *fora e além do cenário clínico* não é nova (Kanfer & Saslow, 1969). Contudo, nos últimos anos houve, pelo menos nos Estados Unidos, um movimento geral dentro da psicologia, que incentivou os clínicos a se tornarem mais sensíveis às influências culturais e demográficas em geral dos pacientes (American Psychological Association, 1993), como sexo e etnia. Consideramos essa atitude um sábio reconhecimento de fatores que podem ser importantes no trabalho clínico, e que vai um pouco além do modo tradicional de tentar entender os pacientes e suas dificuldades. No entanto, achamos que é importante que os clínicos cuidem dos fatores socioculturais relevantes para os indivíduos, *como* indivíduos, em vez de simplesmente membros de uma classe ou representantes de determinados grupos sociais. Esse reconhecimento, ainda que compatível com a ênfase atual mais ampla sobre a diversidade, pode ser compreendido diretamente dentro da tradição comportamental (Kanfer & Saslow, 1969). No contexto presente, identificaremos brevemente, como ilustrações, dois elementos socioculturais que podem ser relevantes ao trabalhar com pacientes que enfrentam uma crise e suas conseqüências: frases gerais de enfrentamento e angústia e assuntos espirituais ou existenciais (uma análise mais geral dos fatores socioculturais no luto pode ser encontrada em Tedeschi & Calhoun, 2003).

Cada paciente é parte de grupos sociais e de comunidades que podem influenciá-los de várias maneiras. Às vezes, o modo de o paciente compreender os motivos ou causas da angústia psicológica e a maneira como fala sobre ela podem diferir das do clínico, até mesmo de modo radical. Por exemplo, em certos grupos sociais nos Estados Unidos, a compreensão generalizada por que as pessoas têm angústia é que elas têm *nervos fracos*, ou se o indivíduo manifesta transtorno psicológico expressivo ao vivenciar uma crise importante, a interpretação pode ser *seus nervos estão em frangalhos*. Esse não é, claramente, o modo como um clínico especialista bem treinado falaria profissionalmente nem é a maneira como os especialistas explicariam as dificuldades psicológicas pós-traumáticas. Sugerimos, no entanto, que, no geral, é desejável que o clínico aceite e reconheça o modo de o paciente conceitualizar o problema psicológico e suas possíveis soluções. Esse respeito sociocultural pode promover melhor relação com o paciente. Esse respeito do clínico pode, ainda, tornar menos provável que as intervenções clínicas realizadas a favor do paciente não tenham apoio dos grupos sociais primários do indivíduo, ou pior, que resultem em sanções sociais dos grupos cujos membros desaprovam o pensamento divergente do clínico sobre a vida e seus problemas. Nossa recomendação, então, é que os *clínicos atentem minuciosamente para a linguagem da crise e a resposta psicológica que seus pacientes usam, e que criteriosamente juntem-se ao paciente nessa forma de comunicação.*

Um outro domínio sociocultural que pode ser importante no trabalho clínico, em geral e principalmente quando os pacientes são indivíduos que estão tentando enfrentar problemas críticos na vida, é o domínio de assuntos espirituais e existenciais. Nos Estados Unidos e em outros países das Américas, com certeza, as questões existenciais recebem, com freqüência, respostas religiosas e espirituais. Na Europa Ocidental, essa probabilidade é menor. Mesmo onde predominam cosmovisões seculares, é provável que os grandes estressores da vida que promovem assuntos notáveis de mortalidade, em especial onde as circunstâncias representam os tipos de eventos sísmicos que já mencionamos, levem a um vínculo cognitivo significativo com as questões existenciais fundamentais. É bom que os clínicos sintam-se à vontade e que desejem ajudar seus pacientes a processarem seu vínculo cognitivo com questões existenciais ou espirituais. Também é importante que os clínicos respeitem e trabalhem dentro da estrutura de referência existencial que os pacientes desenvolveram ou estão tentando reconstruir depois de uma perda ou crise grande em suas vidas.

Outro ponto que o clínico deve respeitar na estrutura de referência do paciente, em especial quando o crescimento pós-traumático é o foco, diz respeito à aceitação do que o clínico pode considerar "ilusões positivas" (Taylor & Brown, 1994). Os seres humanos, via de regra, tendem a explorar certas distorções cognitivas benignas, e provavelmente, as pessoas que estão enfrentando uma crise importante não são exceção. Ao trabalhar com clientes que estão lidando com circunstâncias traumáticas, os clínicos precisam ter certo grau de tolerância e respeito pelo uso de vieses cognitivos benignos. Embora a evidência tenda a apoiar a veracidade do crescimento pós-traumático, alguns clínicos ainda podem ser um pouco céticos sobre os fundamentos empíricos da experiência de crescimento do paciente. Embora possam existir exceções, supomos que as tentativas clínicas de modificar diretamente as cognições, de modo que os elementos "ilusórios" benignos sejam corrigidos podem causar danos psicológicos, em vez de benefício.

IV.2. *O crescimento e o valor de ouvir com efetividade*

Como sugerimos, os indivíduos que se encontram em meio a uma crise apresentam alto nível de vínculo cognitivo e processamento cognitivo com relação à sua situação. Esses processos cognitivos podem estabelecer a base para o desenvolvimento dos elementos de crescimento pós-traumático. Um recurso importante para os sobreviventes de trauma é a disponibilidade de um ouvinte habilidoso, que pode incentivar o indivíduo a se comprometer com a revelação do processamento cognitivo relacionado com o trauma, e que pode incentivar os tipos de mudanças cognitivas que não só ampliam a capacidade de enfrentamento em geral, mas também podem promover o crescimento pós-traumático. Embora cada paciente precise de outras intervenções específicas destinadas a aliviar os sintomas psicológicos relacionados com a crise, achamos que a diretriz clínica de *ouvir sem necessariamente tentar resolver* (Calhoun & Tedeschi, 1999) pode ser benéfica.

Os indivíduos que foram expostos a estressores significativos podem achar bom contar sua história repetidas vezes, e o clínico precisa ouvir pacientemente quando o paciente repete a história do que aconteceu. A repetição das explicações da experiência difícil pode ter uma função de "exposição" segura e esse procedimento, isoladamente, pode ter valor terapêutico. As repetidas narrativas do que ocorreu podem, ainda, ajudar o indivíduo a se comprometer com os tipos de ações cognitivas que podem ajudá-lo a acomodar suas estruturas cognitivas aos eventos inegáveis e, nesse processo, existe a possibilidade de crescimento pós-traumático.

CRESCIMENTO PÓS-TRAUMÁTICO EM INTERVENÇÕES CLÍNICAS

Embora incentivemos o que pode parecer uma postura clínica bastante passiva, o modo como o clínico ouve e *o quê o clínico ouve e presta atenção* podem ter conseqüências terapêuticas expressivas. Como fica claro, nossa suposição é que o clínico precisa ser hábil para decidir o tipo de respostas a dar e o quê incentivar o paciente a dizer e fazer. Talvez, em comparação com abordagens mais estruturadas, a perspectiva sugerida aqui não tenha um certo grau de permissividade. As diretrizes gerais que recomendamos fornecem uma estrutura de referência conceitual dentro da qual os clínicos devem empregar suas melhores habilidades. Achamos também que essa estrutura de referência geral pode, certamente, ser entremeada em intervenções psicológicas ainda mais prescritivas e manuais que se destinam a ajudar as pessoas a enfrentar as conseqüências de eventos altamente desafiantes.

IV.3. *Detectar e informar sobre o crescimento pós-traumático*

Embora já não seja uma idéia incomum entre clínicos e especialistas que trabalham na área de estresse e trauma (Antonovsky, 1987; Calhoun & Tedeschi, 1999), a suposição de que muitos indivíduos apresentarão mudança positiva em sua luta com eventos difíceis não é aquela que fica evidente para leigos e profissionais de fora dessa área de consulta em particular. Os pacientes, contudo, rotineira e espontaneamente articulam maneiras para que sua luta produza mudanças expressivas em si próprios. Porém, nossa experiência indica que só raramente os pacientes identificam na verdade essas mudanças como uma representação do crescimento pós-traumático. Uma mudança pequena, mas muito benéfica, que os clínicos podem fazer em seu trabalho com pessoas que estão passando por crises, então, é simplesmente *detectar contextos de crescimento pós-traumático* naquilo que os pacientes dizem. Tanto as pesquisas existentes quanto nossa experiência clínica indicam que pelo menos alguns elementos de crescimento pós-traumático são relatados por muitas pessoas que sofrem uma longa série de situações difíceis. Embora não sejam universais nem inevitáveis, os elementos de crescimento pós-traumático em geral estão presentes nos relatos que o paciente cria de sua luta com o trauma, e é bom que o clínico os detecte e lhes dê atenção quando ocorrem.

IV.4. *Ressaltar o crescimento pós-traumático quando ele é notado*

Os depoimentos de colegas e nossa experiência sugerem que, às vezes, os pacientes descrevem as mudanças positivas que sofreram, mas sem identificá-las explicitamente como tal. Quando clínicos percebem e classificam de positivas as mudanças positivas que os pacientes descrevem, podem oferecer uma experiência cognitiva terapêutica para o paciente. Esse tipo de atitude clínica benéfica, porém, pressupõe que o clínico tenha bom conhecimento dos domínios e elementos do crescimento pós-traumático, que o clínico tenha ouvido e prestado atenção ao relato do paciente sobre a experiência de crescimento e, por fim, que o clínico tenha percebido e classificado a experiência de crescimento de modo a torná-la cognitivamente evidenciada para o paciente.

No entanto, *o clínico deve resguardar-se contra o oferecimento mecanicista de superficialidades vazias* que dizem ao paciente, por exemplo, quais são as excelentes oportunidades de crescimento oferecidas pela experiência da crise. Se o clínico ouviu bem os relatos do paciente sobre as circunstâncias e de suas reações pessoais, inclusive os componentes afetivos, cognitivos e comportamentais, a oferta insensível e imprópria de superficialidades torna-se bastante improvável. O que sugerimos é que o clínico responda de maneira a refletir descobertas que os próprios pacientes estão fazendo. Como indicamos, contudo, o modo como o paciente construiu cognitivamente a experiência pós-traumática só pode refletir implicitamente a experiência de crescimento. Uma abordagem clínica benéfica é que o clínico auxilie o paciente a avaliar a possibilidade mutável, que o clínico percebe como reflexo do crescimento pós-traumático, o que pode, na verdade, ser reconhecido pelo paciente como presença de crescimento pós-traumático.

IV.5. Crescimento e a questão do momento exato

Qual é o momento correto para o clínico ressaltar, classificar ou, em certas circunstâncias, introduzir as possibilidades de crescimento pós-traumático? Não existe uma resposta certa e definitiva a esta pergunta, porque muito depende do contexto e da situação específicos de cada paciente. Nossa experiência nos diz, porém, que o início do processo pós-trauma *não* é um bom momento para direcionar a atenção para a possibilidade de crescimento pós-traumático. No período pós-trauma inicial é melhor para o paciente se o foco recair sobre como lidar com a angústia psicológica que provavelmente está presente. Assim como os mecanismos adaptativos do paciente, o apoio social ou, talvez, a ajuda profissional, funcionam com eficácia para minorar o peso da angústia (e a dura verdade é que, para certos indivíduos, isso pode nunca ocorrer de modo satisfatório), sendo, então, apropriado, que os clínicos comecem a dar atenção às possibilidades de crescimento.

Contudo, o período imediatamente posterior a uma perda importante ou tragédia, em geral, não é o momento para que os clínicos instituam o processo de tentar incentivar elementos de crescimento pós-traumático. Assim, como já mencionados, as superficialidades vazias devem ser evitadas. O período imediatamente posterior a uma tragédia é o momento durante o qual os clínicos precisam ser especialmente sensíveis às necessidades psicológicas do paciente, e nunca devem empreender a introdução insensível de informações didáticas ou de comentários banais sobre o crescimento que vem com o sofrimento. Isso não quer dizer que os programas de tratamento sistemático destinados aos sobreviventes de trauma não devam incluir componentes que abordem diretamente o crescimento pós-traumático, porque a inclusão desses componentes pode, na realidade, ser benéfica (Antoni *et al.*, 2001). No entanto, tendemos a pensar que, mesmo como parte dos programas de intervenção sistemática, os assuntos relacionados com o crescimento são mais bem abordados depois que o indivíduo teve tempo suficiente para se adaptar às conseqüências da crise.

IV.6. Alguns eventos são simplesmente horríveis demais?

Cada clínico precisa decidir sobre a resposta a essa pergunta no contexto do trabalho com cada paciente. Para alguns indivíduos, o que lhes aconteceu pode realmente ter sido bastante horrível, e as conseqüências podem ser tão devastadoras que o próprio conceito de crescimento pós-traumático pode ser repugnante. Os clínicos precisam respeitar essa perspectiva. Os dados disponíveis, porém, indicam que certos indivíduos que estão enfrentando mesmo os eventos mais terríveis, podem ter um certo grau de crescimento póstraumático (Tedeschi & Calhoun, 1995). O clínico interessado no incentivo do crescimento que certos pacientes possam ter, então, precisa realizar uma tarefa que, superficialmente, pode ser paradoxal – reconhecer a realidade que, para certas pessoas, a própria discussão sobre o crescimento que vem com a luta pode ser inaceitável devido à natureza assustadora do que passaram, mas, ao mesmo tempo, deve estar aberto à possibilidade de os próprios pacientes sentirem o crescimento advindo de sua luta com os conjuntos de circunstâncias mais trágicas e traumáticas.

IV.7. Escolha da palavra correta

Quando os clínicos percebem crescimento pós-traumático nos pacientes, e quando decidem que atender e responder ao que notaram é adequado, selecionar as melhores palavras para expressar o crescimento é de grande importância terapêutica. Recomendamos que os clínicos falem com os pacientes de um modo que façam distinções claras entre os eventos que transpiraram (por exemplo, a perda trágica de um filho em um bombardeio), a realidade da dor e do sofrimento que experienciaram (por exemplo, as experiências de angústia, luto, tristeza e perda irreparável), da *luta* para sobreviver psicologicamente e essa *luta,* de certo modo, adapta-se a um mundo no qual o paciente é lembrado diariamente sobre a natureza irrevogável da perda e, talvez, sobre a irreversibilidade do sofrimento também. Uma boa maneira de falar sobre a possibilidade de crescimento é usar palavras que indiquem que a experiência de crescimento que o paciente pode estar passando é resultado *da luta* para se adaptar à crise e não à situação propriamente dita. *Não* é a morte de um filho pequeno que pode levar ao crescimento, mas, sim, a luta progressiva do indivíduo para enfrentar e sobreviver num mundo no qual a criança já não vive. Como disse um pai enlutado:

Não existe nenhuma maldita coisa que seja boa em tudo o que aconteceu comigo. Mas como tentei encarar isso todos os dias, aprendi muito sobre o que acho que deve ser viver a minha vida. E posso fazer isso de modo que passe a ser uma homenagem à memória de meu filho.

E, como ocorre com a maioria das pessoas com quem falamos em nossa pesquisa sobre crescimento pós-traumático, os pais como esse perderiam alegremente qualquer significado ou crescimento recente advindo da luta com a perda, se pudessem ter o filho de volta. Mas as grandes crises da vida não podem ser revertidas, e o uso sensível de boas palavras pode ajudar os pacientes a ver com mais clareza e, talvez, a sentir os meios significativos como sua luta os mudou.

IV.8. *Advertências e lembretes*

Embora esses lembretes possam ser desnecessários para a maioria dos especialistas e clínicos, eles podem ser úteis. Primeiro, como indicamos, ainda que existam exceções, as crises graves e intensas da vida que apresentam grandes desafios ou que talvez invalidem até as concepções mais importantes do indivíduo, classicamente produzem angústia psicológica expressiva e revolta. O crescimento pós-traumático ocorre no contexto do sofrimento e de luta psicológica aguerrida. Segundo, as crises da vida não são necessárias para o crescimento. Os indivíduos podem amadurecer e se desenvolver de modos significativos, sem passar por tragédias ou traumas. Terceiro, de modo algum estamos sugerindo que o trauma é "bom". Consideramos as crises, perdas e traumas indesejáveis e nosso desejo é que ninguém deveria sofrer essas experiências. Consideramos os eventos traumáticos realmente negativos, mas as evidências sugerem que os indivíduos que as enfrentam podem apresentar mudanças pessoais altamente significativas. Em quarto lugar, o crescimento pós-traumático não é universal nem inevitável. Embora a maior parte dos indivíduos que sofrem uma grande gama de circunstâncias altamente desfavoráveis apresentem crescimento pós-traumático, também existe um número considerável de pessoas que não têm nenhum ou pouco crescimento em sua luta com o trauma. Finalmente, a presença de crescimento pós-traumático não se iguala à ausência de sofrimento ou dor. Embora as evidências empíricas disponíveis ainda sejam insuficientes, é suficiente indicar que a presença de crescimento pós-traumático não se correlaciona necessariamente com a redução da angústia, nem com o aumento do sentimento de bem-estar. Crescimento e angústia psicológica podem ser dimensões independentes, e a mudança em um deles não é necessariamente acompanhada por uma mudança no outro.

V. CONCLUSÕES E TENDÊNCIAS FUTURAS

O crescimento pós-traumático é vivenciado por indivíduos que lidam com uma grande variedade de circunstâncias difíceis na vida. Ainda que não seja universal, é uma reação relatada por uma ampla gama de indivíduos que enfrentam um grande grupo de problemas muito difíceis. Os dados existentes sugerem que não é simplesmente uma distorção cognitiva autopromotora, nem é simplesmente uma manifestação de mecanismos de defesa, como a negação. Em especial no contexto do trabalho clínico, é terapeuticamente mais benéfico aceitar a perspectiva dos pacientes sobre a experiência de crescimento advindo das crises enfrentadas na vida. Recomendamos uma perspectiva para auxiliar os pacientes que sofreram uma crise importante que inclua elementos de crescimento pós-traumático e que seja compatível com a maioria e talvez, com todas as abordagens clínicas contemporâneas que se destinam a proporcionar apoio para as pessoas no período pós-trauma. O foco que sugerimos pode ser especialmente compatível com as abordagens que têm ênfase cognitiva ou componentes cognitivos. A estrutura de referência geral que sugerimos precisa ser incorporada ao formato de intervenção e à perspectiva teórica que o clínico empregará para auxiliar o sobrevivente de trauma. Um foco importante para o futuro é o grau em que o crescimento pós-traumático pode ser diretamente induzido, e o grau em que essa tentativa representará um acréscimo eficaz às intervenções psicológicas.

REFERÊNCIAS BIBLIOGRÁFICAS

Affleck, A., Tennen, H. (1996). Construing benefits from adversity: Adaptational significance e dispositional underpinnings. *Journal of Personality, 64,* 899-922.

American Psychiatric Association (2000). *Diagnostic e statistical manual of mental disorders* (4th ed. – text revision). Washington, DC:: Author.

American Psychological Association. (1993). Guidelines for providers of psychological services to ethnic, linguistic e culturally diverse populations. *American Psychologist, 48,* 45-48.

Andreasen, N. L., Norris, A. S. (1972). Long-term adjustment e adaptation mechanisms in severely burned adults. *Journal of Nervous e Mental Disease, 154,* 352-362.

Antoni, M.H., Lehman, J.M., Kilbourn, K.M., Boyers, A.E., Yount, S. E., Culver, J.L.; Alferi, S.M., McGregor, B. A., Arean, P. L., Harris, S.D., Price, A.A.; Carver, C.S. (2001). Cognitive-behavioral stress management intervention decreases the prevalence of depression e enhances the sense of benefit among women under treatment for early-stage breast cancer. *Health Psychology, 20,* 20-32.

Antonovsky, A. (1987). *Unraveling the mystery of health: How people manage stress e stay well.* San Francisco: Jossey-Bass.

Baltes, P.B., Freund, A. M. (2003). Human strengths as the orchestration of wisdom e selective optimization with compensation. In L. G. Aspinwall & U. M. Staudinger (Eds.), *A psychology of human strengths* (pp. 23-35).

Baltes, P.B., Smith, J. (1990). Toward a psychology of wisdom e its ontogenesis. In R. J. Sternberg (Ed.) *Wisdom: Its nature, origins e development.* (pp. 87-120). New York: Cambridge University Press

Bower, J.E., Kemeny, M.E., Taylor, S. E., Fahey, J.L. (1998). Cognitive processing, discovery of meaning, CD 4 decline, e AIDS-related mortality among bereaved HIV-seropositive men. *Journal of Consulting e Clinical Psychology, 66,* 979-986.

Calhoun, L.G., Cann, A., Tedeschi, R.G., McMillan, J. (2000). A correlational test of the relationship entre posttraumatic growth, religion, e cognitive processing. *Journal of Traumatic Stress, 13,* 521-527.

Calhoun, L.G., Selby, J.W., Selby, L.E. (1982). The psychological aftermath of suicide: An analysis of current evidence. *Clinical Psychology Review, 2,* 409-420.

Calhoun, L.G., Tedeschi, R.G. (1989-90). Positive aspects of critical life problemas: Recollections of grief. *Omega, 20,* 265-272.

Calhoun, L.G., Tedeschi, R.G. (1998). Posttraumatic growth: Future directions. In Tedeschi, R. G., Park, C.L., Calhoun, L.G. (Eds.). *Posttraumatic growth: Positive change in the aftermath of crisis* (pp. 215-238). Mahwah, NJ: Lawrence Erlbaum Associates.

Calhoun, L.G., Tedeschi, R.G. (1999). *Facilitating posttraumatic growth: A clinician's guide.* Mahwah, NJ: Lawrence Erlbaum Associates.

Calhoun, L. G., Tedeschi, R.G. (in press). The foundations of posttraumatic growth: New considerations. *Psychological Inquiry.*

Caplan, G. (1964). *Principles of preventive psychiatry.* New York: Basic Books.

Davis, C.G., Nolen-Hoeksema, S., Larson, J. (1998). Making sense of loss e benefiting from the experience: Two construals of meaning, *Journal of Personality e Social Psychology*, 75, 561-574.

Cordova, M.J., Cunningham, L.L.C., Carlson, C.R., Andrykowski, M.A. (2001). Posttraumatic growth following breast cancer: A controlled comparison estudo. *Health Psychology*, 20, 176-185.

Folkman, S., Moskowitz, J. T. (2000). Stress, positive emotion, e coping. *Current Directions in Psychological Science*, 9, 115-118.

Frankl, V. E. (1963). *Man's search for meaning.* New York: Pocket Books.

Janoff-Bulman, R. (1992). *Shattered assumptions.* New York: The Free Press.

Jordan, H. (2000). *No such thing as a bad day.* Atlanta: Longstreet Press.

Kanfer, F. H., Saslow, G. (1969). Behavioral diagnosis. In C. M. Franks (Ed.), *Behavior therapy – appraisal e status* (pp.417-444). New York: McGraw Hill.

Lepore, S.J., Helgeson, V.S. (1998). Social constraints, intrusive thoughts, e mental health after prostate cancer. *Journal of Social e Clinical Psychology,* 17, 89-106.

Lepore, S.J., Silver, R.C., Wortman, C.B., Waymaent, H.A. (1996). Social constraints, intrusive thoughts e depressive symptoms among bereaved mothers. *Journal of personality e Social Psychology,* 70, 271-282.

Little, B.R. (1998). Personal project pursuit: Dimensions e dynamics of personal meaning. In P.T.P. Wong & P. Fry (Eds.), *The human quest for meaning: A handbook of psychological research e clinical applications* (pp. 193-212). Mahwah, NJ: Erlbaum.

Lopata, H. Z. (1973). Self-identity in marriage e widowhood. *Sociological Quarterly,* 14, 407-418.

Maercker, A., Langner, R. (2001). Persoenliche reifung durch belastundeng und traumata: Validierung zweier deutschpsrachiger fragebogenversionen (Posttraumatic personal growth: Validation of German versions of two inventories). *Diagnostica,* 47, 153-162.

Martin, L. L., Tesser, A. (1996). Clarifying our thoughts. In R. S. Wyer (Ed.), *Ruminative thought: Advances in social cognition,* Vol. 9 (pp.189-209). Mahwah, NJ: Lawrence Erlbaum Associates Publishers.

McAdams, D. P. (1993). *The stories we live by: Personal myths e the making of the self.* New York: Morrow.

McAdams, D. P., Reynolds, J., Lewis, M., Patten, A.H., Bowman, P.J. (2001). When bad things turn good e good things turn bad: Sequences of redemption e contamination in life narrative e their relations to psychosocial adaptation in midlife adults e in students. *Personality e Social Psychology Bulletin,* 27, 474-485.

McFarland, C., Alvaro, C. (2000). The impact of motivation on temporal comparisons: Coping with traumatic events by perceiving personal growth. *Journal of Personality e Social Psychology,* 79, 327-343.

McMillen, C., Howard, M. O., Nower, L., Chung, S. (2001). Positive by-products of the struggle with chemical dependency. *Journal of Substance Abuse Treatment,* 20, 69-79.

Nolen-Hoeksema, S., Larson, J. (1999). *Coping with loss.* Mahwah, NJ: Lawrence Erlbaum Associates.

Nolen-Hoeksema, S., McBride, A., Larson, J. (1997). Rumination e psychological distress among bereaved parents. *Journal of Personality e Social Psychology,* 72, 855-862.

O'Leary, V.E., Ickovics, J.R. (1995). Resilience e thriving in response to challenge: An opportunity for a paradigm shift in women's health. *Women's Health: Research on Gender, Behavior e Policy,* 1, 121-142.

Park, C. L. (1998). Implication of posttraumatic growth for individuals. In Tedeschi, R.G., Park,

C, L., Calhoun, L.G. (Eds.) *Posttraumatic growth: Positive change in the aftermath of crisis* (pp. 153-177). Mahwah, NJ: Lawrence Erlbaum Associates.

Park, C. L., Cohen, L., Murch, R. (1996). Assessment e prediction of stress-related growth. *Journal of Personality,* 64, 71-105.

Parkes, C. M. (1970). Psycho-social transitions: A field for estudo. *Social Science e Medicine,* 5, 101-115.

Pennebaker, J.W. (1997). *Opening up: The healing power of expressing emotions.* New York: Guilford Press.

Ryff & Singer (1998). The role of purpose in life e personal growth in positive human health. In P.T.P. Wong, P.S. Fry (Eds.*), The human quest for meaning: A handbook of psychological research e clinical applications* (pp. 213-235). Mahwah, NJ: Lawrence Erlbaum Associates.

Taylor, S.E., Brown, J.D. (1988). Illusion e well-being: A social psychological perspective on mental health. *Psychological Bulletin,* 103, 193-210.

Tedeschi, R.G., Calhoun, L.G. (1995). *Trauma e transformation: Growing in the aftermath of suffering.* Thousand Oaks, CA: Sage.

Tedeschi, R.G., Calhoun, L.G. (1996). The posttraumatic growth inventory: measuring the positive legacy of trauma. *Journal of Traumatic Stress,* 9, 455 - 471.

Tedeschi, R.G., Calhoun, L.G. (2003). *Helping bereaved parents: A Clinician's Guide.* New York: Brunner-Routledge.

Ullrich, P.M., Lutgendorf, A.K. (2002). Journaling about stressful events: Effects of cognitive processing e emotional expression. *Annals of Behavioral Medicine,* 24, 244-250.

Weiss, T. (2002). Posttraumatic growth in women with breast cancer e their husbands: An intersubjective validation estudo. *Journal of Psychosocial Oncology,* 20, 65-80.

Wortman, C. B., Silver, R.C. (2001). The myths of coping with loss revisited. In M. S. Stroebe, R. O. Hannsson, W. Stroebe; H. Schut (Eds.) *Handbook of bereavement research - consequences, coping e care* (pp. 405-429). Washington, DC: American Psychological Association.

LEITURAS PARA APROFUNDAMENTO

Calhoun, L.G., Tedeschi, R.G. (1999). *Facilitating posttraumatic growth: A clinician's guide.* Mahwah, NJ e London: Lawrence Erlbaum Associates.

Calhoun, L. G.m Tedeschi, R.G. (2001). Posttraumatic growth: the positive lessons of loss. In R. A. Neimeyer (Ed.), *Meaning reconstruction e the experience of loss* (pp. 157-172). Washington, DC: American Psychological Association.

Tedeschi, R.G., Calhoun, L.G. (1995). *Trauma e transformation: Growing in the aftermath of suffering.* Thousand Oaks, CA: Sage.

Tedeschi, R.G., Calhoun, L.G. (in press, December 2003). *Helping the bereaved parent: A guide for clinicians.* New York: Brunner-Routledge.

Tedeschi, R.G., Park, C.L., Calhoun, L.G. (Eds.) (1998). *Posttraumatic growth - Positive changes in the aftermath of crisis.* Mahwah, NJ e London: Lawrence Erlbaum Associates.

TRANSTORNOS ASSOCIADOS AOS VÍCIOS E ÀS NECESSIDADES BIOLÓGICAS

Capítulo 3

HABILIDADES DE ENFRENTAMENTO PARA O COMPORTAMENTO DE BEBER E ASSESSORIA MOTIVACIONAL SISTEMÁTICA: TRATAMENTOS COGNITIVO-COMPORTAMENTAIS PARA PESSOAS QUE TÊM PROBLEMAS COM ÁLCOOL

W. MILES COX, JOHN E. CALAMARI e MERVIN LANGLEY[1]

I. INTRODUÇÃO

Em nosso trabalho com pessoas que têm problemas com o álcool, aprendemos claramente que algumas delas encontram-se muito motivadas para consumir álcool, mesmo se com isso destroem suas vidas. Seu comportamento sugere que o álcool é irresistivelmente atraente para elas e que acreditam que, bebendo, obtêm algo, vitalmente importante, que seriam incapazes de conseguir de outra maneira. Existem razões biopsicossociais complexas para que bebam em excesso (veja Cox e Klinger, 1988, 1990), embora, devido a essa complexidade, os pesquisadores não entendem totalmente, neste momento, suas bases exatas.

Os cientistas também não encontraram tratamentos eficazes e duradouros para os problemas crônicos com o álcool. De fato, as altas taxas de recaídas entre os dependentes de álcool tratados podem ser vistas refletidas no estudo publicado por Hunt *et al* (1972). Esses autores demonstraram que nos três meses posteriores ao tratamento mais de 60% dos dependentes de álcool tiveram recaída; taxas similares de fracasso são encontradas em fumantes e em aditos à heroína. Do nosso ponto de vista, uma razão pela qual os programas de tratamento formais para os problemas de alcoolismo não obtiveram mais sucesso é que costumam tratar todos os pacientes como se fossem o mesmo. Fizeram muito pouco para adaptar os tratamentos às necessidades dos pacientes individuais.

Neste capítulo, revisaremos dois tratamentos diferentes para os problemas de alcoolismo. Ambos os enfoques estruturam a intervenção para que se adapte às necessidades individuais de dependentes de álcool. Um desses tratamentos – as *Habilidades de enfrentamento para o comportamento de beber* – centra-se no problema em si da pessoa que bebe e nos comportamentos relacionados diretamente com o comportamento desadaptativo de beber. O outro tratamento, a *Assessoria motivacional sistemática,* centra-se na base motivacional do problema que a pessoa tem com a bebida. Nosso objetivo neste capítulo é ensinar os leitores a utilizar cada uma dessas técnicas. Os clínicos que

---

[1] University of Wales (Reino Unido), Chicago Medical School (Estados Unidos) e Clinical Psychology Associates (Estados Unidos), respectivamente.

decidam utilizar esses tratamentos provavelmente acharão que o programa das *Habilidades de enfrentamento para o comportamento de beber* é mais apropriado para certas pessoas, enquanto que a *Assessoria motivacional sistemática* é mais adequada para outras. Inclusive, é provável que outras ainda prefiram uma combinação de ambas as técnicas.

II. HABILIDADES DE ENFRENTAMENTO PARA O COMPORTAMENTO DE BEBER

As *Habilidades de enfrentamento para o comportamento de beber* (HECB; Langley *et al.*, 1994) é uma das intervenções empiricamente validadas para o tratamento do abuso e dependência do álcool. A maioria desses tratamentos seria reunida sob o rótulo de cognitivo-comportamentais. Essas estratégias são diferentes do popular programa do Modelo de Minnesota, que considera o abuso e a dependência do álcool como doenças para as quais o único objetivo aceitável de intervenção é a abstinência completa. Ao contrário, o programa de HECB e os tratamentos cognitivo-comportamentais similares são tratamentos em curto prazo, dado que ficou demonstrado que as intervenções breves são úteis para alguns tipos de bebedores problema (por exemplo, Sobell e Sobell, 1993). Essas intervenções abordam a aquisição de habilidades e a melhora da motivação do paciente para aumentar o autocontrole. Além do enfoque das HECBs que descreveremos a seguir, os leitores podem revisar intervenções relacionadas, como as desenvolvidas por Miller e Rollnick (1991), Sobell e Sobell (1993) e McCrady (1993).

Nossa proposição das HECBs baseia-se no manual de tratamento de Langley *et al.* (1994). Sua intervenção foi originalmente delineada para pessoas com deterioração neurológica que tinham problemas com bebida. Porém, adaptamos seu tratamento para aplicações mais amplas com outros tipos de bebedores problema. Desse modo, os clínicos que desejem tratar pessoas que abusam do álcool e que têm deteriorações neurológicas co-mórbidas podem recorrer ao manual de Langley *et al.* (1994).

II.1. *O modelo conceitual*

A intervenção HECB baseia-se na crença de que o consumo excessivo de álcool é um fenômeno complexo. Isto é, considera-se que vulnerabilidades fundamentais para o desenvolvimento de problemas com o álcool interagem com experiências de desenvolvimento, o que tem como resultado déficit e excessos comportamentais complicados pelo consumo não controlado de álcool. O tratamento é estruturado para abordar comportamentos relacionados com a vulnerabilidade subjacente, o consumo de álcool em si, e déficit e excessos comportamentais específicos identificados no paciente. Os indivíduos aprendem estratégias de enfrentamento diferentes à do consumo de álcool, com a finalidade de atenuar os déficits comportamentais, o afeto negativo e a ativação excessiva. O princípio central das HECBs é que, por meio da aplicação de técnicas de aprendizagem, os indivíduos podem aprender uma série de novas habilidades de enfrentamento para substituir o consumo excessivo de álcool. Nesse tratamento, as habilidades de enfrentamento são definidas, de forma ampla, como a capacidade para utilizar pensamentos, emoções e ações para solucionar problemas (Chaney, 1989).

Embora muitos mecanismos diferentes possam provocar o consumo excessivo de álcool, estudos científicos identificaram uma série de fatores que parecem ter um importante papel no comportamento problemático de beber de muitos indivíduos. Nas HECBs avalia-se a influência desses fatores e, de acordo com isso, são estruturadas as intervenções adequadas.

Considera-se que o comportamento de beber em excesso é um meio desadaptativo utilizado por alguns indivíduos para moderar o afeto negativo e aumentar as emoções positivas. Além disso, viu-se que o comportamento problemático de beber, em adolescentes e adultos, se encontra associado à crença de que o álcool melhora o funcionamento em uma série de áreas da vida (por exemplo, torna o indivíduo mais sociável). Essas expectativas podem ter um importante papel no comportamento de beber de muitos indivíduos (por exemplo, Annis e Davis, 1988). Nesses casos, a tarefa do terapeuta consiste em revisar com o paciente, de forma objetiva, a informação que apóia ou questiona a exatidão de tais expectativas e identificar e, se necessário, ensinar habilidades que possam ser utilizadas para abordar problemas que o comportamento de "beber em excesso" tentava melhorar de forma errônea (por exemplo, o paciente aprende habilidades sociais).

Considera-se que os déficits nas habilidades de enfrentamento desempenham um papel essencial no comportamento de beber em excesso. Alguns indivíduos nunca aprenderam as habilidades adaptativas, enquanto outros podem ter adquirido habilidades de enfrentamento específicas, mas são incapazes de realizá-las de forma eficaz devido a fatores que interferem (por exemplo, ansiedade excessiva). Em pacientes com diferentes formas de psicopatologia concorrentes (por exemplo, Transtornos por ansiedade ou Transtornos do humor) observa-se que freqüentemente há problemas para realizar as habilidades específicas. Por exemplo, viu-se que a ansiedade deteriora a capacidade de atender adequadamente aos estímulos das tarefas, desviando a atenção para as cognições que não têm nada a ver com a tarefa, como as preocupações e as dúvidas com relação a si mesmo. Os déficits das habilidades de enfrentamento limitam as atuações alternativas em situações problema, minimizando o controle pessoal nessas situações e diminuindo o acesso aos recursos desejados, como o apoio social (Monti *et al,* 1989). Por conseguinte, os indivíduos com déficit nas habilidades de enfrentamento podem ser especialmente vulneráveis a desenvolver o comportamento de beber como uma resposta de enfrentamento.

Considera-se que uma ampla categoria de características do paciente, relacionadas com sua história de aprendizagem social ou com as vulnerabilidades biológicas, representa um papel fundamental no desenvolvimento e manutenção do abuso e dependência do álcool. Mas, além dessas características do paciente, circunstâncias mais próximas têm um importante papel no comportamento de beber em excesso. Os determinantes imediatos, isto é, os antecedentes cognitivos e ambientais do consumo de álcool incluem fatores como as capacidades de regulação da ativação do indivíduo, as habilidades de enfrentamento situacionais e expectativas e crenças relacionadas ao álcool. Os determinantes imediatos do comportamento de beber têm seu efeito mais potente em situações específicas de alto risco (Cooney, Gillespie, Baker e Caplan, 1987). As situações de alto risco variam dependendo dos indivíduos, mas normalmente caracterizam-se como aquelas nas quais o álcool se tornou um reforço, uma resposta de enfrentamento preferencial ou situações que representam uma ameaça à sensação de controle de uma pessoa (Mackay, Donovan e Marlatt, 1991). As situações de alto risco podem incluir emoções agradáveis ou desagradáveis, mal-estar físico, impulsos e tentações de beber, problemas com os outros, pressão social para beber e momentos agradáveis com os outros (Marlatt e Gordon, 1985; Annis e Davis, 1988).

Outro fator relacionado com a decisão problemática por parte do bebedor para consumir álcool em uma situação determinada está nas respostas classicamente condicionadas aos estímulos relacionados com o álcool (Cooney *et al.,* 1987). A presença de sinais de álcool e as reações que provocam esses sinais perturbam a realização das habilidades adaptativas (Niaura *et al.,* 1988). Pessoas com uma maior reatividade a tais sinais, isto é, com um maior grau de resposta fisiológica condicionada aos sinais de álcool, mostram uma maior deterioração das habilidades de enfrentamento. Em situações de alto risco, o indivíduo poderia responder a estímulos classicamente condicionados (por exemplo, à visão e ao cheiro do álcool) experimentando uma resposta condicionada de desejo. Uma vez que o indivíduo começa a beber, os efeitos diretos da embriaguez interferirão no raciocínio e no enfrentamento eficaz.

Resumindo, no modelo das HECBs considera-se que o abuso e a dependência do álcool constituem um fenômeno biopsicossocial complexo. Supõe-se que vulnerabilidades essenciais interagem com experiências de aprendizagem social para transformar alguns indivíduos em pessoas com um alto risco diante do comportamento de beber em excesso. No modelo das HECBs são utilizados princípios de aprendizagem para ajudar o bebedor problema a adquirir habilidades de enfrentamento importantes que fomentem o autocontrole e, por conseguinte, aumentem a auto-eficácia, fazendo com que o indivíduo seja mais capaz de responder de forma eficaz aos problemas da vida.

II.2. *Avaliação e intervenção*

A intervenção no programa de HECBs é feita através de quatro fases (veja Quadro 3.1). Na *fase de avaliação ampla,* são preenchidos instrumentos que guiam a seleção dos objetivos de tratamento e que proporcionam, também, informações objetivas dos níveis de linha de base do comportamento desadaptativo de beber. As tarefas para casa são introduzidas nessa fase de tratamento e tem início uma atividade de avaliação muito importante, o auto-registro. Na segunda fase da intervenção, a *preparação para a mudança,* o centro se encontra no fortalecimento das habilidades de tomada de decisões. Na terceira fase da intervenção, o *treinamento das habilidades de enfrentamento,* uma ampla categoria dessas habilidades é ensinada. Na quarta e última fase de tratamento, *a generalização estruturada,* são transferidas ao mundo real, de forma sistemática, as habilidades de enfrentamento que acabaram de ser desenvolvidas. Todos os componentes do pro-

Quadro 3.1. *Passos das* Habilidades de enfrentamento para o comportamento de beber

Avaliação ampla
Preparação para a mudança (sessões 1 e 2)
    Melhora da relação
    Feedback
    Reestruturação das expectativas sobre os resultados
Treinamento das habilidades de enfrentamento (sessões 3 a 8)
    Construção de cenas nas quais consome álcool
    Seleção de técnicas e estratégias de enfrentamento
    Treinamento em solução de problemas
    Prática das técnicas e estratégias de enfrentamento
Generalização estruturada
    Treinamento em habilidades e exposição aos sinais
    Recorrer ao apoio social

grama das HECBs são feitos no contexto de um relacionamento de colaboração entre o paciente e o terapeuta. O terapeuta das HECBs guia o paciente para que atinja os objetivos – com os quais se comprometeu previamente – de melhorar o autocontrole.

II.2.1. A fase de avaliação

A avaliação das expectativas sobre o consumo de álcool constitui um importante componente do processo de avaliação. Instrumentos como o "Questionário de expectativas sobre o álcool" (*Alcohol Expectancy Questionnaire;* Goldman, Brown e Christiansen, 1987) e a "Escala de expectativas sobre os resultados" (*Outcome Expectancy Scale;* Annis, Graham e Davis, 1989) permitem a análise desse importante fator. As intervenções terapêuticas incluirão, mais adiante, a reestruturação cognitiva das crenças específicas inapropriadas identificadas com esses instrumentos (por exemplo, "as pessoas me consideram muito mais agradável quando bebo"). O paciente é instruído a destacar as expectativas positivas com relação ao álcool recorrendo a informações objetivas sobre possíveis conseqüências negativas e, além disso, ensina-se ao paciente habilidades de enfrentamento que substituam o consumo de álcool.

O "Inventário de consumo de álcool" (*Alcohol Use Inventory, AUI-r)* é outro importante instrumento de avaliação. Vimos que a informação proporcionada pelo *AUI-r* pode ajudar a individualizar as intervenções. Assim, um paciente com uma elevada pontuação em "Mesocial" (beber para melhorar o funcionamento social) poderia beneficiar-se do treinamento em habilidades sociais. Por exemplo, um paciente de quem tratamos experimentava uma intensa ansiedade social e bebia para tornar toleráveis as interações sociais que, de outra maneira, evitaria. O treinamento em habilidades sociais e a exposição graduada e sistemática a essas experiências temidas diminuiu de modo significativo seu impulso de consumir álcool para enfrentar essas experiências e melhorou sensivelmente seu funcionamento social. Outros indivíduos com uma elevada pontuação em "Conânimo" (controle do estado de ânimo) do *AUI-r* poderiam necessitar de treinamento em habilidades para lidar com seu afeto negativo. Por conseguinte, pode-se obter uma ampla variedade de informações a partir do *AUI-r*. As diretrizes para utilizar o *AUI-r* estão no manual de Wanberg, Horn e Foster (1987).

O funcionamento da família em relação ao consumo de álcool pode ser avaliado com medidas como o "Instrumento para a avaliação da família" (*Family Assessment Device;* Epstein, Baldwin e Bishop, 1983). Os resultados dessa avaliação são muito importantes para estruturar o componente de generalização do programa das HECBs. As famílias com pontuações problemáticas na escala de controle do comportamento poderiam requerer instruções em procedimentos para estabelecer regras na família, especialmente as aplicadas ao consumo de álcool. Podem ser úteis, também, outras escalas relacionadas para a identificação dos objetivos do tratamento, como a melhora na comunicação ou na solução de problemas na família.

Por meio do "Inventário das situações de bebida" (*Inventory of Drinking Situations*) e do "Questionário de segurança situacional" (*Situational Confidence Questionnaire;* Annis e Davis, 1988) obtêm-se dois importantes aspectos informativos. Assim, podem ser identificadas situações de alto risco para o consumo de álcool e pode-se avaliar também a auto-eficácia (expectativas de controle específicas à situação). A identificação das condições que provavelmente precedem os episódios de bebida permite ao terapeuta ensinar habilidades de enfrentamento antecipatórias, por meio das quais os pacientes podem preparar suas respostas cognitivas e comportamentais, antecipando-se às situações problema. Por exemplo, a informação proporcionada no "Inventário das situações de bebida" revelou que era provável que um de nossos pacientes se embriagasse depois de ter recebido avaliações negativas de seu supervisor no trabalho. Fez-se uso da reestruturação cognitiva para ajudar o paciente a enfrentar o que foi considerada como um feedback muito crítico e excessivamente negativo proveniente de seu supervisor. Uma combinação de reestruturação cognitiva e treinamento assertivo sistemático demonstrou ser suficiente para permitir que o paciente lidasse com essas interações periódicas sem embriagar-se, uma resposta que havia afetado anteriormente de forma negativa seu desempenho no trabalho durante uma série de dias depois de cada episódio.

Fazer com que os pacientes registrem seu humor e suas tentações de beber pode proporcionar informações valiosas sobre as funções que a bebida exerce em suas vidas e sobre as situações de alto risco que provavelmente encontrará. Os exercícios de auto-registro ensinam a pessoa a reconhecer situações problemáticas, as quais podem mais tarde funcionar como um sinal para iniciar os comportamentos de enfrentamento. O auto-registro deveria ser sistematicamente treinado para que essas habilidades sejam eficazes. Como último passo da avaliação, são medidas a habilidade e a flexibilidade do paciente para aplicar as respostas adaptativas de enfrentamento nas situações da vida real. Isso se faz com o "Teste de competência situacional" (*Situational Competency Test;* Chaney, 1989) com a "Bateria de habilidades adaptativas" (*Adaptive Skills Battery;* Jones, Kanfer Lanyon, 1982). Com esses instrumentos identificam-se déficits em habilidades específicas que requerem um novo treinamento. Por exemplo, pode-se concluir que um indivíduo tem habilidades para o controle da ira relativamente boas, mas carece de habilidades para resistir aos convites de outras pessoas para beber.

Uma avaliação ampla é essencial para um tratamento eficaz. A informação obtida identifica necessidades especializadas de treinamento de habilidades e é, por conseguinte, essencial para individualizar o tratamento. Embora, possivelmente, *o mais* importante seja proporcionar aos pacientes feedback específico, objetivo, derivado dos resultados da avaliação, algo que se viu que aumenta sua motivação para modificar o consumo de álcool (Miller, 1989).

II.2.2. O tratamento

Tal como se mostra no quadro 3.1, a avaliação é seguida por três fases de tratamento: a *preparação para a mudança,* o *treinamento em habilidades de enfrentamento* e a *generalização estruturada.* Em cada uma dessas etapas emprega-se uma série de procedimentos cognitivos e comportamentais. Esses procedimentos estão resumidos no quadro 3.2. A seguir, descreveremos em detalhes como funciona o programa das HECBs e proporcionaremos exemplos de sua aplicação clínica.

Os pacientes são preparados para que considerem mudar seu comportamento. Essa preparação é feita apoiada pela confiança e serenidade experimentadas no desenvolvimento da relação terapêutica e por meio da informação objetiva e breve, proporcionada pelo terapeuta, sobre como o consumo de álcool afetou e continuará afetando, provavelmente, seu funcionamento. Tal como Miller (1989; Miller e Rollnick, 1991) descreveu em seu enfoque da entrevista motivacional, um importante objetivo desse processo é criar dissonância entre o consumo de álcool do indivíduo e seus objetivos pessoais importantes. Realizar com sucesso essa etapa de tratamento depende de uma compreensão total do funcionamento do paciente, tal como se mostra na fase de avaliação. A especificação de objetivos factíveis em curto e longo prazos relativos à melhora do funcionamento constitui um pré-requisito básico para um tratamento bem-sucedido. Além disso, deve-se avaliar cuidadosamente a compreensão que o paciente tem do feedback proporcionado pelo terapeuta, pedindo-lhe que repita a informação, que dê exemplos de sua própria vida e que diga o que significa concretamente a informação para ele.

Da entrevista motivacional e dos outros processos iniciais de tratamento pode surgir uma série de conseqüências. Em sua forma ideal, a pessoa tomará a decisão de se abster de toda e qualquer bebida, mas muitos pacientes concordarão em abandonar a bebida somente durante um determinado período de tempo. Ainda, outros pacientes poderão decidir continuar com o consumo de álcool como vinham fazendo até então. A firmeza dessa decisão variará entre os indivíduos, fato pelo qual uma intervenção clínica adicional estabelecerá a base para a evolução dessa decisão sobre um objetivo adaptativo. Além disso, a capacidade dos pacientes para atingir seu objetivo de autocontrole sofrerá mudanças quando se encontrarem em situações estressantes, de alto risco. Há uma série de fatores que afetará os esforços do paciente em relação ao autocontrole. Os mais importantes referem-se à disponibilidade de álcool em contraste com a disponibilidade de re-

Quadro 3.2. *Os dezesseis procedimentos essenciais de intervenção utilizados nas* Habilidades de enfrentamento para o comportamento de beber

1. *Técnicas para a melhora do relacionamento.* Procedimento psicoterapêutico que inclui a escuta ativa e a empatia correta, com a finalidade de estabelecer e melhorar o relacionamento terapêutico, de colaboração.

2. *Esclarecimento de conceitos.* Explica-se ao paciente o tratamento com a finalidade de fomentar a colaboração e minimizar a resistência.

3. *Formulação de objetivos.* São estabelecidos conjuntamente, entre o terapeuta e o paciente, objetivos realistas, alcançáveis.

4. *Diretrizes.* O terapeuta oferece formas específicas de pensar com a finalidade de facilitar a obtenção dos objetivos.

5. *Mudança de perspectiva.* Os pacientes recebem alternativas para a compreensão das circunstâncias da vida e de seu significado como precipitantes cognitivos da mudança.

6. *Feedback.* Proporciona-se um *feedback* honesto sobre a informação obtida por meio da avaliação e sobre os efeitos da bebida sobre a vida do paciente.

7. *Instrução sobre habilidades.* São fornecidas instruções específicas sobre habilidades consideradas importantes para a mudança de comportamento.

8. *Solução de problemas.* Ensina-se aos sujeitos um enfoque sistemático diante dos obstáculos que possam encontrar em seu caminho rumo à obtenção do objetivo, incluindo a identificação do problema, a proposição de respostas alternativas, a avaliação das conseqüências associadas e o início da ação.

9. *Modelagem encoberta.* Ensaio encoberto das respostas de enfrentamento eficazes praticadas como um meio para aumentar o autocontrole.

10. *Modelagem.* O terapeuta modela habilidades adaptativas específicas e o paciente as pratica.

11. *Auto-instruções.* Pratica-se o treinamento em habilidades de enfrentamento específicas enquanto são empregadas auto-instruções.

12. *Ensaio encoberto.* Praticam-se novas habilidades de enfrentamento na imaginação, antes de iniciá-las na vida real.

13. *Ensaio manifesto.* Usando o *role playing* e a inversão do papel, aplicam-se habilidades específicas para lidar com situações problemáticas identificadas.

14. *Feedback sobre a resposta.* Proporciona-se aos pacientes Feedback específico da atuação durante o ensaio e a melhora na representação das habilidades é reforçada de modo diferencial.

15. *Tarefas para casa.* Designa-se uma série de tarefas para casa a fim de que sejam praticadas fora da sessão de terapia em diferentes lugares.

16. *Exposição aos sinais.* São apresentados sinais relacionados com o álcool em lugares cada vez mais difíceis, com a finalidade de provocar respostas de desejo de álcool experimentadas até que o indivíduo se habitue.

forços não químicos (Vuchinich e Tucker, 1988); aos custos e desvantagens da redução na bebida ou da abstinência (Annis *et al.*, 1989); e à disponibilidade de habilidades de enfrentamento eficazes (Jones *et al.*, 1982).

Existe uma série de expectativas sobre a bebida que pode aumentar a probabilidade de que um indivíduo volte ao consumo de álcool (Goldman *et al.*, 1987) e deve ser abordada durante o tratamento. São utilizadas técnicas de reestruturação cognitiva (Goldfried e Goldfried, 1980; McMullin e Giles, 1981) para ajudar o paciente a identificar suas expectativas positivas sobre o álcool e para esclarecer a relação entre essas expectativas e o hábito de beber. Os pacientes aprendem a contra-atacar suas expectativas positivas sobre a bebida e a aplicar suas novas habilidades em situações cotidianas de alto risco.

A primeira fase do programa de HECB pode ser ilustrada apresentando o caso de um de nossos pacientes. Esse jovem foi enviado a tratamento depois de ter sido preso duas vezes por dirigir sob a influência do álcool. O hábito de beber havia aumentado gradualmente em freqüência e intensidade durante os últimos cinco anos. A avaliação das expectativas sobre a bebida e o repasse dos auto-registros mostrou que esse rapaz de 26 anos bebia de 3 a 5 vezes por semana e sempre enquanto se encontrava em companhia de 4 ou 5 de seus amigos. Além disso, acreditava que beber era a única maneira de um grupo de pessoas relaxar, "desinibir-se" e divertir-se. Manifestou a crença de que, embora seus amigos o respeitassem e desfrutassem de sua companhia, não se implicariam em atividades que não se centrassem no ato de beber cerveja. Embora seu terapeuta tenha insistido nas ramificações negativas da bebida em excesso, o paciente se comprometeu somente a reduzir a bebida, com o objetivo de não consumir mais de quatro cervejas durante uma saída com seus amigos. O trabalho posterior com o paciente serviu para estabelecer a base para que se desse conta de que era improvável que atingisse o objetivo de reduzir a bebida sem outras mudanças importantes em seu estilo de vida. Os problemas esperados com o objetivo de reduzir a bebida se confirmaram mais tarde por meio dos dados do auto-registro. Finalmente, o paciente foi capaz de chegar a perceber que suas crenças sobre o álcool como um ingrediente essencial para as experiências sociais divertidas não haviam sido postas à prova desde muito tempo. Percebeu, também, que a suposição de que seus amigos descartariam totalmente passar tempo em atividades que não se centrassem no tema da bebida estava do mesmo modo sem comprovação.

Considera-se que as habilidades de enfrentamento no programa das HECBs proporcionam os meios para ativar as decisões para se abster. Os pacientes aprendem uma série de habilidades para obter reforços alternativos não químicos, para aumentar sua competência social global, para controlar os estados de humor negativos e para lidar com situações relacionadas com o álcool. O conteúdo de um programa de treinamento em habilidades para um sujeito particular está determinado pela exploração do perfil de alto risco do paciente (Annis e Davis, 1988). O treinamento em habilidades de enfrentamento é estruturado para abordar situações de alto risco que, como já se assinalou anteriormente, freqüentemente incluem emoções desagradáveis, mal-estar físico, emoções agradáveis, comprovação do controle pessoal, os impulsos e as tentações de beber, os problemas com os outros, a pressão social para beber e os momentos agradáveis com os outros.

No programa das HECsB, as estratégias de enfrentamento são decompostas em três etapas. Em primeiro lugar, desenvolvem-se *habilidades de enfrentamento antecipatórias* para planejar com antecedência evitar ou neutralizar as situações de alto risco. Por exemplo, podem-se praticar estratégias para o controle do estímulo, como evitar lugares nos quais se encontram sinais relativos ao álcool. O objetivo da segunda etapa do treinamento em habilidades de enfrentamento centra-se em *técnicas de enfrentamento imediato,* com a finalidade de lidar com as situações de alto risco, uma vez que o paciente tenha entrado nelas. Dedicar-se a atividades de distração ou utilizar habilidades de relaxamento e de controle do estresse são exemplos de métodos para o enfrentamento imediato. A terceira etapa, o *enfrentamento restaurador* dedica-se a estratégias para manipular os tropeços (recaídas temporárias no comportamento de beber em excesso) e serve para evitar as recaídas completas.

Deve-se considerar, também, o equilíbrio entre evitar situações problema e o enfrentamento ativo, ao desenvolver estratégias de autocontrole e decidir que habilidades serão ensinadas. Avaliações prévias de indivíduos em tratamento encontraram que os sujeitos que conseguem a abstenção e os que recaem se diferenciam na capacidade dos primeiros para evitar, inicialmente, e depois, quando a abstinência já está mais segura, enfrentar as situações ameaçadoras. Os pacientes que recaíam costumavam usar estratégias de evitação (não participar de situações de alto risco), mas, diferentemente dos sujeitos que se abstinham, não eram capazes de aprender a enfrentar as situações. O treinamento em habilidades deveria começar, de modo geral, com estratégias de evitação, como o controle do estímulo, e seguir com a solução de problemas e a exposição graduada às situações de alto risco. A exposição gradual a situações de alto risco cada vez mais difíceis aplicando, de forma sistemática, as estratégias de enfrentamento constitui um componente essencial do tratamento (Annis e Davis, 1988).

Com a finalidade de ilustrar essa fase de tratamento, voltaremos a nosso paciente, que era um bebedor problemático de 26 anos. Diante do evidente fracasso de atingir seu objetivo de reduzir a bebida, esse paciente estabeleceu o objetivo – de abstinência em curto prazo – de afastar-se totalmente do álcool durante três meses, depois do que voltaria a avaliar seu potencial para controlar a bebida. Uma questão urgente era como modificaria seu estilo de vida para atingir esse objetivo. Seu terapeuta e ele concordaram com que a identificação de e o envolvimento em atividades sociais agradáveis que não girassem ao redor da bebida seriam essenciais. Como parte de uma ampla estratégia de solução de problemas, criou-se uma lista de atividades das quais o paciente havia desfrutado no passado ou que pensava que poderia usufruir se as experimentasse de novo. As tarefas para casa centraram-se em começar essas atividades e pôr à prova suas crenças de que todos os seus amigos descartariam completamente seu convite para acompanhá-lo nesses passeios. Ligar para um de seus amigos para convidá-lo foi reconhecido como uma tarefa difícil e foram utilizados procedimentos de ensaio encoberto e manifesto para prepará-lo, incluindo praticar respostas razoáveis para reações que não fossem empáticas – que ele antecipava de seus amigos –, quando expressasse seu desejo de controlar sua bebida. Concordaram com a estratégia inicial de uma evitação completa dos bares que freqüentava com seus amigos, pois considerava-se que esses lugares ofereciam um risco extremamente elevado para a bebida. Além disso, buscaram-se oportunidades para conhecer pessoas novas. Esse objetivo mostrou-se compatível com o desejo em longo prazo do paciente de começar um treinamento superior no campo da administração de empresas, um passo que ele julgava essencial para uma carreira de sucesso no futuro.

A fase final do programa de HECB implica assegurar, de forma sistemática, a generalização e a manutenção do progresso do tratamento. Isso se faz por meio de múltiplos procedimentos: tarefas para casa estruturadas, treinamento em prevenção de recaídas, um maior treinamento em habilidades no contexto da exposição aos sinais e relações de apoio social.

As tarefas para casa são sistematicamente estruturadas para tornar mais provável que os pacientes sejam capazes de participar de situações de beber anteriormente problemáticas e que experimentem o sucesso em seu enfrentamento (Annis e Davis, 1988). É fundamental que essas tarefas sejam estruturadas para garantir experiências "com sucesso". Assim, o paciente deve praticar as habilidades de enfrentamento dentro da sessão de terapia até que adquira a competência suficiente para ter uma elevada probabilidade de sucesso em sua transferência a lugares da vida real. Inicialmente, o trabalho *ao vivo* se faz com o terapeuta e devem acontecer êxitos nesse nível de apoio antes de serem feitas tarefas para casa de modo independente.

Os pacientes são sistematicamente preparados para a elevada probabilidade de que voltem a beber, ensinando-lhes que fazê-lo representaria um tropeço, e como responder a essa perda de autocontrole com uma vigorosa retomada das habilidades de enfrentamento e outras de autocontrole (por exemplo, Marlan e Gordon, 1985). A menos que se aborde esse processo, os pacientes freqüentemente avaliarão esses tropeços como prova da inutilidade de seus esforços e voltarão aos níveis de linha de base do comportamento problemático de beber.

A redução sistemática do grau de resposta dos pacientes aos sinais de álcool é uma intervenção essencial para apoiar a manutenção de seu autocontrole. Isso pode ser feito ensinando-lhes habilidades sob condições de estímulo reais, isto é, em presença de sinais de álcool, assegurando, dessa maneira, associações entre os estímulos provocadores e as respostas de autocontrole (Monti *et al.*, 1989). A exposição aos sinais de álcool pode dar-se de modo simbólico ou em circunstâncias da vida real, com a ajuda do terapeuta ou como uma tarefa para casa independente. A exposição simbólica pode incluir a apresentação de *slides* que mostrem sinais de álcool ou a exposição na imaginação aos elementos estimulantes aos quais o paciente reage mais, como, por exemplo, o cheiro que provém de uma caneca de chopp. Freqüentemente, depois de muitos passeios que incluam visitas aos bares favoritos nos quais o paciente consome refrescos, as respostas de desejo diminuem de forma significativa. A exposição aos sinais normalmente se dá, em primeiro lugar, na clínica do terapeuta e começa com exposição simbólica, depois passa à exposição direta aos sinais de álcool e se completa com exposições, na vida real, a situações de alto risco. O paciente é vacinado de forma gradual contra os efeitos dos impulsos e de suas respostas afetivas associadas; por conseguinte, a generalização é sistematicamente programada.

É provável que essa forma de terapia de exposição seja eficaz devido a seu impacto sobre uma série de mecanismos importantes que mantêm o comportamento de beber do paciente. Isso pode ser feito por meio do ensaio das novas habilidades aprendidas em situações reais (Marlatt e Gordon, 1985), incluindo as habilidades de recusa de drogas, a manipulação de problemas, o relaxamento muscular e a capacidade para recordar de forma deliberada as conseqüências negativas do consumo de álcool. Os sinais de álcool se tornam, então, sinais para o início de respostas de enfrentamento adaptativas que conduzem ao autocontrole, e não ao consumo. É mais provável que os procedimentos de exposição aos sinais sejam eficazes quando se apresentam os sinais de álcool aos quais o paciente reage em maior grau. A exposição tem de ser, com freqüência, extensa, e o paciente deveria ser instruído a centrar sua atenção no sabor, cheiro, recordações associadas ou efeitos esperados do álcool, em vez de distrair-se, se é que se pretende assegurar a habituação ao estímulo.

Uma última questão, embora não menos importante, é o desenvolvimento de redes de apoio familiares e sociais que ajudem de forma ativa os pacientes a aplicar as habilidades recém-aprendidas. É preciso trabalhar diretamente com os sistemas familiares e de apoio para aumentar a probabilidade de que proporcionem reforço consistente quando forem utilizadas as habilidades, que ajudem a resolver problemas e que proporcionem apoio emocional. Por conseguinte, o programa das HECBs inclui o objetivo explícito de ensinar aos pacientes uma série de habilidades para conseguir acesso aos sistemas de apoio, incluindo habilidades para a melhora das relações e para a busca de ajuda. Um bom ponto de partida é fazer com que os membros da família ou os amigos participem diretamente, com o paciente, do programa de tratamento, atuando talvez como instrutores na realização das tarefas para casa. As pessoas que atuam como apoio podem ajudar a manter as melhoras do paciente no autocontrole, dirigindo a atenção às situações de alto risco, ajudando a vigiar os impulsos e as tentações de consumo e mantendo um registro das conseqüências desses acontecimentos.

Vamos ilustrar a aplicação dessa fase final das HECBs com uma volta ao nosso exemplo de caso. As interações assertivas de nosso bebedor problema com seus amigos desenvolveram-se melhor que o esperado. Embora a comunicação direta a seus amigos de sua intenção de controlar a bebida tenha, inicialmente, encontrado certa resistência, não foi a resposta de todos os seus amigos. Na realidade, outro indivíduo confessou um desejo similar. Além disso, as críticas manifestadas por alguns de seus companheiros anteriores de bebida desvaneceram-se rapidamente e alguns deles responderam ao convite do paciente de tentar novas atividades que não girassem ao redor dos bares. Os estudos do paciente em administração de empresas foram bem e demonstraram ser uma excelente oportunidade para aumentar sua rede social. Entre as relações que surgiram dessa atividade houve uma garota de sua classe. Conforme seu relacionamento foi tornando-se mais íntimo, o paciente foi capaz de falar mais livremente de seus esforços em controlar a bebida, no que foi reforçado por sua amiga. De fato, essa garota lhe contou sua frustração em relação ao que ela considerava como interações sociais vazias que giravam ao redor da bebida e por não ser capaz de encontrar homens que gostassem de fazer outras coisas.

Nosso paciente continuou seu trabalho com o terapeuta e progrediu até o ponto de não precisar evitar os bares, expondo-se diretamente ao álcool. O trabalho inicial foi feito na clínica e depois avançou, até ser realizado *ao vivo* com o terapeuta, nos bares que o paciente havia freqüentado anteriormente. Isso foi feito durante as horas em que havia menos gente, com a finalidade de evitar o contato direto com amigos durante o trabalho inicial de exposição aos sinais relacionados com o álcool. Também foram realizadas tarefas para casa similares, e o paciente teve sucesso em seu enfrentamento a seus impulsos de beber. Aos seis meses do começo do tratamento o paciente sofreu seu primeiro tropeço. Ocorreu quando um antigo amigo com o qual saía para beber o incentivou a tomar algumas cervejas em um bar. O sucesso de seu time favorito nas finais junto com a pressão de seus amigos levou o paciente a beber mais que umas tantas cervejas. No dia seguinte, entrou em contato com seu terapeuta (a quem estava vendo somente em poucas visitas de acompanhamento) para tentar compreender esse tropeço e tratar de evitar futuros comportamentos de beber. Embora o paciente e o terapeuta tivessem falado sobre a possibilidade de um comportamento de beber controlado, o incidente os fez concluir que a melhor estratégia em curto prazo era de novo a abstinência completa. Além disso, embora ir a lugares onde se servia álcool e enfrentar com eficácia os impulsos constituísse uma estratégia que normalmente deveria ser seguida, considerou-se que, em um futuro próximo, era melhor evitar totalmente ir a bares com seus amigos de bebida quando seu time favorito jogasse nas finais.

III. A ASSESSORIA MOTIVACIONAL SISTEMÁTICA

A *Assessoria motivacional sistemática* (AMS) está solidamente baseada na teoria da motivação. Com a finalidade de empregar essa técnica de forma apropriada, é necessário que o clínico compreenda suas bases teóricas. Além disso, para conseguir essa compreensão, é fundamental familiarizar-se com alguns conceitos motivacionais básicos. Assim, começaremos nossa descrição da técnica definindo esses conceitos básicos.

O primeiro conceito motivacional básico é o *afeto*. Do ponto de vista motivacional, o afeto refere-se a uma emoção tal como a pessoa a sente realmente. É o componente subjetivo de uma resposta emocional. Os teóricos motivacionais com freqüência categorizam o afeto simplesmente como positivo (incluindo afetos específicos, tais como a alegria e a felicidade) ou negativo (por exemplo, a tristeza). A mudança afetiva é um conceito motivacional central, pois constitui a mesma essência do que os organismos estão motivados a conseguir. Queremos conseguir coisas que pensamos que farão com que nos sintamos bem e nos livrarmos das coisas que nos fazem sentir mal. Em qualquer caso, equivale a uma mudança afetiva.

Os dois conceitos seguintes – incentivos e objetivos – os teóricos motivacionais os usam de modo diferente de como são utilizados na linguagem cotidiana. Um *incentivo* é um objeto ou acontecimento que nos provoca uma mudança afetiva. Os incentivos positivos produzem uma mudança afetiva positiva; os incentivos negativos provocam mudanças afetivas negativas. Uma pessoa pode produzir em si mudanças afetivas de forma química ao ingerir álcool ou por meio de incentivos em outras áreas da vida. Um *objetivo* é um incentivo particular que um sujeito se comprometeu a perseguir. Tal como Klinger (1975, 1977) argumentou, as vidas das pessoas giram em torno da perseguição e obtenção de objetivos. Podem ser desde pequenas coisas, como o objetivo de sair para jantar à noite, até objetivos em muito longo prazo, como conseguir publicar um livro. Beber pode chegar a ser um objetivo que uma pessoa persiga ativamente, assim como qualquer outro objetivo. Os problemas surgem quando beber se torna um objetivo que ensombrece a perseguição de outros na vida da pessoa e compete com sua obtenção. Quando isso acontece, necessitamos reconfigurar o vínculo motivacional, de modo que beber retroceda a um segundo plano e a perseguição de outros objetivos se torne algo mais importante.

Um *interesse atual (cf.* Klinger, 1975, 1977) é o estado motivacional da pessoa que corresponde a cada objetivo perseguido. Esse estado motivacional continua até que o sujeito atinge o objetivo ou abandona sua perseguição. Durante cada interesse atual, uma pessoa se torna um indivíduo mudado em nível motivacional. Segundo isso, os interesses atuais proporcionam uma via de estudo de como beber pode tornar-se um objetivo que se entremescle com os outros incentivos, objetivos e interesses atuais na vida de uma pessoa.

III.1. *O modelo motivacional do consumo de álcool*

A seguir, descreveremos como empregamos os conceitos motivacionais básicos anteriores para compreender os complexos determinantes do consumo de álcool, apresentando o modelo motivacional do consumo de álcool (Cox e Klinger, 1988; 1990). Devido à complexidade do modelo completo, descreveremos uma versão mais simples, esquemática, que torna mais fácil seguir a posição motivacional que a versão inteira (veja Fig. 3.1.).

Uma importante característica a ressaltar do modelo simplificado é que, embora duas pessoas tenham padrões similares no comportamento de beber, podem ter chegado a esse ponto por caminhos diferentes. Isso se deve ao fato de que o peso com o qual cada variável contribui difere de um indivíduo para outro. Por exemplo, um indivíduo que está predisposto a experimentar reações bioquímicas positivas com o álcool e poucas reações negativas disporá de um maior peso proporcionado pelas expectativas de mudanças afetivas positivas, provenientes dos efeitos químicos do álcool, que no caso de outra pessoa que não tenha essa predisposição.

Podemos também considerar o caso de um construtor que começa a beber porque a vida lhe parece aborrecida e sem sentido. Em outras palavras, essa pessoa obtém pouca satisfação emocional dos incentivos de outras áreas da vida. O padrão de bebida poderia aumentar progressivamente porque essa pessoa chega também a considerar o álcool como uma forma de regular o afeto de forma química, embora essas expectativas tenham-se formado por uma razão diferente que no caso do indivíduo anterior. Outras pessoas – por carecerem de habilidades sociais como um incentivo positivo para o usufruto – podem manter a crença de que o álcool é um lubrificante social que lhes permite socializar-se de modos que seriam incapazes de fazê-lo sem beber. Outra pessoa cuja vida está sobrecarregada de relações estressantes com membros de sua família pode perceber o álcool como uma boa forma de enfrentar seus incentivos negativos. Nos

Figura 3.1. Um modelo motivacional para o consumo de álcool

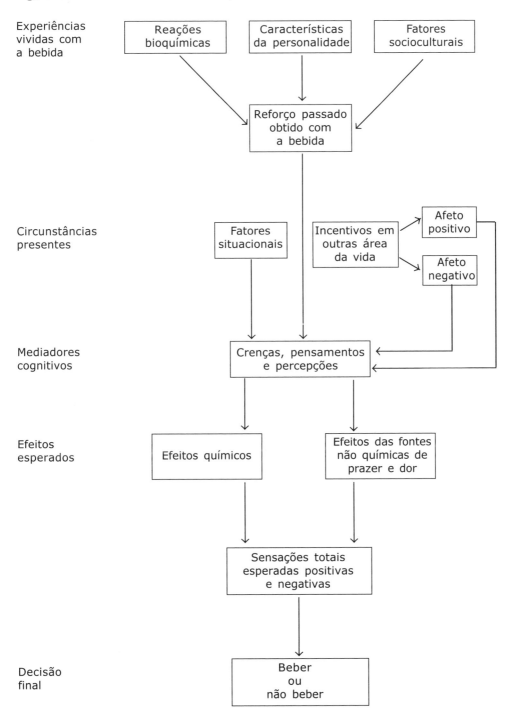

últimos dois casos, as expectativas de mudança afetiva podem provir dos efeitos do prazer da bebida ou da dor que surge dos incentivos em outras áreas da vida, em vez de provir dos efeitos químicos do álcool.

Uma segunda característica importante a ressaltar do modelo abreviado é que o peso com que as diferentes variáveis contribuem muda também dentro dos indivíduos particulares, desde um ponto de sua trajetória de beber até outro. Por exemplo, um estudante universitário que normalmente se embriaga nas festas de seu curso poderia estar motivado a beber muito devido a influências socioculturais ou situacionais, especificamente a aprovação que obtém de seus iguais por fazê-lo. Assim, os efeitos que espera de beber unem-se também aos efeitos indiretos agradáveis provenientes de outra área de sua vida, em vez dos efeitos químicos diretos do álcool. Porém, se esse mesmo indivíduo continuar sendo reforçado por seu comportamento habitual de beber muito, desenvolverá reações condicionadas ao álcool, o que contribuirá com as expectativas de mudanças afetivas provocadas pelos efeitos químicos do álcool. E, se esse comportamento de beber faz com que se esqueça de perseguir incentivos em outras áreas de sua vida (como as conquistas acadêmicas ou uma relação amorosa), sua motivação para produzir mudanças afetivas positivas bebendo álcool se intensificará. De novo, uma suposição básica do modelo motivacional é que o que uma pessoa decida beber em uma ocasião particular é determinado pela seguinte questão: se as mudanças afetivas positivas esperadas do comportamento de beber ultrapassam as negativas.

A fonte da motivação para beber na qual se centra a *Assessoria motivacional sistemática* é representada pela segunda variável principal denominada "circunstâncias presentes" na figura 1. Refere-se aos incentivos positivos e negativos das pessoas em outras áreas da vida e ao afeto correspondente ao qual dá lugar. Se uma pessoa não tem incentivos positivos satisfatórios para perseguir e/ou não está realizando um progresso satisfatório em relação à consecução de objetivos que lhe produzam incentivos positivos, o peso das expectativas da pessoa de que pode melhorar o afeto positivo bebendo aumentará. À medida que a vida da pessoa esteja cheia de elementos incômodos e/ou esteja realizando um progresso pouco satisfatório para eliminar esses elementos, aumentará o peso das expectativas dessa pessoa de que pode neutralizar o afeto negativo bebendo. Os problemas com o álcool se dão quando os fatores que contribuem com a decisão de beber (por exemplo, a resposta bioquímica positiva de um indivíduo em relação ao álcool) ultrapassam claramente os fatores que contribuem com a decisão de não beber (por exemplo, a interferência com incentivos positivos, não químicos, que incitará à bebida).

A incapacidade das pessoas com problemas com o álcool para encontrar satisfação emocional através de incentivos não químicos é um fator que contribui com sua motivação para beber. Essas pessoas podem, por exemplo, ter um número inadequado de incentivos suficientemente positivos a perseguir; os incentivos disponíveis podem ter perdido valor positivo devido à habituação ou pelo desenvolvimento de processos oponentes (Solomon, 1980); ou a perseguição de incentivos positivos pode ser pouco realista ou imprópria, fazendo com que seja pouco provável atingir o objetivo. Alternativamente, os objetivos positivos dos dependentes de álcool – mesmo sendo apropriados, realistas e em número suficiente – podem entrar em conflito entre si, fazendo da consecução do objetivo algo improvável ou impossível. Além disso, a vida do paciente pode estar sobrecarregada por uma preponderância de incentivos aversivos e ele pode ser incapaz de avançar na eliminação desses elementos incômodos.

Uma explicação de como os incentivos em outras áreas da vida determinam se beber se tornará um objetivo ativo é que a pessoa que desenvolve problemas com o álcool é responsável, ela mesma, por provocar acontecimentos negativos em sua vida e por ser incapaz de produzir acontecimentos positivos. Fazendo isso, poderia aumentar indiretamente sua motivação para regular quimicamente seu afeto bebendo. Essa é a premissa sobre a qual descansa a *Assessoria motivacional sistemática*. Isto é, os objetivos da técnica de assessoria são:

a. Identificar os padrões motivacionais desadaptativos dos bebedores-problema que impedem que consigam o que precisam e o que esperam da vida, aumentando sua motivação para tentar conseguir a satisfação emocional bebendo.
b. Mudar esses padrões desadaptativos por meio de uma técnica de assessoramento motivacional que, por sua vez, se espera que produza um aumento da satisfação pela vida e uma redução do comportamento de beber.

III.2. Avaliação da motivação: O "Questionário da estrutura motivacional"

O primeiro passo da técnica de assessoria é avaliar a estrutura motivacional do bebedor por meio do "Questionário da estrutura motivacional" (*Motivational Structure Questionnaire*). Pede-se a quem o preencha que nomeie e descreva seus interesses atuais em 16 áreas importantes da vida. Utilizando escalas de pontuação, os sujeitos podem tirar conclusões sobre quanto se esforçam por cada objetivo relacionado com cada um de seus interesses, o que permite fazer comparações nomotéticas com uma amostra de outros sujeitos "normais" que tenham preenchido o questionário. Dessa forma, cada indivíduo revela involuntariamente a estrutura de sua motivação em comparação com a de outras pessoas.

As 16 áreas da vida nas quais os indivíduos incluem seus interesses atuais estão no quadro 1.3. Muitas das áreas da vida subdividem-se, por sua vez, em subáreas. Por exemplo, a área da vida "A família próxima e outros familiares" subdivide-se em quatro subáreas, "A família próxima e outros familiares", "Colegas de quarto e não familiares", "A casa e os afazeres domésticos" e "Os animais que vivem em casa". Com a finalidade de descrever como funciona o "Questionário da estrutura motivacional" – e ao mesmo tempo ilustrar a pontuação que se obtém quando os sujeitos o preenchem – mostraremos como duas pessoas hipotéticas, diferentes entre si, preencheram uma página da Folha de Resposta em uma subárea de uma das 16 áreas importantes da vida. A subárea é "A família próxima e outros familiares". Os dois casos ajudarão também o leitor a aprender a utilizar eles mesmos o "Questionário da estrutura motivacional".

Quadro 3.3. Dezesseis áreas importantes da vida

1. A família e o lar
2. Os amigos
3. O companheiro, as relações, o amor e o sexo
4. A saúde física
5. A saúde mental e a saúde emocional
6. Emprego, trabalho, dinheiro
7. Educação
8. Organizações
9. Religião
10. Governo
11. *Hobbies* e passatempos
12. Esportes e lazer
13. Diversões
14. Viagens
15. Delitos
16. Empreendimentos criativos/artísticos

Os interesses do primeiro paciente e os objetivos que lhes correspondem estão no quadro 3.4. Ele descreveu quatro interesses atuais diferentes:

1. "Minha mulher e eu mantemos fortes discussões. Envolvemos-nos em duras brigas". E o objetivo que associou com esse interesse foi "Manter a paz em casa".
2. "Não ganho o suficiente para manter o estilo de vida que minha família e eu gostaríamos". E ele desejava "Conseguir um trabalho onde pagassem mais".
3. "Minha família e eu necessitamos passar mais tempo de lazer juntos". Com relação a isso, ele queria "Passar as férias no Havaí".
4. "Não consigo impor disciplina a meus filhos". Para o que ele queria "conseguir que meus filhos sejam disciplinados".

A partir dessa mostra de informação, podemos inferir possíveis causas pelas quais uma pessoa terá problemas para conseguir satisfação emocional a partir de seus incentivos não químicos, tendo-se proposto o objetivo de fazê-lo quimicamente, bebendo. De modo específico:

1. O paciente tinha um grande número de interesses. Outros sujeitos que preencheram o questionário manifestavam uma média de dois interesses em cada área da vida; este paciente nomeou quatro. Seu grande número de objetivos relacionados com os interesses pareciam limitar suas possibilidades de conseguir satisfazê-los.
2. Embora essa pessoa pareça começar com boas intenções, agarra-se rapidamente a objetivos pouco realistas, sendo, talvez, o melhor exemplo disso o fato de querer resolver sua preocupação sobre a falta de tempo de lazer junto de sua família realizando uma viagem ao Havaí.

HABILIDADES DE ENFRENTAMENTO PARA O COMPORTAMENTO DE BEBER — **69**

Quadro 3.4. Formato geral para os interesses do paciente "sonhador" e objetivos que lhes correspondem na área da família e do lar

Passo (1)	Palavra de ação (Quero...) (2)	Papel (3)	Compromisso (4)	Alegria (5)	Infelicidade (6)	Tristeza (7)	Probabilidade de êxito (8)	Prob. de êxito sem ação (9)	Tempo disponível (10)	Distância do objetivo (11)	Efeitos do álcool (12)
Meus interesses atuais nessa área da vida: 1. A família e o lar – a família próxima e outros familiares.											
Minha mulher e eu mantemos fortes discussões. Envolvemos-nos em duras brigas.	Manter a paz em casa.										
Não ganho o suficiente para manter o estilo de vida que minha família e eu gostaríamos.	Conseguir um trabalho onde paguem mais.										
Minha família e eu necessitamos passar mais tempo de lazer juntos.	Passar férias no Havaí.										
Não consigo impor disciplina a meus filhos.	Conseguir que meus filhos sejam mais disciplinados.										

3. Parece perceber o mundo como branco ou preto; por exemplo, quer passar do extremo de ter fortes discussões com sua mulher ao outro extremo, de querer manter a paz em casa.
4. Finalmente, seus diferentes objetivos não parecem ser mutuamente compatíveis entre si. Por exemplo, preocupa-se por não conseguir dinheiro suficiente, mas quer fazer uma viagem cara ao Havaí.

As pontuações da pessoa sobre seus interesses – apresentadas nos quadros 3.5 a 3.10 – servem para aumentar nossas impressões iniciais. Por exemplo: no passo 3 (Papel), as pontuações que escolheu indicam que percebe a si mesmo como tendo um papel ativo na luta por conseguir seus objetivos. O "1" incluído em seu primeiro objetivo significa que considera que participa e sabe que ação empreender (veja quadro 3.5).

No passo 4 (Compromisso), as elevadas pontuações que escolheu (os "5" e um "6") indicam que se sente altamente comprometido. Por exemplo, o "5" que escolheu para seu primeiro interesse indica que percebe que "se esforça" para manter a paz em casa (veja quadro 3.6).

Nos passos 5, 6 e 7, as avaliações do afeto que proporcionou indicam que valoriza muito seus objetivos. Os elevados números que escolheu para Alegria (por exemplo, "7", "8" e "9") significam que espera ter uma grande alegria se tiver sucesso. As baixas pontuações para Infelicidade significam que não espera sentir-se desafortunado se atingir seus objetivos. Porém, suas pontuações para Tristeza significam que espera sentir uma grande tristeza se não tiver sucesso (veja quadro 3.7).

Suas respostas no passo 8 indicam que também escolheu pontuações elevadas ("8" e "9") para as Probabilidades de Sucesso. Essas pontuações significam que é muito otimista com relação a conseguir seus objetivos. Por exemplo, o "9" incluído em seu primeiro interesse indica que se sente pelo menos 90% seguro de ser capaz de manter a paz em casa. Porém, suas possibilidades serão consideravelmente reduzidas se não tomar nenhuma atitude, tal como indicam as baixas pontuações no passo 9 (veja quadro 3.8).

Com relação às dimensões temporais, os períodos de tempo relativamente longos que incluiu no passo 11 para a Distância do Objetivo (que vai de 6 a 12 meses) indicam que espera conseguir seus objetivos em um tempo relativamente distante no futuro. Por exemplo, passará todo um ano antes que espere manter a paz em casa. Em outras palavras, pensa que seus objetivos são relativamente inacessíveis. Os "0" que incluiu no passo 10, significa que já começou a trabalhar em cada um de seus quatro objetivos (veja quadro 3.9).

Por fim, as pontuações relativamente altas que escolheu para os Efeitos do Álcool no passo 12, que vão de "-3" a "-5", indicam que espera que o consumo contínuo de álcool tenha um forte impacto sobre suas possibilidades de ter sucesso (veja quadro 3.10).

Em resumo, é relativamente fácil ver como os padrões motivacionais desadaptativos dessa pessoa poderiam estar presentes em suas tentativas de regular quimicamente seu afeto bebendo.

O segundo paciente preencheu o questionário de modo muito diferente (veja quadro 3.11). Se observarmos a página da Folha de Respostas para a mesma subárea, "A família

Quadro 3.5. *Pontuações do paciente "sonhador" sobre seus interesses no passo 3 (papel)*

Passo	1	2	3	4	5	6	7	8	9	10	11	12
	Meus interesses atuais nessa área da vida: 1. A família e o lar – a família próxima e outros familiares.	Palavra de ação (Quero...)	Papel									
	Minha mulher e eu mantemos fortes discussões. Envolvemos-nos em duras brigas.	Manter a paz em casa.	1									
	Não ganho o suficiente para manter o estilo de vida que minha família e eu gostaríamos.	Conseguir um trabalho onde paguem mais.	1									
	Minha família e eu necessitamos passar mais tempo de lazer juntos.	Passar férias no Havaí.	2									
	Não consigo impor disciplina a meus filhos.	Conseguir que meus filhos sejam mais disciplinados.	2									

Papel: 1 = participa e sabe que ação realizar.
2 = participa, mas não sabe que ações realizar.
3 = somente observa, mas gostaria de participar.
4 = somente observa.
5 = somente observa, embora outra pessoa importante esteja implicada.
6 = nem participa nem observa; outra pessoa importante implicada.

Quadro 3.6. *Pontuações do paciente "sonhador" sobre seus interesses no passo 4 (Compromisso)*

Passo	1	2	3	4	5	6	7	8	9	10	11	12
	Meus interesses atuais nessa área da vida: 1. A família e o lar – a família próxima e outros familiares.	Palavra de ação (Quero...)		Compromisso								
	Minha mulher e eu mantemos fortes discussões. Envolvemo-nos em duras brigas.	Manter a paz em casa.		5								
	Não ganho o suficiente para manter o estilo de vida que minha família e eu gostaríamos.	Conseguir um trabalho onde paguem mais.		6								
	Minha família e eu necessitamos passar mais tempo de lazer juntos.	Passar férias no Havaí.		5								
	Não consigo impor disciplina a meus filhos.	Conseguir que meus filhos sejam mais disciplinados.		5								

Compromisso: 1 = não trato de fazer com que as coisas aconteçam.
2 = não tenho certeza de que quero investir esse esforço.
3 = tento, mas não me desvio de meu caminho.
4 = invisto um esforço moderado.
5 = tento com muita força.
6 = tento com toda a força que me é possível.

Quadro 3.7. *Pontuações do paciente "sonhador" sobre seus interesses nos passos 5, 6 e 7 (Alegria, Infelicidade e Tristeza)*

Passo 1	2	3	4	5 Alegria	6 Infelicidade	7 Tristeza	8	9	10	11	12
Meus interesses atuais nessa área da vida: 1. A família e o lar – a família próxima e outros familiares.	Palavra de ação (Quero...)										
Minha mulher e eu mantemos fortes discussões. Envolvemo-nos em duras brigas.	Manter a paz em casa.			8	1	8					
Não ganho o suficiente para manter o estilo de vida que minha família e eu gostaríamos.	Conseguir um trabalho onde paguem mais.			9	3	9					
Minha família e eu necessitamos passar mais tempo de lazer juntos.	Passar férias no Havaí.			9	1	7					
Não consigo impor disciplina a meus filhos.	Conseguir que meus filhos sejam mais disciplinados.			7	2	8					

Alegria, Infelicidade, Tristeza: 1 = absolutamente.
2 = muito pouca.
3 = um pouco.
7 = bastante.
8 = muita.
9 = a máxima que posso imaginar.

W. Miles Cox, John E. Calamari e Mervin Langley

Quadro 3.8. *Pontuações do paciente "sonhador" sobre seus interesses nos passos 8 e 9 (Probabilidade de êxito com e sem ação)*

Passo	1	2	3	4	5	6	7	8 Probabilidade de êxito	9 Prob. de êxito sem ação	10	11	12
	Meus interesses atuais nessa área da vida: 1. A família e o lar – a família próxima e outros familiares.	Palavra de ação (Quero...)										
	Minha mulher e eu mantemos fortes discussões. Envolvemos-nos em duras brigas.	Manter a paz em casa.						9	4			
	Não ganho o suficiente para manter o estilo de vida que minha família e eu gostaríamos.	Conseguir um trabalho onde paguem mais.						9	2			
	Minha família e eu necessitamos passar mais tempo de lazer juntos.	Passar férias no Havaí.						8	3			
	Não consigo impor disciplina a meus filhos.	Conseguir que meus filhos sejam mais disciplinados.						8	2			

Probabilidade de êxito:
Probabilidade de êxito sem ação: 0 = a 0-9% de probabilidade.
1 = a 10-19% de probabilidade.
2 = a 20-29% de probabilidade.
....
7 = a 70-79% de probabilidade.
8 = a 80-89% de probabilidade.
9 = pelo menos 90% de certeza.

HABILIDADES DE ENFRENTAMENTO PARA O COMPORTAMENTO DE BEBER

Quadro 3.9. *Pontuações do paciente "sonhador" sobre seus interesses nos passos 10 e 11 (Tempo disponível e Distância do objetivo)*

Passo		3	4	5	6	7	8	9	Tempo disponível	Distância do objetivo	12
	1								10	11	
Meus interesses atuais nessa área da vida: 1. A família e o lar – a família próxima e outros familiares.	Palavra de ação (Quero...)										
Minha mulher e eu mantemos fortes discussões. Envolvemos-nos em duras brigas.	Manter a paz em casa.								0	12 m.	
Não ganho o suficiente para manter o estilo de vida que minha família e eu gostaríamos.	Conseguir um trabalho onde paguem mais.								0	6 m.	
Minha família e eu necessitamos passar mais tempo de lazer juntos.	Passar férias no Havaí.								0	6 m.	
Não consigo impor disciplina a meus filhos.	Conseguir que meus filhos sejam mais disciplinados.								0	11 m.	

Tempo disponível:
Distância do objetivo: Número de dias, meses, anos
X = não sei

Quadro 3.10. *Pontuações do paciente "sonhador" sobre seus interesses no passo 12 (Efeitos do álcool)*

Passo	1	2	3	4	5	6	7	8	9	10	11	12
	Meus interesses atuais nessa área da vida: 1. A família e o lar – a família próxima e outros familiares.	Palavra de ação (Quero...)	Efeitos do álcool									
	Minha mulher e eu mantemos fortes discussões. Envolvemos-nos em duras brigas.	Manter a paz em casa.										-5
	Não ganho o suficiente para manter o estilo de vida que minha família e eu gostaríamos.	Conseguir um trabalho onde paguem mais.										-4
	Minha família e eu necessitamos passar mais tempo de lazer juntos.	Passar férias no Havaí.										-3
	Não consigo impor disciplina a meus filhos.	Conseguir que meus filhos sejam mais disciplinados.										-5

Efeitos do álcool: +5 = virtualmente assegura minhas possibilidades de êxito.

...... 0 = não tem efeito sobre minhas possibilidades de êxito.

......

-3 = deteriora sensivelmente minhas possibilidades de êxito.
-4 = deteriora muito minhas possibilidades de êxito.
-5 = elimina totalmente minhas possibilidades de êxito.

HABILIDADES DE ENFRENTAMENTO PARA O COMPORTAMENTO DE BEBER

Quadro 3.11. *Pontuações do paciente "depressivo" sobre seus interesses em todos os passos de formato geral*

Passo	1	2 – Palavra de ação (Quero...)	3 – Papel	4 – Compromisso	5 – Alegria	6 – Infelicidade	7 – Tristeza	8 – Probabilidade de êxito	9 – Prob. de êxito sem ação	10 – Tempo disponível	11 – Distância do objetivo	12 – Efeitos do álcool
Meus interesses atuais nessa área da vida: 1. A família e o lar – a família próxima e outros familiares. Minha mulher e eu mantemos fortes discussões. Envolvemo-nos em duras brigas.		Manter a paz em casa.	3	3	5	5	3	3	2	6 m.	2 a.	0

próxima e outros familiares", vemos que nomeou somente uma preocupação importante. Está preocupado porque crê que é um mau pai e não sabe como se relacionar com seus filhos. O que quer fazer com relação a esse interesse é deixar de ser um mau pai. Assim, ao contrário do primeiro paciente, que parecia estar orientado demais aos objetivos, o segundo paciente parecia ter muito poucos objetivos. Além disso, a forma como expressava seu interesse sugeria que condenava a si mesmo. Isto é, verbalizava seu objetivo em termos aversivos, negativos, parecendo culpar-se devido ao pobre relacionamento entre ele e seus filhos. As pontuações de Os Esforços para Atingir seu Objetivo ajudavam a ressaltar essas impressões iniciais. De modo específico: os passos 3 e 4 indicavam que via a si mesmo tendo um papel passivo e sentia-se apenas moderadamente comprometido.

Não achava que seu objetivo era muito válido, tal como assinalam as pontuações em Alegria e Infelicidade. Isto é, os "5" indicavam que ele pensava experimentar somente alegria moderada se tivesse sucesso, mas o mesmo grau de infelicidade se conseguisse deixar de ser um mau pai. As duas pontuações, tomadas conjuntamente, indicam que se sentia muito ambivalente sobre seu objetivo.

O "3" que escolheu para suas Probabilidades de Êxito significa que esperava somente 30% de possibilidades de ter sucesso. É pessimista com relação a ser realmente capaz de deixar de ser um mau pai.

Os "6 meses" sob a coluna de Tempo Disponível indica que tem de esperar meio ano para atuar se quiser ter sucesso e deixar de ser um mau pai.

Os "2 anos" sob a coluna de Distância do Objetivo mostra que espera atingir seu objetivo em dois anos. Assim, por crer que se encontra a grande distância do futuro, deixar de ser um mau pai constitui um objetivo distante e inacessível.

Finalmente, o "0" que escolheu na coluna dos Efeitos do Álcool significa que seu consumo contínuo de álcool não tem nenhum efeito sobre as possibilidades de deixar de ser um mau pai.

Tal como vemos nesses dois exemplos, os dados brutos dos sujeitos sobre as descrições de seus interesses e a pontuação dos objetivos relacionados com eles proporcionam uma importante informação com relação a como seus padrões motivacionais desadaptativos podem impulsioná-los a estabelecer objetivos para regular quimicamente seu afeto bebendo. Embora os dados brutos do MSQ sejam informativos, utilizamos também o potencial nomotético do questionário. Fazemos isso calculando os índices quantitativos a partir das pontuações dadas pelos pacientes aos esforços por seus objetivos nas 16 áreas da vida. Construímos, então, perfis baseando-nos nesses índices para mostrar a comparação entre a estrutura motivacional do paciente e a de outros sujeitos "normais". A grade sobre a qual desenhamos o perfil está no quadro 3.12. Há 11 índices clínicos fundamentais representados como pontuações T. Alguns deles são os seguintes:

- O índice do Número de Objetivos, representado sobre um contínuo que vai de "poucos" a "muitos";
- O Valor dos Esforços para atingir os objetivos, isto é, o grau em que os objetivos são interessantes (por exemplo, a pessoa trata de conseguir objetivos atraentes) ou aversivos (por exemplo, o indivíduo trata de fugir dos objetivos negativos);

Quadro 3.12. *Grade com onze índices clínicos fundamentais sobre a qual desenha-se o perfil do paciente*

- O Aproveitamento do Esforço que está realizando. O esforço é inútil se uma pessoa está tentando atingir objetivos e pensa que é pouco provável que tenha sucesso ou pouco provável que sejam satisfatórios emocionalmente, mesmo tendo sucesso;
- As Probabilidades Esperadas de Êxito, que vão desde muito otimista a muito pessimista;
- A Acessibilidade dos Objetivos, que vai desde muito acessíveis até muito distantes;
- Os Efeitos do Álcool, que, em um consumo contínuo de álcool, vão desde efeitos facilitadores muito potentes até efeitos facilitadores muito interferentes sobre a consecução de objetivos em outras áreas da vida.

Desse modo, cada índice é bipolar, mas a maioria deles foi pensada de modo que as pontuações elevadas (os que se encontram no lado direito da grade) indicam padrões motivacionais desadaptativos. Porém, o perfil é interpretado em termos da configuração de todos os índices. Em um estudo recente no qual foram recolhidos dados desse tipo (Cox, Blount e Klinger, 1997), estudamos as relações entre os índices do MSQ – os índices clínicos fundamentais descritos anteriormente e índices de pesquisa adicionais – em uma ampla mostra de sujeitos internos dependentes de álcool. Utilizando a análise de conglomerados, identificamos dois conglomerados diferentes de padrões motivacionais.

Ao primeiro paciente descrito nas páginas anteriores – aquele que queria "manter a paz em casa" – pertenceria o Conglomerado 1. A partir de seu perfil MSQ baseado nas pontuações de todas as 16 áreas da vida (Quadro 3.13), observamos algumas das mesmas características que havíamos encontrado nas descrições idiossincrásicas de seus interesses e as pontuações de seus esforços por conseguir os objetivos relativos a esses interesses. Por exemplo:

- tinha um grande Número de objetivos
- está manifestando um Esforço inútil, e
- espera sofrer uma grande Tristeza se não obtiver sucesso com os objetivos pelos quais está lutando.

Esse conglomerado foi denominado o "sonhador". Os dependentes de álcool que pertencem a esse conglomerado têm objetivos demais a atingir. E seus objetivos são muito pouco realistas e muito distantes no tempo para que possam obter grande prazer deles. Desse modo, essas pessoas preparam a situação para o fracasso e quando, inevitavelmente, fracassam, sentem-se emocionalmente devastados. Propomos que seja nesses momentos que tentam enfrentar a situação bebendo.

O perfil do segundo paciente apresentado anteriormente – o que queria "deixar de ser um mau pai" – está no quadro 3.14. Devido ao grande número de pontuações T elevadas nesse sujeito, vemos rapidamente que seus padrões motivacionais são mais desadaptativos que os da primeira pessoa. Por exemplo:

- representa o Papel de espectador
- está investindo pouco Esforço e
- espera experimentar pouca Alegria se obtiver êxito e pouca Tristeza se fracassar.

Quadro 3.13. Representação do Conglomerado 1

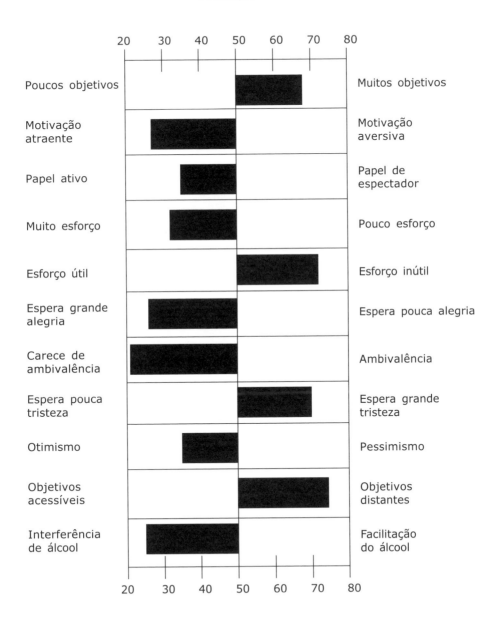

Quadro 3.14. Representação do Conglomerado 2

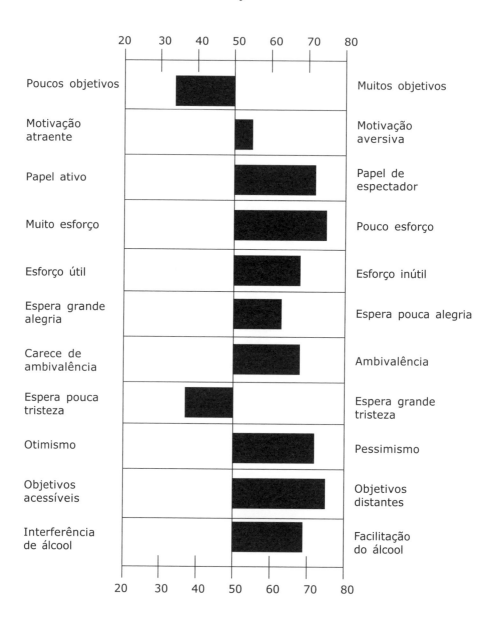

Referimo-nos a esse Conglomerado como o perfil "depressivo". Pessoas que se encaixam nesse perfil não se preocupam muito com nada e não têm objetivos importantes para perseguir nas áreas de sua vida nas quais não bebe. De fato, provavelmente preferem continuar estando confortavelmente intumescidos bebendo. Portanto, parece provável que essa pessoa – diferentemente do "sonhador", que suspeitamos que bebe de maneira impulsiva – mostre um padrão estável do comportamento de beber.

Tal como vimos nos dados brutos dos dois pacientes e em seus perfis baseados em índices quantitativos, suas respostas aparentemente proporcionam informações válidas sobre seus padrões motivacionais desadaptativos associados à motivação para beber. Porém, para que seja de utilidade, é fundamental que se demonstre a validade do "Questionário da estrutura motivacional". Assim, foram empregados diferentes procedimentos para determinar de que maneira se relacionam as respostas dos sujeitos com medidas independentes de sua motivação. Em primeiro lugar, por meio de estudos experimentais encontramos que os sinais estimulantes eleitos para representar os interesses atuais que os sujeitos descrevem no "Questionário da estrutura motivacional" influem em vários indicadores internos, não motores, de sua estrutura motivacional. Essas influências incluem o conteúdo de seus pensamentos (Klinger, 1978; Klinger, Barta e Maxeiner, 1981; Klinger e Cox, 1987-88), o conteúdo de seus sonhos (Hoelscher, Klinger e Barta, 1981), as respostas de condutância da pele (Nikula, Klinger e Larson-Gutman, 1993) e os desvios de atenção (Cox e Blount, 1997). Em estudos naturalistas, encontramos também que os índices provenientes do "Questionário da estrutura motivacional" relacionam-se com as atividades diárias dos sujeitos (Church *et al.,* 1984), com seus padrões de atividade trabalhista (Roberson, 1989) e com sua satisfação no trabalho (Roberson, 1990). Se considerarmos especificamente sujeitos dependentes de álcool, podem ser usados para predizer o resultado de seu tratamento (Klinger e Cox, 1986).

Uma vez certos de que o "Questionário da estrutura motivacional" era um instrumento de avaliação válido, tínhamos de encontrar uma maneira de ajudar as pessoas com problemas com o álcool a superar os padrões motivacionais desadaptativos subjacentes à sua insatisfação com a vida, fomentando, dessa forma, sua motivação para buscar satisfação emocional bebendo. O resultado foi a *Assessoria motivacional sistemática*. Esse tipo de intervenção analisa sistematicamente os padrões motivacionais desadaptativos e trata de modificá-los por meio de um procedimento multicomponente de assessoria, adaptando os componentes de assessoria individual para que satisfaça as necessidades dos pacientes individuais.

A técnica implica dois tipos de componentes. Em primeiro lugar, os *componentes essenciais de assessoria,* que são muito parecidos para todos os pacientes. Incluem: *a)* repassar com o sujeito o que contém a *Assessoria motivacional sistemática*; *b)* que o paciente preencha o "Questionário da estrutura motivacional", proporcionando-lhe feedback sobre a natureza dos padrões motivacionais adaptativos e desadaptativos; *c)* utilizar exercícios adicionais (como analisar as inter-relações entre os objetivos) para planejar os objetivos do tratamento; e *d)* estabelecer objetivos concretos, específicos, que devem ser desenvolvidos durante o curso do tratamento.

Por outro lado, os oito *componentes de reestruturação* são escolhidos de forma individual para cada pessoa, dependendo das características particulares do perfil do "Questionário da estrutura motivacional" para cada sujeito. Vejamos agora como poderíamos utilizar os componentes de reestruturação para ajudar as duas pessoas cujos perfis vimos anteriormente. Primeiro, consideremos o paciente que queria manter a paz em casa e a quem chamamos de "sonhador".

Essa pessoa precisa de ajuda para que perceba o que está fazendo, isto é, que tem objetivos em demasia, muitos dos quais são pouco realistas; prepara tudo para chegar ao fracasso e, quando fracassa, provavelmente enfrenta isso bebendo. Nossa tarefa principal com essa pessoa seria ajudá-la a diminuir sua taxa de fracassos. Com a finalidade de atingir esse objetivo, poderíamos escolher os seguintes componentes de reestruturação (veja Quadro 3.15):

4. Melhorar a capacidade para atingir os objetivos
5. Reexaminar as fontes de auto-estima
6. Solucionar os conflitos entre objetivos, e
7. Libertar-se de objetivos inapropriados

Por exemplo, poderíamos empregar o componente 6 (Solucionar os conflitos entre objetivos) para ajudar essa pessoa a identificar de que forma seus objetivos entram em conflito entre si e a solucionar esses conflitos, se for possível. Porém, devido ao fato de que é muito provável que alguns dos conflitos não possam ser resolvidos e que um dos principais problemas dessa pessoa é que tem objetivos em demasia, escolheríamos o componente 7 (Libertar-se de objetivos inapropriados) para ajudar o sujeito a eliminar objetivos que provavelmente sejam pouco satisfatórios e/ou que não seja possível atingir. Ao mesmo tempo, ajudaríamos a pessoa a centrar sua atenção na perseguição ativa de um pequeno número de objetivos que provavelmente sejam satisfatórios e possam ser atingidos.

Quadro 3.15. Componentes da reestruturação motivacional

1.	Construir os degraus que levam ao objetivo
2.	Estabelecer objetivos para atingir entre sessões
3.	Mudar o estilo de vida de aversivo a atraente
*4.	Melhorar a capacidade para atingir os objetivos
*5.	Reexaminar as fontes de auto-estima
*6.	Solucionar os conflitos entre objetivos
*7.	Libertar-se de objetivos inapropriados
8.	Identificar novas fontes de satisfação

* Componentes escolhidos para o perfil "sonhador"

O componente 5 (Reexaminar as fontes da auto-estima) seria usado para ajudar esse sujeito a reexaminar suas fontes de auto-estima. Centrar-nos-íamos especialmente em ajudá-lo a perceber que as coisas não são tão catastróficas quanto imagina quando sente que fracassou. Finalmente, quando tenha sido identificado um grupo de objetivos apropriados e realistas, usar-se-ia o componente 4 (Melhorar a capacidade para atingir os objetivos) com a finalidade de ajudar o paciente a melhorar sua capacidade para atingir esses objetivos. Conforme essas metas começarem a ser atingidas, é muito provável que vejamos um indivíduo mais satisfeito emocionalmente, que tenha menos necessidade de recorrer ao álcool como um meio de enfrentar a situação quando sente que fracassou. Provavelmente veríamos também que suas elevadas pontuações no perfil do "Questionário da estrutura motivacional" se aproximariam das pontuações T de 50.

O segundo paciente, que queria deixar de ser um mau pai e que está representado no Conglomerado 2 (o perfil depressivo), precisaria de um tipo de ajuda muito diferente. De modo específico, necessitaria de ajuda para aumentar sua taxa de sucessos, interessando-se e envolvendo-se ativamente na perseguição de objetivos. Com ele, provavelmente escolheríamos esses componentes de reestruturação (quadro 1.16):

1. Construir os passos para atingir os objetivos
2. Estabelecer objetivos para atingir entre sessões
3. Mudar o estilo de vida de aversivo para atraente
8. Identificar novas fontes de satisfação

De modo específico, o componente 8 (Identificar novas fontes de satisfação) seria utilizado para ajudar o paciente a encontrar novos incentivos dos quais obter satisfação. Deveriam ser incluídos tanto fontes saudáveis de gratificação imediata (atividades que gostaria de fazer, talvez diária ou semanalmente) e objetivos em longo prazo que provavelmente atinja. Com a finalidade de atingir os objetivos em longo prazo, o componente 1 (Construir os passos para atingir os objetivos) seria usado para identificar os subobjetivos, que são os passos necessários para atingir os objetivos em longo prazo. O componente 2 (Estabelecer objetivos para atingir entre sessões) seria usado especialmente de início na assessoria para dar à pessoa uma sensação de conquista. Por exemplo, teria tarefas para casa nas quais houvesse certeza de sucesso. Sua dificuldade seria aumentada somente depois que tivesse adquirido uma sensação de auto-eficácia.

Finalmente, dentro do contexto geral da terapia cognitivo-comportamental, o componente 3 (Mudar o estilo de vida de aversivo para atraente) seria usado para ajudar a pessoa a mudar seus objetivos aversivos, negativos, por outros positivos, atraentes. Isso seria conseguido usando técnicas de reestruturação cognitiva. Por exemplo, o objetivo de "Deixar de ser um mau pai" poderia transformar-se em "Desfrutar do fato de ser um bom pai".

Quadro 3.16. Componentes da reestruturação motivacional

---

*1. Construir os degraus para atingir o objetivo
*2. Estabelecer objetivos para atingir entre sessões
*3. Mudar o estilo de vida de aversivo para atraente
 4. Melhorar a capacidade para atingir os objetivos
 5. Reexaminar as fontes de auto-estima
 6. Solucionar os conflitos entre objetivos
 7. Libertar-se de objetivos inapropriados
*8. Identificar novas fontes de satisfação

---

*Componentes escolhidos para o perfil "depressivo".

IV. CONCLUSÕES

Utilizamos as *Habilidades de enfrentamento para o comportamento de beber* e a *Assessoria motivacional sistemática* com diferentes populações, incluindo dependentes de álcool crônicos, internados; dependentes de álcool de visita ambulatorial com problemas menos graves com o álcool; e pessoas com lesões cerebrais que têm um problema com a bebida ou uma forte vulnerabilidade para desenvolver esse problema. Em um recente estudo, cotejamos diretamente a eficácia das duas técnicas e as comparamos a um grupo controle que não recebia nenhuma das duas técnicas. Os resultados preliminares sugerem que ambas as técnicas foram eficazes para ajudar as pessoas a reduzir a gravidade de seus problemas com a bebida, especialmente quando os resultados eram comparados com os obtidos usando tratamentos tradicionais, nos quais a maioria das pessoas apresentava recaída dentro do período dos três meses depois da conclusão (veja Hunt *et al.,* 1972).

Cremos que, para muitas pessoas, os maiores benefícios devem-se a uma combinação dos tratamentos centrados diretamente nos problemas do comportamento de beber (como as *Habilidades de enfrentamento para o comportamento de beber)* e dos que abordam a base motivacional do problema com a bebida (como a *Assessoria motivacional sistemática).* Porém, ao mesmo tempo, pensamos que é importante selecionar a modalidade de tratamento mais apropriada para cada pessoa. Embora ainda sejam necessárias mais pesquisas que identifiquem as características particulares das pessoas que melhor possam ser usadas como variáveis às quais comparar, já temos algumas pistas sobre quais podem ser essas características. Por exemplo, pessoas que apresentam problemas com o álcool, que têm vidas relativamente "intactas" e que possuem importantes e fortes fontes de satisfação com incentivos não químicos, perecem ser os melhores candidatos para as *Habilidades de enfrentamento para o comportamento de beber;* Por outro lado, os bebedores problemáticos tirariam mais proveito da *Assessoria motivacional sistemática* se suas vidas carecem de objetivos importantes e se utilizam o álcool principalmente como um meio de tentar conseguir a satisfação emocional que são incapazes de encontrar nas áreas de sua vida que não se encontram relacionadas com a bebida.

Finalmente, gostaríamos de indicar aos leitores outras fontes de informação adicional para aplicar uma ou ambas as técnicas assinaladas anteriormente. No caso das *Habilidades de enfrentamento para o comportamento de beber* é possível encontrar mais informações no manual de tratamento desenvolvido por Langley *et al.* (1994), que está disponível em inglês, escrevendo para Mervin J. Langley, Ph. D., Clinical Psychology Associates, 345, Milwaukee Avenue, Burlington, WI 53105, Estados Unidos. As versões breve (Cox, Klinger e Blount, 1996*a*) e completa (Klinger, Cox e Blount, 1996) do "Questionário da estrutura motivacional" e do "Manual para o tratamento motivacional sistemático" (Cox, Klinger e Blount, 1996*b*) encontram-se disponíveis escrevendo para o professor W. Miles Cox, School of Psychology, University of Wais, Bangor LL57 2DG, Reino Unido.

REFERÊNCIAS BIBLIOGRÁFICAS

Annis, H. M. y Davis C. S. (1988). Assessment of expectancies. En D. M. Donovan y G. A. Marlatt (dirs.), *Assessment of addictive behaviors.* Nueva York: Guilford.

Annis, H. M., Graham, J. M. y Davis, C. S. (1987). *Inventory of Drinking Situations user's guide.* Toronto: Addiction Research Foundation.

Annis, H. M., Graham, J. M. y Davis, C. S. (1989), *Outcome Expectancy Scale.* Toronto: Addiction Research Foundation.

Chaney, E. F. (1989). Social skills training. En R. K. Hester y W. R. Miller (dirs.), *Handbook of alcoholism treatment approaches.* Nueva York: Pergamon.

Church, A. T., Klinger, E. y Langenberg, C. (1984). *Combined idiographic and nomothetic assessment of the current concerns motivational construct: Reliability and validity of the interview questionnaire.* Manuscrito sin publicar.

Cooney, N. L., Gillespie, R. A., Baker, L. H. y Caplan R. F. (1987). Cognitive changes after alcohol cue exposure. *Journal of Consulting and Clinical Psychology, 55,* 150-155.

Cox, W. M. y Blount, J. P. (1997). *A color-friction paradigm for studying selective attention to alcohol and other emotional stimuli.* Manuscrito sin publicar.

Cox, W. M., Blount, J. P. y Klinger, E. (1997). *A motivational typology of alcoholics.* Manuscrito en preparación.

Cox, W. M. y Klinger, E. (1988). A motivational model of alcohol use [Special Issue: Models of addiction]. *Journal of Abnormal Psychology, 97,* 168-180.

Cox, W. M. y Klinger, E. (1990). Incentive motivation, affective change, and alcohol use: A model. En W. M. Cox (dir.), *Why people drink: Parameters of alcohol as a reinforcer.* Nueva York: Gardner.

Cox, W. M., Klinger, E. y Blount, J. P. (1996a). *Motivational Structure Questionnaire* (Brief version). Manuscrito sin publicar.

Cox, W. M., Klinger, E. y Blount, J. P. (1996b). *Systematic Motivational Counseling: Treatment manual.* Manuscrito sin publicar.

Epstein, N., Baldwin, L. y Bishop, S. (1983). The McMaster Family Assessment Device. *Journal of Marital and Family Therapy, 9,* 171-180.

Goldfried, M. R. y Goldfried, A. P. (1980). Cognitive change methods. En F. H. Kanfer y A. P. Goldstein (dirs.), *Helping people change* (2.ª edición). Nueva York: Pergamon.

Goldman, M. S., Brown, S. A. y Christiansen, B. A. (1987). Expectancy theory: Thinking about drinking. En H. T. Blane y K. E. Leonard (dirs.), *Psychological theories of drinking and alcoholism.* Nueva York: Guilford.

Hoelscher, T. J., Klinger, E. y Barta, S. G. (1981). Incorporation of concern- and nonconcern-related verbal stimuli into dream content. *Journal of Abnormal Psychology, 49,* 88-91.

Hunt, W. A., Barnett, L. W. y Branch, L. G. (1972). Relapse rates in addiction programs. *Journal of Clinical Psychology, 27,* 455-456.

Jones, S. L., Kanfer, R. y Lanyon, R. I. (1982). Skills training with alcoholics: A clinical extension. *Addictive Behaviors, 7,* 285-290.

Klinger, E. (1975). Consequences of commitment to and disengagement from incentives. *Psychological Review, 82,* 1-25.

Klinger, E. (1977). *Meaning and void: Inner experience and the incentives in people's lives.* Minneapolis, MN: University of Minnesota.

Klinger, E. (1978). Modes of normal conscious flow. En K. L. Singer (dir.), *The stream of consciousness.* Nueva York: Plenum.

Klinger, E., Barta, S. G. y Maxeiner, M. E. (1981). Current concerns: Assessing therapeutically relevant motivation. En P. C. Kendall y S. D. Hollon (dirs.), *Assessment strategies for cognitive-behavioral interventions.* Nueva York: Academic.

Klinger, E. y Cox, W. M. (1986). Motivational predictors of alcoholics' responses to inpatient treatment. *Advances in Alcohol and Substance Abuse, 6,* 35-44.

Klinger, E. y Cox, W. M. (1987-88). Dimensions of thought flow in everyday life. *Imagination, Cognition and Personality, 7,* 105-128.

Klinger, E., Cox, W. M. y Blount, J. P. (1996). Motivational Structure Questionnaire. En *NIAAA handbook of alcoholism treatment and assessment instruments.* Washington, DC: U.S. Government Printing Office.

Langley, M. J., Ridgely, M., Fischer, R., Hartman, A. S., Johnson-Wells, B. y Lapacz, J. (1994). *Skills based substance abuse prevention counseling: Behavioral intervention for clients with neurological disabilities.* Manuscrito sin publicar.

Mackay, P. W., Donovan, D. M. y Marlatt, G. A. (1991). Cognitive and behavioral approaches to alcohol abuse. En R. J. Frances y S. I. Miller (dirs.), *Clinical textbook of addictive disorders.* Nueva York: Guilford.

Marlatt, G. A. y Gordon, J. R. (dirs.) (1985). *Relapse prevention: Maintenance strategies in the treatment of addictive behaviors.* Nueva York: Guilford.

McCrady, B. S. (1993). Alcoholism. En D. H. Barlow (dir.), *Clinical handbook of psychological disorders* (2.ª edición). Nueva York: Guilford.

McMullin, R. y Giles, T. (1981). *Cognitive-behavior therapy: A restructuring approach.* Nueva York: Grune and Stratton.

Miller, W. R. (1989). Increasing motivation for change. En R. K. Hester y W. R. Miller (dirs.), *Handbook of alcoholism treatment approaches: Effective alternatives.* Elmsford, NY: Pergamon.

Miller, W. R. y Rollnick, S. (1991). *Motivational interviewing: Preparing people to change addictive behaviors.* Nueva York: Guilford.

Monti, P. M., Abrams, D. B., Kadden, R. M. y Cooney, N. L. (1989). *Treating alcohol dependence: A coping skills training guide.* Nueva York: Guilford.

Niaura, R. S., Rohsenow, D. J., Binkoff, J. A., Monti, P. *et al.* (1988). Relevance of cue reactivity to understanding alcohol and smoking relapse. *Journal of Abnormal Psychology, 97,* 133-152.

Nikula, R., Klinger, E. y Larson-Gutman, M. K. (1993). Current concerns and electrodermal responses. *Journal of Personality, 61,* 63-84.

Roberson, L. (1989). Assessing personal work goals in the organizational setting: Development and evaluation of the work concerns inventory. *Organizational Behavior and Human Decision Processes, 44,* 345-367.

Roberson, L. (1990). Prediction of job satisfaction from characteristics of personal work goals. *Journal of Organizational Behavior, 11,* 29-41.

Sobell, M. B. y Sobell, L. C. (1993). *Problem drinkers: guided self-change treatment.* Nueva York: Guilford.

Solomon, R. L. (1980). The opponent-process theory of acquired motivation: The costs of pleasure and the benefits of pain. *American Psychologist, 35,* 691-712.

Vuchinich, R. E. y Tucker, J. A. (1988). Contributions from behavioral thories of choice to an analysis of alcohol abuse. *Journal of Abnormal Psychology, 97,* 181-195.

Wanberg, K. W., Horn, J. L. y Foster, F. M. (1977). A differential assessment model for alcoholism: The scales of the Alcohol Use Inventory. *Journal of Studies on Alcohol, 38,* 512-543.

LEITURAS PARA APROFUNDAMENTO

Cox, W. M., Klinger, E. y Blount, J. P. (1996). *Systematic Motivational Counseling: Treatment manual.* Manuscrito sin publicar.

Hester, R. K. y Miller, W. R. (dirs.) (1989), *Handbook of alcoholism treatment approaches: Effective alternatives.* Elmsford, NY: Pergamon.

Marlatt, G. A. y Gordon, J. R. (dirs.) (1985). *Relapse prevention: Maintenance strategies in the treatment of addictive behaviors.* Nueva York: Guilford.

Miller, W. R. y Rollnick, S. (1991). *Motivational interviewing: Preparing people to change addictive behaviors.* Nueva York: Guilford.

Monti, P. M., Abrams, D. B., Kadden, R. M. y Cooney, N. L. (1989) *Treating alcohol dependence: A coping skills training guide.* Nueva York: Guilford.

Sobell, M. B. y Sobell, L. C. (1993). *Problem drinkers: guided self-change treatment.* Nueva York: Guilford.

Capítulo 4

TRATAMENTO DO TABAGISMO

ELISARDO BECOÑA[1]

I. O FUMO COMO PROBLEMA DE SAÚDE PÚBLICA

O tabaco é extraído da planta *nicotian tabacum* e é cultivada nos cinco continentes, embora proceda da América, e foi introduzido na Europa na volta de uma das viagens de Cristóvão Colombo. O tabaco pode ser consumido de várias formas: mascando, fumando, aspirando, mas em nossa cultura predomina o hábito de fumar. E, por sua vez, dos vários modos de consumir o tabaco – em forma de cigarro, cachimbo ou charuto –, o mais utilizado é o cigarro. O cigarro é consumido desde épocas remotas, mas seu auge tem início com a fabricação industrial de forma mecanizada, no final do século XIX, e com as guerras mundiais, especialmente a segunda, a partir da qual houve um incremento inusitado de consumo dificilmente imaginável décadas atrás.

Fumar produz, atualmente, a morte prematura de 40.000 fumantes na Espanha (Peto *et al.,* 1994), mais de 500.000 na Europa (Heseltine, Riboli, Shuker e Wilbourn, 1988) e 526.000 em todos os países da América (Departamento de Saúde e Serviços Sociais dos Estados Unidos da América, 1992). Calcula-se que no mundo morrem anualmente três milhões de pessoas por fumar (WHO, 1996). Tão grandes cifras indicam claramente a necessidade de tomar consciência, e, ao mesmo tempo, medidas, para controlar e, se possível, erradicar a "epidemia" do tabagismo. No momento atual, é considerado como problema número um de saúde pública, e não há nenhuma outra medida que se possa tomar para melhorar a saúde de toda a população além de conseguir fazer com que os fumantes deixem de fumar.

O aparecimento de dados científicos sobre as conseqüências do tabaco sobre a saúde foi o motor para o controle do tabagismo. Esse controle começou a ser feito nas sociedades mais industrializadas a partir da década de 1970 e, de aí em diante, todos os países, de um modo ou outro, mais cedo ou mais tarde, vão se juntando à lista dos que lutam contra o tabagismo. Dados como os de Doll e Peto (1989) falam por si sós: "não

---

[1]Universidade de Santiago de Compostela (Espanha).

se conhece nenhuma medida isolada que possa ter um impacto tão grande sobre o número de mortes atribuídas ao câncer como a redução do consumo de tabaco ou uma mudança para um consumo menos perigoso. O principal impacto é registrado sobre a incidência de câncer de pulmão, que aos 40-50 anos de idade é mais de cem vezes superior entre fumantes habituais que entre os que nunca fumaram" (p. 49). Além do câncer de pulmão, o fumo causa outras doenças, como outros tipos de câncer (por exemplo, de laringe), doença pulmonar obstrutiva crônica, doenças do coração e do sistema circulatório, complicações na gestação e outro amplo conjunto de efeitos adversos na saúde em curto (por exemplo, tosse pela manhã), médio (maior número de gripes e baixas trabalhistas) e longo prazos (doenças coronárias, câncer de pulmão, bronquite crônica etc.) (USDHHS, 1989).

Por tudo isso, é necessário, por um lado, conscientizar todo o conjunto da sociedade (legisladores, pessoal da saúde, educadores, jornalistas etc.) das graves conseqüências produzidas pela droga contida no tabaco, a nicotina (USDHHS, 1988), e prevenir o início do consumo nos jovens, com a finalidade de evitar, anos depois, sofrimentos e mortes (Becoña, Palomares e García, 1994).

II. DEIXAR DE FUMAR COMO PROCESSO

Nos últimos anos, e diante da brutal evidência experimental, viu-se que existem diferentes fases tanto para o começo e consolidação do consumo de tabaco como para o abandono, a recaída ou a manutenção da abstinência (USDHHS, 1991), assim como para outros vícios. Hoje considera-se que há quatro grandes blocos, cada um com diferentes fases, a partir do início até o abandono do tabaco (Becoña, Galego e Lorenzo, 1988; Becoña *et al.,* 1994, USDHHS, 1989): começo, habituação, abandono e recaída ou manutenção. Prochaska e cols. isolaram os seguintes estágios de mudança com relação ao abandono do fumo: *pré-contemplação, contemplação, preparação* e *ação,* junto aos de *manutenção* e *finalização* depois de conseguir a abstinência (Prochaska e DiClemente, 1983; Prochaska, DiClemente e Norcross, 1992; Prochaska, Norcross e DiClemente, 1994; Prochaska e Prochaska, 1993; Prochaska, Velicer, DiClemente e Fava, 1988). Utilizar uma ou outra estratégia para o abandono do cigarro em cada fase tem, neste caso, uma grande relevância para obter os resultados esperados: conseguir que o fumante passe de uma a outra fase e que, finalmente, deixe de fumar e se mantenha abstinente. Esse modelo de mudança, denominado modelo transteórico de mudança, tem três componentes: os estágios, os processos e os níveis de mudança, prestando mais atenção aos estágios de mudança, nos quais vamo-nos deter a seguir.

No estágio de *pré-contemplação,* a pessoa não vê seu comportamento de fumar como um problema e não tem desejo de mudar pelo menos nos próximos seis meses. No estágio de *contemplação,* o fumante começa a se conscientizar de que existe um problema e busca informações de forma ativa. Pensa seriamente na possibilidade de mudar ao longo dos próximos seis meses, mas ainda não dá nenhum passo para fazê-lo. Na fase de *preparação* ou *preparação para a ação,* o fumante tem a intenção de começar o processo de mudança e pensa em executá-lo ao longo do mês seguinte. Para que se considere nesse estágio, precisa ter feito uma tentativa de abandono de pelo menos 24 horas no transcurso do último ano. Finalmente, é no estágio de *atuação* ou *ação* que a pessoa consegue a mudança em seu comportamento problema, neste caso, fumar, deixando de fazê-lo. Para que essa fase aconteça, supõe-se que o resultado é obtido e mantido durante um tempo mínimo (por exemplo, deixar de fumar pelo menos 24 horas; a redução, ao contrário, não seria considerada dentro do estágio de atuação desse modelo, dado que se supõe que o critério de êxito é a abstinência). Neste modelo considera-se que a pessoa está no período de atuação até seis meses depois de acontecida a mudança de comportamento. Superado esse período, falamos, então, do período de *manutenção*, considerado a partir do sexto mês depois de o fumante ter dado o passo da atuação e, portanto, ter deixado de fumar e continuar abstinente. Recentemente foi introduzido um último estágio, o de *finalização* (Prochaska *et al.*, 1994), no qual o fumante fica cinco ou mais anos abstinente.

Para o modelo anterior, e no caso dos estágios de mudança, há evidência empírica suficiente que mostra sua utilidade para explicar a mudança no comportamento de fumar *(cf.* Prochaska *et al.,* 1992). Diferentes estudos mostram que, nos Estados Unidos, 20% dos fumantes encontram-se no estágio de preparação para a ação, 25-35% estão no estágio de contemplação e 60-65% no estágio de pré-contemplação (Prochaska *et al.,* 1994; Prochaska e Prochaska, 1993; Velicer *et al.,* 1995). Por sua vez, na Espanha, 7%, 25% e 68% encontram-se nos estágios de preparação para a ação, contemplação e pré-contemplação, respectivamente (Becoña e Vázquez, 1996). Esses dados são importantes, já que permitem um adequado desenho de campanhas e programas específicos para cada tipo de fumante, dependendo do estágio no qual se encontre. Além disso, esses resultados indicam uma importante similaridade entre os fumantes para o abandono do fumo de diferentes culturas.

III. A AVALIAÇÃO DO COMPORTAMENTO DE FUMAR

Para a avaliação do comportamento de fumar foi utilizado um amplo leque de técnicas e procedimentos (Becoña, 1994*a),* fiel reflexo da complexidade desse comportamento (Becoña, 1994*b).* Os que atualmente se mostram mais úteis e, por conseguinte, são mais utilizados e resultam mais relevantes para o tratamento são os auto-registros, a escala de dependência de nicotina, as escalas de auto-eficácia e a avaliação fisiológica. Outros instrumentos podem ser consultados em Becoña (1994*a),* como o "Questionário sobre o hábito de fumar", que avalia todos os aspectos gerais relacionados com o comportamento de fumar com o objetivo último do tratamento, assim como outros que, por falta de espaço, não trataremos aqui.

Os *auto-registros* são muito úteis para conhecer o comportamento do sujeito ou corroborar a informação que ele nos tenha proporcionado oralmente. Nos tratamentos comportamentais é um procedimento amplamente utilizado. Nos auto-registros mais simples deve indicar cada cigarro que fuma, a hora e a situação em que o faz, podendo, também incluir pensamentos, pessoas presentes, sentimentos etc. nos mais complexos. Os mais utilizados são os simples (veja quadro 4.1).

Quadro 4.1. Auto-registro do consumo diário de cigarros.

DIA:

Cigarro	Hora	Prazer (0 a 10)	Situação
1			
2			
3			
4			
5			
6			
7			
8			
9			
10			
11			
12			
13			
14			
15			
16			
17			
18			
19			
20			

Os auto-registros costumam ter efeitos reativos sobre o comportamento, produzindo, habitualmente um decréscimo no consumo (McFall, 1978), embora não exista relação entre o nível de diminuição do consumo na linha de base e a eficácia do tratamento (Becoña e Gómez, 1991). Do mesmo modo, sabemos que não preencher o auto-registro ou fazê-lo esporadicamente indica um mau prognóstico para a intervenção (Pomerleau, Adkins e Pertschuk, 1978).

A maioria dos fumantes que procura tratamento têm um elevado nível de dependência da nicotina. Por outro lado, na população, o nível de dependência é distribuído de um modo mais heterogêneo (Becoña, 1994d). Dos diferentes instrumentos disponíveis para avaliar a dependência da nicotina destacam-se os questionários elaborados por Fagerström, como o "Questionário de tolerância à nicotina", de Fagerström (1978) e sua versão remodelada, o "Teste de Fagerström de dependência da nicotina" (Heatherton, Kozlowski, Frecker e Fagerström, 1991). O primeiro mostrou ser muito útil para a avaliação da dependência da nicotina e, por conseguinte, para saber se um fumante tem uma dependência baixa ou alta (Fagerström e Schneider, 1989). Seu nível de utilidade ficou claramente demonstrado ao diferenciar tipos de fumantes (Becoña, Gómez-Durán, Alvarez-Soto e García, 1992); nos estudos que utilizam chiclete de nicotina (Fagerström e Melin, 1985; Becoña e Galego, 1988), os fumantes que pontuam mais alto nesse questionário (notavelmente dependentes da nicotina) têm maior sucesso com os chicletes de nicotina (por exemplo, Jarvik e Schneider, 1984), sendo um adequado indicador da eficácia da terapia.

O "Teste de Fagerström de dependência de nicotina" (Heatherton *et al.,* 1991), surge como uma melhora do anterior. Consta de somente seis itens, tem uma confiabilidade adequada, é de uso fácil, foi aplicado em um grande número de países com amostras amplas e tem uma grande aceitação (Fagerström *et al.,* 1996).

A *auto-eficácia* define-se como "a convição que a pessoa tem de que pode realizar com sucesso o comportamento requerido para produzir os resultados esperados" (Bandura, 1977, p. 193). A elevada auto-eficácia dos sujeitos no final do tratamento resultou ser, de modo sistemático, um bom indicador da abstinência em longo prazo (por exemplo, Baer, Holt e Lichtenstein, 1986; Becoña, Froján e Lista, 1988; Condiotte e Lichtenstein, 1981).

Das diferentes escalas de auto-eficácia existentes destacaríamos a de Condiotte e Lichtenstein (1981). Essa foi a mais empregada e sua última versão, de 14 itens (Baer e Lichtenstein, 1988), permite ser facilmente utilizada e é incluída em muitos protocolos de avaliação. Seu uso em nosso meio foi de grande utilidade (Becoña, García e Gómez, 1993).

A avaliação fisiológica permite obter uma medida confiável do conteúdo de diferentes componentes do tabaco ou corroborar outras medidas, como o auto-registro (Velicer *et al.,* 1992). Os componentes mais importantes são o monóxido de carbono, a cotinina e o tiocianato. A avaliação do *monóxido de carbono* no ar expirado é a mais simples, econômica e fácil de fazer. Com um aparelho que recolhe o ar assoprado por uma boquilha podemos conhecer, em segundos, o nível de CO do fumante. O problema é que o CO tem uma vida média curta e, embora útil para fumantes regulares, a medida pode não ser válida para fumantes ocasionais. O nível de *cotinina,* principal metabólito da nicotina, permite avaliar a quantidade de nicotina que a pessoa tem em seu organismo. Pode-se realizar a medição no sangue (muito invasivo e pouco utilizado), na saliva ou na urina. Sua vida média é de um a dois dias (Benowitz, 1983), fato pelo qual sua medição é confiável em fumantes. Nos programas de tratamento é útil empregar tal medida na última sessão do programa. O *tiocianato* é o metabólito do cianeto de hidrogênio, um dos componentes da fumaça dos cigarros. Tem uma vida média longa, de 14 dias (Pechacek *et al.*, 1984) e pode ser avaliado pelo sangue (pouco utilizado), saliva (a mais utilizada) ou urina. É considerada uma medida muito confiável, embora não possa ser aplicada no final do tratamento. Tem especificidade e sensibilidade baixas (Velicer *et al.*, 1992), especialmente em pessoas que fumam esporadicamente, as quais, com essa medição, são classificadas como fumantes. Para o grupo de fumantes normais e inveterados é uma medida altamente confiável (Becoña, 1994*b*).

IV. O TRATAMENTO DOS FUMANTES

Para o tratamento dos fumantes, hoje em dia, devemos partir dos estágios de mudança de cada fumante. Atualmente, as medições que vêm a ser mais eficazes para conseguir reduzir o número de fumantes de uma população são tanto de tipo geral como de tipo específico, dependendo do tipo de fumante ou a quem queremo-nos dirigir quando delineamos ou executamos um programa. Para nosso objetivo atual, consideramos que a intervenção terapêutica sobre os fumantes pode ser feita por meio de medidas gerais, quando se dirige a todos os fumantes de uma população, como as medidas restritivas, as legislativas e informativas, o conselho médico ou os tratamentos comunitários. Outro importante modo de intervir, e no qual vamo-nos centrar neste trabalho, é o tratamento clínico, específico ou especializado, onde se destaca, em primeiro lugar, o tratamento psicológico e, em menor grau, embora não menos extenso, o tratamento farmacológico. Informações extensas sobre todos esses procedimentos podem ser encontradas em Becoña (1994*c*), Fiore *et al.* (1990, 1992), Hatsukami e Lando (1993), Hughes (1993), Jarvik e Henningfield (1993), Lando (1993), Lichtenstein e Glasgow (1992), Orleans (1995), Pinney (1995), Schwartz (1987,1992), Shiffman (1993), USDHHS (1988, 1991).

Alguns estudos, utilizando a técnica da metanálise, revisaram os estudos realizados com as diferentes técnicas de intervenção (Baillie, Mattick, Hall e Webster, 1994; Garrido, Castillo e Colomer, 1995; Viswesvaran e Schmidt, 1992), as intervenções na prática médica (Kottle, Battista, DeFriese e Brekke, 1988), as farmacológicas (Silagy, Mant, Fowler e Lodge, 1994), a clonidina (Covey e Glassman, 1991), o chiclete de nicotina (Cepeda-Benito, 1993; Baillie *et al.*, 1994; Lam, Sze, Sacks e Chalmers, 1987), o adesivo de nicotina (Fiore, Smith, Jorenby e Baker, 1994) e a acupuntura (Riet, Kleijnen *e* Knipschild, 1990). Uma revisão desses trabalhos pode ser vista em Becoña e Vázquez (1998).

IV.1. Conselho médico e tratamento farmacológico (chiclete e adesivo de nicotina)

O conselho médico

O *conselho médico sistemático* é uma estratégia eficaz para que muitos fumantes deixem de fumar, desde que seja implantada de modo sistemático e por parte de todos os médicos ou pela maioria deles. Apesar de sua eficácia ser baixa, aproximadamente de 5 a 10% dos fumantes que foram aconselhados a deixar de fumar se mantém abstinentes um ano mais tarde (veja Nebot, 1996). Além disso, tem uma boa razão custo-eficácia, já que 3 de cada 4 fumantes procura seu médico anualmente. Assim, uma campanha na qual todos os médicos de um país recomendassem a seus pacientes, ao mesmo tempo, que abandonassem o hábito de fumar produziria um abandono momentâneo de centenas de milhares de pessoas, das quais, um ano mais tarde, vários milhares ainda se estariam mantendo sem fumar, ou talvez tivessem deixado de fumar para sempre.

Nos últimos anos foram publicados diferentes guias para proporcionar conselho médico adequado, como o britânico de Raw (1988), vários norte-americanos, como os recentes da American Medical Association (Houston *et al.,* 1994) ou o do V.S. Department of Health and Human Services (Fiore *et al.,* 1996), ou outros realizados na Espanha (por exemplo, Becoña, Louro, Montes e Varela, 1995).

De modo independente, ou junto ao conselho médico, têm sido freqüentemente utilizados outros procedimentos farmacológicos. Atualmente, falar de tratamento farmacológico do tabagismo reduz-se fundamentalmente ao adesivo e ao chiclete de nicotina no contexto clínico, apesar do grande número de fármacos e estudos sobre essa questão que apareceram nos últimos anos.

O chiclete e o adesivo de nicotina

O *chiclete de nicotina* surgiu com o objetivo de eliminar a síndrome de abstinência de nicotina, conseguindo, com isso, que o fumante abandone seus cigarros e, com o passar do tempo, que seja também capaz de abandonar o hábito psicológico de fumar (Fernö, Lichtneckert e Lundgren, 1973).

Os estudos feitos com esse chiclete confirmaram que elimina a síndrome de abstinência de nicotina, que a nicotina que contém é mais lentamente absorvida pelo organismo que a dos cigarros e que, com uma quantidade que oscila entre os 8 e os 30 chicletes diários, as pessoas podem ser capazes, durante o tratamento, de não fumar.

Outros resultados provenientes da pesquisa com o chiclete de nicotina, como mostram diversas revisões e estudos (por exemplo, Becoña, 1987*b;* Becoña e Galego, 1988; Fiore, Pierce, Remington e Fiore, 1990; Hughes, 1993; Pomerleau e Pomerleau, 1988) recolhidos em Becoña (1994*b*) são:

a. O chiclete de nicotina é mais eficaz que o chiclete placebo quando utilizado dentro de um programa de tratamento estabelecido.

b. O chiclete de nicotina é mais eficaz em fumantes inveterados (de 30 ou mais cigarros/dia) que em fumantes normais, sempre dentro de um programa específico para deixar de fumar.

c. Os melhores resultados com o chiclete de nicotina foram obtidos quando da combinação do chiclete de nicotina com um procedimento comportamental (40-50% de eficácia ao ano de acompanhamento), já que sem procedimento comportamental os resultados, em geral, são muito mais baixos.

d. Somente com chiclete de nicotina obtém-se uma taxa de abstinência de 27% aos seis meses de acompanhamento, comparado com os 18% do chiclete placebo.

e. Quando é o clínico geral que receita o chiclete de nicotina, os resultados obtidos em um ano de acompanhamento em taxas de abstinência são pobres (em torno de 11%) e de alto custo econômico para o sujeito.

f. A relação custo-eficácia aponta negativamente para a utilização do chiclete de nicotina comparado com procedimentos comportamentais eficazes, como os programas multicomponentes; além disso, esse tipo de chiclete não é utilizável com todas as pessoas, pois tem contra-indicações (cardiopatia isquêmica, úlcera péptica, esofagite, diabetes, gravidez).

g. O chiclete de nicotina produz dependência pelo menos entre 7-10% dos sujeitos que conseguem a abstinência (Hughes, 1988). Por isso, os dados sobre a eficácia aparecem inflados nos informes, já que uma pessoa que continua consumindo chiclete, apesar de não fumar, deve ser considerada ainda em tratamento, por continuar dependente da nicotina, ou como um fracasso, por continuar dependente da droga que queria abandonar. Além disso, dado que 50% das mortes produzidas pelo tabaco são por doenças cardiovasculares, essa dependência em longo prazo é muito problemática.

h. Foram estabelecidos diversos problemas metodológicos que questionam seriamente alguns dos estudos realizados (*cf.* Pomerleau e Pomerleau, 1988).

Como dado interessante é preciso apontar que os estudos realizados na Espanha que fizeram uma boa avaliação utilizaram o chiclete de nicotina junto com um procedimento comportamental (por exemplo, Salvador *et al.,* 1988). Por isso, e como conclusão, não se pode considerar o chiclete de nicotina como uma panacéia, embora possa ser uma ajuda útil se utilizado adequadamente e sempre em um contexto terapêutico.

Em anos recentes, foram postos à prova diferentes procedimentos para a absorção de nicotina pelo organismo. Assim, foi desenvolvido o aerossol nasal de nicotina e os adesivos de nicotina. Enquanto o primeiro não permite uma absorção adequada da nicotina, os *adesivos de nicotina* apresentaram melhores resultados e foram comercializados recentemente em vários países. Nos Estados Unidos estiveram disponíveis a partir de 1992 e na Espanha a partir de 1994. O adesivo é colocado diariamente sobre a pele, de preferência no braço, costas ou quadris; contém de 25 a 114 mg de nicotina, embora a absorção varie de 15 a 22 mg. A duração dos adesivos oscila entre 16 e 24 horas; o tempo ótimo de utilização é de 6 a 8 semanas. Não parece que os efeitos secundários sejam significativos.

Apesar do *boom* do adesivo de nicotina, os resultados indicam que sua eficácia é igual ou inferior à obtida com o chiclete do qual falamos anteriormente. Assim, na revisão de Fagerström, Säwe e Tonnesen (1993), na qual são incluídos 11 estudos, encontraram diferenças significativas em 10 deles em comparação com o adesivo placebo, oscilando a eficácia de 17 a 26% de abstinência aos doze meses de acompanhamento. Da mesma maneira, na revisão de Fiore, Jorenby, Baker e Kenford (1992) são incluídos 11 estudos com acompanhamentos de seis meses. A eficácia variava entre 22 e 42% aos seis meses. Tais resultados levaram esse último autor a sugerir que o adesivo deveria ser aplicado junto com outros procedimentos, como a prevenção das recaídas, e nos Estados Unidos é obrigatório aplicá-lo, hoje em dia, junto com um procedimento comportamental de auto-ajuda (*cf.* Fiore *et al.* 1992).

É indubitável que o *boom* do adesivo de nicotina foi enorme. Em poucos anos, teve um grande impacto público, que pouco a pouco foi sendo matizado pelas revisões sobre sua eficácia, embora seja claramente duas vezes mais eficaz que a utilização do adesivo placebo e apresenta melhores resultados que o abandono dos cigarros pelo próprio fumante.

A que se deve o interesse tão grande que o chiclete de nicotina despertou a partir de seu aparecimento e por que o adesivo de nicotina atrai tanto a atenção na atualidade? Do nosso ponto de vista, deve-se às seguintes razões:

a. Os estudos clínicos que consideraram ambos os procedimentos mostram que possuem o dobro de eficácia que um placebo e o triplo que o abandono do cigarro por si mesmo (Hughes, 1991; Henningfield, 1995).

b. É mais provável que o fumante procure o médico e não o psicólogo para deixar de fumar e, com isso, aumenta a probabilidade de proporcionar-lhe um tratamento farmacológico (Fiore *et al.*, 1990), procedimento que, ao ser auto-aplicado pelo fumante seguindo as recomendações do médico não é mais eficaz que o simples conselho médico (Nebot, 1996).

c. Muitos fumantes querem deixar de fumar sem esforço, com pouco comprometimento pessoal e, de preferência, com um procedimento mágico que resolva o problema. O fármaco, quando aplicado fora de um tratamento formal, cumpre essa função.

d. Pelo interesse comercial subjacente a qualquer fármaco que está à venda, sem levar em conta que pode haver outros procedimentos mais eficazes ou mais baratos (Fiore *et al.*, 1994) e dos quais não se faz publicidade.

IV.2. *Tratamento psicológico*

Os primeiros tratamentos

Os primeiros programas psicológicos para deixar de fumar surgiram junto com as técnicas de terapia e modificação de comportamento, no começo dos anos 1970. A partir do aparecimento dessas técnicas, um grande número delas foi usado para deixar de fumar, tais como procedimentos aversivos (fumar rápido, saciação, fumo aversivo, reter a fumaça, sensibilização encoberta, choque elétrico), auto-observação, relaxamento, controle de estímulos, redução gradual do consumo de nicotina e alcatrão, fumo controlado, manipulação de contingências, dessensibilização sistemática, terapia de estimulação ambiental restrita, contratos de contingências, métodos de automanipulação e autocontrole, e programas multicomponentes (Becoña, 1994*b;* Gil e Calero, 1994; Lando, 1993; Lichtenstein, 1982; Schwartz, 1987; USDHHS, 1988, 1991). Técnicas como as aversivas mostraram ser um modo de intervenção útil e eficaz tendo como objetivo básico fazer com que um comportamento agradável – fumar – se torne aversivo, conseguindo, assim, eliminar o hábito, desvanecer a ânsia de fumar posteriormente e, desse modo, manter a abstinência. Tais técnicas baseiam-se nos princípios da Psicologia da Aprendizagem. Um bom exemplo é a utilização da técnica de fumar rápido nos Estados Unidos (veja Becoña, 1985), dado que com ela deixaram de fumar, nesse país, várias dezenas de milhares de fumantes nas décadas de 1960 e 1970.

Nos anos 1970 ampliaram-se as técnicas de intervenção com as técnicas cognitivas e nos anos 1980 com as estratégias de prevenção das recaídas (Marlatt e Gordon, 1985). Com o aparecimento e posterior desenvolvimento dos programas multicomponentes, foram combinadas várias das técnicas anteriores para otimizar a eficácia, incluindo também, em alguns casos, o chiclete de nicotina para os sujeitos altamente dependentes dos cigarros, como veremos posteriormente. Na década passada, o maior interesse era aplicar esses programas em âmbito comunitário (Lando, 1993) – programas tais como o ASSIST ou o COMMIT.

Existe um consenso de que, atualmente, as técnicas que melhor funcionam no tratamento especializado de fumantes, as que têm a melhor relação custo-eficácia e as que devem ser utilizadas como principal intervenção para deixar de fumar são as técnicas comportamentais. Além disso, a validação objetiva de sua eficácia e da abstinência foi um elemento essencial desde o seu aparecimento (Velicer *et al.,* 1992); por isso foram tratados com elas muitos milhares de fumantes em diversos países.

As técnicas comportamentais eficazes atingem um alto nível de abstinência no final do tratamento em programas clínicos, entre 60-90%. Nos bons programas, a abstinência se mantém em 40-50% em um ano de acompanhamento (Schwartz, 1987). Esses bons resultados são obtidos justamente pelos tratamentos que utilizam programas multicomponentes, como expomos a seguir.

Os programas psicológicos multicomponentes

Hoje em dia, há um consenso de que o melhor modo de deixar de fumar é com um programa psicológico multicomponente. Esses programas psicológicos recebem o nome de multicomponentes porque incluem técnicas diferentes de intervenção terapêutica, isto é, vários componentes; por isso o nome "multicomponente". Essas técnicas são utilizadas para as fases pelas quais um fumante passa em um programa especializado para deixar de fumar: preparação para deixar de fumar, abandono do cigarro e manutenção da abstinência (USDHHS, 1991).

Na fase de *preparação* o objetivo é aumentar a motivação e o compromisso do sujeito para que abandone o cigarro. Um método comumente utilizado consiste em assinar um contrato de contingências e fazer um depósito, que será resgatado conforme for passando pelas diferentes fases do tratamento e sucessivos acompanhamentos. Nessa fase, é importante também que o sujeito aumente o conhecimento de seu próprio comportamento. Isso se consegue mediante auto-registros e a representação gráfica de seu consumo. Nessa fase decide-se também de modo exato (data fixa) ou aproximado quando vai abandonar o cigarro (quarta sessão, penúltima etc.). Ensina-se também ao sujeito qualquer outra técnica que sirva para o posterior abandono do cigarro. Uma vez finalizada a etapa de preparação, começa a de *abandono,* e é aqui onde se aplicam as técnicas que se mostraram eficazes no abandono do cigarro, como as que já indicamos: fumar rápido, reter a fumaça, redução gradual do consumo de nicotina e alcatrão, ou outras que tenham obtido bons resultados dentro de programas multicomponentes, como a saciação, a sensibilização encoberta, contrato com data fixa de parar de fumar etc.

Uma vez que o sujeito esteja abstinente, dentro de um desses programas, passa-se à terceira fase, a de *manutenção*, na qual são aplicadas diversas estratégias para que o fumante se mantenha abstinente, tais como sessões de assistência ou manutenção ao longo do tempo, treinamento em habilidades para enfrentar situações ou apoio social. Essa fase seria propriamente a fase de prevenção das recaídas que, de outras perspectivas, foi sugerida como imprescindível em qualquer programa com vistas a manter os ganhos do tratamento em longo prazo.

Posteriormente descreveremos o programa multicomponente que utilizamos, o *Programa para deixar de fumar* (Becoña, 1993). Na literatura podemos encontrar muitos outros bons exemplos (como Lando e McGovern, 1985; USDHHS, 1991).

IV.3. *Tratamentos comunitários e de auto-ajuda*

Nos últimos anos, os programas para deixar de fumar implantados em âmbito comunitário e o desenvolvimento de manuais de auto-ajuda constituem características importantes para combater o tabagismo nos países desenvolvidos. Com relação aos anos anteriores, requer passar de uma perspectiva predominantemente clínica a uma perspectiva de saúde pública (Lichtenstein e Glasgow, 1992).

Desde os anos 1970 até hoje vêm sendo aplicados vários *programas para prevenir os fatores de risco da doença cardíaca coronária,* orientados a produzir mudanças na dieta, abandonar o fumo e controlar a pressão sangüínea elevada. Os mais conhecidos são os realizados nos Estados Unidos, embora também tenham sido usados, nessa mesma época, na Finlândia e em outros países (por exemplo, Elovaino e Vertion,1996).

Um dos programas mais conhecidos e mais bem avaliados é o *Multiple Risk Factor Intervention Trial* (MRFIT), que começou em 1972 em 22 centros de 18 cidades norte-americanas, do qual participaram 12.866 homens e que durou 7 anos (Benfari e Sherwin, 1981; Ockene, Shaten e Neaton, 1991). O tratamento utilizado para deixar de fumar incluía uma mensagem do médico para que o paciente deixasse de fumar, um exame médico anual, a participação de grupos de tratamento, o aconselhamento individual ou um método auto-aplicado para aqueles que não quisessem participar dos métodos propostos, assim como um programa de manutenção ao longo de vários anos. O objetivo do tratamento era que os sujeitos deixassem de fumar, por isso o grande número de procedimentos utilizados dentro do programa. Entre eles encontram-se material audiovisual, palestras, discussões de grupo, materiais educativos. Alguns centros também utilizaram diversas técnicas comportamentais como relaxamento, *role-playing* e controle de estímulos (Hughes *et al.,* 1981). A eficácia desse programa foi boa: 43% de abstinência em um ano de acompanhamento e 49% em seis anos para os sujeitos com os quais se entrou em contato, porcentagem que caía para 43% se fossem considerados todos os participantes (Cuttler *et al..,* 1985; Ockene, Shaten e Neaton, 1991*a;* Ockene, Hymowitz, Lagus e Shaten, 1991).

Mais recentemente destacam-se os programas COMMIT e ASSIST. O COMMIT, *The Community Intervention Trial for Smoking Cessation,* abarcou o período de 1988 a 1993. Dele participaram 22.000 fumantes de 22 comunidades (The Commit Research Group, 1995). Os resultados desse programa indicam um impacto importante nos fumantes leves e moderados e falta de impacto nos fumantes inveterados. O ASSIST, *The American Stop Intervention Trial for Cancer Prevention,* foi aplicado em 17 estados norte-americanos, de 1993 a 1998 (Gruman e Lynn, 1993). Esse programa centra-se em três eixos: grupos de intervenção (por exemplo, fumantes inveterados, de alto risco etc.), canais para a prevenção e controle do fumo (por exemplo, sistema de cuidado de saúde, local de trabalho, escola, comunidade etc.) e intervenções em três níveis: utilização dos meios de comunicação (rádio, televisão, jornais, revistas); atuação no contexto político e social para atingir os objetivos; e oferecimento de serviços e programas para deixar de fumar, como aconselhamento médico, materiais de auto-ajuda, telefones de ajuda para deixar de fumar, programas preventivos para escolas e educação sobre o tabaco nos diferentes contextos sociais, desde o político até os meios de comunicação.

Outro tipo de programa é o realizado por meio da televisão. A idéia é atingir o número máximo de fumantes com o menor custo possível e com a maior eficácia no abandono do fumo, coisa que a televisão possibilita (Flay, 1987). Entre esses programas destacam-se as ações do Projeto North Karelia, na Finlândia (Puska, McAlister, Pekkala e Koskela, 1981; Korhonen *et al.,* 1992), assim como em várias cidades norte-americanas, como Chicago (Flay *et al,* 1989; Warnecke *et al.,* 1991; Warnecke *et al.,* 1992). Nesse último caso, as taxas de abandono foram de 16% aos 50 dias (4% no grupo controle), 9% aos seis meses e 6% aos 12 e 24 meses (2% aos 24 meses no grupo controle) (Warnecke *et al.,* 1992).

Outra área importante de interesse é a aplicação de *programas para deixar de fumar no próprio local de trabalho.* São incontestáveis as vantagens de realizar programas para deixar de fumar em um dos ambientes no qual a pessoa passa mais tempo ao longo do dia e onde, por conseguinte, fuma mais. Os programas mais bem delineados e com maior controle experimental foram os multicomponentes (Klesges e Cigrang, 1988), embora com resultados pobres no seguimento (20%). Mais promissores parecem os programas baseados na competição e incentivos. Uma das causas das baixas taxas de abstinência nesses programas é o grande número de sujeitos que abandonam o tratamento (Klesges e Cigrang, 1988).

Outra importante linha de intervenção é feita através de *Manuais de auto-ajuda.* Estes dirigem-se a um amplo grupo de fumantes (um a cada três) que desejam deixar de fumar por si próprios. Nos últimos anos, esse procedimento tem-se expandido. A maioria dos manuais que existem hoje em dia com comprovação de eficácia tem base comportamental e utiliza programas multicomponentes (Curry, 1993). As técnicas comportamentais que habitualmente incluem são: auto-registro, controle de estímulos, relaxamento, redução gradual do consumo de nicotina, apoio social, estabelecimento de metas etc. Em suma, vão na mesma linha que os programas multicomponentes presenciais para deixar de fumar. A eficácia desses programas apresentou variação entre 10 e 25% na maioria dos estudos, o que mostra um grande impacto ao nos referirmos a centenas ou milhares de pessoas que se submeteram a tal programa, e não a algumas dezenas de fumantes, como em muitos casos ocorre no contexto clínico.

Na Espanha encontra-se disponível o manual *Programa para deixar de fumar* (Becoña, 1993), que é a forma escrita e em formato de auto-ajuda de nosso programa de tratamento presenciais que vamos expor posteriormente.

V. EXISTE UM TRATAMENTO IDÔNEO PARA DEIXAR DE FUMAR?

Uma importante questão refere-se à existência ou não de um tratamento idôneo para deixar de fumar. A resposta depende do nível de intervenção – se será mínima (por exemplo, aconselhamento médico) ou especializada – em um programa de tratamento clínico. Nesse último caso, e tal como revisamos em outra ocasião (Becoña e Vázquez, 1998), depois de analisar as diferentes metanálises realizadas sobre tratamentos especializados para deixar de fumar e outras informações sobre tratamentos, concluímos que:

a. O tratamento especializado de primeira escolha é um tratamento psicológico multicomponente.

b. O chiclete e o adesivo de nicotina podem ajudar a deixar de fumar, mas dentro de um programa de tratamento especializado.

c. O modo adequado de aplicar um tratamento farmacológico com chiclete e adesivo de nicotina é junto a um programa comportamental, seja de tipo formal ou em formato de auto-ajuda.

d. Outros tratamentos para deixar de fumar (por exemplo, acupuntura) têm pouca ou nenhuma possibilidade de obter resultados, em comparação com um grupo de controle ou a mera remissão espontânea.

Portanto, hoje podemos conhecer com certeza, na linha do que já foi obtido há 10 anos na monumental revisão de Schwartz (1987) sobre os tratamentos para deixar de fumar (veja quadro 4.2), qual é a melhor opção a selecionar para fazer com que os fumantes deixem seu hábito.

Quadro 4.2. Os dez programas mais eficazes para deixar de fumar aos doze meses, segundo a revisão de Schwartz (1987), quando dispomos de seis ou mais estudos

Método de intervenção	% de eficácia, média	% de ensaios com taxas de eficácia maiores de 33%
Programas multicomponentes	40	65
Intervenção médica com pacientes cardíacos	43	63
Saciação de fumar e outros procedimentos	34,5	58
Intervenção médica com pacientes pulmonares	31,5	50
Fumar rápido e outros procedimentos	30,5	50
Redução gradual do consumo de nicotina e alcatrão	25	44
Prevenção de fatores de risco	31	43
Programas de formato grupal	28	39
Hipnose individual	19,5	38
Chiclete com nicotina e tratamento comportamental	29	36

Fonte: Adaptado de Schwartz (1987).

VI. O PROGRAMA PARA DEIXAR DE FUMAR: TRATAMENTO PASSO A PASSO

Nossos primeiros programas de tratamento, a partir de 1984, tinham como objetivo avaliar em nossa população as técnicas que haviam mostrado eficácia em outros países, como as técnicas aversivas (Becoña, 1985) ou os programas multicomponentes (Becoña, 1987*a*) tanto com técnicas aversivas como sem elas (por exemplo, Becoña e Froján, 1988). A partir dessas primeiras pesquisas desenvolvemos vários programas multicomponentes, que foram avaliados em alguns estudos (veja Becoña, Vázquez e Miguéz, 1996). O programa multicomponente mais recente que estamos utilizando nos últimos anos dentro do *Programa para deixar de fumar* na Faculdade de Psicologia da Universidade de Santiago de Compostela é composto dos seguintes elementos: *a.* Depósito monetário e contrato de tratamento; *b.* auto-registro e representação gráfica do consumo; *c.* informações sobre o tabaco; *d.* controle de estímulos; *e.* atividades para não sofrer os sintomas da síndrome de abstinência de nicotina; *f.* retroalimentação fisiológica do consumo de cigarro (monóxido de carbono no ar espirado); e *g.* redução gradual do consumo de nicotina e alcatrão.

A eficácia que obtivemos com esse programa multicomponente oscilou entre 58 e 85% no final do tratamento e 38 a 54% com um ano de seguimento, em diferentes estudos. No quadro 4.3 são apresentados os resultados de vários estudos comparando-os com um grupo controle de não tratamento ou outro grupo com uma intervenção específica. Junto à boa eficácia obtida com esse programa, outra vantagem importante é que uma porcentagem significativa dos que recaem o faz normalmente com marcas com menor teor de nicotina e alcatrão que as que fumavam no começo do tratamento, e com um menor consumo de cigarros. Dado que este programa pode ser aplicado em formato

Quadro 4.3. Resultados do programa para deixar de fumar (PDF) em estudos com grupo de controle (em porcentagem)

Estudo	Grupo	Final do tratamento	Acompanhamento aos 6 meses	12 meses
Becoña e Gómez-Durán (1993)	PDF	66,7	50,0	45,8
	Controle	0,0	0,0	6,3
Becoña e García (1993)	PDF	85,7	64,3	57,1
	Reter a fumaça	91,7	41,7	25,0
García e Becoña (1994)	PDF com manual	60,0	44,0	48,0
	Controle	0,0	2,1	2,1

individual, grupal ou de auto-ajuda, e com um número de sessões que varia entre 5 e 10, resulta ter uma boa razão custo-benefício dentro dos programas formais atualmente existentes para deixar de fumar. Destacaríamos, ainda, que de nossas pesquisas e da experiência de tratar mais de 1.000 fumantes em programas clínicos, desenvolvemos no ano 1995 um programa para deixar de fumar por correio, do qual participaram, em pouco mais de um ano, 2.000 fumantes, constituindo tal programa uma boa alternativa para pessoas que não podem ou não querem procurar tratamento, e chega a muitas centenas ou milhares de fumantes em pouco tempo.

Os objetivos, racionalidade, tarefas e estratégias para atingir os objetivos do tratamento sessão a sessão são especificados a seguir no formato de seis sessões, uma por semana, aplicável individualmente ou em grupo, e baseando-se no programa anteriormente citado (Becoña, 1993). Antes do tratamento foi realizada a avaliação do fumante, tanto com relação a esse comportamento problema como outros e estabelecemos a linha de base de seu consumo de cigarros por meio de auto-registros.

VI.1. *Objetivos, racionalidade, tarefas e estratégias para atingir os objetivos do tratamento sessão a sessão*

VI.1.1. Sessão 1

Objetivos

A primeira sessão de tratamento tem como *objetivos:*

a. Estabelecer um adequado relacionamento terapêutico.
b. Apresentar um programa de tratamento racional, plausível e factível no tempo de duração do tratamento.

c. Revisar os auto-registros realizados na semana ou semanas anteriores, fazendo com que veja a importância deles e explicar como representar graficamente o número de cigarros fumados diariamente, proporcionando para isso um gráfico (veja Fig. 4.1). Através dos auto-registros, explicamos também quais são os antecedentes e conseqüentes de seu comportamento de fumar e como reconhecê-los.

d. Apresentar sucintamente dados objetivos sobre o que é o tabaco, seus componentes e conseqüências que traz para a saúde. A isso dedicam-se cinco minutos e se proporciona por escrito material a respeito (Apêndices A e B do programa).

e. Discutir as razões que o levam a fumar e qual é o motivo pelo qual se propõe, nesse momento, a deixar de fumar.

f. Proporcionar estratégias simples que precisam começar a pôr em prática a partir do dia seguinte, tais como deixar um terço do cigarro sem fumar, recusar os oferecimentos de tabaco, mudar de marca etc. Essas estratégias que deve aplicar têm de ser factíveis. Por isso, são poucas, simples e fáceis de aplicar para todos os fumantes.

g. Comprometer-se socialmente com outras pessoas no processo de abandono. Deve comunicar pelo menos uma pessoa de seu contexto (familiar, amigo, colega de trabalho etc.) que está fazendo um tratamento para deixar de fumar e que prevê que deixe de fumar nos próximos 30 dias. A atitude do fumante diante desse fato, favorável ou desfavorável, é muito útil para conhecer sua motivação para o abandono, sua credibilidade e para que tenha ou não uma boa adesão ao tratamento.

h. Explicar o mecanismo da mudança de marcas (30% de redução na quantidade de nicotina), para que vá reduzindo sua dependência fisiológica, convencê-lo de sua racionalidade e viabilidade e indicar-lhe a marca que deve passar a fumar a partir do dia seguinte. Sugerir também que jogue fora todos os cigarros da marca que fumava até então, às vezes consumida durante muitos anos.

i. Explicar várias regras que tem de seguir para evitar a compensação da nicotina, que provavelmente ocorreria ao mudar de marca se, ao mesmo tempo, não lhe explicarmos que não deve fumar mais cigarros que a média que fumava na semana passada. Do mesmo modo, e para evitar que dê tragadas mais profundas, deve deixar um terço do cigarro sem fumar, se antes o fumava inteiro, ou a metade, se já deixava um terço sem fumar. Também não pode ficar, se for esse o caso, permanentemente com o cigarro na boca, pois desse modo absorveria uma grande quantidade de nicotina.

j. Começar já na primeira sessão com uma estratégia simples de prevenção de recaídas. Isso se faz com a regra de que, a partir do dia seguinte, tem de deixar de aceitar oferecimentos de cigarros, mas pode continuar oferecendo. O motivo dessa regra está no fato de que, sendo o oferecimento de cigarros uma das principais causas das recaídas, ao recusá-los durante um período de tempo de cinco semanas, é mais provável que, uma vez abstinente, possa, com maior facilidade, recusar esses oferecimentos mesmo sentindo-se tentado a fumar.

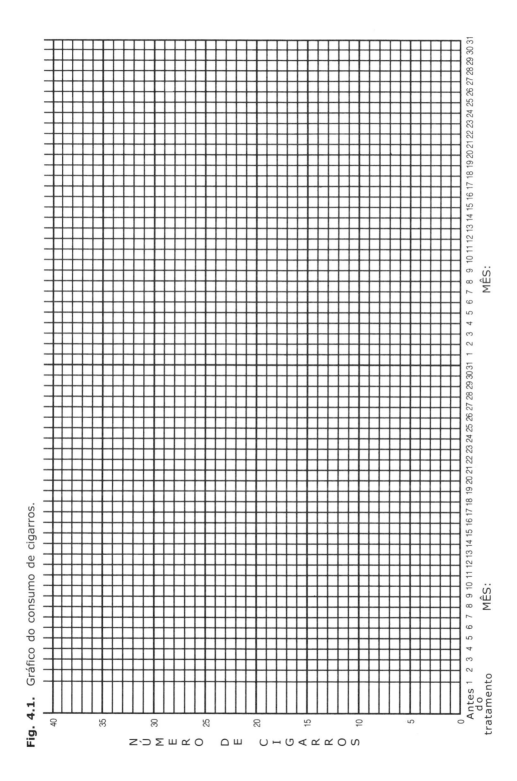

Fig. 4.1. Gráfico do consumo de cigarros.

Tarefas para a primeira sessão

1. Indicar as razões para deixar de fumar atualmente.
2. Leitura de "Aspectos gerais do tabaco" e de "Tabaco ou saúde" (Becoña, 1995*b*).
3. Fazer uma lista das razões a favor e contra de fumar atualmente.
4. Indicar os antecedentes e conseqüentes do comportamento de fumar.
5. Realizar a representação gráfica dos cigarros fumados.
6. Comunicar outras pessoas de seu contexto que vai deixar de fumar nos próximos 30 dias.
7. Mudar de marca de cigarros (que tenha 30% menos de nicotina que a atual).
8. Aplicar as seguintes regras para reduzir o consumo de cigarros:

   8.1. Fumar um terço a menos do cigarro, contando a partir do filtro.
   8.2. Não aceitar oferecimentos de cigarros.
   8.3. Reduzir a profundidade da inalação.
   8.4. Levar o cigarro à boca somente para fumar.

Estratégias para atingir os objetivos e treinamento
na realização das tarefas

a. Estabelecer um adequado contato terapêutico. Embora não seja indicado explicitamente, espera-se que com a primeira sessão de tratamento se estabeleça um adequado e fluente relacionamento terapêutico entre o fumante e o terapeuta. Para isso deve ser usada uma linguagem acessível, simples e compreensível. Do mesmo modo, as tarefas que serão sugeridas devem ser expostas de modo didático e com exemplos.
b. Apresentar um programa de tratamento racional, plausível e factível em um período de tempo limitado (máximo seis semanas). É importante que o fumante saiba a duração exata do tratamento, um máximo de seis semanas neste caso; que esse período de tempo é suficiente para que possa deixar de fumar e que o tratamento tem elementos internos suficientes para atingir esse objetivo nesse tempo.
c. Revisar os auto-registros realizados durante a semana ou semanas anteriores. Deve-se insistir aqui de novo na importância de realizá-los, indicando que é um dos componentes do programa, um componente importante para que conheça o que fuma e como fuma. É preciso explicar detalhadamente, também, como representar graficamente seu consumo. Para isso, proporciona-se um gráfico e a explicação de como fazer essa representação do consumo de cigarros. Graças aos auto-registros e à análise minuciosa deles é possível explicar quais são os antecedentes e conseqüentes de seu comportamento de fumar e como se relacionam claramente com o consumo.
d. Apresentar sucintamente dados objetivos sobre o que é o tabaco, seus componentes e as conseqüências mais importantes que traz para a saúde. Para isso são dedicados cinco minutos da sessão e se proporciona por escrito material a respeito (apêndices A e B do livro de Becoña, 1993).

e. Discutir as razões que o levam a fumar e qual é o motivo pelo qual se propõe a deixar de fumar nesse momento. Neste caso, propõe-se a contraposição do fato de que é um fumante atual (realização do comportamento), mas que quer deixar de sê-lo (deixar de realizar esse comportamento). Serve para que o fumante analise se os prós para deixar de fumar são mais importantes que os contras. Habitualmente, se as razões para fumar são muito fortes ou estão muito arraigadas, o fumante não procuraria tratamento, pois estaria na fase de pré-contemplação ou contemplação.

f. Comprometer-se publicamente com outras pessoas no processo de abandono. É importante que as pessoas tornem pública uma mudança de comportamento, com implicações sociais e claramente observável, no que diz respeito a fumar. Por isso pede-se ao fumante que comunique pelo menos uma pessoa de seu ambiente imediato (esposo/a, amigo/s, colegas de trabalho etc.) que está fazendo um tratamento para deixar de fumar e que provavelmente deixará de fumar nos próximos 30 dias. Adotar esse papel ativo é um índice de motivação para a mudança e favorece a adesão ao tratamento, sua credibilidade para o paciente e constitui um elemento favorecedor da prevenção de recaídas no futuro, quando deixar de fumar.

g. Explicar o mecanismo da mudança de marcas, para que vá reduzindo sua dependência fisiológica, convencê-lo de sua racionalidade e viabilidade e indicar que marca deve passar a fumar a partir do dia seguinte. Deve-se sugerir, igualmente, que jogue fora todos os cigarros da marca que vem fumando até esse momento. No caso de fumar várias marcas, a partir do dia seguinte tem de fumar uma única, sem poder misturar cigarros de outras. Em seguida, indica-se uma marca que tenha 30% menos de nicotina que a que fumava na semana anterior para que, a partir do dia seguinte, passe a fumá-la e a fume durante toda a semana seguinte. Deve-se adverti-lo de que não deve misturar a nova marca com a anterior; do mesmo modo, que se não encontrar a nova marca no lugar habitual, compre em uma tabacaria, com a finalidade de que não tenha a desculpa de que não a encontra para comprar.

h. Que respeite várias regras para evitar a compensação de nicotina que provavelmente ocorrerá ao mudar de marca se, ao mesmo tempo, não lhe for indicado que não deve fumar mais cigarros que a média que fumou durante a semana passada. Do mesmo modo, e para evitar que dê tragadas mais profundas, deve deixar um terço do cigarro sem fumar, se os fumava inteiros, até o filtro, ou pela metade, se já deixava de fumar um terço. Nos casos de ter o hábito de manter sempre ou muitas horas o cigarro na boca, sem retirá-lo, devem passar a levá-lo à boca somente para fumar. Com isso, evitamos uma absorção contínua de nicotina, como ocorre quando se tem o cigarro permanentemente na boca.

i. Começar já na primeira sessão com estratégias de prevenção das recaídas. Hoje sabemos que é tão importante deixar de fumar como ter estratégias para se manter abstinente. Por isso, já desde a primeira sessão, o sujeito é treinado nas primeiras estratégias de prevenção de recaídas. Nessa primeira sessão é indicado, como uma tarefa que deve pôr em prática a partir do dia seguinte, que deixe de aceitar oferecimentos de cigarros, embora ele sim pode oferecê-los. Dado que o oferecimento de cigarros é uma das principais causas das recaídas com a qual se pode deparar depois de deixar de fumar, começamos a prevenção. Se o treinarmos durante cinco semanas a recusá-los, é mais provável que, uma vez abstinente, possa com maior facilidade recusar os oferecimentos mesmo sentindo-se tentado a fumar.

j. Proporcionar estratégias simples que deve começar a aplicar no dia seguinte, tais como reduzir o comprimento do cigarro fumado e recusar oferecimentos de cigarros.

k. Designar tarefas factíveis; que sejam poucas, simples e fáceis de realizar.

VI.1.2. Sessão 2 (Unidade 2, 2ª semana)

Objetivos

Os objetivos da segunda sessão, correspondente à segunda semana de tratamento, são:

a. Reforçar o fumante pelos primeiros passos dados para deixar de fumar. Por ser um programa de abandono gradual, às vezes as expectativas são excessivamente elevadas. O terapeuta deve adequar o nível de expectativas do fumante ao processo de abandono "normal" em um fumante com consumo de "x" cigarros, mais que esperar um avanço importante.

b. Se o tratamento for feito em grupo, levar em conta as diferenças no consumo entre os fumantes e fazer notar que, ao analisar caso a caso, um maior consumo não significa um abandono mais lento.

c. Analisar e levar em conta as possíveis crenças errôneas sobre o processo de abandono, especialmente sua crença acerca de qual procedimento é o adequado para deixar de fumar: o abandono brusco, um tratamento farmacológico, ou mágico, ou um abandono paulatino, como o programa de tratamento que está fazendo. Porém, essas crenças não estarão explícitas no tratamento e serão abordadas nas últimas sessões.

d. Comprovar a adesão às tarefas que tinham de ser feitas na semana anterior. Uma boa adesão é um bom indicador do sucesso do tratamento. Esse aspecto deve ser especialmente cuidado, comprovando se os auto-registros estão sendo feitos diariamente, assim como a representação gráfica do consumo de cigarros, se o paciente leu os apêndices sobre a relação entre tabaco e saúde, se comunicou outras pessoas que vai deixar de fumar em um determinado período de tempo, se realizou a mudança de marca e se cumpriu as regras para a redução do consumo de cigarros.

e. Discutir com o paciente o efeito da mudança de marca e como isso foi vivenciado. A maioria costuma passar por isso melhor do que pensava. Porém, como também se costuma reduzir o número de cigarros, às vezes acontece a síndrome de abstinência de nicotina. Se for detectada essa síndrome, deve-se avaliar a conveniência de diminuir o número de cigarros de forma mais lenta ou reduzir em função das expectativas que tenha sobre o abandono, de seu grau de segurança para continuar adequadamente a redução, do apoio de seu médico, e da existência ou não de fatores de seu ambiente que possam facilitar ou interferir nesse processo, especialmente em casa, com os amigos e no ambiente de trabalho.

f. Continuar recolhendo informações e analisá-las empiricamente para que o fumante conheça objetivamente seu comportamento de fumar, com a análise dos antecedentes e conseqüentes deste. É útil encontrar padrões regulares de consumo, como já é possível neste momento do tratamento com a análise dos auto-registros. Do mesmo modo, a representação gráfica permite ver se o consumo está estabilizado, se vai decrescendo paulatinamente ou se há altos e baixos, dependendo de estados emocionais, problemas trabalhistas, saídas à noite etc.

g. Introduzir a técnica do controle de estímulos. Dado que os fumantes têm seu consumo condicionado a diferentes situações, pessoas, pensamentos, estados etc., introduz-se a técnica do controle de estímulos para debilitar e, com o passar do tempo, eliminar essa dependência. Isso se faz por meio de um grupo de situações apresentadas e que possam abarcar quase todos os possíveis estados nos quais um fumante normal fuma. Pode-se acrescentar também alguma outra, como as que se encontram no quadro 4.4. Depois de explicar a lógica do procedimento, deixará de fumar a partir do dia seguinte em três situações, as mais fáceis, uma vez que tenham eliminado aquelas nas quais não fumam.

Quadro 4.4. Técnicas de controle de estímulos sobre as situações nas quais se fuma

Selecione três situações nas quais, a partir de amanhã, não fumará nenhum cigarro

A seguir, indicamos várias situações nas quais habitualmente as pessoas mais fumam. Se você fuma em alguma outra situação diferente das indicadas, acrescente nos itens em branco.

Uma vez comprovadas todas as situações, marque com um "X", ao lado do travessão, as três situações que para você são mais fáceis e nas quais não fumará nenhum cigarro a partir de amanhã.

As situações são as seguintes:

- Assistindo televisão
- No bar ou quando toma uma bebida alcoólica
- Depois de comer ou à hora do café
- Trabalhando
- Estudando
- Lendo
- Escrevendo à máquina ou computador
- Falando no telefone
- Dirigindo
- Passeando
- Com os amigos
- Esperando
-
-
-

h. Introduzir várias estratégias para evitar a síndrome de abstinência de nicotina ao trocar de marca e, ao mesmo tempo, diminuir mais que o previsto seu consumo de cigarros e deixar uma parte importante do cigarro sem fumar. No quadro 4.5 estão indicadas essas estratégias.

i. Ver o impacto do que está fazendo (participar de um programa para deixar de fumar) em seu meio. O apoio favorece e facilita o abandono ou ajuda a superar etapas difíceis que podem apresentar-se. Quando falta o apoio, é mais fácil não atingir as metas, abandonar o programa ou deixá-lo por falta de motivação. Trata-se de agir sobre esse aspecto, embora seja talvez o aspecto mais difícil no qual influir no contexto terapêutico.

Quadro 4.5. Tarefas para não sofrer a síndrome de abstinência de nicotina

Selecione várias das seguintes atividades para realizar nesta semana. Permitem tanto uma redução no consumo de cigarros como evitam que a diminuição produza algum sintoma da síndrome de abstinência de nicotina.

– Beba toda a água que quiser, assim como sucos ou outras bebidas sem álcool.
– Reduza seu consumo de álcool.
– Reduza seu consumo de café.
– Faça mais exercício físico (caminhar, passear, visitar amigos etc.).
– Faça inspirações profundas e a seguir expulse lentamente o ar em vez de fumar.
– Chupe balas ou chiclete sem açúcar em vez de fumar um cigarro.
– Substitua o cigarro na mão por outro objeto.
– Realize atividades que deseje fazer e que sempre foi postergando com desculpas.

MARQUE COM UM X AS ATIVIDADES QUE REALIZOU NO FINAL DA SEMANA

Tarefas para a segunda sessão (Unidade 2, 2ª semana)

1. Realizar os registros e a representação gráfica do consumo de cigarros.
2. Aumentar a parte do cigarro sem fumar.
3. Não aceitar oferecimentos de cigarros.
4. Mudar de marca de cigarros (com 60% a menos de nicotina que os que fumava no começo) ou reduzir o consumo (30% a menos que na semana anterior).
5. Se fuma antes do café-da-manhã ou depois de se levantar, retardar esse cigarro por pelo menos 15 minutos.
6. Indicar os antecedentes e conseqüentes mais importantes de seu comportamento de fumar na semana anterior.
7. Selecionar três situações nas quais deixará de fumar.
8. Analisar as reações que a comunicação a outras pessoas de que deixará de fumar nos próximos 30 dias produziu.

9. Atividades a realizar para não ter nenhum problema na redução do consumo de cigarros.

Estratégias para atingir os objetivos e treinamento na realização das tarefas

a. Revisar detidamente as tarefas realizadas ao longo da semana anterior, especialmente os auto-registros, a representação gráfica, a mudança de marcas e as regras para reduzir o consumo de cigarros.

b. Comprovar a adesão ao tratamento e, caso não tenha acontecido, insista na sua importância, planejando tarefas concretas com data específica (por exemplo, próxima quinta, pela manhã, das 10 às 11) para realizá-las, impedindo-se de adiar a decisão ou de não tomá-la (por exemplo, para recusar oferecimentos de cigarros).

c. Indicar a marca que vai fumar a partir do dia seguinte, desta vez com 60% a menos de nicotina que antes do tratamento, o número máximo de cigarros que vai fumar (no máximo, a média dos que fumou na semana anterior ou, de preferência, alguns a menos) e que parte do cigarro vai deixar sem fumar. Insistir em aspectos sobre essa questão já expostos na sessão anterior.

d. Analisar as reações de outras pessoas a seu compromisso público de deixar de fumar. Fazê-lo ver que é ele que está deixando de fumar, e não a pessoa que o critica, se for esse o caso. Dizer-lhe que, se o pressionarem muito, deixe o tempo passar e comprove como é ele quem tem razão, e não os que não acreditam nele. Esse aspecto é importante, às vezes, para mantê-lo em tratamento, assim como para que possa deixar de fumar.

e. Discutir detidamente com o sujeito em que situações das apresentadas vai deixar de fumar a partir do dia seguinte. É necessário analisar como vai comportar-se em cada uma delas no momento de atuar em seu meio real, a fim de que entenda cada uma das situações. Por exemplo, se escolher a situação de "não fumar assistindo TV", no caso de o sujeito não conseguir controlar-se, teria duas alternativas: fumar em outro lugar, fora da sala onde está a televisão, tendo de permanecer pelo menos 15 minutos fora, ou desligar a televisão por não menos de 15 minutos para fumar nesse lugar.

f. Enfatizar que o processo visa deixar de fumar paulatinamente, e não de um dia para outro, e que as tarefas encadeadas atingem o objetivo pretendido: deixar de fumar. Se fosse o caso de conseguir deixar de fumar por sua conta, já o teria feito, e não estaria seguindo o tratamento.

g. Que preste especial atenção ao cumprimento das diferentes tarefas designadas a cada semana, sem pular nenhuma. É melhor o princípio de "lento, mas seguro", no sentido de que é melhor ir devagar e avançando seguro do que ter retrocessos. Posto que o objetivo é o autocontrole, diminuir o consumo de um modo controlado permite, no pior dos casos, manter esse consumo controlado. Ao contrário, as oscilações, seja para cima, seja para baixo, não são boas e podem levar, se houver recaídas, a voltar a fumar o mesmo que antes.

h. Além disso, devemos comprovar, na parte final da sessão, se as tarefas designadas para a semana seguinte foram entendidas claramente, se são apropriadas, se pode realizá-las e se não há impedimentos em sua tentativa de atingir os objetivos propostos. No caso de haver algum problema nessa parte final, seria preciso voltar, de modo breve, a realizar as mudanças oportunas para que possa atingir "com certeza" os objetivos determinados.

VI.1.3. Sessão 3 (Unidade 3, 3ª semana)

Objetivos

Os objetivos da terceira sessão, correspondentes à terceira semana de tratamento, são:

a. Revisar detidamente o avanço de cada fumante e, especialmente, a adesão às tarefas que tinha de realizar na semana anterior (por exemplo, auto-registro, representação gráfica etc.).

b. Comprovar que vai conseguindo atingir os objetivos propostos na sessão anterior, tais como número de cigarros fumados, mudança de marca, retardar o momento de fumar certos cigarros, deixar de fumar em diferentes situações etc., e que a informação de que dispõe é objetiva e pode ser contrastada por ele mesmo.

Todos esses aspectos, por exemplo, número máximo de cigarros que podia fumar, marca designada para a semana anterior, deixar de fumar em situações específicas, são essenciais para continuar com o programa de tratamento. Ter realizado tudo isso adequadamente na semana anterior vai permitir designar novas tarefas para conseguir um maior autocontrole sobre seu comportamento de fumar.

c. Analisar os antecedentes e conseqüentes do comportamento de fumar. O conhecimento claro disso por parte do fumante lhe permite conhecer melhor seu comportamento e, ao mesmo tempo, ter uma idéia mais clara do que pretendemos e do modo como o estamos conseguindo.

d. Motivá-lo para continuar o tratamento diante da possibilidade de abandono, quando se encontrar na metade. Isso é especialmente importante, pois nessa sessão o paciente nota claramente uma melhora física, mas continua fumando.

e. Levar em conta as diferenças individuais, adaptando o programa a cada fumante, a cada consumo e aos diferentes níveis de dependência e realização de tarefas.

f. Analisar de novo todas as crenças errôneas que possa continuar tendo sobre o processo de abandono, especialmente a incidência que as crenças respaldadas por outras pessoas de seu ambiente possam ter no sujeito, e se afetam seu processo de deixar de fumar.

g. Acrescentar novas tarefas, tais como nova mudança de marca, cigarros dos quais deve retardar o momento de consumo (por exemplo, depois do café) e a inclusão de novas situações nas quais deixará de fumar (controle de estímulos). Do mesmo modo que fez na sessão anterior, voltará a selecionar outras três novas situações, das mais fáceis, que ainda restem para escolher, nas quais deixará de fumar a partir do dia seguinte.

h. Analisar que estratégias utilizou para não sofrer a síndrome de abstinência de nicotina e propor-lhe que as aplique, ou outras novas.

i. Conhecer o impacto que está produzindo o conhecimento de que está participando de um programa para deixar de fumar como tratamento formal em seu meio. Quando não encontrar apoio, é conveniente dar-lhe estratégias para que o ambiente não interfira, tais como não se importar com o que lhe digam até que passem algumas semanas, dar-lhe uma bronca etc.

j. Comprovar se a informação proporcionada pelos meios de comunicação, favorável ou desfavorável, sobre o tabaco o influencia de alguma maneira em seu atual processo de abandono.

Tarefas para a terceira sessão (Unidade 3, 3ª semana)

1. Realização dos registros e da representação gráfica do consumo de cigarros.
2. Fumar no máximo a metade de cada cigarro.
3. Não aceitar oferecimentos de cigarros.
4. Retardar por no mínimo 30 minutos o cigarro depois de se levantar ou do café-da-manhã.
5. (Se ainda não o fez) Retardar no mínimo 15 minutos os cigarros depois do almoço, do café e do jantar.
6. Mudar de marca (com 90% menos de nicotina que o que fumava no começo) ou reduzir o número de cigarros fumados (30% menos que na semana anterior).
7. Indicar os antecedentes e conseqüentes mais importantes de seu comportamento de fumar na semana anterior.
8. Indicar as situações nas quais deixará de fumar.
9. Reações que produziu, na semana presente, a notícia de que vai deixar de fumar.
10. Indicar suas reações diante dos fatos relacionados com o tabaco que viu nos meios de comunicação.
11. Selecionar atividades para controlar a redução do consumo de cigarros sem problemas.

Estratégias para atingir os objetivos e treinamento na realização das tarefas

a. Revisar detidamente as tarefas realizadas ao longo da semana anterior, especialmente os auto-registros, representação gráfica, mudança de marcas e regras para reduzir o consumo de cigarros.

b. Comprovar a adesão ao tratamento e insistir na necessidade de fazer adequadamente (e todas) as tarefas encomendadas.

c. Indicar a marca específica que vai fumar a partir do dia seguinte, desta vez com 90% a menos de nicotina que antes do tratamento; o número máximo de cigarros que vai fumar (no máximo, a média dos que fumou na semana anterior e, de preferência, alguns a menos) e que parte do cigarro vai deixar sem fumar (normalmente, a metade do cigarro a partir dessa sessão).

d. Analisar as reações de outras pessoas com relação ao seu compromisso público de deixar de fumar, como ele reagiu e que estratégias utilizou.

e. Selecionar outras três novas situações nas quais vai deixar de fumar a partir do dia seguinte. Serão revisadas aquelas nas quais deixou de fumar na semana anterior e como vai implantar, na semana presente, as novas selecionadas.

f. Ver o exato cumprimento do programa em cada uma das tarefas e comprovar que são seguidas tal como planejadas, de forma lenta ou rápida. É importante comprovar se vai adquirindo um nível real de "autocontrole" ou se, estando em uma situação pontual na qual diminui sensivelmente o número de cigarros, tem sintomas de abstinência e pouca certeza de se manter assim. É preciso insistir, se for o caso, que o programa não é orientado para o abandono brusco, mas para a aquisição de autocontrole sobre seu comportamento. As metas devem ser, em todo caso, realistas, objetivas e realizáveis.

g. Solucionar qualquer dúvida que se apresente a essa altura do programa, dado que às vezes aparecem pensamentos de dúvida, como, "será que conseguirei?" ou "não serei um fumante especial, raro ou difícil?", ou ele pode encontrar-se com dificuldades reais para conseguir mudar de marca, reduzir o consumo, fazer as tarefas etc. Não se deve esquecer nunca que qualquer programa, por mais estruturado que seja, deve adaptar-se sempre a cada fumante em particular.

h. Reforçá-lo pela consecução adequada dos objetivos do tratamento até a fase do programa em que nos encontramos.

VI.1.4. Sessão 4 (Unidade 4, 4ª semana)

Objetivos

Os objetivos da quarta sessão, correspondentes à quarta semana de tratamento, são:

a. Os indicados na sessão anterior, tais como revisar o cumprimento das tarefas ao longo da semana anterior (auto-registro, representação gráfica, mudança de marcas, deixar de fumar em diferentes situações, retardar o consumo de alguns cigarros em situações importantes para o fumante etc.).

b. Planejar o processo de abandono do comportamento de fumar, se for o caso, para que aconteça no final da semana seguinte. Isso ocorrerá se fumar poucos cigarros, se houver deixado de fumar nas situações previstas, se a mudança de marca foi feita adequadamente, se teve poucos sintomas de abstinência ou se aplicou estratégias adequadas para isso e, no geral, se o programa de tratamento foi seguido de modo apropriado. No caso de não se cumprirem todos os critérios anteriores, a data de abandono será adiada por duas semanas depois dessa sessão, isto é, sexta sessão.

c. Fazer com que veja o que significará, no futuro, ser um não fumante ou um ex-fumante, a mudança de *status* que isso significa, a modificação de diferentes crenças associadas a deixar de fumar e que se torne consciente de que, assim como foi reduzindo seu consumo até então, também pode deixar de fumar e se manter abstinente.

d. Mostrar claramente a distinção entre queda e recaída e exemplificar esse importante processo para quando tiver finalizado o tratamento.

e. Treinar o paciente no reconhecimento das tentações ou impulsos de fumar, em sua detecção e no modo de enfrentá-los, utilizando para isso as mesmas estratégias que usou anteriormente para controlar os sintomas de abstinência de nicotina.

f. Insistir na necessidade de tudo o que está aprendendo no processo de abandono, pois será igualmente útil quando houver deixado de fumar, e mostrar-lhe que deve pôr em prática o que aprendeu se se encontrar em algum problema quando houver deixado o tratamento.

Tarefas para a quarta sessão (Unidade 4, 4ª semana)

1. Realização dos auto-registros e da representação gráfica do consumo de cigarros.
2. Fumar no máximo a metade do cigarro.
3. Não aceitar oferecimentos de cigarros.
4. Retardar no mínimo 45 minutos o cigarro de depois de se levantar ou de depois do café-da-manhã.
5. Retardar no mínimo 30 minutos os cigarros de depois do almoço, do café ou do jantar.
6. Indicar os antecedentes e conseqüentes mais importantes da última semana.
7. Indicar as situações nas quais já não vai mais fumar nenhum cigarro.
8. Reduzir nessa semana o número de cigarros dia a dia, de modo que no final da semana já não fume nenhum.
9. Quando sinta a tentação ou um impulso de fumar, que analise e veja como desaparecem em poucos segundos sem ter de acender um cigarro.
10. Refletir sobre a distinção entre queda e recaída e analisar as crenças sobre essa questão.

Estratégias para atingir os objetivos e treinamento na realização das tarefas

a. Como nas sessões anteriores, é preciso revisar exaustivamente os avanços conseguidos até esse momento e, especialmente, os da semana anterior. Repassaremos, portanto, o cumprimento e realização das diferentes tarefas para a semana anterior, tais como auto-registros, representação gráfica, mudança de marcas, regras para reduzir o consumo de cigarros, situações nas quais deixou de fumar etc. Do mesmo modo, deve-se analisar o nível de adesão ao tratamento e o grau de cumprimento das diferentes tarefas designadas na semana anterior.

b. Caso seja possível propor o abandono dos cigarros, isso será planejado levando em conta: 1. que deve escolher as situações restantes nas quais ainda fuma para ir eliminando os cigarros delas; 2. reduzir o número de cigarros sistematicamente para que dentro de uma semana já não fume nenhum.

c. Caso não seja possível propor o abandono definitivo para a semana seguinte, serão realizadas as mesmas tarefas que as comentadas em *b.*, mas planejando o abandono para mais tarde. Nesse caso, será introduzida a diminuição gradual de cigarros, reduzindo no mínimo 30% dos cigarros que pode fumar na semana presente comparado com os que fumou, em média, na semana anterior, posto que já não tem nenhuma outra marca para a qual mudar que tenha menor teor de nicotina e alcatrão.

d. É de grande relevância analisar nessa semana as reações de outras pessoas a seu compromisso público de deixar de fumar, qual foi sua própria reação diante das dos outros e que estratégias utilizou.

e. Nessa sessão é de grande relevância que o fumante se veja como um não fumante, fazendo uma projeção no tempo e vendo como será em uma ou duas semanas. Alguns fumantes não são capazes de ver a si mesmos como não fumantes e esse é o motivo pelo qual não deixam de fumar. Detectar esses fumantes no tratamento é imprescindível para que, quando tenham de deixar de fumar, possam fazê-lo e, uma vez abstinentes, sejam capazes de se manter assim.

f. Explicar claramente a distinção entre queda e recaída ajuda a, por um lado, trocar uma crença arraigada em muitos fumantes e, por outro, conseguir fazer com que, uma vez abstinentes, se tiverem algum "deslize" possam ficar nele, e não voltar ao nível de consumo de cigarros anterior ao tratamento. Uma explicação clara e didática, cheia de exemplos, facilita a compreensão dessa distinção.

g. Nessa sessão o paciente é treinado para reconhecer as tentações e impulsos de fumar que tenha tido na semana anterior. É preciso explicar, também, que, conforme o tempo passa, esses impulsos e tentações duram menos, e em poucos dias ou semanas desaparecem totalmente. Esse reconhecimento ajudará a não recair, saber que isso é normal e que pode controlar os impulsos aplicando as estratégias que já conhece para controlar os sintomas de abstinência de nicotina.

h. Os fumantes que procuram tratamento esperam que, uma vez tendo deixado de fumar, o problema acabe. É importante fazê-los ver que, uma vez abstinentes, o problema não terá desaparecido totalmente. Faltará ainda consolidar essa abstinência. O autocontrole e dominar as técnicas aprendidas durante o tratamento ajudará a se manter sem fumar se surgir algum problema mais tarde.

VI.1.5. Sessões 5 e 6 (Unidade 5, 5ª e 6ª semanas)

Objetivos

Os objetivos das quinta e sexta sessões irão variar dependendo da fase em que o fumante se encontrar. Se o fumante deixar de fumar quando chegar essa sessão, então podemos finalizar o tratamento na quinta sessão, que corresponde à unidade 5 e à 5ª semana. Caso o fumante ainda não tenha atingido todos os objetivos propostos e não esteja abstinente, entraremos, na sexta sessão, nos mesmos aspectos já vistos na quinta, planejando o abandono para a sexta sessão. Em tratamentos em grupo, e quando o programa for estruturado em seis sessões, dedicaremos uma sessão adicional de reforço aos que deixaram de fumar na quinta.

A sessão dedicada ao abandono, que, como vimos, vai ser a quinta ou a sexta, tem os seguintes objetivos:

a. Revisar as tarefas da semana anterior e comprovar se deixou de fumar, reforçando-o por isso.
b. Nível de satisfação que manifesta por ter deixado de fumar, dificuldades que surgiram e como se vê como não fumante.
c. Concordância entre o que esperava do processo de abandono e sua experiência de ter deixado de fumar.
d. Conseqüências positivas e negativas que aprecia por ter deixado de fumar.
e. Incidir na distinção entre queda e recaída.
f. Repassar diferentes crenças errôneas que os fumantes e não fumantes têm sobre o processo de abandono do fumo.
g. Analisar as tentações e impulsos de fumar no estado atual de não fumante.
h. Percepção atual do grau de dificuldade que supôs para o processo de abandono olhando para o passado.
i. Como vê a si mesmo, no futuro, como não fumante.
j. Insistir em que aplique, no futuro, todas as estratégias aprendidas até agora.
k. Reforçá-lo por ter conseguido deixar de fumar

Tarefas para a quinta sessão (Unidade 5, 5ª semana); os que não deixaram de fumar

1. As indicadas nas tarefas da Unidade 4.

Tarefas para a quinta sessão (Unidade 5, 5ª semana); os que deixaram de fumar

1. Significado pessoal de ter conseguido a abstinência total do tabaco.
2. Benefícios que observa ao deixar de fumar.
3. Análise das sensações que pode notar nessa semana sem tabaco.
4. Análise das crenças errôneas sobre o tabaco.
5. A vida futura como não fumante.

Tarefas para a sexta sessão (Unidade 5, 6ª semana); os que deixaram de fumar (opcional)

1. Reforço da abstinência.
2. Atuar nas estratégias utilizadas até esse momento com aqueles que não deixaram de fumar.

Estratégias para atingir os objetivos e treinamento na realização das tarefas

a. Na última sessão revisam-se as tarefas realizadas ao longo da semana, como viemos fazendo até aqui, mas dando uma especial relevância ao processo de abandono do comportamento de fumar e ao reforço de sua consecução. Aqui o paciente costuma indicar a grande diferença que encontra entre o que esperava nesse abandono (sentir-se mal, achar muito difícil estar um dia sem fumar etc.) e o quão relativamente fácil foi passar de fumar poucos cigarros a não fumar nada.

b. Dedica-se um item especial às conseqüências positivas que nota por ter deixado de fumar. Nesse momento costumam apreciar essas conseqüências, embora também haja algumas negativas, que do mesmo modo serão expostas. Deve ficar claro que as conseqüências positivas, nesse momento e no futuro, serão mais importantes que as negativas.

c. Como já foi feito na sessão anterior, voltaremos a insistir na distinção entre queda e recaída, do modo já exposto anteriormente, junto com o repasse de diferentes crenças errôneas que os fumantes e não fumantes têm sobre o processo de abandono do fumo, mas que agora são de grande relevância, como se ao deixar de fumar piorasse a saúde, se tornasse uma pessoa mais nervosa ou ansiosa, engordasse, se tornasse uma pessoa irascível ou agressiva, perdesse a concentração etc. Proporciona-se informação objetiva sobre essas crenças, a maioria das quais costumam ser precisamente isso: "crenças".

d. Volta a analisar as tentações e impulsos de fumar, desta vez como não fumante, que costumam durar minutos ou segundos, quando há algumas semanas duravam muitos minutos ou, inclusive, horas, e que estratégias está aplicando ou pode aplicar, como já expusemos na semana anterior.

e. É importante que expresse como se vê hoje, sem fumar, e como acreditava que estaria quando deixasse de fumar, segundo sua concepção passada. Isso tem como objetivo fazer com que veja que pode deixar de fumar, que conseguiu e que pode manter-se assim no futuro. Aqui insistimos no fato de que devem aplicar todas as estratégias aprendidas se, no futuro, tiverem problemas.

f. Ao longo de toda essa sessão reforça-se o paciente sistematicamente, verbalmente, por ter conseguido deixar de fumar, transmitindo a idéia de que foi o fumante que deixou de fumar, que possui estratégias suficientes para se manter sem fumar e que, se chegar a ter algum problema, o que tem de fazer é tornar a aplicá-las, pois, se deixou de fumar uma vez, pode voltar a deixar de fumar outra vez.

VII. CONCLUSÕES

Hoje em dia, por sorte, dispomos de programas adequados de tratamento para ajudar os fumantes a deixar seus cigarros. Os resultados da literatura, incluindo as diferentes metanálises realizadas, indicam que, dentro dos tratamentos especializados, as técnicas comportamentais são o tratamento de escolha, com ou sem a ajuda de tratamentos farmacológicos.

As terapias farmacológicas não somente apresentam problemas de eficácia quando são administradas sozinhas mas também apresentam outros problemas adicionais, tais como seu elevado custo, efeitos secundários, contra-indicações, dependência dos fármacos etc. Por isso sempre se desaconselha seu uso se não se acrescentar um programa de tratamento psicológico.

Há outra questão relevante: a eficácia em longo prazo, com mais de um ano de acompanhamento. Diversos especialistas no campo de tabagismo (por exemplo, Velicer *et al.,* 1992) recomendaram que a informação sobre a eficácia seja baseada na abstinência com um ano no mínimo. Porém, atualmente, inúmeros estudos continuam incorporando acompanhamentos não superiores a seis meses, predominantemente nos trabalhos sobre intervenções farmacológicas (veja Fiore *et al.,* 1994; Silagy *et al.,* 1994). São poucos os programas para deixar de fumar com terapias substitutivas da nicotina que avaliem a abstinência com um ano ou mais. Esse tema é capital, pois não nos devemos esquecer que o problema dos vícios não reside em deixar ou não de realizar esse comportamento, mas em se manter sem realizá-lo; isto é, continuar abstinente depois de deixar de fumar. E a recaída nos fumantes não ocorre somente nos seis primeiros meses, mas também se dá, embora com menos intensidade, até cinco anos depois de ter finalizado um tratamento (Prochaska *et al.,* 1994; USDHHS, 1988). Pensar o contrário é ir contra a evidência empírica existente acerca do modelo transteórico de Prochaska e colaboradores (Prochaska, DiClemente e Norcross, 1992), no qual o processo de mudança é uma questão cíclica, e não dicotômica, sendo a recaída um elemento freqüente e esperado no ciclo da mudança.

A exceção a essa tendência de não abordar a avaliação com acompanhamentos maiores de um ano são os programas comportamentais, onde podemos encontrar mais de uma dúzia de pesquisas que avaliaram a abstinência entre 24 e 72 meses depois de finalizado o tratamento (veja Glasgow e Lichtenstein, 1987; Vázquez e Becoña, 1996). Por exemplo, no estudo MRFIT *(Multiple Risk Factor Intervention Trial),* estudo que metodologicamente é um modelo a imitar em nosso campo de pesquisa, 48,9% da condição experimental estava abstinente, contra 28,8% do grupo controle aos seis anos de acompanhamento (veja Ockene e Shaten, 1991). Nesse programa, a intervenção era basicamente comportamental, junto com outro tipo de intervenções médicas para reduzir os fatores de risco cardiovascular.

Portanto, os programas comportamentais para deixar de fumar demonstraram que são eficazes tanto um ano após a finalização do tratamento como em acompanhamentos de maior duração, sendo os programas de escolha para deixar de fumar. Ao contrário, os dados que encontramos até a atualidade sobre as terapias farmacológicas apontam uma tendência bem diferente. Estas podem ser úteis quando utilizadas adequadamente, isto é, dentro de um programa formal de tratamento junto a técnicas comportamentais e em fumantes inveterados. Se utilizadas sozinhas, os resultados são bem mais decepcionantes (por exemplo, British Thoracic Society, 1983).

De modo curioso, não se conhece sua eficácia ou esta foi negativa com relação a outros procedimentos com grande renome social, como a homeopatia, a acupuntura, ervas etc.

Infelizmente, são poucos os indivíduos que querem deixar de fumar com programas formais e que procuram, para isso, um programa multicomponente (Hatsukami e Lando,

1993), preferindo deixar de fumar por si mesmos, procurando seu médico ou seguindo, em muitas ocasiões, procedimentos pouco ou nada eficazes (Fiore *et al.,* 1990). Este é também um dos motivos pelos quais, nos últimos anos, houve a adaptação de programas clínicos multicomponentes a formatos breves ou de auto-ajuda (*cf.* The Commit Research Group, 1995).

Não podemos finalizar este capítulo sem comentar que os programas comportamentais têm uma boa razão custo-benefício, mas que ainda é melhor o custo-benefício do simples aconselhamento médico e dos procedimentos de auto-ajuda aplicados massivamente a um grande número de fumantes, como o que atualmente estamos aplicando na Galícia, para toda a população de fumantes, através do correio. Com umas e outras intervenções, junto com medidas legislativas, informativas, preventivas e restritivas (*cf.* Becoña, 1995*a),* será possível reduzir a prevalência dos fumantes na população e, com isso, facilitar que a morbidade e mortalidade produzidas pelo consumo de tabaco seja reduzida nos próximos anos.

REFERÊNCIAS BIBLIOGRÁFICAS

Baer, D. J., Holt, C. S. y Lichtenstein, E. (1986). Self-efficacy and smoking reexamined: Construct validity and clinical utility. *Journal of Consulting and Clinical Psychology, 54,* 846-852.

Baer, D. J. y Lichtenstein, E. (1988). Cognitive assessment in smoking cessation. En D. M. Donovan y G. A. Marlatt (dirs.), *Assessment of addictive behaviors.* Nueva York: Guilford.

Baillie, A., Mattick, R., Hall, W. y Webster, P. (1994). Meta-analytic review of the efficacy of smoking cessation interventions. *Drug and Alcohol Review, 13,* 157-170.

Bandura, A. (1977). Self-efficacy. Toward a unifying theory of behavioral change. *Psychological Review, 84,* 191-195.

Becoña, E. (1985). La técnica de fumar rápido: una revisión. *Revista Española de Terapia del Comportamiento, 3,* 209-243.

Becoña, E. (1987*a*). La intervención psicológica para la eliminación del hábito de fumar. En J. M. Buceta (dir.), *Psicología clínica y salud: aplicación de estrategias de intervención.* Madrid: UNED.

Becoña, E. (1987*b*). El tratamiento de fumadores con chicle de nicotina: una revisión. *Revista de Análisis del Comportamiento, 3,* 175-187.

Becoña, E. (1993). *Programa para deixar de fumar.* Santiago de Compostela: Servicio de Publicacións da Universidade de Santiago de Compostela.

Becoña, E. (1994*a*). Evaluación de la conducta de fumar. En J. L. Graña (dir.), *Conductas adictivas. Teoría, evaluación y tratamiento.* Madrid: Debate.

Becoña, E. (1994*b*). Teorías y modelos explicativos de la conducta de fumar. En J. L. Graña (dir.), *Conductas adictivas. Teoría, evaluación y tratamiento.* Madrid: Debate.

Becoña, E. (1994*c*). Tratamiento del tabaquismo. En J. L. Graña (dir.), *Conductas adictivas. Teoría, evaluación y tratamiento.* Madrid: Debate.

Becoña, E. (1994*d*). *The Fageström test for nicotine dependence in Spanish smokers.* Comunicación presentada en el 9th World Conference on Smoking of Health, París, Francia.

Becoña, E. (1995*a*). El consumo de tabaco en Galicia: Prevalencia y medidas a tomar para la reducción del número de fumadores. En E. Becoña, A. Rodríguez e I. Salazar (dirs.), *Drogodependencias. II. Drogas legales.* Santiago de Compostela: Servicio de Publicaciones e Intercambio Científico de la Universidad de Santiago de Compostela.

Becoña, E. (1995*b*). *Programa para dejar de fumar.* Santiago de Compostela: Dirección Xeral de Saúde Pública da Consellería de Sanidade.

Becoña, E. y Froján, M. J. (1988). La técnica de retener el humo en el tratamiento de fumadores. *Revista Española de Drogodependencias, 13,* 131-136.

Becoña, E., Froján, M. J. y Lista, M. J. (1988). Comparison between two self-efficacy scales in the maintenance of smoking cessation. *Psychological Reports, 62,* 359-362.

Becoña, E. y Galego, P. (1988). Cómo mejorar la eficacia del chicle con nicotina. *Medicina Clínica, 91,* 277-278.

Becoña, E., Galego, P. y Lorenzo, M. C. (1988). *El tabaco y su abandono.* Santiago de Compostela: Dirección Xeral de Saúde Pública da Consellería de Sanidade.

Becoña, E. y García, M. P. (1993). Nicotine fading and smokeholding methods to smoking cessation. *Psychological Reports, 73,* 779-786.

Becoña, E., García, M. y Gómez, B. (1993). Evaluación de la autoeficacia en fumadores: el cuestionario de resistencia a la urgencia a fumar. *Revista Intercontinental de Psicología y Educación, 6,* 119-131.

Becoña, E. y Gómez, B. (1991). Descenso del consumo de cigarrillos en la línea base y eficacia de un programa para dejar de fumar. *Revista Española de Drogodependencias, 16,* 277-283.

Becoña, E. y Gómez-Durán, B. J. (1993). Programas de tratamiento en grupo de fumadores. En D. Macià, F. X. Méndez y J. Olivares (dirs.), *Intervención psicológica: programas aplicados de tratamiento.* Madrid: Pirámide.

Becoña, E., Gómez-Durán, B. J., Álvarez-Soto, E. y García, M. P. (1992). Scores of Spanish smokers on Fageström's Tolerance Questionnaire. *Psychological Reports, 71,* 1227-1233.

Becoña, E., Louro, A., Montes, A. y Varela, M. (1995). *Axudando os meus pacientes a deixar de fumar.* Santiago de Compostela: Consellería de Sanidade e Servicios Sociales.

Becoña, E., Palomares, A. y García, M. P. (1994). *Prevención y tratamiento del tabaquismo.* Madrid: Pirámide.

Becoña, E. y Vázquez, F. L. (1996). Los estadios de cambio de los fumadores: Un estudio empírico. *Psicología Contemporánea, 3,* 42-47.

Becoña, E. y Vázquez, F. L. (1998). *Tratamiento del tabaquismo.* Madrid: Dykinson.

Becoña, E., Vázquez, F. L. y Míguez, M. C. (1996). The Smoking Cessation Programme of the University of Santiago de Compostela (1984-1996). En *SmokeFree Europe Conference on Tobacco or Health.* Helsinki, Finlandia: Finnish Centre for Health Education.

Benfari, R. C. y Sherwin, R. (dirs.) (1981). Forum: The Multiple Risk Factor Intervention Trial (MRFIT). The methods and impact of intervention over four years. *Preventive Medicine, 10,* 387-546.

Benowitz, N. L. (1983). The use of biologic fluid samples in assessing tobacco smoke consumption. En J. Grabowski y C. S. Bell (dirs.), *Measurement in the analysis and treatment of smoking behavior.* Rockville, MD: National Institute on Drug Abuse.

British Thoracic Society (1983). Comparison of four methods of smoking withdraw in patients with smoking related diseases. *British Medical Journal, 286,* 595-597.

Cepeda-Benito, A. (1993). Meta-analytical review of the efficacy of nicotine chewing gum in smoking treatment programs. *Journal of Consulting and Clinical Psychology, 61,* 822-830.

Condiottte, M. M. y Lichtenstein, E. (1981). Self-efficacy and relapse in smoking cessation programs. *Journal of Consulting and Clinical Psychology, 49,* 648-658.

Covey, L. S. y Glassman, A. H. (1991). A meta-analysis of double-blind placebo-controlled trials of clonidine for smoking cessation. *British Journal of Addictions, 86,* 991-998.

Curry, S. J. (1993). Self-help interventions for smoking cessation. *Journal of Consulting and Clinical Psychology, 61,* 790-803.

Cuttler, J. A., Neaton, J. D., Hulley, S. B., Kuller, L., Oglesby, P. y Stamler, J. (1985). Coronary heart disease and all-causes mortality in the Multiple Risk Factor Intervention Trial: Subgroup findings and comparisons with other trials. *Preventive Medicine, 14,* 293-311.

Departamento de Salud y Servicios Sociales de los Estados Unidos de América (1992). *Tabaquismo y salud en las Américas. Informe de la Cirujana General, 1992, en colaboración con la Organización Panamericana de la Salud.* Atlanta: Departamento de Salud y Servicios Sociales de los Estados Unidos de América, Servicio de Salud Pública.

Doll, R. y Peto, R. (1989). *Las causas del cáncer.* Barcelona: Salvat.

Elovaino, L. y Vertion, H. (1996). Finland- A Sucess story. En: *SmokeFree Europe Conference on Tobacco or Health. Abstracts.* Helsinki, Finlandia: Finnish Centre for Health Education.

Fagerström, K. O. (1978). Measuring degree of physical dependence on tobacco smoking with reference to individualization of treatment. *Addictive Behaviors, 3,* 235-241.

Fagerström, K. O., Kunze, M., Schoberberger, R., Breslau, N., Hughes, J. R., Hurt, R. D., Puska, P., Ramström, L. y Zatonski, W. (1996). Nicotine dependence versus smoking prevalence: comparisons among countries and categories of smokers, *Tobacco Control, 5,* 52-56.

Fagerström, K. O. y Melin, B. (1985). Nicotine chewing gum in smoking cessation: Efficiency, nicotine dependence, therapy duration and clinical recommendations. En J. Grabowski y S. M. Hall (dirs.), *Pharmacological adjuncts in smoking cessation.* Rockville, MD: National Institute on Drug Abuse.

Fagerström, K. O., Säwe, U. y Tonnesen, P. (1993). Therapeutic use of nicotine patches: Efficacy and safety. *Journal of Drug Deviation, 5,* 191-205.

Fagerström, K. O. y Schneider, N. G. (1989). Measuring nicotine dependence in tobacco smoking: A review of the Fageström Tolerance Questionnaire. *Journal of Behavioral Medicine, 12,* 159-182.

Fernö, O., Lichtneckert, S. y Lundgren, N. C. (1973). A substitute to tobacco smoking. *Psychopharmacologia, 31,* 201-204.

Fiore, M. C., Bailey, W. C., Cohen, S. J., Dorfman, S. F., Goldstein, M. G., Gritz, E. R., Heyman, R. B., Holbrook, J., Jaen, C. R., Kottke, T. E., Lando, H. A., Mecklenburg, R., Mullen, P.D., Nett, L. M., Robinson, L., Stitzer, M. L., Tommasello, A. C., Villejo, L. y Wewers, M. E. (1996). *Smoking cessation. Clinical practice guideline.* Rockville, MD: U.S. Department of Health and Human Services.

Fiore, M. C., Jorenby, D. E., Baker, T. B. y Kenford, S. L. (1992). Tobacco dependence and the nicotine patch: Clinical guidelines for effective use. *JAMA, 268,* 2687-2694.

Fiore, M. C., Novotny, T., Pierce, J. P., Giovino, G. A., Hatziandreu, E. J., Newcomb, P. A., Surawicz, T. S. y Davis, R. M. (1990). Methods used to quit smoking in the United States: Do cessation programs help? *JAMA, 263,* 2760-2868.

Fiore, M. C., Pierce, J., Remington, P. y Fiore, B. (1990). Cigarette smoking: The clinician's role in cessation, prevention and public health. *Disease a Month, 35,* 180-241.

Fiore, M. C., Smith, S., Jorenby, D. y Baker, T. (1994). The effectiveness of the nicotine patch for smoking cessation. A meta-analysis. *JAMA, 271,* 1940-1947.

Fisher, R. B., Lichtenstein, E., Haire-Joshu, D., Morgan, G. D. y Rehberg, H. R. (1993). Methods, successes, and failures of smoking cessation programs. *Annual Review of Medicine, 44*, 481-513.

Fisher, K. J., Glasgow, R. E. y Terborg, J. R. (1990). Work site smoking cessation: A meta-analysis of long-term quit rates from controlled studies. *Journal of Ocupational Medicine, 32*, 429-439.

Flay, B. F. (1987). Mass media and smoking cessation: A critical review. *American Journal of Public Health, 77*, 153-160.

Flay, B. F., Gruden, C. L., Warnecke, R. B., Jason, L. A. y Peterson, P. (1989). One year follow-up of the Chicago televised smoking cessation program. *American Journal of Public Health, 79*, 1377-1380.

García, M. P. y Becoña, E. (1994). *Cost-effectiveness of a smoking cessation program with different amount of therapist contact*. Comunicación presentada al 23rd International Congress of Applied Psychology, Madrid.

Garrido, P., Castillo, I. y Colomer, C. (1995). ¿Son efectivos los tratamientos para dejar de fumar? Metaanálisis de la literatura sobre deshabituación tabáquica. *Adicciones, 7*, 211-225.

Gil, J. y Calero, M. D. (1994). *Tratamiento del tabaquismo*. Madrid: Interamericana-Mc-Graw-Hill.

Glasgow, R. E. y Lichtenstein, E. (1987). Long-term effects of behavioral smoking cessation interventions. *Behavior Therapy, 18*, 297-324.

Gruman, J. y Lynn, W. (1993). Worksite and community intervention for tobacco control. En C. T. Orleans y J. Slade (dirs.), *Nicotine addiction. Principles and management*. Nueva York: Oxford University Press.

Hatsukami, D. K. y Lando, H. T. (1993). Behavioral treatment for smoking cessation. *Health Values, 17*, 32-40.

Heatherton, T. F., Kozlowski, L. T., Frecker, R. C. y Fagerström, K. O. (1991). The Fagerström Test for Nicotine Dependence: A revision of the Fagerström Tolerance Questionnaire. *British Journal of Addictions, 86*, 1119-1127.

Henningfield, J. E. (1995). Introduction to tobacco harm reduction as a complementary strategy to smoking cessation. *Tobacco Control, 4*, S25-S28.

Heseltine, E., Riboli, E., Shuker, L. y Wilbourn, J. (1988). *Tabaco o Salud*. Madrid: Comunidad Económica Europea.

Houston, T. P., Eriksen, M. P., Fiore, M., Jaffe, R. D., Manley, M. y Slade, J. (1994). *Guidelines for diagnosis and treatment of nicotine dependence: How to help patients stop smoking*. Chicago, IL.: American Medical Association.

Hughes, J. R. (1988). Dependence potential and abuse liability of nicotine replacement. En O. F. Pomerleau y C. S. Pomerleau (dirs.), *Nicotine replacement. A critical evaluation*. Nueva York: Alan R. Liss.

Hughes, J. R. (1991). Combining psychological and pharmacological treatment of smoking. *Journal of Substance Abuse, 3*, 337-350.

Hughes, J. R. (1993). Pharmacotherapy for smoking cessation: Unvalidated assumptions, anomalies, and suggestions for future research. *Journal of Consulting and Clinical Psychology, 61*, 751-760.

Hughes, G. J., Hymowitz, N., Ockene, J. K., Simon, N. y Vogt, T. (1981). The Multiple Risk Factor Intervention Trial (MRFIT). V. Intervention on smoking. *Preventive Medicine, 10*, 476-500.

Jarvik, M. E. y Henningfield, J. E. (1993). Pharmacological adjuncts for the treatment of tobacco dependence. En C. T. Orleans y J. Slade (dirs.), *Nicotine addiction. Principles and management*. Nueva York: Oxford University Press.

Jarvik, M. E. y Schneider, N. G. (1984). Degree of addiction and efecctiveness of nicotine gum therapy for smoking. *American Journal of Psychiatry, 141*, 790-791.

Klesges, R. C. y Cigrang, J. A. (1988). Worksite smoking cessation programs: Clinical and methodological issues. En M. Hersen, R. M. Eisler y P. M. Miller (dirs.), *Progress in behavior modification*, vol. 23. Nueva York: Academic Press.

Korhonen, H. J., Niemensivu, H., Piha, T., Koskela, K., Wiio, J., Johnson, C. A. y Puska, P. (1992). National TV smoking cessation program and contest in Finland. *Preventive Medicine, 21,* 74-87.

Kottle, T., Battista, R., DeFriese, G. y Brekke, M. (1988). Attributes of successful smoking cessation interventions in medical practice: A meta-analysis of 39 controlled trials. *JAMA, 259,* 2883-2889.

Lam, W., Sze, P., Sacks, H. y Chalmers, T. (1987). Meta-analysis of randomised controlled trials of nicotine chewing-gum. *Lancet, 2,* 27-30.

Lando, H. A. (1993). Formal quit smoking treatments. En C. T. Orleans y J. Slade (dirs.), *Nicotine addiction. Principles and management.* Nueva York: Oxford University Press.

Lando, H. A. y McGovern, P. G. (1985). Nicotine fading as a non-aversive alternative in a broad-spectrum treatment for eliminating smoking. *Addictive Behaviors, 10,* 153-161.

Lichtenstein, E. (1992). The smoking problem. A behavioral perspective. *Journal of Consulting and Clinical Psychology, 50,* 804-809.

Lichtenstein, E. y Glasgow, R. E. (1992). Smoking cessation. What have we learned over the past decade? *Journal of Consulting and Clinical Psychology, 60,* 518-527.

Marlatt, G. A. y Gordon, J. R. (1985). *Relapse prevention. Maintenance strategies in the treatment of addictive behaviors.* Nueva York: Guilford Press.

McFall, R. M. (1978). Smoking cessation methods. *Journal of Consulting and Clinical Psychology, 46,* 703-712.

Nebot, M. (1996). El consejo médico en atención primaria. *Actas de las XXII Jornadas Nacionales de Socidrogalcohol.* A Coruña: Editorial Diputación Provincial.

Ockene, J. K., Hymowitz, N., Lagus, J. P. y Shaten, B. J. (1991). Comparison of smoking behavior change for special intervention and usual care study groups. *Preventive Medicine, 20,* 564-573.

Ockene, J., Shaten, B. J. y Neaton, J. D. (1991). Monograph: Cigarette smoking in the Multiple Risk Factor Intervention Trial (MRFIT). *Preventive Medicine, 20,* 549-551.

Orleans, C. T. (1995). Review of the current status of smoking cessation: progress and opportunities. *Tobacco Control, 4,* S3-S9.

Pechacek, T. F., Fox, B. H., Murray, D. M. y Luepker, R. V. (1984). Review of techniques for measurement of smoking behavior. En J. D. Matarazzo, S. C. Weiss, J. A. Herd, N. E. Miller y S. M. Weiss (dirs.), *Behavioral health: A handbook of health enhancement and disease prevention.* Nueva York: Wiley.

Peto, R., Lopez, A. D., Boreham, J., Thun, M. y Health, C. (1994). *Mortality from smoking in developed countries 1950-2000.* Oxford: Oxford University Press.

Pinney, J. M. (1995). Review of the current status of smoking cessation: assumptions and realities. *Tobacco Control, 4,* S10-S14.

Pomerleau, O., Adkins, D. y Pertschuk, M. (1978). Predictors of outcome and recidivism in smoking cessation treatments. *Addictive Behaviors, 3,* 65-70.

Pomerleau, O. F. y Pomerleau, C. S. (dirs.) (1988). *Nicotine replacement: A critical evaluation.* Nueva York: Alan R. Liss.

Prochaska, J. O. y DiClemente, C. C. (1983). Stages and processes of self-change of smoking: toward an integrative model of change. *Journal of Consulting and Clinical Psychology, 51,* 390-395.

Prochaska, J. O., DiClemente, C. C. y Norcross, J. C. (1992). In search of how people change. Applications to addictive behaviors. *American Psychologist, 47,* 1102-1114.

Prochaska, J. O., Norcross, J. C. y DiClemente, C.C. (1994). *Changing for good*. Nueva York: William Morrow.

Prochaska, J. O. y Prochaska, J. M. (1993). Modelo transteórico de cambio para conductas adictivas. En M. Casas y M. Gossop (dirs.), *Tratamientos psicológicos en drogodependencias: recaída y prevención de recaídas*. Sitges: Ediciones en Neurociencias.

Prochaska, J. O., Velicer, W. F., DiClemente, C. C. y Fava, J. (1988). Measuring processes of change: Applications to the cessation of smoking. *Journal of Consulting and Clinical Psychology, 56*, 520-528.

Puska, P., McAlister, A., Pekkala, J. y Koskela, K. (1981). Television in health promotion: Evaluation of a national programme in Finland. *International Journal of Health Education, 24*, 2-14.

Raw, M. (1988). *El papel del médico. Tres módulos sobre el tabaco para asociaciones médicas nacionales*. Madrid: Comunidad Económica Europea. Europa sin Tabaco 1.

Riet, G., Kleijnen, J. y Knipschild, P. (1990). A meta-analysis of studies into the effect of acupunture on addiction. *British Journal of General Practice, 40*, 379-382.

Salvador, T., Marín, D., González, A., Iniesta, C., Castellvi, E., Muriana, C. y Agustí, A. (1988). Tratamiento del tabaquismo: eficacia de la utilización del chicle de nicotina. Estudio a doble ciego. *Medicina Clínica, 90*, 646-650.

Schwartz, J. L. (1987). *Review and evaluation of smoking cessation methods: The United States and Canada, 1978-1985*. Washington: U.S. Department of Health and Human Services.

Schwartz, J. L. (1992). Methods of smoking cessation. *Medical Clinics of North America, 76*, 451-476.

Shiffman, S. (1993). Smoking cessation treatment: Any progress? *Journal of Consulting and Clinical Psychology, 61*, 718-722.

Silagy, C., Mant, D., Fowler, G. y Lodge, M. (1994). Meta-analysis on efficacy of nicotine replacement therapies in smoking cessation. *The Lancet, 343*, 139-142.

The Commit Research Group (1995). Community intervention trial for smoking cessation (COMMIT): I. Cohort results from a four-year community intervention. *American Journal of Public Health, 85*, 183-192.

USDHHS (1988). *The health consequences of smoking: Nicotine addiction. A report of the Surgeon General*. Rockville, MD: U.S. Department of Health and Human Services, Office on Smoking and Health.

USDHHS (1989). *The health consequences of smoking. 25 years of progress. A report of the Surgeon General*. Rockville, MD: U.S. Department of Health and Human Services, Public Health Service.

USDHHS (1991). *Strategies to control tobacco use in the United States: A blueprint for public health action in the 1990's*. Rockville, MD: U.S. Department of Health and Human Services, Public Health Service.

Vázquez, F. L. y Becoña, E. (1996). Los programas conductuales para dejar de fumar. Eficacia a los 2-6 años de seguimiento. *Adicciones, 8*, 369-392.

Velicer, W. F., Fava, J. L., Prochaska, J. O. *et al.* (1995). Distribution of smokers by stage in three representative samples. *Preventive Medicine, 24*, 401-411.

Velicer, W. F., Prochaska, J. O., Rossi, J. S. y Snow, M.G. (1992). Assessing outcome in smoking cessation studies. *Psychological Bulletin, 111*, 23-41.

Viswesvaran, C. y Schmidt, F. L. (1992). A meta-analytic comparison of the effectiveness of smoking cessation methods. *Journal of Applied Psychology, 77*, 554-561.

Warnecke, R. B., Flay, B. R., Kviz, F. J., Gruder, C. L., Langenberg, P., Crittenden, K. S., Mermelstein, R. J., Aitken, M., Wong, S. C. y Cook, T. D. (1991). Characteristics of participants in a televised smoking cessation intervention. *Preventive Medicine, 20*, 389-403.

Warnecke, R. B., Langenberg, P., Wong, S. C., Flay, B. R. y Cook, T. D. (1992). The second Chicago televised smoking cessation program: A 24-month follow-up. *American Journal of Public Health, 82,* 835-840.

WHO (1996). *World no-tobacco day. Sport and the arts without tobacco: Play it tobacco free!* Ginebra: Organización Mundial de la Salud.

LEITURAS PARA APROFUNDAMENTO

Becoña, E. (1994b). Teorías y modelos explicativos de la conducta de fumar. En J. L. Graña (dir.), *Conductas adictivas. Teoría, evaluación y tratamiento.* Madrid: Debate.

Becoña, E. (1995b). *Programa para dejar de fumar.* Santiago de Compostela: Dirección Xeral de Saúde Pública da Consellería de Sanidade.

Becoña, E. y Gómez-Durán, B. J. (1993). Programas de tratamiento en grupo de fumadores. En D. Macià, F. X. Méndez y J. Olivares (dirs.), *Intervención psicológica: programas aplicados de tratamiento.* Madrid: Pirámide.

Becoña, E., Palomares, A. y García, M. P. (1994). *Prevención y tratamiento del tabaquismo.* Madrid: Pirámide.

Becoña, E. y Vázquez, F. L. (1998). *Tratamiento del tabaquismo.* Madrid: Dykinson.

Gil, J. y Calero, M. D. (1994). *Tratamiento del tabaquismo.* Madrid: Interamericana-Mc-Graw-Hill.

Houston, T. P., Eriksen, M. P., Fiore, M., Jaffe, R. D., Manley, M. y Slade, J. (1994). *Guidelines for diagnosis and treatment of nicotine dependence: How to help patients stop smoking.* Chicago, IL.: American Medical Association.

Capítulo 5

TRATAMENTO COGNITIVO-COMPORTAMENTAL DO VÍCIO EM HEROÍNA E COCAÍNA

JOSÉ LUIS GRAÑA GÓMEZ e MARINA J. MUÑOZ-RIVAS[1]

I. INTRODUÇÃO

A conceituação dos vícios, seu estudo e caracterização foi uma das linhas de trabalho e pesquisa mais importantes da década de 1980. Os autores de maior destaque (Hodgson e Miller, 1984; Miller e Heather, 1986; Orford, 1985; Peele, 1988) propõem que essa seja uma área de estudo e conhecimento mais ampla, na qual os termos que a sustentam, como abuso e/ou dependência, sejam utilizados como sinônimos ao considerar que, apesar das diferenças específicas existentes entre diferentes vícios, todos eles compartilham uma série de aspectos comuns. Todos os indivíduos que têm problemas de controle de comportamentos como comer, beber, usar drogas, jogar de forma compulsiva e fumar descrevem de forma similar a fenomenologia de cada um deles e, geralmente, quando se manifestam de forma excessiva, costumam dar lugar a problemas significativos de comportamento (Cummings, Gordon e Marlatt, 1980; Orford, 1985; Stall e Biernacki, 1986). Por isso, aderimos à definição de vício proposta por Pomerleau e Pomerleau (1987), que o conceitua como o consumo repetido e abusivo de uma substância (por exemplo, heroína, cocaína, álcool e/ou outras drogas psicoativas) e/ou o envolvimento compulsivo na realização de um determinado comportamento (por exemplo, jogo patológico) que, de forma direta ou indireta, modifica o meio interno do indivíduo de tal forma que obtém reforço imediato pelo consumo da substância, ou pela realização de tal comportamento.

Apesar de na literatura científica se incluírem cada vez mais vícios, os que prevalecem em nossa sociedade são a dependência do álcool, da heroína, da cocaína, do tabaco e de outras drogas psicoativas. Como assinalaram Donegan et al., (1983), esse tipo de comportamento, passíveis de emissão exagerada ou abusiva, parecem ser comparáveis quanto às propriedades que os caracterizam, tais como:

a. A capacidade da substância e/ou atividade para atuar como reforçador positivo.
b. A presença de tolerância condicionada, que se caracteriza pela redução da eficácia da substância e/ou atividade devido à presença de sinais ambientais que impedem seus efeitos.

---

[1]Universidade Complutense de Madri (Espanha).

c. O desenvolvimento de uma dependência física e/ou psicológica com o uso continuado; por exemplo, no caso do vício em álcool e heroína, há sintomas de abstinência em nível físico e psicológico, enquanto que em outros vícios, como no caso da cocaína e do tabaco, há uma dependência, fundamentalmente, psicológica.

d. O contraste afetivo, isto é, a substância tende a produzir um estado afetivo inicial de euforia (sensação de "barato") que diminui com a manutenção do vício, no qual prevalece um estado afetivo oposto (disforia, mal-estar).

e. A capacidade que a substância tem de atuar como um potente estímulo incondicionado pavloviano, que dá lugar ao desenvolvimento de respostas condicionadas aos sinais ambientais, nas quais tem lugar o desenvolvimento do vício.

f. A presença de estados emocionais caracterizados por um intenso nível de ativação geral, assim como os efeitos gerados pelo estresse e a ansiedade, que intervêm de forma negativa no consumo abusivo de substâncias.

Portanto, a mudança de um hábito de dependência das drogas por outro que represente um estilo de vida novo implica que tanto o dependente quanto sua família participem de forma ativa em um programa de tratamento cujo objetivo seja a abstinência total de heroína, cocaína ou outras drogas e a modificação do estilo de vida do viciado, aprendendo a enfrentar problemas e dificuldades que lhe permitam dar uma saída pessoal a sua experiência com a droga.

Segundo Mother e Weitz (1986), o projeto de deixar a droga consta de várias etapas:

1) admitir que tem problemas com as drogas e tomar a decisão de abandoná-las.

2) deixar de consumir drogas totalmente, isto é, superar a abstinência física da heroína e outras drogas.

3) produzir mudanças no estilo de vida que permitam a adaptação ao âmbito familiar, social, trabalhista e comunitário; essa é uma etapa crucial e costuma ser a mais longa, pois não somente tem de mudar a forma que o sujeito se comporta socialmente, mas também devem ser adquiridas novas habilidades e recursos para consolidar o estilo de vida sem drogas.

4) enfrentar problemas da vida diária, crises e recaídas; essa fase é uma continuação da anterior. Mas, neste caso, o viciado tem de consolidar as conquistas terapêuticas para manter seu projeto pessoal de mudança.

Neste capítulo são expostos os principais procedimentos e técnicas de intervenção aplicados à problemática da dependência de drogas dirigidos a mudar os hábitos compulsivos de consumo de drogas por outros que representem formas mais adaptativas de funcionamento no âmbito pessoal, familiar, interpessoal, comunitário e trabalhista. Ao mesmo tempo, consideramos a etapa e os processos de mudança nos quais cada indivíduo se encontra no momento de iniciar o tratamento, com o objetivo de adequar e personalizar os pacotes terapêuticos, garantindo, assim, melhores resultados tanto em curto como em longo prazo.

II. ESTÁGIOS E PROCESSOS DE MUDANÇA NOS VÍCIOS

II.1. *Introdução*

Tradicionalmente, considerava-se o tratamento de um vício como a passagem de um estado de consumo continuado de uma substância psicoativa (por exemplo, heroína e cocaína) a outro de mudança permanente de abstinência. Porém, atualmente, sabe-se que um vício não se caracteriza por um estado de tudo ou nada, mas que segue um processo de mudança com uma série de etapas ou estágios ao longo do tempo. Portanto, um modelo compreensivo de mudança tem de cobrir todo o processo terapêutico que um dependente químico segue até atingir a abstinência, desde o momento em que o indivíduo começa a reconhecer que tem um problema, passando pelas diferentes fases do tratamento, até atingir uma abstinência mantida no decorrer do tempo.

II.2. *Estágios de mudança*

Diferentes autores propuseram modelos similares da mudança do comportamento aditivo (Rosen e Shipley, 1983; Brownell *et al.,* 1986; Schneider e Khantzian, 1992), caracterizados ao menos por três estágios: *a.* contemplação da mudança e motivação; *b.* compromisso e ação; e, *c.* manutenção. Porém, o modelo transteórico de Prochaska e DiClemente (Prochaska e DiClemente, 1992; Prochaska, DiClemente e Norcross, 1992; Prochaska, Norcross e DiClemente, 1994) é o que recebeu o maior apoio empírico devido tanto a sua capacidade descritiva e explicativa como indicativa do processo de mudança dos vícios, caracterizando-se pelos seguintes estágios: a. *pré-contemplação;* b. *contemplação;* c. *preparação;* d. *ação;* e. *manutenção;* e f. *recaída.* Segundo Prochaska e DiClemente, os indivíduos viciados passam por esses estágios, independentemente de sua mudança ser autodirigida ou dirigida por um profissional; isto é, com ou sem terapia, todos eles parecem passar por etapas comuns de mudança terapêutica e utilizar processos de mudança similares. Do mesmo modo, a motivação, que é outro dos problemas mais difíceis de abordar nos vícios, conceitua-se como o estágio atual no qual se encontra um indivíduo ou como uma etapa de disponibilidade para atingir a mudança terapêutica.

De forma mais detalhada, na figura 5.1 está especificado o modelo proposto pelos autores anteriores, no qual se pode apreciar algo similar a uma "rodada pelos estágios de mudança" que reflete o fato de que os dependentes químicos costumam percorrer esses estágios circulares várias vezes antes de atingir uma mudança terapêutica estável. Assim, por exemplo, esses autores encontraram que os fumantes geralmente davam a rodada entre três e sete vezes (com uma média de quatro) antes de deixar definitivamente de fumar. Em geral, a maioria dos pacientes recai alguma vez em algum momento de seu processo de recuperação, o que nos indica que a recuperação terapêutica dos vícios quase nunca segue um processo linear; é descontínuo, circular ou espiral (Prochaska, DiClemente e Norcross, 1992).

Fig. 5.1. Modelo de Prochaska e DiClemente (1992) sobre etapas de mudança nos vícios.

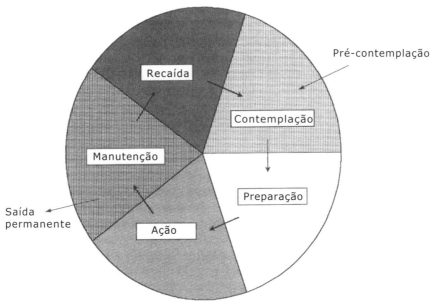

Uma vez apresentada a idéia central do modelo, serão analisados, a seguir, de forma mais detalhada, os diferentes estágios de mudança propostos por esses autores e as técnicas de intervenção utilizadas em cada um deles.

Pré-contemplação

Os indivíduos que se encontram nessa etapa não acreditam ter um problema na mesma medida que o fazem outros que estão em um estágio mais avançado. Geralmente, não costumam reconhecer que têm um problema de vício e a possibilidade de procurar tratamento é algo que nem sequer consideram. Como o próprio termo indica ("pré-contemplador"), é mais provável que as pessoas mais próximas conheçam o problema melhor que o próprio indivíduo. Nesse estágio, o aspecto crítico é aumentar a tomada de consciência do indivíduo sobre seu vício e fazê-lo ver a necessidade de enfrentar seu problema para conseguir uma mudança em seu estilo de vida.

Contemplação

Os indivíduos que se encontram nesse estágio têm um maior nível de conscientização de seu problema, consideram a possibilidade de mudar, embora, ao serem questionados sobre a mudança, normalmente a recusam. Essa etapa caracteriza-se pela ambivalência, que pode definir-se como um estado mental no qual coexistem sentimentos contraditórios sobre continuar com o vício ou deixá-lo (Miller e Rollnick, 1991).

No âmbito terapêutico, pode-se proporcionar ao paciente informação objetiva sobre as conseqüências do vício e de que maneira isso afetou e afeta sua vida. Se essa informação baseia-se em fatos reais (por exemplo, problemas médicos, legais, familiares, trabalhistas) e relevantes em nível pessoal, a probabilidade de que a decisão do indivíduo mude é maior do que se fossem aplicadas outras técnicas mais impessoais como, por exemplo, leituras sobre vícios, ou utilizar broncas ou confrontações. Outras técnicas disponíveis e detalhes específicos de aplicação podem ser consultados em Graña (1994*a*).

Preparação

Essa etapa caracteriza-se pela decisão de empreender uma série de passos como, por exemplo, iniciar um programa de tratamento para superar o vício. Nesse estágio, os pacientes combinam critérios intencionais e comportamentais, isto é, tomam a decisão e se comprometem a abandonar seu vício, e realizam algumas pequenas mudanças comportamentais (por exemplo, diminuir o consumo de cocaína) que não cumprem os critérios necessários para considerar que se encontram no estágio seguinte, o de atuação.

No âmbito terapêutico pode-se propor uma série de perguntas relevantes sobre o processo de abstinência e a mudança de estilo de vida manipulando as respostas do paciente de forma reflexiva, com a finalidade de esclarecer seus pensamentos e, ao mesmo tempo, reforçar suas afirmações de automotivação (por exemplo: "tenho de fazer algo para superar meu vício"). Nessa etapa, outros procedimentos se relacionam com o fornecimento de "conselho e informação objetiva" sobre o processo de recuperação terapêutica. Também nessa etapa de preparação é fundamental elaborar com o paciente os seguintes aspectos (Graña, 1994*a*): o estabelecimento de objetivos, a consideração de alternativas e o desenvolvimento de um plano de ação.

Nessa fase e em função de toda a informação recolhida, o terapeuta deve estabelecer um plano de ação detalhado que inclua os objetivos e a forma de atingi-los. Nesse momento, o compromisso do paciente com a abstinência e a mudança de estilo de vida deve ser exposto também à sua família e, no momento adequado, a outras pessoas significativas de seu meio.

Ação

Os indivíduos que se encontram nesse estágio estão preparados para realizar um plano terapêutico específico tal como exposto nos itens seguintes deste capítulo. Neste caso, o paciente inicia a execução de uma série de procedimentos de intervenção cognitivo-comportamentais visando atingir a abstinência e a modificação do estilo de vida. Essa etapa costuma ter uma duração de três a seis meses, mas é preciso levar em conta que, como foi proposto anteriormente, o paciente pode intercalar etapas de mudança anteriores em seu processo de recuperação.

Manutenção

Estando a atuação terapêutica correndo de forma satisfatória durante os três primeiros meses de tratamento, o indivíduo entra no estágio de manutenção, que se caracteriza pela generalização da abstinência a outras drogas, pela manutenção e consolidação de um novo estilo de vida e, fundamentalmente, pela aprendizagem de como lidar com as crises e as recaídas.

Neste estágio tenta-se consolidar os novos hábitos de comportamento adquiridos pelo paciente nos âmbitos comportamental, cognitivo, emocional e social. A manutenção da mudança nas dependências de drogas não é um processo em curto prazo, mas, ao contrário, costuma consolidar-se ao longo dos anos.

As principais estratégias de atuação para se utilizar nesse estágio são expostas nos itens seguintes deste capítulo.

Recaída

O fenômeno das recaídas estará presente tanto na etapa de ação quanto na de manutenção e, como se verá na intervenção terapêutica, o importante é espaçá-las cada vez mais no tempo até que o indivíduo alcance a abstinência e a mudança de estilo de vida em suas diferentes vertentes – individual, social, interpessoal, familiar e comunitária. As estratégias e os procedimentos de intervenção são apresentados no item IV ("Prevenção de recaídas").

Em resumo, como acabamos de expor, analisar o estágio de mudança no qual se encontra o dependente químico ao iniciar o programa de intervenção é determinante para atuar de forma mais apropriada em seu nível de motivação e em seu processo terapêutico ao longo de todo o tratamento.

II.3. *Processos de mudança*

Tal como acabamos de expor, os estágios de mudança representam uma dimensão temporal que permite determinar e compreender o momento no qual ocorrem determinadas mudanças de intenções, atitudes e comportamentos; já os processos de mudança possibilitam a compreensão da forma como acontecem tais mudanças. Os processos de mudança consistem em atividades encobertas ou manifestas iniciadas ou experimentadas por um indivíduo para modificar seu hábito de vício nos âmbitos cognitivo, emocional, fisiológico e/ou comportamental. Diversos estudos realizados por Prochaska e seu grupo (Prochaska, 1984; Prochaska e DiClemente, 1982, 1984) sobre os vícios demonstraram a existência de um número limitado de processos de mudança subjacentes à progressão através dos diferentes estágios, independentemente do fato de que a progressão se realize com ou sem ajuda profissional. Os mais importantes são os seguintes:

Aumento da conscientização. Consiste em uma intensificação do processamento de informação sobre o vício e os problemas relacionados com ele, assim como os benefícios de modificá-lo. Esse processo não se limita a descobrir os pensamentos e sentimentos que o indivíduo tem sobre o vício, mas também qualquer tipo de informação que descubra a esse respeito. Trata-se de um processo essencialmente cognitivo.

Liberação social. Este processo engloba, tendo como referência o meio ambiente exterior do indivíduo, o desenvolvimento de novas alternativas com o objetivo de iniciar ou continuar com os processos de mudança, isto é, a criação de mudanças no meio ambiente social para favorecer a mudança pessoal criando, por exemplo, áreas para não fumantes, eliminando o tráfico de drogas em um bairro de uma cidade ou participando de associações comunitárias que promovam um determinado comportamento saudável (por exemplo, associações de ex-toxicômanos e de pais de dependentes químicos). Esse processo não somente faz possível realizar mais ações, mas também permite incrementar a auto-estima à medida que o indivíduo acreditar mais solidamente em sua própria capacidade e habilidade para mudar.

Ativação emocional. Esse processo possibilita que o paciente seja consciente de seus mecanismos de defesa contra a mudança. A ativação emocional atua de forma paralela ao processo de conscientização, mas o faz em um nível mais profundo, fundamentalmente no campo das emoções. É também conhecida por catarse ou alívio dramático, já que se caracteriza por uma forte experiência emocional relacionada com o problema das dependências químicas.

Auto-reavaliação. Este processo exige do paciente a realização de uma reavaliação cognitiva e emocional, assim como uma projeção no tempo, para ver como se encontrará quando tiver conseguido a mudança. Esse processo permite analisar quando e como o comportamento problema entra em conflito com os valores pessoais, de forma que o indivíduo chega a pensar e a sentir que sua vida teria mais sentido sem a dependência química. Neste caso, o paciente teria de dar resposta às seguintes perguntas: "Como vê a si mesmo como viciado?" "Como você se veria, no futuro, se superasse seu problema?" "Quais seriam as vantagens e os inconvenientes dessa mudança?".

Compromisso de mudança. No momento em que uma pessoa decide mudar, aceita a responsabilidade que essa mudança traz. Essa responsabilidade é a carga do compromisso, também conhecida como autoliberação. O primeiro componente do compromisso de mudança é encoberto, isto é, reconhecer diante de si mesmo que decidiu mudar. O segundo, implica tornar público esse compromisso, anunciando aos outros que tomou uma decisão firme de mudança.

Contra-condicionamento. Consiste essencialmente em modificar a resposta (cognitiva, motora e/ou fisiológica) provocada por estímulos condicionados ao vício ou a outro tipo de situações de risco, gerando e desenvolvendo comportamentos alternativos. Esse processo, assim como o seguinte, é fundamentalmente comportamental.

Controle de estímulos. Consiste, basicamente, em evitar a exposição a situações de alto risco para consumir. Neste caso, não se pretende controlar as reações internas do paciente, mas reestruturar seu meio ambiente, de forma que diminua a probabilidade de produzir o consumo. Tecnicamente, os procedimentos de contra-condicionamento ajustam as respostas de um indivíduo diante de certos estímulos, enquanto que o controle ambiental regula o aparecimento destes.

Manipulação de contingências. Esse processo é uma estratégia comportamental que aumenta a probabilidade de que um determinado comportamento (por exemplo, não consumir heroína) ocorra com maior freqüência devido à aplicação de uma contingência de reforço positivo. Também pode-se utilizar a punição que, como contingência, serve para diminuir a probabilidade de ocorrência de uma determinada resposta (por exemplo, receber uma punição por consumir). O problema que existe na aplicação da punição é que seus efeitos não costumam ser duradouros e, além disso, é um procedimento eticamente questionável.

Relações de ajuda. Consiste na utilização do apoio social (familiares e amigos) como estratégia terapêutica para conseguir a mudança de um comportamento de vício.

II.4. *Integração dos estágios e processos de mudança*

No quadro 5.1, pode-se observar a relação existente entre os processos e os estágios de mudança, tal como foi mostrado por Prochaska e DiClemente. De forma genérica, e a título de resumo, deve-se considerar que durante o estágio de pré-contemplação, os indivíduos utilizam com menor freqüência os processos de mudança que aqueles que se encontram em qualquer outro estágio. Nesse sentido, os pré-contempladores são os que processam menos informações referentes a seu vício, os que utilizam menos tempo e energia reavaliando a si mesmos, os que experimentam menos reações emocionais diante das conseqüências negativas de seu vício e, em geral, os que se mostram menos abertos e comunicativos com relação à sua problemática. Ao contrário, no estágio de contemplação, os processos mais utilizados pelos indivíduos que se encontram neste nível são o aumento da conscientização e a liberação social. No caso dos estágios de contemplação

Quadro 5.1. Integração de estágios e processos de mudança

Pré-contemplação	Contemplação	Preparação	Ação	Manutenção
	Conscientização			
	Liberação social			
	Ativação emocional			
	Auto-reavaliação			
		Compromisso de mudança		
				Manipulação de contingências
				Contra-condicionamento
				Controle de estímulos
				Relações de ajuda

Fonte: Adaptado de Prochaska, Norcross e DiClemente, 1994.

e preparação, os processos com maior freqüência de uso são a ativação emocional e auto-reavaliação. O compromisso de mudança é utilizado pelos dependentes químicos tanto no estágio de preparação como no de ação. Finalmente, os processos de manipulação de contingências, o contra-condicionamento, o controle de estímulos e as relações de ajuda costumam estar presentes tanto no estágio de ação como no de manutenção.

Em resumo, em qualquer programa de tratamento é fundamental determinar tanto o estágio no qual se encontra o paciente ao longo de seu processo de recuperação como os processos de mudança que utiliza em cada um desses estágios. Para mais detalhes, os leitores interessados podem consultar Tejero e Trujols (1994).

III. TRATAMENTO COGNITIVO-COMPORTAMENTAL

III.1. *Introdução*

No quadro 5.2 estão apresentadas, de forma esquemática, as diferentes fases e conteúdos terapêuticos a se seguir para desenvolver um programa cognitivo-comportamental em dependência química.

Quadro 5.2. Esquema de um programa de intervenção cognitivo-comportamental em dependência química

---

FASES DO PROGRAMA DE TRATAMENTO

O programa de tratamento cognitivo-comportamental terá uma duração de 9 meses e outros 3 de seguimento.

Primeira fase

Primeiro mês de tratamento

- Realização de um contrato terapêutico.
- Avaliar em que estágio de mudança se encontra o paciente ao iniciar o programa de tratamento (veja Graña, 1994c; Tejero e Trujols, 1994).
- Superar a síndrome de abstinência (item III.2).
- Treinar a família para prevenir o consumo de drogas. Nessa primeira fase isola-se o paciente do meio ambiente habitual; ele deve sair sempre acompanhado, até que alcance certo grau de autocontrole, geralmente a partir do terceiro e quarto mês de tratamento.
- Romper qualquer contato que se relacione com o mundo da droga. Normalizar o funcionamento cotidiano.
- Especificar que técnicas de tratamento utilizar se o paciente se encontra nos estágios iniciais da mudança.
- Garantir a realização de exame de urina ao longo do tratamento para contrastar a abstinência.

Recomenda-se realizar, pelo menos, duas sessões de terapia semanais com uma duração de 60 minutos.

Quadro 5.2. *(Cont.)*

Segunda fase

Meses dois, três e quatro

- Manter a abstinência inicial.
- Restabelecer e fortalecer o processo de mudança (item II).
- Abordar o desejo e a lembrança persistente da droga, mediante um treinamento familiar para prevenir o consumo (veja Graña, 1994*d*).
- Atingido certo grau de autocontrole, o paciente é gradualmente exposto aos estímulos ambientais que estimulam o desejo e a lembrança da droga (item III.3.1).
- Manipular o ritual de busca de drogas (item III.3.2).
- Generalizar a abstinência a todo tipo de substâncias psicoativas que o paciente consumir (item III.3.3).
- Modificar o estilo de vida mediante a programação de atividades (item III.4).
- Melhorar os hábitos de saúde e de higiene pessoal (item III.4.1).
- Manipular aspectos psicológicos característicos dos dependentes químicos como: reações de ira (item III.4.2) e busca de sensações (item III.4.3).
- Reestruturação cognitiva para mudar pensamentos disfuncionais e crenças errôneas (item III.5).

Recomenda-se realizar, durante o segundo e terceiro meses, duas sessões de terapia semanais e, a partir do quarto mês, uma sessão semanal.

Terceira fase

Dura desde o quinto até o nono mês

- Fortalecer os aspectos terapêuticos enumerados nas duas fases anteriores, principalmente os da segunda (p. ex., desabituação psicológica, modificação do estilo de vida e reestruturação cognitiva de crenças errôneas).
- Abordar a prevenção de recaídas (item IV). Avaliar situações de alto risco, pautas de pensamento e atitudes de recaída e comportamentos de alto risco (itens IV.2.1 e IV.2.2). Procedimentos de intervenção em prevenção de recaídas (item IV.3).

Recomenda-se fazer uma sessão semanal e, em caso de acontecer um deslize ou uma recaída, duas sessões semanais, até que o paciente alcance de novo o estágio de mudança anterior.

Seguimento

É realizado a partir do nono mês até completar um ano

- Realiza-se um acompanhamento, no mínimo de 3 meses, e o ideal seria fazê-lo durante um ano.
- O paciente continua sendo tratado de forma intermitente, para que aprenda a generalizar e consolidar os objetivos terapêuticos atingidos.

Recomenda-se realizar uma sessão a cada 15 dias, nos dois primeiros meses, e, depois, uma sessão por mês.

O programa de intervenção começa com um contrato comportamental, que serve para especificar os objetivos terapêuticos a atingir ao longo da terapia. O contrato comportamental proposto caracteriza-se por uma série de condições que o paciente e o terapeuta devem firmar antes de iniciar o tratamento, sendo as mais importantes:

a. a freqüência de assistência semanal;
b. a duração do programa de tratamento, que se recomenda que seja de nove meses e outros três de seguimento;
c. a elaboração de uma lista dos membros da família que estão dispostos a participar do programa de tratamento;
d. a freqüência semanal com que serão realizados os exames de urina;
e. o compromisso de atingir a abstinência de todo tipo de drogas, incluindo álcool e maconha (embora o paciente considere que essas drogas nada têm a ver com seu vício);
f. a enumeração das situações e pessoas de "alto risco" que se devem evitar durante os três primeiros meses de tratamento, a não ser que esteja acompanhado por um familiar.

As condições citadas não são as únicas que devem ser incluídas no contrato comportamental, pois devem ser consideradas as características individuais próprias de cada paciente. O que é sim importante é deixar claro que o programa de intervenção visa atingir a abstinência total de todo tipo de drogas. Em muitos casos, é muito difícil que, inicialmente, os pacientes aceitem deixar de consumir álcool e maconha, fato pelo qual é aconselhável proceder de forma gradual, começando pela droga mais usada e, posteriormente, estender a abstinência às menos consumidas.

Outros aspectos importantes a considerar na etapa inicial da terapia são o estabelecimento de um controle de estímulos adequado para atingir a abstinência e a modificação do estilo de vida do indivíduo. De forma concreta, pede-se a cada paciente: a. que se desfaça de todas as drogas que tenha em casa, desde uma dose de heroína e/ou cocaína até qualquer tipo de fármaco; b. romper de forma imediata sua relação com os consumidores e traficantes de drogas; e c. eliminar de sua casa qualquer coisa que lhe lembre o consumo de drogas.

III.2. *Desábito físico*

Geralmente, o tratamento dos vícios caracterizados pela dependência de substâncias psicoativas começa com a superação da síndrome de abstinência. São muitas e variadas as percepções errôneas sobre os efeitos e os sintomas da síndrome de abstinência que podem impedir seu tratamento. Assim, podemos encontrar dependentes químicos que supõem que, em vícios como o abuso de álcool e das benzodiazepinas, a síndrome de abstinência pode ter conseqüências nefastas se for interrompido o consumo de forma abrupta ou que, no caso da heroína, supervalorizam extremamente os efeitos da síndrome (por exemplo, vômitos, lacrimejar, suores, tremores, dores musculares, insônia) ou, pelo contrário, menosprezem a possibilidade de uma recaída inicial devido à ausência de sintomas de abstinência físicos tão marcantes como nas demais drogas (por exemplo, fadiga, insônia, retardo psicomotor), se falarmos de dependentes de cocaína. Como conseqüência, o dependente químico que menospreza os efeitos da abstinência costuma não estar preparado para enfrentar as conseqüências físicas da síndrome, e os que os supervalorizam podem experimentar um sentido menor de auto-eficácia e voltar a consumir, diante de seus sentimentos de insegurança. Portanto, para superar com sucesso a síndrome de abstinência de qualquer tipo de substância psicoativa, é importante considerar os seguintes aspectos e sugestões expostos por Chiauzzi (1991):

a. o *tipo de droga* de que se trata, já que o significado da síndrome muda em função da(s) droga(s) de abuso;
b. o *contexto,* já que a exposição a situações de alta disponibilidade de drogas intensifica o mal-estar do indivíduo durante a superação da síndrome, enquanto que a desintoxicação em um ambiente seguro facilita a recuperação;
c. a *duração;* como se sabe, os efeitos agudos da síndrome da maior parte das drogas tem um curso aproximado de uma semana, e os efeitos mais suaves duram mais de um mês;
d. o *estilo de enfrentamento,* posto que os dependentes químicos com tendência a somatizar experimentam níveis mais altos de ansiedade, utilizam menos estratégias de enfrentamento e costumam achar os efeitos da síndrome menos toleráveis que os sujeitos que são capazes de comunicar seu mal-estar e que buscam alternativas de intervenção psicológicas.

A partir de um enfoque psicológico, é importantíssimo superar a dependência física sem a utilização de outros fármacos substitutivos, já que assim não se reforça o comportamento de consumo de drogas nem o processo de mudança se prolongará mais (García e Graña, 1987*a).* De forma aplicada, o tratamento da síndrome de abstinência a partir de uma aproximação comportamental envolve o indivíduo e sua família de um modo ativo. Inicialmente, propõe-se ao paciente a necessidade de reduzir de forma gradual o número de doses de heroína e/ou de outras drogas que estiver consumindo a uma ou duas durante três e cinco dias e, a partir desse momento, poder deixar de consumir quando considerar oportuno. Sob essa redução do consumo, a síndrome é mais suave e os sintomas não são tão fortes, já que a dependência física vai diminuindo tanto quanto a tolerância condicionada.

A passagem pela síndrome de abstinência é realizada de forma ambulatorial no próprio domicílio do paciente sob um programa de prevenção da resposta de consumo de drogas que a própria família aplica. Para isso, é conveniente treinar seus membros e o próprio paciente, explicando-lhes quais são as reações físicas e psicológicas mais importantes que devem enfrentar durante essa etapa.

Nessa primeira fase, é necessário que um membro da família acompanhe o paciente ao longo de todo o dia e garanta que, se o desejo aumentar de forma considerável, este continue sem consumir e evite recair de forma precipitada.

Antes de iniciar o programa para superar a síndrome de abstinência, é conveniente que o paciente disponha de uma semana para realizar o tratamento e, no caso de estar trabalhando e não poder ausentar-se, é aconselhável que deixe de consumir numa sexta-feira e nos dias anteriores reduza o número de doses. A superação da síndrome de abstinência é mais fácil de atingir se o dependente químico estiver ativo durante todo o dia, por isso pode-se programar com antecedência atividades que envolvam atividade física, como, por exemplo, esfregar e varrer a casa, consertar eletrodomésticos ou outros objetos da casa que estiverem estragados, pintar paredes e portas, lixar e arrumar janelas, mudar os móveis de seu quarto, regar e cuidar das plantas, dar brilho aos móveis e cristais da casa, fazer exercício físico (flexões, aeróbica), fazer trabalhos manuais, falar com a família (pais e irmãos), ajudar a fazer a comida, jogar baralho, dominó etc. Neste momento, não é aconselhável o uso de outras drogas como, por exemplo, álcool, café, medicamentos e maconha, exceto o tabaco.

Queremos ressaltar que a superação da síndrome de abstinência, seguindo as diretrizes expostas, nem sempre é possível e pode ser que não se ajuste a todas as tipologias potenciais de dependentes químicos. Em determinados casos, principalmente se passou por repetidos fracassos com esse tipo de programa, é possível que o paciente se encontre no estágio de pré-contemplação, então seria aconselhável trabalhar terapeuticamente com ele até que avance ao estágio de contemplação e, se possível, ao de preparação. Nesse caso, pode-se aconselhar o paciente a procurar um profissional médico que lhe forneça e supervisione os fármacos adequados para a superação da síndrome de abstinência, ao mesmo tempo em que são abordados os aspectos psicológicos.

III.3. *Desábito psicológico*

O objetivo geral de todo o programa de intervenção consiste em ajudar os pacientes a superar os comportamentos de procura e auto-administração de drogas e a modificar o estilo de vida em suas diferentes áreas: individual, familiar, social interpessoal e comunitária (García e Graña, 1987*a*).

Por isso, ao abordar esse tipo de problemática, não costuma ser a desintoxicação física o problema clínico mais importante, mas a manutenção da abstinência em curto, médio e longo prazos.

Atualmente, um programa de intervenção comportamental em dependência química caracteriza-se pela aplicação de diferentes procedimentos e técnicas que serão expostas nos itens seguintes deste capítulo.

III.3.1. Procedimentos de exposição

Uma vez superada a síndrome de abstinência, existe uma série de estímulos condicionados (CS_s) que provocam respostas condicionadas (CR_s), as quais, por sua vez, dão lugar a comportamento de procura e auto-administração de drogas. Por se tratar de CR_s, podem ser aplicados procedimentos de exposição para extingui-las quando relacionadas aos sinais (CS_s) que as provocam.

No campo das dependências químicas, os procedimentos de exposição aos CS_s remontam às origens da teoria da aprendizagem. O próprio Pavlov (1927) sugeriu que os animais podem adquirir respostas a estímulos contextuais antes do início dos efeitos da droga. Essa descoberta original foi testada com sujeitos humanos por Abraham Wikler (1965), que realizou um estudo detalhado com um sujeito que havia sido viciado a opiáceos, permitindo-lhe voltar a consumi-los sob supervisão médica. As observações de Wikler sobre os efeitos da morfina no comportamento e no estado físico e emocional do paciente, junto com as descrições do indivíduo sobre suas recaídas passadas, levaram-no a propor um modelo comportamental sobre o vício (Wikler, 1948, 1980). Definiu que a rotina habitual de comprar e consumir drogas em contextos restringidos proporciona as condições ideais para a teoria do condicionamento clássico. Assim, por exemplo, o local no qual habitualmente um indivíduo consome a heroína ou a seringa com que a injeta, por ter sido associado a um estado físico e emocional característico induzido pela droga, ilicia um estado similar na ausência desta. E mais, chegou a propor que nos consumidores de droga com dependência física e, portanto, suscetíveis de experimentar sintomas de abstinência, quando os níveis de droga diminuem consideravelmente, esses sintomas, segundo ele, também são condicionáveis. Já que os dependentes químicos, com freqüência, experimentam sintomas de abstinência quando buscam e conseguem a próxima dose, é possível que os estímulos relacionados com o consumo de drogas cheguem a desencadear uma síndrome de abstinência condicionada.

Outra hipótese alternativa, também partindo do condicionamento clássico, foi proposta por Siegel (1976). Esse autor definiu que o que se condiciona é um conjunto de respostas compensatórias que neutralizam os efeitos diretos da ingestão de drogas e mantêm a homeostase do organismo, originando, dessa forma, a tolerância condicionada. Nesse caso, as CRs compensatórias dão lugar a sintomas de abstinência e se desencadeiam sempre que a droga é consumida, razão pela qual a associação temporal entre seu início e os estímulos presentes durante o consumo é próxima e previsível. As respostas condicionadas similares também se produzem associando estímulos relevantes com a administração da droga. Depois de várias repetições, esses estímulos chegam a produzir efeitos similares aos da substância (O'Brien, 1975). É possível que esse mecanismo de condicionamento ofereça uma explicação parcial para o que se conhece como "efeito placebo das drogas", ao pressupor que as respostas similares ou o "efeito placebo" foram condicionadas em exposições anteriores às drogas sob circunstâncias similares (O'Brien *et al.,* 1990).

Atendendo a essa base teórica e conceitual, a terapia de exposição é determinante para manipular as fortes respostas de desejo e sintomas de abstinência que se desencadeiam no dependente químico diante de objetos, pensamentos, sentimentos, lugares, pessoas, determinados momentos do dia e/ou recordações. Dessa forma, pressupõe-se que essas poderosas CR_s serão extintas se for interrompida a associação entre os estímulos contextuais e o consumo de drogas (Graña, 1994*a*).

Em termos práticos, a exposição é realizada em duas etapas, claramente diferenciadas. A primeira, com uma duração aproximada de um a três meses, começa uma vez superada a síndrome de abstinência (confirmada com a família e com exame de urina, que mostrem de forma objetiva que não houve consumo de drogas) e consiste em abordar o desejo e a recordação que aparece persistentemente durante os primeiros meses de tratamento. Nessa etapa, o procedimento comportamental mais eficaz consiste em treinar a família para que possa prevenir o comportamento de consumo de drogas. Neste momento, devido ao fato de que os estímulos ambientais associados ao consumo no bairro, a pauta de busca da droga e os aspectos cognitivos da recordação da heroína são muito persistentes, faz-se especialmente necessário o envolvimento da família para prevenir as recaídas que acontecem nos primeiros meses de intervenção. Assim, por exemplo, a família controla o dinheiro e acompanha diariamente o paciente para evitar as pressões sociais que possam induzi-lo a consumir novamente. É necessário levar em conta que, nesses primeiros meses de intervenção comportamental, costumam ser freqüentes as reações de ansiedade associadas ao desejo pela droga, fato pelo qual se recomenda a utilização de técnicas de relaxamento e de manipulação da ansiedade.

A segunda fase, que começa a partir dos dois ou três meses de intervenção psicossocial e que dura até os nove meses de tratamento, caracteriza-se, basicamente, pela aplicação de procedimentos de exposição aos CS_s que provocam o comportamento de busca e auto-administração de drogas. Para aplicar esse tipo de técnica com sujeitos dependentes de heroína e/ou cocaína é necessário cumprir uma série de requisitos similares aos especificados por O'Brien *et al.* (1990), Childress *et al.* (1993) e Graña (1994*a*), que são:

a. antes de iniciar a aplicação da técnica de exposição, é indispensável que o sujeito tenha estado abstinente entre um e três meses, comprovando isso com um exame de urina;
b. as sessões iniciais de exposição devem acontecer em um ambiente controlado como, por exemplo, na sessão de terapia, para diminuir a probabilidade de um consumo provocado pela exposição aos CS_s;
c. os estímulos utilizados devem ser específicos para cada paciente, tendo em conta, para a elaboração da hierarquia, a história prévia de consumo do sujeito; como norma geral, é importante considerar que, no âmbito clínico, são mais relevantes os estímulos reais que os preparados em um vídeo ou em uma fita cassete.

A aplicação do procedimento de exposição é realizada identificando os sinais provocadores de desejo (CS_s) mediante a elaboração de uma hierarquia de estímulos (por exemplo, papelote de heroína simulado, papel de seda*);* a elaboração dessa hierarquia implica pedir a cada paciente que classifique o desejo subjetivo que lhe produz cada uma das situações. As sessões de exposição devem ter uma duração aproximada de 45 minutos e não é recomendável passar para o item seguinte da hierarquia até que não haja sinais evidentes de habituação; isto é, o nível de ansiedade, ao finalizar a sessão de exposição, tem de ser muito menor do que o que o paciente apresentava no começo. Durante a realização da exposição é conveniente que o sujeito verbalize seus pensamentos, sentimentos, sensações e estado de humor. Geralmente, cada sessão de exposição termina com a aplicação de uma técnica de relaxamento, antes que o sujeito deixe o local de tratamento. A aplicação dessa técnica em um caso clínico pode ser consultada em Muñoz-Rivas (1997).

Para a manipulação do desejo também podem ser utilizadas outras técnicas, como a sensibilização encoberta (Cautela, 1967). Esse tipo de técnica cognitiva tem a vantagem de ajudar o paciente a generalizar as habilidades desenvolvidas para enfrentar as sensações físicas e reações emocionais, por serem muito similares às que acontecem na vida real.

Nos programas de intervenção comportamental no âmbito urbano, ao aplicar esse tipo de procedimento deve-se ter extremo cuidado com a prevenção do consumo de drogas, fazendo com que o paciente vá à terapia acompanhado, por exemplo, por um dos membros da família. Inicialmente, esses pacientes têm pouco controle sobre seu vício, mas, à medida que progridem no tratamento, aumenta o nível de independência em seu ambiente.

III.3.2. Comportamento de procura por drogas

Geralmente, os dependentes químicos têm um estilo específico de procura pela droga, que costuma variar em função do tipo de droga que consomem. Assim, no caso da heroína e da cocaína, os rituais de obtenção da droga são, na maioria dos casos, muito prolongados, já que o abuso desse tipo de drogas requer muito dinheiro, e a obtenção do dinheiro, em uma porcentagem muito elevada de ocasiões, constitui uma atividade laboriosa.

A intervenção terapêutica consiste em: *a.* identificar, em cada caso, as rotas de busca de drogas no bairro e na cidade; *b.* gerar rotas alternativas nas quais o consumo de drogas seja muito menor; por exemplo, descobrindo os recursos comunitários nos âmbitos social, educativo, profissional e de lazer que existam no bairro e na cidade. Com essa intervenção, são gerados novos mapas cognitivos da cidade e do bairro, associando novos sinais com a abstinência e com a modificação do estilo de vida; *c.* exposição *in situ às* rotas relacionadas com o consumo de drogas, acompanhado pelo terapeuta ou por um familiar, para prevenir uma possível recaída, treinando o paciente a dar respostas alternativas diante de cada um dos elementos da cadeia do comportamento de procura. A realização desse procedimento pode ser acompanhada por aplicação de técnicas de sensibilização encoberta e de reestruturação cognitiva, ou, simplesmente, pela verbalização, por parte do paciente, de seus pensamentos e sentimentos à medida que se expõe a esse tipo de situações.

III.3.3. Outras drogas de abuso

Como foi especificado no início deste capítulo, o objetivo terapêutico do programa de intervenção consiste em atingir a abstinência de todo tipo de drogas e a modificação do estilo de vida do dependente químico. Para isso, ao realizar a avaliação comportamental, elabora-se uma hierarquia com todas as drogas que o paciente consome no momento, começando pela que usa com maior freqüência e acabando pela menos consumida. Os procedimentos de intervenção são similares para as diferentes drogas de abuso, de forma que os procedimentos e as técnicas aqui expostos de forma genérica podem ser aplicados com cada uma delas.

III.4. Modificação do estilo de vida

A modificação do estilo de vida do dependente químico começa de forma simultânea ao tratamento da síndrome de abstinência. Se a intervenção terapêutica visasse somente a abstinência, provavelmente se conseguiriam bons resultados momentâneos, mas o dependente químico recairia, com toda a certeza, em um breve período de tempo.

A mudança de estilo de vida é um longo processo que exige a participação ativa do paciente para conseguir a mudança terapêutica. Os procedimentos de intervenção aplicados para estimular um estilo de vida sem drogas baseiam-se na potencialização dos recursos pessoais e na aprendizagem de novas formas de enfrentamento de situações problemáticas (García e Graña, 1987a). A consecução desse objetivo implica aplicação de procedimentos de intervenção tanto comportamentais como cognitivos.

No âmbito comportamental, é muito útil a aplicação da programação de atividades, que consiste em planejar de forma sistemática e negociada cada um dos dias da semana do paciente de hora em hora. Inicialmente, o terapeuta e a família do dependente químico assumem toda a responsabilidade da programação, mas, gradualmente, o paciente deve ir adquirindo um maior controle e iniciativa sobre a elaboração e posterior aplicação (por exemplo, atividades de cuidado e asseio pessoal, tarefas a realizar em casa, prática de *hobbies*, conversações com a família e/ou parceiro e saídas pelo bairro e pela cidade com a família). A realização desse programa é supervisionada diariamente e a informação que o paciente proporciona confrontada com a da família.

Como havíamos comentado, por volta do terceiro mês de terapia, a responsabilidade do planejamento recai sobre o paciente, que deve realizá-lo por si mesmo e apresentá-lo ao terapeuta para análise e discussão no início de cada semana. Para a programação de atividades, tanto o terapeuta quanto o paciente e a própria família devem tomar como referência que o paciente tem de modificar seu estilo de vida, tanto nas áreas pessoal e familiar como na social, interpessoal, profissional, educativa e comunitária. Em geral, durante os três primeiros meses, as atividades que o paciente realiza visam adquirir um maior controle sobre seu comportamento (geralmente realizando atividades em casa) mas, à medida que for progredindo, deve ir intercalando atividades dentro e fora de casa e, finalmente, tendo atingido um nível de autonomia maior, a intervenção terapêutica visará atingir um estilo de vida equilibrado.

III.4.1. Saúde física e mudança de imagem

O abuso reiterado de drogas como heroína e cocaína costuma produzir no indivíduo diferentes patologias, geralmente, de tipo infeccioso. Assim, por exemplo, o Plano Nacional sobre Drogas da Espanha (1992) recomenda encaminhar os dependentes químicos que apresentarem síndrome febril de mais de 24 horas de evolução, hepatite virótica complicada, alterações de tipo neurológico (diminuição de consciência, déficit sensorial ou motor, convulsões), perda brusca de acuidade visual, abdome agudo (depois de descartar uma síndrome de abstinência) e/ou síndrome de abstinência de opiáceos na mulher para uma avaliação médica. Porém, o problema maior é a Aids, que afeta uma alta porcentagem de dependentes químicos e se caracteriza, entre outros sintomas, por um quadro de febre, emagrecimento rápido e diarréia persistente.

No programa de tratamento é fundamental também incluir a melhora dos hábitos de saúde dos pacientes, ensinando-os a otimizar seus hábitos alimentares e de exercício físico, a realizar exames médicos periódicos e, principalmente, a somente ingerir medicamentos com acompanhamento médico. Em nível prático, essas atividades relacionadas com o cuidado da saúde física podem ser incorporadas ao planejamento de atividades que o paciente realiza diariamente.

É importante assinalar que os hábitos de higiene pessoal e de mudança do aspecto físico devem ser estimulados a partir do início da intervenção psicossocial, tentando fazer com que o aspecto externo do paciente evolua simultaneamente à mudança de seu estilo de vida. Nesse caso, tanto o terapeuta como a família deve proporcionar ao paciente um feedbak detalhado sobre as mudanças que vai introduzindo em seus hábitos de cuidado pessoal.

III.4.2. Reações de raiva

Em determinadas situações, é característico do dependente químico manifestar reações de raiva e impaciência, assim como de impulsividade. De forma esquemática, a manipulação dessas respostas é realizada em três fases (Deffenbacher e Lynch, 1998; Novaco,1979):

a. *preparação,* educando o paciente sobre a ativação da raiva e seus determinantes, identificando as circunstâncias que desencadeiam da raiva (elaborando uma hierarquia de situações), discriminando as ocorrências de raiva adaptativas das que não o são e introduzindo as técnicas de manipulação da raiva como estratégias de enfrentamento para lidar com as situações de conflito e o nível de estresse;

b. *aquisição* de *habilidades,* em primeiro lugar, ensinando ao paciente a não levar as coisas de forma pessoal e, em segundo lugar, realizando um treinamento cognitivo para manipular a raiva, em várias etapas:

1) preparar-se para a provocação,
2) impacto e confrontação e,
3) reflexão posterior considerando a resolução ou não do conflito (nessa fase, são aplicadas técnicas de instrução, modelagem, ensaio de comportamento e estratégias de enfrentamento;

c. *aplicação do treinamento,* realizado através da exposição do paciente, de forma simulada, às situações que desencadeiam essas reações segundo a hierarquia elaborada. A fase de aplicação da manipulação da raiva é realizada induzindo as reações de raiva de forma imaginária e através de *role plaing.*

III.4.3. Busca de sensações

A busca de sensações (Zuckerman, 1984) é uma das características próprias dos indivíduos com abuso de drogas ao desenvolver um estilo de vida que acentua uma grande atividade e uma alta estimulação. Como conseqüência, não costumam apreciar a serenidade, o relaxamento e o desfrute de atividades sedentárias e, em certa medida, rotineiras. Em geral, esses indivíduos têm um baixo limiar para o aborrecimento em comparação com os normais. Além disso, em muitos casos, esse estado costuma ser um desencadeador confiável do desejo e da recaída posterior. A intervenção com esse tipo de paciente pode ser feita: a) avaliando o que entende por aborrecimento e sua possível relação com o abuso de drogas; b) gerando uma lista alternativa de atividades a desenvolver incidindo, especialmente, nas que impliquem desenvolvimento de hábitos adaptativos como, por exemplo, praticar esportes que não impliquem risco; e, c) desenvolvendo estratégias cognitivo-comportamentais para enfrentar o aborrecimento, seguindo o modelo de inoculação de estresse de Meichenbaum (1987).

Muitas das atividades das quais os que buscam emoções denominam excitantes têm relação com a ruptura de normas sociais ou com atividades arriscadas para a vida do indivíduo que, em geral, costumam ter como conseqüência a cadeia, o dano físico ou, inclusive, a morte. Além disso, por exemplo, os consumidores de cocaína costumam caracterizar-se por uma atividade sexual compulsiva que nada tem a ver com um envolvimento emocional adaptativo. Com o tratamento, esses sujeitos aprendem que há uma grande categoria de atividades estimulantes aparentemente simples que não haviam considerado antes como, por exemplo, participar em uma reunião familiar, ler, praticar esportes, ir ao cinema e/ou aprender a descobrir seus sentimentos nas relações íntimas.

III.5. *Técnicas de reestruturação cognitiva*

Esse tipo de procedimento tem como finalidade modificar as crenças irracionais e as distorções cognitivas que os dependentes químicos apresentam e que atrapalham seu processo de recuperação terapêutico. Muitas dessas crenças podem ser observadas claramente enquanto outras passam desapercebidas, sem que o paciente perceba sua veracidade. Por exemplo, é freqüente observar em indivíduos dependentes de cocaína e/ou heroína as seguintes crenças: "cheirar cocaína não causa vício", "superada a síndrome de abstinência, já estou curado", "a cocaína melhora meu funcionamento físico e faz com que minhas relações sejam mais interessantes", "como faz uma semana que não uso heroína, já não tenho desejo da droga, nem me lembro dela".

A melhor intervenção terapêutica desse tipo de distorção cognitiva, assim como de outras não mencionadas aqui, costumam ser a reestruturação cognitiva desenvolvida por Beck *et al.* (1979/1983). As técnicas cognitivas desenvolvidas pelos autores baseiam-se em duas suposições básicas: a) as cognições influem no comportamento e no afeto dos indivíduos; e b) as crenças devem ser consideradas como inferências sobre a natureza do mundo mais que como fatos concretos do mesmo mundo. Os procedimentos cognitivos tentam ajudar o paciente a descobrir o mecanismo de suas auto-afirmações, ensinar-lhes a se distanciar da certeza com a qual se mantém determinada crença e, finalmente, fazer a avaliação sistemática da exatidão das crenças e distorções cognitivas que mantém em relação ao abuso de drogas e do estilo de vida dependente de drogas.

A prática da terapia cognitiva é similar ao desenvolvimento de uma pesquisa, na qual as crenças, expectativas e pensamentos automáticos são tratados como hipóteses que, de fato, têm de ser provadas antes de ser assumidas. O paciente e o terapeuta colaboram de forma ativa na identificação de áreas problemáticas e no desenho e aplicação de provas objetivas que ajudem a validar ou não as diversas crenças. Não se trata de persuadir o paciente para que mude, mas a utilizar a evidência gerada por ele mesmo como base para fundamentar a mudança. Em todo caso, as sessões iniciais exigem bastante estruturação e orientação do terapeuta.

Concluindo, a intervenção psicossocial em âmbito individual, a partir de uma aproximação cognitivo-comportamental, deve centrar-se, em primeiro lugar, na determinação do processo de mudança no qual se encontra o dependente químico no momento de iniciar o programa terapêutico. De nada serve aplicar procedimentos e técnicas de intervenção se o paciente não está preparado para assumir uma mudança drástica em sua vida em relação à dependência química. Somente assim os procedimentos e técnicas expostos neste item e nos seguintes terão utilidade clínica para abordar com sucesso essa problemática social.

Queremos ressaltar também que nenhum dos procedimentos analisados tem uma utilidade clínica superior aos demais e, por ser a dependência química um fenômeno com manifestações múltiplas, o sucesso terapêutico quase sempre vai ser garantido mediante a utilização simultânea de múltiplas técnicas e procedimentos de intervenção. Assim, por exemplo, alguns estudos informam que a aplicação de técnicas de exposição não é suficiente para manter a abstinência em longo prazo, enquanto que outras variáveis (por exemplo, envolvimento da família e/ou ter um trabalho ou esperar obter um novo) têm um efeito inclusive maior que o fato de o indivíduo se habituar aos estímulos ambientais condicionados (Graña, 1991; Kasvikis *et al.,* 1991; Negrete e Sherif, 1992).

Por isso, é importante que o terapeuta, ao realizar a avaliação de cada caso, leve em conta todas as variáveis que podem incidir na recuperação dos viciados, delineando e aplicando todas as técnicas expostas neste capítulo e nos seguintes para que o sucesso terapêutico seja um objetivo atingível.

IV. PREVENÇÃO DE RECAÍDAS

IV.1. *Formulação teórica*

Uma vez que um dependente químico foi capaz de se manter abstinente entre um e três meses, constata que a tentativa de superação do vício é um processo longo e complexo no qual logo surgirão as primeiras crises.

Uma *recaída* é definida como qualquer retorno ao vício ou ao estilo de vida anterior depois de um período inicial de abstinência e de mudança de estilo de vida (no mínimo entre um e três meses) (García e Graña, 1987*b*).

Talvez, a definição mais operativa de recaída seja a proposta por Chiauzzi (1991):

Recaída é o restabelecimento dos pensamentos, sentimentos e comportamentos viciosos depois de um período de abstinência. Esse período de abstinência pode variar consideravelmente [...]. A recaída implica a interação de fatores biológicos, psicológicos e sociais. A contribuição específica de cada um desses fatores em um determinado indivíduo dependerá de sua história de aprendizagem, de seu funcionamento físico, predisposição psicológica e de seu ambiente. A recaída não deve ser necessariamente considerada como uma indicação da motivação que a pessoa tem, mas como uma falta que pode ser corrigida mediante um exame e a mudança dos fatores de risco individuais. Um retorno breve ao vício não deve ser considerado uma recaída, a não ser que ocorra freqüentemente ou desencadeie um retorno prolongado à pauta de vício. Esses deslizes podem, de fato, fornecer sinais sobre os fatores biológicos, psicológicos e sociais que requerem uma avaliação mais detalhada. Finalmente, substituir um vício por outro poderia ser considerado um sinal potencial de deslize ou recaída [p.13].

Portanto, o processo de superação das dependências químicas implica uma perspectiva temporal na qual se intercalam períodos de abstinência com períodos de crise. Para que um projeto de abandonar as drogas seja consistente, as recaídas devem aparecer cada vez mais espaçadas no tempo e ser, portanto, menos freqüentes que os períodos de abstinência (García e Graña, 1987*b*).

Como propuseram Prochaska e DiClemente (1986) com seu modelo de estágios de mudança, um paciente, após um consumo ocasional, deslize ou recaída, não vai entrar em um processo de natureza irreversível, mas o mais provável é que volte a um dos estágios de mudança anterior ao atual (pré-contemplação, contemplação, preparação, ação ou manutenção). Para esses autores (Prochaska, DiClemente e Norcross, 1992), o processo de mudança nos vícios quase nunca é linear, mas dinâmico e em espiral, e as recaídas são tão freqüentes que devem ser integradas como um degrau a mais no processo de mudança. Segundo essa proposição, o objetivo terapêutico consistirá em fazer com que o paciente atinja de novo o estágio de mudança anterior à recaída para continuar com o programa terapêutico, considerando cada nova recaída mais que como um fracasso, como uma nova experiência de aprendizagem.

Marlatt (1993) define a prevenção de recaídas como "Um programa de autocontrole delineado com a finalidade de ajudar os indivíduos a antecipar e a enfrentar os problemas de recaída na mudança dos comportamentos viciosos" (p.137). O modelo de prevenção de recaídas, desenvolvido de forma extensa por Marlatt e Gordon (1985) no manual intitulado *Relapse prevention,* considera os vícios como um hábito adquirido que pode ser eliminado e/ou modificado aplicando os princípios da aprendizagem (aprendizagem clássica, operante e, fundamentalmente, aprendizagem social). A recuperação é considerada uma tarefa de aprendizagem na qual o dependente assume um papel ativo e responsável para atingir o autocontrole.

Segundo esse modelo, o processo de mudança acontece em três etapas: 1. assumir o compromisso de que o indivíduo quer mudar; 2. realizar a mudança; e, 3. manter a mudança conquistada. Essa última etapa caracteriza-se pela aplicação dos procedimentos de intervenção cognitivo-comportamentais característicos do modelo de prevenção de recaídas e não somente é a mais longa e a mais difícil, mas também é a que se caracteriza por um maior número de crises. Nossa concepção da prevenção de recaídas consiste em manter e melhorar o processo terapêutico atingido nas duas primeiras etapas. Se levarmos em consideração o modelo de Prochaska e DiClemente (1986), as estratégias de intervenção do modelo de prevenção de recaídas devem enquadrar-se em algum dos estágios de mudança propostos por esses autores, já que existem diferenças individuais no processo de recaída (por exemplo, um indivíduo regressa ao estágio de contemplação e outro pode fazê-lo ao de ação).

Marlatt e Gordon (1985) deram grande importância aos fatores cognitivo-comportamentais implicados na recaída. Se um indivíduo é capaz de se manter abstinente, por exemplo, entre três e seis meses, é possível que experimente uma sensação de controle pessoal sobre a dependência química (auto-eficácia), e quanto mais longo for esse período, maior será a percepção de autocontrole. Esse controle percebido pelo indivíduo continuará até que se encontre em uma situação de alto risco. Marlatt (1993) definiu uma situação de alto risco como "qualquer situação (incluindo as reações emocionais à situação) que representa uma ameaça para a sensação de controle do indivíduo e aumenta o risco de recaída" (p. 141).

No caso de um dependente químico, se no momento de enfrentar uma situação de alto risco é capaz de lidar com ela de modo eficaz, ocorre um aumento da auto-eficácia pessoal e a probabilidade de recaída diminui. No caso de um indivíduo em tratamento recair, possivelmente o processo que o levou a consumir de novo se caracterize pela ausência de respostas de enfrentamento ou pela inibição destas, devido a níveis elevados de medo ou ansiedade. É possível também que não perceba a situação como de alto risco ou que o processo de mudança se tenha deteriorado de forma gradual. Esses aspectos vão diminuindo tanto o nível de auto-eficácia do indivíduo em diferentes situações de alto risco como as expectativas de resultado para manipular com êxito a próxima situação que implique dificultado. A recaída é mais provável se o dependente químico antecipa efeitos positivos para o consumo da substância baseados em sua história prévia com o consumo de drogas e se, ao mesmo tempo, descarta os efeitos negativos mais em longo prazo. Uma recaída pode começar em forma de pensamentos, sentimentos ou comportamentos que, materializando-se inicialmente em um simples deslize, originam uma recaída completa. Assim, pode começar com a *tomada de uma decisão aparentemente irrelevante* (TDAI); por exemplo, um indivíduo em tratamento que está há cinco meses abstinente, ao voltar do trabalho muda um dia sua rota habitual e decide passar por um dos lugares onde comprava e consumia droga quando era dependente químico. Neste caso, a escolha de uma nova rota pode ser considerada como a TDAI. Essa decisão, sem ser consciente, colocou-o diante de uma *situação de alto risco* (situações de natureza intrapessoal e interpessoal que tornam mais provável que um indivíduo em tratamento consuma outra vez). Ao passar pelo novo lugar pensa no fornecedor que lhe vendia e no lugar onde costumava consumir; experimenta pensamentos débeis sobre os efeitos prazerosos do consumo, ao mesmo tempo em que nota como as palmas de suas mãos começam a suar e o coração bate mais depressa. Nesse momento reconhece o risco e a iminência da recaída. Ao passar de uma decisão aparentemente irrelevante a uma situação de alto risco produziu-se uma mudança ambiental considerável no processo de recaída. Porém, ainda está a tempo de corrigi-la se estiver consciente do que lhe está acontecendo e adota uma resposta de enfrentamento, nesse caso, voltando ao seu caminho habitual. Se for assim, notará um sentimento geral de auto-eficácia que fará com que o tratamento que está realizando seja ainda mais eficaz. Além disso, também aprenderá que a iminência da recaída pode ser alterada, analisando de forma racional a situação e dando uma resposta adequada de enfrentamento.

Por outro lado, se o indivíduo permanecer na situação de alto risco por um período mais prolongado, é provável que comece a racionalizar o dilema de voltar a consumir depois de cinco meses abstinente com pensamentos como: "se eu tentar mais uma vez não vai acontecer nada" ou "vou sentir-me melhor comigo mesmo se não ceder à tentação". Também é possível que antecipe os efeitos positivos da substância e pense que se voltar a cheirar vai sentir-se muito bem, com muita energia e vitalidade. Pode pensar que já não tem controle sobre seu comportamento, pois o desejo de consumir é cada vez mais intenso; é como se seus pensamentos e sentimentos estivessem dificultando sua situação atual. Essas mudanças o situam no próximo passo em seu processo de recaída.

Se a partir de aqui não houver intervenção, seja por iniciativa do próprio paciente ou pedindo ajuda a seu terapeuta, o indivíduo consumirá, quase com toda certeza, a droga em questão. Uma vez que tenha consumido a primeira dose, muito provavelmente ocultará o fato e o negará no caso de ser descoberto, e começará a consumir de forma continuada. E mais, é possível que sinta que o impulso de continuar consumindo é mais forte que ele.

Neste caso, está acontecendo o que Marlatt (1985*a*) definiu como o "efeito de violação da abstinência". Esse efeito tem certos elementos cognitivos característicos, como a geração de uma dissonância cognitiva e de uma auto-imagem negativa e a atribuição de uma incapacidade pessoal para superar a dependência do vício. Tem também outros aspectos determinantes, como o desejo reforçado de voltar a consumir (Early, 1991; Graña, 1994*b*).

O primeiro componente é a *dissonância cognitiva* que voltar a consumir gera. Segundo a teoria de Festinger (1964), assume-se que a dissonância cognitiva aparece como conseqüência de uma discrepância entre as cognições do indivíduo e as crenças sobre si mesmo (como abstinente) e a ocorrência do comportamento incongruente com essa auto-imagem (voltar a consumir novamente). O sujeito experimenta a dissonância resultante em forma de conflito ou culpa pelo que acaba de fazer. Esse conflito interno tem um caráter motivacional e faz com que se empreendam comportamentos (ou cognições) que eliminem ou reduzam a reação de dissonância. Na medida em que o comportamento problema (consumir) tenha sido utilizado no passado como uma resposta de enfrentamento para superar o conflito ou a culpa, é muito provável que o indivíduo empreenda os comportamentos proibidos (consumir de novo) com a finalidade de eliminar ou reduzir reações desagradáveis. Uma vez dada a recaída, se continuar consumindo em uma tentativa de reduzir os sentimentos de culpa, o paciente pode ver-se atrapalhado por um importante reforço negativo (consumir para evitar estados emocionais negativos). É possível também que o indivíduo tente reduzir a dissonância associada com o primeiro deslize alterando de forma cognitiva a nova auto-imagem (abstinente) para pô-la em consonância com o novo comportamento (consumir de novo).

O segundo componente é o efeito de *auto-atribuição,* mediante o qual o sujeito atribui a causa da recaída a um fracasso pessoal ou a suas próprias debilidades. Nesse caso, é possível que, em vez de considerar a recaída como uma simples resposta situacional, atribua a causa da recaída à falta de força de vontade ou à debilidade pessoal. Como assinalou Bem (1972), as pessoas realizam com freqüência inferências sobre seus próprios traços de personalidade, atitudes e motivos quando observam seu próprio comportamento. Assim, atribuirão seu fracasso a causas internas ou pessoais. Isto é, se o deslize for considerado como uma falha pessoal, a expectativa do indivíduo de que continuará fracassando continuará aumentando.

O terceiro componente é o *desejo reforçado pela* volta ao consumo, que ocorre quando o indivíduo recai e pensa quando vai auto-administrar-se a próxima dose e, se não dispuser da droga, colocará novamente em funcionamento o ritual de busca para obtê-la.

Esses três componentes combinam-se para completar uma recaída completa. Existem muitos pontos de intervenção nessa seqüência, como exporemos nos itens seguintes.

IV.2. *Avaliação da prevenção de recaídas*

IV.2.1. Avaliação das situações de alto risco

Para a avaliação das situações de alto risco é preciso realizar uma amostragem suficientemente ampla de situações passíveis de desencadear um deslize ou uma recaída ao longo do processo terapêutico de recuperação. A identificação das situações de alto risco pode ser feita a partir de um mês de abstinência. Na prática, pode-se proceder da seguinte forma: a) pede-se a cada sujeito que realize um auto-registro cada vez que tenha um desejo forte de consumir; b) se o paciente tem dificuldade para realizar o auto-registro (por exemplo, no âmbito educativo), o terapeuta, durante as sessões de terapia individual, realiza uma sondagem de possíveis situações de alto risco que tenham aparecido ao longo da semana e vai anotando-as em uma lista denominada "situações de alto risco"; c) cada vez que acontecer o consumo da principal droga de abuso e/ou de outras relacionadas, mesmo que seja mínimo, analisa-se detalhadamente a situação que o desencadeou; d) análise da história prévia de recaídas (Graña, 1994*c*).

Em muitos casos, a recaída vem por uma série de acontecimentos vitais que acontecem na vida do paciente (por exemplo, separação, perda de emprego). Recomenda-se levar em conta esses aspectos como possíveis desencadeadores de uma recaída durante o tratamento ou no acompanhamento. Por exemplo, de forma genérica, algumas situações de alto risco características dos indivíduos em tratamento são as seguintes:

a. *Manipulação de dinheiro.* Antes que um viciado possa lidar com dinheiro é preciso que se passem muitos meses sem necessidade de pensar na droga. Graças à história de aprendizagem com a droga, o dinheiro tornou-se um sinal e/ou reforçador condicionado, altamente indicativo da substância. Assim, um indivíduo passa por um ponto-de-venda de droga e tem dinheiro suficiente para adquiri-la; com certeza seu nível de desejo aumentará de forma considerável, e o mais provável é que aconteça inicialmente um deslize e, no caso de não haver intervenção, uma recaída.

b. *Consumo de outras drogas.* O consumo habitual de álcool e tabaco, assim como de outros fármacos psicoativos, determina outro dos fatores de risco mais importantes. Enquanto o paciente buscar a sensação de "barato", é muito provável que as características do vício se mantenham inalteradas, substituindo a droga de abuso por outras até atingir efeitos similares. Dessa forma, estabelece-se uma clara ocasião para que se desencadeiem deslizes e recaídas.

c. *Atividades de lazer com consumidores de droga conhecidos.* O dependente químico pode manter a abstinência durante um mês ou mais, mas se suas relações interpessoais envolvem consumidores de droga, a recaída e o abandono do tratamento será somente uma questão de tempo. Nesse caso, mudar as relações interpessoais é um objetivo terapêutico prioritário.

d. *Homenagens.* Existem determinadas situações que acontecem ao longo do ano e que são de caráter especial por estarem associadas a um consumo intenso de heroína e/ou cocaína. As mais significativas, por sua associação com as recaídas, são: aniversários, nascimento de um filho, casamento, a celebração de datas comemorativas (por exemplo, Natal, fim de ano) etc.

IV.2.2. Fatores de risco e sinais de aviso

Os fatores de risco e os sinais de aviso sempre aparecem antes que o paciente tenha uma recaída. Quanto antes forem detectados e expostos, mais fácil será adotar as medidas terapêuticas apropriadas e interromper a cadeia de eventos que certamente acabarão em recaída.

Pautas de pensamento e atitudes de recaída

1. *Atitudes negativas.* Existe uma série de pensamentos e atitudes negativas que certamente acabam em recaídas. Por exemplo, comportar-se como um indivíduo que não consome drogas e pensar como um dependente químico. Neste caso, o pensamento vicioso representa uma continuação do estilo de vida de dependente químico; isto é, o paciente pensa, sente e age de forma viciosa, embora não consuma drogas. A seguir, expomos uma série de atitudes e pensamentos relacionados com este aspecto: ter dúvidas sobre o processo de recuperação, autocompaixão, impaciência, esperar demais nos outros, manter uma atitude negativa e de insatisfação crônica, confiar demais em si mesmo, o fato de que a vida não tem sentido sem drogas e/ou manter atitudes e crenças rígidas.

2. *Sentimentos e estado de humor negativos.* São precursores da recaída os sentimentos crônicos não resolvidos de tédio, depressão, solidão, infelicidade, tristeza, raiva, ansiedade e culpa ou lembranças dolorosas e /ou traumáticas.
3. *Idealizar o efeito de "barato" da droga.* A situação de recaída aumenta se o paciente continuar idealizando os efeitos que a droga produzia, recordando de forma seletiva somente os agradáveis (esse efeito é conhecido também como "recordação eufórica").
4. *Pôr à prova o controle pessoal.* Se, ao cabo de várias semanas ou meses, o paciente se mantiver abstinente, é provável que surjam fantasias sobre a possibilidade de voltar a consumir de forma controlada; isto é, pode notar que tem uma percepção de controle pessoal maior sobre seu vício e que os problemas relacionados com o consumo desapareceram.
5. *Desejo de gratificação.* Costuma ser o resultado de enfrentar todos os problemas e dificuldades que a recuperação terapêutica traz implícitos. Em muitos casos, o paciente pode fazer uma demora cognitiva do consumo até que chegue seu aniversário ou celebre uma festa.
6. *Estados de ânimo positivos.* Não somente os sentimentos e estados de humor negativos desencadeiam a recaída, mas sentir-se muito bem ou com um estado de humor positivo um tanto exagerado gera uma falsa sensação de segurança sobre o processo de recuperação. Por exemplo, quando um dependente químico se encontra nesse estado, pode crer que, para ele, é realmente fácil lidar com um consumo esporádico, sem ter de perder o controle.
7. *Problemas sexuais e de relacionamento.* Os problemas sexuais não resolvidos podem ser um fator desencadeante muito comum das recaídas.
8. *Sonhos relacionados com a recaída.* Os sonhos relacionados com as drogas, principalmente os que são muito vívidos e recorrentes, chegam a alterar o processo de recuperação do paciente. Assim, é possível que, ao acordar, o indivíduo tenha uma sensação de ter recaído, chegando a se sentir decepcionado consigo mesmo. Outros sujeitos consideram esses sonhos como uma espécie de profecia, como uma indicação de que não estão suficientemente motivados para continuar com o tratamento. De fato, essas interpretações e crenças preparam o cenário para uma recaída.

Comportamentos de alto risco

Geralmente, um paciente desenvolve, de forma não intencional, uma série de comportamentos ao longo do tratamento que o levam a uma situação de alto risco na qual o mais normal é o consumo de droga, atribuindo a responsabilidade do acontecido aos outros (por exemplo, aceitar um convite para uma festa na qual sabe com certeza que seus amigos vão-se drogar).

Existem outras reações características que devem ser analisadas para poder prevenir possíveis recaídas. As mais importantes são: reagir de forma exagerada diante de deslizes e recaídas, os comportamentos impulsivos, outros vícios e/ou compulsões (por exemplo, alcoolismo, abuso de outras substâncias psicoativas diferentes da heroína e/ou cocaína, sexualidade compulsiva, iniciar constantemente novas relações que duram alguns dias), as mudanças graduais no estilo de vida (por exemplo, chegar tarde às sessões, diminuir o nível de atividade em casa, deixar de fazer a programação semanal de atividades, ficar em casa muito pensativo sentado em um sofá, criticar constantemente o programa de tratamento).

IV.3. *Procedimentos de intervenção em prevenção de recaídas*

Desde o surgimento do modelo original sobre prevenção de recaídas desenvolvido por Marlatt e Gordon (1985), diversos estudos demonstraram que as recaídas, de fato, podem ser prevenidas e não só através de um único procedimento de prevenção, mas através de grande quantidade de técnicas e programas igualmente válidos.

a. *Educação sobre a prevenção de recaídas.* É importante educar o paciente diante do primeiro sinal que exista de um possível deslize, analisando que tipo de situações de alto risco existem em seu ambiente que podem levá-lo a uma recaída. Também devem ser abordados atitudes, pensamentos e comportamentos que podem resultar em uma recaída e as possíveis estratégias de atuação diante de cada uma delas. Neste ponto, é necessário recordar que esse aspecto educativo da terapia é mais eficaz se baseado na experiência pessoal do paciente.

b. *Vigiar situações de alto risco.* Uma habilidade importante para prevenir as recaídas é o auto-registro de situações, pensamentos, comportamentos, sentimentos e estados de humor do paciente ao longo do processo terapêutico de recuperação. Embora seja difícil de conseguir, a realização dos auto-registros ajuda o dependente químico a reconhecer com antecedência os sinais de aviso e os fatores de risco que dão lugar a um deslize ou a uma recaída.

c. *Controle de falhas ocasionais ou deslizes.* A maioria dos viciados em tratamento cede à tentação em determinadas ocasiões. Como já comentamos, esses deslizes, caso não haja intervenção, podem tornar-se uma autêntica recaída. Se o indivíduo considerar os deslizes como um fracasso, uma debilidade pessoal ou uma prova de falta de "força de vontade", então a probabilidade de recaída aumenta. Se, ao contrário, a falha é vista como um erro com o qual é possível aprender para o futuro e que ajuda na recuperação terapêutica, provavelmente possa evitar a recaída posterior. Portanto, é preciso atuar de forma terapêutica com o dependente químico treinando-o em estratégias de enfrentamento diante do aparecimento de falhas ou deslizes ocasionais.

d. *Contrato de contingências para prevenir recaídas.* Esse tipo de técnica pode ser de grande utilidade, principalmente com pacientes que acham muito difícil superar um simples deslize. Um contrato de recaídas consiste fundamentalmente na aplicação dos procedimentos de manipulação de contingências e representa uma forma de acordo entre o terapeuta, o paciente e a família sobre os passos a seguir no caso de acontecer um deslize ou recaída. Esse contrato proporciona um método de formalizar ou de reforçar o compromisso do paciente para mudar. É de grande utilidade com indivíduos caracterizados por um alto nível de ambivalência com relação à superação do vício, principalmente naqueles que se encontram no início do tratamento na etapa de "contemplação" ou que, quando recaem, voltam a esse estágio de mudança. Para esses pacientes, o contrato especifica as exigências e os procedimentos a seguir no caso de acontecer um deslize ou uma recaída. Além disso, o custo de resposta de um deslize inicial pode aumentar, incluindo uma cláusula no contrato que determine as multas ou outras punições a cumprir no caso de acontecer.

Segundo Marlatt (1985*d*), esse tipo de contrato deve considerar os seguintes aspectos:
– em alguns casos, o contrato deve incluir uma cláusula com certos custos ou multas por empreender o comportamento proibido; o paciente deve aceitar retardar vinte minutos o primeiro consumo contados a partir da primeira tentação; esse tempo deve ser usado para refletir e reconsiderar a situação e o comportamento de recaída como uma escolha ou decisão mais que como uma reação passiva às pressões externas e/ou ao desejo interior de consumir;
– o paciente deve concordar que, se acontecer o deslize, tratar-se-á de uma simples dose da substância;
– deve-se comprometer a esperar várias horas ou um dia antes de continuar consumindo, pois o tempo que transcorre desde o primeiro deslize é crucial para prevenir uma recaída completa e, além disso, é aqui que a maioria dos pacientes experimenta o "efeito da violação da abstinência"; durante esse período, o paciente tem de aplicar procedimentos cognitivos de reatribuição e outras técnicas que o terapeuta considere apropriadas para essa situação;
– o contrato deve ter uma data de finalização, sem que esta seja nem muito curta nem muito longa, devendo ser revisada aproximadamente a cada mês; se o contrato deu bons resultados, a data de encerramento pode tornar-se uma ocasião para consumir e recair, por isso o terapeuta deve se antecipar, tomando medidas de segurança no período de finalização.

e. *Planejar crises e recaídas.* Basicamente, trata-se de um procedimento de extinção cognitivo-comportamental. Marlatt (1985*d*) recomenda ensaiar um ou vários episódios de recaída, seja de forma imaginária ou simulada, com a finalidade de extinguir as expectativas autodestrutivas que podem acarretar um deslize ocasional antes de chegar a uma recaída completa e, dessa maneira, antecipar-se e preparar-se para enfrentar situações e comportamentos de alto risco. Para isso, pede-se ao paciente que imagine vividamente possíveis cenários de recaída, descrevendo passo a passo como seria a situação, onde e com quem estaria, que sentimentos provocariam e que alternativas teria disponíveis para enfrentar com sucesso o deslize e/ou recaída. Essa técnica de intervenção imaginária ajuda o paciente a começar a pôr em funcionamento as técnicas de auto-observação e enfrentamento e a imaginar a si mesmo enfrentando essas situações (*modelação encoberta*), gerando antecipadamente os comportamentos que poria em funcionamento para superar com sucesso essa situação.

Posteriormente, procede-se ao desenvolvimento simulado de uma ou várias situações prováveis de alto risco que levam à recaída. Isso representará para o paciente a ocasião de pôr em funcionamento novas respostas alternativas diante das crises que se apresentarem (por exemplo, filmando em vídeo a cena de *role playing*). Com isso, consegue aumentar sua própria auto-eficácia ao ver a si mesmo com um maior controle sobre a situação.

Supondo que o paciente cometa um deslize ou recaia, o terapeuta deve realizar uma análise funcional em profundidade com o paciente e a família sobre a situação e os comportamentos implicados no acontecimento. Pode-se realizar também um exercício para reproduzir a situação de recaída e praticar quais seriam as técnicas de enfrentamento mais eficazes em nível comportamental, cognitivo e emocional para superá-la.

Em determinados casos, durante a intervenção psicossocial, a programação de uma recaída planejada pode ser de grande eficácia terapêutica. Essa técnica, em palavras de Marlatt (1985*d*) define-se como: "Um procedimento designado para acentuar o sentido individual de responsabilidade pessoal e escolha na automanipulação de um hábito de vício" (p. 260). Esse tipo de procedimento é utilizado com pacientes nos quais, apesar de todos os esforços terapêuticos, a recaída é iminente e inevitável. Para Marlatt (1985*d*), a programação de uma recaída tem as seguintes vantagens: a) em uma recaída não programada a substância tem um efeito "mágico" para enfrentar uma situação conflitiva, enquanto que na programada, a responsabilidade muda da substância para uma escolha pessoal, isto é, o consumo é uma escolha pessoal e uma forma alternativa de enfrentar a situação; b) ao planejar a recaída em uma situação e em um período sem estresse, aumenta a probabilidade de desconfirmar as expectativas de resultado positivas para os efeitos antecipados da substância viciante, já que o paciente espera que a substância alivie a ansiedade e a tensão que uma situação de alto risco gera. Se se programar em uma situação neutra e segura, essas expectativas serão invalidadas, pois não existirá uma necessidade de reduzir ou eliminar um estado afetivo negativo gerado por uma situação estressante; c) proporciona ao paciente a ocasião para experimentar reações comportamentais e cognitivas ao deslize (o "efeito de violação da abstinência") e ensaiar e praticar técnicas de enfrentamento aprendidas. O procedimento a seguir nesse caso assemelha-se ao empregado nas técnicas de exposição ao sinal e prevenção de resposta aplicados ao desábito psicológico, mas agora com o objetivo de prevenir uma recaída.

f. *Continuar com o programa de modificação do estilo de vida.* Como expusemos anteriormente, a modificação do estilo de vida começa no mesmo momento em que o paciente entra em contato com o programa de intervenção terapêutica, independentemente da etapa de mudança em que se encontre. Como norma geral, o terapeuta negocia com o paciente e a família as atividades que se ajustem mais às próprias necessidades e preferências do paciente. Assim, se um indivíduo tem um alto nível de tensão física, recomenda-se praticar algum esporte junto com técnicas de relaxamento. É importante adotar uma atitude de flexibilidade e negociação para escolher as atividades a realizar para mudar o estilo de vida. Do contrário, se o paciente parte de metas irreais ou inatingíveis, segundo a etapa de mudança na qual se encontre, o mais provável é que fracasse. Para realizar a mudança de estilo de vida é importante conhecer os gostos do paciente para que comece a utilizar os recursos comunitários da cidade.

g. *Reestruturação cognitiva.* Como comentamos anteriormente, certas distorções cognitivas podem gerar sentimentos e comportamentos inadequados que desencadeiam e/ou promovem a ocasião para um deslize ou recaída. Essas distorções podem ser de diferentes formas:

– generalizar ou levar ao extremo as implicações de certas situações ou acontecimentos;
– adotar uma responsabilidade excessiva por problemas e faltas que estão além de seu controle;
– preocupar-se em excesso e de forma desnecessária com problemas que antecipa; considerar as coisas em termos dicotômicos, preto ou branco;
– adotar uma atitude perfeccionista com relação ao processo de recuperação, considerando a mais mínima falha como uma debilidade pessoal. Esse tipo de atitude, se não sofrer intervenção, pode desencadear uma recaída.

As técnicas de reestruturação cognitiva possibilitam ao paciente a oportunidade para reformular os problemas gerando alternativas de solução. O objetivo consiste em mudar o pensamento vicioso por outro caracterizado por habilidades de solução de problemas e de estratégias de enfrentamento mais eficazes.

h. *Revisar os procedimentos de exposição e de manipulação do desejo.* No caso de uma recaída, é recomendável deixar de realizar técnicas de exposição aos sinais relacionados com o consumo de drogas, pois a exposição a esse tipo de estímulos, tendo ocorrido um deslize, aumenta de forma excessiva o desejo e, provavelmente, desencadeará uma recaída. Se não se dispõe de uma estrutura de apoio suficiente para garantir que não se dê o consumo de droga, é melhor não aplicar novamente esse tipo de técnica até que o paciente retome o programa terapêutico e continue abstinente por pelo menos quinze dias.

Em resumo, os diferentes procedimentos de intervenção enumerados para usar na prevenção de deslizes e recaídas são alguns dos muitos disponíveis na literatura, mas o importante é ter em conta que o processo de recuperação do dependente químico não é linear, mas circular, como assinalaram Prochaska e DiClemente. Durante os três primeiros meses de tratamento aparecem deslizes ocasionais e, às vezes, recaídas que podem levar ao abandono do tratamento.

V. CONCLUSÕES

A intervenção terapêutica com dependentes químicos, do ponto de vista de uma aproximação cognitivo-comportamental, tenta, antes de tudo, determinar o estágio e os processos de mudança nos quais se encontra o indivíduo no momento de iniciar o programa terapêutico. De nada serve aplicar procedimentos e técnicas de intervenção se o paciente não está preparado para assumir uma mudança drástica em sua vida em relação à dependência química. Somente assim os procedimentos e técnicas expostos neste capítulo terão utilidade clínica para abordar com sucesso essa problemática social.

A estratégia geral da prevenção de recaídas consiste em ajudar os dependentes químicos em situação de crise a ir além de um simples raciocínio intelectual da recaída, a conseguir uma aceitação interiorizada do problema que os afeta e de suas implicações em diferentes níveis (pessoal, familiar, interpessoal). A aceitação dos deslizes ou recaídas, por parte do paciente, facilita a abertura e a possibilidade de utilizar as estratégias da prevenção de recaídas com a finalidade de atingir um compromisso maior para manter a abstinência e as conquistas terapêuticas. Nesse tipo de paciente, nunca se deve perder de vista a possibilidade de uma recaída, não importa quanto tempo tenha estado abstinente, quão motivado esteja e quão estável pareça ser seu processo de recuperação. É preciso lembrar que a vulnerabilidade à recaída diminui de forma gradual ao longo dos anos de recuperação, mas nunca desaparece completamente. No fundo, além dos procedimentos de avaliação e intervenção em prevenção de recaídas, subjaz o objetivo de atingir uma mudança significativa no estilo de vida, nas atitudes, nos valores, na forma de pensar sobre si mesmo e o mundo e em como enfrentar e solucionar os problemas do dia-a-dia.

Também queremos ressaltar que nenhum dos procedimentos expostos tem uma utilidade clínica superior aos demais, e que, por ser a dependência química um fenômeno com manifestações múltiplas, o sucesso terapêutico quase sempre será garantido mediante a utilização simultânea de múltiplas técnicas e procedimentos de intervenção integrados em um processo global de mudança.

REFERÊNCIAS BIBLIOGRÁFICAS

Beck, A. T., Rush, A. J., Shaw, B. F. y Emery, G. (1983). *Terapia cognitiva de la depresión.* Bilbao: Desclée de Brouwer (Orig. 1979).

Bem, D. J. (1972). Self-perception theory. En L. Berkowitz (dir.), *Advances in experimental social psychology*, vol. 6. Nueva York: Academic Press.

Brownell, K. D., Marlatt, G. A., Lichtenstein, E. y Wilson, G. T. (1986). Understanding and preventing relapse. *American Psychologist, 41,* 765-782.

Cautela, J. R. (1967). Covert sensitisation. *Psychological Reports, 20,* 459-468.

Chiauzzi, E. J. (1991). *Preventing relapse in the addictions: A biopsychosocial approach.* Nueva York: Pergamon.

Childress, A. R., Hole, A. V., Ehrman, R. N., Robbins, S. J., McLellan, A. T. y O'Brien, C. P. (1993). Reactividad ante estímulos en la dependencia de la cocaína y de los opiáceos: Visión general de las estrategias para afrontar los deseos irresistibles de droga y la excitación condicionada. En M. Casas y M. Gossop (dirs.), *Recaída y prevención de recaídas.* Sitges: Ediciones en Neurociencias.

Cummings, C., Gordon, J. R. y Marlatt, G. A. (1980). Relapse prevention and prediction. En

W. R. Miller (dir.). *The addictive behaviors: treatment of alcoholism, drug abuse, smoking and obesity.* Nueva York: Pergamon.

Deffenbacher, J. L. y Lynch, R. S. (1998). Intervención cognitivo-conductual para el control de la ira. En V. E. Caballo (dir.), *Manual para el tratamiento cognitivo-conductual de los trastornos psicológicos,* vol. 2. Madrid: Siglo XXI.

Donegan, N., Rodin, J., O'Brien, C. P. y Solomon, R. L. (1983). A learning theory approach to commonalities. En P. K. Levison, D. R. Gerstein, y D. R. Maloff (dirs.), *Commonalities in substance abuse and habitual behavior.* Lexington, MA: Lexington Books.

Early, P. H. (1991). *The cocaine recovery book.* Londres: Sage.

Festinger, L. (1964). *Conflicts, decision and dissonance.* Stanford, California: Stanford University Press.

García, A. y Graña, J. L. (1987*a*). Reinserción social a nivel individual. En P. F. Ramos, A. García, J. L. Graña y D. Comas (dirs.), *Reinserción social y drogodependencias.* Barcelona: Asociación para el Estudio y Promoción del Bienestar Social.

García, A. y Graña, J. L. (1987*b*). Prevención de recaídas: una perspectiva comunitaria. En P. F. Ramos, A. García, J. L. Graña y D. Comas (dirs.), *Reinserción social y drogodependencias.* Barcelona: Asociación para el Estudio y Promoción del Bienestar Social.

Graña, J. L. (1991). *Diseño y valoración de un programa de intervención psicosocial en drogodependencias.* Madrid: Ediciones de la Universidad Autónoma de Madrid.

Graña, J. L. (1994*a*). Intervención conductual individual en drogodependencias. En J. L. Graña (dir.), *Conductas adictivas: teoría, evaluación y tratamiento.* Madrid: Debate.

Graña, J. L. (1994*b*). Intervención conductual grupal en drogodependencias. En J. L. Graña (dir.), *Conductas adictivas: teoría, evaluación y tratamiento.* Madrid: Debate.

Graña, J. L. (1994*c*). Prevención de recaídas en drogodependencias. En J. L. Graña (dir.), *Conductas adictivas: teoría, evaluación y tratamiento.* Madrid: Debate.

Graña, J. L. (1994*d*). Intervención conductual familiar en drogodependencias. En J. L. Graña (dir.), *Conductas adictivas: teoría, evaluación y tratamiento.* Madrid: Debate.

Hogdson, R. y Miller, P. (1984). *La mente drogada: cómo liberarse de las dependencias.* Madrid: Debate.

Kasvikis, Y., Bradley, B., Powell, J., Marks, I. *et al.* (1991). Postwithdrawal exposure treatment to prevent relapse in opiate addicts: A pilot study. *International Journal of Addictions, 26,* 1187-1195.

Marlatt, G. A. (1985*a*). Relapse prevention: Theoretical rationale and overview of the model. En G. A. Marlatt y J. R. Gordon (dirs.), *Relapse prevention.* Nueva York: Guilford.

Marlatt, G. A. (1985*d*). Cognitive assessment and intervention procedures for relapse prevention. En G. A. Marlatt y J. R. Gordon (dirs.), *Relapse prevention.* Nueva York: Guilford.

Marlatt, G. A. (1985*e*). Lifestyle modification. En G. A. Marlatt y J. R. Gordon (dirs.), *Relapse prevention.* Nueva York: Guilford.

Marlatt, G. A. (1993). La prevención de recaídas en las conductas adictivas: Un enfoque de tratamiento cognitivo-conductual. En M. Casas y M. Gossop (dirs.), *Recaída y prevención de recaídas.* Sitges: Ediciones en Neurociencias.

Marlatt, G. A. y Gordon, J. R. (dirs.) (1985). *Relapse prevention.* Nueva York: Guilford.

Meichenbaum, D. (1987). *Manual de inoculación de estrés.* Barcelona: Martínez Roca.

Miller, W. R. y Heather, N. (1986). *Treating addictive behaviors. Processes of change.* Nueva York: Plenum.

Miller, W. R. y Rollnick, S. (1991). *Motivational interviewing.* Nueva York: Guilford.

Mother, I. y Weitz, A. (1986). *Cómo abandonar las drogas.* Barcelona: Martínez Roca.

Muñoz-Rivas, M. J. (1997). Aplicación clínica de la técnica de exposición en un caso de adicción a la heroína. *Adicciones, 9,* 347-362.

Negrete, J. y Sherif, E. (1992). Cue-evoked arousal in cocaine users: A study of variance and predictive value. *Drug and Alcohol Dependence, 30,* 187-192.

Novaco, R. W. (1979). The cognitive regulation of anger and stress. En P. C. Kendall y S. D. Hollon (dirs.), *Cognitive-behavioral interventions: theory, research, and procedures.* Nueva York: Academic.

O'Brien, C. P. (1975). Experimental analysis for conditioning factors in human narcotic addiction. *Pharmacological Review, 27,* 535-543.

O'Brien, C. P., Childress, A. R., McLellan, A. T. y Ehrman, R. N. (1990). Integrating systematic cue exposure with standard treatment in recovering drug dependent patients. *Addictive Behaviors, 15,* 355-365.

Orford, J. (1985). *Excessive appetites: A psyclological view of addictions.* Nueva York: Wiley.

Pavlov, I. P. (1927). *Conditioned reflexes.* Londres: Oxford University.

Peele, S. (1988). *Visions of Addiction: Major contemporary perspective on addiction and alcoholism.* Lexington, Mass.: Lexington Books.

Plan Nacional sobre Drogas (1992). *Actuar es posible.* Madrid: Delegación del Gobierno para el Plan Nacional sobre Drogas. Ministerio de Sanidad y Consumo.

Pomerleau, O. F. y Pomerleau, C. S. (1987). A biobehavioral view of substance abuse and addiction. *Journal of Drug Issues, 17,* 111-131.

Prochaska, J. O. (1984). *Systems of psychotherapy: A transtheoretical analysis* (2.ª edición). Homewood, Ill.: Dorsey.

Prochaska, J. O. y DiClemente, C. C. (1982). Transtheoretical therapy: Toward a more integrative model of change. *Psychotherapy: Theory, Research, and Practice, 19,* 276-288.

Prochaska, J. O. y DiClemente, C. C. (1984). *The transtheoretical approach: Crossing the traditional boundaries of therapy.* Homewood, Illinois: Dorsey.

Prochaska, J. O. y DiClemente, C. C. (1986). Toward a comprehensive model of change. En W. R. Miller y N. Heather (dirs.), *Treating addictive behaviors: Processes of change.* Nueva York: Plenum.

Prochaska, J. O. y DiClemente, C. C. (1992). Stages of change in the modification of problem behaviors. En M. Hersen, R. M. Eisler y P. M. Miller (dirs.), *Progress in behavior modification.* Newvury Park, Calif.: Sage.

Prochaska, J. O., DiClemente, C. C. y Norcross, J. C. (1992). In search of how people change. Applications to addictive behaviors. *American Psychologist, 47,* 1102-1114.

Prochaska, J., Norcross, J. y DiClemente, C. (1994). *Changing for good.* Nueva York: Morrow.

Prochaska, J. O. y Prochaska, J. M. (1993). Modelo transteórico de cambio para conductas adictivas. En M. Casas y M. Gossop (dirs.), *Recaída y prevención de recaídas.* Sitges: Ediciones en Neurociencias.

Rosen, T. J. y Shipley, R. H. (1983). A stage analysis of self-initiated smoking reduction. *Addictive Behaviors, 8,* 263-272.

Schneider, R. J. y Khantzian, E. (1992). Psychotherapy and patient needs in the treatment of alcohol and cocaine abuse. En M. Galanter (dir.), *Recent developments in alcoholism.* Nueva York: Plenum.

Siegel, S. (1976). Morphine analgesic tolerance: Its situation specificity supports a Pavlovian conditioning model. *Science, 193,* 323-325.

Stall, R. y Biernacki, P. (1986). Spontaneous remission from the problematic use of substances: An inductive model derived from a comparative analysis of the alcohol, opiate, tabacco, and food/obesity literatures. *International Journal of Addictions, 21,* 1-23.

Tejero, A. P. y Trujols, J. A. (1994). El modelo transteórico de Prochaska y DiClemente: un modelo dinámico del cambio en el ámbito de las conductas adictivas. En J. L. Graña (dir.), *Conductas adictivas: teoría, evaluación y tratamiento.* Madrid: Debate.

Wikler, A. (1948). Recent progress in research on the neurophysiologic basis of morphine addiction. *American Journal of Psychiatry, 105,* 329-338.

Wikler, A. (1965). Conditioning factors in opiate addiction and relapse. En D. I. Wilner y G. G. Jassebaum (dirs.), *Narcotics.* Nueva York: McGraw-Hill.

Wikler, A. (1980). *Opioid dependence: Mechanisms and treatment.* Nueva York: Plenum.

Zuckerman, M. (1984). Sensation seeking: A comparative approach to a human trait. *The Behavioral and Brain Sciences, 7,* 413-471.

LEITURAS PARA APROFUNDAMENTO

Becoña, E., Rodríguez, A. y Salazar, I. (coord.) (1994). *Drogodependencias. Vol. I: Introducción.* Santiago de Compostela: Universidade de Santiago de Compostela.

Becoña, E., Rodríguez, A. y Salazar, I. (coord.) (1995). *Drogodependencias. Vol. II: Drogas legales.* Santiago de Compostela: Universidade de Santiago de Compostela.

Becoña, E., Rodríguez, A. y Salazar, I. (coord.) (1996). *Drogodependencias. Vol. III: Drogas ilegales.* Santiago de Compostela: Universidade de Santiago de Compostela.

Graña, J. L. (dir.) (1994). *Conductas adictivas: teoría, evaluación y tratamiento.* Madrid: Debate.

Navarro, R. (1992). *Cocaína: aspectos clínicos, tratamiento y rehabilitación.* Lima: Libro Amigo.

TERAPIA COGNITIVO-COMPORTAMENTAL PARA OS TRANSTORNOS DA ALIMENTAÇÃO

DONALD A. WILLIAMSON, CHERYL F. SMITH e JANE M. BARBIN[1]

I. INTRODUÇÃO

Uma característica básica da anorexia e da bulimia nervosas é o excesso de preocupação pelo tamanho e forma do corpo. Pesquisas recentes centraram-se no temor à gordura e nas perturbações da imagem corporal como fatores motivacionais que determinam os comportamentos de comer pouco e os purgantes (Rosen, 1992). A terapia cognitivo-comportamental (TCC) para os transtornos alimentares tenta modificar as características cognitivas, emocionais e comportamentais desses transtornos.
As descrições da anorexia e da bulimia nervosas incluídas na 4ª edição do *Manual diagnóstico e estatístico dos transtornos mentais (DSM-IV)* (APA, 1994) são apresentadas nos quadros 6.1 e 6.2.

II. A ANOREXIA NERVOSA

A anorexia nervosa tem as características básicas de: *a.* recusa a manter um peso mínimo do corpo, *b.* um temor intenso de ganhar peso, *c.* uma percepção distorcida da imagem corporal, e *d.* amenorréia nas mulheres. Os subtipos da anorexia foram descritos no *DSM-IV: a.* o tipo restritivo, no qual não ocorre o comportamento de empanturrar-se ou purgar-se, e *b.* o tipo empanturrar-se/purgar-se, no qual se dão as duas ou um dos dois comportamentos bulímicos. A maioria dos pacientes diagnosticados com anorexia nervosa utiliza freqüentemente restrições para comer e exercícios excessivos para atingir e manter seu baixo peso. Aproximadamente 50% dos pacientes com anorexia também se empanturram e a seguir se purgam por meio de vômitos, com a finalidade de impedir o ganho de peso (Garfinkel, Moldofsky e Garner, 1979; Halmi e Falk, 1982).

III. A BULIMIA NERVOSA

A bulimia nervosa caracteriza-se pelos episódios recorrentes de ataques de gula incontrolados. Esses episódios de ingestão voraz são freqüentemente seguidos pelo uso de

---

[1]Louisiana State University e Our Lady of the Lake Regional Medical Center (EUA).

Quadro 6.1. Resumo dos critérios diagnósticos do DSM-IV para a anorexia nervosa

A. Recusa de manter um peso corporal normal mínimo.

B. Temor intenso de ganhar peso ou tornar-se obeso.

C. Distorção da imagem corporal ou da percepção do peso.

D. Amenorréia durante pelo menos três ciclos menstruais consecutivos.

Tipo restritivo: Durante o episódio de anorexia nervosa, a pessoa não realiza habitualmente o comportamento de empanturrar-se ou purgar-se.

Tipo empanturrar-se/purgar-se: Durante o episódio de anorexia nervosa, a pessoa realiza habitualmente o comportamento de empanturrar-se ou purgar-se.

Quadro 6.2. Resumo dos critérios diagnósticos do DSM-IV para a bulimia nervosa

A. Ataques de gula recorrentes, caracterizados pelos dois sintomas seguintes:

1. Ingestão de alimento, em um curto espaço de tempo, em quantidade superior à que a maioria das pessoas comeria.

2. Sensação de perda de controle sobre o comportamento de comer durante o episódio de ingestão voraz.

B. Comportamento compensatório inapropriado para evitar ganho de peso, como provocação do vômito, uso excessivo de laxantes, diuréticos, enemas ou outros fármacos; jejum ou exercícios excessivos.

C. Os ataques de gula e os comportamentos compensatórios inapropriados ocorrem, em média, pelo menos duas vezes por semana durante três meses.

D. Distorção da imagem corporal.

E. A perturbação não ocorre exclusivamente durante os episódios de anorexia nervosa.

Tipo purgante: Durante o episódio de bulimia nervosa, a pessoa provoca vômito ou utiliza em excesso os laxantes, os diuréticos ou os enemas.

Tipo não purgante: Durante o episódio de bulimia nervosa, a pessoa utiliza outros comportamentos compensatórios inapropriados, como o jejum ou os exercícios excessivos.

métodos purgativos para controlar o ganho de peso. Esses métodos de controle do peso freqüentemente tomam a forma de vômitos provocados, exercícios excessivos, restrições nas refeições e a utilização de laxantes e diuréticos.

A bulimia foi introduzida pela primeira vez no sistema diagnóstico do *DSM-III* (APA, 1980) como categoria diagnóstica própria. Durante os 14 anos seguintes debateu-se a descrição mais apropriada para a bulimia. Os critérios diagnósticos do *DSM-IV* descrevem dois subtipos de bulimia nervosa, os tipos purgante e não purgante. O subtipo purgante descreve os pacientes que combatem os ataques de gula por meio de episódios regulares de vômitos auto-induzidos ou abuso de laxantes ou diuréticos. O subtipo não purgante descreve os pacientes que jejuam ou fazem exercícios de modo excessivo, com a finalidade de compensar os episódios do comportamento de empanturrar-se, mas que normalmente não abusam de laxantes, diuréticos ou que não utilizam o vômito provocado por si mesmo para controlar o peso corporal. No *DSM-IV*, um diagnóstico de anorexia nervosa prevalece sobre um de bulimia nervosa.

IV. TRANSTORNO ALIMENTAR NÃO ESPECIFICADO (NE)

No *DSM-IV* (APA, 1994), a categoria de Transtorno alimentar não especificado é considerada como uma categoria de diagnóstico "subliminar" e refere-se aos transtornos de alimentação que não cumprem os critérios de um transtorno de alimentação específico. Os pacientes incluídos nessa categoria podem apresentar uma mistura das características clínicas da bulimia e da anorexia nervosas e/ou podem experimentar um transtorno alimentar menos grave (Wlliamson, Rabalais e Bentz, 1996). Williamson, Gleaves e Savin (1992) pesquisaram mulheres diagnosticadas com um transtorno alimentar, segundo os critérios do *DSM-III*, e identificaram três subgrupos diferentes de sujeitos diagnosticados com transtornos de alimentação não especificados. Esses subtipos incluíam: *a.* um subliminar da anorexia nervosa, que diferia da anorexia nervosa por ter um maior peso corporal, *b.* bulimia nervosa não purgante, na qual havia uma ausência de vômitos provocados pelo próprio sujeito, e *c.* transtorno de alimentação por ataques de gula, que consistia em indivíduos obesos que se empanturravam, mas que não empregavam os vômitos ou os exercícios extremos para controlar a obesidade. O *DSM-IV* proporciona alguns outros exemplos de transtornos alimentares não especificados, como, por exemplo, pacientes que purgam pequenas quantidades de comida ou casos nos quais cumprem-se todos os critérios para a anorexia nervosa, mas há menstruações regulares.

V. TERAPIA COGNITIVO-COMPORTAMENTAL PARA OS TRANSTORNOS ALIMENTARES

V.1. *História do tratamento dos transtornos alimentares*

Foi desenvolvida uma série de terapias psicológicas para o tratamento da anorexia e da bulimia nervosas. A pesquisa sobre esses enfoques de tratamento foi feita desde os anos 1970. Os estudos com grupo controle sobre esses enfoques foram realizados principalmente com pacientes com bulimia, devido aos riscos para a saúde associados à indicação de pacientes com anorexia a grupos placebo ou sem tratamento. A maioria da pesquisa sobre o tratamento foi centrada nas terapias cognitivo-comportamentais e nas farmacológicas (Williamson, Sebastian e Varnado, no prelo). A terapia estruturada de curto prazo, como a terapia interpessoal, evoluiu também nos últimos anos.

V.2. As bases teóricas da terapia cognitivo-comportamental

As teorias cognitivo-comportamentais da anorexia e da bulimia nervosas sustentam que a ansiedade com relação a ganhar peso impulsiona métodos extremos para o controle do peso (Rosen, 1992; Slade, 1982; Williamson, 1990). Os pacientes diagnosticados com anorexia e bulimia nervosas fazem exercícios em excesso, têm comportamentos purgativos e restringem sua alimentação para controlar o ganho de peso e reduzir a ansiedade. Na anorexia nervosa, a inanição conduz normalmente à supressão do apetite e o paciente é capaz então de diminuir a ingestão de calorias, reduzindo ao mesmo tempo os temores de ganhar peso. Na bulimia nervosa, os ataques de gula desenvolvem-se freqüentemente depois de um período de restrição de comida, o que tem como conseqüência fome, um apetite voraz e privação de energia. A interrupção dessa limitação da comida é desencadeada freqüentemente pelo mal-estar emocional ou a ingestão de alimentos proibidos. O comportamento purgante diminui a ansiedade resultante dos ataques de gula. Aquele comportamento produz também uma diminuição de nutrientes ao corpo e pode reduzir o metabolismo basal (Bennett, Williamson e Powers, 1989).

Com o tempo, desenvolve-se, amiúde, um padrão cíclico de restrição de alimento, ataques de gula e comportamentos purgantes, e a terapia de comportamento cognitiva está desenhada para romper esse ciclo de comportamentos. Da perspectiva cognitivo-comportamental, os comportamentos purgantes e a dieta são negativamente reforçados ao diminuir a ansiedade com relação a ganhar peso (Williamson, 1990). Considera-se que os ataques de gula são mantidos por uma redução do afeto negativo, além dos efeitos prazerosos do ato de comer (Heatherton e Baumeister, 1991).

Recentemente, as teorias sobre a imagem corporal dos transtornos alimentares foram centradas em uma perturbação da imagem corporal como a motivação principal do comportamento alimentar perturbado. Rosen (1992) propôs a hipótese de que a anorexia e a bulimia nervosas são manifestações de um transtorno da imagem corporal geral similar ao que seria o transtorno dismórfico corporal. Essa distorção da imagem corporal pode se manter pelo desvio da atenção à informação consistente com as crenças de que a figura corporal própria não é atrativa. A partir dessa perspectiva, surgem mudanças comportamentais, tais como evitar usar vestidos provocantes, a restrição da socialização e a evitação da intimidade sexual, provenientes dos esforços por diminuir a disforia corporal.

A partir dessas proposições cognitivo-comportamentais, pôs-se à prova uma série de técnicas de tratamento. Esses enfoques são resumidos a seguir. As técnicas comportamentais e as cognitivas são descritas em separado. O leitor deve lembrar que a maioria dos estudos sobre TCC combinou uma série dessas técnicas comportamentais e cognitivas.

V.3. As técnicas comportamentais

O planejamento das refeições

Ensinar o paciente a planejar refeições equilibradas é essencial para incentivar hábitos alimentares sadios (Wilson e Fairburn, 1993). Inicialmente, recomenda-se que um nutricionista prepare o plano de refeições para garantir que a ingestão de calorias seja suficiente para ganhar peso (em pacientes com anorexia nervosa) e para ressaltar a importância de fazer três refeições nutritivas (Beumont, O'Connor, Touyz e Williams, 1987; Schlundt e Johnson, 1990). Educar o paciente sobre o equilíbrio energético e o planejamento das refeições pode modificar suas suposições errôneas sobre a comida e o ganho de peso. O paciente assume gradualmente sua responsabilidade pelo planejamento das refeições depois de aprender a incorporar uma ampla variedade de alimentos à dieta.

Empregando a fórmula derivada de Harris e Benedict (1919) é possível determinar as necessidades de calorias de um indivíduo para manter o peso corporal atual. Para conseguir ganhar meio quilo por semana, podem ser acrescentados 500 kcal/dia à dieta da pessoa. Encontramos que os objetivos das calorias podem aumentar gradualmente de 200 a 500 kcal/dia até um máximo de 3.500 a 4.000 kcal/dia. Nesses níveis de calorias, a maioria dos pacientes com anorexia ganhará cerca de uma semana e meia. A figura 6.1 mostra o formato de planejamento das refeições que utilizamos nos programas de hospitalização total e parcial. Durante a terapia de grupo para o planejamento das refeições, o nutricionista prescreve os alimentos que devem ser ingeridos (nas etapas iniciais do tratamento) ou ajuda o paciente (mais tarde, durante o tratamento) a selecionar os alimentos com base em um programa de mudança dietética. Nas refeições ou nos lanchinhos, um membro da equipe registra os alimentos que devem ser escolhidos ou servidos. De forma ideal, esses alimentos deveriam coincidir com os que foram planejados. Depois que o paciente terminar de comer, esse mesmo membro da equipe registra a porcentagem de cada alimento consumido, anota observações e assina seus registros. No período de 24 horas que se segue, o nutricionista calcula a ingestão total de calorias. Esses dados são comparados com as mudanças no peso, com a finalidade de continuar o progresso para a restituição do peso original. Para mais detalhes sobre esses procedimentos, o leitor pode recorrer a Williamson (1990).

Outro objetivo relacionado com o planejamento das refeições é a variação dos alimentos consumidos por pacientes com anorexia e bulimia. As pessoas com um transtorno alimentar freqüentemente comem com um estilo rígido, quase ritual. Freqüentemente ingerem quase os mesmos alimentos em cada refeição e evitam certos "alimentos proibidos", a menos que tentem purgar-se depois de comer (Williamson, 1990). Um método de tratamento que pode ser usado para modificar os temores sobre a ingestão de certos alimentos denomina-se *exposição com prevenção de resposta*. Esse enfoque de tratamento é descrito mais detalhadamente um pouco mais adiante. Quando se planejam as refeições, tentamos introduzir sistematicamente na dieta do paciente os alimentos proibidos, começando com os alimentos menos temidos e progredindo ao longo da terapia até os alimentos mais temidos. Pode-se desenvolver uma hierarquia de alimentos proibidos utilizando o formato mostrado na figura 6.2. Essa hierarquia é preparada consultando o paciente. Os alimentos que produzem apenas pequenas quantidades de ansiedade e temor de ganhar peso devem ser consumidos durante as primeiras fases do tratamento. Os alimentos mais temidos são introduzidos gradualmente nas fases posteriores da intervenção.

Fig. 6.1. Folha de planejamento das refeições

Refeição planejada	Mudanças	% comida	Calorias	Comentários	Iniciais
Café-da-manhã					
Colocação					
Almoço					
Lanche					
Jantar					
Lanche					
Comentários			Total =		

Assinatura do nutricionista

Modificação do comportamento de comer

São utilizadas diversas técnicas e estratégias para modificar os comportamentos desadaptativos de comer. Os métodos de controle do estímulo são normalmente empregados para controlar os ataques de gula e comportamentos purgantes na bulimia nervosa. Insistir na importância de fazer três refeições ao dia, na mesma hora e no mesmo lugar, serve para reduzir os ataques de gula, já que diminui o risco de acontecer um esgotamento da energia e fome, estes últimos causados pela dieta e por pular refeições. Além disso, os estímulos ambientais que provocam os ataques de gula podem ser extintos gradualmente por meio desse método.

TRATAMENTO COGNITIVO-COMPORTAMENTAL PARA OS TRANSTORNOS DA ALIMENTAÇÃO

Fig. 6.2. Hierarquia de alimentos proibidos

Nome: _____

Data de início do programa: _____

Data de encerramento: _____

		Alimentos	Semana do programa na qual deve comer	Realizado
Os menos	1.	_____	_____	_____
proibidos	2.	_____	_____	_____
	3.	_____	_____	_____
	4.	_____	_____	_____
	5.	_____	_____	_____
Pouco proibidos	6.	_____	_____	_____
	7.	_____	_____	_____
	8.	_____	_____	_____
	9.	_____	_____	_____
	10.	_____	_____	_____
Moderadamente	11.	_____	_____	_____
proibidos	12.	_____	_____	_____
	13.	_____	_____	_____
	14.	_____	_____	_____
	15.	_____	_____	_____
Muito proibidos	16.	_____	_____	_____
	17.	_____	_____	_____
	18.	_____	_____	_____
	19.	_____	_____	_____
	20.	_____	_____	_____

_____   _____
Assinatura de quem preencheu a folha   Data

Outros procedimentos que incentivam o controle dos ataques de gula incluem ensinar o paciente a comer mais lentamente, servir-se porções menores, deixar comida no prato e jogar fora o que sobra. Pode ser útil, também, modificar a escolha de alimentos e as práticas de compra, tal como adquirir comida quando se tem fome. Esses e outros princípios do comportamento sadio de comer estão resumidos no quadro 6.3. Os contratos comportamentais entre o terapeuta e o paciente podem incentivar a adesão aos planos de alimentação e especificar objetivos comportamentais para o comportamento de comer (por exemplo, jantar em uma mesa pelo menos cinco vezes por semana ou comprar somente um picolé, em vez de uma lata de sorvete). O uso do reforço para aumentar a freqüência de comportamentos alimentares desejáveis pode aumentar a adesão ao programa de tratamento.

Quadro 6.3. Princípios básicos do comportamento alimentar saudável

1. Fazer três refeições ao dia
2. Não pular refeições
3. Comer com base em um horário coerente
4. Nunca comer correndo
5. Comer sempre sentado
6. Comer lentamente
7. Servir porções de moderadas a pequenas
8. Não comprar comida quando estiver com fome
9. Não utilizar as mudanças no peso para avaliar a imagem corporal
10. Estabelecer objetivos comportamentais e comprometer-se com eles

Ganhar peso é uma prioridade do tratamento para a anorexia nervosa. Encontrou-se que as contingências do reforço operante constituem um método eficaz para aumentar a ingestão de calorias em pacientes internados com anorexia (Bemis, 1987). São programadas conseqüências negativas se o paciente não atingir os objetivos relativos a comer e ganhar peso, tais como a perda de privilégios ou a alimentação intravenosa. A modificação dos hábitos alimentares dos anoréxicos requer um *feedback* imediato sobre o comportamento de comer, acompanhado pelos reforços positivo e negativo conseqüentes à mudança de comportamento. Podem ser desenvolvidos contratos comportamentais para facilitar um aumento gradual na freqüência de comportamentos alimentares sadios, enquanto se incentiva uma diminuição dos comportamentos danosos de comer.

A exposição com prevenção de resposta

Este procedimento começa com o estabelecimento, por parte do terapeuta, de uma aliança com o paciente e a explicação das razões e do formato do tratamento. A seguir, utilizando o formato que contém os alimentos proibidos representados na figura 6.2, constrói-se uma hierarquia de alimentos que provocam temor e ansiedade. Esses alimentos temidos são normalmente ricos em carboidratos e/ou gorduras, constituem os alimentos ingeridos durante os ataques de gula e a seguir, geralmente, são purgados. Expõe-se ao paciente os alimentos de uma forma hierárquica, começando com os alimentos que provocam menos ansiedade. Na presença de um terapeuta, evita-se que o paciente se purgue e o estimula a relaxar e verbalizar pensamentos e sentimentos associados com comer alimentos que teme. Por meio dessa técnica, modificam-se os métodos inapropriados para enfrentar a distorção da imagem corporal e as sensações fisiológicas de plenitude. Os pacientes aprendem também a atribuir a ansiedade a cognições errôneas em vez de à comida. A exposição ao alimento dura normalmente de 30 a 60 minutos. O desejo de purgar-se geralmente desaparecerá ao longo de um período de duas horas. Esse formato continua durante várias sessões e o paciente é estimulado gradualmente para continuar com a exposição aos alimentos que teme, sem a presença do terapeuta, como tarefa para casa.

A exposição com prevenção de resposta é vista como um procedimento de extinção (Rosen e Leitenberg, 1982). O ato de purgar-se é considerado uma resposta de escape diante do medo e da ansiedade de ganhar peso. Atualmente, recomenda-se uma versão da "exposição com prevenção de resposta" mais parecida à dessensibilização ao vivo que ao método da inundação inicialmente descrito por Rosen e outros colegas (Williamson, Barker e Norris,1993).

Exposição à tentação com prevenção de resposta

A exposição com prevenção de resposta busca eliminar comportamentos purgantes e nem sempre é eficaz para modificar os ataques de gula (Schlundt e Johnson, 1990). A exposição à tentação com prevenção de resposta, baseada também em um modelo de extinção, pode ser usada para modificar diretamente o comportamento dos ataques de gula (Johnson, Corrigan e Mayo, 1987). Inicialmente, deveria ser desenvolvida uma hierarquia de estímulos que provoquem os ataques de gula (desde uma baixa probabilidade de ataques de gula até uma alta). Os estímulos provocadores podem incluir sinais afetivos, cognitivos, ambientais e emocionais. Esses estímulos antecedentes dos ataques de gula são apresentados pelo terapeuta utilizando a exposição ao vivo. Evita-se o ataque de gula e pede-se ao paciente que fale dos pensamentos e sentimentos relativos ao desejo voraz de comida, e ele é instruído para avaliar a força dos impulsos de se empanturrar. Mais tarde, durante o tratamento, ensina-se ao paciente a aplicar o procedimento sem a ajuda do terapeuta. Além disso, melhora-se a resistência à tentação ensinando os pacientes a realizar comportamentos incompatíveis na presença de estímulos ambientais inevitáveis. Por exemplo, se o paciente normalmente se empanturra enquanto assiste televisão, o terapeuta pode recomendar que ligue para um amigo, que tome uma ducha ou que dê um passeio, em vez de ver televisão quando sentir o impulso de desejo voraz de comida. A exposição à tentação com prevenção de resposta é um procedimento intensivo, que leva bastante tempo, e que normalmente requer várias sessões na semana (Johnson *et al.,* 1987).

V.4. *Procedimentos cognitivos*

A modificação das atitudes e das crenças irracionais constituem um componente crucial para o tratamento dos transtornos alimentares. As cognições errôneas relativas ao peso e imagem corporais e à nutrição são modificadas por meio da reestruturação cognitiva.

Fairburn (1981) foi o primeiro a aplicar um tratamento cognitivo-comportamental à bulimia nervosa. Segundo Fairburn e Cooper (1989), há três etapas de tratamento:

1. Introdução e educação,
2. Reestruturação cognitiva, e
3. Prevenção das recaídas.

A primeira etapa inclui a apresentação do modelo cognitivo e a educação do paciente sobre a etiologia e manutenção da bulimia nervosa. Fala-se também sobre os objetivos do tratamento.

Tendo como modelo a terapia cognitiva de Beck (1976) para a depressão, a segunda etapa centra-se na mudança cognitiva. O terapeuta explica ao paciente a relação entre sentimentos, pensamentos e comportamentos, enquanto insiste na importância da participação ativa. O paciente aprende a vigiar e registrar os pensamentos e crenças irracionais relativos à comida, a ganho de peso e a imagem e peso corporais. O terapeuta apresenta respostas racionais como substitutas do raciocínio disfuncional do paciente. Ele é incentivado a considerar as alternativas racionais. Realizar comportamentos que ponham em dúvida as crenças disfuncionais pode conduzir também à modificação das distorções cognitivas (Wilson e Fairburn, 1993). Por meio desse processo, o paciente aprende a reconhecer os pensamentos distorcidos e a questioná-los com verbalizações racionais.

As estratégias de prevenção das recaídas constituem o núcleo da terceira etapa. É empregada uma combinação de técnicas cognitivas e comportamentais para garantir a manutenção dos ganhos do tratamento. Por exemplo, pode-se utilizar a exposição com prevenção de resposta para fortalecer reações comportamentais e cognitivas saudáveis em relação à comida.

Os enfoques cognitivos para a anorexia nervosa não foram estudados tão amplamente como os desenvolvidos para a bulimia nervosa (Wilson e Fairburn, 1993). Os pesquisadores sugeriram que é possível modificar a terapia cognitivo-comportamental para a bulimia nervosa e utilizá-la, portanto, em programas multidisciplinares de tratamento para a anorexia nervosa (Channon, de Silva, Helmsley e Perkins, 1989).

V.5. *Um programa estruturado para os transtornos da alimentação*

Por meio da integração dessas técnicas cognitivo-comportamentais de tratamento em um sistema de múltiplos níveis, desenvolvemos um programa estruturado de tratamento para os transtornos alimentares. Esse programa inclui três níveis de atendimento: internação completa, hospitalização parcial (durante o dia) e tratamento ambulatorial. O tratamento com o paciente internado é um programa intensivo realizado durante os sete dias da semana. A maioria dos casos de anorexia nervosa e os casos mais graves de bulimia são tratados, inicialmente, no local onde os sujeitos estão internados. A hospitalização parcial inclui o dia todo (de 10 a 12 horas de tratamento ao dia) durante cinco dias (de segunda a sexta) da semana. O paciente mora em sua casa (ou, pelo menos, fora do hospital) e não vai à terapia durante o fim de semana. Os serviços que veremos a seguir, de terapia de grupo, individual e familiar, são oferecidos aos pacientes admitidos nos programas de internação ou hospitalização parcial.

Grupo de planejamento das refeições

Durante três dias por semana (segunda, quarta e sexta), os pacientes se reúnem em grupo com um nutricionista para a educação sobre nutrição e o planejamento das refeições. São treinados, também, no emprego de um programa de mudança de dieta, de modo que possam aprender a planejar e consumir uma dieta adequada. Quando os pacientes entram no programa (Nível I), o nutricionista planeja todas as suas refeições. Quando o paciente consumir 10% do plano de refeições e cumprir os outros aspectos do programa, permite-se o acesso ao Nível II e as refeições são planejadas pelo paciente. No Nível III, o paciente planeja as refeições e vigia sua adesão ao programa de mudança de dieta.

Exposição com prevenção de resposta

Um membro da equipe come com os pacientes em todas as refeições com o fim de reforçar e apoiar o consumo dos alimentos prescritos e para evitar que deixem de comer. Igualmente, quando são prescritos lanches também um membro da equipe está presente. Depois de comer, a equipe observa o paciente durante duas horas, a fim de evitar que tenha comportamentos purgantes. Desse modo, no programa para sujeitos internos é realizado um mínimo de 21 sessões de exposição com prevenção de resposta. No programa de hospitalização parcial, acontece um mínimo de 15 sessões dessa exposição.

Grupo de apoio familiar

Uma vez por semana os membros da família são convidados para acompanhar o paciente em um grupo de apoio familiar. O propósito desse grupo é a educação dos membros da família sobre os problemas associados à anorexia e à bulimia nervosas. Do mesmo modo, o grupo é programado para facilitar a comunicação e a solução de problemas entre os membros da família. O quadro 6.4 resume os temas tratados durante um período de 12 semanas. O líder do grupo apresenta uma breve leitura didática sobre cada tema. Uma discussão de grupo e outros exercícios seguem-se à apresentação didática. A seqüência dos 12 temas é repetida quatro vezes ao ano.

Quadro 6.4. Lista de temas de discussão no grupo de apoio familiar

Semana 1. Modelos teóricos sobre a anorexia e a bulimia nervosas
Semana 2. Características psicológicas dos transtornos alimentares
Semana 3. Processo de recuperação dos transtornos alimentares
Semana 4. Solução de problemas
Semana 5. Conseqüências médicas da anorexia e da bulimia nervosas
Semana 6. Perguntas feitas com freqüência sobre os transtornos alimentares
Semana 7. Pesquisa atual sobre a anorexia e a bulimia nervosas
Semana 8. Filme sobre os transtornos alimentares
Semana 9. Palestra apresentada por um paciente recuperado de um transtorno alimentar.
Semana 10. Solução de problemas
Semana 11. Educação sobre a nutrição
Semana 12. Assertividade e comunicação eficaz

Grupo sobre a imagem corporal

Três vezes por semana é realizado um programa de terapia de grupo cujo objetivo é a modificação da imagem corporal negativa. Esse programa foi construído seguindo os modelos dos programas de tratamento desenvolvidos por Butters e Cash (1987) e por Rosen, Saltzberg e Srebnik (1989). O conteúdo do programa de terapia baseia-se nos princípios da terapia de comportamento cognitivo. A imagem corporal é conceituada como um tipo de erro cognitivo ou pensamento automático irracional. O protocolo de grupo, esquematizado no quadro 6.5, está construído para educar os membros do grupo dentro do contexto de um modelo cognitivo-comportamental e para ajudá-los a modificar as cognições sobre a imagem corporal negativa por meio do registro dos pensamentos e da refutação racional. Muito freqüentemente, os pacientes com um transtorno alimentar "supervalorizam" a magreza. A reestruturação cognitiva dessa idéia supervalorizada pode ser lenta e levar muito tempo. Os rituais de exame do corpo são desaconselhados, pois servem para reforçar as preocupações sobre a imagem corporal.

O grupo de terapia cognitivo-comportamental

Esse grupo de terapia se reúne uma vez por semana. Encontramos que é ideal separar os casos adultos dos adolescentes com a finalidade de otimizar a coesão do grupo e a eficácia do tratamento. Nesse programa usa-se um protocolo de 16 semanas e os temas de discussão de cada semana estão resumidos no quadro 6.6. Nesse grupo, os participantes aprendem os princípios básicos da terapia cognitivo-comportamental e são instruídos no processo de mudança cognitiva e comportamental. Na semana 4 são introduzidos o estabelecimento de objetivos e o contrato comportamental e são usados em todas as semanas posteriores para estruturar as tarefas para casa, que são individualizadas para cada membro do grupo.

TRATAMENTO COGNITIVO-COMPORTAMENTAL PARA OS TRANSTORNOS DA ALIMENTAÇÃO **175**

Quadro 6.5. Protocolo do grupo de imagem corporal

Sessão 1	A. Compreensão dos fatores que contribuem para uma imagem corporal negativa de cada membro do grupo. B. Realização e discussão de um mapa da vida: Faz-se com que os membros do grupo descrevam os principais acontecimentos da vida e a idade em que ocorreram; a seguir, discute-se um mapa com o grupo; faz-se com que os sujeitos voltem atrás e identifiquem quando as questões da imagem corporal e o transtorno alimentar se tornaram problemas.
Sessão 2	A. São traçados gráficos "tipo pizza", onde são representados os diferentes aspectos da vida com porcentagens que indiquem a importância de cada aspecto. B. São desenhados outros gráficos do tipo dos anteriores nos quais se acrescentam as preocupações sobre o transtorno alimentar, incluindo o tempo que dedicam a outros aspectos importantes da vida. C. Discute-se sobre o desenvolvimento das perturbações da imagem corporal referentes a cada membro do grupo.
Sessão 3	A. São confeccionados pôsteres com recortes de revistas – para identificar as mensagens dos meios de comunicação de massas que contribuem com a formação de uma imagem corporal ideal. B. Tarefa de estimação da figura corporal.
Sessão 4	A. Discussão sobre o procedimento de registro. B. Discussão das crenças desadaptativas relativas à perturbação da imagem corporal. C. Discussão sobre os erros cognitivos específicos à imagem corporal.
Sessão 5	A. Revisão do procedimento de registro dos pensamentos e da refutação racional. B. Identificação das situações que podem afetar os pensamentos negativos.
Sessão 6	A. Discussão da prevenção das recaídas. B. Discussão sobre a identificação dos desencadeantes baseados nas emoções/imagem corporal. C. Treinamento em relaxamento. D. Programa de atividades agradáveis.

Terapia individual

Os pacientes dos programas de internação e de hospitalização parcial são vistos três vezes por semana para sessões individuais de terapia cognitivo-comportamental. Nessas sessões, o tratamento pode ser individualizado ainda mais. O estabelecimento de objetivos, o contrato comportamental e os enfoques de terapia cognitiva são muito freqüentemente empregados nessas sessões. Freqüentemente, os pacientes com um transtorno alimentar experimentam muitos outros problemas psicológicos e psiquiátricos, como, por exemplo, depressão, transtornos de personalidade e traumas sexuais (Williamson,

Quadro 6.6. Protocolo do grupo de terapia cognitivo-comportamental

Tema
Semana 1. Os sintomas de um transtorno alimentar
Semana 2. O desenvolvimento dos transtornos alimentares
Semana 3. Superar a negação
Semana 4. Estabelecimento de objetivos e contrato comportamental
Semana 5. Auto-registro de pensamentos e comportamentos
Semana 6. Pensamentos automáticos e crenças irracionais
Semana 7. Como mudar os pensamentos negativos
Semana 8. Onde me encontro no processo de recuperação?
Semana 9. Solução de problemas
Semana 10. Quem tem o controle, eu ou o transtorno alimentar?
Semana 11. A pouca estabilidade do estado de humor e da imagem corporal
Semana 12. Habilidades sociais e assertividade
Semana 13. Tomada de decisões e comunicação
Semana 14. Mudanças sociais positivas
Semana 15. Prevenção das recaídas
Semana 16. Avaliação do progresso e planejamento para o futuro

1990; Williamson *et al,* 1993). Esses problemas podem ser abordados também na terapia individual. Preferimos ver os pacientes ambulatoriais uma vez por semana em terapia individual, de modo que possam ser abordados outros problemas psicológicos e com a finalidade de individualizar para cada sujeito o programa de terapia ambulatorial.

Terapia familiar

Os problemas familiares são muito freqüentes nas famílias nas quais um ou mais membros sofrem de anorexia ou bulimia (Williamson, 1990). Nesses casos, a participação no grupo de apoio familiar não é suficiente para abordar os problemas de comunicação, a raiva e o controle comportamental através da manipulação emocional. Encontramos que a incorporação de uma série de sessões de terapia familiar ao plano de tratamento é útil para abordar os problemas particulares de cada família.

O programa de terapia ambulatorial

Temos observado que é útil integrar os pacientes ambulatoriais em algumas sessões de terapia de grupo associadas aos programas de internação e de hospitalização parcial. Recomendamos geralmente que os pacientes ambulatoriais participem cada semana do grupo de apoio familiar e do grupo de terapia cognitivo-comportamental, durante 3 a 6 meses. No primeiro mês de tratamento ambulatorial, normalmente recomendamos que consultem um nutricionista e sigam uma terapia individual semanal. A freqüência da terapia individual e de grupo pode ser adaptada à gravidade dos problemas da alimentação e da resposta ao tratamento.

V.6. Questões práticas

A terapia ambulatorial *versus* a terapia com internação

O tratamento da anorexia nervosa normalmente começa em um hospital devido a possíveis complicações médicas decorrentes da desnutrição. A decisão de hospitalizar o sujeito depende de fatores tais como o pouco peso, a extensão dos comportamentos alimentares pouco saudáveis e a presença e gravidade da patologia secundária. Antes de hospitalizar o paciente, é conveniente que este e sua família conheçam as condições que determinarão a alta. Fazer um contrato de tratamento pode garantir que esses objetivos são claros e específicos.

A hospitalização parcial normalmente vem depois da hospitalização completa, com a finalidade de minimizar os riscos de recaída. Como foi assinalado anteriormente, na hospitalização parcial o paciente se encontra no ambiente restrito do hospital durante a maior parte do dia e tem permissão de ir para a sua casa durante a noite e finais de semana. Essa estrutura permite uma adaptação gradual ao ambiente não estruturado da casa, do colégio etc.

A terapia ambulatorial geralmente vem depois da hospitalização parcial, com o objetivo de manter os benefícios do tratamento. O tratamento com base ambulatorial é, normalmente, intensivo, e requer mais autocontrole e responsabilidade por parte do paciente comparado com o que se necessita nos hospitais. Os pacientes com bulimia podem freqüentemente ser tratados com sucesso como pacientes ambulatoriais, mas se os comportamentos purgantes acontecerem várias vezes ao dia, possivelmente seja necessário o tratamento durante a internação ou a hospitalização parcial (Williamson, Davis e Duchmann, 1992).

Duração do tratamento

A terapia cognitivo-comportamental para os transtornos alimentares pode variar sensivelmente em duração. Estudos que incluíam grupo controle informaram sobre programas de tratamento ambulatorial para a bulimia nervosa com uma duração que ia de 2 a 5 meses (Kirkley, Schneider, Agras e Bachman, 1985; Thackwray, Smith, Bodfish e Meyers, 1993). Outras pesquisas sobre o tratamento cognitivo-comportamental da anorexia nervosa informaram sobre tratamentos que duravam também de 2 a 5 meses (Channon *et al.*, 1989; Kennedy e Garfinkel, 1989). Em uma clínica ambulatorial, o tratamento freqüentemente ultrapassará os 5 ou 6 meses e pode durar até 1 ou 2 anos, dependendo da gravidade do transtorno e da presença de outras psicopatologias.

Nível de atenção

O nível de atenção está diretamente relacionado à gravidade do transtorno alimentar. Por exemplo, o tratamento intensivo, como a hospitalização completa, é necessário para o caso de pacientes com anorexia nervosa que tenham um peso muito inferior ao normal ou para indivíduos que têm problemas médicos significativos em conseqüência da desnutrição ou de comportamentos purgantes freqüentes. O quadro 6.7 representa um sistema integrado de atendimento que ilustra os diferentes níveis de atenção, os critérios para a admissão a um programa determinado de tratamento e sua duração estimada. Não é raro que um paciente comece o tratamento em um nível e se transfira para cima ou para baixo durante o curso do tratamento.

Quadro 6.7 Sistema integrado de atendimento

	Pacientes internados	Hospital-dia	Ambulatório
Nível de atenção	Intensivo, restrito 24 horas/dia.	Menos restritivo, de 10 a 12 horas, cinco dias/semana.	Sem restrições. A terapia é feita duas vezes por semana.
Critérios de admissão	1. Baixo peso corporal. 2. Complicações médicas graves. 3. Comportamentos purgantes diários. 4. Transtornos de personalidade graves. 5. Fracasso de tratamentos menos intensivos. 6. Ansiedade e depressão graves.	1. Peso corporal moderadamente baixo. 2. Ataques de gula in-controláveis. 3. Comportamentos purgantes diários. 4. Problemas interpessoais de moderados a graves. 5. Ansiedade e depressão significativas.	1. Os ataques de gula e os comportamentos purgantes ocorrem menos de uma vez por dia. 2. Hábito restritivo de comer na maioria dos dias. 3. Depressão e ansiedade leves. 4. Perturbações da imagem corporal. 5. Temor significativo da gordura.
Duração estimada do tratamento	2-4 semanas	2-6 semanas	4-6 meses

V.7. A pesquisa sobre os resultados do tratamento

As pesquisas sobre o tratamento cognitivo-comportamental para a bulimia nervosa foram feitas ao longo dos últimos dez anos. Pudemos identificar mais de 25 artigos que avaliavam a eficácia da terapia cognitivo-comportamental para bulimia nervosa. Desses estudos, 17 poderiam ser descritos como trabalhos que incluíam grupo controle. Esse tipo de experimento é o delineamento experimental mais potente para responder às perguntas sobre a eficácia de um método de tratamento. A pesquisa sobre o tratamento da anorexia nervosa consistiu, normalmente, na exposição dos resultados do tratamento, ao longo de vários anos, de numerosos pacientes com anorexia. A impossibilidade de avaliar a terapia cognitivo-comportamental para a anorexia nervosa em alguns experimentos deve-se principalmente aos perigos associados ao tratamento não agressivo da anorexia. Esses perigos impedem o uso de grupos controle sem tratamento ou com um tratamento mínimo. Típico desses experimentos com anorexia sobre tratamento com um único grupo é o artigo de Kennedy e Garfinkel (1989). Esses autores informaram que cerca da metade dos sujeitos tratados mantiveram um peso normal e tinha menstruações regulares. Outros 30% de sua amostra haviam melhorado, mas continuavam pesando menos que o normal.

Nos itens seguintes, revisaremos as descobertas da pesquisa com relação à terapia cognitivo-comportamental para a bulimia nervosa. Todos menos um desses estudos (Williamson *et al.*, 1989) foram feitos em um ambulatório. A duração do tratamento para esses estudos ia desde 6 sessões (ao longo de 6 semanas) até 19 sessões (mais de 18 semanas). O número médio de sessões de terapia era de 15 e a duração média da terapia ambulatorial ativa era de 12 semanas. A maioria dos estudos utilizava terapia individual, embora alguns informassem o emprego de um formato de terapia de grupo (por exemplo, Kettlewell, Mizes e Wasylyshyn, 1992; Mitchell *et al,* 1990; Williamson *et al,* 1989).

A terapia cognitivo-comportamental é mais eficaz que a falta de tratamento?

Muitas avaliações controladas compararam a TCC a um grupo controle sem tratamento ou um de lista de espera (Agras *et al,* 1989; Freeman, Barry, Dunkeld-Turnbull e Henderson, 1988; Lee e Rush, 1986; Leitenberg *et al,* 1988; Wolf e Crowther, 1992). Esses estudos encontraram, de modo consistente, que a TCC é mais eficaz que a falta de tratamento. É freqüente que esses estudos informem acerca de reduções nos ataques de gula e nos comportamentos purgantes de cerca de 70 a 90% em comparação com a linha de base (Williamson *et al,* no prelo).

A TCC é mais eficaz que outras psicoterapias?

Três estudos (Fairburn, Kirk, O'Connor e Cooper, 1986; Freeman *et al,* 1988; Kirkley *et al,* 1985) compararam a TCC com outra forma de psicoterapia ou com uma intervenção psicopedagógica. Os resultados dessas pesquisas sugerem apenas uma ligeira vantagem para a TCC sobre as outras formas de psicoterapia. Em uma avaliação mais controlada dessa questão, Fairburn *et al* (1991) compararam a TCC com a terapia interpessoal (TI), que *não* se centrou nos hábitos alimentares ou nas preocupações com o peso/a imagem corporais. Ao fim das 19 semanas de terapia, encontrou-se que a TCC era mais eficaz que a TI. Porém, em um seguimento aos 12 meses não havia diferenças entre os dois tipos de tratamento (Fairburn *et al,* 1993). Os resultados desses estudos sugerem que os enfoques psicoterapêuticos centrados nos problemas interpessoais dos pacientes com bulimia podem ser tão eficazes quanto a TCC, que enfatiza as mudanças nos comportamentos e nas atitudes relacionadas ao ato de comer e ao peso/imagem corporais, mas podem requerer mais tempo.

A TCC é mais eficaz que a terapia farmacológica?

Dois estudos avaliaram a eficácia da TCC em comparação com a terapia farmacológica. Mitchell *et al.* (1990) compararam quatro condições de tratamento: *a.* imipramina, *b.* medicação placebo, *c.* imipramina mais TCC, e *d.* TCC mais medicação placebo. Os resultados desse estudo não mostraram nenhuma vantagem no acréscimo de imipramina à TCC para reduzir os ataques de gula e os comportamentos purgantes. Porém, a imipramina foi eficaz para reduzir a ansiedade e a depressão. A TCC foi mais eficaz que a imipramina sem TCC e essa vantagem foi mantida em um acompanhamento aos seis meses (Pyle *et al.,* 1990). Agras *et al* (1992) compararam a TCC sozinha e combinada com desipramina contra a desipramina sozinha. Encontrou-se uma vantagem significativa para a TCC e a combinação de desipramina e TCC (24 semanas de terapia) sobre a terapia farmacológica sozinha. Os efeitos principais da desipramina (superiores aos conseguidos com a TCC sozinha) eram uma diminuição da fome e da preocupação com a comida.

Os resultados desses estudos sugerem que a TCC é mais eficaz que a terapia farmacológica sozinha. A combinação de TCC e de farmacoterapia podem produzir os maiores efeitos de tratamento, isto é, uma redução do comportamento bulímico assim como da depressão, da ansiedade e da fome.

VI. CONCLUSÕES

A pesquisa sobre a TCC para bulimia nervosa está bem desenvolvida. A pesquisa sobre a TCC para anorexia nervosa esteve limitada pelos perigos médicos associados ao tratamento não agressivo da anorexia nervosa. Cremos que grande parte da pesquisa sobre a bulimia nervosa pode ser generalizada à anorexia nervosa e a casos de transtornos alimentares não especificados.

A pesquisa revisada mostra que a TCC é uma forma de tratamento muito eficaz para a bulimia nervosa. Esse tratamento pode ser feito, normalmente, em uma clínica ambulatorial durante um período de tempo limitado (geralmente de 12 a 16 semanas). Os estudos sobre os resultados do tratamento encontraram que a TCC é mais eficaz que: *a.* a falta de tratamento, e *b.* as medicações antidepressivas. Outras psicoterapias, especialmente a terapia interpessoal, podem ser tão eficazes quanto a TCC, mas podem requerer uma maior duração da terapia (Fairburn *et al,* 1993).

REFERÊNCIAS BIBLIOGRÁFICAS

American Psychiatric Association (1980). *Diagnostic and statistical manual of mental disorders (DSM-III)* (3.ª edición). Washington, DC: APA.

American Psychiatric Association (1994). *Diagnostic and statistical manual of mental disorders (DSM-IV)* (4.ª edición). Washington, DC: APA.

Agras, W. S. (1987). *Eating disorders: Management of obesity, bulimia, and anorexia nervosa.* Nueva York: Pergamon.

Agras, W. S., Rossiter, E. M., Arnow, B., Schneider, J. A., Telch, C. F., Raeburn, S. D., Bruce, B., Perl, M. y Koran, L. M. (1992). Pharmacologic and cognitive-behavioral treatment for bulimia nervosa: A controlled comparison. *American Journal of Psychiatry, 149,* 82-87.

Agras, W. S., Schneider, J. A., Arnow, B., Raeburn, S. D. y Telch, C. F. (1989). Cognitive-behavioral and response-prevention treatments for bulimia nervosa. *Journal of Consulting and Clinical Psychology, 57,* 215-221.

Beck, A. T. (1976). *Cognitive therapy and the emotional disorders.* Madison, CT: International Universities Press.

Bemis, K. M. (1987). The present status of operant conditioning for the treatment of anorexia nervosa. *Behavior Modification, 11,* 432-463.

Bennett, S. M., Williamson, D. A. y Powers, S. K. (1989). Bulimia nervosa and resting metabolic rate. *International Journal of Eating Disorders, 8,* 417-424.

Beumont, P. J. V., O'Connor, M., Touyz, S. W. y Williams, H. (1987). Nutritional counseling in the treatment of anorexia and bulimia nervosa. En P. J. V. Beumont, G. D. Burrows y R. C. Casper (dirs.), *Handbook of eating disorders, Part 1: Anorexia and bulimia nervosa.* Amsterdam: Elsevier.

Butters, J. y Cash, T. F. (1987). Cognitive-behavioral treatment of women's body image dissatisfaction. *Journal of Consulting and Clinical Psychology, 55,* 889-897.

Channon, S., de Silva, P., Helmsley, D. y Perkins, R. (1989). A controlled trial of cognitive-behavioural and behavioural treatment of anorexia nervosa. *Behaviour Research and Therapy, 27,* 529-536.

Fairburn, C. G. (1981). A cognitive behavioural approach to the management of bulimia. *Psychological Medicine, 11,* 707-711.

Fairburn, C. G. y Cooper, P. J. (1989). Eating disorders. En K. Hawton, P. M. Salkovskis, J. Kirk y D. M. Clark (dirs.), *Cognitive behaviour therapy for psychiatric problems.* Nueva York: Oxford University Press.

Fairburn, C. G., Jones, R., Peveler, R. C., Carr, S. J., Solomon, R. A., O'Connor, M. E., Burton, J. y Hope, R. A. (1991). Three psychological treatments for bulimia nervosa: A comparative trial. *Archives of General Psychiatry, 48,* 463-469.

Fairburn, C. G., Jones, R., Peveler, R. C., Hope, R. A. y O'Connor, M. (1993). Psychotherapy and bulimia nervosa: Longer-term effects of interpersonal psychotherapy, behavior therapy, and cognitive behavior therapy. *Archives of General Psychiatry, 50,* 419-428.

Fairburn, C. G., Kirk, J., O'Connor, M. y Cooper, P. J. (1986). A comparison of two psychological treatments for bulimia nervosa. *Behaviour Research and Therapy, 24,* 629-643.

Freeman, C. P. L., Barry, F., Dunkeld-Turnbull, J. y Henderson, A. (1988). Controlled trial of psychotherapy for bulimia nervosa. *British Medical Journal, 296,* 521-525.

Garfinkel, P. E., Moldofsky, H. y Garner, D. M. (1979). The heterogeneity of anorexia nervosa: bulimia as a distinct subgroup. *Archives of General Psychiatry, 37,* 1036-1040.

Halmi, K. A. y Falk, J. R. (1982). Anorexia nervosa: A study of outcome discriminators in exclusive dieters and bulimics. *Journal of the American Academy of Child Psychiatry, 21,* 369-375.

Harris, J. A. y Benedict, F. G. (1919). *A biometric study of basal metabolism in man.* Washington, DC: Carnegie Institute of Washington, publication no. 279.

Heatherton, T. F. y Baumeister, R. F. (1991). Binge eating as escape from self-awareness. *Psychological Bulletin, 110,* 86-108.

Johnson, W. G., Corrigan, S. A. y Mayo, L. L. (1987). Innovative treatment approaches to bulimia nervosa. *Behavior Modification, 11,* 373-388.

Kennedy, S. H. y Garfinkel, P. E. (1989). Patients admitted to a hospital with anorexià nervosa and bulimia nervosa: Psychopathology, weight gain, and attitudes toward treatment. *International Journal of Eating Disorders, 8,* 181-190.

Kettlewell, P. W., Mizes, J. S. y Wasylyshyn, N. A. (1992). A cognitive-behavioral group treatment of bulimia. *Behavior Therapy, 23,* 657-670.

Kirkley, B. G., Schneider, J. A., Agras, W. S. y Bachman, J. A. (1985). Comparison of two group treatments for bulimia. *Journal of Consulting and Clinical Psychology, 53,* 43-48.

Lee, N. F. y Rush, A. J. (1986). Cognitive-behavioral group therapy for bulimia. *International Journal of Eating Disorders, 5,* 599-615.

Leitenberg, H., Rosen, J. C., Gross, J., Nudelman, S. y Vera, L. S. (1988). Exposure plus response prevention treatment for bulimia nervosa. *Journal of Consulting and Clinical Psychology, 56,* 535-541.

Mitchell, J. E., Pyle, R. L., Eckert, E. D., Hatsukami, D., Pomeroy, C. y Zimmerman, R. (1990). A comparison study of antidepressants and structured intensive group psychotherapy in the treatment of bulimia nervosa. *Archives of General Psychiatry, 47,* 149-157.

Pyle, R. L., Mitchell, J. E., Eckert, E. D., Hatsukami, D., Pomeroy, C. y Zimmerman, R. (1990). Maintenance treatment and 6-month outcome for bulimic patients who respond to initial treatment. *American Journal of Psychiatry, 147,* 871-875.

Rosen, J. C. (1992). Body image disorder: Definition, development, and contribution to eating disorders. En J. H. Crowther, D. L. Tennenbaum, S. E. Hobfoll y M. A. P. Stephens (dirs.), *The etiology of bulimia: The individual and family context.* Washington, DC: Hemisphere Publishers.

Rosen, J. C. y Leitenberg, H. (1982). Bulimia nervosa: Treatment with exposure and response prevention. *Behavior Therapy, 13,* 117-124.

Rosen, J. C., Saltzberg, E. y Srebnik, D. (1989). Cognitive-behavior therapy for negative body image. *Behavior Therapy, 20,* 393-404.

Schlundt, D. G. y Johnson, W. G. (1990). *Eating disorders: Assessment and treatment.* Massachusetts: Allyn & Bacon.

Slade, P. (1982). Toward a functional analysis of anorexia nervosa and bulimia nervosa. *British Journal of Clinical Psychology, 21,* 167-179.

Thackwray, D. E., Smith, M. C., Bodfish, J. W. y Meyers, A. W. (1993). A comparison of behavioral and cognitive-behavioral interventions for bulimia nervosa. *Journal of Consulting and Clinical Psychology, 61,* 639-645.

Williamson, D. A. (1990). *Assessment of eating disorders: Obesity, anorexia, and bulimia nervosa.* Nueva York: Pergamon.

Williamson, D. A., Barker, S. E. y Norris, L. E. (1993). Etiology and management of eating disorders. En P. B. Sutker y H. E. Adams (dirs.), *Comprehensive handbook of psychopathology.* Nueva York: Plenum.

Williamson, D. A., Davis, C. J. y Duchmann, E. G. (1992). Anorexia and bulimia nervosa. En V. B. Van Hasselt y D. J. Kolko (dirs.), *Inpatient behavior therapy for children and adolescents.* Nueva York: Plenum.

Williamson, D. A., Gleaves, D. H. y Savin, S. S. (1992). Empirical classification of eating disorder not otherwise specified: Support for DSM-IV changes. *Journal of Psychopathology and Behavioral Assessment, 14*, 201-216.

Williamson, D. A., Prather, R. C., Bennett, S. M., Davis, C. J., Watkins, P. C. y Grenier, C. E. (1989). An uncontrolled evaluation of inpatient and outpatient cognitive-behavior therapy for bulimia nervosa. *Behavior Modification, 13*, 340-360.

Williamson, D. A., Rabalais, J. Y. y Bentz, B. G. (1996). Trastornos de la alimentación [Eating disorders]. En V. E. Caballo, G. Buela-Casal y J. A. Carrobles (dirs.), *Manual de psicopatología y trastornos psiquiátricos, vol. 2 [Handbook of psychopathology and psychiatric disorders, vol. 2]*. Madrid: Siglo XXI.

Williamson, D. A., Sebastian, S. B. y Varnado, P. J. (en prensa). Anorexia and bulimia nervosa. En A. J. Goreczny (dir.), *Handbook of health and rehabilitation psychology*. Nueva York: Plenum.

Wilson, G. T. y Fairburn, C. G. (1993). Cognitive treatments for eating disorders. *Journal of Consulting and Clinical Psychology, 61*, 261-269.

Wolf, E. M. y Crowther, J. H. (1992). An evaluation of behavioral and cognitive-behavioral group interventions for the treatment of bulimia nervosa in women. *International Journal of Eating Disorders, 11*, 3-15.

LEITURAS PARA APROFUNDAMENTO

Fairburn, C. G. y Cooper, P. J. (1989). Eating disorders. En K. Hawton, P. M. Salkovskis, J. Kirk y D. M. Clark (dirs.), *Cognitive behaviour therapy for psychiatric problems*. Nueva York: Oxford University Press.

Schlundt, D. G. y Johnson, W. G. (1990). *Eating disorders: Assessment and treatment*. Massachusetts: Allyn & Bacon.

Williamson, D. A., Rabalais, J. Y. y Bentz, B. G. (1996). Trastornos de la alimentación. En V. E. Caballo, G. Buela-Casal y J. A. Carrobles (dirs.), *Manual de psicopatología y trastornos psiquiátricos*, vol. 2. Madrid: Siglo XXI.

Williamson, D. A., Sebastian, S. B. y Varnado, P. J. (en prensa). Anorexia and bulimia nervosa. En A. J. Goreczny (dir.), *Handbook of health and rehabilitation psychology*. Nueva York: Plenum.

Wilson, G. T. y Fairburn, C. G. (1993). Cognitive treatments for eating disorders. *Journal of Consulting and Clinical Psychology, 61*, 261-269.

Wilson, G. T. y Pike, K. M. (1993). Eating disorders. En D. H. Barlow (dir.), *Clinical handbook of psychological disorders* (2.ª edición). Nueva York: Guilford.

Capítulo 7
TRATAMENTO PASSO A PASSO DOS TRANSTORNOS DO COMPORTAMENTO ALIMENTAR

FERNANDO FERNÁNDEZ-ARANDA[1]

I. INTRODUÇÃO

Anorexia e Bulimia nervosas são duas das principais patologias que constituem os transtornos da alimentação, segundo o manual para o diagnóstico dos transtornos mentais DSM-IV-TR (APA, 2001), que apresentaram um maior aumento de incidência durante as últimas décadas. Na *Anorexia nervosa*, a prevalência atingiu valores, em população geral, entre 0,5-2%, obtendo-se que 24,8% das meninas e 3,4% dos meninos encontram-se em situação de risco para apresentar um transtorno alimentar. A prevalência de *Bulimia nervosa* variará na literatura entre 0,7 e 10% na população geral em mulheres com idades compreendidas entre 15-18 anos. Na Espanha foram obtidos valores que oscilam entre 1–3,5%. Em ambos os transtornos, estudos recentes apontam que entre 4-8% dos que apresentam esses transtornos alimentares são homens.

II. CLÍNICA E DIAGNÓSTICO

Ao longo das últimas décadas, os critérios diagnósticos dessas patologias sofreram diversas modificações. A partir de 1994, os critérios diagnósticos DSM-IV (APA, 1994) e DSM-IV-TR (APA, 2000) sofreram uma série de mudanças importantes em relação às edições anteriores (DSM-III e DSM-III-R). Em primeiro lugar, esses transtornos passaram de classificados no tópico de *Transtornos de início na infância ou adolescência,* a uma categoria diagnóstica própria, chamada *Transtornos da alimentação*. Ainda, foram diferenciados diversos subtipos na classificação (veja tabela 7.1 e figura 7.1).

Na *anorexia nervosa* (AN) far-se-á distinção entre: a) *tipo restritivo*, que descreve quadros clínicos nos quais se consegue a perda de peso fazendo dieta, jejuando ou realizando exercícios intensos, e nunca através de ataques de gula nem de purgantes; b) *tipo compulsivo/purgativo*, no qual o indivíduo recorre regularmente a ataques de gula ou purgantes (ou ambos). Outra modificação significativa foi a avaliação que se faz das alterações de imagem corporal, adquirindo aspectos mais cognitivos ao se dar maior relevância aos sentimentos e atitudes negativas com relação ao próprio corpo, assim como às conseqüências dessa alteração nas diversas áreas da vida dos pacientes afetados por esse transtorno.

---

[1]Hospital Universitário de Bellvitge, Barcelona (Espanha).

Tabela 7.1. Presença/ausência de critérios diagnósticos em transtornos da alimentação (TA)

Critérios	AN-R	AN-P	BN-P	BN-NP	TCANE	BED
Restrição alimentar	Presente	Presente	Presente	Presente	Provável	Provável
Ataques de gula	Ausente	Provável	Presente	Presente	Provável	Presente
Vômitos	Ausente	Presente	Presente	Ausente	Provável	Ausente
Conduta purgativa compensatória	Ausente	Presente	Presente	Ausente	Provável	Ausente
Conduta compensatória não purgativa	Presente	Provável	Provável	Presente	Provável	Ausente
Amenorréia	Presente	Presente	Ausente	Ausente	Ausente	Ausente
Evidente peso baixo	Presente	Presente	Ausente	Ausente	Ausente	Ausente
Importância excessiva à sua imagem corporal	Presente	Presente	Presente	Presente	Provável	Provável

■ Presente   ▨ Provável   □ Ausente

AN-R: Anorexia nervosa restritiva; AN-P: Anorexia nervosa compulsivo-purgativa; BN-P: Bulimia N. Purgativa; BN-NP: Bulimia N. não purgativa; TCANE: Transtorno conduta alimentar não especificado; BED: Binge Eating Disorder.

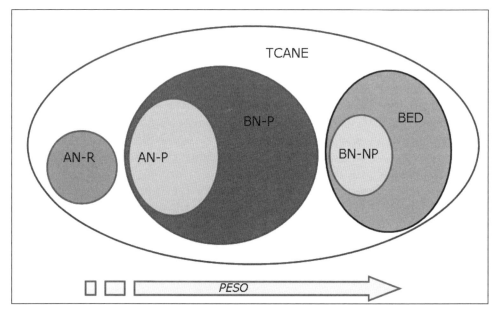

Fig. 7.1. Tipo de transtornos da alimentação (TA) que com freqüência recorrem à terapia.

Para o diagnóstico de anorexia nervosa existem quatro aspectos ou critérios que têm um papel decisivo:

1. Existência de um *baixo peso evidente*, não devido a causas orgânicas. Porém, é importante ter presente que para estabelecer o diagnóstico é necessário não somente saber se existe um baixo peso, mas também se houve uma acentuada perda de peso e desde quando, e se existem mudanças no comportamento alimentar que justifiquem esse fato. Segundo os critérios DSM-IV-TR (APA, 2000), a perda de peso deverá ser superior a 15% do peso considerado normal para sua idade e seu porte.

2. Presença de um *medo desmesurado de engordar*, apesar de se encontrar abaixo do peso. Esse fato aparece principalmente em fases avançadas do transtorno, nas quais as pacientes, após ter perdido o peso desejado, vêm-se impossibilitadas de mantê-lo, continuando com uma dieta estrita e um medo desmesurado de aumentar de peso, o que acarreta, normalmente, uma maior diminuição do peso corporal.

3. *Supervaloração da imagem e aparência*, que costuma ser observada na maioria dos casos, a partir de atitudes e sentimentos negativos para com a própria imagem. Em pacientes nos quais esse critério não é atendido, que se vêem magros e desejam aumentar de peso, será preciso avaliar em que medida existe uma negação do transtorno, e em que medida existe outro tipo de funcionalidade que justifique a instauração do transtorno alimentar (p. ex., fobia aos alimentos, fobia ao vômito etc.).

4. Presença de *amenorréia* ou ausência de menstruação durante os três últimos ciclos. Esse é um fato que preocupa as pacientes e os familiares, e em muitos casos será o motivo da procura por especialistas; porém, em geral, a menstruação costuma restabelecer-se com a recuperação do peso normal.

Na *Bulimia nervosa (BN),* três serão os fatores que terão um papel essencial no diagnóstico:

1. Existência de *ataques de gula* ou *episódios de ingestão voraz*, como característica principal dessa patologia. Nesse tipo de episódio, diferentemente dos episódios de superingestão, presentes com freqüência em pacientes obesos, pacientes diabéticos e população normal, existe uma sensação de perda de controle e de culpa após estes. A freqüência com que devem aparecer, no mínimo, será de dois por semana durante os últimos três meses. Algo mais difícil parece ser chegar a um acordo sobre a quantidade de comida que costuma ser ingerida durante esses episódios. Em geral, um episódio bulímico costuma variar entre ingestões de 1.000 e 10.000 kcal. Muitas vezes, a sensação de ter sofrido um episódio bulímico não será determinada pela quantidade de comida, mas pelo sentimento subjetivo do paciente. Nesses casos, nos quais objetivamente falando não se tratar de um ataque de gula quanto à quantidade, os pacientes serão diagnosticados com (Transtornos da Alimentação sem outra Especificação). Na maioria dos casos, os ataques serão precedidos por uma conduta de dieta, mantida através de cognições irracionais fortemente ancoradas no paciente (veja Fig. 7.2).

2. *Atitudes negativas para com a própria imagem e peso.* Essa opinião negativa estará influindo, como no caso da anorexia nervosa, no comportamento alimentar e no

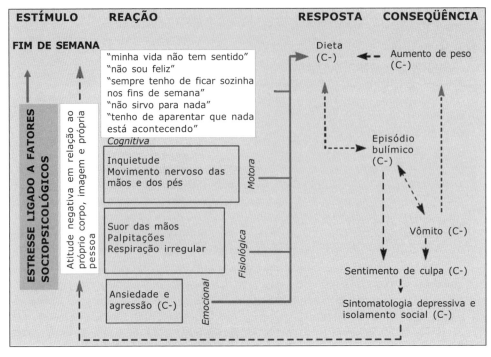

Fig. 7.2. Exemplo de análise funcional em TA.

estado de humor do paciente. Muito freqüentemente encontramos que o desprezo pelo próprio corpo, verbalizado como uma insatisfação com seu peso corporal e um desejo de reduzi-lo, está associado à falta de auto-aceitação.

3. Presença de *comportamentos compensatórios*, para evitar um presumível aumento de peso após um episódio de ingestão voraz. Esses comportamentos irão desde vômitos a uso de laxantes e diuréticos, exercício físico excessivo e/ou uso de dietas. Os vômitos e/ou dietas serão uma das estratégias mais freqüentemente empregadas, mas não por isso critério indispensável para o diagnóstico desses pacientes (veja Fig. 7.3). Com base no tipo de comportamento compensatório, os pacientes com BN serão subdivididos em dois subtipos: a) *tipo purgativo*: provocam regularmente o vômito e/ou abusam de laxantes após o episódio bulímico; b) *tipo não purgativo:* empregam outras técnicas compensatórias inapropriadas, como jejuar ou praticar exercícios intensos.

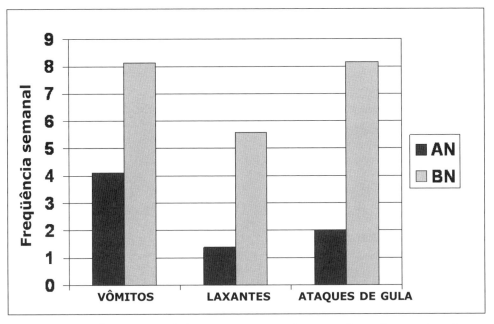

Fig. 7.3. Freqüência semanal de comportamento de purgação e ataques de gula em uma amostra de Anorexia (AN, N = 134) e Bulimia nervosa (BN, N = 198)

III. BASES TEÓRICAS E EMPÍRICAS DO TRATAMENTO NOS TAs

III.1. Anorexia nervosa

Na literatura atual, os estudos existentes que comparam a eficácia de diferentes abordagens terapêuticas em anorexia nervosa são escassos e centram-se em pacientes adolescentes. Nesses estudos, mostra-se a importância de uma abordagem familiar, especialmente em pacientes jovens. Em outros estudos, com pacientes anoréxicos adultos, nos quais a eficácia de diferentes abordagens foi comparada com grupos de controle, obteve-se que um tratamento específico é mais eficaz que a ausência de tratamento e/ou tratamento não específico.

Para descrever os diferentes tipos de tratamento existentes, independentemente do enfoque ou quadro teórico empregado (psicanalítico-psicoterápico, cognitivo-comportamental, sistêmico e/ou familiar etc.), a maioria dos autores enfatizam a necessidade de atingir três objetivos essenciais em pacientes com anorexia nervosa: (a) normalização de peso, constantes nutricionais e hábitos alimentares, (b) tratamento de fatores psicológicos mantenedores e (c) prevenção de recaídas. Nesse sentido, o tratamento deve centrar-se tanto nos aspectos mais diretamente relacionados com a sintomatologia e a psicopatologia alimentar, como nos não sintomatológicos. Para determinar que quadro seria o mais adequado para tratar esses pacientes aconselha-se seguir uma árvore de decisões que permita objetivar fatores como gravidade do transtorno e ineficácia de tratamentos prévios que, definitivamente, determinarão a necessidade de utilizar abordagens mais invasivas (p. ex., hospital dia e/ou internação), enquanto os pacientes que se encontrarem em fases iniciais e/ou apresentarem uma menor sintomatologia alimentar poderão beneficiar-se de procedimentos ambulatoriais (veja Fig. 7.4).

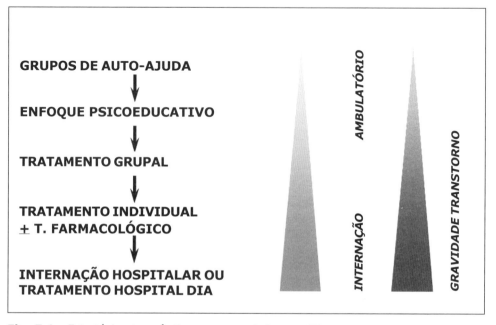

Fig. 7.4. Estratégias terapêuticas recomendadas em TA.

Os modelos que até o momento foram aplicados mais freqüentemente em anorexia nervosa, com maiores ou menores evidências experimentais, foram os seguintes:
1. *Psicoterapia psicanalítica breve*: foi escassamente descrita na literatura, com resultados limitados. Trata-se de uma psicoterapia breve e limitada no tempo, semi-estruturada, onde não se tratam temas como aconselhamento sobre hábitos alimentares e/ou peso. Nesse tipo de abordagem a ênfase é posta em aspectos como: a) significado consciente e inconsciente do sintoma; b) efeitos do sintoma nas relações interpessoais do paciente.
2. *Terapia familiar*: Os objetivos principais desse tipo de abordagem, semi-estruturada e limitada no tempo, serão os seguintes: (a) esclarecimento do problema alimentar e da dinâmica familiar criada em torno deste; (b) determinação de uma funcionalidade interpessoal da sintomatologia manifesta (significado que o transtorno possui no ambiente); (c) identificação de uma possível hipótese etiopatogênica do sintoma

deduzida da dinâmica familiar existente e das conseqüências produzidas no ambiente do paciente.

3. *Tratamento psicoeducativo-comportamental*: Esse tipo de programa estruturado e limitado no tempo baseia-se essencialmente na normalização e regularidade de hábitos alimentares, tanto em quantidade como em freqüência, e no controle do peso. São utilizados tanto elementos psicoeducativos (conceitos nutricionais sobre alimentação, peso e conseqüências físico-psicológicas da desnutrição), quanto comportamentais (técnicas de auto-observação, autocontrole e exposição com prevenção de resposta).

   Esses procedimentos, que foram descritos como limitadamente eficazes em bulimia nervosa, mostram, no caso da anorexia nervosa, resultados claramente inferiores a procedimentos mais específicos.

4. *Terapia cognitivo-comportamental*: utiliza uma combinação de técnicas cognitivas e comportamentais para modificar o comportamento e cognições subjacentes dos pacientes, suas atitudes em relação à imagem e ao peso, baixa auto-estima e perfeccionismo. Essas técnicas serão basicamente: (a) monitoração de refeições, (b) pautas comportamentais de exposição, (c) reestruturação cognitiva, (d) resolução de problemas e, se for necessário, (e) técnicas de autocontrole emocional e de aumento de habilidades (p. ex., treinamento em habilidades sociais e assertividade). A fase propriamente cognitiva centra-se na identificação das cognições irracionais em três áreas principais: peso-alimentação, aparência física e baixa auto-estima.

III.2. *Bulimia nervosa*

Na literatura, foi amplamente demonstrado, com base em estudos controlados, que procedimentos baseados no modelo cognitivo-comportamental apresentam uma maior eficácia em médio-longo prazo que orientações de caráter dinâmico, terapias puramente comportamentais ou tratamento farmacológico. Foram observados resultados positivos em 70-80% dos pacientes, valores que foram mantidos mesmo depois de seguimentos de 5-10 anos em 50-69% dos casos (Fernández *et al.*, 2004; veja Fig. 7.5).

Com relação ao tipo de tratamento, foram descritos desde procedimentos de auto-ajuda baseados em novas tecnologias (Internet e CD-Rom), terapia grupal breve psicoeducativa, tratamento grupal, tratamento individual, combinação de internação curta e terapia grupal, a tratamentos exclusivamente de internação hospitalar.

Os cinco modelos que até o momento foram mais aplicados em BN, embora com diferenças de eficácia, são os seguintes:

1. *Nutricional-psicoeducativo:* mostram-se muito úteis para conseguir uma redução inicial dos sintomas propriamente bulímicos (ataques de gula e vômitos) e a normalização de uma regularidade em hábitos alimentares tanto em quantidade quanto em freqüência. Porém, mostra-se insuficiente para trabalhar aspectos substanciais da patologia alimentar, como as cognições irracionais e a resolução inadequada de problemas.

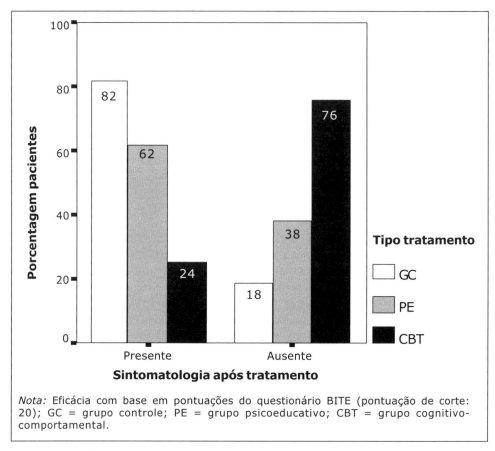

Fig. 7.5. Eficácia do tratamento grupal em Bulimia nervosa (GC [N = 40] *vs.* PE [N = 50] *vs.* CBT [N = 50]).

2. *Terapia interpessoal:* nesta modalidade de tratamento serão trabalhados, de uma forma semidiretiva, as deficiências em relações interpessoais dos pacientes, e soluções específicas a estas, sem incidir especificamente nos sintomas alimentares. Esse tratamento apresenta bons resultados, em médio-longo prazo, com resultados comparáveis, embora inferiores, aos obtidos pela terapia cognitivo-comportamental.

3. *Tratamento de exposição com prevenção de resposta:* este modelo de tratamento, baseado em técnicas de modificação do comportamento, consiste em expor o paciente a estímulos discriminativos ou elicitadores do comportamento problema (episódios bulímicos ou vômitos), que podem ser alimentos "proibidos" ou altamente calóricos, ou determinadas condutas, e impedir, a seguir, que ocorra o comportamento problema ou reações usuais (vômitos ou episódios bulímicos). Esse tipo de tratamento mostra resultados claramente inferiores, em médio-longo prazo, aos mostrados pela terapia cognitivo-comportamental.

4. *Tratamento cognitivo-comportamental:* as bases teóricas desse procedimento terapêutico baseiam-se no modelo cognitivo-comportamental desenvolvido e aplicado em pacientes depressivos por Beck, onde demonstrou uma grande eficácia. Porém, esse procedimento foi descrito pela primeira vez em Bulimia nervosa em meados dos anos 1980, pelo grupo de Oxford (Fairburn, 1985).

Este modelo entende que a pressão social por obter um ideal de beleza e magreza, e os correspondentes pensamentos e cognições irracionais em relação à própria imagem e alimentação conduzirão a paciente a hábitos alimentares restritivos, que desembocariam em episódios bulímicos e, na maioria dos casos, em vômitos (veja Fig. 7.6). Por isso, tanto o comportamento alimentar quanto os conseguintes episódios bulímicos e sua conduta compensatória (vômitos, dieta, uso de laxantes e/ou diuréticos) serão vistos como conseqüências negativas das cognições irracionais em relação à própria imagem e peso.

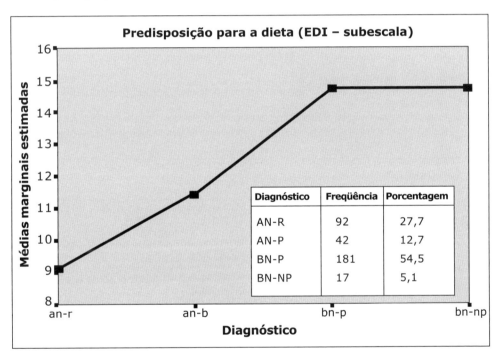

Fig. 7.6. Predisposição para a realização de dietas em uma amostra de 332 TA.

IV. TRATAMENTO DOS TRANSTORNOS DA ALIMENTAÇÃO (TAs)

Dado que uma das abordagens que maior eficácia demonstrou em Transtornos da alimentação e, especialmente, em Bulimia nervosa é o tratamento cognitivo-comportamental, passaremos a descrevê-lo a seguir detalhadamente.

IV.1. Terapia cognitivo-comportamental dos TAs

Em fases iniciais, tanto em um quanto em outro transtorno, o tratamento TCC será encaminhado às seguintes áreas: 1) esclarecimento dos objetivos e motivação do paciente (veja tabela 7.2); 2) psicoeducação sobre a problemática alimentar e sobre os fatores que estão interagindo; 3) importância da recuperação de hábitos alimentares e peso; 4) aumento da consciência do transtorno; 5) determinação de fatores mantenedores tanto individuais quanto familiares. Ainda, nessas fases prévias, a psicoeducação dos pais, onde se informa sobre o transtorno, e a busca de seu apoio ao tratamento adquirirão uma importância crucial.

Tabela 7.2. Variáveis a ser tratadas em transtornos da alimentação (TA)

- Nível sintomatológico:
    - Comportamental: restrição/ataques de gula/condutas compensatórias.
    - Cognitivo: cognições irracionais/sensação de controle/pensamentos destrutivos.
    - Relacional/interpessoal: comportamentos esquivos/discussões familiares.

- Nível não sintomatológico
    - Comportamental: déficits em habilidades sociais/padrões inadequados de comportamento.
    - Cognitivo: sensação de controle-descontrole/autoconceito/perfeccionismo.
    - Relacional: introduzir padrões relacionais adequados/ solucionar conflitos familiares subjacentes.

Em geral, um tratamento cognitivo-comportamental com esse tipo de paciente costuma ser composto de três fases:
- *Fase I:* Auto-observação e controle de estímulos, assim como um detalhado registro da alimentação diária (Fase psicoeducativa-comportamental)
- *Fase II:* Confrontação e modificação das cognições irracionais através de reestruturação cognitiva (Fase cognitivo-comportamental)
- *Fase III:* Prevenção de recaídas e profilaxia (Fase de prevenção).

Em uma terapia cognitivo-comportamental será utilizada uma combinação de técnicas cognitivas e comportamentais para mudar o comportamento e as cognições subjacentes dos pacientes, suas atitudes em relação à imagem e ao peso, e inclusive outras distorções cognitivas, como a baixa auto-estima e o perfeccionismo.

IV.2. Técnicas geralmente utilizadas

1. Entrevista motivacional
Nesta fase o objetivo principal consistirá em favorecer e facilitar a maior implicação do paciente, através do aumento de sua consciência do transtorno e do favorecimento de

um papel ativo. Esse trabalho motivacional, embora esteja mais presente em fases iniciais (veja estilo de perguntas na tabela 7.3), terá de ser aplicado ao longo de todo o tratamento. As técnicas mais freqüentemente utilizadas irão desde o diálogo socrático às perguntas hipotéticas e em terceira pessoa, passando pela mudança de papéis (veja tabela 7.4).

2. Psicoeducação e monitoração de hábitos alimentares

Tanto elementos psicoeducativos (conceitos nutricionais sobre alimentação, peso e conseqüências físico-psicológicas da desnutrição) quanto comportamentais (técnicas de auto-observação através de auto-registros alimentares, autocontrole e exposição com prevenção de resposta) serão aplicadas. Essas técnicas que mostraram acentuada eficácia em Bulimia nervosa, mesmo como procedimentos específicos de curta duração (20-30% melhoraram), no caso da Anorexia nervosa mostram uma eficácia claramente limitada.

Tabela 7.3. Tipos de perguntas em entrevista motivacional em TA

- Por que você está procurando tratamento neste momento?
- Há alguém em seu ambiente que o pressionou a vir?
- Até agora, o que os outros fizeram para ajudá-lo?
- O que você fez, até o momento, para sair desse problema?
- Por que os tratamentos realizados até o momento não deram resultado?
- Em que medida acha que você e/ou suas atitudes influenciaram no fracasso do tratamento?
- O que você acha que deveria fazer para que isso melhorasse?

Tabela 7.4. Tipos de técnicas utilizadas em entrevistas motivacionais com TA

- Diálogo socrático:
  - Pôr na boca do paciente o que se quer ouvir.
  - Qual seria realmente seu objetivo? Não é a isso que você quer chegar? O que você acha que deveria mudar para atingi-lo? O que você pode perder tentando? O que você quer fazer, então?
- Perguntas em terceira pessoa:
  - O que você recomendaria a uma pessoa que lhe dissesse que não se atreve a fazer algo, que não tenta?
  - Se alguém lhe dissesse ..., o que você sugeriria?
  - Por que você acha que alguém pode sentir o impulso de...?
- Perguntas hipotéticas:
  - A quem você recomendaria esse estilo de vida?
  - Como você imagina seus próximos dez anos?

3. Pautas comportamentais de exposição-prevenção de resposta

Esta técnica consiste em expor (fase de exposição) o paciente a estímulos discriminativos, ou elicitadores da conduta-problema (episódios bulímicos ou vômitos), como alimentos "proibidos", altamente calóricos ou determinados comportamentos (p. ex., fazer compras no supermercado, ficar sozinho em casa; observar sua própria aparência física etc.) e impedir, a seguir, que ocorra o comportamento-problema ou reações mais usuais (fase de prevenção de resposta), como seriam os vômitos ou episódios bulímicos.

Porém, essa técnica, por si só, não enquadrada em uma TCC, apresentará uma eficácia claramente limitada.

4. Reestruturação cognitiva em TA

As cognições e pensamentos nesse tipo de paciente, e que serão objeto de tratamento, centram-se em três áreas principais: 1) cognições negativas com relação à alimentação e peso; 2) cognições e valorações negativas com relação à própria imagem e aparência corporal; 3) baixa auto-estima com relação a si mesmos.

Dos pensamentos irracionais que comumente aparecerão em pacientes com transtornos da alimentação destacar-se-ão os seguintes: pensamentos polarizados, supergeneralizações, catastrofismo, filtragem e leitura do pensamento (veja tabela 7.5).

Tabela 7.5. Pensamentos irracionais geralmente presentes no TA

- Pensamentos de tudo-ou-nada:
  - "Ou faço as coisas perfeitas ou não as faço." "Ninguém me ama."
- Generalização:
  - "Sempre cometo erros."
- Filtragem:
  - "Embora faça bem algumas coisas no trabalho, isso não tem importância, porque não controlo minha alimentação."
- Leitura do pensamento:
  - "Todos acham que estou gorda... têm pena de mim."
- Personalização:
  - "Sempre me olham e percebem que engordei."
- Catastrofismo:
  - "Se eu perder novamente o controle, vou morrer."

5. Solução de problemas

Aumentar a capacidade de enfrentamento de problemas nos TAs será básica para conseguir uma generalização adequada da melhoria alcançada inicialmente pelo paciente, evitando, assim, que diante de problemas de diferente índole recorra à sintomatologia alimentar (p. ex., ataques de gula) como freqüente "solução" inadequada de conflitos.

6. Treinamento em expressão emocional, habilidades sociais e assertividade

Pacientes com TA terão, de forma primária, uma baixa capacidade para conviver com determinadas emoções e poder expressá-las de forma adequada, assim como para se comunicar de forma eficaz e assertiva. Por isso, um treinamento que se centre nos seguintes aspectos será fundamental para reduzir esse claro fator mantenedor: expressão adequada de sentimentos, habilidades em conversações, treinamento assertivo, comunicação não-verbal, comunicação (Fernández *et al.*, 1997)

V. TRATAMENTO NA PRÁTICA CLÍNICA NOS TCAs, PASSO A PASSO

A terapia cognitivo comportamental, realizada individual ou em grupo, demonstrou amplamente sua eficácia na redução da sintomatologia alimentar e o grau de recuperação oscilará, segundo os diferentes autores, entre 45-80% dos casos. Resultados que superam notavelmente os obtidos por outras abordagens terapêuticas.

As modalidades terapêuticas aconselhadas a esses pacientes, como foi mencionado anteriormente, começariam por procedimentos grupais de auto-ajuda e grupais de curtamédia duração, menos custosos, para continuar, se necessário, com pacientes que apresentem uma sintomatologia mais grave, com um tratamento ambulatorial psicológico individual, com ou sem medicação adicional, e internação nos casos extremos (veja indicações de internação na tabela 7.6).

Todo o tratamento em TA, baseado em uma orientação cognitivo-comportamental, constará das seguintes etapas:
1. Sessões probatórias (detecção da motivação do paciente e áreas-problema, orientação diagnóstica, análise funcional e orientação terapêutica).
2. Sessões terapêuticas: (a) objetivação de peso e alimentação (auto-registros); (b) pautas nutricionais e psicoeducativas sobre alimentação-peso; (c) pautas básicas para pacientes e familiares para conseguir uma redução de fatores mantenedores do transtorno; (d) introdução e aplicação do modelo cognitivo: (e) objetivação e reestruturação de pensamentos concernentes ao peso-alimentação, aparência e conceito pessoal; (f) solução de problemas; (g) prevenção de recaídas e análise de fatores de risco; (h) sessões de controle.

Cada uma dessas fases passará a ser descrita, pormenorizadamente, a seguir:

Tabela 7.6. Indicações de tratamento hospitalar e/ou hospital dia em TA

- Patologia alimentar extremamente severa.
- Não motivação e/ou compromisso para cumprimento de normas e /ou contrato terapêutico ambulatorial.
- Transtorno de personalidade grave.
- Sintomatologia psiquiátrica coadjuvante que recomende internação.
- Estado físico precário em conseqüência do TA.
- Suporte familiar nulo ou situação familiar altamente conflitiva.
- Fracassos repetidos em tratamentos ambulatoriais anteriores.
- Abuso e/ou dependência grave de tóxicos que requeira internação.

V.1. Sessões probatórias

Nas sessões iniciais ou probatórias, o trabalho do terapeuta consistirá em tentar descrever, de forma objetiva, os incômodos, com freqüência vagamente descritos pelo paciente, e esclarecer seus objetivos com o tratamento. O esquema a seguir em uma análise funcional será o seguinte: *a*. Microanálise; *b*. Macroanálise; *c*. Hipóteses explicativas e funcionalidade da sintomatologia; *d*. Hierarquização de objetivos e plano de tratamento (veja tabela 7.7)

Tabela 7.7. Estrutura a seguir em sessões probatórias iniciais

- Avaliação da motivação:
  - Externa *vs* interna.
- Microanálise:
  - Estímulos e/ou situações desencadeadoras.
  - Duração e intensidade dos sintomas.
  - Reações (fisiológicas/motoras/cognitivas/emocionais).
  - Fatores mantenedores.
- Macroanálise:
  - Localização de fatores mantenedores em médio e longo prazos.
- Hipóteses explicativas e funcionalidade.
- Plano de tratamento e hierarquização de objetivos.

Adaptado de Fernández-Aranda e Turón, 1998.

a. Microanálise

Na fase denominada microanálise, aspectos mais sintomáticos e situacionais deverão ser esclarecidos (p. ex., em que situações costumam aparecer determinados episódios bulímicos, com que freqüência ocorrem, que intensidade apresentam, quando geralmente aparecem, quando não aparecem, como o paciente se sente depois deles e como reage após eles). Ainda, nesse tópico, deverão ser também registradas reações fisiológicas, motoras e emocionais do paciente (veja exemplo na tabela 7.8).

Tabela 7.8. Exemplo de perguntas a seguir em entrevistas iniciais em BN

- Existem episódios de superingestão?
- Como são vividos pelo paciente e como ele se sente depois?
- São planejados ou incontroláveis?
- Em que situações acontecem ou não?
- Com que freqüência costumam aparecer e quanto costumam durar?
- Com que tipos de alimentos costuma ocorrer e com quais não?
- O que o paciente faz antes, durante e depois de um episódio bulímico?
- O que o paciente costuma pensar antes, durante e depois de um episódio bulímico?
- O paciente identifica desencadeadores internos ou externos em seus ataques de gula?
- Em caso de ter os ataques, que tipo de comportamentos compensatórios realiza?
- O paciente evita situações e/ou estímulos que incitem um ataque?
- Alguma vez tentou impedir o comportamento compensatório?
- Em caso negativo, por que não?
- Como o ambiente reage a essa problemática?

b. Macroanálise

Na fase denominada macroanálise, lidamos com as conseqüências em curto-médio prazo e com os aspectos mais funcionais (p. ex., interessamo-nos não somente pelas conseqüências negativas que a sintomatologia apresenta para o paciente, como depressão, isolamento social, mas também pelas conseqüências positivas; como a sintomatologia influi no funcionamento familiar, trabalho, tempo de lazer).

c. Hipóteses explicativas e funcionalidade da sintomatologia

Uma vez acumulada a informação acima mencionada, deveremos ser capazes de realizar uma hipótese clínica explicativa do aparecimento do sintoma, que nos justifique a aplicação de um determinado tratamento com objetivos concretos. Usualmente, um terapeuta comportamental tentará buscar uma funcionalidade linear da sintomatologia, p. ex., em um caso de bulimia nervosa, onde, diante da visão de determinados alimentos se produza de forma encadeada um determinado estímulo-pensamentos de ineficácia-desejo de realizar dietas-ataques de gula-vômito-sintomatologia depressiva, nos indicará quais são os aspectos primários e, portanto, mais tributários de tratamento (que nesse caso seriam o controle de estímulos, cognições negativas e ataques de gula), e quais são secundários (que nesse caso seria sintomatologia depressiva e isolamento social). Isto é, com vistas a um tratamento com esse paciente, seria mais indicado que fosse tratado com técnicas de controle de estímulos e exposição com prevenção de resposta, para diminuir a sintomatologia bulímica, do que somente com antidepressivos e/ou técnicas de habilidades sociais.

d. Hierarquização de objetivos e plano de tratamento

Uma vez estabelecida uma possível hipótese explicativa, poderemos levar a cabo uma esquematização e hierarquização do problema, e determinar se apresenta uma funcionalidade basicamente linear, circular ou de outro tipo. Com freqüência, nos transtornos da alimentação, diferentemente de outros transtornos comportamentais (p. ex., transtornos de ansiedade, obsessivo-compulsivos), não é fácil determinar causalidades lineares que expliquem por que apareceu um transtorno alimentar em um determinado momento da vida de uma pessoa (falaremos de multicausalidade). Porém, uma análise funcional nos permitirá determinar os fatores que estão mantendo a sintomatologia, e tentar reduzi-los e/ou erradicá-los.

No momento de determinar por escrito os objetivos do tratamento, será importante que o terapeuta não imponha os que julga adequados, com base em sua experiência. Será essencial que, através de um diálogo com o paciente, de forma consensual e utilizando técnicas motivacionais e cognitivas, se chegue a definir uma série de objetivos iniciais, que nos permitam avançar no tratamento de forma realista. Estes deverão contemplar as diversas áreas problemáticas que o paciente tenha descrito nas fases iniciais. Com freqüência, no caso de pacientes com BN, inicialmente mais motivados para um tratamento, recorrerão a uma terapia geralmente com a intenção de parar com os ataques de gula, para, assim, poder continuar baixando o peso. Este seria um exemplo de objetivos pouco realistas que teriam de ser esclarecidos após prévio diálogo entre paciente-terapeuta. Nesse caso, interromper os ataques de gula e fazer dieta apresentam-se como objetivos contraditórios. Manifestar ao paciente essa incongruência e estabelecer com o paciente prioridades em seus objetivos será necessário (p. ex., primeiro interromper os ataques de gula e a conduta compensatória, depois falar sobre o tema peso).

V.2. Sessões terapêuticas

V.2.1. Objetivação de peso e alimentação (auto-registros)

Nas sessões iniciais, com o fim de objetivar mais exaustivamente o comportamento alimentar do paciente e/ou esclarecer possíveis dúvidas diagnósticas, será de suma importância que este realize um registro alimentar diário (veja Fig. 7.7). Isso nos permitirá, como especialistas, extrair informações adicionais, e ao paciente será útil por diversas razões: 1) para ser consciente de seu padrão alimentar; 2) para observar associações entre estressores e comportamento alimentar; 3) para servir de estratégia de autocontrole; 4) para começar a adquirir um papel ativo em seu tratamento.

Registro de alimentação

Nome e sobrenome:

DIA/HORA	ONDE/COM QUEM	REFEIÇÃO	A/V IA/IV	SITUAÇÃO
Dia: / /		CAFÉ-DA-MANHÃ Sólido:		
		Líquido:		
		ALMOÇO 1º prato:		
		2º prato:		
		Sobremesa:		
		LANCHE		
		JANTAR 1º prato:		
		2º prato:		
		Sobremesa:		

A: Ataque de gula; V: vômito; IA: Impulso para o ataque de gula; IV: Impulso para o vômito.

Fig. 7.7. Modelo de registro alimentar utilizado em TA.

Na maioria dos manuais sobre essas patologias costuma ser mencionado o grande valor adicional, não quantitativo, mas sim qualitativo, que esses auto-registros possuem nas primeiras entrevistas. Como em todo tipo de registro comportamental, nesses auto-registros as variáveis do tipo tempo, lugar de aparecimento, situação e duração do comportamento alimentar e/ou compensatório deverão ser anotados. Especialmente em transtornos alimentares, torna-se necessária, ainda, a descrição detalhada dos alimentos ingeridos e a quantidade (não necessariamente em kcal.), assim como o tipo de comportamento compensatório empregado. Em fases posteriores do tratamento, considerar as cognições e emoções, antes, durante e após as refeições será de vital importância.

V.2.2. Pautas nutricionais e psicoeducativas sobre alimentação e peso (veja tabela 7.9)

Uma vez objetivados os hábitos alimentares do paciente, através dos registros alimentares, durante as fases iniciais deverá ser esclarecida, caso a paciente desconheça, uma série de idéias equivocadas sobre a alimentação e o peso.

Em nosso modo de ver, por ordem de apresentação, isso deveria ser:

- *Multicausalidade dos TAs*
  Nos TAs detectam-se tanto fatores predisponentes (individuais, familiares e socioculturais), como desencadeantes, que poderão gerar um desejo extremo de emagrecer e fazer dieta, com a conseqüente perda repetida de controle sobre a ingestão diante de determinados estressores, e a justificação do aparecimento de conduta compensatória de purgação. Não se recomendará falar de "causa única".

- *Repercussões físicas e psicológicas da desnutrição*
  Como comportamentos de purgação são entendidos: uso de laxantes, diuréticos e/ou conduta de vômitos. Com freqüência, muitos dos problemas gastrintestinais presentes nesses pacientes serão devidos a um abuso de substâncias laxantes e/ou à realiza-

---

Tabela 7.9. Tópicos a esclarecer em fases psicoeducativas iniciais em um tratamento com TA

- Causas múltiplas dos transtornos alimentares
- O contexto sociocultural em transtornos de alimentação
- Teoria do *set-point* e regulação fisiológica do peso corporal
- Repercussões físicas e psicológicas da desnutrição
- Normalização de hábitos alimentares adequados
- Mecanismos inadequados para o controle do peso, como: vômitos, laxantes e diuréticos
- Determinação de um peso adequado e/ou saudável
- Complicações físicas
- Estratégias de prevenção de recaídas

ção de vômitos. Assim mesmo, os vômitos podem causar lesões graves em nível esofágico, erosão do esmalte dental e uma higiene dental precária, até uma inflamação das glândulas parótidas e perda de eletrólitos, necessários para o adequado funcionamento do organismo.

Um abuso prolongado de laxantes pode causar transtornos ou disfunção grave do intestino grosso, enquanto que um excesso de diuréticos pode causar desidratação. É importante que os pacientes saibam que nem os laxantes nem os diuréticos servem como mecanismo para controlar o peso.

- *Teoria do* set-point, *regulação fisiológica do peso corporal e determinação de um peso adequado*
  Partindo da base de que o peso corporal, assim como outros parâmetros biológicos, são, em boa medida, determinados geneticamente, isso dará base para postular a existência do denominado *set-point* do peso, que não será nada além de um intervalo de peso, determinado biologicamente, entre cujo mínimo e máximo se encontrará a maioria das pessoas, e entre cujos pólos oscilará, geralmente, nosso peso ao longo da vida. Esse normopeso costuma ser calculado através do denominado Índice de Massa Corporal *(Body Mass Index, BMI),* obtido da divisão do peso (kg) pela altura^2 (m^2). Isso nos dará um índice que normalmente oscilará entre 18 e 25, que indicará uma situação de normopeso, enquanto valores inferiores a 18 indicarão uma acentuada baixa de peso, e valores superiores a 25, um sobrepeso. Segundo a mencionada teoria do *set-point*, o organismo emprega diversos mecanismos e recursos para manter seu peso dentro de uma estabilidade e sem oscilações acentuadas. Por isso, quando o organismo ingere poucas calorias, costuma aparecer, então, a reação de fome e os pensamentos que nos induzem a comer. Ainda, o organismo começa a reduzir seu gasto energético, e precisa de menos calorias para manter o peso corporal dentro da normalidade.

- *Conseqüências negativas do uso de condutas de purgação*
  Condutas de dieta e/ou uma nutrição hipocalórica causam toda uma série de repercussões, tanto físicas quanto psicológicas. A conduta de dieta pode gerar o aparecimento de impulsos de gula, e uma desnutrição acarreta mudanças no metabolismo do organismo.

- *Importância da normalização da ingestão como primeiro mecanismo para deter o círculo vicioso de ataques-vômitos*
  A maior parte dos pacientes com bulimia nervosa, além de apresentar uma elevada freqüência de ataques de gula e/ou conduta de purgação, costumam apresentar um comportamento alimentar restritivo e hipocalórico, que em alguns casos é uma conseqüência própria do desejo de compensação nutricional após ter tido um ataque de gula, enquanto que, em outros casos, será primário ao comportamento de ataque e secundário ao desejo da paciente de baixar de peso. Por ser a conduta de dieta um possível fator desencadeante do comportamento alimentar de superingestão, será

Tabela 7.10. Passos recomendados para comer de forma "mecânica"

- Tomar o café-da-manhã no máximo uma hora depois de ter levantado
- Não deverão passar mais de 3/4 horas entre o café-da-manhã e o almoço
- Lanchar algo leve
- Não jantar muito tarde
- As refeições devem ser consideradas como medicamentos, e ter prioridade
- Comer em função de um esquema predeterminado (1º prato, 2º prato, sobremesa), e não em função de maior ou menor sensação de fome
- Será muito importante não pular nenhuma refeição

aconselhado, como primeiro passo a realizar para interromper o círculo vicioso de ataques-vômitos, normalizar a ingestão alimentar. Por essa razão, o comportamento alimentar descrito na tabela 7.10 é o mais adequado e aconselhado aos pacientes, não somente como forma de mitigar os ataques, mas também como primeira estratégia para preveni-los. Os pacientes serão instruídos a realizar uma alimentação "mecânica", que lhes permita restabelecer hábitos alimentares já esquecidos.

V.2.3. Pautas básicas para pacientes e familiares para conseguir uma redução de fatores mantenedores do transtorno

Será muito importante, já nas fases iniciais, reconhecer fatores mantenedores da problemática alimentar do paciente. Serão geralmente agrupados em dois: 1) individuais ou internos; 2) interpessoais-ambientais ou externos. Nos primeiros poderiam ser destacados os seguintes: a) comportamentos do paciente relacionados com seus hábitos alimentares e/ou problemática alimentar (p. ex., ingerir produtos com poucas calorias, restrição alimentar já durante a manhã, controlar constantemente o peso...); b) estilo cognitivo (p. ex., cognições que o autorizam a se permitir ataques de gula e/ou vômitos – veja exemplo na tabela 7.1); c) comportamentos evitativos relacionados ou não com sua alimentação (p. ex., evitar olhar-se no espelho, evitar enfrentar a tomada de decisões diante de ambivalências); c) características de personalidade (p. ex., pacientes inseguros e esquivos devido a suas características de personalidade, impulsividade elevada em pacientes com transtorno de personalidade co-mórbido do grupo B).

Entre os segundos – os fatores externos – destacaríamos os que se relacionem com o ambiente e com as dinâmicas que se instauram, geralmente como conseqüência do TA. E assim, poderíamos igualmente agrupá-los em: a) comportamentais (p. ex., hábitos alimentares de toda a família subordinados ao TA da filha, comportamentos da família que favorecem um aumento de consciência do transtorno por parte da paciente, condutas da família com o objetivo de evitar conflitos...); b) cognitivo: cognições de rivalidade e/ou competição na família (p. ex., entrar na dinâmica de ter quem ganha ou perde, em

Tabela 11. Cognições irracionais mantenedoras do TA

- Ainda não vejo os ossos da pelve; com certeza engordei...
- Comeria um donut agora... mas, para que, se já tomei um café-da-manhã "suficiente"?
- Olha como minha amiga janta o que quer sem se preocupar... e por que eu sou obrigada a comer o que não me apetece?
- Hoje posso comer tranqüila... pois vou andar a tarde inteira.
- Para que comer batatas fritas se posso comer algo mais saudável?
- Preciso controlar minha vida, se não perderei o controle... e serei uma fracassada.
- No fundo, é apenas uma disputa de poder, todos querem provar que podem mais que eu... não permitirei isso.

função de como se resolva finalmente o TA de sua filha; competição e/ou disputas de poder entre irmãs...); c) dinâmicas instauradas (p. ex., aparecimento de TA na filha diante da previsão de separação dos pais; evitação de tomada de decisões no âmbito afetivo).

Nesta fase, será conveniente ensinar ao paciente, especialmente os que apresentam queixa de Bulimia nervosa, que uma vez detectados estímulos discriminatórios de seu comportamento problema, é importante realizar comportamentos alternativos que visem evitar situações problema que se repetem diariamente (p. ex., evitar comprar alimentos em determinadas horas do dia, ter acesso indiscriminado a determinadas situações de risco, aprender a reagir de forma diferente diante de situações problema etc.)

V.2.4. Introdução e aplicação do modelo cognitivo

No que concerne ao tratamento cognitivo, serão utilizadas, principalmente, técnicas de reestruturação cognitiva, que se centrarão basicamente nas cognições irracionais em torno às seguintes áreas: (a) Alimentação e peso, (b) imagem e figura corporal, e (c) baixa auto-estima.

Como em todo procedimento cognitivo, as pautas a seguir serão as seguintes:
1. Definição e delimitação dos objetivos por parte da paciente, do ponto de vista cognitivo. Tarefa nesse caso difícil, mas de vital importância se desejamos fazer com que a paciente comece a se envolver desde o início e reduza resistências ao tratamento.
2. Conceituação e objetivação: explicação do modelo cognitivo e da relevância que as cognições, em geral, têm sobre as emoções e, em último termo, sobre o comportamento.
3. Estabelecimento de associações entre situações-pensamentos-emoções e observação do tipo de cognições irracionais que apresentava através da realização de um auto-registro (veja Fig. 7.8).
4. Modificação de pensamentos irracionais através da técnica de diálogo socrático e estabelecimento de cognições racionais positivas alternativas.

HORA	ONDE/ QUEM	REFEIÇÃO	A/V	SITUAÇÃO	PENSAMENTOS ANTES	PENSAMENTOS DEPOIS

Nota: Valorar de 1-10 o grau de crença

Fig. 7.8. Modelo de registro de pensamentos utilizados com TA.

5. Tarefas ou exercícios entre sessões.

Dos pensamentos irracionais que comumente aparecem em pacientes com transtornos da alimentação, destacam-se principalmente pensamentos automáticos irracionais do tipo: pensamentos polarizados, generalizações, catastrofismos e filtro. Uma forma de trabalhar esses pensamentos será, tendo a paciente estabelecido o grau de crença nestes (de 0 a 100), discutir quais são as evidências que possui: a) que argumentos adicionais falam a favor ou contra a ocorrência daquilo que a paciente teme (*redução de catastrofismo ou generalização*); b) que a paciente tente quantificar em quanto por cento ocorria na realidade o que afirma ("ninguém me ama", "não sirvo para nada", "todo meu corpo está gordo e não gosto de nenhuma parte dele"), e em quanto por cento não (*despolarização de pensamentos*); c) tentar observar o que ocorre ao seu redor e contrastar suas afirmações com a realidade ("todo o mundo sabe que pessoas mais magras são mais atraentes", "meu corpo é diferente do das outras, é mais desproporcional", "todos notam que engordei 1 kg"), perguntando, por exemplo, às pessoas de seu ambiente mais próximo (*técnica de redução de pensamentos personalizados*).

Com a aplicação dessas técnicas cognitivas, será de vital importância utilizar adicionalmente técnicas comportamentais e de confrontação. Isto é, diante de pensamentos automáticos irracionais como por exemplo: "após esta refeição, com certeza engordei 3 kg, posso ver", "ninguém me ama", e "estou mais gorda que os outros", técnicas comportamentais de confrontação (como p. ex. ir à balança depois das refeições, perguntar a suas amigas ou a outras pessoas sobre sua opinião, e expor-se a alimentos altamente calóricos), serão úteis para poder encontrar argumentos reais e racionais, com os quais contrastar essas idéias irracionais; Enfim, o que se tentaria com esses procedimentos não seria nada além de tentar fazer com que a paciente atinja um nível de autocrítica adequado, liberte-se de medos e entenda que ela mesma pode controlar seu comportamento de uma forma mais eficaz e adequada.

Junto à discussão de cognições irracionais, será necessário chegar a uma crítica real destas ao substituí-las por cognições racionais alternativas positivas.

V.2.5. Solução de problemas

Além de problemas com a alimentação, existem dificuldades em muitos outros âmbitos, que atuarão ou poderão ter atuado como fatores mantenedores e/ou instauradores do quadro (p. ex., déficit em habilidades sociais e/ou perfeccionismo anteriores à problemática alimentar, problemas conjugais primários e/ou secundários em relação ao TA). Como foi descrito no tópico de técnicas, para tentar enfrentar e/ou solucionar outros problemas, aconselhou-se seguir as técnicas de solução de problemas descritas por D'Zurilla (1988). Como já foi descrito pelo mencionado autor, seguir-se-ão cinco etapas sucessivas:
- Orientação geral: reconhecer a existência de um problema que deve ser resolvido.
- Definição e formulação do problema: reduzindo os fatos a termos concretos.
- Criação de alternativas: gerando soluções possíveis e adequadas.
- Tomada de decisões: qual é a melhor solução possível para pôr em prática.
- Verificação: avaliando a eficácia da alternativa após ser aplicada e adotada como estratégia geral para situações similares.

Trata-se de uma técnica muito eficaz, posto que ensina uma metodologia sistemática para abordar diferentes problemas.

V.2.6. Prevenção de recaídas e análise de fatores de risco

Nos transtornos da alimentação, tanto por suas características clínicas quanto por sua evolução, não é raro que apareçam recaídas ao longo de todo o processo. Informar sobre essas possíveis recaídas futuras, como entendê-las e como agir para preveni-las, e detectar possíveis fatores de risco será fundamental nessa fase final do processo terapêutico.
1. Informação sobre recaídas
   - Aparecimento de pequenas recaídas como um processo normal de adaptação à mudança.
   - Aparecimento de pequenas recaídas não será equivalente a fracasso terapêutico.
2. Determinar e analisar fatores de risco
   - Que acontecimentos poderiam fazer com que recaísse (situações atuais/futuras)
   - Que situações atualmente estão me dando segurança? O que ocorreria se as perdesse?
   - Importância de ganhar autonomia e confiança na família.
3. Especificar como agir diante de uma recaída
   - O que devo considerar como tal?

- Como devo comportar-me?
- Se não o solucionar em um determinado tempo, a quem/onde posso recorrer?

Uma vez finalizado o tratamento, são realizadas sessões de seguimento, nas quais deve ser possível avaliar tanto os aspectos alimentares e nutricionais (peso, hábitos alimentares, realização ou não de dietas, presença de ataques de gula, menstruação regular etc.) quanto a generalização dos comportamentos aprendidos, capacidade para tomar decisões, atitude diante de novos problemas, autonomia e independência e adaptação sócio-trabalhista.

VI. CONCLUSÕES E TENDÊNCIAS FUTURAS

Ao longo do presente capítulo, falamos do que fazer através de uma descrição mais ou menos pormenorizada das diversas abordagens utilizadas atualmente em TA, detalhando mais a abordagem cognitivo-comportamental. A título de conclusão, seria relevante fazer algumas pontuações sobre o modo de fazer. Com base em nossa própria experiência clínica, alguns dos erros que deveriam ser evitados ao tratar pacientes com TA seriam os seguintes:
- Assumir a responsabilidade do paciente.
- Atitudes paternalistas/superprotetoras por parte do terapeuta.
- Atitude passiva e distante do terapeuta.
- Imposição dos objetivos do terapeuta sobre os do paciente.
- Deixar-se influenciar pelas pressões do ambiente.
- Ignorar as limitações do tratamento.
- Ver o tratamento como um desafio pessoal.

Em nosso modo de ver, os desafios futuros no tratamento dos TA serão: quadros atípicos (TA sem outra especificação) com transtornos co-mórbidos da personalidade, tratamento de homens com TA com evolução crônica. Recorrer a novas tecnologias ajudará – e está ajudando – como procedimentos adicionais que favoreçam o acesso a informações e aos programas de tratamento.

REFERÊNCIAS BIBLIOGRÁFICAS

American Psychiatric Association (1994). *Diagnostic and statistical manual of mental disorders* (4ª edição; DSM-IV). Washington, DC: APA.

American Psychiatric Association (2000). *Diagnostic and statistical manual of mental disorders* (4ª edição – Texto revisado; DSM-IV-TR). Washington, DC: APA.

Fernández-Aranda, F., Casasnovas, C., Jiménez-Murcia, S., Krug, I., Martínez, C., Núñez, A., Ramos, M.J., Sánchez, I. e Vallejo, J. (2004). Eficacia del tratamiento ambulatorio cognitivo-conductual en la bulimia nerviosa. *Psicología Conductual, 12,* 501-518.

Beck, A.T. (1976). *Cognitive therapy and the emotional disorders*. Nova York: International Universities Press.

Fernández, F., Ayats, N., Jimenez, S., Saldaña, C., Turón, V. e Vallejo, J. (1997). Entrenamiento en habilidades conversacionales en un grupo ambulatorio de pacientes anoréxicas. Un diseño de línea base múltiple. *Análisis y Modificación de Conducta, 23*, 5-22.

D'Zurilla, T. J. e Goldfried, M. R. (1971). Problem solving and behavioral modification. *Journal of Abnormal Psychology, 78*, 197-226.

Fernández-Aranda, F. e Turón, V. (1998). *Guía básica de tratamiento en Anorexia y Bulimia nerviosa*. Barcelona: Masson.

LEITURAS PARA APROFUNDAMENTO

Beck, A.T. (1976). *Cognitive therapy and the emotional disorders*. Nova York: International Universities Press.

Ellis, A. e Harper, R.A. (1961). *A guide to rational living*. Englewood Cliffs, NJ: Prentice-Hall.

Miller, W.R. e Rollnick, S. (1991). *Motivational interviewing: Preparing people to change addictive behaviour*. Nova York: Guilford.

Fernández-Aranda, F. e Turón, V. (1998). *Guía básica de tratamiento en Anorexia y Bulimia nerviosa*. Barcelona: Masson.

Rojo, L. e Cava, G. (2003). *Anorexia nerviosa: desde sus orígenes al tratamiento*. Barcelona: Ariel.

Capítulo 8
AVALIAÇÃO E TRATAMENTO DA OBESIDADE

MARÍA NIEVES VERA GUERRERO[1]

I. INTRODUÇÃO

Definir quando uma pessoa é obesa não é uma questão fácil, embora assim pareça à primeira vista. A obesidade é definida, em âmbito clínico, como excesso de peso corporal, embora sua definição mais exata seja a de excesso de gordura corporal (por exemplo, um atleta pode ter excesso de peso). A razão dessa dificuldade é que os métodos para medir a gordura corporal são indiretos, complicados e pouco práticos. Por outro lado, parece que existe uma boa co-relação entre as duas medidas (Bray, 1976).

As estatísticas sobre a incidência da obesidade, calculada como excesso de peso, são muito altas, com tendência a aumentar ainda mais nos últimos anos (Williamson, Kahn, Remington e Aranda, 1990). Efetivamente, dois fatores potencializam esse aumento: por um lado, a mudança de estilo de vida de ativo a sedentário que traz implícito nosso trabalho industrializado e, por outro lado, a mudança de hábitos alimentares incentivada pela incorporação da mulher ao mundo trabalhista, passando-se da dieta mediterrânea, rica em carboidratos, a refeições rápidas pré-elaboradas, ricas em gorduras. Apesar dessa realidade, é certo também que cada vez um maior número de pessoas se considera obeso ou com excesso de peso. Isso se deve a um movimento social no qual o culto ao corpo está em evidência, movimento social que, como consideraremos mais adiante, pode levar a uma autêntica obsessão com o peso.

Além do aumento da obesidade e da preocupação com a mesma, outro fator que fez proliferar inúmeros estudos e publicações em torno desse tema é o fato de a obesidade ser um fator de risco para a saúde. Porém, para que essa afirmação seja correta, seria necessário especificar o grau de obesidade que o sujeito tenha, assim como a localização corporal do excesso de gordura. Estudos recentes demonstraram que é fator de risco maior a localização na parte superior – zona abdominal, típica do homem – que na parte inferior – quadris e coxas, típico da mulher (Sjostrom, 1992). Por outro lado, assinalou-se como mais perigoso para a saúde as oscilações bruscas de peso, o típico efeito "sanfona" característico das entradas e saídas de dietas, que um excesso de peso estável (Lissner et al., 1991).

Ao longo deste capítulo serão revisados os diversos objetivos, tanto avaliadores quanto terapêuticos, para a intervenção psicológica na obesidade. Insistiremos nos fatores que

---

[1]Universidade de Granada (Espanha).

possam explicar os problemas principais encontrados tanto na perda de peso como em sua manutenção. Finalmente, e como aspecto central do capítulo, detalharemos um programa cognitivo-comportamental de tratamento da obesidade.

II. AVALIAÇÃO DA OBESIDADE

A obesidade é um transtorno complexo no qual intervêm múltiplas variáveis genéticas, biológicas, psicológicas, comportamentais e sociais. Para realizar um planejamento adequado do tratamento a realizar em uma determinada pessoa, é preciso avaliar até que ponto essas variáveis incidem em seu problema e quais têm maior peso em sua manutenção. Todo processo avaliador persegue três objetivos básicos:

1. Estabelecer um diagnóstico funcional do problema que permita diferenciá-lo de outros e classificá-lo em diferentes subgrupos, se for necessário;
2. Realizar uma avaliação funcional que nos indique que variáveis principais estão incidindo no problema e, ao mesmo tempo, delimite isso em termos operacionais de maneira que, incidindo nessas variáveis, seja possível comprovar se efetivamente o problema está resolvido;
3. Realizar uma avaliação contínua da eficácia do tratamento que nos permita comprovar se a análise funcional em relação à que foi implantada foi realmente acertada. Dessa forma, a avaliação não é um processo fechado, mas continua durante todo o tratamento.

A seguir contemplaremos de maneira mais detida esses três objetivos.

II.1. *Diagnóstico diferencial da obesidade*

Em primeiro lugar, é necessário identificar a obesidade como o principal problema que o paciente apresenta. Isto é, um paciente pode estar ansioso ou deprimido pelo fato de estar obeso, mas a ansiedade ou depressão será uma conseqüência, não a causa de seu problema. Por outro lado, é preciso descartar a presença de sintomas indicativos de outros problemas alimentares como a bulimia e a anorexia. Entre esses sintomas estaria o fato de o paciente comer de maneira compulsiva, sentindo-se, depois, culpado e apresentando comportamentos compensatórios, como vômitos induzidos ou exercícios físicos extenuantes, ou restrições calóricas significativas. Ainda, é importante determinar até que ponto o paciente se encontra obcecado com seu peso. O primeiro objetivo na terapia é a auto-aceitação, independentemente do problema que se apresente, por isso, antes de passar a programar métodos de emagrecimento, é necessário que o paciente aceite seu corpo; de outro modo, estaríamos reforçando essa obsessão.

Uma vez identificada a obesidade como o problema principal, é necessário determinar o grau de obesidade que essa pessoa em questão apresenta. Como comentamos anteriormente, a forma mais usual de calcular é através do excesso de peso que, por outro lado, está bastante relacionado com o excesso de gordura. Assim, encontrou-se uma correlação de 0,7 a 0,8 entre o tecido adiposo medido através de métodos de laboratório e o Índice de Massa Corporal (IMC) (Bray, 1976). Esse índice resulta da divisão do peso (em kg) pela altura (em metros) ao quadrado (peso/altura^2). Embora essa seja uma forma bastante precisa de medir o excesso de peso, o método mais utilizado na clínica, quando muito, para definir a obesidade é o de comparar o paciente com tabelas padronizadas de peso/altura (a mais divulgada é a da *Metropolitan Life Insurance Company*). Essas tabelas dão um peso ideal – o "peso recomendável" – segundo o sexo, a idade, a estatura e a compleição física do sujeito (pequena, média e grande) calculada de forma subjetiva. Essas tabelas apresentam inúmeros problemas recolhidos em outros trabalhos (Fernández e Vera, 1996), sendo o principal a falta de representatividade da amostra, já que foram realizadas por companhias de seguros norte-americanas com uma população amplamente diferente da nossa. De fato, as tabelas que Alastrué, Sitges, Jaurrieta e Sitges (1982) elaboraram com população catalã continham pesos médios significativamente superiores aos norte-americanos (p < 0,05). Esses dados mostram a cautela com que o clínico deve empregar essas tabelas no estabelecimento de metas terapêuticas. A partir do trabalho publicado por Brownell e Wadden (1992), foi estabelecida a necessidade de substituir esse peso ideal como objetivo terapêutico por um peso mais razoável, que apresentaremos como alternativa no final desse item de avaliação.

Uma distinção importante que alguns autores fazem é a de excesso de peso e obesidade. Assim, o excesso de peso, segundo o IMC, seria de 25 a 30 kg/m^2 e a obesidade, acima de 30 kg/m^2 (Bray, 1986). Segundo as tabelas padronizadas, a obesidade estaria acima de 20% do peso ideal. Atualmente, Brownell e Wadden (1992), seguindo também essas tabelas, classificam a obesidade segundo a porcentagem de *excesso de peso* sobre o *ideal*, em leve (5-20%), moderada (20-40%), severa (40-100%) e grande (+ 100%). Essa classificação é muito útil no processo de seleção da melhor alternativa terapêutica para um determinado sujeito, já que, como assinalam esses autores, com obesidades severas ou grandes a melhor intervenção não seria a cognitivo-comportamental, mas a médica – prescrição de dietas muito pobres em calorias ou cirurgias e, inclusive, a combinação de ambas.

Esse diagnóstico diferencial seria realizado através de uma entrevista inicial que iria cobrindo as áreas vitais do paciente, o estado de saúde geral e áreas relacionadas com problemas psicológicos. Se forem detectados problemas dessa natureza, sua avaliação será feita com as técnicas específicas para cada caso.

II.2. *Diagnóstico funcional da obesidade*

Como comentamos anteriormente, a obesidade é um fenômeno complexo no qual diversos fatores intervêm; por essa razão, é necessário determinar quais são mais relevantes em um caso específico e, em função disso, determinar a intervenção mais adequada. Neste item, revisaremos brevemente os diversos fatores etiológicos da obesidade: fatores biológicos e genéticos, de aprendizagem, de estilo de vida relacionado com a atividade física, psicológicos e cognitivos e, por último, sociais.

Fatores genéticos e biológicos

Excede os limites deste capítulo o aprofundamento neles. O leitor interessado nas diversas teorias e pesquisas a respeito pode consultar várias revisões sobre elas (Brownell, 1981; Mahoney, Rogers, Straw e Mahoney, 1982; Fricker e Apfelbaum, 1992). Cabe destacar, porém, alguns aspectos extraídos dessas teorias que o clínico deve levar em conta em sua prática. Efetivamente, devem ser consideradas duas teorias: a *teoria do ponto fixo,* que nos assinala a tendência do organismo a manter seu peso, retardando o metabolismo se houver restrição calórica ou acelerando-o se houver ingestão em excesso, com a finalidade de manter esse peso, e a *teoria da celularidade adiposa,* que distingue entre obesos com células adiposas alongadas (hipertróficos) e obesos com maior número de células adiposas (hiperplásicos). A primeira teoria nos adverte acerca do perigo de submeter-se a dietas estritas, das quais necessariamente é preciso sair e, uma vez fora, se essa teoria for certa, tendo-se retardado o metabolismo, os ganhos de peso seriam superiores aos iniciais, o que levaria novamente à dieta. Dessa forma estaria estabelecido um ciclo de perda e ganho de peso, o chamado efeito "sanfona", mais prejudicial para a saúde que o excesso de peso em si (Lissner *et al.,* 1991). A segunda teoria nos leva a refletir acerca dos objetivos terapêuticos. Isto é, tentar levar um obeso hiperplásico até um peso ideal estabelecido pelas tabelas padronizadas somente conseguiria fracasso e frustração, na melhor das hipóteses, ou perigo real para a saúde ao diminuir de forma anormal o tamanho de suas células adiposas, na pior das hipóteses, se conseguirmos nos aproximar dos objetivos de peso ideal.

Determinar com exatidão o peso biológico ideal de um paciente envolve a utilização de equipamentos médicos sofisticados e caros. Porém, dispomos de uma série de indicadores que nos podem dar uma idéia de qual objetivo terapêutico seria o mais realista em cada caso. Esses indicadores, como o excesso de peso que uma pessoa tem, o peso máximo que perdeu em tentativas anteriores, a forma como o atingiu, o tempo que manteve as perdas e os possíveis antecedentes familiares da obesidade, estão incluídos em um questionário elaborado por Vera e Fernández (1989), que serve como esquema para realizar a entrevista comportamental do excesso de peso (veja Apêndice 1).

Fatores de aprendizagem

Os primeiros tratamentos comportamentais basearam-se na idéia de que a obesidade – pelo menos a que não tinha uma etiologia médica clara – era efeito de uma causa única: a aprendizagem incorreta de uma série de hábitos ou comportamentos alimentares diferentes dos do não obeso. Especificamente, acreditava-se que o obeso ingeria maior quantidade de alimentos, de maneira mais rápida e respondia mais a estímulos externos associados com a comida (vista e sabor dos alimentos, lugares e atividades relacionados com o ato de comer etc.) que a estímulos internos de fome. A revisão dos estudos que avaliam essas premissas pode ser encontrada em Fernández e Vera (1996). A título de conclusão dessas pesquisas, poder-se-ia dizer que, atualmente, não se pode sustentar que existe um estilo de comer próprio do obeso contra o não obeso, mas diferenças individuais quanto a pautas alimentares que podem existir em ambos os grupos. Por isso, é necessário fazer uma avaliação individualizada para determinar até que ponto esses fatores são relevantes em um determinado caso. Essa avaliação pode ser feita através da entrevista, do questionário de excesso de peso mencionado e de um Auto-registro de comida e bebida (veja Apêndice 2). Ainda, existem questionários que avaliam alguns desses aspectos (veja Saldaña, 1996).

Estilo de vida relacionado com o exercício físico

Embora seja uma forma simplista de expressar um complexo fenômeno fisiológico, pode-se dizer que o peso corporal é uma função da energia consumida *versus* a energia gasta. Dos três componentes do gasto energético – o *metabolismo basal*, o *efeito térmico dos alimentos* e a *atividade física* –, esta última é a mais fácil de modificar. Novamente, não se pode generalizar dizendo que o obeso realiza menos exercícios físicos que o não obeso, levando em conta, além disso, que gasta mais energia ao realizar a mesma atividade, posto que tem de deslocar mais massa corporal (Fricker e Apfelbaum, 1992). De qualquer forma, é certo que na sociedade industrializada o estilo de vida é evidentemente sedentário e que a falta de atividade física, além de prejudicial para a saúde em muitos sentidos, leva a uma aquisição progressiva de peso. Além disso, como comentaremos mais adiante, o exercício físico é um dos fatores mais importantes na manutenção do peso perdido. Por todas essas razões, é necessária uma avaliação individualizada do estilo de vida no que se refere a quanta atividade física o paciente realiza. Avaliação que, além disso, nos proporciona uma boa linha de base a partir da qual aumentar essa atividade. A técnica de avaliação mais utilizada para esse fim na clínica é o auto-registro (veja Apêndice 3). Para consulta de outras técnicas de avaliação veja Fernández e Vera (1996).

Fatores psicológicos e cognitivos

Embora, em geral seja possível dizer que o obeso não difere psicologicamente do não obeso (Wadden, Foster, Stunkard e Linowitz, 1989), alguns estudos encontraram que os obesos comem mais que os não obesos quando se encontram entediados, deprimidos ou ansiosos (Ganley, 1989; Rand e Stunkard, 1978). Por outro lado, começa-se a considerar um subgrupo dentro da obesidade: os obesos compulsivos. Parece que, neles, fatores emocionais representam os antecedentes principais de seus excessos alimentares (Felch *et al.,* 1990). Esses obesos se diferenciariam dos sujeitos bulímicos com excesso de peso, principalmente, na não adoção de medidas restritivas posteriores tão drásticas como os vômitos, menor grau de alterações psicopatológicas e ausência de distorção da imagem corporal. A escala de Herman (veja Vera e Fernández, 1989) resultou válida, confiável e indicativa para discriminar os obesos restritos dos que não o são (para um estudo mais detalhado do tema, veja Saldaña, 1996).

Por outro lado, e em estreita relação com os estados afetivos, temos a avaliação de pensamentos ou frases que o paciente diz a si mesmo e que o levam a comer em excesso. As técnicas de reestruturação cognitiva foram aplicadas pela primeira vez a problemas de obesidade por Mahoney e Mahoney (1976). Embora as séries elaboradas de pensamentos negativos e suas contrapartidas positivas possam ser muito úteis para aplicar em grupo, é necessária a avaliação individualizada com a finalidade de determinar até que ponto cada membro do grupo gera essas frases ou outras parecidas. Para a avaliação desses fatores, além da entrevista, são muito úteis os auto-registros cognitivos ABC (A = *Ativadores;* por exemplo, Não perdeu peso em uma semana; B = *Crenças;* por exemplo, "é horrível, nunca vou conseguir"; e C = *Conseqüências* emotivas e comportamentais; por exemplo, desanimado, irritado, abandona o programa). No item 5 do Questionário de excesso de peso mencionado está também a avaliação desses aspectos (veja Apêndice 1).

Fatores sociais

Por último, é necessário indicar que a obesidade não é um problema individual, mas social. A sociedade atual promove, por um lado, o aumento de peso: favorece o sedentarismo, os jantares e almoços sociais-trabalhistas nos quais se abusa de comida e bebida, "beliscar" entre as refeições com os amigos, o consumo de produtos ricos em gorduras e açúcares, promovidos através de magníficos anúncios publicitários e de fácil acesso através de máquinas etc. Por outro lado, a sociedade lança no mercado o valor supremo da magreza e esbeltez corporal, o "corpo *Danone"*. Essa "moda" está plasmada em modelos e misses cujo peso se encontra muito abaixo da média e que reverte na roupa disponível depois no comércio (são freqüentes as queixas de que é impossível encontrar roupa apropriada acima do manequim 42). A importante repercussão que esse movimento acarreta na percepção da imagem corporal afetou principalmente adolescentes (Heatherton e Baumeister, 1991) e especialmente as garotas, que se percebem com peso maior do que realmente têm e manifestam preferências por corpos mais magros, inclusive diferente de como os rapazes preferem (Connor-Greene, 1988; Hill, Oliver e Rogers, 1992; Sánchez Carracedo, 1994). Em geral, as mulheres são mais obcecadas com o excesso de peso e fazem mais tentativas para perdê-lo (Brownell e Wadden, 1992), e essa obsessão se estende perigosamente a meninas de 6-7 anos (Collins, 1991). É importante que o clínico leve em conta dados para estabelecer objetivos terapêuticos com o paciente, pois, do contrário, poderíamos estar incentivando o mesmo que essa moda social: os problemas de anorexia e bulimia (para maior aprofundamento na incidência dos fatores sociais, veja Vera, 1997).

Conclusão e repercussões etiológicas nos objetivos do tratamento

Pode-se concluir, dizendo que a obesidade é um problema complexo e multicausal, no qual os diversos fatores revisados podem ter um papel mais ou menos relevante em cada caso particular. Portanto, é necessário fazer uma avaliação individualizada que nos indique quais são mais relevantes em cada paciente e, dessa maneira, estabelecer objetivos terapêuticos individualizados. O objetivo que tradicionalmente vinha sendo escolhido era o que trazia as tabelas padronizadas de peso, objetivos inatingíveis em casos de obesidade severa e inclusive moderada. Efetivamente, a revisão dos fatores biológicos e genéticos nos assinala a falsidade da crença altamente arraigada de que todas as pessoas podem mudar seu corpo à vontade. Caberia perguntar, então, as pessoas obesas não deveriam realizar o esforço de mudar? Deixemos a resposta para a análise da proposta de Brownell e Wadden (1992). Esses autores conceituam a necessidade repetidamente assinalada na clínica de estabelecer metas realistas para cada paciente e diferenciam entre peso ideal, razoável e saudável. O *peso ideal* é o que vem especificado nas tabelas padronizadas. O *peso saudável* seria aquela mudança mínima no peso capaz de reduzir os índices de algum fator de risco para a saúde. Nesse aspecto, encontrou-se que perdas modestas de até 5 kg normalizam a pressão sangüínea em obesos hipertensos (Blackburn e Kanders, 1987). Por último, o *peso razoável* seria aquele que uma pessoa é capaz de manter já em idade adulta durante pelo menos um ano. Seria algo assim como o peso ideal biológico, isto é, o peso que o organismo, e não comparações com amostras norte-americanas, indica. Portanto, a resposta à pergunta inicial é que, efetivamente, os obesos devem realizar o esforço de baixar seu peso, mas até limites razoáveis que, segundo o grau de excesso, em alguns casos pode coincidir com o peso ideal e, de qualquer forma, sempre levando em conta o peso saudável.

III. TRATAMENTO DA OBESIDADE

Os primeiros tratamentos comportamentais da obesidade visavam mudar os hábitos alimentares revisados nos fatores de aprendizagem, com a idéia de que o problema desapareceria se o obeso mudasse seus hábitos e caso se comportasse como o não obeso, isto é, aprendesse a comer menos e mais lentamente. Porém, como assinalamos anteriormente, os fatores de aprendizagem não são os únicos nem, em muitos casos, os mais importantes na manutenção da obesidade. Talvez, por essa razão, não tenham sido tão eficazes como se pensou no começo. Stunkard (1982) revisou 21 estudos nos quais nem os tratamentos comportamentais nem os tradicionais (dieta, exercício, fármacos) foram particularmente eficazes, pois em todos eles houve perdas modestas, em torno dos 5 quilos. Outro grande problema que os tratamentos da obesidade em geral apresentam é a pouca manutenção das conquistas. Embora a terapia comportamental mantenha suas conquistas durante mais tempo que as dietas, parece que somente o consegue durante um ou dois anos (Brownell e Wadden, 1986; 1992; Wadden e Van Itallie, 1992), e o peso é recuperado depois desse tempo (Jeffery, 1987; Garner e Wooley, 1991). Porém, é preciso levar em conta que isso ocorre no âmbito grupal; em sentido individual há pessoas que mantêm as conquistas e, inclusive, continuam perdendo peso. Além disso, essa recuperação pode não parecer tão estranha se levarmos em conta que as reuniões de seguimento nesse tempo são poucas e não passam de meras revisões que não abordam nem dão solução aos problemas que possam surgir. Como assinalam diversos autores, as sessões de seguimento não devem ser meras revisões do aprendido, mas devem incluir elementos novos e responder às necessidades individuais (Pujol e Ramón, 1985; Saldaña, 1985). Dentro dos elementos que as sessões de seguimento deveriam incluir foram assinalados os seguintes: suporte social através dos demais membros do grupo, aquisição de habilidades de solução de problemas e aprendizagem de prevenção de recaídas enfrentando as quedas. Tais reuniões de seguimento deveriam ser realizadas durante anos e a pedido dos participantes, e não de forma arbitrária (por exemplo, a cada dois meses). Essas tendências atuais estão-se mostrando significativamente superiores às tradicionais no que diz respeito à manutenção das conquistas (Abrams e Follick, 1983; Straw e Terre, 1983; Perri, McAdoo, McAllister, Lauer e Yancey, 1986; Baum, Clark e Sandler, 1991).

Hoje em dia, os tratamentos comportamentais da obesidade são pacotes terapêuticos que não somente incluem elementos de aprendizagem, mas também outros, como o exercício físico, a informação dietética, a reestruturação cognitiva e o apoio social do companheiro. Talvez, de todos esses elementos, o exercício físico seja o que tem mais importância na manutenção das conquistas (Perri *et al.*, 1986; Stern e Lowney, 1986; Foreyt e Goodrick, 1991). Alguns estudos encontraram maior eficácia dos tratamentos comportamentais e do exercício físico quando unidos que quando eram aplicados separadamente (Dahlkoetter, Callahan e Linton, 1979), enquanto que outros estudos encontraram a mesma efetividade, mas maior manutenção quando unidos (Graham, Taylor, Hovell e Siegel, 1983; Perri *et al.*, 1986). Porém, esses mesmos estudos assinalam o problema da adesão ao exercício. Embora os sujeitos que continuam fazendo exercício mantenham as conquistas, mais de 60% deles abandonam. Esse problema leva à necessidade de conceituar o exercício físico não somente como a prática de algum esporte, mas também como a implantação de hábitos cotidianos que modifiquem o estilo de vida sedentário. Essa implantação de hábitos demonstrou ser superior na manutenção das conquistas com populações infantis (Epstein, Wing, Koeske e Valoski, 1984; 1985).

Por outro lado, como assinalam Brownell e Wadden (1992), os tratamentos cognitivo-comportamentais da obesidade seriam indicados para casos de excesso de peso ou obesidade leve e moderada, enquanto que, para obesidade severa ou grande, seria necessário combiná-los com dietas severas prescritas pelo médico, resultando mais eficaz essa combinação que os tratamentos em separado (Brownell e Wadden, 1992; Lindner e Blackburn, 1976).

Embora a eficácia adicional das técnicas cognitivas precise ainda ser comprovada, os diferentes estudos que as introduzem apontam na direção desejada (Brownell, 1985; Brownell e Wadden, 1986; DeLucia e Kalodner, 1990; Baum *et al.*, 1991). Por último, os resultados que existem com relação à inclusão do companheiro nos programas de tratamento são contraditórios. Alguns estudos assinalam a clara conveniência de incluí-lo tanto para as conquistas a obter quanto na manutenção destes programas (Brownell *et al.*, 1978; Pearce, Lebow e Orchard, 1981), enquanto que, em outros estudos, aparece inclusive um efeito contraproducente (Stalonas, Perri e Kerzner, 1984). Tal efeito pode ser devido à existência de companheiros que tentam exercer controle sobre o processo de modificação dos interessados, em vez de oferecer-lhes ajuda e suporte. De novo surge a necessidade de avaliar o companheiro e decidir se é adequada, e em que momento, sua inclusão no programa terapêutico.

III.1. Aplicação passo a passo de um programa cognitivo-comportamental de controle do excesso de peso

Seguindo as necessidades atuais de dispor de guias práticos que ajudem na prática clínica, foi elaborado um manual cognitivo-comportamental de tratamento da obesidade (Vera e Fernández, 1989) baseado em um programa piloto cuja aplicação empírica resultou satisfatória (Vera e Fernández, 1986).

O que se pretende com esse guia prático?

Que oriente o clínico sobre como tem de realizar as sessões com pacientes que apresentam essa problemática, mas de nenhuma maneira que sirva como um receituário de aplicação caseira. Não somos técnicos que trabalham com máquinas, mas profissionais que trabalham com pessoas e, portanto, devemos aplicar a cada caso específico nossos conhecimentos teóricos, habilidades clínicas e técnicas disponíveis. Ainda quando esse manual estiver delineado para aplicação em grupo, não podemos esquecer a idiossincrasia de cada um de seus membros quanto à sua motivação, objetivos e problemática particular. Assim, através de uma avaliação individualizada, saberemos quais de nossos membros exatamente necessitam de que elementos terapêuticos específicos de cada sessão.

Seria suficiente o conhecimento desse manual para que um clínico possa solucionar esse problema?

A resposta seria sim, se efetivamente for um clínico, isto é, se possui habilidades clínicas de comunicação e interação individual (por exemplo, habilidade de atender e escutar, de ter empatia, informação, contrastar hipótese etc.), conhecimentos teóricos e técnicos de modificação de comportamento, e habilidades de manipulação de grupos (por exemplo, destreza na manipulação do suporte social e o reforço do grupo, de incitação à participação eqüitativa de todos os seus membros, de protagonismo progressivo do grupo diante do terapeuta etc.).

A quem se dirige o programa?

A pessoas que precisem perder menos de 20 kg e que não apresentem nenhuma patologia psicológica significativa nem outros problemas de alimentação relacionados com a obesidade (bulimia, períodos de alimentação compulsiva e obsessão com a perda de peso). Para isso, antes de incluir o paciente no grupo, é necessário fazer uma avaliação diferencial, realizada fundamentalmente através de entrevistas clínicas individualizadas.

Em que consiste e qual é a duração do programa?

Embora as sessões apresentadas sejam doze – as três primeiras de avaliação e as restantes de tratamento –, o tempo das sessões de tratamento pode aumentar, de modo que seu conteúdo seja desenvolvido em tantas sessões quantas sejam necessárias, segundo o progresso do grupo. As sessões de avaliação seriam realizadas em duas semanas, espaçando as de tratamento em uma semana. As sessões de seguimento seriam realizadas atendendo às necessidades dos participantes, em vez de atuar sobre uma base temporal fixa (por exemplo, a cada mês) e nelas seriam aplicadas técnicas de solução de problemas e habilidades de enfrentamento às quedas, para evitar que se transformem em recaídas. Os participantes são treinados nessas técnicas durante as duas últimas sessões do tratamento, de modo que saibam como aplicá-las aos problemas futuros que se apresentarem.

As sessões costumam durar duas horas e recomenda-se que o grupo não seja muito numeroso (não mais de 20 participantes) e, sendo possível, dirigido por dois terapeutas. As sessões dividem-se em duas partes. A primeira é realizada pelos terapeutas com todo o grupo e é estruturada da seguinte forma:

a. Pesar todos os participantes e anotar seu peso em uma tabela elaborada para isso, onde aparecerão recolhidos os nomes dos membros do grupo e o peso que cada um quer atingir no final do programa.
b. Recolher as tarefas da semana anterior. Comentar em grupo os principais problemas encontrados e as conquistas obtidas.
c. Recordar o mais importante do conteúdo explicado na sessão anterior e ensinar novos princípios para o controle do hábito de comer. Especificamente, trabalha-se com quatro elementos: hábitos e estilos de comer inadequados, crenças irracionais que levam a "cair em tentações" e que podem conduzir a recaídas, informação nutricional e exercício físico.
d. Propor novas tarefas a realizar durante a semana seguinte.

Na segunda parte da sessão, divide-se o grupo em dois subgrupos, se houver dois terapeutas. Dessa forma, é possível atender melhor os problemas individuais, embora a metodologia de trabalho continue sendo de grupo. Isto é, os membros do grupo são estimulados a apresentar soluções, eles mesmos, aos diversos problemas propostos.

Se os participantes tiverem um companheiro participando do programa, pede-se que lhe expliquem o que aprenderam na nova sessão e como podem ajudar. É conveniente, também, fazer sessões adicionais com os companheiros, embora de maneira mais espaçada que com os participantes.

Os conteúdos de cada sessão são cumulativos e podem ser resumidos como segue.

1ª sessão

Objetivos a cumprir: conhecimento dos membros do grupo entre si, criação de um bom relacionamento de trabalho, motivação dos participantes, informação acerca do problema da obesidade e de que fatores podem ser mais relevantes em cada caso específico, realização de auto-registros principais.

O primeiro a se discutir no grupo é o peso meta que cada um quer adquirir; tanto o peso atual quanto o peso a adquirir são anotados em uma cartolina grande, onde vai sendo registrado, semana a semana, o peso marcado pela balança. O peso meta é adaptado a um peso razoável depois de discutido em grupo.

Avaliação e Tratamento da Obesidade **219**

Comentam-se, de maneira geral, os diversos métodos de perder peso e, de maneira específica, o programa a seguir, ressaltando que nosso objetivo não é a perda rápida de peso, mas a aquisição progressiva de hábitos alimentares e estilos de vida mais sadios, que permitam a cada pessoa atingir o peso meta estabelecido. Pretende-se avançar na perda de peso de maneira progressiva e estável, "sem pressa, mas sem pausa". Ainda, comenta-se acerca dos diversos fatores que podem incidir na obesidade e a importância de avaliar quais deles têm mais peso em seu problema específico. Para isso, são motivados e aprendem a realizar dois auto-registros básicos: o da comida e bebida (veja Apêndice 2) e o do exercício físico (veja Apêndice 3). Para a realização do primeiro, eles recebem uma tabela de calorias. É importante motivá-los a cumprir a tarefa, para o que são utilizados argumentos do seguinte tipo: É a única forma de conhecer os hábitos alimentares (apresentam-se exemplos); permite tomar consciência do que se come; aprende-se quantas calorias tem o que se come, sendo a única forma de saber se comemos muito ou pouco; podem ser feitas "combinações" de alimentos uma vez que se tenha o controle das calorias. Na realização do segundo auto-registro, eles aprendem a registrar não somente esportes, mas também atividades físicas cotidianas (subir e descer escadas, andar etc.), comentando sua importância para saber até que ponto nosso estilo de vida é sedentário. Por último, pede-se que levem os auto-registros sempre consigo, que anotem tudo e que o façam imediatamente depois de emitir o comportamento.

A sessão acaba recolhendo informação sobre possíveis companheiros que queiram e possam participar do programa, enfatizando que é melhor não ter do que ter um inadequado. Para determinar isso eles recebem um pequeno questionário para preencher em casa (veja Apêndice 4).

2ª sessão

Objetivos específicos: Começar a avaliar a motivação para perder peso, introduzi-los em auto-registros cognitivos, iniciar a análise funcional do problema, avaliar o companheiro.

É importante que os participantes analisem as razões que os movem a perder peso e estejam motivados para trabalhar para consegui-lo. Se isso não se conseguir durante o período de avaliação, é preferível que não passem ao tratamento nesse momento. Os participantes começam a pensar sobre os benefícios e sacrifícios do programa e o refletem no Questionário de excesso de peso (Apêndice I) que lhes será entregue nessa sessão. Esse questionário serve, ainda, para fazer a avaliação comportamental do problema. Além disso, recebem um Questionário de excesso de peso para o companheiro, que tem os seguintes objetivos: recolher as atitudes e comportamentos relacionados com o peso que o companheiro observa no participante e avaliar até que ponto ele está disposto a colaborar. Com os companheiros que estiverem dispostos a colaborar, mantém-se uma entrevista grupal, na qual explica-se o programa e como podem participar.

Os pacientes aprendem a realizar um novo auto-registro: o registro cognitivo ABC. Esse registro é realizado em dois níveis, sobre as situações que os levam a comer e beber em excesso e sobre esses comportamentos uma vez realizados (o que, em Terapia Racional Emotivo-comportamental é conhecido como "estresse do sintoma" ou "alteração emocional secundária"). Um exemplo poderia ser o seguinte: Eu me encontro com alguns amigos e me convidam pra tomar uma cerveja (A); digo pra mim mesmo que só uma cervejinha não faz mal nenhum (B); sinto-me despreocupado e tomo uma cerveja, com seu correspondente tira-gosto (C). Comi o tira-gosto e tomei a cerveja (A); digo pra mim mesmo que não deveria tê-lo feito, que tenho pouca força de vontade e que nunca vou mudar (B); sinto-me culpado e tomo mais duas cervejas com mais tira-gosto (C).

3ª sessão

Objetivos específicos: Completar a análise motivacional, analisar os principais pensamentos negativos recolhidos, completar a análise funcional do problema, realizar um contrato comportamental.

São analisadas as diferentes motivações para entrar no programa, corrigindo razões incorretas, como as de querer perder peso para agradar outra pessoa, evitar as críticas sociais ou chegar a ser modelo. Ainda, são corrigidas as expectativas incorretas de custos do programa, como passar muita fome, sacrificar-se em tudo ou, ao contrário, não se esforçar nada. A pessoa tem de querer perder peso por si mesma, para se sentir melhor, mais sadia e prevenir uma obesidade maior.

Os pensamentos negativos mais freqüentemente registrados são os seguintes: O *devo* (por exemplo, "Devo ser o melhor nos exercícios, devo perder peso todas as semanas"); O *tudo* ou *nada* (por exemplo, "Não resisti à tentação de provar os doces, então... acabei me empanturrando"); O *fatalismo* (por exemplo, "Não acredito que esse tratamento funcione"); As *desculpas* (por exemplo, "Amanhã começo; bom, só um não faz mal..."); A *generalização* (por exemplo, "Nunca cumpro a dieta"); O *horror* ou *tremendismo* (por exemplo, "É terrível quando as coisas não saem como a gente quer"); A *autodepreciação* (por exemplo, "Não valho nada por não ser capaz de cumprir aquilo a que me proponho"); O *não posso suportar* (por exemplo, "Não posso suportar o fato de não poder comer os doces que desejo"). Esses pensamentos irracionais serão questionados e mudados ao longo das sessões de tratamento.

O grupo é dividido em subgrupos, de modo que cada participante possa resumir a avaliação comportamental realizada em função de seus auto-registros e de seu Questionário de excesso de peso. Isto é, cada um comentará o tipo e quantidade de comida e bebida que ingere, o tempo aproximado que emprega para comer, número de vezes que come ao longo do dia, estímulos associados com o comportamento de comer, principais autoverbalizações negativas que o levam a comer em excesso, motivação e objetivos com o programa e, finalmente, atividade física que realiza.

Finalmente, os participantes assinam um contrato comportamental através do qual se comprometem com a terapia, entregando uma quantia em dinheiro como depósito, que será enviado a associações contrárias aos princípios éticos, sociais e políticos do contratante se não cumprir o contrato.

4ª sessão

Objetivos específicos: Começo do controle de estímulos, educação nutricional, aumento da atividade física e questionamento dos "devo".

Dentro do controle de estímulos, começa-se com os objetivos de fixar um horário determinado para comer, fazer de 3 a 4 refeições organizadas, mudar de posição habitual na mesa e comer sempre no mesmo lugar sem realizar outras atividades. Gera-se motivação para aumentar a atividade física, discutindo em grupo suas principais vantagens: é saudável para o organismo, aumenta o bem-estar psíquico, incentiva o acompanhamento do programa aumentando o sentimento de auto-eficácia, diminui o apetite, ajuda a perder peso porque aumenta o gasto energético, aumenta a beleza corporal fortalecendo a musculatura estriada e mantém as perdas de peso durante mais tempo. Determinam-se subobjetivos de aumento no caminhar. Tanto as atividades de controle de estímulos como de exercício físico dessa sessão e das seguintes são registradas previamente como metas a conseguir durante cada semana, anotando mais tarde, no mesmo formato de registro, se realmente são realizadas.

Em educação nutricional, discute-se sobre o que são as calorias, o nível ótimo de calorias diário, a relação entre energia consumida e energia gasta e o papel que essa relação desempenha no aumento de peso.

Questionam-se os "devo" que levam a sentimentos disfuncionais de culpa e de abandono dos objetivos, e ensina-se a substituí-los por "preferências" que conduzem a sentimentos funcionais de preocupação, que levam a perseverar nos objetivos e tentar de novo quando não são atingidos.

Por último, ensinam-se formas assertivas de pedir ao companheiro que os ajudem com as tarefas da semana, utilizando frases claras e específicas, expressas de maneira positiva, negociando os pedidos e reforçando sua ajuda.

5ª sessão

Objetivos específicos: progresso no controle de estímulos, modificação do "Tudo ou Nada" e das "Autodepreciações".

No controle, os sujeitos aprendem a discriminar entre fome e apetite, de forma que a ingestão de alimentos seja controlada pela primeira. Chega-se ao acordo de fazer compras sempre com uma lista já feita e com o estômago cheio. Também nessa condição devem ser preparados os alimentos, evitando as frituras e os pré-cozidos. Aprendem a como guardar a comida, de maneira que o acesso a ela não seja fácil. O companheiro é envolvido na realização de alguma dessas tarefas.

Discute-se em grupo, especialmente nos subgrupos, autoverbalizações negativas do tipo "Tudo ou Nada" (por exemplo, *parte irracional:* "Não resisti à tentação de provar, então... acabei empanturrando-me"; *parte racional:* "Como assim? É verdade que comi, mas isso não é a mesma coisa que se empanturrar.") e de "Autodepreciação" (por exemplo, *parte irracional:* "Não tenho jeito pra esportes"; *parte racional:* "Como não tenho jeito? É verdade que não sou muito bom, mas tenho dois braços e duas pernas, logo, posso aprender").

Dá-se seqüência às tarefas, acrescentando estas como subobjetivos. Ainda, ensina-se os participantes a se auto-reforçarem quando conseguirem atingir essas metas.

6ª sessão

Objetivos específicos: começar a controlar de maneira específica a quantidade de comida, aumentar a atividade física de caminhar, modificar o "Não posso suportar" e o "Fatalismo".

No controle de estímulos, ensinam-se "truques" para controlar a quantidade de comida: utilizar pratos pequenos, servir-se uma única vez, não comer em bandeijões, deixar um pouco de comida no prato, levantar-se e limpar a mesa assim que terminar de comer.

Aumenta-se o tempo de caminhada para uma hora, utilizando os meios necessários para tornar o hábito agradável, não uma obrigação. Tenta-se envolver o companheiro na realização dessas tarefas.

De novo, questionam-se crenças irracionais tais como o "Não posso suportar" (por exemplo, *parte irracional:* "Não posso suportar não comer o doce que desejo"; *parte racional:* "Não posso suportar? Quem disse? Vou morrer se não comer? Não, o que acontece é que é chato não ter o que se quer, mas, sem dúvida, posso escolher não comer e posso suportar!") e o "Fatalismo" (por exemplo, *parte irracional:* "Isso não vai dar certo"; *parte racional:* "Como posso saber? Vou me dar uma oportunidade").

7ª *sessão*

Objetivos específicos: educação nutricional com a finalidade de mudar o estilo de se alimentar e mudança de vida sedentária por vida ativa.

Dedica-se grande parte da sessão à educação nutricional. Não se pretende implantar uma dieta alimentar estrita, mas orientar os participantes em princípios nutritivos para que comam de forma mais equilibrada. São incentivados a reduzir seu consumo calórico, mas nunca menos de 1.500 kcal para a mulher e 1.800 kcal para o homem. Não se deve perder mais de 1 kg por semana. Aprendem a distribuir essas calorias de forma equilibrada entre os diferentes grupos nutricionais, com a idéia de que o primeiro requisito de uma alimentação sadia é a variedade. A maior parte das calorias da dieta devem proceder dos carboidratos (50%), isto é, devem ser consumidos diariamente alimentos como pão, massas, arroz, cereais, legumes e batatas. Esses nutrientes, junto às frutas, verduras e hortaliças, constituem a base de uma alimentação sadia, na qual, além disso, não podem faltar 2 ou 3 copos de leite (desnatado) ou equivalente em produtos lácteos. Bem distante, seguem-se as proteínas (peixe, ovos, carne magra), das quais se recomenda não mais de 30% diários, e, com isso, se se levar em conta que os produtos lácteos, os legumes e as hortaliças também fornecem proteínas ao organismo, não será necessário consumir peixe, ovos e carne mais de três vezes por semana, alternando-os (Aranceta, Serra, Pérez e Mataix, 1995). Por último, as gorduras ou lipídios ocupariam não mais de 20% de nossa alimentação diária. A gordura seria fornecida por alimentos como a margarina, óleos, carne magra etc., assim como alguns peixes (salmão, cavalinha ou sardinha), leite e derivados integrais, frutos secos, azeitonas e abacates. Além dos carboidratos, proteínas e gorduras, precisamos, para viver, de minerais e vitaminas, fornecidos pelas frutas e verduras. Por isso é tão importante seu consumo diário. Em resumo, recomenda-se comer de tudo, mas de maneira equilibrada, reduzindo ao máximo o consumo de gordura, principalmente polissaturada, que é a procedente da manteiga (por isso deve-se usar azeite de oliva), maionese, leite integral, queijos gordurosos, embutidos etc. Somente muito ocasionalmente (poucas vezes por mês, não toda semana) são permitidos doces; o açúcar proporciona calorias sem valor nutritivo algum, por isso é preferível substituí-lo pelo mel (carboidratos); O mesmo ocorre com o álcool, que seria eliminado da dieta diária. Por outro lado, recomenda-se consumir, a cada dia, mais fibras procedentes de legumes, verduras, frutas e hortaliças.

Os sujeitos irão incorporar ao hábito de andar uma hora diária o resto dos hábitos da vida ativa *versus* sedentária. Assim, sempre que possível, o automóvel será substituído pelo caminhar. Do mesmo modo, quando andarem de carro, estacionarão o mais longe possível do local de destino. Usarão as escadas e aproveitarão qualquer oportunidade de atividade que surgir.

As tarefas continuam sendo analisadas em subgrupos, especialmente as crenças irracionais, e ensina-se como ajudar o companheiro com as tarefas da semana. Estas consistirão em que cada sujeito selecione seu próprio menu baseado nos conselhos dietéticos, registrando posteriormente tanto sua realização como as transgressões cometidas. Os pré-registros são feitos também com a atividade física.

8ª sessão

Objetivos específicos: Mudança do estilo de comer de rápido a lento e modificação das "desculpas" e "generalizações".

Comer rápido tem duas desvantagens fundamentais: primeiro, os alimentos ingeridos levam mais tempo para ser absorvidos e, portanto, a sensação de fome demora mais para desaparecer e, segundo, não dá tempo de saborear e desfrutar a comida. A idéia é fazer do ato de comer algo agradável de que usufruímos. Os pequenos truques que se ensinam para isso são:

a. Colocar pedaços pequenos de comida na boca e não repetir a operação até que não tenha mais nada nela.
b. Mastigar devagar, desfrutando a comida;
c. Comer acompanhado, conversando entre os bocados. Ter um companheiro pode ser muito útil para isso;
d. É conveniente começar a refeição com uma salada, para diminuir o apetite;
e. Pela mesma razão, é conveniente beber antes de comer, e não durante as refeições, já que o alimento seco colabora com a sensação de saciedade (embora isso seja opcional, especialmente se interferir no sabor da comida). É aconselhável beber cerca de dois litros de água diários para o correto funcionamento do organismo.

Os sujeitos aprendem a substituir "generalizações" (por exemplo, *parte irracional:* "Estou sempre beliscando"; *parte racional:* "Sempre? Não é verdade. Belisquei hoje, mas houve vezes em que não belisquei. É verdade que belisco com freqüência; vou ver que "truques" posso usar para deixar de fazê-lo"). Ainda, aprende a substituir as "Desculpas" (por exemplo, *parte irracional:* "Afinal, só um não faz mal"; *parte racional:* "Faz mal sim. Faz porque coloco muitas calorias no corpo, e é difícil perder, e além do mais, relaxo tanto que como mais de um").

Como tarefas, fazem o pré-registro na Folha de comida e bebida do tempo de que querem dispor para comer, aumentando-o progressivamente até chegar ao objetivo estabelecido, e comprovam posteriormente se cumpriram ou não. Continuarão realizando registros de autoverbalizações negativas e suas substituições por positivas quando se sentirem desanimados com o programa, tentados a cometer uma transgressão ou depois de tê-la realizado.

9ª sessão

Objetivos específicos: Modificação do "Tremendismo", aprendendo estratégias para quando comer fora, e programação dos exercícios físicos.

Aprenderão estratégias para substituir a última inferência valorativa irracional; o "Tremendismo", utilizando exemplos práticos que ilustrem que os acontecimentos podem ser maus, desagradáveis, não desejados, mas o "horror" é criado por nós próprios (por exemplo, *parte irracional:* "É horrível não ter perdido peso esta semana depois de tanto sacrifício"; *parte racional:* "Onde está o horror? É só mau, mas não uma catástrofe. Já sabia que depois da primeira semana perde-se peso mais lentamente. Vou perseverar. Além disso, tenho me sentido bem comigo mesmo fazendo as tarefas; esse é também meu objetivo, conseguir hábitos saudáveis"). Assim como com o resto das crenças irracionais, os participantes do subgrupo dão exemplos extraídos de seus auto-registros e, em conjunto, as questionam de maneira socrática e as trocam por autoverbalizações positivas e racionais.

Aprendem estratégias para desfrutar das refeições realizadas fora de casa sem consumir, porém, muitas calorias nelas. Algumas dessas estratégias são: selecionar do menu o que mais goste, mas com o cuidado de não elaborar uma refeição com molhos ricos em gorduras; decidir a quantidade que quer consumir (é preciso ter cuidado com as refeições com vários pratos; talvez com um bom prato teremos o suficiente, consumiremos menos calorias e sai mais barato); procurar chegar à sobremesa já satisfeito (se for escolher algo "apetitoso", rico em calorias, decida de antemão, para compensar o excesso, sendo melhor, inclusive, dividi-lo); é também importante planejar a bebida que vai tomar, anotá-lo e parabenizar-se por sua realização; por último, vigiar a cesta do pão, servir-se somente do que vai consumir. Além dessas recomendações práticas, aprendem a aplicar o questionamento e a substituição das principais autoverbalizações irracionais, que levam tanto a transgredir os objetivos propostos quanto a sentirem-se culpados depois de tê-lo feito.

São incentivados a realizar algum exercício programado, além de continuar com os hábitos cotidianos de vida ativa. Algumas sugestões para a escolha do exercício são: que possam realizá-lo facilmente, que seja um exercício de que gostem e que o aproveitem, também, para fazer amizades ou reunir-se com os amigos que já têm.

10ª sessão

Objetivo específico: Aprender a romper cadeias comportamentais utilizando para isso todas as técnicas cognitivo-comportamentais aprendidas até o momento.

Os participantes aprendem o que é uma cadeia comportamental. Aprendem a discriminar que comportamentos e pensamentos vêm sendo usados como diferentes elos que conduzem a um comportamento final determinado. Por exemplo: "Vamos analisar os diferentes comportamentos e pensamentos que podem levar à seguinte situação: Imagine que depois de ficar um sábado inteiro em casa para estudar, você acaba estudando muito pouco e comendo um pacote inteiro de bolachas. Que comportamentos, sentimentos e pensamentos podem tê-lo levado a isso? O que foi que aconteceu primeiro, e como uma coisa foi levando à outra?"

A seguir, representa-se a cadeia comportamental com cada um de seus elos (veja Vera e Fernández, 1989). Uma vez tendo aprendido a representar cadeias comportamentais com seus próprios exemplos, são geradas estratégias cognitivo-comportamentais para quebrar todos e cada um dos elos, enfatizando a importância de quebrá-los o antes possível na cadeia para não chegar ao comportamento final (exemplos de aplicações de estratégias cognitivo-comportamentais podem ser vistos em Vera e Fernández, 1989).

Pede-se aos sujeitos, como tarefa para casa, a realização de pré-registros e registros de cadeias comportamentais. Os registros não são feitos apenas quando ocorrem os comportamentos finais, mas também como previsão deles. Assim, devem escrever possíveis situações de alto risco que possam enfrentar em um determinado dia, comportamentos e pensamentos que podem levar ao comportamento final de transgredir seus objetivos e possíveis estratégias para quebrar a cadeia o antes possível. Posteriormente, comprova-se se aconteceu o previsto e, se não, começa-se a avaliar que elementos podem ter falhado. Explica-se essa sessão ao companheiro e pede-se sua colaboração na construção e ruptura das cadeias.

11ª sessão

Objetivos específicos: Aprender a evitar as quedas e a enfrentá-las quando acontecem.

Tanto essa sessão como a seguinte são de preparação para que no seguimento não se percam as conquistas adquiridas. Explica-se a diferença entre queda, recaída e perda total das conquistas. As *quedas* são transgressões específicas inevitáveis, algumas das quais ocorrerão ao longo do tratamento; deve-se procurar ter as menos possíveis, e para isso, saber manipular as cadeias comportamentais é de ajuda. Porém, é talvez mais importante aprender a não adotar atitudes negativas diante delas. Tais atitudes servem somente para provocar uma recaída. A *recaída* significa o abandono dos hábitos alimentares e de exercício adquiridos, de modo que se aumente de peso. Se o peso chegar a ser igual ou superior ao da linha de base, então estamos falando em *perda total*.

Ensinam-se estratégias de "solução de problemas" para evitar possíveis quedas futuras. Dessa maneira, os participantes identificam possíveis situações futuras de alto risco e as cadeias comportamentais que levariam a uma queda. A seguir, são delineadas todas as estratégias de ruptura de elos que lhes ocorrer, selecionando, posteriormente, a que pareça mais fácil e útil. Uma vez posta em prática, avalia-se se o plano funcionou e, se não, aplicam-se as estratégias ensinadas depois do enfrentamento das quedas para evitar que se tornem recaídas.

As estratégias de enfrentamento das quedas podem ser resumidas em seis passos:
1. distanciar-se da cena e avaliar objetivamente quais elementos falharam e o que fazer da próxima vez;
2. identificar as crenças irracionais (iBs) e substituí-las por crenças racionais (rBs), com especial ênfase naquelas que levem a sentimentos de culpa;
3. recordar os progressos, não os fracassos;
4. voltar a utilizar as técnicas de solução de problemas;
5. partir para a ação; uma vez decidido o que se vai fazer, pôr em prática o antes possível; e
6. pedir ajuda ao companheiro e ao grupo solicitando uma nova reunião.

Como tarefas, começam a identificar as situações de alto risco que possam enfrentar, escrevem as possíveis estratégias aplicáveis, elaboram um plano de ação e deixam um espaço no registro para avaliar a realização desse plano.

12ª sessão

Objetivos específicos: Iguais aos da sessão anterior. Preparar-se para terminar o programa e trabalhar para que os hábitos adquiridos sejam permanentes.

Identificam-se possíveis medos de finalizar o programa e discutem-se em grupo as possíveis crenças irracionais que os sustentem. Ainda, avalia-se e discute-se o grau de satisfação dos participantes com as conquistas obtidas. Dedica-se a quase totalidade da sessão a revisar os pré-registros realizados de desenho de planos de ação diante de possíveis situações futuras de alto risco. Enfatizam-se quatro elementos-chave para que os hábitos aprendidos sejam permanentes: continuar praticando o aprendido; estar alerta para as possíveis situações de alto risco e utilizar nelas as técnicas de solução de problemas; fazer exercícios regularmente, estabelecendo um tempo para isso; e aprender a não se punir nunca pelas quedas, utilizando-as como boas oportunidades de aprendizagem.

Se, de qualquer forma, houver uma recaída, atacá-la o antes possível repassando o aprendido nesse programa, pedindo ajuda ao companheiro e/ou aos outros participantes do programa e solicitando do terapeuta sessões de reaprendizagem.

Planejam-se sessões de seguimento a cada 20 ou 30 dias inicialmente, distanciando-as, posteriormente, segundo a evolução dos participantes.

IV. CONCLUSÕES

Neste capítulo foi oferecido um programa cognitivo-comportamental para o tratamento da obesidade, sessão a sessão. Porém, ficou também clara a importância de realizar previamente uma avaliação individualizada dos possíveis participantes do programa. Isso se faz pelo menos para determinar três aspectos fundamentais: 1. Que a obesidade é o principal problema que o paciente apresenta (não outros transtornos psicológicos e/ou de alimentação); 2. Quais são os fatores biológicos, psicológicos, de aprendizagem, sociais etc. mais relevantes em cada caso específico; e 3. Qual é o nível de motivação e os objetivos que cada um persegue ao querer entrar em um grupo com essas característi-cas. Este último aspecto tem uma importância particular se levarmos em conta quais objetivos pouco realistas de atingir pesos "ideais" levaram ao fracasso, à frustração e a tentativas perigosas para a saúde ao tentar atingi-los a todo custo. Por isso, o objetivo principal de todo programa dirigido à obesidade deveria ser a aquisição de hábitos alimen-tares adequados e de estilos de vida menos sedentários e, como conseqüência, a diminui-ção progressiva do peso até limites razoáveis e a prevenção do aumento progressivo do peso.

Precisamente o tema da prevenção é um dos mais relevantes atualmente em obesida-de. Prevenção em dois níveis: *primário,* para que não chegue a se desenvolver a obesida-de, e *secundário,* para que, uma vez terminado um programa de obesidade, se mantenha o adquirido. Com essa finalidade, foram introduzidos em tais programas elementos pro-venientes tanto da Psicologia (reestruturação cognitiva, ruptura de cadeias comporta-mentais, solução de problemas) como de outras disciplinas (exercício físico, educação nutricional), elementos que foram amplamente desenvolvidos neste capítulo.

Apesar das melhoras conseguidas com esses elementos, e com o planejamento mais cuidadoso e individualizado das sessões de seguimento, o problema da obesidade está muito longe de estar resolvido. Por isso a necessidade de uma intervenção precoce nesse problema, isto é, a prevenção primária. É importante aprender a comer bem o antes possível. Em geral, nossos jovens costumam comer de maneira irregular. No estudo de Sánchez Carracedo (1994) constatou-se que, apesar de os adolescentes estarem alta-mente preocupados com a dieta e se submeterem temporariamente a restrições calóricas, também mostravam uma alta prevalência de hábitos alimentares inadequados. Por exem-plo, costumavam comer mais copiosamente à noite, muitos pulavam o café-da-manhã, costumavam "beliscar" entre as refeições e consumir alimentos ricos em gorduras e açúcar facilmente disponíveis. Assim, as restrições calóricas estavam sendo feitas, pro-vavelmente, cortando alimentos necessários para seu desenvolvimento.

Definitivamente, é importante adquirir, em qualquer momento da vida, embora me-lhor o quanto antes possível, hábitos alimentares sadios e de atividade física saudável, ao mesmo tempo em que se estimula a auto-estima, que traz implícita a aceitação do próprio corpo. E isso não somente para prevenir a obesidade.

REFERÊNCIAS BIBLIOGRÁFICAS

Abrams, D. B. y Follick, M. J. (1983). Behavioral weight-loss intervention at the worksite: Feasibility and maintenance. *Journal of Consulting and Clinical Psychology, 51,* 226-233.
Alastrué, A., Sitges, A. S., Jaurrieta, E. y Sitges, A. C. (1982). Valoración de los parámetros antropométricos en nuestra población. *Medicina Clínica, 78,* 407-415.

Aranceta, J., Serra, Ñ., Pérez, C. y Mataix, J. (1995). Objetivos nutricionales y guías dietéticas. En Ñ. Serra, J. Aranceta y J. Mataix (dirs.), *Documento de consenso. Guías alimentarias para la población española*. Barcelona: S. G. Editores.

Baum, G. J., Clark, H. B. y Sandler, J. (1991). Preventing relapse in obesity through posttreatment maintenance systems: Comparing the relative efficacy of two levels of therapist support. *Journal of Behavioral Medicine, 14*, 287-302.

Blackburn, G. L. y Kanders, B. S. (1987). Medical evaluation and treatment of the obese patient with cardiovascular disease. *American Journal of Cardiology, 60*, 55-58.

Bray, G. A. (1976). *The obese patient*. Filadelfia: W. B. Saunders.

Bray, G. A. (1986). Effects of obesity on health and happiness. En K. D. Brownell y J. P. Foreyt (dirs.), *Handbook of eating disorders. Physiology, psychology, and treatment of obesity, anorexia, and bulimia*. Nueva York: Basic Books.

Brownell, K. D. (1981). Assessment of eating disorders. En D. H. Barlow (dir.), *Behavioral assesment of adult disorders*, Nueva York: Guilford.

Brownell, K. D. (1985). *The Learn Program for Weight Control*. Filadelfia: University of Pennsylvania.

Brownell, K. D., Heckerman, C. L., Westlake, R. J., Haynes, S. C. y Monti, P. M. (1978). The effect of couples training and partner cooperativeness in the behavioral treatment of obesity. *Behavior Research and Therapy, 16*, 323-333.

Brownell, K. D. y Wadden, T. A. (1986). Behavior therapy for obesity: Modern approaches and better results. En K. D. Brownell y S. P. Foreyt (dirs.), *Handbook of eating disorders*. Nueva York: Basic Books.

Brownell, K. D. y Wadden, T. A. (1992). Etiology and treatment of obesity: Understanding a serious, prevalent, and refractory disorder. *Journal of Consulting and Clinical Psychology, 4*, 505-517.

Collins, M. E. (1991). Body figure perceptions and preferences among preadolescent children. *International Journal of Eating Disorders, 10*, 199-208.

Connor-Greene, P. A. (1988). Gender differences in body weight perception and weight-loss strategies of college students. *Women and Health, 14*, 27-42.

Dahlkoetter, J., Callahan, E. J. y Linton, J. (1979). Obesity and the unbalanced energy equation: Exercice versus eating habit change. *Journal of Consulting and Clinical Psychology, 47*, 898-905.

DeLucia, J. L. y Kalodner, C. R. (1990). An individualized cognitive intervention: Does it increase the efficacy of behavioral interventions for obesity? *Addictive Behaviors, 15*, 473-479.

Epstein, L. H., Wing, R. R., Koeske, R. y Valoski, A. (1984). Effects of diet plus exercise on weight change in parents and children. *Journal of Consulting and Clinical Psychology, 52*, 429-437.

Epstein, L. H., Wing, R. R., Koeske, R. y Valoski, A. (1985). A comparison of life-style exercise, aerobic exercise and calisthenics on weight loss in obese children, *Behavior Therapy, 16*, 345-356.

Fernández, M. C. y Vera, M. N. (1996). Evaluación y tratamiento de la obesidad. En J. M. Buceta y A. M. Bueno (dirs.), *Tratamiento psicológico de hábitos y enfermedades*. Madrid: Pirámide.

Foreyt, J. P. y Goodrick, G. K. (1991). Factors common to successful therapy for the obese patient. *Medicine and Science in Sports and Exercise, 23*, 292-297.

Fricker, J. y Apfelbaum, M. (1992). El metabolismo de la obesidad. *Mundo Científico, 90*, 404-412.

Ganley, R. (1989). Emotion and eating in obesity: A review of the literature. *International Journal of Eating Disorders, 8*, 343-361.

Garner, D. M. y Wooley, S. C. (1991). Confronting the failure of behavioral and dietary treatments for obesity. *Clinical Psychology Review, 11,* 729-780.

Graham, L. E., Taylor, C. B., Hovell, M. F. y Siegel, W. (1983). Five-year follow-up to a behavioral weight-loss program. *Journal of Consulting and Clinical Psychology, 51,* 322-323.

Heatherton, T. F. y Baumeister, R. F. (1991). Binge eating as escape from self-awareness. *Psychological Bulletin, 1,* 86-108.

Hill, A. J., Oliver, S. y Rogers, P. J. (1992). Eating in the adult world: The rise of dieting in childhood and adolescence. *British Journal of Clinical Psychology, 31,* 95-105.

Jeffery, R. W. (1987). Behavioral treatment of obesity. *Annals of Behavioral Medicine, 9,* 20-24.

Lindner, P. G. y Blackburn, G. L. (1976). Multidisciplinary approach to obesity utilizing fasting modified by protein-sparing therapy. *Obesity and Geriatric Medicine, 5,* 198-216.

Lissner, L., Odell, P. M., D'Agostino, R. B., Stokes, J., Kreger, B. E., Belanger, A. J. y Brownell, K. D. (1991). Variability of body weight and health outcomes in the Framingham population. *New England Journal of Medicine, 324,* 1839-1844.

Mahoney, M. J. y Mahoney, R. (1976). *Permanent weight control.* Nueva York: Norton.

Mahoney, B. K., Rogers, T., Straw, M. K. y Mahoney, M. J. (1982). *Human obesity: Assessment and treatment.* Englewood Cliffs, N.J.: Prentice-Hall.

Pearce, J., Lebow, M. y Orchard, J. (1981). Role of spouse involvement in the behavioral treatment of overweight women. *Journal of Consulting and Clinical Psychology, 49,* 236-244.

Perri, M. G., McAdoo, W. G., McAllister, D. A., Lauer, J. B. y Yancey, D. Z. (1986). Enhancing the efficacy of behavior therapy for obesity: Effects of aerobic exercise and a multicomponent maintenance program. *Journal of Consulting and Clinical Psychology, 54,* 670-675.

Pujol, S. T. y Ramón, A. M. L. (1985). Las técnicas de autocontrol en el tratamiento de la obesidad. Un camino hacia la elección terapéutica. *Análisis y Modificación de Conducta, 11,* 549-562.

Rand, C. y Stunkard, A. J. (1978). Obesity and psychoanalisis. *American Journal of Psychiatry, 135,* 547-551.

Saldaña, C. (1985). Alternativas conductuales a problemas de salud. *Anuario de Psicología, 30-31,* 59-74.

Saldaña, C. (1996). *Trastornos del comportamiento alimentario.* Madrid: Pirámide.

Sánchez Carracedo, D. (1994). *Hábitos alimentarios y restricción en jóvenes adolescentes con obesidad y peso normal.* Tesis doctoral, Universidad Central de Barcelona.

Sjostrom, L. (1992). Morbidity and mortality of severely obese subjects. *American Journal of Clinical Nutrition, 55 (suppl.),* 5088-5158.

Stalonas, P. M., Perri, M. G. y Kerzner, A. B. (1984). Do behavioral treatment of obesity last? A five-year follow-up investigation. *Addictive Behaviors, 9,* 175-183.

Stern, J. S. y Lowney, P. (1986). Obesity: The role of physical activity. En K. D. Brownell y J. P. Foreyt (dirs.), *Handbook of eating disorders.* Nueva York: Basic Book.

Straw, M. K. y Terre, L. (1983). An evaluation of individualized behavioral obesity treatment and maintenance strategies. *Behavior Therapy, 14,* 255-266.

Stunkard, A. J. (1982). Obesity. En A. S. Bellack, M. Hersen y A. E. Kazdin (dirs.), *International handbook of behavior modification and therapy.* Nueva York: Plenum.

Telch, C. F., Agras, W. S., Rossiter, E. M., Wilfley, D. y Kenardy, J. (1990). Group cognitive-behavioral treatment for the non-purging bulimic: An initial evaluation. *Journal of Consulting and Clinical Psychology, 58,* 629-635.

Vera, M. N. (1998). El cuerpo. ¿Culto o tiranía? *Psicothema, 10,* 111-125.

Vera, M. N. y Fernández, M. C. (1986). Programa de intervención cognitivo-conductual para el control de sobrepeso. *Revista Española de Terapia del Comportamiento, 4,* 81-88.

Vera, M. N. y Fernández, M. C. (1989). *Prevención y tratamiento de la obesidad.* Barcelona: Martínez Roca.

Wadden, T. A., Foster, G. D., Stunkard, A. J. y Linowitz, J. R. (1989). Dissatisaction with weight and figure in obese girls: Discontent but not depression. *International Journal of Obesity, 13,* 889-897.

Wadden, T. A. y Van Itallie, T. B. (1992). *Treatment of the seriously obese patient.* Nueva York: Guilford.

Williamson, D. F., Kahn, H. S., Remington, P. L. y Aranda, R. F. (1990). The 10-year incidence of overweight and major weight gain in U. S. adults. *Archives of Internal Medicine, 150,* 665-672.

LEITURAS PARA APROFUNDAMENTO

Brownell, K. D. (1985). *The Learn Program for Weight Control.* Filadelfia: University of Pennsylvania.

Fernández, M. C. y Vera, M. N. (1996). Evaluación y tratamiento de la obesidad. En J. M. Buceta y A. M. Bueno (dirs.), *Tratamiento psicológico de hábitos y enfermedades.* Madrid: Pirámide.

Saldaña, C. (1996). *Trastornos del comportamiento alimentario.* Madrid: Pirámide.

Toro, J. (1996). *El cuerpo como delito.* Barcelona: Ariel.

Vera, M. N. y Fernández, M. C. (1989). *Prevención y tratamiento de la obesidad.* Barcelona: Martínez Roca.

APÊNDICES

Apêndice 1. Questionário de excesso de peso

1. *Antecedentes familiares de obesidade*

   - Há alguma pessoa obesa em sua família? Quem? O que faz para solucionar o problema?
   - Já houve algum obeso em sua família? Quem? O que fez para solucionar o problema?

2. *Evolução histórica do peso e tentativas de reduzi-lo*

   2.1. Gravidade do problema:

   - Quão grave você considera seu problema de excesso de peso?
   - Como esse problema está afetando a você e às pessoas que o rodeiam?

   2.2. Começo e evolução do excesso de peso:

   - Quando começou o problema de excesso de peso?
   - Houve oscilações fortes no peso ou, pelo contrário, você se manteve mais ou menos sempre igual?
   - Se houve oscilações:

   – De quantos quilos?
   – Quanto tempo você leva para passar de um peso a outro?
   – Você acredita que essas oscilações devem-se a quê?

   - Em geral, você acha que seu peso deve-se a quê?

   2.3. Tratamentos anteriores:

   - O que você fez até agora para tentar reduzir o peso por si mesmo?
   - Especifique os tratamentos controlados (por médico ou outros especialistas) que tenha seguido. Indique também se continua fazendo algum tratamento.
   - Toma algum medicamento para redução de peso? Qual?
   - Que resultados surtiram esses tratamentos? Quantos quilos perdeu com eles?
   - Quanto tempo manteve esses resultados depois de finalizado o tratamento?
   - Por que você acredita que este programa vai ser diferente? O que o atrai nele?

3. *Especificação do problema*

   3.1. Tipo e quantidade de comida e bebida:

   - Aproximadamente, quantas calorias você consome por dia?
   - Assinale os alimentos que consome com mais freqüência:

Apêndice 1. *(Cont.)*

- Gorduras (lingüiça, salsichas, carne de porco etc.)
- Manteiga e óleos
- Leite e seus derivados (exceto a manteiga)
- Carnes menos gordurosas (vitela e frango)
- Ovos
- Peixes
- Pão
- Doces
- Legumes
- Verduras
- Frutas
- Refrescos
- Bebidas alcoólicas

- Assinale a forma como costuma comer os alimentos: fritos, cozidos, na chapa, assados, cozidos no vapor.
- Quais as formas de cozimento de seus pratos e alimentos preferidos? Com que freqüência os consome?
- Quais são suas bebidas preferidas? Quantas vezes as consome ao longo do dia?

3.2. Duração ou tempo empregado para comer:

- Quanto tempo, aproximadamente, demora para comer a principal refeição do dia?
- Utilizando a seguinte escala relativa ao ato de comer rápido-lento, onde você se situaria?:

Lento 0 1 2 3 4 5 6 7 8 9 10 Rápido

- Especificamente, supondo que 1 é lento e 10 rápido, designe uma pontuação à sua forma de comer nas seguintes situações:

- Em casa, sentado à mesa e acompanhado
- Em casa, sentado à mesa e sozinho
- Em casa, mas não na mesa (por exemplo, no sofá assistindo televisão, em meu quarto etc.) e acompanhado
- Em casa, mas não na mesa e sozinho
- Em um refeitório universitário acompanhado
- Em um refeitório universitário sozinho
- Em serviços de buffet livre acompanhado
- Em serviços de buffet livre sozinho
- Em self-services por quilo acompanhado
- Em self-services por quilo sozinho
- Em bares acompanhado
- Em bares sozinho
- Em restaurantes acompanhado
- Em restaurantes sozinho
- Em celebrações sociais, como casamentos, batizados e aniversários
- Outras:

Apêndice 1. *(Cont.)*

3.3. Freqüência:

- Quantas vezes ao dia você come? Quantas bebidas alcoólicas e/ou refrescos você bebe por dia?
- Quantas vezes por dia você "belisca" alguma coisa?

4. *Estímulos associados ao comportamento de comer*

- Onde você costuma comer? Sempre no mesmo lugar, ou costuma mudar?
- Retorne às situações às quais atribuiu seu estilo rápido-lento de comer e escreva em quais delas come mais e/ou mais produtos "proibidos".
- Quantas vezes por semana você come nesses lugares?
- Assinale as situações nas quais não consegue resistir e come embora não tenha fome:

  - Quando lhe aparece algo apetitoso pela frente
  - Quando está preparando a comida
  - Quando ainda resta algo no prato
  - Para que não sobre nada do que foi posto na mesa
  - Quando a comida cheira muito bem
  - Quando já chegou a hora do lanche e/ou da refeição
  - Quando está assistindo algum programa de televisão
  - Quando está estudando
  - Com a cerveja do almoço e/ou o aperitivo da noite
  - Outras:

- Volte a essas situações e assinale quantas vezes por semana isso ocorre:
- Em uma escala de 0 a 10, onde 0 é nada de fome e 10 é muitíssima fome, escreva com que quantidade de fome faz suas refeições:

  - Café-da-manhã
  - Almoço
  - Lanche
  - Jantar

- Costuma pular alguma dessas refeições? Quais?
- Reparou se há estados de humor, como o tédio, a depressão, a ansiedade etc., que o levam a comer e/ou beber? Quais?

5. *Avaliação de comportamentos encobertos*

5.1. Autoverbalizações:

- Escreva as autoverbalizações ou pensamentos negativos que costuma dizer a si mesmo com mais freqüência em determinadas situações que o levam a comer em excesso, ou a consumir produtos que não queria comer (utilize o auto-registro ABC).
- Escreva as autoverbalizações ou pensamentos negativos que costuma dizer a si mesmo com mais freqüência depois de comer em excesso ou de comer produtos que não queria.

Apêndice 1. *(Cont.)*

5.2. Objetivos ou metas:

- O que você acha que o programa lhe pode oferecer?
- Quantos quilos espera perder por semana?
- Quantos quilos quer perder no total?
- Por quanto tempo pensa que poderá manter as perdas?
- O que você faria se, com o tempo, uma vez terminado o programa, começasse a ganhar peso?
- Você acredita que perder peso vai ser rápido e fácil?
- Perder peso é o único objetivo que você tem com este programa? Que outro?
- Acredita que não seguir algum dia a dieta ou não fazer exercício físico significaria o fracasso do programa? E não perder peso uma semana? O que você faria se algo assim acontecesse?
- Você já surpreendeu a si mesmo fantasiando empanturrar-se com sua comida predileta quando acabar o programa? Qual?
- Como você acredita que perder peso afetará sua vida? O que acredita que conseguirá se perder peso? Como vê a si mesmo se o conseguir?

5.3. Nível de motivação:

- Considere os benefícios e os sacrifícios, os prós e os contras, de fazer um programa de emagrecimento. Benefícios como ter melhor aparência, melhor saúde, sentir-se melhor, agradar o companheiro, etc. E aspectos negativos, como privar-se de certas coisas ou não comer tanto quanto desejaria, o problema de comer fora de casa etc. Escreva nos benefícios por que quer perder peso e nos sacrifícios o que acredita que tem de renunciar para conseguir:

Benefícios (Prós)   Sacrifícios (Contras)

6. *Avaliação da atividade física*

- Na seguinte escala, referente a levar uma vida fisicamente ativa ou sedentária, onde você se colocaria?

        0   1   2   3   4   5   6   7   8   9   10
    Totalmente   Totalmente
    ativa   sedentária

- Seguindo seu auto-registro de atividade física, quantas vezes por semana realiza atividades cotidianas, como andar ou subir escadas?
- Seguindo seu auto-registro de atividade física, se realiza algum esporte, quanto tempo lhe dedica por semana?

Avaliação e Tratamento da Obesidade

Apêndice 2. Auto-registro de comida e bebida

Data: _____/_____/_____

Indique, para cada uma das refeições que realiza durante o dia, a seguinte informação:

	Café-da-manhã	Almoço	Jantar	Outras
Hora do dia				
Tempo empregado para comer				
Quantidade de fome				
Atividade realizada enquanto come				
Lugar onde come				
Comida e bebida (tipo e quantidade)				
Comida e bebida (calorias aproximadas)				

Apêndice 3. Auto-registro do exercício físico

Indique o número de vezes ou o tempo aproximado que dedica a realizar cada uma das seguintes atividades físicas:

	Dias da semana						
Exercício físico	*S*	*T*	*Q*	*Q*	*S*	*S*	*D*
Passear							
Andar rápido							
Subir escadas							
Descer escadas							
Andar de bicicleta							
Ginástica							

Esportes:
 	
   Correr
   Tênis
   Futebol
   Outros							

Tarefas domésticas							
Outras atividades							

Avaliação e Tratamento da Obesidade **237**

Apêndice 4. *Questionário para avaliar a inclusão de um companheiro de programa*

- Você acredita que alguma pessoa pode ajudá-lo a seguir um programa para emagrecer?
- Se for assim, acredita que seria útil se uma pessoa o ajudasse, ou, pelo contrário, acredita que teria mais sucesso se o fizer sozinho?
- Se decidir que um companheiro poderia ajudá-lo e se tiver alguém que queira colaborar, é importante que tenha observado atitudes positivas dessa pessoa com relação à sua decisão de emagrecer. Algumas dessas atitudes são apresentadas a seguir. Assinale as que seu companheiro apresentar:

  - É uma pessoa com quem posso falar sem atrito nem tensões de meu excesso de peso.
  - Entende que eu queira perder peso e todo o esforço que isso implica.
  - Posso ir contando os passos do programa sem problema.
  - Quando tentei perder peso, não me tentou com coisas que sabe que eu gosto e que engordam.
  - Nunca me critica por meus quilos a mais.
  - Em qualquer ocasião em que precisei de um amigo, pude contar com ele.
  - Não se sente ciumento quando perco peso e fico mais atraente.
  - Não se importaria de me ajudar com as compras, o armazenamento de comida e outras tarefas, se com isso me ajudar a seguir o programa.
  - Estaria disposto a realizar alguns questionários e tarefas no programa.
  - Sei que, se algum dia eu falhar com as tarefas do programa, posso contar-lhe e ele me ajudará a superar.
  - Ele também teve problemas com o peso e os superou.
  - Ele está tendo também problemas com o peso e quer aprender comigo a solucioná-los.

- Se seu companheiro tem problemas com seu peso, como isso afeta você?

Apêndice 5. Questionário de excesso de peso para o companheiro

Avaliação da percepção subjetiva do outro

- Quão grave acredita que seu companheiro considera seu problema?

     0 1 2 3 4 5 6 7 8 9 10
  Nada grave   Muito grave

- Como o afeta o excesso de peso em sua vida?

     0 1 2 3 4 5 6 7 8 9 10
  Nada em   Totalmente
  absoluto

  Especifique em que o afeta:

- Até que ponto considera que está obcecado com o problema?

     0 1 2 3 4 5 6 7 8 9 10
  Nada em   Totalmente
  absoluto

  Se sua resposta estiver mais próxima do "totalmente", explique-a:

- Para que você acredita que seu companheiro quer perder peso?
- O que você acha que mudará em sua vida se perder peso?
- Quão iludido você o vê com este programa?

     0 1 2 3 4 5 6 7 8 9 10
  Nada em   Totalmente
  absoluto

- Você acredita que ele trabalhará firmemente no programa ou acredita que espera perder peso sem muito esforço?
- Seu companheiro é uma pessoa "perfeccionista" que gosta de fazer suas coisas custe o que custar e se critica duramente se deixa de fazer alguma delas?
- Acredita que, uma vez alcançado seu objetivo de perder peso, esquecerá o aprendido no programa e voltará a comer como fazia antes? Por quê?

Avaliação dos comportamentos do outro

- Acredita que seu companheiro come mais que o "normal"?
- Existe algum produto/comida que você acredite que engorda e que ele costuma comer em demasia? Qual?
- Acredita que come/belisca muitas vezes ao dia? Quantas?
- A que você atribui seu excesso de peso?
- Na escala seguinte, de comer rápido-lento, onde situaria seu companheiro?

     0 1 2 3 4 5 6 7 8 9 10
  Lento   Rápido

Apêndice 5. *(Cont.)*

Já notou se há lugares nos quais come mais ou menos rápido? Como por exemplo:

- Em casa, na mesa.
- Em casa, mas não na mesa (por exemplo, no sofá vendo TV).
- Em refeitórios universitários.
- Em bufês livres.
- Em self-services por quilo.
- Em bares.
- Em restaurantes.
- Em celebrações sociais (casamentos, batizados, festas etc.)
- Outras

Especifique quais:

- Voltando aos lugares anteriores, já notou se come mais que o habitual em algum deles? Assinale em qual e quantas vezes por semana costuma comer nesses lugares.
- Já notou se há situações específicas nas quais seu companheiro não consegue resistir à tentação de comer? Assinale se isso ocorre em alguma das seguintes situações:

  - Quando está diante de algo apetitoso.
  - Quando está preparando a comida.
  - Quando ainda resta comida no prato.
  - Quando sobra algo do que foi posto na mesa.
  - Quando a comida é muito apetitosa.
  - Quando é a hora do aperitivo.
  - Quando está vendo algum programa de TV.
  - Quando está estudando.
  - Quando tem alguma bebida na mão.
  - Outras.

- Já notou se seu companheiro come mais quando está deprimido, ansioso, enfadado, aborrecido? Em qual?
- Na seguinte escala relativa a uma forma de vida fisicamente inativa e sedentária ou, pelo contrário, ativa e dinâmica, onde você situaria seu companheiro?

```
     0    1    2    3    4    5    6    7    8    9    10
Totalmente                                    Totalmente
sedentária                                    ativa
```

Avaliação da própria percepção do problema

- Quão obeso você considera seu companheiro?

```
     0    1    2    3    4    5    6    7    8    9    10
  Nada                                        Totalmente
  obeso                                       obeso
```

- Que sentimentos lhe provoca o fato de que seu companheiro tenha excesso de peso: o incomoda, o deprime, o irrita, não lhe importa, você gosta...?

Apêndice 5. *(Cont)*

- Em que medida o excesso de peso de seu companheiro afeta sua vida?

      0   1   2   3   4   5   6   7   8   9   10
  Nada em   Totalmente
  absoluto

  Especifique em que o afeta:

- Em que medida acredita que este programa pode ajudá-lo?

      0   1   2   3   4   5   6   7   8   9   10
  Nada em   Totalmente
  absoluto

  Por que acredita nisso?

- Em que medida estaria disposto a colaborar com o programa?

      0   1   2   3   4   5   6   7   8   9   10
  Nada em   Totalmente
  absoluto

- Imagine que seu companheiro perdeu todo seu excesso de peso. Como você o vê mudado? Como vê sua vida mudada? Como você se sente?

Capítulo 9

TRATAMENTO COMPORTAMENTAL DOS TRANSTORNOS DO SONO

VICENTE E. CABALLO, J. FRANCISCO NAVARRO e J. CARLOS SIERRA[1]

I. INTRODUÇÃO

Apesar de as pessoas passarem aproximadamente um terço de suas vidas dormindo, conhece-se muito pouco acerca dos mecanismos e funções do sono. O sono foi definido como um estado regular, recorrente e facilmente reversível do organismo caracterizado por uma relativa inatividade e um grande aumento do limiar de resposta diante dos estímulos externos comparado com o estado de vigília (Kaplan, Sadock e Grebb, 1994). Ou também como a parte do ciclo circadiano normal no qual uma pessoa deixa de responder ao ambiente (Van Oot, Lane e Borkovec, 1984). Dentro dessa definição há toda uma série de características próprias desse período do ciclo circadiano. Características comportamentais, mas também fisiológicas. O sono depende de inúmeros fatores comportamentais e da integridade de muitas estruturas neurais e mecanismos corporais. Tendo em conta a quantidade de elementos envolvidos no sono, não parece difícil entender por que há tantos aspectos orgânicos e ambientais que perturbam o funcionamento do sistema do sono. Assim, foi assinalado, por exemplo, em uma *enquête* realizada em 1979 nos Estados Unidos, que um terço de todos os adultos desse país haviam tido problemas de sono durante o ano anterior (Donker, 1988).

Embora a medicação continue sendo o tratamento mais freqüente para os transtornos do sono (Kirmil-Gray *et al.,* 1985), reconhece-se cada vez mais a eficácia de procedimentos alternativos, como o tratamento comportamental (Davies, Lacks, Storandt e Bertelson, 1986; Killen e Coates, 1984; Lacks, 1987). Neste capítulo, abordamos uma breve descrição das técnicas de terapia comportamental empregadas com mais freqüência no tratamento dos transtornos do sono, especialmente nos problemas de insônia, que é o transtorno mais extenso e mais tratado com técnicas comportamentais, apesar do fato de que, das inúmeras categorias diagnósticas diferentes estabelecidas pela Association of Sleep Disorders Centers, somente poucas são consideradas tipos de insônia. Não obstante, temos de dizer que nenhum tratamento é apropriado para todas essas categorias de transtornos do sono. Alguns desses transtornos precisarão de um enfoque estritamente farmacológico, outros beneficiar-se-ão da intervenção psicológica e, finalmente, para outros, será útil uma combinação desses dois tipos de enfoque.

---

[1]Universidade de Granada e Universidade de Málaga (Espanha).

II. CARACTERÍSTICAS BÁSICAS DO SONO

Ao falar do sono, podemos assinalar dois estados diferentes: um no qual a pessoa respira lenta e regularmente e muda periodicamente de posição (sono sem movimentos oculares rápidos [NREM], denominado em conjunto *sono NREM* ou *sono sincronizado*), e outro no qual a respiração é errática e não se registram amplos movimentos corporais, exceto ligeiras contrações do rosto e das extremidades *(sono de movimentos oculares rápidos* [sono REM], *sono paradóxico, sono dessincronizado)*. A passagem de um a outro desses estágios acontece continuamente ao longo da noite, até que o indivíduo acorda. A duração de um ciclo completo NREM-REM é de aproximadamente 90 minutos – pode oscilar entre 70 e 120 –, produzindo-se entre quatro e cinco ao longo de uma noite. O sono de ondas lentas (fases III e IV do sono NREM) predomina durante o primeiro terço da noite, enquanto que o sono REM é muito maior no final da noite.

Dado que o sono é um fenômeno influenciado por múltiplos fatores (idade, sexo, nutrição etc.), suas quantidade e qualidade variam sensivelmente entre indivíduos e de uma circunstância a outra. Por exemplo, pessoas idosas tendem a dormir menos (cerca de 6 horas), apresentam menos sono de ondas lentas e REM, e têm uma fragmentação maior do sono. Por outro lado, crianças muito pequenas podem passar 13 horas ou mais dormindo, sendo grande parte desse tempo de sono REM. Um adulto normal precisa em média de 7 horas de sono; porém, aqui também existem importantes diferenças individuais. Assim, alguns adultos se satisfazem com 5 horas de sono a cada 24 horas, enquanto outros precisam dormir até 10 horas.

Nas últimas décadas foram propostas várias teorias explicativas acerca da função do sono (evolutivas, adaptativas e protetoras); de todas elas, a que possui maior evidência empírica é a que considera que o sono tem uma função restauradora física e psicológica (Morin, 1993): o sono NREM contribui na restauração da energia física (Home, 1981) e o REM da intelectual ou cognitiva (Smith e Lapp, 1991).

III. CLASSIFICAÇÃO DOS TRANSTORNOS DO SONO

A *Classificação Internacional dos Transtornos do Sono* foi desenvolvida por diversos especialistas de diferentes nacionalidades em 1990, sob o patrocínio da American Sleep Disorders Association (ASDA). Esse sistema de classificação agrupa os transtornos do sono em quatro categorias, a saber: 1. Dissonias, que incluem os transtornos intrínsecos do sono, os transtornos extrínsecos do sono e os transtornos relacionados com o ritmo circadiano; 2. Parassonias, incluindo transtornos do despertar, transtornos da transição vigília/sono, parassonias relacionadas com o sono REM e outras parassonias; 3. Transtornos do sono relacionados com doenças orgânicas ou psiquiátricas, e 4. Outros transtornos do sono. Atualmente, são utilizadas também outras classificações dos transtornos do sono, tais como a *CID-10* (OMS, 1992) ou a do *DSM-IV* (APA, 1994). Esta última segue, a grandes traços, a Classificação Internacional dos Transtornos do Sono e a consideraremos como eixo diretor para a exposição dos diferentes transtornos do sono neste capítulo (veja quadro 9.1).

Quadro 9.1. Classificação dos transtornos do sono (segundo o DSM-IV, 1994)

1. Transtornos primários do sono

1.1. *Dissonias*

    A. Insônia primária
    B. Hipersonia primária
    C. Narcolepsia
    D. Transtorno do sono relacionado com a respiração
    E. Transtorno do ritmo circadiano

        1. Tipo da fase de sono atrasada
        2. Tipo mudança de fuso horário *(jet-lag)*
        3. Tipo mudança de turno de trabalho
        4. Tipo não especificado

    F. Dissonia não especificada. Este item inclui:

        1. Insônia ou hipersonia por fatores ambientais
        2. Sonolência excessiva por sono insuficiente
        3. Síndrome idiopática das pernas inquietas
        4. Mioclônus noturno
        5. Outras dissonias sem causa determinada

1.2. *Parassonias*

    A. Pesadelos
    B. Terrores noturnos
    C. Sonambulismo
    D. Parassonia não especificada. Este item inclui:

        1. Transtorno de comportamento associado ao sono REM
        2. Paralisia do sono (hipnagógica ou hipnopômpica)
        3. Outras parassonias sem causa determinada

2. Transtornos do sono relacionados com outro transtorno mental

2.1. *Insônia relacionada com outro transtorno mental*
2.2. *Hipersonia relacionada com outro transtorno mental*

3. Outros transtornos do sono

3.1. *Transtorno do sono produzido por uma doença médica*

    1. Tipo Insônia
    2. Tipo Hipersonia
    3. Tipo Parassonia
    4. Tipo Misto

3.2. *Transtorno do sono provocado por consumo de substâncias psicoativas*

    1. Tipo Insônia
    2. Tipo Hipersonia
    3. Tipo Parassonia
    4. Tipo Misto

IV. PRINCIPAIS TRANSTORNOS DO SONO

IV.1. *Dissonias*

São transtornos que produzem dificuldades para iniciar ou manter o sono, ou sonolência excessiva. As dissonias constituem os transtornos do sono mais importantes associados com o sono noturno perturbado ou com uma vigília transtornada.

IV.1.1. Insônia

A *insônia* representa um dos transtornos de sono mais freqüentes em nossa sociedade e constitui uma das principais queixas das consultas médicas e psiquiátricas. Caracteriza-se por uma dificuldade para o início ou manutenção do sono, o que produz uma diminuição na quantidade, qualidade ou eficácia do sono. Isso pode ter como conseqüência uma redução no rendimento do sujeito, mudanças de humor, irritabilidade e uma diminuição da ativação durante o dia, que definitivamente se traduz em uma diminuição da qualidade de vida da pessoa (Spielman, Nunes e Glovinsky, 1996).

Segundo o *DSM-IV* (APA, 1994), a prevalência de queixas de insônia na população adulta parece estar entre 30 e 40%, embora a verdadeira taxa de prevalência para a *insônia primária* não seja conhecida. Os critérios diagnósticos do *DSM-IV* para esse transtorno podem ser vistos no quadro 9.2. É preciso ressaltar que a característica essencial desse problema, segundo o *DSM-IV*, é a queixa de dificuldades para iniciar ou manter o sono ou um sono não reparador, que dura pelo menos um mês. Do ponto de vista operativo, os critérios da insônia (dos quais pelo menos um deve cumprir-se) são

---

Quadro 9.2. Critérios diagnósticos do DSM-IV para a insônia primária

A. A queixa predominante é a dificuldade para iniciar ou manter o sono, ou um sono não reparador, durante pelo menos um mês.

B. A perturbação do sono (ou a fadiga diurna associada) provoca um mal-estar clinicamente significativo ou uma deterioração marcante no funcionamento social, profissional ou em outras áreas importantes.

C. A perturbação do sono não ocorre somente durante o curso da narcolepsia, de um transtorno do sono relacionado com a respiração, de um transtorno do sono relativo ao ritmo circadiano ou de uma parassonia.

D. A perturbação não ocorre somente durante o curso de outro transtorno mental.

E. A perturbação não se deve aos efeitos fisiológicos diretos de uma substância psicoativa ou de uma doença médica.

---

os seguintes: 1. latência de início de sono superior a 30 minutos por noite; 2. um índice de eficiência de sono inferior a 85%; 3. existência de despertares precoces, e 4. duração do tempo total de sono inferior a 6 horas e meia.

Junto com esses critérios objetivos é preciso considerar, do mesmo modo, o grau de satisfação que o sujeito tem com seu sono e em que medida lhe é reparador, já que a necessidade de sono não é igual para todos os indivíduos e é determinada por diferentes fatores tais como a idade, sexo, padrões de sono etc. (Buela-Casal e Sierra, 1994).

Em função de seu curso temporal, a insônia pode ser considerada *transitória* ou *situacional;* quando os problemas de sono duram poucos dias ou semanas, ou *crônico,* quando apresenta meses ou anos de evolução e geralmente supõe problemas de ansiedade, sociais e profissionais, clinicamente relevantes. A insônia transitória pode tornar-se crônica quando o sujeito utiliza estratégias inadequadas para o enfrentamento de seu problema (tempo excessivo na cama e ficar na cama quando está acordado, para, assim, aumentar as oportunidades de sono), tendo lugar uma ativação condicionada (Perlis *et al.,* 1997). Por outro lado, tendo em conta o momento da noite em que se apresenta, a insônia pode ser considerada de início ou de manutenção. Em relação à etiologia desse transtorno, fala-se de insônia primária ou secundária. Insônia primária é aquela que não se deve a um problema mental (por exemplo, depressão, ansiedade), médico (por exemplo, demência, problema cardíaco), abuso de substâncias psicoativas (por exemplo, estimulantes) ou a outros transtornos do sono (por exemplo, pesadelos). A insônia primária pode ser subdividida, por sua vez, em vários subtipos (veja quadro 9.3).

A insônia pode ser também secundária a problemas psicológicos, médicos, farmacológicos e ambientais. As alterações psicológicas que mais claramente se associam com a insônia são: estresse, ansiedade, transtornos do estado de ânimo (por exemplo, depressão, distimia), transtornos de personalidade, transtornos psicóticos, especialmente esquizofrenia (Morin, 1994), assim como expectativas inadequadas sobre o sono que podem tornar-se profecias auto-realizadoras. Do mesmo modo, qualquer doença somática acompanhada de dor ou mal-estar pode produzir insônia, além das preocupações derivadas que supõe o fato de padecer de uma doença (Spielman *et al.,* 1996). Na mesma linha, as doenças degenerativas do Sistema Nervoso Central podem ocasionar problemas de sono. A insônia também pode estar associada a transtornos respiratórios como a apnéia e a hiperventilação alveolar. Por outro lado, alguns transtornos do sono estão associados à insônia, como a síndrome de pernas inquietas ou as mioclonias noturnas, ou podem produzir secundariamente insônia, como é o caso de algumas parassonias (por exemplo, pesadelos). Do mesmo modo, algumas condições ambientais (ruído, temperatura, pressão atmosférica, altitude) podem perturbar o sono e, em conseqüência, produzir insônia (Sierra e Buela-Casal, 1997). Por último, convém assinalar que o consumo de determinadas substâncias, especialmente o uso abusivo de hipnóticos, álcool ou estimulantes, assim como a retirada brusca de alguns deles, podem alterar o sono, sendo ainda importante o momento do dia em que são consumidos (Spielman *et al.,* 1996).

Com relação à insônia primária, há diferentes perspectivas teóricas sobre suas causas (Lacks, 1987):

Quadro 9.3. Tipos de insônia segundo a Classificação Internacional de Transtornos do Sono (ICSD) (Não está incluída a insônia que pode aparecer na infância)

Tipo de insônia	Descrição
Insônia psicofisiológica	Insônia associada à ansiedade ou tensão somática
Erro na percepção do estado de sono	A queixa de insônia é acompanhada de uma avaliação polissonográfica do sono, que demonstra que este é normal. Foi também denominada pseudo-insônia.
Insônia idiopática	Devida provavelmente a uma enfermidade neurológica.
Higiene inadequada do sono	O sono noturno encontra-se alterado pela existência de hábitos diurnos inapropriados (v. g. sestas).
Transtorno ambiental do sono	O transtorno do sono é produzido por um ambiente físico pouco apropriado, como barulho dos vizinhos ou uma cama pouco confortável.
Insônia associada à altitude	A redução do nível de oxigenação que ocorre em altitudes elevadas altera o sono.
Transtorno transitório do sono	Situações estressantes ocasionais alteram o sono em sujeitos que normalmente não têm problema de sono.
Transtorno do sono por dependência de hipnóticos	A utilização crônica de fármacos hipnóticos causa alterações do sono.
Transtorno do sono por dependência de estimulantes	A utilização de substâncias estimulantes altera o sono.
Transtorno do sono associado à ingestão de álcool	A ingestão crônica de álcool altera o sono.

a. *Ativação somática.* Os indivíduos com problemas de sono têm uma ativação fisiológica e uma tensão muscular elevadas, que são antagônicas ao sono. Supostamente, essa tensão aumenta gradualmente durante o dia porque o indivíduo não possui mecanismos eficazes para eliminá-la. As estratégias empregadas para a redução da ansiedade foram as seguintes: relaxamento progressivo, treinamento autógeno, meditação transcendental, *biofeedback* e hipnose.

b. *Ativação emocional.* A ativação emocional supostamente provém de um padrão de personalidade ansioso e perfeccionista. Freqüentemente, o insone é uma pessoa predisposta a internalizar as reações diante dos acontecimentos da vida e a somatizar conflitos não resolvidos. Essas respostas inadequadas de enfrentamento conduzem a um estado elevado de ativação emocional e à conseguinte ativação fisiológica. As estratégias empregadas a partir desse ponto de vista teórico foram o treinamento no controle do estresse e a reestruturação cognitiva.

c. *Ansiedade diante da atuação*. Conforme uma pessoa começa a experimentar dificuldades para dormir, é provável que tente controlar voluntariamente o processo sono-vigília. Fará um esforço suplementar para dormir. Essa tentativa para apressar o começo do sono pode ter o efeito oposto, provocando um aumento na ativação autônoma e retardando realmente o começo do sono. Tudo isso desemboca no círculo vicioso da ansiedade diante da atuação. Um maior esforço por tentar dormir conduz à ansiedade e à tensão, que impedem o sono, e essa situação faz com que tente com mais insistência, e assim sucessivamente. A técnica mais freqüentemente empregada a partir dessa posição teórica foi a intenção paradoxal.

d. *O controle do estímulo*. Os estímulos ou características de uma situação chegam a se emparelhar com o comportamento que ocorre nessa situação. As características da situação tornam-se um sinal para esse comportamento. A cama e o dormitório podem ter uma associação não com o começo rápido do sono, mas com a ativação e a vigília. Muitas das atividades diárias podem ser realizadas na cama: comer, falar por telefone, ver televisão, ouvir música, estudar, conversar com os amigos, resolver problemas, preocupar-se etc. A dificuldade para dormir pode ser o resultado, neste caso, de um controle inadequado do estímulo. Por conseguinte, a estratégia a empregar a partir desse ponto de vista é o controle do estímulo.

e. *Ativação cognitiva*. A partir deste ponto de vista, os indivíduos são incapazes de controlar suas cognições quando estão na cama à noite. Isto é, têm preocupações, planejam o que vão fazer no dia seguinte e têm dificuldades para controlar seus pensamentos. Caballo e Buela (1988) encontraram que os pensamentos negativos estavam associados com a dificuldade para dormir. As intervenções específicas utilizadas a partir deste enfoque foram a refocalização cognitiva, o emprego da imaginação, o relaxamento ocular e a meditação.

As intervenções comportamentais com relação ao problema da insônia podem ser organizadas em três classes de enfoques (Lichstein e Fischer, 1985): relaxamento, controle cognitivo e ajuste do estilo de vida. No quadro 9.4 é possível ver um esquema das principais técnicas de tratamento.

IV.1.1.1. Procedimentos de tratamento

Relaxamento

Dentro desse enfoque, podemos considerar uma série de técnicas que buscam reduzir a ativação do paciente.

1. O relaxamento progressivo

O relaxamento progressivo, introduzido originalmente por Jacobson (1938) e abreviado por Wolpe (1958) em sua forma de utilização mais freqüente, começa chamando a atenção do sujeito sobre as sensações produzidas pela contração de pequenos grupos mus-

Quadro 9.4. Tratamentos comportamentais da insônia

Relaxamento

    Relaxamento progressivo
    Relaxamento passivo
    Treinamento autógeno
    Meditação
    Hipnose
    Biofeedback

Intervenções cognitivas

    Reestruturação cognitiva
    Parada do pensamento
    Time out para as preocupações
    Terapia cognitiva
    Terapia racional emotiva
    Uso da imaginação
    Relaxamento ocular
    Intenção paradoxal
    Dessensibilização sistemática

Arranjo do estilo de vida

    Tratamento didático (regras de higiene do sono)
    Controle de estímulos
    Cronoterapia
    Redução do tempo na cama
    Pacotes de tratamento de amplo espectro

culares, assim como também pelo relaxamento progressivo desses músculos. O relaxamento progressivo é administrado em uma série de passos seqüenciais. Primeiro, explica-se o plano de tratamento ao paciente. Depois, arruma-se o lugar onde vai acontecer a sessão de relaxamento. Normalmente, usa-se um quarto tranqüilo e escuro, o paciente reclina-se em uma confortável poltrona. Retira os óculos, lentes de contato (se incomodarem), pulseiras, colares etc. e desaperta-se a roupa, de modo que o indivíduo se sinta confortável. Pede-se ao sujeito que respire normalmente durante o procedimento. Finalmente, ele fecha os olhos.

Um exemplo do começo de uma sessão de relaxamento, junto com o relaxamento de um grupo muscular, retiramos de Goldfried e Davison (1981) e transcrevemos a seguir:

Acomode-se o melhor que puder, feche os olhos e escute o que vou dizer, para que tome consciência de certas sensações corporais. Depois ensinarei a reduzir essas sensações. Primeiro, dirija a atenção a seu braço esquerdo, sua mão esquerda em particular... Feche o punho esquerdo. Aperte-o com força e observe a tensão que se cria na mão e no antebraço. Observe essas sensações de tensão... E agora relaxe. Relaxe a mão esquerda e deixe-a descansar sobre o braço do sofá... Observe a diferença entre a tensão e o relaxamento [Pausa de 10 segundos]. Agora, uma vez mais, feche o punho esquerdo, forte, e sinta as tensões da mão e do antebraço. Observe-as... e, agora, relaxe... Deixe que seus dedos se distendam, relaxados, e note uma vez mais a diferença entre tensão muscular e relaxamento [pausa de 10 segundos] [pp. 92-93].

Pede-se ao paciente que pratique o relaxamento progressivo em casa pelo menos uma vez por dia. Incentiva-se o paciente a fazer o relaxamento na hora de dormir, como uma atividade habitual de sua vida diária, enfatizando a prática do relaxamento como um componente do estilo de vida, e não como um tratamento em curto prazo para a insônia. Em Borkovec (1982) pode-se encontrar uma revisão da eficácia do relaxamento progressivo nos problemas de insônia e em Vera e Vila (1991) uma descrição do relaxamento progressivo de Jacobson.

2. *O biofeedback*

O *biofeedback* refere-se ao fornecimento de informação ao sujeito sobre uma determinada resposta fisiológica, de modo que o indivíduo possa aprender a modificar essa resposta (Simón, 1991). O tipo de *biofeedback* mais freqüentemente utilizado na área que tratamos foi o *biofeedback* eletromiográfico (EMG), geralmente o frontal, que dá informação ao sujeito sobre o grau de relaxamento de seus músculos. Desse modo, o paciente pode tratar de relaxar o grupo muscular do qual recebe informação, de tal modo que sabe se as estratégias que está utilizando para tal fim são eficazes. Outro tipo de *biofeedback* empregado foi, por exemplo, o *biofeedback* eletroencefalográfico (EEG), para aumentar a atividade cerebral alfa (que caracteriza qualquer estado de relaxamento não patológico e que aparece na maioria das pessoas quando fecha os olhos e relaxa) ou theta, característica de estados de relaxamento mais profundo.

3. *Outras técnicas de relaxamento*

Outras técnicas de relaxamento empregadas com menor freqüência nos problemas de insônia foram as seguintes:

O treinamento autógeno. Por meio dessa técnica, os sujeitos imaginam que se encontram em lugares agradavelmente tranqüilos enquanto se produzem sensações corporais que facilitam o relaxamento, como o peso e o calor nas extremidades, a regulação da atividade cardíaca e respiratória, e calor abdominal e frio na testa.

A *meditação,* a *auto-hipnose* e o *relaxamento passivo* (uma variação do relaxamento progressivo) são outras técnicas empregadas também no tratamento dos problemas de insônia.

Em relação à eficácia desse tipo de técnica, em uma revisão de diversos estudos realizada por Morin (1993) vê-se que a maioria dos métodos de relaxamento era superior em resultados comparada ao placebo ou aos controles sem tratamento. Porém, a maior parte dos estudos não demonstra a relação entre a melhora dos padrões do sono e uma diminuição da ativação somática.

Intervenções cognitivas

As técnicas desta sessão compartilham uma suposição comum sobre a causa principal da insônia, assim como um objetivo de tratamento comum. Cognições não desejadas à hora de dormir prolongam o período de vigília quando se deseja dormir. O tratamento visa à diminuição do impacto dessas cognições, neutralizando seu valor ou diminuindo sua ocorrência. Morin (1993) assinala cinco possíveis estratégias para as cognições disfuncionais relacionadas com o sono: correção dos conceitos errôneos acerca das causas da insônia (por exemplo, "Penso que minha insônia é, basicamente, o resultado de algum desequilíbrio bioquímico ou de alguma doença), re-atribuição das supostas conseqüências da insônia (por exemplo, "Depois de uma noite ruim, sei que não serei capaz de render no dia seguinte"), modificar as expectativas pouco realistas sobre o sono (por exemplo, "Preciso dormir 8 horas por noite"), aumentar a percepção de controle e de previsibilidade (por exemplo, "Perdi o controle sobre meu sono") e, por último, dissipar os mitos sobre hábitos de sono corretos (por exemplo, "É imprescindível recuperar o sono perdido").

1. *A reestruturação cognitiva*

A reestruturação cognitiva é um termo empregado para denominar as técnicas que tentam modificar diretamente crenças e/ou pensamentos específicos que se acredita que permeiam nas respostas desadaptativas comportamentais e físico-emocionais. Por meio da reestruturação cognitiva ajudamos os pacientes a examinar suas crenças pessoais sobre o sono e seus problemas e a contemplá-los a partir de perspectivas alternativas. Os pacientes recebem materiais de leitura que proporcionam informação específica sobre os processos básicos do sono e discute-se sobre as sessões de tratamento. Os pacientes procuram identificar os pensamentos que interferem no sono e os registram entre as sessões. Finalmente, formulam-se e ensaiam-se pensamentos alternativos, mais racionais, para favorecer o sono e melhorar o progresso terapêutico. Os pacientes são instruídos a praticar esses pensamentos positivos empregando sinais da vida diária (por exemplo, olhar o relógio) quando perceberem os pensamentos não adaptativos. Um procedimento empregado com certa freqüência no tratamento da insônia é a parada do pensamento.

2. *A parada do pensamento*

Esse é um procedimento de autocontrole desenvolvido para a eliminação de padrões de pensamento recorrentes e pouco realistas, improdutivos e/ou geradores de ansiedade, e que inibem a execução de um comportamento desejado ou servem para iniciar uma seqüência de comportamentos indesejáveis (Wisocki, 1985).

Essa técnica foi empregada, às vezes, para deter os pensamentos intrusos do sujeito na hora de dormir, de modo que não estejam presentes no momento em que o sujeito quiser conciliar o sono. Normalmente é empregada em conjunção com outras estratégias como, por exemplo, o controle de estímulos.

3. A intenção paradoxal

A intenção paradoxal obtém seu nome do fato de o terapeuta instruir o paciente a apresentar comportamentos que pareçam estar em oposição aos (ou ser paradoxais em relação a) objetivos terapêuticos (Ascher e Hatch, 1991). Assim, a intenção paradoxal para a insônia implica instruir os sujeitos para que tentem permanecer acordados tanto tempo quanto lhes seja possível.

A base teórica da intenção paradoxal é a seguinte:

a. Inicialmente, algo perturba o sono do insone – a natureza da perturbação tem pouca relevância.
b. O insone começa a se preocupar por dormir mal.
c. O insone desenvolve finalmente ansiedade diante da atuação *(performance anxiety)*.
d. A ansiedade diante da atuação chega a se constituir, então, a fonte principal do transtorno do sono. A demora em dormir confirma e aumenta progressivamente essa ansiedade, criando um ciclo de ativação que tem como conseqüência proporcionar energia a si mesmo.

A ansiedade diante da atuação é uma ansiedade secundária acrescentada às outras preocupações da vida do indivíduo.

Uma conceituação alternativa do mecanismo de ação da intenção paradoxal baseia-se nos princípios da teoria da aprendizagem cognitiva. Supõe-se que o sujeito se envolve em uma intenção paradoxal e muda, por conseguinte, disposições mentais de solução de problemas. Na aplicação da intenção paradoxal, o sujeito muda da disposição mental "Isto é um problema terrível", à disposição mental de "Vamos ver as vantagens que posso extrair disso". Os estados afetivos associados a esses estados mentais são, respectivamente, preocupação e desfrute. O mecanismo de ação principal consiste em interromper o comportamento intruso de preocupações por uma mudança no quadro cognitivo de referência. Supõe-se que o paciente, então, dormirá.

A prescrição da intenção paradoxal é mais difícil que outras técnicas de terapia de comportamento. O psicólogo tem a tarefa de persuadir o insone a fazer exatamente o que mais teme. Como é de se esperar, o paciente resiste, normalmente, à sugestão de tentar permanecer acordado. Educar o paciente na filosofia da intenção paradoxal ou criar uma mudança na disposição cognitiva de solução de problemas é a tarefa fundamental do terapeuta. Deve-se dizer ao paciente que o transtorno do sono é mantido pelas preocupações que tem com o problema. Para eliminar esse comportamento de preocupação, dizemos a ele que não acontecerá nenhum dano depois após algumas noites sem dormir. Além disso, os pacientes aprendem a reconceituar o problema como "não problema", isto é, entendem que deveriam adotar uma atitude alegre no momento de ir para a cama, mesmo se isso lhes parecer artificial, e que não deveriam tentar adormecer. A seguir, pede-se ao paciente que ensaie estar na cama, sentindo-se alegre e tentando manter-se acordado enquanto mantém os olhos fechados. As sessões concentram-se em voltar a explicar e definir a estratégia ao paciente.

Porém, não se conhece ainda o mecanismo de ação da intenção paradoxal, posto que não foram realizados trabalhos experimentais com esse objetivo. Não somente não estão claras as hipóteses com respeito aos componentes ativos da intenção paradoxal, mas também os resultados de estudos empíricos indicam que essa técnica apenas reduz as queixas subjetivas de insônia ocasionalmente (Turner, 1987) ou produz resultados díspares (Espie e Lindsay, 1985).

4. *Outras intervenções cognitivas*

O *emprego da imaginação* é outra estratégia cognitiva cujo fim é favorecer o relaxamento e desviar a atenção dos pensamentos negativos e ativantes. Compreende procedimentos de focalização da atenção por meio dos quais o sujeito é instruído a imaginar uma série de situações ou objetos. Em um princípio, o terapeuta pode guiar verbalmente a imaginação, levando-o por meio dela a uma tranqüila cena natural (por exemplo, "o sol o aquece suavemente na praia"), familiar à experiência do paciente. Morin e Azrin (1988) empregaram uma seqüência de seis objetos neutros: vela, lâmpada, relógio de areia, corneta, escada e palmeira em uma praia. Com os olhos fechados, os sujeitos se concentravam na imagem dos objetos assinalados e focalizavam sua atenção nas propriedades puramente descritivas (por exemplo, a forma, a cor, o movimento e a textura) dos estímulos. Cada objeto era imaginado durante dois minutos e a seqüência dos seis objetos era repetida duas vezes por sessão. A seguir, os sujeitos eram instruídos para praticar os exercícios de imaginação visual durante o dia e quando não conseguissem dormir. Segundo Morin e Azrin (1988), esses procedimentos baseados na imaginação tentavam controlar a ativação cognitiva centrando a atenção em estímulos neutros.

Lacks (1987) emprega três técnicas de focalização atencional: focalização externa, focalização interna e sensações corporais. Na primeira, os sujeitos aprendem a centrar a atenção em conteúdos tais como o ambiente físico e acontecimentos externos, como o tique-taque do relógio. Na segunda, a atenção centra-se em uma seqüência de pensamentos, como recordar as palavras de uma canção ou envolver-se em problemas de aritmética mental (por exemplo, contar de trás para a frente começando do 100 e de três em três). No terceiro tipo de focalização, o sujeito aprende a se concentrar nas sensações do corpo.

Finalmente, o uso da imaginação pode ser útil uma vez finalizado o exercício noturno de relaxamento progressivo.

O *relaxamento ocular* foi desenvolvido por Jacobson (1938) como parte de seu método de relaxamento progressivo. Utilizou os exercícios de movimentos oculares para provocar "mentes em branco" em seus sujeitos. Esses procedimentos oculares desapareceram do relaxamento progressivo como eram praticados pela maioria dos terapeutas comportamentais. Porém, Lichstein e Fischer (1985) empregam esses procedimentos como tratamento para a insônia. Consideram que a redução dos movimentos oculares suprimem a atividade cognitiva. O procedimento implica um padrão sistemático de movimentos dos olhos em diferentes direções e mantendo a posição durante sete segundos. Entre esses movimentos, o sujeito se concentra durante 40 segundos nas sensações de relaxamento dos olhos.

Também é empregada, às vezes, a *dessensibilização sistemática*, na qual o paciente imagina uma seqüência graduada de acontecimentos provocadores de ansiedade junto com uma resposta incompatível com a ansiedade (normalmente o relaxamento progressivo), na tentativa de reduzir as propriedades nocivas da situação problema (Turner, 1991). Para a insônia, os itens da hierarquia de ansiedade estão associados tradicionalmente com o fato de ir para a cama, tais como pôr o pijama, apagar as luzes etc. Parece, não obstante, que a maioria dos estudos sobre a insônia repetem uma única imagem que abarca uma série de acontecimentos relacionados com o fato de ir para a cama, em vez de empregar toda uma hierarquia.

Ajuste do estilo de vida

A orientação do ajuste do estilo de vida considera os problemas de insônia dentro do contexto do dia inteiro. Outros tratamentos enfatizam obstáculos internos para o começo do sono que se apresentam no momento de ir para a cama (isto é, ativação cognitiva e somática), enquanto os enfoques do ajuste do estilo de vida examinam os fatores ambientais, as atitudes não relacionadas com o ato de dormir e os hábitos da vida diária que podem ser temporal e fisicamente retirados do lugar onde se dorme.

1. *Tratamento didático (regras de higiene de sono)*

Este enfoque alega que a insônia pode provir de uma variedade de fatores, por exemplo, objetivos de dormir inapropriados, hábitos alimentares e de exercício, dormir de dia e similares, mantidos pelo sujeito devido a uma informação incorreta ou insuficiente. O cliente é educado para que desenvolva hábitos e atitudes mais compatíveis com o ato de dormir. Algumas regras de higiene recomendadas com certa freqüência (Caballo e Buela, 1991; Hauri, 1979; Lacks, 1987; Lacks e Rotert, 1986; Sierra e Buela-Casal, 1997) são as seguintes:

1. Não beber álcool pelo menos duas horas antes de ir para a cama. Apesar de o álcool ser um depressor do Sistema Nervoso Central, sua ingestão antes de deitar gera a um sono pouco reconfortante.
2. Não consumir cafeína pelo menos seis horas antes de ir para a cama. Conhecer as comidas, bebidas e medicamentos que contêm cafeína. Contrariamente à crença popular, os efeitos da cafeína podem estar presentes até 20 horas depois de sua ingestão (Hauri, 1979).
3. Não fumar durante várias horas antes de ir para a cama, pois a nicotina é um estimulante.
4. Fazer exercícios de forma regular. Evitar o exercício físico excessivo várias horas antes de ir para a cama, pois provoca uma ativação fisiológica.
5. Arrumar o dormitório de modo que favoreça o sono. Estabelecer uma temperatura agradável (não muito acima dos 23°C) e níveis mínimos de luz e ruído.
6. Não comer chocolate ou grandes quantidades de açúcar. Evitar o excesso de líqui-

dos. No caso de acordar à noite, não comer, pois, caso contrário, pode acostumar-se a acordar cada vez que tiver fome.

7. Não utilizar um colchão *excessivamente* duro.

A higiene do sono por si só não costuma ser suficiente para a insônia crônica, por isso essa estratégia costuma fazer parte de programas mais amplos, onde se integrem diferentes técnicas (Morin, 1993).

2. *Controle de estímulos*

O enfoque operante do controle de estímulos, introduzido por Bootzin (1972), afirma que as propriedades estimulantes do quarto dos insones não mais constituem sinais discriminatórios para dormir, mas se tornaram sinais para estar acordado. Isso se deve ao fato de realizar comportamentos incompatíveis com o ato de dormir (por exemplo, ver televisão, comer, estudar) no quarto. O tratamento é planejado para restabelecer o quarto como um estímulo discriminativo para dormir, eliminando desse local todos os comportamentos incompatíveis com o ato de dormir. Dessa maneira, tenta-se situar o comportamento sob o controle dos sinais do contexto de dormir: a cama, o quarto e a hora de se deitar. Em vez de permitir que esses sinais iniciem comportamentos, atividades mentais e ativação física, a pessoa aprende a associar esses sinais com estados mentais e físicos que levem a dormir. Segue uma série de regras que descreveremos:

1. Deitar-se somente quando se tem sono.
2. Não utilizar a cama para atividades diferentes de dormir (exceto a atividade sexual). Não comer, ler ou ver televisão no quarto (exceto quando ler ou ver televisão favorecer o sono). Ao ir para a cama, apagar as luzes com a intenção de dormir em seguida.
3. Estabelecer um conjunto de hábitos que indiquem a proximidade da hora de dormir. Fechar a porta, escovar os dentes etc. Fazer essas atividades cada noite e na mesma ordem.
4. Se não conseguir dormir (normalmente em 10 minutos), levantar-se e ir a outra parte da casa, ficando tanto tempo quanto quiser (fazendo, se desejar, alguma atividade tranqüila, até que comece a adormecer) e em seguida voltar ao quarto para dormir.
5. Se a pessoa continuar sem poder dormir, repetir o passo 4 – fazendo-o tantas vezes quantas for necessário ao longo da noite.
6. Não dormir de dia e levantar-se à mesma hora cada manhã (sem importar o tempo que tiver dormido).

Para o cumprimento da primeira regra deve-se conhecer o nível subjetivo de sonolência, o qual determinará o momento ótimo para se deitar. Essa avaliação pode ser feita por meio da Escala de Sonolência de Stanford (Buela-Casal e Sierra, 1994).

Zwart e Lisman (1979) avaliaram uma estratégia de controle temporal (não dormir de dia e levantar-se à mesma hora a cada manhã, isto é, a regra 6 do procedimento de controle de estímulos) e encontraram que era tão eficaz quanto o enfoque inteiro desse procedimento (os pacientes eram estudantes universitários que se queixavam de perturbações moderadas do sono). Coates e Thoresen (1981) assinalam que a estratégia do controle de estímulos pode ser eficaz, não pelo hipotético recondicionamento de respostas ao ambiente físico, mas porque os ciclos circadianos e de sono-vigília da pessoa estão mais harmonizados. O controle de estímulos foi uma das técnicas de mais sucesso no tratamento da insônia e diversos autores defendem esse procedimento contra o resto das intervenções comportamentais.

Morin e Kwentus (1988) assinalam que a pesquisa comparativa mostrou que o controle de estímulos é atualmente o tratamento de escolha para as insônias. Em um estudo de Turner e Ascher (1979) encontrou-se que o controle de estímulos era o tratamento que produzia o maior efeito (66%), seguido pelo relaxamento progressivo (56%) e a intenção paradoxal (53%), respectivamente.

3. Cronoterapia

A cronoterapia é um tratamento qualitativamente específico dos transtornos do sono que têm como causa uma alteração do ritmo normal sono-vigília com relação a um horário padrão. Pode-se dizer que, basicamente, consiste em voltar a sincronizar os ritmos biológicos (Akerstedt e Gillberg, 1981; Weitzman et al., 1981).

A finalidade dessa técnica consiste em sincronizar a tendência circadiana do sono com as horas programadas para se deitar. Dado que a maioria dos sujeitos tem de se adaptar a um horário padronizado, o mais freqüente é ter de deslocar a tendência circadiana de sono. O fundamento teórico dessa técnica radica na atividade fásica do relógio biológico, já que a maioria dos sujeitos tem dificuldades para adiantar sua tendência circadiana de sono, enquanto que, com relativa facilidade, pode retardá-la.

Antes de começar a cronoterapia, é indispensável que os sujeitos suprimam o consumo de qualquer tipo de fármaco para dormir. Com a finalidade de que essa terapia seja eficaz, é preciso que o sujeito respeite o programa de sono aplicado e que se comprometa a finalizá-lo, pois, em caso de interrupção, pode ficar em um estado pior que o inicial.

Como já dissemos, é muito difícil adiantar o relógio biológico para sincronizar o ritmo sono-vigília, tentando fazer com que o sujeito durma antes da hora que o faz habitualmente, fato pelo qual na cronoterapia opta-se por um retardo progressivo, até conseguir uma sincronização perfeita. Para conseguir uma eficácia total é recomendável que a cronoterapia seja realizada em um laboratório de sono ou, sendo isso impossível, no próprio domicílio do paciente, assessorado diariamente por um especialista.

O programa consta de várias fases, que podem durar entre um e três dias. O número das fases e sua duração não são fixos, mas adaptados a cada caso. Durante sua aplicação o programa pode ser modificado em função da evolução que o sujeito apresentar. O tratamento começa estabelecendo a hora na qual o sujeito dorme habitualmente, que nós denominamos "hora de referência". Na primeira fase, o sujeito se deitará três horas depois da hora de referência, e isso será mantido de forma constante durante o tempo que durar essa fase. Na segunda fase, realiza-se outro retardo, neste caso de seis horas com relação à hora de referência. Segue-se com esse horário até o início da terceira fase, e assim sucessivamente, até o encerramento do programa, que ocorre quando se atingir o que chamamos "hora ótima de sincronização", que é o momento no qual os ritmos biológicos estão ajustados ao horário padrão do ambiente no que o sujeito vive. Uma vez finalizada a terapia, o sujeito deve tentar manter esse horário. Ainda, é aconselhável realizar um acompanhamento durante um ano, avaliando o sono do sujeito a cada três meses.

4. *Redução do tempo na cama*

Assinalamos que um dos fatores que mantêm a insônia é o tempo excessivo que a pessoa passa na cama (Morin e Kwentus, 1988; Spielman, Saskin e Thorpy, 1987). Estes últimos autores empregaram a técnica de redução do tempo passado na cama para o tratamento de sujeitos com insônia. Utilizaram o seguinte procedimento: Previamente foi avaliado o ciclo sono-vigília de cada paciente, empregando para isso o tempo médio de sono total que o sujeito informava. Isso era utilizado para calcular o tempo que o sujeito permanecia na cama inicialmente. Isto é, se o sujeito informava uma média de 5 horas de sono por noite durante um período de linha de base de duas semanas, embora tivesse passado na verdade 8 horas na cama, estabelecia-se que o tempo que inicialmente o sujeito teria de passar na cama era de 5 horas. A hora de se levantar era proposta de acordo com suas necessidades diárias, como a hora habitual de levantar-se para ir ao trabalho. A hora de deitar era estabelecida de modo que o tempo passado na cama fosse o período proposto.

Posteriormente, ao longo do tratamento, registrava-se a hora na qual o sujeito se deitava, a hora em que se levantava e sua estimativa sobre o tempo total de sono. A partir desses informes calculava-se o tempo que o sujeito passava acordado na cama, a eficácia do sono de cada dia (tempo de sono estimado/tempo passado na cama x 100) e fazia-se a combinação com os valores da eficácia do sono durante os quatro dias anteriores, obtendo uma média de cinco dias. Esse valor servia como base para as mudanças no ciclo do sono. Ao longo do tratamento, as mudanças no tempo passado na cama realizavam-se de acordo com os seguintes critérios: *a.* Quando a eficácia média de sono ao longo dos cinco dias anteriores era > 90%, aumentavam-se 15 minutos no tempo que o sujeito passava na cama, adiantando a hora na qual ia dormir. O aumento no tempo passado na cama era seguido sempre por pelo menos cinco dias, sem mudanças no ciclo de sono. *b.* Quando a eficácia média de sono ao longo dos cinco dias anteriores era < 85%, diminuía-se o tempo que o sujeito passava na cama. A diminuição no tempo passado na cama era mantida por pelo menos 10 dias depois de começado o tratamento ou 10 dias depois de qualquer mudança no ciclo de sono. *c.* Se a eficácia média de sono era < 90% e > 85%, então o tempo passado na cama não era alterado. A única recomendação adicional sobre o ciclo de sono era não dormir de dia nem deitar-se em qualquer outro momento que não fosse o tempo prescrito para a noite. Spielman, Saskin e Thorpy

(1987) empregaram um período de tratamento de 8 semanas e informam da eficácia dessa técnica para o tratamento de várias categorias diagnósticas de insônia.

O objetivo principal dessa técnica é provocar uma ligeira privação de sono, que produzirá uma redução da latência, melhorará a continuidade e facilitará um sono mais profundo; não necessariamente tem de se aumentar a duração do sono, mas sim sua eficiência e qualidade (Morin, 1993).

5. Pacotes de tratamento de amplo espectro

Coates e Thoresen (1981) propõem um tratamento composto por muitos procedimentos para o problema da insônia. O quadro 9.5 apresenta esse tratamento de amplo espectro. Porém, tal como assinala Morin (1993), esse tipo de intervenção não dá sempre resulta-

Quadro 9.5. Um programa de autocontrole para o tratamento da insônia (adaptado de Coares e Thoresen, 1981)

Avaliação (2 a 4 semanas)	Registro do sono durante toda a noite, exame físico e neurológico, exame psiquiátrico, avaliação psicométrica. História pessoal, médica, de sono e de medicação. Contexto de dormir, tensão e estresse crônicos, exigências e contexto do trabalho, depressão, outros fatores (por exemplo, hábitos de alimentação, consumo de cafeína, programa diário, exercício). Entrevista com a esposa/o e a família; lista comportamental por parte da esposa/o ou companheiro de quarto.

Tratamento conjunto

Treinamento em relaxamento (2-3 semanas)	Relaxamento muscular progressivo. Auto-hipnose (habilidades de concentração cognitiva). Os clientes utilizam gravação em áudio para a prática em casa.
Reestruturação cognitiva (2-3 semanas)	Informação básica sobre o sono e os processos do sono; prática no emprego de pensamentos que conduzem a dormir bem; análise de crenças sobre o problema de dormir; análise sobre as crenças com relação à capacidade de aprender novas habilidades e mudar o comportamento associado a problemas de dormir.
Solução de problemas (2-4 semanas)	Análise das condições comportamentais, ambientais e cognitivas relacionadas com o fato de dormir mal; desenhar estratégias individualizadas para melhorar o sono perturbado; avaliar e modificar o que for necessário.
Manutenção (3-6- meses)	Sessões espaçadas para anotar o progresso, incentivar o emprego contínuo de estratégias e identificar e mudar outros comportamentos, pensamentos e ambientes ainda relacionados com o fato de dormir mal. Maior responsabilidade designada ao cliente para analisar e propor soluções e avaliar o progresso.

dos superiores às terapias de um único componente, como é o caso do controle de estímulos e restrição do sono.

Apesar do grande número de técnicas comportamentais disponíveis para o tratamento da insônia e do fato de que aproximadamente 70-80% dos insones que receberam tratamento comportamental mostram-se melhor que os que não o receberam, não estão claros os mecanismos modificadores que subjazem às técnicas empregadas. Foi assinalado, por exemplo, que o sucesso do relaxamento progressivo no tratamento da insônia pode não se dever tanto à diminuição da hiperatividade muscular quanto à aprendizagem da focalização da atenção em estímulos internos agradáveis, monótonos, o que é incompatível com a ativação cognitiva que interfere no sono (Borkovec, 1982; Lacks, 1987). Devemos assinalar, também, que o sucesso da terapia comportamental com os problemas de insônia é moderado. Lacks (1987) informa que cerca de 50% dos pacientes tratados em seu trabalho ao longo de 4 anos (n = 216) mostram algum tipo de mudança real, empregando uma série de critérios (estatísticos e clínicos). A autora anterior advoga por uma melhora da eficácia da terapia de comportamento para os problemas de insônia. Acrescentar sessões de apoio *(booster sessions)* depois do encerramento do tratamento e o emparelhamento de técnicas específicas com clientes particulares (individualizar o tratamento) constituem possíveis ajudas para as intervenções comportamentais na insônia. Definitivamente, embora já disponhamos de técnicas eficazes para o tratamento da insônia, é necessário um maior aperfeiçoamento destas, com o fim de maximizar seus beneficios terapêuticos (Morin, 1993).

IV.1.2. Síndrome narcoléptica

A narcolepsia, descrita originariamente por Gelineau em 1880, é uma síndrome caracterizada por quatro sintomas que representam a denominada tétrade narcoléptica: sonolência diurna acompanhada de ataques repentinos de sono, cataplexia, paralisia do sono e alucinações hipnagógicas. Os critérios diagnósticos do *DSM-IV* para esse transtorno estão refletidos no quadro 9.6.

Quadro 9.6. Critérios diagnósticos para a narcolepsia segundo o DSM-IV

A. Ataques irresistíveis de sono que ocorrem diariamente durante pelo menos 3 meses.

B. Presença de um ou os dois dos seguintes sintomas:

   1. Cataplexia (isto é, curtos episódios de repentina perda bilateral do tônus muscular, a maioria das vezes associada com emoções intensas).
   2. Intromissões recorrentes de elementos do sono de movimentos oculares rápidos (sono REM) na transição entre o sono e a vigília, tal como se manifesta pelas alucinações hipnagógicas ou hipnopômpicas ou pela paralisia do sono no início ou final dos episódios de sono.

C. A perturbação não se deve aos efeitos fisiológicos diretos de uma substância psicoativa ou de outra doença médica.

Junto com os registros polissonográficos noturnos, o "Teste de Latência Múltipla de Sono" (MSLT) constitui uma eficaz ferramenta diagnóstica da narcolepsia, identificando tanto a sonolência diurna quanto os períodos de começo de sono REM. Nessa prova são utilizados registros polissonográficos com a finalidade de medir a tendência a se manter dormindo de um sujeito deitado em um quarto adequadamente acondicionado. Esse exame é realizado em seis ocasiões, repetidas a intervalos de duas horas durante o dia (Navarro, 1990; Navarro e Espert, 1994*a;* Hishikawa e Shimizu, 1996; Bassetti e Aldrich, 1996; Aldrich, 1996; Aldrich, Chervin e Malow, 1997).

Encontrou-se uma prevalência de 0,02-0,16% para a narcolepsia na população adulta, com uma distribuição similar em homens e mulheres (APA, 1994). Quanto à sua etiologia, foram propostas diversas hipóteses imunogenéticas e neuroquímicas, não mutuamente excludentes (veja revisão em Navarro e Espert, 1994*a*). O tratamento farmacológico representa, atualmente, a estratégia terapêutica de escolha na síndrome narcoléptica, embora não se conheça ainda nenhum fármaco que suprima claramente todos os sintomas da doença. Junto ao tratamento farmacológico pode ser conveniente também pôr à disposição do paciente uma série de conselhos práticos de como deve organizar seus horários de sono: *a.* realizar cochilos de curta duração (em torno de 20 minutos) programadas ao longo do dia, *b.* aplicação das técnicas de higiene do sono normalmente utilizadas na insônia, e *c.* evitação das situações passíveis de desencadear a cataplexia.

Do mesmo modo, Van Oot, Lane e Borkovec (1984) assinalam, ainda, que uma terapia com um enfoque educativo e de apoio pode ser muito benéfica para esses pacientes. Os narcolépticos são, freqüentemente, incompreendidos e rotulados de maneira imprópria como preguiçosos, apáticos e pouco motivados. Uma vez que o paciente, seus amigos e os membros de sua família chegam a conhecer o transtorno, pode-se reduzir o estresse e os sentimentos de culpa e o paciente estabelecerá, então, mais expectativas realistas com relação à vida.

IV.1.3. Transtornos do sono relacionados com a respiração: síndrome de apnéia do sono (SAS)

A característica essencial dos "transtornos do sono relacionados com a respiração" é a interrupção do sono, tendo como conseqüências insônia ou uma sonolência excessiva, e deve-se a problemas de oxigenação durante o sono (por exemplo, apnéia do sono ou hipoventilação alveolar central) (APA, 1994). A sonolência excessiva, devida aos freqüentes períodos de ativação durante o sono quando o indivíduo procura respirar normalmente, é a conseqüência mais freqüente desses transtornos. Essa sonolência é mais evidente em situações de relaxamento, como lendo ou assistindo televisão. Os cochilos costumam ser pouco reparadores e podem ser acompanhados por dor de cabeça ao acordar. Dentro desse item encontra-se a *síndrome de apnéia obstrutiva do sono* (SAOS), que representa o quadro mais importante dos transtornos do sono relacionados com a respiração, por sua freqüência e gravidade. Implica episódios recorrentes de parada de fluxo aéreo oronasal (apnéias) ou diminuição deste (hipoapnéias) durante o sono. Os principais sintomas incluem: roncos, atividade motora anormal durante o sono, fragmentação do sono, episódios de asfixia durante o sono, refluxo esofágico, nicturia, sudorese noturna, sonolência diurna excessiva, cefaléias e mudanças de personalidade. É comum que os sujeitos com esse transtorno tenham fortes roncos ou breves ofegos, que alternam com episódios de silêncio, que costumam durar de 20 a 30 segundos. A maioria dos sujeitos não se dá conta dos fortes roncos, nem das dificuldades para respirar, nem das freqüentes ativações. Não obstante, as pessoas que dormem com esses sujeitos (geralmente obesos) costumam queixar-se dos roncos de seu companheiro de quarto, tendo às vezes que se mudar para outra cama ou outro quarto devido aos roncos, os ofegos ou os movimentos bruscos da pessoa que sofre o transtorno.

Os tratamentos atuais da SAOS podem ser agrupados em quatro categorias diferentes (Cartwright *et al.*, 1988): comportamentais, mecânicos, farmacológicos e cirúrgicos. Dentro de um quadro comportamental, as intervenções visam a redução dos fatores de risco associados à síndrome de apnéia do sono: redução do consumo de tabaco, redução do peso, diminuição da ingestão de álcool e drogas e mudanças na postura do corpo durante o sono (Sierra e Moreno, no prelo).

Junto com as medidas gerais de higiene de sono e dietéticas, o tratamento de escolha implica a utilização de *pressão positiva contínua por via nasal* (nasal-CPAP). Essa pressão é gerada através de um propulsor de fluxo de ar, que é conduzido a uma máscara nasal que se ajusta perfeitamente ao paciente. Assim, a CPAP atua como uma válvula pneumática que evita o colapso da via aérea superior durante o sono. Às vezes, utilizam-se outros equipamentos mecânicos, como o dispositivo de retenção da língua, que impede que esta caia em direção à garganta. Em situações mais extremas, recomenda-se o tratamento cirúrgico (traqueostomia, uvulopalatofaringoplastia) (Caminero *et al.*, 1997; Chervin e Guilleminault, 1996; Domínguez e Díaz, 1994; González *et al.*, 1996).

Dentro dos transtornos respiratórios do sono, além do SAOS, convém destacar a síndrome de apnéia central do sono, a síndrome de hipoventilação alveolar central e a roncopatia crônica. O quadro 9.7 apresenta os critérios diagnósticos do *DSM-IV* para os transtornos do sono relacionados com a respiração.

Quadro 9.7. Critérios diagnósticos do DSM-IV para os transtornos do sono relacionados com a respiração

A. Interrupção do sono, tendo como conseqüências insônia ou uma sonolência excessiva, e deve-se a problemas de respiração relacionados com o sono (por exemplo, síndrome de apnéia obstrutiva ou central do sono ou síndrome de hipoventilação alveolar central).

B. A perturbação não se explica melhor por outro transtorno mental e não se deve aos efeitos fisiológicos diretos de uma substância psicoativa ou a outra doença médica (diferente do transtorno respiratório).

IV.1.4. Transtornos do ritmo circadiano

O ritmo circadiano ou ritmo sono/vigília tem origem endógena. A duração dos períodos de sono e de vigília é controlada por um relógio biológico (localizado no núcleo supraquiasmático do hipotálamo), mas sua distribuição ao longo do nictêmero é influenciada pela ação de sincronizadores externos, que no caso do homem são principalmente a alternância de luz-escuridão e pautas temporais marcadas pela sociedade (Stoynev e Ikonomov, 1990; Miller *et al.*, 1996).

A esse respeito, é bem sabido que as modificações no ritmo sono/vigília devidas a mudanças socioambientais ou do funcionamento do relógio biológico podem provocar alterações circadianas do sono. A característica essencial dos transtornos do sono relacionados com o ritmo circadiano consiste em uma perturbação persistente ou recorrente do padrão do sono, que é conseqüência de uma falta de sincronização entre o sistema endógeno circadiano sono-vigília do indivíduo, por um lado, e as demandas exógenas relativas ao momento e à duração do sono, por outro (APA, 1994). Os critérios propostos por esse sistema de classificação para o diagnóstico dos transtornos do sono associados ao ritmo circadiano podem ser vistos no quadro 9.8. Dentro dos transtornos que afetam o ciclo sono-vigília podemos distinguir:

Quadro 9.8. Critérios diagnósticos para o transtorno do ritmo circadiano do sono

A. Padrão persistente ou recorrende de distúrbio do sono, levando à sonolência excessiva ou insônia devido a um desajuste entre o horário de sono-vigília exigido pelo ambiente e o padrão circadiano de sono-vigília do indivíduo.

B. O distúrbio do sono causa sofrimento clinicamente significativo ou prejuízo no funcionamento social ou ocupacional ou em outras áreas importantes da vida do indivíduo.

C. O distúrbio não ocorre exclusivamente durante o curso de um outro Transtorno do Sono ou outro transtorno mental.

D. O distúrbio não é devido aos efeitos fisiológicos diretos de uma substância (p. ex., droga de abuso, medicamento) ou de uma condição médica geral.

Especificar tipo:

Tipo fase de sono atrasada: um padrão persistente de atraso para iniciar o sono e para despertar, com uma incapacidade de adormecer e despertar mais cedo.

Tipo mudança de fuso horário (jet-lag): sonolência e vigília que ocorrem em um momento inadequado do dia, relativamente ao tempo lolcal, ocorrendo após viagens repetidas atravessando mais de um fuso horário.

Tipo mudanças freqüentes de turno de trabalho: insônia durante o principal período de sono ou sonolência excessiva durante o principal período de vigília, associadas com trabalho noturno ou freqüente mudança de turno no trabalho.

Tipo não especificado.

IV.1.4.1. Síndrome da fase de sono atrasado

Essa síndrome é conseqüência de um ciclo endógeno sono-vigília que está atrasado com relação às demandas da sociedade. O sintoma principal consiste em uma forte dificuldade para iniciar o sono em um horário convencional durante a noite e em uma grande dificuldade para se levantar de manhã, o que acarreta, usualmente, problemas ocupacionais e/ou sociais significativos. A fase circadiana de sono é estável, posto que os indivíduos adormecem e acordam em horas fixas, embora retardadas, quando se deixa que sigam seu próprio padrão (por exemplo, férias ou fins de semana).

Esse transtorno costuma estar associado a problemas psicopatológicos tais como depressão (Regestein e Monk, 1995). No mesmo sentido, encontrou-se que a metade desses pacientes obtém pontuações elevadas nos questionários de transtornos de personalidade, especificamente nas subescalas de dependência, passivo-agressivo, limítrofe e anti-social. A *cronoterapia,* técnica descrita anteriormente, foi especialmente desenhada para pacientes com síndrome da fase de sono atrasado.

IV.1.4.2. Síndrome da fase de sono adiantado

Esse transtorno caracteriza-se pelo início do sono muito cedo à noite e o despertar antes do amanhecer, sendo muito difícil manter-se acordado depois das nove da noite. Para considerar que um sujeito sofre um transtorno de fase adiantada, seu sono tem de acontecer entre as 9 da noite e as três da madrugada e, além disso, deve-se excluir a existência de um transtorno do estado de humor. Por outro lado, convém levar em conta que os ritmos circadianos humanos costumam adiantar-se com a idade, provavelmente a partir da sexta década de vida. Tais mudanças relacionadas com a idade, devido a mudanças cronobiológicas, podem explicar o fato de que pessoas idosas se deitam muito cedo à noite e se levantam muito cedo pela manhã sem aludir a problemas psicopatológicos (Roehrs e Roth, 1994). Tanto os pacientes com fase do sono atrasado quanto adiantado costumam responder com sucesso à terapia luminosa. Assim, a exposição desses pacientes a uma luz brilhante e potente muda o ciclo sono-vigília (Zammit, 1997).

IV.1.4.3. Síndrome do ciclo sono/vigília diferente de 24 horas

Consiste em um padrão crônico de adiantamento diário no começo do sono e da vigília. Esses pacientes costumam apresentar insônia, com a conseqüente sonolência diurna quando seu sono acontece fora do horário convencional, que tende a desaparecer quando coincide com o horário externo. Portanto, podem apresentar episódios sintomáticos ou assintomáticos, dependendo da existência ou não de uma concorrência sincrônica entre seu ritmo interno de vigília/sono com o externo de 24 horas. Às vezes esses pacientes podem ter um ciclo não circadiano superior a 27 horas.

A maioria desses pacientes costuma ser de sujeitos cegos, crianças com um dano cerebral grave, assim como sujeitos com um adenoma na glândula pineal, que pode comprimir o quiasma óptico (Wagner, 1996).

IV.1.4.4. *Padrão irregular de sono/vigília*

Consiste em um ciclo sono/vigília irregular, mas com uma quantidade média diária de sono normal ou cerca do normal. O sono do sujeito é distribuído ao longo de 3 ou 4 períodos diários interrompidos de duração de três horas ou menos. Esse padrão de sono, que lembra o dos recém-nascidos, pode apresentar-se em sujeitos com transtornos degenerativos cerebrais e é resultado de uma lesão ou degeneração do SNC, ou dos sistemas envolvidos no controle do sono. Ainda, pode aparecer em sujeitos normais que não têm um padrão regular de descanso e que ficam muito tempo na cama. Nesse caso, esse padrão irregular de vigília/sono seria conseqüência de uma higiene inadequada do sono (Roehrs e Roth, 1994).

IV.1.4.5. *Síndrome da mudança de fuso horário (jet-lag)*

Consiste em um certo grau de dificuldade para iniciar e/ou manter o sono, com sonolência diurna e com uma diminuição do alerta subjetivo e do rendimento depois de uma mudança brusca de fuso horário. Ainda, o sujeito pode apresentar sintomas de constipação intestinal e dispepsia. Esses problemas devem-se a uma dessincronização passageira entre os sistemas horários internos e externos. A magnitude e a duração da dissociação interna depende da direção do vôo; assim, as mudanças na relação de fase entre os diferentes ritmos são mais pronunciados e a normalização se dá de modo mais lento após uma viagem de avião no sentido Oeste-Leste (tendo de adiantar o horário sono-vigília) que ao contrário (quando é preciso atrasar o horário sono-vigília). Encontrou-se que demora aproximadamente um dia por fuso horário percorrido para que o sistema circadiano se sincronize com a hora local. Os diferentes ritmos circadianos (por exemplo, temperatura corporal central, nível hormonal, nível de alerta e padrões de sono) podem readaptar-se com rapidez diferente (APA, 1994). Além disso, a partir dos 50 anos os sujeitos são menos tolerantes a essas mudanças bruscas nas zonas horárias e demoram mais tempo para reajustar seu horário interno às novas condições ambientais (Vela, 1996). Com relação ao tratamento, não existe atualmente uma intervenção geral totalmente satisfatória; somente se estabeleceu uma série de recomendações com a finalidade de aliviar os efeitos do *jet-lag*. Essas indicações visam fazer mudanças no ciclo sono-vigília de acordo com a zona horário de destino, ajustes do horário de refeições ao do destino, ou realizar exercício e atividades sociais ao chegar ao novo ambiente (Miró e Buela-Casal, 1994). Recentemente, conseguiu-se manipular o relógio biológico que regula os ciclos de sono projetando raios de luz sobre a pele que cobre a parte traseira dos joelhos (Campbell e Murphy, 1998), o que poderia ter importantes implicações no tratamento futuro desse transtorno.

IV.1.4.6. *Transtornos do sono associados à mudança de turno no trabalho*

Nesse tipo de transtorno, o ciclo circadiano endógeno sono-vigília é normal e o problema surge do conflito entre o padrão de sono e vigília gerado pelo sistema circadiano e o padrão desejado de sono e vigília requerido pela mudança de turno de trabalho. Os horários de trabalho rotativo são os mais perturbadores, porque impõem que os períodos de sono e de vigília se adaptem a momentos anormais e evitam, assim, qualquer adaptação regular (APA, 1994). Os trabalhadores noturnos e os que têm um trabalho rotativo normalmente têm uma duração mais breve do sono e alterações mais freqüentes da continuidade do sono de que os trabalhadores matutinos e vespertinos. Por outro lado, podem estar sonolentos durante o período de vigília desejado, isto é, na metade da noite. Muitas dessas pessoas com um padrão irregular para dormir são incapazes de chegar a se adaptar totalmente mesmo depois de meses ou anos seguindo esse padrão. Em geral, os sujeitos com freqüentes mudanças de turno no trabalho costumam apresentar um pior funcionamento e têm mais acidentes que os sujeitos que trabalham somente de dia (Kalat, 1995). Em poucas palavras, trabalhar à noite não modifica de forma confiável o ritmo circadiano.

Porém, a exposição a luzes brilhantes consegue modificá-lo. Sujeitos que trabalhavam à noite e que foram expostos a luzes brilhantes (de 7.000 a 12.000 lux) durante essas noites de trabalho puderam adaptar seu padrão de sono-vigília, de modo que estavam alertas à noite, dormiam bem durante o dia e a temperatura de seu corpo atingia seu nível máximo à noite (Czeisler *et al.,* 1990). A conclusão dessas descobertas é que os trabalhadores noturnos deveriam estar expostos a luzes brilhantes durante seu período de trabalho.

IV.2. *Parassonias*

As parassonias são transtornos caracterizados por comportamentos ou acontecimentos fisiológicos anormais que ocorrem associados ao sono, a etapas específicas do sono ou a transições de sono-vigília. Diferentemente das dissonias, as parassonias não indicam anormalidades dos mecanismos que geram os estados de vigília-sono, nem do momento adequado para dormir ou despertar. Ao contrário, as parassonias representam a ativação dos sistemas fisiológicos em momentos impróprios durante o ciclo sono-vigília (APA, 1994). Esses transtornos começam habitualmente (embora não sempre) na infância e são geralmente considerados problemas benignos. As principais parassonias são as seguintes:

IV.2.1. Terrores noturnos

São episódios caracterizados por choro repentino e inesperado da criança, acompanhado de uma expressão de medo intenso e suor frio. Se for despertado, o sujeito mostra-se confuso e desorientado durante vários minutos e manifesta uma vaga sensação de terror, normalmente sem indicação de que estivesse sonhando algo. Embora seja possível produzir imagens vívidas e fragmentadas, não informam de uma história sonhada (como nos pesadelos). Aparecem normalmente aos 2-3 anos (o *DSM-IV* assinala uma idade de aparecimento entre 4 e 12 anos), durante o primeiro terço da noite, associados ao sono profundo, e não existe lembrança do episódio na manhã seguinte (Estivill, 1994). No quadro 9.9 incluem-se os critérios diagnósticos do *DSM-IV* para esse transtorno.

Quadro 9.9. Critérios diagnósticos do DSM-IV para os terrores noturnos

A. Episódios recorrentes de despertar brusco, que acontecem normalmente durante o primeiro terço da noite e que começam com um grito de pânico.

B. Medo intenso e sinais de ativação autômica, como taquicardia, hiperventilação e sudorese, durante cada episódio.

C. Falta de resposta às tentativas dos outros para tranqüilizar o sujeito durante o episódio.

D. Não se lembra de um sonho detalhado e ocorre amnésia do episódio.

E. Os episódios causam sofrimento clinicamente significativo ou prejuízo no funcionamento social, ocupacional ou em outras áreas importantes.

F. A perturbação não se deve aos efeitos fisiológicos diretos de uma substância psicoativa ou de uma enfermidade médica.

Embora costume desaparecer espontaneamente, nos casos mais graves foram utilizados benzodiazepinas e antidepressivos tricíclicos (por exemplo, imipramina), que diminuem a quantidade de sono lento e, conseqüentemente, a probabilidade de aparecimento desses episódios. Nas crianças, os terrores noturnos parecem ocorrer com mais freqüência quando os padrões de sono são irregulares ou quando a criança está muito cansada ou estressada. Os padrões regulares para deitar e levantar, permitindo que durma o suficiente (incluindo, se for necessário, a sesta), leva freqüentemente a uma melhora substancial. Lask (1988) ensinou os pais a observar em seus filhos, durante cinco noites consecutivas, os sinais da ativação autônoma associados ao transtorno, com a instrução de que os acordassem totalmente antes do começo do episódio. Os terrores noturnos desapareceram completamente na primeira semana de tratamento. Em crianças maiores, observou-se que o treinamento autógeno pode ser também eficaz na redução dos terrores noturnos persistentes (Sadigh e Mierzwa, 1995).

IV.2.2. Pesadelos

Os pesadelos são sonhos intensos e angustiantes que normalmente acordam o indivíduo que dorme durante a fase REM. O pesadelo é quase sempre um sonho longo, complicado, que se vai tornando cada vez mais angustiante, até que o sujeito acorda. Os pesadelos são mais comuns que os terrores noturnos. Os pesadelos acontecem durante o sono

REM, enquanto os terrores noturnos ocorrem durante a Fase IV do sono. Porém, devido ao fato de os períodos de sono REM costumarem ser mais longos e os sonhos mais intensos durante a segunda metade da noite, é mais provável que os pesadelos ocorram nessa parte da noite. O quadro 9.10 recolhe os critérios diagnósticos do *DSM-IV* para esse tipo de transtorno.

Quadro 9.10. Critérios diagnósticos do DSM-IV para o transtorno de pesadelo

A. Despertares repetidos durante o sono noturno ou cochilos com uma recordação detalhada de sonhos extensos e muito angustiantes, que normalmente apresentam ameaças para a vida, a segurança ou a auto-estima. Os despertares ocorrem geralmente durante a segunda parte da noite.

B. Quando acorda dos sonhos angustiantes, o sujeito se orienta e assume o estado de alerta rapidamente.

C. A experiência do sonho, ou a perturbação do sono, conseqüência do despertar, causa sofrimento, clinicamente significativo ou um prejuízo no funcionamento social, ocupacional ou em outras áreas importantes.

D. Os pesadelos não ocorrem somente durante o curso de outro transtorno mental e não se devem aos efeitos fisiológicos diretos de uma substância psicoativa ou de uma doença médica.

É importante diferenciar, nas crianças, os terrores noturnos dos pesadelos, já que somente nestes últimos pode ser necessária a psicoterapia. Costuma-se aconselhar os pais a tentar acalmar a criança, que estará acordada e plenamente consciente, procurando tirar a importância do que foi sonhado (Estivill, 1994; Ferber, 1994). Nos adultos, a distinção não parece ser tão importante, já que ambos os casos indicam a presença de patologia (Hauri, 1982). Tanto nos terrores noturnos como nos pesadelos seria necessário vigiar o comportamento de vigília do paciente, com a finalidade de ver se há conexão entre o comportamento e as perturbações do sono, já que esses problemas aparecem com maior probabilidade em sujeitos submetidos a estímulos psicossociais estressantes graves. Às vezes, será necessário modificar o comportamento do paciente em estado de vigília. Em outras ocasiões, especialmente com as crianças, pode-se ensaiar uma forma de enfrentamento dos sonhos angustiantes. Uma vez que se conhece o conteúdo dos sonhos, pode-se treinar o indivíduo para ensaiar, seja de forma encoberta (imaginação) ou manifesta, alguma maneira de enfrentar o conteúdo desses sonhos. Em uma revisão dos tratamentos psicológicos para os pesadelos, Halliday (1987) assinala as seguintes técnicas de terapia de comportamento: dessensibilização sistemática, relaxamento, implosão, ensaio de comportamento encoberto e enfrentamento do conteúdo do pesadelo, com um final triunfante (reforço). No caso do emprego da dessensibilização sistemática, por exemplo, o objetivo consistia em identificar os componentes dos pesadelos geradores de medo e logo dessensibilizar o paciente com esses elementos. A técnica da dessensibilização pelo movimento dos olhos, descrita inicialmente por Shapiro para o tratamento das recordações traumáticas no transtorno por estresse pós-traumático, foi aplicada também com sucesso em alguns casos de pesadelos em crianças maiores (Pellicer, 1994). Em geral, a terapia para os pesadelos precisa de um tempo relativamente breve (de 1 a 3 meses ou de 1 a 12 sessões).

IV.2.3. Sonambulismo

Caracteriza-se por episódios repetidos de atividade motora complexa que aparece normalmente durante o sono de ondas lentas, quase sempre no primeiro terço da noite. Um episódio típico começa quando o sujeito se senta na cama, geralmente com uma expressão facial empalidecida e com certa indiferença para os objetos ou pessoas que se encontram em seu ambiente imediato. Pode levantar os lençóis de forma automática ou ajeitar o travesseiro antes de se levantar da cama e começar a caminhar, seja no próprio quarto ou fora dele. Os episódios duram normalmente vários minutos. A menos que seja despertado durante o episódio, não se lembrará de nada no dia seguinte, e, inclusive, vai surpreender-se com o que possa ter feito. No quadro 9.11 podem ser vistos os critérios diagnósticos do *DSM-IV* para esse transtorno.

Quadro 9.11. Critérios diagnósticos do DSM-IV para o transtorno de sonambulismo

A. Episódios repetidos de levantar-se da cama durante o sono e deambular, o que ocorre habitualmente durante o primeiro terço da noite.

B. Durante o episódio, o sujeito está pálido, é relativamente indiferente aos esforços dos outros para se comunicar com ele e somente consegue acordar com grande dificuldade.

C. Quando acorda (bem depois do episódio ou na manhã seguinte), não se lembra de nada a respeito do episódio.

D. Minutos depois de despertar do episódio de sonambulismo, não existe deterioração do comportamento, nem da atividade mental (embora possa haver um curto período inicial de confusão ou desorientação).

E. O sonambulismo causa sofrimento clinicamente significativo ou prejuízo no funcionamento social, ocupacional ou em outras áreas importantes.

F. A perturbação não se deve aos efeitos fisiológicos diretos de uma substância psicoativa ou de uma doença médica.

Por se tratar de uma alteração do sono benigna não costuma ser necessário nenhum tipo de tratamento especial. A principal precaução que os pais devem adaptar é certificar-se de que a criança não pode causar-se dano durante o episódio de sonambulismo, evitando, ainda, de expô-la a situações que possam facilitar sua ocorrência (Navarro e

Espert, *1994b*). A privação de sono, ou um sono muito irregular, pode precipitar o aparecimento de episódios de sonambulismo, fato pelo qual os pais devem comprovar que seus filhos dormem o suficiente e se deitam a uma hora apropriada (Masand, Popli e Weilburg, 1995). Em geral não é conveniente interromper o episódio de sonambulismo, pois o único que se consegue é confundir ou assustar a criança. Em vez disso, é melhor conduzi-la tranqüilamente para a cama.

O estresse e a tensão emocional aumentam a freqüência do sonambulismo nas crianças. Nos adultos, porém, o sonambulismo é mais sério e as causas mais prováveis são a psicopatologia e um estresse excessivo. O álcool e a privação da fase delta do sono aumentam a possibilidade de ocorrer o sonambulismo.

Para evitar que os sonâmbulos se causem dano, é importante seguir regras de higiene: os sujeitos não devem dormir em beliches ou camas muito altas, eliminar os objetos perigosos do quarto do sujeito quando vai deitar-se, trancar as portas e as janelas e deixar as chaves com alguém que possa abri-las em caso de emergência. Alguns sonâmbulos se amarram uma corda ao redor da cintura e a unem a um dos pés da cama. Quando o indivíduo se levanta, a corda faz com que acorde. Acordar garante que não se machuque e nem aos demais. Meyer (1975) informa de um caso de sonambulismo registrado pela esposa do paciente e tratado fazendo soar um apito junto com o comportamento sonâmbulo.

IV.2.4. Transtornos do movimento rítmico durante o sono

O termo "movimentos rítmicos durante o sono" refere-se a um conjunto de transtornos caracterizados pela presença de movimentos estereotipados, de caráter rítmico, que envolvem principalmente a cabeça. Os movimentos mais freqüentes incluem golpes da cabeça sobre o travesseiro ou balanço de todo o corpo estando a criança em posição de decúbito ventral. A maior parte dos episódios tem início no começo do sono, embora às vezes apareçam também na Fase II. Normalmente, prolongam-se por 5-15 minutos, mas às vezes podem persistir durante horas. Costumam começar por volta dos 9 meses e raramente perduram além dos dois anos. Na maioria dos casos não costuma ser necessário nenhum tipo de tratamento específico, pois geralmente desaparecem à medida que a criança cresce, normalmente a partir do quarto ano. Porém, se o comportamento chegar a ser violento, particularmente em crianças com retardo mental ou com problemas psiquiátricos, é necessário utilizar programas de modificação de comportamento.

Em um caso de tratamento desse transtorno (Wooden, 1974) fez-se com que a esposa fotografasse um dos episódios do paciente e que observasse a posição exata de seu corpo durante o episódio. A seguir, empregou-se a prática negativa, fazendo com que o paciente, antes de dormir, balançasse a cabeça até estar fisicamente fatigado. Lindsay, Salkovskis e Stoll (1982) fizeram soar um alarme quando ocorriam os movimentos corporais, alarme que o sujeito teria de fazer parar. Martin e Conway (1976) utilizaram uma luz que se acendia quando a paciente, uma menina de 25 meses, realizava os movimentos estereotipados. A luz tinha um efeito imediato no encerramento do comportamento. Os dois últimos estudos descritos seguem um modelo de punição e tiveram sucesso na eliminação do comportamento objetivo de tratamento.

IV.2.5. Sonilóquio

O sonilóquio é um transtorno caracterizado pela emissão de palavras ou sons durante o sono sem que o sujeito se dê conta disso. Podem ser sons ininteligíveis, palavras isoladas, frases incoerentes e ilógicas, ou enunciados completos com significado. Falar durante o sono pode ser espontâneo ou induzido por uma conversação com o sujeito que dorme. Sua duração é, geralmente, de alguns segundos e na manhã seguinte não existe recordação do ocorrido.

Os episódios de sonilóquio surgem em qualquer fase do sono. Os conteúdos dos sonilóquios que aparecem no sono NREM tendem a se referir a acontecimentos recentes, sem conteúdo afetivo, sendo geralmente situações reais da vida diária, enquanto que os produzidos durante o sono REM costumam fazer alusão a conteúdos mais afetivos.

Os sonilóquios se produzem do mesmo modo em ambos os sexos e em qualquer classe socioeconômica. O sonilóquio por si só não é indicativo de patologias físicas ou mentais, embora no adulto seja mais comum em períodos de tensão emocional ou ansiedade. Em alguns casos especialmente graves, principalmente em adultos, o condicionamento aversivo pode ser um procedimento útil para sua eliminação. Assim, relata-se um caso avaliado por meio de um gravador colocado no criado-mudo do paciente e tratado por meio da apresentação de um som aversivo por cinco segundos durante as vocalizações do sujeito (Le Boeuf, 1979). O comportamento problema desapareceu com relativa rapidez.

IV.2.6. Bruxismo noturno

O bruxismo (ranger de dentes) é um transtorno psicofisiológico associado a uma contratura excessiva dos maxilares, produzido por fatores de caráter físico, psicológico e/ou neurofisiológico. Embora possa aparecer em qualquer idade, é um fenômeno particularmente freqüente na infância. Observa-se também especialmente em crianças com má-formações maxilofaciais e com má oclusão dental (por exemplo, síndrome de Down). Pode ocorrer durante o dia, enquanto o sujeito dorme à noite ou ainda durante ambos os períodos. Entre os sintomas associados pode-se assinalar um desgaste anormal dos dentes e lesões nas áreas circundantes (periodontite marginal, danos na articulação temporomandibular, inflamação das gengivas, perda do osso alveolar e cefaléia). Junto com o tratamento odontológico tradicional (ajuste oclusal, dispositivos oclusais, relaxantes musculares), as técnicas de modificação de comportamento demonstraram certa eficácia clínica (especialmente as técnicas de relaxamento, a prática massiva, o *biofeedback* acompanhado de relaxamento total e o *biofeedback-EMG* com alarme noturno) no bruxismo noturno, e a reversão do hábito e os procedimentos de condicionamento aversivo no bruxismo diurno (Reimao, 1990; Durán e Simón, 1995).

O auto-registro seria a primeira técnica a utilizar para o tratamento desse problema (Tarlow, 1989). No auto-registro noturno o paciente pode gravar em áudio, uma amostra do sono de cada noite para determinar a freqüência do problema. A esposa também pode registrar os períodos nos quais ocorre o comportamento. Se o bruxismo ocorrer também durante o dia, o paciente deve descrever detalhadamente o comportamento ao terapeuta e depois realizá-lo. Além disso, o paciente deveria aprender a perceber a ocorrência do primeiro sinal que conduz ao comportamento (por exemplo, um determinado movimento da mandíbula). O auto-registro pode eliminar esse hábito em alguns pacientes. A eficácia do auto-registro pode aumentar se acrescentarmos um estímulo aversivo, como um pouco de limão quando o paciente range os dentes. O auto-registro pode ser acompanhado também da prática massiva. Pede-se ao sujeito que aperte fortemente os dentes e que, a seguir, relaxe as mandíbulas. O nível de fadiga deve ser estabelecido individualmente para cada paciente.

O *biofeedback* pode ser especialmente útil para o paciente que experimenta o problema somente à noite (Cassisi e McGlynn, 1988; Cassisi, McGlynn e Belles, 1987). O procedimento é colocar um som audível se o sujeito apertar fortemente ou ranger os dentes durante a noite. O som acorda o paciente, que pode pará-lo apertando manualmente um botão. Esse procedimento mostrou-se altamente eficaz na eliminação do bruxismo noturno, sem o aparecimento de efeitos secundários (Cassisi e McGlynn, 1988). Ainda, a associação do *biofeedback* com técnicas de relaxamento progressivo para a remissão do mal-estar mandibular contínuo e das cefaléias crônicas mostraram ser também eficazes (Gouveia, Conceição e Lopes, 1996).

IV.2.7. Enurese noturna

A enurese noturna consiste na incontinência involuntária da urina durante o sono, incontinência que ocorre numa idade na qual normalmente já se atingiu o controle. Strauss e Lahey (1984) assinalam que a maioria das crianças já não molha a cama por volta dos três anos, embora 15% das crianças de cinco anos e 2% das crianças de doze a catorze anos continuem molhando a cama regularmente.

Apesar de seu desaparecimento espontâneo na maioria dos casos, é aconselhável seu tratamento. O método mais utilizado é o do alarme, no qual se produz um som quando as primeiras gotas de urina molham a grade colocada debaixo dos lençóis da criança. O objetivo do alarme é despertar a criança e fazer com que deixe de urinar. Esse procedimento mostrou-se eficaz em um curto período de tempo em 75% de uma amostra de 600 crianças (Doleys, 1977). Outros métodos empregados envolvem o treinamento das crianças no aumento da capacidade funcional da bexiga, reforçando as aproximações sucessivas e o despertar da criança várias vezes durante a noite, junto com punições suaves.

Van Son, Mulder e Van Londen (1990) empregaram uma combinação do alarme e do reforço por participar do treinamento e especialmente por se manter seco (Azrin, Sneed e Foxx, 1974). A descrição básica do procedimento empregado (Van Son *et al.,* 1990) com sujeitos adultos é a seguinte:

Durante a primeira noite, o "cuidador" (pai, cônjuge etc.) conecta o aparelho de alarme. A seguir, o paciente se deita, conta até 50, desconecta o aparelho, vai ao banheiro urinar e volta para a cama. Repete esse procedimento 20 vezes. Isso denomina-se "prática positiva". Depois disso, bebe o máximo de líquido que consiga (sem álcool). A seguir, deita-se, tendo conectado o alarme. Durante a noite, o paciente é despertado a cada hora pelo cuidador, para que vá ao banheiro. Nele, o cuidador pergunta ao paciente se pode reter a urina por uma hora a mais... O paciente volta a dormir somente depois de comprovar que os lençóis estão secos, de ser elogiado por isso e de ter ingerido mais líquido. Se o paciente molhar a cama e soar a alarme do aparelho, o paciente acorda, o cuidador lhe dá bronca e o envia ao banheiro para que continue urinando. Neste último caso, o paciente tem de se lavar, trocar o pijama e os lençóis ("treinamento em limpeza") e depois disso realizar a prática positiva. Se o paciente molhou a cama na noite anterior, tem de começar a noite seguinte com a prática positiva. Em qualquer caso, conecta-se o aparelho e acorda-se o paciente algumas horas depois de ter-se deitado, encaminhando-o ao banheiro. A cada noite seguinte ele é acordado meia hora mais cedo, até que o despertar ocorra aproximadamente 1 hora depois de ter-se deitado. A cada noite seca o paciente é elogiado e recompensado explicitamente [p. 347].

V. CONCLUSÕES

O conhecimento do sono e seus transtornos evoluiu consideravelmente desde o funcionamento dos primeiros laboratórios de sono, em meados dos anos 1950, até a atualidade. Os transtornos do sono constituem um dos problemas mais freqüentes nas consultas médicas e psicológicas. Embora tenhamos experimentado um notável avanço no diagnóstico e tratamento (comportamental, farmacológico, CPAP) das alterações do sono, é evidente que em não raras ocasiões o tratamento é meramente sintomático (por exemplo, hipersonias) e, em outras, a eficácia terapêutica é reduzida ou não se mantém ao longo do tempo. Os contínuos avanços na pesquisa básica do sono, junto com a experiência acumulada pelos clínicos em sua prática profissional, redundará indubitavelmente em um maior conhecimento e compreensão dos transtornos do sono e, definitivamente, em uma melhor e mais eficaz intervenção.

REFERÊNCIAS BIBLIOGRÁFICAS

Akerstedt, T y Gillberg, M. (1981). The circadian variation of experimentally displaced sleep. *Sleep, 4,* 159-169.

Aldrich, M. S. (1996). The clinical spectrum of narcolepsy and idiopathic hypersomnia. *Neurology, 46,* 393-401.

Aldrich, M. S., Chervin, R. D. y Malow, B. A. (1997). Value of the multiple sleep latency test (MSLT) for the diagnosis of narcolepsy. *Sleep, 20*, 620-629.

American Psychiatric Association (1994). *Diagnostic and statistical manual of mental disorders* (4.ª edición) *(DSM-IV)*. Washington, DC: APA.

American Sleep Disorders Association (1990). International Classification of Sleep Disorders (ICDS). *Diagnostic and coding manual. Diagnostic Classification Steering Committee*, M. J. Thorpy (Chairman). Rochester: Minnesota: ASDA.

Ascher, L. M. y Hatch, M. L. (1991). El empleo de la intención paradójica en terapia de conducta. En V. E. Caballo (dir.), *Manual de técnicas de terapia y modificación de conducta*. Madrid: Siglo XXI.

Azrin, N. H., Sneed, T. J. y Foxx, R. M. (1974). Dry Bed Training: Rapid elimination of childhood enuresis. *Behaviour Research and Therapy, 11*, 147-156.

Bassetti, C. y Aldrich, M. S. (1996). Narcolepsy. *Neurologic Clinics, 14*, 545-571.

Bootzin, R. R. (1972). Stimulus control treatment for insomnia. *Proceedings of the 80th Annual Convention of the American Psychological Association, 7*, 395-396.

Borkovec, T. D. (1982). Insomnia. *Journal of Consulting and Clinical Psychology, 50*, 880-895.

Buela-Casal, G. y Sierra, J. C. (1994). *Los trastornos del sueño*. Madrid: Pirámide.

Caballo, V. E. y Buela, G. (1988). Algunas implicaciones de la conducta social y los pensamientos negativos en el insomnio: un estudio piloto. *Psiquis, 9*, 209-213.

Caballo, V. E. y Buela, G. (1991). Tratamiento conductual de los trastornos del sueño. En G. Buela y V. E. Caballo (dirs.), *Manual de psicología clínica aplicada*. Madrid: Siglo XXI.

Caminero, A. B., Pareja, J. A., Millán, I. y de Pablos, M. J. (1997). Polisomnogramas "a medida". Un método alternativo en la evaluación del síndrome de apnea obstructiva del sueño. *Neurología, 12*, 281-286.

Campbell, S. S. y Murphy, P. J. (1998). Extraocular circadian phototransduction in humans. *Science, 279*, 396-399.

Cartwright, R., Stefoski, D., Caldarelli, D., Kravitz, H., Knight, S., Lloyd, S. y Samelson, C. (1988). Toward a treatment logic for sleep apnea: The place of the thonge retaining device. *Behaviour Research and Therapy, 26*, 121-126.

Cassisi, J. y McGlynn, F. (1988). Effects of EMG-activated alarms on nocturnal bruxism. *Behavior Therapy, 19*, 133-142.

Cassisi, J., McGlynn, F. y Belles, D. R. (1987). EMG-activated alarms for the treatment of nocturnal bruxism: Current status and future directions. *Biofeedback and Self-Regulation, 12*, 12-30.

Chervin, R. D. y Guilleminault, C. (1996). Obstructive sleep apnea and related disorders. *Neurologic Clinics, 14*, 583-609.

Coates, T. J. y Thoresen, C. E. (1981). Treating sleep disorders: Few answers, some suggestions, and many questions. En S. M. Turner, K. S. Calhoun y H. E. Adams (dirs.), *Handbook of clinical behavior therapy*. Nueva York: Wiley.

Czeisler, C. A., Johnson, M. P., Duffy, J. F., Brown, E. N., Ronda, J. M. y Kronauere, R. E. (1990). Exposure to bright light and darkness to treat physiologic maladaptation to night work. *New England Journal of Medicine, 322*, 1253-1259.

Davies, R., Lacks, P., Storandt, M. y Bertelson, A. D. (1986). Countercontrol treatment of sleep maintenance insomnia in relation to age. *Psychology and Aging, 1*, 233-238.

Doleys, D. M. (1977). Behavioral treatments for nocturnal enuresis in children: A review of the recent literature. *Psychological Bulletin, 84*, 30-54.

Domínguez, L. y Díaz, E. (1994). Síndrome de apnea del sueño. *Psicología Conductual, 2*, 297-310.

Donker, F. J. (1988). Psychological approaches to sleep disorders. *Psiquiatría Clínica, 9,* 117-123.

Durán, M. y Simón, M. A. (1995). Intervención clínica en el bruxismo: procedimientos actuales para su tratamiento eficaz. *Psicología Conductual, 3,* 211-228.

Espie, C. A. y Lindsay, W. R. (1985). Paradoxical intention in the treatment of chronic insomnia: Six case studies illustrating variability in therapeutic response. *Behaviour Research and Therapy, 23,* 703-709.

Estivill, E. (1994). Trastornos del sueño en la infancia. *Psicología Conductual, 2,* 347-362.

Ferber, R. (1994). Sleep disorders in children. En R. Cooper (dir.), *Sleep.* Nueva York: Chapman and Hall.

Goldfried, M. R. y Davison, G. C. (1981). *Técnicas terapéuticas conductistas.* Buenos Aires: Paidós.

González, F., Morales, C., Fernández, E. y Linares, M. J. (1996). Síndrome de apnea del sueño. *Medicina Integral, 27,* 142-150.

Gouveia, M. M., Conceiçao, M. C. y Lopes, S. R. (1996). Ranger de dentes durante o sono. En E. R. Rimao (dir.), *Sono. Estudo abragante.* São Paulo: Atheneu.

Halliday, G. (1987). Direct psychological therapies for nightmares: A review. *Clinical Psychology Review, 7,* 501-523.

Hauri, P. (1979). Behavioral treatment of insomnia. *Medical Times, 107,* 36-47.

Hauri, P. (1982). *The sleep disorders.* Kamalazoo, MI: Upjohn.

Hishikawa, Y. y Shimizu, T. (1996). Physiology of REM sleep, cataplexy and sleep paralysis. En S. Fahn, M. Hallet, O. Lüders y C. D. Marsden (dirs.), *Negative motor phenomena.* Filadelfia, PA: Lippincott-Raven.

Horne, J. A. (1981). The effects of exercise upon sleep: A critical review. *Biological Psychology, 12,* 241-290.

Jacobson, E. (1938). *Progressive relaxation.* Chicago: University of Chicago Press.

Kalat, J. W. (1995). *Biological psychology.* 5.ª ed., Pacific Grove, CA: Brooks/Cole.

Kaplan, H. I., Sadock, B. J. y Grebb, J. A. (1994). *Synopsis of psychiatry* (7.ª edición). Baltimore, MD: Williams and Wilkins.

Killen, J. y Coates, T. J. (1984). The complaint of insomnia: what is it and how do we treat it? En C. M. Franks (dir.), *New developments in behavior therapy: From research to clinical application.* Nueva York: Haworth Press.

Kirmil-Gray, K., Eagleston, J., Thoresen, C. y Zarcone, V. (1985). Brief consultation and stress management treatments for drug dependence insomnia: Effects on sleep quality, self-efficacy, and daytime stress. *Journal of Behavioral Medicine, 8,* 79-99.

Lacks, P. (1987). *Behavioral treatment for persistent insomnia.* Nueva York: Pergamon.

Lacks, P. y Rotert, M. (1986). Knowledge and practice of sleep hygiene techniques in insomniacs and good sleepers. *Behaviour Research and Therapy, 24,* 365-368.

Lask, B. (1988). Novel and non-toxic treatment for night terrors. *British Medical Journal, 297,* 618.

Le Boeuf, A. (1979). A behavioral treatment of chronic sleeptalking. *Journal of Behavior Therapy and Experimental Psychiatry, 10,* 83-84.

Lichstein, K. L. y Fischer, S. M. (1985). Insomnia. En M. Hersen y A. S. Bellack (dirs.), *Handbook of clinical behavior therapy with adults.* Nueva York: Plenum.

Lindsay, S. J. E., Salkovskis, P. M. y Stoll, K. (1982). Rhythmical body movement in sleep: A brief review and treatment study. *Behaviour Research and Therapy, 20,* 523-526.

Martin, R. D. y Conway, J. B. (1976). Aversive stimulation to eliminate infant nocturnal rocking. *Journal of Behavior Therapy and Experimental Psychiatry, 7,* 200-201.

Masand, P., Popli, A. y Weilburg, J. B. (1995). Sleepwalking. *American Family Physician, 51,* 649-653.

Meyer, R. (1975). A behavioral treatment of sleepwalking associated with test anxiety. *Journal of Behavior Therapy and Experimental Psychiatry, 6,* 167-168.

Miller, J. D., Morin, L. P., Schwartz, W. J. y Moore, R. Y. (1996). New insights into the mammalian circadian clock. *Sleep, 19,* 641-667.

Miró, E. y Buela-Casal, G. (1994). Síndrome del jet-lag. *Psicología Conductual, 2,* 311-322.

Morin, C. (1993). *Insomnia. Psychological assessment and management.* Nueva York: Guilford Press.

Morin, C. (1994). Perspectivas psicológicas en el diagnóstico y tratamiento del insomnio. *Psicología Conductual, 2,* 261-282.

Morin, C. M. y Azrin, N. H. (1988). Behavioral and cognitive treatments of geriatric insomnia. *Journal of Consulting and Clinical Psychology, 56,* 748-753.

Morin, C. M. y Kwentus, J. A. (1988). Behavioral and pharmacological treatments for insomnia. *Annals of Behavioral Medicine, 10,* 91-100.

Navarro, J. F. (1990). Narcolepsia. En G. Buela y J. F. Navarro (dirs.), *Avances en la investigación del sueño y sus trastornos.* Madrid: Siglo XXI.

Navarro, J. F. y Espert, R. (1994*a*). Síndrome narcoléptico. *Psicología Conductual, 2,* 283-297.

Navarro, J. F. y Espert, R. (1994*b*). Sonambulismo. *Psicología Conductual, 2,* 363-368.

Organización Mundial de la Salud (OMS) (1992). *International Classification of Diseases* (10.ª edición) *(ICD-10).* Ginebra: OMS.

Pellicer, F. X. (1994). Desensibilización por el movimiento de los ojos en el tratamiento de las pesadillas en niños: informe de un caso. *Análisis y Modificación de Conducta, 20,* 865-869.

Perlis, M. L., Giles, D. E., Mendelson, W. B., Bootzin, R. R. y Wyatt. J. K. (1997). Psychophysiological insomnia: the behavioural model and a neurocognitive perspective. *Journal of Sleep Research, 6,* 179-188.

Regestein, Q. R. y Monk, T. H. (1995). Delayed sleep phase: A review of its clinical aspects. *American Journal of Psychiatry, 152,* 602-608.

Reimao, R. (1990). Somniloquio, jactatio capitis nocturna y bruxismo. En G. Buela y J. F. Navarro (dirs.), *Avances en la investigación del sueño y sus trastornos.* Madrid: Siglo XXI.

Roehrs, T. y Roth, T. (1994). Chronic insomnias associated with circadian rhythm disorders. En M. H. Kryger, T. Roth, y W. C. Dement (dirs.), *Principles and practice of sleep medicine.* Filadelfia, PA: Saunders.

Sadigh, M. R. y Mierzwa, J. A. (1995). The treatment of persistent night terrors with autogenic training: A case study. *Biofeedback and Self-Regulation, 20,* 205-209.

Sierra, J. C. y Buela-Casal, G. (1997). Prevención de los trastornos del sueño. En G. Buela-Casal, L. Fernández-Ríos y T. J. Carrasco Giménez (dirs.), *Psicología preventiva. Avances recientes en técnicas y programas de prevención.* Madrid: Pirámide.

Sierra, J. C. y Moreno, S. (en prensa). Intervención en los trastornos del sueño relacionados con la respiración. En M. A. Simón (dir.), *Manual de psicología de la salud.* Madrid: Biblioteca Nueva.

Simón, M. A. (1991). Biofeedback. En V. E. Caballo (dir.), *Manual de técnicas de terapia y modificación de conducta.* Madrid: Siglo XXI.

Smith, C. y Lapp, L. (1991). Increases in number of REMS and REM density in humans following and intensive learning period. *Sleep, 14,* 325-330.

Spielman, A. J., Nunes, J. y Glovinski, P. B. (1996). Insomnia. *Neurologic Clinics, 14,* 513-543.

Spielman, A. J., Saskin, P. y Thorpy, M. J. (1987). Treatment of chronic insomnia by restriction of time in bed. *Sleep, 10,* 45-56.

Stoynev, A. G. e Ikonomov, O. C. (1990). Los núcleos supraquiasmáticos en la regulación de los ritmos circadianos. En G. Buela y J. F. Navarro (dirs.), *Avances en la investigación del sueño y sus trastornos*. Madrid: Siglo XXI.

Strauss, C. C. y Lahey, B. B. (1984). Behavior disorders in children. En H. E. Adams y P. B. Sutker (dirs.), *Comprehensive handbook of psychopathology*. Nueva York: Plenum.

Tarlow, G. (1989). *Clinical handbook of behavior therapy: Adult medical disorders*. Cambridge, Mass.: Brookline Books.

Turner, R. M. (1987). Behavioral self-control procedures for disorders of initiating and maintaining sleep (DIMS). *Clinical Psychology Review, 6*, 27-38.

Turner, R. M. (1991). La desensibilización sistemática. En V. E. Caballo (dir.), *Manual de técnicas de terapia y modificación de conducta*. Madrid: Siglo XXI.

Turner, R. M. y Ascher, L. M. (1979). Controlled comparison of progressive relaxation, stimulus control, and paradoxical intention therapies for insomnia. *Journal of Consulting and Clinical Psychology, 47*, 500-508.

Van Oot, P. H. , Lane, T. W. y Borkovec, T. D. (1984). Sleep disturbances. En H. E. Adams y P. B. Sutker (dirs.), *Comprehensive handbook of psychopathology*. Nueva York: Plenum.

Van Son, M. J. M., Mulder, G. y Van Londen, A. (1990). The effectiveness of Dry Bed Training for nocturnal enuresis in adults. *Behaviour Research and Therapy, 28*, 347-349.

Vela, A. (1996). Insomnio y trastornos del ritmo vigilia-sueño. En M. J. Ramos (dir.), *Sueño y procesos cognitivos*. Madrid: Síntesis.

Vera, M. N. y Vila, J. (1991). Técnicas de relajación. En V. E. Caballo (dir.), *Manual de técnicas de terapia y modificación de conducta*. Madrid: Siglo XXI.

Wagner, D. R. (1996). Disorders of the circadian sleep-wake cycle. *Neurologic Clinics, 14*, 651-670.

Weitzman, E., Czeisler, C., Coleman, R., Spielman, A., Zimmerman J. y Dement, W. (1981). Delayed sleep phase syndrome. A chronobiological disorders with sleep-onset insomnia. *Archives of General Psychiatry, 38*, 737-746.

Wisocki, P. (1985). Thought stopping. En A. S. Bellack y M. Hersen (dirs.), *Dictionary of behavior therapy techniques*. Nueva York: Pergamon.

Wolpe, J. (1958). *Psychotherapy by reciprocal inhibition*. Stanford: Stanford University Press.

Wooden, H. (1974). The use of negative practice to eliminate nocturnal headbanging. *Journal of Behavior Therapy and Experimental Psychiatry, 5*, 81-82.

Zammit, G. K. (1997). Delayed sleep phase syndrome and related conditions. En M. R. Pressman y W. C. Orr (dirs.), *Understanding sleep. The evaluation and treatment of sleep disorders*. Washington, DC: APA.

Zwart, C.A. y Lisman, S. A. (1979). An analysis of stimulus control treatment of sleep-onset insomnia. *Journal of Consulting and Clinical Psychology, 47*, 113-118.

LEITURAS PARA APROFUNDAMENTO

Buela, G. y Sierra, J. C. (1994). *Los trastornos del sueño en la infancia*. Madrid: Pirámide.

Hauri, P. y Linde, S. (1992). *Cómo acabar con el insomnio*. Barcelona: Ediciones Medici (Orig. 1990).

Lacks, P. (1993). *Terapia del comportamiento contra el insomnio persistente*. Bilbao: Desclée de Brouwer (Orig. 1987).

Morin, C. (1998). *Evaluación y tratamiento del insomnio*. Barcelona: Ariel (Orig. 1993).

Navarro, J. F. (coord) (1994). *Trastornos del sueño*. Número monográfico de la revista *Psicología Conductual*, vol. 2, núm. 13.

TRATAMENTO COGNITIVO-COMPORTAMENTAL DE PARAFILIAS

RICHARD D. McANULTY[1] e LESTER W. WRIGHT, JR.[2]

I. INTRODUÇÃO

As parafilias, antes conhecidas como desvios sexuais, representam um grupo de transtornos heterogêneos. O tema comum é que elas envolvem desejos, fantasias e comportamentos sexuais que são vistos como atípicos e em geral socialmente inaceitáveis (American Psychiatric Association, APA, 2000). A característica essencial de uma parafilia no DSM-IV-TR é que ela envolve fantasias excitantes intensas e recorrentes, desejos sexuais ou comportamentos que, via de regra, abrangem 1) objetos, 2) sofrimento ou humilhação de si próprio ou do parceiro ou 3) crianças e outras pessoas que não estão de comum acordo. Para alguns pacientes, as fantasias aberrantes são essenciais para a excitação sexual e, portanto, são sempre incorporadas ao comportamento sexual, mesmo que apenas no plano da fantasia. Para outros, os desejos e fantasias aberrantes são ocasionais e eles ainda podem ter práticas sexuais padronizadas.

Esses transtornos são, em geral, crônicos e persistentes. Para a maioria dos indivíduos, os desejos e fantasias são recorrentes e de alta freqüência. Há alguma evidência de que os desejos e fantasias aberrantes tendem a diminuir com o avanço da idade, mas isso nem sempre acontece. Tratamos homens sexagenários que continuavam a ter desejos aberrantes. Como esses transtornos ocorrem quase exclusivamente nos homens, os estudos de desenlaces clínicos do tratamento e nossa abrangência restringem-se ao tratamento das parafilias em homens.

Como as normas sociais sobre o que constitui comportamento aberrante podem mudar e variar entre as culturas, em geral, tratamos apenas os indivíduos cujo comportamento sexual envolve parceiros que não estão de comum acordo, inclusive: pedofilia, exibicionismo, voyeurismo e bolinagem/*frotteurism*. Em nossa experiência, os homens cujas fantasias sexuais concentram-se em fetiches, inclusive travestismo ou masoquismo raramente precisam de tratamento; eles buscam um parceiro que esteja de comum acordo, que partilha ou tolera seus interesses sexuais atípicos (McAnulty & Burnette, 2004).

---

[1] University of North Carolina at Charlotte (EUA).
[2] Western Michigan University (EUA).

II. FUNDAMENTOS TEÓRICOS

II.1. Desenvolvimento de excitação aberrante

De acordo com as teorias comportamentais iniciais pensava-se que, o desenvolvimento de comportamentos de evitação, assim como comportamentos de apetite, como excitação sexual aberrante, ocorriam por meio de uma combinação de condicionamento operante e clássico (Miller, 1948; Mowrer, 1947; Schoenfield, 1950). Como ocorre com o papel do condicionamento de interesse sexual aberrante, um estímulo neutro emparelha com outro estímulo que produz excitação sexual (um estímulo não condicionado), que finalmente se torna um estímulo não condicionado que gera excitação sexual. A resposta operante no caso de interesse sexual aberrante é aproximação e masturbação, que é positiva e negativamente reforçada por um aumento da excitação sexual e pelo orgasmo (Junginger, 1997). A masturbação nas fantasias aberrantes aumenta sua força e também funciona como ensaios mentais nos quais as futuras investidas sexuais são planejadas (Marshall & Barbaree, 1990). A excitação sexual aberrante ou imprópria é considerada um fator significativo da causa e manutenção de abuso sexual (Ward, Hudson, & Keenan, 2000). A preferência sexual e a excitação com parceiros adultos que estão de acordo são vistas como condições psicológicas necessárias para mudar a prática sexual da pessoa (Ward & Stewart, 2003).

A modificação do comportamento é o principal componente da maioria dos programas de tratamento contemporâneos das parafilias (Abel *et al.*, 1984; Barnard, Fuller, Robbins & Shaw, 1989). Os tratamentos comportamentais baseiam-se na suposição de que o interesse sexual aberrante é aprendido, um comportamento primariamente aprendido, que se mantém por suas conseqüências de reforço. Há boas evidências de que o comportamento sexual aberrante, pelo menos a curto prazo, é passível de técnicas de modificação comportamental (Feierman & Feierman, 2000). A meta é reduzir a força da excitação aberrante e aumentar a excitação sexual não-aberrante (normal). Várias linhas de pesquisa apóiam esses princípios. Stava, Levin e Schwanz (1993), por exemplo, demonstraram que era o componente aversivo dos estudos de sensibilização velada, em vez da mera distração ou hábito, que era responsável pela redução da excitação sexual a estímulos pedofílicos em um pedófilo de 30 anos de idade.

As primeiras tentativas de mudar o comportamento aberrante não tiveram êxito, porque os clínicos concentravam-se exclusivamente na eliminação da excitação aberrante, sem dar atenção à excitação não-aberrante (Barlow, 1973). Muitos indivíduos cuja excitação sexual aberrante dura a vida toda e é exclusiva não têm fantasias ou desejos sexuais centrados em estímulos "normais", como interações sexuais com um adulto de comum acordo. A eliminação de seus desejos aberrantes não garante o surgimento de desejos normais para substituí-los, o que leva ao desenvolvimento de procedimentos de condicionamento para ampliar a excitação sexual aos estímulos apropriados (isto é, parceiros sexuais adultos de comum acordo). Como os homens com parafilias têm, com freqüência, déficits múltiplos, inclusive déficits sociais, baixo controle de impulsos e pouca empatia com as vítimas, a maioria dos programas de tratamento emprega múltiplas modalidades para abranger esses problemas.

III. CONDICIONAMENTO AVERSIVO

Como já se mencionou, as primeiras intervenções comportamentais para excitação sexual aberrante implicaram o condicionamento aversivo. O fundamento lógico dessas intervenções é que a excitação sexual aberrante resulta de um processo de condicionamento. A meta das terapias aversivas é emparelhar repetidamente fantasias e desejos aberrantes com um estímulo nocivo, de modo que essas fantasias adquiram, por fim, propriedades aversivas. Três procedimentos foram empregados: aversão elétrica, aversão de odores e sensibilização velada.

III.1. *Aversão elétrica*

A aversão elétrica envolve a administração de corrente elétrica dolorosa, porém inofensiva ao paciente, enquanto ele está exposto a materiais aberrantes. Os estímulos geralmente são descrições em vídeo ou fitas magnéticas do estímulo aberrante, como crianças, para um paciente com pedofilia. Durante uma sessão típica, um pletismógrafo peniano é usado para monitorar a excitação sexual. Quando há evidência de excitação sexual na presença de estímulo aberrante, administra-se um choque leve e rápido (em geral 0,1 a 0,5 segundos), depois do qual o estímulo é retirado. Esse procedimento é repetido uma dúzia ou mais de vezes durante uma sessão. Os pacientes comumente fazem doze ou mais sessões durante várias semanas, sendo ideal até que apresentem falta de excitação sexual a estímulos aberrantes no teste. A intensidade ideal do choque é o limiar de dor do indivíduo, ou ligeiramente acima dele. O choque deve ser ajustado periodicamente para evitar o hábito.

A principal vantagem da aversão elétrica com relação a outros procedimentos aversivos é a quantidade de controle que o terapeuta tem sobre a intensidade, tempo e freqüência das experiências aversivas na sessão. As principais desvantagens são que os choques não podem ser auto-administrados e que precisam de equipamento especializado.

Além disso, o procedimento normalmente tem conotação negativa e muitos pacientes não aceitam seu uso. Quinsey e colaboradores (1980) compararam a eficácia da aversão elétrica com um procedimento de *biofeedback* para eliminar a excitação pedofílica. A terapia aversiva foi superior ao *biofeedback* na redução da excitação aberrante. Os autores, porém, não forneceram informações sobre as recidivas a longo prazo entre os 18 homens tratados.

III.2. *Aversão a odores*

Este procedimento baseia-se no uso de odores ruins, em geral amônia, como o agente aversivo que produz uma sensação de ardor na garganta e no nariz. Uma vantagem notável de aversão a odor é sua portabilidade, que permite que o paciente auto-administre em casa e no ambiente natural, quando ocorrerem desejos aberrantes. As sessões podem ser realizadas no laboratório, com um sistema de ventilação eficiente. As sessões domésticas podem ser gravadas em fitas magnéticas para garantir a conformidade; o paciente é instruído a verbalizar os desejos ou fantasias aberrantes antes de quebrar uma cápsula de amônia sob o nariz. O paciente deve respirar o vapor até que as fantasias e desejos se dissipem completamente, em geral, em questão de segundos.

Earls e Castonguay (1989) usaram amônia para tratar um pedófilo preso de 17 anos de idade. Foi realizado um total de 20 sessões. O acompanhamento com pletismógrafo peniano depois de um ano revelou marcante redução da excitação sexual a estímulos aberrantes, sem perdas de excitação sexual aos estímulos normais. Além de poucos estudos de caso, não houve estudos controlados para os resultados clínicos do tratamento que avaliassem a eficácia da aversão a odores.

III.3. *Sensibilização velada*

O procedimento de aversão usado com mais freqüência, sensibilização velada, requer que o paciente emparelhe imagens mentais nocivas com as fantasias aberrantes. As imagens altamente desagradáveis são usadas como estímulo aversivo. A atratividade dessa técnica baseia-se em sua maior aceitação para os pacientes, no baixo risco de efeitos colaterais e de abandono da terapia, e no fácil acesso (McAnulty & Adams, 1992). Além disso, a sensibilização velada tem a vantagem de visar diretamente as fantasias e desejos que desencadeiam a agressão sexual.

O componente aversivo das cenas usadas como imagem nociva consiste em descrições vívidas de vômitos, beber urina, dor e sofrimento físico, prisão por crime e/ou constrangimento público. O componente aversivo real é selecionado segundo as situações que o paciente acha mais desagradáveis ou intoleráveis; Abel e colaboradores (1984) recomendam usar cenas sociais aversivas. Preferimos usar cenas aversivas que pareçam reais e plausíveis para o paciente. As cenas têm três componentes: 1) acúmulo de excitação sexual aberrante (em geral, com 1 ou 2 minutos de duração), 2) uma experiência aversiva vívida (2 a 5 minutos) e 3) uma fuga da cena aversiva, que exige uma resposta normal (1 a 2 minutos). É fundamental que o paciente visualize a cena aversiva *antes* de imaginar-se tendo o comportamento aberrante em questão. A cena aversiva deve ser emparelhada com as fantasias ou desejos que precedem o comportamento sexual aberrante imaginado. Por exemplo, Maletzky (1997) ofereceu uma cena desenvolvida para um exibicionista, que terminava numa tentativa fracassada de expor seu pênis para algumas crianças, que culminava em dó, em riscos do público e em ameaça de prisão. Na cena, o paciente finalmente escapa depois da tentativa fracassada de exposição genital. O emparelhamento da cena aversiva com a fantasia aberrante é considerado essencial, porque o objetivo é tornar fantasias e desejos não excitantes. Os pacientes são solicitados a gravar o quão excitante é cada cena no início e no final de cada sessão, para ajudar a avaliar sua eficácia para reduzir a excitação aberrante (as classificações são, em geral, feitas em uma escala de 0 a 100%). Algumas diretrizes para os pacientes são descritas no Apêndice.

De acordo com Abel *et al.* (1984), cada sessão de sensibilização velada dura 10 a 15 minutos, e devem ser realizadas duas sessões por semana durante 5 semanas. As sessões devem continuar até que a redução dos desejos aberrantes seja relatada. Para os pacientes que não respondem à sensibilização velada, ela pode ser combinada com aversão a odores em um procedimento conhecido como sensibilização velada assistida (Maletsky, 1997). Isso envolve simplesmente introduzir o odor nocivo ao mesmo tempo que o paciente visualiza a cena aversiva para torná-la mais potente. A variação da sensibilização velada para pacientes que têm dificuldade em visualizar cenas aversivas foi a sensibilização representativa substituída. Weinrott, Riggan e Frothingham (1997) usaram cenas em videoteipe mostrando as conseqüências sociais e legais prejudiciais da molestação infantil como o componente aversivo no tratamento de 69 agressores sexuais juvenis. Os participantes primeiro ouviram fitas para estimular fantasias aberrantes, que eram imediatamente seguidas por cenas de vídeo aversivos. Cada participante foi submetido a 300 experiências em 25 sessões. Um acompanhamento de 3 meses baseado na pletismografia peniana e em dados relatados pelos pacientes revelou redução da excitação aberrante.

Os programas de tratamento comportamental iniciais quase sempre usavam alguma forma de condicionamento aversivo para os agressores sexuais (Kelly, 1982). No entanto, a terapia aversiva que emprega agentes nocivos ainda é muito controversa. Os oponentes contestaram seu uso em bases éticas e morais, indicando o potencial de mal uso e abuso. Uma avaliação clínica completa deve ser realizada antes de fazer o condicionamento aversivo em qualquer paciente. Obviamente, os pacientes com história de problemas cardíacos devem ser excluídos. Por essas razões, a sensibilização velada em suas várias formas é o condicionamento aversivo mais usado no tratamento de parafilias.

A pesquisa revela que os procedimentos aversivos levam, com freqüência, à redução da medida da excitação sexual a estímulos aberrantes por semanas ou mesmo meses depois do tratamento. A eficácia a longo prazo na redução da recidiva, porém, é incerta. O pensamento atual é que a terapia aversiva pode ser benéfica para suprimir a excitação aberrante, pelo menos temporariamente. É essencial para o tratamento de agressores sexuais que apresentam altos níveis de excitação aberrante combinados com baixo controle de impulsos. Não é provável, contudo, que a terapia aversiva *sozinha* seja suficiente para evitar recidivas.

IV. SACIEDADE MASTURBATÓRIA

Esta técnica destina-se a eliminar a excitação sexual aberrante fazendo com que o paciente se masturbe até o orgasmo usando fantasias não-aberrantes. Depois da ejaculação, o paciente é instruído a se masturbar com suas fantasias aberrantes preferidas por períodos que variam de 30 a 60 minutos (Maletzky, 1997). Abel *et al.* recomendam o uso da técnica que emparelha a "tarefa aversiva e altamente entediante de se masturbar por 55 minutos depois do orgasmo" (pág. 12). Eles propõem os seguintes passos:

1. Pede-se ao paciente para estimar o tempo usual necessário para atingir o clímax durante a atividade sexual.
2. São acrescentados dois minutos ao tempo estimado, e esse passa a ser o tempo de alternância, ou tempo de mudar da masturbação para uma fantasia não-aberrante, para a masturbação, para uma fantasia aberrante. Para a maioria dos pacientes, o ponto de alternância é entre 7 e 10 minutos.
3. O paciente continua com a desagradável tarefa de se masturbar com fantasias aberrantes por um período que não exceda 60 minutos.

As sessões são realizadas pelo paciente na privacidade de sua casa e espera-se que ele grave essas sessões em fita magnética. Ele é instruído a verbalizar suas fantasias, começando com as fantasias não-aberrantes e, depois do ponto de alternância, as fantasias aberrantes. As fitas são entregues ao terapeuta que pode verificar aleatoriamente a conformidade. Abel *et al.* (1984) recomendam 20 sessões em um período de cinco semanas.

Existe mais debate sobre o componente efetivo da saciedade masturbatória. Alguns autores argumentam que o aspecto aversivo é essencial, enquanto outros acreditam que a saciedade é, realmente, a parte crítica do procedimento (Laws, 1995). O tédio também pode ser implicado na eficácia da saciedade masturbatória.

V. RECONDICIONAMENTO ORGÁSMICO

O recondicionamento orgásmico é uma das técnicas designadas a ampliar a excitação com estímulos apropriados (por exemplo, parceiros adultos heterossexuais e/ou homossexuais) emparelhando os estímulos apropriados com o orgasmo. Às vezes também é denominado masturbação dirigida, treinamento de masturbação e recondicionamento masturbatório; no entanto, como será explicado posteriormente, alguns desses termos têm significado específico. De acordo com McAnulty e Adams (1992) "O fundamento lógico para o recondicionamento orgásmico baseia-se na suposição de que os estímulos adquirem propriedades de excitação sexual por meio de seu emparelhamento com sensações agradáveis, a saber, excitação sexual e orgasmo" (pág. 188; Evans, 1968; McGuire, Carlisle & Young, 1965). Portanto, é possível que o interesse sexual aberrante se desenvolva pelo emparelhamento repetitivo de estímulos aberrantes com masturbação e orgasmo. As evidências da relação entre estímulos aberrantes e orgasmo são fornecidas por alguns estudos laboratoriais análogos iniciais. Esses estudos emparelharam figuras de seios a figuras de nus de mulheres adultas e levaram à maior resposta aos estímulos fetichistas (Rachman, 1966; Rachman & Hodgson, 1968). Abel e Blanchard (1974), Evans (1968), Laws e Marshall (1991) e McGuire *et al.* (1965) deram apoio adicional ao uso da masturbação para alterar os interesses sexuais. Contudo, Herman, Barlow &

Agras (1974) e Marshall (1974) acharam difícil produzir essa excitação. É importante lembrar que embora a excitação sexual aberrante possa ser condicionada em um laboratório, isso não é prova de que os interesses sexuais aberrantes se desenvolvam em linhas similares (Laws & O'Donohue, 1997). Atualmente, existem quatro formas distintas de recondicionamento masturbatório: (a) desvio temático (Marquis, 1970; Thorpe, Schmidt & Castell, 1964); (b) alternação de fantasias (Abel, Blanchard, Barlow & Flanagan, 1975; VanDeventer & Laws, 1978); (c) masturbação dirigida (Kremsdorf, Holmen & Laws, 1980; Maletzky, 1985); e (d) saciedade (Marshall & Lippens, 1977). A saciedade foi analisada acima, com os procedimentos para reduzir a excitação aberrante.

O recondicionamento orgásmico com desvio temático, como foi usado originalmente por Marquis (1970) exigia que o paciente se masturbasse com estímulos aberrantes até o ponto de inevitabilidade ejaculatória, quando o paciente deveria alternar para uma fantasia apropriada. O objetivo é aumentar a atração da fantasia convencional por meio dessa associação (Hawton, 1983). Conforme a terapia progride, o paciente é instruído a começar a usar uma fantasia apropriada mais cedo nas sessões de masturbação, até que possa usar as fantasias próprias desde o início da masturbação até o orgasmo (McAnulty & Adams, 1992). Inicialmente, o paciente pode perder a excitação e a ereção, quando muda para a fantasia apropriada. Se isso acontecer, o paciente é instruído a alternar para sua fantasia preferida para atingir um alto grau de excitação e depois voltar para a fantasia apropriada. Bancroft (1974) constatou que a reformulação gradual de fantasias aberrantes é a mais eficaz.

Abel *et al.* (1975) descreveram o tratamento de um estuprador sádico alternando blocos de experiência que se concentravam em fantasias aberrantes ou não-aberrantes. As sessões de tratamento para a alternância de fantasia consistiam em uma única sessão masturbatória, na qual o paciente se masturbava com fantasias aberrantes ou não-aberrantes. Os resultados desse método não comprovaram sua eficácia e, em certos casos, aumentaram a excitação aberrante (Laws & Marshall, 1991).

Kremsdorf *et al.* (1980) modificaram o procedimento de desvio temático e desenvolveram o que hoje se chama masturbação dirigida (Maletzky, 1985). Essa modificação exclui o uso de fantasia aberrante no treinamento masturbatório; o paciente é solicitado a se masturbar exclusivamente com fantasias não-aberrantes. Kremsdorf *et al.* sugeriram que a inclusão de fantasias aberrantes poderia impedir o tratamento, embora nenhum estudo documente essa afirmação.

Quinsey e Earls (1990) concluíram que as evidências de eficácia do recondicionamento orgásmico é limitada em profundidade e em significância. Law e Marshall (1991), embora otimistas, afirmaram que os dados são insuficientes para concluir que o recondicionamento orgásmico é um tratamento claramente eficaz para desvios sexuais de qualquer tipo a longo prazo. Vários estudos (Davison, 1968; Marquis, 1970) relataram sucesso do uso do recondicionamento orgásmico com pacientes, mas o tratamento não se baseia exclusivamente no recondicionamento orgásmico. Marshall & Eccles (1991) consideram essa modalidade como um componente de um programa abrangente para modificar o comportamento sexual do paciente.

VI. TREINAMENTO DE HABILIDADES

VI.1. Treinamento de habilidades sociais

Os déficits sociais são fatores importantes na compreensão dos desvios sexuais (Quinsey, 1977). O fundamento lógico do treinamento de habilidades sociais é bastante simples. Se um indivíduo não se sente competente para interagir com alguém de idade e de maneira apropriada, provavelmente interagirá com alguém mais jovem e/ou de maneira imprópria, que é o caso de paciente com transtorno do galanteio (Freund, Scher & Hucker, 1983). O objetivo do treinamento de habilidades sociais é ajudar o indivíduo a se engajar em uma relação íntima consensual com um parceiro adequado. Alguns trabalhos anteriores sobre treinamento de habilidades, denominado treinamento de habilidades heterossociais, foi realizado com homens e mulheres para ensiná-los como interagir com parceiros adultos do sexo oposto (Bellack & Morrison, 1982; Curran, 1977; Curran & Monti, 1982). Outros programas destinaram-se a ajudar os indivíduos que tinham uma gama de comportamentos sexuais aberrantes (Abel *et al.*, 1984; Marshall & Barbaree, 1988; McFall, 1990; Rooth, 1980). O componente do treinamento de habilidades é, via de regra, incorporado a um programa abrangente de tratamento destinado a se adaptar às necessidades do indivíduo. Ao trabalhar com alguém que não parece ter traquejo social, é preciso fazer a distinção entre uma pessoa com déficits de habilidade social e uma pessoa cujo desempenho em situações sociais é inibido (Arkowitz, 1981; Bellack & Morrison, 1982). A avaliação deve ser multimodal e incluir medidas de auto-relatos, observações comportamentais de cenas de desempenho de papéis, classificação de observadores treinados e medidas psicofisiológicas (McAnulty & Adams, 1992). Se o indivíduo tiver déficits de habilidade, sua aquisição é obrigatória. Se o indivíduo tiver as habilidades necessárias, mas não as usar, eles precisam de um tipo de tratamento para desinibir seu uso. O indivíduo pode precisar de alguma técnica de redução da ansiedade, como dessensibilização ou, talvez, uma certa reestruturação cognitiva para provocar racionalizações e mudar o pensamento distorcido (McMullin, 1986; Murphy, 1990).

VI.2. Treinamento de assertividade

Stermac e Quinsey (1986) verificaram que um número razoável de estupradores não têm habilidade de competência social, em especial de assertividade. Outros agressores sexuais também precisam ser ensinados com freqüência qual a diferença entre comportamento assertivo, agressivo, passivo e passivo-agressivo. Um indivíduo com capacidade assertiva é capaz de reagir a situações problemáticas fazendo solicitações quando quer alguma coisa e recusando as solicitações impróprias (Schroeder & Black, 1985). Ao agir de maneira assertiva, a pessoa protege seus direitos, assim como os dos outros (Lange & Jakubowski, 1976). Ao agir com agressividade, a pessoa protege seus direitos, mas menospreza o dos outros. A pessoa agressiva pode exagerar em certas situações, ficar furiosa e ser abusiva com os outros; em geral, querem que as coisas sejam feitas de sua maneira e não se revezam ou negociam com justiça (Dow, 1994). A pessoa passiva permite que seus direitos sejam desprezados para proteger os dos outros. A pessoa passiva pode não expressar opiniões, não recusa pedidos não razoáveis e permite que os outros façam de seu jeito a maioria das vezes. Uma pessoa passiva-agressiva age como se estivesse subjugando seus direitos e protegendo os direitos dos outros, mas menosprezará os direitos dos outros em sua ausência. Os indivíduos que são passivos constantemente podem revoltar-se de maneira agressiva quando se cansam de ter seus direitos violados. O objetivo do treinamento de assertividade é ensinar aos indivíduos que todos têm direitos e como proteger os seus sem violar os dos outros. A reestruturação cognitiva pode ser necessária para ajudar o agressor a compreender que ele tem direitos. Os indivíduos com auto-estima baixa e crenças íntimas negativas em geral colocam os direitos dos outros na frente de seus próprios. Vários modelos de treinamento de assertividade podem ser usados, dependendo da situação. A asserção básica envolve a simples expressão de defender seus próprios direitos, crenças, sentimento ou opiniões e também pode ser usada para expressar afeição (Lange & Jakubowski, 1976). A pessoa que apresenta a asserção básica, mantendo a polidez, não tem de exibir outras habilidades sociais, como empatia, confrontamento, persuasão etc. Um exemplo da asserção básica é:

Quando se é interrompido:

"Desculpe, eu gostaria de terminar o que tenho a dizer."

A asserção enfática permite que você transmita a sensibilidade para outros e é benéfica na situação em que você tem um relacionamento com um indivíduo (Lange & Jakubowski). A pessoa que aprende a ser assertiva é instruída a iniciar fazendo uma afirmação de empatia para indicar que compreende a situação em conflito. A seguir, faz uma transição com "mas" ou "contudo" e coloca o conflito. A seguir, propõe uma solução que considera justa, e, quem sabe, os indivíduos envolvidos podem negociar a partir daí. Um exemplo de modelo de empatia pode ser: Compreendo que você quer que vá fazer compras com você hoje; no entanto, estou ocupado e não posso sair. Podemos ir amanhã? Como é evidente neste modelo, não são feitas acusações e a pessoa que é assertiva não deprecia a outra. Com a asserção empática, faz com que o outro tente compreender os sentimentos da pessoa antes de o interlocutor reagir (Lange & Jakubowski).

A asserção escalonada (Rimm & Masters, 1974) envolve iniciar com uma resposta que pode atingir a meta do interlocutor com o mínimo de esforço e de emoção negativa e tem pequena possibilidade de conseqüências negativas (Lange & Jakubowski, 1976). Se, porém, a outra pessoa não reagir a uma solicitação e continuar a violar os direitos do outro, o interlocutor expande a asserção com firmeza crescente. Exemplos da asserção escalonada são quando um pedido torna-se uma ordem, a preferência passa a ser uma recusa cabal, ou quando a asserção empática torna-se uma asserção básica firme (Lange & Jakubowski). Também é importante ensinar ao paciente a usar a linguagem do "Eu", em especial ao expressar sentimentos negativos (Gordon, 1970).

O modelo de assertividade do disco riscado (Smith, 1975) pode ser usado nas situações em que a pessoa não tem relação com o indivíduo e não pretende iniciar algum relacionamento. Ao usar o modelo do disco riscado, o indivíduo basicamente parece um disco riscado que repete a mesma frase seguidamente. A pessoa não pede desculpas nem explica sua posição. Simplesmente reafirma seu desejo, como "Não estou interessado" repetidas vezes. Esse modelo é útil quando os departamentos de *telemarketing* telefonam para vender coisas não desejadas. Se você fornecer um motivo para sua falta de interesse, dará uma abertura para a réplica com outras vendas.

VI.3. *Manejo da raiva*

Para alguns agressores, sexo e agressão estão irremediavelmente ligados. Os indivíduos desenvolvem roteiros para as relações interpessoais através de suas observações e interações com os outros. Os eventos negativos de seu passado, como má criação dos pais, rejeição dos pais, disciplina contraditória e hostil, violência entre os pais, abuso físico e sexual, quando expostos a modelos impróprios, assim como muitos outros, podem levar a um diálogo interno distorcido e a um sistema de crenças errôneo sobre o ambiente em que vivem (Fagen & Wexler, 1988; Marshall & Barbaree, 1990). Esses roteiros cognitivos agressivos que se desenvolvem durante toda a infância e adolescência podem tornar-se o programa para a agressão, dependendo de os comportamentos apresentados serem ou não punidos ou recompensados (Huesmann, 1988). O objetivo do manejo da raiva é reduzir a intensidade da raiva sentida e controlar a maneira como o indivíduo se comporta quando a raiva é gerada. É bom, assim como difícil, diferenciar entre agressão instrumental, na qual apenas uma quantidade de força suficiente foi usada para cometer o crime, e violência expressiva, na qual a violência pode ser vista como gratuita, como no caso de um sádico (Prentky & Knight, 1991). O sistema de cachê ou manter um registro de raiva ajuda o terapeuta a auxiliar o agressor a identificar situações que lhe causam raiva. Isso ajuda a identificar qualquer situação que pode desencadear a raiva. Turkat (1990) propôs tratar os problemas de agressão com exposição gradativa a estímulos que geram raiva. Sugeriu a construção de uma hierarquia de estímulos geradores de raiva e o treinamento do indivíduo para dar respostas conflitantes, como distração cognitiva ou relaxamento profundo. A reestruturação cognitiva pode ser usada com agressores que têm atitudes antagônicas para com seus parceiros e para os que usam a violência interpessoal para atingir as metas desejadas. O treinamento de habilidades, por exemplo, assertividade e habilidades sociais, pode ser necessário para complementar a potência ofensiva do agressor para usar nas relações interpessoais. Ensinar o paciente a fazer um intervalo também é uma boa técnica para permitir que ele componha seus pensamentos e se acalme antes de responder quando está com raiva. O treinamento do manejo do estresse e das habilidades de comunicação deve ser implementado, se necessário.

VI.4. *Educação sexual*

Barbaree e Seto (1997) sugerem que a educação sexual seja incluída em um programa de tratamento abrangente para os agressores sexuais. Considerando que os mitos e a desinformação sobre a sexualidade são abundantes, é provável que o agressor não tenha informações ou tenha informações incorretas. O objetivo da educação sexual é deixar o indivíduo mais confortável com as informações sexuais e melhorar suas habilidades sexuais, proporcionando o conhecimento abrangente da anatomia sexual, da resposta e das técnicas sexuais e habilidades de comunicação. Kolvin (1967) sugeriu que a educação sexual, o aconselhamento e a reafirmação podem, por si sós, gerar mudança de comportamento. A educação sexual pode ser fornecida em grupo ou em livros de auto-ajuda que o paciente lê sozinho.

VI.5. *Terapia sexual*

Os pacientes que têm disfunção sexual podem precisar de terapia sexual para corrigir o problema. As condições como transtorno erétil, ejaculação prematura ou ejaculação retardada podem causar vergonha ou raiva ao paciente, levando-o a extravasar no parceiro. O resultado final é que a pessoa pode buscar parceiros que não estão de comum acordo ou que são menores de idade, tornando-se abusivo quando provocado. A meta da terapia sexual é restaurar a função normal, de modo que ele fique à vontade com seu desempenho sexual e que busque parceiros adequados ou, ainda, que conviva bem com a disfunção e aprenda outros modos de satisfazer o parceiro. Existem técnicas válidas empiricamente para tratar as disfunções sexuais e elas podem ser administradas em terapia individual. Leiblum e Rosen (2000) e Wincze e Carey (2001) fazem recomendações para as disfunções sexuais.

VII. REESTRUTURAÇÃO COGNITIVA

Nossos pensamentos, apreciações e expectativas podem gerar ou modular nosso humor, nossos processos fisiológicos, influenciar o ambiente e servir como impulsos para o comportamento (Turk, Rudy & Sorkin, 1992). Por outro lado, humor, fisiologia, fatores ambientais e comportamento podem influenciar os processos de pensamento (Turk *et al.*, 1992). Os objetivos da terapia cognitiva são ajudar o paciente a identificar e corrigir os pensamentos não adaptados, retreinar o paciente a pensar com mais lógica e realismo e modificar as crenças centrais irracionais (Abel *et al.*, 1984; Turk *et al.*, 1992). Murphy (1990) relatou que os agressores sexuais apresentam essas distorções cognitivas, como a vítima gostar da agressão, culpar a vítima e uma crença geral nos mitos do estupro. Esse pensamento auto-enganador e distorcido que se baseia em suposições falsas, percepções errôneas e interpretações interesseiras ajuda o parafílico a justificar seu comportamento (Feierman & Feierman, 2000). A aplicação de terapias cognitivo-comportamentais aos transtornos sexuais evolui a partir da pesquisa sobre os transtornos da ansiedade e da depressão. A reestruturação cognitiva implica ensinar ao paciente a contestar atitudes e crenças irracionais, não só sobre sexualidade, mas também sobre como ele vê o mundo e a vida em geral. O paciente é ensinado a autocontrolar seus pensamentos e a reconhecer os padrões de pensamento não adaptado e a registrar seus pensamentos irracionais em folhas de acompanhamento que são usadas na terapia para monitorar o progresso (Beck, Rush, Shaw & Emery, 1979). O paciente é instruído a questionar os pensamentos irracionais e a declarar porque os pensamentos são irracionais. O paciente é, então, incentivado a dar uma resposta racional e a fornecer provas de validade dessa resposta.

Via de regra, os pacientes têm dificuldade para reconhecer seus pensamentos distorcidos e podem argumentar que eles são precisos, uma vez que podem comprovar sua veracidade. No entanto, as provas fornecidas pelo paciente podem ser identificadas como um outro tipo de distorção cognitiva. Quando o paciente consegue identificar melhor seus pensamentos e crenças irracionais ele reduz o tempo gasto pensando de modo irracional e é capaz de tomar decisões melhores que condizem a resultados mais desejáveis. Uma vez que o paciente começa a mudar os padrões de atitude e de pensamento e passa a ver os eventos e situações de maneira mais realista, o terapeuta pode iniciar o trabalho com as crenças centrais do paciente, para ajudá-lo a se ver de modo mais positivo. As crenças centrais como "Eu não valho nada" e "Preciso ser perfeito" podem ser destruídas e substituídas por crenças mais precisas, uma vez que o paciente já não tem pensamento distorcido.

Uma alternativa à reestruturação cognitiva para ajudar os pacientes a mudar seu pensamento para alterar seus sentimentos negativos ou comportamento problemático é usar a terapia baseada na aceitação para ajudar a pessoa a aceitar seus pensamentos e sentimentos negativos em vez de mudá-los (Hayes, Stossahl & Wilson, 1999; Hayes & Wilson, 1994). A aceitação, neste paradigma, refere-se à vontade de experimentar uma gama completa de pensamentos, emoções, memórias, estados corporais e predisposições comportamentais, inclusive as que são problemáticas, sem ter de, necessariamente, mudá-los, fugir deles, agir sob sua influência ou evitá-los (Paul, Marx & Orsillo, 1999). De acordo com LoPiccolo (1994), as terapias baseadas na aceitação permitem ao paciente abandonar a luta para ganhar o controle sobre seus pensamentos, o que, por sua vez, permite que ele desenvolva comportamentos alternativos mais adaptativos.

VIII. TREINAMENTO DE EMPATIA COM A VÍTIMA

Empatia é a consciência e a compreensão dos pensamentos e sentimentos dos outros. É amplamente aceita pelos clínicos que trabalham em áreas em que a falta de empatia tem um papel importante na etiologia e manutenção das agressões sexuais. Os dados dos estudos que avaliam a empatia em agressores sexuais, porém, forneceram resultados mistos (Geer, Estupinan & Manguno-Mire, 2000).

Os pesquisadores que examinam a empatia em agressores sexuais começaram recentemente a pesquisar a natureza da reação empática para determinar se é um déficit geral ou se é circunscrito a uma classe de vítimas. Fernandez, Marshall, Lightbody e O'Sullivan (1999) avaliaram o grau de empatia em molestadores de crianças e em um grupo controle de não-agressores com três tipos de vítimas: de acidente, de abuso sexual em geral e suas próprias vítimas. Constataram que os molestadores de crianças apresentavam empatia igual à dos não-agressores pela vítima de acidente. Contudo, em comparação com a vítima de acidente, os molestadores de crianças demonstraram déficit de empatia com uma vítima de abuso sexual em geral, isto é, não suas próprias vítimas. De modo semelhante, os molestadores de crianças tiveram expressivamente menos empatia com sua própria vítima do que com as de abuso sexual em geral. Esse achado é importante porque traz à baila uma suposição antiga sobre o papel da empatia nas agressões sexuais. Apesar da falta de evidências bem-definidas do papel da empatia, a maioria dos programas de tratamento de agressores sexuais inclui um componente que se destina a aumentar a capacidade do agressor de ter empatia com a vítima para reduzir recidivas.

Marshall, Hudson, Jones & Fernandez (1995) propuseram uma reconceituação de empatia como um processo gradativo que envolve quatro estágios. O primeiro estágio, emoção e reconhecimento, requer que o observador possa discriminar com precisão o estado emocional de outra pessoa. O segundo estágio, aceitação de perspectiva, envolve a capacidade de se colocar no lugar da outra pessoa e ver o mundo como ela o vê. A réplica da emoção, o terceiro estágio, exige a resposta emocional indireta do observador que replica ou quase a resposta emocional da pessoa alvo. O quarto estágio, decisão de resposta, envolve a decisão do observador de agir ou não, com base em seus sentimentos. Aparentemente, a decisão de não agir, no caso de agressão sexual, seria baseada nos sentimentos de empatia. Supõe-se que se o observador, neste caso, um agressor sexual, tiver uma resposta empática, será incapaz de agir de maneira agressiva ou abusiva. Essa suposição baseia-se na idéia de que a empatia e a agressão são respostas incompatíveis; da mesma forma, Clark (1980) argumenta que a empatia inibe as respostas agressivas.

De acordo com o modelo de empatia proposto por Marshall *et al.* (1995), se um indivíduo for deficiente em algum desses estágios, os estágios restantes da resposta empática não se desdobrarão. É importante, então, avaliar o nível de empatia do agressor para determinar em que estágio ele tem deficiência para proporcionar o tratamento adequado. Hudson e Ward (2000) sugeriram que um precursor da incapacidade de os agressores sexuais reconhecerem emoções nos outros pode ser explicado pelo que se conhece como alexitimia.

Os indivíduos alexitímicos foram descritos como tendo menor capacidade de identificar e descrever seus próprios sentimentos (Jessimer & Markham, 1997) e, mais geralmente, de ter incapacidade de descrever emoções em combinação com uma fantasia empobrecida da vida (Reif, Heuser & Fichter, 1996). É razoável supor que, se uma pessoa é incapaz ou tem capacidade reduzida de identificar e descrever as emoções, terá dificuldade de ser empática. Por exemplo, se um indivíduo for incapaz de descrever precisamente suas próprias emoções, é provável que seja incapaz de reconhecer as emoções dos outros e, assim, seria incapaz de ter empatia. De acordo com Marshall *et al.* (1995) um indivíduo com alexitimia teria um déficit no primeiro estágio do modelo de empatia.

Em vez de conceituar alexitimia como uma característica inerente e estática de um indivíduo, a visão mais precisa é como um comportamento aprendido que facilita a capacidade do perpetrador de cometer agressões sexuais. Como tal, a alexitimia seria uma variável dinâmica que pode ser mudada. Além disso, Lolas, de la Parra, Aronsohn & Collin (1980) sugerem que a alexitimia pode ser uma característica graduada e, como tal, os indivíduos apresentariam uma pontuação para a alexitimia, que se encontra ao longo de um espectro. Ver a alexitimia como um comportamento aprendido em vez de uma característica inerente e estática é importante quando se considera o curso do tratamento de agressores sexuais. Se a alexitimia fosse vista como inerente e estática, não seria importante para os programas de tratamento de agressores sexuais que se incluísse um componente de empatia. Contudo, se a alexitimia for vista como comportamento aprendido que pode ser alterado, seria de vital importância para o programa de tratamento incluir um componente de formação de empatia para ensinar ao agressor a reconhecer e descrever suas emoções, assim como as dos outros.

A idéia de que os agressores sexuais possam ter alexitimia é importante por vários motivos. Primeiro, se uma pessoa é incapaz de reconhecer ou descrever suas próprias emoções, pode ser incapaz de reconhecer uma emoção que sua vítima esteja retratando, por exemplo, medo, aversão etc. Segundo, se uma pessoa for incapaz de identificar e descrever precisamente suas próprias emoções, atribuirá uma sensação corporal imprópria que resulta da excitação generalizada ou de excitação relacionada a uma emoção específica e não-sexual como excitação sexual. Um estudo de Reif *et al.* (1996) examinou a alexitimia em uma amostra de pacientes com transtorno somatoforme corrobora essa conclusão. Os resultados desse estudo indicam que há uma associação razoável entre alexitimia, de acordo com a medida da Toronto Alexithymia Scale (TAS) e com os sintomas somatoformes. Em outras palavras, as pessoas que tiverem uma faixa de pontuação alexitímica na TAS para sensações corporais mal interpretadas têm indicação de doença. Portanto, um agressor sexual pode não ser capaz de identificar e descrever suas próprias emoções e pode interpretar erroneamente uma sensação corporal como excitação sexual, ou pode não ser capaz de identificar que sua vítima está angustiada. É possível, porém, que os agressores sexuais sejam capazes de descrever suas próprias emoções e as emoções de suas vítimas, mas não têm reação empática, que seria o caso do Transtorno da personalidade anti-social.

IX. PREVENÇÃO DE RECIDIVAS

A prevenção de recidivas é um programa de autocontrole destinado a ensinar aos indivíduos que estão tentando mudar o comportamento, como prever e enfrentar o problema da recidiva (Laws, 1989, pág. 2). O objetivo da prevenção da recidiva é evitar a nova ocorrência de um comportamento problemático (Hanson, 2000; Ward & Hudson, 1998). A prevenção de recidiva começou como um adjunto da terapia comportamental, mas evoluiu para um programa de tratamento que pode ser usado como um programa independente. O programa tem um foco psicoeducacional que combina treinamento de habilidades comportamentais, terapia cognitiva e mudança no modo de vida (Larimer & Marlatt, 1994, Laws, 1989). Esse método de tratamento ensina estratégias de enfrentamento para evitar deslizes, que são vistos como oportunidades de aprender quais estímulos controlam o comportamento e as recidivas, que são vistas como fracassos (Maletsky, 1997). O modelo, segundo a descrição de Pithers (1990), baseia-se no trabalho de Marlatt e Gordon (1985) desenvolvido para tratar comportamentos viciosos.

As cadeias e ciclos de comportamento são conceitos essenciais da prevenção de recidiva (Maletsky, 1997). Uma agressão sexual é vista como uma seqüência ou cadeia de comportamentos que, por fim, levam ao comportamento de agressão. Diversos antecedentes e suposições precedem o ato final. Com a prevenção de recidiva, o paciente é ensinado a analisar a cadeia de comportamentos e suposições que levam ao comportamento de agressão. Os pacientes aprendem o valor de interromper a cadeia de comportamentos o mais cedo possível para evitar outra agressão. Nos estágios iniciais do tratamento, o paciente é instruído a manter registros desses deslizes e gatilhos, de modo a criar autoconsciência e auto-análise (Maletsky). Ao ajudar o paciente a prever eventos que predispõem a deslize e a ter estratégias de fuga para sair de situações de alto risco, os lapsos podem ser evitados. Além disso, os procedimentos de controle de estímulo são colocados no lugar para fazer com que o paciente se dê conta e reduza as oportunidades de agressão. Se e quando o paciente tiver uma recaída, o evento for usado como uma oportunidade de aprender com os erros, ele será incentivado a começar a usar seu plano de tratamento imediatamente. Embora as estratégias de automanejo interno sejam importantes para deter um comportamento de agressão (Pithers, 1990) também é bom incluir medidas de controle externo, como envolver a família e os colegas do paciente (Maletsky, 1997). As sessões de terapia geralmente envolvem a análise das situações que o paciente achou difíceis e ajudam-no a se envolver na solução do problema para mitigá-lo. Maletsky (1997) alerta que esse processo deve ser realizado repetidamente, de modo que se torne um hábito comportamental em vez de um processo intelectual. A prevenção de recidiva pode ser conduzida em grupo ou individualmente.

Em resumo, os componentes essenciais de prevenção de recidiva são:
1. Identificar situações em que o indivíduo está em alto risco de recidiva (sentindo tristeza, solidão etc.) e ensinar o paciente a identificar essas situações de alto risco e a evitá-las.
2. Identificar os deslizes como comportamentos que não constituem recidivas completas, mas que podem ser precursores de recidiva completa (fantasiar sobre crianças, andar perto de parques infantis etc.) e ensinar o paciente a identificar os deslizes.
3. Ensinar ao paciente as estratégias de enfrentamento tanto em situações de alto risco como em lapsos, para evitar a recaída.

X. CONCLUSÕES

Homens com parafilias têm sido considerados historicamente difíceis de tratar, se não impossíveis. Esse ceticismo fundamenta-se, em parte, na negação comum entre agressores sexuais e na crença prevalente de que as preferências sexuais não podem ser alteradas. Também existe a suposição comum de que uma pessoa que cometeu uma agressão sexual invariavelmente cometerá outras. Diversos estudos dão razões para que reconsideremos essas idéias. Os índices gerais de recidivas aumentam com a extensão do acompanhamento, mas elas não constituem 100%; na verdade, uma revisão concluiu que 55% dos agressores sexuais têm recidivas. O tratamento parece ajudar alguns agressores; Hall (1995) concluiu que o tratamento produz redução de 30% das recorrências. Os índices de resultados clínicos do tratamento, a curto prazo, são expressivamente melhores do que a ausência de tratamento e com freqüência competem com os índices de resultados clínicos de muitos outros transtornos psiquiátricos do DSM-IV-TR (Feierman & Feierman, 2000).

Os planos de tratamento devem ser elaborados de acordo com o agressor, com base em sua necessidade e nível de risco para aumentar suas chances de ter uma vida mais produtiva. Qualquer um que trabalhe com agressores sexuais deve estar preparado para ter paciência e flexibilidade, porque muitos agressores não querem mudar, mas são forçados a isso por pressões externas, em geral, um membro da família ou o sistema legal. Consideramos a resistência uma fase do tratamento em vez de um obstáculo. Precisamos trabalhar com a fase de resistência, ou pré-contemplação, antes de contemplarmos a mudança real (Laws, 2003).

Na maioria dos casos, qualquer técnica de tratamento em isolamento será ineficaz e será necessária uma combinação de procedimentos (Hawton, 1983). A escolha de técnicas é direcionada pelos excessos e déficits comportamentais exclusivos do paciente. A avaliação deve incluir a presença de fatores de desinibição, como álcool ou drogas, estados de estresse ou emocionais, uso de pornografia e o papel das fantasias aberrantes no cometimento de agressão sexual (Finkelhor, 1984). O tratamento dos agressores sexuais deve abranger uma variedade de problemas, como cognição distorcida, problemas sexuais, empatia com a vítima, treinamento de habilidades sociais, resolução de problemas, habilidades de vida, manejo do estresse e prevenção de recidiva (Hudson, Marshall, Ward, Johnston & Jones, 1995). Concordamos com Grossman, Martis e Fichtner (1999), que concluíram que:

"O que surge na literatura é uma forte sugestão de que um programa cognitivo-comportamental abrangente deve envolver componentes que reduzem a excitação aberrante, enquanto aumentam a excitação apropriada e deve incluir reestruturação cognitiva, treinamento de habilidades sociais, consciência da empatia com a vítima e prevenção de recidiva" (pág. 360) e que o tratamento parece realmente diminuir a recidiva entre agressores sexuais.

REFERÊNCIAS BIBLIOGRÁFICAS

Arkowitz, H. (1981). Assessment of social skills. In M. Hersen & S. Bellack (Eds.), *Behavioral assessment: A practical handbook* (2nd ed.; pp. 296-327). New York: Pergamon.

Abel, G. G., Becker, J. B., Cunningham-Rathner, J., Rouleau, J. L., Kaplan, M. & Reich, J. (1984). *Treatment manual: The treatment of child molesters.* (Available from G. G. Abel, Behavioral Medicine Institute of Atlanta, 1401 Peachtree street, Northeast Atlanta, GA 30309).

Abel, G. G., & Blanchard, E. B. (1974). The role of fantasy in the treatment of sexual deviation. *Archives of General Psychiatry, 30,* 467-475.

Abel, G. G., Blanchard, E. B., Barlow, D. H. & Flanagan, B. (1975, December). *A case report of the behavioral treatment of a sadistic rapist.* Paper presented at the 9th Annual Convention of the Association for the Advancement of Behavior Therapy, San Francisco, CA.

Bancroft, J. (1974). *Deviant sexual behaviour: Modification and assessment.* Oxford University.

Barbaree, H. E. & Seto, M. C. (1997). Pedophilia: Assessment and treatment. In D. R. Laws & W. O'Donohue (Eds.), *Sexual Deviance: Theory, Assessment, and Treatment* (p184). New York: Guilford.

Barlow, D. H. (1973). Increasing heterosexual responsiveness in the treatment of sexual deviation: A review of the clinical and experimental evidence. *Behavior Therapy, 4,* 655-671.

Barnard, G. W., Fuller, A. K., Robbins, L. & Shaw, T. (1989). *The child molester: An integrated approach to evaluation and treatment.* Philadelphia: Brunner/Mazel.

Beck, A. T., Rush, A. J., Shaw, B. F. & Emery, G. (1979). *Cognitive therapy of depression: A treatment manual.* New York: Guilford.

Bellack, A. S. & Morrison, R. L. (1982). Interpersonal dysfunction. In A. S. Bellack, M. Hersen, & A. E. Kazdin Eds.), *International handbook of behavior modification and therapy* (pp. 717-747). New York: Plenum.

Clark, K. B. (1980). Empathy: A neglected topic in psychological research. *American Psychologist, 35,* 187-190.

Curran, J. P. (1977). Skills training as an approach to the treatment of heterosexual-social anxiety: A review. *Psychological Bulletin, 84,* 140-157.

Curran, J. P. & Monti, P. M. (1982). *Social skills training: A practical handbook for assessment and treatment.* New York: Guilford.

Davison, G. C. (1968). Elimination of a sadistic fantasy by a client-controlled counterconditioning technique. *Journal of Abnormal Psychology, 73,* 84-90.

Dow, M. G. (1994). Social inadequacy and social skill. In L. W. Craighead, W. E. Craighead, A. E. Kazdin & M. J. Mahoney (Eds.), *Cognitive and Behavioral Interventions: An Empirical Approach to Mental Health Problems* (pp. 123-140). Boston: Allyn and Bacon.

Earls, C. E. & Castonguay, L. G., (1989). The evaluation of olfactory aversion for a bisexual pedophile with a single-case multiple baseline design. *Behavior Therapy, 20,* 137-147.

Evans, D. R. (1968). Masturbatory fantasy and sexual deviation. *Behaviour Research & Therapy,* 6, 17-19.

Fagen, J. & Wexler, S. (1988). Explanations of sexual assault among violent delinquents. *Journal of Adolescent Research, 3,* 363-385.

Feierman, J. R. & Feierman, L. A. (2000). Paraphilias. In L. T. Szuchman & F. Muscarella (Eds.), *Psychological perspectives on human sexuality* (pp.480-518). New York: John Wiley & Sons, Inc.

Fernandez, Y. M., Marshall, W. L., Lightbody, S. & O'Sullivan, C. (1999). The Child Molester Empathy Measure: Description and examination of its reliability and validity. *Sexual Abuse: A Journal of Research and Treatment, 11,* 17-31.

Finkelhor, D. (1984). *Child sexual abuse: New theory and research.* New York: Free Press.

Freund, K., Scher, H. & Hucker, S. (1983). The courtship disorders: A further investigation. *Archives of Sexual Behavior, 12,* 369-379.

Geer, J. H., Estupinan, L. A. & Manguno-Mire, G. M. (2000). Empathy, social skills, and other relevant cognitive processes in child molesters. *Aggression and Violent Behavior, 5,* 99-126.

Gordon, T. (1970). *Parent effectiveness training.* New York: Peter H. Wyden.

Grossman, L. S., Martis, B. & Fichtner, C. G. (1999). Are sex offenders treatable? A research overview. *Psychiatric Services, 50,* 349-361.

Hall, G. C. N. (1995). Sexual offender recidivism revisited: A meta-analysis of recent treatment studies. *Journal of Consulting and Clinical Psychology, 63,* 802-809.

Hanson, R. K. (2000). What is so special about relapse prevention? In D. R. Laws, S. M. Hudson & T. Ward (Eds.), *Remaking relapse prevention with sex offenders: A sourcebook* (pp.3-26). Thousand Oaks, CA: Sage

Hawton, K. (1983). Behavioural approaches to the management of sexual deviations. *The British Journal of Psychiatry, 143,* 248-255.

Hayes, S. C. Stossahl, K. D. & Wilson, K. G. (1999). *Acceptance and commitment therapy: An experiential approach to behavior change.* New York: Guilford.

Hayes, S. C. & Wilson, K. G. (1994). Acceptance and commitment therapy: Altering the verbal support for experiential avoidance. *Behavior Analyst, 17,* 289-304.

Herman, S. H., Barlow, D. H. & Agras, W. S. (1974). *An experimental analysis of exposure to "elicit" heterosexual stimuli as an effective variable in changing arousal patterns in homosexuals. Behaviour Research and Therapy, 12,* 315-345.

Hudson, S. M., Marshall, W.L., Ward, T., Johnston, P.W. & Jones, R.L. (1995). Kia Marama: A cognitive-behavioural program for incarcerated child molesters. *Behaviour Change, 12,* 69-80.

Hudson, S. M. & Ward, T. (2000). Interpersonal competency in sex offenders. *Behavior Modification, 24,* 494-527.

Huesmann, L. R. (1988). An information-processing model for the development of aggression, *Aggressive Behavior, 14,* 13-24.

Jessimer, M. & Markham, R. (1997). Alexithymia: A right hemisphere dysfunction specific to recognition of certain facial expressions? *Brain and Cognition, 34,* 246-258.

Junginger, J. (1997). Fetishism: Assessment and treatment. In D. R. Laws & W. O'Donohue (Eds.), *Sexual Deviance: Theory, Assessment, and Treatment* (pp. 92-110). New York: Guilford.

Kolvin, I. (1967). Aversion imagery treatment in an adolescent. Behaviour *Research and Therapy, 5,* 245-248.

Kremsdorf, R. B., Holmen, M. L. & Laws, D. R. (1980). Orgasmic reconditioning without deviant imagery: A case report with a pedophile. *Behaviour Research and Therapy, 18,* 203-207.

Lange, A. J. & Jakubowski, P. (1976). *Responsible assertive behavior: Cognitive/behavioral procedures for trainers.* Champaign, IL: Research Press.

Larimer, M. E. & Marlatt, G. A. (1994). Addictive behaviors. In L. W. Craighead, W. E. Craighead, A. E. Kazdin & M. J. Mahoney (Eds.), *Cognitive and Behavioral Interventions: An Empirical Approach to Mental Health Problems* (pp. 157-168). Boston: Allyn and Bacon.

Laws, D. R. (Ed.). (1989). *Relapse prevention with sex offenders.* New York: Guilford.

Laws, D. R. (1995). Verbal satiation: Notes on procedure with speculations on its mechanism of effect. *Sexual Abuse: A Journal of Research and Treatment, 7,* 155-166.

Laws, D. R. (2003). Harm reduction and sexual offending: Is an intraparadigmatic shift possible? In T. Ward, D. R. Laws & S. M. Hudson (Eds.), *Sexual deviance: Issues and controversies* (pp. 280-296). Thousand Oaks, CA: Sage.

Laws, D. R. & O'Donohue, W. (Eds.). (1997). *Sexual deviance: Theory, assessment, and treatment.* New York: Guilford.

Laws, D. R. & Marshall, W. L. (1991). Masturbatory reconditioning with sexual deviates: An evaluative review. *Advances in Behaviour Research and Therapy, 13,* 13-25.

Leiblum, S. R. & Rosen, R. C. (Eds.). (2000). *Principles and practice of sex therapy.* (3rd ed.). New York: Guilford.

Lolas, F., de la Parra, G., Aronsohn, S. & Collin, C. (1980). On the measurement of alexithymic behavior. *Psychotherapy and Psychosomatics, 33,* 139-146.

LoPiccolo, J. (1994). Acceptance and change: Content and context in psychotherapy. In S. C. Haynes, N. S. Jacobson, V. M. Follete & M. J. Dougher (Eds.), *Acceptance and change: Content and context in psychotherapy,* (pp. 149-170). Reno, NV: Context Press.

Maletzky, B. M. (1985). Orgasmic reconditioning. In A.S. Bellack & M. Hersen (Eds.), *Dictionary of behaviour therapy techniques* (pp. 157-158). New York: Pergamon.

Maletzky, B. M. (1997). Exhibitionism: Assessment and treatment. In D. R. Laws & W. O'Donohue (Eds.), *Sexual Deviance: Theory, Assessment, and Treatment* (pp. 61-62). New York: Guilford.

Marlatt, G. A. & Gordon, J. R. (Eds.). (1985). *Relapse prevention: Maintenance strategies in the treatment of addictive behaviors.* New York: Guilford.

Marquis, J. N. (1970). Orgasmic reconditioning: Changing sexual object choice through controlling masturbation fantasies. *Journal of Behavior Therapy & Experimental Psychiatry, 1,* 263-271.

Marshall, W. L. (1974). The classical conditioning of sexual attractiveness: A report of four therapeutic failures. *Behavior Therapy, 5,* 298-299.

Marshall, W. L. & Barbaree, H. E. (1988). The long-term evaluation of a behavioral treatment program for child molesters. *Behaviour Research and Therapy, 26,* 499-511.

Marshall, W. L. & Barbaree, H. E. (1990). An integrated theory of the etiology of sexual offending. In W. L. Marshall, D. R. Laws & H. E. Barbaree (Eds.), *Handbook of sexual assault: Issues, theories, and treatment of the offender,* (pp. 257-275). New York: Plenum.

Marshall, W. L. & Eccles, A. (1991). Issues in clinical practice with sex offenders. *Journal of Interpersonal Violence, 6,* 68-93.

Marshall, W. L. Hudson, S. M., Jones, R. & Fernandez, Y. M. (1995). Empathy in sex offenders. *Clinical Psychology Review, 15,* 99-113.

Marshall, W. L. & Lippens, K. (1977). The clinical value of boredom: A procedure for reducing inappropriate sexual interests. *The Journal of Nervous and Mental Disease, 165,* 283-287.

McAnulty, R. D. & Adams, H. E. (1992). Behavior therapy with paraphilic disorders. In S. M. Turner, K. S. Calhoun & H. E. Adams, (Eds.), *Handbook of Clinical Behavioral Therapy.* (2nd ed.; pp. 175-201). New York: Wiley.

McAnulty, R. D. & Burnette, M. M. (2004). *Exploring human sexuality: Making healthy decisions (2nd ed.).* Boston, MA: Allyn & Bacon.

McFall, R. M. (1990). The enhancement of social skills: An information-processing analysis. In W. L. Marshall, D. R. Laws & H. B. Barbaree (Eds.), *Handbook of sexual assault: Issues, theories, and treatment of the offender* (pp. 311-30). New York: Plenum.

McGuire, R. J., Carlisle, J. M. & Young, B. G. (1965). Sexual deviations as conditioned behaviour: A hypothesis. *Behaviour Research and Therapy, 2,* 185-190.

McMullin, R. E. (1986). *Handbook of cognitive therapy techniques.* New York: Norton.

Miller, N. (1948). Studies of fear as an acquirable drive. *Journal of Experimental Psychology, 38,* 89-101.

Mowrer, O. (1947). On the dual nature of learning—a reinterpretation of "conditioning" and "problem solving." *Harvard Educational Review, 17,* 102-148.

Murphy, W. D. (1990). Assessment and modification of cognitive distortions in sex offenders. In W. L. Marshall, D. R. Laws & H. E. Barbaree (Eds.), *Handbook of sexual assault: Issues, theories, and treatment of the offender* (pp. 331-342). New York: Plenum Press.

Paul, R. H., Marx, B. P. & Orsillo, S. M. (1999). Acceptance-based psychotherapy in the treatment of an adjudicated exhibitionist: A case example. *Behavior Therapy, 30,* 149-162.

Pithers, W. D. (1990). Relapse prevention with sexual aggressors. In W. L. Marshall, D. R. Laws & H. E. Barbaree (Eds.), *Handbook of sexual assault: Issues, theories, and treatment of the offender* (pp. 343-361). New York: Plenum Press.

Prentky, R. A. & Knight, R. A. (1991). Identifying critical dimensions for discriminating among rapists. *Journal of Consulting and Clinical Psychology, 59,* 643-661.

Quinsey, V. L. (1977). The assessment and treatment of child molesters: A review. *Canadian Psychological Review, 18,* 204-220.

Quinsey, V. L., Chaplin, T. C. & Carrigan, W. F. (1980). Biofeedback and signaled punishment in the modification of inappropriate age preferences. *Behavior Therapy, 11,* 567-576.

Quinsey, V. L. & Earls, C. M. (1990). The modification of sexual preference. In W. L. Marshall, D. R. Laws & H. E. Barbaree (Eds.), *Handbook of sexual assault: Issues, theories, and treatment of the offender* (pp. 343-361). New York: Plenum Press.

Rachman, S. (1966). Sexual fetishism: An experimental analogue. *Psychological Record, 16,* 293-296.

Rachman, S. J. & Hodgson, R. J. (1968). Experimentally induced sexual fetishism: Replication and development. *Psychological Record, 18,* 25-27.

Reif, W., Heuser, J. & Fichter, M. M. (1996). What does the Toronto Alexithymia Scale TAS-R measure? *Journal of Clinical Psychology, 52,* 423-429.

Rice, M. E., Chaplin, T. C., Harris, G. T. & Coutts, J. (1994). Empathy for the victim and sexual arousal among rapists and nonrapists. *Journal of Interpersonal Violence, 9,* 435-449.

Rimm, D. C. & Masters, J. C. (1974). *Behavior therapy: Techniques and empirical findings.* New York: Academic Press.

Rooth, G. (1980). Exhibitionism: An eclectic approach to management. *British Journal of Hospital Medicine, 23,* 366-370.

Schoenfield, W. (1950). An experimental approach to anxiety, escape, and avoidance behavior. In P. Hock & J. Zubin (Eds.), *Anxiety.* New York: Grune and Stratton.

Schroeder, H. E. & Black, M. J. (1985). Unassertiveness. In M. Hersen & A. S. Bellack (Eds.), *Handbook of clinical behavior therapy with adults* (pp. 509-530). New York: Plenum.

Smith, M. J. (1975). *When I say no I feel guilty.* New York: Dial Press.

Stava, L., Levin, S. M. & Schwanz, C. (1993). The role of aversion in covert sensitization in the treatment of pedophilia: A case report. *Journal of Child Sexual Abuse, 2,* 1-13.

Stermac, L. E. & Quinsey, V. L. (1986). Social competence among rapists. *Behavioral Assessment, 8,* 171-185.

Thorpe, J. G., Schmidt, E. & Castell, D. (1964). A comparison of positive and negative (aversive) conditioning in the treatment of homosexuality. *Behaviour Research and Therapy, 1,* 357-362.

Turk, D. C., Rudy, T. E. & Sorkin, B. A. (1992). Chronic pain: Behavioral conceptualizations and interventions. In S. M. Turner, K. S. Calhoun and H. E. Adams, (Eds.), *Handbook of Clinical Behavioral Therapy* (2nd ed.; pp. 373-396). New York: Wiley.

Turkat, I. D. (1990*). The personality disorders: A psychological approach to clinical management.* New York: Pergamon.

VanDeventer, A. D. & Laws, D. R. (1978). Orgasmic reconditioning to redirect sexual arousal in pedophiles. *Behavior Therapy, 9,* 748-765.

Ward, T. & Hudson, S. M. (1998). A model of the relapse process in sex offenders. *Journal of Interpersonal Violence, 13,* 700-725.

Ward, T., Hudson, S. M. & Kennan, T. (2000). The assessment and treatment of sexual offenders against children. In C. R. Hollins (Eds.) *Handbook of offender assessment and treatment* (pp. 358-361) London: Wiley.

Ward, T. & Stewart, C. A. (2003). Criminogenic needs or human needs: A theoretical model. *Psychology, Crime & Law, 9,* 125-143.

Weinrott, M. R. Riggan, M. & Frothingham, S. (1997). Reducing deviant arousal in juvenile sex offenders using various sensitization. *Journal of Interpersonal Violence, 12,* 704-728.

Wincze, J. P. & Carey, M. P. (2001). *Sexual dysfunction: A guide for assessment and treatment* (2nd ed.). New York: Guilford.

LEITURAS PARA APROFUNDAMENTO

Laws, D. R. & O'Donohue, W. (Eds.). (1997). *Sexual deviance: Theory, assessment and treatment.* New York: Guilford.

Ward,T., Laws, D. R. & Hudson, S. M. (Eds.), *Sexual deviance: Issues and controversies.* Thousand Oaks, CA: Sage.

Wincze, J. P. & Carey, M. P. (2001). *Sexual dysfunction: A guide for assessment and treatment (2nd ed.).* New York: Guilford.

Apêndice. Folheto de sensibilização velada

SENSIBILIZAÇÃO VELADA

- **Quando:** Use esta técnica quando perceber que está tendo fantasias com um tema sexual atípico (esquisito) no trabalho ou enquanto dirige (ou a qualquer momento quando se masturbar ou se envolver em algum comportamento sexual). Use essa técnica para todas as fantasias sexuais atípicas (esquisitas), inclusive travestismo, incesto, pedofilia, sadomasoquismo e bestialidade. (O recondicionamento masturbatório é a técnica a ser usada quando tem uma fantasia atípica e está envolvido em um comportamento sexual).
- **Por que:** Esta técnica é usada para quebrar a conexão entre a fantasia e o prazer dela derivado. Ao emparelhar algo embaraçoso ou desagradável com a fantasia, você achará que ela não é mais prazerosa. Uma vez que as fantasias deixam de ser prazerosas, verá que sua freqüência diminui e, por fim, pára. Você precisa ser persistente no uso desta técnica. O uso ocasional de fantasias aberrantes com resultado prazeroso as reforça e limita seu poder de controlar seu comportamento.

- **Como usar a Sensibilização velada:**
  - Você precisa ter uma imagem aversiva (um resultado embaraçoso ou desagradável) para cada uma das fantasias sexuais atípicas (esquisitas) que tiver. Ensaie esses resultados desagradáveis de modo a se familiarizar com eles. Você precisa ser capaz de pensar neles durante as fantasias que está tentando interromper para ter certeza que as aprendeu bem. Você pode anotá-las para não esquecer.
  - Sempre que se pegar fantasiando sobre um tema sexual atípico (esquisito), deve imediatamente alternar para a imagem aversiva. Essas imagens aversivas incluem ver sua família chegando enquanto você está travestido, ser preso e ter sua fotografia e nome no jornal, seus colegas descobrirem sobre seu comportamento, sua namorada dizer que não quer mais namorar com você por causa de seu comportamento, seus filhos descobrirem seu comportamento etc.

TRANSTORNOS ASSOCIADOS A PROBLEMAS FÍSICOS

O ENFRENTAMENTO DO ESTRESSE: ESTRATÉGIAS COGNITIVO-COMPORTAMENTAIS

PHILLIP L. RICE[1]

I. INTRODUÇÃO

O Tour da França constitui, indubitavelmente, um dos principais acontecimentos esportivos do mundo. A cada ano, cerca de 200 ciclistas submetem seus corpos à prova final de resistência – percorrer cerca de 4.000 km em três semanas. Além do desgaste físico, das provas contra-relógio, das extenuantes montanhas, incluindo as de categoria especial, essa elite de ciclistas expõe-se a cada dia também a muitas pressões sociais. Milhares de fãs pressionam para obter autógrafos e um agressivo corpo de imprensa quer a última palavra sobre a estratégia da corrida ou o que passa pela cabeça dos atletas.

Em meio disso, Miguel Induráin captou a atenção do mundo, não somente por suas cinco vitórias consecutivas, mas pela maneira com que enfrentava a pressão. Seja subindo ao pódio para vestir outra vez a malha amarela ou satisfazendo as exigências dos fãs e dos repórteres, sempre aparecia perfeitamente tranqüilo e sereno. Às vezes pensava-se se o Induráin do Tour era diferente do Induráin privado, que se jogava no sofá ou passava as férias em família.

Consideremos outro atleta com certa fama. Tonya Harding ocupou as manchetes dos jornais em todo o mundo depois que membros de seu contexto conspiraram para atacar e lesar sua rival Nancy Kerrigan. Nas semanas posteriores, houve inúmeras histórias de enfrentamentos entre Tonya e a imprensa. Com freqüência, Tonya parecia perder o controle e criticava os membros da imprensa. Mais tarde, quando um cadarço solto de seu tênis ameaçou impedi-la de competir nos Jogos Olímpicos, Tonya pareceu enlouquecer e suplicava, chorosa, aos juízes que lhe dessem tempo para fazer os arranjos necessários. Enquanto isso, depois que passou o susto do ataque, Nancy Kerrigan parecia capaz de lidar com sua insegura situação e com as exigências dos fãs e da imprensa de forma serena.

O que explica essas diferenças nos estilos de enfrentamento? Onde estão os sinais de estresse em Induráin e em Kerrigan? Que fatores permitem a algumas pessoas enfrentar as situações de forma tão admirável, enquanto outras parecem lutar para manter o controle? Quanto nos ajudam nossos estudos sobre o estresse a compreender melhor as formas com as quais as pessoas são capazes de enfrentar os contratempos da existência cotidiana? Antes de mergulharmos nas variedades de estratégias de enfrentamento, temos de tentar definir o que é o enfrentamento.

---

[1]Moorhead State University (Estados Unidos).

II. A TERMINOLOGIA DO ENFRENTAMENTO: ORIGENS E DEFINIÇÕES

O termo "enfrentar" *(to cope with)* é uma expressão coloquial britânica. Significa literalmente enfrentar um adversário ou um obstáculo, ou lutar contra algum inimigo vitoriosamente, em um plano de igualdade. "Enfrentar" significa também ser capaz de competir com alguém ou algo que constitui uma ameaça (Webster's, 1979). O termo parece cunhado a propósito para uma discussão sobre o estresse. Este é visto geralmente como uma força negativa, algo que ameaça nossa segurança psíquica.

Todos nós lutamos com o estresse de uma ou outra forma e, normalmente, diariamente. Ainda assim, parece claro que nem sempre enfrentamos o estresse em um plano de igualdade; nem sempre temos sucesso com nossos esforços de enfrentamento. Isso pode ser porque não sabemos qual é a fonte do estresse, porque não dispomos das armas para combater o estresse ou porque não aprendemos a utilizar as armas de enfrentamento que estão disponíveis.

Numa das primeiras tentativas para definir o enfrentamento, Folkman e Lazarus (1980) sugeriram que este consiste em todos os esforços cognitivos e comportamentais para superar, reduzir ou tolerar as demandas. Não importa se as demandas são impostas a partir do exterior (pela família, trabalho ou amigos, por exemplo) ou a partir do interior (quando se luta com um conflito emocional ou quando se colocam padrões muito elevados impossíveis de atingir, por exemplo). O enfrentamento busca, de algum modo, suavizar ou atenuar o impacto das demandas.

Kenneth Matheny e seus colaboradores revisaram uma grande quantidade de investigação sobre o enfrentamento e chegaram a uma definição similar (Matheny *et al.*, 1986). Definiram o enfrentamento como "qualquer esforço, saudável ou não, consciente ou inconsciente, para evitar, eliminar ou debilitar os estímulos estressantes ou para tolerar seus efeitos da maneira menos prejudicial" (p. 509). Essa será a definição de base para nossos propósitos. Uma parte da definição merece um comentário. Os esforços de enfrentamento não são sempre saudáveis e construtivos. As pessoas às vezes adotam estratégias de enfrentamento que realmente lhes causam mais problemas. Um exemplo é a pessoa que desvia fundos para solucionar problemas econômicos pessoais. Os esforços de enfrentamento podem ter um objetivo positivo, mas o resultado do enfrentamento errôneo pode ser qualquer coisa, menos positivo.

III. CATEGORIAS DE ENFRENTAMENTO: ENFRENTAMENTO CENTRADO NO PROBLEMA COMPARADO COM O CENTRADO NA EMOÇÃO

Desde que Selye (1956) começou seu programa de pesquisa sobre o estresse, os pesquisadores procuraram classificar os diferentes tipos de estresse. Seu objetivo era impor ordem em meio ao caos e fazer com que a pesquisa avançasse de um modo mais sistemático. O mesmo é certo para a pesquisa sobre o enfrentamento. Vários grupos proporcionaram esquemas de classificação para pôr certa ordem nessa pesquisa. Começarei

O ENFRENTAMENTO DO ESTRESSE: ESTRATÉGIAS COGNITIVO-COMPORTAMENTAIS

com um esquema simples de duas categorias proporcionado por Folkman e Lazarus (1980).

Do ponto de vista de Folkman e Lazarus, uma forma de enfrentar as situações é tentando mudar a relação eu-ambiente. Esse tipo de enfrentamento é instrumental ou *centrado no problema*. Consideremos, por exemplo, o membro de uma família que cuida de um ente querido que sofre de uma doença crônica. Esse cuidador pode buscar aconselhamento médico, ler materiais instrutivos e assistir sessões de grupo para aprender como os outros proporcionam esse cuidado. Esses esforços podem permitir a esse cuidador reduzir, ou até superar, a pressão de cuidar da pessoa doente.

Um enfoque centrado no problema parece o mais racional, mas o estresse freqüentemente provoca fortes conflitos e reações emocionais. O enfrentamento tem de trabalhar, então, para diminuir o mal-estar e a dor emocional. Folkman e Lazarus chamaram-no de afrontamento paliativo ou *centrado na emoção*. Imaginemos que um dos cônjuges acaba de saber que o outro vai entrar com um pedido de divórcio. O primeiro sentirá, normalmente, uma grande sensação de perda, talvez sentimento de culpa pelo fracasso do casamento e certa incerteza e confusão sobre o futuro. Nas primeiras semanas depois de saber do divórcio, tentará freqüentemente enfrentar a avassaladora sensação de prejuízo e orgulho ferido.

Não obstante, os exemplos deixam claro que as duas estratégias não são independentes uma da outra. O cuidador tem freqüentemente de lidar com emoções intensas, inclusive quando a solução de problemas adicional funciona. Imaginemos que o cuidador observa uma doença degenerativa (mal de Alzheimer ou um câncer terminal), que gradualmente vai tirando do ente querido a capacidade de viver uma vida normal. Não importa quão racional seja o cuidador; haverá muitas ocasiões nas quais será necessária uma ação direta e imediata para aliviar a dor emocional. Do mesmo modo, depois que um cônjuge abandonado se vê com a dor emocional, pode utilizar algumas estratégias de solução de problemas muito racionais, como contratar assessoria legal para desfazer o casamento de uma forma civilizada.

A debilidade inerente às dicotomias simples levou outros pesquisadores a considerar esquemas de classificação mais amplos. Descreverei brevemente dois desses esforços, um de Menaghan (1983) e o outro do grupo de Matheny (Matheny *et al.*, 1986). Elizabeth Menaghan sugeriu que o enfrentamento pode ser considerado em termos de três aspectos de ordem superior: recursos de enfrentamento, estratégias de enfrentamento e estilos de enfrentamento. Os *recursos de enfrentamento* constituem a linha de abastecimento de estratégias de enfrentamento. São as vantagens físicas, pessoais e sociais que uma pessoa leva consigo à situação. As *estratégias de enfrentamento* referem-se às atuações e planos diretos utilizados para diminuir ou eliminar o estresse. O grupo de Matheny centrou-se principalmente nas estratégias de enfrentamento. Assim, seu esquema pode ser considerado como um subgrupo do esquema de Menaghan. Os *estilos de enfrentamento* são as formas habituais ou estereotipadas de se enfrentar uma crise.

IV. RECURSOS DE ENFRENTAMENTO: ATRIBUTOS E APOIOS

O enfrentamento eficaz depende de determinados recursos preparados para alimentar o esforço. Esses recursos podem ser traços pessoais, sistemas sociais ou atributos físicos. Entre os traços pessoais mais importantes encontram-se a auto-eficácia, o otimismo, a percepção de controle e a auto-estima. Os recursos sociais incluem a família, os amigos, o trabalho e os sistemas oficiais de ajuda. Os recursos físicos incluem uma boa saúde, adequada energia física, alojamento funcional e um mínimo de estabilidade financeira.

IV.I. *Traços pessoais: auto-eficácia e otimismo*

O que pensamos de nós mesmos – o autoconceito – está moldado por experiências passadas, mas influencia de maneira poderosa a maneira como lidamos com os estímulos estressantes atuais. O autoconceito também modela nossas expectativas de sucesso no futuro. O mundo dos negócios utiliza um *slogan* indicando que o sucesso alimenta o sucesso. O outro lado da moeda assinala que o fracasso é um caminho escorregadio rumo a parte alguma. O saber, no mundo dos negócios, tem sua correspondência nos esforços de enfrentamento. Os sucessos passados de enfrentamento alimentam um autoconceito positivo. Isso torna mais fácil lidar com os estímulos estressantes atuais e normalmente gera expectativas com relação ao sucesso no futuro. O fracasso passado costuma alimentar um autoconceito negativo. O fracasso torna mais difíceis os esforços de enfrentamento atuais e pode estabelecer um conjunto de expectativas de fracasso para o futuro. A pesquisa sobre o enfrentamento utiliza vários conceitos para explicar esse processo, mas falarei somente de duas dessas idéias, a auto-eficácia e o otimismo disposicional.

Bandura (1977) foi o primeiro a falar sobre uma crença relativa a si mesmo denominada auto-eficácia. A *auto-eficácia* é a crença de que uma pessoa pode controlar os acontecimentos ou enfrentar as demandas estressantes. Bandura afirma que "as expectativas de domínio pessoal afetam o início e a persistência do comportamento de enfrentamento. É provável que a força das convicções das pessoas sobre sua própria eficácia afete inclusive a iniciativa de realizar o enfrentamento" (p. 193).

Na teoria da valoração do estresse proposta por Richard Lazarus, a auto-eficácia tem a ver com as valorações secundárias. Uma valoração secundária responde à pergunta básica: temos as habilidades necessárias para enfrentar as demandas atuais? A forte crença na eficácia do enfrentamento conduz, normalmente, a menores níveis de estresse, enquanto que uma fraca crença nessa eficácia leva, geralmente, a um elevado estresse. Bandura e seus colaboradores confirmaram esse princípio e observaram também outros resultados negativos. Além de experimentar elevados níveis de mal-estar subjetivo, pessoas com uma fraca crença na eficácia do enfrentamento têm uma maior ativação autônoma e elevadas secreções de catecolamina em plasma (Bandura, Reese e Adams, 1982).

As valorações errôneas podem produzir conseqüências indesejáveis, como a ansiedade e a disfunção comportamental. Matheny e seus colaboradores utilizam a lupa comum como uma analogia (Matheny *et al.*, 1986). Quando olhamos por um lado da lupa, tudo parece muito maior: mas quando olhamos pelo outro lado, tudo parece menor. Pessoas com uma grande valoração da eficácia do enfrentamento podem ver as demandas de pequena magnitude, pois consideram que suas habilidades são mais que adequadas para o que for. Por outro lado, pessoas com uma fraca eficácia podem ver as demandas através da lente de aumento, inclusive quando as demandas são objetivamente pequenas, enquanto podem contemplar suas habilidades de enfrentamento através da lente de diminuição, inclusive quando um observador externo considera as habilidades da pessoa como adequadas.

A auto-eficácia não é um traço fixo; pode mudar com novas experiências. O trabalho em intervenções de enfrentamento parece incentivar maiores crenças de auto-eficácia. E mais, algumas estratégias de intervenção parecem ter sucesso somente quando há uma mudança positiva na auto-eficácia percebida (O'Leary, 1985). Por exemplo, os programas para ajudar os fumantes a deixar o tabaco, para o controle da dor e para a adesão a programas de exercícios e alimentação parecem depender, todos eles, de mudanças na auto-eficácia.

O otimismo disposicional refere-se à expectativa de que aconteçam coisas positivas. O otimismo é um filtro perceptivo que dá cor positiva a muitas situações, enquanto que o pessimismo as pinta de preto. Scheler e Carver (1987) acreditam que o otimismo é um traço da personalidade que pode ter uma poderosa influência sobre o enfrentamento. Suas pesquisas sugerem que é mais provável que os otimistas, comparados aos pessimistas, confiem em métodos de enfrentamento que produzam melhores resultados e que conduzam a expectativas mais favoráveis. É mais provável que os otimistas, comparados com os pessimistas, persistam também em seus esforços de enfrentamento (Scheier, Weintraub e Carver, 1986). Este e o trabalho anterior sobre auto-eficácia sugerem que os esforços para melhorar os dois traços que vimos neste item têm um efeito positivo sobre o enfrentamento.

IV.2. O apoio social: estruturas e funções

O apoio social surgiu como um importante recurso para o enfrentamento eficaz. As evidências sugerem que o apoio social, por si só, contribui apenas com uma pequena parcela com os esforços de enfrentamento, mas é muito importante quando combinado com outras estratégias de enfrentamento. O apoio social pode ajudar pessoas a enfrentar o estresse através da ação direta ou indireta (Cohen e Wills, 1985). O efeito indireto denomina-se *modelo amortecedor*. Neste caso, o apoio social não faz nada, de forma direta, para reduzir ou eliminar o estresse. Somente protege a pessoa dos efeitos negativos do estresse.

Por outro lado, o apoio social pode ser válido e benéfico em si mesmo ao proporcionar à pessoa uma sensação de *controle direto* sobre o estresse ou assegurar múltiplas formas de atuar contra o estresse. Por exemplo, consideremos uma pessoa que quer ir contra uma grande empresa que está contaminando o ambiente. Tentar fazer o trabalho sozinho pode ser inútil, mas com a ajuda de algum organismo social a tarefa pode produzir mudanças notáveis nas atividades da empresa. Isso pode reduzir ou eliminar uma importante fonte de estresse, não somente para o indivíduo, mas também para muitas outras pessoas da vizinhança.

Tanto o apoio social funcionando como um amortecedor do estresse ou acabando com o estresse, as pessoas participam de um diálogo contínuo, implícito ou explícito, com as unidades de apoio social (família, amigos, trabalho e igreja, por exemplo). Esse diálogo implica um intercâmbio de informações positivas e negativas entre a pessoa e a unidade social. O intercâmbio de informações pode inspirar um comportamento de enfrentamento positivo ou pode ter um efeito descompensador sobre o enfrentamento (Leavy, 1983).

Sheldon Cohen (1988) acredita que o apoio social tem de ser definido pela combinação da estrutura e da função (Cohen e Syme, 1985; Cohen e Wills, 1985). Do ponto de vista de Cohen, existem estruturas sociais formais e informais. A família, os amigos e os colegas de trabalho são exemplos de estruturas informais. A maioria dos organismos sociais e a igreja são exemplos de estruturas formais. Witmer (1986) observou que as crenças religiosas pessoais e a prática religiosa constituem elementos de enfrentamento aos quais não se prestou muita atenção. Os grupos religiosos constituem fortes sistemas de apoio social. Esses sistemas servem para proporcionar apoio emocional, dar informação e aconselhamento ou ajudar a desenvolver uma estratégia de solução de problemas.

Existem evidências de que a quantidade de apoio não é tão importante quanto a qualidade (Schultz e Saklofske, 1983). Isto se baseia na experiência de que pessoas com um amplo apoio, mas de baixa qualidade, informam sentir-se sozinhas mais freqüentemente que pessoas com um apoio menor, mas de alta qualidade.

A evidência adicional sugere que há importantes diferenças de sexo na qualidade do apoio social. Comparados com as mulheres, os homens normalmente têm um sistema de apoio mais amplo, mas esse apoio costuma ser mais superficial. Pelo contrário, as mulheres, geralmente, têm um sistema mais limitado, mas mais íntimo e intenso comparado com o dos homens (Shumaker e Hill, 1991). Para a maioria dos homens, o apoio mais íntimo e intenso costuma provir de suas esposas, enquanto que as mulheres geralmente têm várias amigas, fora da unidade conjugal, que têm essa função. Finalmente, as mulheres habitualmente utilizam seus sistemas de apoio de modo mais eficaz durante as crises, ao passo que é menos provável que os homens utilizem os seus.

Algumas situações estressantes podem ser mais beneficiadas pelo apoio social que outras. Isso é especialmente certo quando o estímulo estressante provém do cuidado de membros muito pequenos da família ou muito idosos, com uma doença crônica ou alguma outra condição limitante (Shapiro, 1983). As famílias que têm crianças com incapacidades, por exemplo, tiram proveito, freqüentemente, dos grupos de apoio social que podem intercambiar informações sobre técnicas para proporcionar cuidados, ajudando também a pessoa a lidar com os transtornos emocionais que acompanham o fato de cuidar de alguém (Yablin, 1986; Kirkham, Schilling, Norelius e Schinke, 1986).

O Enfrentamento do Estresse: Estratégias Cognitivo-comportamentais **307**

Os pacientes com Aids e com o complexo relacionado com a Aids experimentam também um maior mal-estar quando acreditam que dispõem de menos apoio (Zich e Temoshok, 1987). No "Estudo sobre a saúde dos homens de San Francisco" (*San Francisco Men's Health Study*), Roben Hays e seus colaboradores se interessaram pelos níveis de depressão em homossexuais (Hays, Turner e Coates, 1992). Observaram que os homens de sua amostra estavam ligeiramente mais deprimidos que os normais, mas sua depressão não era clinicamente grave. Dois fatores eram muito importantes nesse grupo para amortecer o estresse e a depressão. Esses fatores eram a qualidade do apoio social recebido e o apoio informativo proporcionado.

Infelizmente, desenvolver bons sistemas de apoio social é mais difícil que aprender a utilizar o relaxamento ou controlar o peso. É possível que as estratégias de intervenção tenham de adotar um enfoque em longo prazo e se centrar em diferentes habilidades sociais, incluindo ser aberto e o compromisso com as relações sociais. A informação sobre organismos sociais pode ser também importante, mas essa informação necessita, normalmente, ser específica ao problema que a pessoa está enfrentando nesse momento. Finalmente, é possível que as estratégias de intervenção tenham de ser apropriadas ao sexo, posto que parece que é menos provável que os homens tenham sistemas eficazes de apoio social em comparação com as mulheres.

V. ESTRATÉGIAS DE ENFRENTAMENTO COMBATIVAS E PREVENTIVAS

A segunda fonte de enfrentamento são as estratégias de enfrentamento que aprendemos a utilizar por meio da experiência, observando os outros empregando uma nova estratégia de enfrentamento ou lendo um material instrutivo sobre técnicas de enfrentamento. Existem demasiadas estratégias para descrevê-las em um único capítulo. Para simplificar, utilizarei o esquema fornecido pelo grupo de Matheny (Matheny *et al.,* 1986). A equipe de Matheny baseou seu esquema de classificação em uma metanálise sobre os estudos de enfrentamento. Uma metanálise é um método quantitativo para resumir os resultados de muitos estudos e examinar os padrões dos resultados desses estudos. O esquema de Matheny é apresentado no quadro 11.1.

Em primeiro lugar, as estratégias de enfrentamento podem ser agrupadas em duas amplas categorias denominadas enfrentamento combativo ou preventivo (Matheny *et al.,* 1986). O *enfrentamento combativo refere-se* a uma reação provocada diante de algum estímulo estressante. O propósito é suprimir ou terminar com um estímulo estressante. Na terminologia da teoria do condicionamento clássico, o enfrentamento combativo é aprendizagem de fuga. Tem lugar um acontecimento aversivo e tentamos fugir dele. Isso faz com que tal estratégia soe como uma forma inferior de enfrentamento. Mas, em alguns casos, não temos escolha.

Por exemplo, é possível que nos encontremos com uma catástrofe natural, como uma inundação ou um terremoto. Então, tudo o que podemos fazer é tentar minimizar o efeito desse estímulo estressante. Consideremos outro exemplo. Uma jovem conhece um rapaz e, depois de um breve noivado, casam-se. Ele tem todos os atributos que ela esperava e se entrega ao que parece ser um casamento feliz. Porém, pouco depois, ele

Quadro 11.1. Métodos preventivos e combativos de enfrentamento (adaptado de Matheny, et al., 1986)

Estratégias preventivas	Estratégias combativas
1. Evitação dos estímulos estressantes por meio de adaptações da vida.	1. Vigilância dos estímulos estressantes e dos sintomas.
2. Adaptação dos níveis de exigência.	2. Recursos de organização.
3. Modificação dos padrões de comportamento que induzem ao estresse.	3. Atacar os estímulos estressantes.
4. Desenvolvimento de recursos de enfrentamento.	

a. atributos fisiológicos
  b. atributos psicológicos
	a. solução de problemas
	  b. assertividade
	  c. dessensibilização

confiança
    sensação de controle
    auto-estima
	4. Tolerar os estímulos estressantes

c. atributos cognitivos	a. reestruturação cognitiva
	  b. negação
	  c. centrar-se na sensação

crenças funcionais
    habilidades para a manipulação do tempo
    competência acadêmica
	5. Reduzir a ativação

d. atributos sociais	a. relaxamento
	  b. auto-exposição
	  c. catarse
	  d. automedicação

apoio social habilidades para fazer amizades	
e. atributos econômicos	

manifesta um padrão de abuso físico que progride lentamente até níveis perigosos. Tendo em conta a ausência de sinais anteriores de ataques violentos em seu marido, ela não tem outra escolha senão utilizar uma estratégia de enfrentamento que seja principalmente de reação diante da situação.

Por outro lado, o *enfrentamento preventivo* é pró-ativo. Tenta ativamente evitar que apareçam os estímulos estressantes. Em termos do condicionamento clássico, esse tipo de estratégia é aprendizagem de esquiva. Aprendemos a antecipar o começo de um estímulo aversivo e damos respostas antecipadamente, para evitar que apareça o acontecimento aversivo. Utilizarei um caso real para ilustrar. Uma jovem, Sofia, estava envolvida em um relacionamento com um jovem a quem chamarei de Daniel. O relacionamento se foi tornando cada vez mais sério. Conforme Sofia foi conhecendo melhor a família, notou sinais de perigo. O pai freqüentemente maltratava verbal e psicologicamente sua mulher e sua filha. Em várias ocasiões, Sofia viu Daniel repetindo o padrão do pai, maltratando verbalmente sua mãe e sua irmã. Sofia resolveu dar os passos decisivos para terminar o relacionamento, com o objetivo de evitar uma repetição desse padrão em seu próprio casamento.

O grupo de Matheny encontrou evidências de cinco tipos gerais de estratégias de enfrentamento combativo: vigilância do estresse, recursos de organização, tolerar os estímulos estressantes, atacar esses estímulos e diminuir a tensão. A *vigilância do estresse* implica dar-se conta da tensão quando ocorre e reconhecer sua origem. Esse é o primeiro passo necessário para ser capaz de utilizar outras estratégias de enfrentamento. Inclui ser sensível às mudanças físicas e aos sinais de tensão nos músculos e nas vísceras. A segunda estratégia combativa refere-se aos *recursos de organização,* que inclui organizar os recursos pessoais e sociais. Podemos simplesmente, também, *tolerar os estímulos estressantes.* Em vez de os eliminar, deixamos que sigam seu caminho de saída. No caso de estímulos estressantes fracos ou alguns dos moderados, esse enfoque pode funcionar de modo adequado e reduz o esforço requerido para o enfrentamento. Ainda assim, esse enfoque é visto como uma mentalidade de *bunker*, que simplesmente espera passar os obstáculos. É provável que não seja útil com a maioria dos estímulos estressantes moderados e com os sérios.

Quando tentamos eliminar totalmente um acontecimento estressante, estamos empregando a estratégia de *atacar os estímulos estressantes.* Isso se faz freqüentemente utilizando as habilidades de solução de problemas, buscando aspectos relevantes da informação, empregando as habilidades sociais de forma prudente ou sendo assertivo quando necessário. Um método sutil para atacar os estímulos estressantes é a reestruturação cognitiva. Para levar a cabo esse procedimento, temos de examinar os padrões de pensamento que são negativos, autoderrotistas e autolimitantes. Esse método requer freqüentemente alguma ajuda externa, porque temos dificuldades para ver os erros de nossos próprios padrões de pensamentos. Entre as estratégias de reestruturação cognitiva empregados para esse propósito encontram-se o treinamento em auto-instruções e a terapia racional emotivo-comportamental.

Há evidências de que as crianças utilizam espontaneamente técnicas de reestruturação cognitiva para lidar com o estresse nas clínicas médicas (Branson e Craig, 1988). Um problema com os procedimentos médicos é que existem determinados mitos sobre a provável dor, incômodo ou náusea associados a um procedimento médico. Mesmo antes de que possamos experimentar o procedimento, o mito pode gerar ansiedade por antecipação. Refletimos sobre o que nos disseram os outros e ficamos mais nervosos conforme mais vamos remoendo a coisa. Nessa situação, as ruminações constituem o calcanhar-de-aquiles do enfrentamento. Depois de passar por um procedimento aversivo várias vezes (por exemplo, quimioterapia ou punções), a ansiedade por antecipação pode subir até níveis que causem náuseas graves e interfiram no tratamento.

A ansiedade por antecipação ocorre mais freqüentemente em pacientes jovens e naqueles que têm uma elevada ansiedade característica (Jacobsen, Bovbjerg e Redd, 1993). Por exemplo, as crianças informam da presença de pensamentos "catastróficos" enquanto esperam um tratamento dentário. Não obstante, utilizam autoverbalizações positivas e técnicas para a detenção do pensamento com a finalidade de desembaraçar-se dos pensamentos negativos e o controle emocional para reduzir as preocupações.

A quinta estratégia combativa é a diminuição da ativação utilizando técnicas de relaxamento (descritas mais adiante) ou reduzindo a estimulação. É importante assinalar uma vez mais que nem todas as estratégias de enfrentamento produzem resultados positivos. Descreverei um exemplo de uma estratégia de enfrentamento dirigida à redução da ativação e da ansiedade, mas que aumenta os riscos de forma muito séria.

Esse exemplo baseia-se na pesquisa realizada entre homens homossexuais e bissexuais de San Francisco (Folkman, Chesney, Pollack e Phillips, 1992). O grupo de pesquisa de Folkman contemplou o comportamento sexual de risco dentro do contexto de um modelo de enfrentamento do estresse. A pesquisa anterior sugeria que o contato sexual podia ser utilizado por algumas pessoas como uma estratégia para o alívio da tensão. Infelizmente, essa estratégia pode levar também a um aumento do número de parceiros sexuais, o que aumenta sensivelmente o risco de Aids.

O grupo de Folkman não encontrou uma associação entre a quantidade de estresse e a tendência da pessoa a ter relações sexuais sem proteção. Porém, o método habitual de enfrentamento do estresse por parte do sujeito tinha efeito. Isto é, era muito mais provável que os sujeitos que informavam utilizar a relação sexual como uma estratégia de enfrentamento do estresse tivessem relações sexuais sem proteção durante períodos de estresse. Isso sugere que os programas de intervenção que previnem a Aids deveriam levar em conta as estratégias singulares de enfrentamento dos pacientes. Além disso, o programa deveria ensinar estratégias de enfrentamento alternativas que reforçassem os comportamentos autoprotetores saudáveis.

Na análise feita pelo grupo de Matheny surgiram quatro estratégias preventivas de enfrentamento. Estas foram identificadas como: realizar adaptações na vida para evitar os estímulos estressantes, adaptar as demandas, mudar os comportamentos que produzem estresse e desenvolver mais recursos pessoais de enfrentamento. Uma adaptação da vida para evitar o estresse é abandonar um trabalho pouco reforçador ou mudar de carreira. Podemos adaptar as demandas sabendo dizer "não" e sem nos sentirmos culpados por isso. Poderíamos mudar os comportamentos causadores de estresse desembaraçando-nos das tendências de padrão de comportamento Tipo A ou reduzindo a impulsividade que nos causa problemas nas relações interpessoais. Finalmente, podemos trabalhar no desenvolvimento de recursos pessoais de enfrentamento melhorando a autoeficácia, aprendendo habilidades para a distribuição do tempo ou cultivando amplos sistemas sociais, mas de alta qualidade.

VI. ESTILOS DE ENFRENTAMENTO: ESTRATÉGIAS REATIVAS E PRÓ-ATIVAS

As pessoas são criaturas de hábitos muito mais do que gostariam de pensar que o são. Isso é certo também com os esforços de enfrentamento. Uma reação habitual ou estereotipada diante do estresse denomina-se estilo de enfrentamento. Uma equipe de pesquisa sugeriu que o enfrentamento pode ser categorizado como pró-ativo ou reativo (Adams, Hayes e Hopson, 1976). Uma pessoa pró-ativa é aquela que age logo para evitar que se desenvolva o estresse. Uma pessoa reativa preocupa-se pouco com os esforços preventivos e reage somente de forma instintiva quando se dá o estresse. Algumas pessoas se tornam agressivas como reação à ameaça, enquanto outras se tornam submissas.

Em um estudo com mulheres que enfrentavam o estresse de um aborto, Cohen e Roth (1984) observaram um padrão parecido. Algumas mulheres tinham um padrão de aproximação; pareciam pensar que fazer algo era melhor do que não fazer nada. Outras tinham um padrão de evitação; aparentemente pensavam que podiam esperar a que terminasse o problema em vez de abordá-lo diretamente.

As diferenças anteriores centram-se principalmente no comportamento de enfrentamento. É possível descrever estilos de enfrentamento tanto pelos hábitos cognitivos quanto pelo comportamento. Há uma distinção entre a pessoa tipo reflexivo e a de tipo impulsivo. A pessoa reflexiva busca normalmente informação, soluções para o problema e planeja cuidadosamente como lidar com o estímulo estressante. Por outro lado, é muito mais provável que o indivíduo impulsivo reaja rápida e emotivamente – um disparo do estilo superficial – sem pensar muito sobre o provável resultado.

Outro estilo cognitivo que está recebendo muita atenção é o estilo atribucional da pessoa. Alguns indivíduos fazem atribuições externas quando algo funciona mal. Isto é, culpam alguém ou algo, mas não a si mesmos. Isso costuma amortecer o impacto de qualquer acontecimento estressante que pudesse decorrer de um erro seu. Outros fazem atribuições internas; isto é, culpam a si mesmos. Isto serve apenas para acrescentar mais estresse.

O grupo de Martin Seligman crê que um estilo cognitivo em particular, o estilo pessimista de explicação (EPE), encontra-se associado a diversos resultados negativos. Um estilo de explicação é a forma estereotipada com a qual explicamos os acontecimentos prejudiciais ou atribuímos a causa dos acontecimentos. Peterson e Seligman (1984, 1987) acreditam que um EPE representa a atribuição mais autoderrotista. Esse estilo combina uma atribuição interna que é estável, em longo prazo e global. Um EPE diz: "Eu sou a causa do problema (interna) porque nunca (estável) sou capaz de lidar com nenhum (global) de meus asuntos". Ao contrário, uma pessoa poderia pensar que o problema ocorreu somente devido a um deslize temporal do juízo (uma causa transitória, não estável) que tem a ver com uma pequena área das habilidades (um erro específico, não global).

A idéia de um EPE foi empregada para explicar questões como o fracasso, a depressão, a doença e, inclusive, o comportamento do presidente (Zullow, Oettingen, Peterson e Seligman, 1988). Porém, o grupo de Seligman mostrou que o EPE não é um traço fixo. Parece que responde às intervenções que podem ajudar a pessoa a ter um melhor enfrentamento.

O objetivo do que vimos até agora era proporcionar um quadro geral para compreender e intervir no comportamento de enfrentamento. Nos itens seguintes, contemplarei o enfrentamento no contexto de alguns temas de estresse selecionados. Deter-nos-emos primeiro no enfrentamento de tensões e consideraremos uma estratégia amplamente utilizada, a técnica de relaxamento. A seguir falaremos do manejo do tempo. Isso se baseia em uma técnica geralmente útil para ajudar a reduzir o estresse na vida moderna. Mais tarde, descreveremos estratégias de enfrentamento úteis para lidar com a dor. Finalmente, abordaremos como as pessoas enfrentam os desastres naturais.

VII. ENFRENTAR AS TENSÕES: MÉTODOS DE RELAXAMENTO

Provavelmente, a habilidade de enfrentamento mais freqüentemente utilizada é a *redução da tensão*. A tensão é um aviso físico de que algo não funciona bem. Produz-se habitualmente devido a algum acontecimento recente que produziu uma agitação interna. Na presença da ameaça, o corpo ativa sistemas defensivos que conduzem a uma maior ativação fisiológica. Essa ativação traduz-se normalmente como um aumento da tensão muscular, da taxa cardíaca, da respiração e da pressão sangüínea, entre outros efeitos. Quando a ativação física continua durante longos períodos tem, geralmente, efeitos prejudiciais sobre os processos mentais e físicos. A concentração pode debilitar-se e a memória pode parecer mais frágil. Acontecem perturbações do sono, a energia diminui e a fadiga se instala. A pressão sangüínea pode atingir níveis pouco desejáveis. Com um aumento prolongado da pressão sanguínea, as gorduras nocivas depositam-se na corrente sangüínea a uma velocidade superior, podem formar-se placas e a pressão sangüínea pode elevar-se ainda mais. Se a tensão não for reduzida, a pessoa pode sentir como se estivesse sob uma pressão constante, mesmo quando a fonte original de estresse foi eliminada faz tempo. Isso sugere que reduzir ou eliminar a tensão pode ser benéfico por si mesmo.

Encontram-se disponíveis diferentes métodos para diminuir a tensão, como o relaxamento progressivo, a meditação (Benson, 1975) ou o treinamento autógeno (Schultz e Luthe, 1959). O relaxamento parece ser a técnica mais amplamente utilizada e tem o maior efeito positivo sobre os resultados do enfrentamento. Freqüentemente refiro-me ao relaxamento como a aspirina das técnicas do enfrentamento do estresse por uma razão: assim como a aspirina, o treinamento em relaxamento muscular é econômico, está facilmente disponível e é um método muito potente para enfrentar a tensão.

O relaxamento muscular progressivo (RMP) é uma idéia genial de Edmund Jacobson (1938). Proporcionou muitos detalhes sobre a RMP, permitindo que o método fosse acessível para quase todo o mundo. Através dos anos, outros autores acrescentaram coisas, araram-no por meio da pesquisa e ajudaram a refinar a prática. O relaxamento é considerado, hoje em dia, uma técnica que pode ser empregada tanto com crianças (Smith e Womack, 1987) quanto com adultos. Freqüentemente é ensinado em sessões individuais, nas quais o terapeuta o aplica a um paciente. Além disso, pode ser praticado em grupo e, inclusive, agora, também em programas de auto-ajuda. Provavelmente o melhor manual continua sendo o trabalho de Bernstein e Borkovec (1978).

O treinamento em relaxamento descansa em uma suposição simples: não é possível estar relaxado e tenso ao mesmo tempo. A tensão e o relaxamento são estados do corpo que correspondem a duas partes do Sistema Nervoso Autônomo, o simpático e o parassimpático. Quando nos encontramos em um estado de ativação, como quando estamos assustados, entediados, ativados ou nos sentimos ameaçados, o Sistema Nervoso Simpático tem o controle. Esse é o sistema de *luta-ou-foge* ou sistema de emergência. O sangue se retira do trato digestivo para proporcionar energia a importantes grupos musculares, como os braços e as pernas. A taxa cardíaca e a pressão sangüínea costumam elevar-se. Durante os estados de ativação, o corpo queima energia com uma grande

O Enfrentamento do Estresse: Estratégias Cognitivo-comportamentais 313

rapidez. Aumenta a taxa respiratória e o corpo pode suar. A tensão muscular aumenta sensivelmente. Essa tensão não é uma questão de tudo ou nada. Dependendo do tipo de estresse, é possível que somente determinados grupos musculares se tensionem. O grupo tenso habitualmente dependerá de fatores únicos do corpo do indivíduo e da forma como enfrente o estresse. Pessoas podem sentir tensão nas costas, no pescoço, no estômago, na testa etc. Do mesmo modo, a tensão muscular varia em um contínuo, desde uma tensão ligeira até uma extrema, dependendo da gravidade do estímulo estressante.

Ao contrário, quando nos encontramos em um estado de ânimo tranqüilo ou adormecidos, o sistema parassimpático assume o controle; a taxa cardíaca diminui, a pressão sangüínea costuma baixar e a respiração se torna mais lenta e fluida; o sangue volta ao centro do corpo para a digestão e armazenamento de energia; a tensão muscular diminui e a pessoa costuma informar uma sensação de relaxamento ou peso muscular.

Os processos parassimpáticos são opostos aos processos simpáticos, isto é, esses dois sistemas são inibidores recíprocos. Não podem ser ativados ambos os sistemas de uma vez. Se uma pessoa está relaxada, não pode estar tensa. Por meio da prática de relaxamento, pode-se pôr sob controle o sistema parassimpático.

Os clínicos acreditam que são quatro as condições para uma prática com sucesso do relaxamento: o lugar, o estado de humor, a preparação e as precauções médicas. Assim, com relação ao *lugar,* é preciso escolher um cômodo agradável, onde a pessoa possa isolar-se dos demais durante um tempo. A temperatura deve ser a adequada e o sofá confortável. É conveniente praticar os exercícios de relaxamento duas vezes ao dia, aproximadamente na mesma hora a cada dia, durante as primeiras três a quatro semanas. As regras mais importantes para estabelecer um estado de humor apropriado são: cultivar um sentido de atenção passiva, não se obrigar a conseguir relaxar, não ter pressa, não utilizar fármacos nem drogas, treinar primeiro e praticar depois, e não temer sensações diferentes. Finalmente, as pessoas com determinadas condições físicas, como lesões nas costas, fraturas de ossos etc. devem ter cuidado.

Para aprender o RMP, a pessoa segue uma seqüência que alterna períodos curtos de tensão (de uns 10-15 segundos) com breves períodos de relaxamento (de uns 15-20 segundos) em 16 grupos musculares importantes. Habitualmente, a prática começa com o braço dominante, porque o bíceps pode tensionar-se e relaxar-se muito facilmente. Isso permite que a pessoa experimente a sensação de tensão e note a diferença quando se apresenta o relaxamento. Depois do braço, o indivíduo pode utilizar diferentes seqüências, mas é costume que vá da cabeça aos pés. A pessoa tensiona e relaxa cada músculo de 2 a 3 vezes. Nas primeiras etapas da aprendizagem, as sessões de relaxamento podem durar cerca de uma hora. Porém, com a prática, os pacientes hábeis podem provocar a resposta de relaxamento em 5 a 15 minutos. Os 16 grupos musculares seriam os seguintes: 1. braço dominante, 2. o outro braço, 3. mão dominante, 4. a outra mão, 5. músculos dos ombros – primeiro o lado dominante e depois o outro –, 6. músculos do pescoço, 7. testa, olhos, couro cabeludo, 8. mandíbulas, boca e língua, 9. peito e tronco – a respiração –, 10. estômago, 11. parte baixa das costas, 12. nádegas, 13. perna dominante, 14. outra perna, 15. panturrilha e pé dominante, 16. outra panturrilha e o outro pé.

Esse relaxamento profundo deve ser praticado durante pelo menos duas semanas. Depois desse tempo, uma meia hora costuma ser suficiente para conseguir o relaxamento completo. Posteriormente, aprende-se a reduzir a tensão rapidamente. Assim, serão relaxados grupos inteiros de músculos ou será usado o relaxamento controlado por estímulos. Por exemplo, os 16 grupos musculares anteriores podem ser condensados em oito: 1. ambos os braços de uma vez, 2. ambas as mãos, 3. ambos os ombros e os músculos do pescoço, 4. a testa junto com o couro cabeludo, as mandíbulas e a boca, 5. o peito e o estômago, 6. a parte baixa das costas e as nádegas, 7. as duas coxas, e 8. as duas panturrilhas e os dois pés. Essa fase costuma durar cerca de cinco dias. A seguir, reduz-se o grau de tensão dos músculos durante o exercício de relaxamento em 25% aproximadamente. Os grupos musculares tornam a ser reduzidos, dessa vez para quatro: 1. os dois braços e as duas mãos, 2. os ombros, pescoço e cabeça, 3. o peito, o estômago, a parte baixa das costas e as nádegas, e 4. as pernas, as panturrilhas e os pés. Essa fase costuma durar de cinco a sete dias. No final dessa fase, torna-se a reduzir o grau de tensão dos músculos durante o exercício de relaxamento em mais 25%. O último passo consiste em diminuir em mais 25% o grau de tensão dos músculos, para ficarmos em 25 % da tensão inicial. Isso leva de três a cinco dias, conseguindo um estado de relaxamento profundo em 5 a 15 minutos.

Tendo o sujeito aprendido a relaxar em um breve espaço de tempo, pode-se utilizar uma palavra como sinal para levar a cabo o relaxamento. Por exemplo, a pessoa pode dizer a si mesma: Respire e vá dizendo a si mesmo, "relaxe". Essa instrução constitui o núcleo do relaxamento controlado por sinais. O segredo dessa técnica é simples: a associação repetida entre um sinal e uma resposta torna possível que o sinal produza a resposta de modo automático. Costuma-se utilizar uma palavra sinal para provocar a resposta de relaxamento. No começo, a palavra pode ter somente um significado geral, mas conforme for apresentada repetidamente junto com o estado de relaxamento, chegará a induzir o relaxamento de forma direta. A palavra exata utilizada não é importante; assim, podem ser empregadas palavras como paz, tranqüilidade, relaxamento etc. Primeiro, respira-se profundamente e depois repete-se a palavra enquanto se expulsa o ar. Isso se faz de 15 a 20 vezes e pratica-se durante uma semana. Embora o estado de relaxamento conseguido por esse método não seja tão profundo quanto o procedimento que vimos anteriormente, será suficiente para conseguir o relaxamento em determinadas situações da vida real (por exemplo, relações interpessoais, solução de problemas, provas).

Finalmente, podemos utilizar o relaxamento diferencial para relaxar um grupo determinado de músculos, sem prestar atenção aos demais grupos musculares. Por exemplo, se um grupo muscular costuma estar tenso mais freqüentemente que outros, o sujeito pode praticar o relaxamento apenas desse grupo. Pode tensioná-lo e depois relaxá-lo. Uma vez tendo conseguido níveis profundos de relaxamento do músculo, pode ir trabalhando em níveis menos profundos de relaxamento. É possível combinar, também, outras técnicas com o relaxamento. Assim, pode-se associar uma nova palavra sinal com o grupo muscular. Combina-se a respiração profunda e a palavra sinal com a prática do relaxamento desse grupo muscular. Com prática suficiente, pode-se reduzir a tensão de um músculo da mesma maneira que se fazia para reduzir a tensão geral com uma palavra.

O Enfrentamento do Estresse: Estratégias Cognitivo-comportamentais **315**

Pode-se regular a profundidade do relaxamento com repetições da respiração e controle pela palavra sinal. Uma segunda técnica consiste em empregar a imaginação visual. Forma-se uma imagem mental de algo único (por exemplo, uma massagem no músculo comprometido). A imagem se apresenta somente quando o músculo relaxa, não quando se tensiona. Tenta-se fazer a imagem tão vívida quanto possível, enquanto continua relaxando o músculo.

A categoria de aplicações do RMP é enorme. Recomenda-se no tratamento de enxaquecas (Sorbi, Techegen e Du Long, 1989) e cefaléias de tensão. Foi utilizado também para tratar a hipertensão e outros problemas cardiovasculares (Blanchard *et al.*, 1986; Blanchard *et al.*, 1989). Diferentes transtornos por ansiedade, como a ansiedade diante de provas, a ansiedade diante da atuação e as fobias de avião respondem ao RMP (Pinkerton, Hughes e Wenrich, 1982). O RMP parece ajudar também os pacientes com câncer, para que tolerem melhor os efeitos secundários da radioterapia (Decker e Cline-Elsen, 1992) e da quimioterapia (Burish *et al.*, 1988). Descreverei algumas das aplicações do treinamento em relaxamento nas áreas do estresse e da saúde. Na maioria dos estudos, o RMP é comparado a outras modalidades de tratamento ou combinado com outros tratamentos nos denominados programas multimodais.

Janice Kiecolt-Glaser preocupou-se com a relação entre vários tipos de estímulos estressantes e a imunocompetência. Seus interesses baseiam-se na pesquisa recente, que mostra que o estresse tem uma complexa interconexão com o sistema imunológico. Sob certas circunstâncias e através de uma intrincada seqüência de acontecimentos demasiado complexos de detalhar aqui, o estresse pode mudar pequenos componentes da função do sistema imunológico. O resultado final pode ser uma menor resistência a certas doenças. Um exemplo é um aumento na freqüência ou gravidade do resfriado comum depois da experiência com um estímulo estressante (Cohen, Tyrrell e Smith, 1991).

O grupo de Kiecolt-Glaser queria saber se as intervenções psicossociais poderiam ter um efeito benéfico em anciãos que viviam em um asilo (Kiecolt-Glaser *et al.*, 1985). A um grupo aplicaram um procedimento convencional de treinamento em relaxamento. Um segundo grupo recebeu contatos sociais e um terceiro serviu como grupo controle. Os resultados mostraram que as células assassinas naturais, os anticorpos e a resposta das células T à fitohemaglutinina[1] aumentavam de forma significativa, mas somente no grupo de relaxamento. Não havia mudanças significativas nessas medidas do sistema imunológico nos grupos de contato social ou de controle. Isso sugere que a *sensibilidade do sistema imunológico* pode mudar em resposta às intervenções psicossociais. Neste caso, o relaxamento demonstrou melhorar a função do sistema imunológico.

Trabalhos anteriores sobre o relaxamento e a hipertensão sugeriram que poderia ser viável reduzir e controlar a pressão sangüínea com o RMP. Como exemplo desse trabalho, Walsh, Dale e Anderson (1977) compararam o *biofeedback* com o relaxamento no tratamento de pacientes com hipertensão essencial. Ambos os tratamentos reduziram a pressão sangüínea e mantiveram essa diminuição até um ano depois do tratamento. Esse

---

[1] Esses são três índices diferentes da função do sistema imunológico.

resultado tem de ser avaliado com cautela no contexto de trabalhos mais recentes e considerando o tema da importância clínica. Por exemplo, o grupo de Blanchard (Blanchard *et al.*, 1986; Blanchard *et al.*, 1989) estudou os pacientes hipertensos que estavam também sob medicação. Seus resultados mostraram que o *biofeedback* de temperatura tinha sucesso em 65% dos casos, enquanto o RMP somente em 35% dos casos. A diferença na eficácia do tratamento era estatisticamente significativa.

Um problema ao avaliar esses resultados é que podem ser estatisticamente significativos, mas não ter nenhum valor clínico. Mesmo quando os procedimentos do RMP produzem uma diminuição significativa ou, inclusive, quando o *biofeedback* apresenta uma maior redução que o RMP, a quantidade absoluta de diminuição da pressão sangüínea freqüentemente não é suficiente para eliminar os riscos médicos. Como conseqüência, os esforços para reduzir a pressão sangüínea através de procedimentos psicossociais freqüentemente foram combinados com tratamentos médicos regulares.

Outra interessante aplicação do RMP provém de um estudo de Matthew Sanders (Sanders *et al.*, 1989). Nessa aplicação, o RMP não foi empregado como tratamento único, mas fazia parte de um programa cognitivo-comportamental. Esse é o modo mais habitual de utilizar o RMP hoje em dia. A equipe de Sanders queria tratar a dor abdominal recorrente (DAR) em crianças em idade escolar. A DAR pode ocorrer em 10-15% das crianças em idade escolar, de modo que é um problema importante. Além disso, não está clara ainda a etiologia da DAR. A DAR pode ser influenciada por fatores psicossociais, uma especulação apoiada pela falta de provas sólidas relativas à origem orgânica. As disfunções fisiológicas leves poderiam explicar certos casos de DAR, mas explicaria não mais que 5-10% dos casos. Além disso, o tratamento farmacológico não se mostrou eficaz. Isso significa que a maioria dos casos de DAR tem uma etiologia desconhecida, sem tratamento viável. Devido a isso, pesquisadores como Sanders e colaboradores começaram a pesquisar terapias cognitivo-comportamentais como possíveis vias de tratamento.

A estratégia de tratamento utilizada no projeto de Sanders combinava componentes comportamentais e cognitivos. Na unidade comportamental, os sujeitos realizavam um auto-registro da dor, proporcionavam recompensas a si mesmos e recebiam reforço diferencial de outros comportamentos (RDO) por períodos longos livres de dor. Na unidade cognitiva, os sujeitos eram treinados no emprego do RMP. Além disso, recebiam treinamento sobre como utilizar as auto-instruções e as verbalizações de auto-eficácia para modificar os pensamentos que poderiam sensibilizá-los à dor. Finalmente, eram treinados no uso de técnicas de imaginação (distração) para o controle da dor.

O delineamento clínico designou metade dos 16 sujeitos a um grupo de tratamento multimodal de 8 sessões. Os outros 8 sujeitos constituíram um grupo de lista de espera que recebeu o mesmo tratamento posteriormente. A equipe tomou medidas das crianças, dos pais e dos professores em três momentos: pré e pós-tratamento e em um seguimento aos 3 meses. Os resultados mostraram que o programa teve sucesso para diminuir a freqüência do comportamento e dos relatos de dor. Além disso, no seguimento aos 3 meses, 87,5% das crianças tratadas encontravam-se ainda sem dor, mas somente a 37% das crianças da lista de espera ocorria o mesmo.

O emprego do RMP para a redução da tensão geral parece estar respaldado por inúmeras evidências e isso não se discute. Os resultados dos estudos com outros sintomas clínicos sugerem que podem ocorrer também alguns benefícios, Mas os resultados não costumam ser consistentes. As incursões nessas áreas com um risco mais sério freqüentemente deixa o pesquisador com a sensação incômoda de que espera demais do RMP. Sugere-se continuar com um sadio ceticismo, pois temos de ser cautelosos e não generalizar, embora possamos desfrutar da eficácia comprovada do RMP para a redução da tensão.

VIII. ENFRENTAR A PRESSÃO DO TEMPO: BARREIRAS E SOLUÇÕES PARA A MANIPULAÇÃO DO TEMPO

Segundo Jack Ferner (1980), lidar com o tempo consiste em "um eficiente uso de nossos recursos, incluindo o tempo, de tal forma que sejamos eficazes para conseguir objetivos pessoais importantes". Diferentes estudos sobre métodos de enfrentamento indicam que uma das estratégias de enfrentamento mais importante consiste em fazer um uso eficaz das técnicas de manipulação do tempo. Pode ser que essas técnicas não sejam consideradas tão importantes como outras habilidades de enfrentamento. Porém, King, Winett e Lovett (1986) mostraram que lidar com o tempo diminui o nível global de estresse. Apoio adicional para essa idéia provém de estudos com mulheres que trabalham em casa e fora dela e que costumam freqüentemente lidar com o tempo (McLaughlin, Cormier e Cormier, 1988). Nesse grupo, lidar com o tempo correlaciona positivamente com uma melhor adaptação conjugal e menores níveis de estresse.

Existem diferentes razões pelas quais lidar com o tempo é também básico para o problema do estresse e da saúde. Em primeiro lugar, utilizar técnicas simples de manipulação do tempo pode melhorar a produtividade pessoal. O efeito final é proporcionar mais tempo para atividades sociais, de lazer, para fazer exercício e cultivar afeições. A falta de tempo dedicado aos interesses pessoais costuma ser um dos estímulos estressantes mais freqüentemente citados. Ter tempo para si mesmo e para a família tem, normalmente, o efeito desejável de reduzir os níveis de estresse subjetivo. Barkas (citado em Langfelder, 1987) chega, inclusive, a dizer que o objetivo mais importante da manipulação do tempo é criar mais tempo de lazer.

Em segundo lugar, tornou-se praticamente um dogma que a sociedade moderna é dirigida, se não obcecada, pelo tempo. O padrão de comportamento Tipo A é talvez a personificação, a expressão extrema de toda essa sensação consumista da urgência do tempo. A preocupação da sociedade pelo tempo pode ser também um sinal de quão equivocada está a forma de calcular o que tem valor. Muito freqüentemente o valor é calculado em termos de dinheiro, poder e posição, tudo o que geralmente requer uma grande produtividade para atingi-lo. E ser produtivo freqüentemente significa trabalhar duro e durante muitas horas. O estudo da manipulação do tempo nos pode ajudar a refletir sobre algumas de nossas atitudes com relação ao tempo e a reduzir a sensação de urgência dele.

Porém, lidar com o tempo não deveria tornar-se um objetivo em si mesmo. Não deveria ser utilizado para conseguir cada vez mais em cada vez menos tempo (conduta típica do padrão de comportamento Tipo A). Pelo contrário, lidar com o tempo deveria ajudar nos a empregá-lo de forma mais eficaz, com a finalidade de dispormos de mais tempo para realizar coisas que fazem com que a vida valha a pena. Duas prioridades importantes deveriam ser o tempo para cultivar passatempos, *hobbies* e interesses, e tempo para as relações familiares próximas. Além disso, lidar com o tempo não deveria ser considerado como uma tarefa que a pessoa deve fazer a cada dia. É, simplesmente, um instrumento que podemos utilizar durante breves períodos de tempo e que deixamos de lado quando o trabalho está feito.

Infelizmente, existem muitas barreiras para uma manipulação eficaz do tempo, tais como a confusão, a indecisão, a difusão, o "deixar para amanhã" e as interrupções, entre outras. Parte do problema encontra-se em reconhecer que barreiras apresentam problemas mais freqüentemente e em suprimi-las. Descreverei brevemente algumas barreiras para lidar com o tempo e sugerirei modos de corrigi-las.

VIII.1. *O problema: a confusão – A solução: prioridades*

O emprego pouco eficaz do tempo ocorre freqüentemente porque as pessoas não têm uma idéia clara de para aonde vão e o que é que querem conseguir. Um escritor propôs a analogia com um piloto de avião que comunicou pelo rádio à torre de controle que "estamos ganhando tempo, mas estamos perdidos" (Partin, 1983: p. 280). Lidar com o tempo não tem muito sentido se a pessoa não sabe aonde quer chegar. A falta de proposição de um caminho pessoal em curto, médio e longo prazos provavelmente é o maior erro para lidar com o tempo.

Em geral, a solução é estabelecer objetivos claros e reavaliar periodicamente esses objetivos. Há algumas diretrizes básicas para estabelecer objetivos. Primeiro, estabelecer objetivos claros, específicos e possíveis. Não ajuda muito estabelecer objetivos que sejam demasiadamente genéricos (por exemplo, quero ser uma pessoa melhor). Por outro lado, aprender a controlar a ira é um objetivo específico que pode ajudar sensivelmente no trabalho e nas relações sociais. Se a ira puder ser controlada, isso pode ser um passo em direção de ser uma pessoa melhor. Segundo, designar uma prioridade para cada objetivo. Terceiro, identificar tarefas pequenas relacionadas com os objetivos que possam ser levados a cabo em períodos breves de trabalho. Quatro, estabelecer datas para o encerramento das tarefas menores. Finalmente, voltar a avaliar os objetivos periodicamente.

Os objetivos devem ser tangíveis. Os sonhos podem proporcionar impulsos para o progresso, mas os sonhos pouco realistas não produzem, geralmente, nada mais que frustrações e uma pior solução. Tentar tornar-se um corredor olímpico de maratonas aos 40 anos não é muito realista. Porém, estabelecer o objetivo de correr 3 quilômetros três vezes por semana pode ajudar o sujeito a fazer exercícios de forma realista, possível e benéfica. É conveniente estabelecer os objetivos em três diferentes faixas temporais: longo, médio e curto prazos. Os objetivos em longo prazo deveriam responder à seguinte

O Enfrentamento do Estresse: Estratégias Cognitivo-comportamentais **319**

pergunta: "Onde quero estar dentro de cinco anos e o que tenho de fazer para chegar lá?". Os objetivos em médio prazo deveriam abordar a questão de "Onde quero estar dentro de um ano?".

Os objetivos em curto prazo devem ser decompostos em tarefas mais tangíveis. Primeiro, a cada semana deveriam ser estabelecidos objetivos concretos, viáveis, que proporcionem certo progresso em direção ao objetivo principal. Segundo, deve-se fazer uma lista diária de "coisas a fazer" para organizar tanto o tempo pessoal quanto o profissional. A maioria das pessoas que triunfam nos negócios emprega listas de "coisas a fazer", que preenchem à tarde antes de ir embora do trabalho, antes de dormir à noite ou no começo da manhã, antes de ir ao trabalho. Allan Lakein (1974) acredita que a diferença entre as pessoas que estão no topo e as que estão tentando chegar lá é que as primeiras sabem como empregar as listas de "coisas a fazer" e fazem uma a cada dia.

Outro aspecto do estabelecimento de objetivos é designar prioridades a cada objetivo. O guia poderia ser o *princípio de Pareto,* uma idéia que pode resumir-se na frase "*as coisas vitais são poucas, e as triviais, muitas*". O princípio de Pareto diz que 20% de nossos objetivos contêm 80% do valor. Ao contrário, 80% de nossos objetivos têm somente 20% do valor. A manipulação eficaz do tempo requer a inversão da proporção de valor. Em outras palavras, gaste seu tempo nos poucos objetivos de grande importância. Os problemas aparecem quando os assuntos triviais consomem uma quantidade desproporcional de nosso tempo.

A forma de solucionar esse problema é fazer uma lista com o que se quer conseguir nos períodos de longo, médio e curto prazos. Depois, ordena-se a lista começando com os mais importantes e terminando com os menos importantes. Mais tarde, distribui-se a maior parte do tempo entre os cinco primeiros itens da lista. Assim, se a lista para os próximos meses contém dez itens, investe-se a maior parte do tempo nos dois ou três primeiros e presta-se menos atenção aos restantes. Se a situação permitir, pode-se, inclusive, deixar de fazer alguns dos menos importantes. Peter Drucker disse que "Fazer as coisas corretas parece ser mais importante que fazer as coisas bem" (citado em Bliss, 1976: p. 21). É possível ser muito eficaz no que se está fazendo, mas se se está fazendo algo não correto, é uma perda de tempo. É preciso trabalhar em objetivos que sejam importantes. A melhor forma de saber quais objetivos são importantes é fazer uma lista e depois selecioná-los sobre a base do que é importante para o indivíduo – suas prioridades.

Os objetivos estabelecidos em um momento podem não ser válidos o tempo todo. A reavaliação é essencial para evitar trabalhar em coisas errôneas. A história de Buzz Aldrin, um dos primeiros astronautas que chegaram à Lua, ilustra esse ponto claramente. Aldrin sofreu uma crise nervosa pouco depois de voltar à Terra e abandonar o programa da NASA. Mais tarde, admitiu que havia esquecido que, depois de ir à Lua, havia mais vida! Esqueceu de pensar quais seriam seus objetivos nos meses e anos depois de abandonar o programa. Muitos executivos são como ele. Os executivos dedicam uma vida inteira à empresa, têm algumas recordações dos esforços realizados e se aposentam. "Antes dos 18 meses estão mortos. Por quê? Os estudos sugerem que esses executivos têm muito em comum com Aldrin: Não têm mais objetivos para viver depois de chegarem ao final de suas carreiras" (Douglass e Douglass, 1980: p. 79).

VIII.2. *O problema: indecisão – A solução: auto-exame*

O segundo erro importante na manipulação do tempo é a indecisão ou não se decidir a realizar. Já assinalamos que não existe essa coisa denominada indecisão; trata-se somente da decisão de não decidir. Em qualquer caso, a indecisão é o inimigo oculto da manipulação eficaz do tempo.

Freqüentemente ocorre devido ao fato de o assunto ser intimidatório ou aversivo. Quando não somos capazes de atuar com decisão, então as circunstâncias nos forçam, geralmente, a voltar à mesma decisão até que o assunto se resolva. Isso costuma aumentar a confusão e a tensão, pois as decisões podem ser facilmente adiadas, mas não é simples eliminá-las. A decisão continua atuando nos bastidores da mente, consumindo energia mental de outras tarefas que a necessitam. O resultado final é, com freqüência, a sensação de estar sob estresse. Se a indecisão ocorre em um líder, mina a liderança, aumenta a confusão e a tensão na equipe e conduz freqüentemente à sua ineficácia.

Não é fácil sugerir soluções para a indecisão. A indecisão pode surgir de muitos fatores psicológicos. O estresse pode provir de outras áreas da vida e minar as capacidades da tomada de decisões. Pode também provir de um temor enraizado e profundo de tomar a decisão equivocada. Outras vezes pode surgir da perda de interesse no trabalho ou da diminuição da motivação. Se esse for o caso, pode ser o momento para um decidido auto-exame, talvez, inclusive, uma mudança de carreira ou de trabalho. Em algumas ocasiões, o problema pode ser devido à falta de informação necessária, o que pode ser corrigido pela busca de informação. Em outros casos, a causa do problema pode ser a pouca capacidade para a solução de problemas. Dispõe-se de muitos recursos, como livros ou seminários, para ajudar a melhorar a solução de problemas.

VIII.3. *O problema: a difusão – A solução: centrar-se*

Tecnicamente, a difusão significa disseminar em várias direções diferentes ou estender-se ao longo de uma ampla área. Pode-se pensar nos bombeiros, que dirigem sua mangueira em direção ao fogo, mas a mangueira joga água em todas as direções, com pouca intensidade ou concentração em um ponto específico. Essa é uma analogia correta para expressar o que acontece quando alguém assume responsabilidade além do que é necessário ou possível. Muito freqüentemente, a difusão vem de não saber dizer não. Quando temos de fazer muitas coisas, somos, geralmente, menos eficazes na solução de problemas, podemos perder a concentração e a motivação costuma decair. Os pensamentos passam rápido pela cabeça, mas não na mesma linha. A ansiedade e a preocupação crescem conforme consideramos as coisas que ainda temos de fazer. Charles Kozoll (1982) descreveu esse estado de coisas como a síndrome da mente chacoalhada. Depois de certo tempo, a difusão mental deixa o corpo tenso, o que normalmente se manifesta como fadiga física.

A solução desse problema é desembaraçar-se do desnecessário e suprimir o inatingível. Aqui pode ajudar também a estabelecer objetivos e prioridades. Finalmente, se dizer

O Enfrentamento do Estresse: Estratégias Cognitivo-comportamentais **321**

"não" é um problema, é preciso considerar por quê. Pode haver algum temor oculto de ser abandonado ou de não ser aceito. Essas suposições podem ser postas à prova utilizando técnicas de reestruturação cognitiva. Se formos honestos conosco, concluiremos, normalmente, que não havia nada de errado em dizer "não". Se a incapacidade para dizer "não" vem de uma falta de assertividade, então um livro ou um curso sobre treinamento em assertividade pode ser útil.

VIII.4. *O problema: deixar para amanhã – A solução: primeiro as coisas difíceis*

"Deixar para amanhã" *(procrastination)* refere-se a adiar ou postergar alguma ação para mais tarde. Foi definido como deixar para amanhã o que deveria ter sido feito hoje. É um importante ladrão de tempo. Douglass e Douglass (1980) assinalaram três tipos de adiamento: postergar tarefas desagradáveis, retardar tarefas difíceis e adiar decisões duras. Uma regra simples, mais fácil de dizer do que de fazer, é realizar primeiro os trabalhos difíceis ou desagradáveis. Uma vez terminadas essas tarefas, é mais fácil concentrar-se em outros trabalhos.

"Deixar para amanhã" não é uma idéia tão simples como pode parecer. Por exemplo, Solomon e Rothblum (1984) observaram uma relação entre o "deixar para amanhã" e o baixo desempenho na universidade. Porém, parecia que o "deixar para amanhã" era mais que somente maus hábitos de estudo e uma pobre manipulação do tempo. Em um grupo de estudantes, o elemento mais importante para o retardo era a qualidade aversiva da tarefa. Em outro grupo, variáveis cognitivas e afetivas contribuíam para o adiamento. Essas variáveis incluíam idéias irracionais, baixa auto-estima, depressão, ansiedade, temor do fracasso e falta de asserção. Nesses casos, lidar com o tempo é somente uma parte do problema de "deixar para amanhã".

Uma das causas mais freqüentes do "deixar para amanhã" é o fato de o sujeito considerar a tarefa tão enorme e o tempo de que dispõe tão pouco, que não é possível terminar o trabalho. Então, por que começar? A solução é decompor a tarefa em partes menores.

Deve-se também estruturar a situação de trabalho para que proporcione sinais que ajudem o sujeito a começar a tarefa, em vez de acrescentar inércia e letargia. O escritório deve ser um escritório, não um lugar de lazer ou recreação. Indicações de trabalho deveriam facilitar a atenção sem tensão, enquanto se minimizam as distrações. Deve-se associar determinados estímulos com o trabalho, de modo que a presença desses estímulos favoreça o ato de trabalhar.

VIII.5. *O problema: as interrupções – A solução: períodos específicos para elas*

Uma das formas mais frustrantes de desperdiçar o tempo são as interrupções não planejadas. As ligações telefônicas, o chefe que vem papear, os colegas que vêm dar um oi e as emergências representam interrupções do fluxo normal de trabalho. As interrupções são, talvez, mais prejudiciais em projetos complexos, onde grandes períodos de tempo são importantes para o fluxo de pensamento ou para o desenvolvimento de alguma idéia em seqüência. A elaboração de programas de computador ou os trabalhos de criação são dois exemplos desses projetos. Esses trabalhos implicam um período de aquecimento para estabelecer um ritmo. As interrupções freqüentes requerem tempo acrescentado para se reorientar e retomar o ritmo.

Além de começar uma tarefa, deve-se ter em conta duas outras questões. Uma é centrar-se no trabalho o suficiente para terminar alguma etapa ou unidade da tarefa. A outra é apegar-se à tarefa até terminar. As idéias das quais falamos no item anterior (controlar os sinais na área de trabalho e reduzir as distrações) ajudarão o indivíduo a concentrar-se e a começar a tarefa. Além disso, é possível que seja necessário examinar mais dois elementos. Em primeiro lugar, às vezes as pessoas têm dificuldades para trabalhar em uma tarefa durante mais que poucos minutos. Se esse é um problema recorrente, pode-se utilizar um relógio e um contrato consigo mesmo para que o sujeito se mantenha trabalhando durante um período estabelecido. Começa-se com um curto período de tempo que seja parecido ao que normalmente trabalha. Depois, faz-se um contrato consigo mesmo, tal como "Vou trabalhar os próximos 20 minutos antes de dar uma parada". Aumenta-se gradualmente o tempo acrescentando 1 ou 2 minutos por dia, até chegar a uma hora de trabalho seguido sem nenhuma interrupção.

Segundo, algumas pessoas tentam trabalhar demais em uma única tarefa. O problema da concentração em um curto espaço de tempo é que não proporciona continuidade e ritmo, especialmente em tarefas complexas. O problema com a concentração durante longos períodos é que costuma causar fadiga, diminuir a motivação e reduzir a eficácia mental. A forma de lidar com isso é distribuir as sessões de trabalho e alternar as tarefas. Por exemplo, o indivíduo pode-se recompensar com um descanso curto, digamos, 10 minutos, a cada hora de trabalho. Durante esse tempo, poderia realizar algum trabalho doméstico ou sem importância, retornar ligações telefônicas ou fechar os olhos e desfrutar da música no rádio. Poderia, também, mudar de tarefa. O novo conteúdo pode ajudar a manter a motivação e o interesse em um nível elevado durante períodos mais longos.

Pode-se lutar contra as interrupções reservando períodos de tempo limitados e específicos para as visitas (por exemplo, durante dez minutos depois de cada hora). A seguir, fecha-se a porta e concentra-se no trabalho. É preciso ser amável, mas firme se a pessoa não respeitar o aviso de "Não perturbe". O sujeito também não deve se sentir culpado. Tem o direito de manter certa privacidade para realizar seu trabalho e pode pôr em prática uma medida de controle para isso. Se tudo isso falhar, pode-se considerar a utilização um segundo escritório ou sala no trabalho ou em casa.

Finalmente, é provável que a forma mais eficaz para que uma pessoa continue uma tarefa seja proporcionar alguma recompensa tangível para o encerramento de pequenas etapas. Pode-se fazer isso utilizando uma lista do projeto total com cada passo descrito de forma separada. Depois, pode-se comprovar cada passo conforme for terminando. Uma lista diária de "coisas a fazer" é válida por essa mesma razão. Um calendário do projeto pode proporcionar, também, um *feedback* válido.

VIII.6. Outras sugestões para a manipulação do tempo

Muitas sugestões para um melhor emprego do tempo não se encaixam em nenhuma das categorias anteriores. A seguir, apresentamos algumas idéias que podem ser úteis para um melhor controle do tempo.

a. *Aprender a delegar:* delegar tarefas específicas a outras pessoas pode liberar nos uma grande quantidade de tempo.
b. *Aproveitar o período mais produtivo.* Recordemos o conceito de ciclos diurnos e ritmos circadianos. Cada um de nós funciona com um relógio interno ligeiramente diferente, que faz com que funcionemos de forma mais eficaz em determinados momentos. O indivíduo deve conhecer seu período de maior produtividade, quando funciona melhor, e tentar estruturar o trabalho de modo que faça a parte mais exigente em sincronia com esse período.
c. *Ler para o desenvolvimento profissional.* Em muitos campos técnicos e profissionais é necessário adotar um programa regular de leitura para se manter em dia com os desenvolvimentos importantes. Se ficar lendo o tempo todo, o indivíduo se sentirá sobrecarregado. Inclusive ler o mínimo requererá um notável esforço. Deve-se selecionar o que se lê. Talvez, primeiro resumos de artigos e, a partir disso, centrar-se em livros ou artigos mais detalhadamente. Do mesmo modo, pode-se desenvolver a habilidade de ler os aspectos básicos de um artigo sem ter de lê-lo todo. Freqüentemente, é possível obter a informação mais importante lendo somente a primeira e a última frases de cada parágrafo.
d. *Uma vez deve ser sempre suficiente.* Quantas vezes uma carta passou pela mesa de um sujeito e ele decidiu que não tem tempo para tratar do assunto? Cada vez que passa a carta acontece a mesma seqüência: lê-la, pensar sobre ela, decidir o que fazer, decidir não fazer nada, esperar até mais tarde e repetir a seqüência. "Uma vez" deve ser suficiente para terminar com o assunto.
e. *Tempo de lazer e descanso.* Se um indivíduo está muito ocupado para relaxar, socializar e fazer exercícios, está realmente muito ocupado. O tempo de descanso é importante como mudança da rotina física e mental. Refresca o corpo e reaviva o espírito. Porém, muito freqüentemente, o tempo de descanso é considerado não produtivo, um tempo perdido. Mas o efeito habitual do tempo de descanso é que o fato de o sujeito ser capaz de voltar ao trabalho, depois de um tempo de preguiça, e realizar mais em menos tempo. Bliss (1976) sugere que estar em boas condições físicas aumenta a porcentagem de horas de trabalho nas quais se funciona melhor. Por outro lado, continuar trabalhando sob pressão tem normalmente um efeito de bola de neve. A eficácia no trabalho vai diminuindo de forma gradual tão insidiosamente que, com freqüência, a verdadeira razão passa por alto. A conclusão à qual se chega erroneamente é que o que se necessita é mais trabalho e mais pesado, e a bola de neve se faz ainda maior. A idéia é atingir um equilíbrio entre a necessidade de trabalhar e o valor do lazer. Seria conveniente que o indivíduo se permitisse um mínimo de 3 a 4 horas pelo menos duas ou três vezes por semana, durante as quais

a pessoa pode descarregar a mente e deixar que descanse. Pode ser que não sejam os momentos mais produtivos da vida, mas é provável que contribuam sensivelmente com a satisfação geral com a vida e o trabalho.

IX. EXERCÍCIO FÍSICO E SAÚDE

Os benefícios do exercício físico não devem ser exagerados e sua necessidade não deve ser menosprezada. Antes do nascimento da sociedade tecnológico-industrial, conseguir realizar exercício suficiente raramente era um tema de importância, e as clínicas onde se fazia dieta não eram necessárias. A vida cotidiana se levava com a luta contínua pela existência. Porém, em nossos dias, a maioria das tarefas que antes demandavam atividade física foi mecanizada ou automatizada, reduzindo o esforço e, ao mesmo tempo, diminuindo grande parte do beneficio físico associado. Até mudar o canal da TV foi automatizado! Nesse clima, não é estranho que as pessoas engordem. Até mesmo uma dieta com poucas calorias provavelmente engordará, porque a entrada de calorias não é compensada com a saída de energia.

Benefícios do exercício. O exercício físico tem importantes efeitos positivos para o corpo. Alguns deles são os seguintes: *a.* Aumento da capacidade respiratória, *b.* Aumento do tônus muscular (exercício anaeróbico), *c.* Aumento da força dos ossos, ligamentos e tendões, *d.* Melhora do funcionamento cardiovascular (exercício aeróbico), *e.* Diminuição do risco de problemas de coração, *f.* Melhora da circulação, *g.* Diminuição dos níveis de colesterol e triglicerídeos, *h.* Aumento da energia, *i.* Melhora do sono e diminuição da necessidade de dormir, *j.* Aumento da taxa do metabolismo, *l.* Diminuição do peso corporal e melhora do metabolismo das gorduras, *m.* Redução do risco de lesões por escorregões, quedas etc., e *n.* Retardo do processo de envelhecimento.

Tem também uma série de benefícios psicológicos, como os seguintes: *a.* Aumento das sensações de autocontrole, independência e auto-suficiência, *b.* Aumento da confiança em si mesmo, *c.* Melhora da imagem corporal e da auto-estima, *d.* Mudança mental do ritmo correspondente às pressões do trabalho, inclusive quando o trabalho é físico, *e.* Melhora do funcionamento mental, da atenção e da eficácia, *f.* Catarse emocional ou eliminação das tensões provenientes dos conflitos interpessoais e do estresse do trabalho, *g.* Diminuição dos níveis gerais de estresse, *h.* Alívio das depressões leves.

Preparação para o exercício. Preparar-se para o exercício pode ser tão importante quanto o exercício principal. Cada sessão de exercícios deveria ser dividida em três períodos diferentes: aquecimento (10-20 minutos), exercícios e alongamento (10-20 minutos). Um programa de exercícios deve ser considerado como um processo evolutivo. Começa-se com pouco exercício em sessões breves. Conforme melhora a forma relativamente à idade e ao sexo, pode-se aumentar a intensidade e a duração das sessões. Mas, finalmente, o exercício deveria ser considerado principalmente como uma tarefa de manutenção, não de progresso contínuo. Há limites para o que o corpo humano pode realizar,

O Enfrentamento do Estresse: Estratégias Cognitivo-comportamentais **325**

quanto pode durar, o que uma pessoa pode fazer. Uma vez atingido certo nível, é melhor pensar em manter o que se ganhou. Isso poderia ser considerado um estilo de vida que a pessoa impõe a si mesma.

Algumas características do exercício. Existem poucas regras que guiem um programa adequado de exercícios, mas algumas são importantes. Em primeiro lugar, o programa de exercícios deveria favorecer os exercícios *aeróbicos* mais que a força ou exercícios *anaeróbicos* (que não fortalecem significativamente a taxa e a respiração). Em segundo lugar, dever-se-ia variar a freqüência, o tipo, a duração e a intensidade do exercício.

De modo geral, os exercícios deveriam ser feitos três vezes por semana ou, de preferência, quatro. O exercício deveria durar inicialmente pelo menos 20 minutos e aumentar esse período progressivamente. O tipo de exercício escolhido deveria encaixar-se no estilo de vida da pessoa e estar dentro de suas capacidades. Atividades como correr, passear, andar de bicicleta, nadar ou exercícios aeróbicos são considerados alguns dos mais benéficos. Assim, 30 minutos correndo suavemente ou 45 minutos passeando podem constituir um bom exercício se for feito diariamente ou várias vezes por semana. Subir por uma corda é um dos mais simples, embora melhores, exercícios aeróbicos. Outro exercício simples que gasta muita energia é subir escadas.

Pode-se aumentar a duração e a intensidade dos exercícios aeróbicos para se manter em forma. A taxa cardíaca de uma pessoa normal costuma estar entre 70-75 pulsações por minuto (um atleta terá menos e uma pessoa sedentária terá mais). Como norma geral, o exercício deveria aumentar a taxa cardíaca entre 60% e 80% da capacidade máxima para a idade da pessoa. A capacidade máxima pode ser obtida subtraindo a idade do sujeito de 220. Se o exercício não aumentar a taxa cardíaca acima de 60%, ou em torno de 108 pulsações por minuto para uma pessoa de 40 anos (220-40 = 180 x 0,6 = 108 ppm), não haverá nenhum progresso. Se a pessoa tem 40 anos, o limite superior para o exercício aeróbico será de 144 ppm (220-40 = 180 x 0,8 = 144 ppm). O exercício que uma pessoa faz pode variar com o estado de humor e suas condições físicas, mas o importante é manter-se fazendo exercícios. Finalmente, temos de assinalar que não devemos esquecer de ingerir líquidos e calorias suficientes para manter o exercício.

X. ENFRENTAR A DOR: TIPOS DE DOR E MÉTODOS DE ENFRENTAMENTO

A dor é uma das experiências mais comuns da vida. Encontramos a dor em diferentes formas e contextos. Pode vir de um ataque cardíaco que ameaça a vida ou de uma mãe que experimenta dor no processo de dar à luz. A dor pode ocorrer devido a uma doença grave como o câncer, ou pode dever-se a um exercício extenuante no processo de manutenção da saúde.

Nos Estados Unidos, cerca de 33% das pessoas buscam ajuda médica para a dor incapacitante recorrente ou persistente (Ball, 1984). Outra estimativa assinala que cerca de 80% de todas as visitas às clínicas são para o alívio da dor. Entre os quase 70 milhões de pessoas que sofrem de dor, cerca de 35 milhões sofrem de artrite e outros 7 milhões de dor na parte inferior das costas. Os pacientes com esse último tipo de dor fazem cerca de 8 milhões de consultas por ano e gastam mais de 50 bilhões de dólares em medicações para o controle da dor (Salovey *et al.*, 1992).

Amiúde, a dor pode ser definida em termos de tecido físico lesionado, da experiência psicológica ou em termos de ambos (Fernández e Turk, 1992). A dor relativa às lesões e às moléstias físicas não é rara, mas os relatos de dor também aumentam quando se informa de mais estresse e mais contratempos (Sternbach, 1986). Isso proporciona um tipo de apoio para o ponto de vista psicossocial da dor. A definição de dor proposta por Merskey (1979) e adotada por Wall e Jones (1991, p. 28) continua sendo, provavelmente, a melhor definição de que se dispõe: "a dor é uma experiência emocional e sensorial desagradável associada com dano tissular real ou potencial ou descrita em termos desse dano".

X.1. Tipos de dor: aguda e crônica

Os clínicos distinguem entre muitos tipos diferentes de dor, mas a distinção mais freqüente talvez seja entre dor aguda e crônica. A *dor aguda* é a dor de curta duração, normalmente menos de 3 meses. A maioria das dores comuns, como a dor de dentes, as cefaléias e a dor pós-operatória é aguda. A *dor crônica* dura mais de 3 meses ou mais do que o tempo normal de cura (IASP, 1986). O paciente com dor crônica freqüentemente sofre outros efeitos não desejáveis, como um mal-estar contínuo, perda de sono, irritabilidade e perda da capacidade de trabalhar ou brincar. Isso pode acarretar desorganização, depressão e incapacidade. Isto é, a dor freqüentemente perturba a vida da pessoa, modifica seu estado de humor e o incapacita fisicamente.

X.2. Controle da dor: estratégias médicas e cognitivas de enfrentamento

Devido à elevada presença da dor, a ciência médica investiu muito tempo e esforço na ajuda a lidar com a dor. O arsenal de medicações é enorme e também pode-se recorrer a técnicas cirúrgicas para aliviar a dor. Duas formas de medicação para a dor são os analgésicos e os narcóticos. Os analgésicos interferem de forma ativa na transmissão dos sinais da dor ou reduzem a resposta cortical à ela (Whipple, 1987). Os narcóticos, como a codeína e a morfina, unem-se aos receptores opiáceos no SNC. Isso desencadeia um sinal inibidor que bloqueia a transmissão dos impulsos de dor (Aronoff, Wagner e Spangler, 1986). A escolha para o tratamento da enxaqueca parece ser os fármacos antiinflamatórios sem esteróides (Welch, 1993).

Um procedimento para o tratamento freqüentemente prescrito para a dor na parte inferior das costas é a ENET ou estimulação nervosa elétrica transcutânea. A ENET vem em um pequeno estimulador portátil colocado no cinto do paciente. Depois da instrução inicial, o paciente pode colocar os dois eletrodos no lugar apropriado e auto-administrar-

O Enfrentamento do Estresse: Estratégias Cognitivo-comportamentais **327**

se a ENET. Um estímulo elétrico de baixo nível que se sente como uma ligeira sensação de formigamento passa através da carne para estimular as fibras nervosas de dor próximas. Isso tem como efeito a inibição dos sinais de dor na raiz dorsal da medula espinal. A ENET é um procedimento de baixo custo, rápido e moderadamente eficaz.

Ainda assim, os métodos comportamentais alternativos podem ser tão eficazes quanto a ENET e com um custo econômico inferior. Em um estudo, sujeitos com dor na parte inferior das costas empregavam ou o procedimento da ENET, ou a ENET simulada ou o exercício (Deyo *et al.*, 1990). A ENET produziu uma melhora em 47% dos sujeitos. O exercício causou melhora em 52% dos sujeitos. Essa foi uma diferença significativa, mas pequena. Além disso, 42% dos sujeitos na condição de ENET simulada melhoraram, uma diferença não significativa se comparada com a condição da ENET. Isso significa que a sugestão tem um poderoso efeito nos procedimentos para o alívio da dor.

Em geral, os exercícios preferidos são aqueles que fortalecem os músculos das costas sem exercer pressão às vértebras. O problema é que as pessoas normalmente preferirão colocar-se um estimulador e apertar um botão do que fazer exercícios regularmente. A ENET é rápida e fácil, enquanto que o exercício requer tempo e esforço.

A categoria de tratamentos psicológicos para a dor inclui técnicas operantes, *biofeedback,* relaxamento, métodos cognitivos, hipnose e meditação. Cada uma alega sua taxa de sucesso, mas os resultados são, amiúde, inconsistentes. Tentando esclarecer-se nessa confusão, Flor e Birbaumer (1993) estabeleceram que a escolha do tratamento tem de ser adequado ao tipo de paciente com dor. Observaram que a maioria dos estudos sobre dor clínica não desassocia os três níveis do comportamento de dor relevante à dor crônica. Esses são o comportamento verbal-subjetivo, o comportamento motor e o fisiológico-orgânico.

Flor e Birbaumer utilizaram um grupo com dor na parte inferior das costas (DPIC) e outro com dor temporomandibular (DTM). Designaram os sujeitos para uma condição de *biofeedbak* (BF) EMG, uma condição de tratamento cognitivo-comportamental (TCC) ou um tratamento médico (MED). Além disso, Flor e Birbaumer avaliaram que os pacientes com reatividade psicofisiológica deveriam responder melhor ao BF. Os pacientes que informassem de importantes autoverbalizações negativas deveriam responder melhor ao TCC. Finalmente, a presença de condições orgânicas significativas deveriam ceder melhor diante do tratamento médico. No curso de seu estudo, foram obtidas avaliações pré e pós-tratamento, e em acompanhamentos aos 6 meses e aos dois anos.

Os pesquisadores proporcionaram treinamento em *biofeedback* de EMG, mas com um enfoque novo, utilizando o lugar de dor real para a redução da tensão. A condição de TCC era composta por vários tratamentos, como o RMP, a manipulação do estresse, a distração e as autoverbalizações positivas. O grupo de MED continuou com a melhor medicação disponível para sua dor específica.

Todos os três grupos melhoraram no pós-tratamento, mas o de BF mostrou a melhora mais elevada. Nos acompanhamentos aos seis meses e aos dois anos, somente o grupo de BF mantinha as mudanças pós-tratamento. Porém, quando Flor e Birbaumer analisaram os resultados por subgrupos, encontraram apoio para a adequação da terapia aos pacientes. Aqueles com reatividade psicofisiológica respondiam melhor ao BF, enquanto os pacientes com autoverbalizações negativas significativas respondiam melhor ao TCC.

XI. ENFRENTAR O ESTRESSE DO TRABALHO: ESTRATÉGIAS COGNITIVAS E PROGRAMAS DE AJUDA AOS EMPREGADOS

Uma das formas de estresse mais difíceis de tratar é o estresse do trabalho. Em consonância com um modelo cognitivo do estresse, o *estresse do trabalho* pode ser definido simplesmente como exigências do trabalho que excedem a capacidade do trabalhador para enfrentá-las. Há muitos sintomas do estresse do trabalho, incluindo sintomas psicológicos, comportamentais e físicos (Sauter, Murphy e Hurrell, 1990). Os *sintomas psicológicos* mais freqüentes são os seguintes: *a.* ansiedade, tensão, confusão e irritabilidade, *b.* sentimentos de frustração, ira e ressentimento, *c.* hipersensibilidade e hiper-reatividade emocional, *d.* repressão de sentimentos, *e.* diminuição da eficácia da comunicação, *f.* afastamento e depressão, *g.* sentimentos de isolamento, *h.* aborrecimento e insatisfação com o trabalho, *i.* fadiga mental e funcionamento intelectual inferior, *j.* perda de concentração, *l.* perda de espontaneidade e criatividade, e *m.* diminuição da auto-estima.

Os *sintomas físicos* mais importantes do estresse do trabalho são enumerados na seguinte lista: *a.* aumento da taxa cardíaca e da pressão sangüínea, *b.* aumento das secreções de adrenalina e noradrenalina, *c.* transtornos gastrintestinais, como a úlcera, *d.* danos corporais, *e.* fadiga física, *f.* morte, *g.* transtornos cardiovasculares, *h.* problemas respiratórios, *i.* aumento da sudorese, *j.* problemas de pele, *l.* cefaléias, *m.* câncer, *n.* tensão muscular, e *o.* transtornos do sono. Existem pesquisas apropriadas que comprovaram os efeitos do estresse do trabalho sobre os sistemas cardiovascular e gastrintestinal. A fadiga física, os danos corporais e as perturbações do sono estão também bem estabelecidos. Não está ainda claro que os demais transtornos provenham do estresse do trabalho.

Finalmente, alguns dos *sintomas comportamentais* que indicam estresse no trabalho incluem os seguintes: *a.* "deixar para amanhã" e evitação do trabalho, *b.* diminuição do desempenho e da produtividade, *c.* aumento do uso e abuso do álcool e das drogas, *d.* clara sabotagem do trabalho, *e.* aumento das visitas ao médico, *f.* comer em excesso, como escape, o que leva à obesidade, *g.* comer pouco, como sinal de afastamento, combinado provavelmente com sinais de depressão, *h.* perda de apetite e repentina perda de peso, *i.* aumento do comportamento arriscado, incluindo o jogo e a direção temerária, *j.* agressão, vandalismo e roubo, *l.* deterioração das relações com a família e amigos, e *m.* suicídio ou tentativas de suicídio.

Por outra parte, as principais fontes de estresse no trabalho se podem resumir nas seguintes:

a. *Condições do trabalho,* tais como uma sobrecarga quantitativa e/ou qualitativa do trabalho, trabalho chato e repetitivo, ter de tomar decisões de responsabilidade, perigos físicos, mudanças do horário de trabalho, tecnoestresse (incapacidade para se adaptar à nova tecnologia).

O Enfrentamento do Estresse: Estratégias Cognitivo-comportamentais

b. *Estresse do papel* desempenhado, como a ambigüidade do papel, os estereótipos relativos ao papel sexual e ao desvio associado ao papel, assédio sexual.

c. *Fatores interpessoais,* como pobres sistemas de apoio social e ocupacional, rivalidade política, inveja ou ira, falta de preocupação dos superiores pelos trabalhadores.

d. *Progresso da profissão,* como ocupar um posto de menos categoria para sua qualificação, ocupar um posto que ultrapassa suas qualificações (também chamado o *princípio de Peter),* segurança no trabalho, ambições frustradas.

e. *Estrutura organizacional,* como uma estrutura rígida e impessoal, batalhas políticas, supervisão e treinamento inadequados, não participação na tomada de decisões.

f. *Inter-relação casa-trabalho,* como a interferência dos problemas de um lugar no outro, falta de apoio do cônjuge, problemas conjugais, estresse devido ao fato de os dois cônjuges trabalharem.

O resultado final do estresse sem controle no trabalho é o *burnout,* uma condição psicológica incapacitante produzida pelo estresse não resolvido no trabalho e que produz: *a.* um esgotamento das reservas de energia, *b.* uma menor resistência às doenças, c. um aumento da insatisfação e do pessimismo, *d.* um aumento das faltas e da ineficácia no trabalho. Quando os sintomas se manifestam de forma severa, o superior, o empregado ou ambos devem agir rapidamente, antes que o estresse se transforme em *burnout.* As linhas que seguem apresentam uma série de descobertas ao longo de diferentes lugares sobre o estresse do trabalho.

Em uma tentativa de lidar com os problemas conceituais da pesquisa sobre o estresse no trabalho, o grupo de Paul Spector sugeriu que os modelos passados foram demasiado simples para explicar as relações entre o estresse e a saúde no contexto trabalhista (Spector, Dwyer e Jex, 1988). Depois de considerar três hipóteses diferentes, sugeriram que o modelo da *causa recíproca* poderia ser o mais apropriado. Encontraram provas que apoiavam a idéia de que tanto os acontecimentos de fora do trabalho como as avaliações do desempenho contribuem para a percepção de estresse. Ambos podem dar retroalimentação, que influi negativamente no desempenho.

Pode-se intervir sobre o estresse no trabalho através de uma série de estratégias cognitivo-comportamentais, incluindo *fazer exercícios* e eliminando os pensamentos autoderrotistas. O exercício é uma forma excelente de eliminar as tensões mentais e emocionais do trabalho. Reduz a frustração e permite um deslocamento da ira ou da agressão. Finalmente, o exercício diminui o risco coronário e reduz as faltas, os acidentes trabalhistas e os custos com o cuidado da saúde (Gebhardt e Crump, 1990). Um programa de exercícios é apropriado provavelmente para pessoas que têm trabalhos de escritório. É possível que outros indivíduos não precisem acrescentar exercícios a um esquema de trabalho que já inclui atividade física extenuante. Então, a regra é encontrar algo que seja uma mudança de ritmo em relação ao trabalho.

Uma forma de ter uma mudança de ritmo é ter uma variedade de *hobbies* ou *passatempos criativos* dos quais possa desfrutar fora do local de trabalho. Os *hobbies* que ajudam a manter uma pessoa viva física, mental e espiritualmente são importantes para manter a perspectiva sobre as coisas importantes na vida. Finalmente, independentemente do tipo de trabalho, a saúde física pode ser melhorada ou mantida com uma *alimentação apropriada* e diminuindo os alimentos (como os que incluem cafeína e açúcar) que tendem a agravar os sintomas de estresse.

Os métodos cognitivos tentam desembaraçar-se das *percepções distorcidas* e dos *padrões irracionais de pensamentos* que contribuem com o estresse. Esses padrões freqüentemente costumam pôr a culpa no controle ou perpetuar as idéias de falta de controle pessoal. À falta de sessões de assessoria pessoal, seria útil ter um amigo íntimo que possa atuar como *confidente,* alguém que possa escutar os problemas pessoais com algum grau de objetividade. É também útil manter a *vida ocupacional separada da vida social.* Isso não significa que a pessoa tenha de estar totalmente isolada dos colegas de trabalho, mas que o sistema social deveria estender-se além do círculo dos amigos do trabalho. O problema de fazer do escritório o grupo social é que costuma aumentar a tendência para que os problemas no trabalho sejam levados para casa.

Em anos recentes, deu-se uma maior ênfase a proporcionar programas de ajuda ao empregado ou PAEs. Estes oferecem muitos serviços, que incluem adaptações ao trabalho, assim como ajuda para problemas desenvolvidos fora do local de trabalho, mas que comprometem a produtividade. Entre os serviços oferecidos encontram-se a assessoria, oficinas de enfrentamento e manipulação do estresse (Ivancevich, Matteson, Freedman e Phillips, 1990), técnicas de relaxamento e de reavaliação cognitiva (Ganster, Mayes, Sime e Tharp, 1982), retreinamento da atividade ocupacional, assessoria para a mudança de carreira e apoio às famílias em trabalhos estressantes (Hildebrand, 1986). Além disso, muitas empresas começaram programas para o cuidado das crianças, a construção de lugares para fazer exercício e proporcionaram programas de nutrição para seus empregados (Gebhardt e Crump, 1990; Ilgen, 1990). Esses programas satisfazem várias necessidades importantes dos trabalhadores, mas, infelizmente, ainda não lidam com problemas que podem ser parte da própria empresa.

XII. ENFRENTAR O DESASTRE: ETAPAS E ESTRATÉGIAS

Os desastres naturais constituem uma loteria de destruição da Natureza. Geralmente são imprevisíveis e, na maior parte, incontroláveis. Pessoas que se encontram em meio de um tornado, um furacão ou uma inundação podem sentir-se à mercê da Natureza. As catástrofes naturais requerem estratégias de enfrentamento em curto e longo prazos das vítimas e da comunidade. Os desastres tecnológicos ocorrem porque alguma máquina ou estrutura falhou. Assim, os aviões caem, os barcos afundam, uma base nuclear explode ou um dique de contenção se rompe. Os desastres tecnológicos freqüentemente geram uma reação mais intensa que os desastres naturais, porque costumamos pensar que deveríamos ser capazes de controlar aquilo que construímos.

As vítimas dos desastres naturais freqüentemente passam por uma resposta de três etapas. Em primeiro lugar, passam por uma *etapa de choque,* na qual a aparência é de estar aturdido e apático. Em segundo lugar, as vítimas passam por uma *etapa sugestionável,*

O ENFRENTAMENTO DO ESTRESSE: ESTRATÉGIAS COGNITIVO-COMPORTAMENTAIS

na qual são passivos e dispostos a seguir o conselho dos outros. Finalmente, passam por uma *etapa de recuperação,* que está marcada por tensão e apreensão.

Os sintomas físicos e psicológicos do estresse pelo desastre manifestam-se rapidamente. As vítimas do desastre informam de um aumento da fadiga, cefaléias, resfriados e outras doenças, mas a incidência de doenças físicas é muito mais baixa que a esperada. Além disso, existem evidências de que a natureza aguda dos desastres ativa os mecanismos naturais de autodefesa do corpo (Baum, 1990). Os sintomas psicológicos incluem pânico, temor fóbico, sentimentos de vulnerabilidade, culpa por sobreviver, isolamento, depressão, ira e frustração. Os problemas nas relações interpessoais e as rupturas conjugais são também freqüentes (McLeod, 1984). As vítimas informam habitualmente sobre uma elevada incidência de perturbações da alimentação e são freqüentes os transtornos do sono, que incluem reviver o desastre em sonhos. O grupo de sintomas psicológicos freqüentemente encaixa no transtorno por estresse pós-traumático.

É muito mais fácil identificar os efeitos colaterais dos desastres naturais e tecnológicos que proporcionar diretrizes para o enfrentamento. Uma descoberta é que os sobreviventes de um desastre natural parecem surgir com maiores habilidades de enfrentamento que antes do desastre (Quarantelli e Dynes, 1977). Sugestões adicionais provêm de estudos sobre vítimas que sobreviveram a um desastre natural ou tecnológico.

Em um desses estudos, Andrew Baum e seus colaboradores estudaram as estratégias de enfrentamento utilizadas pelos residentes na área do incidente de Three Mile Island (Baum, Fleming e Singer, 1983). Utilizaram uma escala para medir o enfrentamento centrado na emoção ou no problema (veja no começo deste capítulo). As vítimas classificaram-se com um alto ou baixo enfrentamento centrado na emoção e com um alto ou baixo enfrentamento centrado no problema. Obtiveram também informação sobre o tipo e o número de sintomas que as vítimas informavam.

Nessa situação, pessoas que tinham um baixo enfrentamento centrado na emoção informavam de um número de sintomas quase três vezes superior que os sujeitos que tinham um elevado enfrentamento centrado na emoção. E, ao contrário, aqueles que possuíam um elevado enfrentamento centrado no problema informavam de um número de sintomas quase três vezes superior que os sujeitos que tinham um baixo enfrentamento centrado no problema.

Os resultados do estudo de Baum sugerem que a estratégia mais eficaz é focar primeiro a eliminação das emoções negativas. Depois, as vítimas deveriam tentar, provavelmente, o controle por meio do enfrentamento direto do problema. Os pesquisadores acreditam que um desastre da alta tecnologia é inerentemente incontrolável para todos, exceto para os mais competentes tecnicamente. É provável que tentar impor o controle direto somente conseguirá acrescentar estresse, porque costuma aumentar os sentimentos de frustração pelo fato de não poder fazer nada.

Há uma estratégia de enfrentamento que parece ser importante, independentemente da natureza do desastre, a saber, a busca de informação. O estresse costuma aumentar a incerteza e obter informação relevante normalmente ajuda a reduzir essa incerteza. É importante que as equipes que atuam no socorro entendam isso, mas também é importante certificar-se de que a informação é oportuna e exata.

XIII. CONCLUSÕES

O enfrentamento refere-se a qualquer esforço por prevenir, eliminar ou reduzir os estímulos estressantes ou a tolerar o efeito do estresse com um mínimo de dano. O enfrentamento eficaz depende dos recursos e das estratégias. Além disso, os estilos de enfrentamento freqüentemente determinam as reações imediatas diante do estresse. Os recursos de enfrentamento são os atributos físicos, pessoais e sociais empregados para enfrentar o estresse. As estratégias de enfrentamento são os planos e as atuações que utilizamos para lidar com o estresse. Os estilos de enfrentamento são as formas habituais com que enfrentamos o estresse.

Uma das habilidades de enfrentamento mais importantes é o relaxamento empregado para reduzir a tensão. O Relaxamento Muscular Progressivo (RMP) utiliza uma seqüência de exercícios de tensão/relaxamento para ajudar as pessoas a aprender a relaxar. O RMP foi utilizado em uma ampla variedade de condições relacionadas com o estresse, incluindo a hipertensão, as cefaléias e a dor. Os resultados às vezes são inconsistentes nessas áreas, mas o emprego do RMP para a redução da tensão recebeu um apoio amplo e potente.

A manipulação do tempo é uma estratégia geral para o enfrentamento do estresse que elimina muitas pressões no estilo de vida de ritmo rápido. Deveria ser utilizada somente quando necessário e, então, proporcionar tempo para si mesmo e para a família, não somente para conseguir fazer cada vez mais em cada vez menos tempo.

A dor é uma experiência sensorial e emocional desagradável associada com um dano tissular real ou potencial. Categoriza-se como dor aguda ou dor crônica. Esta última se acompanha normalmente pela tríade de desorganização, incapacidade e depressão. Os métodos médicos para tratar a dor incluem a cirurgia, a medicação e a ENET. Esta é eficaz e de baixo custo, embora o exercício produza melhores resultados, apesar de uma baixa adesão. Os métodos psicológicos incluem o *biofeedback,* o relaxamento, a hipnose, procedimentos comportamentais e procedimentos cognitivos. As intervenções para a dor na parte inferior das costas podem depender das características dos pacientes. Aqueles que têm uma elevada reatividade fisiológica parecem responder melhor ao *biofeedback* e aqueles com autoverbalizações negativas respondem melhor às intervenções cognitivas.

Os desastres naturais e tecnológicos produzem vários sintomas negativos nas vítimas. Os estudos sobre as estratégias de enfrentamento utilizados nos desastres sugerem que as vítimas se saem melhor quando utilizam primeiro uma estratégia de enfrentamento centrada na emoção. Isso se deve, principalmente, ao fato de que os desastres são normalmente incontroláveis por meio da ação direta. A busca de informação é uma estratégia de enfrentamento útil, mas essa informação deve ser concreta, exata e oportuna.

REFERÊNCIAS BIBLIOGRÁFICAS

Adams, J. H., Hayes, J. y Hopson, B. (1976). *Transition: Understanding and managing personal change.* Londres: Martin Robertson.

Aronoff, G. M., Wagner, J. M. y Spangler, A. S. (1986). Chemical interventions for pain. *Journal of Consulting and Clinical Psychology, 54,* 769-775.

Ball, R. (1984). Chronic pain. *The Jefferson Journal of Psychiatry, 2,* 11-24.

Bandura, A. (1977). Self-efficacy: Toward a unifying theory of behavioral change. *Psychological Review, 84,* 191-215.

Bandura, A., Reese, L. y Adams, N. E. (1982). Microanalysis of action and fear arousal as a function of differential levels of perceived self-efficacy. *Journal of Personality and Social Psychology, 43,* 5-21.

Baum, A. (1990). Stress, intrusive imagery, and chronic stress. *Health Psychology, 9,* 653-675.

Baum, A., Fleming, R. y Singer, J. (1983). Coping with victimization by technological disaster. *Journal of Social Issues, 39,* 117-138.

Benson, H. (1975). *The relaxation response.* Nueva York: William Morrow.

Bernstein, D. A. y Borkovec, T. D. (1978). *Progressive relaxation training: A manual for the helping professions.* Champaign, IL: Research Press.

Blanchard, E. B., McCoy, G. C., Berger, M., Musso, A., Pallmeyer, T. P., Gerardi, R., Gerardi, M. A. y Pangburn, L. (1989). A controlled comparison of thermal biofeedback and relaxation training in the treatment of essential hypertension IV: Prediction of short-term clinical outcome. *Behavior Therapy, 20,* 405-415.

Blanchard, E. B., McCoy, G. C., Musso, A., Gerardi, M. A., Pallmeyer, T. P., Gerardi, R. J., Cotch, P. A., Siracusa, K. y Andrasik, F. (1986). A controlled comparison of thermal biofeedback and relaxation training in the treatment of essential hypertension: I. Short-term and long-term outcome. *Behavior Therapy, 17,* 563-579.

Bliss, E. C. (1976). *Getting things done: The ABC's of time management.* Nueva York: Scribner's.

Branson, S. M. y Craig, K. D. (1988). Children's spontaneous strategies for coping with pain: A review of the literature [Special Issue: Child and adolescent health]. *Canadian Journal of Behavioural Science, 20,* 402-412.

Burish, T. G., Vasterling, J. J., Carey, M. P., Matt, D. A. y Krozely, M. G. (1988). Posttreatment use of relaxation training by cancer patients. *The Hospice Journal, 4,* 1-8.

Cohen, L. y Roth, S. (1984). Coping with abortion. *Journal of Human Stress, 10,* 140-145.

Cohen, S. (1988). Psychosocial models of the role of social support in the etiology of physical disease. *Health Psychology, 7,* 269-297.

Cohen, S. y Syme, S. L. (dirs.) (1985). *Social support and health.* Nueva York: Academic.

Cohen, S., Tyrrell, D. A. J. y Smith, A. P. (1991). Psychological stress and susceptibility to the common cold. *The New England Journal of Medicine, 325,* 606-612.

Cohen, S. y Wills, T. A. (1985). Stress, social support, and the buffering hypothesis. *Psychological Bulletin, 98,* 310-357.

Decker, T. W. y Cline-Elsen, J. (1992). Relaxation therapy as an adjunct in radiation oncology. *Journal of Clinical Psychology, 48,* 388-393.

Deyo, R. A., Walsh, N. E., Martin, D. C., Schoenfeld, L. S. y Ramamurthy, S. (1990). A controlled trial of transcutaneous electrical nerve stimulation (TENS) and exercise for chronic low back pain. *The New England Journal of Medicine, 322,* 1627-1634.

Douglass, M. R. y Douglass, D. N. (1980). *Manage your time, manage your work, manage yourself.* Nueva York: AMACOM.

Fernández, E. y Turk, D. C. (1992). Sensory and affective components of pain: Separation and synthesis. *Psychological Bulletin, 112,* 205-217.

Ferner, J. D. (1980). *Successful time management.* Nueva York: Wiley.

Flor, H. y Birbaumer, N. (1993). Comparison of the efficacy of electromyographic biofeedback, cognitive-behavioral therapy, and conservative medical interventions in the treatment of chronic musculoskeletal pain. *Journal of Consulting and Clinical Psychology, 61,* 653-658.

Folkman, S., Chesney, M. A., Pollack, L. y Phillips, C. (1992). Stress, coping, and high-risk sexual behavior. *Health Psychology, 11,* 218-222.

Folkman, S. y Lazarus, R. S. (1980). An analysis of coping in a middle-aged community sample. *Journal of Health and Social Behavior, 21,* 219-239.

Ganster, D. C., Mayes, B. T., Sime, W. E. y Tharp, G. D. (1982). Managing organizational stress: A field experiment. *Journal of Applied Psychology, 67,* 533-542.

Gebhardt, D. L. y Crump, C. E. (1990). Employee fitness and wellness programs in the workplace. *American Psychologist, 45,* 262-272.

Hays, R. B., Turner, H. y Coates, T. J. (1992). Social support, AIDS-related symptoms, and depression among gay men. *Journal of Consulting and Clinical Psychology, 60,* 463-469.

Hildebrand, J. F. (1986). Mutual help for spouses whose partners are employed in stressful occupations. *Journal for Specialists in Group Work, 11,* 80-84.

IASP: International Association for the Study of Pain, Subcommittee on Taxonomy (1986). Classification of chronic pain. *Pain,* Suppl. 3.

Ilgen, D. R. (1990). Health issues at work: Opportunities for industrial/organizational psychology. *American Psychologist, 45,* 273-283.

Ivancevich, J. M., Matteson, M. T., Freedman, S. M. y Phillips, J. S. (1990). Worksite stress management interventions. *American Psychologist, 45,* 252-261.

Jacobsen, P. B., Bovbjerg, D. H. y Redd, W. H. (1993). Anticipatory anxiety in women receiving chemotherapy for breast cancer. *Health Psychology, 12,* 469-475.

Jacobson, E. (1938). *Progressive relaxation* (2.ª edición). Chicago: University of Chicago Press.

Kiecolt-Glaser, J. K., Glaser, R., Williger, D., Stout, J., Messick, G., Sheppard, S., Ricker, D., Romisher, S. C., Briner, W., Bonnell, G. y Donnerberg, R. (1985). Psychosocial enhancement of immunocompetence in a geriatric population. *Health Psychology, 4,* 25-41.

King, A. C., Winett, R. A., Lovett, S. B. (1986). Enhancing coping behaviors in at-risk populations: The effects of time-management instruction and social support in women from dual-earner families. *Behavior Therapy, 17,* 57-66.

Kirkham, M. A., Schilling, R. F., Norelius, K. y Schinke, S. P. (1986). Developing coping styles and social support networks: An intervention outcome study with mothers of handicapped children. *Child: Care, Health and Development, 12,* 313-323.

Kozoll, C. E. (1982). *Time management for educators.* Bloomington, IN: Phi Delta Kappa Educational Foundation.

Lakein, A. (1974). *How to get control of your time and your life.* Nueva York: New American Library/Signet.

Langfelder, J. R. (1987). Leisure wellness and time management: Is there a connection? *College Student Journal, 21,* 180-183.

Leavy, R. L. (1983). Social support and psychological disorder: A review. *Journal of Community Psychology, 11,* 3-21.

Matheny, K. B., Aycock, D. W., Pugh, J. L., Curlette, W. L. y Silva-Cannella, K. A. (1986). Stress coping: A qualitative and quantitative synthesis with implications for treatment. *Counseling Psychologist, 14,* 499-549.

McLaughlin, M., Cormier, L. S. y Cormier, W. H. (1988). Relation between coping strategies and distress, stress, and marital adjustment of multiple-role women. *Journal of Counseling Psychology, 35*, 187-193.

McLeod, B. (1984, octubre). In the wake of disaster. *Psychology Today, 18* (10), 54-57.

Menaghan, E. G. (1983). Individual coping efforts: Moderators of the relationship between life stress and mental health outcomes. En H. B. Kaplan (dir.), *Psychosocial stress: Trends in theory and research.* Nueva York: Academic Press.

Merskey, H. (1979). Pain terms. *Pain, 6,* 249-252.

O'Leary, A. (1985). Self-efficacy and health. *Behaviour Research and Therapy, 23,* 437-451.

Partin, R. L. (1983). Time management for school counselors. *The School Counselor, 30,* 280-284.

Peterson, C. y Seligman, M. E. P. (1984). Causal explanations as a risk factor for depression: Theory and evidence. *Psychological Review, 91,* 347-374.

Peterson, C. y Seligman, M. E. P. (1987). Explanatory style and illness. Special issue: Personality and physical health. *Journal of Personality, 55,* 237-265.

Pinkerton, S. S., Hughes, H. y Wenrich, W. W. (1982). *Behavioral medicine: Clinical applications.* Nueva York: Wiley.

Quarantelli, E. L. y Dynes, R. R. (1977). Response to social crisis and disaster. *Annual Review of Sociology, 3,* 23-49.

Salovey, P., Seiber, W. J. y Smith, A. F. (1992). *Reporting chronic pain episodes on health surveys* (PHS 92-1081). Hyattsville, MD: U.S. Department of Health and Human Services.

Sanders, M. R., Rebgetz, M., Morrison, M., Bor, W., Gordon, A., Dadds, M. y Shepherd, R. (1989). Cognitive-behavioral treatment of recurrent nonspecific abdominal pain in children: An analysis of generalization, maintenance, and side effects. *Journal of Consulting and Clinical Psychology, 57,* 294-300.

Sauter, S. L., Murphy, L. R. y Hurrell, J. J. (1990). Prevention of work-related psychological disorders. *American Psychologist, 45,* 1146-1158.

Scheier, M. y Carver, C. S. (1987). Dispositional optimism and physical well-being: The influence of generalized outcome expectancies on health. *Journal of Personality, 55,* 169-210.

Scheier, M., Weintraub, J. K. y Carver, C. S. (1986). Coping with stress: Divergent strategies of optimists and pessimists. *Journal of Personality and Social Psychology, 51,* 1257-1264.

Schultz, B. J. y Saklofske, D. H. (1983). Relationship between social support and selected measures of psychological well- being. *Psychological Review, 53,* 847-850.

Schultz, J. y Luthe, W. (1959). *Autogenic training: A psychophysiological approach to psychotherapy.* Nueva York: Grune y Stratton.

Selye, H. (1956). *The stress of life.* Nueva York: McGraw-Hill.

Shapiro, J. (1983). Family reactions and coping strategies in response to the physically ill or handicapped child: A review. *Social Science and Medicine, 17,* 913-931.

Shumaker, S. A. y Hill, D. R. (1991). Gender differences in social support and physical health. *Health Psychology, 10,* 102-111.

Smith, M. S. y Womack, W. M. (1987). Stress management techniques in childhood and adolescence: Relaxation training, meditation, hypnosis, and biofeedback: Appropriate clinical applications. *Clinical Pediatrics, 26,* 581-585.

Solomon, L. J. y Rothblum, E. D. (1984). Academic procrastination: Frequency and cognitive-behavioral correlates. *Journal of Counseling Psychology, 31,* 504-510.

Sorbi, M., Tellegen, B. y Du Long, A. (1989). Long-term effects of training in relaxation and stress-coping in patients with migraine: A 3-year follow-up. *Headache, 29,* 111-121.

Spector, P. E., Dwyer, D. J. y Jex, S. M. (1988). Relation of job stressors to affective, health, and performance outcomes: A comparison of multiple data sources. *Journal of Applied Psychology, 73,* 11-19.

Sternbach, R. A. (1986). Pain and 'hassles' in the United States: Findings of the Nuprin pain report. *Pain, 27,* 69-80.

Wall, P. D. y Jones, M. (1991). *Defeating pain.* Nueva York: Plenum.

Walsh, P., Dale, A. y Anderson, D. E. (1977). Comparison of biofeedback, pulse wave velocity and progressive relaxation in essential hypertensives. *Perceptual and Motor Skills, 44,* 839-843.

Webster's New Twentieth Century Dictionary, sin abreviar (2ª edición) (1979). Nueva York: Simon and Schuster.

Welch, K. M. A. (1993). Drug therapy of migraine. *The New England Journal of Medicine, 329,* 1476-1483.

Whipple, B. (1987, otoño). Methods of pain control: Review of research and literature. *IMAGE: Journal of Nursing Scholarship, 19,* 142-146.

Witmer, J. M. (1986). Stress coping: Further considerations. *The Counseling Psychologist, 14,* 562-566.

Yablin, B. A. (1986). Maximizing the disabled adolescent: Family challenges and coping techniques. *International Journal of Adolescent Medicine and Health, 2,* 223-231.

Zich, J. y Temoshok, L. (1987). Perceptions of social support in men with AIDS and ARC: Relationships with distress and hardiness. *Journal of Applied Social Psychology, 17,* 193-215.

Zullow, H. M., Oettingen, G., Peterson, C. y Seligman, M. E. P. (1988). Pessimistic explanatory style in the historical record. *American Psychologist, 43,* 673-682.

LEITURAS PARA APROFUNDAMENTO

Bernstein, D. A. y Borkovec, T. D. (1978). *Progressive relaxation training: A manual for the helping professions.* Champaign, IL: Research Press.

Carrobles, J. A. (1996). Estrés y trastornos psicofisiológicos. En V. E. Caballo, G. Buela-Casal y J. A. Carrobles (dirs.), *Manual de psicopatología y trastornos psiquiátricos,* vol. 2. Madrid: Siglo XXI.

Douglass, M. R. y Douglass, D. N. (1980). *Manage your time, manage your work, manage yourself.* Nueva York: AMACOM.

Lakein, A. (1974). *How to get control of your time and your life.* Nueva York: New American Library/Signet.

Rice, P. L. (1992). *Stress and health* (2.ª edición). Pacific Grove, CA: Brooks/Cole.

Wall, P. D. y Jones, M. (1991). *Defeating pain.* Nueva York: Plenum.

Capítulo 12
TRATAMENTO COGNITIVO-COMPORTAMENTAL DO PADRÃO DE COMPORTAMENTO TIPO A

ANTONIO DEL PINO PÉREZ[1]

I. INTRODUÇÃO

A concepção do conceito Padrão de Comportamento Tipo A (PCTA) foi evoluindo ao longo do tempo e embora inicialmente M. Friedman e R. Rosenman tenham trabalhado e publicado juntos sobre esse tema, hoje parecem manter posições diferentes. Friedman e Rosenman (1974), em seu livro *Type A behavior and your heart*, uma das últimas publicações que assinaram juntos, definem o PCTA como um complexo de ações e emoções que pode ser observado em qualquer pessoa que esteja envolvida agressivamente em uma luta crônica, incessante para ganhar cada vez mais em cada vez menos tempo, e, se for necessário, contra os esforços opostos de outras coisas ou outras pessoas. Entendem que não é um transtorno psicológico, como as fobias ou as obsessões, mas uma forma de conflito socialmente aceitável e, inclusive, freqüentemente elogiada. Para eles, o padrão de comportamento é *a reação* (grifo do autor), que surge quando determinadas características de personalidade de um indivíduo são postas à prova ou ativadas por um agente ambiental específico.

Mais recentemente, Friedman (1996) considerou que o PCTA se caracteriza por componentes encobertos e manifestos. O componente encoberto, que ele considera o fator responsável pelo início e manutenção do PCTA, é uma insegurança intrínseca ou um grau insuficiente de auto-estima, que tem sua origem na primeira infância e, previsivelmente, desperta pela percepção de ausência de expressão de afeto e admiração por parte de ambos os pais. O componente manifesto observado com mais freqüência nas pessoas que apresentam o PCTA é o sentido da urgência do tempo ou impaciência. Para Friedman (1996), essa impaciência, quando é muito intensa, gera e mantém um sentido crônico de irritação ou exasperação. A segunda característica emocional manifesta do PCTA é a hostilidade de flutuação livre, denominada assim pela localização e trivialidade dos incidentes que podem provocá-la.

Rosenman (1990) continua apresentando uma concepção mais de acordo com a primeira definição do PCTA. Define o PCTA como um complexo de ações e emoções que compreende *disposições comportamentais* tais como ambição, agressividade, competitividade e impaciência, *comportamentos específicos* tais como tensão muscular, estado de alerta, um estilo de fala rápido e enfático e um ritmo de atividade acelerado, e *respostas emocionais* tais como irritação, hostilidade e um elevado potencial para a ira. Mais recentemente, Rosenman (1996) relaciona o conjunto de comportamentos chama-

---
[1]Universidade de La Laguna (Espanha).

do PCTA à ansiedade. A seu ver, uma ansiedade profundamente arraigada e dissimulada é, amiúde, o principal fator subjacente na tendência coronária do PCTA. Por outro lado, Rosenman pensa que há muitas razões para considerar o estresse percebido como equivalente à ansiedade (McReynolds, 1990; Winters, Ironson e Schneiderman, 1990; Lazarus, 1993). Friedman (1989) também havia estabelecido a relação entre o PCTA e o estresse. Entre os componentes do PCTA, Rosenman (1991) concede uma importância fundamental à competitividade. Para Rosenman, a competitividade atua como mediadora entre os comportamentos tipo A manifestos e a ansiedade encoberta. Associa a ansiedade encoberta à insegurança e ao medo de falhar, próprios dos tipos A e diferente da ansiedade associada à neurose. A hostilidade, que reflete um estilo pessoal antagônico, é outro componente do PCTA ao qual Rosenman deu grande importância. Ao mesmo tempo, insistiu na necessidade de distingui-la da hostilidade medida pela "Escala HO" de Cook e Medley (1954) extraída do *Minnesota Multiphasic Personality Inventory (MMPI)*. A Escala HO parece medir suspeita, cinismo e desconfiança cínica (Barefoot *et al.*, 1989; Costa *et al.*, 1986; Smith, 1992).

Partindo de uma perspectiva psicológica que pretendesse avaliar e tratar o PCTA, haveriam de ser atendidos três aspectos: 1. as disposições pessoais permanentes, 2. os desafios e demandas que emanam dos diferentes ambientes em que as pessoas vivem e 3. os comportamentos ou reações atuais que se manifestam quando os desafios ou demandas ativam as disposições existentes.

As disposições permanentes podem ser concebidas como mais ou menos consolidadas. No caso de concebê-las como mais consolidadas, entender-se-ia que não precisam de determinantes ambientais para se manifestar e que as pessoas com essas características agiriam regularmente, em conformidade com o estilo próprio dos tipos A. Nesse caso, poderíamos assimilá-las a traços de personalidade que se manifestam, geralmente, independente das situações que as pessoas vivem. Se as concebermos como menos consolidadas, seriam assimiláveis a estilos de enfrentamento. Friedman e Rosenman parecem concebê-las, inicialmente, de forma mais consolidada (Friedman e Rosenman, 1974). Mais recentemente, Rosenman (1984) as concebeu, claramente, como um estilo de comportamento que se mostra de forma regular em função não somente de determinantes pessoais, mas que precisa, para sua manifestação, determinadas situações ou contextos.

Os contextos que provocam o PCTA não foram precisados detalhadamente. Em linhas gerais, Rosenman (1986) insistia no modelo de vida ocidental como contexto especialmente elicitador para o PCTA. De fato, os estudos realizados com pessoas que não participam do estilo de vida ocidental mostraram uma presença menor do PCTA (Cohen *et al*, 1979). Os contextos que provocam o comportamento tipo A são muito variados e, portanto, difíceis de determinar. Isso explica o fato de que, até agora, não tenham sido levados em consideração à hora de avaliar e tratar o PCTA.

II. FUNDAMENTOS TEÓRICOS DA MANIFESTAÇÃO DO PADRÃO DE COMPORTAMENTO TIPO A

Smith e Anderson (1986) e Smith (1989) apresentaram três modelos que pretendem

Tratamento Cognitivo-comportamental do Padrão de Comportamento tipo A

explicar a manifestação do PCTA. Esses modelos recebem os nomes de mecanicista ou de interação estatística, biológico interativo e transacional ou biopsicossocial interativo.

II.1. *O modelo mecanicista ou de interação estatística*

Esse modelo sustenta que o PCTA se manifesta produzindo respostas fisiológicas que podem ser patogênicas somente quando as pessoas tipo A encontram certos tipos de situação. Conforme essa proposição, parece claro que Friedman e Rosenman, pelo menos em sua formulação inicial, participam, no momento de conceber a manifestação do PCTA, desse modelo de interação mecanicista. Os comportamentos se manifestam como reação às ameaças e desafios ambientais. As teorias que, dentro desse modelo, explicam a dinâmica desse comportamento são variadas. Glass (1977) considera que o PCTA é, essencialmente, uma resposta de enfrentamento emitida para controlar as ameaças atuais ou potenciais de perdas de controle. Scherwitz (Scherwitz, Berton e Leventhal, 1978; Scherwitz e Canick, 1988) estima que as pessoas que apresentam PCTA se caracterizam por se envolverem mais nas situações que as pessoas que não apresentam esse padrão de comportamento. Matthews (Matthews e Siegel, 1982), por sua vez, entende que o PCTA é o resultado da atribuição de um grande valor à produtividade e à conquista, combinado com critérios ambíguos para fixar os objetivos e as conquistas a atingir. Strube (1987) explica o PCTA como uma tentativa ativa de gerar informação diagnóstica sobre as habilidades, particularmente em situações que provocam grande incerteza.

II.2. *O modelo de interação biológica*

O modelo de interação biológica proposto por Krantz e as pessoas de seu contexto (Krantz e Durel, 1983; Krantz *et al.*, 1982) pode ser considerado uma variante do modelo de interação mecanicista. Nesse modelo, os comportamentos manifestos e a reatividade fisiológica são vistas como co-efeitos da mesma causa, uma predisposição situacionalmente ativada com base na própria constituição biológica caracterizada pela reatividade do sistema nervoso autônomo. Além disso, essa aproximação sustenta que a manifestação do PCTA reflete, em parte, uma resposta simpática excessiva aos estímulos estressantes ambientais (Krantz, Arabian, Davia e Parker, 1982). Uma versão mais radical desse modelo (Goldband, Katkin e Morell, 1979) considera o PCTA não como um co-efeito, mas como um índice pouco preciso do grau de resposta beta-adrenérgica.

II.3. *Os modelos transacionais*

Esses modelos sustentam, como os modelos anteriores, que os desafios e demandas provocam o PCTA nas pessoas predispostas. É provável, também, que tais fatores situacionais reforcem e mantenham o PCTA. Porém, em contraste com os modelos anteriores, nesse modelo as pessoas tipo A não são vistas somente como reativas diante de situações estressantes. Ao contrário, são vistas como geradoras de desafios e demandas em seu ambiente. O PCTA representa, assim, um processo contínuo de comportamento que gera e responde a desafios e demandas. Nesse caso, entendemos que as disposições pessoais para agir de uma forma determinada devem ser concebidas como mais consolidadas, posto que os comportamentos próprios dos tipos A são emitidos também em função de determinantes pessoais. Dentro dos modelos transacionais, vamos distinguir duas perspectivas segundo sua ênfase nos determinantes sociais ou biológicos do comportamento.

II.3.1. O modelo transacional de aprendizagem cognitivo-social

A defensora desse modelo é Price (1982), uma psicóloga que trabalha em colaboração com Friedman. Price considera que os comportamentos mais próprios dos tipos A são aprendidos no contexto social em que as pessoas se movem e que as aprendizagens de comportamentos não se realizam somente mediante processos de aprendizagem vicário, mas que descansam fortemente nas crenças e medos favorecidos em nossa sociedade. Price assinala três crenças e seus medos correspondentes que facilitam o desenvolvimento do PCTA: 1. a crença de que a pessoa deve provar a si mesmo constantemente e o medo de não ter coragem suficiente para fazê-lo; 2. a crença de que não existe um princípio moral universal e o medo de que o bem não prevaleça; 3. a crença de que os recursos são escassos e o medo de um abastecimento insuficiente. Essas idéias foram trabalhadas posteriormente por Burke (1984), Matteson, Ivancevich e Gamble (1987); Watkins, Ward e Southard (1987) e Watkins, Ward, Southard e Fisher (1992), embora não disponham, ainda, do respaldo necessário. Ivancevich e Matteson (1988) apresentam uma variante do modelo interativo de aprendizagem cognitivo social que poderia ser situado no já clássico esquema do neocomportamentalismo mediacional e que pode ser útil no momento de delinear programas de tratamento do PCTA. Uma variante que insiste mais nos componentes cognitivos e, especificamente, no valor das atitudes é o de Powell (1992).

II.3.2. O modelo interativo biopsicossocial

Uma primeira exposição desse modelo foi realizada por Smith e Anderson (1986). Esse modelo propõe especificamente que as pessoas tipo A, em contraste com as pessoas tipo B, constroem um ambiente subjetivo e objetivamente desafiador e exigente, principalmente de cinco formas: 1. escolhem participar de situações objetivamente mais desafiadoras e exigentes; 2. avaliam uma situação determinada como envolvendo mais desafio ou exigência independentemente de suas características objetivas; 3. seu comportamento de enfrentamento cognitivo durante a realização de uma tarefa serve para prolongar o contato com os estímulos estressantes; 4. a expressão dos comportamentos tipo A provoca comportamentos desafiadores ou de exigência em outros indivíduos; 5. atendem seletivamente à retroalimentação e avaliam sua atuação de tal forma que, retrospectivamente, geram uma visão mais negativa do cumprimento de suas metas e aumentam a necessidade de um esforço agressivo posterior. O resultado final desses processos é uma exposição prolongada a condições estimulantes que antes mostraram ser capazes de provocar tanto o comportamento tipo A manifesto quanto um aumento da reatividade fisiológica.

III. EXPLICAÇÕES DO RISCO DE DOENÇA CORONÁRIA ASSOCIADO À MANIFESTAÇÃO DO PADRÃO DE COMPORTAMENTO TIPO A

A importância do PCTA para a Psicologia reside em sua condição de comportamento pronocoronária. De modo que, por exemplo, Roskies (1990), uma pesquisadora experimentada no campo do tratamento do PCTA com pessoas sadias, questiona se deve continuar nessa linha de pesquisa por não poder demonstrar com ela a importância da mudança comportamental para a saúde cardiocoronária.

Não nos centraremos, nesse item, na evidência da relação PCTA e cardiopatia coronária (CC). Essa questão pode ser vista em Booth-Kewley e Friedman (1987), Haynes e Matthews (1988) e Del Pino (1993*a, b, c, d, e, j*). Interessa-nos recordar as teorias que tentam explicar os processos mediante os quais o PCTA e a CC se relacionam, porque, junto à concepção que se tenha do PCTA, essas teorias constituem outra referência para delinear programas orientados a modificar o PCTA em doentes coronários.

Suls e Rittenhouse (1990) agrupam as teorias que pretendem explicar a relação entre o PCTA e a CC em três modelos não excludentes entre si. Smith (1992), referindo-se somente à hostilidade, fala de cinco modelos. Nós os agrupamos em quatro:

a. *O modelo de hiper-reatividade fisiológica.* Sustenta que certas pessoas, devido a traços particulares, respondem com uma reatividade fisiológica exagerada, de forma aguda ou crônica, aos estímulos estressantes. Essa hipótese é popular e se apóia nos trabalhos de Contrada e Krantz (1988) e de Houston (1983), entre outros.

b. *O modelo de predisposição constitucional.* Sustenta que as características de comportamento e personalidade associadas com o risco de doença podem ser simplesmente indicadores de uma debilidade física inata ou anormalidade do organismo. Esse modelo propõe a controvertida questão da herança dos traços de personalidade e o quase gratuito tema de que as disposições pessoais possam ser indicadores de uma condição física subjacente. Por outro lado, esse modelo não é útil para fundamentar diretamente programas de intervenção psicológica.

c. *O modelo de personalidade psicossocialmente vulnerável.* Sustenta que as características ou traços de personalidade podem conferir maior risco de doença porque expõem os indivíduos a circunstâncias que inerentemente comportam maior risco. No caso do PCTA, os comportamentos de risco de CC podem estar ligados a:

- Uma maior *reatividade rotineira* a situações estressantes anormalmente freqüentes. Smith e Frohm (1985) concluem que as pessoas hostis tendem a esperar o pior dos outros e, em conseqüência, criam um ambiente combativo e competitivo.
- Incorrer em *cargas* ou *responsabilidades excessivas,* como, por exemplo, exercício físico intenso ou número excessivo de horas de trabalho. O efeito nocivo dessa sobrecarga física ou ocupacional aparece com mais clareza quando associado a um certo nível de estresse (Verrier, DeSilva e Lown, 1983).

d. *O modelo de comportamentos que conduzem à doença.* Os modelos anteriores compartilham o pressuposto de que os aspectos fisiológicos da resposta de estresse configuram a via final comum que relaciona o PCTA com a CC. Esse modelo insiste na importância dos próprios comportamentos. Os comportamentos nocivos para a saúde podem ser de dois tipos:

- Realizar *comportamentos claramente perigosos,* como comer e beber em excesso e fumar. A esse respeito, é interessante saber que as pessoas tipo A se caracterizam por comer mais carne vermelha e consumir mais álcool (Folsom *et al.,* 1985) e, também, por fumar mais (Shekelle, Schoenberger e Stamler, 1976).
- *Descuidar de comportamentos de prevenção da saúde* como, por exemplo, procurar ajuda médica. Carver, Coleman e Glass (1976), e Weidner e Matthews (1978) descobriram nos tipos A uma tendência a tirar importância à gravidade dos sintomas físicos em condições de desafio e foi sugerido que, por isso, os tipos A podem negar seus primeiros sinais de ataque do coração e, com isso, ver aumentada sua probabilidade de morte.

IV. BASES EMPÍRICAS DA MODIFICAÇÃO DO PADRÃO DE COMPORTAMENTO TIPO A E SEUS EFEITOS SOBRE A CARDIOPATIA CORONÁRIA

Neste item proporemos três questões que respondemos a partir da metanálise de Nunes, Frank e Kornfeld (1987). Nessa metanálise estão reunidos dez estudos realizados entre os anos de 1974 e 1985, com um total de dezessete grupos de tratamento compostos em sua maior parte por homens com cardiopatia isquêmica e idades compreendidas entre os 20 e 53 anos. As técnicas utilizadas são agrupadas em oito categorias: Educação sobre cardiopatia coronária, Educação sobre o PCTA, Treinamento em relaxamento, Terapia de reestruturação cognitiva, Treinamento por meio da imaginação em habilidades de enfrentamento, Prática das habilidades de enfrentamento, seja mediante representação de papéis ou na vida real, Apoio emocional na atmosfera empática do grupo e Interpretação psicodinâmica dos conflitos e motivos inconscientes do PCTA.

1. *Pode-se modificar o PCTA?* As dimensões do efeito de mudança do PCTA nos diferentes trabalhos oscilam entre 0,02 e 1,27, com uma média de 0,61. O intervalo de confiança de 95% para esses valores vai de 0,41 a 0,81 ($p < 0,001$). Isso indica que, depois do tratamento, os participantes reduzem suas pontuações em PCTA acima da metade de um desvio padrão comparados com o grupo de controle. O número de estudos com resultados negativos necessários para tornar nulos esses dados é de 35, pelo que se pode concluir, com um alto nível de confiança, que o PCTA é modificável a partir de uma série de modalidades de tratamento.

   Os estudos têm alguns problemas metodológicos derivados da condição do grupo controle, do fato de que, em sua maior parte, são utilizadas auto-relatos e de que algumas medidas do PCTA não são indicadores validados da CC.

TRATAMENTO COGNITIVO-COMPORTAMENTAL DO PADRÃO DE COMPORTAMENTO TIPO A **343**

2. *Que tratamento é o mais eficaz para modificar o PCTA?* A resposta a essa pergunta deve ser estruturada do seguinte modo: *a.* nenhuma modalidade simples de tratamento se mostra eficaz para modificar o PCTA; *b.* existe uma relação positiva entre a magnitude da dimensão do efeito e o número de modalidades de tratamento utilizadas nos programas; quantas mais modalidades de tratamento, maior dimensão do efeito; *c.* a combinação de modalidades de tratamento que atinge uma correlação mais alta com a dimensão do efeito referente à modificação do PCTA é a formada por um programa composto por uma modalidade educativa sobre o PCTA e uma terapia de reestruturação cognitiva.

A tônica geral dos diferentes estudos é de um sucesso relativo, apesar de utilizar técnicas muito variadas e períodos de intervenção mais ou menos longos. Esses resultados podem estar refletindo o fato de que ainda resta por descobrir o agente eficaz de tratamento e precisar os modelos teóricos nos quais se fundamentam as intervenções. Poderia, também, indicar que, como ao intervir de alguma forma sobre o PCTA, os efeitos indesejáveis de tal padrão de comportamento são remarcados, as pessoas avaliadas após o tratamento mediante auto-registros tendem a negar a presença do PCTA em seu comportamento.

3. *Existe relação entre a modificação do PCTA e a redução de morbidade/mortalidade devida a problemas coronários?* A metanálise de referência dispõe de quatro referentes consistentes para responder a essa pergunta: mortalidade depois de um ano, recorrência do infarto de miocárdio (IM) após um ano, combinação de IM e mortalidade depois de um ano e combinação de IM e mortalidade depois de três anos. A mortalidade após um ano não atinge um nível de significação aceitável, enquanto que a ocorrência de infartos depois de um ano e a combinação de IM e mortes depois de um ano atinge o nível de significação padrão, 0,05. Porém, a combinação de IM e mortalidade depois de três anos atinge um nível de significação muito mais alto, 0,0001.

Cabe fazer uma pergunta adicional sobre o lugar ocupado pela intervenção psicológica contra a intervenção médica no tratamento da CC. Ketterev (1993) apresentou os resultados de duas metanálises. A comparação dos resultados de ambos os tipos de tratamento apresenta a dificuldade de contar com amostras de características muito díspares e, para nosso objetivo, de que os tratamentos psicológicos não se orientam, necessariamente, à modificação do PCTA. A redução da porcentagem de risco nos tratamentos psicológicos é de 39% para os IM não fatais e de 33% para as mortes por problemas de coração. A eficácia das intervenções médicas fundamenta-se na metanálise de Yusuf, Wittes e Friedman (1988) e conclui que, com a possível exceção do uso da aspirina em pacientes com angina instável, os resultados dos tratamentos comportamentais resultam superiores a qualquer forma de terapia médica.

As valorações de Ketterev nos parecem prematuras pelas limitações metodológicas que os estudos reunidos na metanálise apresentam e pelo procedimento de metanálise utilizado. Atrevemo-nos a dizer que a contribuição dos tratamentos psicológicos não é a desprezível e que apresenta a vantagem de não representar risco algum para a saúde.

V. TRATAMENTO COGNITIVO-COMPORTAMENTAL PARA MODIFICAR O PCTA

V.1. *Justificativa teórica e metodológica do tratamento*

A apresentação e a explicação do PCTA e a referência aos modelos que relacionam o PCTA e a cardiopatia coronária (CC) pretenderam projetar idéias sobre os possíveis objetivos a atingir em uma proposta de intervenção. Por outro lado, a exposição da eficácia dos programas desse tipo procurou chamar a atenção sobre a importância do tema que tratamos.

No momento de justificar nosso programa reconhecemos que o trabalho de maior impacto foi o realizado por Friedman e seu grupo em São Francisco. O Recorrent Coronary Prevention Project (RCPP) marcou uma linha clássica de intervenção na modificação do PCTA. Parte do realizado lá pode ser visto na obra de Friedman e Ulmer (1984) *Treating Type A behaviorand yourheart.* Bracke e Thoresen (1996), componentes da equipe do projeto, o definem hoje por duas características principais: 1. ampliação para uma perspectiva cognitivo-comportamental, à qual se une uma ênfase notória em questões existenciais, espirituais e filosóficas, e 2. redução do tempo de duração do tratamento. Dos quatro anos e meio que durava no começo, hoje o tratamento se reduz a um tempo que vai de nove meses a dois anos. A importância desse trabalho e o fato de ter visitado São Francisco para conhecer *in situ* o Coronary/Cancer Prevention Project, fez-nos devedores dessa influência, principalmente na forma de proceder. Reconhecemos, também, a influência dos trabalhos de Roskies (Roskies, 1987; Roskies *et al.,* 1979; Roskies *et al.,* 1986) desenvolvidos com pessoas sadias. Seu programa parece fundamentar-se em técnicas psicológicas mais sólidas. Pode ser considerado um programa de amplo espectro para enfrentar o estresse.

Apresentamos a seguir as idéias que, sobre a base do exposto até aqui, orientam especificamente o programa delineado por nós.

a. O programa se fundamenta em um modelo transacional de explicação do PCTA, enquanto que no modelo de relacionamento PCTA-CC não se exclui nenhuma das quatro vias expostas no item III.

b. Os referentes teóricos amplos do RCPP e dos trabalhos de Roskies e as conclusões do trabalho de Nunes, Frank e Kornfeld (1987) impulsionam-nos a optar por um programa de amplo espectro.

c. O tratamento é relativamente longo, 25 sessões a desenvolver em um tempo mínimo de seis meses e máximo de um ano. Temos de estar conscientes de que enfrentamos um estilo de vida consolidado ao longo de muitos anos, que invade todos os âmbitos da vida do indivíduo e descansa no mais profundo da personalidade (Friedman, 1979). Parece-nos demasiado otimista esperar uma mudança com intervenções curtas e diante de um estilo de vida que, além do mais, é reforçado pela sociedade ocidental.

d. Os efeitos do tratamento são avaliados, dentre outros instrumentos, mediante a Entrevista Estruturada, que permite não somente avaliar os conteúdos das respostas, mas também os estilos de resposta. Por outro lado, é o instrumento que mostrou com mais consistência seu relacionamento com a CC. Na sua falta, podem ser utilizados auto-relatos fornecidos não somente pelos participantes, mas também por algum de seus familiares próximos ou marido/esposa.

e. No caso de trabalhar com doentes coronários, seria necessário considerar como variável dependente do tratamento a evolução da CC, se possível. Essa alternativa tem o inconveniente de requerer períodos de acompanhamento longos e amostras relativamente grandes para apreciar resultados significativos. Além disso, é necessário conhecer com exatidão o estado inicial da doença e poder isolar os efeitos dos diferentes tratamentos médicos que estiverem sendo aplicados.

V.2. *Estrutura e conteúdo do programa*

Apresentamos a proposta final, que é um programa desenvolvido na Espanha durante cinco anos (1992-1996) com doentes coronários.

V.2.1. Estrutura do programa

O programa consta de 25 sessões desenvolvidas em grupos de doze pessoas no máximo e oito no mínimo. A estrutura grupal no desenvolvimento do programa é essencial, porque facilita apoio emocional e amizade aos participantes que se caracterizam por seu individualismo e pouca atenção aos outros e, também, porque enriquece as alternativas possíveis aos problemas propostos.

Uma freqüência semanal para as reuniões parece a mais adequada. A duração total seria de seis meses. Um formato alternativo para participantes com problemas de assistência poderia ser realizado nas treze primeiras sessões com uma freqüência semanal, durante os três primeiros meses, e as doze seguintes, ao longo de seis meses, com uma freqüência quinzenal. As reuniões de freqüência semanal iniciais são necessárias para facilitar a coesão do grupo. A duração das sessões é de 90 minutos.

Para a compreensão do programa na íntegra é preciso que os participantes tenham um nível cultural mínimo: ensino médio ou cultura urbana. Se, por alguma razão, for necessário trabalhar com pessoas sem estudos ou de uma cultura rural, recomenda-se desenvolver somente o conteúdo das treze primeiras sessões e dedicar mais tempo a cada uma delas.

O líder do grupo é um componente importantíssimo do programa. Friedman conta com um grupo amplo e muito experimentado de terapeutas. Em nosso caso, a maioria dos grupos foi dirigida pelo autor do presente trabalho. Quando um grupo de psicólogos, que previamente haviam assistido às reuniões de grupo durante todo um ano, os dirigiram, ocorreram inúmeros abandonos. Inclusive foi preciso dar por finalizado o curso antes do tempo. Por isso, reunimos as qualidades que um líder de grupo eficaz deve ter, segundo Friedman (1996): *a.* bom critério e erudição; *b.* integridade de caráter; *c.* capacidade de gostar e sentir afeto pelos participantes do grupo; *d.* ausência total de hostilidade e controle consciente do componente do PCTA "urgência do tempo"; *e.* posse de uma formação na área de humanas de boa a excelente; *f.* capacidade de engendrar entusiasmo nos participantes do grupo; *g.* habilidade para manter o funcionamento correto do grupo.

V.2.2. Conteúdo do programa

V.2.2.1. *Primeira parte: Introdução ao programa*

Sessão 1: apresentação e avaliação dos assistentes

Damos as boas-vindas aos participantes e o terapeuta se apresenta diante do grupo, insistindo, principalmente, nos títulos e experiência que o avalizam para ministrar o curso. Explicamos que irão participar do programa porque têm algum problema de coração (aspecto negativo) e porque compreenderam que, na resposta que têm de dar à sua doença, eles têm algo a fazer, algo muito importante para aumentar seu bem-estar pessoal e sua qualidade de vida.

Apresentamos o *objetivo geral* do curso, como conseguir o controle de seu próprio comportamento, e a *tarefa dos participantes,* que é esforçar-se por torná-lo realidade.

Após as apresentações do terapeuta e do curso, damos a oportunidade aos assistentes para se apresentarem eles mesmos e manifestar por que decidiram participar do programa e o que esperam conseguir dele.

Finalmente, procedemos à avaliação inicial dos participantes. Entregamos os questionários para que os respondam e realizamos a Entrevista Estruturada em um espaço adequado.

Sessão 2: Doença coronária e padrão de comportamento Tipo A

Entregamos o roteiro[1] e explicamos o tema 1, "A doença coronária", insistindo nos muitos fatores que incidem nela. A exposição se centra na importância do próprio comportamento na incidência, progressão e recuperação da doença coronária.

Ao final, entregamos um questionário (Tarefa para casa-1; TC 1) sobre os aspectos centrais da conversa para que o respondam em casa e insistimos na importância de realizar essas tarefas ao longo do programa.

Sessão 3: Nosso modelo de intervenção

Revisamos a tarefa para casa e esclarecemos os conceitos que forem necessários. Explicamos o tema 2, "Objetivos do programa", insistindo na necessidade de aprenderem a controlar seu comportamento para reduzir, assim, seu nível de ativação fisiológica e de adotar uma nova filosofia de vida para viver, uma vez que se sabem doentes. Insistimos,

---

[1] Cada tema tem um roteiro, que é entregue aos participantes antes de explicado. Como é uma rotina habitual, não faremos mais menção a essa entrega.

também, na participação ativa e na realização das tarefas para casa que forem sendo indicadas.

Explicamos como estão conectadas as diferentes partes do programa total e, em especial, as primeira e segunda partes: conhecer os níveis de tensão-ativação com que vivem e as técnicas mais elementares para enfrentá-los. Esse é um bom momento do curso para firmar um contrato de contingências, caso se julgar conveniente. Os membros do grupo se comprometeriam a começar e finalizar as sessões a tempo, a assistir a todas elas e a realizar as tarefas para casa que lhes forem designadas. Também, é o momento adequado para ajustar os dias e horas de reunião e definir o calendário de sessões.

No último quarto de hora entregamos uma folha de registro (TC 2), "Registro da tensão diária", que deve ser preenchido com exemplos tirados de sua possível experiência, e a seguir são explicados. Entregamos também uma folha de registro sem preencher, para que seja fotocopiada para cada dia da semana e sobre ela seja realizada a tarefa[2].

V.1.2.2. *Segunda parte: Controle da tensão*

PRIMEIRO MÓDULO: CONTROLE DA TENSÃO FÍSICA

Sessão 4: Modificação da tensão física

Revisamos o TC 2 e, a partir dos exemplos que tenham aparecido, falamos das múltiplas manifestações (física, comportamental, cognitiva e emocional) da tensão e de como cada pessoa tem órgãos ou sistemas nos quais a tensão especialmente se manifesta. As tarefas para casa, nesta e em todas as ocasiões, são recolhidas, com o propósito de revisá-las e de conhecer os progressos e problemas de cada membro do grupo. Ao fazê-lo, também reforçamos a mensagem de que as tarefas para casa são importantes.

Apresentamos o tema 3, "Autocontrole da tensão física mediante o relaxamento". Escolhemos começar por esse tema porque, trabalhando sobre as tensões físicas, conseguimos benefícios mais perceptíveis e rápidos. Ensinamos a prática do relaxamento muscular progressivo. Entregamos uma fita magnética com os exercícios de relaxamento e procedemos à prática em grupo ou demonstramos, se houver dificuldades de compreensão, o primeiro exercício "relaxamento dos braços". Após a sessão, damos a retroalimentação sobre os exercícios praticados.

Entregamos e explicamos como preencher o TC 3, "Prática de relaxamento".

SEGUNDO MÓDULO: MODIFICAÇÃO DA TENSÃO COMPORTAMENTAL

Sessão 5: Conhecimento da tensão comportamental

Revisamos o relaxamento em casa (TC 3). Insistimos no conhecimento de como, onde

---

[2] Para cada tarefa indicada para casa, entregamos aos participantes uma folha com exemplos e outra em branco para preencher. No Apêndice, apresentamos um exemplo correspondente ao TC 6, que pretende ensinar a controlar a tensão comportamental em situações diversas. Esse é um procedimento habitual do programa, ao qual, daqui em diante, não faremos mais referência.

e quando é praticado e reforçamos a instrução de que ninguém fique sem fazer o relaxamento. Enfocamos principalmente os benefícios percebidos: a mudança nos estados de tensão corporal e o aumento da consciência das variações diárias dos níveis de tensão física.

A segunda parte é dedicada a apresentar, da forma descrita na sessão anterior, que é a habitual, os exercícios de relaxamento correspondentes à semana, "relaxamento da cabeça".

Na terceira parte apresentamos o TC 4, "Conhecimento da tensão comportamental". Registramos onde e como se apresenta, como passo prévio para ensinar a controlá-la.

Sessão 6: Técnicas para controlar a tensão comportamental

Revisão da tarefa para casa, "Conhecimento dos sinais de tensão comportamental", e dos exercícios de relaxamento. Neste ponto do programa, o grupo não está, ainda, preparado para enfrentar exemplos de comportamentos extremos. A ênfase deve ser posta em comportamentos inócuos relacionados com a urgência do tempo ou impaciência. Não se deve fazer uso, tampouco, das tensões comportamentais que possam ser sentidas nas reuniões. Para os membros do grupo pode ser extremamente ameaçador ver como seu comportamento está sendo observado e comentado pelo terapeuta.

Exposição do tema 4, no qual se explica a tensão comportamental, é necessária em determinadas situações. Porém, a tensão automática e estereotipada é daninha. Apresentamos estratégias de autocontrole e assertividade adequadas às situações mais comuns para que possam lidar com a tensão comportamental.

Finalmente, apresentamos o TC 5, na qual se sugere pôr em prática as técnicas para controlar a tensão comportamental. Insistimos nas condições que deve reunir um bom comportamento a modificar e oferecemos alternativas (por exemplo, falar, comer ou andar devagar).

Como tarefa de relaxamento, indicamos que repitam os exercícios 1 e 2 da fita de relaxamento, mais o "relaxamento do tronco". Este último exercício é praticado ou demonstrado nessa sessão.

Sessão 7: Técnicas para enfrentar comportamentos tensos variados

Revisamos o relaxamento praticado em casa. Comentamos a tarefa para casa e nos detemos nas conquistas no controle comportamental. Insistimos que o sucesso não é um fenômeno de tudo ou nada, mas que se consegue através de muitos passos graduais em direção à meta pretendida. Não é realista querer transformar em uma semana padrões de comportamento que foram sendo sedimentados ao longo de trinta anos ou mais.

Introduzimos a TC 6, que pretende ensinar a controlar a tensão comportamental em situações variadas. Não se trata dos participantes superarem todas as ocorrências de comportamento tenso. Pode ser suficiente que os participantes controlem sua tensão comportamental em três ou quatro ocasiões ao longo de um dia. É preciso conscientizá-los de que as mudanças se produzem gradualmente. Apresentamos o quarto exercício de relaxamento, "relaxamento das pernas".

Tratamento Cognitivo-comportamental do Padrão de Comportamento tipo A

349

Sessão 8: Modificação da urgência do tempo

Revisão dos exercícios de relaxamento. Se os pacientes informarem, como é de se esperar, que não há problemas sérios com o relaxamento, iniciamos um procedimento breve de relaxamento com o qual começarão cada dia de reunião dali para a frente.

Revisamos o TC 6 insistindo no que foi explorado no ponto anterior e expomos o tema 5, "Urgência do tempo". Fazemos notar que não estamos introduzindo nenhum material novo, simplesmente buscamos consolidar uma aprendizagem prévia e relacioná-la a uma categoria de comportamentos própria do PCTA. Entregamos e explicamos o TC 7, "Modificação da urgência do tempo".

TERCEIRO MÓDULO: MODIFICAÇÃO DE PENSAMENTOS DISFUNCIONAIS

A excessiva reatividade fisiológica dos tipos A pode provir, também, da tendência a perceber ameaças e desafios em situações nas quais outras pessoas não os percebem. Por isso este módulo.

Neste momento do programa, costuma estar modificada a dinâmica do grupo. Começam a ser expostos problemas pessoais de certa envergadura, que podem ser atendidos se não impedirem o andamento de cada sessão. Por outro lado, é tempo de o terapeuta diminuir lentamente seu papel ativo e permitir que as interações dos membros do grupo adquiram maior relevância. Os membros do grupo começam a se conhecer entre si e começam a ser mais ativos, animando um ao outro ou oferecendo sugestões. Pode ser, inclusive, que apareça certa competitividade e hostilidade dentro do grupo, e é importante que o terapeuta as controle com cuidado.

Sessão 9: Crenças e pensamentos distorcidos

Prática do relaxamento breve e comentários dos exercícios de relaxamento praticados em casa. Revisão dos exercícios de controle da urgência do tempo.

Começa o trabalho para modificar as crenças e pensamentos disfuncionais seguindo o procedimento usual neste programa, aumentando o conhecimento sobre quando e como ocorrem. Para facilitar essa tarefa, designamos, para fazer em casa, o TC 8, "Tomada de consciência dos próprios pensamentos".

Sessão 10: Pensar produtivamente

Prática do relaxamento breve, que pode começar a ser dirigido por um membro do grupo. Imediatamente depois, revisamos o TC 8. Diante dessa tarefa menos tangível, muitos membros do grupo vão queixar-se de sua falta de habilidade para detectar seus diálogos internos. Nós os tranqüilizamos comunicando que esse é um problema muito comum. Nossos pensamentos ou diálogos internos são tão automáticos que é possível que nem tenhamos consciência deles.

A seguir, expomos o tema 6, "Pensar produtivamente", no qual estão alguns exemplos de crenças e processos de pensamento que levam a aumentar a tensão e o mal-estar.

Crenças muito especiais para os tipos A são a necessidade de transitar em um mundo perfeito, um critério de avaliação de tudo ou nada e a fantasia de que todo o mundo deve pensar e ser como ele mesmo. Essas crenças devem ser modificadas porque não são produtivas, levam-nos a um uso ineficaz da própria energia e porque, além disso, nos tornam infelizes. Outra razão para modificar os pensamentos é adquirir controle sobre a situação.

As técnicas e procedimentos para modificar os pensamentos irracionais são as próprias da Terapia Racional Emotivo-comportamental, de Ellis. Deve ficar claro que, à medida que se admite como uma parte normal da vida a existência de pontos de vista, interesses e necessidades diferentes, é menos provável que interpretemos qualquer oposição como um ataque pessoal.

Apresentação do TC 9, "Mudança dos pensamentos não produtivos". Insistimos em praticar em casa o relaxamento breve.

QUARTO MÓDULO: MODIFICAÇÃO DAS EMOÇÕES NOCIVAS

Friedman associa o tratamento da hostilidade a carências afetivas profundas e distantes no tempo. Nós preferimos atuar sobre a expressão de ira, hostilidade e frustração modificando os pensamentos que a precedem e ensinando os participantes a expressar verbalmente seus desejos e necessidades sem se alterar emocionalmente. A lógica do tratamento será, pois, conhecer os pensamentos que levam a nos expressarmos com ira e que alimentam nossa hostilidade e frustração, e insistir em que nos comportemos com assertividade. O empenho do terapeuta em fazer com que os participantes expressem verbalmente seus desejos e necessidades ajuda a distinguir entre comportamento controlado e comportamento reprimido. O objetivo desse programa não é eliminar toda a expressão de ira, mas permitir às pessoas que escolham conscientemente quando e como se mostrar iradas.

Sessão 11: Reduzir a ira-hostilidade

Relaxamento breve em grupo e revisão do TC 9, "Mudança dos pensamentos não produtivos".

Exposição do tema 7, "A expressão de ira e hostilidade". Estas são apresentadas como a característica central e mais nociva do PCTA e explicadas no contexto de um modelo transacional. Nem sempre somos vítimas da hostilidade dos outros; também nós a criamos. Para motivar a mudança é preciso enfatizar o dano causado por uma atitude hostil e pela expressão da ira. Ambas vão acompanhadas de um aumento na pressão sangüínea, na taxa cardíaca e não nível de epinefrina. Por outro lado, é muito provável que prejudique, em longo prazo, suas relações familiares, trabalhistas e suas amizades. Nessa exposição e trabalho posterior, o terapeuta precisa de considerável habilidade para rejeitar o comportamento sem que, ao mesmo tempo, pareça rejeitar a pessoa hostil.

Apresentação do TC 10, "Mudança dos pensamentos e comportamentos simultaneamente". Um dos objetivos dessa combinação é mostrar como um maior controle das emoções, graças a pensamentos mais produtivos, permite iniciar ações mais eficazes.

Sessão 12: Reduzir a frustração

Relaxamento breve e revisão do TC 10. O terapeuta deve interessar-se pelas mudanças no comportamento e pelo impacto dessa mudança na eficácia da pessoa para controlar a situação. Trata-se de mostrar que reduzir as explosões não diminui a própria eficácia, e que, pelo contrário, salvaguarda a saúde pessoal.

Apresentação do TC 11, "Enfrentamento da frustração". Mediante essa tarefa pretende-se tornar explícito o que anteriormente havia sido implícito. A frustração desperta a maior parte da agressividade e hostilidade características dos tipos A. É comum que os tipos A, com um forte impulso em direção à conquista, ao perfeccionismo, à impaciência e uma alta reatividade do sistema nervoso, cheguem a estar frustrados com freqüência, seja por um conflito de interesses com os outros, seja porque a vida apresenta situações necessariamente frustrantes. Sugerimos que se distingam as situações que podem ser mudadas das que não permitem nenhuma mudança. Para as primeiras, exemplificamos modelos de enfrentamento ativo, que devem ser utilizadas tão prontamente quanto forem detectados os primeiros sinais de frustração. Para as situações necessariamente frustrantes, não cabe senão modificar nossas reações diante delas, praticando um enfrentamento passivo. É preciso advertir que essa solução não supõe admitir uma debilidade ou pobreza na resposta, mas ter a sabedoria de compreender a natureza das situações.

Sessão 13: Coroando o controle da tensão

Relaxamento breve e revisão do TC 11. Transmitimos a idéia de que o objetivo ao enfrentar a frustração não é lutar até chegar ao limite dos recursos próprios, mas enfrentar cada situação da melhor maneira possível.

O terapeuta deve ter claro que deve motivar a mudança e, para isso, é preciso eliminar a tendência de ver os aspectos negativos do comportamento mais que os outros atingidos.

Com a revisão dessa tarefa terminamos o quarto módulo e a segunda parte do programa. O grupo deve já estar estruturado como tal e as mudanças individuais também já devem ser notadas.

Comentário final à segunda parte

O conteúdo da segunda parte do curso é, por natureza, sério, mas o formato no qual se apresenta não deve sê-lo. O objetivo deste módulo é substituir a posição dos participantes diante do mundo por uma aproximação mais flexível, tolerante e pragmática diante das situações de tensão da vida diária. Um corolário desse acentuado pragmatismo é a habilidade para ver as situações de conflito em termos de custo-benefício, em vez de correto-incorreto.

A sessão 13 dá por finalizado o conteúdo mais elementar do programa e, para pessoas menos preparadas, com as necessárias adaptações, poderia constituir todo o programa a desenvolver. Por isso, a sessão termina sem indicar tarefas para casa.

V.2.2.3. *Terceira parte: Controle do estresse*

Nessa parte progredimos contemplando, de forma conjunta, as manifestações físicas, comportamentais, cognitivas e emocionais que de fato acontecem em uma situação tensa ou estressante. Avançamos também ao insistir na importância de ter uma habilidade e de saber utilizá-la para resolver satisfatoriamente as situações da vida diária.

Sessão 14: Apresentação do estresse

Relaxamento breve e exposição do tema 8, "O estresse". No final, entregamos o TC 12, "Conhecimento dos desencadeadores de estresse".

Sessão 15: Reconhecimento dos disparadores do estresse

Relaxamento breve e revisão do TC 12. Quando os membros de um grupo relatam os desencadeadores de estresse de suas vidas catalogando-os como previsíveis e imprevisíveis, o terapeuta deve saber distinguir o relevante do irrelevante. No caso de se apresentar uma situação de infelicidade, não devem ser utilizadas sessões dedicadas ao enfrentamento do estresse para trivializar sobre as situações vitais dos membros do grupo. É preciso ficar claro que este programa não se orienta a enfrentar grandes crises vitais. No final, apresentamos o TC 13, "Conhecimento e graduação dos desencadeadores de estresse".

Sessão 16: Enfrentamento de uma situação específica de estresse

Relaxamento breve e revisão da tarefa. Exposição do tema 9, "Aprender a se organizar para o estresse". Na exposição, fazemos distinção entre o planejamento para objetivos em curto e longo prazos. Finalizamos a sessão apresentando o TC 14, "Como enfrentar com sucesso uma situação previsível de estresse". Para atingir o sucesso, o planejamento deve ser específico (quando, onde e com quem se apresenta), distinguir diferentes fases temporais nos episódios de estresse (antes, durante e depois) e saber utilizar diferentes estratégias de enfrentamento para cada uma delas. Finalmente, indicamos que avaliem a situação fugindo de qualificações maximalistas de tudo ou nada próprias dos tipos A. É preciso ressaltar que os padrões de comportamento consolidados não são fáceis de mudar e que, inclusive, uma pequena mudança representa uma vitória importante.

Sessão 17: O enfrentamento do estresse como um estilo geral de enfrentamento

Relaxamento breve e revisão do TC 14. A maior parte do tempo deve ser dedicada às experiências de sucesso, embora seja necessário atender também àqueles que acreditarem ter falhado. Os esforços que não tenham obtido sucesso podem ser muito instrutivos.

Apresentação do TC 15, que pretende generalizar as habilidades de enfrentamento dos participantes.

Sessão 18: Enfrentamento das situações de estresse imprevistas ou das emergências

Exercícios de relaxamento e revisão do TC 15. O núcleo da sessão é apresentar o tema 10, "manipulação das situações de emergência" e o TC 16.

Com a finalidade de estabelecer freios eficazes às situações de emergência, os participantes devem reconhecer os primeiros sinais de elevação da tensão e, depois, ter disponível um mecanismo eficaz para detê-la. A natureza específica do mecanismo de detenção não é tão importante quanto a regularidade em seu uso, de modo que o procedimento deve parecer automático.

Comentários finais à terceira parte

Comparada com as sessões anteriores, o trabalho de aprender a aplicar as habilidades de enfrentamento do estresse pode parecer lento. Em geral, essas sessões, na metade do programa, tendem a ser mais relaxadas que as primeiras. A essa altura, os membros do grupo têm, pelo menos, uma certa cumplicidade entre si. Para pessoas acostumadas a se relacionar com os outros somente de forma competitiva, a aprendizagem implícita de compartilhar debilidades humanas sem explorá-las pode ser uma lição tão importante quanto o conteúdo explícito do programa.

V.2.2.4. *Quarta parte: Organizar-se para desfrutar*

Pode parecer um paradoxo incluir um item dedicado a planejar o prazer em um programa centrado na manipulação da tensão, mas é preciso ter claro que aprender a satisfazer as necessidades pessoais é um primeiro passo para reduzir a tensão e o estresse da vida diária.

A inclusão desse aspecto do programa descansa na experiência clínica. Conhecer os participantes desse tipo de programa leva a descobrir o pouco que aproveitam em sua vida, de modo que faz sentido se perguntar se suas explosões de agressão e irritação não seriam o resultado de uma falta de gratificações mais que de um excesso de estresse. Nessas observações descansa este item.

Sessão 19: Planejamento do prazer

Relaxamento breve e revisão do TC 16. Com isso, dão-se por terminados os aspectos de luta direta contra o estresse. Apresentação do TC 17, "Folha de balanço psicológico", no qual se recolhe a freqüência dos acontecimentos avaliados como gratificantes, sua descrição e sua intensidade.

Sessão 20: Aprender a programar o prazer

Relaxamento breve e revisão do TC 17. Exposição do tema 11, "Aprender a programar o prazer". Nossa experiência mostra que expor a lógica para aumentar o prazer requer quase tanto esforço quanto a que foi necessária para expor a redução da tensão ou o enfrentamento do estresse. Muitos participantes se incomodam porque o prazer pode interferir nas obrigações e na produtividade. O tempo passado nas atividades de prazer, em contraste com o tempo dedicado aos deveres, desperta uma culpa considerável, como se os indivíduos estivessem dilapidando o tempo que legitimamente pertence ao trabalho e às obrigações familiares.

A forma mais eficaz para neutralizar essas crenças fortemente arraigadas é centrar-se nos laços entre prazer e eficácia pessoal. A conquista requer gasto de energia, e um administrador de recursos com uma visão ampla deve planejar também a recuperação dessa energia. O processo é desenvolvido conforme o modelo de treinamento na solução de problemas.

Apresentação do TC 18, no qual se pede aos participantes que recolham atividades que achavam agradáveis no passado ou que pensam que podem ser fontes de prazer no momento atual.

Sessão 21: Fazer com que os desejos se tornem realidade

Relaxamento e revisão do TC 18. É preciso evitar que os participantes se deixem guiar e censurar pelas sugestões expressas na folha de exemplos. Quando se expõem em grupo desejos realmente próprios, há uma sensação geral de cumplicidade ao ver que os desejos próprios são compartilhados por muitos outros.

Após a discussão da lista de desejos, pede-se aos participantes que voltem a ela para graduar o prazer que cada desejo pode produzir e a possibilidade de que sejam postos em prática. A tarefa seguinte é escolher a atividade que ofereça a melhor relação prazer-custo. A atividade escolhida torna-se objetivo-meta planejado no TC 19.

Sessão 22. Estresse e reequilíbrio pessoal

Relaxamento breve e revisão do desenvolvimento do plano para tornar realidade os desejos.

Optar pela via de se proporcionar uma gratificação considerável costuma implicar uma demora na gratificação. Para se recuperar dos déficits de gratificação, propomos conceder-se, no TC 20, a cada dia pequenas gratificações. Aproveitar um percurso de carro para ouvir uma boa música ou, após um período agudo de estresse, permitir-se uma boa recuperação física e mental podem ser exemplos a sugerir. Friedman designa de forma regular uma atividade para cada dia da semana.

Comentários finais à quarta parte

Ao aprender a planejar e maximizar o prazer, os participantes fecham um círculo. As pessoas tipo A normalmente entram no programa buscando uma maior capacidade para controlar as pessoas e situações de seu ambiente. Durante o programa, aprendem que os desejos de controlar tudo são irrealizáveis, porque as tensões diárias são inevitáveis e não resta outra solução que aprender a enfrentá-las o melhor possível. Porém, paradoxalmente, a renúncia à fantasia de uma onipotência mágica dá lugar a um melhor controle do ambiente. Esse melhor controle pode-se produzir porque aprenderam a fixar objetivos mais realistas ou, também, porque a melhora na categoria e flexibilidade das estratégias

Tratamento Cognitivo-comportamental do Padrão de Comportamento tipo A

de enfrentamento permite aumentar significativamente as possibilidades de impactar o mundo que os rodeia. Uma pessoa pode continuar sonhando sonhos impossíveis, mas, enquanto isso, pode aprender a atingir e gozar da arte do possível.

V.2.2.5. Quinta parte: A mudança de estilo de vida, um objetivo para toda a vida

A seção final desse programa tem a ver com questões envolvidas na manutenção da mudança de comportamento. Há três aspectos principais a atender: 1. Desmistificar a origem da mudança de comportamento e fazer-lhe atribuições corretas quanto à origem. 2. Enfrentar as reações do meio às mudanças de estilo de enfrentamento. 3. Preparar-se para os erros ou falhas na prática dos hábitos recentemente adquiridos.

Sessão 23: Entender e manter a mudança

Relaxamento breve e revisão do TC 20. Exposição do tema 12, "Entender e manter a mudança". Insistimos no fato de que ter mudado os estilos de vida e de enfrentamento durante o desenvolvimento do programa não é suficiente para mantê-los. Além disso, devem atribuir a mudança a si mesmos, e não à influência externa do terapeuta. Por outro lado, explicamos que uma mudança em um membro do sistema social que é a família ou o lugar de trabalho comporta um reajuste de todo o sistema. Esse reajuste vai supor mudanças no comportamento de outro membro, a esposa por exemplo, ou pressão de todo o sistema sobre si mesmo para que continue cumprindo determinadas funções. Manter-se na mudança vai requerer resistir às pressões exercidas para que retome seu antigo papel. Uma via de enfrentamento pode ser sugerir aos participantes que pratiquem as habilidades de comunicação e expressão dos próprios desejos. Apresentamos e explicamos o TC 21, "Manter-se na mudança".

Sessão 24: Prevenir as recaídas

Relaxamento breve e revisão do TC 21. Exposição do tema 13, "Prevenir as recaídas". É provável que a recaída seja a regra, e não a exceção. Prevenir as recaídas requer atender dois objetivos principais: 1. antecipar e prevenir a ocorrência de uma recaída depois do início de uma mudança de hábitos, e 2. ajudar os indivíduos a se recuperarem de um deslize antes que se converta em uma recaída plena. O trabalho orientado a conseguir o primeiro objetivo requer consolidar: *a*. o conhecimento das situações de alto risco, *b*. o desenvolvimento de estratégias para lidar com esse tipo de situação, e *c*. estratégias para avaliar e enfrentar as recaídas que ocorrerem. A consecução do segundo objetivo pode depender de aprender a avaliar as falhas como experiências que lhes mostram que devem estar mais atentos e ser mais inteligentes. Se os problemas persistirem, será necessário continuar pesquisando e, em alguns casos, procurar a ajuda de um profissional. Isso não é admitir uma falha. Ao contrário, é um sinal de que o indivíduo é mais consciente de suas reações de estresse e sabe distinguir entre as que pode resolver por si e mesmo e as que requerem a ajuda de outros para sua solução. Entregamos o TC 22, "Prevenir as recaídas".

Sessão 25: Avaliação final

Com a sessão 25, na qual revisamos o TC 22, terminamos formalmente o programa e avaliamos os resultados mediante o mesmo procedimento do primeiro dia. É útil, para o andamento de outros grupos que se formem, passar um questionário no qual possam comunicar os aspectos do programa mais satisfatórios, práticos e compreensíveis, assim como os aspectos e temas que foram difíceis, incômodos ou incompreensíveis. Ajuda também que façam as sugestões que julguem oportunas.

VI. CONCLUSÕES E TENDÊNCIAS FUTURAS

Determinar como objetivo modificar o PCTA apresenta o possível contra-senso de querer modificar um estilo de enfrentar a vida que conduz ao sucesso social. Por isso, Roskies (1990) se pergunta aonde vamos por esse caminho, e Bennett (1994), se devemos intervir para modificar o PCTA. Uma resposta a essas perguntas pode ser que, dado que o PCTA não figura como transtorno psicopatológico, parece mais prudente dedicar-se a modificar o PCTA em pacientes que apresentem cardiopatia coronária manifesta. Pretender trabalhar com pessoas sadias em nosso país não parece poder transcender os limites de tempo marcados por um projeto de pesquisa ou uma tese doutoral. Trabalhar com doentes coronários, pelo contrário, vem sendo cada vez mais uma demanda social e profissional que, como conclui Bennett, está justificada. A justificativa descansa na redução de recorrência de episódios coronários, como deixou claro o RCPP, e não a análise da relação custo-benefício favorável à prática dos tratamentos psicológicos, como mostrou Ketterev (1993) e como concluem Bracke e Thoresen (1996) ao compará-lo com o *bypass* coronário, a angioplastia e a medicação de longa duração. Por outro lado, a presença de psicólogos nos programas de reabilitação cardíaca compreensiva é uma constante geralmente bem valorizada.

O planejamento e desenvolvimento dos programas orientados a modificar o PCTA tem de levar em conta a evolução que se vai produzindo na concepção do conceito. É preciso ter muito presente que o PCTA abarca uma ampla série de padrões individuais que são promovidos, precipitados e mantidos por muitos e variados fatores culturais, evolutivos e existenciais. O PCTA não deve ser concebido nem tratado como se fosse um padrão uniforme em suas manifestações típicas, nem pensar que seus diferentes componentes se apresentam com a mesma intensidade em uma pessoa. A urgência do tempo, a competitividade e a ira-hostilidade apresentam variações notórias intra e entre pessoas em grau e intensidade. Há diferenças também nas situações capazes de provocar essas respostas. Se a isso acrescentarmos o impacto que a idade, o sexo, o *status* socioeconômico e o nível educacional exercem sobre essas manifestações, fica clara a necessidade de delinear programas orientados à modificação do PCTA que se ajustem às características dos diferentes países e, inclusive, regiões. Isso não impede que a orientação geral e os objetivos finais desses programas coincidam e que as técnicas utilizadas sejam muito similares.

REFERÊNCIAS BIBLIOGRÁFICAS

Barefoot, J. C., Dodge, K. A., Peterson, B. L., Dahlstrom, W. G. y Williams, Jr. R. B. (1989). The Cook-Medley Hostility Scale: Item content and ability to predict survival. *Psychosomatic Medicine, 51*, 46-57.

Bennett, P. (1994) Should we intervene to modify Type A Behaviours in patients with manifest heart disease. *Behavioural and Cognitive Psychotherapy, 22*, 125-146.

Booth-Kewley, S. y Friedman, H. S. (1987). Psychological predictors of heart disease: A quantitative review. *Psychological Bulletin, 101*, 343-362.

Bracke, P. E. y Thoresen, C. E. (1996). Reducing Type A behavior patterns: A structured-group approach. En R. Allan y S. Scheidt (dirs.), *Heart & Mind. The practice of cardiac psychology.* Washington, DC: APA.

Burke, R. J. (1984). Beliefs and fears underlaying type A behaviour. *Psychological Reports, 54*, 655-662.

Carver, C. S., Coleman, A. E. y Glass, D. C. (1976). The coronary-prone behavior pattern and the suppression of fatigue on a treadmill test. *Journal of Personality and Social Psychology, 33*, 460-466.

Cohen, J. B., Syme, S. L., Jenkins, C. D., Kagan, A. y Zyzanski, S. J. (1979). Cultural context of type A behavior and risk for CHD: A study of japanese american males. *Journal of Behavioral Medicine, 2*, 375-384.

Contrada, R. J. y Krantz, D. S. (1988). Stress, reactivity, and type A behavior: Current status and future directions. *Annals of Behavioral Medicine, 10*, 64-70.

Cook, W. y Medley, D. (1954). Proposed hostility and pharisaic-virtue, scales for the MMPI. *Journal of Applied Psychology, 38*, 414-418.

Costa, P. T., Zonderman, A. B., McCrae, R. R. y Williams, R. B. (1986). Cynicism and paranoid alienation in the Cook and Meadley HO scale. *Psychosomatic Medicine, 48*, 283-285.

Folsom, A. R., Hughes, J. R., Buehler, J., Mittelmark, M. B., Jacobs, Jr., D. R. y Grimm, Jr., R. H. (1985). Do type A men drink more frequently than type B men? Findings in the Multiple Risk Factor Intervention Trial (MRFIT). *Journal of Behavioral Medicine, 8*, 227-236.

Friedman, M. (1979). The modification of Type A behavior in post-infartion patients. *American Heart Journal, 97*, 551-560.

Friedman, M. (1989). Diagnosis and treatment of type A behavior as a medical disorder. *Primary Cardiology, 15*, 68-77.

Friedman, M. (1996), *Type A behavior: Its diagnosis and treatment.* Nueva York: Plenum.

Friedman, M. y Rosenman, R. (1974). *Type A behavior and your heart.* Nueva York: Knopf.

Friedman, M. y Ulmer, D. (1984). *Treating type A behavior and your heart.* Nueva York: Knopf.

Glass, D. C. (1977). *Stress behavior patterns and coronary disease.* Hillsdale, N. J.: Lawrence Erlbaum.

Goldband, S., Katkin, E. S. y Morell, M. A. (1979). Personality and cardiovascular disorders: Steps toward demystification. En C. Spielberger y I. Sarason (dirs.), *Stress and anxiety,* vol. 6. Washington, DC: Hemisphere.

Haynes, S. G y Matthews, K. A. (1988). The association of type A behavior with cardiovascular disease. Update and critical review. En B. K. Houston y C. R. Snyder (dirs.), *Type A behavior pattern. Research, theory and intervention.* Nueva York: Wiley.

Houston, B. K. (1983). Psychophysiological responsivity and the type A behavior pattern. *Journal of Research in Personality, 17*, 22-39.

Ivancevich, J. M. y Matteson, M. T. (1988). Type A behavior and the healthy individual. *The British Journal of Medical Psichology, 61*, 37-56.

Ketterev, M. W. (1993). Secondary prevention of ischemic heart disease. The case of aggressive behavioral monitoring and intervention. *Psychosomatics, 34*, 478-484.

Krantz, D. S., Arabian, J. M., Davia, J. E. y Parker, J. S. (1982). Type A behavior and coronary artery bypass surgery: Intraoperative blood pressure and perioperative complications. *Psychosomatic Medicine, 44*, 273-284.

Krantz, D. S. y Durel, L. A. (1983). Psychobiological substrates of the type A behavior pattern. *Health Psychology, 2*, 393-411.

Krantz, D. S., Durel, L. A., Davia, J. E., Shaffer, R. T., Arabian, J. M., Dembroski, T. M. y MacDougall, J. M. (1982). Propranolol medication among coronary patients: Relationship to type A behavior and cardiovascular response. *Journal of Human Stress, 8*, 4-12.

Lazarus, R. S. (1993). From psychological stress to the emotions. A history of changing outlooks. *Annual Review of Psychology, 44*, 1-22.

Matteson, M. T., Ivancevich, J. M. y Gamble, G. O. (1987). A test of the cognitive social learning model of Type A behavior. *Journal of Human Stress, 1*, 23-31.

Matthews, K. A. y Siegel, J. M. (1982). The type A behavior pattern in children and adolescents: Assessment, development and associated coronary risk. En A. Baum y J. E. Singer (dirs.), *Handbook of psychology and health. Vol II. Issues in child health and adolescent.* Nueva York: Lawrence Erlbaum Associates.

McReynolds, P. (1990). The concept of anxiety. En D. G. Byrne y R. H. Rosenman (dirs.), *Anxiety and the heart.* Washington, DC: Hemisphere.

Nunes, E. V., Frank, K. A. y Kornfeld, D. S. (1987). Psychologic treatment for the type A behavior pattern and for coronary heart disease: A meta-analysis of the literature. *Psychosomatic Medicine, 49*, 159-173.

Pino, A. del (1993*a*). La Conducta Tipo A y sus relaciones con la enfermedad cardiocoronaria. (I) Presentación del tema. *Jano, 45*, 1255-1260.

Pino, A. del (1993*b*). La Conducta Tipo A y sus relaciones con la enfermedad cardiocoronaria. (II) Problemática de las revisiones y estudios longitudinales con muestras de poblaciones sanas. *Jano, 45*, 1263-1266.

Pino, A. del (1993*c*). La Conducta Tipo A y sus relaciones con la enfermedad cardiocoronaria. (III) Estudios longitudinales con muestras de poblaciones de alto riesgo y enfermas. *Jano, 45*, 1271-1277.

Pino, A. del (1993*d*). La Conducta Tipo A y sus relaciones con la enfermedad cardiocoronaria. (IV) Estudios transversales con pacientes sometidos a angiografía. *Jano, 45*, 1279-1284.

Pino, A. del (1993*e*). La Conducta Tipo A y sus relaciones con la enfermedad cardiocoronaria. (V) Estudios transversales con grupos de casos y de controles y estudios de prevalencia. *Jano, 45*, 1287-1290.

Pino, A. del (1993*f*). La Conducta Tipo A y sus relaciones con la enfermedad cardiocoronaria. (VI) Conclusiones y líneas futuras de investigación. *Jano, 45*, 1293-1298.

Powell, L. H. (1992). The cognitive underpinnings of coronary-prone behavior. *Cognitive Therapy and Research, 16*, 123-142.

Price, V. A. (1982). *Type A behavior pattern: A model for research and practice.* Nueva York: Academic Press.

Rosenman, R. H. (1984, junio). Modification of the coronary-prone (type A) behavior pattern in the frame of cardiac rehabilitation. *International Society and Federation of Cardiology, Scientific Council on Cardiac Rehabilitation*, Santiago de Compostela.

Rosenman, R. H. (1986). Current and past history of type A behavior pattern. En T. H. Schmidt, T. M. Dembroski y G. Bluchen (dirs), *Biological and psychological factors in cardiovascular disease*. Nueva York: Springer-Verlag.

Rosenman, R. H. (1990). Type A behavior pattern: A personal overview. En M. J. Strube (dir.), *Type A behavior* (núm. especial). *Journal of Social Behavior and Personality, 5,* 1-24.

Rosenman, R. H. (1991). Type A behavior pattern and coronary heart disease: The hostility factor. *Stress and Illnes, 7,* 245-253.

Rosenman, R. H. (1996). Factores motivacionales y emocionales en el Patrón de Conducta Tipo A. En F. Palmero y V. Codina (dirs.), *Trastornos cardiovasculares. Influencia de los procesos emocionales.* Valencia: Promolibro.

Roskies, E. (1987). *Stress management for the healthy Type A. Theory and practice.* Nueva York: Guilford.

Roskies, E. (1990). Type A intervention: Where do we go from here? En M. J. Strube (dir.), Type A Behavior. *Journal of Social Behavior and Personality* (núm. especial), *5* (1), 419-436.

Roskies, E., Kearney, H., Spevack, M., Sorkis, A., Cohen, C. y Gilman, S. (1979). Generalizability and durability of treatment effects in an intervention program for coronary-prone (Type A) managers. *Journal of Behavioral Medicine, 2,* 195-207.

Roskies, E., Seraganian, P., Oseasohn, R., Hanley, J. A., Collu, R., Martin, N. y Smilga, Ch. (1986). The Montreal Type A Intervention Project: Major findings. *Health Psychology, 5,* 45-69.

Scherwitz, L., Berton, K. y Leventhal, H. (1978). Type A behavior, self-involvement and cardiovascular response. *Psychosomatic Medicine, 40,* 593-609.

Scherwitz, L. y Canick, J. (1988). Self-reference and coronary heart disease risk. En B. K. Houston y C. R. Snyder (dirs.), *Type A behavior pattern. Research, theory and intervention.* Nueva York: Wiley.

Shekelle, R. B., Schoenberger, J. A. y Stamler, J. (1976). Correlates of the JAS type A behavior pattern score. *Journal of Chronic Diseases, 29,* 381-394.

Smith, T. W. (1989). Interactions, transactions, and the type A pattern: Additional avenues in the search for coronary-prone behavior. En A. W. Siegman y T. M. Dembroski (dirs.), *In search of coronary-prone behavior: Beyond type A.* Hillsdale, NJ: Lawrence Erlbaum.

Smith, T. W. (1992). Hostility and health current status of a psychosomatic hypothesis. *Health Psychology, 11,* 139-150.

Smith, T. W. y Anderson, N. B. (1986). Models of personality and disease: An interactional approach to type A behavior and cardiovascular risk. *Journal of Personality and Social Psychology, 50,* 1166-1173.

Smith, T. W. y Frohm, K. (1985). What's so unhealthy about hostility? Construct validity and psychosocial correlates of the Cook and Medley Hostility Scale. *Health Psychology, 4,* 503-520.

Strube, M. J. (1987). A self-appraisal model of the type A behavior pattern. En R. Hogan y W. Jones (dirs.), *Perspectives in personality theory,* vol. 2. Greenwich, CT: JAI Press.

Suls, J. y Rittenhouse, J. D. (1990). Models of linkages between personality and disease. En H. S. Friedman (dir.), *Personality and disease.* Nueva York: Wiley.

Verrier, R. L., DeSilva, R. A. y Lown, B. (1983). Psychological factors in cardiac arrhythmias and sudden deaht. En D. S. Krantz, A. Baum y J. E. Singer (dirs.), *Handbook of psychology and health: Cardiovascular disorders and behavior.* Hillsdale, NJ: Lawrence Erlbaum.

Watkins, P. L., Ward, C. M. y Southard, D. R. (1987). Empirical support for a type A belief system. *Journal of Psychopathology and Behavioral Assesment, 2,* 119-134.

Watkins, P. L., Ward, C. M., Southard, D. R y Fisher, E. B. (1992). The type A belief system. Relationships to hostility, social support, and life stress. *Behavioral Medicine, 18,* 27-32.

Weidner, G. y Matthews, K. A. (1978). Reported physical symptoms elicited by unpredictable events and the type A coronary-prone behavior pattern. *Journal of Personality and Social Psychology, 36,* 1213-1220.

Winters, R. W., Ironson, G. H. y Schneiderman, N. (1990). The neurobiology of anxiety. En D. G. Byrne y R. H. Rosenman (dirs.), *Anxiety and the heart.* Washington, DC: Hemisphere.

Yusuf, S., Wittes, J. y Friedman, L. (1988). Overview of results of randomized clinical trials in heart disease. I y II. *JAMA, 260,* 2088-2093 y 2259-2263.

LEITURAS PARA APROFUNDAMENTO

Allan, R. y Scheidt, S. (dirs.) (1996). *Heart & mind. The practice of cardiac psychology.* Washington, DC: American Psychological Association.

Friedman, M. (1996). *Type A behavior: Its diagnosis and treatment.* Nueva York: Plenum.

Friedman, M. y Rosenman, R. H. (1974). *Type A behavior and your heart.* Nueva York: Knopf.

Friedman, M. y Ulmer, D. (1984). *Treating Type A behavior and your heart.* Nueva York: Knopf.

Palmero, F. y Codina, V. (dirs.) (1996). *Trastornos cardiovasculares. Influencia de los procesos emocionales.* Valencia: Promolibro.

Apêndice Modificação do Padrão de Comportamento Tipo A em diversas situações

Nome: _____ Data:_____/_____/_____

Hora	Situação/Atividade	Nível de tensão			Comportamento tenso	Novo comportamento
		Baixa	Média	Alta		
		1-2-3	4-5-6	7-8-9		
9	Ansioso por começar	0-0-0	0 ● 0	0-0-0	Apressado no escritório	Esbocei um sorriso e disse "olá" a meus colegas
		0-0-0	0-0-0	0-0-0		
11	Fui interrompido em uma apresentação	0-0-0	0-0-0	● 0-0	Gritei	Falei mais amavelmente
		0-0-0	0-0-0	0-0-0		
		0-0-0	0-0-0	0-0-0		
14	Ao ir almoçar	0-0 ●	0-0-0	0-0-0	Depressa pela rua	Concentrei-me em olhar no rosto das pessoas
		0-0-0	0-0-0	0-0-0		
		0-0-0	0-0-0	0-0-0		
		0-0-0	0-0-0	0-0-0		
18	Uma reunião	0-0-0	0-0-0	● 0-0	Eu me mexia na cadeira	Respirei profundamente
		0-0-0	0-0-0	0-0-0		
		0-0-0	0-0-0	0-0-0		
21	Discuti com minha filha	0-0-0	● 0-0	0-0-0	Levantei a voz	Fiz silêncio de 10 segundos
		0-0-0	0-0-0	0-0-0		
		0-0-0	0-0-0	0-0-0		
24		0-0-0	0-0-0	0-0-0		

CONTROLE DA DOR POR MEIO DA HIPNOSE

DANIEL L. ARAOZ, JAN M. BURTE e MARIE A. CARRESE[1]

I. INTRODUÇÃO

A dor continua sendo um dos motivos mais freqüentes das visitas ao médico, como já assinalou o casal Hilgard em 1975. Assim, nos EUA, segundo Wadell (1982), de 1954 a 1981 o número de casos de incapacidade física devido a dor nas costas, de cada mil pessoas, aumentou de 21,7% para 58,2% entre os homens e de 8% para quase 45% entre as mulheres; recentemente Bonica (1990) calculou que cerca de 21 milhões de pessoas sofrem de dor nas costas nos Estados Unidos e que 3,7 milhões delas se encontram total ou parcialmente incapacitados. A dor de cabeça afetava de 8 a 10% da população geral no mesmo país (Waters, 1975), uma porcentagem que subia a 42 milhões de habitantes, segundo as estatísticas de Ryan em 1978, enquanto que Bonica (1990) determinou em 29 milhões de americanos os que sofriam de cefaléias sérias, incapacitantes. Este último autor estimou que de 15% a 20% da população dos Estados Unidos padecem de alguma forma de dor aguda e entre 25% e 30% sofrem de dor crônica. Da metade a dois terços dos sujeitos com dor crônica encontram-se total ou parcialmente incapacitos durante dias, semanas, meses ou, inclusive, de forma permanente. A cada ano se perdem mais de 430 milhões de dias de trabalho devido à dor crônica, perdendo o trabalhador médio mais de quatro dias por ano. O gasto devido à dor crônica é enorme, tendo em conta os custos das intervenções cirúrgicas, a perda de contratações, a medicação, a hospitalização, os pagamentos por incapacidade e os gastos por processos (Bonica, 1990).

II. SOBRE A DOR

A dor não se limita exclusivamente a uma questão orgânica, mas tem um importante componente psicológico. Encontrou-se que soldados feridos na guerra informavam de pouca dor, apesar de feridas graves, enquanto que civis com feridas muito menos sérias informavam de muito mais dor (Brannon e Feist, 1992). Tanto os fatores orgânicos

---

[1] Long Island Institute of Ericksonian Hypnosis, Center for Health Living e York College (EUA), respectivamente.

quanto os psicológicos costumam ser componentes essenciais da dor. Assim, Beecher (1956) chegou a indicar que a intensidade do sofrimento está determinada, em boa medida, pelo que a dor significa para o paciente e que a extensão da ferida tem somente uma leve relação (às vezes, inclusive, nenhuma) com a experiência de dor. Beecher (1957) descreveu a dor como uma experiência bidimensional composta por um estímulo sensorial e por um componente emocional.

Hoje em dia, a maioria dos pesquisadores está de acordo com que a percepção da pessoa intervém na experiência de dor. Melzack (1973) enumerou variáveis individuais tais como a ansiedade, a depressão, a sugestão, o condicionamento anterior, a atenção, a avaliação e a aprendizagem cultural como elementos que possivelmente contribuem com a experiência de dor de um sujeito. Esse ponto de vista multidimensional foi incorporado também à definição de dor estabelecida pela Associação Internacional para o Estudo da Dor (International Association for the Study of Pain, IASP) como uma experiência sensorial e emocional desagradável associada a um dano real ou potencial aos tecidos ou descrita em termos desse dano (IASP, Subcommitee on Taxonomy, 1979, citado em Brannon e Feist, 1992).

III. OS TIPOS DE DOR

A dor não é uma entidade unitária. Podem ser diferenciados os tipos ou fases da dor. Assim, Keefe (1982) distinguiu entre *a*. dor aguda, que normalmente é adaptativa e avisa a pessoa para que evite um dano mais importante; *b*. dor pré-crônica, experimentada entre as fases aguda e crônica e que é um período importante, porque a pessoa ou supera a dor ou esta se torna crônica; *c*. dor crônica, que dura além do tempo de uma cura normal, é mais ou menos contínua e freqüentemente perpetua a si mesma; isto é, freqüentemente conduz a um comportamento que provoca reforço, e este reforço produz mais comportamento de dor.

Os fatores psicológicos ou ambientais têm um papel central na dor crônica, mas raramente se encontram na dor aguda. Esta última responde ao tratamento médico, visto que é principalmente, se não completamente, de origem neurofisiológica. O paciente experimenta sintomas somáticos agudos sem componentes emocionais significativos e sua linguagem é objetivo-sensorial ("É como se estivessem batendo na minha cabeça com um martelo"). É uma experiência negativa, mas limitada, e percebida como parte de um processo que tem um começo determinado e um término específico (Burke, 1989). A dor aguda costuma ser benéfica, porque avisa o indivíduo de que algo não funciona e o leva, normalmente, a buscar ajuda profissional.

Por outro lado, a dor crônica é uma experiência de sofrimento que já tomou posse da vida emocional, cognitiva e social do indivíduo. A dor se tornou parte essencial de sua identidade, tanto para o paciente quanto para os que o rodeiam. Não costuma ter benefício biológico e freqüentemente impõe significativas tensões emocionais, físicas, econômicas e sociais no paciente e na família. Por essa razão, falam de sua dor em linguagem subjetivo-emocional ("Não agüento mais. Não posso viver assim") e projetam-se para o futuro com medo e resignação desesperada. Conseqüentemente, esses pacientes mostram ceticismo em relação ao tratamento médico e questionam a eficácia de um "novo" método clínico como a hipnose. Mostram, também, sintomas de depressão, ansiedade e mal-estar afetivo, como indicou Sternbach (1974). Tendo passado da dor física à experiência de sofrimento pessoal, experimentam todas as complicações emocionais descritas por Seres (1977), como utilizar de modo não consciente o acidente ou doença que originou a dor para justificar o sofrimento devido a um problema interno, permitindo ao paciente deixar de lado a responsabilidade de sua vida e o cuidado de si mesmo para depender de outros de forma regressiva. É evidente que uma terapia que demande cooperação responsável por parte do paciente é muito difícil neste caso. Por isso, Burte (1992) enfatiza a necessidade de um tratamento que devolva a responsabilidade pessoal ao paciente e acrescenta que as terapias passivas, como massagens, terapias físicas e fármacos não devem ser aplicadas a esses doentes. De acordo com essa proposição, Chapman-Smith (1990) fala da "lógica premente" com relação à necessidade desses pacientes de "entender a fundo seus problemas e aprender a assumir responsabilidade e controle de sua condição" (p. 3).

IV. AVALIAÇÃO E TRATAMENTO DA DOR

Como vimos, a dor compõe-se de elementos físicos e psicológicos. Embora, por ser uma experiência muito subjetiva, seja difícil de avaliar, existem diferentes procedimentos para medir a dor, que podem ser ordenados com base em três categorias (Brannon e Feist):

a. *Medidas fisiológicas.* Três variáveis fisiológicas que constituem medidas potenciais da dor são a tensão muscular, os sinais autônomos e os potenciais evocados.
b. *Avaliação comportamental.* Por meio desse tipo de avaliação observa-se o comportamento do paciente. Os procedimentos podem ser classificados em observações realizadas por outras pessoas significativas do contexto do paciente e observações feitas seja na clínica ou em um laboratório por pessoal treinado.
c. *Auto registro.* Aqui se incluem escalas de avaliação, questionários sobre dor (como o *McGill Pain Questionnaire*, de Melzack [1975] ou o *West Have-Yale Multidimensional Pain Inventory*, de Kerns, Turk e Rudy [1985]) etc.

Com relação ao tratamento da dor, temos de dizer que normalmente tem sido médico, embora ultimamente também estejam sendo empregados métodos comportamentais para intervenção em dor crônica. Entre os tratamentos médicos mais utilizados para a dor encontram-se os fármacos, principalmente medicamentos analgésicos, a estimulação cutânea elétrica, a intervenção cirúrgica e a acupuntura.

Os tratamentos psicológicos mais utilizados recentemente para ajudar as pessoas a enfrentar a dor foram o treinamento em relaxamento, o *biofeedback*, procedimentos operantes, terapia cognitiva e, finalmente, hipnose. Este último procedimento seria o tratamento não-médico mais antigo para a dor. Diz-se que no começo do século XIX os médicos já utilizavam a hipnose para controlar a dor durante as intervenções cirúrgicas.

Porém, a história da hipnose revela um ciclo de aceitação e rejeição e seu emprego sempre gerou certa controvérsia.

Como já assinalamos anteriormente, por ser uma experiência altamente subjetiva, o problema da dor é de difícil avaliação. Uma dor alucinante para alguns pode ser uma dor sem importância para outros. Devido a essa subjetividade, um valioso método clínico para o controle da dor é a nova hipnose, que explicaremos mais adiante, pois centra-se nas experiências subjetivas do paciente. Alguns estudos, sem distinguir entre a hipnose tradicional e a nova, demonstraram que, graças a essa intervenção terapêutica, os pacientes aumentam sua tolerância à dor física e diminuem a sensação subjetiva dela (Bassman e Wester, 1984; Stacher et al., 1975).

V. A HIPNOSE COMO MÉTODO CLÍNICO

Com relação ao uso clínico da hipnose para o tratamento da dor, há evidências sólidas que o justificam, tal como demonstrado nos trabalhos de Barber, (1982), Baybrooke (1991), Chaves (1989), Ewin (1986), Golden, Dowd e Friedberg (1987), Plock-Bramley (1985), Sthalekar (1993), Wain (1980) e Weiss (1993). O começo do uso da hipnose para o tratamento da dor aparece ilustrado em uma fascinante narrativa histórica de Gravitz (1988) sobre o proeminente cirurgião Esdaile (1850).

Embora tudo o que se discute nesses estudos seja aplicado a nosso trabalho, faremos referência à nova hipnose, uma concepção da hipnose diferente em muitos aspectos da tradicional. A nova hipnose (Araoz, 1985) tem boa parte de suas raízes na escola da Nova Nancy (Baudouin, 1922), que mudou o centro de atenção da hipnose à sugestão, propondo que a hipnose era uma manifestação do efeito da imaginação e da auto-sugestão sobre as percepções, estado de humor, comportamento e, inclusive, funções fisiológicas de uma pessoa. O princípio básico dessa escola é que a mudança eficaz se produz através de experiências com atividades dependentes do hemisfério direito, em vez de ser conseguida por meio da razão e da lógica (funcionamento do hemisfério esquerdo). A mudança no ser humano não se consegue por meio da conversa, da análise, do conhecimento intelectual (todas atividades do hemisfério esquerdo), mas por meio da experiência interna. As três contribuições básicas da escola da Nova Nancy podem resumir-se nas seguintes:

a. Não é a vontade (função do hemisfério esquerdo) que produz a mudança, mas a imaginação (atividade do hemisfério direito). O esforço consciente da vontade não serve para nada enquanto a imaginação se opuser a esse esforço.

b. Ressalta-se a auto-sugestão. As sugestões de outra pessoa funcionam somente quando refletem o que os indivíduos estão sugerindo a si mesmos realmente. Uma conclusão importante disso é a diminuição da importância do "hipnotizador como terapeuta", que se torna, ao contrário, um professor ou um guia com cuja ajuda o indivíduo aprende a utilizar de forma eficaz a auto-sugestão.

c. A auto-sugestão funciona no estado do pensamento não-consciente, ou o que agora denominaríamos, baseados na experiência, pensamento dependente do hemisfério direito. Por conseguinte, a questão fundamental é utilizar o modo não consciente de pensamento, isto é, comprometer o hemisfério direito, subordinando, inicialmente, o hemisfério esquerdo.

Os franceses começaram também a falar da *nouvelle hypnose* (Godin, 1992*a*, 1992*b*; Petot, 1992), seguindo a corrente iniciada por Araoz em 1985[1]. A diferença entre os dois métodos de hipnose, o novo e o tradicional, consiste em um enfoque mais centrado no paciente, no caso do primeiro. A experiência hipnótica surge para o paciente de modo natural, sem induções arbitrárias e artificiais, partindo dos comportamentos não-conscientes[2] do paciente utilizados, então, como indução natural e espontânea. Entre esses comportamentos encontram-se, por exemplo, os aspectos comportamentais não-verbais (gestos, expressões faciais, mudanças da postura etc.), o estilo da linguagem (se a pessoa emprega sensações internas de modo mais freqüente que outro tipo de sensações, predominância de imagens mentais, de sons etc.) e verbalizações significativas feitas pelo paciente enquanto está com o terapeuta. A nova hipnose rejeita a indução determinada pelo clínico e utiliza uma dessas manifestações comportamentais não-conscientes para ajudar o paciente a entrar no terreno mental interno, onde ocorrem coisas que não percebe conscientemente. Cada um desses elementos pode ser utilizado para mudar a atividade mental da pessoa de "orientação rumo à realidade" para "orientação rumo ao interior". Assim, por exemplo, os comportamentos são observados não para serem interpretados, mas para ajudar o paciente a se perceber. Uma indução típica poderia ser algo como o seguinte:

Perceba o peso de suas mãos sobre suas coxas... O que mais suas mãos percebem? Comprove agora... uma sensação de calor, talvez. Uma leve brisa, a temperatura da sala... Se separar suas mãos agora, poderá perceber outras sensações interessantes, como uma parecer mais leve que a outra. Qual delas parece mais leve? [Araoz, 1985: p. 24].

Em qualquer caso, o terapeuta pode escolher muitos elementos para levar a cabo a indução, visto que a observação atenta sempre proporciona mais elementos que os que uma pessoa disporia no começo de forma padrão. No exemplo anterior nos detivemos nas mãos, mas poderíamos ter utilizado igualmente a respiração e/ou o ritmo com que

---

[1] O psiquiatra Jean Godin, diretor do Institut Milton H. Erickson de Paris, propôs a formação da Societé Francaise da Nouvelle Hypnose, afiliada ao mesmo instituto, para o ano de 1994. A designação de nova hipnose foi primeiro introduzida por Araoz (1982) em um capítulo de um de seus livros em inglês sobre "terapia sexual" e, três anos mais tarde, em outro livro com esse nome, que foi traduzido também para o alemão.

[2] Referimo-nos a ações não-conscientes para indicar que o autor não as percebe, conscientemente, e para não criar confusão com o termo "inconsciente", que a psicanálise adotou como seu. Contudo, permitimo-nos a liberdade de empregar um ou outro, segundo nossa conveniência, no contexto que apresentamos neste capítulo.

respira. A questão mais importante é que a indução provém do paciente, de modo que este possa perceber seu eu interior. Percebendo a própria experiência atual a pessoa vai deslizando para suas próprias realidades internas. O princípio geral é recordar que qualquer comportamento espontâneo do indivíduo pode ser utilizado para realizar a mudança a partir do pensamento ordinário para o pensamento hipnótico. Assim, por exemplo, podemos escolher um gesto e pedir ao sujeito que o repita de forma exagerada, permitindo que o que lhe vier à cabeça fique relacionado a ele. A seguir, fazemos com que perceba os sentimentos produzidos por essa breve experiência. Suponhamos que a pessoa diga "não posso continuar assim por mais tempo", enquanto sacode a mão direita com o punho apertado. O terapeuta pode pedir ao paciente que repita esse gesto várias vezes enquanto expressa de novo a mesma frase. Geralmente, três ou quatro repetições produzem algo novo. Assim, o indivíduo pode dizer que está aborrecido ou que se lembra de um incidente da infância. Então o terapeuta continua com o novo material. No caso de não se produzir nada depois de repetir o gesto várias vezes, o terapeuta deveria continuar lembrando-se de que a qualquer momento o paciente está oferecendo mais comportamentos que podem ser utilizados a partir de um ponto de vista terapêutico. Igualmente, como indicamos anteriormente, o estilo da linguagem e verbalizações importantes (em geral, qualquer elemento proporcionado pelo paciente sem que o perceba totalmente) oferecem um veículo eficaz e natural para a hipnose.

O uso clínico da hipnose enfatiza uma implicação completa e relaxada no perceber interno, de onde procedem as mensagens, e não do mundo externo ou da mente consciente. O terapeuta ajuda o paciente a perceber esse modo de se relacionar consigo mesmo e produz as condições favoráveis para uma implicação total com sua realidade interna, com sua experiência mental interior.

Alguns métodos de "indução" naturalista seriam os seguintes:

a. Perceber totalmente as próprias sensações corporais e depois centrar-se em uma delas (por exemplo, na respiração), até que surja material subconsciente;

b. Repetir uma frase significativa (por exemplo, "não posso agüentar mais") até que os processos subconscientes surjam à consciência;

c. Reviver na mente uma experiência passada, enquanto oposto a somente falar sobre ela;

d. perceber a própria energia corporal (denominada "aura" por alguns) até sentir as forças da saúde ativando o sistema nervoso parassimpático.

e. Centrar o pensamento em um objetivo positivo, construtivo, possível, do próprio futuro, ensaiando-o na própria mente;

f. Deixar simplesmente que a pessoa permaneça em silêncio, enquanto se sugere que o subconsciente pode começar a trabalhar nesse momento no qual "não faz nada", sem que se perceba a mente consciente.

Essa lista de induções, que não recorrem a um ritual, concorda com a descrição da hipnose como um "deixar-se ir em uma sonolência dirigida a um fim até o ponto em que a pessoa se dissocia da realidade que a rodeia e submerge na própria realidade interna" (Araoz, 1982). Esses métodos de indução conduzem a um estado alternativo de perceber sem "alterar" o funcionamento mental. A indução é, então, um "convite" natural para conectar-se com o próprio eu interno, subconsciente. Sempre é personalizado, adaptado às necessidades do paciente que está sendo tratado.

A hipnose seria, portanto, o que ocorre por meio da ativação dessa função mental baseada na experiência própria. Rejeita-se o conceito de "hipnotizabilidade" da hipnose tradicional, podendo beneficiar-se da hipnose toda pessoa normal se o clínico tiver flexibilidade para utilizar as vias de entrada que o paciente oferecer de modo não-consciente. Portanto, a nova hipnose engloba muito mais que o que ocorre depois de uma indução formal (própria da hipnose tradicional). A nova hipnose ajuda a mudança no ser humano por meio de uma vivência, palavra que não se encontra em idiomas como o alemão, o inglês ou o francês. O significado de vivência é conhecido no mundo hispânico. É interessante recordar, por exemplo, a argumentação de Ignacio de Loyola em seus *Exercícios Espirituais*, há quinhentos anos, e que a hipnose nova pode adotar como sua: "Não o muito saber farta e satisfaz à alma, mas o gostar das coisas internamente". Essa vivência é o que a nova hipnose busca facilitar, seguindo os ensinamentos do psiquiatra norte-americano Milton H. Erickson (Erickson e Rossi, 1981) e apoiada na pesquisa do psicólogo T. X. Barber (1969). A ênfase na vivência deve-se ao fato de que os seres humanos mudam, não por raciocínio e lógica, mas por vivências (veja Fisch, Weakland e Segal, 1982; Watzlawick, 1978; Watzlawick, Weakland e Fisch 1974).

De tudo o anteriormente dito resultam três corolários práticos. Primeiro, o clínico deve adaptar-se ao paciente, visto que toda pessoa normal pode utilizar a hipnose, como já dissemos. Segundo, toda hipnose é auto-hipnose e ninguém pode hipnotizar outra pessoa contra sua vontade. Terceiro, o clínico facilita a vivência do paciente, graças à qual este muda, por meio do método natural da nova hipnose. Isso evita a resistência que o método tradicional produz em muitos pacientes.

V.1. *Métodos hipnóticos para tratar a dor aguda*

Ao aplicar esses corolários ao tratamento da dor aguda, o clínico começa perguntando ao paciente como descreve sua dor. Se a descrição for objetiva-sensorial, correspondente a dor aguda, pode-se proceder, sem mais informação, a um relaxamento hipnótico, seja detalhado, ao estilo de Jacobson (1938, 1964) ou breve, segundo o modelo que oferecemos a seguir.

Empregamos esse método com 83 mulheres e 48 homens diagnosticados medicamente com dor aguda. Dos 131 pacientes (entre 24 e 82 anos de idade) somente 13 (9 mulheres e 4 homens) não responderam com uma considerável diminuição de dor em um tempo máximo de sete dias. O que aconteceu foi que os 13 haviam recebido um diagnóstico médico errado, que deveria ter sido de dor crônica, da qual falaremos mais adiante.

Enquanto trabalhamos com o paciente, gravamos em uma fita o que dizemos e posteriormente a entregamos a ele. Prescrevemos o uso diário dessa gravação, privativamente, depois da primeira sessão. A seguir, apresentamos uma transcrição literal de uma das sessões hipnóticas. Devemos assinalar que sempre há um silêncio de vários segundos entre as frases, inclusive quando há uma vírgula. Devido à transcrição do falado, a expressão não é muito correta em muitos pontos. Mas preferimos deixar o texto original para captar o tom da conversação hipnótica.

"Agora que você está confortavelmente sentado, preste atenção em sua respiração... Permita que seu corpo respire no ritmo mais confortável e tranqüilo... Perceba o que ocorre em seu corpo ao respirar... O ar fresco enche seus pulmões... Percebe?.. E o corpo o utiliza para viver... Cada célula, até as mais distantes dos dedos dos pés, recebe o benefício do oxigênio, que as alimenta e as mantém sadias e fortes... Você percebe isso?... Seu corpo se renova, usando o ar fresco, e se desfaz, com o ar usado, do que não precisa... Desfazendo-se do estresse... Aumentando o relaxamento saudável que está beneficiando todo o seu corpo... Tranqüilidade, paz, calma interior... Com cada respiração, mais tranqüilidade, mais paz, mais calma e mais bem-estar... Se o estresse é prejudicial para a saúde, o que está fazendo agora é benéfico... Não é?... Seu corpo se renova com o relaxamento, que começa a beneficiá-lo... Cada respiração aumenta o bem-estar e diminui a tensão... Certo?... Perceba se já há mais relaxamento que tensão em seu corpo... Percebe já? (Se a resposta for negativa, repetimos o anterior com palavras similares. Se for positiva, prosseguimos)... Agora, fixe sua atenção na parte de seu corpo que está mais relaxada que o resto de seus órgãos, membros e músculos... Consegue perceber?... Alegre-se com essa sensação agradável e absorva o relaxamento, a sensação de calma, de paz... E, com cada nova respiração, permita que esse relaxamento se estenda, pouco a pouco, como um círculo que vai aumentando; como a luz do amanhecer que se estende para encher de claridade todo o panorama... Está sentindo já?... Com cada respiração, estenda o relaxamento a outras partes do corpo, lentamente, suavemente, até beneficiar quase todo o corpo... Está ocorrendo isso? (Se a resposta for negativa, como antes, repetimos o anterior com palavras similares. Se for positiva, continuamos). Agora, preste atenção à parte de seu corpo na qual se encontra a dor. Com cada respiração, permita que o relaxamento entre nessa parte cada vez mais profundamente... O relaxamento enche essa parte, cada vez mais, com cada respiração... Imagine essa parte absorvendo o relaxamento, absorvendo o bem-estar: uma sensação prazerosa que aumenta com cada respiração. Enquanto isso ocorre, visualize essa parte de seu corpo completamente sadia, forte, radiante de bem-estar, funcionando da melhor maneira possível, beneficiando o resto do corpo com seu funcionamento perfeito. Está ocorrendo isso? (Como antes, continuamos segundo a resposta à nossa pergunta).

Imagine agora a zona do cérebro que controla essa parte de seu corpo... Use todo o tempo necessário para captar essa realidade, para captar o centro cerebral responsável pelo funcionamento dessa parte de seu corpo... Uma mensagem de bem-estar sai desse centro e vai diretamente às células dessa parte do corpo... aos músculos, mesmo os menores e mais fracos... A mensagem de bem-estar e as sensações prazerosas são recebidas por todos os nervos dessa zona... Isso já está ocorrendo? (Procedemos como antes). Observe agora, em sua mente, essa parte de seu corpo que já vai sentindo-se melhor, mais relaxada, mais sadia... Veja-a brilhante, radiante, cheia de vitalidade, de energia, começando a desfrutar de sensações prazerosas e agradáveis... Continua ocorrendo isso? (Segundo a resposta, prosseguimos ou repetimos os mesmos conceitos).

Antes de terminar este exercício, prometa a si mesmo que repetirá esta atividade mental em particular, todos os dias, até a próxima sessão... Você quer ter certeza de que aprendeu este método de autocontrole... E para aprendê-lo, é preciso praticá-lo, repeti-lo, de modo contínuo e freqüente... Como já ocorreu com tantas outras coisas que você aprendeu desde que era muito criança...

Você pode dizer: prometo a mim mesmo voltar a praticar este exercício todos os dias até a próxima sessão... E, para facilitar o processo, utilize um sinal particular... Aperte levemente o polegar esquerdo com o dedo indicador, como se fosse uma espécie de pinça... Faça isso agora, por favor... Esse sinal ativará o que você acaba de obter: o controle mental, que produz bem-estar e saúde nessa parte do corpo que precisa disso."

Outro método eficaz para a dor aguda, utilizado junto com o relaxamento, é empregar hipnoticamente a metáfora da dor que surge do próprio paciente. Se, por exemplo, o paciente descrever sua dor como "umas fisgadas de fogo na perna", o clínico pode responder utilizando a mesma metáfora: pedindo-lhe que preste atenção ao ritmo das fisgadas; que use a respiração para mudar esse ritmo, de modo que seja mais rápido ou mais lento, mais suave ou mais enérgico. Pode-se utilizar a imagem do fogo, sugerindo que se torne mais intenso, para que se consuma, ou que outro elemento, como a chuva, o apague. O clínico estimula o paciente a deixar que qualquer imagem, neste caso relacionada com o fogo, surja em sua mente. Respeitando as novas imagens relacionadas com a imagem inicial, o clínico ajuda o paciente a encontrar a solução metafórica.

Desta forma, a metáfora do paciente se torna agente de mudança, tal como o explica Robles (1990): "As metáforas são a linguagem do inconsciente [que] oferecem uma representação simbólica e totalizadora de uma situação [...]. "Ver" uma situação através de uma metáfora nos oferece uma perspectiva mais completa e, portanto, a possibilidade de gerar novas alternativas para sua solução" (p. 98).

Diz-se ao paciente que continue praticando esse método, que toma com respeito toda metáfora surgida do inconsciente, acrescentando que deve manter um registro diário de sua prática.

V.2. *Métodos hipnóticos para a dor crônica*

Esse mesmo uso das metáforas e símbolos resulta especialmente eficaz para o tratamento da dor que tenha-se tornado sofrimento crônico. Usamos o método que descrevemos a seguir com 128 pacientes entre 21 e 79 anos de idade que haviam recebido um diagnóstico médico de dor crônica. Destes, 76 eram homens e 52 mulheres. Decidimos, arbitrariamente, que se o paciente praticasse esse exercício hipnótico diariamente, esperaríamos resultados positivos em um prazo máximo de três semanas. Com surpresa observamos que 54 doentes se sentiram consideravelmente aliviados em uma média de nove dias e meio; que 44 pacientes sentiram melhora significativa em uma média de doze dias e meio; e, finalmente, que os outros trinta se sentiram livres da dor em dezessete dias.

Depois de um relaxamento breve, semelhante ao apresentado anteriormente, ou paradoxal (primeiro sugerindo tensão muscular, seguida de relaxamento), uma sessão inicial com pacientes de dor crônica inclui conceitos como os seguintes:

"O médico garante que a dor de seu peito não é devida a uma doença, que seu coração está forte e sadio... Você acredita? Mas sua mente interior mantém a dor por alguma razão que você tem direito de saber... Em vez de tratar de rejeitar essa dor, aceite-a agora... É sua dor... É sua e pode ser uma mensagem importante de sua mente... Uma mensagem que, talvez, seu inconsciente pode traduzir, decifrar... Confie em sua mente interior, que talvez mantenha a dor como um sinal, para avisá-lo de algo... para lembrá-lo algo... para lhe dizer algo... O que a dor lhe diz?... Sinta-a, aceite-a, abrace-a e você poderá escutar sua mensagem... Eu não sei se a mensagem é agradável e prazerosa ou desagradável... Somente sei que é importante para você... Em sua mente, como você vê a dor?.. Que forma ela tem?... É grande ou pequena?... Tem cor?... Perceba a temperatura... É fria ou quente?... Tem som?... Tem cheiro?... Experimente sua dor com todas as suas qualidades... Observe o que ocorre... Ela fica quieta?... Move-se?... Para que parte do corpo vai?... Perceba sua dor em toda a sua realidade... É sólida ou fluida?.. Entre em contato com sua dor e a mensagem que ela lhe traz poderá aparecer claramente... Confie em seu inconsciente... Confie em sua mente interna. Diga lentamente... Tenho esta dor porque... e espere o resto da frase... Porque... Repita-a a si mesmo lentamente: Tenho esta dor porque... Esta dor é parte de minha vida porque... Esta dor está em mim porque...

A mensagem da dor que você sente pode aparecer agora ou mais adiante, em seus sonhos... Esta noite, amanhã, ou depois de amanhã... Você está curioso?... Quando receberá a mensagem da dor? Você não sabe neste momento, mas sabe que há uma mensagem, importante para você...".

A esses pacientes também recomendamos a prática diária e, para facilitá-la, lhes damos uma fita com a gravação dos conceitos anteriores, recomendando-lhes repetir esse exercício mental diariamente durante uma meia hora, mais ou menos, com o ânimo tranqüilo e sem permitir interrupções. Ainda, pedimos que anotem o resultado da prática, avaliando-se com um "MB" se o fizerem satisfatoriamente, com um "B" se não estiverem muito contentes com a prática e com um "R" se estiverem realmente insatisfeitos com a forma como o fizeram. Neste último caso, prescrevemos que nesse mesmo dia, ou no seguinte, repitam o mesmo exercício mental.

Devido às dificuldades mencionadas anteriormente com esses pacientes, é importante não deixar passar muito tempo entre as primeiras sessões. Por isso, insistimos para que a segunda visita seja aos quatro ou cinco dias. Nessa visita, agimos segundo os resultados obtidos. Existem seis possibilidades, dependendo se o paciente:

a. não praticou ou não o fez regularmente;
b. praticou sem apreciar nenhuma melhora;

c. praticou, com poucos resultados benéficos;
d. praticou e experimentou um alívio considerável da dor;
e. praticou e percebeu o significado pessoal da dor, mas sem ter alívio físico;
f. praticou, tem conhecimento do que sua dor significa e sentiu um alívio considerável ou total da dor.

Cada possibilidade requer um procedimento especial. No primeiro caso, utilizamos a técnica hipnótica de ativação das partes da personalidade (Araoz e Negley-Parker, 1988), por meio da qual ajudamos o paciente a se colocar em contato, primeiro, com a parte da personalidade que se dá ao trabalho de ir à consulta e, depois, com a outra parte de sua personalidade que sabota o tratamento. O paciente deve imaginar cada parte claramente e escutar o que diz acerca da dor em cada uma delas.

No caso de ter praticado sem resultados satisfatórios (possibilidades b e c), é preciso incentivá-lo a continuar praticando e a prestar atenção em seus sonhos. A segunda sessão termina com uma prática mental semelhante à da primeira visita, mas insistindo mais nos sonhos.

Se o paciente informa que sua prática produziu alívio da dor, mas ele não entendeu a "mensagem" (possibilidade d), sugerimos que continue seu exercício mental durante outras duas semanas, sem se preocupar com a "mensagem", mas agradecendo à sua mente interior a melhora que experimenta. Devido ao fato de que, às vezes, ocorre o alívio da dor sem o entendimento da causa, no modelo que propusemos antes falamos da "possibilidade" de uma mensagem. Dessa forma, o paciente não sente a necessidade de descobrir a razão dessa dor física, mas pode beneficiar-se do mesmo modo.

A possibilidade e de que a prática mental tenha produzido uma revelação que explica a presença da dor sem ter diminuído sua intensidade física tem, com freqüência, um sentido de expiação ou reparação. Nesse caso, sugerimos ao paciente que, confiando em sua sabedoria interna, permita que a mente não-consciente lhe proponha métodos sem dor para expiar ou reparar erros ou um mau comportamento do passado. Nós, os três autores do presente capítulo, tivemos casos muito interessantes de pacientes que, através desse meio, encontraram oportunidades para ajudar outras pessoas, com a finalidade de fazer a expiação e, ao tomar esse rumo, a dor desapareceu sem maior atenção a ela.

O último caso, *f*, é motivo de felicitação e confirma ao paciente que a mente não consciente tem um papel importante na vida do indivíduo. Com muita freqüência, esses pacientes solicitam aprender mais sobre esse método mental e, então, os treinamos em diversos aspectos da auto-hipnose.

V.3. *Casos extremos*

Mencionamos, no começo do capítulo, James Esdaile, o caso do cirurgião inglês que praticou medicina na Índia entre os anos 1845 e 1851. Com cirurgia maior operou mais de trezentos doentes que, sem utilizar substância anestésica, não experimentaram dor graças à hipnose. Esses casos médicos encontram-se bem documentados e já foram citados inúmeras vezes. Contudo, Barber (1969) encontrou na reportagem original que esses pacientes com freqüência sentiam dor, fato evidenciado por seus movimentos, suspiros e mudanças de expressão, mas que era como se se esquecessem dela.

Isso nos lembra o "observador escondido", descoberto pelo casal Hilgard (1975) em seus experimentos de laboratório. Este conceito refere-se ao fato de que um sujeito exposto a uma dor física e sob um estado hipnótico confessa que sente a dor, mas que não lhe presta atenção. Porém, Bowers (1976) nos adverte que há uma grande diferença psicológica entre o sujeito que voluntariamente se submete a um experimento desse tipo e o doente que sofre de uma dor da qual não pode livrar-se.

Para certos casos de cirurgia que requerem anestesia hipnótica, é preciso preparar o paciente de antemão e treiná-lo para tentar conseguir um transe sonambúlico, que nos enfoques cognitivo-comportamentais nunca é necessário. Godin (1992*b*) propõe a distinção entre o estado de sonambulismo, preferido por muitos dos que praticam a hipnose tradicional, que estão preocupados com a profundidade do transe, e o estado natural de hipnose, que satisfaz aos que praticam a hipnose nova e que é o que se precisa quando se utiliza a hipnose na prática da Psicologia clínica. Por esta razão, não nos deteremos mais nesses casos especiais.

V.4. A prática psicológica diária

O profissional que se encontre com pacientes que têm problemas de dor na prática clínica diária deve lembrar as diretrizes descritas. Se a dor é aguda, deve proceder como indicamos. Se é uma dor crônica, a lista seguinte pode ajudá-lo a lembrar o método a seguir:

a. Decidir se a dor é claramente aguda ou crônica e averiguar se o paciente consultou um médico.
b. Encontrar a metáfora espontânea do paciente relacionada com a dor.
c. Começar com essa metáfora, sugerindo que a transforme em outras, relacionadas com ela, mas mais benignas e benéficas.
d. Convidar o paciente a permitir que a metáfora mais positiva se instale na parte do corpo que sofria a dor.
e. Relacionar a metáfora positiva com o alívio da dor e, finalmente, com o desaparecimento, pelo menos quase total, da dor, sempre que houver certeza de que o problema foi avaliado por um médico.

Com a finalidade de ser útil aos pacientes que apresentam dor como problema psicológico, convém recordar que o uso da nova hipnose facilita a possibilidade de que o paciente se aproveite de uma função natural, como a considerava Milton Erickson (Erickson e Rossi, 1979). Para a nova hipnose, o clínico facilita a função natural da hipnose, mas não a produz. Facilita-a prestando atenção a esse comportamento não-consciente de que falamos no começo do capítulo e convidando o paciente a se centrar nesse comportamento, não para analisá-lo, mas para percebê-lo e para relacioná-lo com algum significado pessoal que possa ter.

Um dos problemas que os autores do presente capítulo encontram em sua prática diária no Long Island Institute of Ericksonian Hypnosis é a expectativa equivocada de muitos profissionais. Estes acreditam que hipnose significa induções teatrais e espetaculares e sentem-se desiludidos quando lhes ensinamos que o mais importante é a observação atenta e minuciosa do paciente, com o objetivo de utilizar todo comportamento não-consciente para conseguir um entendimento mais profundo e exato de si mesmo. A esse respeito, e seguindo o modelo proposto por Araoz (1982), seguimos os quatro passos de *a*. Observar, *b*. Dirigir, *c*. Discutir e *d*. Confirmar.

a. *Observar*. Consiste em prestar atenção não somente ao conteúdo ideológico do que o paciente nos apresenta, mas também ao modo como o faz. Aqui se encontram as ações não-conscientes de que falamos anteriormente, isto é, o estilo da linguagem, o comportamento não verbal e as verbalizações importantes no contexto da conversação.

b. *Dirigir*. Refere-se à intervenção hipnótica. Em vez de traduzir metáforas e comparações, dirigimos o paciente a introduzi-las em sua experiência vivencial. Se, por exemplo, ele disse que "isso me faz tremer", pedimo-lhe que procure experimentar essa mudança física, que identifique que parte do corpo treme mais que as outras etc. Se fizer um gesto tocando o peito com a mão, sugerimos que o repita, com mais ênfase ou com mais velocidade, ou mais lentamente, para que possa se pôr em contato com o possível significado desse gesto espontâneo. Se, por último, disser no meio da conversa algo como "sei que devo fazê-lo", em vez de pedir-lhe que explique com mais detalhes o que quer dizer, convidamos o paciente a repetir a mesma frase e a prestar atenção ao que surge em si mesmo de forma espontânea, tal como emoções e sentimentos, imagens, lembranças, sensações físicas, pensamentos não relacionados com o que está dizendo etc.

c. *Discussão*. É a atividade intelectual, não experiencial, do processo através da qual o paciente pode integrar o que experimentou com seus valores pessoais, com a realidade presente de sua vida etc.

d. Finalmente, a *Confirmação* é o último passo do processo. Aqui o paciente volta ao estado experiencial para reintegrar os dois aspectos do tema que está tratando, o lado intelectual e o vivencial.

Em cada etapa do problema usamos os quatro passos. Se não for solucionado, voltamos ao mesmo processo, começando com o ponto que produziu o conflito que impede a solução. Dessa forma, o que em psicanálise se descreve como resistência pode ser tratado como um novo elemento de partida para encontrar uma solução. Por exemplo, o paciente pode dizer que se sente tenso ao pensar no que deve fazer para melhorar sua situação. Pedimos que se concentre na tensão, que a experimente como algo real, que sinta que forma tem, em que parte do corpo está localizada etc., como propusemos no segundo modelo que apresentamos no começo para tratar a dor crônica.

VI. CONCLUSÕES

Como a dor é uma experiência subjetiva, o método da nova hipnose utiliza a vivência idiossincrásica do paciente, por meio de suas metáforas, com a finalidade de "distraí-lo" de sua concentração na dor. Ele aprende a praticar a auto-hipnose positiva de modo regular, o que lhe dá uma nova sensação de poder e controle diante da dor que antes o dominava.

Para empregar esse método é necessário o treinamento clínico nesse tipo de hipnose, como começou a ser usado atualmente nos Estados Unidos da América, sob o nome de hipnose ericksoniana. Em mais de dez países já há núcleos de clínicos que empregam esse método. Em Paris, estão começando a chamá-la de nova hipnose para distingui-la da tradicional, da mesma forma que tentaram fazer na Espanha, sob o nome de sofrologia, há mais de duas décadas.

REFERÊNCIAS BIBLIOGRÁFICAS

Araoz, D. L. (1982). *Hypnosis and sex therapy*. Nueva York: Brunner/Mazel.

Araoz, D. L. (1985). *The new hypnosis*. Nueva York: Brunner/Mazel.

Araoz, D. L. y Negley-Parker, E. (1988). *The new hypnosis in family therapy*. Nueva York: Brunner/Mazel.

Barber, J. (1982). Incorporating hypnosis in the management of chronic pain. En J. Barber y C. Adrian (dirs.), *Psychological approaches to the management of pain*. Nueva York: Brunner/Mazel.

Barber, T. X. (1969). *Hypnosis: a scientific approach*. Nueva York: Van Nostrand-Reinhold Co.

Bassman, S. W. y Wester, W. C. (1984). Hypnosis and pain control. En W. C. Wester y A. H. Smith (dirs.), *Clinical hypnosis: A multidisciplinary approach*. Philadelphia, PA: Lippincott.

Baudouin, C. (1922). *Suggestion and autosuggestion*. Nueva York: Dodd, Mead.

Baybrooke, Z. (1991). Multicausal analysis in the treatment of back pain. *The Australian Journal of Clinical Hypnotherapy and Hypnosis, 12*, 31-36.

Beecher, H. K. (1956). Relationship of significance of wound to pain experience. *Journal of the American Medical Association, 161*, 1609-1613.

Beecher, H. K. (1957). The measurement of pain. *Pharmacological Review, 9*, 59-209.

Bonica, J. J. (1990). General considerations of chronic pain. En J. J. Bonica (dir.), *The management of pain* (2.ª edición). Malvern, PA: Lea & Febiger.

Bowers, K. S. (1976). *Hypnosis for the seriously curious*. Monterey: Brooks/Cole.

Brannon, L. y Feist, J. (1992). *Health psychology*. Belmont, CA: Wadsworth.

Burke, M. (1989). Chronic pain behavior: Diagnosis and rehabilitation of the walking wounded. *Journal of Chiropractic, 24*, 67-71.

Burte, J. (1992). *Hypnosis and the treatment of pain*. Ponencia presentada en el Seminario

Científico Anual de la New York Society of Clinical Hypnosis, Long Island, Nueva York.

Chapman-Smith, D. (1990). Chronic back pain: New common ground for chiropractic and medicine. *The Chiropractic Report, 4,* 1-6.

Chaves, J. F. (1989). Hypnotic control of clinical pain. En N. P. Spanos y J. F. Chaves (dirs.), *Hypnosis: The cognitive-behavioral perspective.* Buffalo: Prometeus Books.

Erickson, M. H. y Rossi, E. L. (1979). *Hypnotherapy: An exploratory casebook.* Nueva York: Irvington Publishers.

Erickson, M. H. y Rossi, E. L. (1981). *Experiencing hypnosis.* Nueva York: Irvington Publishers.

Esdaile, J. (1957). *Hypnosis in medicine and surgery* (publicación original de 1850). Nueva York: Julian Press.

Ewin, D. M. (1986). The effect of hypnosis and mental set on major surgery and burns. *Psychiatric Annals, 16,* 115-118.

Fisch, R., Weakland, J. H. y Segal, L. (1982). *The tactics of change.* San Francisco, CA: Jossey-Bass.

Godin, J. (1992*a*). *La nouvelle hypnose.* París: Albin Michel.

Godin, J. (1992*b*). Traditional hypnosis and new hypnosis: Rupture or continuity? *Australian Journal of Clinical Hypnotherapy and Hypnosis, 13,* 57-68.

Golden, W., Dowd, E. T. y Friedberg, F. (1987). *Hypnotherapy: A modern approach.* Nueva York: Pergamon.

Gravitz, M. (1988). Early uses of hypnosis as anesthesia. *American Journal of Clinical Hypnosis, 30,* 201-108.

Hilgard, E. R. y Hilgard, J. R. (1975). *Hypnosis in the relief of pain.* Los Angeles, CA: William Kaufmann.

Jacobson, E. (1938). *Progressive relaxation.* Chicago: University of Chicago Press.

Jacobson, E. (1964). *Anxiety and tension control.* Philadelphia: J.B. Lippincott.

Keefe, F. J. (1982). Behavioral assessment and treatment of chronic pain: Current status and future directions. *Journal of Consulting and Clinical Psychology, 50,* 896-911.

Kerns, R. D., Turk, D. C. y Rudy, T. E. (1985). The West Haven-Yale Multidimensional Pain Inventory. *Pain, 23,* 345-356.

Melzack, R. (1973). *The puzzle of pain.* Nueva York: Basic Books.

Melzack, R. (1975). The McGill Pain Questionnaire: Major properties and scoring methods. *Pain, 1,* 277-299.

Petot, J.-M. (1992). The new hypnotism and hypnosis. *Australian Journal of Clinical Hypnotherapy and Hypnosis, 13,* 69-78.

Plock-Bramley, S. (1985). Treatment of pain: Theory and research. En R. P. Zahourek (dirs.), *Clinical hypnosis and therapeutic suggestion in nursing.* Orlando: Grune & Stratton.

Robles, T. (1990). *Concierto para cuatro cerebros en psicoterapia.* México, DC: Instituto Milton H. Erickson de la Ciudad de México.

Ryan, R. (1978). *Headache and head pain.* St. Louis: C.V. Mosby.

Seres, J. L. (1977). Evaluation and management of chronic pain by non-surgical means. En L. J. Fletcher (dir.), *Pain management: Symposium on the neurosurgical treatment of pain.* Baltimore, MD: Williams & Wilkins.

Stacher, G., Schuster, P., Bouer, P., Lahoda, R. y Schulze, D. (1975). Effects of suggestion of relaxation or analgesia on pain threshold and pain tolerance on the waking and hypnotic states. *Journal of Psychosomatic Research, 19,* 259-265.

Sternbach, R. A. (1974). *Pain: A psychological approach.* Nueva York: Academic Press.

Sthalekar, H. A. (1993). Hypnosis for relief of chronic phantom pain in a paralysed limb: A case study. *Australian Journal of Clinical Hypnosis and Hypnotherapy, 14,* 75-80.

Wadell, G. (1982). An approach to backache. *British Journal of Hospital Medicine, 28,* 187-219.

Wain, H. (1980). Pain control through the use of hypnosis. *American Journal of Clinical Hypnosis, 23,* 41-46.

Waters, W. E. (1975). Community studies of the prevalence of headache. *Headache, 9,* 178.

Watzlawick, P. (1978). *The language of change.* Nueva York: Basic Books.

Watzlawick, P., Weakland, J. H. y Fisch, R. (1974). *Change: Principles of problem formation and problem resolution.* Nueva York: Norton.

Weiss, M.C. (1993). Ericksonian hypnotherapy for pain control during and following cancer surgery. *Australian Journal of Clinical Hypnotherapy and Hypnosis, 14,* 53-72.

LEITURAS PARA APROFUNDAMENTO

Araoz, D. L. (1985). *The new hypnosis.* Nueva York: Brunner/Mazel.

Barber, J. y Adrian, C. (dirs.) (1982), *Psychological approaches to the management of pain.* Nueva York: Brunner/Mazel.

Bassman, S. W. y Wester, W. C. (1984). Hypnosis and pain control. En W. C. Wester y A. H. Smith (dirs.), *Clinical hypnosis: A multidisciplinary approach.* Philadelphia, PA: Lippincott.

Bonica, J. J. (dir.) (1990). *The management of pain* (2.ª edición). Malvern, PA: Lea & Febiger.

Chaves, J. F. (1989). Hypnotic control of clinical pain. En N. P. Spanos y J. F. Chaves (dirs.), *Hypnosis: The cognitive-behavioral perspective.* Buffalo: Prometeus Books.

Capítulo 14
TRATAMENTO COGNITIVO-COMPORTAMENTAL DAS CEFALÉIAS

FRANK ANDRASIK e ANDERSON B. ROWAN[1]

I. INTRODUÇÃO

Os estudos epidemiológicos revelam a freqüência das cefaléias e os elevados custos associados a elas, tanto em termos de cuidados médicos quanto de baixa produtividade. Por exemplo, Linet *et al.* (1989) encontraram que 57,1% dos homens e 76,5% das mulheres compreendidos entre os doze e os 29 anos informavam de uma dor de cabeça durante as últimas quatro semanas. Além disso, 7,9% desses homens e 13,9% dessas mulheres perderam parte do dia do trabalho ou dos estudos devido a essa dor de cabeça. Stewart, Lipton, Celentano e Reed (1992) encontraram que 17,6 % das mulheres e 5,7% dos homens, entre os doze e os oitenta anos, tiveram uma ou mais enxaquecas por dia. Em termos de custos, Osterhaus, Gutterman e Plachetka (1992) estimaram que o custo das horas trabalhistas perdidas por ano devidas às enxaquecas era de 6.864 dólares por cada homem com trabalho e de 3.600 dólares por cada mulher com trabalho, com uma média de 817 dólares anuais como custo médio por pessoa.

Embora as cefaléias sejam freqüentes, também são complexas e misteriosas. A identificação de mais de cem diagnósticos de cefaléias diferentes realizados pelo Comitê para a Classificação das Cefaléias (*Headache Classification Committee*) da Sociedade Internacional para as Cefaléias (*International Headache Society*) exemplifica essa complexidade (*International Headache Society*, 1988). Do mesmo modo, mesmo no caso dos diagnósticos mais comuns de cefaléias, a patofisiologia é ainda um mistério (Hatch, 1993). Levando em conta essa complexidade e mistério, uma análise da ampla variedade dos tipos de cefaléias, das teorias etiológicas e da pesquisa associada encontra-se além dos objetivos do presente capítulo. Por conseguinte, nossa descrição centrar-se-á no exame dos tipos de cefaléias que têm uma alta taxa de prevalência e para os quais dispomos de tratamentos cognitivo-comportamentais bem estabelecidos; de modo específico, referir-nos-emos às cefaléias enxaquecas e tensionais.

II. QUESTÕES DIAGNÓSTICAS

Antes de começar a falar da terapia cognitivo-comportamental para as cefaléias, os profissionais deveriam ter certeza de que os pacientes passaram por uma completa avaliação

---

[1]University of West Florida (Estados Unidos) e Landstuhl Regional Medical Center (Alemanha).

A preparação deste capítulo foi financiada em parte por uma ajuda de NIH-NINDS-NS29855. Os pontos de vista expressos neste capítulo são os dos autores. Não refletem a política oficial do Departamento de Defesa ou de outros departamentos do governo dos Estados Unidos.

médica para estabelecer o diagnóstico, assim como para descartar uma patologia orgânica mais grave e possíveis contra-indicações às intervenções cognitivo-comportamentais. Embora os profissionais não-médicos não estejam qualificados para conduzir essas avaliações, devem estar familiarizados com os critérios diagnósticos, assim como com os sinais de aviso gerais que sugerem uma grave etiologia orgânica. Por conseguinte, antes de falar dos tratamentos cognitivo-comportamentais revisaremos brevemente essas questões.

A Sociedade Internacional para as Cefaléias reconheceu duas categorias de enxaquecas: *enxaqueca com aura* (conhecida anteriormente como enxaqueca clássica) e *enxaqueca sem aura* (conhecida anteriormente como enxaqueca comum) (Internacional Headache Society, 1988; veja no quadro 14.1 os critérios diagnósticos). As enxaquecas costumam durar de duas a 72 horas e ser unilaterais, pulsáteis e agravar-se com a atividade, estando a pessoa totalmente livre de sintomas entre os episódios de cefaléia. Além disso, a dor se vê acompanhada freqüentemente por náuseas, vômitos, fotofobia e/ou fonofobia. Por conseguinte, muitas das pessoas que sofrem de enxaqueca informam que somente conseguem alívio quando se deitam em um quarto tranqüilo e escuro. Tendo em conta o propósito deste capítulo, as enxaquecas com e sem aura serão denominadas simplesmente enxaquecas.

Quadro 14.1. Critérios diagnósticos para as enxaquecas (IHS, 1988)

Enxaqueca com aura

A. Pelo menos dois ataques que cumprem o critério B
B. Pelo menos três dos seguintes sintomas:

    1. Um ou mais sintomas de aura totalmente reversíveis que indicam uma disfunção cerebral cortical focalizada e/ou do tronco cerebral
    2. Pelo menos um dos sintomas de aura se desenvolve gradualmente durante mais de quatro minutos ou dois ou mais sintomas ocorrem em sucessão
    3. Nenhum sintoma de aura dura mais de sessenta minutos. Se estiver presente mais de um sintoma de aura, a duração que se aceita aumenta proporcionalmente
    4. A dor de cabeça se segue à aura com um intervalo variável de menos de sessenta minutos (pode também começar antes ou simultaneamente com a aura)

Enxaqueca sem aura

A. Pelo menos cinco ataques que cumprem B-D
B. Os ataques de cefaléia duram de quatro a 72 horas (se não forem tratados ou tratados sem sucesso)
C. As cefaléias têm pelo menos duas das seguintes características:

    1. Localização unilateral
    2. Característica pulsátil
    3. Intensidade de moderada a grave
    4. Agrava-se ao subir escadas ou com uma atividade física similar

D. Durante a cefaléia, pelo menos um dos sintomas seguintes:

    1. Náuseas e/ou vômitos
    2. Fotofobia ou fonofobia

Tratamento Cognitivo-comportamental das Cefaléias

As cefaléias tensionais (antes conhecidas como cefaléias devido à contração muscular) dividem-se em episódicas e crônicas (International Headache Society, 1988; veja no quadro 14.2 os critérios diagnósticos). A distinção principal entre essas categorias é que as cefaléias crônicas estão presentes durante mais de quinze dias por mês ao longo de um período de seis meses ou mais, enquanto que as episódicas têm uma freqüência menor e/ ou uma duração inferior a seis meses. As cefaléias tensionais caracterizam-se por ser bilaterais, com uma dor surda, persistente, descrita freqüentemente como se houvesse uma cinta ao redor da cabeça, e duram de trinta minutos até vários dias. Para os objetivos deste capítulo, as cefaléias tensionais episódicas e crônicas serão denominadas "cefaléias tensionais". Além disso, muitos pacientes experimentam uma combinação de enxaquecas e cefaléias tensionais, indicada, amiúde, como cefaléias "mistas".

Quadro 14.2. Critérios diagnósticos para as cefaléias tensionais (IHS, 1988)

Cefaléia tensional episódica

A. Pelo menos dez episódios de cefaléia prévia que cumprem os critérios B-D. Número de dias com a dor de cabeça < 180/ano
B. A cefaléia dura de trinta minutos a sete dias
C. Pelo menos duas das seguintes características de dor:

    1. Qualidade de pressão/aperto (não pulsátil)
    2. Intensidade leve ou moderada
    3. Localização bilateral
    4. Não se agrava ao subir escadas ou por uma atividade física similar

D. Os dois seguintes:

    1. Sem náuseas ou vômitos (pode ocorrer anorexia)
    2. Ausência de fotofobia ou fonofobia, ou somente uma delas está presente

Cefaléia tensional crônica

A. Freqüência média da cefaléia > 15 dias/mês (180 dias/ano) durante mais de seis meses cumprindo os critérios B-C indicados a seguir
B. O mesmo que no tipo episódico
C. Os dois seguintes:

    1. Sem vômitos
    2. Somente um dos seguintes sintomas: náuseas, fotofobia ou fonofobia

As *cefaléias em cachos* manifestam-se muito similarmente às enxaquecas, mas os ataques costumam ser mais freqüentes, agrupados em períodos específicos de tempo (normalmente de três a dezesseis semanas) e costumam estar associadas a um ou mais dos seguintes sintomas no lado da dor: *a.* vermelhidão da conjuntiva, *b.* lacrimejamento, *c.* congestão nasal, *d.* rinorréia, *e.* sudorese na face e na testa, *f.* miose, *g.* ptose, ou *h.*

edemas nas pálpebras (International Headache Society, 1988). Hoje em dia não dispomos de evidências claras sobre a eficácia dos tratamentos cognitivo-comportamentais para as cefaléias em cachos (Blanchard, 1992).

Os clínicos e os pesquisadores perceberam que certas medicações, se tomadas de forma inadequada, podem servir realmente para manter a dor de cabeça, uma condição denominada cefaléia de rebote. Duas substâncias consumidas com freqüência podem produzir cefaléias de rebote: ergotamina e analgésicos. As cefaléias de rebote de analgésicos caracterizam-se normalmente por um uso quase diário de níveis de medicação analgésica relativamente elevados misturados com níveis de dor crônica de baixa a moderada, freqüentemente diária (Blanchard, 1992). Silberstein e Saper (1993) assinalam que a freqüência de consumo é mais importante que a dose exata para provocar a dor de cabeça devido ao abuso de ergotamina, visto que os rebotes podem ocorrer em pacientes que tomam doses tão pequenas, como 0,5 mg três vezes por semana, em comparação com os 1.200-1.500 mg de analgésicos necessários para provocar um rebote por analgésicos. Para ambos os tipos de cefaléias de rebote, a dor costuma piorar ao cortar a medicação e estará normalmente presente ao despertar. Identificando-se uma cefaléia de rebote, será necessária a retirada da medicação, sob a supervisão médica, antes de começar o tratamento cognitivo-comportamental.

Embora a etiologia orgânica grave (por exemplo, tumores cerebrais) seja relativamente rara, os profissionais deveriam perceber os "sinais de perigo". Estes incluem: *a.* começo repentino de uma nova e severa cefaléia, *b.* a cefaléia vai piorando progressivamente, *c.* o começo da cefaléia se dá depois de exercício, tensão, tosse ou atividade sexual, *d.* presença de sintomas associados (por exemplo, confusão, perda de memória, febre, mialgia, artralgia), *e.* começo da primeira cefaléia depois dos cinqüenta anos, e *f.* presença de alguma anormalidade neurológica ou física (Andrasik e Baskin, 1987; Cerenex Pharmaceuticals, 1992). Se forem observados quaisquer desses sinais de perigo, aconselha-se o imediato encaminhamento a um serviço médico.

III. FUNDAMENTOS TEÓRICOS E EMPÍRICOS

Nas duas décadas passadas, o *biofeedback* e o treinamento em relaxamento foram tratamentos solidamente estabelecidos para as enxaquecas e cefaléias tensionais. O tratamento das enxaquecas utiliza, normalmente, *biofeedback* e/ou treinamento em relaxamento autógeno. Essas técnicas centram-se no aumento do fluxo sangüíneo na periferia do corpo e na criação de um efeito de relaxamento geral. O tratamento das cefaléias tensionais inclui, habitualmente, *biofeedback* EMG e/ou relaxamento muscular progressivo. Essas técnicas centram-se na diminuição da tensão muscular e também na criação de um efeito de relaxamento geral. Porém, os tratamentos às vezes se misturam com os tipos de cefaléias.

Embora inicialmente se acreditasse que a eficácia do *biofeedback* e do treinamento em relaxamento estava relacionada diretamente com as mudanças fisiológicas associadas, a pesquisa sugeriu que o efeito do tratamento não está associado nem com o grau nem com a direção da mudança fisiológica (veja Blanchard, 1992, para uma revisão desses estudos). Porém, ensaios controlados entre vários tipos de placebos confiáveis e alguns tratamentos de *biofeedback*-relaxamento (veja Blanchard, 1992), assim como as metanálises (Blanchard *et al.*, 1980; Holroyd e Penzien, 1986) demonstraram que a melhora é mais que um efeito placebo. Do mesmo modo, encontrou-se que os tratamentos de *biofeedback* e/ou relaxamento são tão eficazes quanto as intervenções farmacológicas, tanto em ensaios controlados (veja Andrasik, 1989; Blanchard, 1992) quanto em uma metanálise (Holroyd e Penzien, 1990). Embora não se compreenda bem o mecanismo de tratamento, o *biofeedback* e/ou o treinamento em relaxamento continuam sendo considerados como o "cuidado padrão" do tratamento psicológico das cefaléias.

Vários fatores parecem subjacentes à aplicação das técnicas cognitivo-comportamentais para o tratamento das cefaléias. Em primeiro lugar, essa aplicação é uma extensão de uma tendência existente no tratamento de transtornos psicológicos como a depressão ou a ansiedade. Em segundo lugar, especulou-se que os fatores cognitivos e comportamentais são os mecanismos terapêuticos ativos nos tratamentos de *biofeedback* (Andrasik e Holroyd, 1980; Holroyd e Penzien, 1983). Em terceiro lugar, o *biofeedback* e o treinamento em relaxamento foram considerados muito estreitos em seus focos, ignorando os estímulos antecedentes estressantes físicos, situacionais e psicológicos específicos que podem estar associados com a produção das cefaléias (Mitchell e White, 1977). Finalmente, embora o *biofeedback* e o treinamento em relaxamento sejam tratamentos eficazes, muitos sujeitos que sofrem de cefaléias não obtêm proveito desses procedimentos; por conseguinte, acrescentar outros componentes comportamentais e cognitivos poderia melhorar os benefícios do tratamento e funcionar para aqueles que não estão respondendo atualmente.

IV. EFICÁCIA DOS TRATAMENTOS COGNITIVOS E COMBINADOS

Em termos de enxaquecas (veja quadro 14.3), encontrou-se que a terapia cognitiva sozinha é tão eficaz quanto o treinamento em relaxamento autógeno (Sorbi e Tellegen, 1986) e o *biofeedback* de vasoconstrição (Gerhards *et al.*, 1983). São necessários mais estudos para replicar essas descobertas iniciais, preliminares. Infelizmente, não foram realizadas comparações com o *biofeedback* de temperatura. Igualmente, foi encontrado que acrescentar um componente cognitivo ao *biofeedback* de temperatura e de vasoconstrição não aumentou, em geral, sua eficácia (Blanchard *et al.*, 1990a; Blanchard *et al.*, 1990c; Knapp e Florin, 1981; Lake, Rainey e Papsdorf, 1979).

Em termos de cefaléias tensionais (veja quadro 14.4), os estudos comparativos que incluíam a terapia cognitiva sozinha foram positivos ou contraditórios. Porém, os estudos metodologicamente mais corretos sugerem que a terapia cognitiva sozinha é superior ao relaxamento muscular progressivo (Murphy, Lehrer e Jurish, 1990) e ao *biofeedback* EMG (Holroyd, Andrasik e Westbrook, 1977), enquanto que estudos menos corretos forneceram resultados contraditórios (Anderson, Lawrence e Olsen, 1981; Bell *et al.*, 1983; Kremsdorf, Kochanowicz e Costell, 1981).

Quadro 14.3. Estudos comparativos sobre tratamento cognitivo e combinado para as cefaléias tensionais

Autor	Condição	Resultados pós-tratamento	N	Índice/Atividade CFL			Freqüência CFL			% Melhora clínica	Fraquezas metodológicas
				Pré-trat.	Pós-trat.	% Melhora	Pré-trat.	Pós-trat.	% Melhora		
Sorbi e Tellegen (1986)	TEE / REL	TEE = REL	16 / 13	– / –	– / –	– / –	0,19 / 0,12	0,11 / 0,08	40 / 31	– / –	–
Gerhards et al. (1983)	TEE / BFV	TEE = BFV	13 / 12	– / –	– / –	– / –	2,0 / 2,6	1,3 / 2,0	38 / 25	– / –	Sem seguimento em longo prazo
Knapp e Florin (1981)	COG / COG + BFV / BFV + COG / BFV / LHE	TODOS OS TRAT = LHE	4 / 4 / 4 / 4 / 4	– / – / – / – / –	– / – / – / – / –	– / – / – / – / –	–	–	–	–	Amostra pequena; Terapia COG limitada
Mitchell e White (1977)	COG + REL / REL / AUTO-OBS / AUTO-REG	COG + REL > REL > AUTO-OBS = AUTO-REG	3 / 6 / 9 / 12	–	–	–	13,7 / 13,8 / 13,6 / 13,6	3,7* / 7,6* / 13,1 / 13,6	73,9 / 44,9 / 3,7 / 0,0	–	N pequeno; Sem seguimento em longo prazo; Técnicas PMR; Instruções por fita de áudio
Lake et al. (1979)[1]	COG + BFT / BFT / BF EMG / LHE	TODOS TRAT = / BF EMG > LHE / COG + BFT = / BFT = LHE	6 / 6 / 6 / 6	0,45 / 0,70 / 0,44 / 0,52	0,28 / 0,52 / 0,35 / 0,56	37 / 26 / 20 / -8	–	–	–	33 / 66 / 100 / –	Amostra pequena; Sem seguimento em longo prazo; Breve terapia COG; Instruções de BFT pouco habituais
Blanchard et al. (1990c)	COG + BFT / BFT / AT PLAC / LHE	TODOS OS TRAT = / AT PLAC / TODOS OS TRAT > LHE	30 / 32 / 24 / 30	3,87 / 3,53 / 3,07 / 2,51	1,90 / 2,05 / 1,94 / 2,3	43,6 / 41,9 / 36,8 / -0,8	–	–	–	50,0 / 53,1 / 37,5 / 20,0	Breve terapia COG; Sem seguimento em longo prazo
Blanchard et al. (1990a)	CBC / TBC / LHE	CBC = TBC / TODOS OS TRAT > LHE	29 / 30 / 17	3,21 / 3,02 / 2,48	2,31 / 2,34 / 2,31	28,0 / 22,5 / 6,9	–	–	–	44,8 / 40,0 / 11,8	Breve terapia COG; Sem seguimento em longo prazo

* Interação de tratamento, p < 0,05.

Nota: TEE = Terapia para o enfrentamento do estresse, REL = Relaxamento, COG = Tratamento cognitivo, BF = Biofeedback, BFT = BFTemperatura, BFV = BFVaso-constrição, AT PLAC = Atendimento placebo, LHE = Lista de espera, AUTO-OBS = Auto-observação, AUTO-REG = Auto-registro, CBC = Tratamento combinado com base na casa, TBC = Tratamento termal com base em casa.

[1] Lake et al. (1979) utilizaram um critério de 33% para a melhora clínica.

% de melhora clínica = porcentagem de pacientes que conseguiram reduções nas dores de cabeça igual ou maior que 50%.

As conclusões com relação ao aumento de benefícios acrescentando o componente da terapia cognitiva são ainda menos claras. Dos sete estudos que examinaram intervenções mistas, dois encontraram que o tratamento combinado era superior (Kremsdorf *et al.*, 1981; Tobin *et al.*, 1988), outros dois encontraram tendências não significativas em algumas medidas (Attanasio, Andrasik e Blanchard, 1987; Blanchard *et al.*, 1990*b*) e três não encontraram diferenças (Bell *et al.*, 1983; Anderson *et al.*, 1981; Appelbaum *et al.*, 1990). Se limitarmos a revisão aos três estudos com um tamanho de amostra moderado, haverá uma variabilidade similar nos resultados (Appelbaum *et al.*, 1990; Blanchard *et al.*, 1990*b*; Tobin *et al.*, 1988). Esses resultados inconsistentes sugerem que o impacto positivo da terapia cognitiva varia em resposta a outros fatores.

Por que acrescentar, então, aspectos comportamentais e cognitivos ao relaxamento e ao *biofeedback*? Esses componentes acrescentados podem proporcionar benefícios aos pacientes que não respondem de uma maneira satisfatória aos tratamentos anteriores (empregando um enfoque de "intervenção escalonada"). Do mesmo modo, os aspectos combinados de cada um e a aplicação dos diferentes componentes ao mesmo tempo podem melhorar ou inclusive potencializar os efeitos do tratamento. Finalmente, o enfoque cognitivo-comportamental mais amplo pode ser mais eficaz para pacientes que sofrem estresse elevado ou dores de cabeça diariamente. Infelizmente, as comparações entre os tratamentos combinados centraram-se principalmente no treinamento em relaxamento, sendo as comparações com o biofeedback bastante raras. Além das comparações anteriores, um estudo comparou uma intervenção combinada com um tratamento farmacológico (amitriptilina) e encontrou que o tratamento combinado era superior (Holroyd *et al.*, 1991).

Embora o objetivo principal dos tratamentos para as cefaléias seja a diminuição da dor, encontrou-se que a depressão é freqüentemente um problema concorrente (por exemplo, Martin, Nathan, Milech e Van Keppel, 1989; McCarran e Andrasik, 1987). Tendo em conta o sucesso das terapias cognitivo-comportamentais no tratamento da depressão, lançou-se a hipótese de que essas intervenções teriam um maior impacto que o tratamento de *biofeedback* ou de relaxamento sobre os níveis de depressão. Em geral, essa hipótese não foi respaldada, e a maioria dos estudos de comparação que avaliara os graus de depressão encontraram resultados equívocos (por exemplo, Holroyd *et al.*, 1991; Knapp e Florin, 1981; Sorbi e Tellegen, 1986; Tobin *et al.*, 1988). Porém, encontrou-se que os tratamentos cognitivo-comportamentais são superiores para outros problemas psicológicos, como, por exemplo: *a.* emocionalidade (Knapp e Florin, 1981), *b.* assertividade (Sorbi e Tellegen, 1986; Sorbi, Tellegen e De Long, 1989), e *c. locus* de controle (Holroyd *et al.*, 1991). Embora seja certo que esses dados são limitados, apóiam os benefícios acrescentados do tratamento cognitivo-comportamental além da diminuição da dor.

Embora nos estudos comparativos faltem, de modo consistente, seguimentos em longo prazo, os dados sugerem, geralmente, uma boa manutenção do tratamento cognitivo-comportamental para as enxaquecas e cefaléias tensionais (Holroyd e Andrasik, 1982*b*; Knapp, 1982; Sorbi *et al.*, 1989). Além disso, lançou-se a hipótese de que as habilidades cognitivas de enfrentamento podem ser importantes para a manutenção do tratamento (Blanchard *et al.*, 1990b; Holroyd *et al.*, 1977). Os resultados de um dos três seguimentos em longo prazo apóiam essa hipótese (Holroyd e Andrasik, 1982*b*).

Quadro 14.4. Estudos comparativos sobre tratamento cognitivo e combinado para as cefaléias tensionais

Autor	Condição	Resultados pós-tratamento	N	Índice/Atividade CFL			Freqüência CFL			% Melhora clínica	Fraquezas metodológicas
				Pré-trat.	Pós-trat.	% Melhora	Pré-trat.	Pós-trat.	% Melhora		
Holroyd et al. (1977)	TEE BF LHE	TEE > BF BF = LHE	10 11 10	13,2 14,6 13,6	3,6** 10,9** 14,4	72,7 25,3 -5,9	5,3 5,7 5,7	2,5** 3,7** 5,0	52,8 35,1 12,3	– – –	–
Murphy et al. (1990)	COG REL	COG > REL	12 11	6,5 8,0	3,5 5,6	46,2 30,0	5,6 5,8	3,4* 4,8*	39,3 17,3	83,3** 72,2**	Sem seguimento a longo prazo
Bell et al. (1983)	COG/ Dinamic Combinado BF LHE	TODOS OS TRAT = TODOS OS TRAT > LHE	6 6 6 6	– – – –	– – – –	– – – –	1,4 1,6 1,1 3,2	1,2 0,5 0,7 1,0	14,3 68,8 36,4 68,8	– – – –	Tratamentos ecléticos Amostra pequena Sem seguimento a longo prazo
Anderson et al. (1981)	COG REL + COG COG*REL REL	TODOS OS TRAT =	2 4 4 2	– – – –	– – – –	– – – –	13,7 13,8 13,6 13,6	3,7* 7,6* 13,1 13,6	73,9 44,9 3,7 0,0	– – –	Amostra pequena Técnica autógena Sem análises estatíst. Sem seguimento em longo prazo
Kremsdorf et al. (1981)	Múltiplo LB COG/BF	COG > BF COG + BF > BF	2	– –	– –	– –	– –	– –	– –	– –	Amostra pequena Sem seguimento a longo prazo Sem análises estatíst.
Attanasio et al. (1990)	CBCL CBC RBC	TODOS OS TRAT =	7 8 6	5,6 6,1 5,2	2,6 3,7 3,2	53,6 39,9 38,5	– – –	– – –	– – –	71,4 62,2 50,0	Amostra pequena Sem acompanhamento em longo prazo
Appelbaum et al. (1990)	CBC RBC LHE	CBC = TBC TODOS OS TRAT > LÊ	17 16 8	5,5 5,1 5,8	3,1 2,4 5,01	43,9 52,9 13,8	– – –	– – –	– – –	52,9 50,0 12,5	Breve terapia COG Alta taxa de abandono Sem seguimento em longo prazo
Tobin et al. (1988)	CBC RBC	CBC > RBC	12 12	3,08 3,10	0,74** 1,99**	76,0 35,8	– –	– –	– –	– –	Sem seguimento a longo prazo; Relaxamento breve em CBC

* Interação de tratamento, $p < 0,05$.

Nota: TEE = Terapia para o enfrentamento do estresse, REL = Relaxamento, COG = Tratamento cognitivo, BF = Biofeedback, BFT = BFTemperatura, BFV = BFVaso-constrição, AT PLAC = Atendimento placebo, LHE = Lista de espera, AUTO-OBS = Auto-observação, AUTO-REG = Auto-registro, CBC = Tratamento combinado com base na casa, TBC = Tratamento termal com base em casa.
% de melhora clínica = porcentagem de pacientes que conseguiram reduções nas dores de cabeça igual ou maior que 50%.

Quadro 14.4. Continuação

Autor	Condição	Resultados pós-tratamento	N	Índice/Atividade CFL			Freqüência CFL			% Melhora clínica	Fraquezas metodológicas
				Pré-trat.	Pós-trat.	% Melhora	Pré-trat.	Pós-trat.	% Melhora		
Blanchard et al. (1990b)	COG + REL	COG + REL = REL	16	5,82	3,20	45,0	–	–	–	62,2	Sem seguimento em longo prazo
	REL	COG + REL > AT PLAC	19	5,63	3,82	32,1	–	–	–	31,6	Breve terapia COG
	AT PLAC	REL = AT PLAC	16	5,23	4,63	11,5	–	–	–	45,0	
	LHE		15	5,05	4,45	11,9	–	–	–	20,0	
				–	–	–	–	–	–	–	
Holroyd et al. (1991)[1]	COG + REL	COG + REL > FARM	19	2,17	0,96*	95,6	–	–	–	90,0*	Sem seguimento em longo prazo
	Amitriptilina		17	2,04	1,49*	41,7	–	–	–	53,0	

* Interação de tratamento, $p < 0,05$. ** Efeito interação Tratamento, $p < 0,01$.
Nota: TEE = Terapia para o enfrentamento do estresse, REL = Relaxamento, COG = Tratamento cognitivo, BF = *Biofeedback*, CBCL = Tratamento combinado com base na clínica, CBC = Tratamento combinado com base na casa, RBC = Relaxamento com base em casa, AT PLAC = Atendimento placebo, LHE = Lista de espera, LB = Linha base.
[1] Holroyd et al. (1991) utilizaram 33% como ponto de corte da melhora clínica.

V. TÉCNICAS DE TRATAMENTO

Depois de revisar os estudos anteriores, parece claro que não existe um consenso sobre o que constitui exatamente o tratamento cognitivo-comportamental para as cefaléias recorrentes. Na realidade, não há dois grupos de pesquisadores que tenham conduzido enfoques idênticos. Neste item, vamo-nos deter mais de perto no modelo proposto por Holroyd e Andrasik (1982a), reconhecendo que é provável que determinados enfoques alternativos tenham uma validade similar. Uma revisão completa e detalhada da variedade de técnicas cognitivo-comportamentais encontra-se fora dos objetivos deste capítulo. Pode-se encontrar mais informações em Blanchard e Andrasik (1989), Martin (1993) e McCarran e Andrasik (1987).

O tratamento cognitivo-comportamental pode ser dividido, a grandes traços, em três fases: preparação cognitiva e educação do paciente, auto-registro e treinamento em habilidades de enfrentamento e sua aplicação. Antes de começar o tratamento em si, é útil fazer com que o paciente se envolva em alguma forma de coleta de dados para a linha de base, o que implica fazer avaliações diárias de sintomas (gravidade da dor, sua localização etc.) e descrever os passos dados para aliviar a dor de cabeça (consumo de fármacos, deitar-se, ficar doente etc.). Esse tipo de coleta de dados ajuda a medir a gravidade inicial do problema, proporciona informação para guiar o planejamento preliminar do tratamento e pode ser utilizado posteriormente para avaliar a resposta ao tratamento. O método preferido para a coleta de dados é o diário de cefaléias, que pede aos sujeitos que façam avaliações sistemáticas das dores de cabeça em períodos predeterminados ao longo do dia. Habitualmente se pede aos pacientes que avaliem a intensidade da dor sobre uma escala de 0 a 6 ou de 0 a 10 pontos, onde o extremo 0 refere-se a "sem dor de cabeça" e o extremo 6 ou o 10 se rotula como "muito doloroso; é praticamente impossível fazer qualquer coisa". Os dados se quantificam normalmente de várias maneiras, posto que a dor de cabeça varia ao longo de muitas dimensões, e se encontra a média de períodos específicos para facilitar as comparações ao longo do tempo: 1. freqüência – número de cefaléias discretas ao longo de um período específico, 2. duração – quantidade de tempo entre o começo e o final da cefaléia, 3. intensidade máxima – o valor de maior intensidade em um período determinado, o que permite ao terapeuta determinar se está sendo eliminada a dor "extrema" das cefaléias, 4. índice/atividade das cefaléias – uma medida composta que incorpora todas as dimensões, calculada ao somar todos os valores de intensidade por hora, e 5. ingestão de fármacos – número de comprimidos que toma para a dor de cabeça; às vezes levam-se em conta os valores de potência, visto que isso é considerado como comportamento motivado pela dor. Podem ser excluídas desses cálculos as medicações profiláticas ou preventivas, visto que se espera que esses cálculos não variem durante a fase inicial de tratamento.

Nos primeiros estudos, os pesquisadores pediam aos pacientes que a cada hora fizessem avaliações da dor de cabeça, o que lhes outorgava uma pesada tarefa. Epstein e Abel (1977) observaram diretamente pacientes com dor de cabeça em uma unidade para internos e encontraram que a maioria não realizava registros a cada hora, como havia sido pedido. Esses autores desenvolveram um procedimento modificado que requeria que os pacientes realizassem somente quatro avaliações a cada dia, programando-se os registros junto a acontecimentos que ocorriam em períodos de tempo regulares, claramente discrimináveis: despertar/café-da-manhã, almoço, jantar e hora de ir para a cama. Além disso, Epstein e Abel pediram aos pacientes que registrassem as variáveis situacionais e os métodos utilizados para enfrentar a dor. Embora esse formato de amostragem do tempo seja menos exigente com os pacientes e provavelmente produza mais dados válidos e confiáveis, tem alguns defeitos quando se tenta quantificar determinadas variáveis, visto que não se podem determinar as verdadeiras medidas de freqüência e duração (veja Andrasik, 1992, para uma discussão mais detalhada deste e outros enfoques para a coleta de dados).

V.1. *Preparação cognitiva e educação do paciente*

Uma distinção importante entre o tratamento tradicional das dores de cabeça, que tem base farmacológica, e a terapia de comportamento cognitiva é a necessidade, desta última, de que o paciente seja um participante ativo no processo de tratamento. Para que os pacientes melhorem de modo significativo, têm de aceitar e compreender a explicação do tratamento, estar suficientemente motivados para praticar fora da terapia com a finalidade de conseguir níveis mínimos de eficiência, e depois aplicar o que aprenderam à vida real quando precisarem. A terapia cognitivo-comportamental para as cefaléias começa com as tentativas detalhadas de educar o paciente sobre os fatores que afetam potencialmente as dores de cabeça e como o paciente pode atuar para modificar esses fatores. A etapa de educação normalmente começa durante a avaliação inicial. O terapeuta emprega a entrevista não somente para recolher informação, mas também para aumentar o conhecimento do paciente sobre a interação entre os fatores psicológicos e físicos. Realizar a entrevista desse modo ajuda também a aumentar a motivação do paciente *para*, e sua compreensão *do* tratamento, algo conveniente ao terminar a avaliação. A educação continua sendo uma parte integral do tratamento, visto que os pacientes continuam descobrindo mais coisas sobre as causas da dor e novas maneiras de reagir. Aprender mais sobre a dor de cabeça é algo que os pacientes dizem que querem quando recorrem à terapia (Packard, 1987).

Os esforços de enfrentamento do indivíduo que padece de cefaléias recorrentes estão freqüentemente debilitados pela crença de que os sintomas da dor de cabeça refletem defeitos pessoais globais ou são uma resposta inevitável às pressões ambientais. Uma discussão não técnica da patofisiologia e dos elementos precipitadores da dor de cabeça, que enfatize que esses determinantes das cefaléias estão potencialmente sob o controle do paciente, pode ajudar a combater os sentimentos de desmoralização, desamparo e depressão, vistos tão freqüentemente nos que sofrem de cefaléias recorrentes, e incentivar a participação ativa do paciente no tratamento, quando for preciso. Em nosso trabalho clínico, encontramos que a informação sozinha às vezes conduz a uma diminuição dos sintomas, ao desacreditar as crenças sobre as cefaléias, crenças que estão contribuindo com os problemas do paciente, tal como ilustra o caso seguinte:

Antes de buscar ajuda para as dores de cabeça, a sra. B havia recebido três anos de psicoterapia psicanalítica por outros problemas de adaptação. Durante doze anos havia tido ataques de enxaqueca mensais, que pareciam estar associados à menstruação, assim como ataques menos regulares que, segundo ela, ocorriam quando se encontrava sob pressão ou deprimida. Durante a apresentação da informação didática sobre as cefaléias, respondeu com um alívio óbvio. Quando foi questionada sobre essa resposta, contou que havia considerado a ocorrência contínua de dores de cabeça como um sinal de que havia fracassado em levar sua vida de forma diferente à de sua mãe, que também sofria de enxaquecas. Experimentou alívio quando se deu conta de que sua suscetibilidade à enxaqueca poderia ser genética, e não uma indicação de que havia fracassado em seus esforços de crescimento pessoal. Depois dessa entrevista, não registrou nenhuma dor de cabeça durante seis meses. No acompanhamento aos seis meses, ela atribuiu totalmente o desaparecimento dos sintomas de dor de cabeça à maior sensação de bem-estar e confiança que essa informação sobre as cefaléias lhe havia proporcionado [Holroyd e Andrasik, 1982a: p. 301].

Nessa apresentação didática, enfatizou-se particularmente o estresse fisiológico como um precipitador das cefaléias e os processos cognitivos como um determinante da resposta da paciente. São empregados materiais escritos e exemplos da experiência pessoal do terapeuta para ilustrar de que maneira os processos psicológicos influem sobre os sintomas das cefaléias e ajudam a envolver no tratamento os pacientes menos fortes psicologicamente.

V.2. O *auto-registro*

Uma vez explicado o enfoque de tratamento, ensinamos aos pacientes habilidades de auto-registro para permitir que identifiquem acontecimentos manifestos e encobertos que precedem, acompanham e se seguem às transações estressantes e aos episódios de cefaléia. Pedimos aos pacientes que registrem informação adicional em seus diários, tal como a seguinte: situação/antecedentes, sensações físicas, pensamentos, sentimentos e o comportamento resultante. Conforme o paciente se torna mais habilidoso no auto-registro, o terapeuta o ajuda a reconhecer as relações entre as variáveis situacionais (por exemplo, as críticas de outras pessoas), os pensamentos (por exemplo, "nunca faço nada bem") e as respostas emocionais, comportamentais e de sintomas (por exemplo, ansiedade/depressão, retirada/fuga e tensão muscular/cefaléia). Durante as primeiras semanas de tratamento, a freqüência dos registros pode aumentar temporariamente com a finalidade de assegurar que o terapeuta dispõe do material adequado para o planejamento do tratamento. Além disso, freqüentemente os pacientes são instruídos para que imaginem a si mesmos em situações estressantes da vida real durante o tratamento e para que descrevam suas experiências em voz alta utilizando um estilo tipo "o que vem à consciência". Quaisquer que sejam as técnicas específicas utilizadas com um paciente determinado, a tarefa terapêutica consiste em ajudá-lo a se tornar um observador de seus pensamentos, de suas experiências e de seu comportamento. Os terapeutas mais eficazes são aqueles que são mais capazes de conseguir descrições muito detalhadas do estresse, em vez de reconstruções globais.

A figura 14.1 contém o exemplo de uma folha de auto-registro de uma paciente que experimentava sintomas de cefaléias, tanto enxaquecas quanto cefaléias tensionais. Ao

Fig. 14.1. Amostra de um auto-registro de acontecimentos associados com o início da cefaléia (Adaptado de Holroyd e Andrasik, 1982)

Hora	Situação	Sensações físicas	Pensamentos	Sentimentos (0-100)	Comportamento
8:00	Café-da-manhã, meu marido me diz que pareço "distraída".	(nenhuma)	Preocupada em chegar a tempo ao trabalho (p. ex., se chego tarde, sr. ... vai perceber)	Ansiedade – 25 Dor – 20	Tomo o café-da-manhã correndo; deixo os pratos na pia.
10:00	Recebo muitas cartas técnicas para redigir.	Mal-estar no estômago pelo café, músculos tensos.	Todo mundo pensa que sou a mulher-maravilha. Ninguém leva em conta as outras coisas que tenho para fazer.	Ansiedade – 30 Incômodo – 20	Escrevo apressadamente; sou seca ao telefone; descanso mais do que o normal para me tranqüilizar.
12:00	João (colega de trabalho e supervisor) me convida para almoçar. Fala de modo sedutor sobre seu recente divórcio.	Tontura, sensações de queimação na cabeça e na face, náuseas.	João está fazendo propostas sexuais. Não gosto de rejeitá-lo. Então, por que estou aqui? Estou seduzindo-o?	Ansiedade – 50 Torpor – 40 Isso é um sentimento?	Tento mostrar-me simpática, mas me incomoda o último motivo. Provavelmente seca.
14:00	Lorenzo me dá um relatório longo com cinco tabelas para fazer até às 17 horas.	Dor de cabeça – parte posterior do pescoço.	Que vá pra p... – nem sequer me perguntou que outras coisas tinha pra fazer. Fantasiei que Lorenzo ficava preso no elevador. Não tive tempo para relaxar.	Ira – 60 Ansiedade – 60	Escrevi o relatório – aturdida.
16:00	Relatório terminado	Piora da dor de cabeça, náuseas.	Se eu conseguisse parar de remoer os pensamentos e me organizar, poderia fazer mais quantidade de trabalho.	Ira – 40 Ansiedade – 50	Entreguei o relatório para revisão. Queixei-me com Susana. Escrevi cartas.

examinar a forma de auto-registro do paciente, o terapeuta pode começar a formular uma hipótese na tentativa de que guie o tratamento. Nesse exemplo, os fatores ligados possivelmente às cefaléias referem-se a uma elevada sensibilidade diante dos comentários dos outros, ao ressentimento e à ansiedade provenientes das aparentes propostas sexuais de um colega de trabalho, a limitadas habilidades para expressar sentimentos verdadeiros, a excessivas pressões do tempo, a uma incapacidade para relaxar, a pensamentos repetitivos e a uma aparentemente escassa alimentação. Embora essa amostra represente somente um único dia de registros, está cheia de informação que pode ser útil para o terapeuta e o paciente. Os enfoques que se centram no relaxamento, a assertividade, lidar com o tempo e a detenção do pensamento estão entre aqueles que nos vêm imediatamente à cabeça.

Depois de começar o tratamento, os pacientes diferem em sua capacidade para identificar antecedentes e correlatos das cefaléias. Alguns pacientes podem descrever as sensações, os pensamentos e sentimentos que precedem o início de uma dor de cabeça com um detalhe considerável e podem predizer com notável precisão quando e sob que condições ocorrerão as cefaléias. Porém, a maioria dos indivíduos que sofrem de cefaléias tem a experiência de que pelo menos algumas das dores de cabeça aparecem sem avisar. Mesmo depois de um detalhado treinamento em auto-registro, pelo menos algumas cefaléias ocorrerão sem antecedentes identificáveis. Essas dores de cabeça são tratadas modificando os correlatos psicológicos da cefaléia (por exemplo, sentimentos de desamparo, mal-estar emocional) e mudando os fatores da vida do paciente que podem aumentar a vulnerabilidade às cefaléias, inclusive quando não ocorrem muito próximas dos ataques (por exemplo, depressão, estresse diário crônico).

V.3. *A análise e o treinamento em habilidades de enfrentamento*

Conforme o paciente se torna mais ágil no auto-registro, a terapia começa a se centrar na modificação dos antecedentes psicológicos e nos correlatos das cefaléias. Esse treinamento em habilidades de enfrentamento pode percorrer toda a gama e implicar reestruturação cognitiva, treinamento em relaxamento por meio do autocontrole, ensaio de comportamento, terapia conjugal ou familiar e, inclusive, tentativas para mudar os estímulos ambientais (por exemplo, a eliminação de possíveis desencadeadores químicos ou mudanças na dieta; veja Gallagher, 1990). Andrasik e Gerber (1993) descrevem como aplicar a terapia cognitivo-comportamental utilizando um paradigma de contracondicionamento.

É útil, freqüentemente, começar o treinamento com instruções sobre alguma forma de relaxamento; alguns pacientes podem impedir, ou pelo menos diminuir a gravidade dos sintomas da cefaléia quando relaxam antes que comece a dor. O treinamento em relaxamento é, provavelmente, a forma mais freqüente de tratamento não farmacológico e seus aspectos serão encontrados em praticamente todas as variações de tratamento cognitivo-comportamental. O relaxamento tem inúmeros empregos na intervenção na dor de cabeça. Pode ser útil para compensar o estresse e a tensão muscular que se vão acumulando ao longo do dia, para diminuir uma dor de cabeça existente (ajudando a relaxar os músculos doloridos e, em parte, desviando a atenção da dor), e para lidar com as seqüelas psicológicas que inevitavelmente resultam do fato de ter de suportar períodos repetidos de dor. Para ilustrar a importância do emprego preventivo do relaxamento, pode-se fazer junto com o paciente um diagrama simples, como o da figura 14.2. A parte superior (Painel A) reflete o transcurso típico do dia, no qual o estresse ocorre em diferentes momentos e com diferentes intensidades, e que, se não se fizer nada, se acumula até um grau suficiente para provocar um mal-estar psicológico significativo, uma tensão muscular elevada e dor de cabeça. A parte inferior (Painel B) ilustra como é possível modificar esse curso não desejável, apresentando adequadamente respostas que compensem o estresse e o aumento da tensão muscular tão logo quanto se percebam. Esse painel ilustra também que pode ser que nem todos os esforços tenham êxito, mas há muitos que têm, por isso não se atingirá o limiar e poderá ser evitada a dor.

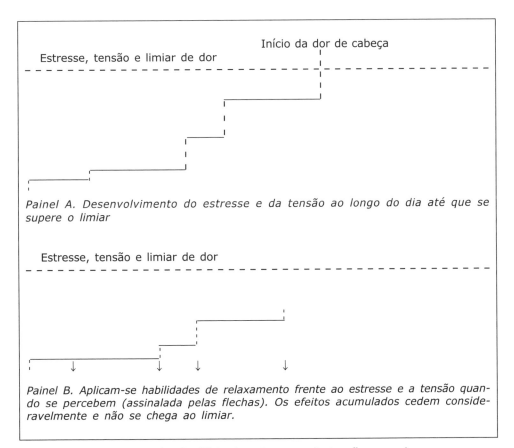

Fig. 14.2. Efeitos do acúmulo diário do estresse e da tensão muscular

Existem muitas formas de facilitar o relaxamento global. A primeira e mais simples é imaginar uma cena agradável, como estar deitado sobre uma toalha na praia enquanto se escuta o romper das ondas, ou passear por uma agradável planície em um dia quente e ensolarado. É melhor que os pacientes evitem imagens com conteúdo sexual ou exercícios físicos vigorosos (visto que essas atividades podem aumentar a ativação, em vez de reduzi-la) e que incluam tantas modalidades sensoriais (tato, audição, olfato) e tantos detalhes quanto seja possível (Andrasik e Gerber, 1993; Arena e Blanchard, no prelo). Recomenda-se que os pacientes pratiquem o emprego de várias imagens diferentes de relaxamento, de modo que possam mudar para outra imagem se a escolhida não funcionar em um determinado momento. Com a prática, essas imagens podem ser recordadas rápida e vividamente e empregadas de forma eficaz para proporcionar uma fuga mental quando as situações se tornarem sufocantes.

Uma segunda maneira de relaxar refere-se à respiração diafragmática ou de relaxamento. A maioria dos pacientes encontra neste um procedimento útil, visto que a respiração pode ser facilmente colocada sob o controle voluntário e essa é uma atividade vital para a sobrevivência. A idéia da respiração diafragmática ou de relaxamento é enganosamente simples, de modo que a maior parte dos pacientes necessita de instruções detalhadas para um uso correto. A aplicação inapropriada pode conduzir a um desequilíbrio de oxigênio no sangue e à hiper ou hipoventilação. Igualmente, os pacientes que têm uma elevada freqüência inicial de respiração (maior de trinta respirações por minuto) podem sentir-se estranhos conforme sua freqüência respiratória for aproximando-se do relaxamento. Pedimos a esses pacientes que não prestem especial atenção a esse fato e informamos que essas peculiares sensações passarão com o tempo. Schwartz (1995) oferece uma excelente discussão sobre esse tema, revisando brevemente a fisiologia da respiração e proporcionando instruções sobre como ensinar aos pacientes a respirar lentamente (até um objetivo de 5-8 respirações por minuto), profundamente (até a capacidade total dos pulmões) e uniformemente (para facilitar a mesma freqüência à expiração e à inspiração), enquanto se concentra nas sensações fisiológicas associadas. Fazer com que o paciente subvocalize uma palavra associada com cada expiração pode ajudar a "controlar pelo estímulo" o relaxamento posterior. Há várias formas de promover o padrão de respiração desejado. Os pacientes podem praticar o relaxamento enquanto mantêm seus braços retos acima da cabeça (o que minimiza o movimento do peito); enquanto estão deitados em uma superfície firme, colocando um livro de peso médio no abdome e levantando e baixando o livro em cada ciclo; ou pondo uma mão no peito e a outra justamente abaixo das costelas, respirando de modo que limite o movimento da mão que está no peito e maximize o da mão que se encontra no abdome. Schwartz (1995) descreve outros enfoques para favorecer também uma respiração mais relaxada, incluindo enfoques como a respiração com ritmo, a meditação com base na respiração, a respiração com os lábios apertados, a respiração repetida e enfoques com base em instrumentos. Esse procedimento pode ser combinado facilmente com outras técnicas de relaxamento.

Uma terceira forma de relaxamento baseia-se na grande quantidade de literatura sobre o treinamento autógeno, um tipo meditativo de relaxamento. O treinamento autógeno tem uma longa história (Schultz e Luthe, 1969) e exige que os pacientes se concentrem passivamente em palavras-chave e frases selecionadas por sua capacidade para incentivar as respostas somáticas desejadas. Por exemplo, para facilitar um aumento da irrigação sangüínea nas extremidades, que explica o aquecimento periférico e a redução da ativação nervosa simpática, instruímos os pacientes a se centrarem em sensações de calor e peso nas extremidades. Recomendamos que os pacientes desenvolvam suas próprias frases e subvocalizem três frases muitas vezes (de 50 a 100) durante a prática, com o fim de otimizar os efeitos (Arena e Blanchard, no prelo).

A quarta e última técnica da qual vamos falar, o treinamento em relaxamento muscular progressivo, tem os fundamentos empíricos mais extensos (Blanchard *et al.*, 1980; Holroyd e Penzien, 1986; Rowan e Andrasik, 1996), mas é também a mais complexa. Exige que o paciente realize séries sistemáticas de exercícios de tensão e relaxamento dos músculos, com o fim de discriminar, primeiramente, diferentes níveis de tensão muscular, o que faz com que seja mais fácil para o paciente atingir um estado global ou geral de relaxamento. Andrasik (1986) descreve um esquema típico de treinamento em relaxamento, que pode ser visto no quadro 14.5.

Devem ser ressaltados os seguintes pontos ao apresentar essa forma de treinamento em relaxamento:

1. o treinamento em relaxamento consiste na tensão e relaxamento sistemáticos dos principais grupos musculares;
2. tensionar os músculos, mesmo que durante um breve período de tempo, faz com que, de forma reflexa, atinjam posteriormente um menor nível de tensão;
3. experimentar uma ampla categoria de níveis de tensão muscular permite ao paciente discriminar melhor quando se está produzindo tensão muscular;
4. com a melhora da capacidade de discriminação e uma vez adquiridas as habilidades para relaxar rapidamente os músculos, essa técnica pode ser utilizada para compensar o aumento da tensão durante o dia (denominado relaxamento aplicado);
5. atingir um estado profundo de relaxamento é uma habilidade que se aprende e requer prática regular; e
6. o procedimento centrar-se-á inicialmente em todos os principais grupos musculares, mas esses grupos serão misturados com o tempo, com o fim de permitir um relaxamento rápido.

O procedimento começa fazendo com que o paciente tensione e relaxe alternadamente catorze grupos diferentes de músculos nos dezoito passos indicados no quadro 14.6. Antes da instrução formal, pedimos ao paciente que complete alguns ciclos práticos de tensão-relaxamento, com o fim de garantir que a tensão gerada é a adequada (nem incompleta, nem excessiva) e que se limita ao grupo correspondente. Os músculos muito dolorosos ou já tensos são omitidos, de modo que não se causem mais problemas. Os grupos musculares objetivo são tensionados durante 5-7 segundos e logo relaxados durante 20-30 segundos, o que constitui um ciclo completo. Instruímos o paciente para que preste atenção às sensações associadas com a tensão e o relaxamento durante cada ciclo. Se um paciente preferir uma seqüência diferente de músculos, podemos aceitar

Quadro 14.5. Esquema do programa de treinamento em relaxamento muscular progressivo (adaptado de Andrasik, 1986)

Semana	Sessão	Apresentação e explicação do tratamento	Número de grupos musculares	Exercícios de aprofundamento	Exercícios de respiração	Imagens relaxantes	Treinamento em discriminação muscular	Relaxamento por lembrança	Relaxamento controlado pelo estímulo
1	1	X	1 4	X	X				
	2		1 4	X	X	X			
2	3		1 4	X	X	X	X		
	4		1 4	X	X	X	X		
3	5		8	X	X	X	X		
	6		8	X	X	X	X	X	
4	7		4	X	X	X	X	X	
5	8		4	X	X	X	X	X	X
6	9		4	X	X	X	X	X	X
7	nenhuma								
8	1 0		4	X	X	X	X	X	X

Quadro 14.6. Quatorze grupos musculares e procedimentos iniciais para os exercícios de tensão em 18 passos

1. Mão e parte inferior do braço direitos (o paciente aperta o punho e, ao mesmo tempo, tensiona a parte inferior do braço).
2. Mão e parte inferior do braço esquerdos.
3. As duas mãos e as duas partes inferiores dos braços.
4. Parte superior do braço direito (o paciente aproxima sua mão do braço e tensiona o bíceps).
5. Parte superior do braço esquerdo.
6. Parte superior dos dois braços.
7. Pé e parte inferior da perna direitos (o paciente aponta para a frente com seu pé enquanto tensiona os músculos da panturrilha).
8. Pé e parte inferior da perna esquerdos.
9. Os dois pés e as partes inferiores das duas pernas.
10. As duas coxas (o paciente pressiona ambas as coxas e joelhos entre si).
11. Abdome (o paciente aperta fortemente os músculos abdominais, como se fosse receber um soco).
12. Peito (o paciente inspira profundamente e mantém o ar no peito).
13. Ombros e parte inferior do pescoço (o paciente afunda a cabeça entre os ombros ou eleva os ombros com a intenção de tocar as orelhas).
14. Parte posterior do pescoço (o paciente pressiona a cabeça para trás contra uma almofada ou o encosto de um sofá).
15. Lábios/boca (o paciente pressiona os lábios entre si fortemente, mas não tão forte que faça ranger os dentes; ou coloca a ponta da língua no palato, atrás dos dentes superiores).
16. Olhos (o paciente fecha os olhos com força).
17. Parte inferior da testa (o paciente franze a testa e as sobrancelhas).
18. Parte superior da testa (o paciente franze a testa ou ergue as sobrancelhas).

modificar a seqüência. Porém, uma vez modificada, é importante que o paciente siga sempre a mesma ordem. Podemos instruir periodicamente os pacientes para que explorem mentalmente os grupos musculares sobre os quais trabalhou anteriormente com a finalidade de identificar qualquer tensão residual. No caso de detectar tensão, recomendamos completar outro ciclo tensão-relaxamento. Podemos utilizar também diferentes procedimentos (todos os quais implicam sugestões por parte do terapeuta) para levar a uma profunda sensação de relaxamento (como o terapeuta contar, de trás para a frente e em voz alta, de 5 até 1, e dizer ao paciente que experimentará um nível mais profundo de relaxamento com cada número). A imaginação e a respiração diafragmática são logo acrescentadas, da maneira como indicamos anteriormente. Uma vez que o paciente tenha realizado um progresso adequado na tensão e relaxamento dos catorze grupos básicos de músculos, o terapeuta começa a misturar vários grupos musculares com a finalidade de abreviar o procedimento, em primeiro lugar, a oito grupos musculares, e depois a quatro grupos (veja quadro 14.7).

Quadro 14.7. Grupos musculares em forma abreviada

8 grupos musculares

1. As duas mãos e a parte inferior dos dois braços
2. As duas pernas e coxas
3. Abdome
4. Peito
5. Ombros
6. Parte posterior do pescoço
7. Olhos
8. Testa

4 grupos musculares

1. Braços
2. Peito
3. Pescoço
4. Rosto (com uma atenção especial nos olhos e testa)

O treinamento em discriminação muscular, que começa na sessão 3, foi acrescentado especificamente para os pacientes com dores de cabeça, com a finalidade de facilitar a capacidade para detectar, inclusive, indícios de aumento da tensão nos músculos que estão associados à dor de cabeça. Para demonstrar esse aspecto, pedimos a um paciente que realize um ciclo completo de tensão-relaxamento com a mão e a parte inferior do braço, e que depois tensione esses músculos somente pela metade. A seguir, realiza outro ciclo que implique somente um $1/4$ da força. Uma vez compreendido o conceito de tensão diferencial, instruímos o paciente a aplicar a tensão muscular diferencial aos músculos que estão mais associados com a atividade da dor de cabeça (normalmente, os músculos faciais, o pescoço e os ombros). As técnicas finais referem-se ao relaxamento por meio de lembranças e o relaxamento controlado por estímulos. Para realizar o relaxamento por meio de lembranças, instruímos o paciente a recordar sensações associadas com o relaxamento e a tentar, a seguir, reproduzir essas sensações sem a ajuda dos ciclos de tensão e relaxamento. Os ciclos reais de tensão-relaxamento são utilizados somente quando é necessário provocar o estado somático desejado. É necessária a prática fora do consultório com o fim de maximizar os efeitos, e instruímos, normalmente, os pacientes a praticar uma ou duas vezes por dia as técnicas ensinadas. As fitas, seja as que se encontram no mercado ou as preparadas pelo terapeuta durante uma sessão real com o paciente, podem facilitar a prática em casa.

Há informações de poucas dificuldades quando são utilizados enfoques com base no relaxamento. Uma pequena porcentagem de pacientes pode experimentar o que foi denominado "ansiedade induzida pelo relaxamento" (Heide e Borkovec, 1983), representado por um repentino aumento da ansiedade durante o relaxamento profundo, que pode ir de intensidade suave a moderada e que pode aproximar-se do nível de um pequeno ataque de pânico. É importante que o terapeuta permaneça calmo, que tranqüilize o paciente garantindo que o episódio passará, e, quando for possível, faça com que o paciente se sente durante alguns minutos ou que passeie pela clínica. Para pacientes que, segundo se crê, podem ter riscos de desenvolver ansiedade induzida pelo relaxamento, pode ser útil instruí-los para que se centrem mais nos aspectos somáticos, enquanto opostos aos aspectos cognitivos, do treinamento (Arena e Blanchard, no prelo). Alguns pacientes podem obter um benefício mínimo do treinamento em relaxamento e, em raras ocasiões, o treinamento em relaxamento pode agravar os sintomas da cefaléia. Bakal, Demjen e Kaganov (1981) fornecem uma interessante descrição de uma mulher cujos ataques de cefaléias se tornaram mais freqüentes quando praticava treinamento em relaxamento, mas que pôde deter com sucesso suas dores de cabeça "mantendo-se ocupada" quando sentia que um ataque de cefaléia era iminente. Os ataques de cefaléias dessa mulher eram precedidos por um escotoma cintilante (um ponto cego no campo visual rodeado por figuras prismáticas brilhantes e cintilantes), de modo que podia utilizar esse sintoma como um sinal para se pôr em atividade, prevenindo, por conseguinte, o início da cefaléia. Mesmo depois de ter abortado com sucesso cada dor de cabeça durante seis meses, o escotoma cintilante continuava ocorrendo tão freqüentemente quanto antes do tratamento. Por conseguinte, o terapeuta não deveria confiar exclusivamente nos benefícios terapêuticos dessa única intervenção.

Remetemos o leitor a Andrasik (1986), Andrasik e Gerber (1993), Arena e Blanchard (no prelo), Blanchard e Andrasik (1989) ou Martin (1993) para obter mais detalhes sobre o treinamento em relaxamento com pacientes que sofrem de cefaléias, ou a Lichstein (1988) ou Smith (1990) para conseguir mais informação sobre o relaxamento em geral. O *biofeedback* é outra forma de tratamento tipo relaxamento, mas sua administração requer equipe e treinamento especializados, que podem não estar sempre disponíveis. Portanto, não nos deteremos nisso. Os leitores interessados podem pesquisar em Andrasik (1986), Andrasik e Gerber (1993) e Blanchard e Andrasik (1989).

A reestruturação cognitiva tem, normalmente, um papel central no tratamento, porque as respostas ao estresse costumam ser mediadas por uma avaliação, por parte do paciente, dos estímulos estressantes que enfrenta (avaliação primária) e de sua capacidade para responder às demandas propostas pelo acontecimento (avaliação secundária). Por meio do questionamento "socrático" (Overholser, 1993a, b), o terapeuta emprega a informação recolhida nos auto-registros para ajudar o paciente a identificar o papel dos processos cognitivos no desenvolvimento dessas respostas de estresse. Por exemplo, se utilizarmos a informação da folha de auto-registro (figura 14.1), poderia se dar a seguinte interação:

Terapeuta: É como se suas sensações de ansiedade e de ira aumentassem ao longo do dia e como se se comportasse de maneira que é prejudicial para você. O que você acha que está por trás disso?

Paciente: Meus chefes esperam muito de mim. Constantemente me passam trabalho para fazer. E João tentou transar comigo. Fiquei furiosa.

Terapeuta: De modo que aconteceram algumas coisas, como uma data de entrega de trabalho muito próxima e uma tentativa de transar. Parece que você se preocupou mais com esses acontecimentos do que gostaria. Assinalamos, na última sessão, que esse tipo de reação conduz a dores de cabeça, o que estamos vendo que acontece aqui. Mas estou um pouco confuso. Tenho a impressão de que você está me dizendo que, cada vez que um dos chefes coloca uma data próxima para a entrega do trabalho a um empregado, ou que um homem tenta transar com uma mulher, essa pessoa sofrerá ansiedade e ira e terá uma dor de cabeça.

Paciente: Bom, não sei. Creio que me dá dor de cabeça quando acontecem essas coisas.

Terapeuta: Correto, essa é a razão pela qual estamos questionando suas reações a essas situações. O que estou tentando compreender é o que causa as emoções e a dor de cabeça resultante. Se fosse a situação, deveríamos esperar que todas as pessoas sentissem as mesmas emoções e tivessem uma dor de cabeça em resposta a essas situações. Você acha que todo o mundo tem essas reações?

Paciente: Claro que não. Acho que Guilhermo parece realmente se divertir com esses prazos tão curtos. Ele se entusiasma porque encara como um desafio. E Carmem, bom, se sente orgulhosa quando flertam com ela, e é também muito assertiva, de modo que não permite que continuem, como eu fiz.

Terapeuta: Muito bem, parece que você está manifestando que a forma como as pessoas pensam sobre uma situação, as coisas que dizem de si mesmas influem no modo como reagem. Assim acontece quando Guilhermo avalia o prazo apertado como um desafio e Carmem avalia o flerte como um elogio. Do mesmo modo, parece que a forma como a pessoa responde às situações influencia seu grau de ativação emocional, como acontece quando Carmem é assertiva.

Paciente: Sim. Creio que concordo com isso.

Terapeuta: Tomemos sua folha de auto-registro e vejamos se isso parece encaixar-se com suas reações... (O paciente e o terapeuta examinam a folha de auto-registro, avaliando a relação entre seus pensamentos e as conseqüências físicas, comportamentais e emocionais.)

Uma vez que os pacientes tenham compreendido o papel das cognições, começa o trabalho de treinamento em técnicas para questionar suas cognições. A variedade de métodos disponíveis para que o paciente realize o questionamento pode ser normalmente dividida em duas categorias: cognitivas e comportamentais. Os métodos cognitivos podem incluir: *a.* apresentações didáticas (por exemplo, educação direta, metáforas, parábolas, analogias etc.), *b.* perguntas socráticas, *c.* humor (por exemplo, exagerar o problema), e *d.* imaginação (por exemplo, imaginar a si mesmo em situações problemáticas e controlá-las, imaginar alguma outra pessoa enfrentando-as e substituir gradualmente essa pessoa por si mesmo etc.). Dentro dessa variedade de técnicas, podem ser empregados vários enfoques para examinar os pensamentos, incluindo *a.* uma análise da lógica da crença, *b.* uma análise da evidência que apóia a crença, *c.* uma análise das conseqüências da crença, e *d.* a identificação de pensamentos alternativos mais realistas. As estratégias comportamentais treinam o paciente a se comportar de formas que sejam inconsistentes com as crenças irracionais e utilizar a preparação cognitiva antes de levar isso à

TRATAMENTO COGNITIVO-COMPORTAMENTAL DAS CEFALÉIAS

prática, quando for necessário. A modelagem vicária (por exemplo, o terapeuta modelando um comportamento, representando um papel etc.) pode ser empregada também antes de aplicar as estratégias comportamentais fora da sessão de terapia.

Walen, DiGiuseppe e Wessler (1980) sugerem as seguintes fases do questionamento:

1. Discutir com os pacientes o fato de que, enquanto mantiverem suas crenças irracionais, se sentirão incomodados, ansiosos, irados etc.
2. Proporcionar uma crença racional alternativa e perguntar como o paciente se sentiria se acreditasse nela.
3. Uma vez que os pacientes reconheçam que deveriam sentir-se melhor, empregar esse *feedback* para estimulá-los a abandonar a crença irracional.
4. Perguntar pelas evidências de sua crença irracional atual e utilizar estratégias de questionamento.
5. Uma vez que os pacientes admitam que não existem evidências, perguntar-lhes como se sentem, com a finalidade de fazê-los ver a mudança no afeto como um reforço para a mudança cognitiva.
6. Se os pacientes estiverem sentindo-se melhor, comprovar o que entenderam perguntando-lhes se podem identificar a causa da mudança. Esse é um passo importante. Os pacientes às vezes surpreenderão o terapeuta dizendo que se sentem melhor devido a razões que não são a modificação de suas crenças. Se ocorrerem essas atribuições errôneas, devem ser abordadas.
7. Reconhecer a mudança no pensamento do paciente e discutir as múltiplas mudanças cognitivas que supostamente podem ocorrer e o benéfico que poderia ser (por exemplo, mudança nas crenças, distração, modificação das percepções com relação ao acontecimento estressante).

As estratégias de enfrentamento podem ser adaptadas a situações estressantes específicas que o paciente enfrenta e aos problemas particulares que o paciente experimenta com essas situações. Ao longo de uma série de sessões, podem ser identificadas crenças nucleares específicas que subjazem aos complexos padrões de pensamentos, emoções e comportamentos, proporcionando ao paciente um quadro para a organização e compreensão das respostas psicológicas aos acontecimentos estressantes e, dessa forma, para modificar essas respostas. O processo de mudança normalmente requer levar à prática as habilidades de enfrentamento específicas que permitem ao paciente mudar as transações estressantes e manipular as respostas psicológicas diante do estresse de um modo adaptativo. Utilizar uma série de estratégias de questionamento pode propiciar uma aquisição mais rápida das habilidades e uma flexibilidade em sua aplicação. Uma vez consolidadas as habilidades, o objetivo é, então, maximizar a generalização. Por exemplo, o terapeuta pode fazer com que o paciente aplique as técnicas às situações que não são diretamente abordadas na sessão (veja Beck, Rush, Shaw e Emery, 1979; Wallen *et al.*, 1980; Yankura e Dryden, 1990, para uma informação mais detalhada sobre as técnicas de reestruturação cognitiva). Essas intervenções cognitivas básicas ajudam os pacientes a modificar as reações desadaptativas que contribuem com as dores de cabeça. No caso de pacientes com cefaléias, o terapeuta deveria especificamente escutar e perguntar sobre cognições relacionadas diretamente com as dores de cabeça. Por exemplo, apesar de avaliações médicas completas, os pacientes podem ter temores de que suas cefaléias sejam sintomas de problemas graves ou ameaçadores para sua vida (por exemplo, tumores cerebrais). Além disso, os pacientes podem tornar-se dependentes dos serviços médicos para o controle de seu problema. Porém, a natureza crônica e persistente de suas cefaléias requer que os pacientes aprendam a confiar em suas próprias capacidades para lidar com as dores de cabeça. Por sua atenção ao autocontrole, os enfoques cognitivo-comportamentais normalmente produzem mudanças que resultam em um aumento da segurança em si mesmo e da confiança para lidar com suas dores de cabeça. Finalmente, posto que mesmo os tratamentos comportamentais ou farmacológicos mais eficazes normalmente não eliminam totalmente as dores de cabeça do paciente, é preciso prestar atenção às crenças de eficácia que o paciente tem sobre o enfrentamento da dor e o nível dos recursos de enfrentamento existentes para lidar com os episódios residuais de dores de cabeça. Pode ser necessário o treinamento em outras técnicas de manipulação da dor (veja Hanson e Gerber, 1990; Turk, Meichenbaum e Genest, 1983). Algumas dessas técnicas podem trazer simplesmente adaptações de habilidades de enfrentamento previamente adquiridas (por exemplo, distração, imaginação, relaxamento, orientação no sentido do enfrentamento, avaliação realista da dor etc.). Além dos métodos comportamentais e cognitivos de questionamento, o terapeuta pode identificar outras habilidades de enfrentamento que poderiam ajudar o paciente a responder às situações estressantes. Alguns exemplos incluem:

a. o emprego de auto-instruções destinadas a manter uma orientação de enfrentamento e guiar os esforços de realização nessa direção,

b. o uso de técnicas de controle das preocupações para combater os pensamentos obsessivos que provocam ansiedade (por exemplo, tempo de preocupação predeterminado, exposição às preocupações),

c. a produção de imagens de tranqüilidade, e

d. a aplicação de habilidades racionais de solução de problemas para problemas práticos que o paciente enfrenta (por exemplo, manipulação do tempo, definição do problema, utilização de estratégias tipo turbilhão de idéias para identificar soluções potenciais). Para lidar com as situações estressantes que envolvem interações com os outros, podem também ser úteis as habilidades para a asserção e a negociação de conflitos interpessoais.

Quando o estresse crônico em um relacionamento conjugal ou em uma unidade familiar mais ampla parece ser um importante fator nos problemas de cefaléia do paciente, ou quando os membros da família menosprezam os esforços autônomos de enfrentamento realizados pelo paciente, pode ser útil incluir o parceiro ou outros membros da família no tratamento (Coyne e Holroyd, 1982). Essas sessões baseiam-se normalmente, pelo menos em parte, em um enfoque operante para a manipulação da dor (Fordyce, 1976; Fowler, 1975). O terapeuta pode simplesmente dar aos membros da família instruções diretas 1. para reforçar o comportamento correto (por exemplo, os esforços autônomos do paciente para lidar com os sintomas de cefaléia) e 2. ignorar o comportamento de "doença" (por exemplo, não reforçar determinados comportamentos relacionados com as cefaléias, como o comportamento dependente ou indefeso). O terapeuta pode ensinar também habilidades de comunicação e para a manipulação de conflitos, com a finalidade de diminuir os problemas familiares e ajudar o paciente a verificar ou desacreditar suas expectativas e temores acerca de outros membros da família.

VI. CONCLUSÕES E TENDÊNCIAS FUTURAS

A eficácia estabelecida dos tratamentos cognitivo-comportamentais oferece um grande potencial para aumentar os benefícios dos sujeitos que sofrem de cefaléias, tanto em termos de dor quanto de problemas psicológicos. Embora se tenha sugerido que o diagnóstico diferencial entre os tipos de cefaléias proporciona pouca informação com relação ao prognóstico (Martin, 1993), a superioridade da terapia cognitiva com as cefaléias tensionais, mas não com as enxaquecas ou cefaléias mistas, apóia a utilidade dessas categorias no planejamento do tratamento. Do mesmo modo, encontrou-se que outras características do paciente, como um elevado estresse diário e uma alta atividade de dores de cabeça (Tobin *et al.*, 1988; Sorbi *et al.*, 1989), predizem um resultado pobre com o treinamento em relaxamento, mas não com a terapia cognitiva. Se for estabelecida a validade indicadora desses fatores, isso pode conduzir a uma melhora no planejamento do tratamento e ao posterior aumento custo/benefício.

Os tratamentos cognitivo-comportamentais para as cefaléias encontram-se ainda nas primeiras etapas de desenvolvimento. Os tratamentos atuais têm aplicado basicamente as técnicas que existem para o tratamento das cefaléias. No futuro, os formatos de tratamento podem ser modificados para melhorar o custo-benefício e as técnicas podem ser adaptadas especificamente à população com cefaléias para aumentar sua eficácia.

Modificações recentes das intervenções cognitivo-comportamentais para as cefaléias centraram-se em melhorar a eficácia dos sistemas que oferecem tratamento. Por exemplo, pesquisas recentes estabeleceram a eficácia de tratamentos com um contato mínimo com o terapeuta em comparação com os tratamentos de base clínica que duram mais tempo (veja Rowan e Andrasik, 1996; Haddock *et al.*, 1997, para uma revisão da literatura). Do mesmo modo, foram realizadas pesquisas preliminares sobre outros sistemas alternativos que oferecem tratamento, tais como administração em grupo (por exemplo, Johnson e Thorn, 1989; Williamson *et al.*, 1984; Napier, Miller e Andrasik, 1997), em lugares não médicos (por exemplo, escolas; Larsson, Daleflod, Hakansson e Melin, 1987), assim como a administração por outros profissionais da saúde (por exemplo, enfermeiras; Larsson, Melin, Lamminen e Ullstedt, 1987) e pessoas leigas (por exemplo, pais; Burke e Andrasik, 1989). Além disso, um estudo recente avaliou a eficácia de uma equipe multidisciplinar no tratamento de um paciente internado com enxaquecas incuráveis (Larsson, Melin, Lamminen e Ullstedt, 1987).

As modificações futuras da técnica podem trazer a ampliação do objetivo de tratamento para incluir outros fatores relevantes, como o impacto das cefaléias na vida diária (por exemplo, Hursey e Jacks, 1992). Além disso, tendo em conta a pesquisa que apóia a superioridade dos tratamentos de *biofeedback* e farmacológicos combinados (por exemplo, Mathew, 1981), o futuro trabalho pode centrar-se na avaliação dos benefícios de combinar tratamentos farmacológicos e cognitivo-comportamentais. Finalmente, nos casos de cefaléias refratárias, as técnicas para a manipulação da dor utilizadas para outros problemas de dor crônica poderiam ser utilizadas cada vez mais. Concluindo, embora seja necessária uma maior pesquisa, os tratamentos cognitivo-comportamentais devem ser considerados uma alternativa clara, junto com as intervenções de *biofeedback* e de relaxamento, quando se estabeleça o "cuidado padrão" para o tratamento psicológico das cefaléias tensionais e enxaquecas.

REFERÊNCIAS BIBLIOGRÁFICAS

Anderson, N. B., Lawrence, P. S. y Olsen, T.W. (1981). Within-subject analysis of autogenic training and cognitive coping training in the treatment of tension headache pain. *Journal of Behavior Therapy and Experimental Psychiatry, 12,* 219-223.

Andrasik, F. (1986). Relaxation and biofeedback for chronic headaches. En A. D. Holzman y D. C. Turk (dirs.), *Pain management: A handbook of treatment approaches.* Nueva York: Pergamon.

Andrasik, F. (1989). Biofeedback applications for headache. En C. Bischoff, H. C. Traue y H. Zenz (dirs.), *Clinical perspectives on headache and low back pain.* Lewiston, NY: Hogrefe & Huber.

Andrasik, F. (1992). Assessment of patients with headaches. En D. C. Turk y R. Melzack (dirs.), *Handbook of pain assessment* (2.ª edición). Nueva York: Guilford.

Andrasik, F. (en prensa). Behavioral treatment of tension-type headaches. En W. D. Gerber y J. Schoenen (dirs.), *Tension-type headache: Diagnosis and management.*

Andrasik, F. y Baskin, S. J. (1987). Headache. En R. L. Morrison y A. S. Bellack (dirs.), *Medical factors and psychological disorders: A handbook for psychologists.* Nueva York: Plenum.

Andrasik, F. y Gerber, W. D. (1993). Relaxation, biofeedback, and stress-coping therapies. En J. Olesen, P. Tfelt-Hansen y K. M. A. Welch (dirs.), *The headaches.* Nueva York: Raven.

Andrasik, F. y Holroyd, K. A. (1980). A test of specific and nonspecific effects in the biofeedback treatment of tension headache. *Journal of Consulting and Clinical Psychology, 48,* 575-586.

Appelbaum, K. A., Blanchard, E. B., Nicholson, N. L., Radnitz, C., Kirsch, C., Michultka, D., Attansio, V., Andrasik, F. y Dentinger, M. P. (1990). Controlled evaluation of the addition of cognitive strategies to a home based relaxation protocol for tension headache. *Behavior Therapy, 21,* 293-303.

Arena, J. G. y Blanchard, E. B. (en prensa). Biofeedback and relaxation therapy for chronic pain disorders. En R. Gatchel y D. Turk (dirs.), *Chronic pain: Psychological perspectives on treatment.* Nueva York: Guilford.

Attanasio, V., Andrasik, F. y Blanchard, E. B. (1987). Cognitive therapy and relaxation training in muscle contraction headache: Efficacy and cost-effectiveness. *Headache, 27,* 254-260.

Bakal, D. A., Demjen, S. y Kaganov, S. (1981). Cognitive behavioral treatment of chronic headache. *Headache, 21*, 81-86.

Beck, A.T., Rush, A. J., Shaw, B. F. y Emery, G. (1979). *Cognitive therapy of depression.* Nueva York: Guilford.

Bell, N. W., Abramowitz, S. I., Folkins, C. H., Spensley, J. y Hutchinson, G. I. (1983). Biofeedback, brief psychotherapy and tension headache. *Headache, 23*, 162-173.

Blanchard, E. B. (1992). Psychological treatment of benign headache disorders. *Journal of Consulting and Clinical Psychology, 60*, 537-551.

Blanchard, E. B. y Andrasik, F. (1989). *Tratamiento del dolor de cabeza crónico.* Barcelona: Martínez-Roca [orig. 1985].

Blanchard, E. B., Andrasik, F., Ahles, T. A., Teders, S. J. y O'Keefe, D. (1980). Migraine and tension headache: A meta-analytic review. *Behavior Therapy, 11*, 613-631.

Blanchard, E. B., Appelbaum, K. A., Nicholson, N. L., Radnitz, C. L., Morrill, B., Michultka, D., *et al.* (1990*a*). A controlled evaluation of the addition of cognitive therapy to a home-based biofeedback and relaxation treatment of vascular headache. *Headache, 30*, 371-376.

Blanchard, E. B., Appelbaum, K. A., Radnitz, C. L., Michultka, D., Morrill, B., Kirsch, C., Hillhouse, J., Evans, D. D., Guarnieri, P., Attanasio, V., Andrasik, F., Jaccard, J. y Dentinger, M. P. (1990*b*). Placebo-controlled evaluation of abbreviated progressive muscle relaxation and of relaxation combined with cognitive therapy in the treatment of tension headache. *Journal of Consulting and Clinical Psychology, 58*, 210-215.

Blanchard, E. B., Appelbaum, K. A., Radnitz, C. L., Morrill, B., Michultka, D., Kirsch, C., Guarnieri, P., Hillhouse, J., Evans, D. D., Jaccard, J. y Barron, K. D. (1990*c*). A controlled evaluation of thermal biofeedback and thermal biofeedback combined with cognitive therapy in the treatment of vascular headache. *Journal of Consulting and Clinical Psychology, 58*, 216-224.

Burke, E. J. y Andrasik, F. (1989). Home- versus clinic-based biofeedback treatment for pediatric migraine: Results of treatment through one-year follow-up. *Headache, 29*, 434-440.

Cerenex Pharmaceuticals (1992). *Which headache? A guide to the diagnosis and management of headache.* Worthing, UK: Professional Postgraduate Services Ltd.

Coyne, J. y Holroyd, K. A. (1982). Stress coping and illness: A transactional perspective. En T. Millan, G. Green y R. Meagher (dirs.), *Handbook of health care clinical psychology.* Nueva York: Plenum.

Epstein, L. H. y Abel, G. G. (1977). An analysis of biofeedback training effects for tension headache patients. *Behavior Therapy, 8*, 37-47.

Fordyce, W. E. (1976). *Behavioral methods for chronic pain and illness.* St. Louis, MO: C.V. Mosby.

Fowler, R. S. (1975). Operant therapy for headaches. *Headache, 15*, 1-6.

Gallagher, R. M. (1990). Precipitating causes of headache. En S. Diamond (dir.), *Migraine headache prevention and management.* Nueva York: Marcel Dekker.

Gerhards, F., Rojahn, J., Boxan, K. Gnade, C., Petrick, M. y Florin, I. (1983). Biofeedback versus cognitive stress-coping therapy in migraine headache patients. En K. A. Holroyd, B. A. Schlote y H. Zenz (dirs.), *Perspectives in research on headache.* Lewiston, NY: C.J. Hogrefe.

Haddock, C. K., Rowan, A. B., Andrasik, F., Wilson, P. G., Talcott, G. W. y Stein, R. J. (1997). Home-based behavioral treatments for chronic benign headache: A meta-analysis of controlled trials. *Cephalalgia, 17*, 113-118.

Hanson, R. W. y Gerber, K. E. (1990). *Coping with chronic pain.* Nueva York: Guilford.

Hatch, J. P. (1993). Headache. En R. J. Gatchel y E. B. Blanchard (dirs.), *Psychophysiological disorders.* Washington DC: APA.

Heide, F. J. y Borkovec, T. D. (1983). Relaxation-induced anxiety: Paradoxical anxiety enhancement due to relaxation training. *Journal of Consulting and Clinical Psychology, 51*, 171-182.

Holroyd, K. A. y Andrasik, F. (1982*a*). A cognitive-behavioral approach to recurrent tension and migraine headache. En P. C. Kendall (dir.), *Advances in cognitive-behavioral research and therapy*, vol. 1. Nueva York: Academic.

Holroyd, K. A. y Andrasik, F. (1982*b*). Do the effects of cognitive therapy endure? A two-year follow-up of tension headache sufferers treated with cognitive therapy or biofeedback. *Cognitive Therapy and Research, 6*, 325-334.

Holroyd, K. A., Andrasik, R. y Westbrook, T. (1977). Cognitive control of tension headache. *Cognitive Therapy and Research, 1*, 121-133.

Holroyd, K. A., France, J. L. y Rokicki, L. (1993). Assessing the impact of headache on quality of life: Weekly Illness Impact Recording. Unpublished observations.

Holroyd, K. A., Nash, J. M., Pingel, J. D., Cordingley, G. E. y Jerome, A. (1991). A comparison of pharmacological (amitriptyline HCL) and nonpharmacological (cognitive-behavioral) therapies for chronic tension headaches. *Journal of Consulting and Clinical Psychology, 59*, 387-393.

Holroyd, K. A. y Penzien, D. B. (1983). EMG biofeedback and tension headache: Therapeutic mechanisms. En K. A. Holroyd, B. A. Schlote y H. Zenz (dirs.), *Perspectives in research on headache*. Lewiston, NY: C. J. Hogrefe.

Holroyd, K. A. y Penzien, D. B. (1986). Client variables and the behavioral treatment of recurrent tension headache: A meta-analytic review. *Journal of Behavioral Medicine, 9*, 515-536.

Holroyd, K. A. y Penzien, D. B. (1990). Pharmacological versus non-pharmacological prophylaxis of recurrent migraine headache: A meta-analytic review of clinical trials. *Pain, 42*, 1-13.

Hursey, K. G. y Jacks, S. D. (1992). Fear of pain in recurrent headache sufferers. *Headache, 32*, 283-286.

International Headache Society (1988). Classification and diagnostic criteria for headache disorders, cranial neuralgias, and facial pain. *Cephalalgia, 8* (suplemento 7), 1-96.

Johnson, P. R. y Thorn, B. E. (1989). Cognitive behavioral treatment of chronic headache: Group versus individual treatment format. *Headache, 29*, 358-365.

Knapp, T. W. (1982). Treating migraine by training in temporal artery vasoconstriction and/or cognitive behavioral coping: A one-year follow-up. *Journal of Psychosomatic Research, 26*, 551-557.

Knapp, T. W. y Florin, I. (1981). The treatment of migraine headache by training in vasoconstriction of the temporal artery and a cognitive stress-coping training. *Behavior Analysis and Modification, 4*, 267-274.

Kremsdorf, R. B., Kochanowicz, N. A. y Costell, S. (1981). Cognitive skills training versus EMG biofeedback in the treatment of tension headaches. *Biofeedback and Self-Regulation, 6*, 93-102.

Lake, A., Rainey, J. y Papsdorf, J. D. (1979). Biofeedback and Rational-Emotive Therapy in the management of migraine headache. *Journal of Applied Behavior Analysis, 12*, 127-140.

Lake, A. E., Saper, J. R., Madden, S. F. y Kreeger, C. (1993). Comprehensive inpatient treatment for intractable migraine: A prospective long-term outcome study. *Headache, 33*, 55-62.

Larsson, B., Daleflod, B., Hakansson, L. y Melin, L. (1987). Therapist-assisted versus self-help relaxation treatment of chronic headaches in adolescents: A school-based intervention. *Journal of Child Psychology and Psychiatry, 28*, 127-136.

Larsson, B., Melin, L., Lamminen, M. y Ullstedt, F. (1987). A school-based treatment of chronic headaches in adolescents. *Journal of Pediatric Psychology, 12*, 553-566.

Lichstein, K. L. (1988). *Clinical relaxation strategies*. Nueva York: Wiley.

Linet, M. S., Stewart, W. F., Celentano, D. D., Ziegler, D. y Sprecher, M. (1989). An epidemiologic study of headache among adolescents and young adults. *Journal of the American Medical Association, 261*, 2211-2216.

Martin, P. R. (1993). *Psychological management of chronic headaches*. Nueva York: Guilford.

Martin, P. R., Nathan, P. R., Milech, D. y Van Keppel, M. (1989). Cognitive therapy vs. self-management training in the treatment of chronic headaches. *British Journal of Clinical Psychology, 28*, 347-361.

Mathew, N. T. (1981). Prophylaxis of migraine and mixed headache: A randomized controlled study. *Headache, 21*, 105-109.

McCarran, M. S. y Andrasik, F. (1987). Migraine and tension headaches. En L. Michelson y L. M. Ascher (dirs.), *Anxiety and stress disorders: Cognitive-behavioral assessment and treatment*. Nueva York: Guilford.

Mitchell, K. R. y White, R. B. (1977). Behavioral self-management: An application to the problem of migraine headaches. *Behavior Therapy, 8*, 213-221.

Murphy, A. I., Lehrer, P. M. y Jurish, S. (1990). Cognitive coping skills training and relaxation training as treatments for tension headaches. *Behavior Therapy, 21*, 89-98.

Napier, D., Miller, C. y Andrasik, F. (1997). Group treatment for recurrent headache. *Advances in Medical Psychotherapy, 9*, 21-31.

Osterhaus, J. T., Gutterman, D. L. y Plachetka, J. R. (1992). Healthcare resource and lost labour costs of migraine headaches in the US. *PharmacoEconomics, 2*, 67-76.

Overholser, J. C. (1993a). Elements of the Socratic method: Systematic questioning. *Psychotherapy, 30*, 67-74.

Overholser, J. C. (1993b). Elements of the Socratic method: Inductive reasoning. *Psychotherapy, 30*, 75-85.

Packard, R. C. (1987). Differing expectations of headache patients and their physicians. En C. S. Adler, S. M. Adler y R. C. Packard (dirs.), *Psychiatric aspects of headache*. Baltimore: Williams and Wilkins.

Rowan, A. B. y Andrasik, F. (1996). Efficacy and cost-effectiveness of minimal therapist contact treatments of chronic headaches: A review. *Behavior Therapy, 27*, 207-234.

Schultz, J. H. y Luthe, W. (1969). *Autogenic training*, vol. 1. Nueva York: Grune & Stratton.

Schwartz, M. S. (1995). *Biofeedback: A practitioner's guide* (2.ª ed.). Nueva York: Guilford.

Silberstein, S. y Saper, J. (1993). Migraine: Diagnosis and treatment. En D. J. Dalessio y S. D. Silberstein (dirs.), *Wolff's headache* (6.ª ed.). Nueva York: Oxford.

Smith, J. C. (1990). *Cognitive-behavioral relaxation training: A new system of strategies for treatment and assessment*. Nueva York: Springer.

Sorbi, M. y Tellegen, B. (1986). Differential effects of training in relaxation and stress coping in patients with migraine. *Headache, 26*, 473-481.

Sorbi, M., Tellegen, B. y De Long, A. (1989). Long-term effects of training in relaxation and stress-coping in patients with migraine: A 3-year follow-up. *Headache, 29*, 111-121.

Stewart, W. F., Lipton, R. B., Celentano, D. D. y Reed, M. L. (1992). Prevalence of migraine headache in the United States: Relation to age, income, race, and other sociodemographic factors. *Journal of the American Medical Association, 267*, 64-69.

Tobin, D. L., Holroyd, K. A., Baker, A., Reynolds, R. V. C. y Holm, J. E. (1988). Development and clinical trial of a minimal contact cognitive-behavioral treatment for tension headache. *Cognitive Therapy and Research, 12*, 325-339.

Turk, D. C., Meichenbaum, D. y Genest, M. (1983). *Pain and behavioral medicine: A cognitive behavioral perspective*. Nueva York: Guilford.

Walen, S. R., DiGiuseppe, R. y Wessler, R. L. (1980). *A practitioner's guide to rational emotive therapy.* Nueva York: Oxford University.

Williamson, D. A., Monguillot, J. E., Jarrell, M. P., Cohen, R. A., Pratt, J. M. y Blouin, D. C. (1984). Relaxation for the treatment of headache: Controlled evaluation of two group programs. *Behavior Modification, 8,* 407-424.

Yankura, J. y Dryden, W. (1990). *Doing RET: Albert Ellis in action.* Nueva York: Springer.

LEITURAS PARA APROFUNDAMENTO

Andrasik, F. (1986). Relaxation and biofeedback for chronic headaches. En A. D. Holzman y D. C. Turk (dirs.), *Pain management: A handbook of treatment approaches.* Nueva York: Pergamon.

Andrasik, F. (en prensa). Behavioral treatment of tension-type headaches. En W. D. Gerber y J. Schoenen (dirs.), *Tension-type headache: Diagnosis and management.*

Bernstein, D. A. y Borkovec, T. D. (1983). *Entrenamiento en relajación progresiva.* Bilbao: Desclée de Brouwer. (Orig. 1973.)

Blanchard, E. B. y Andrasik, F. (1989). *Tratamiento del dolor de cabeza crónico.* Barcelona: Martínez Roca. (Orig. 1985.)

Martin, P. R. (1993). *Psychological management of chronic headaches.* Nueva York: Guilford.

Vera, M. N. y Vila, J. (1991). Técnicas de relajación. En V. E. Caballo (dir.), *Manual de técnicas de terapia y modificación de conducta.* Madrid: Siglo XXI.

Capítulo 15
TERAPIA COGNITIVO-COMPORTAMENTAL PARA A SÍNDROME PRÉ-MENSTRUAL

CAROL A. MORSE[1]

I. INTRODUÇÃO

Quando perguntamos a muitas mulheres se percebem incômodos ou mudanças relacionados ao ciclo menstrual, informam experiências de diferentes tipos, incluindo dor nos seios, aumento de apetite, sensações de fadiga, perda de confiança na tomada de decisões, aumento da sensibilidade e das reações emocionais, estado de humor instável, ganho de peso, recusa de participar em interações sociais e mudanças nos padrões de sono. Partindo dos informes dos últimos trinta ou quarenta anos, as taxas de prevalência foram de 25 a 96% (por exemplo, Kessel e Coppen, 1963; Pennington, 1957), prestando apoio à crença popular que diz que as mulheres estão inevitavelmente condenadas a sofrer experiências aversivas ocasionais por suas funções menstruais e reprodutoras. Essas crenças não são novas, visto que foram encontradas já em escritos antigos, e em muitas culturas diferentes aparecem referências a perturbações da menstruação (Snowden e Christian, 1982).

Desse modo, todas as mulheres em idade reprodutiva parecem estar sujeitas a uma série de mudanças nas sensações físicas e na estabilidade psico-emocional ao longo do ciclo menstrual. Normalmente, essas alternativas podem ser consideradas normais para a fêmea humana e entendidas como provenientes dos efeitos diretos de flutuações sutis nos hormônios ovarianos e nos neurotransmissores do sistema nervoso central. Porém, para uma pequena proporção de mulheres, cerca de 10% (por exemplo, Clare, 1985; Woods, Mosty Dery, 1982), essas mudanças cíclicas são descritas como graves, incapacitantes e com necessidade de tratamento. Assim, embora pareça que inúmeras mulheres são capazes de informar mudanças evidentes, o número real das que procuram ajuda terapêutica para aliviar seus sintomas é muito menor. Essa diferença pode dever-se ao fato de que as que procuram tratamento sofrem uma maior quantidade de sensações que o resto da população de mulheres. Ou que as que procuram tratamento constituem um tipo particular de mulheres que prestam mais atenção e dão interpretações mais sérias às mudanças cíclicas que no caso das outras mulheres (Renaer, 1983).

A primeira descrição de Frank da "tensão pré-menstrual" em 1931 foi recolhida mais tarde por Dalton (1964) como síndrome pré-menstrual (SPM) e, no geral, referiu-se a um transtorno. Depois, outros escritores (por exemplo, Abraham, 1983; Gise, 1988) sugeriram a existência de mais de uma síndrome pré-menstrual baseando-se em infor-

---

[1]Boval Melbourne Institute of Technology (Austrália).

mes de diferentes grupos de sintomas de preocupação para as mulheres que procuram tratamento. Embora seja possível recopilar uma enorme lista de sintomas, se considerarmos muitos estudos que utilizam questionários de listas de sintomas, as queixas podem ser agrupadas facilmente em quatro categorias principais (Morse e Dennerstein, 1986, 1988):

1. Sintomas físicos (mal-estar, inchaço, dor nos seios).
2. Transtorno emocional ou emoções negativas (irritabilidade, ansiedade, depressão, hostilidade).
3. Falhas cognitivas (perda de concentração, perturbações da memória, incapacidade para solucionar problemas).
4. Mudanças psicológicas (perda de auto-estima, modificação do autoconceito, baixa auto-eficácia, enfrentamento inadequado).

Mais recentemente, em um grupo de 98 mulheres que sofriam de SPM e procuravam tratamento, Gotts, Morse e Dennerstein (1995) identificaram cinco categorias diferentes de sintomas apresentados espontaneamente. Eram as disfunções afetivas, comportamentais e cognitivas (de origem psicológica), cefaléias e dor nos seios (sintomas relacionados com a dor), e mudanças no apetite e coordenação motora alterada (sintomas não relacionados com a dor), que eram mais claramente de origem fisiológica. Gotts e colaboradores (1995) propuseram a questão de que cada mulher que procura tratamento e que se queixa de SPM pode facilmente definir suas experiências através de uma lista idiossincrásica de somente três ou quatro sintomas e, além disso, pode listá-los por ordem de gravidade e importância para ela. O primeiro ou segundo sintoma é, com freqüência, uma emoção negativa (ansiedade, depressão, irritabilidade ou ira). Por outro lado, quando são feitas avaliações estruturadas formais, as mulheres que sofrem de uma SPM podem ser mais bem descritas segundo dimensões de gravidade, baseando-se nas categorias de sensações físicas, estados de humor negativos, falhas cognitivas e mudanças psicológicas. Além disso, as mulheres que sofrem de uma SPM podem ser diferenciadas das que não sofrem com base nessas categorias, ao longo de várias dimensões, mas com especial freqüência nos relatos de baixa auto-estima, depressão acentuada e estresse auto-registrado (Hart e Russell, 1986; Morse, Dennerstein, Varnavides e Burrows, 1988).

II. ASPECTOS METODOLÓGICOS

Grande parte das primeiras pesquisas sobre a SPM foi prejudicada por problemas como: definições pouco claras que incluíram qualquer combinação de fatores emocionais e físicos (por exemplo, Sutherland e Stewart, 1965); o emprego somente de relatos retrospectivos; poucos dados de um único ciclo; falhas para associar as queixas a uma fase particular do ciclo; a divisão do ciclo em diferentes fases, desde duas (Woods *et al.*, 1982) até sete (Dalton, 1977); a inclusão de mulheres com e sem mudanças cíclicas nos sintomas físicos ou no estado de humor.

Uma série de pesquisadores propôs que a heterogeneidade da SPM não foi suficientemente compreendida (por exemplo, Gise, 1988; Moos e Liederman, 1978); portanto, é

Terapia Cognitivo-comportamental para a Síndrome Pré-menstrual **411**

uma necessidade urgente estabelecer conhecimentos comuns para ajudar na comparação dos enfoques e descobertas da pesquisa e nos resultados das estratégias de tratamento.

Em 1987, a SPM foi incluída no apêndice da 3ª edição revisada do Manual Diagnóstico e estatístico dos transtornos mentais (DSM-III-R; APA, 1987) como um transtorno de categoria especial denominado Transtorno disfórico do final da fase lútea (TDFL). Foram propostos quatro grupos de critérios que incluíam: A. histórico da regularidade do problema; B. sintomas identificáveis específicos; C. avaliações da intensidade do grau de mal-estar ou disfunção que se experimente; e D. a confirmação da associação temporal dos sintomas com a menstruação por meio de avaliações prospectivas diárias.

A inclusão da SPM como um transtorno categorial no DSM-III-R encontrou bastante crítica, especialmente das pesquisadoras feministas e de grupos de mulheres, preocupados com que se outorgasse um *status* psiquiátrico ao que se considerava um transtorno da reprodução. De fato, já havia um acordo inicial sobre esses critérios em um simpósio internacional dedicado à pesquisa sobre a SPM que aconteceu em Londres em 1976. Esses critérios guiaram a pesquisa nos anos 1980, de modo que foram superadas muitas das inadequações anteriores no delineamento e avaliação.

Na última edição do DSM, o DSM-IV (APA, 1994), o transtorno foi renomeado – Transtorno disfórico pré-menstrual (TDP) e foi incluído no Apêndice B como um problema que precisa de mais pesquisa.

III. CRITÉRIOS DE PESQUISA PARA O TRANSTORNO DISFÓRICO PRÉ-MENSTRUAL (TDP)

Os seguintes critérios são os propostos no DSM-IV (APA, 1994) para o TDP:

A. Na maioria dos ciclos menstruais do ano passado, cinco ou mais dos sintomas seguintes devem ter-se apresentado durante a maior parte do tempo da última semana da fase lútea, começando a remissão poucos dias depois do começo da fase folicular (com o início da menstruação) e estando ausentes na semana seguinte à menstruação. Um desses sintomas deve ser um dos quatro primeiros:

1. Estado de humor evidentemente deprimido, sentimentos de desesperança ou idéias de auto-reprovação;
2. Ansiedade e tensão acentuadas, sensação de "estar no limite";
3. Forte labilidade afetiva (por exemplo, sentir-se repentinamente triste, chorosa ou aumento da sensibilidade à rejeição);
4. Ira ou irritabilidade persistentes e notórias ou aumento significativo dos conflitos interpessoais;
5. Diminuição do interesse pelas atividades cotidianas (por exemplo, trabalho, escola, amigos, *hobbies* etc.);
6. Sensação subjetiva de dificuldade para concentrar-se;
7. Letargia, fadiga fácil ou evidente falta de energia;

8. Mudança significativa do apetite, comer em excesso, ou desejo de alimentos específicos;
9. Hipersonia ou insônia;
10. Sensação de pressão ou fora de controle;
11. Outros sintomas físicos, como tensão mamária, cefaléias, algias osteomusculares, sensação de inchaço ou aumento de peso.

B. O transtorno interfere de forma evidente no trabalho, nas atividades sociais ou nas relações com os demais.
C. A alteração não é uma mera exacerbação dos sintomas de outro transtorno, como o transtorno depressivo maior, transtorno por pânico, transtorno distímico ou transtorno da personalidade (embora possa sobrepor-se a eles).
D. Os critérios A, B, e C devem ser confirmados com auto-registros diários prospectivos durante pelo menos dois ciclos sintomáticos consecutivos (pode ser feito o diagnóstico provisório antes dessa confirmação).

Segundo esses critérios, as características principais e necessárias que caracterizam o transtorno são os estados de humor disfóricos, que podem incluir depressão, irritabilidade, ansiedade e labilidade afetiva.

Os sintomas incluídos no DSM-IV referem-se a mudanças cognitivas (problemas de concentração, sentir-se deprimida, perda de interesses agradáveis); mudanças comportamentais no apetite e no sono; e uma categoria resumo dos sintomas físicos que inclui a retenção de água (amolecimento e inchaço dos seios), experiências de dor (cefaléias, dores musculares ou das articulações) e ganho de peso, que poderia estar relacionado com um aumento do apetite e da ingestão de comida e/ou com a retenção de líquido. Essa breve lista supera a tendência de épocas anteriores que atribuíam quase qualquer incômodo percebido ao SPM (por exemplo, Dalton, 1977, 1984). O aumento ou diminuição das relações sexuais não estavam incluídos na última edição da classificação nosológica. Essa exclusão leva em conta, de forma sensata, o fato de que nem todas as mulheres estão envolvidas em atividades sexuais em um momento determinado, de modo que não chegar a informar sobre experiências sexuais satisfatórias não é considerado negativamente como um "problema". Além disso, a pesquisa sobre o comportamento sexual durante os últimos vinte anos (por exemplo, Adams, Gold e Burt, 1978; Beach, 1976; Dennerstein *et al.*, 1994) revelou que muitas mulheres informam sobre uma resposta e um interesse sexual menores durante a fase pré-menstrual comparada com a fase anterior à ovulação, de modo que a normalidade dessa mudança deveria excluí-la de sua pertinência ao transtorno que nos ocupa.

IV. TEORIAS ETIOLÓGICAS DA SÍNDROME PRÉ-MENSTRUAL (SPM)

Há muitas teorias explicativas para a SPM e cada uma delas reflete os fundamentos teóricos dos pesquisadores. As teorias biológicas apareceram pela primeira vez em 1931 com a posição do que Frank chamou de tensão pré-menstrual (TPM). As queixas das mulheres de "tensão indescritível [...] intranqüilidade [...] desejos de encontrar alívio por meio de ações absurdas e pouco refletidas", entre os sete e os dez dias pré-menstruais foram associadas a hipotéticas disfunções dos hormônios ovarianos. O tratamento proposto para esse "problema da mulher" era a extirpação ou ablação cirúrgica dos ovários até a chegada dos fármacos baseados em hormônios naturais, que foram sintetizados como substâncias para ser ingeridas oralmente. A nova medicação foi usada prontamente para a SPM (Israel, 1938) e prevalece desde então, tanto em formatos "naturais" (isto é, de origem animal) como sintéticos, apesar da falta de um apoio empírico forte com relação à sua eficácia em estudos posteriores bem delineados. A mudança de nome, realizada por Dalton (1964), abandonando o TPM para denominá-la síndrome pré-menstrual (SPM), incluía tanto o reconhecimento dos sintomas físicos quanto dos psicológicos, que apareciam e desapareciam em relação temporal com as fases pré-menstrual e folicular do ciclo. No final dos anos 1950, Dalton (1964, 1977, 1984) propôs a teoria da insuficiência da progesterona e a dominância dos estrógenos durante o final da fase lútea. Essa autora respaldou esse ponto de vista alegando uma taxa de sucesso impressionante com a utilização de supositórios de progesterona natural em altas doses. Outros pesquisadores não foram capazes de contestar essas afirmações quando o fármaco era administrado por via oral, vaginal, retal ou intramuscular em ensaios de duplo cego com grupos controle e placebo (veja Morse, 1991, para uma ampla revisão).

Alguns pesquisadores propuseram que as mudanças nos níveis de betaendorfinas no sistema nervoso central são as responsáveis pelas mudanças disfóricas (p. ex., Facchinetti *et al.*, 1987; Halbreich e Endicott, 1981; Reid e Yen, 1983), que se caracterizam fundamentalmente por um estado de humor deprimido. Ainda, o aumento dos níveis de endorfinas teve como resultado agitação, ansiedade, afastamento e letargia (Strickler, 1987). Ambos os tipos de queixas pré-menstruais foram associadas às perturbações das endorfinas, embora ainda faltem demonstrações consistentes. A prolactina foi considerada como um fator causal da SPM devido ao seu efeito supressor da progesterona (McNatty, Sawyers e McMeilly, 1974). Porém, a prolatina é secretada facilmente em resposta ao estresse, de modo que a determinação da causa não está clara.

Os sintomas de ganho de peso, retenção de líquidos e labilidade do estado de humor foram atribuídos às perturbações da aldosterona ou do complexo renina-Angiotensina-aldosterona (Janowsky, Berens e Davis, 1973). Outros pesquisadores (por exemplo, Tonks, 1975) propuseram que o aumento dos níveis de aldosterona na urina encontrado nas mulheres que sofrem de SPM deveria ser considerado como um efeito secundário da ansiedade e da tensão, enquanto que Munday, Brush e Taylor (1981) confirmaram flutuações cíclicas da aldosterona, mas não encontraram diferenças significativas em seus níveis, durante um estudo que utilizou grupos controle.

Devido à predominância das perturbações psicológicas e dos problemas do estado de humor dos quais constam muitas das características mais distintivas da síndrome, é lógico considerar uma explicação fenomenológica multifatorial (Dennerstein e Burrows, 1979; Morse e Dennerstein, 1986). Esse enfoque concorda com a teoria cognitiva aplicada que está na base de muitos dos problemas de saúde comuns e não tratáveis que as pessoas apresentam aos profissionais da saúde (veja Ellis e Bernard, 1985; Kendall e

Hollon, 1979; Lazarus e Folkman, 1984). Esse ponto de vista concede um importante papel desencadeante à construção cognitiva do indivíduo de seu ambiente social, que apresenta exigências e desafios estressantes diante dos quais se sente psicologicamente incapaz de responder eficazmente com as habilidades de enfrentamento comportamentais e emocionais apropriadas e necessárias. Desse modo, as mudanças pré-menstruais habituais no bem-estar físico e emocional que a maioria das mulheres experimenta estão exacerbados e são percebidos como mais problemáticos que a média no caso de mulheres com SPM, ultrapassando as capacidades que poderiam utilizar em outros momentos do ciclo. Com o tempo, aprendem a associar a fase pré-menstrual à presença de dificuldades, incômodos e incompetência, respondendo com deshumor (veja Blechman, 1984). Para romper esse ciclo de perda de controle e de sensações e sentimentos negativos, é preciso que as mulheres aprendam o papel das cognições no bem-estar e na doença. Além disso, têm de desaprender os velhos hábitos de percepções e pensamentos negativos e dos anteriores padrões comportamentais que vão contra seus próprios interesses na vida cotidiana.

V. TERAPIA COGNITIVA PARA A SÍNDROME PRÉ-MENSTRUAL

V.1. Considerações gerais

As características essenciais de uma intervenção terapêutica consistem em identificar objetivos relevantes de mudança, operacionalizá-los, medir sua magnitude (intensidade, freqüência, duração) e estabelecer os parâmetros relativos ao tempo e aos procedimentos. As queixas que apresentam as que sofrem uma SPM incluem constantemente a perturbação de um ou mais estados de humor, que normalmente se centram na irritabilidade-hostilidade e na tristeza-depressão. É raro que uma mulher procure ajuda devido aos sintomas e sentimentos de ansiedade, sem referência a outros estados de humor negativos, embora normalmente se manifestem evidências de uma ansiedade concorrente. Esses estados de humor aparecem e desaparecem relacionados às flutuações das fases do ciclo menstrual e geralmente informam que eles são os mais marcantes durante os dias pré-menstruais. Propõe-se que a irritabilidade e/ou a depressão desencadeiam a busca de ajuda devido aos efeitos negativos percebidos ou reais desses estados de humor nas relações interpessoais significativas, como o parceiro, os filhos ou os colegas de trabalho. A deterioração real ou temida dessas relações e seus resultados lógicos (ruptura ou problemas conjugais, problemas de comportamento infantil e relações pobres mãe-filho, críticas no trabalho, carência de perspectivas de promoção ou perda do emprego) proporcionam os fatores motivadores que mais cedo ou mais tarde levam essas mulheres a procurar profissionais da saúde para receber tratamento.

Freqüentemente se informa também de mudanças físicas, especialmente seios inchados e doloridos, dores nas articulações e nos músculos, e mudanças de acuidade sensorial. Esses sintomas, junto com as mudanças comportamentais de padrões de sono interrompido e aumento do apetite, caracterizado por típicos "ataques de gula" de alimentos com carboidratos (chocolate e alimentos doces), constituem as queixas expressas com mais freqüência. Muitas dessas mudanças informadas como problemas refletem, de fato, os efeitos habituais e diretos dos hormônios ovarianos que aumentam e diminuem sua intensidade e configuração ao longo do ciclo menstrual normal em todas as mulheres em idade de reprodução. Essas mudanças relacionadas aos hormônios incluem a vigília noturna, a sonolência e a letargia durante o dia, diminuição do interesse e do impulso sexual, aumento do apetite e ganho de peso, e aumento do transporte de água aos tecidos moles, como os seios e o abdome (Adams *et al.*, 1978; Kopera, 1980; Munday *et al.*, 1981). Desse modo, as mulheres com SPM que procuram tratamento informam, paradoxalmente, que essas mudanças aparentemente normais têm uma intensidade anormal.

Vários pesquisadores consideraram o estresse como o fator provocador dos sintomas (Everly, 1989; Kopera, 1980) e muitas mulheres que sofrem uma SPM informam sobre e consideráveis acontecimentos adversos da vida que se dão concomitantemente. Outras pessoas não contam experiências negativas importantes, mas manifestam um enfrentamento inadequado e ineficaz diante das múltiplas, mas cotidianas, exigências que todo o mundo experimenta. Os temas comuns desses relatos proporcionam evidências de reações de ansiedade diante das freqüentes situações de ameaça percebida, dando como resultado uma baixa auto-estima e uma falta de segurança nos comportamentos assertivos eficazes. As mulheres que padecem uma SPM contam de vacilações entre a submissão e a agressão, dependendo do fato de considerarem a si mesmas superiores ou inferiores em relação às outras pessoas de seu ambiente. A resposta carregada de ansiedade diante do estresse que ilustra o enfrentamento inadequado pode explicar os informes de uma série de falhas cognitivas (Broadbent, Cooper, Fitzgerald e Parkes, 1982). Estas caracterizam-se por indecisão na formação de opiniões, tomada de decisões impulsivas e em curto prazo em vez de solução de problemas com reflexão, esquecimentos e torpor ou aumento de pequenos acidentes, e um aumento da freqüência de distração e a baixa concentração.

Nas mulheres que sofrem de SPM, o pensamento e a percepção ansiosos deveriam ser considerados como objetivos centrais para a mudança. A ansiedade consta de *distorções cognitivas*, na forma de pensamentos, crenças e atribuições errôneas, e deficiências cognitivas, que parecem formas imaturas de pensamentos imprecisos que provêm de determinadas experiências de socialização (Ingram e Kendall, 1987). Devido às múltiplas dimensões da ansiedade (Barrios e Shigetomi, 1979; Beck, Emery e Greenberg, 1985; Ingram e Kendall, 1987), aconselha-se uma cuidadosa seleção dos sujeitos para garantir que as intervenções de treinamento em habilidades de enfrentamento emocional sejam aplicadas em indivíduos com uma elevada ansiedade similar, que não padeçam de graves deficiências na resposta comportamental. É importante, também, perceber que em níveis elevados de ansiedade em resposta às atribuições de ameaça, a experiência subjetiva do estado de humor se torna depressão depurada por uma sensação de perda percebida e por se ver deprimida (veja Ambrose e Rholes, 1993). Assim, a intervenção da terapia cognitiva tem de abordar temas de perda e depressão e tratar a ansiedade, com ou sem necessidade de abordar as expressões de ira e hostilidade.

V.2. Confirmação do perfil de síndrome pré-menstrual

As experiências e os informes sobre os sintomas deveriam ser registrados de modo prospectivo, ao menos durante um ciclo completo e de preferência durante dois, antes de começar com o tratamento. Além do emprego de listas de sintomas, como o "Questionário de incômodos menstruais, de Moos" (*Moos Menstrual Distress Questionnaire*), deveriam ser avaliados também os estados de humor disfuncionais utilizando inventários padrões de depressão, ansiedade e ira/hostilidade. Na fase de avaliação, deveriam ser incluídos os níveis de auto-estima e estresse auto-registrados; essa avaliação deveria ser feita nas fases pré-menstrual e pós-menstrual com propósitos de comparação. Quando se trabalha com uma mulher que sofreu uma histerectomia, pode ser necessário levar a cabo medidas repetidas a cada semana, até que surja o padrão típico de aparece-desaparece. As mulheres deveriam ser instruídas também a fazer registros de sentimentos incômodos quando ocorrerem relacionados com acontecimentos identificáveis e, especialmente, escrever o pensamento automático que surge concomitantemente. Com pouca instrução e prática, a maioria das mulheres é capaz de executar essa tarefa muito eficazmente. Às vezes, uma mulher informa ser incapaz de identificar as emoções que a incomodam ou que os pensamentos parecem esquivá-la constantemente. Nesses casos, é instrutivo centrar-se, então, nos comportamentos problemáticos, tanto nos elementos físicos como nos verbais. Se a identificação dos aspectos cognitivos inerentes às experiências dos acontecimentos continuarem sendo resistentes à exploração, então o principal centro de atenção poderia ser o comportamento. Um aspecto importante é conseguir fazer com que a mulher acredite que a ajuda e o possível alívio de seus sintomas se encontram disponíveis facilmente, de modo que trabalhe em suas experiências com uma mínima defensividade ansiosa.

Foi oferecido um programa completo em doze (Morse, Bernard e Dennerstein, 1989) ou dez (Morse, Dennerstein, Farrell e Varnavides, 1991) sessões uma vez por semana. Em todos os casos ocorreu uma mudança substancial e um alívio dos sintomas, embora somente o programa de doze sessões tenha sido avaliado depois de um acompanhamento em longo prazo de doze meses, encontrando-se que produziu efeitos duradouros significativos. O programa de oito sessões é considerado muito curto para a maioria das mulheres e foi utilizado basicamente como um protocolo de pesquisa cujo principal centro de atenção não era o resultado do tratamento. Grande parte das primeiras quatro sessões adotam um enfoque educativo com informação sobre os efeitos naturais das flutuações hormonais do ciclo menstrual, a natureza e o papel das cognições nas relações pessoa-ambiente, os componentes cognitivos das emoções e os sentimentos perturbados, e os excessos e déficits comportamentais nos comportamentos pouco assertivos. As sessões semanais são prolongadas com a leitura de certos livros como *A new guide to rational living*, de Ellis e Harper (1975). Na sessão posterior são repassados os resumos das leituras, de modo que sejam esclarecidos aspectos pouco claros e reforçadas novas idéias. Identificam-se objetivos para o controle emocional e comportamental e designam-se exercícios para a prática entre as sessões. Dessa forma, o terapeuta e o paciente trabalham em colaboração conjunta para ajudar na aprendizagem de novos modos de lidar com as sensações e experiências da vida cotidiana e a desaprendizagem de reações e atitudes disfuncionais estabelecidas há tempos.

V.3. *Procedimentos de reestruturação cognitivo-emocional*

A identificação de emoções e crenças disfuncionais

Dever-se-ia acessar o funcionamento cognitivo das mulheres que sofrem de SPM nos níveis de pensamentos automáticos (Beck *et al.*, 1979) e atitudes disfuncionais (Safran, Vallis, Segal e Shaw, 1986). Os *pensamentos automáticos* (PAs) referem-se às cognições superficiais, que aparecem no fluxo da consciência, isto é, ao pensamento consciente que é diretamente acessível e que constitui um hábito para o indivíduo. Com freqüência, o pensamento parece ocorrer "automaticamente", isto é, "sem pensar" ou fora da consciência, de modo que o indivíduo precisará de ajuda para perceber esse pensamento, através de registros escritos, quando o pensamento ocorre relacionado com estados de humors perturbados. A maioria das mulheres acredita, freqüentemente, que algum acontecimento desencadeou seus sentimentos de incômodo, seja externo, proveniente do mundo das interações sociais, ou interno, procedente das sensações de doença ou mal-estar (por exemplo, mudanças físicas pré-menstruais). É preciso explicar o papel transacional de inter-relacionamento que o pensamento tem nessas conexões acontecimento-estado de humor, sendo muito simples tanto propor o modelo A-B-C de Ellis (1962, 1979) quanto sua aplicação, onde A = Acontecimento ativador, B = Crenças (*Beliefs*) e C = Conseqüências das reações emocionais (sentimentos) e comportamentais. Os PAs compõem-se de recordações passadas, percepções presentes e afetos relacionados que compõem uma imagem do eu atual (Safran *et al.* 1986). A rota para a mudança consiste em identificar e separar os pensamentos facilitadores úteis, baseados em fatos, das atribuições e conceitos irracionais, desmotivantes, desorganizadores, que desencadeiam e mantêm os estados de humor negativos e as sensações de mal-estar.

As *atitudes disfuncionais* (ADs) referem-se a princípios de um nível superior (isto é, mais profundo, pré-consciente) que subjazem aos PAs e funcionam guiando as auto-avaliações gerais. Estas são menos acessíveis, e em estados muito disfuncionais são normalmente desadaptativas e podem ser inferidas principalmente a partir da atividade cognitiva superficial (PAS) informada e dos comportamentos observados. Estes incluem a baixa auto-estima e um autoconceito inadequado, junto com uma sensação insegura da eficácia. Foi assinalado que as ADs e os PAs são idiossincrásicos, mas consistentes nos diferentes acontecimentos e situações. Ellis (1962, 1979) fez referência a dez idéias irracionais "centrais", das quais "a 'necessidade' de amor e aprovação dos outros" e "as exigências perfeccionistas de segurança nos resultados" são encontradas de forma regular em muitas pessoas que apresentam estados de humor perturbados.

Embora Ellis tenha afirmado que a maioria das pessoas deseja e procura amor, aprovação das outras pessoas e conquistas pessoais, é a "necessidade" imperativa auto-imposta e internalizada desses objetivos o que, segundo Ellis, cria o problema em muitas pessoas, posto que constantemente utilizam a consecução da aprovação dos outros ou suas conquistas com sucesso para manter e apoiar seu próprio senso, frágil e inseguro, de valor de si mesmo. É provável que essas cognições auto-referentes formem crenças centrais, que normalmente são bastante resistentes à mudança e que podem desenvolver uma couraça psicológica "protetora" para salvaguardar o frágil sentido do eu. A consecução da mudança nesses elementos centrais profundos Ellis (1979) considera como um resultado racional emotivo "elegante" ou preferencial, enquanto que conseguir a mudança das crenças periféricas ou não referentes a si mesmo é considerado como um resultado "pouco elegante" ou não preferencial. Este último pode supor uma mudança principalmente nos comportamentos, sem uma convicção profunda das atitudes e formas de construir o mundo, o que é menos provável que produza uma solução do mal-estar permanente ou em longo prazo.

V.3.1. A reestruturação cognitivo-comportamental da ansiedade

A ansiedade é considerada o problema central nas mulheres que padecem de SPM, existindo em seus informes qualitativos (veja Dalton, 1964; Frank, 1931; Horney, 1967) e em muitas de suas sensações físicas e construções cognitivas. Richardson (1992) interpretou os informes pré-menstruais como indicadores do estado de ansiedade, que foi definido por Spielberger (1966) como sentimentos subjetivos de tensão e apreensão acompanhados por reações autônomas. Essa definição concorda com as definições propostas por outros autores sobre a ansiedade, a qual assinalam que consta dos componentes de preocupação e superativação emocional e fisiológica (May, 1976; Morris e Liebert, 1970; Rogers e Craighead, 1977); nela os componentes de preocupação provêm do fato de centrar a atenção nas autoverbalizações ("fala consigo mesmo"), que têm como conteúdo temas relevantes para o eu em forma negativa e de menosprezo (Beck, 1976; Beck *et al.*, 1985; Ellis, 1962). A pesquisa psicofísica sobre a ativação e a reação diante do estresse na SPM – em mulheres que a sofrem e em mulheres que não a sofrem – (por exemplo, Asso e Braier, 1982; Collins, Eneroth e Landgren, 1985; Palmero e Choliz, 1991) mostrou diferenças na taxa cardíaca, na respiração e na condutividade da pele entre os dois grupos, de modo que as técnicas para diminuir a reatividade autônoma têm um inestimável papel em seu controle. Schwartz e Gottman (1976) observaram, também, que a fala consigo mesmo disfuncional ou as atribuições e pensamentos irracionais interagem com os comportamentos pouco assertivos. No estudo de Swartz e Gottman, os comportamentos não assertivos estavam associados a um aumento da percepção irracional e das interpretações negativas, especialmente sobre si mesmo.

O primeiro passo no controle da interpretação e dos pensamentos ansiosos consiste em ensinar estratégias para diminuir a superativação ansiosa. Se os níveis de ansiedade são muito elevados, é pouco provável que o indivíduo seja capaz de realizar o questionamento racional e a reestruturação de suas cognições. A conquista do controle da ativação emocional pode ser alcançada por meio do relaxamento corporal completo (Benson, 1975) ou controlando a respiração, para as tentativas de conseguir a diminuição física da ansiedade somática onde estão sendo realizadas atividades. Então, podem ser aplicadas

TERAPIA COGNITIVO-COMPORTAMENTAL PARA A SÍNDROME PRÉ-MENSTRUAL **419**

as técnicas cognitivas sob a forma de questionamento da interpretação "tremendista" e "catastrófica" dos acontecimentos e sentimentos que caracterizam a experiência de preocupação ansiosa (Ellis, 1962, 1979). O terapeuta pode utilizar sondagens cognitivas para guiar a exploração e a aprendizagem do sujeito de suas autoverbalizações negativas, tais como "por que isso é tão ruim?", "em termos reais, isso é realmente tão terrível?", "que outra coisa você está pensando agora ou dizendo sobre X?". O emprego de frases incompletas constitui também uma estratégia útil (por exemplo, "se acontecer e, então...", "e isso significa que...", "o que quer dizer que...". Esses procedimentos ajudam a descobrir os níveis mais profundos dos significados pessoais, que normalmente se centram em torno de questões sobre a percepção de uma baixa auto-estima pela perda da aprovação de outra pessoa, ou a perda de sua própria aprovação devido a uma atuação percebida como pobre ou incompetente. Então, deveria ser introduzida uma reavaliação de acontecimentos e cognições na forma de reconstrução de comportamentos e acontecimentos passados em uma forma mais racional e realista, com a finalidade de levá-lo a cabo no futuro. Os acontecimentos futuros antecipados podem ser ensaiados nas representações de papéis e por meio do modelo – o terapeuta – do enfrentamento eficaz através da solução de problemas e do controle emocional.

V.3.2. A reestruturação cognitivo-comportamental da depressão

Dois temas principais que têm uma influência especial no desenvolvimento do estado de humor deprimido parecem surgir de fontes sociotrópicas e de autonomia na tentativa de apoiar o próprio valor (Beck, 1983). As cognições sociotrópicas centram-se na busca de amor e aprovação dos outros, e os temas de autonomia centram-se em sentir-se bem consigo mesmo através das atuações pessoais e as conquistas excepcionais. A depressão se desenvolve quando se percebe que essas fontes nas quais se apóia o valor de si mesmo foram retiradas ou perdidas, e as habilidades de enfrentamento do indivíduo são insuficientes para superar o abismo criado pela sensação de perda. Os sentimentos dominantes são de uma tristeza profunda, de fadiga física e desmotivação e um estado de humor de profundo pessimismo. Beck (1976) referiu-se à triade cognitiva da depressão que compreende a perda de si mesmo, do mundo e do futuro. Esse conjunto cognitivo constitui uma reação diante de acontecimentos que já aconteceram, ou que não aconteceram quando se esperava que acontecessem, tendo também qualidades de previsão, como a identificação de profecias auto-realizadoras, normalmente negativas, que servem para manter no indivíduo uma sensação de desamparo ou de estar preso. A perspectiva racional emotiva das cognições depressivas identifica as percepções da pessoa que se referem ao fato que *a.* os acontecimentos frustrantes, a rejeição ou o tratamento injusto são catastróficos, *b.* ela está desesperadamente indefesa para mudar qualquer coisa, e *c.* o grau de desamparo é insuportavelmente doloroso (Ellis e Harper, 1975). Seligman e colaboradores (Seligman, 1975; Abramson, Seligman e Teasdale, 1978) desenvolveram a idéia da desamparo aprendido para explicar os aspectos desmotivantes que acompanham o estado de humor deprimido, baseando-se nas crenças enraizadas de que nenhum comportamento mudara nada, devido à dissociação aprendida entre as ações e os resultados desejados. Além disso,

Seligman (1991) propôs que o pessimismo profundo funciona como um traço indicativo em indivíduos predispostos à depressão que continuam experimentando repetidos episódios de estado de humor deprimido quando as circunstâncias da vida apresentam dificuldades que os abatem.

Pesquisas recentes de Clark, Beck e Stewart (1990) prestaram atenção aos elementos tipo traço do afeto positivo e negativo que servem para distinguir entre estados de humor deprimidos e ansiosos. Baseando-se no modelo bidimensional do afeto descrito por Watson e Tellegen (1985), a afetividade negativa é definida por sentimentos de mal-estar, temor, hostilidade e nervosismo, e a positiva por sentimentos de entusiasmo, atividade, sociabilidade e agitação. Clark *et al.* (1990) propuseram que a depressão se caracteriza por um elevado afeto negativo e um baixo afeto positivo, ao contrário da ansiedade, que consta de um elevado afeto negativo e um forte componente de temor com um afeto positivo irrelevante. De acordo com isso, a identificação dessas diferentes combinações de cognições disfuncionais é uma tarefa importante na terapia, visto que os sujeitos que apresentam cognições e estados de humor ansiosos/deprimidos misturados parecem representar um grupo mais perturbado que aqueles com depressão ou ansiedade "puras". Além disso, a pesquisa anterior em sujeitos com estados de humor disfuncionais misturados revelou piores resultados do tratamento e uma cronicidade mais pronunciada (p. ex., Rush, Weissenburger e Eaves, 1986; Simons, Murphy, Levine e Wetzel, 1986; Van Valkenburg, Akiskal, Puzantian e Rosenthal, 1984).

Ao trabalhar com mulheres que sofrem de SPM e que experimentam um estado de humor deprimido que flutua segundo um padrão de presente/ausente seguindo o ciclo menstrual, aconselham-se estratégias similares às utilizadas na avaliação de cognições de ansiedade, com especial atenção aos temas de perda e fracasso.

Seguindo as recomendações de Safran e colaboradores (1986), ao explorar as dimensões horizontais e verticais dos pensamentos automáticos (PAs) e das atitudes disfuncionais (ADs), a aplicação do modelo A-B-C (Ellis e Grieger, 1977; Ellis e Whiteley, 1979) começa no nível horizontal, que em um princípio ignora os significados centrais das cognições para a pessoa. Quando estiverem claramente estabelecidas as associações de pensamentos e sentimentos com os acontecimentos informados, então estimula-se o sujeito a se aprofundar verticalmente para descobrir as conexões entre os PAs da superfície e as ADs mais profundas, as cognições referentes a si mesmo. Essas cognições relacionadas com o próprio valor, o autoconceito e a auto-estima são consideradas os elementos essenciais; é o impacto dos acontecimentos diários sobre o frágil eu, através do pensamento distorcido ou opressivo, o que deveria ser identificado por meio de sondagens cognitivas do tipo "por que isso foi tão terrível para você?", "então, o que significa isso para você?". Dessa forma, o terapeuta pode descobrir os temas centrais a partir dos periféricos, que muito provavelmente serão de uma importância secundária como objetivos de mudança.

Esse auto-registro deveria continuar até o final da terapia, começando com o simples formato A-B-C e passando gradualmente a utilizar registros mais complexos que proporcionem espaço para a coluna D (Disputa e questionamento). Posteriormente, o centro de atenção principal é transferido para um reenquadramento e uma solução de problemas racional, onde são apresentados e ensinados comportamentos e verbalizações de enfrentamento centradas na emoção e no problema.

Por meio da técnica do reenquadramento, os sujeitos aprendem a utilizar a reconstrução na imaginação, onde se reduz a elevada intensidade dos sentimentos negativos (que, segundo se acredita, se mantém por um pensamento irracional muito negativo) até um pensamento racional menos intenso que se considere apropriado para o acontecimento. Desse modo, os sujeitos aprendem que é razoável e aceitável sentir-se frustrado quando nossas expectativas não são satisfeitas ou quando alguém nos trata injustamente. Alternativamente, manter um forte pensamento negativo que ataca o eu, em vez de identificar mais corretamente as realidades da situação e determinar o que pode ser feito para retificar pelo menos parte do problema, serve somente para diminuir a própria auto-estima por meio da auto-sabotagem, para desmotivar a atuação, para promover o pessimismo e o desamparo e para manter fortes sensações de depressão.

As habilidades comportamentais dos sujeitos são também objetivos para a mudança. As mulheres que informam sobre uma depressão importante que acontecer próximo à menstruação descrevem freqüentemente comportamentos de ataques de choro ou de suspiros, afastamento da família e dos amigos e fadiga. Muitas dessas experiências podem ter como resultado comportamentos de evitação, entre os quais se incluiriam a falta no trabalho, ficar na cama, rejeitar compromissos sociais ou deixar de comparecer aos compromissos sem avisar previamente. Os indivíduos acham que as tarefas e responsabilidades se acumularam, o que se soma ao estresse que sentem e sua avaliação social pode ter sofrido negativamente devido a esses comportamentos de evitação.

É útil explicar às mulheres que embora esses comportamentos pareçam ter uma utilidade em curto prazo, é provável que sejam desadaptativos em longo prazo (Morse *et al*., 1991). Esses comportamentos de evitação não somente podem prejudicar sua reputação como funcionárias, amigas, mães ou parceiras confiáveis, mas também estimulam a manutenção do "papel de doente", assim como a imagem da função do ciclo menstrual como uma experiência prejudicial.

Para superar os déficits comportamentais associados à depressão, Beck e seus colaboradores (1979) propuseram utilizar uma agenda de atividades para ocasiões difíceis, algo que pode ser facilmente aplicado à SPM (por exemplo, a fase próxima à menstruação). Os principais objetivos são superar a passividade e as ruminações sobre quão cansativos e difíceis são os compromissos e as tarefas. A programação de atividades implica identificação dos requisitos comportamentais básicos, planejamento para levar a cabo esses elementos básicos em termos de controle do tempo e da eficácia energética, e depois pôr em prática o plano desenvolvido. Um segundo enfoque comportamental consiste em levar a cabo atividades agradáveis programadas, identificando os acontecimentos dos quais desfrutava anteriormente e tentando fazê-lo também com outros novos.

Dirigir o centro da atenção às estratégias e técnicas para obter prazer ajuda a conseguir alívio das sensações depressivas e das sensações físicas que os acompanham. Algo importante é que a sensação profunda de inércia e dificuldade percebida para ter sucesso nas relações é posta em dúvida e é possível resistir por meio da experiência de alternativas positivas.

Os objetivos gerais da reestruturação cognitiva consistem em voltar a sair e voltar a encarar as exigências cotidianas difíceis e rigorosas através de um enfoque de solução de problemas que funcionará contra o desamparo aprendido e as previsões pessimistas. Isso se consegue pela aplicação da comprovação de hipóteses e pela identificação persistente de suposições idiossincrásicas existentes.

V.3.3. A reestruturação cognitivo-comportamental da ira

A irritabilidade, a hostilidade e a ira são as preocupações emocionais mais freqüentemente informadas pelas mulheres que sofrem de SPM e que procuram tratamento. Esses estados de humor são, aparentemente, os que mais precisam de ajuda, visto que seu impacto é sentido por outras pessoas importantes do entorno da mulher. Embora esses efeitos sociais ajudem também na depressão grave, as expressões de ira não são somente as mais dramáticas e alarmantes, mas também é mais provável que provoquem respostas de ira no parceiro e/ou nos filhos. É claramente imaginável que a ira associada à SPM tenha um importante papel na violência doméstica, incluindo abuso dos filhos, e há relatos de alguns casos famosos de homicídios associados à SPM. Infelizmente, a notoriedade atingida por esses assassinatos ocultou muitas das questões reais desses casos e freqüentemente se acredita, de forma incorreta, que uma alegação de SPM eximiu a acusada de culpa, quando, de fato, a ira e a provocação pré-menstruais foram aceitas somente no momento da sentença, e não no veredito de culpado ou inocente.

A perspectiva racional emotiva de Ellis (1979) propõe que esse estado de humor se encontra associado a crenças irracionais sobre atos de omissão ou comissão dos demais, aos quais se percebe frustrando, bloqueando ou questionando os próprios valores, padrões e regras. O ato é considerado como uma séria oposição, é negativamente rotulado e seu autor é culpado e punido, considerado um indivíduo mau ou perverso que merece ser punido.

A expressão de ira é freqüentemente acompanhada por ataques verbais e/ou físicos (tapas, pontapés, socos), que podem incluir também o uso de uma arma ou instrumento. De acordo com isso, é possível que a resposta daquele que recebe o ataque, que pode ser mais poderoso em força ou *status*, conduza a uma escalada de violência, brigas ou inimizades e a mulher pode sofrer mais danos que simplesmente insultos ou desprezo. Mesmo quando as brigas físicas não se seguem aos intercâmbios verbais venenosos, é muito habitual que se conservem sentimentos secundários de culpa e vergonha quando tudo passa, e prevalecerão preocupações importantes por um suposto dano grave ou permanente ao relacionamento. Desse modo, as mulheres com experiências de ira associadas à SPM são as que mais provavelmente procurarão ajuda quando assumem a culpa pelas desavenças em suas relações significativas e em sua família.

Novaco (1979) contempla a ira como uma reação emocional de estresse diante da percepção de acontecimentos psicossociais aversivos, mediada pela avaliação dos acontecimentos como opostos às regras e às expectativas do papel. A ativação da ira é um antecedente suficiente, embora não necessário, da agressão, e o grau de provocação experimentada é sempre determinado pelo tipo de avaliações idiossincrásicas dos estímulos específicos à situação. As cognições de ira refletem ansiedade do eu ou ameaça ao eu, cognições que, segundo Feshbach (1964), produzem-se evolutivamente desde a mais tenra idade e são associadas a ruminações específicas e ao modelo em situações de aprendizagem social (Bandura, 1977). As ameaças percebidas ao *status*, ao controle, à autoridade podem surgir de inúmeras fontes de interação com o parceiro e com os filhos. Elementos de ansiedade pelo incômodo (Ellis, 1980) se misturam com a ansiedade do eu e são experimentados como baixa tolerância à frustração pela incapacidade para aceitar que as coisas não andam como se deseja ou exige. Assim, embora o bloqueio dos comportamentos com um determinado fim possa causar ansiedade, Bandura (1973) propõe que é o impacto dos "insultos" reais ou supostos ao próprio senso de valor e justiça o determinante mais poderoso.

A experiência da ira é composta por um forte fator fisiológico, caracterizado pela ativação rápida da reatividade cardiovascular que influi e mantém os elementos cognitivos do estado de humor. Os achados da pesquisa psicofísica sugerem que as mulheres com SPM têm um sistema nervoso autônomo que reage em um maior grau que as mulheres sem SPM (Asso, 1978; Collins *et al.*, 1985; Palmero e Choliz, 1991), de modo que é bastante compreensível que a irritabilidade, a hostilidade e a ira se apresentem como os objetivos principais para a mudança.

Novaco (1979) propõe um enfoque de inoculação de estresse (IS), a partir do modelo de Meichenbaum (1977), para lidar com os sentimentos de ira expressos e reprimidos, utilizando especialmente o treinamento em auto-instruções (TA) (Meichenbaum,1975).

A *inoculação de estresse* consta de três componentes: preparação cognitiva, aquisição de habilidades e aplicações *in vivo* nos níveis de prevenção, regulação e realização. A IE não é uma tentativa de ensinar a supressão da ira, mas de maximizar os aspectos positivos cognitivos e comportamentais eficazes e minimizar a superativação desadaptativa que tem como resultado os ataques agressivos verbais ou físicos.

A fase de preparação inclui a educação ou informação sobre a ativação da ira e seus determinantes e antecedentes; o treinamento na identificação de estímulos desencadeadores específicos nos acontecimentos pessoais e sociais; e a aprendizagem de estratégias de controle da ira como habilidades de enfrentamento. A aquisição de habilidades utiliza o ensaio *in vitro*, a representação de papéis e o modelo, e a prática *in vivo* de modos reformulados de lidar com as provocações e frustrações. Os sujeitos aprendem a evitar a interpretação dos acontecimentos como insultos ou frustrações deliberadas. Ao contrário, são incentivados a tentar manter-se tranqüilos e utilizar o humor como um antídoto, por meio da distração e desvio da atenção. A baixa tolerância à frustração (BTF) pode tornar-se alta tolerância à frustração (ATF) por meio do questionamento constante das crenças de que deveria existir um mundo justo e as exigências de que as pessoas deveriam comportar-se sempre de maneiras totalmente aceitáveis. Esse enfoque aborda a auto-imposta "tirania dos deveria", proposta por Horney (1967), e na qual Ellis (1962, 1979) baseou grande parte de seu questionamento racional dos sistemas de crenças inapropriados. São ensinadas auto-instruções verbais para ser usadas como resposta diante dos sentimentos de ira ou diante da ativação, como sinais para mudar as técnicas de inoculação de estresse. O retardo dos impulsos é conseguido pelo reenquadramento cognitivo e pela reinterpretação dos acontecimentos, e os comportamentos dos outros são redefinidos como equívocos, intenções mal dirigidas ou insultos que provêm dos problemas pessoais das outras pessoas, em vez de ser uma prova dos próprios defeitos. Aprender a responder à provocação eficazmente, sem respostas de muita ira, requer habilidades eficazes de comunicação verbal que podem ter de ser aprendidas também, ou, pelo menos, refrescadas por meio do ensaio de comportamento. Basicamente os sujeitos aprendem a responder aos desafios e aos ataques como se fossem problemas que precisam ser resolvidos, em vez de uma ameaça diante da qual a única resposta é o contra-ataque defensivo.

As aplicações do treinamento podem incluir a construção de uma hierarquia antecipada de situações de ira extraídas da recente história passada. O emprego da "imaginação guiada" nas representações de papéis é altamente benéfico para o treinamento da redução da ativação física. Proporcionar tarefas graduadas para casa que se apliquem ao mundo real da mulher ajudará no re-treinamento da pessoa "predisposta à ira" para lidar com mais eficácia com sua vida em geral, não somente quando estiver na fase pré-menstrual. Assim como acontece com a ansiedade, se as sensações físicas da ira são significativas, então serão necessárias, em primeiro lugar, estratégias comportamentais para diminuir a ativação, antes que a reestruturação cognitiva possa ser conduzida de forma eficaz.

V.3.4. Estimular a assertividade responsável

A maioria das pessoas é capaz de identificar corretamente quando se comportou de forma não-assertiva e submissa. Normalmente se sente oprimida e enganada, usada, e violada em seus direitos. Porém, pouca gente pode identificar com precisão quando se comportou não-assertivamente de forma agressiva. Muitas pessoas alegarão que se comportaram assertivamente ao "defender a si mesmas e a seus direitos", quando, de fato, se comportaram agressivamente diante de outra pessoa sem perceber a diferença.

As mulheres com SPM não estão seguras, geralmente, da assertividade responsável. Oscilam entre a submissão e a agressão defensiva, dependendo de quão fortes ou dominantes se sintam em uma situação determinada. Quando a ansiedade e as ameaças percebidas são extremas, abandonam rapidamente a defesa de seus próprios interesses e dão preferência aos outros em favor de seu próprio detrimento. Essa aparente falta de sucesso e eficácia traduz-se rapidamente em um automenosprezo por seus defeitos e debilidades, que minam uma frágil auto-estima e podem levar à sensação de depressão. Se mantiverem um senso superdesenvolvido de um "mundo justo", com regras e condições exatas, então a inflexibilidade do pensamento as conduzirá a freqüentes frustrações, que desencadearão e manterão crenças de injustiça e falta de igualdade, as quais, por sua vez, impulsionarão sentimentos de ira e desejos agressivos de vingança e castigo.

A fase de educação do treinamento em assertividade responsável inclui uma explicação dos diferentes elementos das respostas submissas, agressivas e assertivas aos acontecimentos da vida. Explicam-se os laços entre a falta de assertividade e a ansiedade, a depressão, a ira e uma série de estados somáticos negativos (cefaléias, moléstias gástricas, dores nas costas e sintomas de tensão). A falta de asserção consta de pensamentos desadaptativos caracterizados pelo automenosprezo, autocrítica, baixa tolerância à frustração e comportamentos de comunicação pouco hábeis, exemplificados por uma linguagem corporal de evitação e uma inépcia verbal.

São ensinadas técnicas comportamentais simples que incluem o "disco riscado", o "banco de neblina/desarmar a ira", o que leva ao desenvolvimento de uma mistura de estratégias emocionais e comportamentais de controle para uma solução eficaz dos conflitos. Constantemente faz-se a identificação entre os laços da falta de asserção e as emoções negativas principais. As tarefas para casa incluem exposições hierárquicas graduais, situações realmente difíceis ou percebidas como difíceis, e nas sessões seguintes repassam-se os resultados dessas tarefas para casa.

Este último objetivo para mudança no tratamento da SPM não estabelece suposições sobre as predisposições de enfrentamento do indivíduo. Aceitar que o enfrentamento das situações não é facilmente previsto a partir das qualidades disposicionais (Carver e Scheier, 1994) significa que é necessário que os enfoques de sucesso para o controle das situações estressantes sejam levados a cabo em etapas. Esse modelo por etapas, bem descrito por Meichenbaum (1977), faz com que o indivíduo identifique os aspectos relevantes de seus pensamentos e comportamentos que o conduzam ao sucesso, e os outros elementos que lhe reportem um pequeno sucesso. Esses últimos aspectos serão os principais objetivos para a mudança, enquanto se assinalam algumas das habilidades que já existem em seu repertório e das quais se pode tirar proveito. Esse tipo de tarefa e análise comportamental é instrutivo e otimista e serve para proteger o indivíduo da sensação de opressão e derrota e disposição de abandonar seus esforços para conseguir o controle. Ficou demonstrado que a reinterpretação positiva do sucesso, e especialmente dos sucessos parciais, ajuda a desencadear sentimentos estimulantes, que motivam desejos de dominar a situação, em vez de gerar sentimentos de derrota, que servem para paralisar o comportamento e conduzem ao abandono. É educativo também, para a mulher, reconhecer suas limitações reais e adquirir uma aceitação racional da situação depois de ter usado todos os esforços razoáveis para conseguir a mudança (Menaghan e Merves, 1984). Carver e Scheier, 1993) encontraram que a aceitação, como reação de enfrentamento, tinha uma validade tanto indicadora quanto concorrente de uma baixa perturbação.

VI. CONCLUSÕES E TENDÊNCIAS FUTURAS

O complexo conjunto de experiências conhecido como SPM propõe um excitante desafio ao psicólogo clínico, porque se compõe de um amplo conjunto de distorções cognitivas e excessos e déficits comportamentais característicos. À vista desses componentes cognitivo-comportamentais, não existe a possibilidade de uma terapia exclusivamente farmacológica para produzir a eliminação dos sintomas da síndrome devido à sua natureza multifatorial. No máximo, o emprego de tranqüilizantes e antidepressivos pode conseguir alguma modificação do estado de humor, o que ajudaria na facilidade das mulheres com SPM para seguir intervenções cognitivas e comportamentais. Este capítulo mostra claramente que é possível juntar um considerável grupo de técnicas do repertório habitual dos terapeutas cognitivo-comportamentais para construir um programa amplo de tratamento.

Um aspecto surpreendente da natureza da SPM é sua aparente transitoriedade ao longo do ciclo menstrual, com um pequeno período de profunda influência e uma fase relativa ou completamente livre de sintomas durante o resto do ciclo. Esse padrão característico distingue claramente a SPM do transtorno por ansiedade generalizada ou do transtorno depressivo maior. Halbreich e Endicott (1987) propuseram a possibilidade de que existisse uma associação entre a disforia pré-menstrual e os transtornos afetivos maiores. Suas conclusões foram contraditórias e poucas pesquisas sobre esse tema foram realizadas a partir de então.

Muitos pesquisadores apoiaram a proposição de considerar a SPM como um transtorno da resposta ao estresse. Porém, Everly (1989), mesmo reconhecendo as diferenças no caráter da resposta ao estresse na mulher, comparada com o homem, em termos comportamentais e emocionais, não foi capaz de separar as contribuições das influências hormonais ou ambientais. Algumas escritoras feministas (por exemplo, Brodsky e Hare-Mustin, 1980; Grinnell, 1988) propuseram que a SPM é um método legítimo para que as mulheres estressadas consigam um "tempo fora" de suas ocupadas vidas de final do século XX. Embora isso proponha questões interessantes, essas mulheres estressadas podem realmente tirar proveito da aprendizagem da assertividade responsável, controlando seu comportamento e seus estados de humor, de modo que possam obter mais diretamente o alívio e os benefícios que desejam sem recorrer ao incômodo subterfúgio conhecido como síndrome pré-menstrual (SPM).

Surpreendentemente, as questões mais importantes que subjazem aos problemas do estado de humor não se referem especialmente aos aspectos do processo menstrual em si. Determinados pensamentos automáticos disfuncionais podem fazer breve referência ao temor antecipado de que ocorram déficits emocionais e comportamentais conforme se aproxima "esse momento do mês". As antigas idéias de que as mulheres com SPM odiavam ou rejeitavam o processo menstrual e a feminilidade (por exemplo, Berry e McGuire, 1972) não foram confirmadas em estudos posteriores. É razoável supor que passar por momentos problemáticos próximo à menstruação sensibilizará as mulheres, fazendo esperar e temer o pior e, talvez, um certo grau de aumento da tensão e da emotividade se produz dessa maneira (veja Blechman e Clay, 1987). Ao contrário, a maioria dos relatos incluídos nos estados de humor perturbados e nos sentimentos desadaptativos centram-se nas inadequações pessoais e nas experiências difíceis da vida diária e das relações com o parceiro e os filhos. Embora não seja possível saber quais elementos são antecedentes ou conseqüentes na equação pessoa-ambiente, ajudar as mulheres a lidar com suas relações de forma mais eficaz quando estão na fase pré-menstrual ou sob qualquer outro tipo de estresse certamente melhorará a percepção do controle e gerará sentimentos e experiências de bem-estar e satisfação (Morse, 1989).

Até a presente data, existem poucos estudos psicoterapêuticos bem desenhados para lidar com a SPM. Os componentes cognitivo-afetivos das experiências das mulheres com SPM não foram, ainda, submetidos a uma detalhada análise do conteúdo. Porém, foi proposta uma série de variações sobre o tema geral das intervenções cognitivas (p.

ex., Lindner e Kirkby, 1992) ou cognitivo-comportamentais (por exemplo, Morse, 1989, 1991), que utilizaram principalmente conceitos amplos de estados de humor específicos e problemáticos. Resta muito a fazer ainda. Houve progressos consideráveis desde o tempo em que a SPM era conceitualizada como um "transtorno endócrino menor" até a descoberta, hoje em dia, dos elementos cognitivos e comportamentais que predominam no transtorno. Os componentes cognitivos altamente específicos dos transtornos do estado de humor, da depressão pós-parto, da síndrome pré-menstrual e da síndrome da menopausa continuam constituindo áreas frutíferas para uma pesquisa futura detalhada e profunda.

REFERÊNCIAS BIBLIOGRÁFICAS

Abraham, G. E. (1983). Nutritional factors in the aetiology of the premenstrual tension syndromes. *The Journal of Reproductive Medicine, 28,* 446-464.

Abramson, L. Y., Seligman, M. E. P. y Teasdale, J. D. (1978). Learned helplessness in humans: critique and reformulation. *Journal of Abnormal Psychology, 87,* 49-74.

Adams, D. B., Gold, A. R. y Burt, A. D. (1978). Rise in female-initiated sexual activity at ovulation and its suppression. *The New England Journal of Medicine, 29,* 1145-1150.

Ambrose, A. y Rholes, W. S. (1993). Automatic cognitions and symptoms of depression and anxiety in children and adolescents: Examination of content specificity hypothesis. *Cognitive Therapy and Research, 17,* 289-308.

American Psychiatric Association (1987). *Diagnostic and statistical manual of mental disorders* (3.ª edición revisada) (*DSM-III-R*). Washington, DC: APA.

American Psychiatric Association (1994). *Diagnostic and statistical manual of mental disorders* (4.ª edición) (*DSM-IV*). Washington, DC: APA.

Asso, D. (1978). Levels of arousal in the premenstrual phase. *British Journal of Social and Clinical Psychology, 17,* 47-55.

Asso, D. y Braier J. R. (1982). Changes with the menstrual cycle in psycho-physiological and self-report measures of activation. *Biological Psychology, 15,* 95-107.

Bandura, A. (1973). *Aggression: A social learning analysis.* Englewood Cliffs, NJ: Prentice-Hall.

Bandura, A. (1977). *Social learning theory.* Englewood Cliffs, NJ: Prentice-Hall Inc.

Barrios, B. A. y Shigetomi, C. C. (1979). Coping skills training for the management of anxiety: A critical review. *Behavior Therapy, 10,* 491-522.

Beach, F. A. (1976). Sexual attractivity, proceptivity and receptivity in female mammals. *Hormones and Behavior, 7,* 105-138.

Beck, A. T. (1976). *Cognitive therapy and the emotional disorders.* Nueva York: Meridian Books.

Beck, A. T. (1983). Cognitive therapy of depression: New perspectives. En P. J. Clayton y J. E. Barnett (dirs.), *Treatment of depression: Old controversies, new approaches.* Nueva York: Raven.

Beck, A.T., Emery, G. y Greenberg, R. L. (1985). *Anxiety disorders and phobias: a cognitive perspective.* Nueva York: Basic Books.

Beck, A. T., Ward, C. H., Mendelson, M., Mock, J. y Erbaugh, J. (1979). *Cognitive therapy for depression.* Nueva York: Guilford.

Benson, H. (1975). *The relaxation response.* Nueva York: Morrow.

Berry, C. y McGuire, F. L. (1972). Menstrual distress and acceptance of sexual role. *American Journal of Obstetrics & Gynecology, 114,* 83-87.

Blechman, E. A. (1984). Women's behavior in a man's world: Sex differences in competence. En E. A. Blechman (dir.), *Behavioral modification with women.* Nueva York: Guilford.

Blechman, E. A. y Clay, C. J. (1987). The scientific method and ethical treatment of premenstrual complaints. En B. E. Ginsburg y B. F. Carter (dirs.), *Premenstrual syndrome: ethical and legal implications in a biomedical perspective.* Nueva York: Plenum.

Broadbent, D. E., Cooper, P. F., Fitzgerald, R. y Parkes, K. R. (1982). The Cognitive Failures Questionnaire (CFQ) and its correlates. *British Journal of Clinical Psychology, 21,* 1-16.

Brodsky, A. M. y Hare-Mustin, R. (1980). *Women and psychotherapy.* Nueva York: Guilford.

Carver, C. S. y Scheier, M. F. (1993). Vigilant and avoidant coping in two patient samples. En H. W. Krohne (dir.), *Attention and avoidance: strategies in coping with aversiveness.* Seattle: Hogrefe & Huber.

Carver, C. S. y Scheier, M. F. (1994). Situational coping and coping dispositions in a stressful situation. *Journal of Personality and Social Psychology, 66,* 184-195.

Clare, A. W. (1985). Hormones, behaviour and the menstrual cycle. *Journal of Psychosomatic Research, 29,* 225-233.

Clark, D. A., Beck, A.T. y Stewart, B. (1990). Cognitive specificity and positive-negative affectivity: complementary or contradictory views on anxiety and depression? *Journal of Abnormal Psychology, 99,* 148-155.

Collins, A., Eneroth, P. y Landgren, B. M. (1985). Psychoneuroendocrine stress response and mood as related to the menstrual cycle. *Psychosomatic Medicine, 47,* 512-527.

Dalton, K. (1964). *The premenstrual syndrome.* Londres: Heinemann.

Dalton, K. (1977). *The premenstrual syndrome and progesterone therapy.* Londres: Heinemann.

Dalton, K. (1984). *Once a month.* Londres: Fontana.

Dennerstein, L. y Burrows, G. D. (1979). Affect and the menstrual cycle. *Journal of Affective Disorders, 1,* 77-92.

Dennerstein, L., Gotts, G., Brown, J. J., Morse, C. A., Farley, T. M. M. y Pinot, A. (1994). The relationship between the menstrual cycle and sexual interest. *Psychoneuroendocrinology, 19,* 293-304.

Ellis, A. (1962). *Reason and emotion in psychotherapy.* Nueva York: Lyle Stuart.

Ellis, A. (1979). The theory of rational-emotive therapy. En A. Ellis y J. M. Whiteley (dirs.), *Theoretical and empirical foundations of rational-emotive therapy.* California: Brooks/Cole.

Ellis, A. (1980). Discomfort anxiety: A new cognitive behavioral construct. Part 2. *Rational Living, 15,* 25-30.

Ellis, A. y Bernard, M. E. (dirs.) (1985). *Clinical applications of rational-emotive therapy*. Nueva York: Plenum.

Ellis, A. y Grieger, R. M. (dirs.) (1977). *Handbook of rational-emotive therapy*, vol. 1. Nueva York: Springer.

Ellis, A. y Harper, R. (1975). *A new guide to rational living*. North Hollywoss, CA: Wilshire.

Ellis, A. y Whiteley, J. R. (1979). *Theoretical and empirical foundations of rational-emotive therapy*. Monterey, CA: Brooks/Cole.

Everly, G. S. (1989). *A clinical guide to the treatment of the human stress response*. Nueva York: Plenum.

Facchinetti, F., Martignoni, E., Petraglia, F. W., Sances, M. G., Nappi, G. y Genazzani, A. R. (1987). Premenstrual fall of beta endorphins in patients with premenstrual syndrome, *Fertility & Sterility, 47*, 570-576.

Feshbach, H. S. (1964). The functions of aggression and the regulation of aggressive drive. *Psychological Review, 71*, 257-272.

Frank, R. T. (1931). The hormonal causes of premenstrual tension. *Archives of Neurological Psychiatry, 26*, 1053-1057.

Gise, L. H. (1988). Issues in the identification of premenstrual syndrome. En L. H. Gise (dir.), *The premenstrual syndromes*, vol. 1. Nueva York: Churchill Livingston.

Gotts, G., Morse, C. A. y Dennerstein, L. (1995). Premenstrual complaints: an idiosyncratic syndrome. *Journal of Psychosomatic Obstetrics & Gynecology, 16*, 29-35.

Grinnell, G. (1988). Women, depression and the global folie: A new framework for therapists. En M. Braude (dir.), *Women, power and therapy: issues for women*. Nueva York: Howarth.

Halbreich, U. y Endicott, J. (1981). Possible involvement of endorphin withdrawal or imbalance in specific premenstrual syndrome and postpartum depression. *Medical Hypotheses, 7*, 1045-1058.

Halbreich, U. y Endicott, J. (1987). Dysphoric premenstrual changes: are they related to affective disorders? En B. E. Ginsberg y B. F. Carter (dirs.), PMS: *Ethical and legal implications in a biomedical perspective*. Nueva York: Plenum.

Hart, W. G. y Russell, J. W. (1986). A prospective comparison study of premenstrual symptoms, *Medical Journal of Australia, 144*, 466-468.

Horney, K. (1967). Premenstrual tension. En H. Kelman (dir.), *Feminine psychology*. Londres: Routledge & Kegan.

Ingram, R. E. y Kendall, P. C. (1987). The cognitive side of anxiety. *Cognitive Therapy and Research, 11*, 523-536.

Israel, S. L. (1938). Premenstrual tension, *Journal of the American Associations, 110*, 1721-1723.

Janowsky, D. S., Berens, S. C. y Davis, J. M. (1973). Correlations between mood, weight and electrolytes during the menstrual cycle: a renin-angiotensin-aldosterone hypothesis for premenstrual tension. *Psychosomatic Medicine, 35*, 143-154.

Kendall, P. C. y Hollon, S. (dirs.) (1979). *Cognitive-behavioral interventions: theory, research and procedures*. Nueva York: Academic.

Kessel, N. y Coppen, A. (1963). The prevalence of common premenstrual symptoms, *Lancet, iii*, 61-64.

Kopera, H. (1980). Female hormones and brain function. En D. de Wied y P. A. van Keep (dirs.), *Hormones and the brain*. Lancaster: MTP.

Lazarus, R. H. y Folkman, S. (1984). *Stress, appraisal and coping*. Nueva York: Springer.

Lindner, H. y Kirkby, R. J. (1992). Premenstrual symptoms: The role of irrational thinking. *Psychological Reports, 71*, 247-252.

May, R. R. (1976). Mood shifts and the menstrual cycle. *Journal of Psychosomatic Research, 20*, 125-131.

McNatty, K. P., Sawyers, R. S. y McMeilly, A. S. (1974). A possible role for prolactin in control of steroid secretion by the human graafian follicle. *Nature, 250,* 653-655.

Meichenbaum, D. (1975). A self-instructional approach to stress management: a proposal for stress inoculation training. En I. Sarason y C. D. Spielberger (dirs.), *Stress and anxiety,* vol. 2. Nueva York: Wiley.

Meichenbaum, D. (1977). *Cognitive behavior modification.* Nueva York: Plenum.

Menaghan, E. y Merves, E. (1984). Coping with occupational problems: The limits of individual efforts. *Journal of Health and Social Behavior, 25,* 406-423.

Moos, R. y Liederman, D. B. (1978). Toward a menstrual cycle symptom typology. *Journal of Psychosomatic Research, 22,* 31-40.

Morris, L. W. y Liebert, R. M. (1970). Relationship of cognitive and emotional components of test anxiety to physiological arousal and academic performance. *Journal of Consulting and Clinical Psychology, 35,* 332-337.

Morse, C. A. (1989). *Premenstrual syndrome: An integrated cognitive-hormonal analysis and treatment.* Tesis doctoral sin publicar, Universidad de Melbourne, Australia.

Morse, C. A. (1991). A critical review of methodological issues and approaches to managing premenstrual syndrome. *Journal of Psychosomatic Obstetrics and Gynecology, 12,* 133-151.

Morse, C. A., Bernard, M. E. y Dennerstein, L. (1989). The effects of rational-emotive therapy and relaxation training on premenstrual syndrome: A preliminary study. *Journal of RET and Cognitive-Behavioral Therapy, 7,* 98-110.

Morse, C. A. y Dennerstein, L. (1986). Cognitive perspectives in PMS. En L. Dennerstein e I. Fraser (dirs.), *Hormones and behaviours.* North Holland: Elsevier.

Morse, C. A. y Dennerstein, L. (1988). Cognitive therapy for premenstrual syndrome. En M. G. Brush y E. M. Goudsmit (dirs.), *Functional disorders of the menstrual cycle.* Nueva York: Wiley.

Morse, C. A., Dennerstein, L., Farrell, E. y Varnavides, K. (1991). A comparison of hormone therapy, coping skills training and relaxation for relief of premenstrual syndrome. *Journal of Behavioral Medicine, 14,* 469-489.

Morse, C. A., Dennerstein, L., Varnavides, K. y Burrows, G. D. (1988). Menstrual cycle symptoms: A comparison between treatmen-seekers and non-clinical volunteers. *Journal of Affective Disorders, 14,* 41-50.

Munday, M. R., Brush, M. G. y Taylor, R.W. (1981). Correlations between progesterone, oestradiol and aldosterone levels in the premenstrual syndrome. *Clinical Endocrinology, 14,* 1-9.

Novaco, R. (1979). Cognitive regulation of anger and stress. En P. Kendall y S. Hollon (dirs.), *Cognitive-behavioral interventions: Theory, research and procedures.* Nueva York: Academic.

Palmero, F. y Choliz, M. (1991). Resting heart rate (HR) in women with and without premenstrual symptoms (PMS). *Journal of Behavioral Medicine, 14,* 2, 125-139.

Pennington, V. M. (1957). Meprobamate (Miltown) in premenstrual tension. *Journal of the American Medical Association, 164,* 638-640.

Reid, R. L. y Yen, S. S. C. (1983). The premenstrual syndrome. *Clinical Obstetrics and Gynecology, 2,* 3-7.

Renaer, M. J. (1983). The premenstrual tension syndrome. *Journal of Psychosomatic Obstetrics and Gynecology, 2,* 3-7.

Richardson, J. T. E. (1992). Memory and the menstrual cycle. En J. T. E. Richardson (dir.), *Cognition and the menstrual cycle.* Nueva York: Springer-Verlag.

Rogers, T. y Craighead, W. E. (1977). Physiological responses to self-statements: The effects of statement valence and discrepancy. *Cognitive Therapy and Research, 1,* 99-118.

Rush, A. J., Weissenburger, J. y Eaves, G. (1986). Do thinking patterns predict depressive symptoms? *Cognitive Therapy and Research, 10*, 225-235.

Safran, J. D., Vallis, T. M., Segal, Z.V. y Shaw, B. F. (1986). Core cognitive processes in therapy. *Cognitive Therapy and Research, 10*, 509-526.

Schwartz, R. y Gottman, J. (1976). Toward a task analysis of assertive behavior. *Journal of Consulting and Clinical Psychology, 44*, 910-920.

Seligman, M. E. P. (1975). *Helplessness.* San Francisco: Freeman.

Seligman, M. E. P. (1991). *Learned optimism.* Nueva York: Knopf.

Simons, A. D., Murphy, G. E., Levine, J. L. y Wetzel, R. D. (1986). Cognitive therapy and pharmacotherapy for depression: sustained improvement over one year. *Archives of General Psychiatry, 43*, 43-38.

Snowden, R. y Christian, B. (1982). *Patterns and perceptions of menstruation,* WHO Report. Nueva York: St Martin's.

Spielberger, C. D. (1966). Theory and research on anxiety. En C. D. Spielberger (dir.), *Anxiety: Current trends in theory and research,* vol. 1. Nueva York: Academic.

Strickler, R. C. (1987). Endocrine hypotheses for the aetiology of premenstrual syndrome. *Clinical Obstetrics and Gynecology, 30*, 377-385.

Sutherland, H. y Stewart, I. (1965). A critical analysis of the premenstrual syndrome. *Lancet, i*, 1180-1183.

Tonks, C. M. (1975). Premenstrual tension. *British Journal of Psychiatry, 9*, 399-408.

Van Valkenburg, C., Akiskal, H. S., Puzantian, V. y Rosenthal, T. (1984). Anxious depressions: Clinical, family history and naturalistic outcome — comparisons with panic and major depressive disorders. *Journal of Affective Disorders, 6*, 67-82.

Watson, D. y Tellegen, A. (1985). Toward a consensual structure of mood. *Psychological Bulletin, 98*, 219-235.

Woods, N. F., Most, A. y Dery, G. K. (1982). Toward a construct of perimenstrual distress. *Research in Nursing and Health, 5*, 123-136.

LEITURAS PARA APROFUNDAMENTO

Blechman, E. y Brownell, K. (1992). *Medicina conductual de la mujer.* Barcelona: Martínez Roca (original, 1988).

Dewhurst, D. T. (1993). Using the self-control triad to treat Premenstrual Syndrome. En J. R. Cautela y A. J. Kearney (dirs.), *Covert conditioning casebook.* California: Wadsworth.

Grimwade, J. (1995). *The body of knowledge: Everything you need to know about the female cycle.* Sydney: William Heinemann.

Iglesias, X., Camarasa, E. y Centelles, N. (1987). *Trastornos de la menstruación.* Barcelona: Editorial Martínez-Roca.

Larroy, C. (1993). *Menstruación. Trastornos y tratamiento.* Madrid: Eudema.

Vallis, T. M., Howes, J. L. y Miller, P. C. (dirs.) (1991). *The challenge of cognitive therapy: Applications to non-traditional populations.* Nueva York: Plenum.

Apêndice. TREINAMENTO EM HABILIDADES DE ENFRENTAMENTO PARA PESSOAS COM SÍNDROME PRÉ-MENSTRUAL

Primeira sessão

Apresentação e revisão dos módulos de tratamento:

- Relaxamento de todo o corpo (Benson, 1975).
- Reestruturação racional emotivo-comportamental[1].
- Inoculação de estresse e solução de problemas.
- Assertividade responsável.

Regras para aproveitar as vantagens dos procedimentos de grupo em um formato grupal pequeno.
Introdução ao treinamento em habilidades de enfrentamento:

- Identificação de problemas.
- Proposição de objetivos.

Instruções sobre a resposta de relaxamento de Benson – I:

- Fornecemos folhas de relaxamento e explicamos sua utilização para a próxima semana.

Tarefas para casa:

- Preencher uma Folha de Objetivos Pessoais para a sessão seguinte.
- Praticar a resposta de relaxamento de Benson (RRB) duas vezes ao dia durante 5 minutos cada vez. Devem ser preenchidos os registros das sessões de prática (folhas). Na próxima sessão falaremos sobre problemas que surgirem.
- Ler os capítulos 2 e 3 do livro de A. Ellis e R. Harper, *A new guide to rational living* (1975). Devem ser registrados os principais aspectos em cadernos, com a finalidade de falar sobre eles na sessão seguinte.

Segunda sessão

Convidamos o grupo a proporcionar retroalimentação sobre a sessão da semana anterior. Eles manifestam as dificuldades e os sucessos que tenham ocorrido durante a prática da resposta de relaxamento. Incentivamos o compartilhar de objetivos pessoais.

Discussão dos pontos principais dos capítulos 2 e 3.

Convidamos cada mulher a informar sobre os pensamentos e sentimentos habituais que surgem quando está no período pré-menstrual.

---

[1] Foi publicado recentemente um livro em espanhol que pode introduzir o leitor e o paciente nos conceitos da TREC. A referência desse livro é: L. Lega, V. E. Caballo e A. Ellis (1997). *Teoria e prática da terapia racional emotivo-comportamental*, Madri: Século XXI.

Introduzimos a continuação sobre a "intensidade dos sintomas".

Introduzimos e descrevemos o modelo A-B-C dos sentimentos e pensamentos racionais/irracionais.

Introduzimos o relaxamento muscular profundo (RMP). O terapeuta exemplifica o relaxamento. Os membros do grupo se deitam ou se colocam confortavelmente e realizam o RMP da parte superior do corpo.

Introduzimos *novas* idéias sobre:
Uma breve revisão dos hormônios do ciclo menstrual e de seus efeitos sobre o estado de humor, as sensações corporais e a fisiologia.

Recolhemos os registros pré-menstruais das crenças irracionais e identificamos e escrevemos na lousa temas pertinentes. Convidamos à discussão desses temas.

Tarefas para casa

- Praticar o RMP diariamente durante 15 minutos e preencher a folha de relaxamento.
- Damos instruções de relaxamento gravadas em fita magnética sobre as extremidades superiores e inferiores para que os membros do grupo as usem em casa.
- Ler o capítulo 4 de Ellis e Harper: "Como você cria seus próprios sentimentos". Tomar nota dos principais aspectos para apresentar para discussão na sessão seguinte.

Terceira sessão

Revisamos os registros dos acontecimentos incômodos/positivos da semana passada.
Identificamos temas pertinentes.
Aplicamos a Escala de Intensidade aos acontecimentos.

Novas idéias sobre:
Pensamentos positivos e negativos.
Os sujeitos identificam o caráter de seus próprios pensamentos a partir dos registros da semana passada.
Discutimos a curta duração/fragmentação dos pensamentos e de suas conexões com os sentimentos em resposta aos acontecimentos.

O terapeuta reitera: Acontecimentos e pensamentos, sentimentos e comportamentos.

O terapeuta apresenta a idéia irracional nº 1: A NECESSIDADE de aprovação. Explica a ansiedade do ego.
O terapeuta apresenta a idéia irracional nº 2: A EXIGÊNCIA de comodidade. Explica a ansiedade diante do desconforto.

A unidade seguinte do RMP – Apresentamos os exercícios da *face* e *tronco*. Os sujeitos se deitam ou se sentam confortavelmente e praticam o relaxamento dos grupos musculares da face e do tronco.

Tarefas para casa

- Praticar o RMP duas vezes ao dia e registrar na folha de relaxamento.
- Fornecemos a seqüência de relaxamento em fita magnética.

- Registrar os acontecimentos conforme ocorrem durante a semana.
- Ler o capítulo 5 do livro de Ellis e Harper: "Fugindo, por meio dos pensamentos, das perturbações emocionais".

Quarta sessão

Repassar os principais aspectos da leitura da semana passada.
Revisar os registros de acontecimentos incômodos/positivos da semana passada.
Apresentar a unidade final do RMP – pescoço e espinha dorsal.

Repassar os laços entre os pensamentos, sentimentos, emoções e sintomas. As participantes terão de:

- Descrever seus próprios sentimentos incômodos de tensão/hostilidade/depressão/...
- Identificar as vezes que ocorrem esses sentimentos no ciclo menstrual.
- Descrever a relação dos sentimentos com os níveis de intensidade.
- Classificar seus sentimentos em uma escala de contínuo de INTENSIDADE.

O terapeuta descreve os componentes das experiências de ansiedade:

- Sensações físicas.
- Pensar de maneira irracional e negativa.
- Comportar-se de forma ansiosa.

Convidamos as participantes a utilizar um dos acontecimentos que tenha informado recentemente e dividi-lo em partes menores identificando: sensações físicas, sinais do(os) acontecimento(s) que desencadeiam, o(s) tipo(s) de pensamentos implicados durante o(s) acontecimento(s), os comportamentos implicados na tipificação da experiência negativa.

O terapeuta dá explicações sobre o enfrentamento dessas experiências:
Enfrentamento de base emocional e enfrentamento baseado nos problemas, e a importância de recompensar a si mesma por ter tentado lidar com as experiências estressantes.

Reforçamos *novas idéias*:

As respostas de ansiedade são compostas de várias partes menores:
- Prestar atenção aos sinais nos acontecimentos cotidianos (incluindo as flutuações do ciclo menstrual).
- Pensar de formas determinadas sobre as demandas que aquelas lhes apresentam.
- Dizer a si mesma certas coisas (normalmente negativas) sobre essas demandas.
- Comportar-se de modo menos competente ou eficaz, que é indicativo de estresse (ansiosa).

Tarefas para casa:

- Registrar os acontecimentos que produzem incômodos emocionais ao longo da semana, os antecedentes e as conseqüências, e os pensamentos que ocorreram.
- Ler o capítulo 15 de Ellis e Harper: "Superando a ansiedade".
- Praticar o RMP duas vezes por dia e as folhas de registro.

Quinta sessão

Discussão dos principais aspectos da leitura da última semana.
Repasse dos acontecimentos registrados de mal-estar emocional, situações, cognições.
As participantes repassam os principais pontos das características da ansiedade.
As participantes informam sobre as práticas de relaxamento.

O terapeuta proporciona informação sobre o pensamento autoderrotista e o de melhora utilizando exemplos dos registros proporcionados pela paciente.
Realizamos tentativas explícitas para ilustrar os laços entre as autoverbalizações negativas e as emoções e comportamentos; as mudanças no tipo de pensamento podem mudar a forma como as pessoas se sentem e se comportam.

Apresentamos a Representação de papéis e a Inversão da representação de papéis para encenar, em duplas, pensamentos automáticos, com a participante e o terapeuta intercambiando os papéis.

Pedimos às participantes que identifiquem seus próprios pensamentos autoderrotistas (PADs) a partir de seus registros passados. Depois, propomos que contraponham a cada pensamento negativo os pensamentos de melhora de si mesma.

Tarefas para casa:

- Praticar a mudança de pensamentos negativos (PADs) por pensamentos positivos (PMUs) ao longo da próxima semana.
- Registrar acontecimentos, pensamentos e sentimentos diariamente.
- Praticar o RMP diariamente e ver os efeitos na folha de relaxamento.
- Ler o capítulo 13 de Ellis e Harper: "Como não se sentir deprimido, embora frustrado".

Sexta sessão

Repassar os principais pontos a partir da leitura da semana passada.
Identificar pensamentos de tipo PADs/PMUs a partir dos acontecimentos registrados.
Identificar a freqüência das crenças irracionais e as racionais (iBs/rBs).

O terapeuta reforça os esforços das participantes. Elas avaliam seus próprios níveis de eficácia na prática do pensamento racional.

Introdução dos aspectos cognitivos da depressão: por si mesma, o mundo, o futuro; dramatizando; desamparo; ceder ao abandono de responsabilidades; compaixão por si mesma e pelos outros.

O terapeuta apresenta "Verbalizações positivas reforçadoras" para serem utilizadas. As sugestões das próprias pacientes são aceitas, quando possível. Os exemplos usados são aplicados às experiências de SPM/tensão menstrual e pós-menstrual.

O terapeuta apresenta novos conceitos sobre:

- Detenção do pensamento.
- Questionamento racional.

Proporcionamos às participantes uma lista de Verbalizações de enfrentamento para utilizar em uma série de situações potencialmente estressantes. Pedimos às participantes que as apliquem ao longo das semanas seguintes.

Tarefas para casa:

- Praticar o emprego de pelo menos duas das Verbalizações de enfrentamento durante a semana.
- Praticar diariamente o RMP e ver os efeitos na folha de relaxamento.
- Registrar acontecimentos e expressar verbalizações positivas a outra pessoa pelo menos 3 vezes durante a semana.
- Ler o capítulo 12 de Ellis e Harper: "Como deixar de se culpar e começar a viver".

Sétima sessão (esta sessão será descrita mais amplamente e pode servir de modelo para as demais sessões)

1. Repassar os exemplos dos registros de incômodos emocionais de cada pessoa. Pedimos às participantes que reestruturem em voz alta seus iBs a partir dos PADs até os PMUs; ou desde os PMUs até os PADs. Depois, pedimos que recordem e voltem a imaginar o acontecimento ativante e tentem experimentar o estado emocional que pode mudar em relação com o tipo de pensamento no qual se implica.

2. Repassar os principais aspectos da leitura da última semana. Pedimos aos sujeitos que questionem em voz alta as iBs apresentadas (reestruturação racional).

3. Relaxamento diferencial. Informamos aos sujeitos que o relaxamento diferencial é muito versátil e que pode ser utilizado para manter uma parte do corpo mais relaxada, enquanto as outras se tensionam de maneira apropriada.

Relaxamento diferencial

Não precisam franzir a testa enquanto se centram ou se concentram em uma tarefa ou tema; podem tentar relaxar um grupo de músculos apenas (músculo frontal na cefaléia tensional; músculo abdominal quando a dor é na parte baixa da pelve). Pedimos aos sujeitos que relaxem uma parte específica de seu corpo enquanto mantêm a atenção e a postura (pausa). A seguir, convidamo-los a compartilhar suas experiências e a identificar o que fizeram e o nível de eficácia.

4. Na semana anterior foram fornecidas listas impressas de verbalizações de questionamento racional. Pedimos aos sujeitos que proporcionem uma verbalização racional de questionamento para cada iB registrado durante a semana anterior.

5. O terapeuta apresenta o conteúdo cognitivo da Ira. A ira e a irritabilidade surgem do iB nº 3: quando as pessoas agem de maneira ofensiva e injusta, devem ser culpados e condenados por isso, e ser considerados como indivíduos vis, malvados e infames:

   a. A ira provém de iBs sobre atuações (ou falta de atuação) dos outros, que frustram as próprias regras, valores ou padrões.
   b. O ato é considerado grave, e rotulado de forma negativa.
   c. A pessoa é condenada, culpada ou atacada verbal/fisicamente.

A ira reflete:

– *Ansiedade do ego* – referente a alguma perda, real ou percebida, de *status*, controle ou autoridade.

– *Ansiedade por desconforto* – refere-se a não poder tolerar que as coisas não funcionem da forma que se quer. Baixa tolerância à frustração (BTF).

– O terapeuta pedirá à paciente que defina querer e precisar.

– A paciente identificará seus próprios exemplos de desejos e necessidades.

Convidamos a paciente a diferenciar entre racionais e irracionais.

Os desejos e necessidades irracionais serão reformulados como racionais.

A paciente contará que as necessidades conduzem a estabelecer exigência para outra pessoa e que as exigências conduzem à ira e ao mal-estar.

Crenças racionais para deter a Culpa e a Ira.

i. Eu me enganei
   Isso não parece eficaz
   Que posso fazer para mudar – agora, a seguir, mais tarde?
ii. Posso pedir ajuda e aceitá-la
   Posso recompensar a mim mesmo pelos progressos realizados
   Posso continuar tentando superar X
   Não tenho de me menosprezar
   Nego-me a estar totalmente incomodado
   Posso continuar tentando diferenciar meus iBs e rBs
   Admite suas exigências e grandiosidades. Trabalha persistentemente para superá-las
iii. Admite o que lhe desagrada, as frustrações, as dificuldades
   Manifesta suas preferências
   Reduz as expectativas elevadas de perfeccionismo
   Aceita o que não parece melhorar ou mudar seu *status*.

6. Proporcionamos exemplos de Técnicas de questionamento ou debate:
   a. *perguntas* persistentes (método empírico): por que, como, prove que X é...
   b. atacando o *tremendismo*
   c. *raciocínio* persuasivo – considera o hedonismo e a rentabilidade em curto e longo prazos
   d. reestruturação cognitiva dos iBs
      Pergunte-se sobre as vantagens de se sentir menos (ansioso, enfadado, deprimido)
      Pergunte-se sobre a forma de se sentir menos (ansioso, enfadado, deprimido)

Novas idéias:
- Uma necessidade é algo que alguém precisa para sobreviver. Uma necessidade irracional é uma exigência de algo que não se precisa realmente para sobreviver.
- As participantes definem e diferenciam entre FATO e OPINIÃO.
- Resumimos os laços entre exigência, irritabilidade e ira e fatos e opiniões.

7. O terapeuta apresenta o Módulo de Assertividade – I^2

As participantes aprendem sobre a contínua passividade, assertividade-agressividade e a relação com uma série de ansiedades (interpessoal, social, falar em público, fobia, auto-estima).

---

[2] A maioria das atividades incluídas pelo autor nos diferentes Módulos de Assertividade podem ser encontradas em: V. E. Caballo. *Manual para a avaliação e treinamento das habilidades sociais.* Ed. Santos, 2004.

O terapeuta descreve o pensamento e os comportamentos (verbais e físicos) característicos de cada tipo de assertividade.

As participantes recebem uma lista impressa de comportamentos assertivos e pedimos que registrem seus próprios pensamentos e comportamentos habituais quando forem: submissos; assertivos; agressivos.

Tarefas para casa:

- Anotar 6 aspectos que cada participante crê que inibem sua assertividade.
- As participantes têm de sugerir novas formas de superar cada aspecto da lista.
- Entrar em contato com um conhecido e manter uma conversação durante no mínimo 5 minutos/sugerir sair para tomar um café etc.
- Registrar os pensamentos e sentimentos antes, durante e depois dessas tarefas comportamentais.
- Praticar o RMP diferencial durante a semana.
- Ler o capítulo 10 de Ellis e Harper: "Lidando com a necessidade desesperada de aprovação".

Oitava sessão

Repassar os pontos principais da leitura da semana passada. O terapeuta apresenta o Módulo de Assertividade – *II*.

Resumimos as seguintes técnicas de asserção:

- Disco riscado.
- Banco de /Desarmando a ira.
- Mensagens em primeira/segunda pessoa.

As participantes se dividem em duplas e praticam essas técnicas por meio da *role playing*.

Cada participante identifica aspectos da vida real e as discussões de grupo centram-se sobre técnicas de manipulação assertiva em: a) mudanças cognitivos e b) comportamentais.

Tarefas para casa:

- Praticar as estratégias ensaiadas para lidar assertivamente com uma dificuldade particular.
- Registrar pensamentos, sentimentos e resultados da estratégia assertiva.
- Registrar pelo menos três acontecimentos ao longo da semana seguinte.
- Praticar o RMP diferencial ao longo da próxima semana.
- Ler o capítulo 11 de Ellis e Harper: "Eliminando os temores desesperados de fracasso".

Nona sessão e/ou sessão final

Repassar os principais pontos da leitura das semanas passadas.

Informamos sobre acontecimentos da semana passada, onde se aplicaram as novas técnicas assertivas.

Discutimos os sucessos e os sucessos parciais.

O terapeuta introduz o Módulo de Assertividade – III.

- Escuta ativa.
- Solução de conflitos.

A escuta ativa implica: perguntar; empatia; parafrasear; resumir; refletir.

O terapeuta proporciona um diagrama de fluxo da solução de conflitos: identificação do(s) objetivo(s); formulação do(s) objetivo(s); alternativas e opções; avaliação de alternativas; tomada de decisões; verificação da tomada de decisões por meio da imaginação guiada/comprovação real; preparação para pôr em prática – identificação das ações necessárias, colocação em prática, avaliação do(s) resultado(s), *feedback*.

Novas idéias

- As situações e as pessoas não são tão difíceis como se pensava.
- Questionar o próprio pensamento de tremendismo/dramático melhora a situação e reduz o nível e intensidade dos sentimentos de mal-estar.

Tarefas para casa:

- anotar 5-10 iBs que inibem os comportamentos assertivos.
- proporcionar desafios racionais a esses iBs e reestruturá-los.
- registrar pelo menos três acontecimentos durante a próxima semana.
- praticar o RMP diferencial durante a próxima semana.
- ler o capítulo 8 de Ellis e Harper: "A razão é sempre razoável?".

Sessão final

As participantes comparam seus níveis atuais de competência com sua lista pré-tratamento de Objetivos pessoais. São convidadas a compartilhar e discutir as experiências realizadas com sucesso. Identificamos os obstáculos ao progresso: tem início a solução de problemas.

Os problemas que continuam sem solução são identificados. Propomos uma discussão sobre como lidar com esses problemas.

Fornecemos folhas para os Objetivos futuros para que sejam preenchidas e levadas para casa, para tentar atingir esses objetivos.

Convidamos a dar retroalimentação sobre o programa:
a. de membro a membro; *b.* dos membros ao terapeuta; *c.* do terapeuta aos membros.

Tarefas para casa:

- Manter as tentativas de pensar racionalmente e comportar-se com eficácia tanto quanto possível, especialmente no período pré-menstrual.

- Continuar questionando, debatendo e reestruturando os PADs.

Podemos planejar sessões de apoio em intervalos cada vez maiores. Estimulamos as participantes a continuar em contato como um grupo de apoio e de auto-ajuda.

Capítulo 16
INTERVENÇÕES COGNITIVO-COMPORTAMENTAIS COM PESSOAS COM HIV/AIDS

PETER E. CAMPOS e BRADLEY THOMASON[1]

I. INTRODUÇÃO AO HIV/AIDS

I.1. *Epidemiologia do HIV/AIDS*

A Síndrome de Imunodeficiência Adquirida (AIDS), em sua segunda década, atingiu proporções de pandemia. Desde sua descrição inicial, em 1981, até as estimativas de dezembro de 1995, foram registrados nos Estados Unidos mais 500.000 casos de Aids, com uma estimativa de mais de um milhão de pessoas infectadas pelo Vírus da Imunodeficiência Humana (HIV), que conduz ao desenvolvimento da Aids (CDCP, 1995). Em todo o mundo, há informações de mais de dois milhões de casos de Aids, e mais de 14 milhões de pessoas infectadas com o HIV (Pilot e Merson, 1995). Esta última cifra inclui um milhão de crianças, sendo a epidemia de HIV especialmente devastadora em países em desenvolvimento, não industrializados. No momento de escrever isto, não existiam sinais claros de que seria encontrada uma vacina contra o HIV ou uma cura para a Aids nos próximos dez anos.

A demografia da Aids difere segundo os países e mudou desde que a epidemia foi detectada pela primeira vez no começo da década de 1980 (WHO, 1995). Nos Estados Unidos, as populações de adultos com mais alto risco continuam sendo os homens que mantêm relações sexuais com outros homens (60%) e os que consomem drogas por via intravenosa (20%), sendo os negros (30% dos casos) e os latino-americanos (17% dos casos) os mais afetados pela Aids. Embora a prevalência da Aids entre as mulheres seja mais baixa se a compararmos com esses dois grupos (11%), atualmente constituem o grupo com uma incidência mais rápida de crescimento (número de casos novos) da Aids nos anos 1990 (Chamberland, Ward e Curran, 1995; Nash e Said, 1992). Em outros países, especialmente nos da África, Europa, América Latina e Caribe, existe uma distribuição quase igual de homens e mulheres com Aids. Além disso, a maior incidência de todas está sendo registrada nos países da Ásia (por exemplo, Tailândia) (Pilot e Merson, 1995; WHO, 1995).

Encontram-se disponíveis para o leitor revisões muito completas sobre os efeitos do HIV sobre o sistema imunológico (por exemplo, Stanley e Fauci, 1995), o curso clínico da infecção por HIV (Chaisson e Volberding, 1995) e as manifestações psicológicas e

---

[1]Emory University School of Medicine, Georgia (Estados Unidos).
Agradecemos ao diretor deste volume por suas úteis sugestões, e a Patrick Palmieri e Jeff Lenox, por seus agudos e práticos comentários.

neuropsiquiátricas da doença produzida pelo HIV (Kalichman, 1995). As linhas que se seguem são um resumo abreviado dos fatos mais interessantes para os clínicos, obtidos a partir dessas e outras fontes.

I.2. *Imunologia do HIV*

O HIV é um retrovírus, capaz de transcrever seu próprio material genético dentro do ADN da célula hóspede. A invasão do hóspede acontece quando se permite o acesso direto à corrente sangüínea de materiais tais como sangue, produtos do sangue (por exemplo, elementos coagulantes), líquido seminal, sêmen, secreções vaginais e, possivelmente, leite materno contaminados pelo HIV (Fernández e Ruiz, 1989). O vírus se une, a seguir, de forma seletiva, às células com receptores CD4, onde se incluem os macrófagos e os linfócitos T4. Estes são os componentes-chave da resposta imunológica celular normal, e o mesmo fato de que tais componentes sejam as células mais afetadas no início da infecção define a gravidade do HIV para o funcionamento eficaz do sistema imunológico.

Depois que o HIV se une aos receptores CD4, integra-se à célula hóspede. O ARN se torna ADN viróide, que, por sua vez, se insere no núcleo da célula hóspede e no próprio ADN dessa célula. Aí o provírus, como é denominada a seqüência integrada de ADN, pode permanecer durante anos antes que torne a se ativar, para gerar ARN viróide e proteínas. Estes formam, então, novas células viróides, que finalmente se multiplicam por mil a partir de cada célula hóspede infectada. Conforme a proteína viróide se expressa na célula hóspede, o sistema imunológico hóspede avalia a célula infectada como estranha e a destrói. O processo de multiplicação, por si só, pode causar instabilidade, o que causa a morte das células. O processo continua com as novas células de HIV, e as proteínas livres se unem a outros receptores CD4; sem controle, isso pode ter como resultado um completo esgotamento dos macrófagos e das células T4. Conforme vai diminuindo o número de células T4, e a resposta imunológica celular vai ficando mais deprimida, o hóspede se torna propenso às infecções por outros antígenos e vírus. Se essas novas infecções ou a debilitação do sistema imunológico continuam, podem desenvolver doenças graves conhecidas como "infecções oportunistas" (IOs). Normalmente, estas não seriam debilitantes ou perigosas para a vida se o sistema imunológico estivesse sadio e funcional, mas quando há um diagnóstico de Aids, constituem a primeira causa de morte devido à infecção por HIV.

A infecção dos macrófagos continua num curso similar ao que acontece com as células T4; porém, diferentemente dessas células, os macrófagos constituem um transporte básico para o cérebro. Isso permite um acesso direto ao sistema nervoso central e, em particular, aos tecidos corticais e subcorticais que possuem receptores CD4. Por conseguinte, o HIV é diretamente neuropático, causando diferentes complicações (por exemplo, ataxia, neuropatia periférica) e doenças neurológicas (por exemplo, demência por Aids).

Finalmente, a infecção por HIV conduz também a modificações do funcionamento imunológico em diferentes níveis. Por exemplo, o HIV altera o sistema de linfocinas (por exemplo, interleucinas 1 e 2; interferon gama) que regulam outros agentes imunológicos

INTERVENÇÕES COGNITIVO-COMPORTAMENTAIS COM PESSOAS COM HIV/AIDS

importantes, principalmente macrófagos e células assassinas naturais (AN). Ambos os tipos de células são essenciais para eliminar os antígenos, mas suas ações e proliferação durante a infeção estão gravemente limitadas devido à atividade alterada das linfocinas. Quando esses agentes imunológicos são eliminados, as doenças e infecções oportunistas não são controladas durante seu desenvolvimento. Stanley e Fauci (1995) assinalam que as células AN podem ser também diretamente esgotadas pelo HIV no começo da doença, encontrando-se, neste momento, conclusões confusas acerca do fato de o HIV deteriorar ou não diretamente as células reticulares dendríticas, que regulam também as respostas das células T4 e iniciam respostas imunológicas antiviróides específicas.

Junto com as reações dos macrófagos e as células T4 descritas anteriormente, a orquestração mortal da destruição imunológica é completa com a desorganização desse sistema humoral. Conforme o HIV continua agindo sem controle, a reprodução das novas células viróides destrói o sistema imunológico e permite que se desenvolvam complicações médicas importantes. Em geral, embora esses efeitos e sintomas associados ao HIV sejam previsíveis, o curso da doença é variável entre os indivíduos infectados (Stanley e Fauci, 1995).

I.3. Curso clínico/médico

Os centros para o controle e a prevenção da doença (*Centers for Disease Control and Prevention, CDCP*) dos Estados Unidos desenvolveram um sistema de classificação da doença por HIV clinicamente prático (CDC, 1993). Porém, com propósitos heurísticos, cremos que é mais fácil conceituar a doença do HIV utilizando uma classificação por etapas, proposta anteriormente (Rogers e Masur, 1989). Na primeira etapa, à infeção pelo HIV segue-se um estado infeccioso agudo. Isso pode incluir uma síndrome similar à mononucleose, que dura de duas a três semanas, caracterizado por febre, diaforese, letargia, dores musculares, cefaléias e dor de garganta (Chaisson e Volberding, 1995). Depois desses sintomas agudos, os pacientes podem mostrar-se assintomáticos durante alguns anos e, a menos que façam o teste, provavelmente não saberão que estão infectados pelo HIV.

Com ausência de tratamento, em algum momento alguns pacientes informarão de uma linfadenopatia persistente e generalizada (LPG) (Rogers e Masur, 1989). É um sinal da progressão da doença por HIV e possivelmente anuncia a reprodução viróide. A LPG é diagnosticada quando dois gânglios linfáticos permanecem inchados durante pelo menos um ano, e pode ser encontrada entre os primeiros grupos de sintomas significativos informados pelos pacientes. Neste ponto, se a pessoa não conhece sua situação com relação ao HIV, é provável que lhe apliquem o teste se houver suspeita de uma infecção. Muitos indivíduos com uma LPG podem apresentar mais sintomas, que costumam constituir o Complexo Relacionado com a Aids (CRA). Esse complexo caracteriza-se por linfadenopatia, febre, perda de peso e uma diminuição dos glóbulos vermelhos e brancos. Os sintomas incluem falta de ar, tosse persistente, infecções por fungos, diarréia, sudorese noturna, fadiga e mal-estar. Os indivíduos podem exibir todo o conjunto dessas manifestações clínicas ou somente algumas (Chaisson e Volberding, 1995), e hoje em dia essa condição é característica tanto das primeiras etapas de desenvolvimento de sintomas da doença do HIV como das últimas, mais do que de CRS.

Quando o número de células T cai abaixo de 200, ou se desenvolve alguma doença oportunista, faz-se um diagnóstico de Aids. As doenças mais freqüentes associadas à Aids são a pneumonia por *Pneumocystis carinii* (60% dos casos adultos), a candidíase oral ou faríngea (45% dos casos adultos) e o sarcoma de Kaposi (10% de casos adultos), tudo isso na população dos Estados Unidos. Outras doenças associadas freqüentemente à Aids incluem a criptococose, o citomegalovírus, o complexo *mycobacterium avium*, o herpes-zoster, o herpes simples, a tuberculose, o sarcoma imunoblástico e a toxoplasmose (Nash e Said, 1992). Os indivíduos podem apresentar uma ou mais dessas "IOs" e os esforços do tratamento para evitar ou deter seu desenvolvimento podem ser árduos para muitos pacientes já debilitados.

O tratamento para o HIV encontra-se em uma fase experimental. O tratamento mais popular até agora foi a zidovudina (azidotimidina ou AZT), um agente antiviróide que torna mais lenta a reprodução do HIV. O AZT tem uma série de efeitos secundários (por exemplo, anemia e supressão da médula óssea) e, em alguns pacientes, podem ocorrer reações alérgicas. A didesoxicitidina (ddc), o didesoxiinositol (ddl) e o d4T constituem outra classe de produtos antiviróides similares ao AZT. Embora esses tratamentos possam tornar mais lenta a reprodução viróide, a neuropatia periférica é um efeito secundário freqüente do ddl, da ddc e do d4T. A laminudina (3TC), um medicamento relativamente novo, pode retardar o aparecimento da resistência ao AZT e, por conseguinte, foi aprovado para uso com o AZT. Há outros tratamentos experimentais, como os inibidores da protease, que inibe a enzima da protease do HIV e evita a reprodução viróide.

I.4. *Manifestações neuropsiquiátricas*

Além das inúmeras complicações médicas associadas ao HIV, as manifestações neuropsiquiátricas constituem um fator de complicação significativo do grupo clínico do HIV (Kalichman, 1995). As anormalidades neurológicas são gerais nos indivíduos com HIV positivo, inclusive entre aqueles que são assintomáticos do ponto de vista médico. Os primeiros sinais do transtorno neurológico incluem dor generalizada ou localizada, cefaléia ou febre persistentes, distaxia ou ataxia leve e um aumento da confusão ou dos esquecimentos. Os testes de laboratório (por exemplo, a ressonância magnética, a tomografia computadorizada) costumam encontrar-se dentro dos limites normais nas primeiras etapas da doença por HIV, a menos que haja transtornos pré-existentes ou concomitantes que não estejam relacionados à doença por HIV. Conforme pioram as condições neurológicas, podem ser detectadas mudanças discerníveis na estrutura cerebral com essas técnicas, assim como com o exame do estado mental.

Os estudos *post-mortem* encontraram evidências de uma patologia cerebral difusa em até 90% de todos os pacientes com Aids. O complexo da demência por Aids (CDA, conhecido também como demência por HIV ou complexo cognitivo-motor associado ao HIV) é a síndrome neurológica associada à doença por HIV diagnosticada com mais freqüência. As estimativas de prevalência da demência vão desde 8% até 66% em indivíduos com Aids (Maj, 1990).

A apresentação clínica do CDA se parece com uma demência subcortical com uma mistura de déficits que ocorre nas cognições, no afeto, no comportamento e no funcionamento motor. A expressão dos sintomas é normalmente insidiosa e muito variável. As deteriorações nas áreas da memória e da velocidade psicomotora são os sinais mais consistentes do CDA. A primeira sintomatologia pode incluir um aumento dos esquecimentos, problemas de concentração e atenção, uma lentidão geral das funções cognitivas e motoras, coordenação pobre, isolamento social e estado de ânimo deprimido. Conforme a síndrome vai progredindo, a perda de memória geral aumenta gravemente. Nas etapas posteriores pode ocorrer afasia, desinibição comportamental, paresia, incontinência, psicose e mania (Maj, 1990).

I.5. *Manifestações psicossociais*

A morbidade psiquiátrica é freqüente e vai desde os transtornos de adaptação, perturbações leves do estado de humor e transtornos por ansiedade, até os transtornos do estado de humor unipolares e bipolares, transtornos psicóticos e delírio ou demência relacionada ao HIV (Kalichman, 1995). Além disso, quando ocorre uma infecção por HIV do cérebro e do SNC, a psicopatologia (por exemplo, depressão, transtorno por ansiedade) secundária a essas infecções pode ser diagnosticada como "Devida ao HIV" na nova nomenclatura psiquiátrica (APA, 1994).

Quase todos os indivíduos com HIV sofrem de alguma forma de perturbação afetiva. A prevalência de transtornos do estado de humor em sujeitos com HIV positivo pode ser superior à de outras populações com doenças crônicas e terminais (Forsetin, 1992; Kalichman, 1995). Considerados globalmente, a ansiedade e a depressão constituem os sintomas psicológicos identificados com mais freqüência entre as pessoas com HIV positivo (Holland e Tross, 1985). A ira, tanto manifesta quanto reprimida, constitui uma reação inicial freqüente diante de um diagnóstico de HIV positivo. A etiologia orgânica pode explicar uma grande parte das perturbações do estado de humor, visto que o HIV se há encontrado nas estruturas límbicas (Forstein, 1992).

Os dados indicam que entre 5 e 30% dos pacientes com HIV positivo sofrem um episódio depressivo maior durante o curso de sua doença. Os sinais e sintomas vegetativos (por exemplo, fadiga, perda de apetite e de peso, lentidão psicomotora) podem ser associados a uma alteração do estado de humor, a uma manifestação do próprio processo de doença do HIV ou a uma combinação de ambos. Por conseguinte, diferenciar a etiologia da perturbação afetiva é importante para o planejamento apropriado do tratamento.

Além das manifestações afetivas e físicas, as cognições disfuncionais podem caracterizar o transtorno depressivo. As perdas com a deterioração social e física podem produzir sentimentos de inutilidade. Freqüentemente há informação sobre uma culpa excessiva pelo próprio estilo de vida e pensamentos sobre comportamentos passados aos quais se volta uma vez ou outra. A falta de esperança para encontrar uma cura e sentimentos de indefensabilidade diante do enfrentamento da doença constituem, amiúde, padrões autoderrotistas de pensamento em indivíduos HIV positivos (Fenton, 1987; Holland e Tross, 1985).

Continua existindo uma controvérsia considerável com relação ao suicídio entre pessoas que vivem com doenças terminais dolorosas e incapacitantes. O risco de suicídio entre pessoas com HIV pode ser até 66 vezes maior que o da população em geral (Marzuk *et al.*, 1988). Embora os dados não sejam claros, as idéias suicidas podem acontecer mais entre pessoas com HIV positivo que em outras populações com doenças crônicas (Forstein, 1992). Parece que o momento no qual mais acontecem as idéias suicidas é durante o início da infecção por HIV, mais que nas etapas posteriores da Aids (O'Dowd *et al.*, 1993). O começo de novas complicações físicas pode preceder os pensamentos suicidas, visto que o suicídio pode ser visto como uma tentativa desesperada de controlar o processo da doença. O grau de sintomatologia depressiva e física parece predizer, também, as idéias suicidas entre a população com HIV positivo (Forstein, 1992).

Depois da notificação do estado soropositivo, muitos indivíduos experimentam níveis elevados de temor e ansiedade. Os temores freqüentes giram ao redor da incerteza do prognóstico, da morte iminente, do risco de infectar outras pessoas, do ostracismo, e de uma sensação profunda de perda de controle. A ansiedade pode ser generalizada ou aguda. Os ataques de pânico e as compulsões por explorar o corpo (por exemplo, examinar-se procurando gânglios inchados ou lesões) são manifestações freqüentes de ansiedade entre pessoas com HIV positivo (Fenton, 1987).

O estresse é um fator psicossocial muito importante que influi sobre a saúde e a qualidade de vida das pessoas com Aids e dos infectados pelo HIV. Diversos autores sugeriram que os estímulos estressantes que os grupos de alto risco para o HIV enfrentam (por exemplo, homossexuais e viciados em drogas) são mais elevados que os da população geral (Livingston, 1988). Os estímulos estressantes potenciais com os quais se encontram os grupos de alto risco incluem o temor de contrair o HIV, a discriminação e a estigmatização por parte do público, sofrimentos e limitações sexuais. É provável que o estresse aumente depois da infecção por HIV. A falta de empatia e apoio por parte das comunidades médicas em geral, a falta de confiança na tecnologia médica para encontrar uma cura e os problemas econômicos constituem apenas alguns dos obstáculos que os indivíduos soropositivos enfrentam (Livingston, 1988).

O impacto do estresse sobre a suscetibilidade e a progressão da doença por HIV foi uma área de recente interesse entre os pesquisadores psicossociais. O estresse debilita o sistema imunológico, deixando um indivíduo com HIV vulnerável às infecções ou à exacerbação dos sintomas. Os modelos biopsicossociais surgiram para ilustrar as conexões entre o estresse, outras variáveis psicossociais e o grupo de doenças do HIV (Antoni *et al.*, 1990; Livingston, 1988; Thomason e Campos, no prelo; Thomason, Jones, McClure e Brantley, no prelo).

Para a maioria dos indivíduos que vivem com o HIV, conscientizar-se de seu estado soropositivo costuma ocorrer no auge da vida. Virtualmente, todas as áreas de seu funcionamento pessoal e social se encontram afetadas. Revelar o próprio estado com relação ao HIV à família e aos amigos com freqüência prejudica o sistema de apoio social do indivíduo. Além disso, o apoio social foi identificado como um componente essencial para predizer a morbidade e a mortalidade entre os sujeitos cronicamente doentes, incluindo os que têm o HIV (Thomason e Campos, no prelo).

Embora os comportamentos positivos e de compaixão tenham-se tornado mais freqüentes conforme a epidemia foi avançando, muitos indivíduos que vivem com o HIV temem constantemente, ou sofrem, a rejeição social. Os indivíduos soropositivos se arriscam à estigmatização e ao afastamento da família, dos amigos e dos superiores quando tornam pública sua situação. A perda do trabalho, do lar e da possibilidade de contratar seguros constituem ameaças reais para sua existência (veja também Chesney e Folkman, 1994).

Enfrentar as perdas é uma tarefa enorme e constante para os indivíduos portadores do HIV. A adaptação às inúmeras perdas pessoais (por exemplo, saúde, dinheiro, emprego) tem de acontecer ao mesmo tempo que sofrem também perdas sociais. Para muitos indivíduos com HIV, o sofrimento é freqüente. A comunidade homossexual, em particular, foi arrasada pelas mortes devidas à Aids. Enfrentar a própria morte enquanto se está aflito pela perda de seres queridos é especialmente difícil e, amiúde, observam-se complicações dessas aflições.

Embora não esteja claro se a redução do estresse, seu desaparecimento ou as intervenções para o enfrentamento global podem melhorar o funcionamento imunológico (p. ex., Coates, McKusick, Kuno e Sites, 1989), essas intervenções têm impacto nas percepções dos pacientes sobre a qualidade de vida, tendo o tratamento de saúde mental um papel integral no cuidado dos indivíduos com HIV. Esses tratamentos incluem terapia individual, de casal, de grupo e familiar a partir de diversas posições teóricas, incluindo terapias metafísicas e alternativas (veja Kalichman, 1995). Embora tenha havido alguns enfoques de tratamento formal padronizado (por exemplo, a intervenção farmacológica da depressão secundária à infecção por HIV), os estudos sobre os resultados dos tratamentos são raros na literatura.

Além disso, os pacientes buscarão e conseguirão intervenções informais, como assessoramento de apoio ou serviços sociais de outros profissionais, ou intervenções não tradicionais provenientes de diferentes fontes, incluindo terapias alternativas (p. ex., acupuntura, massagens, aromaterapia) e, inclusive, médiuns. Isso complica os estudos sobre a eficácia do tratamento, visto que os pacientes afetados pelo HIV/Aids amiúde, e compreensivelmente, buscarão intervenções múltiplas que, conforme acreditam, causarão alívio ou apoio psicossocial. Isso é similar à forma como os pacientes consideram seus tratamentos médicos, buscando freqüentemente terapias que complementem ou, em alguns casos, que substituam as intervenções médicas padronizadas.

Como exemplo da variedade de enfoques sobre tratamento e questões psicossociais para pessoas afetadas pelo HIV, remetemos o leitor à multiplicidade de livros populares sobre a Aids, através dos quais os pacientes podem ver-se expostos a uma série de opiniões e enfoques desorientadores. A seguir, descrevemos os enfoques mais tradicionais e padronizados de intervenção, especialmente os provenientes de fontes empiricamente avaliadas.

II. INTERVENÇÕES COGNITIVO-COMPORTAMENTAIS

II.1. *Questões gerais sobre o tratamento*

Como assinalamos anteriormente, a doença pelo HIV afeta uma população muito diversificada e apresenta uma grande quantidade de questões psicossociais. Por conseguinte, qualquer programa de intervenção (médico ou psicossocial) tem de ser sensível aos antecedentes nacionais, sociais, culturais, familiares e espirituais do indivíduo. Isso é especialmente importante quando se lida com grupos que representam estilos de vida alternativos (por exemplo, homossexuais, famílias com um único pai) ou grupos tradicionalmente afastados de um fácil acesso aos tratamentos médicos e psicológicos (por exemplo, pobres, sujeitos com um transtorno mental persistente e grave).

Existem três elementos principais em um programa de intervenção cognitivo-comportamental com pacientes afetados pelo HIV, e os terapeutas deveriam considerar que a intervenção se centra em três elementos: 1. reduzir o risco de transmissão do HIV; 2. melhorar as estratégias de enfrentamento; e 3. fortalecer o apoio social. O elemento mais específico desenvolvido com essa população foi o primeiro, visto que a maioria dos enfoques para a redução do risco de transmissão do HIV foi desenvolvida especificamente para esse campo (por exemplo, Kelly, 1995). Para lidar com as estratégias de enfrentamento e com o fortalecimento do apoio social, a maioria dos enfoques adaptou diretamente o trabalho realizado em outras áreas às populações e interesses dos indivíduos com HIV. Assim, por exemplo, ao trabalhar com pacientes deprimidos que têm a doença causada pelo HIV, embora as questões específicas relativas à depressão sejam diferentes, o enfoque básico de mudar as crenças disfuncionais e aumentar o comportamento socialmente adaptativo continua sendo importante. Do mesmo modo, embora a relação de um casal possa ter-se deteriorado devido ao fato de um dos membros ter Aids, trabalhar com as habilidades de comunicação, reconstruir a confiança mútua, eliminar a animosidade entre os membros do casal e esclarecer os papéis no relacionamento constituem uma extensão proveniente de outros campos cognitivo-comportamentais (por exemplo, Ussher, 1990).

Outros capítulos deste manual (volumes 1 e 2) apresentam enfoques para problemas específicos que podem ser adaptados para os pacientes com HIV; aqui, abordaremos questões importantes que se limitem à doença do HIV. Devido ao fato de que a diminuição do risco de transmissão do HIV é de grande importância para todos os que tratam com o HIV, este capítulo inclui, em um apêndice, recomendações específicas para as intervenções dirigidas à redução do risco.

II.2. *Redução do risco de transmissão do HIV*

Remetemos o leitor a duas excelentes revisões recentes da literatura para a prevenção do HIV se quiser conseguir mais informações. O livro de Kelly (1995) resume seu amplo enfoque para a redução do risco sexual com diferentes populações. DiClemente e Peterson (1994) dirigiram uma série de trabalhos que tratam diferentes aspectos teóricos, empíricos

INTERVENÇÕES COGNITIVO-COMPORTAMENTAIS COM PESSOAS COM HIV/AIDS

e metodológicos para a prevenção do HIV. Resumimos os principais pontos para o clínico e apresentamos um conceito geral e prático da redução do risco que os profissionais da saúde podem adaptar aos pacientes e circunstâncias particulares. Nosso objetivo não é repetir as excelentes revisões das fontes indicadas acima, visto que isso precisaria de seu próprio capítulo e duplicaria um trabalho do qual se dispõe em outro lugar.

A redução comportamental do risco é a única forma de deter a incidência ascendente da infecção por HIV. A maioria dos casos da transmissão do HIV deve-se a comportamentos sexuais ou de consumo de drogas específicos, que podem ser abordados por meio de intervenções comportamentais (Kalichman, 1995; Kelly, 1995). Esses programas centram-se em comportamentos de risco e em fatores psicossociais que facilitam o risco. Comportamentos de risco específicos são a relação sexual sem proteção com camisinha, qualquer outra atividade sexual que ponha sêmen ou sangue infectados em contato com feridas abertas e compartilhar agulhas e seringas infectadas durante o consumo de drogas por via intravenosa.

Os co-fatores psicossociais que facilitam o envolvimento em comportamentos de alto risco incluem ações específicas (por exemplo, consumo de drogas e de álcool), estados emocionais negativos (por exemplo, depressão, tédio, ira), cognições disfuncionais (por exemplo, "vai-me rejeitar se eu insistir em usar camisinha", "ele tem uma aparência saudável, não preciso preocupar-me desta vez") e estilos sociais (por exemplo, um casal que acredita que o outro membro da relação é sexualmente monogâmico e, por conseguinte, não pratica um sexo mais seguro na relação). Esses co-fatores constituem o contexto no qual ocorrem os comportamentos de risco e influem negativamente sobre as percepções pessoais de risco, auto-eficácia e resistência à coação. Em termos comportamentais, são também os antecedentes do comportamento de risco e, portanto, deveriam ser avaliados no começo das intervenções.

A maior parte dos primeiros programas para prevenção da Aids centraram-se na educação dos indivíduos sobre a Aids, sobre a transmissão do HIV, sobre o que constitui "sexo seguro" e sobre "higiene dos utensílios" no consumo de drogas, além de outras informações (por exemplo, DiClemente e Peterson, 1994). A crença era que um aumento na percepção desses fatos produziria uma mudança no comportamento real de risco; de fato, essa é a base de alguns enfoques teóricos (por exemplo, o "Modelo de crenças sobre a saúde" [*Health Belief Model*, Rosenstock, Strecher e Becker, 1994]; a "Teoria da ação raciocinada" [*Theory of Reasoned Action*, Fishbein, Middlestadt e Hitchcock, 1994]). As evidências não estão muito claras sobre quais podem ser os componentes mais importantes desses enfoques teóricos.

A mudança de comportamentos de risco acontece colocando como objetivo específico as ações de risco, suas antecedentes e suas conseqüências. Poucos programas ofereceram intervenções amplas centradas nessas variáveis (por exemplo, Kelly *et al.*, 1989; Kelly, 1995). Isso se deve, em certa medida, à lenta resposta de campos como a Psicologia diante da crise de saúde da Aids (por exemplo, Campos, Brasfield e Kelly, 1989), apesar da aplicação eficaz dos princípios da mudança de comportamento a outras áreas. Assim, embora a educação seja vista como a base sobre a qual se tomam as decisões com relação ao envolvimento em riscos, a percepção destes últimos e a mudança de comportamento, um programa de prevenção eficaz requer também enfoques com objetivos comportamentais específicos.

O principal objetivo da prevenção da transmissão do HIV é duplo: em primeiro lugar, reduzir ou eliminar comportamentos de alto risco que poderiam levar a uma infecção pelo HIV; segundo, aumentar a freqüência de comportamentos alternativos que não ofereçem risco. Os pacientes somente podem proteger-se totalmente da transmissão do HIV por via sexual ou por consumo de drogas se se abstiverem de realizar ambos os comportamentos. Porém, esses comportamentos são muito reforçadores, possivelmente têm longas histórias pessoais e não é provável que terminem facilmente. Pelo contrário, os enfoques contemporâneos para a redução do risco têm de incluir informação básica sobre como utilizar camisinhas, como limpar as seringas e as agulhas e como evitar o contato direto com o sangue infectado por HIV. Esses comportamentos são considerados alternativas com menor risco, que poderiam diminuir, de forma significativa, o risco de uma pessoa se infectar com o HIV. Uma forma de reduzir os comportamentos de alto risco pode ser introduzir comportamentos incompatíveis que tenham um baixo risco para a transmissão do HIV, no caso de que a eliminação total do risco não seja possível imediatamente ou na vida real (por exemplo, abandonando as drogas no momento ou aderindo ao celibato).

As práticas de baixo risco podem já ser freqüentes no repertório de um paciente (por exemplo, sob a forma de "jogos sexuais"), de modo que a introdução desses comportamentos pode implicar a mudança do contexto onde são praticados e a manutenção desses comportamentos. Por exemplo, se o uso da camisinha já é prática comum em um casal por razões contraceptivas, a prevenção pode centrar-se em manter essa prática, em vez de focar principalmente sua importância. Do mesmo modo, se os pacientes informam que, por medo da hepatite, aprenderam a não compartilhar agulhas ou seringas quando injetam droga, o mais importante será centrar-se na manutenção desse comportamento. Porém, praticar esses comportamentos de baixo risco não significa automaticamente que os pacientes sempre praticarão esses comportamentos, especialmente se mudarem as circunstâncias (por exemplo, o casal anterior deseja ter filhos). Assim, embora a introdução de alternativas com baixo risco seja importante nos programas de prevenção, todos precisam centrar-se especificamente na redução de comportamentos de alto risco.

Se a tecnologia para a mudança de comportamento for aplicada à prevenção do HIV, a mudança do comportamento de risco implicaria quatro componentes: 1. mudança dos antecedentes que desencadeiem comportamentos de alto e baixo riscos; 2. mudar os próprios comportamentos; 3. mudar as conseqüências dos comportamentos de risco, e 4. prevenir a recaída em práticas de alto risco. Os antecedentes comportamentais são desencadeadores psicossociais significativos e, no caso do risco de transmissão do HIV, podem incluir uma ampla diversidade de variáveis. O melhor enfoque seria considerar cada indivíduo em si mesmo e ver que antecedentes específicos agem como estímulos desencadeadores específicos sob circunstâncias específicas. Porém, isso nem sempre é possível ou não oferece uma baixa razão custo/benefício, tendo em conta a natureza epidêmica dessa crise da saúde. Portanto, o enfoque alternativo tem de ser incluir a atenção a estímulos desencadeadores potenciais em todos os programas grupais de prevenção, de modo que os indivíduos possam avaliar e mudar seus próprios antecedentes. Embora haja poucos trabalhos que abordem os antecedentes de modo específico, alguns enfoques parecem incluir essas variáveis desencadeadoras.

A percepção do risco é um conceito importante nos principais modelos de prevenção e as variáveis relacionadas com ela podem ser importantes antecedentes do comportamento de risco. Encontra-se influenciada por vários fatores psicossociais, incluindo a identificação com os grupos afetados, conhecer pessoalmente gente que tenha Aids, a localização geográfica, a demografia, o consumo de substâncias psicoativas e a experiência anterior com os comportamentos de risco. A auto-eficácia, a auto-estima, as habilidades sociais e as práticas e a pressão devidos à cultura ou aos iguais poderiam influenciar também a própria capacidade para avaliar o risco pessoal.

Algumas variáveis da percepção do risco (por exemplo, a auto-eficácia; Bandura, 1994) podem ser consideradas antecedentes dos comportamentos de risco e, portanto, ser abordáveis pelas próprias intervenções comportamentais. Essas variáveis podem ser contempladas como co-fatores psicossociais da transmissão do HIV, tanto quanto os aspectos negativos proporcionam um contexto para o estabelecimento e a manutenção do comportamento de risco (por exemplo, a baixa auto-eficácia pode conduzir a uma menor proteção diante do risco; Bandura, 1994). Mudar os antecedentes é uma forma eficaz de exercer um impacto sobre os comportamentos-objetivo por meio de seus desencadeadores situacionais e pessoais. Isso tem de ser aplicado ainda de forma sistemática no trabalho para a prevenção da Aids. Parte do desafio pode estar em definir antecedentes específicos para práticas específicas de risco e, até onde conhecemos, não há informação sobre esse tipo de estudo. Outro desafio para lidar com os antecedentes é a diversidade encontrada entre esses estímulos para a ação e o elevado grau de individualidade que há nos indivíduos, através das situações e ao longo dos estados emocionais. O que ajudaria a esclarecer o valor de trabalhar com os antecedentes seria uma série de estudos de caso único, centrando-se especificamente nos comportamentos de transmissão do HIV.

Outra consideração no momento de planejar os programas para a mudança de conduta é definir a população alvo. Embora normalmente pensemos em indivíduos preocupados por seu próprio comportamento de risco, Kelly e seus colaboradores (1992) centraram-se em membros-chave dos grupos de homossexuais para mudar as normas sociais sobre sexo perigoso e sexo mais seguro. Foram treinados em técnicas para a redução do risco e organizadas festas privadas, para as quais convidavam outras pessoas para que participassem do treinamento que haviam recebido. Isso produziu mudanças positivas em nível de comunidade e teve o benefício extra de influir sobre as normas culturais que regulavam a expressão do comportamento. Assim, neste caso, os líderes da comunidade podem ter sido os objetivos específicos da intervenção, mas o impacto último teve uma repercussão em toda a comunidade.

Finalmente, os programas eficazes de prevenção têm também de prestar atenção à possibilidade de quedas no comportamento ou da recaída em geral. As "quedas" referem-se aos comportamentos de alto risco que voltam a ocorrer transitoriamente, normalmente uma vez. A "recaída" é o envolvimento mantido em comportamentos de alto risco que têm os níveis de antes da intervenção ou, inclusive, mais acentuados. Em estudos com homossexuais, encontraram-se vários fatores que influenciavam na volta a práticas de alto risco. Assim, Kelly e seus colaboradores (Kelly *et al.*, 1991) encontraram que as quedas de alto risco estavam inversamente relacionadas com as variáveis de eficácia situacional e pessoal. Além disso, se examinarmos mais detidamente os dados desse estudo em termos de emoções positivas e negativas, parece que a queda está relacionada também com experiências emocionais positivas (por exemplo, "queria agradar meu parceiro", "sentia-me melhor") em vez de com experiências emocionais negativas (por exemplo, "estava deprimido", "sentia-me incompetente").

II.3. *Melhora das estratégias de enfrentamento*

Este componente da intervenção cognitivo-comportamental refere-se a estratégias que procuram melhorar a qualidade de vida dos pacientes, diminuir seu mal-estar psicológico, ajudar a fazer com que desapareçam os transtornos psiquiátricos e melhorar a adaptação à doença por HIV. Nessa esfera podem ser incluídos vários enfoques, como o tratamento formal da depressão, as técnicas de controle da ansiedade, as intervenções para a manipulação do estresse e as melhoras das habilidades para enfrentar os problemas médicos e, especialmente, as doenças crônicas.

Como assinalamos anteriormente, há uma série de transtornos psiquiátricos que podem estar presentes junto com a doença por HIV, dos quais a depressão é a mais freqüente. Além disso, encontram-se também transtornos por ansiedade, somatizações, preocupações obsessivas sobre a saúde e os procedimentos médicos, idéias suicidas e disfunções sexuais. Embora cada um deles seja único em sua apresentação clínica, com relação à doença por HIV, todos compartilham questões similares sobre a mudança do estado de humor, as crenças disfuncionais e as estratégias de enfrentamento. Por exemplo, Logsdail, Lovell, Warwick e Marks (1991) informaram sobre a eficácia de uma intervenção comportamental para diminuir os sintomas obsessivos relativos à Aids em um paciente inglês.

Porém, os problemas mais prevalentes e acentuados que os clínicos que trabalham com pessoas afetadas pelo HIV enfrentam são as perturbações do estado de ânimo. Se utilizarmos o estado de humor disfórico como exemplo, este pode ir desde mudanças transitórias secundárias a mudanças no estado físico (por exemplo, quando fica sabendo dos resultados do teste de HIV, ao receber o diagnóstico de Aids) até a depressão maior, persistente, secundária à progressão da doença (por exemplo, com um diagnóstico de transtorno do estado de humor devido à Aids). É essencial avaliar os estímulos estressantes psicossociais, os estilos cognitivos e os problemas comportamentais, além de ser capaz de descartar possíveis transtornos do estado de ânimo de base neurológica.

Ao trabalhar com as crenças disfuncionais dos pacientes, é importante recordar que algumas delas podem estar fundamentadas em bases bastante "funcionais" (isto é, realistas), algo que se pode esperar, dados os parâmetros da doença. Desse modo, os pacientes deprimidos não infectados que expressam um niilismo geral, que parecem estar excessivamente preocupados com a morte e que atribuem seu estado atual a causas internas variáveis, estáveis e globais, seriam considerados "disfuncionais" em seu sistema de crenças. Porém, esses mesmos conceitos constituem uma parte muito íntima do fato de viver com uma doença incurável, estigmatizante, como a produzida pelo HIV. Os pacientes podem abrigar uma culpa considerável em relação a seus comportamentos passados que o levaram à infecção, sentir que o futuro de sua saúde não tem esperanças e expressar mal-estar por sofrer uma perda de funcionamento em seus anos socialmente mais produtivos. Estas são partes do viver com o HIV e não são por si mesmas "disfuncionais". Isso não quer dizer que essas crenças não possam ser questionadas se deterioram as habilidades da vida cotidiana ou se interferem nas atividades para a promoção da saúde (por exemplo, tratamento médico, redução do risco). Ao trabalhar com esses temas em pacientes infectados com o HIV, o terapeuta cognitivo tem de perceber que o contexto no qual essas suposições podem ser questionadas tem, de fato, uma base real.

Algumas crenças e atribuições ou são levadas ao extremo ou não fazem parte do quadro clínico habitual característico da doença do HIV. Por exemplo, os pacientes podem lamentar a perda de oportunidades devido aos impedimentos impostos por sua capacidade atual para funcionar socialmente ou expressam poucas histórias de relações, algo consistente com seus padrões comportamentais duradouros (pré-HIV). Do mesmo modo, conforme a doença do HIV progride, os pacientes expressaram, freqüentemente, conflitos com questões espirituais e um desejo de "deixar uma marca" antes de morrer. Isso é especialmente acentuado entre os homossexuais e entre as mulheres, embora, até onde sabemos, não foram feitas comparações desses dois grupos nessas variáveis. Os homossexuais não costumam ter filhos e suas carreiras se truncam antes de terem feito contribuições importantes. Além disso, é provável que tenham experimentado uma carência significativa de seu sistema social pela perda de amigos e do parceiro.

As mulheres têm um preconceito especial acrescentado à já estigmatizante doença do HIV. Além de lidar com tudo o que um diagnóstico de Aids significa, as mulheres são lembradas, por várias fontes, que são um "veículo de transmissão da infecção ao feto", tal como uma paciente de um dos autores expressou recentemente (PEC). Um exemplo disso são as recentes batalhas legislativas para fazer testes obrigatórios em todos os recém-nascidos nos hospitais dos Estados Unidos, sem nenhuma garantia de que as mulheres ou as crianças que, através desses métodos, se descubra estarem infectados pelo HIV recebam atendimento médico. As mulheres experimentam, também, uma considerável angústia pelo risco de ter filhos depois de terem sido diagnosticadas como soropositivas e pela possibilidade de não voltar a ter, ou não chegar a ter, nunca mais filhos (por exemplo, Aleman *et al.*, 1995). Ao trabalhar com esses pacientes, não interessa se essas crenças são irracionais ou não, mas sim interessa ajudar o paciente a se adaptar a certas realidades de sua doença (por exemplo, perda de amigos e de oportunidades), enquanto mantêm uma sensação de valorização de si mesmo. A reinterpretação positiva dos acontecimentos, o esclarecimento de questões, a ajuda aos pacientes para articular a relação entre sentimentos e pensamentos e, inclusive, simplesmente a oportunidade de falar sobre esses temas constituem os enfoques mais eficazes.

As estratégias de enfrentamento são postas em dúvida de maneira significativa pela doença do HIV. Além de ser uma doença crônica e incurável, os pacientes com Aids podem experimentar mudanças significativas no funcionamento pessoal que desbaratem as tentativas de enfrentamento. Essas mudanças podem incluir insônia, anorexia, dor aguda e crônica devido a estados ou procedimentos médicos, problemas de consumo de substâncias psicoativas e pouca manipulação do estresse. Existe, também, uma rica literatura sobre a manipulação desses problemas por meio de intervenções cognitivo-comportamentais, como as técnicas de relaxamento e de distração para o controle da dor, que podem ser aplicadas a pacientes com HIV. Assim como acontece com as mudanças do estado de humor, cada um dos anteriores pode ocorrer em função da progressão da doença e pode, também, ter uma base médica.

Um exemplo de estudo sistemático sobre a eficácia da redução do estresse como tratamento potencial para a doença do HIV foi estabelecido no Centro para o estudo biopsicossocial da Aids em Miami (*Center for the Biopsychosocial Study of AIDS*; Antoni *et al.*, 1990). Esses pesquisadores estão examinando os efeitos das terapias cognitivo-comportamentais, como manipulação do estresse e treinamento em exercícios aeróbicos, sobre a imunocompetência em indivíduos com HIV. Os resultados preliminares sugerem que tanto os indivíduos soropositivos como os soronegativos aumentaram o número de células T depois de dez semanas de treinamento aeróbico. Além disso, os exercícios aeróbicos reduziram significativamente o mal-estar psicológico em homens com HIV, comparados ao controle dos sujeitos com soropositivos sem tratamento (Antoni *et al.*, 1990).

Além disso, o mesmo grupo de pesquisadores encontrou que essas estratégias psicoterapêuticas de tratamento amorteciam o mal-estar emocional e a debilidade do sistema imunológico associados ao teste para detectar o HIV (Antoni *et al.*, 1991; La Pierre *et al.*, 1990). Em um estudo com cinqüenta homens soropositivos, os indivíduos que participaram do treinamento aeróbico não tinham um mal-estar emocional acentuado nem deficiências significativas no número de células AN depois da notificação de seu estado. Porém, os sujeitos controle soropositivos que não receberam tratamento manifestaram níveis clínicos de ansiedade e depressão, bem como uma redução significativa nas células AN depois da notificação de seu estado de soropositivos (La Pierre *et al.*, 1990).

Antoni *et al.* (1991) informaram de resultados similares com uma intervenção para a manipulação do estresse. Foram designados 47 homens a uma condição de avaliação-controle ou a uma de manipulação do estresse antes da notificação de seu estado. Na condição de tratamento, foram realizadas estratégias cognitivo-comportamentais (treinamento assertivo, reestruturação cognitiva, relaxamento e ensaio de comportamento). Os sujeitos da condição de tratamento mostraram aumentos significativos no número de células CD4 e AN e na proliferação de respostas à fitohemaglutinina depois da notificação do estado de soropositivo. Os sujeitos soropositivos da condição controle se diferenciavam significativamente dos sujeitos na condição experimental e manifestavam diminuições dos parâmetros imunológicos depois da notificação. Além disso, entre os sujeitos do grupo experimental encontrou-se que a redução da depressão estava correlacionada com a prática do relaxamento. Os autores concluíram que a manipulação do estresse amortecia a reação emocional e o compromisso imunológico associado ao teste de HIV e à sua notificação.

Essas intervenções podem ter, também, efeitos benéficos indiretos sobre a redução do risco. Por exemplo, Coates, McKusick, Kuno e Sites (1989) informaram que a diminuição do estresse produzia uma menor quantidade de parceiros sexuais entre os homossexuais de São Francisco. Do mesmo modo, Kelly (1995) inclui a manipulação do estresse como um elemento integral de seus programas de prevenção (por exemplo, Kelly *et al.*, 1989).

II.4. *Aumento do apoio social*

Mesclados aos problemas médicos encontram-se os temas sociais que rodeiam a Aids. A doença do HIV afeta principalmente indivíduos cujos estilos de vida, comportamentos pessoais e aspectos demográficos lhes granjearam a discriminação, o preconceito e o desprezo social. Quando o resultado dá positivo para HIV é como se, em grande medida, desse positivo em um teste para distanciamento social. As pessoas perdem empregos, oportunidades oferecidas por companhias de seguros, relacionamentos, laços familiares, sistemas sociais importantes devido ao seu diagnóstico (Landau-Stanton e Clements, 1993). Além disso, a diferença entre os membros do casal com relação à contaminação, ou a contaminação de ambos propõe complexos assuntos de tratamento que são, não obstante, abordáveis pela intervenção cognitivo-comportamental (por exemplo, Ussher, 1990).

A Aids é uma doença que debilita a sociedade. Além dos milhares de indivíduos inteligentes de várias idades, a Aids dizimou comunidades inteiras. Ninguém sentiu mais a crise de saúde que os homossexuais, com o assolador impacto que a doença teve quando ainda não existiam testes para a detecção nos primeiros anos. Isso significa, também, construir somente sistemas sociais em curto prazo e a reconstrução das normas sociais e da comunidade relativas à sexualidade e ao próprio valor. Isso envolverá, inevitavelmente, os membros soronegativos da comunidade, que podem se ver afetados de forma adversa pela perda de seus parceiros/as, sentir culpa por serem sobreviventes da crise e sentir um enorme estresse por estar nas "primeiras linhas" do funcionamento da Aids. Ao trabalhar com homossexuais, é importante lembrar essa multiplicidade de fatores que moldam agora suas comunidades e que continuam assinalando-o como o grupo mais afetado nas crises de saúde.

Essa é uma parte importante da intervenção cognitivo-comportamental com a doença do HIV: Ajudar os indivíduos afetados, não somente aos infectados, a enfrentar a situação. Isso inclui os membros da família, o parceiro, as crianças, os amigos e colegas de trabalho, cujas vidas mudaram inevitavelmente com a síndrome (veja Folkman, Chesney e Christopher-Richards, 1994; e Boyd-Franklin, Steiner e Boland, 1995 para excelentes revisões dos efeitos do HIV nas famílias, cônjuges e pessoas que cuidam das crianças). Às vezes, isso pode tomar a forma de aconselhamento familiar ou conjugal, que pode seguir enfoques padrão na literatura comportamental; outras vezes, incluem a redefinição do sistema social do paciente, que perdeu pessoas importantes em sua vida por causa da discriminação, da ignorância, do temor ou por ser condenado ao ostracismo.

Nenhum enfoque amplo da doença do HIV pode excluir a atenção a temas de consumo de substâncias psicoativas específicas. Além de ser um importante método de transmissão do vírus por compartilhar agulhas e seringas infectadas, o consumo de álcool e de drogas tem outros efeitos prejudiciais sobre os indivíduos com HIV. Em primeiro lugar, algumas drogas (por exemplo, cocaína) e o álcool têm efeitos imunodepressores. No mínimo, isso pode levar a achados falsos de laboratório (por exemplo, uma diminuição arbitrária do número de células CD4); no pior dos casos, pode facilitar sensivelmente a progressão da doença. Em segundo lugar, comercializar o sexo para obter drogas é uma prática freqüente, especialmente em grandes cidades e nos bairros pobres. Isso agrava os riscos de infeção e a possibilidade de voltar a se infectar naqueles que já são soropositivos. Terceiro, as substâncias têm propriedades psicoativas específicas que podem levar a assumir um maior risco. Isso é certo no caso do álcool e das drogas, empregados para aumentar as proezas sexuais (por exemplo, cocaína, anfetamina). Além de seus efeitos socialmente desinibidores, deterioram o bom senso na tomada de decisões de risco e impedem que se levem a cabo os passos apropriados de autoproteção. Finalmente, o abuso e a dependência de substâncias psicoativas tem um impacto negativo sobre a auto-estima, a auto-eficácia para modificar comportamentos e a resistência à pressão dos iguais para se adaptar a seu estilo de vida. Não estimulam habilidades sociais adaptativas e anulam o enfrentamento social eficaz ao impedir a presença de modelos em um papel irreprovável e deteriorar as relações de apoio.

III. CONCLUSÕES

As intervenções cognitivo-comportamentais oferecem enfoques amplos, de base empírica, para ajudar os pacientes afetados pelo HIV. Isso inclui estender as técnicas e os programas já estabelecidos para outros problemas às experiências pessoais e culturais únicas da doença do HIV, e o desenvolvimento de novos métodos de intervenção para aspectos e problemas específicos. Mais delimitados para esse tema são as intervenções dirigidas à diminuição do risco, que constituem um importante componente de toda terapia para a doença do HIV.

REFERÊNCIAS BIBLIOGRÁFICAS

Aleman, J., Kloser, P., Kreibick, T., Steiner, G. y Boyd-Franklin, N. (1995). Women and *HIV/AIDS*. En N. Boyd-Franklin, G. Steiner y M. Boland (dirs.), *Children, families, and HIV/AIDS: Psychosocial and therapeutic issues*. Nueva York: Guilford.
American Psychiatric Association (1994). *Diagnostic and statistical manual of mental disorders* (4.ª edición) *(DSM-IV)*. Washington, DC: APA.
Antoni, M., August, S., La Pierre, A., Baggett, H., Klimas, N., Ironson, G., Schneiderman, N. y Fletcher, M. (1990). Psychological and neuroendocrine measures related to functional

immune changes in anticipation of HIV-1 serostatus notification. *Psychosomatic Medicine, 52*, 496-510.

Antoni, M., Baggett, L., Ironson, G., La Pierre, A., August, S., Klimas, N., Schneiderman, N. y Fletcher, M. (1991). Cognitive-behavioral stress management intervention buffers distress responses and immunologic changes following notification of HIV-1 seropositivity. *Journal of Consulting and Clinical Psychology, 59*, 906-915.

Bandura, A. (1994). Social cognitive theory and exercise of control over HIV infection. En R. J. DiClemente y J. L. Peterson (dirs.), *Preventing AIDS: Theories and methods of behavioral interventions*. Nueva York: Plenum.

Boyd-Franklin, N., Steiner, G. y Boland, M. (dirs.) (1995). *Children, families, and HIV/AIDS: Psychosocial and therapeutic issues*. Nueva York: Guilford.

Campos, P. E., Brasfield, T. L. y Kelly, J. A. (1989). Psychology training related to AIDS: Survey of doctoral graduate programs and predoctoral internship programs. *Professional Psychology: Research and Practice, 20*, 214-220.

Centers for Disease Control (1993). *Prevention HIV/AIDS Surveillance Report, 5*, 1-6.

Centers for Disease Control and Prevention (1995). Statistics from the Centers for Disease Control and Prevention. *AIDS, 9*, 103-105.

Chaisson, R. E. y Volberding, P. A. (1995). Clinical manifestations of HIV infection. En G. L. Mandell y J. E. Bennett (dirs.), *Mandell, Douglas, & Bennett's principles and practices of infectious diseases* (4.ª edición). Nueva York: Churchill Livingstone.

Chamberland, M. E., Ward, J. W. y Curran, J. W. (1995). Epidemiology and prevention of AIDS and HIV infection. En G. L. Mandell y J. E. Bennett's (dirs.), *Mandell, Douglas, & Bennett's principles and practices of infectious diseases* (4.ª edición). Nueva York: Churchill Livingstone.

Chesney, M. y Folkman, S. (1994). Psychological impact of HIV disease and implications for intervention. *Psychiatric Clinics of North America, 17*, 163-182.

Coates, T., McKusick, L., Kuno, R. y Sites, D. (1989). Stress reduction training changed number of sexual partners but not immune function in men with HIV. *American Journal of Public Health, 79*, 885-887.

DiClemente, R. J. y Peterson, J. L. (dirs.) (1994). *Preventing AIDS: Theories and methods of behavioral interventions*. Nueva York: Plenum.

Fernández, F. y Ruiz, P. (1989). Psychiatric aspects of HIV disease. *Southern Medical Journal, 82*, 999-1004.

Fenton, T. (1987). AIDS-related psychiatric disorder. *British Journal of Psychiatry, 144*, 551-588.

Fishbein, M., Middlestadt, S. E. y Hitchcock, P. J. (1994). Using information to change sexually transmitted disease-related behavior: An analysis based on the theory of reasoned action. En R. J. DiClemente y J. L. Peterson (dirs.), *Preventing AIDS: Theories and methods of behavioral interventions*. Nueva York: Plenum.

Folkman, S., Chesney, M. y Christopher-Richards, A. (1994). Stress and coping in caregiving partners of men with AIDS. *Psychiatric Clinics of North America, 17*, 35-53.

Forstein, M. (1992). The neuropsychiatric aspects of HIV infection. *Primary Care, 19*, 97-117.

Holland, J. C. y Tross, S. (1985). The psychosocial and neuropsychiatric sequelae of the acquired immunodeficiency syndrome and related disorders. *Annals of Internal Medicine, 103*, 760-764.

Kalichman, S. E. (1995). *Understanding AIDS: A guide for mental health professionals*. Washington, DC: APA.

Kelly, J. A. (1995). *Changing HIV risk behavior: Practical strategies*. Nueva York: Guilford.

Kelly, J. A., Kalichman, S. C., Kauth, M. R., Kilgore, H. G., Hood, H. V., Campos, P. E., Rao, S. M., Brasfield, T. L. y St. Lawrence, J. S. (1991). Situational factors associated with

AIDS risk behavior lapses and coping strategies used by gay men who successfully avoid lapses. *American Journal of Public Health, 81,* 1335-1338.

Kelly, J. A., Murphy, D. A., Roffman, R. A., Solomon, L. J., Winett, R. A., Stevenson, L. Y., Koob, J. J., Ayotte, D. R., Flynn, B. S., Desiderato, L. L., Hauth, A. C., Lemke, A. L., Lombard, D., Morgan, M. G., Norman, A. D., Sikkemas, K. J., Steiner, S. y Yaffe, D. M. (1992). Acquired Immune Deficiency Syndrome/Human Immunodeficiency Virus risk behavior among gay men in small cities: Findings of a 16-city national sample. *Archives of Internal Medicine, 152,* 2293-2297.

Kelly, J. A., St. Lawrence, J. S., Hood, H. V. y Brasfield, T. L. (1989). Behavioral intervention to reduce AIDS risk activities. *Journal of Consulting and Clinical Psychology, 57,* 60-67.

Landau-Stanton, J. y Clements, C. D. (1993). *AIDS health and mental health: A primary sourcebook.* Nueva York: Brunner/Mazel Publishers.

La Pierre, A., Antoni, M., Schneiderman, N., Ironson, G., Klimas, N., Caralis, P. y Fletcher, M. (1990). Exercise intervention attenuates emotional distress and natural killer cell decrements following notification of positive serologic status for HIV-1. *Biofeedback and Self-Regulation, 15,* 229-242.

Livingston, I. (1988). Co-factors, host susceptibility, and AIDS: An argument for stress. *Journal of the National Medical Association, 80,* 49-59.

Logsdail, S., Lovell, K., Warwick, H. y Marks, I. (1991). Behavioural treatment of AIDS-focused illness phobia. *British Journal of Psychiatry, 159,* 422-425.

Maj, M. (1990). Psychiatric aspects of HIV-1 infection and AIDS. *Psychological Medicine, 20,* 547-563.

Marzuk, P., Tierney, H., Tardiff, K., Gross, E., Morgan, E., Hsu, M. y Mann, J. (1988). Increased risk of suicide in persons with AIDS. *Journal of the American Medical Association, 259,* 1333-1337.

Nash, G. y Said, J. (1992). *Pathophysiology of AIDS and HIV infection.* Philadelphia: W. B. Saunders Company.

O'Dowd, M. A., Biderman, D. J., McKegney, F. P. (1993). Incidence of suicidality of AIDS and HIV-positive patients attending a psychiatric outpatient program. *Psychosomatics, 34,* 33-40.

Pilot, P. y Merson, M. H. (1995). Global perspectives on HIV infection and AIDS. En G. L. Mandell y J. E. Bennett (dirs.), *Mandell, Douglas, & Bennett's principles and practices of infectious diseases* (4.ª edición). Nueva York: Churchill Livingstone.

Rogers, P. y Masur, H. (1989). The immune system: Clinical manifestations. En R. Kaslow y D. Francis (dirs.), *The epidemiology of AIDS.* Nueva York: Oxford University.

Rosenstock, I. M., Strecher, V. J. y Becker, M. H. (1994). The health belief model and HIV risk behavior change. En R. J. DiClemente y J. L. Peterson (dirs.), *Preventing AIDS: Theories and methods of behavioral interventions.* Nueva York: Plenum.

Stanley, S. K. y Fauci, A. S. (1995). Immunology of AIDS and HIV infection. En G. L. Mandell y J. E. Bennett (dirs.), *Mandell, Douglas, & Bennett's principles and practices of infectious diseases* (4.ª edición). Nueva York: Churchill Livingstone.

Thomason, B. y Campos, P. E. (en prensa). Health behavior in persons with HIV and AIDS. En D. Gochman (dir.), *Handbook of health behavior research.* Nueva York: Plenum.

Thomason, B., Jones, G., McClure, J. y Brantley, P. (en prensa). Psychosocial co-factors in HIV illness: An empirically-based model. *Psychology and Health.*

Ussher, J. (1990). Cognitive behavioural couples therapy with gay men referred for counseling in an AIDS setting: A pilot study. *AIDS Care, 2,* 43-51.

World Health Organization Global Statistics (1995). Statistics from the World Health Organization. *AIDS, 9,* 409-410.

LEITURAS PARA APROFUNDAMENTO

Boyd-Franklin, N., Steiner, G. y Boland, M. (dirs.) (1995). *Children, families, and HIV/AIDS: Psychosocial and therapeutic issues.* Nueva York: Guilford.

DiClemente, R. J. y Peterson, J. L. (dirs.) (1994). *Preventing AIDS: Theories and methods of behavioral interventions.* Nueva York: Plenum.

Kalichman, S. E. (1995). *Understanding AIDS: A guide for mental health professionals.* Washington, DC: APA.

Kelly, J. A. (1995). *Changing HIV risk behavior: Practical strategies.* Nueva York: Guilford.

Preciado, J. (1996). Aspectos conductuales del síndrome de inmunodeficiencia adquirida (sida). En V. E. Caballo, G. Buela-Casal y J. A. Carrobles (dirs.), *Manual de psicopatología y trastornos psiquiátricos,* vol. 2. Madrid: Siglo XXI.

Apêndice DIRETRIZES PRÁTICAS PARA O ACONSELHAMENTO AOS PACIENTES NA REDUÇÃO DO RISCO DIANTE DO HIV

A redução do risco comportamental continua sendo o único método eficaz para evitar a transmissão do HIV. Isso é certo tanto se algum dos parceiros sexuais ou de consumo de drogas está infectado como se não está. Quando um dos membros de um casal se encontra infectado e o outro não, referimo-nos a isso como prevenção primária para a pessoa não infectada; isto é, estamos tentando evitar a infecção inicial. O desafio da prevenção primária é que a pessoa não infectada se motive para realizar comportamentos às vezes radicalmente diferentes sem a referência pessoal imediata das graves conseqüências que as práticas de alto risco têm.

Evitar que uma pessoa soropositiva se infecte outra vez com o HIV é conhecido como prevenção secundária. Nesse caso, é provável que a pessoa já esteja motivada para não infectar os outros; porém, é possível que não perceba que pode ser infectado por uma seqüência genética diferente de HIV-l ou, inclusive, em alguns países, de HIV-2. Além disso, as práticas sexuais pouco seguras podem conduzir a outras doenças transmitidas sexualmente, que, por sua vez, podem agir como co-fatores biológicos da progressão da doença do HIV; do mesmo modo, as práticas com risco do consumo de drogas poderiam dar como resultado outras doenças graves (por exemplo, hepatite), que colocariam uma carga enorme em um sistema imunológico já comprometido. Por conseguinte, o primeiro passo em qualquer forma de prevenção consiste em educar o paciente sobre os efeitos potenciais da infecção do HIV. A primeira metade deste capítulo pode servir como guia; porém, seria melhor se os aspectos mais importantes assinalados aqui tivessem destaque especial.

O passo seguinte na redução do risco é avaliar o nível atual de participação em práticas de alto e baixo risco. O conhecimento das primeiras é necessário para saber o nível em que os pacientes estão-se expondo ao risco de infecção; isto é, aumentar as práticas freqüentes de alto risco aumentará a probabilidade de uma infecção por HIV. Esse conhecimento é necessário tanto se estão envolvidos com muitos parceiros ou relações ao acaso (por exemplo, encontros sexuais casuais, compartilhar de drogas com pessoas desconhecidas) como se não estão, embora seja provável que esse envolvimento aumente ainda mais a probabilidade de infecção.

Avaliar os comportamentos de baixo risco é importante para estabelecer uma linha base para a mudança. Se o repertório sexual de um indivíduo se compõe quase exclusivamente de práticas de alto risco ou se o sujeito não avalia as alternativas de baixo risco como desejáveis, a mudança de comportamento será muito difícil. Em alguns casos, os pacientes admitirão que sabem tudo sobre as práticas de baixo risco, mas que não as acham tão recompensadoras como os comportamentos de alto risco ou não as consideram normais. Por exemplo, uma paciente poderia saber como limpar as agulhas e as seringas, saber que receber "utensílios" sujos de outra pessoa é perigoso e que a melhor prática (afora a abstinência total do consumo de drogas) é utilizar uma agulha e uma seringa limpas cada vez. Porém, poderia achar isso pouco prático, poderia acontecer que a discriminassem como se estivesse infectada e sofresse o deboche das outras pessoas que consomem drogas, ou poderia não querer retardar a gratificação imediata se as agulhas limpas não estivessem disponíveis facilmente.

Do mesmo modo, outro paciente poderia saber como utilizar a camisinha, pode tê-la utilizado no passado e ser capaz de comprá-la e usá-la no futuro. Porém, poderia sentir que o coito com camisinha é menos estimulante que sem, poderia temer a rejeição por sugerir sexo mais seguro, o que poderia implicar que um dos membros do casal se infectasse, ou poderia não querer retardar a gratificação imediata da relação sexual se a camisinha não estivesse disponível no momento. Assim, avaliar os comportamentos de baixo risco pode, também, oferecer

INTERVENÇÕES COGNITIVO-COMPORTAMENTAIS COM PESSOAS COM HIV/AIDS

informação rica em outras influências para a mudança de comportamento (por exemplo, idéias do que é normal, o contexto de mudança, os limites ambientais, o sistema de crenças que impede atuações mais seguras, habilidades de solução de problemas, capacidade para retardar a gratificação e dar prioridade à saúde).

O passo seguinte na redução do risco é conduzir técnicas de mudança. Isso inclui: I. introduzir novas normas para os comportamentos sexuais e de consumo de drogas, que sejam autoprotetoras e respeitosas para com a saúde dos outros; 2. requerer o apoio de outras pessoas significativas do entorno do paciente, incluindo "pessoas populares" da comunidade do sujeito e do sistema social; 3. assegurar que o paciente tenha a última informação sobre como limpar as agulhas e como utilizar camisinhas; essa informação encontra-se facilmente disponível para os pacientes através das agências de saúde pública, as organizações a serviço da Aids, as clínicas de saúde e a Cruz Vermelha ou, para os profissionais, nas leituras sugeridas neste capítulo; 4. avaliar a mudança e os fatores que influem nela, a partir de um enfoque de mudança de comportamento autodirigido (isto é, planejado pelo paciente e com motivação); e 5. desenvolver estratégias para a prevenção das recaídas com o fim de manter atitudes e práticas saudáveis que incentivem a saúde e o bem-estar.

As intervenções específicas podem acontecer por etapas. Primeiro, o paciente (e o terapeuta!) deveria receber educação sobre o HIV, especialmente sobre sua transmissão. Os terapeutas não deveriam supor que os pacientes dos grupos de alto risco conhecem práticas de consumo de drogas ou de sexo mais seguras. Pelo contrário, deveriam supor que cada paciente que recorre à clínica não conhece os aspectos básicos do HIV, especialmente no que se refere à prevenção, e deveria tentar estabelecer uma linha base de conhecimento com o paciente. Aos pacientes novos podem ser entregues folhetos publicados por organizações de saúde pública ou enviá-los a organizações a serviço da Aids que possam oferecer referências ou diretrizes específicas. Além disso, é possível que os terapeutas tenham uma provisão dessas informações facilmente disponível em suas clínicas ou salas de espera.

A segunda etapa da intervenção implica a revisão de práticas seguras, comparadas com práticas não seguras, detalhadamente. Isso pode ser feito através de uma análise funcional de comportamentos específicos ou de uma discussão menos formal sobre a categoria de comportamentos sexuais e de consumo de drogas do paciente. Depois dessa etapa, é possível que os terapeutas precisem trabalhar diretamente com os pacientes para desenvolver comportamentos de prevenção. Algo mais freqüente é que possivelmente os terapeutas prefiram remeter um paciente a uma organização ou grupo que patrocine seminários ou programas de treinamento para a redução de comportamentos de risco específicos. Isso incluiria demonstrações sobre como utilizar camisinhas, como limpar os materiais que utilizam para o consumo de drogas e como negociar uma relação sexual mais segura, sendo especialmente importante se o tempo de terapia não é dedicado a essas questões práticas. Respeitamos o fato de que a maioria dos terapeutas cognitivo-comportamentais prefere não trabalhar de forma tão específica com seus pacientes; isto é, que se centrem no mal-estar psicológico e em questões similares como a principal razão pela qual os pacientes recorrem à sua clínica. Porém, pensamos que é essencial que esses temas sejam discutidos e recomendamos encarecidamente aos terapeutas que incluam pelo menos uma avaliação desses temas e algumas questões de acompanhamento sobre a participação do paciente em práticas mais seguras.

Capítulo 17
INTERVENÇÃO PSICOLÓGICA COM PESSOAS NA FASE FINAL DA VIDA

Mª PILAR BARRETO MARTÍN, PILAR ARRANZ e CARRILLO DE ALBORNOZ,
JAVIER BARBERO GUTIÉRREZ e RAMÓN BAYÉS SOPENA

> "Às pessoas em contato com a morte, nascem-lhes olhos novos para a vida."
> D. RAZAVI

I. INTRODUÇÃO

Gostaríamos de introduzir este capítulo fazendo referência a algumas questões que, em nosso entender, são fundamentais quando se trata de abordar o tema que nos ocupa. Referimo-nos ao fenômeno denominado "Cuidados Paliativos", dirigidos a pessoas em fase terminal de uma doença e a suas famílias.

Em primeiro lugar, é preciso destacar a grande responsabilidade que implica a intervenção profissional nesse momento tão especial da vida de uma pessoa (sua fase final). Nela, a ação terapêutica é necessariamente urgente e o planejamento em muito curto prazo. Além disso, a isso deve-se acrescentar que o tempo é escasso também para o paciente e, com isso, queremos assinalar que, diante de toda a profundidade e rigor necessários, é especialmente importante evitar explorações e intervenções que não sejam consideradas absolutamente imprescindíveis e úteis.

A segunda questão que queremos ressaltar tem a ver com a necessidade incontestável de trabalho interdisciplinar. Se entendermos que as necessidades de uma pessoa na fase terminal são várias e de diferente índole (físicas, emocionais, espirituais e sociais), é preciso falar de trabalho em equipe terapêutica ou assistencial. Nenhuma profissão, de forma isolada, tem as ferramentas suficientes para poder atender a tal variedade de manifestações. Se quisermos, pois, realizar uma atuação eficaz em prol de um objetivo comum, a concorrência das diversas profissões implicadas é fundamental, embora sua atuação coordenada pareça ser especialmente difícil. Mais adiante voltaremos a isso.

Em terceiro lugar, vamo-nos referir aos aspectos éticos da intervenção. Acreditamos que nesse tema também são especialmente relevantes, visto que entendemos que vulnerá-los é muito mais simples que em outros âmbitos terapêuticos. O paciente com uma grande deterioração e incapacidade funcional é freqüentemente merecedor, em nossa sociedade, de uma grande compaixão, que pode estar ou não acompanhada de atitudes solidárias, mas ao que realmente está vinculado, comumente, é a uma boa dose de paternalismo ("ele já tem problema bastante com sua doença, não vamos causar-lhe mais sofrimento; nós decidimos por ele"). Embora pareça óbvio, dada a freqüência com que se esquece esse dado, gostaríamos de lembrar que a vida que termina é a do próprio

---

[1]Universidade de Valência; Hospital La Paz, Madri; U.V.A.A. Escritório Regional do HIV/AIDS, Madri; Universidade Autônoma de Barcelona (Espanha), respectivamente.

paciente, única e absoluta autoridade para tomar decisões, sempre que seu nível de consciência o permita.

Outro tema importante no trabalho com pacientes terminais é o das *atitudes* dos profissionais *diante* do fenômeno da *morte*. Esse fenômeno encontra-se presente no cotidiano do trabalho, de forma implícita ou explícita. A perda irreversível se antecipa, a deterioração que o paciente apresenta lembra a própria finitude e a limitação das conquistas terapêuticas. Assim, os comportamentos de fuga, esquiva ou superenvolvimento são uma conseqüência lógica. É difícil atender com eficácia quando estão presentes elevados níveis de ansiedade causados pelo medo. Dado que esse é um medo que preserva o instinto de sobrevivência, não é bom eliminá-lo, mas, assim como os preconceitos, pelo menos temos de reconhecê-lo e elaborá-lo para aprender a lidar com ele em situações comprometedoras, para que não seja o temor a decidir nosso modo de intervir. Em outros tempos, as pessoas tinham uma relação mais natural com a morte, era aceita como um acompanhante permanente da vida. Atualmente, quanto maior o nível de desenvolvimento técnico de um país, maior é o medo da morte e mais ela é isolada da vida. A morte tende a ser expulsa, isolada, oculta, visto que representa a antítese do que responde à idéia do progresso. Recuperar as atitudes, conhecimento e habilidades sobre a arte de morrer é, para o profissional da saúde, um desafio urgente a considerar. Sempre caminhando rumo ao objetivo de tornar naturalmente a morte parte integrante da vida.

Finalmente, pensamos que é importante considerar a situação clínica em seu conjunto, isto é, tendo em conta cada um dos elementos do paciente, família, equipe terapêutica e contexto físico e social no qual essa situação se encontra situada. Embora mais adiante retornemos a esse tema, queremos, a partir de agora, deixar claro que uma boa ação terapêutica se dá por levar em conta as pessoas afetivamente próximas do paciente; são eles os que passam mais tempo exercendo o papel de cuidadores e que podem dar, nesse momento, um suporte emocional mais autêntico à pessoa. Além disso, é importante que a equipe assistencial tenha habilidades pessoais de enfrentamento diante de situações críticas e de relacionamento que lhe permitam interagir de forma adaptativa com pacientes e familiares. Por último, devem ser evitados ambientes depressivos que situem a pessoa à margem da vida.

Uma vez comentadas essas questões, em nosso entender, básicas e prévias a qualquer proposição terapêutica, continuaremos a exposição seguindo o esquema que nos parece mais didático para tal fim. Em primeiro lugar, tentaremos descrever a situação clínica – quem é potencialmente objeto de nossa intervenção profissional; em segundo lugar, trataremos de especificar os objetivos desta, para, finalmente, passar a expor as ferramentas de avaliação e intervenção que consideramos mais adequadas com a finalidade de atingir tais objetivos. Tudo isso enquadrado em um modelo teórico no qual fica explícita nossa compreensão do fenômeno do sofrimento como o balanço negativo entre a percepção de ameaça e a de recursos (Bayés *et al.*, 1966).

II. A QUEM SE DIRIGE A INTERVENÇÃO?

O sistema de cuidados que aqui propomos justifica-se em função das pessoas cujo tem-

INTERVENÇÃO PSICOLÓGICA COM PESSOAS NA FASE FINAL DA VIDA

po de vida está chegando ao fim, aquelas que no âmbito das ciências da saúde são denominados pacientes terminais. Quando falamos de doentes em situação terminal, entendemos por tal a pessoa cujo estado de saúde se deteriorou até o ponto que não existem tratamentos para abordá-lo ou os habituais são ineficazes. Mas, tal como comentávamos anteriormente, os diferentes elementos da situação clínica devem ser objetos de consideração para uma intervenção adequada. Por conseguinte, tentaremos especificar pelo menos as características mais importantes em cada um deles. Comentaremos, em primeiro lugar, acerca do paciente, posteriormente seguiremos com a família e, finalmente, a equipe terapêutica.

II.1. *O paciente*

Vários pesquisadores e clínicos na Espanha tentaram precisar as características da situação de doença terminal (Barreto e Bayés, 1990; Bayés e Barreto, 1992; Gómez Batiste *et al.*, 1990; Pasqual e García-Conde, 1993; Sanz, 1989, 1990, 1992). Em síntese, poderiam ser ressaltadas as seguintes:

a. Doença avançada e incurável pelos meios técnicos existentes.

b. Impossibilidade de resposta a tratamentos específicos. (Presença de múltiplos problemas de saúde, multifatoriais e variáveis que condicionam a instabilidade evolutiva do paciente.

c. Impacto emocional (devido à presença explícita ou implícita da morte) no paciente, na família e/ou em pessoas afetivamente relevantes e equipe terapêutica.

d. Prognóstico de vida breve (esperança de vida inferior a 6 meses).

Os Cuidados Paliativos são universais, isto é, dirigem-se a qualquer pessoa na fase final da vida, independentemente da doença que padeça. Não obstante, a maior proporção de estudos refere-se a pacientes oncológicos e, tal como assinala Moos (1991), temos de considerar que existem características diferentes segundo o tipo de paciente, que afetam diretamente o trabalho assistencial. A título de exemplo, e dada a alta freqüência de pessoas nessa situação, comentamos as referentes aos pacientes com Aids e ao DTG (Doente Terminal Geriátrico).

No caso do paciente com Aids, tal como comentamos anteriormente (Barreto, 1994), há uma série de características específicas que indicam diferenças importantes com relação a outro tipo de paciente também em estado terminal:

* *A idade.* Muitos dos pacientes são jovens, estando a maioria compreendida entre os 25 e os 45 anos. Essa é a idade na qual, habitualmente, as pessoas estabelecem projetos mais definitivos de vida ou justamente os começam. Neles perdura também, com grande freqüência, uma adolescência prolongada (vgr., pessoas VDVP[1]), uma menor experiência de perdas, com o conseguinte ajuste maduro a elas, e a necessidade urgente de fechar o ciclo vital de maneira precipitada.

---

[1]Viciados em drogas por via parental (VDVP).

- Em muitas dessas pessoas coexiste uma *dupla problemática*: costuma ocorrer marginalidade, vício, patologia psiquiátrica.
- A *ruptura da identidade corporal,* devida aos sintomas que supõem alterações na imagem de si mesmo, justo no momento em que o corpo tem um grande valor simbólico e funcional, e no qual, por conseguinte, as sensações de inutilidade e medo da rejeição física são habituais.
- A *consciência intensa de morte*, com a qual colaboram vários fatores, tais como a perda funcional progressiva, o contato contínuo com a morte de amigos, o conhecimento da inexistência de um remédio definitivo, eficaz etc.
- O *caráter simbólico* da doença que padecem, o estigma de doença maldita, com conotações de castigo e rejeição social.

No caso do DTG, queremos começar reivindicando que os anciãos foram os grandes esquecidos nesse tema, como em tantos outros, assumindo-se, em muitos casos erroneamente, que o DTG era um paciente totalmente assimilável ao oncológico. De qualquer maneira, ultimamente começa-se a trabalhar com maior intensidade nisso, reconhecendo os profissionais que, além de conseguir uma velhice mais competente, é importante também advogar por uma morte mais digna e uma qualidade de vida maior na fase final. Nessa população, Núñez Olarte (1995), a partir de sua experiência e após uma revisão dos trabalhos científicos, assinala como elementos diferenciadores os seguintes:

- A idade avançada não implica necessariamente a existência de um maior número de sintomas.
- Alguns dos sintomas, como a dor, a depressão e os vômitos, são menos prevalentes que em outras populações.
- Existem, não obstante, outros sintomas cuja freqüência é maior, como a constipação, os sintomas urinários e os neuropsiquiátricos.
- O ancião, em geral, enfrenta melhor a doença e seus efeitos colaterais que as pessoas mais jovens, e também aceita melhor o fato da morte, apoiando-se na experiência de uma vida mais longa.
- As pessoas anciãs têm, habitualmente, menor apoio familiar e social que os jovens.
- Em geral, o ancião é menos consultado sobre decisões terapêuticas.

Com base no que acabamos de ver, pois, é necessário um tratamento igualitário, mas é necessária, também, para ser eficaz e ético, uma grande sensibilidade diante das diferenças que caracterizam os diversos grupos de pessoas.

II.2. *A família*

Temos de considerar a família ou pessoas afetivamente relevantes para o paciente a partir de duas vertentes: como emissores e como receptores de cuidados. No primeiro caso, falando sempre em termos gerais, a família representa a fonte de afeto e cuidados mais importante para o paciente. A qualidade afetiva e a quantidade de tempo que passam a seu lado são dificilmente substituíveis. Além de enfrentar sua própria dor, precisam prover de apoio emocional e cuidado físico a pessoa doente. É, pois, uma situação difícil de suportar. Devem lidar com emoções próprias, algumas vezes ambivalentes (projeção da própria morte, angústia de separação, sentimentos de culpa, impotência etc.) e costumam desconhecer os possíveis recursos: como falar de temas tão difíceis, como cuidar de um doente com complicações, como dar suporte emocional em um momento tão duro. Parece claro que necessitam de uma boa dose de apoio, em vistas a uma adaptação positiva. Além disso, representam, para a equipe terapêutica, uma fonte de apoio tanto na avaliação das dificuldades do paciente como na intervenção sobre estas. A esse respeito, em um amplo estudo realizado com 4.301 pacientes, segundo a observação dos familiares, 50% dos pacientes informava da presença de dor entre moderada e severa enquanto estavam hospitalizados (Support Investigators, 1995). Sobre o mesmo trabalho, uma de suas autoras (J. Lynn) expressa sua grande preocupação com outro dado: "dois terços das famílias têm a impressão de que os pacientes sofriam sintomas intoleráveis ao final de suas vidas" (McCarthy, 1997).

Por outro lado, encontram-se afetivamente perturbados pela iminente perda de alguém a quem amam e por quem, em muitos casos, tiveram de ver sofrer, em grande medida, devido a outras problemáticas. Além disso, no caso dos pais, a morte de um filho rompe os esquemas habituais. A vida nos ensina a aceitar como algo inevitável a morte dos mais velhos, mas parece antinatural assistir à morte de nossos filhos (Barreto, 1994). Em um estudo de mais de uma década, Copperman (1983) apresentava as fontes de temor fundamentais informadas pelos familiares de doentes oncológicos terminais. Por ordem de freqüência, seriam os seguintes: medo de não saber o que fazer quando o paciente se for deteriorando, de que sofra e morra com dor e agonia; de não obter ajuda profissional quando precisarem; de ser responsáveis pela doença, ou por não ter cuidado do paciente durante sua vida; de não serem capazes de cuidar do paciente adequadamente, em especial quando se aproxima o momento da morte; medo de prejudicá-lo ou feri-lo durante o cuidado físico; de que se encontre sozinho em casa no momento da morte; medo de que o paciente adivinhe seu diagnóstico, vendo sua preocupação; medo de incomodar e de ter de contar com outros para que ajudem; medo de brigar com outros membros da família; temor de estar agindo equivocadamente querendo que o paciente permaneça em casa; medo de não saber quando o paciente tiver morrido; medo de ter de levar adiante uma família sozinho, e medo de um futuro cheio de solidão. Cremos que eles ilustram perfeitamente a situação que as famílias dos pacientes em fase terminal sofrem.

II.3. *A equipe terapêutica*

Quando as equipes profissionais desempenham seu trabalho em situações que implicam dificuldades especiais de manipulação, seja porque requerem mais formação aos acadêmicos ou porque implicam um desgaste emocional especial, encontram-se em grave risco de padecer o que a literatura vem denominando há alguns anos de *síndrome de burnout* (estar queimando). Esse fenômeno se produz, em grande medida, quando existe um desequilíbrio significativo entre a percepção de ameaça e a de recursos.

Curiosamente, o fenômeno de *burnout* e o estresse profissional parecem não afetar mais às equipes de Cuidados Paliativos que aos profissionais de outros âmbitos, como, por exemplo, as Unidades de Cirurgia, Gastroenterologia e Radiologia (Graham *et al.*, 1996), devido, talvez, ao fato de que, a partir do princípio do movimento *Hospice*[2], reconheceu-se a possibilidade de que tais fenômenos se produzam de forma significativa, o que levou a adotar estratégias que minimizassem seus efeitos (Vachon, 1995). Essa autora assinala que, nos casos onde se detectou percepção de sobrecarga nos profissionais e diminuição da satisfação profissional, coincidia que não se haviam previsto estratégias adequadas de prevenção. Assim, cremos que é fundamental reconhecer, para poder prevenir alterações, que os profissionais encarregados do cuidado integral do paciente enfrentam a uma tarefa complexa, na qual influem diversas circunstâncias (Barreto, 1994) e que podem ser sintetizadas nos pontos seguintes:

- Excesso de estimulação aversiva. Constantemente, encontram-se em contato com o sofrimento do paciente, com a angústia da família e amigos, a incerteza, a solidão na tomada de decisões quando não há uma equipe que respalda, o contato freqüente com a morte.
- Em muitos casos, suportar uma pressão ocupacional excessiva, com grande quantidade de tarefas, ordens não razoáveis, turnos incômodos etc.
- Pressões internas, como sentimentos de indefensabilidade, resistir à dor de responder perguntas difíceis, tratar temas carregados de angústia, situações difíceis entre o paciente e a família.
- A frustração de não poder curar, objetivo para o qual foram formados e, por definição, impossível nessas circunstâncias.
- A necessidade de um certo grau de envolvimento com os pacientes para estabelecer uma relação de ajuda adequada (Arranz, 1990). Uma maneira inadequada de lidar com o vínculo, por excesso (superenvolvimento) ou por falta (comportamentos de evitação) gera problemas importantes tanto para os pacientes como para seus cuidadores.
- A formação de nossos profissionais não inclui a aprendizagem sobre como lidar com as emoções próprias e como ajudar no momento em que acontecem reações emocionais adversas nos pacientes e seus familiares. Assim mesmo, carecem de formação em habilidades de comunicação para temas delicados. Temas difíceis de abordar, no caso da AIDS, associados à droga, promiscuidade sexual, e em todos em geral, sobre sofrimento, marginalização, incapacidade e morte.

---

[2] O movimento *Hospice* atual foi desenvolvido inicialmente na Inglaterra durante a década dos anos 1960, com a criação do atendimento global (físico, emocional, social e espiritual) para pacientes e familiares. Foi inspirado nos sanatórios de finais do século XIX e começo do XX que, com uma filosofia religiosa, acolhiam peregrinos doentes ou moribundos. O de maior importância, a partir do qual se expandiu a filosofia paliativa, é o St. Cristopher Hospice de Londres, fundado por Cicely Saunders em 1967. Atualmente, esse *hospice* constitui o ponto de referência obrigatório em clínica, docência e pesquisa.

INTERVENÇÃO PSICOLÓGICA COM PESSOAS NA FASE FINAL DA VIDA

Assim pois, desenvolver os próprios recursos de enfrentamento é fundamental para o reencontro do equilíbrio na relação terapêutica. É preciso ter claros os objetivos, buscar informação acerca de como cuidar, desenvolver estratégias de autocontrole, evitar mecanismos de identificação com o paciente moribundo e substituí-los, em grande medida, por mecanismos de racionalização, treinamento em aconselhamento (*counselling*) e aplicação de estratégias na organização que favoreçam o trabalho e a coesão da equipe. Esses são recursos potentes que podem prevenir ou reduzir o risco de patologias trabalhistas como o *burnout*.

III. O QUÊ: OS OBJETIVOS

III.1. *Objetivos gerais*

Por definição, na fase final da vida, o principal objetivo é promover o máximo bem-estar possível para o paciente e a família. As duas funções básicas da intervenção em problemas de saúde – curar e cuidar – vêem-se reduzidas, se não diminuídas em importância, à segunda, isto é, ao cuidado. Parece claro, e assim tem sido expresso continuamente na maior parte de trabalhos científicos referentes a cuidados paliativos (Doyle, Hanks e MacDonald, 1993), que *promover o maior bem-estar possível* é a meta a perseguir por todos os profissionais. Porém, sabemos que os conceitos de bem-estar e sofrimento são, em grande medida, subjetivos, e é necessário operacionalizá-los para poder trabalhar de um modo sério e rigoroso neste âmbito. Limonero e Bayés (1995) mostram como a maior parte de trabalhos nesse campo ou não definem o bem-estar ou não o fazem de um modo operacional. Esses autores fizeram uma proposta, na qual definem o conceito como "a sensação global de satisfação ou alívio das necessidades – físicas, emocionais, sociais e/ou espirituais –, que o doente pode experimentar de forma intermitente, contínua ou esporádica ao longo da última etapa de sua existência", pontuando, além disso, como características-chave do mesmo seu caráter subjetivo, visto que é o doente que avalia seu nível de bem-estar e sua variabilidade, isto é, sua temporalidade. Em um trabalho posterior, Barreto *et al.* (1996) propuseram a mesma situação com relação ao fenômeno do "sofrimento", recolhendo as interessantes proposições de Chapman e Gavrin (1993), que o entendem como "um complexo estado afetivo, cognitivo e negativo, caracterizado pela sensação que o indivíduo tem de se sentir ameaçado em sua integridade, pelo sentimento de impotência para enfrentar essa ameaça e pelo esgotamento dos recursos pessoais e psicossociais".

Definitivamente, falamos de conseguir bem-estar, potencializando recursos e satisfazendo necessidades, isto é, diminuindo sofrimento.

III.2. *Objetivos intermediários*

Parece claro que o bem-estar, em uma situação na qual a pessoa enfrenta perdas contínuas (físicas, funcionais, emocionais e/ou sociais), experimenta sintomas aversivos, enfrenta o fato da finitude e tem de fechar seu ciclo vital, não se consegue em uma única ação terapêutica. Temos de falar, neste caso, necessariamente, de facilitar o processo de adaptação e, a esse respeito, costuma ser de grande utilidade propor os seguintes objetivos intermediários de suporte (Arranz, Barbero, Barreto e Bayés, 1997):

a. Detectar e atender necessidades, além de ampliar fontes de satisfação.
b. Selecionar e aumentar o número e a qualidade dos recursos viáveis, tanto em nível pessoal quanto social.
c. Paliar a experiência de ameaças e perdas, na medida do possível.
d. Diminuir as frustrações e regular as expectativas.

IV. COMO: A AVALIAÇÃO E A INTERVENÇÃO

IV.1. A avaliação

Pensamos que a avaliação em Cuidados Paliativos tem uma série de desafios que podemos resumir nos seguintes pontos:

a. Necessitamos tanto de uma avaliação do bem-estar global do paciente quanto dos fenômenos específicos que influem nele (Barreto e Bayés, 1990). Entendemos que é difícil, dada a natureza mutante da situação do paciente, detectar, de forma contínua, válida, confiável e não invasiva, qual é seu estado e a que é atribuído. A esse respeito, realizamos uma experiência piloto (Bayés, Limonero, Barreto e Comas, 1995) na qual tentamos avaliar de modo indireto o estado do paciente através da dimensão temporal. Utilizamos como base uma idéia presente nos escritos de W. James, que diz que quando o indivíduo se encontra "bem", percebe a passagem do tempo como veloz, enquanto que, quando sofre, a passagem do tempo é lenta. A pesquisa sobre esse fenômeno começa a dar seus frutos e continuamos trabalhando no objetivo.
b. É importante não pressupor a existência de patologia psíquica no paciente em situação terminal. Cremos que, como em toda situação de doença, é preciso diferenciar entre: 1. o que reações pontuais a estímulos nocivos específicos (acontecimentos aversivos) representam, como uma perda, o aparecimento de um novo sintoma, a tomada de consciência de que o final se aproxima etc.; 2. as etapas de adaptação diante do fato de ter de morrer (Kübler-Ross, 1975); e 3. as possíveis psicopatologias, como transtornos por ansiedade e do estado de ânimo, síndromes mentais orgânicas causadas por alterações metabólicas, invasão estrutural do cérebro etc.
c. Foram realizados importantes esforços para construir escalas que permitam avaliar diferentes aspectos do fenômeno. Não obstante, diferentes pesquisadores destacam a idéia de que não existe nesse momento um instrumento ideal de avaliação para os pacientes em fase terminal (Sanz, 1991; Robin e Mount, 1992; Finlay e Dunlop, 1994; Ahmedzai, 1990; Limonero e Bayés, 1995).

Atualmente utiliza-se com freqüência, nos estudos de avaliação em Cuidados Paliativos, a informação referida por familiares ou cuidadores (Pasqual, 1996), disputando razões que justificam essa utilização, como o diferente grau de informação que o paciente tem com relação ao diagnóstico e ao prognóstico, a deterioração tanto física quanto psíquica que pode dificultar a elaboração das escalas etc.

Com relação aos instrumentos de avaliação, dois são os mais conhecidos e amplamente citados na bibliografia, além dos mais aceitos pelas equipes de Cuidados Paliativos:

- O *Edmonton Symptom Assessment System* (ESAS) de Bruera *et al.* (1991), que avalia a prevalência de sintomas e pode ser preenchido pelo paciente, pelo pessoal de enfermaria ou pelo cuidador familiar.
- O *Support Team Assessment Schedule* (STAS), de Higginson, Wade e McCarthy (1990), que avalia resultados de Cuidados Paliativos. Seus itens fazem referência à intensidade de problemas físicos e emocionais do paciente e da família, conhecimento do prognóstico, comunicação paciente-família, comunicação paciente-profissionais e aspectos de ajuda prática. Está desenhado para ser preenchido pelas equipes interdisciplinares consensualmente.

Nossa equipe de trabalho realizou pesquisas sobre um instrumento de avaliação "identificar a percepção dos pacientes dos sintomas e preocupações que os assolam" (Bayés *et al.*, 1995). Nele se tenta, de modo individualizado, que o paciente reflita não somente as dificuldades que percebe como mais importantes e sua graduação, mas também o nível de preocupação que elas lhe geram.

Em outro lugar comentamos que a primeira condição para apoiar emocionalmente um paciente ou um de seus familiares é que se faça uma exploração personalizada e biográfica, única de que dispomos para não realizar um diagnóstico estereotipado (Arranz *et al.*, 1997). Em tal exploração deveriam estar recolhidos os seguintes aspectos, que nos permitirão determinar o grau de vulnerabilidade psicológica do doente, estabelecer a natureza e grau de seriedade de suas preocupações e necessidades emocionais e detectar que áreas devem ser cobertas (Bayés, 1995). Entre essas necessidades e áreas estão:

a. *Necessidades de informação*: que informação possuem a respeito de sua situação clínica, que querem saber e podem assimilar.
b. *Necessidades emocionais*: quais são suas principais preocupações, ajudá-los a defini-las e priorizá-las.
c. *Estratégias de enfrentamento*: ativo, passivo, com indefensabilidade, com negação etc.
d. *Recursos*: identificar recursos e modos com os quais enfrentou situações difíceis antes.
e. *Redes de apoio pessoal*: suporte familiar e social.
f. *Sensação de controle*.
g. *Problemática emocional* detectada utilizando critérios psicopatológicos específicos.
h. Possíveis *acontecimentos críticos*: avaliar o nível de aversão acumulado.

No que se refere à família ou a pessoas afetivamente relacionadas com o paciente, é importante levá-los em conta ao longo de seu processo, desde o momento em que se dá o conhecimento da doença progressiva ou o prognóstico fatal, passando pelo período de cuidados, pelo momento da morte da pessoa querida, até a adaptação posterior à morte no processo de luto (Parkes, 1987, 1993).

É fundamental explorar, desde o começo, as necessidades emocionais dos familiares, suas preocupações, dificuldades e temores, tanto em nível pessoal como na interação com o paciente e a equipe terapêutica (Espino e Barreto, 1996). Ainda, é necessário realizar uma avaliação dos recursos que possuem, sendo fundamentais os seguintes aspectos:

a. grau de afetação emocional dos diferentes membros
b. necessidades de informação
c. necessidades de recursos (como falar com o paciente de temas delicados, como reagir a suas manifestações emocionais, como cuidar dele "fisicamente").

Em relação à equipe terapêutica, é importante que os objetivos comuns de todos os membros estejam em consenso e se encontrem devidamente operacionalizados, de modo que possam ir sendo contrastados os resultados da atuação comum e das contribuições específicas das ações profissionais individuais (Barreto e Bayés, 1990). Igualmente, tais objetivos devem ser propostos em curto, médio e longo prazos, desenhando estratégias para sua avaliação e posterior correção em caso de desajuste.

IV.2. *A intervenção*

IV.2.1. Notas históricas

Os Cuidados Paliativos têm suas bases filosóficas em alguns dos seguintes fatos históricos que configuram a breve história dos Cuidados Paliativos (Limonero, 1993).

- Os trabalhos pioneiros de E. Kübler-Ross nos Estados Unidos, que passou grande quantidade de horas junto ao leito de pessoas moribundas e escreveu suas reflexões no famoso manual *Sobre a morte e os moribundos*.
- As colaborações no St. Christopher Hospice da Inglaterra da doutora C. Saunders, inspiradas nos tradicionais *hospices* de finais do século XIX e princípios do XX, nos quais foi desenvolvido o começo da arte de "cuidar".
- O início do atendimento domiciliar a esses doentes no mesmo país (Sanz, 1992).
- O começo do movimento *Hospice* nos Estados Unidos em 1974, com S. Lack à frente, e a posterior implantação do atendimento domiciliar também nos Estados Unidos.
- O aparecimento, por essa mesma data, do termo "Cuidados Paliativos" como denominação não estigmatizante, da mão de B. Mount no Canadá e, a partir daí, a expansão do movimento em outros países como Polônia, Alemanha e Espanha.

INTERVENÇÃO PSICOLÓGICA COM PESSOAS NA FASE FINAL DA VIDA **473**

Especial menção merecem em nosso país os esforços pioneiros de J. Sanz, que implantou a primeira Unidade de Cuidados Paliativos em 1984 no Hospital Marqués de Valdecilla de Santander. O desenvolvimento posterior dessa disciplina no estado espanhol reflete-se amplamente no trabalho de Centeno (1995).

É importante destacar, também, a constituição de diferentes sociedades interdisciplinares como a Associação Européia de Cuidados Paliativos, em 1988, a Societat Catalano-Balear de Cures Palliatives, em 1989 e a Sociedade Espanhola de Cuidados Paliativos, em 1992.

IV.2.2. Pressupostos da intervenção

A Organização Mundial da Saúde, em um texto já clássico em nosso âmbito, define os Cuidados Paliativos como: "Cuidado total e ativo dos pacientes cuja doença não responde a um tratamento curativo. O controle da dor, de outros sintomas e de problemas psicológicos, espirituais e sociais, adquire neles uma importância primordial. O objetivo dos Cuidados Paliativos é conseguir a máxima qualidade de vida para os pacientes e suas famílias" (OMS, 1987). Cremos que essa definição ilustra adequadamente os diferentes aspectos a considerar na intervenção paliativa, reforçando algumas das considerações que fazíamos no começo deste capítulo. A seguir exporemos os princípios interdisciplinares no controle de sintomas, sugestões em vistas de uma intervenção psicológica eficaz com os pacientes, algumas notas para a intervenção com família e alguns recursos para a melhora do funcionamento nas equipes interdisciplinares.

IV.2.3. Controle de sintomas

O controle dos sintomas físicos é imprescindível para o bem-estar dos pacientes, portanto, representa a primeira medida a tomar. É evidente que qualquer pessoa que sofra de dor ou qualquer sintoma aversivo se sente alterada, e é necessário alívio para conseguir maior bem-estar. Porém, um adequado controle de sintomas implica algo mais que grandes conhecimentos técnicos, principalmente em um momento evolutivo de uma doença para a qual a cura é impossível. Assim, pensamos que pelo menos deveriam ser levados em conta os seguintes aspectos:

a. Os sintomas físicos e psíquicos interagem, tendo em conta que a interação de ambos potencializa o mal-estar do indivíduo. O mal-estar emocional realça a percepção subjetiva do mal-estar físico, e vice-versa, o mal-estar físico repercute diretamente no estado emocional. Por essa razão, Jones *et al.* (1989) enfatizam o papel do apoio emocional nessa situação, sugerindo que se o afeto negativo do paciente é elevado, a expressão de emoções pode apresentar-se como o problema fundamental, o que repercute em uma maior dificuldade para que o cuidador detecte as necessidades reais do paciente, podendo-se produzir sensações de desamparo tanto no paciente como no cuidador.

b. Os sintomas são variáveis; portanto, é fundamental sua avaliação de forma contínua, tendo sempre presente a avaliação subjetiva que o paciente faz deles, visto que, tal como foi evidenciado em pesquisas anteriores, a intensidade ou freqüência de um sintoma não necessariamente tem correspondência com o grau de preocupação que gera (Barreto *et al.*, 1996). Além disso, é necessário ter em conta que a avaliação que as pacientes e outros agentes (por exemplo, os familiares) fazem, difere substancialmente (Higginson *et al.*, 1990; Wallston, Burger, Smith e Baugher, 1988), principalmente no que se refere à percepção de intensidade e gravidade.

IV.2.4. Sugestões para a intervenção psicológica

É difícil aproximar-se da intimidade das pessoas e acompanhá-las no enfrentamento de seu último tempo de vida. A evitação é um comportamento habitual, produto do medo de não saber o que dizer, não poder olhar nos olhos, não saber como ajudar nem determinar quando é o melhor momento para fazê-lo. Além disso, nem todos os pacientes vão precisar do mesmo apoio, nem com a mesma intensidade ou freqüência (Arranz *et al.*, 1997). Entendemos que, diante desse panorama, o aconselhamento (*counselling*) é, das que conhecemos, a estratégia que parece mais adequada (Arranz, 1995), visto que se mostrou especialmente útil quando na relação paciente-profissional da saúde aparecem situações de estresse ou ansiedade por uma ou ambas as partes (Barreto *et al.*, 1997).

Quando falamos desse procedimento, referimo-nos ao fenômeno que reflete a definição da British Association for Counselling (1992), e não somente à idéia original rogeriana. Nela se entende por aconselhamento: "o emprego dos princípios da comunicação com a finalidade de desenvolver o conhecimento de si mesmo, a aceitação, o crescimento emocional e os recursos pessoais. O objetivo global é ajudar as pessoas a viver do modo mais pleno e satisfatório possível. A assessoria pode estar implicada no controle e solução de problemas específicos, na tomada de decisões, no processo de enfrentar as crises, no trabalho através dos sentimentos ou conflitos internos, ou na melhora das relações com as outras pessoas. O papel do profissional é facilitar a tarefa do paciente, ao mesmo tempo em que respeita seus valores, seus recursos pessoais e sua capacidade de autodeterminação".

Tal como o entendemos, e se reflete nessa macrodefinição, o aconselhamento que se baseia, fundamentalmente, em habilidades sociais – dentro do quadro da comunicação assertiva –, em técnicas de autocontrole e em estratégias de solução de problemas, constitui um meio e não um fim em si mesmo. Além disso, devemos ressaltar que tem uma enorme flexibilidade na prática. Utiliza a pergunta, e não a asseveração, pelo que estimula a pessoa a dar respostas a si mesma, produzindo, com maior probabilidade, mudanças mais estáveis, tanto em nível cognitivo como comportamental. Nas palavras de Arranz (1990), representa a arte de fazer uma pessoa refletir, por meio de perguntas, de modo que possa chegar a tomar decisões que considere adequadas para ela mesma.

A utilização do aconselhamento ajuda a evitar o paternalismo tão freqüente em ambientes médicos. Propõe uma relação de ajuda entre sujeitos autônomos, embora, em cui-

INTERVENÇÃO PSICOLÓGICA COM PESSOAS NA FASE FINAL DA VIDA

dados paliativos, uma das partes tenha de conviver com uma saúde em estado muito precário. Não é possível proporcionar suporte emocional ao doente terminal e à sua família baseando-nos na superproteção não solicitada, nos preconceitos sobre os valores e crenças do doente ou na infantilização das relações interpessoais. O aconselhamento implica, também, a comunicação clara, contínua, aberta e fluente como um elemento terapêutico básico em cuidados paliativos, permita a atuação coordenada da equipe, a manifestação de necessidades a atender e a "ventilação" de sentimentos.

Além do já comentado, cremos que é importante não esquecer, na elaboração de planos terapêuticos, a utilização de estratégias de enfrentamento adaptativas, por parte do paciente e da família, que já se mostraram úteis em situações críticas passadas. Lembrar como enfrentaram eficazmente situações anteriores permite pôr em prática estratégias sem necessidade de realizar novas aprendizagens que tornem lentos os processos de solução de problemas.

Do mesmo modo, convém recordar que as redes de apoio social, sempre importantes em todo processo de adaptação de um indivíduo, têm, no caso do paciente terminal, especial relevância, dada a perda de funcionalidade e a necessidade de apoio emocional.

Levando em conta que a perda de funcionalidade implica, comumente, sensações de falta de controle e inutilidade, estas constituem elementos a vigiar pela equipe terapêutica, visto que favorecem a presença de quadros depressivos que incidem no estado físico e emocional do paciente. Incentivar a percepção de controle facilita o processo de adaptação e a percepção de que mantém o controle sobre a situação. Além de tranqüilizar, pode proporcionar sensação de segurança, autoconfiança e a possibilidade de viver com dignidade seu tempo de vida. O aumento do controle percebido por uma pessoa tende a reduzir a ansiedade e elevar o nível de tolerância à dor (Breibart, 1994). Para isso, é necessário estimular a participação, da forma mais ativa possível, na tomada de decisões que tenha de abordar, responsabilizando-se por sua própria vida, ressaltando o princípio de autonomia (Sanz, 1990).

Além da utilização do aconselhamento com suas derivações, outras sugestões que acreditamos ser de especial utilidade na aproximação terapêutica ao paciente em fase terminal são as seguintes:

a. Tentar sintonizar, com respeito, com o próprio ritmo de elaboração do processo que o doente está vivendo. Tal como comentávamos em outra ocasião (Arranz *et al.*, 1997), é fundamental, como critério de atuação, situar-se um passo atrás do paciente, respeitando seus silêncios, seus espaços e seus tempos; atendendo suas mensagens, tanto verbais como não-verbais, permitindo-lhe, definitivamente, exercitar sua liberdade. Pode ser que, em um dado momento, precise negar uma realidade ou que canalize com hostilidade sua ansiedade ou que se sinta indefeso. Nossa intervenção deve dirigir-se a motivá-lo a canalizar suas emoções de um modo adaptativo, mas sem pressioná-lo; apoiando-nos em suas percepções e recursos, entendendo que todo comportamento humano tem, em princípio, uma intenção positiva, e que os indivíduos escolhem, em cada momento, as melhores opções que possuem com relação a suas possibilidades. A idéia é centrar-se em sua demanda, em descobrir e entender o que os pacientes estão buscando, permitindo que eles mesmos se guiem; e não somente prestar atenção às habilidades ou percepções dos profissionais médicos ou do grupo terapêutico que administra os cuidados.

b. Tratar a pessoa como alguém vivo, e não como alguém que já nada tem a fazer, tendo em conta que para a pessoa que está enfrentando a morte, a maioria de seus problemas está principalmente relacionada com a vida.

c. Quando for o momento oportuno – é necessário explorar se há demanda implícita ou explícita do paciente ou seus familiares – é importante poder falar da morte. Com freqüência, é um tema que angustia abordar e que, ao mesmo tempo, sabe-se que não se deve fugir dele. É o paciente ou o familiar quem nos vai dar as pistas de quando for o momento.

d. É especialmente importante intervir dando ênfase aos momentos de mudança, isto é, às fases nas quais o paciente necessita de um processo de readaptação.

e. É muito útil preparar os doentes para enfrentar suas inúmeras perdas antecipando os problemas que possivelmente vão surgir. Identificando, avaliando e ajudando a enfrentar temas delicados quando ainda estão em condições de fazê-lo.

f. Devido à grande variabilidade das necessidades emocionais ao longo do processo, é importante manter-se em escuta ativa, com uma atitude de disponibilidade, desde o início da relação com o paciente, para detectá-las o mais cedo possível.

IV.2.5. Intervenção em famílias

Tal como já comentamos neste trabalho, a família, junto ao paciente, ocupa um lugar essencial na intervenção paliativa, tanto como provedora de cuidados como receptora deles. A doença ocasiona um grande impacto e diversas mudanças na família, que repercutirão de um modo ou outro sobre o paciente. Não obstante, em geral, detectam-se dificuldades para incluir as famílias nos objetivos dos cuidados, devido, talvez, à falta de uma visão integral que inclua os diferentes aspectos (físicos, espirituais, emocionais e sociais) e a relevância do papel ativo da família no contexto (Gómez-Batiste e Guinovart, 1989). Além disso, a estrutura física e o funcionamento da maioria dos hospitais não favorecem a presença e intervenção da família. A esse respeito, fizemos as seguintes sugestões (Espino e Barreto, 1996):

a. É importante incluir em toda definição de objetivos terapêuticos as medidas de suporte, terapêuticas e de aconselhamento dirigidos à família do doente.

b. A estrutura física e o funcionamento dos hospitais deveriam potencializar a presença e a colaboração da família do doente (horários, quartos, salas de estar, serviços de informação etc.).

c. É importante que existam espaços e tempos específicos para o atendimento, informação, suporte e terapêutica da família. A explicação dos cuidados a seguir com o doente diminui a ansiedade e favorece a percepção de controle.

d. A integração da família nos objetivos terapêuticos com o doente é essencial para conseguir o suporte mútuo. É importante que a equipe trabalhe para alcançar essa integração, visto que melhora substancialmente a qualidade relacional com o paciente e, como resultado, a qualidade assistencial.

Para favorecer a relação entre a família e o doente é essencial poder oferecer-lhes pautas alternativas de comunicação com ele. Gostaríamos de ressaltar algumas delas:

- Permitir a expressão das preocupações, escutar, evitar afirmações como "isso não é nada", "não diga isso" etc. Esse tipo de frase não dá consolo, mas uma sensação de incompreensão. Em seu lugar, seriam mais positivas frases do tipo: "entendo que você está passando um mau momento", "o que faria você se sentir melhor?" etc.
- Transmitir ao doente e ao resto da família que não estarão sozinhos, o que diminui a intensidade dos temores e estimula a confiança e a serenidade. É importante, pois, a garantia de suporte, que implica pelo menos três fenômenos: cuidados continuados, acolhimento a temores e preocupações e confiança e fidelidade mútuas permanentes (Barbero, 1998).
- Facilitar que a família entenda que, permitir ao doente participar de temas familiares evitará sensações de isolamento e inutilidade, que é muito positivo fazer o doente sentir que é importante para os que lhe têm carinho, que suas idéias, conselhos e opiniões continuam sendo valiosos.
- Permitir o choro e o silêncio do doente, explicar que os momentos de desabafo e reflexão pessoal são necessários.
- Evitar a privação de estímulos. É patético observar o doente e seu cuidador aborrecidos, esperando que o tempo passe, que a vida passe.
- Tratar de manter alguns costumes cotidianos. A "mudança" em si é um dos fatores mais estressantes, e já haverá mudanças suficientes como conseqüência da informação (diagnóstica e prognóstica), dos tratamentos etc.
- É fundamental o respeito à individualidade de cada membro da família, visto que, sem esse respeito, é mais difícil que a família funcione como uma "equipe". A autonomia e as necessidades dos demais membros da família devem ser consideradas.
- O paciente precisa manter sua autonomia e não assumir um papel passivo. É necessário fazê-lo entender a importância de que, sempre que possível, o doente deve ser o protagonista na tomada de decisões sobre sua doença.
- Quanto ao tema da informação acerca da doença, é importante esclarecer que não é positivo que a família e o paciente tenham informações diferentes quanto ao diagnóstico e prognóstico. É preciso mostrar que essa incoerência de informações pode criar barreiras entre eles e, portanto, dificultar a comunicação, o que fará com que possam sentir-se sozinhos, incomunicáveis, incompreendidos etc. Uma reação muito freqüente é pedir ao pessoal médico que "não diga nada" (sobre diagnóstico e/ou prognóstico) ao doente ("*Conspiração do silêncio*"). Isso deverá ser entendido como uma reação ou resposta ao choque inicial. É bom fazê-los entender (aos familiares) que essa é uma forma de impedir compartilhar sentimentos e emoções e que pode tornar muito mais difícil a comunicação entre eles. Posto que a família e o doente

terão de se ajudar mutuamente, a tarefa do pessoal médico será ajudar a família a sair dessa reação inicial para poder adotar outra postura mais aberta e confiante.

- É muito importante tentar não "evitar" a família nem "fugir" de suas perguntas, e escutá-los (dúvidas, temores etc), estando alerta aos possíveis indicadores que antecipem sofrimento patológico. Relações excessivamente dependentes, pouco apoio percebido, sensações de impotência e inutilidade facilitam o desenvolvimento de patologias posteriores ao falecimento do paciente.

- É positivo dizer que será feito todo o possível para ajudar o paciente, que os problemas que forem surgindo irão sendo resolvidos e serão controlados os sintomas e a dor que se for apresentando. É necessário, também, proporcionar mensagens de ajuda e solidariedade, tendo em conta que essas mensagens podem ser transmitidas tanto de forma verbal quanto não-verbal.

- É também útil explicar a razão dos sintomas do doente. Deve-se tentar ser receptivo ao avaliar se os familiares desejam ou não dispor de mais informações sobre a gravidade ou o curso da doença, e levar em conta que a família também requer seu tempo para assimilar e processar a informação nova (adaptar-se a um prognóstico negativo leva tempo). São importantes a delicadeza e a habilidade para identificar o que podem assumir em cada momento.

- A pessoa que "acompanha" ou cuida do doente fica submetida a um estresse muito forte, e é importante cuidar dela, e deixar-se cuidar. O cuidador sentirá suas forças renovadas se permitir que parentes, amigos ou pessoal médico o ajude e apóie, assim como o faz o doente ("cuidar do cuidador").

- É importante, também, estabelecer o papel que a família terá na assistência ao doente. Permitir que os familiares colaborem com as tarefas de assistência ao doente pode ajudar a paliar a angústia de uma separação entre a família e o doente e serve para prevenir o desenvolvimento do sofrimento patológico. Essa colaboração pode consistir, por exemplo, em cuidados bucais, acomodação no leito (cuidados posturais), facilitação da mobilidade e da autonomia etc. Definitivamente, alentar, dentro do possível, sensação de utilidade.

IV.2.6. Promoção de recursos de equipe

Devido à variedade de necessidades do paciente em fase terminal, é necessária a intervenção de uma equipe *multidisciplinar* que trabalhe de forma interdisciplinar. O estabelecimento de objetivos terapêuticos por parte de membros dessa equipe, conjuntamente com o paciente, e as reuniões periódicas de revisão e planejamento são de grande ajuda na abordagem multidimensional dos problemas.

Porém, o funcionamento interdisciplinar eficaz é algo complexo e difícil de conseguir. Tal como propõe Fayot (1989), a escuta, a comunicação são elementos fundamentais do andamento, intimamente ligados ao "clima" de equipe, rumo ao reconhecimento mútuo e ao grau de confiança recíproca. O mesmo autor especifica vantagens e dificuldades que se apresentam habitualmente, sendo as principais as seguintes:

Vantagens

Com relação aos membros da equipe:

- enriquecimento de conhecimentos
- avaliação mais objetiva da ação
- poder compartilhar, ter apoio na tomada de decisões complexas
- aproximação relacional, profissional, de comunicação
- apoio mútuo, ajuda mútua, complementaridade
- reconhecimento, respeito à especificidade de cada membro
- um espaço para "a palavra"

Com relação ao paciente:

- evita o reducionismo da personalidade do paciente
- aumenta o respeito à sua integridade física, psicológica, social e espiritual na estrutura hospitalar
- oferece um espectro mais amplo de prestações

Dificuldades

De ordem relacional e organizacional:

- diferenças de valores, divergência de percepções
- sentimentos de perda de identidade, pela troca de papéis, em alguns momentos inevitável.
- requer a aceitação de "compartilhar" o poder
- reticência de aderir a um projeto comum
- lentidão da tomada de decisões
- exigência de tempo e disponibilidade
- obrigar a uma disciplina comum

Convém ser muito consciente da vulnerabilidade das equipes, particularmente quando não existem estruturas específicas de manutenção. De qualquer maneira, consideramos que, para um funcionamento eficaz das equipes, são úteis alguns recursos já comentados:

a. Atitudes positivas de escuta e compreensão dos outros profissionais
b. Capacidade de autocontrole
c. Habilidades de comunicação, assertividade
d. Habilidades de solução de problemas

e. Objetivos comuns operativos: sempre o bem-estar do paciente e da família
f. Objetivos em curto e longo prazos
g. Planejamento das atuações com consenso
h. Mecanismos de avaliação da eficácia das ações comuns e individuais
i. Formação acerca das patologias atendidas e os recursos para abordá-las.

Em síntese, diríamos que seriam fundamentais as atitudes positivas para com as pessoas que atendem e com as que são atendidas e uma boa informação e formação.

V. CONCLUSÕES

Tentamos expor a situação de doença terminal descrevendo os diferentes elementos que a configuram e levando em conta que uma assistência eficaz deve levá-los em consideração, visto que esses elementos interagem e se influenciam mutuamente.

Com relação ao paciente, fundamentamos a importância de levar em conta sua especial vulnerabilidade, considerando a variedade de suas dificuldades e a importância de respeitar sua autonomia.

Com relação à família, justificamos seu papel fundamental como cuidador e como agente de cuidados, assim como a necessidade de atendê-los tanto durante a doença quanto posteriormente, no processo de luto.

Quanto à equipe terapêutica, reunimos algumas das vantagens e dificuldades do funcionamento interdisciplinar, assim como sugestões de recursos que facilitam seu trabalho.

Expusemos os objetivos da intervenção, tanto a meta final de promoção do bem-estar, como alternativa inquestionável ao fato da impossibilidade de cura, como os objetivos intermediários de facilitar o processo de adaptação, atendendo as necessidades e fornecendo recursos, sempre seguindo o ritmo do paciente.

Igualmente, ressaltamos tanto as dificuldades de avaliação como da intervenção neste âmbito e propusemos alguns dos recursos que, em nosso entender, facilitam uma boa atuação em cuidados paliativos.

Queremos concluir destacando a necessidade, para todos os profissionais, de uma reflexão profunda acerca da vida e da morte, que nos permita entender esta última como um fato natural inevitável e, assim, podermo-nos aproximar da pessoa que enfrenta sua última etapa pela proximidade, e não pelo medo, sempre com o objetivo último de fazer com que as pessoas vivam e morram da forma mais digna possível. Como pessoas e como psicólogos, cremos que é imprescindível dar uma resposta diante do sofrimento, tentando, com todas as nossas ferramentas, promover o bem-estar para a pessoa, facilitando seu processo de adaptação nessa etapa final da vida.

REFERÊNCIAS BIBLIOGRÁFICAS

Ahmedzai, S. (1990). Measuring quality of life in hospice care. *Oncology, 4*, 115-119.

Arranz, P. (1990). *Alteraciones neuropsicológicas en pacientes hemofílicos afectados por el virus de la inmunodeficiencia humana*. Universidad de Madrid: Tesis doctoral.

Arranz, P. (1995). *¿Qué es el Counselling?* Madrid: FASE.

Arranz, P., Barbero, J., Barreto, M. P. y Bayés, R. (1997). Soporte emocional desde el equipo interdisciplinar. En M. Gómez Sancho (dir.), *Medicina del dolor*. Barcelona: Masson.

BAC (1992). *Invitation to membership*. Rugby: British Association of Counselling.

Barbero, J. (1998). *Afectado por el SIDA. El acompañamiento a personas con VIH/SIDA*. Madrid: Fundación Crefat.

Barreto, M. P. (1994). Cuidados paliativos al enfermo de SIDA en fase terminal. *Revista de Psicología General y Aplicada, 47*, 201-208.

Barreto, M. P., Arranz, P. y Molero, M. (1997). Counselling. Instrumento fundamental en la relación de ayuda. En M. C. Martorell y R. González (dirs.), *Entrevista y consejo psicológico*. Madrid: Síntesis.

Barreto, M. P. y Bayés, R. (1990). El psicólogo ante el enfermo terminal. *Anales de Psicología, 6*, 169-180.

Barreto, M. P., Bayés, R., Comas, M., Martínez, E., Pascual, A., Roca, J., Gómez. X. y García-Conde, J. (1996). Asssessment of the perception of symptoms and worries in Spanish terminal patients. *Journal of Palliative Care, 12*, 43-46.

Bayés, R. (1995). *Psicología y SIDA*. Barcelona: Martínez Roca.

Bayés, R., Arranz, P., Barbero, J. y Barreto, M. P. (1966). Propuesta de un Modelo integral para una Intervención Terapéutica Paliativa. *Medicina Paliativa, 3*, 18-25.

Bayés, R. y Barreto, M. P. (1992). Las unidades de cuidados paliativos como ejemplo de interdisciplinariedad. *Clínica y Salud, 3*, 11-19.

Bayés, R., Limonero, J. T., Barreto, M. P. y Comas, M. (1995). Assessing suffering. *The Lancet, 346*, núm. 8988, diciembre 2.

Bayés, R., Limonero, J. T., Barreto, M. P. y Comas, M. (1997). A way to screen for suffering in palliative care. *Journal of Palliative Care, 13*, 22-26.

Breibart, W. (1994). Psycho-oncology: depression, anxiety, delirium. *Seminars in Oncology, 24*, 754-769.

Bruera, E., Kuehn, N., Miller, M., Selmser, P. y Macmillan, K. (1991). The Edmonton Symptom Assessment System (ESAS): A simple method for the assessment in palliative care. *Journal of Palliative Care, 7*, 12-17.

Centeno Cortés, C. (1995). Panorama actual de la medicina paliativa en España. *Oncología, 18*, 33-43.

Chapman, C. R. y Gavrin, J. (1993). Suffering and its relationship to pain. *Journal of Palliative Care, 9*, 5-13.

Copperman, H. (1983). *Dying at home: Care of the family*. Chichester: Wiley.

Doyle, D., Hanks, G. y MacDonald, N. (dirs.) (1993). *Oxford textbook of palliative medicine*. Oxford: Oxford Medical Publications.

Espino, A. y Barreto, M. P. (1996). La familia del paciente en fase terminal. *Medicina Paliativa, 4*, 5-12.

Fayot, O. (1989). Experience multidisciplinaire. En C. H. Rapin (dir.), *Fin de vie. Nouvelles perspectives pour les soins palliatifs*. Lausanne: Payot.

Finlay, I. y Dunlop, R. (1994). Quality of life assessment in palliative care. *Annuary of Oncology, 5*, 13-18.

Gómez-Batiste, X. y Guinovart, C. (1989). Problemas y sugerencias sobre el papel de la familia en la atención de enfermos terminales. *Labor Hospitalaria, 211*, 68-69.

Gómez-Batiste, X., Roca, J., Gorchs, N., Pladevall, C. y Guinovart, C. (1990). Enfermos terminales. *ROL de Enfermería, 136*, 10-13.

Graham, J., Ramírez, A. J., Cull, A. y Finlay, I. (1996). Job stress and satisfaction among palliative physicians. *Palliative Medicine, 3*, 185-194.

Higginson, I., Wade, A. y McCarthy, M. (1990). Palliative care: View of patiens and their families. *British Medical Journal, 301*, 277-281.

Jones, K., Johnston, M. y Speck, P. (1989). Despair felt by the patient and the professional carer: A case study on the use of cognitive behavioural methods. *Palliative Medicine, 3*, 39-46.

Kübler-Ross, E. (1975). *Sobre la muerte y los moribundos*. Barcelona: Grijalbo.

Limonero, J. T. (1993). *Evaluación del bienestar en enfermos oncológicos en situación terminal*. Universidad de Barcelona. Memoria de licenciatura no publicada.

Limonero, J. T. y Bayés, R. (1995). Bienestar en el ámbito de los enfermos en situación terminal. *Medicina Paliativa, 2*, 5-11.

Llanos, M. L. y Urraca, S. (1985). Modelos sobre las etapas psicológicas del enfermo terminal. *JANO, 653*-H, 71-76.

McCarthy, M. (1997). Many patients in US hospitals die in pain. *The Lancet, 349*, 258.

Moos, V. (1991). Patients characteristics, presentation and problems encountered in advanced AIDS in a hospice setting: A review. *Palliative Medicine, 5*, 112-116.

Núñez Olarte, J. M. (1995). Consideraciones acerca del Enfermo Terminal Geriátrico. *Medicina Paliativa, 3*, 34-40.

Organización Mundial de la Salud (1987). *Alivio del dolor en el cáncer*. Ginebra: Autor.

Parkes, C. M. (1987). *Bereavement studies on grief in adulth life*. Londres: Tavistock.

Parkes, C. M. (1993). Bereavement. En D. Doyle, G. Hanks y N. MacDonald (dirs.), *Oxford textbook of palliative medicine*. Oxford: Oxford Medical Publications.

Pascual, L. (1996). *Atención sanitaria prestada a pacientes con cáncer en fase terminal*. Universidad de Valencia. Tesis doctoral no publicada.

Pascual, A. y García-Conde, J. (1993). Oncología y cuidados paliativos. En G. Pérez Manga (dir.), *Controversias en oncología*. Barcelona: Doyma.

Robin, S. y Mount, B. (1992). Quality of life in terminal illness: Defining and measuring subjetive well-being in the dying. *Journal of Palliative Care, 8*, 40-45.

Sanz, J. (1989). Principios y práctica de los cuidados paliativos. *Medicina Clínica, 92*, 143-145.

Sanz, J. (1990). La práctica de la medicina paliativa. *Medicina Clínica, 94*, 25-26.

Sanz, J. (1991). Valor y cuantificación de la calidad de vida en medicina. *Medicina Clínica, 96*, 66-69.

Sanz, J. (1992). Historia de la medicina paliativa. *Boletín de la SECPAL, 0*, 3-5.

Support Investigators (1995). A controlled trial to improve care for seriously ill hospitalized patients. *JAMA, 274*, 1591-1598.

Vachon, M. (1995). Staff stress in hospice/palliative care: A review. *Palliative Medicine, 2*, 91-122.

Wallston, K., Burger, C., Smith, A. y Baugher, R. (1988). Comparing the quality of death for hospices and non-hospices cancer patients. *Medical Care, 26*, 177-182.

LEITURAS PARA APROFUNDAMENTO

Arranz, P. (1995). *¿Qué es el Counselling?* Madrid: FASE.

Barreto, M. P. y Bayés, R. (1990). El psicólogo ante el enfermo terminal. *Anales de Psicología*, 6, 169-180.

Bayés, R. (1995). *Psicología y SIDA*. Barcelona: Martínez Roca.

Copperman, H. (1983). *Dying at home: Care of the family*. Chichester: Wiley.

Doyle, D., Hanks, G. y MacDonald, N. (dirs.) (1993). *Oxford textbook of palliative medicine*. Oxford: Oxford Medical Publications.

TRANSTORNOS DA PERSONALIDADE

Capítulo 18

TRATAMENTO COGNITIVO-COMPORTAMENTAL DOS TRANSTORNOS DA PERSONALIDADE

VICENTE E. CABALLO[1]

I. INTRODUÇÃO

Os transtornos da personalidade constituem entidades clínicas de uma notável repercussão em nossos dias. Os mais importantes sistemas de classificação atuais, como o DSM-IV-TR (APA, 2000) e a CID-10 (OMS, 1992), dedicam-lhes um espaço considerável em suas descrições dos transtornos psicológicos, designando-lhes um eixo (o Eixo II) de sua proposição multiaxial quase que exclusivamente. Ainda, a presença de problemas de personalidade no âmbito judicial ou criminológico ou como explicação popular do comportamento dos seres humanos está sendo cada vez mais utilizada. Aparentemente, a sociedade ocidental está favorecendo a proliferação de alguns "estilos" de personalidade precursores de determinados transtornos da personalidade. No presente capítulo assinalaremos algumas características básicas dos diversos transtornos da personalidade, junto a uma descrição de alguns dos procedimentos cognitivo-comportamentais mais utilizados no tratamento desses transtornos.

Porém, antes de abordar a área dos transtornos da personalidade, gostaria de deter-me durante alguns instantes na definição de personalidade. Não é coisa fácil, especialmente se levarmos em conta a complexidade do termo e as inúmeras definições que podemos encontrar na literatura especializada. A falta de uma definição operacional da personalidade faz com que seja ainda mais difícil falar de seus transtornos. Algumas das definições que achamos mais esclarecedoras e que, ainda, coincidem nos aspectos básicos são as seguintes (Caballo, 1996):

> "A personalidade é esse padrão de pensamentos, sentimentos e comportamentos característicos que distingue as pessoas entre si e que persiste ao longo do tempo e através das situações" (Phares, 1988, p. 4).

> "A personalidade refere-se, normalmente, aos padrões distintivos de comportamento (incluindo pensamentos e emoções) que caracterizam a adaptação de cada indivíduo às situações de sua vida" (Michel, 1986, p. 4).

---

[1]Universidade de Granada (Espanha).

"A personalidade é um padrão de características cognitivas, afetivas e comportamentais, profundamente enraizadas e amplamente manifestas, que persistem ao longo de amplos períodos de tempo" (Millon e Everly, 1985, p. 4).

"As características de personalidade são padrões persistentes de perceber, relacionar-se com e pensar sobre o ambiente e sobre si mesmo, que se manifestam em uma ampla gama de contextos sociais e pessoais" (APA, 2000, p. 686).

O DSM-IV-TR estabelece que as características de personalidade somente constituem *transtornos da personalidade* quando são inflexíveis e desadaptativas e causam um sofrimento subjetivo ou um prejuízo funcional significativos. E acrescenta que a característica essencial de um transtorno da personalidade é um padrão persistente de comportamento e de vivência interna que se desvia acentuadamente das expectativas da cultura do sujeito e que se manifesta em pelo menos duas das seguintes áreas: cognição, afetividade, funcionamento interpessoal e controle dos impulsos.

II. CLASSIFICAÇÃO E TRATAMENTO DOS TRANSTORNOS DA PERSONALIDADE

II.1. *Classificação*

Há inúmeros problemas na classificação e diagnóstico dos transtornos da personalidade. Assim, por exemplo, questiona-se por que esses transtornos mantêm um eixo à parte (Eixo II) das principais síndromes clínicas (Eixo I). Isso não parece estar claro. Encontrou-se também um baixo grau de concordância entre diferentes métodos para determinar a presença de transtornos da personalidade, não somente quando se deseja identificar a presença de um transtorno da personalidade, mas também quando somente se quer averiguar se existe um transtorno específico dela (Costello, 1996). Outra questão controvertida, muito relacionada com a anterior, é a consideração dos transtornos da personalidade sob a óptica de uma posição categorial ou de uma posição dimensional (veja Millon e Escovar, 1996*a*). A taxonomia categorial produz descrições simples e claras, mas menos próximas da realidade, embora seja mais similar à forma como os clínicos trabalham, enquanto que um modelo dimensional apresenta informações mais precisas, mas também mais complexas e difíceis. Além disso, levando em conta a sobreposição que se dá entre as características dos diferentes transtornos da personalidade, parece que o enfoque dimensional poderia ser um enfoque mais correto. Porém, a classificação do DSM-IV-TR (APA, 2000) adota uma posição categorial, embora dê certo crédito aos modelos dimensionais. Esse sistema nosológico estabelece três grandes grupos, nos quais reúne os diferentes transtornos da personalidade (Grupo A: estranhos/excêntricos, Grupo B: teatrais/emotivos, Grupo C: ansiosos/temerosos), assinalando que poderiam ser considerados dimensões que representam a ampla categoria das disfunções da personalidade ao longo de um contínuo, onde estariam incluídos os transtornos do Eixo I. Na tabela 18.1 estão incluídos os transtornos da personalidade desses três grupos, mais

Tabela 18.1. Classificação dos transtornos da personalidade (segundo o DSM-IV-TR e outras fontes)

1. *Grupo A: "esquisitos ou excêntricos"*
   - Transtorno da personalidade paranóide
   - Transtorno da personalidade esquizóide
   - Transtorno da personalidade esquizotípica

2. *Grupo B: "dramáticos, emotivos ou imprevisíveis"*
   - Transtorno da personalidade anti-social
   - Transtorno da personalidade borderline
   - Transtorno da personalidade histriônica
   - Transtorno da personalidade narcisista

3. *Grupo C: "ansiosos ou medrosos"*
   - Transtorno da personalidade esquiva
   - Transtorno da personalidade dependente
   - Transtorno da personalidade obsessivo-compulsiva

Outros transtornos da personalidade:
   - Transtorno da personalidade passivo-agressiva
   - Transtorno da personalidade depressiva
   - Transtorno da personalidade autodestrutiva
   - Transtorno da personalidade sádica

---

outros transtornos que podem servir ao leitor interessado nesse tema (veja Caballo, 2004a, para uma descrição mais detalhada).

II.2. *O tratamento cognitivo-comportamental dos transtornos da personalidade*

A literatura que aborda os transtornos da personalidade sob a óptica cognitivo-comportamental não é muito extensa e centrou-se principalmente na modificação de comportamentos problemáticos específicos. Técnicas como o treinamento em relaxamento, procedimentos que utilizam a imaginação, a modelação, a economia de fichas ou o treinamento em habilidades sociais parecem ter resultado eficazes para o tratamento dos transtornos da personalidade (Piper e Joyce, 2001), embora, em geral, não se respire muito otimismo no momento de modificar esses padrões de comportamento (Caballo, 2004b). Porém, esse tipo de técnica abordou mais sintomas concretos que comportamentos globais. A modificação destes requer programas mais amplos e complexos, dos quais as técnicas anteriores podem ser componentes importantes. Os objetivos gerais de tratamento desses programas poderiam ser especificados em quatro níveis (Sperry, 1999):

   1º nível: Diminuir os sintomas
   2º nível: Modular a dimensão temperamental da personalidade
   3º nível: Reduzir o prejuízo no funcionamento social e ocupacional
   4º nível: Modificar o caráter ou os esquemas da personalidade

O autor assinala que os níveis 2 e 4 implicam a modificação e não a reestruturação radical, e que a intervenção nos níveis 1 e 3 é mais fácil que nos outros dois. A modulação do temperamento (ou normalização da resposta afetiva, cognitiva ou comportamental insuficiente ou excessiva) tem de acontecer antes da modificação da estrutura do caráter ou dos esquemas. Algumas estratégias a utilizar para a regulação ou modulação do temperamento da personalidade podem ser vistas na tabela 18.2.

A seguir, deter-nos-emos nos diferentes transtornos da personalidade e descreveremos brevemente alguns dos procedimentos comportamentais ou cognitivo-comportamentais que foram empregados em seu tratamento. Seguiremos a mesma ordem exposta no tópico anterior.

Tabela 18.2. Estratégias utilizadas para a regulação ou modulação do temperamento dentro dos transtornos da personalidade (adaptado de Robinson, 1999 e Sperry, 1999)

Sintomas da expressão emocional
Por excesso
Treinamento no controle de impulsos
Treinamento na manipulação da ansiedade
Treinamento em redução da sensibilidade
Treinamento em regulação emocional
Treinamento em tolerância diante do mal-estar
Estabelecimento de limites
Manipulação da ira

Por "deficit"
Treinamento em empatia

Identificação
Treinamento em perceber as emoções

Sintomas comportamentais
Treinamento em autocontrole

Sintomas interpessoais
Treinamento em assertividade
Treinamento em habilidades sociais/interpessoais

Sintomas cognitivos/perceptivos
Parada de pensamento
Treinamento em perceber as cognições
Treinamento na manipulação de sintomas
Treinamento em solução de problemas

II.3. *O Grupo A dos transtornos da personalidade: os esquisitos ou excêntricos*

O Grupo A caracteriza-se por um padrão geral de cognições (p. ex., suspeitas), autoexpressões (p. ex., fala estranha) e relações anormais com os outros (p. ex., solitários).

TRATAMENTO COGNITIVO-COMPORTAMENTAL DOS TRANSTORNOS DA PERSONALIDADE

É, talvez, o grupo mais controvertido na questão de se os transtornos que inclui devem estar no Eixo II, ou se, pelo contrário, seria mais conveniente classificá-los em alguma categoria (esquizofrenia ou transtorno delirante) do Eixo I.

II.3.1. O transtorno da personalidade paranóide (TPP)

Esse transtorno caracteriza-se por suspeitas e desconfiança profundas e infundadas em relação aos outros. As pessoas com um TPP costumam perceber tudo o que acontece ao seu redor, vigiando constantemente as situações e pessoas de seu ambiente e prestando especial atenção às mensagens com duplo sentido, às motivações ocultas etc. Estão alertas diante das ameaças, e essa hipervigilância conduz a uma interpretação errônea de acontecimentos que, de outra maneira, passariam despercebidos. Aparentemente, essas características de suspeita e desconfiança são aprendidas pelo sujeito, o que conduz a um afastamento das pessoas e a restrições emocionais, pondo freqüentemente à prova os outros e mantendo suspeitas constantes. Para os pacientes paranóides suas profecias de suspeita costumam cumprir-se, por provocarem nos outros uma tendência a ocultar as coisas e por serem excessivamente cuidadosos (Andreasen e Black, 1995; Bernstein, 1996). São muito sensíveis às críticas e culpam facilmente os outros, inclusive o desti-no, por suas dificuldades e desgraças. Costumam guardar suas opiniões e idéias e so-mente em raras ocasiões as comunicam, fato pelo qual suas dificuldades e desadaptação passam freqüentemente despercebidas. Porém, em contextos mais íntimos, como as relações ocupacionais ou afetivas, costumam acontecer problemas significativos (Meissner, 1995).

A prevalência desse transtorno vai de 0,5% a 2,5%, e parece ser mais freqüente em homens que em mulheres. Parece que os traços paranóides ocorrem de forma pré-mór-bida em pessoas com transtorno delirante. Assinalou-se que é possível que este último transtorno e a esquizofrenia não compartilhem uma base genética de forma clara. Fato pelo qual existe uma certa controvérsia para situar o transtorno da personalidade paranóide no âmbito da esquizofrenia ou do transtorno delirante.

Questões terapêuticas

O transtorno da personalidade paranóide (TPP) raramente é visto na clínica. O prejuizo costuma manifestar-se principalmente nas relações com os outros, fato pelo qual costu-ma constituir um problema mais para seu ambiente que para o próprio sujeito. Além disso, no caso de recorrer a tratamento, é difícil que expresse seus problemas emocio-nais ou interpessoais, devido à sua desconfiança e precaução em relação às pessoas, e raramente permitirá que o investiguem ou o estudem.

O sujeito com um TPP que procura tratamento o fará, geralmente, por problemas nas relações com os outros. Assim, é possível que deseje ter mais habilidades sociais, para que os outros não se aproveitem dele, para conseguir ascender mais rapidamente que seus colegas de trabalho, para enfrentar as críticas etc. Porém, o diagnóstico do transtorno de base é essencial para poder aplicar um tratamento adequado.

Devido às características típicas do TPP, a primeira tarefa do terapeuta ao abordar esse transtorno é estabelecer uma relação de colaboração com o paciente. Porém, é preciso fazê-lo com cuidado, tendo em conta que, provavelmente, as tentativas diretas de convencer o paciente a confiar no terapeuta serão percebidas como enganosas e, portanto, aumentarão suas suspeitas. Um possível enfoque seria aceitar abertamente a desconfiança do paciente, uma vez que é aparente, e gradualmente manifestar sua confiança por meio de atos, em vez de pressionar o paciente a confíar no terapeuta de forma imediata (Beck e Freeman, 1990). A fase inicial da terapia pode ser especialmente estressante para o sujeito com um TPP, fato pelo qual a utilização de estratégias comportamentais centradas em objetivos pouco ameaçadores para o paciente pode ser realmente importante nas etapas iniciais da terapia. A consecução de uma progressiva sensação de *auto-eficácia* seria uma das principais metas da terapia cognitivo-comportamental, junto com a aprendizagem de formas de *controlar a ansiedade* e de *habilidades interpessoais* mais adequadas. A reestruturação cognitiva e a modificação de esquemas básicos do TPP constituiriam intervenções cognitivas que se seguiriam aos procedimentos mais comportamentais que acabamos de assinalar e que tentariam mudar os padrões cognitivos, comportamentais e afetivos do paciente.

Com relação aos procedimentos comportamentais que assinalamos anteriormente, Turkat (1990) propõe intervir em sujeitos com um TPP com dois enfoques básicos:

1. *Redução da sensibilidade do paciente diante das críticas* provenientes dos outros. Entre os procedimentos utilizados para atingir esse objetivo encontram-se o relaxamento muscular ou alguma estratégia de reestruturação cognitiva, com o fim de ensinar algum tipo de resposta antiansiedade. Além disso, desenvolve-se conjuntamente entre terapeuta e paciente uma hierarquia de críticas provocadoras de ansiedade, diante das quais este irá dessensibilizando-se (na clínica e, posteriormente, ao vivo) através dos procedimentos para combater a ansiedade que foram ensinados previamente.

2. *Treinamento em habilidades sociais.* Aqui são estabelecidas quatro áreas nas quais o paciente deveria melhorar: a) *Atenção social,* com o fim de prestar atenção aos estímulos pertinentes às situações sociais; a observação e análise de interações interpessoais gravadas em vídeo pode ser uma útil ferramenta para esse fim; b) *Processamento das informações,* visando ensinar o paciente a interpretar corretamente os estímulos sociais; c) *Emissão da resposta,* atendendo principalmente à adequação dos comportamentos paralingüísticos e não-verbais, incluindo a aparência física; e d) *Feedback,* com o fim de utilizar as conseqüências de seu comportamento de forma apropriada, aprendendo a utilizar o *feedback* negativo (apesar de sua sensibilidade às críticas) de forma construtiva e prestando atenção ao aumento de *feedback* positivo.

Atualmente existem poucos dados sobre a eficácia das intervenções cognitivo-comportamentais para o tratamento do TPP. Na tabela 18.3 pode-se ver uma lista dos principais tratamentos cognitivo-comportamentais utilizados com o TPP.

Tratamento farmacológico: O tratamento farmacológico não parece ser útil nesse caso (Meissner, 1995; Reid, 1989). O TPP é um transtorno difícil de tratar, e devido aos seus

Tabela 18.3. Resumo dos procedimentos cognitivo-comportamentais utilizados para o tratamento do transtorno da personalidade paranóide

O prejuízo costuma se manifestar em suas relações com os outros

- O primeiro é estabelecer uma relação de colaboração com o paciente
- Aumento da auto-eficácia, controle da ansiedade
  - Redução da sensibilidade diante das críticas
- Treinamento em habilidades sociais
  - Atenção social
  - Processamento da informação
  - Emissão da resposta
  - *Feedback*
- Reestruturação cognitiva e modificação de esquemas básicos

sintomas característicos, o prognóstico não é muito favorável. Em Koldobsky (2004) pode-se ver uma descrição mais detalhada do tratamento farmacológico dos TTPP em geral.

II.3.2. O transtorno da personalidade esquizóide (TPE)

Esse transtorno caracteriza-se por um padrão global de distânciamento das relações sociais e uma categoria limitada de expressão emocional em situações interpessoais. Os sujeitos com um TPE são essencialmente solitários, sem amigos; não precisam de ninguém, salvo de si mesmos, não desfrutam das relações sociais nem sexuais, não se abalam com os elogios ou críticas dos outros, e mal sentem emoções.

As histórias dessas pessoas refletem interesses associados à solidão e sucesso em trabalhos solitários, não competitivos, difíceis de tolerar para outras pessoas. São capazes de investir grande quantidade de energia afetiva em interesses não-humanos, como a Física ou a Matemática, e podem ser muito unidos a animais (Kaplan, Saddock e Grebb, 1994). Porém, são incapazes de obter prazer com as atividades de natureza social. "Experimentam o mundo em tons de cinza, em vez de em cores" (Bernstein, 1996, p. 43).

A prevalência desse transtorno é bastante desconhecida – poderia estar entre 1 e 3%. Parece um pouco mais freqüente em homens. Estabeleceu-se uma relação genética entre o TPE e a esquizofrenia, embora haja muitas dúvidas hoje em dia sobre essa relação. Por exemplo, Wolff e Chick (1980) encontraram que somente 9% das crianças esquizóides de seu estudo desenvolvia esquizofrenia na idade adulta, enquanto que Kety (1976), revisando inúmeros estudos sobre os aspectos genéticos dos transtornos do âmbito da esquizofrenia, não encontrou indícios de que a presença do TPE é mais freqüente nos familiares dos sujeitos com esquizofrenia que em outros grupos controle.

Questões terapêuticas

É muito pouco freqüente que os sujeitos com um TPE procurem tratamento, e se o fazem costuma ser por outros problemas diferentes do TPE (depressão, estresse elevado, vício em drogas etc.), embora este possa ser encontrado na base desses problemas. Existe muito pouca informação sobre o tratamento de pacientes com um TPE. A falta de motivação para mudar desses sujeitos, bem como suas limitações na expressão afetiva, constituem importantes obstáculos para que uma terapia tenha êxito na modificação dos sintomas do TPE. Há casos em que se informou acerca de uma certa utilidade da hipnose (Scott, 1989), embora sejam casos não documentados. Supondo que o paciente tivesse motivação para mudar, as técnicas comportamentais poderiam ajudar, especialmente no que diz respeito à adaptação adequada a novas circunstâncias e à diminuição do isolamento social (Kalus, Bernstein e Siever, 1995). O *treinamento em habilidades sociais* (especialmente em grupo) e a *exposição graduada* a tarefas sociais, como o estabelecimento de atividades sociais estruturadas, podem ser procedimentos de ajuda para melhorar e aumentar as relações interpessoais dos sujeitos com um TPE.

A modificação dos esquemas e pensamentos disfuncionais básicos desse transtorno por meio da terapia cognitiva é difícil, tendo em conta a importância da colaboração entre paciente e terapeuta que esse tipo de terapia requer. As intervenções cognitivas com o TPE foram vagas e pouco explícitas (p. ex., Beck e Freeman, 1990; Freeman, Pretzer, Fleming e Simon, 1990), propondo-se um registro diário sistemático dos pensamentos disfuncionais e das suposições básicas (que irão sendo abordadas nas sessões posteriores), e um aumento na vivência de emoções positivas (freqüentemente através de tarefas comportamentais). Na tabela 18.4 pode ser vista uma lista dos principais tratamentos cognitivo-comportamentais utilizados com o TPE.

Tratamento farmacológico: A terapia farmacológica não parece muito útil com esse tipo de paciente, embora às vezes tenham sido utilizados antipsicóticos, antidepressivos ou psicoestimulantes.

Tabela 18.4. Resumo dos procedimentos cognitivo-comportamentais utilizados para o tratamento do transtorno da personalidade esquizóide

A falta de motivação para mudar, assim como as limitações na expressão afetiva, constituem obstáculos básicos
• Treinamento em habilidades sociais • Exposição graduada • Modificação de esquemas e pensamentos disfuncionais • Aumento na vivência de emoções positivas

II.3.3. O transtorno da personalidade esquizotípica (TPET)

Os indivíduos com esse transtorno caracterizam-se por um padrão geral de déficits sociais e interpessoais que produz um mal-estar agudo diante de relações interpessoais, e uma capacidade reduzida para estas, dando-se, também, distorções cognitivas ou perceptivas e excentricidades do comportamento (APA, 2000). Os sujeitos com um TPET costumam ser vistos pelos outros como esquisitos ou excêntricos, e são rejeitados com freqüência pela sociedade. Podem prestar pouca atenção à sua aparência, parecendo torpes na conversação e sendo tímidos, distantes, reservados ou socialmente inapropriados. Geralmente têm poucos ou nenhum amigo, apresentando dificuldades significativas no estabelecimento de relações interpessoais. Podem ter idéias de referência, crenças estranhas ou pensamento mágico, experiências perceptivas pouco habituais, pensamento e fala estranhos, suspeitas em relação aos outros e afeto inapropriado ou restrito. Interessam-se por temas excêntricos e costumam ser vulneráveis à doutrinação por seitas ou religiões. Sob estresse, podem experimentar, às vezes, sintomas psicóticos transitórios, mas geralmente desaparecem de forma rápida e não são uma característica do funcionamento habitual dos sujeitos com um TPET (Bernstein, 1996).

A prevalência desse transtorno parece encontrar-se entre 1 e 3% e se dá mais freqüentemente em homens. Assinalou-se que poderia acontecer uma diátese genética comum à esquizofrenia e ao TPET (Siever, Bernstein e Silverman, 1995), tendo-se encontrado que o TPET é muito mais freqüente entre a família biológica de pacientes com esquizofrenia que entre o mesmo tipo de familiares de pacientes controle.

Questões terapêuticas

Não parece haver muitos estudos empíricos sobre o tratamento sistemático de pacientes com um TPET. Do ponto de vista cognitivo-comportamental, o *treinamento em habilidades sociais* e a *manipulação do estresse,* utilizados de maneira similar à exposta no tópico do transtorno da personalidade paranóide, podem ser procedimentos muito úteis para ensinar habilidades interpessoais que tornem mais eficaz sua interação social, assim como técnicas de controle da ansiedade que melhoram igualmente sua expressão social (Turkat, 1990). Esse autor relata o tratamento de um caso de TPET, onde o paciente havia desenvolvido uma falta de confiança em seu próprio julgamento. Como parte do tratamento, mostrou-se a ele que havia muitos níveis para analisar a informação, que uma possível opção nessa análise era realizar primeiro uma boa observação e, a partir dela, fazer o julgamento atendo-se inicialmente a uma descrição básica. As tarefas para casa incluíam prática em um nível de análise descritiva e ler breves trabalhos científicos sobre descrições operacionais (o paciente era um estudante universitário). Depois, o paciente aprendeu um método para comparar julgamentos, de forma que, diante de um julgamento negativo que faziam dele, tinha de dar primeiro uma definição operacional, depois descrever vários atributos que outras pessoas concordassem que eram indicadores importantes do conceito e, finalmente, buscar indicadores do conceito nele mesmo.

Para os pacientes com um TPET podem ser úteis estratégias terapêuticas (e fármacos) utilizadas para a esquizofrenia, dada a notável relação entre essas duas entidades clínicas. Assim, Stone (1985) enfatiza o treinamento em habilidades sociais que visa modificar a hostilidade e antipatia dos sujeitos com um TPET, assim como sua forma de vestir, sua forma de falar e os hábitos estranhos. Pode-se ensiná-los também a buscar trabalho, a melhorar seu nível educativo e a desenvolver afeições. O autor anterior favorece um estilo ativo, por parte do terapeuta, que leve em conta a falta de humor dos esquizotípicos, sua timidez ou ansiedade social e sua hipersensibilidade diante de sinais de que não agrada aos outros. Do mesmo modo, deve ter em conta a falta, no paciente, de uma sensação de continuidade do tempo ou das pessoas, tem de compreender quão pouco gratificantes costumam ser as relações interpessoais para esse tipo de indivíduo, sendo necessário ser específico e preparar-se para os problemas que esses pacientes têm para generalizar o que aprendem.

Beck e Freeman (1990) utilizaram o enfoque cognitivo-comportamental para tratar o isolamento social de um paciente com um TPET, isolamento que era produto de uma série de respostas emocionais a pensamentos disfuncionais sobre os outros. Esses autores estabeleceram quatro estratégias básicas para o tratamento do TPET:

1. Estabelecer uma sólida relação terapêutica para reduzir o isolamento social; propõe-se, igualmente, aumentar a rede social geral do paciente.
2. Aumentar a adequação social por meio do treinamento em habilidades sociais, onde são empregadas estratégias comportamentais (representação de papéis) e cognitivas; entre estas últimas encontra-se a identificação dos pensamentos automáticos e das suposições subjacentes sobre a interação com os outros.
3. Manter as sessões de terapia estruturadas para limitar a divagação e o discurso estranho, identificando, além disso, uma pequena meta para cada sessão.
4. Ensinar o paciente a buscar provas objetivas no ambiente para avaliar seus pensamentos, em vez de confiar em suas próprias respostas emocionais. É importante que o paciente aprenda a não ligar para seus pensamentos inadequados e a considerar as conseqüências da resposta emocional ou comportamental seguindo esses pensamentos.

Na tabela 18.5 pode-se ver uma lista dos principais tratamentos cognitivo-comportamentais utilizados com o TPET.

Tratamento farmacológico: A terapia farmacológica centrou-se na administração de antipsicóticos para o controle das idéias de referência, ilusões e outros sintomas similares. Quando existe um transtorno afetivo acrescentado, costumam ser utilizados antidepressivos.

Tabela 18.5. Resumo dos procedimentos cognitivo-comportamentais utilizados para o tratamento do transtorno da personalidade esquizotípica

---

Devem tornar mais eficaz sua interação e sua expressão sociais

- Treinamento em habilidades sociais
- Manipulação do estresse
- Terapia cognitiva
  - Sólida relação terapêutica para reduzir o isolamento social
  - THS
  - Sessões de terapia estruturadas
  - Busca de provas objetivas no ambiente para avaliar seus pensamentos, em vez de confiar em suas respostas emocionais

---

II.4. O Grupo B dos transtornos da personalidade: os dramáticos, emotivos ou imprevisíveis

Os transtornos do Grupo B caracterizam-se por um padrão geral de violação das normas sociais (p. ex., o comportamento delituoso), por conduta e emotividade excessivas, e por grandiosidade (Andreasen e Black, 1995). Este grupo de transtornos costuma implicar a expressão manifesta de suas características típicas, ocorrendo explosões de ira, comportamentos autolesivos, sedutores, discurso impressionista etc.

II.4.1. O transtorno da personalidade anti-social (TPAS)

Esse transtorno caracteriza-se por um padrão de comportamento sem consideração, explorador, socialmente irresponsável, tal como indicam o fracasso para adaptar-se às normas sociais, falsidade, irritabilidade e agressividade, despreocupação pela segurança própria ou dos outros, incapacidade para manter um emprego ou cumprir suas obrigações financeiras, e ausência de remorsos. A aparência exterior desses sujeitos é normal, inclusive pode chegar a ser agradável e atraente. Porém, seu histórico está cheio de mentiras, enganos, roubos, brigas, consumo de drogas etc. As tentativas de suicídio e as preocupações somáticas nesses pacientes são freqüentes (Kaplan *et al.*, 1994). A promiscuidade, os maus-tratos do parceiro ou dos filhos e a direção sob efeitos do álcool são comportamentos característicos dos sujeitos com um TPAS (APA, 2000).

Assinalou-se que os sujeitos com esse transtorno são tipicamente incapazes de subordinar o real ao possível. Sua concepção do mundo é pessoal, não interpessoal. Não podem pôr ser no papel da outra pessoa. Pensam de maneira linear, considerando as reações dos outros somente depois de ter satisfeito seus próprios desejos (Beck e Freeman, 1990). Não parecem condicionar-se pelo medo, isto é, não parecem aprender com a experiência.

Informou-se de uma prevalência que vai de 0,2 a 9,4%, e o transtorno parece ser mais freqüente em homens que em mulheres (3 por 1). Alguns autores acreditam que esse transtorno pode ter uma base hereditária, visto que quase $1/4$ dos familiares de primeiro grau dos pacientes com um TPAS também apresentam o transtorno (Andreasen e Black, 1995), mas uma combinação de fatores genéticos e ambientais parece explicar melhor o comportamento dos sujeitos com um TPAS (Cloninger e Gottesman, 1987). Raine *et al.* (2000) encontraram que um grupo de sujeitos com Transtorno da personalidade anti-social (TPAS) mostrou um volume de matéria cinzenta pré-frontal 11% menor que sujeitos normais, em ausência de lesões cerebrais claras, e uma menor atividade autônoma durante o estímulo estressante. Esses déficits prediziam a pertinência ao grupo, independentemente dos fatores psicossociais de risco. Os autores assinalam que esses achados proporcionam a primeira evidência de um déficit cerebral estrutural em sujeitos com um TPAS. Este déficit estrutural pré-frontal poderia estar por trás da baixa ativação, do pouco condicionamento pelo medo, da falta de consciência e dos déficits na tomada de decisões, elementos que caracterizam o comportamento anti-social.

Questões terapêuticas

Os sujeitos com um TPAS raramente procuram tratamento, a menos que sejam obrigados. E quando o fazem, o tratamento costuma ser ineficaz. Isso se deve fundamentalmente às características que definem o transtorno, como a falta de empatia, a incapacidade para estabelecer relações confiáveis e seu desprezo pelas normas sociais. Em casos extremos de comportamento psicopático, aspectos como o déficit na aprendizagem por evitação passiva (conduta de inibição quando enfrenta a punição), a incapacidade para prever as conseqüências de seus atos em longo prazo e para refletir sobre o passado, um moderado transtorno do pensamento formal e o prejuízo na compreensão do significado implícito das palavras fazem com que seja muito difícil que um programa de intervenção tenha um mínimo de impacto.

Porém, algumas vezes foram conduzidos programas de tratamento para sujeitos presos, muitos dos quais atendem os critérios do TPAS. Nesses casos, parece haver três principais diretrizes (Meloy, 1995):

1. Os programas são mais eficazes com sujeitos que se encontram na categoria moderada do transtorno.
2. A intervenção é mais eficaz quando abordados aspectos que conduzem ao comportamento delituoso, como os valores e atitudes anti-sociais, relações com outros delinqüentes, dependência das drogas e déficits educativos-ocupacionais.
3. O tratamento deveria ensinar e fortalecer as habilidades interpessoais e modelar as atitudes pró-sociais.

No caso de os sujeitos com um TPAS estarem reclusos em algum tipo de instituição, onde o ambiente possa em grande medida ser controlado e utilizado como técnica terapêutica, foram propostos alguns tipos de intervenções: (a) programas de economia de fichas; (b) a comunidade terapêutica, com resultados bastante negativos até a presente data (Rice, Harris e Cormier, 1992); e (c) programas conduzidos na natureza. Marshall e Fernández (1997) apresentam um programa cognitivo-comportamental sistemático para o tratamento de delinqüentes sexuais, onde os objetivos da intervenção são divididos em duas áreas:

1. Objetivos *específicos* ao delito, que incluem superar a negação e a minimização, melhorar a empatia com a vítima, mudar as crenças e atitudes distorcidas, modificar as fantasias inapropriadas e desenvolver um plano de prevenção de recaídas.
2. Objetivos *relacionados* ao delito, que se referem a temas considerados precursores ou que influem no delito, tais como habilidades deficientes de relacionamento, solução de problemas pobre, consumo de substâncias psicoativas, baixo controle da ira e habilidades para a vida inadequadas.

Este e outros programas para o tratamento de sujeitos com um TPAS reclusos precisam de mais avaliações acerca de seus resultados e de sua possível eficácia.

Alguns autores propuseram o tratamento de aspectos específicos do TPAS. Por exemplo, Turkat (1990) propõe a modificação de dois comportamentos básicos: a ira e a falta de controle dos impulsos. No primeiro caso, o autor propõe a *manipulação da ira* como procedimento de intervenção, onde são especificados todos os estímulos que provocam ira e colocados em uma hierarquia, segundo o grau de ira provocado. Depois utiliza-se uma resposta contrária, como o relaxamento profundo ou a distração cognitiva. No segundo caso, emprega-se o *treinamento no controle de impulsos* de forma similar ao anterior, estabelecendo-se uma hierarquia e utilizando respostas contrárias diante da vontade de agir impulsivamente. Essas respostas costumam consistir em *estratégias de distração,* que podem ser *internas* (cognições incompatíveis com a vontade de agir de forma impulsiva) ou *externas* (modificação de algum aspecto do ambiente que chame sua atenção).

Na tabela 18.6 pode ser vista uma lista dos principais tratamentos cognitivo-comportamentais utilizados com o TPAS.

Tratamento farmacológico: Não existe tratamento farmacológico para o TPAS, embora algumas vezes tenham sido prescritos fármacos (lítio, fluoxetina, benzodiazepinas etc.) para comportamentos específicos do transtorno, especialmente a impulsividade e a agressividade.

Tabela 18.6. Resumo dos procedimentos cognitivo-comportamentais utilizados para o tratamento do transtorno da personalidade anti-social

Não costumam recorrer a tratamento, a menos que sejam obrigados

- Economia de fichas
- Treinamento em habilidades sociais
- Manipulação da ira
- Treinamento no controle de impulsos
  - Estratégias de distração internas ou externas
- Programa cognitivo-comportamental sistemático
  - Objetivos específicos ao delito
    - Melhorar a empatia com a vítima
  - Objetivos relacionados com o delito
    - Aumentar as habilidades para se relacionar

II.4.2. O transtorno da personalidade *borderline* (TPB)

Esse transtorno caracteriza-se por um padrão persistente de instabilidade nas relações interpessoais, na imagem de si mesmo e nos afetos, e presença de uma grande impulsividade. Os sujeitos com um TPB costumam ter sensações crônicas de vazio, comportamentos ou gestos suicidas e comportamentos autolesivos, ira inapropriada ou intensa ou dificuldades para controlá-la, idéias paranóides transitórias ou sintomas dissociativos graves, e não suportam a solidão, realizando grandes esforços para evitar o abandono real ou imaginário (APA, 2000; Gunderson, Zanarini e Kisiel, 1991). A impulsividade parece ser uma característica central dos indivíduos com um TPB, assim como a mudança freqüente e rápida de suas emoções. Evolutivamente, esses sujeitos não foram capazes de formar um conjunto coerente e integrado de esquemas sobre si mesmos, apegando-se aos outros para se centrarem.

O TPB apresenta sobreposição com outros transtornos do Eixo II, especialmente com os transtornos da personalidade paranóide, esquizotípica, histriônica, narcisista, dependente e esquiva. Parece que também há uma elevada co-morbidade do TPB com alguns transtornos do Eixo I, especialmente com os transtornos do estado de humor, o transtorno por estresse pós-traumático, o abuso de substâncias psicoativas, o transtorno por pânico e o déficit de atenção (Derksen, 1995; Widiger e Trull, 1993).

A prevalência do TPB parece encontrar-se por volta dos 2%, e este transtorno é mais freqüente em mulheres que em homens (3 por 1). Com relação à etiologia, assinalou-se que até 75% dos sujeitos com um TPB poderiam ter sofrido abusos sexuais na infância, e que é freqüente que em suas famílias tenham ocorrido casos de alcoolismo, violência ou separação dos pais. Indicou-se, também, a presença de um estilo de educação inconsistente e imprevisível, e levantou-se a hipótese de uma possível predisposição genética à baixa regulação do estado de humor e do controle dos impulsos.

Questões terapêuticas

Foram desenvolvidas diversas intervenções cognitivo-comportamentais para o tratamento do TPB. Destacaremos, a seguir, algumas delas.

1. *A terapia cognitiva de Beck*
Boa parte desses enfoques baseia-se na terapia cognitiva que Beck propôs para o tratamento da depressão (Beck, Rush, Shaw e Emery, 1979). O enfoque de Beck e Freeman (1990; Beck *et al.*, 2004) consiste em questionar os padrões de pensamento disfuncionais, prestando especial atenção às suposições e aos erros básicos do pensamento (distorções cognitivas). Para esse enfoque, o indivíduo com um TPB mantém três suposições básicas que influem sobre o comportamento e sobre as respostas emocionais: "O mundo é perigoso e malévolo", "Sou fraco e vulnerável" e "Sou inaceitável em essência". Igualmente, o pensamento dicotômico tem um papel essencial na perpetuação das crises e dos conflitos. Beck e Freeman (1990) propõem um plano de tratamento que favoreça uma aliança terapêutica, minimize a falta de adesão ao tratamento, diminua o pensamento dicotômico, aborde as suposições básicas, aumente o controle sobre as emoções, melhore o controle dos impulsos e fortaleça a identidade do paciente.

2. *A terapia cognitiva centrada nos esquemas, de Young*
Young (1994; Young, Klosko e Weishaar, 2003) desenvolveram a "terapia cognitiva centrada nos esquemas" para o tratamento dos transtornos da personalidade em geral. Porém, o TPB parece especialmente se beneficiar com ela. Para Young, os esquemas precoces desadaptativos (EPDs) que caracterizam o TPB na infância são o medo do abandono e da perda, a falta de amor, a dependência, o fato de não chegar a se sentir

TRATAMENTO COGNITIVO-COMPORTAMENTAL DOS TRANSTORNOS DA PERSONALIDADE **501**

como sujeito individual, a desconfiança, a pouca autodisciplina, o medo de perder o controle emocional, a culpa excessiva e a privação emocional. De acordo com a terapia proposta por Young, esses são os esquemas que devem ser identificados e mudados. Uma descrição mais ampla sobre essa terapia pode ser vista no final do capítulo e em Valenzuela e Caballo (2004).

3. *A terapia cognitivo-comportamental dinâmica, de Turner*

A terapia cognitivo-comportamental dinâmica (TCCD), proposta por Turner (1989, 1992, 1994), aborda o tratamento do TPB centrando-se principalmente nos componentes impulsivos/de ira do TPB. Esse enfoque terapêutico cognitivo-comportamental integra estratégias terapêuticas dinâmicas para esclarecer e modificar os esquemas do paciente. A TCCD interpreta os conflitos e utiliza estratégias cognitivas e comportamentais para modificar as distorções cognitivas, e utiliza as técnicas de interpretação para pôr abaixo as barreiras que impedem a mudança. A TCCD enfatiza a importância das relações interpessoais no funcionamento humano, considerando a relação terapêutica o principal meio para a aplicação do tratamento.

O tratamento dura um ano, sendo intensos os seis primeiros meses. Durante as primeiras dez semanas são planejadas três sessões semanais, e nas seguintes dezesseis semanas, duas sessões semanais. Se o tratamento correr bem, passa-se a uma sessão semanal. O programa de tratamento consta de várias fases: (a) controle da crise; (b) contrato terapêutico; (c) avaliação do problema; (d) formulação dinâmica-cognitiva de caso; (e) intervenção intensiva; (f) sessões terapêuticas de apoio *(booster sessions)*, e (g) conclusão.

As estratégias utilizadas durante a terapia seriam classificadas em três grupos:

1. Estratégias que envolvem ação, como: (a) tarefas para casa, especialmente experimentar e praticar novas formas de pensar, agir e sentir; (b) representação de papéis e inversão do papel; (c) auto-registros; (d) treinamento em habilidades de comunicação; (e) contrato comportamental; (f) exposição e prevenção da resposta; (g) prática das habilidades de solução de problemas; e (h) experiência emocional e comportamental das interpretações da transferência.

2. Estratégias que utilizam a imaginação, como: (a) automodelação encoberta; (b) imaginação guiada; (c) terapia implosiva; e (d) exposição na imaginação.

3. Estratégias de codificação e processamento da informação, como: (a) interpretação e questionamento das distorções cognitivas freqüentes; (b) questionamento das reações comportamentais e emocionais atuais e busca de processos de enfrentamento alternativos; (c) educação ativa dos pacientes sobre sua estrutura dinâmica-cognitiva, suas crenças disfuncionais, suas distorções cognitivas e suas motivações; (d) ensino de habilidades de solução de problemas; (e) correção das disfunções cognitivas e das crenças disfuncionais; e (f) melhora da capacidade dos pacientes para controlar e regular seu estilo de processamento da informação.

Embora haja alguns estudos que mostram uma certa eficácia dessa terapia (p. ex., Turner, 1989, 1993), fazem falta mais estudos sobre ela, especialmente realizados por outros pesquisadores que não o criador da TCCD.

4. A formulação clínica de caso, de Turkat

Turkat (1990) acredita que os sujeitos com um TPB têm um déficit significativo na solução de problemas, constituindo sua característica básica. Esse autor propõe dois aspectos a considerar:

1. Ter em conta a natureza do déficit de solução de problemas, que diferirá conforme o caso.
2. Embora a formulação de um déficit de solução de problemas sugira um tratamento baseado na solução de problemas, o TPB raramente permitirá ao terapeuta levar a cabo esse tratamento. "Entre as sessões parece desencadear-se uma nova 'crise', e freqüentemente resulta difícil fazer com que o paciente 'volte a retomar' o problema básico que precisa de atenção. Ao contrário, o paciente apresenta exigências imediatas de alívio, o que impede que se envolva na prática da solução de problemas, mesmo que essa prática possa proporcionar-lhe uma resolução imediata da crise" (Turkat, 1990, p. 70). Esse autor é pessimista com relação aos sujeitos que padecem um TPB, indicando que seus melhores resultados conseguiram, quando muito, moderar as dificuldades básicas desses pacientes. Não obstante, sugere algumas estratégias de intervenção, como (a) treinamento em solução de problemas; (b) treinamento em formação de conceitos; (c) manipulação da categorização (não avaliar as coisas somente em termos de extremos), e (d) manipulação da velocidade de processamento, aumentando-a.

5. A terapia dialética comportamental, de Linehan

Esta terapia cognitivo-comportamental foi desenvolvida por Linehan para o tratamento de pacientes com um TPB e com comportamentos parassuicidas (Linehan, 1987; 1993a, b). Linehan utiliza uma teoria biossocial para conceituar o TPB, onde a base constitucional do transtorno é a elevada reatividade emocional e a falta de regulação. Propõe que os padrões comportamentais do TPB são o resultado da interação entre a criança emocionalmente vulnerável e o ambiente, que invalida as expressões da experiência privada, especialmente as expressões emocionais.

A terapia dialética comportamental implica, de forma simultânea, terapia individual e treinamento em habilidades sociais, acompanhados normalmente por terapia de grupo (Aramburú, 1996; Linehan, 1993a, b). O formato de grupo é psicoeducativo, enfatizando a aquisição das habilidades comportamentais, como a eficácia interpessoal, a regulação das emoções, a tolerância diante do mal-estar, as práticas de meditação e o autocontrole. No tratamento individual, os objetivos do tratamento são colocados hierarquicamente, do seguinte modo (Aramburú, 1996; García Palacios, 2004; Tutek e Linehan, 1994): (1) diminuição ou eliminação dos comportamentos suicidas e parassuicidas; (2) diminuição ou eliminação dos comportamentos que interferem no curso da terapia; (3) diminuição ou eliminação dos comportamentos que interferem na qualidade de vida; (4) aquisição de habilidades comportamentais; (5) redução dos efeitos do estresse pós-traumático; (6) aumento do respeito por si mesmo, e (7) obtenção dos objetivos individuais que o paciente leva à terapia. O primeiro objetivo da terapia individual seria bloquear as condutas nas primeiras três áreas e substituí-las por habilidades comportamentais na quarta área. De-

Tratamento Cognitivo-comportamental dos Transtornos da Personalidade **503**

pois, os objetivos são descobrir e reduzir os efeitos dos traumas infantis sexuais, físicos e emocionais (objetivo 5) e ensinar os pacientes a confiar neles mesmos (objetivo 6). "A ordenação hierárquica implica não somente uma ordem de prioridades, mas também exige que, para tratar um objetivo posterior, não devem ocorrer comportamentos problema de prioridade mais alta" (Aramburú, 1996, p. 133).

A terapia dialética comportamental foi, talvez, a primeira terapia cognitivo-comportamental a ser empiricamente avaliada para o TPB (Linehan *et al.*, 1991; Linehan, Heard e Armstrong, 1993), e é uma das mais específicas e sistematizadas, embora às vezes possa parecer excessivamente complexa e com demasiados procedimentos heterogêneos na aplicação.

Na tabela 18.7 pode-se ver uma lista dos principais tratamentos cognitivo-comportamentais utilizados com o TPB.

Tratamento farmacológico. Com relação ao tratamento farmacológico do TPB, foram utilizados antipsicóticos para as distorções perceptivas, controle da ira e hostilidade, antidepressivos (IMAO) para melhorar o estado de humor depressivo, especialmente a disforia que acompanha a rejeição interpessoal, e o carbonato de lítio para tratar as mudanças de humor (Andreasen e Black, 1995; Bernardo Arroyo *et al.*, 1998). Igualmente, foram empregados inibidores da recaptação da serotonina (IRS), como a fluoxetina, a sertralina ou a paroxetina. Porém, não se conhece a utilidade em longo prazo desses fármacos.

Tabela 18.7. Resumo dos procedimentos cognitivo-comportamentais utilizados para o tratamento do transtorno da personalidade *borderline*

Existem diferentes intervenções cognitivo-comportamentais

- A terapia cognitiva de Beck
  - Questionamento dos padrões de pensamento disfuncional
- A terapia cognitiva centrada nos esquemas, de Young
  - Modificar os esquemas precoces desadaptativos
- A terapia cognitivo-comportamental dinâmica, de Turner
  - Estratégias que implicam ação, que utilizam a imaginação, e estratégias de codificação e processamento das informações
- A formulação clínica de caso, de Turkat
  - Tratamento baseado na solução de problemas
- A terapia dialética comportamental, de Linehan

II.4.3. O transtorno da personalidade histriônica (TPH)

Esse transtorno caracteriza-se por um padrão geral de emotividade excessiva e de busca de atenção (APA, 2000). Para os sujeitos com um TPH, o mundo é um cenário, a emoção impregna todas as suas ações e raramente existe o tédio em suas vidas ou para quem convive com eles. Costumam sentir-se incômodos em situações nas quais não são o centro das atenções, utilizando freqüentemente sua aparência física para chamar a atenção dos outros. Manifestam uma expressão emocional superficial e rapidamente variável, são facilmente sugestionáveis e sua interação social costuma ser sexualmente sedutora e provocante. Seu estilo de discurso é muito impressionista, não incluindo detalhes; costumam exagerar seus pensamentos e sentimentos, fazendo com que tudo pareça mais importante do que realmente é, e consideram que suas relações interpessoais são mais íntimas do que o são na realidade. São sujeitos com grandes dificuldades para ser empáticos e para perceber, com certa eficácia, as emoções e intenções dos outros. Turner (1996) assinala que identificou três grupos de sujeitos com um TPH: a) *Grupo sedutor,* caracterizado por uma conduta sedutora e uma preocupação excessiva com a atração; b) *Grupo emocionalmente instável,* definido por emoções exageradas e variáveis; e c) *Grupo de atenção e aceitação,* caracterizado por uma necessidade excessiva de atenção e aceitação e emoções exageradas.

Os indivíduos com um TPH são evidentemente vulneráveis aos transtornos do Eixo I, destacando a distimia, a depressão, a ansiedade diante da separação, o alcoolismo e o consumo de substâncias psicoativas.

Encontrou-se uma prevalência de 1 a 3% no TPH e costuma ser mais freqüente em mulheres que em homens. Com relação à etiologia, levantou-se a hipótese de estilos de interação familiar ambivalentes, e indicou-se uma possível predisposição genética para a impulsividade e para as mudanças emocionais.

Questões terapêuticas

Há autores muito pessimistas com relação à possibilidade de modificar os padrões básicos da personalidade histriônica (p. ex., Turkat, 1990). Esse autor propõe que, em alguns casos muito específicos, o *treinamento em empatia* pode ser útil. Por meio desse procedimento o paciente aprende habilidades básicas, como a escuta ativa, parafrasear e refletir o que o outro diz. O objetivo é que aprenda a prestar mais atenção nas pessoas que estão ao seu redor e a focar cada vez mais os sentimentos dos outros. Pode ser utilizada a representação de papéis com *feedback* por meio do vídeo.

A seguir, deter-nos-emos brevemente em alguns procedimentos mais sistemáticos para a intervenção sobre o TPH.

1. *A terapia de integração, de Horowitz*

Horowitz (1995) propõe uma integração de aspectos psicanalistas e cognitivo-comportamentais para a intervenção sobre o TPH. Tal intervenção é dividida em quatro fases que, resumidamente, seriam as seguintes:

Fase 1. Esclarecimento dos fenômenos sintomáticos e estabelecimento de uma aliança terapêutica. O primeiro objetivo dessa fase é estabilizar as emoções do paciente, prestando-lhe apoio para reduzir a probabilidade de comportamentos autolesivos e ajudá-lo a sentir-se no controle de si mesmo. O segundo objetivo visaria os padrões interpessoais desadaptativos.

Nessa primeira fase, faz-se uma lista de todos os sintomas psicológicos importantes, incluindo a maneira como prejudicam a vida do sujeito nas relações íntimas, ocupacionais e sociais. Do mesmo modo, faz-se com que o paciente vá prestando atenção tanto a acontecimentos internos (mentais) como externos.

Fase 2. Identificação e enfrentamento das mudanças no estado mental. O objetivo dessa fase é que o paciente mantenha estados de funcionamento mais autênticos. Nesta fase, o paciente aprende a pensar antes de agir, a falar clara e tranqüilamente enquanto expressa idéias e emoções, a desacelerar o fluxo de idéias para evitar a inundação emocional, a evitar o humor inapropriado, a simpatia excessiva ou o comportamento de flerte, e a se expressar de forma autêntica como uma maneira de conseguir a atenção.

Fase 3. Identificação e contra-ataque dos processos defensivos de controle. O objetivo dessa fase é modificar os processos defensivos de controle que constituem um obstáculo para a terapia. Nesta fase, contra-ataca-se a tendência a evitar ou abandonar rapidamente um tema que contenha conflitos e dilemas; são reforçadas as condutas de observar o comportamento dos outros, modela-se como guardar temas sem resolver até que sejam conseguidos aspectos de escolha racional etc.

Fase 4. Identificar e ajudar o paciente a modificar crenças irracionais e contradições nos esquemas sobre si mesmo e sobre os outros. Nesta fase, ajuda-se o paciente a modificar, integrar e desenvolver conceitos do papel e das relações com os outros. São identificados padrões de dependência excessiva, de percepções autoderrotistas sobre si mesmo, medo de ser abandonado etc., estimulando comportamentos opostos, como assumir as rédeas das próprias ações, contrastar as percepções negativas com os fatos reais etc. Essa última fase seria, basicamente, uma fase de reestruturação cognitiva similar à terapia cognitiva de Beck.

2. *A terapia cognitiva, de Beck*

Beck e Freeman (1990; Beck *et al.,* 2004) falam da dificuldade de tratar um sujeito com um TPH por meio da terapia cognitiva. Propõem que, mesmo antes de começar a terapia, o indivíduo com um TPH precisa aprender a centrar a atenção em apenas um tema por vez. O estabelecimento de um índice de conteúdos é uma boa maneira de começar a centrar a atenção nos aspectos específicos da sessão de terapia.

Dada a facilidade com que o paciente com um TPH pode abandonar a terapia, é preciso propor objetivos específicos e concretos realmente importantes para ele, de forma que obtenha benefícios em curto (especialmente) e em longo prazos. Porém, depois das etapas iniciais de tratamento, a intervenção real dependerá dos problemas e objetivos particulares que o paciente apresentar, mas sem se esquecer de abordar os diversos elementos cognitivos que caracterizam o TPH, com o fim de obter mudanças duradouras na síndrome geral. Desse modo, alguns dos procedimentos de tratamento para o TPH propostos por Beck e Freeman (1990) seriam:

a) Anotar os pensamentos na Folha de Registro Diário de Pensamentos, como um meio de aprender a habilidade de identificar e questionar os pensamentos, com o fim de mudar as emoções. Esse registro servirá, também, para começar a controlar sua impulsividade, pensando antes de agir.

b) Dedicar um tempo extra a explicar aos sujeitos com um TPH a utilidade das tarefas para casa, dada a elevada probabilidade de que os pacientes as julguem chatas.

c) Treinamento em habilidades de solução de problemas.

d) Treinamento em assertividade. Esse procedimento implica o emprego de métodos cognitivos para ajudar os pacientes a prestar atenção no que querem e começar a desenvolver uma sensação de identidade, além das técnicas mais comportamentais para ensinar-lhes a se comunicar de forma mais adaptativa. Se o treinamento for em grupo, tanto melhor.

e) Questionar a crença de que a perda de um relacionamento seria desastrosa. Para isso podem ser empregados dois métodos: 1) Descatastrofizar a idéia de rejeição; 2) Elaborar experimentos comportamentais que deliberadamente programem pequenas "rejeições" (p. ex., com estranhos). Questionar, também, a crença de que não podem fazer as coisas sozinhos.

f) Se tiverem um relacionamento íntimo com outra pessoa, provavelmente precisarão de terapia de casal.

3. *A terapia de valoração cognitiva, de Wessler*

A terapia de valoração cognitiva (TVC) é uma terapia cognitivo-comportamental que evoluiu para um enfoque integrado da terapia para os transtornos da personalidade (Wessler, 1993, 1977, 2004; Wessler e Hankin-Wessler, 1996). No final do capítulo expomos alguns conceitos gerais dessa terapia. Aqui descreveremos brevemente algumas questões pertinentes da TVC para o paciente com um TPH (Wessler, 2004):

1. O problema fundamental do terapeuta é estabelecer uma relação com o paciente sem reforçar o comportamento histriônico. Isso pode ser feito mostrando, no começo, o interesse e a atenção que a pessoa histriônica busca. Uma vez que a relação seja sólida e tenha-se formado uma aliança terapêutica, o terapeuta pode mudar para um enfoque mais empático e refletir os sentimentos que a pessoa realmente tem, em vez das emoções dramáticas que aparenta. Isso é feito para que o paciente saiba que a atuação histriônica não é necessária para garantir o relacionamento ou impedir a crítica.

2. Ajudar o paciente histriônico a permanecer tranqüilo, de forma que a entrevista seja terapêutica e não social, e o terapeuta não se deixe arrastar pelas atraentes histórias do paciente.

3. Utilizar o humor com cuidado para desinflar o estilo melodramático do sujeito com um TPH.

TRATAMENTO COGNITIVO-COMPORTAMENTAL DOS TRANSTORNOS DA PERSONALIDADE

4. Fazer com que o paciente se mantenha em contato com a realidade. Uma forma de fazer isso é usando a auto-exposição, por meio da qual o terapeuta diz ao paciente como se sentiria e o que pensaria se se encontrasse na mesma situação que ele.
5. Tentar verbalizações paradoxais para ajudar a reduzir o grau de catástrofe e a se manter em contato com a realidade. Ao utilizar essa tática, o terapeuta magnifica as verbalizações já magnificadas do paciente.
6. Reenquadrar as verbalizações do paciente e explicar seus efeitos sobre outras pessoas. O paciente histriônico pensa que a inibição da expressão emocional é ruim, psicológica e fisicamente. O terapeuta pode reenquadrar a expressão excessiva do paciente, indicando-lhe, sem crítica, que dá informações em demasia, com as quais não pode lidar.

Na tabela 18.8 pode ser vista uma lista dos principais tratamentos cognitivo-comportamentais utilizados com o TPH.

Tratamento farmacológico: Não existe tratamento farmacológico para esse transtorno, e quando foi utilizado, foi para o tratamento de outros transtornos do Eixo I co-mórbidos ao transtorno.

Tabela 18.8. Resumo dos procedimentos cognitivo-comportamentais utilizados para o tratamento do transtorno da personalidade histriônica

---

Existe certo pessimismo em relação ao tratamento desse transtorno

- Treinamento em empatia
  - Escuta ativa, parafrasear e refletir o que o outro diz
- A terapia de integração, de Horowitz
- A terapia cognitiva de Beck
  - Registro diário de pensamentos
  - Treinamento em solução de problemas e em assertividade
  - Questionamento de crenças
- A terapia de valoração cognitiva, de Wessler
  - Auto-exposição, para se manter em contato com a realidade
  - Reenquadrar as verbalizações do paciente
  - Uso do humor para desinflar o estilo melodramático

II.4.4. O transtorno da personalidade narcisista (TPN)

Esse transtorno caracteriza-se por um padrão generalizado de grandiosidade (em fantasias ou em comportamento), necessidade de admiração e falta de empatia. Os sujeitos com um TPN podem ser líderes, seguros e ambiciosos, querem fazer as coisas somente à sua maneira, sabem o que querem e como consegui-lo, costumam ter carisma para atrair outras pessoas e explorá-las para a consecução de seus próprios objetivos e, geralmente, são extrovertidos e muito políticos. Acham que são "especiais" e únicos e que somente outras pessoas (ou instituições) especiais ou de elevado *status* podem entendê-los ou associar-se a eles. Não sabem lidar com as críticas e podem enfurecer-se quando alguém se atreve a criticá-los ou, ao contrário, podem aparentar que são completamente indiferentes às críticas. Têm a sensação de "estar em seu direito", isto é, possuem expectativas pouco razoáveis de receber um tratamento especial ou a anuência automática a suas expectativas. Freqüentemente têm inveja dos outros ou acham que os outros os invejam, e apresentam atitudes ou comportamentos arrogantes ou soberbos. Suas relações sociais são frágeis, com poucos amigos íntimos, se é que têm algum, mas com muitas pessoas conhecidas das quais tira proveito, com quem podem mostrar-se simpáticos e encantadores para conseguir seus próprios fins egoístas. A explosão de mau gênio, as explosões verbais ou os maus-tratos emocionais, físicos ou sexuais podem evidenciar a crença narcisista de que os outros têm de se preocupar primordialmente com a felicidade ou o bem-estar do sujeito com um TPN. É possível que outras pessoas descrevam suas relações com o narcisista como de "amor-ódio": sentem seu encanto e ao mesmo tempo se sentem explorados. Os sujeitos com um TPN costumam ter uma frágil auto-estima e estão predispostos à depressão. Suportam mal o envelhecimento, devido à deterioração de alguns atributos (físico, beleza etc.) e declives em sua carreira. Alguns dos problemas que esses indivíduos causam freqüentemente ao seu redor, e com os quais não costumam ser capazes de lidar, são dificuldades interpessoais, rejeição por parte dos outros, perdas de outras pessoas e problemas profissionais (APA, 2000; Beck e Freeman, 1990; Kaplan *et al.,* 1994; Oldham e Morris, 1995).

Turner (1996) propõe dois subgrupos dentro do TPN: 1) *O grupo de atribuição de direitos/fantasia ideal,* caracterizado por ter mais sentimentos de inveja, por sensação de ser especial e pelas experiências de singularidade; 2) *O grupo explorador/não empático,* caracterizado pelos critérios de exploração, falta de empatia, necessidade de ser o centro das atenções e dificuldade para tolerar as críticas.

A prevalência desse transtorno foi situada entre 0,5 e 1% e costuma ser mais freqüente em homens que em mulheres. As proposições sobre sua etiologia vão desde a possível falta de afeto dos pais na infância até o possível excesso de mimo na infância.

Questões terapêuticas

O TPN é crônico e muito difícil de tratar, por suas características típicas. Porém, a terapia cognitiva propõe algumas possíveis pautas para a intervenção sobre esse tipo de transtorno (Beck e Freeman, 1990; Freeman *et al.,* 1990). Um dos primeiros objetivos da terapia é estabelecer uma colaboração na tarefa de concordar com os objetivos da terapia. Dado que o paciente narcisista não recorrerá à terapia para ser menos narcisista ou para se dar melhor com os outros, é importante que o terapeuta vise esclarecer e operacionalizar os objetivos e problemas do paciente (problemas de relacionamento, depressão etc.), em vez de tentar convencê-lo a trabalhar para mudar seu narcisismo. Depois, esse transtorno se tornará, de forma natural, o objetivo da terapia, posto que impedirá atingir objetivos mais específicos. Freeman *et al.* (1990) opinam que, na práti-

Tratamento Cognitivo-comportamental dos Transtornos da Personalidade **509**

ca, pode ser mais realista procurar modificar comportamentos específicos e ajudar o paciente a ser mais moderado em seu narcisismo que planejar mudar um padrão narcisista de toda uma vida.

Uma vez identificados os objetivos de tratamento, podem ser utilizadas as técnicas comportamentais e/ou cognitivas necessárias, embora provavelmente as primeiras serão mais úteis, ao menos inicialmente, por requererem menos auto-exposição que os procedimentos cognitivos. Um aspecto essencial da terapia é que o terapeuta estabeleça e mantenha diretrizes e limites firmes e sólidos na terapia.

Beck e Freeman (1990) assinalam que a terapia do TPN visa aumentar a responsabilidade comportamental, diminuir as distorções cognitivas e o afeto disfuncional, formular novas atitudes, aumentar o comportamento de reciprocidade e sensibilidade para com os sentimentos dos outros, cooperar com os outros e assumir uma parte do trabalho, desenvolver expectativas mais razoáveis sobre os outros, maior autocontrole dos hábitos e dos estados de humor, e mais auto-avaliações discriminatórias, que reconheçam os aspectos comuns entre o paciente e as outras pessoas. A motivação para perseguir objetivos de maior alcance pode prover do desejo de obter estados de humor mais estáveis, manter certos relacionamentos ou carreiras, e eliminar os sintomas persistentes e recorrentes.

Entre os procedimentos empregados na modificação de um TPN encontram-se os seguintes:

1. A mudança de distorções cognitivas que o paciente tem sobre si mesmo (p. ex., "Sou único e especial e ninguém chega ao meu nível") por outros pensamentos mais realistas (p. ex., "Toda pessoa é, de algum modo, única e especial. É possível ser humano, como todo o mundo, sem deixar de ser único").
2. A reestruturação por meio de imagens pode ser útil para eliminar as imagens narcisistas e substituí-las por fantasias que enfatizem as gratificações e prazeres cotidianos ao alcance da mão.
3. A hipersensibilidade à avaliação pode ser abordada por meio da dessensibilização sistemática e, como exercício específico, o paciente pode pedir *feedback* a determinadas pessoas.
4. Detenção e distração do pensamento, para acabar com os hábitos de pensamento sobre o que os outros estão pensando.
5. Treinamento em empatia, com representação e inversão de papéis e proposição de modos alternativos de lidar com os outros.
6. Utilização das técnicas precisas para a intervenção sobre problemas específicos ou associados, como os maus-tratos verbais ou físicos, o assédio sexual, comportamentos de beber ou gastar em excesso. No caso de problemas conjugais ou familiares, pode ser utilizada a terapia de casal ou a terapia familiar.

Wessler (2004) descreve algumas pautas do terapeuta da TVC para abordar a sensação que o paciente possui de "estar em seu direito", que são as seguintes:

1. Tentar impressionar o sujeito narcisista.
2. Diferenciar entre um narcisista "na defensiva" (falta-lhe confiança em si mesmo) e

um "verdadeiro" narcisista (carece de empatia). Em ambos os casos, trata-se de conseguir auto-avaliações mais realistas, mas o ponto de partida é diferente.

3. Escolher como objetivo terapêutico a diminuição da vergonha (narcisista na defensiva) ou o aumento de empatia (narcisista verdadeiro).
4. Utilizar a auto-exposição para criar dissonâncias entre a versão privada do paciente sobre a realidade e a versão socialmente adequada do terapeuta.
5. Fazer com que o paciente seja mais científico quando extrair conclusões sobre os pensamentos, sentimentos e motivações dos outros.
6. Incentivá-los para que se sintam responsáveis, que confiem em si mesmos e que se vejam capazes de conseguir o que querem, mas sem explorar os outros.

Na tabela 18.9 pode ser vista uma lista dos principais tratamentos cognitivo-comportamentais utilizados com o TPP.

Tratamento farmacológico: Algumas vezes foi utilizado o carbonato de lítio com pacientes com flutuações do estado de humor associadas ao TPN. Os pacientes propensos aos quadros depressivos podem ser tratados com antidepressivos (Kaplan *et al.*, 1994). Podem, também, ser empregados inibidores da recaptação da serotonina para a melhora das relações interpessoais e, portanto, para diminuir a rejeição por parte dos outros nos sujeitos com um TPN (Bernabe Arroyo *et al.*, 1998).

Tabela 18.9. Resumo dos procedimentos cognitivo-comportamentais utilizados para o tratamento do transtorno da personalidade narcisista

---

Transtorno crônico e muito difícil de tratar, por suas características

- Mudança de distorções cognitivas que tem sobre si mesmo
- Reestruturação por meio de imagens
- Dessensibilização sistemática para a hipersensibilidade diante da avaliação
- Detenção e distração do pensamento para não se deter no que os outros estão pensando
- Treinamento em empatia
- Técnicas específicas para problemas específicos, como os maus-tratos verbal e físico, o assédio sexual, problemas conjugais etc.

II.5. *O Grupo C dos transtornos da personalidade: os ansiosos ou medrosos*

Os transtornos do Grupo C caracterizam-se por um padrão geral de temores anormais relacionados com as interações sociais, a separação e a necessidade de controle. Pfohl, Stangl e Zimmerman (1984), em seu estudo sobre os transtornos da personalidade em pacientes com depressão maior, encontraram que os pacientes do Grupo C eram diferentes dos Grupos A e B nos resultados da prova da supressão da dexametasona, na resposta ao tratamento e no risco familiar para a depressão e para a personalidade anti-social.

II.5.1. O transtorno da personalidade esquiva (TPE)

Esse transtorno é definido por um padrão generalizado de inibição social, sentimentos de inadequação e hipersensibilidade diante da avaliação negativa. Os sujeitos com esse transtorno caracterizam-se por sintomas relativos à esfera interpessoal, como a evitação de atividades que impliquem um contato interpessoal significativo devido às críticas, à desaprovação ou à rejeição, não se relacionar com pessoas, a menos que estejam seguros de que serão aceitos; mostram inibição nas relações íntimas devido ao medo de passar vergonha ou ridículo e, apesar dos desejos de se relacionar, preocupam-se excessivamente com as críticas ou rejeição em situações sociais. Alguns outros sintomas referemse à área da imagem problemática de si mesmo, como ficar inibidos em novas situações interpessoais devido a sensações de inadequação, e perceber a si mesmos socialmente ineptos, pessoalmente pouco interessantes ou inferiores aos outros. Outras características estão relacionadas ao estado de humor, como evitar correr riscos pessoais ou envolver-se em atividades novas, porque podem resultar embaraçosas (APA, 2000; Millon e Escovar, 1996*b*). Por outro lado, a familiaridade proporciona bem-estar, satisfação e inspiração aos sujeitos com um TPE, que desenvolvem suas faculdades em um ambiente emocionalmente seguro, com poucos amigos e familiares.

Os critérios do TPE são dificilmente diferenciados dos da fobia social generalizada, fato pelo qual se supõe que ambas as síndromes são, na realidade, variações de um único transtorno (Caballo *et al.,* 2004). A prevalência desse transtorno situa-se ao redor de 1%, e parece ocorrer em proporção igual em homens e em mulheres. Com relação à etiologia, há indicações de que alguns fatores temperamentais, como a inibição comportamental (Kagan e Snidman, 1991) ou a superativação cerebral (introversão) poderiam constituir fatores de risco para o desenvolvimento desse transtorno. Alguns aspectos da educação, como a desaprovação freqüente dos pais ou colegas, poderiam constituir, também, variáveis importantes na manifestação do TPE.

Questões terapêuticas

A intervenção com o TPE pode ser muito similar à que acontece com o transtorno do Eixo I "Fobia social generalizada" (veja Caballo, Andrés e Bas, 2003, para um programa sistemático cognitivo-comportamental com essa síndrome). Em geral, dependendo da etiologia atribuída à evitação interpessoal e à ansiedade social do TPE, foi empregada uma série de estratégias de tratamento:
1. *Treinamento em relaxamento* com ou sem *dessensibilização sistemática*, utilizados para diminuir a ansiedade associada com os encontros sociais problemáticos.
2. *Treinamento em habilidades sociais,* com os elementos do ensaio de comportamento, a modelação, as instruções, o *feedback*/reforço e as tarefas para casa.
3. *Terapias cognitivas* voltadas a eliminar as suposições, atribuições e autoverbalizações freqüentemente associadas às ansiedades sociais.
4. *Técnicas de exposição,* utilizadas conjuntamente com um ou vários dos procedimentos anteriores.

Assinalou-se que, embora os benefícios do tratamento possam não ser muito visíveis imediatamente após um período de terapia, com um período mais longo de exposição às situações evitadas as melhoras podem tornar-se evidentes (Sutherland e Frances, 1995). Porém, esses autores insistem na importância da reestruturação cognitiva para a manutenção das conquistas devidas ao tratamento. A seguir, vamos expor brevemente dois enfoques da intervenção com o TPE.

1. *A terapia cognitiva, de Beck*

Beck e Freeman (1990; Beck *et al.*, 2004) afirmam que a relação terapêutica com os pacientes com um TPE constitui um fértil terreno de comprovação para os esquemas, suposições e pensamentos disfuncionais. Advogam por uma identificação de pensamentos automáticos dos sujeitos durante as primeiras fases da entrevista, pensamentos que podem vir à luz quando os pacientes manifestam uma mudança de afeto, em meio a uma discussão, ou no final da sessão. Uma vez expressos, os pensamentos automáticos podem ser avaliados de diversas maneiras. Beck e Freeman (1990) propõem o emprego dos enfoques de terapia cognitiva habituais para os sujeitos com um TPE, além dos métodos socráticos e as técnicas comportamentais padronizadas. A representação e inversão de papéis para evocar pensamentos automáticos disfuncionais são também muito úteis nesse caso. Dado que nos pacientes com um TPE costuma ocorrer evitação emocional e cognitiva, é preciso que estes avaliem a si mesmos para que percebam que evitam situações nas quais têm pensamentos automáticos que causam disforia. O terapeuta e o paciente podem avaliar conjuntamente essas cognições negativas e aumentar a tolerância do paciente diante das emoções negativas. Para dessensibilizá-lo, pode-se construir uma hierarquia que inclua itens cada vez mais perturbadores, que serão discutidos na sessão.

Para alguns sujeitos com um TPE, o treinamento em habilidades sociais é um procedimento necessário, a fim de que tenham uma maior probabilidade de sucesso nas situações sociais delineadas para comprovar os pensamentos disfuncionais. Parte da terapia é dedicada, também, a identificar e comprovar os fundamentos cognitivos de seus padrões esquivos. Primeiro, o paciente aprende a base evolutiva dos esquemas negativos. Depois, esses esquemas são postos à prova por meio de experimentos indicadores, observação dirigida e representação dos primeiros incidentes relacionados aos esquemas. Finalmente, os pacientes começam a perceber e a recordar dados anti-esquema sobre eles mesmos e suas experiências sociais. Beck e Freeman (1990) colocam como a última fase da terapia a prevenção das recaídas, visto que os pacientes com um TPE podem recair facilmente na evitação. Nesta última fase são empregados exercícios comportamentais e cognitivos. Entre os primeiros encontram-se atividades como estabelecer novas amizades, aprofundar as amizades existentes, tentar novas experiências etc. O terapeuta indica ao paciente que a ansiedade que pode surgir em uma situação social assinala a reativação de uma atitude disfuncional que precisa de atenção. A ansiedade poderia constituir um estímulo para identificar os pensamentos automáticos que interferem na consecução dos objetivos. E, a seguir, responder a essas cognições negativas de uma forma racional. Pode ser utilizada a Folha de Registro de Pensamentos Disfuncionais para registrar essas tarefas. Antes de terminar a terapia, terapeuta e paciente têm de desenvolver um plano para que este continue com a terapia por si mesmo quando a terapia formal tenha terminado.

2. A *terapia cognitivo-interpessoal*, de Alden

Alden propôs a terapia cognitivo-interpessoal para o tratamento dos sujeitos com um TPE (Alden, Mellings e Ryder, 2004). Os objetivos dessa intervenção são estimular os pacientes a examinar de forma objetiva seu comportamento social, a identificar crenças inadequadas ou antiquadas sobre si mesmos e sobre as reações dos outros que perpetuam padrões comportamentais ineficazes, a experimentar novas estratégias comportamentais nas interações sociais e a observar como as mudanças de seu comportamento geram diferentes conseqüências sociais. Esse processo com freqüência conduz a discussões sobre as crenças mais profundas acerca de si mesmos e seus padrões interpessoais, algo benéfico para identificar e discutir. Alden *et al.* (2004) utilizam as seguintes estratégias específicas para atingir esses objetivos:

a. *O auto-registro.* É utilizado para que o paciente observe as situações sociais sob uma perspectiva objetiva e para que leve a cabo uma análise racional do que ocorreu. Para isso, registram suas interações sociais e descrevem os acontecimentos com detalhes suficientes, para que o terapeuta e o paciente possam analisar a situação durante a sessão.

b. *Modificação cognitiva: estratégias de primeiro nível.* Ao revisar o auto-registro do paciente, o terapeuta pode realizar alguns passos preliminares para modificar as crenças e os processos cognitivos inadequados. O objetivo dessas estratégias das fases iniciais é colocar as bases probatórias para um trabalho cognitivo posterior e mais profundo. Portanto, essas estratégias deveriam centrar-se em situações específicas, em vez de em padrões globais.

c. *Ativação comportamental.* Desde o começo do tratamento, o terapeuta deveria estimular os pacientes com um TPE a aumentar suas atividades. Se o transtorno do sujeito é de moderado a grave, o paciente pode começar com atividades físicas e interesses que requeiram pouco contato social. O objetivo das estratégias de ativação comportamental é tirar os sujeitos de suas rotinas e reduzir seus temores nas situações e atividades não familiares.

d. *Exposição aos comportamentos e situações provocadoras de medo.* A exposição às situações temidas é um elemento essencial no tratamento da evitação e da ansiedade sociais. Assim que for possível, deve-se estimular os pacientes a se exporem às situações sociais que temem e a realizar os tipos de comportamentos que os deixam ansiosos (p. ex., iniciar interações, expressar opiniões pessoais etc.). Ajuda-se na exposição com elementos do processamento da informação (p. ex., expectativas negativas) e, nos casos mais graves de evitação, com estratégias de ensaio e de ativação comportamentais (antes de se expor às situações temidas).

e. *Ensaio de comportamento.* O ensaio de comportamento é utilizado para apoiar a confiança em si mesmo e aumentar, por conseguinte, a probabilidade de se envolver na situação e experimentar um resultado positivo.

f. *Modificação cognitiva: estratégias de segundo nível.* Conforme a terapia progride, o terapeuta passa às estratégias das fases intermediárias centradas em padrões cognitivos mais gerais, como os desvios perceptivos negativos e o raciocínio com base nas emoções, que costumam caracterizar os pacientes com um TPE.

g. *Modificação cognitiva: estratégias de terceiro nível.* Nas últimas etapas do tratamento de um paciente com um TPE, é provável que surjam temas mais profundos relativos ao senso de si mesmo e ao padrão de suas relações com os outros. O auto-registro, a exposição comportamental e as estratégias de reestruturação cognitiva conduzirão os pacientes a contemplar de que maneira vêem a si mesmos e como desenvolveram os temores que os mantêm isolados. Nesse terceiro nível, o terapeuta aborda as crenças nucleares da pessoa sobre si mesma e sobre os outros.

O programa proposto por Alden *et al.* (2004) parece um tratamento promissor para o TPE, e versões anteriores desse programa produziram resultados positivos a esse respeito (p. ex., Alden, 1989). Na tabela 18.10 pode ser vista uma lista dos principais tratamentos cognitivo-comportamentais utilizados com o TPE.

Tratamento farmacológico: A terapia farmacológica não é considerada uma forma principal de tratamento do TPE (Sutherland e Frances, 1995). Quando foi utilizado, foi para controlar a ansiedade e a depressão associadas ao TPE. Com alguns pacientes foram empregados betabloqueadores, como o atenolol, para controlar a hiperatividade do sistema nervoso autônomo.

Tabela 18.10. Resumo dos procedimentos cognitivo-comportamentais utilizados para o tratamento do transtorno da personalidade esquiva

---

Tratamento similar ao da fobia social generalizada

- Treinamento em relaxamento (com ou sem DS)
- Treinamento em habilidades sociais
- Terapia cognitiva
- Técnicas de exposição
- Terapia cognitivo-interpessoal, de Alden
  - Auto-registro
  - Modificação cognitiva (3 níveis)
  - Ativação comportamental
  - Exposição às condutas e situações que teme
  - Ensaio de comportamento

II.5.2. O transtorno da personalidade dependente (TPD)

Esse transtorno caracteriza-se por uma necessidade excessiva e geral de ser cuidado, o que conduz a um comportamento pegajoso e submisso, e a medos de separação. Os sujeitos com um TPD são incapazes de tomar decisões cotidianas sem uma quantidade exagerada de conselhos dos outros, precisam que os outros assumam a responsabilidade nas áreas mais importantes de suas vidas, lhes é difícil expressar desacordo diante de outras pessoas por medo de perder seu apoio ou aprovação, não são capazes de iniciar projetos ou fazer coisas por iniciativa própria e se esforçam em excesso para obter cuidado e apoio dos outros. Além disso, os pacientes com um TPD se sentem incômodos ou indefesos quando estão sozinhos, pois sentem-se incapazes de cuidar de si mesmos; buscam urgentemente outra relação como fonte de apoio quando termina um relacionamento íntimo e preocupam-se de forma pouco realista com o medo de ser abandonados e de ter de cuidar de si mesmos (APA, 2000). Os sujeitos com um TPD evitam postos de responsabilidade, não gostam da liderança e preferem ser submissos. Seu comportamento é caracterizado por pessimismo, dúvidas acerca de si mesmo, passividade e medos de expressar sentimentos agressivos. Suas necessidades são as dos outros, é feliz se os outros são felizes, entrega-se ao cuidado dos outros e isso é o que dá sentido à sua vida.

Os transtornos do Eixo I mais freqüentemente associados ao TPD são a depressão, o abuso de álcool, a dependência da nicotina, o transtorno por pânico e a fobia social. A prevalência desse transtorno situa-se em 1,5%, sendo mais freqüente em mulheres que em homens (embora alguns estudos tenham encontrado taxas de prevalência similares em homens e em mulheres; APA, 2000). Com relação à etiologia, levantou-se a hipótese de um excesso de proteção dos pais, assim como da aceitação de um "papel sexual feminino".

Questões terapêuticas

O principal objetivo da terapia para sujeitos com um TPD é ajudá-los a aprender a ser gradualmente mais independentes das pessoas de seu ambiente (incluindo o terapeuta), aumentar a confiança em si mesmo e a sensação de auto-eficácia (Freeman *et al.*, 1990). Esses pacientes precisam de algumas diretrizes ativas e sugestões práticas do terapeuta para que se envolvam na terapia. Porém, quando o paciente pergunta ao terapeuta o que deve fazer, é melhor que este utilize a descoberta dirigida, a fim de ajudar o paciente a encontrar suas próprias soluções. Se for preciso, ensina-se o processo de solução de problemas. Além disso, pode-se construir uma hierarquia com atuações que impliquem uma maior independência a cada vez.

Quando os sujeitos têm problemas de habilidades sociais, o treinamento destas parece um objetivo claro da terapia. Os padrões desadaptativos nas relações sociais constituem uma parte importante do problema para os indivíduos com um TPD, fato pelo qual grande parte da terapia se passará lidando com as relações interpessoais e os pensamentos automáticos que estão por trás delas (a relação com o terapeuta poderia ser a situação inicial para a identificação desses pensamentos).

Para Wessler (2004), a estratégia geral de trabalho com os sujeitos dependentes é estimulá-los a ser menos passivos e mais ativos por si mesmos, e a procurar satisfazer a si mesmos, em vez de fazê-lo com os outros. A simples explicação desse objetivo é um bom começo. A seguir, pode-se assinalar cada caso de conduta e expressão passiva ou complacente. O paciente é estimulado a assumir riscos fora da sessão de terapia, defendendo seus direitos, oferecendo opiniões e tomando decisões. Algumas táticas da Terapia de valoração cognitiva podem ser úteis para levar a cabo essa estratégia:

1. O terapeuta não deve sentir pena do paciente, nem tomar atitudes que indiquem dó.
2. Não permitir que o paciente tente agradar ou satisfazer o terapeuta.
3. Não assumir a responsabilidade de estabelecer os problemas do paciente.
4. Incitar a ira. Na segurança da clínica, tenta-se provocar sentimentos negativos, especialmente a ira. Isso pode ser feito, por exemplo, defendendo a pessoa de quem o sujeito se queixa.
5. Pedir ao paciente que seja seu próprio terapeuta.
6. Supor que o paciente rotula erroneamente pelo menos parte de sua ira como "ansiedade".
7. Ajudar o paciente a colocar limites em suas relações interpessoais.
8. Utilizar o *feedback* para contra-controlar as manobras de dependência realizadas pelo paciente.

Por sua vez, Overholser e Fine (1994) apresentam um modelo de tratamento cognitivo-comportamental para esse transtorno dividido em quatro etapas:

1. *Direção ativa.* Durante essa etapa inicial, faz-se com que os pacientes muito dependentes se envolvam no processo terapêutico, ensinam-se a eles habilidades comportamentais para ajudá-los a realizar mudanças pequenas, mas imediatas, estimulam-se os pacientes a se comprometer a fazer modificações de seu comportamento em longo prazo. Essa primeira fase inclui técnicas como o treinamento assertivo, as tarefas comportamentais para casa e o controle do estímulo.
2. *Aumento da auto-estima.* Os sujeitos com um TPD freqüentemente manifestam déficits em auto-estima e uma confiança em si mesmos inadequada. A fase 2 do tratamento centra-se no emprego de métodos cognitivos para melhorar a auto-estima. Esses procedimentos cognitivos referem-se principalmente à exploração psicossocial, à reestruturação cognitiva e a autoverbalizações de enfrentamento.
3. *Incentivo da autonomia.* A fase 3 representa uma mudança no estilo terapêutico e nos objetivos clínicos desejados. Nessa fase, o terapeuta se torna menos diretivo e incentiva a autonomia do paciente. Para conseguir isso, são utilizadas técnicas como o treinamento em solução de problemas, o método socrático e estratégias de autocontrole.
4. *Prevenção de recaídas.* Dado que os problemas de dependência estiveram presentes durante muito tempo no paciente, provavelmente voltarão. A prevenção de recaídas é, portanto, essencial para uma intervenção bem-sucedida nos transtornos da personalidade. Procedimentos utilizados nessa quarta fase incluem a identificação de situações de alto risco, a prática de respostas variadas de enfrentamento e a exposição a estímulos que possam provocar o comportamento problema.

Na tabela 18.11 pode ser vista uma lista dos principais tratamentos cognitivo-comportamentais utilizados com o TPD.

Tratamento farmacológico: A terapia farmacológica foi empregada para tratar sintomas como a ansiedade e a depressão, associados ao TPD. A imipramina foi utilizada com pacientes com ataques de pânico ou com elevados níveis de ansiedade de separação.

Tabela 18.11. Resumo dos procedimentos cognitivo-comportamentais utilizados para o tratamento do transtorno da personalidade dependente

---

O objetivo principal é que aprendam a ser mais independentes

- Aumentar a confiança em si mesmo e a sensação de auto-eficácia
- Solução de problemas
- Treinamento em habilidades sociais
- Terapia de valoração cognitiva, de Wessler
- Tratamento cognitivo comportamental, de Overholser e Fine
  - Direção ativa
  - Aumento da auto-estima
  - Incentivo da autonomia
  - Prevenção de recaídas

II.5.3. O transtorno da personalidade obsessivo-compulsiva (TPOC)

Esse transtorno caracteriza-se por um padrão generalizado de preocupação com ordem, pelo perfeccionismo e pelo controle mental e interpessoal, às custas da flexibilidade, da espontaneidade e da eficiência. Os sujeitos com um TPOC preocupam-se excessivamente com os detalhes, as normas, as listas, a ordem ou os horários, até o ponto de perder de vista o objetivo principal da atividade. Têm uma dedicação excessiva ao trabalho e à produtividade, podendo trabalhar durante muito tempo, desde que esse trabalho seja rotineiro e não requeira mudanças, às quais não podem adaptar-se; as atividades de lazer e as amizades ficam em segundo plano. São inflexíveis, escrupulosos e têm uma fixação excessiva em temas de moralidade, ética ou valores. São resistentes a delegar tarefas ou a trabalhar com outros, a menos que estes se submetam à sua forma de fazer as coisas. São avaros nos gastos para si mesmos e para os outros, e são incapazes de se desfazer de objetos gastos ou inúteis, mesmo que não tenham um valor sentimental (APA, 2000).

O TPOC é bastante freqüente hoje em dia na cultura ocidental (com uma prevalência que vai de 1 a 6%), sendo mais freqüente em homens que em mulheres (2 por 1). Com relação à co-morbidade, encontrou-se uma certa associação entre o transtorno obsessivo-compulsivo do Eixo I e o TPOC. Outros transtornos do Eixo I que têm certa co-morbidade com o TPOC são o transtorno por pânico com agorafobia, a fobia social e os transtornos do estado de humor. Sobre a etiologia, levantou-se a hipótese de um supercontrole dos pais e modelos de comportamento estrito nos pais.

Questões terapêuticas

Grande parte das características da personalidade obsessivo-compulsiva, quando não são levadas ao extremo, é adaptativa e reforçadora para os indivíduos em muitos aspectos do campo profissional em nossa sociedade ocidental. Por isso, salvo em casos de evidente ineficácia ou excessivo estresse no trabalho, será difícil a modificação dessas características quando na vida real são freqüentemente reforçadas.

Turkat (1990) acha esse transtorno da personalidade difícil de tratar. Beck e Freeman (1990) e Freeman *et al.* (1990) apresentam uma intervenção cognitiva para os sujeitos com um TPOC. Esses últimos autores assinalam que é importante começar a terapia esclarecendo os objetivos do paciente e procurando identificar metas de tratamento aceitáveis para paciente e terapeuta. Com freqüência, "aumentar a eficácia" pode ser um objetivo inicial promissor. O terapeuta deve considerar, também, o padrão rígido de vida do sujeito com um TPOC, visto que essa rigidez costuma causar problemas psicológicos significativos no indivíduo. Mas, apesar dessa rigidez, o paciente costuma carecer de estrutura. Seu pensamento e discurso são desorganizados, quando enfrenta tarefas múltiplas fica sufocado devido à sua falta de habilidade para dar prioridades, lidar com o tempo e solucionar problemas. A terapia cognitiva tem de ajudar o paciente a substituir sua rigidez por estrutura. Do mesmo modo, tem de ajudá-lo a eliminar seu medo de cometer erros, visto que isso o impede, muitas vezes, de abordar novas tarefas e situações e mudar comportamentos habituais desadaptativos por outros novos mais adaptativos.

Uma das primeiras técnicas a utilizar com o sujeito com um TPOC é a solução de problemas. Esse procedimento costuma ser atraente para esse tipo de indivíduo e, por meio dele, pode-se começar a trabalhar e modificar alguns comportamentos rígidos do paciente. Nas etapas iniciais do tratamento, deve-se abordar também o pensamento dicotômico do sujeito, visto que o perfeccionismo, a rigidez compulsiva, o desejo de ter o controle e muitas outras características problemáticas encontram-se aumentadas por seu pensamento dicotômico (Freeman *et al.,* 1990). Esses autores assinalam alguns procedimentos a utilizar com o TPOC:

1. Estabelecimento de um programa de trabalho, dando prioridade a alguns problemas e concentrando-se em um tema de cada vez.
2. Treinamento em relaxamento, para reduzir a tensão e a ansiedade de forma adaptativa.
3. Treinamento em solução de problemas, para estabelecer prioridades e escolher soluções.
4. Controlar os pensamentos obsessivos. Isso pode ser feito por meio da detenção do pensamento ou imaginando coisas agradáveis ou neutras. Às vezes pode ser útil estabelecer um momento específico e limitado do dia no qual o paciente pode dar voltas e voltas a seus pensamentos.
5. Programação de atividades. Esse procedimento pode ser útil quando a ineficácia e a demora em fazer o trabalho são causadas pelo fato de o paciente se sentir sufocado por não abordar as tarefas de forma sistemática.
6. Utilização da Folha de Registro de Pensamentos Disfuncionais, prestando atenção especialmente à coluna das emoções.

TRATAMENTO COGNITIVO-COMPORTAMENTAL DOS TRANSTORNOS DA PERSONALIDADE

7. Treinamento em auto-instruções, desenvolvendo um conjunto de verbalizações de enfrentamento como resposta aos pensamentos automáticos.
8. Identificação das suposições que estão por trás do TPOC e sua substituição por idéias mais racionais e adaptativas.
9. Procedimentos para aumentar a empatia do paciente, dada sua tendência a prestar pouca atenção às suas emoções e às emoções dos outros. Esse aumento de empatia o ajudará a resolver aspectos problemáticos de suas relações interpessoais.

Ao final da terapia planeja-se a prevenção das recaídas, incluindo sessões de apoio programadas de antemão, se o terapeuta considerar necessário.

Na tabela 18.12 pode ser vista uma lista dos principais tratamentos cognitivo-comportamentais utilizados com o TPOC.

Tratamento farmacológico: Foram utilizados inibidores da recaptação da serotonina como a fluoxetina, a sertralina etc. Algumas vezes foram utilizados antidepressivos tricíclicos como segunda escolha (Bernardo Arroyo *et al.,* 1998). Porém, ainda fica por demonstrar a utilidade dos fármacos para o tratamento do TPOC.

Tabela 18.12. Resumo dos procedimentos cognitivo-comportamentais utilizados para o tratamento do transtorno da personalidade obsessivo-compulsiva

---

Parte de suas características é adaptativa se não levada ao extremo

- Aumento da eficácia
- Manipulação do tempo e solução de problemas
- Modificação do pensamento dicotômico
- Treinamento em relaxamento
- Detenção do pensamento para o controle dos pensamentos obsessivos
- Programação de atividades
- Treinamento em auto-instruções
- Modificação das suposições subjacentes
- Aumento da empatia

III. TERAPIAS COGNITIVO-COMPORTAMENTAIS PARA O TRATAMENTO GERAL DOS TRANSTORNOS DA PERSONALIDADE

Até aqui vimos tratamentos cognitivo-comportamentais concretos e específicos para os diversos transtornos da personalidade. Porém, alguns desses tratamentos são expressões parciais de intervenções mais gerais desenvolvidas para abordar o amplo campo dos transtornos da personalidade. Ocorre assim com a terapia cognitiva de Beck, com a terapia centrada nos esquemas, de Young, com a terapia de valoração cognitiva de Wessler ou com a terapia cognitivo-interpessoal de Safran. Embora tenhamos visto aplicações

VICENTE E. CABALLO

dessas terapias a determinados transtornos da personalidade, a seguir exporemos uma visão geral de cada uma delas (veja Caballo, 2004a, para uma descrição mais detalhada da terapia cognitivo-comportamental para os diversos transtornos da personalidade).

III.1. *A terapia cognitiva de Beck*

A.T. Beck desenvolveu a Terapia Cognitiva, aplicando-a primeiro à depressão, depois aos transtornos de ansiedade e, posteriormente, a muitas outras áreas, incluídos os transtornos da personalidade. A teoria por trás da terapia cognitiva afirma que as cognições, as emoções e os comportamentos são interdependentes. O desvio atribucional é a fonte principal da emoção e comportamento disfuncionais nos adultos. A terapia age quando foram identificados e revisados os elementos cognitivos do processo. Em particular, as interpretações errôneas ou distorções cognitivas dos acontecimentos são corrigidas pelo trabalho conjunto de paciente e terapeuta durante uma relação de colaboração (Wessler, 1993).

As distorções cognitivas relacionam-se com os esquemas cognitivos: "O modelo de terapia cognitiva propõe a tese de que estruturas cognitivas significativas estão organizadas em categorias e hierarquicamente (...) Os esquemas proporcionam as instruções que guiam o objetivo, a direção e as qualidades da vida diária e das contingências especiais" (Beck e Freeman, 1990, p. 4). Um esquema é uma estrutura inferida e constitui o conceito chave na explicação de Beck sobre a personalidade e os transtornos da personalidade.

O modelo de Beck sobre a personalidade é um modelo de esquemas. Embora não tenha tentado desenvolver uma teoria sistemática da personalidade, Beck estipula que os esquemas são aprendidos durante a infância e depois se autoperpetuam, distorcendo as interpretações das experiências posteriores, acrescentando, por conseguinte, maior credibilidade ao esquema. Devido ao fato de os esquemas serem estruturas inferidas, é possível que uma pessoa não se dê conta de seus próprios esquemas nem de como operam no processamento da informação. Enquanto somente certos esquemas podem ser ativados nos transtornos do Eixo I (como um esquema cognitivo de perigo durante episódios de ansiedade), Beck supõe que os esquemas típicos dos transtornos da personalidade funcionam de uma forma mais contínua nesses transtornos.

Ao falar dos transtornos da personalidade, Beck e Freeman (1990) e Beck, Freeman, Davis e colaboradores (2004) incluem a conduta interpessoal, a emoção e as percepções de si mesmo e dos outros junto com as cognições, as crenças e os esquemas, conceitos típicos dos primeiros trabalhos de Beck e seus colaboradores. O enfoque de Beck para o tratamento dos transtornos da personalidade é multidimensional, mas com a atenção posta principalmente na cognição.

Enquanto cada pessoa, supostamente, tem seus próprios esquemas, Beck e Freeman identificam o conteúdo de certos esquemas para cada um dos transtornos da personalidade incluídos no DSM-IV-TR, exceto para o transtorno *borderline* (devido ao fato de que o conteúdo do transtorno *borderline* é menos específico que o dos outros transtornos). Sugerem que essas listas são úteis para fazer um diagnóstico de transtorno da personalidade, isto é, os critérios presentes no DSM-IV-TR podem ser suplementados por suas listas de esquemas para cada transtorno. A seguir, veremos uma amostra do conteúdo do esquema para cada um dos transtornos da personalidade.

Paranóide: "Tenho de estar em guarda a todo momento".

Esquizóide e Esquizotípico: "Os relacionamentos são uma confusão e interferem com a liberdade".

Anti-social: "Vivemos na selva e o forte é quem sobrevive".

Histriônico: "Deveria ser o centro das atenções".

Narcisista: "Visto que sou superior, tenho direito a um tratamento especial e a privilégios".

Esquivo: "Sou socialmente inepto ou socialmente indesejável nas situações profissionais ou sociais".

Dependente: "Sou fraco e necessitado".

Obsessivo-compulsivo: "As falhas, defeitos ou erros são intoleráveis".

A terapia para os transtornos da personalidade age da forma típica da terapia cognitiva. Os esquemas são identificados e enfrentados dentro de uma relação de colaboração. Beck e seus discípulos recomendam que a relação seja mais profunda e acolhedora que a necessária para o tratamento de um transtorno do Eixo I. Em vez de prestar atenção principalmente aos sintomas e às cognições, o terapeuta se familiariza completamente com a vida total do paciente e assume o papel de tutor, educando-o nas relações interpessoais e em outros assuntos.

Além das técnicas cognitivas, a terapia cognitiva dos transtornos da personalidade emprega a representação de papéis, a imaginação e reviver as experiências infantis, com o fim de desenvolver uma visão mais positiva de si mesmo e dos pais. Aconselha-se aos terapeutas que vigiem suas próprias reações emocionais, a fim de detectar informações importantes sobre o paciente e diminuir os sentimentos negativos sobre si mesmo.

Pretzer e Fleming (1989) propuseram várias diretrizes para a terapia cognitiva dos transtornos da personalidade. Essas diretrizes sugerem hipóteses de pesquisa para futuros estudos:

1. As intervenções são mais eficazes quando baseadas em uma conceituação individualizada dos problemas do paciente.

2. É importante que o terapeuta e o paciente trabalhem em colaboração para atingir objetivos compartilhados e claramente identificados.

3. É importante prestar mais atenção que o normal à interação paciente-terapeuta.

4. Considerar especialmente as intervenções que não requeiram uma ampla auto-exposição do paciente.

5. As intervenções que aumentam a sensação de auto-eficácia do paciente freqüentemente reduzem a intensidade de sua sintomatologia e facilitam outras intervenções.

6. O terapeuta não deveria confiar principalmente nas intervenções verbais.

7. O terapeuta deveria procurar identificar e abordar os temores do paciente antes de conduzir as mudanças.

8. O terapeuta deveria antecipar os problemas com a adesão ao tratamento.

9. O terapeuta não deveria supor que o paciente se desenvolve em um ambiente razoável ou funcional.
10. O terapeuta tem de prestar atenção a suas próprias reações emocionais durante o transcurso da terapia.
11. O terapeuta deveria ser realista com relação à duração da terapia, os objetivos dela e os critérios para a auto-avaliação.

Com relação à última diretriz, o tratamento dos transtornos da personalidade leva muito mais tempo que o tratamento relativamente breve da depressão e da ansiedade. Um tempo não inferior ao requerido pela modificação das estruturas cognitivas subjacentes, coisa que não pode ser conseguida em um curto período de tempo. Os pacientes normalmente querem resultados rápidos, mas os terapeutas também podem tornar-se impacientes, tanto com o processo terapêutico quanto com o paciente, que poderia ser qualificado como "resistente". Não obstante, ao lidar com os transtornos da personalidade, é conveniente recordar que a "resistência" se deve a características de personalidade, aspectos que constituem a verdadeira razão de o paciente se encontrar em tratamento (Wessler, 1993).

III.2. *A terapia cognitiva centrada nos esquemas, de Young*

Young (1994; Young *et al.*, 2003) propôs a "terapia cognitiva centrada nos esquemas" como estratégia de tratamento para os transtornos da personalidade em geral. Essa terapia é uma adaptação da terapia cognitiva de Beck (Beck *et al.*, 1979) e propõe quatro conceitos básicos, como os Esquemas Precoces Desadaptativos (EPDs) e três processos que operam neles para mantê-los em seu lugar, como a manutenção dos esquemas, a evitação dos esquemas e a compensação dos esquemas. Veremos mais detidamente esses conceitos.

1. *Esquemas Precoces Desadaptativos (EPDs).* Referem-se a temas extremamente estáveis e duradouros que ocorrem durante a infância e continuam sendo elaborados ao longo de toda a vida do indivíduo. Esses esquemas servem como "bases" para o processamento da experiência posterior. Algumas características básicas dos EPDs são:
   a) A maior parte dos EPDs é de crenças incondicionais sobre si mesmo em relação ao ambiente. Os esquemas são, *a priori*, verdades.
   b) Os EPDs se autoperpetuam e, por conseguinte, são muito resistentes à mudança. Devido ao fato de que esses esquemas se desenvolvem cedo na infância, freqüentemente formam o núcleo do autoconceito de um indivíduo e de seu conceito do ambiente. Esses esquemas são cômodos e familiares, e quando são questionados, o indivíduo distorce a informação para manter a validade do esquema.
   c) Os EPDs, por definição, têm de ser disfuncionais de alguma forma recorrente e significativa.
   d) Os EPDs são normalmente ativados por acontecimentos do ambiente que sejam relevantes ao esquema em particular.

TRATAMENTO COGNITIVO-COMPORTAMENTAL DOS TRANSTORNOS DA PERSONALIDADE **523**

e) Os EPDs estão associados a elevados níveis de afeto.

f) Os EPDs parecem ser o resultado de experiências disfuncionais com os pais, irmãos e iguais durante os primeiros anos de vida de um indivíduo. Em vez de provir de acontecimentos traumáticos isolados, a maioria dos esquemas é provavelmente causada por pautas contínuas de experiências cotidianas negativas com os membros da família e os iguais, o que faz com que se fortaleçam os esquemas de maneira acumulativa.

2. A *manutenção dos esquemas* refere-se aos processos pelos quais os EPDs são reforçados. Esses processos são apoiados cognitiva e comportamentalmente; incluem a utilização habitual de distorções cognitivas e de condutas autoderrotistas. Em nível cognitivo, a manutenção dos esquemas normalmente é realizada "ressaltando ou exagerando a informação que confirma os esquemas e negando, minimizando ou descartando a informação que contradiz esses esquemas" (Young, 1994, p. 15). Em nível comportamental, a manutenção dos esquemas é conseguida por meio de padrões de conduta autoderrotistas. Esses "padrões de conduta dirigidos pelos esquemas" podem ter sido adaptativos e funcionais no ambiente familiar da criança. Em épocas posteriores da vida, fora do ambiente familiar original, essas condutas são freqüentemente autoderrotistas e desadaptativas e, em última instância, servem para reforçar os esquemas do paciente.

3. A *evitação de esquemas* é característica dos transtornos da personalidade. Quando um determinado EPD é desencadeado, o paciente com um transtorno da personalidade costuma experimentar um alto nível de afeto, como tristeza, ansiedade ou ira intensas. Essas emoções e sua intensidade são freqüentemente desagradáveis, e por isso o indivíduo desenvolve processos conscientes ou automáticos para evitar o desencadeamento do esquema ou a experiência do afeto conectada ao esquema. Esses processos podem ser explicados mediante condicionamento aversivo. Foram observados vários tipos de evitação dos esquemas. Um deles é a *evitação cognitiva.* Esse processo refere-se às "tentativas automáticas ou voluntárias para bloquear os pensamentos ou as imagens que poderiam desencadear o esquema" (Young, 1994, p. 16). Outro processo de evitação dos esquemas é conhecido como *evitação afetiva.* Esse processo reflete "tentativas automáticas ou voluntárias de bloquear os sentimentos desencadeados pelos esquemas" (Young, 1994, p. 16). Por exemplo, alguns pacientes com um TPB informam que cortam os pulsos para insensibilizar-se diante da dor insuportável desencadeada pelos esquemas precoces. O tipo final de evitação dos esquemas é a *evitação comportamental.* Esta refere-se à "tendência de muitos pacientes a evitar situações da vida real ou circunstâncias que poderiam desencadear esquemas dolorosos". Esse processo de falta de compromisso é, em si mesmo, autoderrotista e nunca questiona a validade do próprio esquema. Em resumo, esses três principais tipos de evitação de esquemas – cognitivo, afetivo e comportamental – permitem aos pacientes escapar da dor associada a seus EPDs. Porém, o preço

dessa evitação é: (a) os esquemas podem nunca vir à luz nem ser questionados, e (b) evitam-se experiências da vida que poderiam questionar a validade desses esquemas

4. *Compensação dos esquemas.* A compensação dos esquemas refere-se aos processos que compensam em excesso os EPDs. Muitos pacientes podem adotar estilos cognitivos/comportamentais opostos ao que seria previsível quando o terapeuta chega a compreender ou ter conhecimento dos EPDs do paciente. A compensação dos esquemas é funcional em certa medida. Os impulsos antifóbicos podem ser vantajosos. Mas a compensação dos esquemas é realmente melhor entendida como apenas uma tentativa parcialmente satisfatória de questionar o esquema original, que quase sempre acarreta um fracasso em reconhecer a vulnerabilidade subjacente e, por conseguinte, não prepara o paciente para a forte dor emocional que se dá se a compensação do esquema fracassar e o esquema emergir. Além disso, é possível que os comportamentos regulados pelo esquema que compensam em excesso violem injustamente os direitos dos outros e produzam conseqüências negativas na vida real.

Na aplicação da terapia cognitiva centrada nos esquemas há duas partes básicas, como a conceituação do caso e a mudança dos esquemas. A seguir, faremos uma breve descrição de ambas:

1. *Conceituação do caso* (Identificação de esquemas). Young (1994) propõe oito passos para a identificação dos esquemas:
   - Identificar problemas e sintomas na sessão inicial. Conseguir uma anamnese específica.
   - Passar o Inventário multimodal da história de vida, de Lazarus (1971), e o Questionário de Esquemas, de Young (1994).
   - Educar o paciente acerca dos esquemas e falar sobre o Questionário de Esquemas.
   - Desencadear esquemas na sessão e fora dela por meio da imaginação, falar sobre acontecimentos perturbadores do passado e do presente, examinar a relação terapêutica, recomendar livros e filmes relevantes, repassar os sonhos e designar tarefas para casa.
   - Enfrentar a evitação e a compensação de esquemas.
   - Identificar comportamentos regulados por esquemas: manutenção, evitação e compensação de esquemas.
   - Integrar a informação anterior em um conceito coerente sobre o paciente. Vincular os problemas atuais, as experiências infantis (origens), as emoções e os padrões comportamentais da adolescência e da vida adulta, e a relação terapêutica com os EPDs. Obter *feedback* do paciente.
   - Distinguir entre esquemas primários, secundários e associados. Estabelecer como objetivo um esquema central para o processo de mudança.

2. *Mudança dos esquemas.* Young propõe quatro tipos de intervenção para modificar os esquemas:

Tratamento Cognitivo-comportamental dos Transtornos da Personalidade

- *Técnicas emotivas.* Esses procedimentos costumam ser utilizados no início do tratamento para "liberar" os esquemas e torná-los mais flexíveis à mudança. Costumam ser técnicas da gestalterapia. Uma delas consiste em "criar diálogos imaginários" com os pais do paciente. Outra é a "catarse emocional", onde conflitos passados não resolvidos são expressos, com especial referência à expressão das emoções associadas.
- *Técnicas interpessoais.* A "relação terapêutica" é especialmente útil para ir modificando os esquemas do paciente conforme forem manifestando-se. Outro procedimento é "proporcionar uma relação terapêutica que se contraponha aos EPDs", fazendo, às vezes, um papel de pai/mãe que satisfaça o esquema do sujeito. Pode-se empregar, também, "terapia de grupo" para esses pacientes.
- *Técnicas cognitivas.* Aqui seriam utilizados os seguintes procedimentos: a) Repassar as provas de apoio aos esquemas; b) Examinar de forma crítica as provas de apoio; c) Repassar as provas que contradizem os esquemas; d) Ilustrar de que maneira o paciente descarta as provas que o contradizem; e) Construir cartões onde os esquemas sejam contraditos; e f) Questionar os esquemas quando forem ativados, seja durante a sessão ou fora dela.
- *Técnicas comportamentais.* O último passo é mudar os comportamentos regulados pelos esquemas. Incentiva-se o paciente a mudar padrões de comportamento mantidos durante muito tempo, que tenham servido para reforçar os esquemas durante a maior parte da vida do sujeito. Do mesmo modo, quando for necessário, deve-se tentar provocar mudanças no ambiente do paciente.

Em resumo, Young (1994) propõe essa terapia cognitiva centrada nos esquemas para o tratamento dos transtornos da personalidade, que ajudará os pacientes a compreender e mudar os padrões, em longo prazo, de comportamentos, cognições e emoções por meio da identificação de esquemas precoces desadaptativos (EPDs) e seu questionamento sistemático.

III.3. *A terapia cognitivo-interpessoal, de Safran*

Que fatores sustentam o desenvolvimento e manutenção dos estilos rígidos (transtornos) de personalidade? Safram e McMain (1992) assinalam que os indivíduos desenvolvem modelos internos das suas interações com os outros sobre a base das interações com as pessoas de seu ambiente. Esses modelos internos (ou esquemas interpessoais) podem ser considerados representações genéricas das interações com os outros que permitem à criança em desenvolvimento manter a proximidade com as figuras de apego, e modelam a compreensão do indivíduo acerca das contingências para manter a proximidade nas relações posteriores. Embora esses esquemas interpessoais tenham um papel adaptativo em um contexto evolutivo, as experiências evolutivas desadaptativas podem levar ao desenvolvimento de esquemas interpessoais disfuncionais em um contexto posterior.

Os pacientes com um transtorno da personalidade caracterizam-se por um padrão rígido, restrito e extremo de conduta interpessoal. E qualquer conduta interpessoal provoca uma resposta interpessoal complementar nos outros. Isso acontecerá com as pessoas em geral e com o terapeuta em particular, confirmando os esquemas disfuncionais interpessoais. O terapeuta deverá sair desse ciclo cognitivo-interpessoal a fim de proporcionar meios para desconfirmar os esquemas disfuncionais interpessoais.

É muito importante que o terapeuta realize uma avaliação adequada dos processos cognitivos centrais do paciente ou dos processos cognitivos relativos ao senso básico de si mesmo do paciente em relação aos outros. Esses processos são sutis e não são facilmente identificados no começo da terapia. O terapeuta tem de começar a identificar de forma explícita as respostas e emoções características que o paciente provoca nele. Depois tem de identificar as comunicações e comportamentos específicos do paciente que provoca aquelas respostas. Essas comunicações costumam ser sutis, p. ex., comportamentos não-verbais, paralingüísticos, que podem ser difíceis de identificar se o terapeuta não utilizar suas próprias emoções para gerar hipóteses.

A emoção proporciona uma conexão funcional entre o indivíduo e o ambiente. Funciona para proporcionar ao indivíduo informações sobre o significado dos acontecimentos como organismo biológico e para motivar o comportamento potencialmente adaptativo. Desde o momento do nascimento, a criança começa a acumular lembranças de acontecimentos específicos, de respostas motoras específicas que foram provocadas por esses acontecimentos e da ativação autônoma associada. Quando o indivíduo se encontra com um novo acontecimento que se encaixa à configuração crítica de uma lembrança emocional já existente, a recordação é ativada e se tem acesso à informação relevante, incluindo imagens de acontecimentos passados, conduta expressiva motora relevante e ativação autônoma. Essa informação, por sua vez, está sujeita a um processamento posterior, com o fim de dar sentido à experiência. A experiência emocional é, assim, uma atividade complexa de processamento da informação, onde a informação proveniente de dentro e de fora do organismo se mistura, a fim de proporcionar ao indivíduo um informe contínuo de sua prontidão como sistema global para agir de uma determinada maneira.

A terapia cognitivo-interpessoal afirma que um processo patogênico especialmente importante implica uma distorção no processamento da informação emocional como resultado dos esquemas interpessoais restritos e rígidos. Assim, por exemplo, um sujeito que aprende que as tentativas de uma maior intimidade acabam em rejeição talvez não aprenda nunca a sintetizar totalmente a informação emocional associada a esse comportamento, tais como as emoções ternas e acolhedoras ou as sensações sexuais. Um problema clínico que pode resultar desse fracasso em sintetizar adequadamente a experiência emocional é que os indivíduos continuem comunicando sua experiência emocional de uma forma não-verbal, apesar da falta de experiência subjetiva da emoção. Isso, por sua vez, pode provocar respostas nos outros que são incômodas e inesperadas para o indivíduo. Um objetivo básico da terapia cognitivo-interpessoal é facilitar a síntese da experiência emocional interrompida e questionar os esquemas disfuncionais interpessoais que bloqueiam sua síntese (Safram e McMain, 1992).

III.4. A terapia de valoração cognitiva, de Wessler

Embora a terapia de valoração cognitiva (TVC) de Wessler tenha certas características em comum com outras formas de terapia cognitiva, a TVC propõe um novo enfoque da motivação e afirma que a conduta é dirigida pelas emoções, em vez de pelos esquemas (Wessler, 1993, 1997, 2004; Wessler e Hankin-Wessler, 1996). Os transtornos da personalidade são considerados dimensões, em vez de categorias, e a avaliação baseia-se no Inventário Clínico Multiaxial de Millon-II e em um questionário sobre a história de vida para acrescentar dados suplementares às entrevistas clínicas.

Os aspectos cognitivos da personalidade são catalogados como "regras pessoais da vida". Algumas regras são afirmações descritivas que uma pessoa julga serem certas sobre a realidade, como a idéia de que se formos amáveis com os outros eles nos tratarão amavelmente. Outras regras baseiam-se em princípios morais e em valores sociais, como a idéia de que devemos tratar amavelmente os outros porque é moralmente correto. Muitas regras são algoritmos não-conscientes, isto é, vias armazenadas para o processamento da informação social que uma pessoa emprega automaticamente, sem perceber como essas regras operam. Não se supõe que essas regras estejam ordenadas como esquemas, e até mesmo existe certa evidência de que não estão ordenadas hierarquicamente (Lewicki, Hill e Czyzewska, 1992). As regras morais se encontram implicadas como mediadores cognitivos nos processos emocionais, e dessa forma funcionam de modo similar aos pensamentos automáticos.

Além disso, supõe-se que a emoção influi sobre a cognição, uma idéia que faz parte do modelo de Beck, mas que ele não elaborou. Quando uma pessoa mantém uma crença sobre a realidade que sabe que não é verdade, tal construção é denominada uma "cognição justificadora", isto é, a crença proporciona justificativa para o sentimento da pessoa. Por exemplo, uma estudante alegava que era burra, embora soubesse que tirava sempre notas excelentes, mantendo, assim, os sentimentos familiares de vergonha e de ansiedade. Nesse exemplo, a emoção "capturou" uma cognição. Em outros exemplos, as pessoas aparentemente têm certos pensamentos com o fim de produzir certos sentimentos, embora esse processo seja executado sem que se perceba. Por exemplo, um paciente prediz deliberadamente que teria umas férias desgraçadas com o fim de poder sentir autocompaixão, um estado sentimental familiar para ele.

Do mesmo modo, uma pessoa pode levar a cabo certas atividades que produzem determinados estados emocionais. Como foi levantada a hipótese de que esses estados proporcionam uma sensação de segurança emocional, esses comportamentos são denominados "manobras de busca de segurança". Algumas são totalmente comportamentais, como tentar realizar uma tarefa para a qual a pessoa é claramente competente fracassando e sentindo-se, a seguir, envergonhada e deprimida. Outras são interpessoais, como quando uma pessoa realiza ações que "disparam" respostas previsíveis dos outros. Por exemplo, uma pessoa poderia agir de forma torpe com outras pessoas e depois sentir-se humilhada quando rissem dele. Esse processo interpessoal pode ser complementado por percepções e interpretações seletivas, como concluir que as expressões dos rostos de desconhecidos significam que estão tendo pensamentos de deboche, quando não agiu de maneira torpe.

Os estados emocionais associados às cognições justificadoras e às manobras de busca de segurança são denominados "emoções personotípicas". São sentimentos que a pessoa está acostumada a experimentar, e quando os experimenta, ajudam a confirmar a percepção que têm de si mesma. Por exemplo, um homem de negócios bem-sucedido, que em sua infância foi humilhado constantemente por seus pais, humilhava a si mesmo na idade adulta por considerar-se uma fraude, e por considerar que seu sucesso era devido à sorte. Na TVA supõe-se que uma pessoa se encontra motivada a buscar experiências emocionais personotípicas com o fim de manter um estado emocional constante. Quando os estados emocionais desviam-se notoriamente de um "ponto fixo", automaticamente são ativados os processos não-conscientes que devolvem o sistema emocional a seu ponto fixo.

Desse modo, o progresso da terapia pode ser impedido pela necessidade de reexperimentar determinados sentimentos que confirmem a percepção de si mesmo. A resistência não é simplesmente uma questão de cognições (Beck) ou de esquemas (Young) firmemente entrincheirados difíceis de deslocar, nem tampouco uma questão de ser especialista em incitar certas respostas interpessoais nos outros (Safran). A resistência, do nosso ponto de vista, deve-se a uma necessidade de se sentir seguro por meio da vivência de determinadas emoções. Essa resistência pode ser vencida informando aos pacientes sobre sua necessidade de conservar padrões familiares e planejando trabalhar contra esses padrões.

Presta-se especial atenção a duas emoções: vergonha e autocompaixão. A vergonha está associada à inadequação ou defeitos pessoais. A autocompaixão ocorre quando as pessoas pensam nelas mesmas como vítimas/feridas ou privadas por faltas que não cometeram e incapazes de reagir contra as pessoas ou contra as condições que as feriram ou infligiram privações. Às vezes, a autocompaixão mitiga a vergonha, no sentido de que a vergonha se transfere do si mesmo para fatores externos sobre os quais a pessoa não tem controle. Tanto a vergonha quanto a autocompaixão podem ser empregadas para justificar tentativas auto-indulgentes de apaziguar e confortar os próprios sentimentos, como comer em excesso, dormir em excesso, ou exercício ou compras compulsivos, e outros comportamentos de vício.

Para trabalhar contra as sensações de vergonha e autocompaixão, os pacientes são informados sobre sua natureza e exige-se que assumam as responsabilidades por suas decisões e ações. As percepções de si mesmo como vítima passiva dos maus-tratos dos outros são redefinidas e são elaborados planos para agir. Os pacientes são incentivados a agir em seu próprio nome e de um modo que satisfaça suas regras pessoais de vida conscientemente mantidas. Ao dar importância a agir em seu próprio nome, aborda-se a natureza passiva de certos transtornos da personalidade, e ao dar importância à confiança ética em si mesmo, desestimula-se a natureza exploradora de determinados transtornos da personalidade. Finalmente, ajudam-se os pacientes a encontrar formas de fazer as pazes consigo mesmos e que lhes permitam lidar com as emoções perturbadoras; os métodos incluem o emprego de verbalizações de auto-instruções, estimular a si mesmo e procedimentos de apaziguamento. Esses métodos parecem-se muito com as técnicas de terapia cognitiva descritas inicialmente por Aaram T. Beck, Albert Ellis e Donald Meichenbaum.

Por meio do tratamento, o terapeuta tenta criar uma relação terapêutica acolhedora, de aceitação e, freqüentemente, realiza auto-exposições apropriadas. Ao compartilhar informações sobre as experiências do terapeuta, tenta-se reduzir a vergonha dos pacientes de si mesmos, algo que é útil por direito próprio e que fortalece a relação de trabalho. Normalmente, o terapeuta finaliza a sessão escrevendo algumas notas para o paciente. As notas contêm um breve resumo das introspecções obtidas durante a sessão, idéias para apaziguar os sentimentos e sugestões de tarefas para casa.

IV. CONCLUSÕES E TENDÊNCIAS FUTURAS

Ao longo desse capítulo vimos alguns enfoques cognitivo-comportamentais para o tratamento dos transtornos da personalidade propostos pelo DSM-IV-TR (APA, 2000). Embora o movimento comportamental ou cognitivo-comportamental tenha esquecido durante muito tempo essa área clínica, ultimamente, parece ter um renovado interesse na pesquisa, avaliação e tratamento dos transtornos da personalidade. Poucos dos procedimentos de tratamento expostos nas páginas anteriores tiveram comprovação empírica sobre sua eficácia. De certa maneira, a característica básica de terapia breve e limitada no tempo típica das terapias comportamentais deverá ser adaptada um pouco quando tivermos de abordar esse campo especial dos transtornos da personalidade. Com eles a terapia já não será tão breve (foram propostas intervenções de 1 ano ou mais) e seus objetivos já não serão somente sintomas observáveis, mas estruturas mais enraizadas do indivíduo. Claro que a maioria das técnicas comportamentais e cognitivas utilizadas nessa área é de procedimentos padronizados típicos da terapia comportamental. Os próximos anos deverão proporcionar-nos uma confirmação empírica sobre a utilidade e eficácia dos tratamentos cognitivo-comportamentais para os transtornos da personalidade e verificar se determinadas combinações de técnicas cognitivas e comportamentais que possuímos hoje em dia são suficientes, ou se, pelo contrário, são necessários novos procedimentos para a intervenção com os transtornos da personalidade. Embora façam falta, ainda, muita pesquisa e estudos empíricos, contamos com a motivação de ser uma fascinante área do comportamento humano.

REFERÊNCIAS BIBLIOGRÁFICAS

Alden, L. E. (1989). Short-term structured treatment for avoidant personality disorder. *Journal of Consulting and Clinical Psychology, 57,* 756-764.

Alden, L. E., Mellings, T. M. B. e Ryder, A. G. (2004). El tratamiento del trastorno de la personalidad por evitación: una perspectiva cognitivo-interpersonal. *In* V. E. Caballo (dir.), *Manual de trastornos de la personalidad: descripción, evaluación y tratamiento.* Madri: Síntesis.

American Psychiatric Association (2000). *Diagnostic and statistical manual of mental disorders, 4ª edição – Texto revisado* (DSM-IV-TR). Washington: APA.

Andreasen, N. C. e Black, D. W. (1995). *Introductory textbook of psychiatry,* 2ª edição. Washington: American Psychiatric Press.

Aramburú, B. (1996). La terapia dialéctica conductual para el trastorno límite de la personalidad. *Psicología Conductual, 4,* 123-139.

Beck, A. T. e Freeman, A. (1990). *Cognitive therapy of personality disorders.* Nova York: Guilford.

Beck, A. T., Freeman, A., Davis, D. D. e colaboradores (2004). *Cognitive therapy of personality disorders* (2ª edição). Nova York: Guilford.

Beck, A. T., Rush, A. J., Shaw, B. F. e Emery, G. (1979). *Cognitive therapy for depression.* Nova York: Guilford.

Bernardo Arroyo, M., Bennasar, M. R. e Hernández, A. B. (1998). Tratamientos biológicos. *In* M. Bernardo Arroyo e M. Roca Bennasar (dirs.), *Trastornos de la personalidad. Evaluación y tratamiento. Perspectiva psicobiológica.* Barcelona: Masson.

Bernstein, D. P. (1996). Trastornos paranoide, esquizoide y esquizotípico de la personalidad: El grupo extraño del DSM-IV. *In* V. E. Caballo, G. Buela-Casal e J. A. Carrobles (dirs.), *Manual de psicopatología y trastornos psiquiátricos,* vol. 2. Madri: Siglo XXI.

Caballo, V. E. (1996). Trastornos de la personalidad por dependencia, obsesivo-compulsivo y no especificados. *In* V. E. Caballo, G. Buela-Casal e J. A. Carrobles (dirs.), *Manual de psicopatología y trastornos psiquiátricos,* vol. 2. Madri: Siglo XXI.

Caballo, V. E. (2004a). *Manual de trastornos de la personalidad: descripción, evaluación y tratamiento.* Madri: Síntesis.

Caballo, V. E. (2004b). Conceptos actuales sobre los trastornos de la personalidad. *In* V. E. Caballo (dir.), *Manual de trastornos de la personalidad: descripción, evaluación y tratamiento.* Madri: Síntesis.

Caballo, V. E., Andres, V. e Bas, F. (2003). Fobia social. *In* V. E. Caballo (org.), *Manual para o tratamento cognitivo-comportamental dos transtornos psicológicos.* São Paulo: Santos.

Caballo, V. E., Bautista, R., López-Gollonet, C. e Prieto, A. (2004). El trastorno de la personalidad por evitación. *In* V. E. Caballo (dir.), *Manual de trastornos de la personalidad: descripción, evaluación y tratamiento.* Madri: Síntesis.

Cloninger, C. R. e Gottesman, I. I. (1987). Genetic and environmental factors in antisocial behavior disorders. *In* S. A. Mednick, T. E. Moffitt e S. A. Stack (dirs.), *The causes of crime: New biological approaches.* Cambridge: Cambridge University Press.

Costello, C. G. (dir.) (1996). *Personality characteristics of the personality disordered.* Nova York: Wiley.

Derksen, J. (1995). *Personality disorders: Clinical and social perspectives.* Chichester: Wiley.

Freeman, A., Pretzer, J., Fleming, B. e Simon, K. M. (1990). *Clinical aplications of cognitive therapy.* Nova York: Plenum.

García Palacios, A. (2004). El tratamiento del trastorno límite de la personalidad por medio de la

TRATAMENTO COGNITIVO-COMPORTAMENTAL DOS TRANSTORNOS DA PERSONALIDADE **531**

terapia dialéctica conductual. *In* V. E. Caballo (dir.), *Manual de trastornos de la personalidad: descripción, evaluación y tratamiento*. Madri: Síntesis.

Gunderson, J. G., Zanarini, M. C. e Kisiel, C. L. (1991). Borderline personality disorder: A review of data of DSM-III-R descriptions. *Journal of Personality Disorders, 5,* 340-352.

Horowitz, M. J. (1995). Histrionic personality disorder. *In* G. O. Gabbard (dir.), *Treatments of psychiatric disorders,* 2ª edição. Washington: American Psychiatric Press.

Kalus, O., Bernstein, D. P. y Siever, L. J. (1995). Schizoid personality disorder. *In* W. J. Livesley (dir.), *The DSM-IV personality disorders.* Nova York: Guilford.

Kaplan, H. I., Sadock, B. J. e Grebb, J. A. (1994). *Synopsis of psychiatry,* 7ª edição. Baltimore, MD: Williams and Wilkins.

Kety, S. S. (1976). Genetics aspects of schizophrenia. *Psychiatric Annals, 6,* 14-32.

Koldobsky, N. M. S. (2004). Terapia farmacológica para los trastornos de la personalidad. *In* V. E. Caballo (dir.), *Manual de trastornos de la personalidad: descripción, evaluación y tratamiento.* Madri: Síntesis.

Lazarus, A. A. (1971). *Behavior therapy and beyond.* Nova York: McGraw-Hill.

Lewicki, P., Hill, T. e Czyzewska, M. (1992). Nonconscious acquisition of information. *American Psychologist, 47,* 796-801.

Linehan, M. M. (1987). Dialectical behavior therapy: A cognitive behavioral approach to parasuicide. *Journal of Personality Disorders, 1,* 328-333.

Linehan, M. M. (1993a). *Cognitive behavioral treatment of borderline personality disorder.* Nova York: Guilford.

Linehan, M. M. (1993b). *Skills training manual for treating borderline personality disorder.* Nova York: Guilford.

Linehan, M. M., Armstrong, H. E., Suárez, A., Allmon, D. e Heard, H. L. (1991). Cognitive behavioral treatment of chronically suicidal borderline patients. *Archives of General Psychiatry, 48,* 1060-1064.

Linehan, M. M., Heard, H. L. e Armstrong, H. E. (1993). Naturalistic follow-up of a behavioral treatment for chronically suicidal borderline patients. *Archives of General Psychiatry, 50,* 971-974.

Marshall, W. L. e Fernández, Y. M. (2003). Enfoques cognitivo-comportamentais para as parafilias: o tratamento da delinqüencia sexual. *In* V. E. Caballo (org.), *Manual para o tratamento cognitivo-comportamental dos transtornos psicológicos.* São Paulo: Santos.

Meissner, W. W. (1995). Paranoid personality disorder. *In* G. O. Gabbard (dir.), *Treatments of psychiatric disorders,* 2ª edição. Washington: American Psychiatric Press.

Melloy, J. R. (1995). Antisocial personality disorder. *In* G. O. Gabbard (dir.), *Treatments of psychiatric disorders,* 2ª edição. Washington: American Psychiatric Press.

Millon, T. e Escovar, L. A. (1996a). La personalidad y los trastornos de personalidad: una perspectiva ecológica. *In* V. E. Caballo, G. Buela-Casal e J. A. Carrobles (dirs.), *Manual de psicopatología y trastornos psiquiátricos,* vol. 2. Madri: Siglo XXI.

Millon, T. e Escovar, L. A. (1996b). El trastorno de la personalidad por evitación. *In* V. E. Caballo, G. Buela-Casal e J. A. Carrobles (dirs.), *Manual de psicopatología y trastornos psiquiátricos,* vol. 2. Madri: Siglo XXI.

Millon, T. e Everly, G. S. (1985). *Personality and its disorders.* Nova York: Wiley.

Mischel, W. (1986). *Introduction to personality* (4ª edição). Nova York: Holt, Rinehart and Winston.

Oldham, J. M. e Morris, L. B. (1995). *New personality self-portrait.* Nova York: Bantam Books.

O.M.S. (Organização Mundial da Saúde) (1992). *The ICD-10 classification of mental and behavioral disorders.* Genebra: OMS, 1992.

Overholser, J. C. e Fine, M. A. (1994). Cognitive behavioral treatment of excessive interpersonal dependency: A four-stage psychotherapy model. *Journal of Cognitive Psychotherapy, 8,* 55-70.

Pfohl, B., Stangl, D. e Zimmerman, M. (1984). The implications of DSM-III personality disorders for patient with major depression. *Journal of Affective Disorders, 7,* 309-318.

Phares, E. J. (1988). *Introduction to personality* (2ª edição). Glenview, Il: Scott, Foresman and Co.

Piper, W. E. e Joyce, A. S. (2001). Psychosocial treatment outcome. *In* W. J. Livesley (dir.), *Handbook of personality disorders* (pp. 323-343). Nova York: Guilford.

Pretzer, J. e Fleming, B. (1989). Cognitive-behavioral treatment of personality disorders. *The Behavior Therapist, 12,* 105-109.

Reid, W. H. (1989). *The treatment of psychiatric disorders.* Nova York: Brunner/Mazel.

Rice, M., Harris, G. e Cormier, C. (1992). An evaluation of a maximum security therapeutic community for psychopaths and other mentally disordered offenders. *Law and Human Behavior, 16,* 399-412.

Safran, J. D. e McMain, S. (1992). A cognitive-interpersonal approach to the treatment of personality disorders. *Journal of Cognitive Psychotherapy, 6,* 59-68.

Scott, E. M. (1989). Hypnosis: Emotions from the tin man (the schizoid personality). *American Journal of Clinical Hypnosis, 32,* 204-208.

Siever, L. J., Bernstein, D. P. e Silverman, J. M. (1995). Schizotypal personality disorder. *In* W. J. Livesley (dir.), *The DSM-IV personality disorders.* Nova York: Guilford.

Sperry, L. (1999). *Cognitive behavior therapy of DSM-IV personality disorders.* Philadelphia, PA: Brunner/Mazel.

Stone, M. (1985). Schizotypal personality: Psychotherapeutic aspects. *Schizophrenia Bulletin, 11,* 576-589.

Sutherland, S. M. e Frances, A. (1995). Avoidant personality disorder. *In* G. O. Gabbard (dir.), *Treatments of psychiatric disorders, 2ª* edição. Washington: American Psychiatric Press.

Turkat, I. D. (1990). *The personality disorders: A psychological approach to clinical management.* NovaYork: Pergamon.

Turner, R. M. (1989). Case study evaluation of a bio-cognitive-behavioral approach for the treatment of borderline personality disorders. *Behavior Therapy, 20,* 477-489.

Turner, R. M. (1992). Borderline personality disorder. *In* A. Freeman e F. M. Dattilio (dirs.), *Comprehensive casebook of cognitive therapy.* Nova York: Plenum.

Turner, R. M. (1993). Dynamic-cognitive behavior therapy. *In* T. Giles (dir.), *Handbook of effective psychotherapy.* Nova York: Plenum.

Turner, R. M. (1994). Borderline, narcissistic and histrionic personality disorders. *In* M. Hersen e R. T. Ammerman (dirs.), *Handbook of prescriptive treatments for adults.* Nova York: Plenum.

Turner, R. M. (1996). El grupo dramático/impulsivo del DSM-IV: los trastornos límite, narcisista e histriónico de la personalidad. *In* V. E. Caballo, G. Buela-Casal e J. A. Carrobles (dirs.), *Manual de psicopatología y trastornos psiquiátricos,* vol. 2. Madri: Siglo XXI.

Tutek, A. A. e Linehan, M. M. (1993). Comparative treatments for borderline persoality disorder. *In* T. R. Giles (dir.), *Handbook of effective psychotherapy.* Nova York: Plenum.

Valenzuela, J. e Caballo, V. E. (2004). La terapia de esquemas, de Young. *In* V. E. Caballo (dir.), *Manual de trastornos de la personalidad: descripción, evaluación y tratamiento.* Madri: Síntesis.

Wessler, R. L. (1993). Enfoques cognitivos para los trastornos de personalidad. *Psicología Conductual, 1,* 35-50.

Wessler, R. L. (1997). El estado de la cuestión en la terapia de valoración cognitiva. *In* I. Caro (dir.), *Manual de psicoterapias cognitivas.* Barcelona: Paidós.

Wessler, R. L. (2004). El tratamiento de diferentes trastornos de la personalidad por medio de la terapia de valoración cognitiva. *In* V. E. Caballo (dir.), *Manual de trastornos de la personalidad: descripción, evaluación y tratamiento.* Madri: Síntesis.

Wessler, R. L. e Hankin-Wessler, S. (1996). A terapia de avaliação cognitiva. *In* V. E. Caballo (org.), *Manual de técnicas de terapia e modificação do comportamento.* São Paulo: Santos.

Widiger, T. A. e Trull, T. J. (1993). Borderline and narcissistic personality disorders. *In* P. B. Sutker e H. E. Adams (dirs.), *Comprehensive handbook of psychopathology,* 2ª edição. Nova York: Plenum.

Wolff, S. e Chick, J. (1980). Schizotypal personality in childhood: a controled follow-up study. *Psychological Medicine, 10,* 85-100.

Young, J. E. (1994). *Cognitive therapy for personality disorders: A schema-focused approach.* Sarasota, FL: Professional Resource Press.

Young, J. E., Klosko, J. S. e Weishaar, M. E. (2003). *Schema therapy: a practitioner's guide.* Nova York: Guilford.

LEITURAS PARA APROFUNDAMENTO

Beck, A. T., Freeman, A., Davis, D. D. e associados (2004). *Cognitive therapy of personality disorders* (2ª ed.). Nova York: Guilford.

Caballo, V. E. (org.) (2001). Trastornos de la personalidad. *Psicología Conductual, 9,* nº 3 (monográfico).

Caballo, V. E. (org.) (2004). *Manual de trastornos de la personalidad: descripción, evaluación y tratamiento.* Madri: Síntesis.

Millon. T. e Davis, R. (2000). *Personality disorders in modern life.* Nova York: Wiley.

Oldham, J. M. e Morris, L. B. (1995). *New personality self-portrait.* Nova York: Bantam.

PROBLEMAS DE COMUNICAÇÃO INTERPESSOAL

TRATAMENTO COGNITIVO-COMPORTAMENTAL DOS PROBLEMAS CONJUGAIS

ILEANA ARIAS e AMY S. HOUSE[1]

I. INTRODUÇÃO

Os problemas conjugais são os que mais freqüentemente se apresentam nos organismos de saúde mental (Veroff, Kulka e Douvan, 1981). Cerca de 42% dos indivíduos que recorrem aos serviços psicoterapêuticos têm nos problemas conjugais o principal objetivo de tratamento (Gurin, Veroff e Feld, 1960). Os problemas conjugais foram associados a estados físicos e psicológicos negativos (Beach e Nelson, 1990; Markman, Duncan, Storaasli e Howes, 1987). Igualmente, a separação conjugal e o divórcio parecem ter um impacto destrutivo sobre a saúde física e psicológica dos adultos (Bloom, Asher e White, 1978; Holmes e Rahe, 1967; Somers, 1979) e das crianças (Emery, 1988; Hetherington, Cox e Cox, 1985; Wallerstein, 1985). Em resposta a isso, os profissionais da saúde mental se encontram imersos na aplicação de tratamentos que sejam eficazes para reduzir a incidência dos problemas conjugais e a ruptura do casal, e seus efeitos destrutivos. Os profissionais da saúde mental têm a responsabilidade ética de responder aos problemas psicológicos com intervenções eficazes. Então, é importante não somente escolher métodos para o tratamento dos problemas conjugais que sejam dirigidos por teorias do funcionamento conjugal, mas que também tenham demonstrado empiricamente sua eficácia em reduzir o mal-estar. Nenhuma outra forma de terapia de casal foi examinada de forma empírica e comprovada mais de perto que a terapia comportamental de casais e sua descendência, a terapia conjugal cognitivo-comportamental.

Este último tipo de terapia foi o resultado da incorporação de técnicas cognitivas desenvolvidas para abordar a psicopatologia individual, como a depressão e a ansiedade, aos modelos existentes de terapia conjugal comportamental. Essa combinação foi uma tentativa de abordar diretamente aspectos que parecem influir no funcionamento e na satisfação conjugais, mas que não foram considerados na terapia conjugal comportamental. Os pesquisadores e os terapeutas que adotam um enfoque cognitivo-comportamental para a terapia conjugal classificam os problemas conjugais como o resultado de padrões disfuncionais de pensamentos e comportamentos (Baucom e Epstein, 1990). Como veremos posteriormente, os padrões de intercâmbio de comportamentos, a comunicação, a solução de problemas e a negociação constituem variáveis indicadoras da satisfação conjugal. Porém, não é possível explicar totalmente a satisfação conjugal por meio desses potentes fatores comportamentais. Foram propostos fatores cognitivos tais como as crenças, as expectativas e as atribuições em uma tentativa de aumentar nossa capacidade

---

[1]Universidade da Georgia (Estados Unidos).

para predizer e influir na satisfação conjugal. De modo específico, estabeleceu-se que as variáveis cognitivas influem nos comportamentos de intercâmbio, de comunicação e de solução de problemas dos membros do casal e no impacto dos comportamentos destes sobre o nível de satisfação do outro membro do casal (Epstein e Baucom, 1989). Embora os modelos atuais da terapia conjugal cognitivo-comportamental enfatizem a avaliação e a modificação das cognições, ressaltam também a mudança de comportamento.

II. O MODELO COGNITIVO-COMPORTAMENTAL DO FUNCIONAMENTO CONJUGAL

Os modelos cognitivo-comportamentais do funcionamento conjugal e da terapia de casais baseiam-se na teoria do intercâmbio social (Stuart, 1980). Dentro dessa teoria, as relações interpessoais, incluindo as conjugais, são consideradas como conjuntos de processos de negociação nos quais se intercambiam elementos materiais e não materiais (Thibaut e Kelley, 1959). A satisfação com a relação é determinada pela eqüidade. Essa satisfação será elevada quando as recompensas provenientes dos intercâmbios igualam ou superam os custos. Por outro lado, haverá insatisfação quando os custos ultrapassarem as recompensas. Embora a eqüidade determine a satisfação de um indivíduo, a estabilidade da relação ou o compromisso com sua manutenção são determinados pela comparação do nível de eqüidade dentro da relação com o nível de eqüidade fora dela. A estabilidade será alta quando a razão recompensa/custo associada à relação for igual ou superar a razão associada a outras relações ou à falta de relações. E, ao contrário, a estabilidade será baixa quando essa razão for inferior à das alternativas (Kelly e Thibaut, 1978).

Pensa-se que o intercâmbio entre os membros do casal tem lugar em três áreas importantes da interação conjugal (Weiss, 1978): 1. interações afetivas, como o sexo e o companheirismo; 2. interações instrumentais, como o cuidado dos filhos e a tomada de decisões econômicas; e 3. subprodutos da união conjugal, como a aparência do cônjuge e a independência de si mesmo e do cônjuge. Quando a satisfação conjugal de um ou de ambos os cônjuges diminui em conseqüência da falta de eqüidade no intercâmbio de alguma dessas três áreas, pode ser restaurada mudando a razão recompensa/custo. Para modificar essa razão, os cônjuges têm de ter habilidades para a mudança de comportamento, tais como a capacidade para detectar com precisão as fontes das recompensas e dos custos, a capacidade para expressar necessidades e a capacidade para desenvolver e levar a cabo acordos sobre a mudança (Weiss, 1978).

A terapia conjugal comportamental foi desenvolvida para ensinar diretamente aos cônjuges habilidades para a mudança de comportamento que possam ser aplicadas em uma tentativa de restaurar a eqüidade e, assim, aumentar a satisfação conjugal. Porém, os teóricos da aprendizagem social fazem uma distinção importante entre a aquisição de habilidades e sua colocação em prática (Bandura, 1969). Isto é, embora um indivíduo possa ter uma habilidade em seu repertório, é possível que prefira não utilizá-la. Além disso, os teóricos anteriores reconhecem que as percepções e as interpretações de um acontecimento, e não somente o acontecimento em si, influem nas respostas emocionais e comportamentais a esse acontecimento (Mischel, 1986). Com o fim de aumentar a satisfação e a estabilidade conjugal, os terapeutas conjugais cognitivo-comportamentais ensinam aos cônjuges habilidades para a modificação do comportamento e tentam mudar as cognições e os processos cognitivos que influem na colocação em prática e no impacto dessas habilidades comportamentais (Baucom e Epstein, 1990).

Baucom, Epstein, Sayers e Sher (1989) identificaram cinco tipos de cognições que contribuem com o funcionamento e com a satisfação conjugais:

– *suposições* sobre o cônjuge e o casal;
– *expectativas* de eficácia e dos resultados associados com a colocação em prática das habilidades para a mudança de comportamento;
– *percepções* sobre o cônjuge e as interações conjugais;
– *atribuições* de causalidade e responsabilidade pelos acontecimentos conjugais; e
– *padrões* do funcionamento conjugal ideal.

Os terapeutas conjugais cognitivo-comportamentais destacam a importância de avaliar os cinco tipos de cognições a fim de compreender totalmente e influir nas escolhas comportamentais dos cônjuges. Porém, compreender as suposições do cônjuge sobre o outro membro do casal e sobre as interações entre eles é essencial, devido ao seu efeito sobre as expectativas, as percepções e as atribuições. Por exemplo, uma mulher pode queixar-se do que ela identifica como comportamento controlador de seu marido. Se ela supõe que ele é rígido e resistente à mudança, poderia esperar momentos difíceis para, ou ser incapaz de estabelecer uma negociação ou solução de problemas ("expectativas de eficácia"). Inclusive, se fosse capaz de participar na solução de problemas com ele, é provável que espere que ele não chegará a um compromisso nem mudará ("expectativas dos resultados"). Antecipando a falta de cooperação e fracasso, pode recordar exemplos de sua inflexibilidade (dele) e ignorar casos de sua disposição para chegar a um compromisso ("atenção seletiva que produz percepções errôneas"). Ao centrar-se na "consistência" da rigidez dele, ela poderia atribuir seu comportamento controlador a algo global e estável sobre este, em vez de sobre o ambiente, e poderia responsabilizá-lo pelo comportamento negativo. Ficou demonstrado que as atribuições negativas sobre as causas e as responsabilidades mantêm e produzem insatisfação conjugal (Fincham e Bradbury, 1987). No presente exemplo, a satisfação da mulher se ressentirá ainda mais se acreditar que os cônjuges sempre devem chegar a um compromisso e ser flexíveis se realmente se preocupam um com o outro ("padrões").

II.1. *Apoio empírico do modelo*

A pesquisa sobre o funcionamento e a satisfação conjugais apóia habitualmente o modelo cognitivo-comportamental do casal. Os casais com insatisfação conjugal, comparados com casais satisfeitos, caracterizam-se por uma elevada ocorrência de custos e uma baixa presença de benefícios (Barnett e Nietzel, 1979; Gottman, 1979; Patterson e Reid, 1970; Revenstorf, Hahlweg, Schindler e Vogel, 1984). Ficou demonstrado, também, que os primeiros casais, comparados com os segundos, se caracterizam por mais suposições disfuncionais e mais crenças irracionais (Epstein e Eidelson, 1981), mais processos atribucionais e atribuições disfuncionais (Fincham e Bradbury, 1987), menos expectativas de eficácia e de resultados (Pretzer, Epstein e Fleming, 1985), e parecem estar mais atentas aos acontecimentos conjugais e ao comportamento do cônjuge quando estes são negativos que quando são positivos (Jacobson e Margolin, 1979).

III. A TERAPIA CONJUGAL COGNITIVO-COMPORTAMENTAL

A terapia conjugal cognitivo-comportamental utiliza um enfoque com base nas habilidades para ajudar os casais com problemas a aumentar sua satisfação conjugal. Assim como acontece em outras intervenções comportamentais, as habilidades necessárias para solucionar o conflito e aumentar a intimidade são ensinadas por meio de instruções, modelo, ensaio de comportamento e *feedback* corretiva (Arias, 1992). Às sessões de terapia recorrem os dois membros do casal, exceto na avaliação inicial, e durante o curso da terapia, quando forem abordados aspectos individuais, como a falta de adesão. A premissa básica da terapia conjugal cognitivo-comportamental é que a satisfação conjugal pode ser aumentada treinando os casais na redução das interações conjugais negativas e aumentar as positivas. Epstein, Baucom e Rankin (1993) sugeriram recentemente que existem três formas, correspondentes aos três pontos do ciclo do conflito, por meio das quais os terapeutas podem favorecer a mudança nos casais com problemas. Estas são:

1. Reconhecer as situações de alto risco e evitar interações conflitivas;
2. Aprender a terminar um padrão de comunicação destrutiva assim que tiver começado e a sair de uma interação problemática;
3. Minimizar o impacto dos conflitos já ocorridos.

A terapia conjugal cognitivo-comportamental inclui vários componentes centrados nas habilidades, cada um dos quais serve para ajudar os casais em, pelo menos, um aspecto dos três pontos anteriores. Esses componentes são o treinamento em habilidades de comunicação, o treinamento em solução de problemas e o contrato comportamental. A execução pode variar ligeiramente de um estudo a outro, mas os conceitos básicos de cada um são descritos a seguir.

III.1. *Componentes comportamentais*

III.1.1. O treinamento em habilidades de comunicação

O treinamento em habilidades de comunicação é um componente comportamental básico da terapia conjugal cognitivo-comportamental. Somente por meio da comunicação clara e precisa os cônjuges podem realizar com eficácia a solução de problemas e proporcionar-se mutuamente apoio e intimidade. O treinamento em habilidades de comunicação centra-se na ajuda aos casais para aprender a ser assertivos de forma clara e a escutar ativamente. Ressalta a ajuda para evitar verbalizações ou comportamentos que impeçam a comunicação eficaz. O objetivo principal do treinamento é proporcionar habilidades que facilitem o desenvolvimento de padrões simétricos de negociação (Stuart, 1980). Nesse tipo de padrão, o comportamento do indivíduo pode afetar, mas não necessariamente limita ou determina o comportamento do cônjuge. Assim, por exemplo, em uma negociação caracterizada por um padrão simétrico de comunicação, um marido que normalmente é o responsável por fazer o jantar informa à sua mulher que nesse dia ficará trabalhando até tarde e lhe pergunta se quer jantar fora, pedir comida por telefone ou cozinhar ela mesma. Ao contrário, característico de um estilo assimétrico, o mesmo marido poderia informar à sua mulher que tem de trabalhar até tarde e que ela tem de cozinhar essa noite.

O treinamento em comunicação centra-se normalmente na melhora das habilidades de escuta e de fala. Essas habilidades são normalmente praticadas na sessão fazendo com que os casais representem as situações-problema enquanto o terapeuta proporciona diretrizes e *feedback*, mas também são praticadas como tarefas para casa. Primeiro são estabelecidas as habilidades de escuta. Essas habilidades são essenciais no processo de comunicação devido ao fato de que a comunicação termina tão logo o ouvinte deixe de reconhecer a mensagem de quem fala (Stuart, 1980). Quem escuta pode interromper e terminar o processo de comunicação não prestando atenção a quem fala ou não abordando o conteúdo da mensagem. Isso pode ser feito invalidando ou descartando a mensagem considerando-a pouco importante, não justificada ou pouco clara, ou simplesmente mudando de tema. As habilidades de quem escuta são estabelecidas para ajudar os cônjuges a atender ao seu parceiro e a abordar o conteúdo das mensagens do outro. Para atingir esses objetivos, são incluídos no treinamento quatro principais habilidades de escuta:

1. Ter e manter contato ocular, orientação adequada e proximidade física com quem fala;
2. Deixar que quem fala comunique quando tiver terminado a mensagem, em vez de interrompê-lo com uma resposta;
3. Resumir a mensagem de quem fala; e
4. "Cotejar" a mensagem percebida com quem fala, com o fim de garantir que a mensagem que tentava enviar foi recebida (Gottman, Notarius, Gonso e Markman, 1976).

Em ordem de complexidade e dificuldade, as habilidades de quem fala incluem a auto-expressão, pedidos, esclarecimento e *feedback*. Na auto-expressão ensina-se aos cônjuges a comunicar suas experiências dos acontecimentos conjugais utilizando verbalizações em primeira pessoa centradas no presente e breves (Gottman *et al.*, 1976). Os cônjuges aprendem a ser descritivos e a adquirir responsabilidades, evitando explicações ou justificativas pelo conteúdo da comunicação. Assim, por exemplo, é possível ensinar a um cônjuge a dizer, "incomoda-me quando você chega tarde em casa e perde o jantar comigo e com as crianças", em vez de dizer "você não tem consideração; realmente me aborrece quando você mostra quão pouco se preocupa comigo e com as crianças quando não aparece para jantar". As explicações e as referências a comportamentos passados proporcionam a quem escuta material que serve para distraí-lo da mensagem que se tenta enviar. No exemplo anterior, em vez de falar sobre o tema de chegar tarde em casa, quem escuta poderia responder às acusações de falta de consideração ou às de falta de preocupação e interesse pela esposa e filhos.

Fazer pedidos requer também o uso de verbalizações breves, descritivas em primeira pessoa, mas ressaltando o emprego de termos como "eu gostaria", em vez de "você precisa" e "deveria", com o fim de aumentar a responsabilidade de quem faz o pedido e minimizar as objeções de quem escuta. Isto é , um indivíduo que escuta pode não estar de acordo e discutir se tem ou não a obrigação de fazer o que lhe pede quem fala, e se quem escuta realmente precisa e não pode passar sem o que se lhe pede que faça. Pode-se ensinar aos cônjuges a dizer, "gostaria que você me contasse como vão as coisas no trabalho" em vez de "você deveria dizer-me como vão as coisas no trabalho". No último caso, em vez de centrar-se no desejo de quem fala de compartilhar, quem escuta poderia responder discutindo o direito ou a necessidade de quem fala de saber o que lhe acontece no trabalho.

Uma vez estabelecido que os cônjuges podem realizar com eficácia a auto-expressão e o modo de fazer pedidos, introduz-se a comprovação ou busca de esclarecimento. Sem importar se é uma mensagem com a qual estão de acordo ou não, ensina-se aos cônjuges a resumir a mensagem recebida e pedir ao outro membro do casal que comente sobre a exatidão do que foi entendido. O processo é repetido até que o cônjuge concorde que a mensagem recebida é a que realmente tentou enviar. A seguir, são introduzidas instruções para proporcionar *feedback*. É importante que os cônjuges saibam proporcionar *feedback* positivo e corretivo com o fim de recompensar e iniciar a mudança de comportamento, respectivamente. Ensina-se aos cônjuges a proporcionar *feedback* positivo de forma clara e no momento oportuno, dando *feedback* global primeiro e depois *feedback* mais específico. O *feedback* corretivo deveria ser também oportuno; porém, teria de ser específico, descritivo e objetivo. Quando for possível, o *feedback* corretivo deve ser precedido por *feedback* positivo, como no seguinte exemplo: "Aprecio realmente sua ajuda para dar banho nas crianças antes de dormir. Agradeceria muito se você as lembrasse de escovar os dentes depois do banho".

III.1.2. *O treinamento em solução de problemas*

O treinamento em solução de problemas geralmente se centra em ajudar os casais a aprender técnicas para solucionar problemas, técnicas que podem ser aplicadas a uma ampla variedade de situações. O objetivo do treinamento em solução de problemas consiste em proporcionar aos casais uma forma mais adaptativa de solucionar os conflitos e eliminar os comportamentos conjugais negativos. Esse treinamento é introduzido depois de começado o treinamento em habilidades de comunicação e é ensinado seguindo uma série de passos com diretrizes específicas para solucionar uma disputa. O primeiro passo consiste em fazer com que o casal defina o problema fazendo com que um dos cônjuges descreva sua visão, enquanto o outro tenta compreender e validar a queixa apresentada. De acordo com as "habilidades de quem fala", que já foram apresentadas ao casal anteriormente, instrui-se os cônjuges a proporcionar uma descrição breve e objetiva do acontecimento indesejável, especificando as circunstâncias sob as quais ocorre esse acontecimento e as respectivas conseqüências para quem fala. Quem escuta emprega habilidades para resumir e empatia, com o fim de transmitir o que entende do mal-estar e das objeções do cônjuge. Então este expressa seu desejo de solucionar o problema e faz pedidos de mudança. Os terapeutas são mais ativos durante essa etapa de definição do problema, guiando e ajudando os cônjuges e proporcionando *feedback* sobre seu domínio das habilidades para falar e para escutar. A maior parte do treinamento em habilidades de comunicação acontece durante essa etapa do processo de solução de problemas.

Depois da definição com êxito do problema, o casal gera um turbilhão de idéias, com a ajuda inicial do terapeuta, para estabelecer uma lista de possíveis soluções para o problema. A seguir, essa lista é avaliada à luz dos desejos expressados por cada membro do casal e eles se põem de acordo para utilizar uma das soluções sugeridas durante um período de teste. Instrui-se os casais para aplicar em casa a solução escolhida antes da sessão seguinte e avaliar o resultado do teste. Durante a sessão seguinte de terapia, o casal informa sobre o sucesso da solução negociada. Se o casal solucionou o problema satisfatoriamente, continuará pondo em prática a solução. Porém, se a solução não tiver sido eficaz, o problema é apresentado novamente e negocia-se uma nova solução. Uma vez que os casais demonstrem avanços em suas habilidades para solucionar problemas, devem ser incentivados a praticar a resolução de disputas e negociação de acordos por si mesmos, entre as sessões, conforme surgirem os problemas.

III.1.3. O contrato comportamental

As soluções para os problemas que surgem durante a solução de problemas podem ser acordos informais para a mudança comportamental por parte de cada cônjuge ou podem ser contratos de contingências, mais formais, que especificam a mudança de comportamento. Existem basicamente dois tipos de contratos comportamentais formais descritos na literatura. Um é o contrato *quid pro quo* (uma coisa por outra) e o outro é o contrato de *boa fé* ou paralelo. Em ambos os formatos, cada membro do casal concorda em realizar mudanças comportamentais específicas que o outro tenha indicado como desejáveis. Ambos os contratos incluem a especificação das conseqüências positivas e negativas por cumprir o contrato e por não fazê-lo, respectivamente. Porém, diferem sensivelmente na maneira como são estruturadas ou administradas as conseqüências. Nos contratos *quid pro quo*, a mudança de um dos membros do casal é contingente com e funciona como reforço para a mudança do outro membro. Por exemplo, se Sara lavar a roupa na sexta-feira à noite, David lavará o carro no sábado, ou vice-versa; ao contrário, se Sara não lavar a roupa na sexta-feira à noite, David não lavará o carro no sábado, ou vice-versa. Weiss, Birchler e Vincent (1974) alegam que esse tipo de contrato pode não ser aconselhável para casais com graves problemas, posto que é provável que cada cônjuge espere que o outro mude primeiro ou que comece a cumprir o contrato. Ademais, é provável que os contratos *quid pro quo* facilitem os padrões disfuncionais de interação em todos os casais, posto que a motivação e a responsabilidade para a mudança centram-se no outro membro do casal, em vez de em si mesmo, como, por exemplo, "ou farei se ele/ela fizer", "não fiz porque ele/ela não fez". Ao contrário, os contratos de boa fé requerem que cada cônjuge realize a mudança desejada independentemente das mudanças do outro, e o comportamento de cada membro do casal é reforçado de modo independente. Assim, por este exemplo, se Sara lavar a roupa na sexta-feira à noite, então poderá sair para almoçar com suas amigas no sábado; se David lavar o carro no sábado, poderá convidar seus amigos para ver o jogo de futebol na TV no domingo. Porém, é preciso ter cuidado para que os reforços por cumprir o contrato não sejam aversivos para o cônjuge. Por isso, o terapeuta solicita as opiniões de cada membro do casal com relação às conseqüências para o outro por cumprir e não cumprir o contrato.

III.2. *Intervenções cognitivas*

Enquanto o treinamento em habilidades de comunicação, o treinamento em solução de problemas e o contrato comportamental são empregados para ajudar os casais a evitar situações conflitivas e para terminar com as interações problemáticas, as intervenções cognitivas são empregadas para ajudar os casais a minimizar o impacto negativo do conflito. No contexto da solução de problemas e do treinamento em habilidades de comunicação, os terapeutas conjugais cognitivo-comportamentais introduzem o modelo cognitivo-comportamental aos casais. As suposições, as expectativas, as percepções, as atribuições e os padrões são definidos e explicados. Ensina-se aos cônjuges que essas cognições produzem pensamentos automáticos, aos quais respondemos emocional e comportamentalmente. Isto é, o terapeuta informa aos cônjuges que o que pensam e como pensam influi na maneira como se comportam e se sentem. Por conseguinte, explica-se que se desejam mudar as emoções e os comportamentos, então é necessário examinar e mudar também as cognições. Com o fim de modificar as cognições, os terapeutas conjugais cognitivo-comportamentais empregam técnicas de reestruturação cognitiva utilizadas freqüentemente na terapia cognitiva individual, tais como o auto-registro, a análise lógica e as técnicas de reatribuição (Baucom e Epstein, 1990).

III.2.1. O auto-registro

As primeiras intervenções referem-se aos procedimentos de auto-registro com o fim de seguir a pista das cognições que precedem as mudanças do estado de humor e que acontecem durante as interações negativas. Em um princípio, instrui-se os cônjuges a manter um registro dos pensamentos automáticos que experimentam quando estão aborrecidos, ansiosos ou deprimidos antes, durante ou depois de interagir com o cônjuge. O terapeuta repassa os registros dos cônjuges e os ajuda a identificar a suposição, expectativa, percepção, atribuição ou o padrão que produziu o pensamento. Posteriormente, o terapeuta pode instruir o cônjuge para mudar o pensamento diretamente ou para tentar modificar a cognição ou o processo cognitivo que produz o pensamento disfuncional. Por exemplo, se o marido conta que pensa: "ela é tão egoísta", pode substituir esse pensamento pelo de "cuida bem de si mesma", ou o terapeuta pode fazer com que examine e questione a suposição existente de que sua mulher não se considera responsável por nenhuma das necessidades dele.

III.2.2. A reatribuição e a análise lógica

Uma alternativa para substituir os pensamentos automáticos disfuncionais por outros mais positivos consiste em examinar e mudar a cognição responsável pelo pensamento. Uma vez identificados o pensamento e a cognição relacionada, o terapeuta pode questionar até que ponto a cognição é realista ou racional. Esse questionamento implica examinar a lógica e a informação empregadas para chegar a alguma conclusão. Por exemplo, se a esposa pensa que seu marido não está comprometido com o casamento, o terapeuta pode incentivá-la a contar comportamentos e acontecimentos passados e atuais sobre os quais baseia sua conclusão. Normalmente, os cônjuges contarão acontecimentos e "dados" que confirmem suas conclusões atuais. Porém, o terapeuta pode instruir, então, o cônjuge a buscar e encontrar a informação que o ponha em dúvida. Supondo que haja um informe de acontecimentos incongruentes com as conclusões dela, o terapeuta pode indicar que sua conclusão pode ser incorreta. Além disso, qualquer coisa que tenha atribuído à sua falta de compromisso está igualmente atribuída de modo incorreto. É possível guiar o cônjuge para que examine toda a informação relevante, extraia uma conclusão mais exata e faça as atribuições corretas sobre o comportamento do outro membro do casal.

IV. A ESTRUTURA DA TERAPIA CONJUGAL COGNITIVO-COMPORTAMENTAL

IV.1. A avaliação

Os principais objetivos da avaliação na terapia conjugal cognitivo-comportamental são:

1. Especificar as áreas de interação que constituem as fontes do conflito e do mal-estar; e
2. Especificar as habilidades que são necessárias desenvolver e aplicar para solucionar o conflito e diminuir o mal-estar.

Os terapeutas cognitivo-comportamentais utilizam a entrevista clínica e medidas de papel e lápis padronizadas para obter informação auto-informada e observada pelos cônjuges (veja Arias e Byme, 1996, para uma revisão mais completa). A satisfação conjugal global é freqüentemente avaliada utilizando uma das duas seguintes escalas: o "Teste de ajuste conjugal" (*Conjugal Adjustment Test*, MAT; Locke e Wallace, 1959) e a "Escala de ajuste do casal" (*Dyadic Adjustment Scale*, DAS; Spanier, 1976). A avaliação de áreas específicas de problemas e de déficits comportamentais pode ser avaliada utilizando tanto instrumentos de auto-informe, tais como o "Questionário de áreas de mudança" (*Areas of Change Questionnaire, ACQ*; Weiss e Birchler, 1975) e o "Inventário de comunicação primária" (*Primary Communication Inventory, PCI*; Navran, 1967), como medidas para a observação do outro membro do casal, exemplificado na "Lista de observação do cônjuge" (*Spouse Observation Checklist, SOC*; Wills, Weiss e Patterson, 1974). Diversos estudos demonstraram que a metodologia observacional, como a empregada pelo "Sistema: de codificação da interação conjugal" (*Conjugal Interation Coding System, MICS*; ; Hops, Wills, Patterson e Weiss, 1972) e o *Kategoriensystem für Partnerschaftliche Interaktion, KPI* (Hahlweg *et al.*, 1984), discriminaram casais com problemas dos sem problemas e são sensíveis aos efeitos da terapia. Porém, levam muito tempo e são caros. Por conseguinte, a metodologia observacional habitualmente é reservada para a avaliação na pesquisa empírica. A avaliação formal das cognições e dos processos cognitivos implica a utilização do "Inventário de crenças sobre a relação" (*Relationship Beliefs Inventory, RBI*; Eidelson e Epstein, 1982) e da "Medida de atribuição na relação" (*Relationship Attribution Measure, RAM*; Fincham e Bradbury, 1992). Além de seu uso na avaliação da disfunção conjugal, essas medidas podem ser administradas durante o tratamento e no momento em que este termina, com o fim de registrar o progresso e quantificar os resultados.

As primeiras duas sessões de terapia são dedicadas principalmente à avaliação das queixas que o casal apresenta e às competências comportamentais. Os cônjuges, normalmente, estão desejosos de se libertar do mal-estar e freqüentemente esperam que o terapeuta intervenha imediatamente. Com o fim de evitar frustrações e a perda de esperança na eficácia potencial da terapia, é importante explicar ao casal que as recomendações para a mudança não serão aplicadas antes das sessões de avaliação. Os esposos têm de apreciar que a eficácia das mudanças recomendadas é determinada, em grande medida, pela exatidão com que o terapeuta conhece o problema. Por sua vez, esse conhecimento completo é determinado pelo grau de minuciosidade da avaliação. A sessão de avaliação inicial constitui uma exceção ao formato combinado empregado ao longo da terapia conjugal cognitivo-comportamental. Os cônjuges são entrevistados individualmente com o fim de permitir que cada um ofereça sua própria perspectiva honesta, sem inibições, sobre o casal e seus problemas. De novo, é importante garantir que os cônjuges compreendam que essas entrevistas iniciais individuais acontecem somente na primeira sessão. Enquanto um dos cônjuges está sendo entrevistado, pede-se ao outro que preencha a bateria de instrumentos de avaliação que o terapeuta utilizar. Durante as entrevistas individuais, o terapeuta avalia as áreas de conflito e as mudanças desejadas e se detém especificamente nas suposições, padrões, expectativas, percepções e atribuições de cada cônjuge com relação ao funcionamento conjugal em geral e ao funcionamento do casal em particular. Dá-se, também, aos cônjuges uma oportunidade para falar sobre aspectos que julgam importantes, mas sobre os quais o terapeuta não perguntou. Antes de terminar a entrevista com um dos cônjuges, o terapeuta lhe comunica que toda a informação oferecida por ele/ela pode ser posta à disposição do outro membro do casal. Dessa forma, evita-se que os cônjuges utilizem o terapeuta para guardar segredos e, por conseguinte, que estabeleça uma relação de conivência com um dos cônjuges contra o outro. Há casos nos quais os membros do casal não querem que se divulgue determinada informação ao outro (por exemplo, uma relação extraconjugal passada ou atual). Nessas circunstâncias, o terapeuta tem de decidir o grau em que guardar em segredo essa informação afetará o processo de terapia, o funcionamento do casal e o funcionamento individual do outro. Se manter a informação em segredo não é relevante para a disfunção conjugal atual e não vai ter um impacto destrutivo sobre a terapia, sobre o casamento ou sobre o outro (por exemplo, uma relação passada há muito tempo), o terapeuta pode atender o pedido de manter em segredo a informação. Por outro lado, se a informação for relevante para a terapia, para o casamento ou para o outro membro (por exemplo, o cônjuge está ocultando seu estado de HIV positivo), o terapeuta não pode ser conivente com o cônjuge. No caso de ocorrerem essas últimas circunstâncias, o terapeuta deveria estimular o cônjuge a fornecer a informação ao outro membro do casal, com a ajuda do terapeuta, durante uma sessão de terapia. Se o cônjuge continuar recusando, o terapeuta deve negar-se a continuar com a terapia conjugal e deve fazer com que o cônjuge informe o outro, durante a sessão, que ele/ela não quer participar da terapia conjugal.

Quando as entrevistas individuais terminam, o terapeuta proporciona um resumo conciso dos problemas conjugais aos cônjuges, juntos, assinalando as virtudes ou os aspectos positivos atuais do casal. Resumir e ressaltar as virtudes de cada cônjuge e da relação aumenta a esperança, a motivação e a adesão às exigências da terapia. Programa-se, então, uma segunda sessão de avaliação, durante a qual o terapeuta obterá um histórico da avaliação do casal (Jacobson e Margolin, 1979). A entrevista do histórico do casal é feita com os dois cônjuges e o terapeuta avalia o desenvolvimento de aspectos positivos e negativos do casal e do funcionamento conjugal. O terapeuta começará pedindo ao casal que descreva como se conheceram, o que pensaram sobre a outra pessoa quando se viram pela primeira vez e o que acharam atraente no outro. Obtém-se, também, uma descrição da época da conquista e a seguir o terapeuta centra-se na decisão de se casar (por exemplo, quem começou a falar em casamento, quem propôs, por que cada membro do casal concordou em se casar). Pede-se a cada cônjuge que informe sobre as expectativas que tinham em relação ao casamento e sobre o outro antes de se casar. A seguir, o terapeuta se detém no período conjugal inicial, prestando muita atenção aos primeiros sinais de insatisfação e disfunção conjugal. O histórico sobre o desenvolvimento da relação termina quando o informe do casal chega até a atualidade. Explica-se que em sessões posteriores se levará a cabo uma discussão detalhada dos problemas atuais. Os casais são freqüentemente reticentes a adiar a discussão dos problemas presentes. Porém, o terapeuta tem de explicar que o histórico de desenvolvimento é tão importante porque proporciona um contexto e a informação que o terapeuta pode utilizar para "explicar" o desenvolvimento da disfunção conjugal e para começar a modificar as cognições disfuncionais dos cônjuges (Jacobson e Margolin, 1979). Repassar as etapas pré-conjugais e as primeiras conjugais costuma fornecer material positivo, visto que, na maioria dos casos, nessa época não havia problemas importantes. Amiúde, os cônjuges experimentam um aumento do estado de ânimo positivo e dos sentimentos mútuos como resultado de recordar e processar informação positiva um do outro. Com o fim de aumentar a motivação para a mudança, é importante que o terapeuta se centre no material positivo e o processe. Quando finaliza a entrevista do histórico de desenvolvimento, o terapeuta resume o histórico do casal e oferece um quadro da disfunção conjugal do casal. Embora sem assegurar quais as intervenções que serão empregadas ou que grau de eficácia terão, o terapeuta proporciona um esquema geral do tratamento. Esse esquema inclui referências ao emprego do treinamento em comunicação e em solução de problemas, e ao fato de que, amiúde, são úteis para que os casais superem suas diferenças e dificuldades.

IV.2. Estrutura da intervenção

O passo inicial na terapia conjugal cognitivo-comportamental consiste em aumentar a taxa de ocorrência dos acontecimentos conjugais positivos. Utilizando acordos formais de mudança, como o contrato de contingências ou os acordos de mudança de comportamento informais, o terapeuta selecionará objetivos de mudança baseando-se na informação obtida durante as sessões de avaliação. Os objetivos para a mudança deveriam ser associados a baixos níveis de conflito e mal-estar, com o fim de aumentar a probabilidade de adesão. Objetivos apropriados para essa intervenção precoce poderiam ser, por exemplo, sorrir, passar tempo juntos, ligar para o outro no trabalho para dizer "oi" etc. As principais dificuldades conjugais são reservadas para mais tarde, quando os cônjuges se sentem mais positivos um em relação ao outro e quando já foram introduzidas as habilidades que podem ser empregadas para solucionar o conflito (Stuart, 1980).

Uma técnica popular para aumentar a taxa de ocorrência de acontecimentos positivos refere-se aos "dias de atenção ao outro". Durante a primeira sessão depois do histórico do desenvolvimento do casal, o terapeuta explica que o objetivo imediato da terapia é começar a resgatar o aspecto positivo do casal, aumentando a ocorrência de experiências positivas. O terapeuta e o casal geram uma lista de 20-30 comportamentos positivos que cada cônjuge pode realizar e que será agradável para os dois. A lista funcionará como um "menu" de acontecimentos agradáveis, dos quais cada cônjuge escolherá diariamente um número determinado para realizar. Os elementos da lista devem ser simples, comportamentos baratos (com relação ao tempo e ao dinheiro) que não estejam relacionados com os problemas atuais importantes e que possam ser praticados diariamente. Estimulam-se os cônjuges a gerar itens tais como "pergunte-me como foi meu dia", "Dê-me uma xícara de café"ou "faça-me companhia enquanto termino uma tarefa da casa".

Pede-se a cada cônjuge que leve a cabo pelo menos cinco comportamentos de atenção para com o outro a cada dia e que mantenha um registro escrito indicando os acontecimentos. Inicialmente, cada cônjuge é responsável por seu auto-registro ou pelos acontecimentos dos quais participou. O terapeuta repassa o registro escrito na sessão e o utiliza para controlar a mudança. Uma vez que os cônjuges tenham-se envolvido de modo consistente no procedimento dos dias de atenção e façam o auto-registro com precisão, o procedimento dos dias de atenção continua, mas o registro do cônjuge substitui o auto-registro. Enquanto esse tipo de avaliação treina os cônjuges na percepção de seu próprio comportamento, o registro do cônjuge treina os membros do casal na sensibilidade diante do comportamento positivo do outro.

O procedimento dos dias de atenção com o registro do cônjuge é mantido ao longo de toda a terapia. Os registros são repassados em cada sessão. Os informes dos cônjuges são empregados como material para medir o progresso. Por exemplo, o terapeuta pode utilizar os registros dos dias de atenção para determinar o grau em que os cônjuges estão detectando mudanças positivas no outro. Os registros podem ser utilizados também para ensinar os cônjuges a proporcionar *feedback* positiva e a expressar sentimentos positivos ao outro. Por exemplo, ao repassar os registros, o terapeuta pode perguntar a cada indivíduo quão agradável foi o comportamento do outro membro do casal e, então, estimular cada cônjuge a expressar esse agrado ao outro.

Uma vez que o casal mostre um aumento na ocorrência do comportamento positivo e comece a responder positivamente a essa mudança, introduz-se o treinamento em habilidades de comunicação. De novo, escolhem-se inicialmente problemas associados a baixos níveis de conflito, e conforme o casal vai dominando as habilidades, abordam-se problemas de cada vez maior gravidade. Se o casal discute muito e é muito hostil, o terapeuta pode decidir que problema será utilizado na introdução do treinamento em habilidades de comunicação. Se não, o terapeuta pergunta ao casal que problema de baixo conflito gostaria de discutir. Normalmente, os problemas conjugais têm um demandante principal. Assim, embora a esposa possa ser negativamente afetada por uma situação problemática, a situação pode ser de interesse principal para o marido. Por exemplo, embora a mulher reconheça como problema sua falta de envolvimento nos cuidados com as crianças, seu marido pode ter uma objeção maior a essa situação. Conseqüentemente, sua falta de envolvimento no cuidado será identificada como problema do marido. O terapeuta instrui o cônjuge que apresenta o problema a seguir as diretrizes do comportamento do sujeito que fala. De modo específico, pede-se ao cônjuge que use verbalizações em primeira pessoa para expressar sua experiência e, a seguir, para pedir uma mudança no comportamento do outro membro do casal. Mais tarde, pede-se a este que resuma a comunicação do cônjuge e que solicite um esclarecimento, se for necessário. Esse processo continua até que ambos os cônjuges estejam de acordo quanto ao problema que tem de ser resolvido e quanto ao objetivo ou resultado desejado da solução de problemas que será realizada. Por exemplo, o casal anterior continuaria com a auto-expressão, com os pedidos e com os compromissos até que ambos estejam de acordo em relação ao que é problemático sobre o nível atual de envolvimento no cuidado com as crianças por parte da esposa e no grau de envolvimento que, pelo contrário, deveria ser característico dela.

O terapeuta é muito ativo e diretivo durante as etapas iniciais do treinamento em habilidades de comunicação. O objetivo principal é não permitir que o casal se desvie dos temas ou que se envolva em intercâmbios hostis, a fim de fazer com que aprendam a negociar a mudança. Isso é feito assegurando que sejam seguidas as diretrizes para quem escuta e para quem fala. O terapeuta começa descrevendo o processo de comunicação e as diretrizes e habilidades que serão utilizadas. Porém, embora os cônjuges possam indicar que entendem essa apresentação verbal, quando se comunicam podem violar algumas ou todas as diretrizes. O terapeuta interrompe e corrige imediatamente o comportamento do casal. As correções podem ser feitas sob a forma de instruções, ajudas ou modelo. Às vezes, o terapeuta tem de oferecer mais apoio e diretrizes ao cônjuge menos habilidoso. Nessas ocasiões, é importante garantir que o casal não culpe ou avalie negativamente o cônjuge menos habilidoso. Além disso, ao proporcionar ajuda e apoio adicional ao cônjuge menos habilidoso, o terapeuta tem de ter o cuidado de não se "aliar" a esse cônjuge ou de não fazer com que o outro membro do casal se sinta ignorado e carente da atenção do terapeuta.

As cognições e os processos cognitivos que parecem interferir na comunicação eficaz e na solução de problemas são abordados durante o treinamento em habilidades de comunicação. Os padrões e as expectativas são avaliadas quando um dos cônjuges apresenta uma queixa ou um problema. É importante que o terapeuta perceba o grau em que cada membro do casal é racional em suas expectativas com relação ao outro e ao casamento, antes de propor os objetivos ou os resultados esperados. Igual importância tem o grau em que as expectativas de cada cônjuge são congruentes com as do outro. O terapeuta tem de intervir na medida em que um dos cônjuges espere resultados que não podem ser conseguidos. Por exemplo, se um marido espera que sua mulher abandone sua carreira para se dedicar à casa de modo incondicional, o terapeuta pode passar certo tempo "corrigindo" essa expectativa. O marido, neste exemplo, reconhecerá essa expectativa com relação à sua mulher como irracional e terá de desenvolver modelos mais razoáveis sobre a família e o casamento. O terapeuta é responsável por garantir que os objetivos que se possam atingir sejam específicos para cada cônjuge, e também que cada cônjuge ficará satisfeito se forem alcançados esses objetivos realistas.

Tendo sido estabelecidos os objetivos, é preciso determinar os procedimentos para atingi-los. Antes de determinar que procedimentos ou mudanças comportamentais são necessários, o terapeuta tem de ter uma clara idéia dos procedimentos que estão sendo empregados atualmente. São avaliadas as atribuições e percepções dos cônjuges sobre o comportamento do outro e abordadas nesse processo. Corrigem-se as atribuições e as percepções incorretas dos membros do casal. Desse modo, estimula-se os cônjuges a atender aos comportamentos positivos do outro e às tentativas atuais e passadas de melhorar o casamento. Desestimulam-se os esposos a fazer atribuições causais negativas, especialmente as referentes à responsabilidade. Por exemplo, em vez de atribuir a dedicação à sua carreira, nela, ao egoísmo, pode-se estimular o marido a considerar a possibilidade de que sua mulher esteja investindo em sua carreira com a finalidade de fazer uma contribuição importante ao *status* social e econômico da família. Os cônjuges que não estão de acordo freqüentemente resistem a mudar suas atribuições e a reenquadrar o comportamento de seu parceiro. Se o terapeuta observar um alto grau de resistência, pode-se pedir aos cônjuges que pelo menos "suspendam o julgamento do outro", isto é, embora suas interpretações possam ser corretas, também podem ser incorretas. Além disso, é possível que as explicações alternativas sejam incorretas, mas também é possível que sejam corretas. Em geral, não é possível decidir qual explicação é a verdadeira. Porém, normalmente fica claro que as explicações dos cônjuges são disfuncionais, posto que levaram à insatisfação e à disfunção conjugal. Portanto, o terapeuta argumenta que um membro do casal pode beneficiar-se se suspender suas atribuições disfuncionais: não são corretas (ou incorretas) e criam mais problemas que as atribuições alternativas, inócuas.

Centrar-se exclusivamente no problema ou na queixa de um dos cônjuges pode produzir sentimentos de ciúmes e ressentimento no outro. Portanto, antes de começar com a solução de problemas para a queixa apresentada por um dos cônjuges, pede-se ao outro que apresente um problema ou uma preocupação de baixo nível. Assim, antes de começar com o treinamento em solução de problemas, cada cônjuge terá apresentado um problema, manifestado o resultado desejado e expressado pensamentos, percepções e expectativas. Neste ponto, os cônjuges estão preparados para explorar e decidir sobre os procedimentos com os quais conseguir os objetivos especificados.

Quando os cônjuges apresentam mudança na qualidade das habilidades relativas a quem escuta e a quem fala, e os fatores cognitivos não interferem na comunicação, introduz-se a solução de problemas aplicada inicialmente a temas pouco conflitivos. A definição e especificação do problema e do resultado esperado são feitas da mesma maneira que a empregada anteriormente pelos sujeitos que escutam e que falam. Estando o casal de acordo sobre o problema e sobre o resultado desejado, realizam um turbilhão de idéias para gerar possíveis meios com os quais conseguir o resultado esperado, enquanto o terapeuta vai tomando nota. Normalmente, é preciso ajudar os casais a gerar soluções e lembrá-los de que não devem avaliar ou censurar as possíveis soluções. Por exemplo, um casal concorda que passar mais tempo juntos é o resultado desejado em resposta a um problema atual. Na primeira vez que o casal se dedicar à solução de problemas, ser-lhe-á difícil gerar soluções. O terapeuta pode ajudar o casal, neste exemplo, sugerindo que uma forma de atingir o objetivo é que cada membro do casal deixe de trabalhar! Um ou os dois cônjuges indicarão, rapidamente, meio-divertidos, que utilizar essa solução não é bom, porque criaria outros problemas. O terapeuta pode indicar que a solução proposta *atingiria* o objetivo, e que a tarefa durante essa etapa de solução de problemas consiste em gerar soluções para serem avaliadas mais tarde durante a etapa correspondente. Em resposta a essa ajuda, os casais normalmente geram soluções absurdas, mas logo começam a gerar outras mais razoáveis. Assim, esse casal pode propor dar os filhos para adoção, de modo que suas tardes e finais de semana fiquem livres. Essa solução tão pouco realista provavelmente será seguida pela possibilidade de contratar babás regularmente – uma solução mais razoável.

Tendo o casal e o terapeuta esgotado todas as possibilidades, avalia-se cada uma das soluções propostas. Depois de avaliar cada solução, o casal decide qual delas será rejeitada e qual será considerada para colocação em prática. A solução adotada será executada, de modo experimental, antes da sessão seguinte. A principal tarefa do terapeuta nesse ponto é garantir que a solução tenha uma alta probabilidade de ser eficaz e que será realizada. A fim de garantir a eficácia, o terapeuta tem de estar seguro de que o casal fez uma análise completa das vantagens e desvantagens da solução escolhida. A fim de assegurar que a solução será levada a cabo, o terapeuta tem de comprovar a eqüidade e os detalhes de qualquer plano que venha a ser posto em prática. A solução adotada tem de se caracterizar pela eqüidade: os custos e as recompensas para cada cônjuge têm de ser equivalentes. Se a solução se percebe ou se experimenta como injusta por algum dos cônjuges, não se levará a cabo. É mais provável que os casais ponham em prática uma solução se estiver claro o quando, como e onde será aplicada. Por isso, não é suficiente dizer que contratarão uma babá regularmente. Antes de terminar a sessão, o terapeuta precisa saber quem será a babá, que dias e a que hora trabalhará, quem fará os arranjos para contratá-la e levá-la para a casa, e aonde irão e o que farão enquanto a babá estiver cuidando das crianças.

Na sessão seguinte, será avaliada a eficácia da solução. Se for eficaz, a solução continuará sendo usada. Porém, se for ineficaz ou não satisfizer algum dos cônjuges, será escolhida outra solução, seja da lista anterior ou de uma nova lista gerada por uma nova aplicação dos procedimentos de solução de problemas. Quando forem resolvidos os problemas se confirmará o êxito, a fim de garantir que a mudança comportamental desejável seja acompanha por mudanças igualmente desejáveis nas cognições e nos processos cognitivos.

Depois de aplicadas com êxito as habilidades de comunicação e a solução de problemas a uma das situações pouco conflitivas de cada cônjuge, são aplicados os mesmos procedimentos, dentro da sessão, a problemas caracterizados por níveis mais elevados de conflito. Uma vez que o casal foi capaz de aplicar com êxito essas técnicas de negociação a problemas com um elevado conflito, instrui-se para que comece, por si mesma, a aplicar esses procedimentos entre as sessões a diferentes problemas. Inicialmente, o terapeuta escolherá um problema atual que deverá ser discutido e resolvido em casa. O terapeuta pedirá ao casal que escolha um dia e um período de duas horas durante o qual não serão interrompidos. O problema selecionado pelo terapeuta será elaborado durante esse período específico. O terapeuta tem a opção de pedir ao casal que grave em fita magnética sua discussão. O terapeuta pode revisar a fita durante a sessão seguinte e oferecer ao casal *feedback* positiva e corretiva. O objetivo é fazer com que os casais empreguem a comunicação e a solução de problemas de modo eficaz e independente.

O dia e o período de tempo escolhidos, ou outro dia e hora mais convenientes serão designados como o período semanal de solução de problemas do casal. Serão instruídos a levar uma folha com os problemas que se forem apresentando durante a semana. A menos que os problemas sejam urgentes, serão discutidos e resolvidos somente durante o período que foi especificado para a solução de problemas. O casal se reunirá a cada semana no mesmo dia e à mesma hora para solucionar problemas. Se nenhum dos cônjuges tiver tido problemas, o tempo será empregado para repassar a semana e especificar os fatores responsáveis pela natureza não problemática da semana. Enquanto estiverem em terapia, revisarão, junto com o terapeuta e durante a sessão, os resultados dessas sessões de solução de problemas. Nesses repasses, o terapeuta indicará e recompensará os cônjuges por seu uso eficaz da comunicação e da solução de problemas. Se um problema não tiver sido solucionado, o terapeuta ajudará os cônjuges a determinar o que precisa ser mudado nas sessões posteriores de solução de problemas para aumentar sua eficácia.

Quando os casais estiverem participando de uma solução de problemas eficaz sem a direção do terapeuta, propõe-se o tema do encerramento da terapia. O terapeuta instruirá os cônjuges a avaliar seu funcionamento e sua satisfação conjugais. Essa avaliação será utilizada para determinar em que grau os membros do casal atingiram os objetivos propostos no começo da terapia. Se os objetivos foram cumpridos e os cônjuges desfrutam de níveis mais elevados de satisfação conjugal, a terapia vai sendo progressivamente encerrada. Isto é, pode-se marcar uma consulta um mês depois do último contato e outra seis meses depois. Esses contatos com o terapeuta podem acabar totalmente se os cônjuges informarem um funcionamento e uma satisfação constantes durante as visitas do período de acompanhamento.

Se os membros do casal não tiverem atingido seus objetivos ou não estiverem mais satisfeitos com o casamento, o terapeuta tem de avaliar em que grau a continuidade da terapia produzirá alguma melhora. Se ficar claro que o treinamento e a prática constantes melhorarão o desfrute da relação conjugal, continua-se com a terapia. Porém, ao perceber que a terapia adicional não melhorará essa relação ou se essa terapia continuará sendo ineficaz, pode ser que o terapeuta prefira tocar nos temas de separação, divórcio, ou enviar o casal a outro profissional. Neste último caso, o terapeuta pode sugerir ao casal que procure clínicos que adotem outros enfoques sobre a disfunção conjugal, como os terapeutas sistêmicos. Não obstante, o terapeuta tem de propor também a possibilidade de outros terapeutas cognitivo-comportamentais. O fracasso de um terapeuta para ajudar um casal pode provir da presença de problemas intratáveis ou da incapacidade de um determinado enfoque teórico para satisfazer as necessidades do casal. Porém, é possível também que um determinado terapeuta não tenha avaliado os problemas do casal de forma adequada ou que não tenha aplicado o tratamento corretamente. Um segundo terapeuta pode ter mais êxito utilizando os mesmos procedimentos e estratégias de avaliação e tratamento.

V. A TERAPIA CONJUGAL COGNITIVO-COMPORTAMENTAL NA LITERATURA ESPECIALIZADA

V.1. *Os componentes comportamentais comparados com controles de lista de espera*

Os componentes comportamentais da terapia conjugal cognitivo-comportamental foram avaliados em estudos sobre tratamento que compararam condições componentes únicas e o "pacote" de elementos comportamentais com grupos controle de lista de espera. Foi encontrado que o treinamento em comunicação é mais eficaz que os grupos controle de lista de espera (Baucom, 1982, 1984; Hahlweg, Revenstorf e Schindler, 1982; Schindler, Hahlweg e Revenstorf, 1983; Turkewitz e O'Leary, 1981). Igualmente, foi demonstrado que tanto a solução de problemas como o contrato comportamental são mais eficazes que os grupos controle de lista de espera para produzir mudanças na satisfação conjugal (Baucom, 1982, 1984; Jacobson, 1984; Jacobson e Follette, 1985).

Vários estudos examinaram a eficácia dos pacotes de componentes comportamentais comparando-os com controles de lista de espera. Jacobson (1977) comparou um tratamento conjugal comportamental que incluía solução de problemas e contrato comportamental com um grupo controle de lista de espera. Os resultados indicavam que o grupo de tratamento, em comparação com o grupo de lista de espera, registrou melhoras significativas nas habilidades de solução de problemas, tal como se esperava, e na satisfação conjugal global. Igualmente, Hahlweg, Revenstorf e Schindler (1984) compararam 29 casais tratados com componentes comportamentais, catorze casais controle de lista de espera e doze casais sem problemas. Os componentes comportamentais melhoraram significativamente as habilidades de comunicação dos cônjuges no grupo de tratamento, comparados com os do grupo de lista de espera, de modo que, ao final do tratamento, os cônjuges do grupo de terapia eram praticamente indistinguíveis dos cônjuges do grupo sem problemas. A fim de "proporcionar uma avaliação objetiva do conhecimento atual em [terapia conjugal comportamental]", Hahlweg e Markman (1988) realizaram uma metanálise com 171 estudos norte-americanos e europeus, e encontraram que o tamanho do efeito médio era de 0,95 para os dezessete estudos. Isso pode ser interpretado da seguinte maneira: o cônjuge médio que recebeu terapia conjugal com componentes comportamentais funcionava melhor, ao final do tratamento, que 83% dos cônjuges que haviam recebido um tratamento placebo ou não haviam recebido nenhum. Pode ser interpretado, também, dizendo que, embora a possibilidade de melhora para os casais dos grupos controle era de 28%, a possibilidade de melhora para os casais do grupo experimental era de 72%. Esses autores realizaram também metanálises separadas, para estudos realizados na Europa e nos Estados Unidos, e não encontraram diferenças significativas nos tamanhos do efeito. Concluíram que existem fortes evidências para a generalização dos resultados dos componentes comportamentais da terapia conjugal cognitivo-comportamental.

V.2. *Comparações entre os componentes comportamentais*

Além de examinar a eficácia dos componentes comportamentais de forma individual e em combinação com a falta de tratamento, os pesquisadores interessaram-se também pela eficácia relativa dos componentes comportamentais comparando-os entre si. Por exemplo, Emmelkamp, Van Der Helm, MacGillavry e Van Zanten (1984) compararam o contrato comportamental com o treinamento em habilidades de comunicação e com a combinação de seus efeitos e encontraram que ambos os tratamentos eram igualmente eficazes e que a ordem em que eram aplicados não tinha nenhuma influência. Baucom (1984) comparou casais em três condições: uma condição conjunta de treinamento em habilidades de comunicação/solução de problemas e contrato comportamental, uma condição de somente treinamento em habilidades de comunicação/solução de problemas e uma condição de somente contrato comportamental. Os resultados indicaram que não havia diferenças significativas entre as condições de tratamento, embora cada condição de tratamento fosse mais eficaz que a falta de tratamento em todas as medidas dependentes. Esses resultados e os obtidos por outros autores (Hahlweg, Schindler, Revenstorf e Brengelmann, 1984; Jacobson e Follette, 1985) sugerem que os diferentes componentes comportamentais não são mais eficazes uns que outros, sejam utilizados sozinhos ou combinados.

V.3. A importância clínica do impacto dos componentes comportamentais

Os estudos sobre os resultados dos tratamentos centram-se normalmente na significação estatística das diferenças entre grupos. Porém, as diferenças estatisticamente significativas não garantem uma significação clínica. Para tentar responder às questões da significação clínica dos efeitos das intervenções conjugais comportamentais, Jacobson *et al.* (1984) reanalisaram os dados de estudos anteriores que examinavam a eficácia das intervenções conjugais comportamentais (por exemplo, Baucom, 1982; Hahlweg, Revenstorf e Schindler, 1982; Jacobson, 1984). Os resultados indicaram que a porcentagem de casais tratados que tiveram uma melhora estatisticamente significativa na satisfação conjugal ia de 39,4 a 72,1%, com uma porcentagem média de 56,1%. A porcentagem de casais tratados classificados como carentes de problemas ao final do tratamento ia de 21,2 a 58,1%, com uma porcentagem média de 35,1%. Os dados do acompanhamento mostraram que depois de 6 meses, 27,7% dos casais haviam piorado desde o pós-teste, 13,8% haviam melhorado e os casais restantes haviam mantido os ganhos conseguidos durante o tratamento. Os autores informaram que entre os casais das condições controle de lista de espera, somente 13,5% mostrou uma melhora estatisticamente confiável. Desse modo, a taxa de melhora associada ao tratamento de componentes comportamentais foi considerada clinicamente significativa, posto que superava com acréscimo a taxa de remissão espontânea entre os casais que não recebiam tratamento.

V.4. A terapia conjugal cognitivo-comportamental

Apesar da comprovada eficácia da terapia conjugal comportamental quando comparada com os grupos controle sem tratamento, há ainda importantes aspectos a melhorar. Acrescentar componentes cognitivos aos enfoques comportamentais para o tratamento dos conflitos conjugais foi uma tentativa de aumentar ainda mais a eficácia da terapia comportamental. Isso constitui uma modificação relativamente recente. Portanto, os trabalhos que examinam o impacto das intervenções cognitivas não são muito numerosos. Porém, existem vários estudos que examinaram a eficácia de acrescentar um componente cognitivo à terapia conjugal comportamental.

Baucom e Lester (1986) compararam a eficácia de uma condição de terapia conjugal comportamental com outra condição que combinava a terapia conjugal comportamental e a terapia conjugal cognitiva. A condição comportamental incluía treinamento em habilidades de solução de problemas/comunicação seguido por um contrato *quid pro quo*. A condição de terapia conjugal cognitivo-comportamental combinava a terapia conjugal comportamental, tal como se definiu anteriormente, com uma ênfase nas atribuições que os cônjuges faziam sobre os problemas conjugais e nas expectativas sobre o outro membro do casal e sobre a relação. Os resultados mostraram que entre as mulheres, a terapia conjugal cognitivo-comportamental era superior à falta de tratamento em 6 das 7 variáveis dependentes. Para os homens, esse mesmo enfoque de terapia era superior à falta de tratamento em somente 3 medidas dependentes. Duas das medidas nas quais os homens não se diferenciavam com relação ao grupo de não tratamento estavam diretamente relacionadas às expectativas e crenças sobre a relação. Porém, não havia diferenças entre os grupos de tratamento comportamental e cognitivo-comportamental em termos da eficácia em nenhuma das medidas dependentes. Infelizmente, a pequena amostra desse estudo, que incluía somente oito casais em cada condição, parece enfraquecer a probabilidade de encontrar diferenças. Outros estudos pesquisaram comparações da terapia conjugal cognitivo-comportamental com o treinamento em comunicação sozinho (Emmelkamp *et al.*, 1988); da terapia conjugal cognitivo-comportamental com o treinamento em expressividade emocional mais terapia comportamental e com a terapia conjugal comportamental sozinha (Baucom, Sayers e Sher, 1990); e acrescentar a reestruturação cognitiva à terapia conjugal comportamental em um desenho de linha base múltipla (Behrens, Sanders e Halford, 1990). Nenhum desses estudos indicou que acrescentar a reestruturação cognitiva à terapia conjugal comportamental tradicional tinha um efeito significativo sobre os resultados do tratamento. Embora haja pouca evidência empírica que indique que as intervenções cognitivas são superiores à terapia conjugal comportamental, seja por si só ou como um componente adicional, são necessárias mais pesquisas.

VI. CONCLUSÕES E TENDÊNCIAS

A terapia conjugal comportamental é, geralmente, uma intervenção eficaz para tratar a insatisfação e a disfunção conjugais. Ainda sendo uma poderosa intervenção, a eficácia da terapia conjugal comportamental não é perfeita e esperava-se que ao acrescentar componentes de terapia cognitiva aumentasse seu impacto. Tal como revisamos anteriormente, os cônjuges com problemas conjugais diferenciam-se significativamente dos cônjuges sem problemas, em cognições e em processos cognitivos relativos ao funcionamento conjugal. Além disso, ficou demonstrado que as cognições e os processos cognitivos estão relacionados com o funcionamento e a satisfação conjugais. Causa surpresa e frustração concluir que, com base nos poucos estudos que examinaram a eficácia dos procedimentos cognitivos, os componentes cognitivos não aumentaram de forma significativa o impacto da terapia conjugal comportamental. Porém, embora os primeiros resultados não sejam muito alentadores, não existem dados suficientes para chegar a conclusões definitivas.

É necessária mais pesquisa sobre a eficácia da terapia conjugal cognitivo-comportamental. Uma questão básica dessa pesquisa é a distinção entre intervenções comportamentais e cognitivas. Isto é, a ausência inicial de diferenças significativas pode ser o resultado, em parte, de uma sobreposição significativa entre os dois tipos de intervenção. Os terapeutas conjugais comportamentais abordam questões cognitivas durante o treinamento em comunicação e em solução de problemas. Assim, a terapia conjugal comportamental, tal como praticada hoje em dia, pode produzir, informalmente, mudanças similares às produzidas pela intervenção cognitiva formal. Somente pesquisas muito controladas podem cumprir a tarefa de distinguir entre tratamentos e estabelecer sua eficácia. Porém, é possível que os pesquisadores não sejam capazes de desenvolver uma "intervenção comportamental" pura. Mesmo se os terapeutas não abordam, formal ou informalmente, as cognições e os processos cognitivos, os cônjuges têm de processar a nova informação que procede da terapia. Isto é, os terapeutas de comportamento são eficazes para ajudar os cônjuges a apresentar novos comportamentos. Os cônjuges percebem, então, o novo comportamento positivo e têm de explicar o comportamento positivo do cônjuge, algo que não é consistente com suas anteriores suposições, percepções, expectativas, atribuições e padrões negativos. Os processos cognitivos desencadeiam *espontaneamente* estímulos ambientais ambíguos e informação nova, incongruente (Weiner, 1985). A pesquisa que examina a eficácia relativa da terapia conjugal comportamental e cognitivo-comportamental pode estar comparando realmente a eficácia relativa de meios indiretos e diretos de modificar as cognições, respectivamente. Nesse caso, os dados de que se dispõe sugerem que é possível que as intervenções diretas, comparadas com as indiretas, não sejam mais eficazes para mudar as cognições disfuncionais e reduzir a insatisfação conjugal associada.

Fincham, Bradbury e Beach (1990) propuseram de modo sagaz que uma preocupação acrescentada é o tema de conduzir a reestruturação cognitiva no tratamento do conflito conjugal. Como foi afirmado anteriormente, os componentes cognitivos foram propostos como procedimentos complementares para as intervenções conjugais comportamentais. Estabeleceu-se que os componentes cognitivos melhorariam os efeitos dos comportamentais ao criar um "contexto" cognitivo congruente com as mudanças comportamentais. A congruência entre as estruturas cognitivas e o ambiente facilitaria a acomodação e assimilação da informação e comportamento novos, aumentando, assim, a manutenção das habilidades recém-aprendidas. Na clínica, o terapeuta adapta o tratamento aos casais. A estes somente se ensinam as habilidades das quais parecem carecer. As cognições e os processos cognitivos relevantes para um determinado casal são abordados em face dos comportamentos problemáticos específicos do casal. O rigor e os limites metodológicos requerem uma execução muito diferente da reestruturação cognitiva em um local de pesquisa. Todos os casais no projeto de tratamento recebem as mesmas intervenções, abordando o mesmo contexto e na mesma ordem, independentemente de suas necessidades individuais. Desse modo, é possível que a pesquisa existente não tenha comprovado realmente a capacidade dos procedimentos de reestruturação cognitiva para complementar e aumentar o impacto positivo das intervenções comportamentais. É necessária mais pesquisa sobre os processos e os resultados antes que possamos chegar a conclusões válidas sobre a significação dos componentes cognitivos no tratamento da insatisfação e disfunção conjugais.

REFERÊNCIAS BIBLIOGRÁFICAS

Arias, I. (1992). Behavioral marital therapy. En S. M. Turner, K. S. Calhoun y H. E. Adams (dirs.), *Handbook of clinical behavior therapy* (2.ª edición). Nueva York: Wiley.

Arias, I. y Byrne, C. A. (1996). Evaluación de los problemas de pareja. En G. Buela-Casal, V. E. Caballo y J. C. Sierra (dirs.), *Manual de evaluación en psicología clínica y de la salud*. Madrid: Siglo XXI.

Bandura, A. (1969). *Principles of behavior modification*. Nueva York: Holt, Rinehart and Winston.

Barnett, L. R. y Nietzel, M. T. (1979). Relationship of instrumental and affectional behaviors and self-esteem to marital satisfaction in distressed and nondistressed couples. *Journal of Consulting and Clinical Psychology, 47*, 946-957.

Baucom, D. H. (1982). A comparison of behavioral contracting and problem-solving/communications training in behavioral marital therapy. *Behavior Therapy, 13*, 162-174.

Baucom, D. H. (1984). The active ingredients of behavioral marital therapy: The effectiveness of problem-solving/communication training, contingency contracting, and their combination. En K. Hahlweg y N. S. Jacobson (dirs.), *Marital interaction: Analysis and modification*. Nueva York: Guilford.

Baucom, D. H. y Epstein, N. (1990). *Cognitive-behavioral marital therapy*. Nueva York: Brunner/Mazel.

Baucom, D. H., Epstein, N., Sayers, S. y Sher, T. G. (1989). The role of cognition in marital relationships: Definitional, methodological, and conceptual issues. *Journal of Consulting and Clinical Psychology, 57*, 31-38.

Baucom, D. H. y Lester, G. W. (1986). The usefulness of cognitive restructuring as an adjunct to behavioral marital therapy. *Behavior Therapy, 17*, 385-403.

Baucom, D. H., Sayers, S. L. y Sher, T. G. (1990). Supplementing behavioral marital therapy with cognitive restructuring and emotional expressiveness training: An outcome investigation. *Journal of Consulting and Clinical Psychology, 58*, 636-645.

Beach, S. R. H. y Nelson, G. M. (1990). Pursuing research on major psychopathology from a contextual perspective: The example of depression and marital discord. En G. Brody e I. E. Siegel (dirs.), *Family Research*, vol. II. Hillsdale, NJ: Lawrence Erlbaum.

Behrens, B. C., Sanders, M. R. y Halford, W. K. (1990). Behavioral marital therapy: An evaluation of treatment effects across high and low risk settings. *Behavior Therapy, 21*, 423-433.

Billings, A. (1979). Conflict resolution in distressed and nondistressed married couples. *Journal of Consulting and Clinical Psychology, 47*, 368-376.

Birchler, G. R., Weiss, R. L. y Vincent, J. P. (1975). A multimethod analysis of social reinforcement exchange between maritally distressed and nondistressed spouse and stranger dyads. *Journal of Personality and Social Psychology, 31*, 349-360.

Bloom, B. L., Asher, S. J. y White, S. W. (1978). Marital disruption as a stressor: A review and analysis. *Psychological Bulletin, 85*, 867-894.

Eidelson, R. J. y Epstein, N. (1982). Cognition and relationship maladjustment: Development of a measure of dysfunctional relationship belief. *Journal of Consulting and Clinical Psychology, 50*, 715-720.

Emery, R. E. (1988). *Marriage, divorce, and children's adjustment*. Newbury Park, CA: Sage.

Emmelkamp, P., Van Der Helm, M., MacGillavry, D. y Van Zanten, B. (1984). Marital therapy with clinically distressed couples: A comparative evaluation of system-theoretic, contingency contracting, and communication skills approaches. En K. Hahlweg y N. S. Jacobson (dirs.), *Marital interaction: Analysis and modification.* Nueva York: Guilford.

Emmelkamp, P., Van Linden van den Heuvall, C., Rüphan, M., Sanderman, R., Scholing, A. y Stroink, F. (1988). Cognitive and behavioral interventions: A comparative evaluation with clinically distressed couples. *Journal of Family Psychology, 1,* 365-377.

Epstein, N. y Baucom, D. H. (1989). Cognitive-behavioral marital therapy. En A. Freeman, K. M. Simon, L. E. Beutler y H. Arkowitz (dirs.), *Comprehensive handbook of cognitive therapy.* Nueva York: Plenum.

Epstein, N., Baucom, D. H. y Rankin, L. A. (1993). Treatment of marital conflict: A cognitive-behavioral approach. *Clinical Psychology Review, 13,* 45-57.

Epstein, N. y Eidelson, R. J. (1981). Unrealistic beliefs of clinical couples: Their relationship to expectations, goals, and satisfaction. *The American Journal of Family Therapy, 9,* 13-22.

Fincham, F. D. y Bradbury, T. N. (1987). The impact of attributions in marriage. *Journal of Personality and Social Psychology, 53,* 481-489.

Fincham, F. D. y Bradbury, T. N. (1992). Assessing attributions in marriage: The Relationship Attribution Measure. *Journal of Personality and Social Psychology, 62,* 457-468.

Fincham, F. D., Bradbury, T. N. y Beach, S. R. H. (1990). To arrive where we began: A reappraisal of cognition in marriage and marital therapy. *Journal of Family Psychology, 4,* 167-184.

Fincham, F. D. y O'Leary, K. D. (1983). Causal inferences for spouse behavior in maritally distressed and nondistressed couples. *Journal of Social and Clinical Psychology, 1,* 42-57.

Gottman, J. M. (1979). *Marital interaction: Experimental investigations.* Nueva York: Academic.

Gottman, J. M., Notarius, C., Gonso, J. y Markman, H. (1976). *A couple's guide to communication.* Champaign, IL: Research.

Gurin, G., Veroff, J. y Feld, S. (1960). *Americans view their health: A nationwide interview survey.* Nueva York: Basic Books.

Hahlweg, K. y Markman, H. J. (1988). Effectiveness of behavioral marital therapy: Empirical status of behavioral techniques in preventing and alleviating marital distress. *Journal of Consulting and Clinical Psychology, 56,* 440-447.

Hahlweg, K., Reisner, L., Kohli, G., Vollmer, M., Schindler, L. y Revenstorf, D. (1984). Development and validity of a new system to analyze interpersonal communication: Kategoriensystem für Partnerschaftliche Interaktion. En K. Hahlweg y N. S. Jacobson (dirs.), *Marital interaction: Analysis and modification.* Nueva York: Guilford.

Hahlweg, K., Revenstorf, D. y Schindler, L. (1982). Treatment of marital distress: Comparing formats and modalities. *Advances in Behavior Research and Therapy, 4,* 57-74.

Hahlweg, K., Revenstorf, D. y Schindler, L. (1984). Effects of behavioral marital therapy on couples' communication and problem-solving skills. *Journal of Consulting and Clinical Psychology, 52,* 553-566.

Hahlweg, K., Schindler, L., Revenstorf, D. y Brengelmann, J. (1984). The Munich marital therapy study. En K. Hahlweg y N. S. Jacobson (dirs.), *Marital interaction: Analysis and modification* (pp. 3-26). Nueva York: Guilford.

Hetherington, E. M., Cox, M. y Cox, R. (1985). Long-term effects of divorce and remarriage on the adjustment of children. *Journal of the American Academy of Child Psychiatry, 24,* 518-530.

Holmes, T. H. y Rahe, R. H. (1967). The Social Readjustment Rating Scale. *Journal of Psychosomatic Research, 11,* 213-218.

Hops, H., Wills, T. A., Patterson, G. R. y Weiss, R. L. (1972). *Marital Interaction Coding System*. Manuscrito sin publicar, University of Oregon, Oregon Research Institute. (Order from ASIS/NAPS, c/o Microfiche Publications, 305 E. 46th Street, Nueva York, NY 10017.)

Jacobson, N. S. (1977). Problem solving and contingency contracting in the treatment of marital discord. *Journal of Consulting and Clinical Psychology, 45*, 92-100.

Jacobson, N. S. (1984). A component analysis of behavioral marital therapy: The relative effectiveness of behavior exchange and communication/problem-solving training. *Journal of Consulting and Clinical Psychology, 52*, 295-305.

Jacobson, N. S. y Follette, W. C. (1985). Clinical significance of improvement resulting from two behavioral marital therapy components. *Behavior Therapy, 16*, 249-262.

Jacobson, N. S. y Margolin, G. (1979). *Marital therapy: Strategies based on social learning and behavior exchange principles*. Nueva York: Brunner/Mazel.

Jacobson, N. S., Follette, W. C., Revenstorf, D., Baucom, D. H., Hahlweg, K. y Margolin, G. (1984). Variability in outcome and clinical significance of behavioral marital therapy: A reanalysis of outcome data. *Journal of Consulting and Clinical Psychology, 52*, 497-504.

Kelly, H. H. y Thibaut, J. W. (1978). *Interpersonal relations*. Nueva York: Wiley.

Locke, H. J. y Wallace, K. M. (1959). Short marital adjustment and prediction tests: Their reliability and validity. *Marriage and Family Living, 21*, 251-255.

Margolin, G. (1981). Behavior exchange in distressed and nondistressed marriages: A family life cycle perspective. *Behavior Therapy, 12*, 329-343.

Markman, H. J., Duncan, S. W., Storaasli, R. D. y Howes, P. W. (1987). The prediction and prevention of marital distress: A longitudinal investigation. En K. Hahlweg y M. J. Goldstein (dirs.), *Understanding major mental disorder: The contribution of family interaction research*. Nueva York: Family Process Press.

Mischel, W. (1986). *Introduction to personality*. Nueva York: Holt, Rinehart & Winston.

Navran, L. (1967). Communication and adjustment in marriage. *Family Process, 6*, 173-184.

Patterson, G. R. y Reid, J. B. (1970). Reciprocity and coercion: Two facets of social systems. En C. Neuringer y J. L. Michael (dirs.), *Behavior modification in clinical psychology*. Nueva York: Appleton-Century-Crofts.

Pretzer, J. L., Epstein, N. y Fleming, B. (1985). *The Marital Attitude Survey: A measure of dysfunctional attributions and expectancies*. Manuscrito sin publicar.

Revenstorf, D., Hahlweg, K., Schindler, L. y Vogel, B. (1984). Interaction analysis of marital conflict. En K. Hahlweg y N. S. Jacobson (dirs.), *Marital interaction: Analysis and modification*. Nueva York: Guilford.

Schindler, L., Hahlweg, K. y Revenstorf, D. (1983). Short- and long-term effectiveness of two communication training modalities with distressed couples. *The American Journal of Family Therapy, 11*, 54-64.

Somers, A. R. (1979). Marital status, health, and the use of health services. *Journal of Marriage and the Family, 41*, 267-285.

Spanier, G. B. (1976). Measuring dyadic adjustment: New scales for assessing the quality of marriage and similar dyads. *Journal of Marriage and the Family, 38*, 15-28.

Stuart, R. B. (1980). *Helping couples change: A social learning approach to marital therapy*. Nueva York: Guilford.

Thibaut, J. W. y Kelley, H. H. (1959). *The social psychology of groups*. Nueva York: Wiley.

Turkewitz, H. y O'Leary, K. D. (1981). A comparative outcome study of behavioral marital therapy and communication therapy. *Journal of Marital and Family Therapy, 7*, 159-169.

Veroff, J., Kulka, R. A. y Douvan, E. (1981). *Marital health in America: Patterns of help seeking from 1957 to 1976*. Nueva York: Basic Books.

Wallerstein, J. S. (1985). Children of divorce: Preliminary report of a ten-year follow-up of older children and adolescents. *Journal of the American Academy of Child Psychiatry, 24*, 545-553.

Weiner, B. (1985). "Spontaneous" causal search. *Psychological Bulletin, 97*, 74-84.

Weiss, R. L. (1978). The conceptualization of marriage from a behavioral perspective. En T. S. Paolino y B. S. McCrady (dirs.), *Marriage and marital therapy: Psychoanalytic, behavioral and systems perspectives*. Nueva York: Brunner/Mazel.

Weiss, R. L. y Birchler, G. R. (1975). *Areas of change*. Manuscrito sin publicar, University of Oregon.

Weiss, R. L., Birchler, G. R. y Vincent, J. P. (1974). Contractual models for negotiation training in marital dyads. *Journal of Marriage and the Family, 36*, 321-331.

Wills, T. A., Weiss, R. L. y Patterson, G. R. (1974). A behavioral analysis of the determinants of marital satisfaction. *Journal of Consulting and Clinical Psychology, 42*, 802-811.

LEITURAS PARA APROFUNDAMENTO

Baucom, D. H. y Epstein, N. (1990). *Cognitive-behavioral marital therapy*. Nueva York: Brunner/Mazel.

Beach, S. R. H., Sandeen, E. E. y O'Leary, K. D. (1990). *Depression in marriage: A model for etiology and treatment*. Nueva York: Guilford.

Fincham, F. D., Fernandes, L. O. L. y Humphreys, K. (1993). *Communicating in relationships: A guide for couples and professionals*. Champaign, IL: Research Press.

Fincham, F. D. y Horneffer, K. (1996). Conflictos de pareja. En V. E. Caballo, G. Buela-Casal y J. A. Carrobles (dirs.), *Manual de psicopatología y trastornos psiquiátricos*, vol. 2. Madrid: Siglo XXI.

O'Leary, K. D. (dir.) (1987). *Assessment of marital discord: An integration for research and clinical practice*. Hillsdale, NJ: Lawrence Erlbaum Associates.

Stuart, R. B. (1980). *Helping couples change: A social learning approach to marital therapy*. Nueva York: Guilford.

Capítulo 20
UM PROTOCOLO COGNITIVO-COMPORTAMENTAL PARA A TERAPIA CONJUGAL

JUAN I. CAPAFÓNS BONET e C. DOLORES SOSA CASTILLA[1]

I. INTRODUÇÃO

A relação conjugal mantém uma indiscutível relevância social, visto que dela emanam situações relevantes para o indivíduo e para a própria sociedade. Uma relação estável e desejada tem efeitos positivos no bem-estar pessoal, assim como uma relação deteriorada interfere na dinâmica familiar e na própria saúde mental de quem a sofre, dada a interdependência existente entre problemas individuais e problemas conjugais. Essa relevância não ignorada por muitos pesquisadores, e atualmente dispomos de diferentes modelos de intervenção e diversas escolas que apresentaram resultados relevantes para analisar e avaliar o desajuste conjugal[2]. A influência da escola de Palo Alto e a terapia conjugal comportamental, que foi incentivada por diversos grupos (Oregón, Munique, Denver, (Londres etc.), permitiu dispor, atualmente, de um sistema terapêutico estruturado para enfrentar os problemas conjugais. Esse sistema, obviamente, apresenta diferentes vertentes e nuanças em função dos autores que pesquisaram esse campo; por isso dispomos de excelentes manuais que permitem uma visão ampla e sugestiva em relação à forma de avaliar e intervir no desajuste conjugal (Bornstein e Bornstein, 1986; Crowe e Ridley, 1990; Hahlweg, 1986; Jacobson e Christensen, 1996; Jacobson e Margolin, 1979; Sager, 1997; Stuart e Stuart, 1972; Tessina e Smith, 1993, entre outros).

Antes de adentrarmos no conteúdo do programa de intervenção proposto neste capítulo, gostaríamos de comentar algumas questões prévias. Em primeiro lugar, a avaliação de qualquer problema é preâmbulo obrigatório antes da intervenção, e a disfunção conjugal não é uma exceção. Não é este o lugar para expor as diversas estratégias e instrumentos que foram desenhados para explorar e avaliar o desajuste conjugal, mas sim o lugar para destacar que – apesar da natureza estruturada da maior parte dos programas de intervenção conjugal – o programa terapêutico deve adaptar-se às peculiaridades que cada casal apresente. Uma avaliação adequada permitirá determinar os componentes prioritários e, inclusive, se o sistema terapêutico que aplicamos é próprio para o casal em particular. Não podemos esquecer que a separação do casal é uma alternativa válida e que o processo de tomada de decisões depende muito da capacidade que os terapeutas demonstrarem para recolher convenientemente a informação que os membros do casal fornecem.

---

[1] Universidade de La Laguna (Espanha).
[2] Ao longo do capítulo os termos "conjugal", "cônjuge" ou similares não se referem estritamente a um estado civil, mas ao fato de que duas pessoas convivem como casal.

Em segundo lugar, o programa apresentado significa uma integração de diversos modelos de intervenção. Todos eles foram postos à prova em diferentes trabalhos de pesquisa com resultados promissores (Baucom, Sayers e Sher, 1990; Hahlweg e Jacobson, 1984; Hahlweg e Markman, 1988). Não obstante, atualmente ainda existem muitos aspectos por elucidar que obrigam a entender a terapia conjugal como um campo relativamente novo. A importância de cada componente ou a supremacia de um método sobre outro continuam sendo temas de debate na bibliografia especializada (Jacobson, 1991; Snyder, Wills e Grady-Fletcher, 1991*a*; Snyder, Wills e Grady-Fletcher, 1991*b*; Wesley e Waring, 1996).

Em terceiro lugar, o programa terapêutico tenta intervir nas áreas que diversas investigações mostraram ser as mais relevantes para aumentar o bem-estar conjugal. Basicamente, foram determinados quatro campos que intervêm no problema do mal-estar conjugal: a perda do valor reforçador da relação, tanto em sua vertente mais comportamental como cognitiva (Baucom, Epstein, Sayers e Sher, 1989; Bradbury e Fincham, 1990), os problemas de comunicação (Christensen e Shenk, 1991; Krokoff, 1991; Sher e Weiss, 1991), a percepção de eqüidade (Yperen e Buunk, 1990) e sua relação com a capacidade dos membros do casal para conseguir e manter acordos, e a incapacidade para resolver conflitos (Gottman e Krokoff, 1989). Esses quatro itens permitem integrar a enorme diversidade de aspectos mais específicos que estão presentes na maioria dos casais disfuncionais.

Em quarto lugar, na década de 1990 os pesquisadores começaram a levar em consideração o afeto e o amor como ingredientes fundamentais para o desenvolvimento da terapia. Como muito bem assinalava Denton (1991) no começo dessa década, a terapia conjugal cognitivo-comportamental parece ter esquecido esse componente, aferrando-se a uma proposta verbal e racionalista. Embora tal crítica seja injusta se afirmarmos que tal componente não existiu em absoluto (indiretamente, o afeto e as emoções estiveram presentes desde que começaram os primeiros trabalhos empíricos), o certo é que nesses últimos anos foi aumentando o interesse por integrar adequadamente o valor das emoções. Do nosso ponto de vista, qualquer terapia conjugal que ignore esse componente pode acabar pecando por falta, visto que se centraria no componente do compromisso de estar juntos, esquecendo a intimidade (Crowe, 1997) e a paixão como ingredientes relevantes.

Em quinto e último lugar, ao longo deste capítulo não foram consideradas diversas condições que fazem necessária a adaptação do programa proposto. A terapia conjugal com pacientes psiquiátricos externos, a terapia conduzida com um único membro do casal ou a terapia conjugal em grupo, entre outras, obriga a remodelações que escapam ao conteúdo deste trabalho.

Especificamente, o programa terapêutico que propomos consta de quatro fases (Capafóns, 1988): treinamento em reciprocidade (duas sessões), treinamento em comunicação (três sessões), treinamento em negociação (duas sessões) e treinamento em solução de conflitos (cinco sessões). Essas doze sessões, de noventa a 120 minutos de duração cada uma, estão sujeitas às peculiaridades de cada casal, com o que cabe realizar diversas adaptações e redistribuições de sessões. Alguns casais podem precisar de sessões extras em algum dos componentes, em função do nível de deterioração que apresentam antes da terapia. Como assinalam Jacobson e colaboradores (Jacobson *et al.*, 1989), tentar impor um sistema muito estruturado aos casais que recorrem à terapia pode aumentar o nível de abandono e diminuir a manutenção dos ganhos terapêuticos.

II. PROGRAMA COGNITIVO-COMPORTAMENTAL PARA OS PROBLEMAS CONJUGAIS

II.1. *Treinamento em reciprocidade*

O conceito de reciprocidade positiva faz referência ao intercâmbio de acontecimentos gratificantes. Sabe-se que os casais com problemas tendem a apresentar uma baixa taxa de reciprocidade positiva e uma alta taxa de coerção (uso da punição e do reforço negativo como sistema de convivência). Ficou comprovado, também, que à medida que aumentamos o uso do reforço positivo como sistema de convivência e de forma de mudar os comportamentos inadequados do cônjuge, diminui o abuso da punição e do reforço negativo. Por esse motivo, o treinamento em reciprocidade foi convertido em um ingrediente fundamental da terapia de casais. Além disso, convém começar o tratamento por esse componente por várias razões:

a. Os dados empíricos indicam que os aspectos positivos e negativos em uma relação são relativamente independentes: eliminar os problemas que causam tensão não leva automaticamente a um aumento das interações positivas. Estimular aspectos positivos, em vez de tentar, de cara, eliminar aspectos negativos, favorece a participação terapêutica e a boa predisposição para a mudança.

b. Permite-nos entrar diretamente no problema do "desgaste" do reforço, isto é, no problema do hábito. Os casais disfuncionais precisam reaprender um comportamento baseado na gratificação, e não na coerção.

c. Quando os casais aprendem reciprocidade positiva, estão em uma melhor posição para outras mudanças. Permite um "cessar fogo" e o cumprimento do pacto de "não agressão mútua".

d. É fácil de realizar; não tem pré-requisitos porque trata-se de emitir comportamentos que já estão no repertório.

Por conseguinte, o treinamento em reciprocidade é relevante porque:

– Permite preparar os casais para uma convivência mais gratificante (aumenta a satisfação conjugal).

– Ensina uma forma diferente de interagir diante da necessidade de mudar comportamentos inadequados.

– Predispõe o casal a prosseguir com a terapia ao encontrar, de forma relativamente rápida, mudanças adequadas no cônjuge.

– Muda a percepção dos cônjuges, dirigindo a atenção para o positivo, em vez de para o negativo.

As principais "ferramentas de trabalho" neste componente são:

a. *Informação didática*. São expostas diferentes técnicas visando incrementar a percepção positiva e a taxa de comportamentos gratificantes, assim como informação destinada à mudança no estilo atribucional e na percepção da perspectiva do outro. É recomendável acompanhar cada técnica com a explicação adequada e com a apresentação de experiências e pesquisas onde foi vista a importância de trocar a coerção pela reciprocidade positiva.

b. *Modelo*: Os terapeutas, ao longo das sessões, deverão realizar diversos exercícios, onde se exemplificará como reforçar.

c. *Modelagem e feedback*. Essas ferramentas são essenciais para a adequada aquisição das habilidades que estimulem a mudança na reciprocidade. O princípio de reforço de comportamentos aproximativos é básico para o bom desenvolvimento das sessões. Os casais disfuncionais tendem a avaliar os fatos segundo critérios de "tudo ou nada"; portanto, os terapeutas terão de transmitir a importância das opções intermediárias (deverão insistir em conceitos como "gradual", "escalonado", "paulatino" ou progressivo).

d. *Tarefas para casa*. Ao longo de todo o processo terapêutico, essa é uma ferramenta imprescindível para consolidar o que foi trabalhado nas sessões clínicas. De fato, Bögner e Zizlenbach-Conen (1984) chegaram a propor um corte no número de sessões terapêuticas, com um aumento do tempo entre as sessões, para estimular a consolidação do que foi aprendido nas consultas.

Assim, os objetivos que se perseguem neste componente são claros:

– Aprender a reforçar e a elogiar. E aumentar sua utilização.
– Diminuir o uso da coerção.
– Mudar a percepção do casal, dirigir a atenção para o positivo, e não para o negativo.
– Introduzir mudanças cognitivas: desvios de pensamento, atribuição e percepção de perspectivas.
– Motivar o casal para a mudança.

O número de sessões para realizar o treinamento em reciprocidade é, como já foi assinalado, duas, mas dependerá da capacidade do casal para consolidar novas formas de reciprocidade.

1ª sessão

Os conteúdos básicos na primeira sessão são os seguintes:

1. *Explicar o processo de reciprocidade e o processo de coerção*. Os casais disfuncionais, em geral, desenvolveram um sistema de intercâmbio baseado na ameaça e no medo;

por isso, no começo da sessão é aconselhável tornar explícitos esses fatos aproveitando a informação de que se disponha do casal em questão, obtida na fase de avaliação. Além disso, convém expor as vantagens do sistema de "conta corrente" contra o de "troca instantânea". Isto é, nos casais funcionais, o que um faz pelo outro não é imediatamente trocado, não existe uma necessidade imperiosa do *quid pro quo*. Nos casais funcionais, os intercâmbios positivos são muito similares entre um membro e outro, se for tomada como medida um período relativamente amplo (uma semana ou um mês). No dia-a-dia pode haver claras descompensações; porém, esse fato é muito estranho para os casais disfuncionais, onde a "cobrança do favor" é reclamada de forma imediata ou, inclusive, previamente. E, em parte, isso é devido à sensação que ambos têm de que é ele ou ela, e não o outro membro do casal, que está dando tudo. Essa sensação, em geral errônea, será combatida com tarefas que comentaremos mais adiante.

2. *Explicar as vantagens do controle pelo gratificante.* É importante introduzir também a idéia de como a ação influi na emoção e no pensamento, de como o que fazemos gera sensações e emoções no outro. Mudando nossas atitudes e comportamentos, podemos mudar a imagem que o outro tem de nós e os sentimentos para conosco.

3. *Explicitação e percepção de eventos positivos.* Os casais, primeiro por modelagem e posteriormente por modelação, devem aprender a elogiar e reforçar o outro e a saber aceitar o elogio e o reforço. É importante realizar exercícios nesta linha durante a sessão terapêutica. O contexto terapêutico, onde os terapeutas estão presentes, facilita a realização dessas tarefas e minimiza o risco da sensação de ridículo.

4. *Explicar desvios de pensamento.* Os casais devem tomar consciência de que a mudança de comportamento pode ser inútil se nosso sistema cognitivo estiver bloqueado para perceber essa mudança no outro. Por isso, é aconselhável expor os principais desvios de pensamento que podem debilitar de forma muito sutil qualquer mudança positiva. Assim, recorre-se aos conceitos da terapia cognitiva de Beck (Beck, 1972; Beck, Rush, Shaw e Emery, 1979), ressaltando desvios tais como o pensamento polarizado, a supergeneralização, a interpretação do pensamento, a visão catastrófica, a tendência à personalização, o abuso da culpa (tanto em sua vertente acusatória quanto auto-acusatória), ou querer ter sempre razão.

5. *Tarefas para casa.* No último item dessa sessão solicita-se ao casal que, durante os dias seguintes, se centre na identificação de comportamentos agradáveis emitidos por cada um dos membros do casal. Essa identificação pode ser realizada pedindo ao casal que escreva em uma lista os comportamentos agradáveis que observam em seu cônjuge, sejam estas importantes ou triviais. Insiste-se no fato de que as descrições devem ser específicas, fornecendo, assim, uma informação clara e objetiva. Um bom sistema para realizarem essa tarefa baseia-se no clássico *slogan* "surpreenda seu parceiro fazendo algo bom por você mesmo" (Liberman, 1975), onde se alertam os membros do casal a estarem atentos a qualquer comportamento positivo que o cônjuge realizar. Nós acrescentamos ao *slogan* de Liberman: "e faça-o saber".

2ª sessão

Os conteúdos básicos da segunda sessão são os seguintes:

1. *Revisão do registro "surpreenda seu parceiro..."*. É importante que sempre que for solicitado algum trabalho para casa, a sessão seguinte comece com a revisão desse trabalho. Obviamente, a atitude dos terapeutas não pode ser de fiscalização; ao contrário, trata-se de que o casal receba feedback positivo do muito ou pouco esforço realizado durante os dias sem sessão terapêutica. Os terapeutas aproveitarão para: (*i*) ressaltar o positivo; (*ii*) contrastar o proposto com o realizado; (*iii*) insistir nos componentes cognitivos; e (*iv*) corrigir possíveis problemas de expectativas pouco razoáveis.

2. *Treinamento reatribucional.* Em função dos diferentes comentários que surgem no ponto anterior (revisão das tarefas), instrui-se os membros do casal no conceito do "Erro fundamental de atribuição". Existe, no ser humano, a tendência a atribuir nossas ações desafortunadas a fatores externos e situacionais (distração, contingências etc.) e, porém, atribuímos as ações dos demais a fatores estáveis e internos "é uma má pessoa", "é um egoísta" etc.), ocorrendo, em geral, tudo o contrário quando se trata de boas ações ("agiu assim por que pretende algo com a mudança"). Os casais são incentivados a verbalizar até que ponto se envolveram nesse tipo de erro atribucional e são informados de diversas estratégias para contê-lo. O esforço na objetividade e na busca de evidências para confirmar uma atribuição faz parte desse item terapêutico. Ainda, insiste-se na pluricausalidade, na distinção entre julgar comportamentos *versus* julgar pessoas, ou em como por trás de um comportamento agressivo pode esconder-se a frustração de alguma meta não atingida.

3. *Explicação do dia de mimo.* Para facilitar o aumento de comportamentos positivos, expõe-se aos membros do casal uma nova tarefa para casa: o dia de mimo (Stuart, 1980) ou dia de amor (Weiss, Hops e Patterson, 1973). Trata-se de que cada membro do casal escolha um dia da semana para dedicar especial atenção e afeto ao outro. É fundamental que o outro membro desconheça a data exata desse dia, e se for instruído a estar atento para descobri-lo usando o *slogan* "surpreenda seu parceiro...", conseguirá uma maior percepção de atitudes positivas ao longo de toda a semana.

4. *Assumir a perspectiva do outro.* Junto com o ponto anterior, os terapeutas vão introduzindo o treinamento para aumentar a percepção das perspectivas do outro. Ser capazes de se colocar na situação do outro é uma ferramenta fundamental para componentes futuros da terapia (negociação ou solução de conflitos). Por isso, aproveita-se essa sessão para incentivar os membros do casal a ser capazes de expressar os gostos e preferências, desagrados e "aversões" do outro. Talvez esse segmento da terapia seja o mais surpreendente para um terapeuta novato; provavelmente não possa acreditar como pessoas que talvez convivam a 5, 10 ou 15 anos saibam tão pouco um do outro nesse terreno. Em nossa experiência, pudemos comprovar como

muitos casais comentem erros enormes ao tentar saber o que causa prazer, satisfação ou desagrado em seu parceiro. Não obstante, os terapeutas devem ser especialmente hábeis para que, neste item, os membros do casal não se sintam profundamente incompetentes ou incompreendidos.

5. *Tarefas para casa.* Duas são as tarefas solicitadas; por um lado, colocar em prática o dia de mimo e, por outro, trabalhar cada membro do casal separadamente na elaboração de uma lista hierarquizada de temas conflitivos sobre os quais terão de negociar e falar nas próximas sessões.

Em resumo, quando os casais convivem um certo período de tempo, reforçam-se e punem-se entre si a taxas iguais. Essa constatação empírica contrasta com a visão que os casais têm no começo da terapia, visto que os cônjuges se vêem como vítimas passivas do comportamento indesejável do outro e subestimam seu próprio poder ou controle sobre o comportamento do cônjuge, sentindo-se desarmados para realizar a mudança.

À medida que fizermos com que o casal aceite a existência de um modelo recíproco no qual os dois controlem continuamente o comportamento do outro e mantenham o comportamento indesejável, conseguiremos alterar o contexto no qual os membros do casal analisam os problemas da relação. Com isso, teremos um desencadeador da mudança.

II.2. *Treinamento em comunicação*

No ser humano, a linguagem constitui um sistema muito elaborado para transmitir os desejos, sentimentos, demandas, conhecimentos etc. É, sem dúvida, um dos sistemas mais eficazes para resolver conflitos e uma das fontes de gratificação mais importantes. Porém, a linguagem é, também, uma arma de ataque que pode tornar-se, por si mesma, um precursor e mantenedor de problemas. A comunicação pode ser um elemento perturbador no momento de tentar resolver um conflito. Tanto o que se diz como o que não se diz e, especialmente, como se diz, podem agravar ou gerar uma situação conflitiva.

De fato, a pesquisa detectou que existem diferenças importantes entre a comunicação de casais "felizes" e casais problemáticos. Por exemplo, os casais menos felizes:

a. Percebem as mensagens emitidas pelo outro de forma menos positiva. Um observador "neutro" tende a avaliar as mensagens transmitidas pelos membros do casal de forma menos negativa que como os próprios membros do casal as avaliam.

b. Mostram maior taxa de comportamentos não-verbais negativos (caretas, atitudes, postura corporal, gesticulação etc.).

c. Apresentam uma maior taxa de comportamentos verbais negativos, como o sarcasmo, deboches, queixas, tom de voz excessivamente alto, críticas constantes etc.

d. São mais atentos ao que eles próprios dizem do que ao que diz o outro. A principal forma de diálogo é o conhecido "Diálogo de surdos". Não escutam o outro em uma porcentagem muito grande do tempo que dedicam a se comunicar.

e. Tendem a um alto nível de reinterpretação das mensagens, abusando das "agendas secretas" (Gottman, Notarius, Gonso e Markman, 1976).

f. Apresentam formas muito inadequadas de expressar sentimentos negativos.

Portanto, o treinamento em comunicação é relevante para os casais disfuncionais pelos seguintes aspectos: (*i*) Uma comunicação positiva potencializa a eliminação de mal-estares gratuitos. Os casais aumentam o mal-estar na relação tanto pelo conteúdo das mensagens como pela forma com a qual esses conteúdos são transmitidos; (*ii*) Uma comunicação positiva potencializa sensações prazerosas. De fato, a comunicação nos primeiros meses da relação é uma das fontes mais importantes de gratificação e de atração. A deterioração nesse aspecto significa um dos fatores de infelicidade mais evidentes nos membros do casal; (*iii*) Uma adequada comunicação implica dispor de um meio para atingir, de forma eficaz, determinados fins (aprender a negociar e a resolver conflitos). Por isso se torna um componente prévio para os dois componentes restantes do programa terapêutico.

As principais ferramentas de trabalho neste componente são:

a. *Informação didática.* São expostos diferentes conteúdos visando incrementar a comunicação positiva. Basicamente, trata-se de transmitir informação sobre o poder da comunicação, as regras para uma transmissão adequada, as regras para uma recepção adequada e as vias para receber e transmitir de forma satisfatória os sentimentos negativos. Assim como no componente anterior, é recomendável acompanhar os diferentes conteúdos com a explicação adequada e com a apresentação de experiências e pesquisas onde foi vista a importância da comunicação na relação interpessoal.

b. *Modelo.* Os terapeutas, ao longo das sessões, deverão expor com exemplos como usar a comunicação positiva.

c. *Representação de papéis, modelagem e feedback.* Ao longo das sessões destinadas a esse treinamento serão realizados exercícios nos quais os terapeutas e os membros do casal interagirão, simulando diferentes situações cotidianas. A possibilidade de ensaiar mudanças em um contexto seguro, como o da sessão terapêutica, potencializa a futura colocação em prática. De novo, o princípio de modelagem e a capacidade de fazer com que o casal veja seu rendimento adquirem uma grande relevância como ferramentas para este componente.

d. *Tarefas para casa.* Grande parte do ensaiado, exposto e elaborado na sessão terapêutica deve ser reafirmado através do trabalho diário no contexto natural do casal.

Os objetivos que se perseguem nesse componente se podem resumir, basicamente, em três:

– Conseguir transmissão e recepção eficazes e diretas de pensamentos, sentimentos e desejos.
– Estimular o tempo de diálogo entre os membros do casal.

– Continuar aumentando a capacidade na percepção de perspectivas que correspondem ao outro.

O número de sessões para realizar o treinamento em comunicação positiva é, como já assinalamos, de três. Não obstante, o nível de deterioração prévio do casal nessa habilidade, assim como o êxito que for sendo obtido na consolidação através do trabalho diário indicarão a necessidade de aumentar ou não o número de sessões.

3ª sessão

Uma vez feitas as revisões pertinentes das tarefas solicitadas na semana anterior, a 3ª sessão centra-se nos seguintes conteúdos:

1. *Explicação do poder da linguagem e das agendas secretas.* Depois de fazer a revisão das tarefas encomendadas na sessão anterior, os terapeutas devem fazer uma breve exposição da importância da linguagem nas relações interpessoais e das conhecidas agendas secretas no mundo do casal. Qualquer explicação desse tipo deve ser acompanhada por parênteses, onde solicita-se ao casal que ponham exemplos pessoais que confirmem ou refutem as diferentes afirmações dos terapeutas.
2. *Explicação das normas para a correta emissão de uma mensagem.* Trata-se de transmitir ao casal alguns conceitos básicos que servem como normas para a emissão mais eficaz do que se quer comunicar. Fundamentalmente, faz-se referência às seguintes normas:

– Utilizar a primeira pessoa do singular em qualquer afirmação ou opinião, tornando-a própria. Com essa norma tenta-se evitar que as pessoas recorram (ou se sintam na obrigação de recorrer) a instâncias mais elevadas para expor uma idéia, um sentimento ou um desejo. Afirmações impessoais costumam ocultar desejos pessoais que não somos capazes de apresentar como próprios.
– Não fazer generalizações vagas, tentando dar exemplos concretos do que se diz ou formulando em forma direta e aberta os pedidos. Com isso, estamos lutando diretamente contra a crença irracional do poder da clarividência ou da leitura do pensamento que muitas vezes exigimos do nosso parceiro.
– Evitar o "sempre" ou o "nunca". Em primeiro lugar, essa norma é útil porque ambos os advérbios raramente fazem justiça ao acontecido no mundo interpessoal e, mais especificamente, no mundo do casal. A pessoa não é sempre uma droga ou um insensível, não é nunca pontual ou carinhoso. Em segundo lugar, usamos esses advérbios com a intenção de enfatizar o que se segue a esse "nunca" ou a esse "sempre", enquanto que o interlocutor costuma reagir a esses advérbios, e não à parte nuclear que queremos transmitir. É fácil encontrar uma multiplicidade de exemplos no mundo do casal onde uma discussão não tenha resolvido nada, especialmente pelo uso desse tipo de afirmações maximalistas.

– Usar fundamentalmente o "aqui e agora", isto é, evitar trazer de forma continuada problemas e conflitos ou preconceitos sobre algum fato passado. Nos casais disfuncionais, diante de qualquer discussão aumenta a tentação de usar o "baú" dos agravos, baú que contém – com magnífico rigor – inúmeros exemplos de fatos passados que podem ser usados como armas contra o interlocutor.

Essa fase didática se completa com exercícios, nos quais os terapeutas podem observar a integração ou não dos conteúdos pelos membros do casal.

Como tarefas para casa costuma-se solicitar que ambos os membros mantenham, todos os dias, alguns minutos de conversação sobre um tema neutro ou agradável, respeitando as normas aprendidas nessa sessão. Aqui pode ser importante que o casal estabeleça com o terapeuta os dias, a hora, o lugar, os temas a tratar, quanto tempo etc., para evitar que o fato em si de fazer a tarefa se torne um tema a mais de conflito.

4ª sessão

Essa sessão centra-se nas normas para quem escuta e na realização de exercícios onde o casal possa praticar os conteúdos aprendidos sobre a comunicação.

Depois de uma introdução sobre a importância da escuta na comunicação e de questionar a crença sobre a escuta como um fato passivo, são apresentadas as principais normas para quem escuta:

a. Olhar para quem fala. Sendo essa uma norma óbvia, nos casais disfuncionais a atenção ao comunicador (seja pela perda de interesse, seja porque está associada a aspectos negativos) é muito baixa. Nesses casais, o olhar raramente está centrado em quem fala. Por isso, ao longo dos exercícios práticos, os terapeutas devem estar atentos e fazer com que os membros do casal percebam esse fato e o corrijam.

b. Fazer gestos e comentários afirmativos de que está escutando. O clássico movimento de cabeça ou os não menos conhecidos sons: "ahã", "sim" ou "sei" são necessários para que o interlocutor note que está sendo atendido.

c. Parafrasear, isto é, comunicar de forma sucinta ou que foi captado da idéia transmitida pelo outro. Parafrasear é muito útil porque: (*i*) força a escutar cuidadosamente; (*ii*) garante que compreendemos exatamente o que o outro diz; (*iii*) reduz a probabilidade de interromper o outro membro após a fala; e (*iv*) ajuda a assumir a perspectiva do outro.

d. Fazer perguntas abertas que não possam ser respondidas com sim ou não, sendo amável quando perguntar por algo que não tenha entendido.

e. Dar informação de agrado quando quem está falando explicou ou comunicou algo corretamente. Ainda, devem ser transmitidos os próprios sentimentos com relação ao que o outro comunicou. Isso deve ser feito no final da intervenção do interlocutor, de forma amável e relaxada.

5ª sessão

Essa sessão destina-se a atingir dois objetivos fundamentais: fortalecer o aprendido nas sessões anteriores e trabalhar com a transmissão de sentimentos negativos.

Quanto ao primeiro objetivo, os terapeutas aproveitam as incidências do trabalho realizado durante a semana para realizar sessões de representação de papéis no contexto terapêutico. Às vezes, é recomendável que um dos terapeutas converse com um dos membros do casal representando o papel do outro membro. Isso possibilita que o segundo membro tenha a oportunidade de observar as atuações de ambos e tome consciência dos aspectos positivos e negativos da interação.

Em relação ao segundo objetivo, faz-se necessário, em geral, uma introdução didática do que significam, em uma relação íntima, as principais emoções negativas (tristeza, raiva, medo etc.). Ainda, convém expor como as emoções negativas são difíceis de admitir e de eliminar, e se não são expressas adequadamente se tornam dor, raiva, culpa e sentimentos de humilhação. Evidentemente, tudo isso pode conduzir, de forma relativamente simples, a desejos de vingança. Essa explicação pode ser acompanhada por exemplos, que os terapeutas expõem em forma de representações cênicas e exemplos próprios dos membros do casal.

Assim como nas normas de comunicação positiva, para a expressão de sentimentos negativos deve-se destacar a necessidade de cumprir uma série de normas dirigidas tanto à transmissão quanto à recepção desses sentimentos.

A adequada transmissão de sentimentos negativos implica:

a. Expressar de forma direta os sentimentos, evitando, assim, sistemas indiretos às vezes muito consolidados no casal (bater portas, cantarolar, dar respostas secas etc.).

b. Não acusar o outro, evitando o desvio do pensamento à personalização. Centrar-se nas ações, não nas pessoas.

c. Expressar o sentimento o antes possível, evitando os extremos: o absoluto imediatismo (se o nível de mal-estar é muito elevado) ou a ocultação perpétua. O casal deve aprender a buscar o contexto mais adequado para transmitir o sentimento negativo.

d. Ser assertivo, não agressivo ou irônico, evitando, ainda, o excesso de submissão.

É possível deduzir facilmente que esse conjunto de normas somente será eficaz se os pacientes assumirem que realmente pode ser útil para evitar o descontrole emocional. O trabalho dos terapeutas não pode ser moralizante ou ameaçador, mas deve centrar-se na apresentação das vantagens do uso dessas regras. Os membros do casal têm de sentir a liberdade de escolha diante de uma mudança proposta, e ambos devem aceitar as regras. De alguma maneira, já nessa sessão adianta-se parte do que será trabalhado no componente da negociação.

Não obstante, insiste-se na possível eficácia dessas regras se, por sua vez, o interlocutor for capaz de cumprir as normas para uma adequada *recepção de sentimentos negativos*. Especificamente, trata-se de:

a. Escutar em silêncio e com contato visual.

b. Aceitação não-verbal da expressão do sentimento, embora não necessariamente das razões ou motivos que tenham provocado essa emoção.

c. Parafrasear.

d. Não racionalizar o comunicado.

e. Controlar o sentimento de acusação, evitando confundir a crítica do fato com a crítica à pessoa.

f. Expressão das próprias emoções geradas ao receber a informação do interlocutor.

É importante terminar essa sessão com representações de papéis em situações fictícias propostas pelos terapeutas. A técnica do distanciamento, nos primeiros exemplos, é central para evitar cair nos maus hábitos que o casal já consolidou nesse terreno. Em função do rendimento nos exemplos propostos pelos terapeutas, podem ou não ser introduzidas situações da vida real dos membros do casal. Sem dúvida, essa sessão pode precisar de alguma outra sessão acrescentada de consolidação com teor eminentemente prático.

II.3. *Treinamento em negociação*

Os seres humanos dispõem de diversos modos para atingir metas no âmbito interpessoal. Como já expusemos no treinamento em reciprocidade, o uso do reforço negativo ou da punição são sistemas muito eficazes em curto prazo, mas sua eficiência costuma ser pouca quando avaliada em períodos de tempo mais amplos. Quando duas pessoas desejam algo que é incompatível entre si (pôr os filhos em uma escola pública ou em uma escola particular, trocar de carro ou reformar a casa, passar o Natal na casa dos pais ou dos sogros, jantar em casa ou ir a um restaurante etc.), o sistema mais avançado de que o casal dispõe para resolver o dilema é a negociação. Negociar implica tratar de assuntos procurando estabelecer um acordo. O objetivo é, portanto, chegar a um pacto ou a um convênio que comprometa necessariamente ambas as partes. Partes, nesse caso, que provavelmente tiveram ao longo de sua relação como casal inúmeras experiências da inutilidade da negociação, onde o receio e a frustração conduziram a um abuso da coação ou ao refúgio do distanciamento.

Por conseguinte, o treinamento em negociação é relevante para os casais pelos seguintes aspectos:

– Ajuda a sistematizar e operacionalizar os desejos de mudança dos cônjuges.

– Insiste nas mudanças por meio do intercâmbio positivo, evitando os sistemas de coerção.

– Consolida o dar e o receber, reabilitados por meio do primeiro componente (treinamento em reciprocidade).

– Consolida a comunicação positiva. Sem ela, é muito pouco provável algum tipo de acordo, visto que os casais que não tenham amadurecido em uma comunicação eficaz dificilmente podem estabelecer as bases para chegar a um pacto.

Um Protocolo Cognitivo-comportamental para a Terapia Conjugal — 575

– Constitui o terceiro ingrediente básico para poder abordar o último componente terapêutico destinado à solução de conflitos.

As principais "ferramentas de trabalho" nesse componente são:

a. *Informação didática.* Os casais recebem informação com relação às diferenças entre negociação comercial *versus* negociação conjugal. São instruídos em relação à importância do conceito "provisório" e são expostos os princípios de resistência à frustração no conceito mais amplo de autocontrole.
b. *Contratos de contingência.* Em função de cada casal e de cada circunstância, serão utilizadas diferentes formas de "contrato" mais ou menos rigorosas. Em geral, podemos recorrer a três tipos de contrato (Capafóns, 1988): o contrato *quid pro quo* (Stuart, 1969), o contrato *bona fides* (Weiss, Birchler e Vicent, 1974) e o contrato de "felicidade" (Azrin, Naster e Jones, 1973).
c. Representação de papéis, modelagem e feedback. Ao longo das sessões destinadas a esse treinamento, os terapeutas e os membros do casal realizarão exercícios de negociação de diferentes situações cotidianas. O princípio de modelagem adquire de novo um valor fundamental, visto que os casais começarão com tarefas simples que, *a priori*, impliquem um baixo nível de emoção negativa e de conflito. Os terapeutas reforçarão as aproximações à negociação baseadas na boa comunicação, adequada operacionalização, primeiras tentativas de acordo etc.
d. *Tarefas para casa.* Como no componente anterior, grande parte do ensaiado na sessão terapêutica deve ser consolidado através do trabalho diário no contexto natural do casal.

Os objetivos que se perseguem nesse componente se podem resumir, basicamente, em três:

a. Que o casal disponha de instrumentos para conseguir mudanças no outro que ajudem na satisfação conjugal. Em princípio, centrar-se-á sobre comportamentos bem determinados e não especialmente conflitivos.
b. Que o casal seja capaz de transmitir pedidos operacionalizados e obter compromissos viáveis e relevantes.
c. Que o casal consolide a comunicação positiva e a transmissão de sentimentos negativos.

6ª sessão

O conteúdo dessa sessão centra-se na comunicação de conceitos e regras que ajudem a conseguir acordos viáveis e satisfatórios. Ao final da sessão, os membros do casal, com a ajuda dos terapeutas, devem conseguir um acordo sobre um tema a negociar que não apresente um especial nível de dificuldade. As explicações dos terapeutas centram-se nas seguintes questões:

a. A negociação conjugal, diferentemente de outros tipos de negociação, implica algumas sentenças que devem ser levadas em conta para o bom andamento de qualquer acordo: (*i*) vencer não é convencer; (*ii*) ceder não é perder; (*iii*) ganhar em curto prazo é perder em longo prazo; (*iv*) assumir a perspectiva do outro acarreta que o outro assuma nossa perspectiva. Além disso, é conveniente insistir sobre o erro fundamental de atribuição e os desvios do pensamento, visto que em casais disfuncionais o conceito de cessão costuma ser rapidamente associado à lesão ou engodo.

b. Um contrato no mundo do casal é, necessariamente, um acordo temporário, e ao longo da vida em comum esse instrumento será utilizado em muitas ocasiões. A idéia de ser temporário permite controlar a resistência que os casais disfuncionais apresentam diante de qualquer obrigação. Os casais são instruídos na habilidade para obter a máxima operacionalização dos desejos e necessidades e são expostas as principais etapas na construção de um contrato: (*i*) identificação das mudanças desejadas, tanto comportamentos aceleradores como desaceleradores; (*ii*) identificação das conseqüências oferecidas para apoiar essas mudanças; (*iii*) elaboração de uma matriz de contingências (o quê, por quê) em função do tipo de contrato ("um pelo outro", "boa fé" ou "felicidade"); (*iv*) duração do acordo e chaves para a renegociação em caso de o contrato, ao ser posto em prática, não ser viável.

c. Todo acordo pode ser boicotado. Não se trata de comprovar quem é mais "esperto"; os terapeutas devem saber transmitir (novamente sem nenhuma intenção moralizante ou ameaçadora) que uma ferramenta no mundo do casal é útil para ambos. Construir é, em geral, lento e trabalhoso; destruir é uma tarefa muito simples. Boicotar um acordo é muito fácil, elaborá-lo e levá-lo adiante implica um esforço cujos frutos nem sempre são imediatos. Não obstante, os terapeutas, controlando o princípio de modelação e com o conhecimento de que dispõem do casal, devem estimular acordos que tenham altas probabilidades de sucesso.

Justamente esse princípio é o que deve predominar na parte final da sessão, onde será elaborado o acordo sobre um tema presumivelmente simples. Os terapeutas devem guiar a construção desse primeiro contrato, mas devem ter cuidados no momento de intervir no conteúdo do acordo. Tomar atitudes paternalistas ou de julgamento é prejudicial para o desenvolvimento da terapia; o uso da maiêutica diante de abusos evidentes é a via mais adequada para corrigir excessos.

Uma vez formalizado um contrato simples, a tarefa para casa residirá na colocação em prática desse contrato e no esboço de outro contrato que será discutido na sessão seguinte.

7ª sessão

Trata-se de uma sessão de fortalecimento das mudanças conseguidas. Aproveitando a revisão das tarefas realizadas no lar, são repassados os princípios de reciprocidade e as conquistas obtidas com o "dia de mimo" desde que começou a ser posto em prática. O esboço de contrato que o casal traz é utilizado, ainda, para sondar os avanços no terreno da comunicação positiva.

Uma vez finalizadas essas tarefas, a sessão transcorre com duas novas metas: de encerramento das técnicas sutis de manipulação e estabelecimento de temas conflitivos baseando-se na hierarquia solicitada anteriormente como tarefa para casa (sessão 2). Mais detalhadamente, essas metas são:

a. Técnicas sutis de manipulação. Apoiando-nos nos conhecimentos disponíveis no terreno da assertividade, os pacientes são instruídos sobre o perigo das principais técnicas de manipulação que tendemos a utilizar em situações interpessoais. Essas técnicas, de indubitável eficácia em curto prazo, mantêm um custo em longo prazo muito pouco rentável, visto que costumam implicar um mal-estar psicológico em quem as sofre. Técnicas como culpar, desestabilizar (buscar sutilezas que ponham em dúvida nossa atitude ou reivindicação ou abusar do interrogatório, fazendo-nos ficar em dúvida), ameaçar, negar (o inegável) ou, simplesmente, atacar zonas psicológicas sensíveis podem ser técnicas que obtenham as mudanças que se perseguem, mas ao longo de uma relação o uso e abuso delas acaba por estimular comportamentos agressivos ou submissos (com o evidente risco do ressentimento e desejos de vingança). Ao casal são oferecidas técnicas alternativas que estimulem uma relação baseada na aceitação dos direitos pessoais legítimos. Essa introdução da tecnologia pesquisada no campo da assertividade, levada ao terreno da terapia conjugal (Capafóns, Sosa e López, 1986), vai ajudar não somente para consolidar o componente da negociação, mas também para enfrentar o último componente (solução de conflitos) com uma perspectiva baseada na legítima necessidade do respeito que nos devemos como pessoas.

b. Os terapeutas apresentam ao casal as hierarquias que seus membros entregaram. Esse é um bom momento para formalizar uma hierarquia comum de situações ou temas de conflito. Realizá-la antes dessa sessão, sem as ferramentas de comunicação e negociação consolidadas, acarreta o perigo de gerar um conflito a mais no casal: lembrar quais são os temas de conflito. O objetivo, portanto, é terminar a sessão com um plano consensual de temas a tratar nas sessões seguintes.

Em resumo, durante esse componente, o casal deve ter adquirido conhecimentos de valor reestruturador de suas crenças em relação ao que significa "acordar" ou "negociar", devem ser capazes de pôr em marcha os primeiros contratos que melhorem a relação cotidiana.

II.4. Treinamento em solução de conflitos

A solução de conflitos, como último componente terapêutico, implica utilizar todas as estratégias aprendidas nas sessões anteriores. Para resolver um conflito deve haver motivação (para isso a reciprocidade positiva terá contribuído), deve existir uma boa base de comunicação e devem ser respeitadas de forma rigorosa as normas para a comunicação positiva; caso contrário, a linguagem diante da solução de um conflito pode tornar-se um conflito a mais. E, além disso, devem ter obtido êxito por meio da negociação em resolver pequenos problemas de convivência. Agora, trata-se de entrar em temas que o casal avaliou como conflitivos e para os quais a solução ainda está por chegar, fato pelo qual ensinam-se passos estruturados que permitam centrar o casal na busca de soluções.

O treinamento em solução de conflitos é relevante porque:

a. Permitirá transmitir ao casal a informação de que o problema não é o problema, mas a busca da solução.
b. Ensinará ao casal uma forma adaptativa de enfrentar as dificuldades que surgem em uma vida em comum.
c. Consolida a idéia de centrar-se no positivo, e não no negativo.
d. É um componente que põe à prova todos os demais e nos dá feedback sobre o andamento da terapia.
e. Significa a via mais segura para manter uma boa relação em casal.

As principais "ferramentas de trabalho" nesse componente são:

a. *Informação didática*. Os casais recebem informação a respeito da solução de conflitos entre duas pessoas.
b. *Solução de problemas*. Obviamente, essa é a ferramenta fundamental desse componente, onde se trata de aplicar o treinamento "em fases" desenhado por D'Zurilla e Goldfried (D'Zurilla, 1988; D'Zurilla e Goldfried, 1971), junto com contribuições do grupo de Spivack (Spivack, Platt e Shure, 1976), quanto ao treinamento de dimensões, e de Jacobson e Margolin (1979), no que diz respeito às peculiaridades dessa ferramenta aplicada ao mundo do casal.
c. *Modelo e ensaio de comportamento*. Na sessão clínica serão levadas a cabo as diferentes fases do processo e os terapeutas intervirão quando for necessário, realizando o modelo dos aspectos necessários.
d. *Modelagem e feedback*. Os terapeutas reforçarão as aproximações no cumprimento das regras expostas na solução de conflitos. Ainda, destacarão os aspectos positivos em relação à comunicação, percepção de perspectivas e boa negociação, durante as tentativas de solução de problemas.
e. *Tarefas para casa*. As tarefas nesse componente devem visar fortalecer os conhecimentos e mudanças produzidos nas sessões e favorecer a progressiva autonomia do casal. Trata-se de ir preparando a retirada gradual dos terapeutas, a fim de que o casal consiga uma relação satisfatória baseando-se em seus próprios recursos.

Os objetivos que perseguimos nesse componente são:

- Ensinar uma forma adaptativa de enfrentar os problemas, centrando-se na análise e na busca de soluções.
- Romper a trajetória que o casal habitualmente apresenta nesse campo: ao tentar resolver um conflito, centra-se no "acessório", e não no "essencial". Isso costuma aumentar, em ambos os membros do casal, a sensação de derrota e esgotamento.
- Consolidar a reciprocidade positiva, as técnicas de comunicação e de negociação.
- Preparar o casal para um funcionamento autônomo, sem a intervenção sistemática dos terapeutas.

8ª sessão

Durante essa sessão são desenvolvidas basicamente duas tarefas: uma introdução sobre as bases da solução de problemas e a exposição das normas para obter uma correta análise de uma situação conflitiva.

a. A base teórica da solução de conflitos é atraente para os membros do casal. Discutem-se alguns princípios gerais e recorre-se a exercícios que confirmam essas bases. Esses exercícios estão distanciados dos problemas que o casal assinalou como motivos de conflito; trata-se de fazer com que os pacientes adquiram as bases sem estimular resistência emocional. Por exemplo, solicita-se ao casal que resolva um problema de lógica ou apresenta-se informação diferente e complementar a cada membro para que encontrem a solução. Esses exercícios confirmam a utilidade que o esquema geral de solução de problemas pode ter e as diferentes fases que encerra.
b. A fase de definição do problema ou do conflito é especialmente complexa no campo da terapia conjugal. Por isso, foram esboçadas algumas normas que ajudam o casal a resolver essa fase com êxito. Especificamente, é conveniente:

- Escolher o momento e o lugar para falar do problema.
- Dar, cada cônjuge, sua versão do problema, seu ponto de vista, tendo em conta os seguintes aspectos: (*i*) começar com algo positivo; se começarmos com uma crítica, o interlocutor reagirá, provavelmente, com um contra-ataque; (*ii*) ser específicos e breves (não abusar da reiteração); (*iii*) expressar os sentimentos, sem assumir que as emoções são óbvias; (*iv*) admitir a própria responsabilidade na geração ou manutenção do problema. Reconhecer que há um problema e aceitar parte da responsabilidade não significa necessariamente admitir a culpa nem a obrigação de uma mudança. Simplesmente, reconhecer tal responsabilidade ajuda na análise do problema e na futura negociação.
- Ter presente que um problema bem definido inclui: (*i*) descrição do comportamento indesejável; (*ii*) especificação das situações em que ocorre; (*iii*) descrição das conseqüências negativas do problema.

– Discutir somente um problema de cada vez. Não passar de um tema problemático a outro. Evidentemente, os casais terão enormes dificuldades para respeitar essa última norma; não obstante, tomar consciência de que tal norma existe aumenta a probabilidade de respeitá-la em sucessivos ensaios.

Para finalizar a sessão, solicita-se ao casal que, como tarefa para casa, definam um problema cumprindo os aspectos tratados durante a sessão.

9ª sessão

Durante a nona sessão será revisada a definição do problema tratado no lar e expostas as diretrizes para a solução de um conflito. Basicamente, são considerados os seguintes aspectos:

a. *Centrar-se nas soluções.* Uma vez analisado o problema e detectados os principais determinantes, o casal é instruído nos princípios do turbilhão de idéias, insistindo na não avaliação e no princípio de que a "quantidade gera a qualidade". Posteriormente serão eliminadas as soluções mais absurdas ou disparatadas, retendo as soluções mais promissoras, que serão discutidas mais profundamente.

b. *Selecionar as soluções a pôr em prática.* Os princípios expostos no componente da negociação adquirem toda sua relevância de novo. Em linhas gerais, ao discutir uma solução que implique a mudança de algum aspecto do comportamento do outro oferece-se também alguma mudança própria, ou que predispõe para uma boa negociação. Evitar a idéia de "tudo ou nada"; retomar o princípio de modelagem facilita a possibilidade real de mudança.

c. *Atingir um acordo, combinando as soluções de tal forma que se consiga uma solução consensual.* Para tal fim, ajuda a busca de acordos específicos e descritivos, não abertos à interpretação.

d. *Estabelecer os meios para conseguir pôr em marcha a solução.* O pensamento meio-fins é relevante para garantir que a solução conduza a resultados satisfatórios para ambos os membros do casal.

e. *Pôr à prova a solução e estabelecer momento e lugar para avaliá-la.* O casal deve ser consciente de que o fracasso na solução pode implicar a revisão de todas as fases do processo, desde a definição do conflito até a forma de implantar a solução.

Essa sessão finaliza-se com a realização prática das fases expostas.

10ª e 11ª sessões

As sessões décima e décima primeira destinam-se a revisar e avaliar as diferentes soluções que os casais foram determinando e provando diante dos diferentes conflitos. Para incentivar o progressivo desligamento dos terapeutas, recomenda-se que exista uma maior distância entre as sessões (entre vinte e trinta dias) para poder comprovar o nível de consolidação das habilidades adquiridas pelos membros do casal. Ainda, é conveniente realizar, durante as sessões, ensaios de comportamento dos conflitos, a fim de poder estimar *in situ* o nível de melhora atingido pelo casal.

12ª sessão

A última sessão de tratamento destina-se a uma revisão geral das mudanças ocorridas durante a terapia e ao estabelecimento da manipulação de situações críticas. Essas situações, muito habituais entre os membros de um casal, fazem referência a situações imprevistas que podem conduzir a estouros emocionais negativos. A origem deles costuma ser enormemente variada (um mau dia de trabalho, não ter cumprido um acordo, problemas com terceiros etc.) e existe pouca evidência empírica que nos permita fazer predições exatas para evitar seu aparecimento. Por isso, recomenda-se, mais que a estrita evitação dessas situações, a sua adequada manipulação. As recomendações seguem a linha do que foi trabalhado ao longo de todas as sessões:

– Se for possível, melhor parar e pensar ("quanto me incomoda o que está acontecendo?", "que cota de responsabilidade tenho no que está acontecendo?', "vale a pena manter ou aumentar meu mal-estar?").
– Cortar a tensão o quanto antes possível por meio de exercícios curtos de relaxamento, respirações profundas, evitando o contato, aprendendo a esperar.
– Expressar a emoção da forma mais adequada possível. Se, por sua vez, o interlocutor consegue uma atitude de recepção adaptativa, a situação de crise pode ser resolvida de forma mais sossegada.
– Se o estouro se consumir em toda sua intensidade, posteriormente devemos estar atentos às tentativas de "reconciliação" do outro e devemos gerar estratégias de reconciliação. Obviamente, nesse ponto devemos ter claro que queremos tal reconciliação.
– Discussão posterior, calma, sobre o ocorrido, onde a análise da situação deve permitir uma aproximação a possíveis soluções futuras.

O que se busca, em suma, é romper o hábito dos estilos coercitivos diante de situações de tensão e crises. Com isso, não se pretende transmitir ao casal uma atitude "Doris Day-Rock Hudson" do cinema dos anos 1970, mas um comportamento de auto-regulação que permita, em médio e longo prazos, uma relação mais satisfatória. A balança, em função dos custos-benefícios emocionais, se inclinará para os estilos anteriores ou para novas formas de interação mais adaptativas.

O período de acompanhamento-consolidação será muito variado em função da própria evolução do casal. Em geral, recomenda-se manter o contato com os terapeutas durante dois anos, por meio de duas ou três sessões. Essas sessões (que, inclusive, podem ser realizadas por contato telefônico) permitem avaliar a capacidade do casal para enfrentar novas situações que não haviam sido trabalhadas, nem provavelmente previstas, durante a terapia (mudanças na estrutura familiar – por perda ou por aumento da família –, mudanças profissionais, aparecimento de alguma doença etc.). Alguns casais, inclusive, podem propor a separação, por isso a manutenção do contato pode facilitar a ajuda dos terapeutas diante desse novo desafio.

III. CONCLUSÕES

Neste capítulo apresentou-se, de maneira necessariamente sucinta, um programa de intervenção que recolhe os principais ingredientes da terapia de casais de cunho cognitivo-comportamental. Para sua apresentação optamos por uma versão didática e prática, deixando de lado, por questões de espaço, os aspectos de reflexão teórica e de pesquisa que, sem dúvida nenhuma, devem estar presentes na formação daqueles que queiram aprofundar-se nesse campo de trabalho. Para abordar cada um dos componentes terapêuticos (reciprocidade, comunicação, negociação e solução de conflitos), tentamos seguir um esquema uniforme no qual foram assinalados os principais fundamentos do treinamento, sua relevância, as ferramentas terapêuticas das quais se faz uso, assim como os objetivos globais que o treinamento em questão visa. Oferecemos, ainda, uma estrutura distribuída em sessões, que deve ser considerada somente como uma proposta flexível, com o objetivo de orientar o clínico quanto à distribuição no tempo dos elementos-chave do programa.

REFERÊNCIAS BIBLIOGRÁFICAS

Azrin, N. H., Naster, J. y Jones, R. (1973). Reciprocity counseling: A rapid learning-based procedure for marital counseling. *Behaviour Research and Therapy, 11*, 365-382.

Baucom, D. H., Epstein, N., Sayers, S. L. y Sher, T. G. (1989). The role of cognitions in marital relationships: Definitional, methodological, and conceptual issues. *Journal of Consulting and Clinical Psychology, 57*, 31-38.

Baucom, D. H., Sayers, S. L. y Sher, T. G. (1990). Supplementing behavioral marital therapy with cognitive restructuring and emotional expressiveness training: an outcome investigation. *Journal of Consulting and Clinical Psychology, 58*, 636-645.

Beck, A. T. (1972). *Depression: Causes and treatment*. Philadelphia: University of Pennsylvania.

Beck, A. T., Rush, A. J., Shaw, B. F. y Emery, G. (1979). *Cognitive therapy of depression*. Nueva York: Guilford.

Bögner, I. y Zizlenbach-Conen, H. (1984). On maintaining change in behavioral marital therapy. En K. Hahlweg y N. S. Jacobson (dirs.), *Marital interaction. Analysis and modification*. Nueva York: Guilford.

Bornstein, P. H. y Bornstein, M. T. (1986). *Marital therapy*. Nueva York: Pergamon.

Bradbury, T. N. y Fincham, F. D. (1990). Attributions in marriage: Review and critique. *Psychological Bulletin, 107*, 3-33.

Capafóns, J. I. (1988). Panorama general de la terapia de parejas desde la perspectiva de la terapia de conducta. *Análisis y Modificación de Conducta, 42*, 515-544.

Capafóns, J. I., Sosa, C. D. y López, C. (1986). Terapia sexual y de parejas según el modelo de Hahlweg, Schindler y Revenstorf: Aplicación en España. *Análisis y Modificación de Conducta, 34*, 607-616.

Christensen, A. y Shenk, J. L. (1991). Communication, conflict, and psychological distance in nondistressed, clinic, and divorcing couples. *Journal of Consulting and Clinical Psychology, 59*, 458-463.

Crowe, M. (1997). Intimacy in relation to couple therapy. *Sexual and Marital Therapy, 12*, 225-236.

Crowe, M. y Ridley, J. (1990). *Therapy with couples. A behavioural-systems approach to marital and sexual problems*. Oxford: Blackwell.

Denton, W. H. (1991). The role of affect in marital therapy. *Journal of Marital and Family, 17*, 257-261.

D'Zurilla, T. J. (1988). Problem-solving therapies. En K. S. Dobson (dir.), *Handbook of cognitive-behavioural therapies*. Nueva York: Guilford.

D'Zurilla, T. J. y Goldfried, M. R. (1971). Problem solving and behavior modification. *Journal of Abnormal Psychology, 78*, 107-136.

Gottman, J. y Krokoff, L. J. (1989). Marital interaction and satisfaction: A longitudinal view. *Journal of Consulting and Clinical Psychology, 57*, 47-52.

Gottman, J., Notarius, C., Gonso, J. y Markman, H. (1976). *A couple's guide to communication*. Campaign: Research Press.

Hahlweg, K. (1986). *Partnerschaftliche interacktion*. Múnich: Gerhard Rötger Verlang.

Hahlweg, K. y Jacobson, N. S. (1984). *Marital interaction. Analysis and modification*. Nueva York: Guilford.

Hahlweg, K. y Markman, H. J. (1988). Effectiveness of behavioral marital therapy: Empirical status of behavioral techniques in preventing and alleviating marital distress. *Journal of Consulting and Clinical Psychology, 56*, 440-447.

Jacobson, N. S. (1991). Behavioral versus insight-oriented marital therapy: Labels can be misleading. *Journal of Consulting and Clinical Psychology, 59*, 142-145.

Jacobson, N. S. y Christensen, A. (1996). *Integrative couple therapy: Promoting acceptance and change*. Nueva York: Norton.

Jacobson, N. S. y Margolin, G. (1979). *Marital therapy: Strategies based on social learning and behavior exchange principles*. Nueva York: Brunner/Mazel.

Jacobson, N. S., Schmaling, K. B., Holtzworth-Munroe, A., Katt, J. L., Wood, L. F. y Follette, V. M. (1989). Research-structured vs clinically flexible versions of social learning-based marital therapy. *Behaviour Research and Therapy, 27*, 173-180.

Krokoff, L. J. (1991). Comunication orientation as a moderator betweeen strong negative affect and marital satisfaction. *Behavioral Assessment, 13*, 51-65.

Liberman, R. P. (1975). *Behavioral marital therapy: Group leaders guide*. Behavioral Analysis and Modification Proyect.

Sager, C. J. (1997). *Marriage contracts and couple therapy*. Nueva York: Jason Aronson.

Sher, T. G. y Weiss, R. L. (1991). Negativity in marital communication: where's the beef? *Behavioral Assessment, 13*, 1-5.

Snyder, D. K., Wills, R. M. y Grady-Fletcher, A. (1991*a*). Long-term effectiveness of behavioral versus insight-oriented marital therapy: A 4-year follow-up study. *Journal of Consulting and Clinical Psychology, 59*, 138-141.

Snyder, D. K., Wills, R. M. y Grady-Fletcher, A. (1991*b*). Risks and challenges of long-term psychotherapy outcome research: Reply to Jacobson. *Journal of Consulting and Clinical Psychology, 59*, 146-149.

Spivack, G., Platt, J. y Shure, M. B. (1976). *The problem solving approach to adjustment.* San Francisco: Jossey Bass.

Stuart, R. B. (1969). Operant-interpersonal treatment for marital discord. *Journal of Consulting and Clinical Psychology, 33*, 675-682.

Stuart, R. B. (1980). *Helping couples change.* Nueva York: Guilford.

Stuart, R. B. y Stuart, F. (1972). *Marriage pre-counseling inventory and guide.* Champaign: Research Press.

Tessina, T. B. y Smith, R. K. (1993). *Equal partners.* Londres: Hodder & Stoughton.

Weiss, R. L., Birchler, G. R. y Vicent, J. P. (1974). Contractual models for negotiation training in marital dyads. *Journal of Marriage and the Family, 36*, 321-331.

Weiss, R. L., Hops, H. y Patterson, G. R. (1973). A framework for conceptualizing marital conflict: A technology for altering it, some data for evaluating it. En L. D. Handy y E. L. Mash (dirs.), *Behavior change: Methodology concepts and practice.* Champaign, IL: Research Press.

Wesley, S. y Waring, E. M. (1996) A critical review of marital therapy research. *The Canadian Journal of Psychiatry, 41*, 421-428.

Yperen, N. W. y Buunk, B. P. (1990). A longitudinal study of equity and satisfaction in intimate relationships. *European Journal of Social Psychology, 20*, 287-309.

LEITURAS PARA APROFUNDAMENTO

Bornstein, P. H. y Bornstein, M. T. (1986). *Marital therapy.* Nueva York: Pergamon.

Crowe, M. y Ridley, J. (1990). *Therapy with couples. A behavioural-systems approach to marital and sexual problems.* Oxford: Blackwell.

Hahlweg, K. y Jacobson, N. S. (1984). *Marital interaction. Analysis and modification.* Nueva York: Guilford.

Jacobson, N. S. y Christensen, A. (1996). *Integrative couple therapy: Promoting acceptance and change.* Nueva York: Norton.

Tessina, T. B. y Smith, R. K. (1993). *Equal partners.* Londres: Hodder & Stoughton.

Capítulo 21
TRATAMENTO COGNITIVO-COMPORTAMENTAL DOS PROBLEMAS FAMILIARES

COLE BARTON, JAMES F. ALEXANDER e MICHAEL S. ROBBINS[1]

I. INTRODUÇÃO

A seqüência na qual este capítulo aparece neste amplo manual de intervenções cognitivo-comportamentais sugere uma definição dos "problemas familiares" por omissão. Isto é, dos problemas que os clínicos da saúde mental abordam com grande freqüência, os principais transtornos não incluídos nos outros capítulos do manual (como, por exemplo, os que foram "deixados" para este capítulo), parecem ser os transtornos sofridos principalmente por crianças e adolescentes[2]. É importante assinalar que, para muitos clínicos com orientação contextual, os "problemas familiares" englobam uma grande variedade de problemas comportamentais específicos, incluindo muitos dos abordados em outros capítulos deste manual (vols. 1 e 2). Porém, não é nossa intenção neste capítulo propor questões epistemológicas básicas com relação a uma consideração mais ampla do transtorno do comportamento; pelo contrário, adaptaremos um enfoque mais "tradicional" em nosso conteúdo. Isso incluirá uma separação artificial entre problemas conjugais (veja os dois capítulos anteriores a este) e problemas familiares.

Historicamente, muitos problemas comportamentais da infância e da adolescência são incluídos sob o rótulo de "problemas familiares", devido às suposições de que esses problemas comportamentais estão "causados por", exacerbados por, ou explicados e tratados eficazmente a partir da perspectiva de um modelo baseado na família. Como fundamentação inicial, apoiar-nos-emos nas principais revisões e metanálises da literatura que apresentaram a intervenção sobre a família como um tratamento de escolha para síndromes determinadas (Alexander, Holtzworth-Munroe e Jameson, 1994; Alexander e Barton, 1995; Gordon, Arbruthnot, Gustafson e McGreen, 1988; Gurman, Kniskern e Pinsof, 1986; Kazdin, 1993, 1994; Shadish *et al.*, 1993). Essas revisões e metanálises enfatizam os efeitos positivos dos modelos sistêmicos de terapia familiar para os jovens com transtornos externalizados. Neste capítulo, centrar-nos-emos basicamente nas características dessas Intervenções familiares, de base sistêmica, com jovens com problemas de comportamento.

---

[1]Davidson College, University of Utah e University of Miami School of Medicine (Estados Unidos), respectivamente.
[2]Os problemas de crianças e adolescentes são abordados, nos dois volumes do Manual de Psicologia Clínica Infantil e do Adolescente, publicados pela Editora Santos, dirigido pelo mesmo diretor deste volume e dedicado exclusivamente a problemas desse segmento da população.

II. CARACTERÍSTICAS DOS MODELOS DE INTERVENÇÃO COGNITIVO-COMPORTAMENTAL CENTRADOS NA FAMÍLIA PARA ATUAR COM CRIANÇAS E ADOLESCENTES QUE EXTERNALIZAM SEU COMPORTAMENTO

Para começar, é importante assinalar que o "título" de cognitivo/comportamental não é totalmente descritivo do conteúdo da intervenção, visto que o afeto não está excluído desse modelo. Para citar um exemplo, o conceito da defensividade, que reflete a expressão do afeto negativo em muitas formas, foi um importante centro de atenção do processo da "Terapia familiar funcional" e se reflete nos resultados com jovens durante mais de vinte anos (Alexander, 1973; Alexander, Barton, Schiavo e Parsons, 1976; Barton, Alexander e Turner, 1988; Newberry, Alexander e Turner, 1991; Robbins, Alexander, Newell e Turner, 1996).

Ao mesmo tempo, o afeto costuma ser tratado mais como um quadro organizador concomitante, em vez de primário, para as estratégias e o conteúdo da intervenção. Ao contrário, os enfoques cognitivo-comportamentais com base na família caracterizam-se pela especificidade comportamental, tanto nos objetivos como nas técnicas, ao menos em determinadas fases bem definidas da intervenção (veja mais adiante). Dessa forma, o afeto, as cognições e atribuições, e os comportamentos constituem princípios organizadores importantes em diferentes pontos do processo do tratamento para o desenvolvimento, manutenção e modificação com êxito dos problemas de comportamento dos jovens.

Os modelos cognitivo-comportamentais supõem também, seja explícita ou implicitamente, um "processador interno", que está unido bidirecionalmente às expressões comportamentais de uma pessoa ou pessoas em uma família, assim como ocorre com outros aspectos do ambiente. Desse modo, os modelos cognitivo-comportamentais com base na família compartilham uma perspectiva conceitual existente no conceito do "determinismo recíproco" desenvolvido por Bandura nos anos 1960 (Bandura e Walters, 1963). Como sugeriu Bandura, em circunstâncias nas quais há um controle ambiental considerável, os agentes de mudança, podem centrar-se expressamente no comportamento *per se*. Esse tipo de situação pode ocorrer em ambientes institucionais e familiares com crianças pequenas, onde os pais ou as figuras parentais e o pessoal da instituição podem dispor de um notável poder diferencial e de um controle sobre as principais fontes de influência ambiental. Ao mesmo tempo, para a maioria das situações problema com jovens e crianças mais velhas, que vivem em algum tipo de "sistema aberto", os agentes de mudança independentes são geralmente incapazes de controlar uma parte suficientemente grande de contingências ambientais para influir diretamente sobre o comportamento. Ao contrário, as terapias cognitivo-comportamentais baseadas na família foram desenvolvidas como um conjunto de estratégias dirigidas a influir sobre as cognições de diferentes membros da família, de tal forma que aumente sua aceitação de padrões comportamentais adaptativos novos (enquanto opostos aos desadaptativos anteriores) e das cognições com as quais estão associados. Essas estratégias e técnicas constituirão um objetivo importante deste capítulo, tal como descrevemos mais adiante.

Outra característica dos enfoques cognitivo-comportamentais com base na família é a apreciação implícita ou explícita da natureza contingente e sistêmica/contextual dos padrões de comportamento desviado e de sua modificação. Exemplos disso incluem os conceitos, definidores do campo, da *reciprocidade* e da *coerção*, desenvolvidos por Patterson e colaboradores (Patterson, 1982; Patterson e Reid, 1984). O trabalho sobre a defensividade (citado anteriormente) incluiu também a idéia de reciprocidade dentro da família (Alexander, 1973; Barton, Alexander e Turner, 1988). Além disso, o papel do terapeuta na intervenção familiar foi articulado também como um processo recíproco no qual o terapeuta se entrega a uma "diretividade contingente" nas primeiras fases (Alexander, Barton, Waldron e Mas, 1983). Assim, embora os protocolos de tratamento sejam escritos amiúde como se implicassem uma ligação linear da técnica aos comportamentos dos membros da família, o quadro conceitual existente inclui uma apreciação da natureza bidirecional da influência entre os membros da família e o terapeuta, onde a comunicação aberta representa o canal através do qual essas influências têm seus efeitos. Ao mesmo tempo, os canais de comunicação não existem como uma realidade independente; pelo contrário, seu efeito é uma função dos processos de codificação e decodificação experimentados pelos membros da família e pelo terapeuta. Em outras palavras, embora os modelos cognitivo-comportamentais baseados na família se fundamentem na "ciência tradicional", a inclusão de cognições e do processamento da informação permite que esses modelos compartilhem mais elementos de uma perspectiva "social".

A característica final das terapias cognitivo-comportamentais com base familiar/ sistêmica é sua natureza fásica. Embora essas terapias se caracterizem, amiúde, na literatura por suas técnicas (por exemplo, treinamento em comunicação, contratos de contingência, treinamento de pais), a aplicação dessas técnicas não se faz nem aleatoriamente nem de forma constante ao longo do tratamento. Ao contrário, a intervenção com êxito requer que os terapeutas realizem satisfatoriamente uma série de tarefas, ou negociem uma série de fases, conforme os membros da família passam do compromisso inicial até o final com êxito. No Modelo de Anatomia da Intervenção (MAI) (*Anatomy of Intervention Model*; AIM) encontram-se identificadas essas fases (Alexander, Barton, Waldron e Mas, 1983).

Este capítulo está organizado em cinco partes diferentes, que refletem as fases do processo de intervenção com famílias. O MAI foi desenvolvido como um instrumento didático e de treinamento para entender os objetivos, as tarefas e as atividades e habilidades das diferentes fases da terapia familiar. Desse modo, o MAI constitui um quadro genérico com aplicabilidade universal ao longo das intervenções familiares. Neste capítulo, o MAI é apresentado a partir da perspectiva da Terapia Familiar Funcional (TFF) (*Functional Family Therapy*, FFT; Alexander e Parsons, 1992). O capítulo continua a seqüência de fases que constituem o esquema do MAI, de forma específica: *a.* Apresentação e formação de impressões; *b.* Avaliação e compreensão; *c.* Terapia e indução; *d.* Tratamento e educação; e *e.* Generalização e fim.

Dentro de cada uma dessas fases da intervenção, produz-se uma descrição de:
- Cognições problemáticas;
- Decodificação de problemas;
- Codificação de problemas;
- Estratégias privadas para o terapeuta familiar; e
- Estratégias públicas para o terapeuta familiar.

III. AS TAREFAS COGNITIVAS DA INTERVENÇÃO COM BASE NA FAMÍLIA

A Terapia Familiar Funcional (TFF); (Alexander e Parsons, 1982) supõe que há importantes substratos cognitivos no comportamento desadaptativo das famílias e articulou técnicas e estratégias terapêuticas específicas para modificar esses substratos cognitivos problemáticos. Como foi descrito no MAI, as diferentes fases da intervenção familiar têm diferentes substratos cognitivos associados a elas. Na TFF, as cognições são importantes por duas razões: primeiro, porque mantêm os problemas dentro da família e, segundo, porque é provável que sejam fontes de resistência à intervenção. Por conseguinte, para o terapeuta, cada fase da intervenção tem diferentes objetivos e requer diferentes características do terapeuta. Em cada parte, centrar-nos-emos nessas tarefas a partir da perspectiva das cognições mantidas pelos membros da família e dos processos de codificação e decodificação que os terapeutas têm de empreender para lidar com elas.

IV. A FASE DE APRESENTAÇÃO E FORMAÇÃO DE IMPRESSÕES

A fase de apresentação e formação de impressões refere-se ao contato inicial entre a família e o terapeuta. As cognições desse acontecimento desencadeiam conjuntos de impressões que conduzem a expectativas tanto nos membros da família como nos terapeutas. Há poucas dúvidas acerca do fato de que o afeto do terapeuta por um paciente varia consideravelmente dependendo da natureza do problema (isto é, se a família tem um filho com fobia escolar comparado com um pai que pratica abusos físicos). Do mesmo modo, as impressões da família sobre o terapeuta variam também dependendo da natureza do processo pelo qual recorreu à terapia e de suas próprias crenças sobre o tratamento (isto é, dependendo se procurou tratamento recomendado por um bom amigo comparado com recorrer a um terapeuta para o qual o convênio médico recusou autorização).

Posto que a terapia familiar não começa como um acontecimento espontâneo, são importantes as expectativas e percepções que as famílias e os terapeutas criam quando começam sua relação. A fase de apresentação e formação de impressões na intervenção antecipa a forma na qual as cognições dos membros da família farão com que sejam apreensivos, que se aborreçam ou que enfrentem o processo de terapia. Ao antecipar as cognições-problema, os terapeutas são capazes de adaptar apropriadamente sua estraté-

TRATAMENTO COGNITIVO-COMPORTAMENTAL DOS PROBLEMAS FAMILIARES

gia de intervenção para facilitar as expectativas positivas sobre o tratamento dos membros da família.

IV.1. *Cognições-problema na fase de apresentação e formação de impressões*

As cognições da família que constituem problemas no começo são normalmente problemas de orientação à terapia familiar ou um temor geral de um processo que não conhecem. Comparado com psicoterapias orientadas individualmente, nas quais a suposição é que a pessoa que vai à terapia é a pessoa que tem o problema, na terapia familiar as cognições problemáticas mais características se produzem quando outros membros da família se perguntam por que todos têm de estar presentes, visto que a maioria dos estereótipos sobre a psicoterapia se baseia em modelos que tratam de indivíduos.

Cognição-problema: "Por que tenho de recorrer a um 'médico de loucos'?"

A maioria das pessoas candidatas à psicoterapia não considera os psicoterapeutas como os melhores profissionais para resolver seu problema (Garfield, 1986). Alguns pacientes acreditam que um psicoterapeuta não é a pessoa mais competente, enquanto outros preferem acreditar que as bases de seus problemas são físicas (Wills, 1991). Qualquer que seja a base dessa percepção, a maioria dos membros da família não começará a relação com o terapeuta supondo que ele é um profissional apropriado para sanar suas preocupações. Dessa forma, os terapeutas familiares têm de convencer os membros da família de que o processo da terapia familiar pode oferecer-lhes algo que valha a pena.

Cognição-problema: "Estar aqui significa que sou fraco ou que fracassei"

Os candidatos à psicoterapia têm preconceitos morais sobre a avaliação da conduta anormal. Muitas pessoas supõem que procurar ajuda psicoterapêutica é admitir, de fato, que algo não funciona neles ou em um membro de sua família (Goldenberg e Goldenberg, 1991). Os terapeutas familiares têm de convencer os membros da família de que a terapia familiar não é punitiva ou dolorosa, e que a participação no treinamento não indica um "defeito" moral existente em seu caráter.

Cognição-problema: "Não gosto desse processo"

Os homens e as mulheres recorrem à psicoterapia por razões diferentes e a motivação para participar pode ser diferente no começo. Geralmente, as mulheres procuram psicoterapia para conseguir ajuda em questões de relacionamento, enquanto a maioria dos homens que recorrem à psicoterapia procuram conselhos para tarefas instrumentais (Gomes-Schwartz, 1978). Se os terapeutas não souberem antecipar diferenças nos horários mais convenientes para os diferentes membros da família, é provável que estes se desanimem com o processo terapêutico e se neguem a participar. Os terapeutas familiares têm de convencer os membros da família com percepções diferentes que possam oferecer-lhes algo que valha a pena.

Cognição-problema: "Seria melhor que esse terapeuta fizesse o que eu quero"

Posto que a maioria das questões sobre relacionamento nas famílias ou nos casais referem-se ao controle interpessoal, os terapeutas enfrentam freqüentemente membros da família que são claramente controladores. É pouco provável que a pessoa que expressa necessidades de controle queira ajuda para moderar sua necessidade. Normalmente, irão querer que o terapeuta e outros membros da família respondam a suas exigências. Os terapeutas familiares têm de abordar inicialmente o relacionamento entre os membros da família, com o fim de evitar relações desadaptativas perpetuantes, enquanto, ao mesmo tempo, devem manter a necessidade interpessoal das pessoas controladoras.

Cognição-problema: "Não entendo por que tenho de estar aqui"

A maioria dos membros da família não entende sua implicação nos problemas dos outros. Provavelmente não reconhecem que suas motivações são incompreendidas ou podem pensar que, posto que não padecem de um mal-estar subjetivo, não existe razão para sua participação. As famílias com um membro irritável freqüentemente são obrigadas a recorrer à terapia. Algumas famílias são enviadas a tratamento por juízes, pelo conselho de pessoas encarregadas de sua custódia, enquanto outras são incentivadas a procurar ajuda pelo insistente conselho de um médico a um membro da família. Sob qualquer dessas circunstâncias, outros membros da família podem levar a mal o fato de ter de recorrer à terapia. É conveniente que os terapeutas de família ofereçam uma explicação ou estabeleçam uma base para a participação regular de todos, que suscitem interesse ou que consigam, de alguma maneira, aumentar a motivação dos membros da família que não se sentem envolvidos nas sessões.

IV.2. A decodificação das cognições-problema na fase de apresentação e formação de impressões

Na fase de apresentação e formação de impressões, o terapeuta dispõe de uma informação muito limitada sobre os membros da família. Como resultado, o terapeuta tem de confiar mais na intuição, na experiência e nos estereótipos para tentar entender o que os membros da família estão comunicando. Carentes de dados específicos, os terapeutas podem realizar uma decodificação mais rápida e precisa se desenvolverem algumas hipóteses *a priori* sobre os membros da família. Essas hipóteses *a priori* baseiam-se na experiência dos terapeutas com populações clínicas, pacientes masculinos e femininos e pacientes com diferentes origens étnicas, assim como em seu conhecimento sobre a pesquisa e a literatura clínica existentes em cada uma dessas áreas. Os terapeutas que tenham expectativas *a priori* "com informação" serão favorecidos em sua interação com os membros da família durante a fase inicial de tratamento.

IV.3. *A codificação de problemas na fase de apresentação e formação de impressões*

Comprometer a participação dos membros da família constitui um dos principais desafios técnicos da terapia familiar. Tendo em conta que esse compromisso tem de ocorrer de modo muito rápido, os terapeutas devem criar imediatamente a impressão de que podem responder aos interesses de cada um dos membros da família. Os terapeutas familiares normalmente conseguem esse compromisso de duas maneiras. Uma é intuir adequadamente uma forma de garantir que serão abordadas as preocupações dos membros da família. Essa manobra requer que os terapeutas tenham intuições clínicas excelentes sobre os problemas dos membros da família, uma habilidade que normalmente se consegue por meio da experiência ou da capacidade perceptiva. Outra forma é esquivar-se as resistências ou das preocupações que se apresentarem inicialmente e conseguir o compromisso da família atiçando sua curiosidade sobre definições alternativas de seus problemas.

Em qualquer caso, os terapeutas familiares têm de se comunicar eficazmente com os membros da família. Um risco óbvio da função do psicólogo seria utilizar jargão profissional demasiadamente técnico para ser compreendido pelos membros da família. Outro risco consistiria em empregar um vocabulário sofisticado, que não tenha significados compartilhados pela maioria das pessoas. O choque de culturas pode ocorrer quando os terapeutas são insensíveis aos costumes e tradições, ou transmitem uma incapacidade ou (pior ainda) um desinteresse por chegar à compreensão dos problemas dos membros da família.

IV.4. *A estratégia pública na fase de apresentação e formação de impressões*

A tarefa mais pública dos terapeutas de família durante a fase de apresentação e formação de impressões consiste em mostrar aos membros da família que sua participação acabará em algo que valerá a pena. Os membros têm de desenvolver a sensação de que o terapeuta de família fará com que eles mesmos (ou alguma outra pessoa que lhes importe de sua família) sejam melhores. Os terapeutas de família têm de expor as famílias, inicialmente, a alguma experiência que lhes produza otimismo sobre o futuro: realmente ninguém irá querer participar de um processo que piore as coisas. É provável que as famílias façam uma análise do custo/eficácia para determinar se sua participação merece o tempo e o esforço que vão empregar, assim como o custo econômico.

É mais provável que os membros da família se comprometam no processo de terapia familiar se o psicólogo convencer a família de sua credibilidade como terapeuta. A credibilidade dos terapeutas estabelece as bases para que os membros da família respondam favoravelmente a suas instruções e para que esperem que o processo da terapia de família valha a pena (Alexander *et al.*, 1983; Frank, 1973). Em resumo, as estratégias públicas dos terapeutas de família servem para dar aos membros da família uma sensação de otimismo e credibilidade em relação ao terapeuta familiar.

IV.5. A estratégia privada na fase de apresentação e formação de impressões

Nessa fase, o terapeuta tem de processar informação de maneira privada, de tal modo que lhe permita comprometer a participação de cada membro da família. É provável que os membros tenham diferentes horários que lhes sejam apropriados para ir à sessão e diferentes pontos de oposição ou vulnerabilidade. A terapia de família funciona mais fluentemente quando os terapeutas sabem avaliar a informação não-verbal do processo gerada pelas famílias quando os membros se relacionam entre si. De fato, a melhor forma de os terapeutas de família compreenderem-na é através das observações diretas da família na sessão. Para induzir a motivação de mudança nos membros da família (fase de terapia e indução), o terapeuta verá que a razão custo/eficácia é melhor quando trabalha com toda a família presente (veja o item da fase de terapia e indução).

Portanto, de forma privada, os terapeutas de família observam a família inteira, se é que não os questionam verbalmente, com o objetivo de que se sintam comprometidos com as sessões de terapia. Se a complexidade ou a confusão da primeira visita não conseguir criar um compromisso por parte de todos, o terapeuta de família deveria determinar quem da família tem os recursos para estimular ou obrigar os outros membros a freqüentar, e garantir que essa pessoa (ou pessoas) adquiram o compromisso de levar os demais com ela.

IV.6. Resumo da fase de apresentação e formação de impressões

O interesse pelas cognições na fase de apresentação e formação de impressões centra-se em obter o compromisso da família com o processo da intervenção familiar. A forma mais eficaz de comprometer as famílias com o tratamento é criar confiança e segurança de que serão atendidas por um terapeuta *confiável*, com muita *experiência*.

As famílias levam com elas, ao tratamento, estereótipos sobre os terapeutas e tendências associadas a variáveis demográficas, tais como a etnia ou gênero. Essas atividades cognitivas modelam as expectativas que levam à terapia, assim como as percepções iniciais dos terapeutas. Os terapeutas familiares começarão bem se souberem como encaixar sua comunicação às tendências e expectativas que as famílias levam às sessões iniciais.

A maior parte das primeiras discussões na terapia familiar será provavelmente provocada, em parte, pelos horários dos membros mais expressivos da família e pelas respostas que os terapeutas familiares lhes derem. Porém, em particular, o compromisso dos terapeutas familiares com a análise sistêmica para a fase da avaliação e compreensão

Na fase de avaliação e compreensão, o terapeuta familiar desenvolve seu mapa cognitivo

V. A FASE DE AVALIAÇÃO E COMPREENSÃO

Na fase de avaliação e compreensão, o terapeuta familiar desenvolve seu mapa cognitivo sobre as características e dinâmica do sistema familiar. A maioria dos membros da família não pensa sobre seu problema ou o dos demais em termos de sistemas interpessoais, de modo que, do ponto de vista de avaliação familiar, a avaliação sobre "o que está mal" é normalmente um epifenômeno. As atribuições dos membros da família sobre os problemas baseiam-se normalmente em características (e outros conceitos), mas não se conceituam em termos de dinâmica interpessoal. Além de ser descrições imprecisas das causas e efeitos dos problemas, a maioria das percepções da família sobre o que não funciona nela precisa ser mudada, visto que essas percepções se encontram conectadas ao afeto negativo e ao comportamento contraproducente, e formam a essência da experiência negativa familiar.

Ao contrário das estratégias de avaliação tradicional, que procuram empregar condições padronizadas para medir a patologia dos pacientes, as avaliações familiares se confundem muito mais com a intervenção. Os terapeutas de família estão interessados em um conjunto natural de intercâmbios entre os membros da família, de modo que parte das exigências do contexto de avaliação consiste em estruturar oportunidades para ver como os membros da família interagem. Porém, tal como exposto na seção sobre a apresentação e formação de impressões, o terapeuta familiar reconhece que os processos familiares que "fluem livremente" provavelmente criam e mantêm os processos dos membros da família. As implicações dessa idéia são que os terapeutas familiares permitiriam que os membros revoltosos da família, por exemplo, pusessem em perigo as expectativas dos outros membros sobre o valor da terapia se lhes fosse permitido criticar, falar o tempo todo ou, de qualquer outra maneira, pôr a perder as primeiras sessões. Porém, os terapeutas de família têm de vigiar suas próprias respostas aos membros da família, para não reforçar suas atribuições contraproducentes entre si. Se o terapeuta confirmar rapidamente a opinião dos pais de que é necessária medicação para um dos membros da família, estará sugerindo, implicitamente, que aceita que um membro da família se encontra "doente" e que a medicação é a melhor forma de tratar o problema. Por conseguinte, os terapeutas não são somente receptáculos passivos da informação transmitida pela família. Suas respostas podem servir para confirmar ou moldar as experiências e as interações dos membros da família. Do mesmo modo, estes são ativos no tratamento, tentando manter seu *status* no sistema familiar. Assim, no início da terapia familiar, a informação oferecida em resposta à pergunta do terapeuta é respondida normalmente pelo membro com mais poder da família e, habitualmente, inclui uma acusação contra os membros que têm menos poder. Consideradas em conjunto, essas realidades demonstram que as avaliações familiares são classicamente "reativas", no sentido de que não são avaliações de natureza passiva ou "objetiva". Ao contrário, as avaliações familiares se misturam a outros ingredientes da intervenção.

A maior parte da fase de avaliação e compreensão é um processo privado do terapeuta familiar. As cognições mais importantes para levar o processo de terapia adiante são as que, segundo o terapeuta infere, estão tentando manipular a comunicação e o afeto negativo da família.

Uma questão importante a assinalar sobre as propriedades conceituais da avaliação familiar é reconhecer que as avaliações familiares são experimentadas, normalmente, pela maioria dos membros da família como um processo "indutor de dissonância". Posto que os terapeutas familiares não vão respaldar as percepções negativas dos membros da família, os tipos de perguntas que fazem, a linguagem deturpada e a reelaboração das expressões dos membros da família são, de fato, ingredientes muito fortes e ativos no início do processo de mudança. Por conseguinte, os problemas táticos enfrentados pelos terapeutas familiares na fase de avaliação e compreensão implicam manter uma relação construtiva com os membros da família, sem apoiar ou validar os pontos de vista destes sobre o que é incorreto.

V.1. *Cognições-problema na fase de avaliação e compreensão*

Como foi descrito anteriormente, a maioria das cognições-problema de um membro da família nessa fase se faz evidente na irritação ou frustração com o terapeuta por não respaldar formalmente seus pontos de vista sobre o que constitui o problema. Na literatura sobre terapia familiar, repete-se a idéia de que as famílias estão prontas para identificar uma pessoa da família como a fonte do problema; (Haley, 1976; Minuchin, 1974; Minuchin e Fishman, 1981; Szapocznik e Kurtines, 1989). Por conseguinte, a maioria dos membros da família não recorre à terapia como "tábulas rasas". É mais provável que apareçam com um conjunto de atribuições implícito, se não manifesto, sobre uma pessoa na família como fonte do afeto e comportamento problemáticos.

Cognição-problema: "Esse terapeuta não sabe"

A inferência nessa cognição é que o terapeuta é muito dissimulado ou torpe para compreender a natureza do problema. Se os membros da família desenvolvem essa percepção durante sua apresentação do problema, isso pode deteriorar suas percepções sobre a credibilidade do terapeuta, se é que não levam à insatisfação pela crença de que o problema não se resolverá. Por conseguinte, é essencial que os terapeutas convençam os membros da família de que compreendem as questões de sua perspectiva, enquanto, ao mesmo tempo, respondem de uma maneira que modifique as atribuições negativas dos membros da família e os intercâmbios hostis entre eles.

Cognição-problema: "Esse terapeuta está resistindo à minha definição do problema"

Seria mais provável que quem chegasse a essa conclusão fosse um membro da família com preocupações de controle. Tanto se for devida a um estilo interpessoal de contro-

Tratamento Cognitivo-comportamental dos Problemas Familiares **595**

lar os demais, a um quadro conceitual rígido ou a ambos, um membro da família que forma essa atribuição provavelmente se aborrecerá com o terapeuta. Esse tipo de aborrecimento poderia levar ao abandono da terapia ou a conflitos dentro da sessão com o terapeuta. Novamente, os terapeutas têm de responder às reações dos membros da família diante de um processo que não confirma sua opinião sobre o que são os problemas.

V.2. A decodificação das cognições-problema na fase de avaliação e compreensão

A decodificação dos problemas pelo terapeuta refere-se à sua própria reorganização cognitiva sobre a apresentação da informação pelos membros da família. Resumindo, os terapeutas familiares têm de observar o comportamento verbal e não-verbal dos membros da família e desenvolver hipóteses clínicas a respeito: que processos são indicadores confiáveis da dinâmica familiar ou dos padrões de comportamento; quais são as prováveis respostas afetivas dos membros da família entre si; qual é a avaliação apropriada dos estilos de relacionamento entre os membros da família; como se interconectam os casais; como a inter-relação de um casal inclui ou exclui um terceiro membro da família; e qual é a função ou ganho interpessoal para cada membro da família associado a um padrão de interação característico (Alexander e Barton, 1995).

Essas decodificações constituem um desafio conceitual, por sua complexidade e dificuldade para chegar a um consenso. Ao mesmo tempo, os terapeutas de família devem vigiar suas próprias respostas emocionais diante dos membros da família por duas razões. Em primeiro lugar, para desenvolver algumas inferências empáticas sobre como poderiam sentir-se os membros da família em relação aos outros; e, em segundo lugar, para não se envolver emocionalmente, para não se enredar ou sentir-se pressionado pelas comunicações dos membros da família.

V.3. A codificação dos problemas na fase de avaliação e compreensão

A codificação dos problemas pelos terapeutas familiares tem a ver com garantir que a apresentação, pelos membros da família, de suas experiências não exacerbem os aspectos do relacionamento que os fizeram recorrer à terapia.

O treinamento clínico mais tradicional afirma que o problema deveria ser avaliado de modo sensível. A maioria dos terapeutas sabe reconhecer a vulnerabilidade psicológica associada com voltar a visitar o conteúdo de um trauma, por exemplo, com pouco tato. A maior parte do treinamento clínico enfatiza que o conteúdo dessas discussões pode ser emocionalmente doloroso para a vítima. A terapia familiar não se caracteriza, até agora, por afirmar que os clínicos deveriam ser sensíveis às vulnerabilidades clínicas óbvias. Porém, nem todos os terapeutas darão rapidamente importância à maneira como as implicações do processo de pais protetores, que contam uma e outra vez as muitas formas pelas quais seu filho "precisa" deles, à forma como a descrição de pedidos de mais fármacos para uma mãe deprimida restringem, de modo similar, os papéis da mãe e do filho. Nessas circunstâncias, os terapeutas familiares podem encontrar-se tendo de considerar processos caracterizados como compensatórios e bons como problemas clínicos.

Além disso, a maior parte da literatura clínica descreve as opiniões diferentes dos pais como problemas relativos a uma "baixa confiabilidade". Para o terapeuta familiar, as discrepâncias nos relatos dos problemas são dimensões importantes da dinâmica que mantêm esses problemas. Há vezes em que os desacordos entre os pais sobre os problemas de um filho poderiam servir para permitir que a criança "não fosse castigada", enquanto em outras ocasiões os problemas do filho poderiam servir, de forma não consciente, para deter a ameaça de divórcio dos pais. Os terapeutas familiares têm de fazer perguntas sobre esses aspectos e realizar observações sobre os processos de relacionamento dentro dos quais se encontram imersas as questões de conteúdo.

V.4.   A estratégia pública na fase de avaliação e compreensão

Os terapeutas familiares ajudam as famílias a começar a viver o processo da terapia familiar durante a fase de avaliação e compreensão. Fazem perguntas a cada membro da família e o estilo de suas perguntas tenta forjar laços entre os membros. Conseguir informação de uma série de fontes constitui uma estratégia plausível de obter informação válida. Por conseguinte, de forma pública, a atividade de avaliação dos terapeutas familiares reconhece aberta e explicitamente a importância de recolher informação de uma série de fontes e perspectivas.

V.5.   A estratégia privada na fase de avaliação e compreensão

Particularmente, o terapeuta familiar tem dois importantes objetivos com relação à coleta de informação sobre a avaliação. Em primeiro lugar, reconhece o princípio da "metacomunicação". A metacomunicação é um processo que comunica sobre formas de comunicação em um relacionamento (Watzlawick, Beavin e Jackson, 1967). Por exemplo, conforme os terapeutas familiares fazem perguntas a todos, metacomunicam que as opiniões dos membros mais jovens e calados são tão importantes quanto as ordens dos membros mais loquazes.

Em segundo lugar, os terapeutas de família tentam manter distância das implicações ou características de exigência das queixas ou observações que apóiam a percepção de que o "problema" é um membro da família. Os terapeutas têm de utilizar suas próprias reações para sentir empaticamente como poderia sentir-se alguém que estivesse sendo criticado, e não apoiar esse ponto de vista. Os terapeutas têm de aprender, também, a se esquivar das tentativas manifestas e encobertas feitas a eles para validar a afirmação de que uma pessoa é o problema. O processo de manter distância significa que o terapeuta familiar reconhece a resposta emocional que será provocada na maioria das pessoas por uma mensagem, mas não responde da maneira habitual. Isso poderia ser exemplificado no fato de que um terapeuta não perderia as estribeiras quando um membro da família afirmasse "não podemos permitir que continuemos vindo aqui e perdendo tempo com coisas que não têm nada a ver com nosso problema", nem também ser seduzido por uma relação com trapaça como "creio que os outros membros de minha família não são tão sensíveis para o que é importante como eu e você".

Portanto, em particular, o terapeuta familiar tem de estar processando a informação e organizando suas impressões sobre a família, enquanto, ao mesmo tempo, mantém a vigilância, para não ser pressionado pelas definições do problema de dois diferentes membros da família. Essas estratégias são difíceis de discriminar das intervenções, por não serem consistentes com um ponto de vista tradicional da avaliação e por um recolhimento não reativo de informação.

V.6. *Resumo da fase de avaliação e compreensão*

Conduzir uma avaliação da família é mais reativo, e psicologicamente invasivo, do que as avaliações psicológicas mais tradicionais. O tipo de informação que um terapeuta de família precisa exige fazer perguntas que podem parecer estranhas aos membros da família. A natureza psicologicamente perturbadora e ansiógena do processo de avaliação da família pode entrar em conflito com o "consumismo" dos membros, e os terapeutas familiares devem reconhecer que a própria natureza de suas avaliações pode levantar afetos problemáticos. Esses afetos poderiam levar a percepções pouco favoráveis sobre a capacidade do terapeuta para entendê-los, se é que não conduz a uma percepção ressentida sobre a falta de sensibilidade do terapeuta para o que eles consideram como interesses legítimos.

Na realidade, a maioria das avaliações das famílias com problemas conduz, de fato, a um afeto negativo e a comportamento problemático. Por conseguinte, as avaliações familiares são, em grande medida, uma construção privada do terapeuta familiar, que é mais provável que tenha de lidar com as conseqüências públicas do relacionamento entre o membro da família e o terapeuta que com o relacionamento entre o membro da família e a família.

VI. A FASE DE TERAPIA E INDUÇÃO

Na fase de terapia e indução da intervenção familiar o terapeuta muda os tipos de cognições que os membros da família têm dos outros. Essas atribuições geram emoções negativas ou desagradáveis, e conduzem a tendências de se comportar de maneira pouco consistente com um melhor funcionamento interpessoal (Weiner, 1993). Embora seja verdade que nas fases anteriores da intervenção o terapeuta familiar se comporta de forma que implique uma maneira diferente de considerar os membros da família e de definir os problemas, constituem geralmente contra-manobras reflexivas diante dos estilos de apresentação da família. Pelo contrário, na fase de terapia e indução, o terapeuta familiar propõe cognições específicas como objetivos que deveriam mudar para motivar os membros da família a ter diferentes respostas emocionais com os outros, e a se comportar de forma diferente entre eles. Em outras palavras, nessa fase o terapeuta familiar trata diretamente de modificar as estruturas cognitivas dos membros da família.

Ao contrário dos pontos de vista psicanalítico ou comportamental, o terapeuta familiar considera os problemas de "resistência" como estilos atribucionais dos membros da família que interferem em sua capacidade para mudar seus comportamentos em relação aos outros. Do mesmo modo, as propriedades "homeostáticas" ou atenuadoras da mudança dos sistemas familiares especificam-se normalmente em pretextos, explicações ou hostilidade manifesta diante de um processo de mudança. Porém, não é provável que os membros da família percebam como seus padrões particulares de responder impediriam a mudança. Ao contrário, manifestam interesses que refletem aspectos atribucionais ou emocionalmente imobilizadores. Por exemplo, uma atribuição estável de características conduziria a retirar a confiança e a gerar expectativas de que outro membro da família não é capaz de mostrar um comportamento bom ou de modificar um mau. Do mesmo modo, uma mensagem de "não posso suportar isso" significa que não somente quem fala mostra uma incapacidade para ser diferente, mas também desanima outros membros da família que estão buscando sinais motivacionais de compromisso para a mudança. Portanto, a premissa é que algumas atribuições constituem obstáculos para a mudança de comportamento dentro da família. Embora certas atribuições possam ser somente conseqüências (por exemplo, "ele não é bom" e "não lhe importa o que pensamos") de um afeto desagradável, outras são mais fortes enquanto limitam a atuação (por exemplo, "não sei como conseguir que meu filho adolescente faça o que eu quero".

Geralmente, os terapeutas familiares estabelecem como objetivo mudar as atribuições problemáticas proporcionando interpretações alternativas ao que os membros da família contam, descobrindo ou esclarecendo as bases emocionais do comportamento desses membros e mostrando a "interconexão" entre os pensamentos, sentimentos e comportamento dos membros da família.

VI.1. *Cognições-problema na fase de terapia e indução*

Cognição-problema: "Não sei o que está acontecendo"

Enquanto alguém está "fazendo-se de surdo", é difícil mover-se em uma direção terapêutica. Embora normalmente seja certo que as pessoas desenvolvem atribuições de sua experiência e, mais especificamente, atribuem a culpa pelos problemas a suas famílias, existem casos nos quais um membro da família diz que "não sabe o que está acontecendo. Isso é típico de quando um adolescente passivo-agressivo tenta evitar envolver-se em intercâmbios produtivos respondendo "não sei" a qualquer pedido ou incitação para se unir ao processo da terapia familiar. A metacognição incluída nessa mensagem é que quem o encaminha não vai participar do compartilhamento da informação de modo construtivo. O terapeuta familiar não tem de permitir que outros membros da família se aborreçam ou se sintam frustrados ou imobilizados por esse tipo de mensagem.

Cognição-problema: "Terei de ceder em algo"

As pessoas não continuam comportando-se durante muito tempo de forma que não satisfaça alguma necessidade ou algum propósito. A muitos pais não interessa a terapia de comportamento porque suspeitam que abrirá uma torrente de egoísmo, e agem, por exemplo, sendo resistentes a negociar um sistema de recompensas. Por outro lado, outros pais resistem a entrar na terapia de comportamento porque temem uma perda do controle parental em um relacionamento. Até mesmo outros membros da família temem um intercâmbio sincero de comunicação porque poderiam ouvir algo doloroso ou perder o controle de seu próprio afeto. A implicação que existe nesse tipo de mensagem é que os membros da família provavelmente chegaram a algum tipo de compromisso entre os riscos diante de fazer algo diferente e o mal-estar de seu comportamento atual. Os terapeutas de família têm de abordar a realidade de que os membros da família provavelmente se sintam ameaçados pela mudança ou, no mínimo, se encontram muito indecisos de tentar novos comportamentos "pouco confortáveis".

Cognição-problema: "Perderei o controle"

Como uma variação do abandonar algo tangível, como a intimidade com um filho ou um agradável estado emocional, algumas pessoas reconhecerão que se encontram muito incomodadas se não são as "encarregadas", ou que sabem exatamente ou que vai acontecer. A incerteza ou desconhecimento real é subjetivamente incômodo, se não estressante (Rice, 1992), para a maioria das pessoas. Porém, as pessoas têm diferentes limiares de tolerância para a ambigüidade, assim como têm diferentes desejos para conseguir o controle sobre os demais de uma forma competitiva. Seguir rituais obsessivos sobre o comportamento da família para controlar a ansiedade, ou tendência Tipo A (Chesney, Eagleston e Rosenman, 1981), conduz a uma situação na qual a questão da resistência é que essa pessoa tem de manter uma sensação de ser a responsável. Enquanto isso, a pessoa que se encontra no outro extremo dessas relações sente que não pode escapar da ansiedade forçada ou da competitividade hostil dos membros da família que querem ter o controle.

Na realidade, os primeiros teóricos de família especularam que, embora as pessoas não percebam isso (atribuições), a razão principal dos problemas nas relações interpessoais é que as pessoas, nessas relações, não têm confiança em, ou conhecimento sobre, como influenciar os outros de forma construtiva (Haley, 1976; Watzlawick, Beavin e Jackson, 1967). Inclusive, embora os membros da família possam expressar ira ou indefensabilidade diante dos outros membros, a razão de seu incômodo pode relacionar-se com suas percepções sobre si mesmos, de ser "o tipo de pai que não consegue impor respeito", ou a vítima de uma relação "na qual ela não nos demonstra nenhum respeito", ou por não ter uma sensação de controle em uma relação. Os membros da família normalmente informarão de um controle sobre as queixas dos outros, o que chega a simbolizar um ritual que realizam para criar uma sensação de controle.

Cognição-problema: "Nossos problemas são insuperáveis"

Essa é uma cognição pessimista e freqüentemente se mostra, embora não sempre, junto com o afeto deprimido. Na fase de terapia e indução, o interesse principal com esse tipo de atribuição não é o grau em que a pessoa sente afeto negativo, mas o grau em que esse tipo de atribuição cria uma limitação motivacional. Conseqüentemente, esse tipo de cognição é excessivamente egocêntrica. Aumentando ou distorcendo o afeto associado a um "problema", a pessoa pode criar eficazmente uma cadeia de desvantagens em si mesmo (proporcionando uma desculpa para nem sequer tentar), o que controla as expectativas, o afeto ou o comportamento dos outros. Visto por essa perspectiva, uma cognição de que "nossos problemas são insuperáveis" reprime não somente o afeto e o comportamento desse membro da família, mas também os dos demais. Os terapeutas têm de criar uma sensação de otimismo, de que os problemas dentro da família podem ser tratados de forma conveniente.

Cognição-problema: "Ninguém me pode obrigar..."

A maioria das vezes, esse tipo de cognição é diretamente expressa por uma criança ou um adolescente que se comunica impulsivamente. Freqüentemente é compensado com a frase igualmente diretiva e rígida "qualquer filho/pai tem que...". Em vez de refletir um déficit de confiança, esse tipo de cognição é limitante, pois quem envia a mensagem percebe que qualquer tipo de ação cooperativa compromete sua autopercepção, afeto ou comportamento. Além de estar refletida entre os membros da família que brigam, pode também dirigir-se ao terapeuta familiar. Tanto se dirigida ao terapeuta ou a um membro da família, esse tipo de afirmação normalmente tem alguma implicação associada a ela, como "se alguém tentar obrigar-me, não serei responsável pelo que ocorra" ou "minha integridade como pessoa requer que defenda o que é correto". Por conseguinte, a mensagem que traz é que qualquer esforço para tentar fazer com que a pessoa se comporte de forma diferente é impossível ou poderia trazer terríveis conseqüências.

Em uma estrutura atribucional relacionada, a pessoa que emite esse tipo de mensagem pode estar expressando resistência diante de uma perda percebida de controle. As pessoas que experimentam resistência estão sendo egocêntricas à medida de que consideram uma perda de controle percebida como ameaçador, e não está vigiando as dimensões de relação de sua experiência afetiva. Uma pessoa que experimenta resistência pode estar rotulando erroneamente algum benefício (alguém que realiza por eles uma tarefa que leva muito tempo) como um processo negativo, isto é, alguma pessoa realiza a tarefa para prejudicar de alguma maneira o beneficiário.

Evidentemente, embora uma mensagem de "ninguém me pode obrigar" soe como se a pessoa estivesse tentando proteger sua autonomia e liberdade, se o indivíduo sempre tem um comportamento de oposição, então o comportamento desse sujeito está tão limitado quanto a pessoa que sempre cede. Os terapeutas familiares não deveriam espantar-se com o fato de que um indivíduo que diz que "nunca faz o que os outros lhe pedem"

Tratamento Cognitivo-comportamental dos Problemas Familiares

é menos previsível ou seu comportamento menos dirigido por regras do que no caso das outras pessoas. Porém, as percepções dos outros em relação a essa pessoa, por não comentar suas próprias percepções de incapacidade para se relacionar eficazmente com os outros, devem ser modificadas, porque a maioria das pessoas responde negativamente diante dos indivíduos que são percebidos como do contra.

Cognição-problema: "Não confio nos outros"

Essa cognição implica que não tem sentido tentar algo diferente, porque a pessoa ou não confia nos outros para fazer o que lhes corresponde ou tornarem-se vulneráveis trará como resultado uma dolorosa frustração, ou ambos. Além disso, a maioria dos terapeutas familiares teve a experiência de ver um membro de família "desconfiado" fazer algo totalmente diferente, somente com a intenção de que essa mudança tenha a atribuição de "ele quer obter algo de mim" ou "o fez porque sabia mais sobre isso". Somente são necessárias uma ou duas experiências como essa para que os terapeutas percebam a tendência de manter uma percepção negativa que alguns membros da família se esforçam por conservar. Do ponto de vista da terapia familiar, o problema com esse tipo de cognição está na implicação de que a pessoa não desejará outorgar méritos ao comportamento de outro indivíduo de um modo que signifique que o afeto do outro mudará, ou que essas pessoas desconfiadas não se sentirão suficientemente a salvo para mudar seu comportamento diante dos demais.

Em resumo, as cognições-problema na fase de terapia e indução são percebidas como meios cognitivos através dos quais os membros da família se justificam, mantêm ou armam trapaças, a si mesmos, com razões para não mudar. Essa resistência de fazer algo diferente é seu rasgo traço mais distintivo e significa que esses membros deveriam tornar-se objetivos diretos ou indiretos da intervenção.

VI.2. A decodificação das cognições-problema na fase de terapia e indução

Uma primeira pergunta que o terapeuta familiar tem de se fazer é até que ponto os informes dos membros da família sobre sua incapacidade para mudar na fase de terapia e indução estão guiados por suas vulnerabilidades diante dos demais membros da família e impulsionados pelos outros membros. Os terapeutas familiares têm de reconhecer que não somente um membro da família poderia resistir à mudança de forma manifesta para se proteger, mas também os outros membros podem incentivá-lo (ou ao menos conceder-lhe permissão para) a resistir à mudança.

Por conseguinte, os terapeutas de família têm de consultar suas avaliações para interpretar que funções estão sendo cumpridas quando os membros da família querem continuar com seu *status quo* e quais estão sendo ameaçadas. Os pais têm medo de que, a menos que possam dizer a seus filhos o que fazer, poderiam não ter outros papéis em suas vidas? Os filhos têm medo de que, se admitirem cometer alguns erros, seus pais não lhes permitirão ser independentes com o carro ou com a hora de voltar para casa?

A esse respeito, o conteúdo da maneira como as famílias resistem teria de ser visto como algo que deveria ser abordado, mas não porque as percepções sejam a dinâmica que dirigem as relações. Em terapia familiar, a suposição é que as cognições-problema são as atribuições dos membros da família sobre si mesmos e sobre os outros para explicar o afeto não satisfeito e o comportamento contraproducente característico das relações problemáticas. O terapeuta familiar supõe que há uma forma mais adaptativa para que o assunto das relações siga um caminho melhor, mas as conseqüências das relações deterioradas são experimentadas como problemas da pessoa, tais como objetivos comportamentais errôneos, afeto negativo ou percepções distorcidas. Visto por essa óptica, antes que o terapeuta familiar possa decodificar as cognições-problema, tem de perceber a função interpessoal (ou o que outros chamaram de ganho secundário) para a qual serve a cognição-problema. Quando entender como a cognição-problema permite a quem a tem manter um papel em uma relação problemática, o terapeuta terá uma noção mais fiel do conteúdo a ser incluído para mudar uma atribuição. Por exemplo, um adolescente poderia afirmar "ninguém me diz o que tenho de fazer", em um esforço por gerar uma briga, para poder ir embora aborrecido de casa e ficar com seus amigos; outro poderia dizer o mesmo para ver se seus pais se preocupam o suficiente com ele insistindo que fique em casa. Perceptiva e emocionalmente, o conteúdo das percepções, uma vez modificadas, teria de ser diferente para os dois anteriores: o primeiro precisaria ser rotulado como alguém que precisa de modos responsáveis de mostrar sua competência e capacidade para ser independente, enquanto o segundo poderia ser rotulado como alguém que procura formas de compartilhar sua vida com seus pais. O terapeuta familiar tem de decodificar essas extremamente diferentes funções relacionais a partir de conteúdos que parecem quase idênticos. Portanto, na fase de intervenção de terapia e indução, o terapeuta depende da fase de avaliação e compreensão (onde são exploradas as relações) para realizar a leitura correta.

Em outro problema de decodificação, o terapeuta tem de estar certo de que não se envolve emocionalmente pelas características de exigência das interações familiares. Pessoas que enviam mensagens provocadoras de emoções não o faz necessariamente "de propósito", embora essas mensagens provoquem respostas afetivas, atribucionais e comportamentais (Beier, 1966) poderosas. Os terapeutas familiares têm de utilizar a si mesmos como instrumentos para reconhecer inicialmente as exigências emocionais onipresentes das mensagens dos membros da família, mas têm de reconhecer que responder de modo convencional é atuar no papel de uma pessoa convencional, isto é, ser controlada devolvendo a resposta estereotipada. Tendo reconhecido essas características de exigência, o terapeuta familiar deveria responder de modo que não se encontre limitado pelas exigências da mensagem, mas que pudesse rotular a mensagem como algo totalmente diferente. Por exemplo, os pais rígidos comunicam-se freqüentemente de modos que implicam que seu amor pelos outros é condicional, dependendo da obediência dos membros da família a suas exigentes regras. Esse estilo não é nada atraente para a maioria das pessoas, e realmente desafia os valores daqueles que acreditam nos processos mais democráticos e expressivos da terapia familiar. Chamar a atenção ao pai com esse estilo é convidar à competição e à rejeição; uma reação melhor seria dizer, "é difícil ser responsável por todos os membros da família". A idéia é que responder dessa forma não é somente uma libertação seletiva da exigência de se aborrecer e de ser desafiado ou rejeitado, mas também comunica uma compreensão afetiva do pai, enquanto, ao mesmo tempo, cria uma interpretação diferente do estilo do pai para outros membros da família. Ao fazer isso, os terapeutas familiares não estão sendo controlados pelas características de exigência das mensagens dos outros, e estão modelando também padrões de resposta que provoquem resultados diferentes da competição e do desafio.

A esse respeito, os terapeutas familiares não se podem dar ao luxo de responder aos membros da família como o faz a maioria das pessoas. Ao contrário, em um nível de relação terapeuta-membro da família, os terapeutas familiares têm de reconhecer primeiro a exigência afetiva incluída em uma mensagem, que decodificam quando experimentam a reação emocional típica. O que diferencia o papel da terapia de outros tipos de influência é que o terapeuta tem de gerar o modo como se supõe que deve responder e fazer algo diferente. Não se trata de palavrório, porque os terapeutas familiares, assim como os demais, são vulneráveis às exigências emocionais transmitidas com a linguagem. Uma característica distintiva da psicoterapia consiste em poder escolher uma resposta atípica diante dessas exigências emocionais, o que requer não somente uma capacidade para desenvolver uma resposta atípica, mas também para controlar as próprias respostas afetivas diante dos pacientes.

VI.3. A codificação dos problemas na fase de terapia e indução

Na fase de terapia e indução, a decodificação dos problemas consiste, normalmente, em controlar a resposta do terapeuta diante do estilo da família, enquanto a codificação dos problemas implica facilitar os processos que criam a mudança nas percepções dos membros da família sobre si mesmos e sobre os outros membros. Assim, a codificação dos problemas representa os componentes "de ataque" da equipe dos terapeutas de família.

Na fase de terapia e indução, o terapeuta familiar procura motivar os membros da família a se comportarem de forma diferente. Em primeiro lugar, o terapeuta tem de trabalhar em torno das resistências dos membros da família. Em segundo lugar, o terapeuta familiar tem de comunicar com eficácia mensagens que permitam aos membros da família modificar suas percepções dos outros membros, o que, por sua vez, levará a mudanças em suas reações afetivas diante destes. Essas mudanças nas reações afetivas deveriam modificar suas motivações, de modo que se comportassem em relação aos outros membros de formas construtivas e dando apoio, o que, por sua vez, teria de melhorar as sensações pessoais de controle e afeto positivo, ao mesmo tempo em que confirmam as percepções dos outros membros da família de um apoio aos próprios interesses.

Para criar essas percepções positivas, o terapeuta familiar tem de identificar, em primeiro lugar, as muitas camadas de interconexão dentro, e entre os membros da família. Uma prioridade é que os indivíduos entendam os microprocessos pelos quais atribuem o próprio comportamento ou o dos outros a certos tipos de afeto, que por sua vez estão associados a diferentes potenciais de comportamento. Mais poderosos ainda são os quadros do terapeuta, que mostram às pessoas como a percepção que a pessoa A tem das intenções da pessoa B conduz a certo tipo de afeto que, por sua vez, leva a certas formas de comportamento. A maioria das pessoas não tem a perspectiva ou as dimensões para compreender a inter-relação entre seus pensamentos, sentimentos e comportamentos; e muito menos que seus pensamentos, sentimentos ou comportamentos estejam entremeados com as experiências dos outros.

É raro o caso no qual as pessoas expressam formas específicas de sua experiência emocional aos outros membros. É mais comum o caso em que algum tipo protetor ou controlador de afeto (por exemplo, ira) é expresso para ocultar uma vulnerabilidade (por exemplo, o medo de que o outro abandone a relação). Ao estabelecer padrões de interconexão, os terapeutas familiares se distinguem por sua interpretação ou identificação de como cavar as emoções junto com as percepções e o comportamento dos membros da família.

Reenquadrar ou re-rotular é o processo de criar uma estrutura atribucional que seja diferente dos tipos de atribuições-característica que os membros da família insinuam ou descrevem em relação a seus problemas. Por conseguinte, a essência de reenquadrar e re-rotular consiste em formar pontos de vista das situações que sejam positivos, provocando, assim, mais emoções positivas que, por sua vez, superarão a resistência a se comportar de modo mais eficaz. Construir com habilidade um novo quadro ou um novo rótulo implica os componentes de ser interpessoal ou situacional, em oposição a disposicional ou atribucional; reenquadrar enfatiza uma interpretação que afirma que o comportamento era motivado por intenções positivas, coloca juntos dois ou mais membros da família e enfatiza os elementos positivos de motivação, em vez dos elementos mais voláteis de habilidade (Weiner, 1993).

Portanto, os desafios à codificação dos terapeutas de família na fase de terapia e indução consistem em criar atribuições que sejam diferentes às que os membros da família têm e apresentá-las de formas críveis. O terapeuta tem de conseguir, primeiro, a atenção da família e controle suficiente da sessão para oferecer atribuições mais positivas. O terapeuta não pode envolver-se nas características de exigência do afeto incluída nas mensagens dos membros da família, mas tem de reconhecer que seus próprios sentimentos e o conteúdo incongruente do canal, como queixas, acusações, críticas ou culpas, são impulsionados interpessoalmente; que têm motivação neutra, se não positiva; e que oferecem a sensação de ânimo ou otimismo, visto que descobrir um meio mais eficiente de tratar dos assuntos familiares apoiará essas percepções e sentimentos mais positivos.

VI.4. *A estratégia pública na fase de terapia e indução*

Mudar percepções ou atribuições é freqüentemente descrito nos livros didáticos ou nos manuais de treinamento como uma experiência "ahá!" ou "eureka!". Isto é, a implicação de algumas narrações da terapia é que, se se diz exatamente o correto, todos os membros da família o entenderão e ocorrerá uma profunda mudança atribucional, emocional e comportamental em todos eles. Em nossa experiência, é mais freqüente que um compromisso do terapeuta familiar de enviar de forma consistente os mesmos tipos de mensagens positivas, livres de culpa, comece a moldar o pensamento de todos os membros da família e permita que estes atribuam um acentuado descrédito ao pensamento negativo, equilibrado com suficiente pensamento positivo para apoiar um otimismo cético. Ademais, as evidências com relação às atribuições mostram que em uma mistura de atribuições positivas e negativas, uma ou duas atribuições negativas mudam as percepções em uma direção negativa, mesmo se houver mais atribuições positivas no haver perceptivo (Compas, Friedland-Bandes, Bastien e Adelman, 1981).

Tomadas em conjunto, o potencial dessas implicações está no fato de que os terapeutas familiares têm de ser consistentemente positivos em seu tom. Por conseguinte, os terapeutas de família devem garantir que suas interpretações evoquem interpretações que incluam todos os membros da família em percepções, comportamentos e sentimentos interconectados. Nossa cultura está fortemente desviada na direção que diz que os indivíduos são responsáveis pelo que fazem, de modo que os terapeutas familiares têm de trabalhar contra desse desvio cultural, aproveitando cada oportunidade de que disponham para mostrar aos membros da família que seus pensamentos, sentimentos e comportamentos estão interconectados. Quanto aos psicoterapeutas, o grau em que se assinale, de modo confiável e consistente, que os membros da família estão interconectados, será persuasivo sobre esse ponto de vista (Berg-Cross, 1988).

Como foi assinalado anteriormente, os membros da família têm de rebaixar as implicações com relação à responsabilidade e à destreza do comportamento de cada membro da família, e têm de caracterizar um deles como se tentasse fazer o correto, mas que foi frustrado por algum obstáculo colocado pelo ambiente interpessoal – fato pelo qual ninguém tem culpa. Por implicação e pela mensagem direta, o terapeuta familiar assinala as muitas formas em que as intenções dos membros da família eram boas, embora sua colocação em prática possa ter sido errônea ou incompreendida.

Os terapeutas familiares deveriam reforçar rapidamente as mudanças nas percepções dos membros da família, ou as ocasiões nas quais expressam algo positivo sobre outro membro. Parece claro que as relações deterioradas caracterizam-se pela atenção seletiva dos acontecimentos negativos, ignorando os positivos (Alexander, 1973; Fincham e O'Leary, 1983; Jacobson, McDonald, Follette e Berley, 1985), o que, por sua vez, conduz a uma escalada do conflito no relacionamento (Doherty, 1981; Gottman, 1979; Peterson, 1983; Sillar, 1985). É possível que os terapeutas familiares precisem preparar os membros da família para atender melhor aos comportamentos que deveriam ser reforçados.

Em nível público, os objetivos do terapeuta familiar na fase de terapia e indução consistem em descrever e reforçar seletivamente as interconexões das percepções, o afeto e o comportamento, entre os membros da família, que conduzem ao afeto positivo e a uma provável motivação para se comportar de modo mais eficaz. Os terapeutas têm de ser constantemente positivos em suas verbalizações, reconhecendo que os membros da família podem precisar de muitas novas metáforas ou evidências para superar sua resistência ao risco emocional ou à mudança comportamental.

VI.5. A estratégia privada na fase de terapia e indução

Particularmente, os terapeutas de família terão diferentes objetivos. No que consiste à "teoria da dissonância cognitiva", diz-se aos terapeutas familiares que estão começando que conseguiram algo significativo quando uma família está confusa no começo do curso da intervenção. Evidentemente, a premissa é que quando os membros da família já não estão seguros sobre seus modelos de características e suas atribuições de culpa, então estão tornando-se mais vulneráveis às percepções alternativas de sua experiência (veja Fig. 21.1).

O metamodelo é que os membros da família, inicialmente, estão confusos ou têm dissonância, e a seguir devem explorar nova informação que apóie as crenças contraditórias. Existe um conflito entre suas antigas percepções acusadoras e as novas atribuições

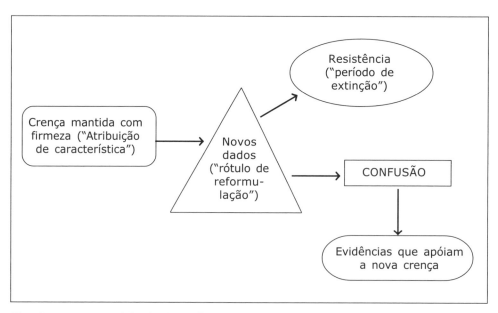

Fig. 21.1. Um modelo de dissonância cognitiva sobre a reformulação.

interpessoais positivas do terapeuta familiar. Se o terapeuta pode, então, reinterpretar a antiga informação e reforçar seletivamente a nova, de forma consistente, então os membros da família deveriam ter a experiência de manter novas e frágeis atribuições positivas, interpessoais, não acusadoras e motivadoras. Como será descrito mais adiante (fase de tratamento e educação), o centro de atenção da intervenção torna-se "encaixar" os comportamentos às funções avaliadas e às metáforas (por exemplo, reenquadramentos) utilizadas na fase de terapia e indução, e essas mudanças comportamentais deveriam proporcionar mais evidências de conseguir (e manter) atribuições mais construtivas.

Uma suposição-chave é que o terapeuta tem de se centrar seletivamente em construir atribuições que se encaixem melhor nas exigências afetivas implicadas nas fontes de resistência e nas funções dos membros da família. A sensibilidade do terapeuta familiar diante dessas emoções tem de corresponder à sua habilidade para enquadrar, com criatividade, o comportamento existente dentro de uma estrutura atribucional que se encaixe com a evidência de intenções e motivos positivos, e não culpe ninguém de pouca destreza ou pobre atuação. A resistência de mudar, mantida por experiências emocionais negativas, pode, então, ser superada e as famílias deveriam ser receptivas ao fato de se comportarem de forma diferente.

VI.6. *Resumo das dimensões cognitivas da fase de terapia e indução*

Como aspectos dinâmicos, os componentes cognitivos da intervenção são mais importantes inicialmente no processo de mudança. O modelo de terapia familiar funcional supõe que os estereótipos, ou as representações cognitivas dos terapeutas e do processo de terapia, serão elementos importantes para definir a relação inicial com o terapeuta, e a primeira motivação para participar da terapia. O papel das cognições na fase de avaliação corre lado a lado com os processos pelos quais as pessoas explicam o próprio comportamento e o dos outros e, da perspectiva dos terapeutas familiares, provavelmente tenham pouco a ver com a dinâmica atual das relações familiares. Porém, nessa fase de terapia, o terapeuta tem de criar um processo que mude as percepções dos membros da família em relação aos relacionamentos, enquanto, ao mesmo tempo, mantém a percepção de que ele pode perceber claramente os problemas dos membros da família. Uma vez que o terapeuta familiar tenha desenvolvido uma base para ir além da oposição reflexiva às queixas dos membros da família até estabelecer hipóteses sobre os importantes ingredientes emocionais das experiências desses membros, o terapeuta familiar passa a criar mudanças modificando o conteúdo cognitivo das atribuições dos membros da família: mudando as dimensões das atribuições que trazem afeto negativo para afeto positivo, modificando o quadro de egocêntrico ou "acusador de outras pessoas" a contingente às relações, e aumentando a motivação para se comportar de forma diferente.

O terapeuta familiar tem de dirigir esse processo enquanto se esquiva das exigências dos estilos dos membros da família que poderiam implicar o terapeuta em afeto contraproducente. Isso deveria supor, também, que os membros da família estão resistindo à mudança com algum estilo ou quadro que está protegendo algum elemento de sua experiência. Os terapeutas familiares têm de se comportar de modo que não aumentem ou desafiem diretamente processos que são contraproducentes (como obrigar os membros da família a proporcionarem evidências de que um membro é realmente mau).

Uma explicação de base cognitiva para a eficácia das terapias familiares seria que o terapeuta familiar realiza tanto a função de mudar a família como a de implicá-la em uma relação construtiva por meio de contínuas doses de atribuições positivas que interconectam os membros da família. Com relação à seqüência dos passos dentro do MAI, a premissa é que a família empreenderá, inclusive, novas coisas, até que o terapeuta tenha estabele-

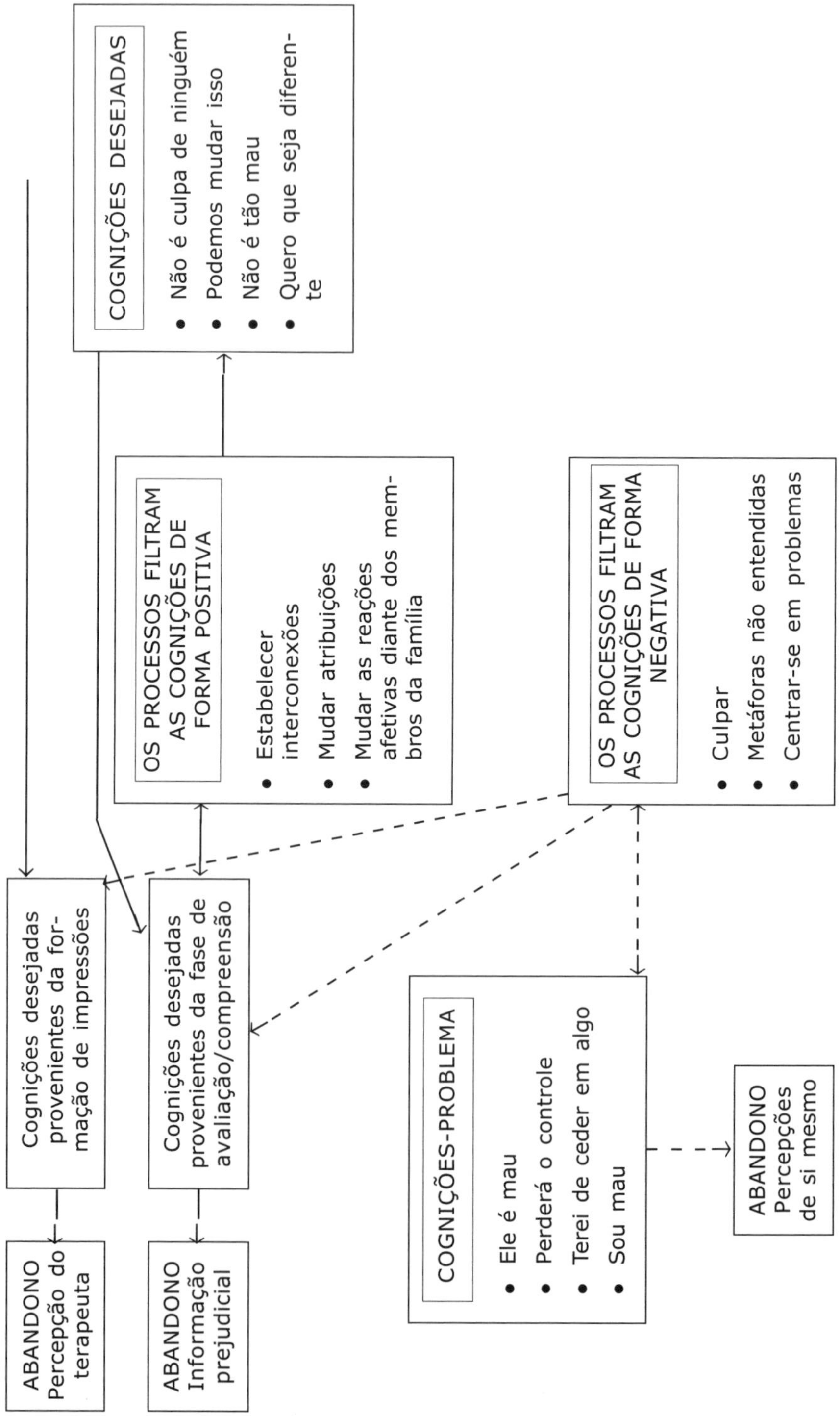

608 COLE BARTON, JAMES F. ALEXANDER E MICHAEL S. ROBBINS

Fig. 21.2. Representação gráfica da fase de terapia e indução

COGNIÇÕES DESEJADAS

- Não é culpa de ninguém
- Podemos mudar isso
- Não é tão mau
- Quero que seja diferente

OS PROCESSOS FILTRAM AS COGNIÇÕES DE FORMA POSITIVA

- Estabelecer interconexões
- Mudar atribuições
- Mudar as reações afetivas diante dos membros da família

OS PROCESSOS FILTRAM AS COGNIÇÕES DE FORMA NEGATIVA

- Culpar
- Metáforas não entendidas
- Centrar-se em problemas

Cognições desejadas provenientes da formação de impressões

Cognições desejadas provenientes da fase de avaliação/compreensão

ABANDONO
Percepção do terapeuta

ABANDONO
Informação prejudicial

COGNIÇÕES-PROBLEMA

- Ele é mau
- Perderá o controle
- Terei de ceder em algo
- Sou mau

ABANDONO
Percepções de si mesmo

cido uma boa relação com a família, e a melhor forma de realizar isso é estar terapeuticamente não envolvido. O passo importante seguinte na mudança de uma família é quando seus membros começam a aceitar a estrutura atribucional mais benigna do terapeuta familiar para suas experiências. Quando os membros da família já recriaram o afeto positivo entre eles e têm um conhecimento mais construtivo e prudente da dinâmica de suas relações, então é mais provável que respaldem rapidamente modos diferentes de se comportar em relação aos outros membros (veja Fig. 21.2 para uma representação gráfica dessa fase).

VII. A FASE DE TRATAMENTO E EDUCAÇÃO

Na fase de tratamento e educação, o trabalho do terapeuta familiar muda para "encaixar" o comportamento na dinâmica da família, e ele pode supor que ocorram erros ou equívocos para levá-lo a cabo devido a problemas de decodificação/codificação, mais que a uma dinâmica existente. Embora não seja menos importante que as etapas anteriores de intervenção, no momento do tratamento e educação os membros da família confiam geralmente na motivação e nas habilidades do terapeuta, e estão desejosos de se comportar de maneiras que apóiem sua estrutura motivacional mais positiva.

As novas atribuições e cognições dos membros da família são relativamente frágeis e têm de se apoiar nas mudanças de comportamento consistentes com elas. Por conseguinte, a tarefa dos terapeutas familiares é estimular os membros da família apresentar comportamentos úteis para as funções de sua dinâmica interpessoal e, ao mesmo tempo, consistentes com o novo e terapêutico quadro atribucional.

VII.1. As expectativas de eficácia na fase de tratamento e educação

O "modelo de auto-eficácia" de Albert Bandura (Bandura, 1977) ressaltou os elementos cognitivos dos esforços da mudança de comportamento. Assinalou que uma conceituação apropriada para qualquer modelo de mudança de comportamento é a distinção entre uma *expectativa dos resultados* e uma expectativa de eficácia. Em uma expectativa dos resultados, um paciente avalia a probabilidade de que uma determinada mudança de comportamento produza o resultado desejado. Por exemplo, os membros da família poderiam perguntar-se como reservar meia hora para uma conversa sobre as formas de passar tempo juntos poderia diminuir os sintomas de delinqüência ou os problemas conjugais. As *expectativas de eficácia* abordam a questão de se um determinado indivíduo percebe a si mesmo como capaz de levar a cabo um comportamento específico, mesmo que acarrete uma elevada expectativa dos resultados. Por exemplo, uma família poderia perceber que as famílias "deveriam comunicar-se melhor", mas ter pouca confiança de que seriam capazes de fazê-lo. A situação se complica ainda mais ao reconhecer que os membros da família podem ter interesses de eficácia com relação a eles mesmos ou a outros membros da família.

Para resumir globalmente, a revisão que Bandura faz da literatura sobre a psicoterapia leva-o a concluir que, quanto mais direta é a experiência de realizar o comportamento, maior é a eficácia do paciente. Por conseguinte, a formulação de Bandura proporciona uma explicação cognitivo-comportamental para o que durante muito tempo foi a ênfase da terapia familiar na prática de novos comportamentos dentro das sessões (Alexander e Barton, 1995; Gurman, Kniskern e Pinsof, 1986).

Na fase de tratamento e educação, o terapeuta familiar tenta fazer com que os membros da família realizem novos comportamentos. À medida que a família e o terapeuta tenham terminado satisfatoriamente a fase de terapia e indução, os membros da família não deveriam experimentar nenhuma dinâmica emocional ou de relação que impeça a aquisição e execução de um novo comportamento. Ao contrário, os terapeutas familiares podem supor que a transição da fase de tratamento e educação não requer a manipulação dos pensamentos e sentimentos dos membros da família, mas a apresentação clara da informação.

VII.2. *As cognições-problema na fase de tratamento e educação*

Cognição-problema: "Isso não funcionará"

Esse tipo de afirmação reflete a falta de confiança dos membros da família de que uma intervenção determinada produza o resultado que eles desejam (*expectativa dos resultados*). Os terapeutas familiares têm de reconhecer que os membros da família precisarão experimentar o benefício da mudança de comportamento (sendo a persuasão menos eficaz que realmente realizar o comportamento na sessão) e como obter os benefícios afetivos e atribucionais no processo assinalado pelo terapeuta de família.

Cognição-problema: "Eu não posso fazer isso"

Expressões como essa refletem os sentimentos dos membros da família de que são incapazes de realizar o comportamento (*expectativa de eficácia*). Esse tipo de limitação pode ser superado normalmente utilizando processos como os do reforço por aproximações sucessivas ou o modelo de novo comportamento, junto com palavras tranqüilizadoras de que o comportamento novo sempre parece estranho: levar a cabo um novo comportamento normalmente exige recordar uma seqüência de passos, com dificuldade; e a pessoa está tão centrada em suas próprias apreensões que se esquece freqüentemente do fato de que ninguém a está julgando com rigor, e pode ser, inclusive, que não se dê conta do esforço. Novamente, pode ser que os terapeutas familiares precisem proporcionar palavras tranqüilizadoras às pessoas durante o processo da aprendizagem do novo comportamento.

Cognição-problema: "Isso não é justo"

Grande parte da tecnologia da mudança de comportamento na terapia familiar se parece com a terapia de comportamento tradicional, que é considerada por muitos como uma "economia" do intercâmbio de esforços por recompensas de algum tipo. Portanto, as pessoas podem criar complexas configurações do que consideram eqüitativo: a relação entre as percepções de uma pessoa sobre os esforços realizados associados à experiência que tem das recompensas outorgadas pelos demais (Walster, Walster e Berscheid, 1978). Os terapeutas familiares deveriam reconhecer que não somente as qualidades atraentes do reforçador se encontram diante dos olhos do espectador, como também as pessoas comparam sua taxa de reforço em relação a suas expectativas. Essas expectativas de reforço dependerão de dimensões como o *status* percebido ou a motivação do outro. Quando os terapeutas familiares ajudam as famílias a afinar suas negociações durante o treinamento em comunicação ou o contrato comportamental, um processo final incluído é ajudar os membros da família a chegar a suas percepções de eqüidade. A percepção de eqüidade será importante para manter o intercâmbio de reforços, assim como a posterior experiência de afeto positivo.

Em geral, as cognições-problema associadas à fase de tratamento e educação estão relacionadas aos obstáculos para adquirir ou apresentar um novo comportamento, e não se supõe que sejam impulsionadas pela dinâmica da resistência terapêutica ou pela homeostase do sistema familiar. Porém, uma das implicações do MAI é que se os membros da família continuarem tendo dificuldades para pôr em prática novos comportamentos, os terapeutas deveriam suspeitar que o novo comportamento provavelmente é inconsistente com a fase de avaliação e compreensão. O terapeuta tem de voltar a visitar as atividades dessa fase para se assegurar de que o novo comportamento é uma correspondência oportuna com as propriedades da família. Por exemplo, uma mãe que se engana constantemente ou interfere nas negociações entre um pai e um filho pode estar-se sentindo "excluída" da família. Por outro lado, a primeira hipótese de um terapeuta familiar sobre a recusa de um membro da família a até mesmo tentar um novo comportamento, ou a incapacidade contínua de um membro da família para compreender a mecânica de um novo comportamento, e certamente o fato de sentir ressentimento, serão os sinais de que o terapeuta familiar provavelmente terá de realizar um trabalho reatribucional ou de reenquadramento com esse membro.

A seqüência das fases do MAI propõe que se um terapeuta terminou com êxito a fase de terapia e indução, então as dificuldades aparentes dos membros da família para realizar novos comportamentos encontram-se provavelmente relacionadas às expectativas dos resultados e de eficácia. Se essas dificuldades se tornarem obstáculos ou parecerem contribuir com o debilitamento do relacionamento entre o terapeuta e a família ou entre os membros da família, o terapeuta familiar deveria voltar às funções de avaliação e compreensão e de terapia e indução.

VII.3. A decodificação das cognições-problema na fase de tratamento e educação

A decodificação dos problemas na fase de tratamento e educação está em compreender os obstáculos para que os membros da família realizem novos comportamentos. Normalmente, os terapeutas que estão sendo eficazes na estruturação das novas experiências da família se encontrarão somente proporcionando informação sobre o que os membros da família deveriam fazer depois, e criando caminhos para que esses membros realizem o novo comportamento. A distinção de Bandura (1977) entre adquirir e realizar o novo comportamento é útil: as questões de aquisição referem-se à capacidade de uma pessoa para incorporar um novo comportamento a seu repertório, enquanto as questões de realizá-lo referem-se a estar ou não um ambiente interpessoal apoiando a expressão desse comportamento. Por conseguinte, os terapeutas de família têm de realizar uma avaliação sobre quais são os obstáculos que impedem o aprendizado da execução de novos comportamentos e propor estratégias educativas e de comunicação para tornar possível a mudança de comportamento.

O terapeuta familiar deveria incentivar a família a realizar os novos comportamentos. Observar esse processo mostrará ao terapeuta familiar quais problemas a família poderia estar tendo, assim como o modo de melhorar a eficácia dos membros da família para a nova forma de se comportar. Os elementos que representam dificuldades do processo proporcionarão ao terapeuta familiar oportunidades ao vivo para compreender qual informação adicional os membros da família precisam. Esse processo deveria revelar ao terapeuta diferenças entre as motivações e a retroalimentação sobre a atuação.

VII.4. A codificação das cognições-problema na fase de tratamento e educação

A pesquisa sugere que o terapeuta deveria codificar a direção que as famílias devem tomar, durante a fase de tratamento e educação (Alexander, Barton, Schiavo e Parsons, 1976). Os terapeutas deveriam ter a habilidade de ser diretivos, isto é, ser capazes de dirigir o comportamento dos membros da família com instruções, incitações etc. O terapeuta familiar deveria expressar estas instruções com uma aura de confiança em si mesmo, melhorando a sensação dos membros da família (expectativas dos resultados) de que as novas formas de se comportar os beneficiarão. A comunicação do terapeuta aos membros da família tem de ser clara, de modo que possam compreender que precisam fazer isso. Finalmente, as conversas do terapeuta familiar com a família têm de ter uma organização e uma estrutura claras, otimizando a capacidade de seus membros para se centrarem no que deveriam fazer e quando o deveriam fazer.

Insistindo novamente, uma vez ausentes os problemas de resistência abordados em etapas anteriores da intervenção, a codificação do terapeuta familiar na fase de tratamento e educação é uma combinação de habilidades de bom vendedor e bom professor. As comunicações dos terapeutas de família sobre o que os membros da família deveriam

TRATAMENTO COGNITIVO-COMPORTAMENTAL DOS PROBLEMAS FAMILIARES

fazer têm de ser apresentações muito ativas de informação claramente organizada, oferecidas a um ritmo que lhes permita praticar o novo comportamento e receber *feedback*.

VII.5. *A estratégia pública na fase de tratamento e educação*

Os objetivos públicos da fase de tratamento e educação são tornar explícitos os elementos da mudança de comportamento consistentes com os processos do reforço positivo e construir um ambiente interpessoal de apoio. As atividades do terapeuta familiar modelam processos tais como pedir clareza, proporcionar incentivo, estimular a realização do comportamento e outros indicadores de processos de grupo com eficácia interpessoal (Alexander *et al.*, 1983; Alexander e Parsons, 1982). Ao mesmo tempo, o terapeuta incentiva a colocação em prática, por si mesmo, de novas formas de se comportar, reforçando as aproximações sucessivas ao comportamento objetivo (Fleischman, Horne e Arthur, 1983).

Ao mesmo tempo que o terapeuta familiar estimula a atuação comportamental, o processo de estimulação, reforço e oferecimento de retroalimentação metacomunica eficácia aos membros da família. Além disso, têm a experiência direta da atuação. O terapeuta familiar aumentará as expectativas de resultados desejáveis quando assinalar aos membros da família as atribuições e experiências afetivas positivas que provêm de tentar novas formas de se relacionar com os outros membros.

VII.6. *A estratégia privada na fase de tratamento e educação*

Os objetivos privados da fase de tratamento e educação consistem em verificar se o fato de os membros da família realizarem os comportamentos sugere que não precisam retornar às fases de avaliação e compreensão ou de terapia e indução. Os terapeutas familiares têm de avaliar a incapacidade dos membros da família para apresentar a nova mudança de comportamento e julgar se há resistência que requeira induções terapêuticas adicionais, ou se realizar o novo comportamento é compatível com a dinâmica da relação familiar.

Conforme os terapeutas vão dando retroalimentação aos membros da família sobre seu desempenho na tarefa, além da atenção básica ao *feedback* sobre a atuação, os terapeutas estão assinalando como essa atuação apóia as atribuições (e o afeto) positivas criadas pelas intervenções da fase de terapia e indução. Do mesmo modo, os terapeutas familiares tranqüilizarão os membros da família mostrando que a colocação em prática dos novos comportamentos fará com que cumpram suas funções interpessoais – tal como foi descoberto na fase de avaliação e compreensão.

VII.7. *Resumo da fase de tratamento e educação*

Resumindo, os elementos cognitivos da fase de tratamento e indução são menos encobertos que nas fases anteriores da intervenção. Os terapeutas familiares podem assumir (quando essa etapa é atingida com êxito) que os membros da família não estão resistindo ativamente ao terapeuta e podem supor que a dinâmica das relações familiares está preparada para apoiar a mudança de comportamento. Se os membros da família propuserem obstáculos à mudança que vão além dos problemas típicos associados à aprendizagem de algo novo, então o terapeuta familiar tem dois caminhos para voltar a etapas anteriores da intervenção – a avaliação e compreensão ou a terapia e indução.

VIII. A FASE DE GENERALIZAÇÃO E ENCERRAMENTO

Em termos globais, a fase de generalização e encerramento ocorre quando a família e o terapeuta familiar decidem, de comum acordo, terminar com os serviços que estão sendo prestados (Alexander, Barton, Waldron e Mas, 1983). Normalmente, essa decisão é tomada porque o terapeuta e a família então concordam que atingiram alguns objetivos clínicos. Além de ter atingido alguns critérios clínicos de êxito, o terapeuta familiar julga se a família será capaz de manter os benefícios conseguidos no processo de terapia.

Temos de assinalar uma questão sobre os elementos finais convencionais do processo de terapia. Os profissionais da saúde mental estão acostumados a pensar que seus serviços estão muito bem delimitados. Algumas dessas delimitações ressaltam os momentos finais da intervenção, ou servem como indicadores para quando o trabalho do terapeuta se houver finalizado. A maioria dos problemas com os quais os terapeutas lidam tem o objetivo de prescrever uma dose bastante bem estabelecida (como em um grupo de apoio com um programa), ou que depende da avaliação subjetiva do paciente de que não precisa do serviço (como em alguém que soluciona a ambivalência de permanecer em uma relação), o que atinge algum objetivo clínico bem definido (um agorafóbico é capaz de sair às compras e se sente confortável fora de casa). Nessas circunstâncias, tanto o provedor quanto o consumidor têm alguns indicadores potenciais que assinalam quando e sobre quais bases considerar o encerramento dos serviços.

Além de decidir quando é apropriado terminar o tratamento, os terapeutas familiares têm de avaliar a própria confiança e a do paciente de que este pode manter os benefícios terapêuticos depois de terminada a intervenção. Essa avaliação tem de levar em conta se é provável que o ambiente dos membros da família apóie os tipos de mudança processadas nesses membros. Por exemplo, alguns cônjuges podem sentir-se ameaçados ou descontentes com as mudanças em assertividade do outro membro do casal que foi tratado individualmente. Ou os membros de uma comunidade rejeitarão uma pessoa que tenha sido hospitalizada com um episódio psicótico. Considerar essas questões significa que o terapeuta tem de determinar se o paciente está preparado para as fontes de resistência (ou a ausência de apoio) aos ganhos terapêuticos que poderão impor-se no ambiente natural dos membros da família.

Alguns tipos de comportamento oferecem repercussões ou sanções mais graves em caso de recaída que outros. Por exemplo, os pacientes que foram tratados por problemas de violência ou de abuso sexual contra outros constituem um grande risco, não somente para si mesmos, mas para os demais, no caso de que o paciente tenha nem que seja uma única manifestação conhecida do problema. O terapeuta familiar tem de considerar as consequências da recaída para o indivíduo, assim como para a comunidade da qual faz parte.

As decisões sobre o encerramento dos serviços são importantes e merecedoras de uma considerável atenção dos terapeutas familiares. Tanto o terapeuta como as famílias têm de avaliar o progresso do processo de tratamento e, então, fazer as previsões sobre o curso futuro dos acontecimentos.

VIII.1. *Cognições-problema na fase de generalização e encerramento*

Em geral, os problemas cognitivos na fase de generalização e encerramento acontecem porque os membros da família atribuem a responsabilidade da mudança de forma inapropriada; porque carecem de conhecimentos sobre a mudança; ou porque poderiam ainda mostrar pequenos vestígios de resistência.

Cognição-problema: "Devemos tudo ao terapeuta"

Os membros da família que tiverem essa crença não terão uma sensação de eficácia para ser capazes de resolver seus próprios problemas. Enquanto os membros da família acreditarem que o terapeuta é o responsável, não será possível reconhecer desenvolvimentos positivos em seu próprio afeto ou em suas percepções em relação a outros membros da família ou a si mesmos. Desse modo, quando o terapeuta já não estiver presente, é provável que a família retorne a suas atribuições, afeto e interações características. Os terapeutas familiares têm de verificar as atribuições dos membros da família para determinar se percebem, de forma apropriada, a si mesmos como a origem da motivação e dos recursos para a mudança positiva, assim como a fonte do afeto positivo.

Os membros da família deveriam terminar a terapia familiar com a sensação de que foram os responsáveis, em grande medida, por muitos de seus ganhos. Se as famílias terminassem com a sensação de que todas as mudanças positivas foram o resultado da força do profissional, seria de esperar que isso os levasse a manter algum tipo de dependência emocional e prática com relação a isso, e estariam em face de suas necessidades de solucionar com confiança os problemas no final dos serviços.

Cognição-problema: "Os pequenos fracassos significam que nossos ganhos se desvaneceram"

Em pessoas com problemas, os elementos negativos de sua experiência são generalizados de forma inapropriada a situações nas quais não se aplicam (Beck, 1972; Lewinshon, 1974; Seligman, 1975). É preciso incentivar os membros da família a pensar em tropeços e contrariedades como incômodos do desenvolvimento associados à mudança, em vez de considerá-los como indicadores de que tudo foi perdido. Os terapeutas de família têm de considerar o impacto sobre o paciente no caso de ter o pensamento ingênuo de que o encerramento do tratamento significa que não experimentará nenhum problema no futuro. Para a maioria dos modelos de intervenção, a mudança positiva não é o mesmo que uma reorganização importante da personalidade. Os pacientes provavelmente deveriam perceber que muitas de suas tendências de estilo, contratempos diários e tentações serão o mesmo que antes. Para a maioria das pessoas, é provável, também, que o processo de mudança tenha sido muito curto comparado com o maior âmbito e história de suas vidas. Da mesma maneira que não seria terapêutico para um paciente ser pessimista sobre as oportunidades da manutenção das mudanças positivas, ou sentir-se ansioso e culpado sobre o fracasso, as famílias provavelmente deveriam perceber que as novas formas de pensar, comportar-se e sentir requerem certa atenção e manutenção.

Cognição-problema: "Ele está mudando somente pela recompensa"

Esse tipo de atribuição pode dar-se com as estratégias de intervenção comportamental. Os membros da família podem acreditar que os reforços tangíveis são responsáveis pelas mudanças, ou dito de outra forma, o *locus* de controle é atribuído às circunstâncias externas à pessoa. Essa afirmação pode entranhar pessimismo sobre a possibilidade de manutenção, ou, pior ainda, desacreditar a motivação de um indivíduo (reforçado) que está fazendo um grande esforço para mudar. Acontece também que, se o programa de reforço for muito rico, um membro da família pode chegar a acreditar que a razão de seu comportamento não é o aspecto não tangível do impacto de alguma relação positiva, ou do aumento da competência, mas as propriedades benéficas de algum remédio ou a qualidade atraente de algum estímulo. Nesse fenômeno, se a pessoa é recompensada por algo que gostaria de fazer por outras razões, tem mais dificuldade para atribuir o valor positivo a seus próprios recursos ou caráter.

VIII.2. *A decodificação das cognições-problema na fase de generalização e encerramento*

Ao se aproximar o final do processo da terapia familiar, os membros da família supostamente serão francos sobre aspectos não concluídos da terapia e indução e do tratamento e educação. Essas queixas sobre os aspectos não acabados não representam problemas para o terapeuta. Em geral, os tipos de problemas de decodificação que o terapeuta enfrenta na fase de generalização e encerramento são explorar indicadores de problemas posteriores que teriam um profundo impacto sobre os membros da família, ou decodificar os contratempos do tratamento como indicadores da dependência do terapeuta familiar.

VIII.3. *A codificação das cognições-problema na fase de generalização e encerramento*

O maior desafio à codificação na fase de generalização e encerramento é a identificação de obstáculos potenciais ao equilíbrio no meio social e a antecipação de acontecimentos evolutivos que possam influir na família e/ou nos problemas de comportamento dos jovens. Posto que o objetivo dessa fase é manter a mudança e facilitar a independência, os terapeutas têm de facilitar as percepções de competência dos membros da família. Se as expectativas de eficácia dos membros da família forem superadas pelas exigências ambientais, é pouco provável que mantenham algum dos ganhos realizados no tratamento. Nesse ponto do tratamento, as atribuições dos membros da família sobre os outros membros foram modificadas e houve a oportunidade de experimentar um comportamento diferente. Desse modo, os terapeutas têm de prolongar esses ganhos ao contexto da vida real da família.

É possível que os terapeutas tenham de voltar a lidar e combater as crenças dos membros da família de que têm pouca influência sobre os comportamentos dos outros membros (ou sobre o que ocorre em seu ambiente imediato) durante essa fase. Uma forma de facilitar essas crenças de eficácia é por meio de oportunidades de estruturação no ambiente natural da família para que seus membros experimentem comportar-se de forma diferente. Além disso, os terapeutas têm de trabalhar com esses membros para identificar aspectos críticos que podem influir negativamente no funcionamento da família e, conseqüentemente, sobre o comportamento dos jovens. Por exemplo, a família quererá conhecer a estratégia para ajudar um membro a lidar com um irmão mais velho que está terminando o ensino médio e está planejando fazer uma faculdade fora da cidade onde vive. Ou a família terá de antecipar a crise que irá acontecer quando se mudarem para outra casa na mesma cidade.

VIII.4. *A estratégia pública na fase de generalização e encerramento*

A maior tarefa pública de um terapeuta familiar durante a fase de generalização e encerramento consiste em facilitar a generalização das mudanças realizadas durante o tratamento ao ambiente natural da família e ao futuro. Os membros da família têm de experimentar não somente uma sensação de competência ao influir sobre os outros membros, mas também uma sensação de controle no contexto imediato. Os terapeutas familiares reconhecem abertamente as mudanças realizadas pela família no tratamento e trabalham com seus membros para identificar outros "aspectos sem concluir" que têm de atender. Esse é um processo conjunto. Os terapeutas têm de permitir aos membros da família identificar os obstáculos potenciais. Além disso, os terapeutas têm de permitir aos membros gerar estratégias para lidar com qualquer obstáculo que identificarem.

As habilidades dos terapeutas nessa fase incluem uma combinação de habilidades das outras fases. Os terapeutas têm de responder às dúvidas dos membros da família reenquadrando-as de tal forma que ressaltem suas expectativas de eficácia (terapia e indução). Os terapeutas têm de utilizar, também, as habilidades diretivas para ajudar os membros da família a gerar novas estratégias para mudar seus comportamentos. Desse modo, posto que o objetivo dessa fase consiste em consolidar as mudanças realizadas pelos membros da família e prolongá-las a seu contexto e às futuras interações, os terapeutas têm de utilizar uma variedade de habilidades que se põem em prática em resposta aos complexos processos que ocorrem durante essa fase.

VIII.5. *A estratégia privada na fase de generalização e encerramento*

Embora a estratégia pública seja a colaboração e identificação conjunta dos temas pertinentes e a solução de problemas, a estratégia privada do terapeuta de família durante essa fase é a de descentralizar a si mesmo dos processos competentes da família. Assim, antes do encerramento, o terapeuta tem de avaliar o grau em que a família funciona de forma adaptativa e independente do terapeuta. Os terapeutas observam as interações familiares espontâneas para avaliar se a família está colocando em prática as mudanças conseguidas nas fases de terapia e indução e na de tratamento e educação, em suas atividades atuais de solução de problemas.

As famílias podem sofrer mal-estar proveniente de suas crenças de baixa eficácia e os terapeutas podem responder reenquadrando essas crenças, ressaltando as mudanças positivas ou estruturando as oportunidades para levar essas mudanças a novos lugares. À primeira vista, o objetivo dessas intervenções é de colaboração e melhora do relacionamento, mas a filosofia do terapeuta é manter as mudanças terapêuticas enquanto se vai retirando gradualmente do processo familiar. As famílias podem experimentar, também, mal-estar conforme forem sentindo esse processo de descentralização. Os terapeutas devem responder com sensibilidade aos temores dos membros da família; porém, têm de perceber claramente a necessidade existente do sistema para manter a homeostase. O terapeuta não pode ser "sugado" por esse processo nem permitir que a família se torne dependente dele. Ao contrário, deveria responder, novamente, de maneira diferente à forma como os outros poderiam responder às mesmas forças do sistema. O terapeuta pode sentir-se pouco natural durante esse processo e, inclusive, ver-se como se estivesse traindo a confiança da família; mas se a família não puder manter as mudanças sozinha, então os ganhos ocorridos durante o tratamento são perdidos.

VIII.6. *Resumo da fase de generalização e encerramento*

Os principais interesses sobre as cognições na fase de generalização e encerramento referem-se às crenças dos membros da família que minimizam as mudanças positivas realizadas no tratamento ou que transmitem a expectativa de que não podem lidar com as coisas sozinhos, fora do contexto de tratamento. Em qualquer caso, essas cognições servem para debilitar a capacidade da família para generalizar as mudanças ocorridas no tratamento ao contexto da vida real. Os terapeutas têm de trabalhar para dissipar essas expectativas errôneas, repassando as mudanças realizadas, proporcionando oportunidades para manifestar essas mudanças em uma série de contextos e antecipando futuros obstáculos que a família pode enfrentar.

O objetivo da fase de generalização e encerramento é que a família mantenha as mudanças, independentemente do terapeuta, em uma variedade de contextos. Dessa forma, os terapeutas têm de examinar o grau em que os membros da família respondem apropriadamente aos outros membros conforme enfrentam novos desafios, assim como o grau em que respondem adequadamente aos desafios ambientais. Em todos os casos, os terapeutas tentam afastar-se do processo e evitar as tentativas da família de incluí-los novamente no sistema.

IX. CONCLUSÕES

O quadro do MAI proporciona aos terapeutas um "mapa" para negociar os complexos processos intra e interpessoais que ocorrem na terapia dos sistemas familiares. O MAI propõe uma série de fases diferentes (embora inter-relacionadas). Cada fase da intervenção está associada a suas próprias cognições, objetivos e tarefas terapêuticos e atividades do terapeuta. Assim, o quadro do MAI propõe que a mudança em si é um processo fásico. Uma suposição existente do modelo é que devem ocorrer importantes mudanças cognitivas/atribucionais antes que os membros da família sejam capazes de mudar seus comportamentos em relação aos demais membros. Do mesmo modo, as mudanças nas seqüências de comportamento dos membros da família (isto é, nas interações) precedem as mudanças nos comportamentos-problema dos jovens.

Como conclusão deste capítulo, podemos assinalar que o MAI afirma que as cognições-problema têm de ser observadas constantemente durante o curso do tratamento, e que essas cognições-problema mudam conforme o terapeuta tenta atingir os objetivos e as tarefas de cada nova fase do tratamento. Inicialmente, os terapeutas enfrentam a desesperança dos membros da família sobre seu futuro e as atribuições negativas sobre os outros membros, enquanto nas últimas fases de tratamento os terapeutas enfrentam as crenças de eficácia dos membros da família – se pensam que são capazes de conseguir as mudanças desejadas no comportamento. Os terapeutas familiares têm de observar as cognições e as atribuições dos membros da família ao longo do tratamento, e adaptar suas intervenções para que satisfaçam suas necessidades interpessoais e cumpram as tarefas terapêuticas de cada fase da intervenção terapêutica.

REFERÊNCIAS BIBLIOGRÁFICAS

Alexander, J. F. (1973). Defensive and supportive communications in normal and deviant families. *Journal of Consulting and Clinical Psychology, 40*, 223-231.

Alexander, J. F. y Barton, C. (1995). Research in family therapy. En R. H. Mikesell, D. D. Lusterman y S. H. McDaniel (dirs.), *Integrating family therapy: Handbook of family psychology and systems theory*. Washington, DC: APA.

Alexander, J. F., Barton, C., Schiavo, R. S. y Parsons, B.V. (1976). Behavioral intervention with families of delinquents: Therapist characteristics and outcome. *Journal of Consulting and Clinical Psychology, 44*, 656-664.

Alexander, J. F., Barton, C., Waldron, H. y Mas, C. H. (1983). Beyond the technology of family therapy: The anatomy of intervention model. En K. D. Craig y R. J. McMahon (dirs.), *Advances in clinical behavior therapy*. Nueva York: Brunner/Mazel.

Alexander, J. F., Holtzworth-Munroe, A. y Jameson, P. B. (1994). The process and outcome of marital and family therapy: Research review and evaluation. En A. E. Bergin y S. L. Garfield (dirs.), *Handbook of psychotherapy and behavior change*. Nueva York: Wiley.

Alexander, J. F. y Parsons, B. V. (1982). *Functional family therapy*. Monterey, CA: Brooks/Cole.

Bandura, A. (1977). Self-efficacy: Toward a unifying theory of behavioral change. *Psychological Review, 84*, 191-215.

Bandura, A. y Walters, R. H. (1963). *Social learning and personality development*. Nueva York: Holt.

Barton, C., Alexander, J. F. y Turner, C. W. (1988). Defensive communication in normal and delinquent families: The impact context and family role. *Journal of Family Psychology, 1*, 390-405.

Beck, A. T. (1972). *Depression: Causes and treatment*. Philadelphia: University of Pennsylvania.

Beier, E. (1966). *The silent language of psychotherapy*. Chicago: Aldine.

Berg-Cross, L. (1988). *Basic concepts in family therapy: An introductory text*. Nueva York: Haworth.

Chesney, M. A., Eagleston, J. R. y Rosenman, R. H. (1981). Type A Behavior: Assessment and intervention. En C. K. Prokop y L. A. Bradley (dirs.), *Medical psychology: Contributions to behavioral medicine*. Nueva York: Academic.

Compas, B. G., Friedland-Bandes, R., Bastien, R. y Adelman, H. S. (1981). Parent and child causal attributions related to the child's clinical problem. *Journal of Abnormal Psychology, 9*, 389-397.

Doherty, W. J. (1981). Cognitive processes in intimate conflict: 2. Efficacy and learned helplessness. *American Journal of Family Therapy, 9*, 35-44.

Fincham, F. y O'Leary, K. D. (1983). Causal inferences for spouse behavior in distressed and nondistressed couples. *Journal of Counseling Psychology, 29*, 572-579.

Fleischman, M. J., Horne, A. M. y Arthur, J. (1983). *Troubled families: A treatment program*. Champaign, IL: Research Press.

Frank, J. D. (1973). *Persuasion and healing: A comparative study of psychotherapy* (edición revisada). Baltimore: The Johns Hopkins University Press.

Garfield, S. L. (1986). Research on client variables in psychotherapy. En S. L. Garfield y A. E. Bergin (dirs.), *Handbook of psychotherapy and behavior change* (3.ª edición). Nueva York: Wiley.

Goldenberg, I. y Goldenberg, H. (1991). *Family therapy: An overview*. Pacific Grove, CA: Brooks/Cole.

Gomes-Schwartz, B. (1978). Effective ingredients in psychotherapy: Prediction of outcome from process variables. *Journal of Consulting and Clinical Psychology, 46*, 1023-1035.

Gordon, D. A., Arbruthnot, J. Gustafson, K. E. y McGreen, P. (1988). Home-based behavioral-systems family therapy with disadvantaged juvenile delinquents. *American Journal of Family Therapy, 16*, 243-255.

Gottman, J. M. (1979). Detecting cyclicity in social interaction. *Psychological Bulletin, 85*, 338-348.

Gurman, A. S., Kniskern, D. P. y Pinsof, W. M. (1986). Research on the process and outcome of marital and family therapy. En S. L. Garfield y A. E. Bergin (dirs.), *Handbook of psychotherapy and behavior change* (2.ª edición). Nueva York: Wiley.

Haley, J. (1976). *Problem solving therapy.* San Francisco, CA: Jossey Bass.

Jacobson, N. S., McDonald, D. W., Follette, W. C. y Berley, K. A. (1985). Attributional processes in distressed and nondistressed married couples. *Cognitive Therapy and Research, 9*, 35-50.

Kazdin, A. E. (1993). Psychotherapy for children and adolescents: Current progress and future research directions. *American Psychologist, 48*, 644-657.

Kazdin, A. E. (1994). Psychotherapy for children and adolescents. En A. E. Bergin y S. L. Garfield (dirs.), *Handbook of psychotherapy and behavioral change* (4.ª edición). Nueva York: Wiley.

Lepper, M. R. y Greene, D. (dirs.) (1978). *The hidden costs of rewards: New perspectives in the psychology of human motivation.* Hillsdale, NJ: Erlbaum.

Lewinsohn, P. M. (1974). A behavioral approach to depression. En R. J. Friedman y M. M. Katz (dirs.), *The psychology of depression: Contemporary theory and research.* Nueva York: Halstead.

Minuchin, S. (1974). *Families and family therapy.* Cambridge, MA: Harvard University.

Minuchin, S. y Fishman, H. C. (1981). *Family therapy techniques.* Cambridge, MA: Harvard University.

Newberry, A. M., Alexander, J. F. y Turner, C.W. (1991). Gender as a process variable in family therapy. *Journal of Family Psychology, 5*, 158-175.

Parsons, B. V. y Alexander, J. F. (1973). Short-term family intervention: A therapy outcome study. *Journal of Consulting and Clinical Psychology, 41*, 195-201.

Patterson, G. R. (1982). *Coercive family process.* Eugene, OR: Castalia.

Patterson, G. R. y Reid, J. B. (1984). Reciprocity and coercion: Two facets of social systems. En C. Neuringer y J. L. Michael (dirs.), *Behavior modification in clinical psychology.* Nueva York: Appleton-Century Crofts.

Peterson, D. R. (1983). Conflict. En H. H. Kelley, E. Berscheid, A. Christensen, J. H. Harvey, T. L. Huston, G. Levinger, E. McClintock, L. A. Peplau y D. R. Peterson (dirs.), *Close relationships.* Nueva York: Freeman.

Rice, P. L. (1992). *Stress and health* (2.ª edición). Pacific Grove, CA: Brooks/Cole.

Robbins, M. S., Alexander, J. F., Newell, R. M. y Turner, C. W. (1996). The immediate effect of reframing on client attitude in family therapy. *Journal of Family Psychology, 10*, 38-54.

Seligman, M. E. P. (1975). *Helplessness: On depression, development, and death.* San Francisco: WH Freeman.

Shadish, W. R., Montgomery, L. M., Wilson, P., Wilson, M. R., Bright, I. y Okwumabua, T. (1993). Effects of family and marital psychotherapies: A meta-analysis. *Journal of Consulting and Clinical Psychology, 61*, 992-1002.

Sillar, A. L. (1985). Interpersonal perception in relationships. En W. Ickes (dir.), *Compatible and incompatible relations.* Nueva York: Springer-Verlag.

Szapocznik, J. y Kurtines, W. M. (1989). *Breakthroughs in family therapy with drug-abusing and problem youth.* Nueva York: Springer.

Walster, E., Walster, G. W. y Berscheid, E. (1978). *Equity theory and research.* Boston: Allyn and Bacon.

Watzlawick, P., Beavin, J. H. y Jackson, D. D. (1967). *Pragmatics of human communication.* Nueva York: Norton.

Weiner, B. (1993). On sin versus sicknes: A theory of perceived responsibility and social motivation. *American Psychologist, 48*, 957-965.

Wills, T. A. (1991). Social comparison processes in coping and health. En C. R. Snyder y D. R. Forsyth (dirs.), *Handbook of social and clinical psychology: The health perspective.* Nueva York: Pergamon.

LEITURAS PARA APROFUNDAMENTO

Alexander, J. F. y Barton, C. (1995). Research in family therapy. En R. H. Mikesell, D. D. Lusterman y S. H. McDaniel (dirs.), *Integrating family therapy: Handbook of family psychology and systems theory.* Washington, DC: APA.

Alexander, J. F., Barton, C., Waldron, H. y Mas, C. H. (1983). Beyond the technology of family therapy: The anatomy of intervention model. En K. D. Craig y R. J. McMahon (dirs.), *Advances in clinical behavior therapy.* Nueva York, NY: Brunner/Mazel.

Alexander, J. F., Holtzworth-Munroe, A. y Jameson, P. B. (1994). The process and outcome of marital and family therapy: Research review and evaluation. En A. E. Bergin y S. L. Garfield (dirs.), *Handbook of psychotherapy and behavior change.* Nueva York: Wiley.

Alexander, J. F. y Parsons, B. V. (1982). *Functional family therapy.* Monterey, CA: Brooks/Cole.

Berg-Cross, L. (1988). *Basic concepts in family therapy: An introductory text.* Nueva York: Haworth.

Goldenberg, I. y Goldenberg, H. (1991). *Family therapy: An overview.* Pacific Grove, CA: Brooks/Cole.

Capítulo 22
INTERVENÇÃO COGNITIVO-COMPORTAMENTAL PARA O CONTROLE DA IRA

JERRY L. DEFFENBACHER e REBEKAH S. LYNCH[1]

I. INTRODUÇÃO

Este capítulo aborda a ira em geral e descreve uma intervenção básica para o controle dessa ira, as *Habilidades de enfrentamento cognitivas/de relaxamento* (HECR). Outros capítulos deste manual descrevem intervenções para transtornos específicos. Visto que não há transtornos por ira diagnosticáveis, este capítulo começa com uma breve discussão do tema e um resumo das características do indivíduo com ira. A isso segue-se uma história do desenvolvimento das HECRs e de seus fundamentos empíricos, incluindo um resumo dos dados de diferentes estudos. O resto do capítulo será dedicado às diretrizes da intervenção.

II. A AUSÊNCIA DIAGNÓSTICA DOS TRANSTORNOS POR IRA

Muitos indivíduos recorrem à psicoterapia, ao menos em parte, devido à ira que há em suas vidas. A ira perturba suas relações interpessoais e familiares, tem um impacto sobre seu desempenho no trabalho ou nos estudos, leva-os a dizer coisas das quais se sentem culpados ou envergonhados, diminui sua auto-estima ou faz com que se sintam sem controle emocional. Se a emoção principal for a ansiedade ou a depressão, poderiam servir as categorias diagnósticas de transtornos já estabelecidos. Porém, se a emoção fundamental é a ira, não existe um diagnóstico similar. Por exemplo, ao lidar com as reações excessivas diante de, ou com a interferência para enfrentar um ou mais estímulos estressantes importantes, o *Manual diagnóstico e estatístico dos transtornos mentais, 4ª edição* (*DSM-IV*; APA, 1994) define vários transtornos de adaptação pela influência do estado de humor (por exemplo, transtorno de adaptação com estado de humor ansioso, com estado de humor deprimido ou com características emocionais misturadas). Porém, se o indivíduo se encontra basicamente aborrecido, sem problemas de comportamento, isso não é considerado um transtorno de adaptação com estado de humor zangado. Existem inúmeros exemplos disso. Muitos indivíduos que estão passando por uma situação de divórcio freqüentemente se encontram intensamente zangados e irritáveis; um sujeito que perdeu seu trabalho pode experimentar uma elevada ira em geral e estar especificamente aborrecido com seus chefes anteriores, com seus supervisores etc.; e um jovem cuja família foi transferida, afastando-o dos amigos que tinha, dos vizinhos e

---

[1]Universidade do Estado do Colorado (Estados Unidos).

da escola onde estava, pode estar muito zangado, irritável, mal-humorado e discutir com freqüência durante certo tempo posterior. A ira situacional também é irrelevante no momento do diagnóstico. Por exemplo, uma pessoa pode temer e evitar as críticas sociais, ou ter medo de dirigir, podendo ser diagnosticado como portador de fobia social ou fobia específica, respectivamente. Porém, se se aborrece muito quando a criticam ou quando dirige, não existe um transtorno por ira situacional similar. Outros indivíduos estão perturbados por uma ira mais generalizada. Pode ser que uma ampla categoria de situações os provoque facilmente e experimentem períodos de ira mais intensos e duradouros. Isto é, parece que têm um limiar mais baixo para a ira e que experimentam aumentos da ira mais crônicos. Se estivessem moderadamente ansiosos e preocupados, de forma crônica, seria apropriado um diagnóstico de transtorno por ansiedade generalizada, ou se estivessem moderadamente deprimidos, de maneira crônica, seria adequado o rótulo de distimia. Mas se o problema é a ira moderada, crônica, então não existe uma categoria diagnóstica para ele.

A ausência de categorias diagnósticas oficiais não quer dizer que as pessoas não sofram, ou que não existam transtornos emocionais baseados na ira. Por exemplo, em um artigo anterior (Deffenbacher, 1993) descrevia-se um análogo clínico da ira geral. Comparados com indivíduos de baixa ira, os sujeitos com elevada ira eram vulneráveis à ativação da ira em uma maior categoria de situações e na vida cotidiana, experimentando também uma ira mais intensa nas provocações e uma maior ativação fisiológica quando estavam aborrecidos. Quando eram provocados, costumavam enfrentar com um maior antagonismo verbal e físico e com tendências de enfrentamento menos construtivas, preferindo geralmente estilos de expressão repressivos ou negativos dirigidos ao exterior, em vez de um enfoque mais tranqüilo, controlado, para a expressão da ira. Essa ira produzia, também, conseqüências negativas mais freqüentes e sérias, tais como o dano físico a si mesmo, aos outros e à propriedade, interferência com o trabalho ou os estudos e relações interpessoais problemáticas. Em comparação com outros grupos clínicos, esses indivíduos informavam de mais ira que os pacientes clínicos em geral ou que aqueles que buscavam ajuda, ao menos em parte, para questões relativas à ira. Os sujeitos não somente informavam de uma ira importante em uma série de elementos, mas também estavam geralmente mais ansiosos, tinham uma menor auto-estima, possuíam menos capacidades para o enfrentamento do estresse e tinham uma maior probabilidade de abusar e sofrer conseqüências negativas do álcool. Desse modo, parece que os indivíduos normalmente aborrecidos sofrem de um nível moderado de patologia que perturba a qualidade de suas vidas, mas para os quais não existe uma categoria diagnóstica estabelecida.

III. O ENFOQUE DAS HABILIDADES DE ENFRENTAMENTO COGNITIVAS DE RELAXAMENTO (HECR) PARA O CONTROLE DA IRA

Um exame da literatura sobre tratamento no começo dos anos 1980 mostrou também poucos enfoques de tratamento empiricamente validados para esse tipo de indivíduos. Novaco (1975) proporcionou ao campo o primeiro estudo bem desenhado para o controle da ira geral. Em uma análise dos componentes da inoculação de estresse, encontrou que a combinação das habilidades cognitivas e de relaxamento era o mais eficaz. A intervenção cognitiva era quase tão eficaz quanto a inoculação de estresse, mas os efeitos do relaxamento eram limitados, o que sugeria que o componente cognitivo era o ingrediente eficaz básico na inoculação de estresse e que as intervenções baseadas no relaxamento eram menos eficazes. Porém, um exame mais próximo dos procedimentos de Novaco sugeriu que nos efeitos do relaxamento podem ter influído questões da aplicação da intervenção. Por exemplo, proporcionou-se uma explicação sobre autocontrole, mas foi empregado um procedimento de contracondicionamento, o que possivelmente confundiu os pacientes; foram treinados ou ensaiaram em casa poucas habilidades de enfrentamento por meio do relaxamento; o tempo de tratamento era muito justo, proporcionando poucas oportunidades para ensaiar o relaxamento; e, aparentemente, não se levou a cabo o treinamento na transferência do relaxamento.

A possibilidade de que tivessem sido subestimados os efeitos do relaxamento conduziu nosso grupo de pesquisa a uma série de estudos que finalmente desembocaram na atual intervenção das HECRs. No primeiro estudo (Deffenbacher, Demm e Brandon, 1986), adaptou-se para o controle da ira o procedimento do treinamento para a manipulação da ansiedade (veja Deffenbacher, 1997, no primeiro volume deste manual), uma intervenção bem estabelecida das habilidades para o enfrentamento por meio do relaxamento. Observou-se uma diminuição significativa da ira e os efeitos pareceram mais potentes que os da condição de relaxamento de Novaco (1975). Além disso, observou-se também uma diminuição da ansiedade geral, e essas reduções da ansiedade e da ira se mantiveram no seguimento depois de um ano. O segundo estudo (Hazaleus e Deffenbacher, 1986) comparou essa condição de relaxamento com uma intervenção de habilidades cognitivas de enfrentamento e encontrou que ambas eram igualmente eficazes, sendo mantidos os efeitos em um seguimento de um ano. Os efeitos do relaxamento eram de novo potentes e tão eficazes quanto a intervenção cognitiva, diferentemente dos achados de Novaco. Porém, ocorreu um achado inesperado na condição cognitiva. Tanto os pacientes quanto os terapeutas, resistiram às partes iniciais da reestruturação cognitiva. Isto é, os pacientes se zangavam e reagiam negativamente diante das estratégias de mudança cognitiva e de atitudes e os terapeutas informavam que se sentiam "verbalmente moídos". Esses problemas não apareciam na condição de relaxamento.

Tudo isso nos levou a questionar se as intervenções cognitivas e de relaxamento poderiam ser combinadas (habilidades de enfrentamento cognitivas/de relaxamento ou HECR) para minimizar a resistência diante dos elementos cognitivos e produzir, potencialmente, uma intervenção mais eficaz. O procedimento das HECRs foi tão eficaz quanto a condição cognitiva e os efeitos se mantinham em um acompanhamento realizado aos 15 meses (Deffenbacher *et al.*, 1988). Novamente, encontrou-se resistência nas sessões iniciais da terapia cognitiva, enquanto a intervenção transcorreu bem nas HECRs, onde os componentes cognitivos não foram introduzidos até a terceira sessão. O procedimento das HECRs parece, então, promissor, produzindo uma diminuição significativa da ira, enquanto, ao mesmo tempo, minimiza a resistência do paciente, a qual poderia dar como resultado um encerramento prematuro do tratamento em lugares que não são de pesquisa. Mais três estudos demonstraram que o procedimento das HECRs é tão eficaz quanto a intervenção de relaxamento sozinha (Deffenbacher e Stark, 1992), como uma intervenção estruturada de habilidades sociais (Deffenbacher *et al.*, 1987) e como uma terapia de grupo centrada na ira e orientada aos processos (Deffenbacher, McNamara, Stark e Sabadell, 1990), e que os efeitos são mantidos nos seguimentos realizados ao longo de 12-15 meses (Deffenbacher, 1988; Deffenbacher e Stark, 1992; Deffenbacher *et al.*, 1990). Além disso, embora aproximadamente 75% da ira aconteçam em um contexto interpessoal (Averill, 1983; Deffenbacher, 1992), as HECRs são mais amplas que as intervenções baseadas nas habilidades sociais, visto que aquelas também abordam fontes não interpessoais de provocação (por exemplo, ira contra si mesmo por um erro cometido, contra objetos inanimados, como o carro, por não pegar, contra acontecimentos gerais, como acontecimentos políticos e congestionamentos, e contra fontes sem desencadeadores claros, como as normas da administração e as regras no trabalho).

A fim de proporcionar o apoio empírico mais amplo às HECRs neste capítulo, foram misturados e analisados os dados de sujeitos com condições de HECR (N = 61) e controle (N = 72) provenientes de quatro estudos (Deffenbacher *et al.*, 1987, 1988, 1990; Deffenbacher e Stark, 1992). Foram misturados, também, os dados de seguimento aos 12-15 meses provenientes de três estudos (Deffenbacher, 1988; Deffenbacher *et al.*, 1988; Deffenbacher e Stark, 1992), que incluíam porcentagens adequadas de devolução dos dados solicitados aos 12-15 meses (porcentagem global de 73% para os sujeitos na condição HECR e 74% para os sujeitos controle). Os sujeitos possuíam a característica de ter um enfado geral, sendo estudantes universitários que indicavam que tinham um problema pessoal com a ira e que desejavam ajuda para esses problemas. Os sujeitos da condição de HECR recebiam um programa de grupo, com poucos membros (N = 7-11), que durava 8 semanas, enquanto os indivíduos da condição controle não recebiam tratamento nem assessoria. Os participantes preenchiam os seguintes instrumentos ao longo de um seguimento de 5 semanas (pontuações elevadas refletiam quantidades altas da variável):

1. *Escala de ira-característica* (Spielberger, 1988), uma medida de ira geral que consta de 10 itens (categoria 10-40);
2. *Inventário de ira* (Novaco, 1975), uma medida de ira ao longo de 90 situações (categoria 90-450);
3. *Situação de ira* (Deffenbacher *et al.*, 1986), uma medida de um único item sobre a ira pessoal-situacional na qual o indivíduo descreve e avalia a intensidade da ira (escala de 0 a 100) na situação atual que lhe provoca a maior ira;
4. *Diário de ira* (Deffenbacher *et al.*, 1986), uma medida da ira cotidiana na qual o indivíduo, durante sete dias consecutivos, inclui o acontecimento que lhe causou mais ira a cada dia e avalia (em uma escala de 0 a 100) a intensidade da ira (a média de todos os dias serve como uma medida do Diário de Ira);
5. *Sintomas de ira* (Deffenbacher *et al.*, 1986), uma medida de um único item sobre a ativação fisiológica relacionada com a ira, na qual o sujeito descreve sua reação fisiológica mais grave e avalia a intensidade em uma escala de 0 a 100; e

6. *Inventário de ansiedade-característica* (Spielberger, Gorsuch e Lushene, 1970) uma medida de 20 itens sobre a ansiedade geral (categoria 20-80).

O seguimento de 12-15 meses incluía a Escala de ira-característica, a Situação de ira, os Sintomas de ira e o Inventário de ansiedade-característica.

Os resultados em seguimentos em curto (5 semanas) e longo (12-15 meses) prazos está resumido nos quadros 22.1 e 22.2, respectivamente. As análises de co-variação revelaram que todas as diferenças entre grupos no pós-tratamento e no seguimento eram significativas no nível de $p < 0,001$, exceto para o Diário de ira, onde a diferença era significativa no nível de $p < 0,01$. A observação do quadro 22.1 mostra um padrão consistente de achados. O grupo controle se manteve sem mudanças apenas no período de seguimento em curto prazo, enquanto os sujeitos da condição HECR mostraram uma mudança pré-pós significativa, que se mantinha no seguimento há 5 semanas. A magnitude dessas mudanças para as HECRs era de um ou mais desvios típicos acima da média até aproximadamente a média, em cada medida. Isto é, comparados com os sujeitos controle, as HECRs produziram diminuições significativas da ira como característica, da ira em uma ampla variedade de situações potencialmente provocadoras, da ira em situações pessoais desencadeadoras atuais, da ira cotidiana, da ira relacionada à ativação fisiológica e da ansiedade geral. Embora se desse certa regressão à média no período de 12-15 meses no grupo controle, o quadro 22.2 mostra um padrão similar ao anterior; os sujeitos da condição HECR continuavam informando de menos ira como característica, de menos ira pessoal-situacional, de menos ativação fisiológica relacionada com a ira e de menos ansiedade que os sujeitos controle, de forma significativa.

Quadro 22.1. Médias para os grupos do programa das Habilidades de enfrentamento cognitivas/de relaxamento (HECR) e de controle em seguimento após 5 semanas

| Instrumento | Grupo | Momento da avaliação | | |
		Pré-tratamento	Pós-tratamento	Cinco semanas de seguimento
Ira-Característica	HECR	27,95	20,08	19,82
	Controle	26,67	25,90	24,38
Inventário de ira	HECR	328,77	268,13	261,49
	Controle	328,82	329,11	325,15
Situação de ira	HECR	82,51	60,89	53,97
	Controle	78,99	76,60	72,46
Diário de ira	HECR	54,98	–	40,46
	Controle	50,30	–	50,20
Sintomas de ira	HECR	75,36	50,46	46,79
	Controle	70,75	67,31	66,19
Ansiedade-característica	HECR	46,87	38,21	38,26
	Controle	46,15	45,79	45,60

Quadro 22.2. Médias para os grupos do programa das Habilidades de enfrentamento cognitivas/de relaxamento (HECR) e de controle em seguimento após 12-15 meses

Instrumento	Grupo	Momento da avaliação			
		Pré-tratamento	Pós-tratamento	Cinco semanas de seguimento	12-15 meses de seguimento
Ira-Carac-terística	HECR	27,88	18,16	18,30	18,42
	Controle	26,92	27,15	25,62	23,87
Situação de ira	HECR	81,49	53,24	49,18	28,64
	Controle	81,41	81,69	74,38	67,05
Sintomas de ira	HECR	75,79	41,36	42,00	29,88
	Controle	74,59	73,69	71,67	64,23
Ansiedade-característica	HECR	44,45	35,39	34,92	34,21
	Controle	47,67	46,90	47,18	43,92

Em resumo, o grupo das HECRs produziu mudanças significativas, duradouras, em diferentes aspectos da ira, assim como na ansiedade geral. A confiabilidade e validade no meio social dessas conclusões são reforçadas ainda mais pelo fato de que os resultados baseiam-se em amostras razoavelmente amplas recolhidas por uma série de terapeutas e ao longo de anos. Assim, as HECRs parecem constituir uma intervenção útil para a diminuição da ira geral. São eficazes com relação ao custo, visto que podem ser aplicadas em grupos pequenos, de duração breve, com pessoas de ambos os sexos, dirigidas por um único terapeuta e parecem superar também alguns problemas clínicos apresentados pelas intervenções puramente cognitivas (Deffenbacher *et al.*, 1988; Hazaleus e Deffenbacher, 1986) e de habilidades sociais (Deffenbacher *et al.*, 1987). Além disso, um amplo estudo (Deffenbacher, Thwaites, Wallace e Oetting, no prelo), terminado depois que esses dados foram analisados, mostrou também que o procedimento das HECRs era eficaz de novo, comparado com a condição controle sem tratamento, e era tão eficaz quanto duas diferentes intervenções de habilidades sociais, proporcionando ainda mais apoio empírico para as HECRs.

IV. DESCRIÇÃO SESSÃO A SESSÃO DO PROCEDIMENTO DAS HECRs

A qualidade do tratamento deve estar muito unida aos problemas que se apresentam e às características de cada paciente ou grupo. Assim, as descrições gerais de qualquer intervenção perdem alguns aspectos do formato mais eficaz de aplicação. Tendo em conta esse comentário, descrevemos o procedimento das HECRs sessão a sessão, de modo que os clínicos disponham de diretrizes gerais, que devem ser modificadas ou adaptadas às características específicas de um caso ou um grupo determinado. Geralmente, as HECRs são aplicadas a partir do momento em que a ira é considerada um problema significativo e quando outras questões terapêuticas mais prementes (por exemplo, com-

INTERVENÇÃO COGNITIVO-COMPORTAMENTAL PARA O CONTROLE DA IRA **629**

portamento delituoso ou suicida, reações psicóticas, abuso das drogas ou do álcool) foram descartadas ou estão sob controle.

IV.1. *Considerações gerais para o tratamento*

Antes de descrever as HECRs sessão por sessão, serão consideradas algumas questões terapêuticas gerais. As características dos indivíduos aborrecidos em geral têm implicações para a relação terapêutica (Deffenbacher, 1993). Esses indivíduos costumam ser ativos e desafiadores, culpam e externalizam, tomam decisões rápidas e agem com base nelas, e são verbalmente discutidores, mordazes e intimidantes. Isso pode causar tensão na relação terapêutica. Porém, o terapeuta não deveria sentir-se ameaçado ou reagir negativamente diante dessas características, visto que é provável que os pacientes se sintam julgados e ameaçados, enfrentando o terapeuta e/ou abandonando a terapia. Sugere-se que os terapeutas demonstrem uma aceitação e tolerância reais com esses indivíduos. Isso não significa que os terapeutas tenham de aceitar e estar de acordo com cada comportamento ou idéia do paciente, mas que comuniquem sua disposição de estar à sua disposição, explorando e abordando as preocupações. Às vezes, precisarão enfrentar o paciente, mas devem fazê-lo dentro de um contexto de atenção e apoio.

Se for possível, o terapeuta deveria considerar as características do paciente, assim como uma responsabilidade e uma virtude. O estilo desafiador, de enfrentamento, por parte do paciente pode ser de grande ajuda quando forem abordados seus comportamentos e cognições (por exemplo, o terapeuta o ajuda a questionar, discutir e não aceitar o valor aparente de seus pensamentos e de seu comportamento). Além disso, se assim for indicado, os pacientes podem facilmente compartilhar pensamentos, sentimentos e retroalimentação com outros membros do grupo. Isso pode ser uma rica fonte de *feedback* nos contextos de grupo.

Tendo em conta a tendência do paciente para a discussão e a externalização, é importante que o terapeuta não tente entrar em discussões inúteis nas quais procure convencer o paciente de seu erro. É melhor que o terapeuta adote a postura de que é coisa do paciente mostrar a validade de suas afirmações, em vez de ser trabalho do terapeuta discutir com o paciente para que as abandone. Embora isso possa parecer uma recomendação óbvia, sugere-se que o terapeuta mantenha o centro de atenção no fato de que o paciente demonstre a validade de seus pensamentos e adote uma posição de "diga-me o que aconteceria". Essa postura costuma diminuir as discussões e muitas resistências e pontos mortos.

Finalmente, as características do paciente conduzem a uma encenação deliberada dos componentes cognitivos e de relaxamento, precedendo os procedimentos de relaxamento aos componentes cognitivos. Em dois estudos anteriores sobre terapia cognitiva (Deffenbacher *et al.*, 1988; Hazaleus e Deffenbacher, 1986), os pacientes resistiam aos elementos cognitivos durante as primeiras duas ou três sessões. Esses problemas não eram observados nas intervenções de relaxamento ou quando o relaxamento precedia as intervenções cognitivas. Por conseguinte, primeiro são apresentadas as habilidades de enfrentamento por meio do relaxamento, porque parece que não somente desenvolvem, por si mesmas, habilidades úteis para o controle da ira, mas também reduzem a influência negativa das características do paciente nas partes iniciais da terapia cognitiva.

Nossa pesquisa (por exemplo, Deffenbacher, 1992; Deffenbacher *et al.*, 1986; Deffenbacher e Sabadell, 1992) mostrou poucas diferenças devidas ao sexo, o que sugere que, pelo menos na população de universitários dos Estados Unidos, os homens e as mulheres experimentam níveis e tipos similares de ira, de conseqüências relacionadas com a ira e de problemas associados ou co-mórbidos. Além disso, em nossos estudos sobre tratamento, 52% dos sujeitos foram homens e 48% mulheres, o que sugere que tanto homens como mulheres percebem a ira como um problema e buscam ajuda para solucioná-lo. Esses achados sugerem que os homens e as mulheres compartilham em comum o suficiente para serem tratados com eficácia em grupos com membros de ambos os sexos; isso foi levado a cabo com êxito. Além disso, ter pessoas dos dois sexos no mesmo grupo parece facilitar uma maior compreensão da ira do sexo oposto, destruir estereótipos da ira (como o de ser uma emoção "masculina") associados ao papel sexual, oferecer a oportunidade de obter *feedback* do sexo oposto e proporcionar aos membros de ambos os sexos a possibilidade de realizar representações de papéis e ensaios de comportamento, com o fim de integrar esses elementos às HECRs. Por conseguinte, se for escolhida uma intervenção de grupo, sugere-se que seja de natureza mista, com pessoas de ambos os sexos, visto que isso será relevante para os objetivos e as situações do tratamento.

Nossa pesquisa sobre as intervenções de grupo empregou terapeutas tanto masculinos quanto femininos e não mostrou efeitos significativos devidos ao terapeuta, sugerindo que tanto os terapeutas masculinos como os femininos podem dirigir os grupos com êxito. Se for empregada uma intervenção grupal, pode ser dirigida por um terapeuta de qualquer sexo, embora uma equipe de terapeutas homem-mulher possa ser benéfica em situações de lidar com a ira em contextos conjugais ou interpessoais.

IV.2. *Sessão 1*

Além de abordar a confidencialidade e as questões legais, a primeira sessão dedica-se à apresentação de uma explicação convincente sobre o tratamento, à realização do relaxamento e ao aumento da percepção dos estímulos internos e externos relacionados à ira.

A explicação sobre o tratamento deveria proporcionar conceitos claros sobre a ira e de que maneira é modificada pelo tratamento. A ira é proposta como uma reação cognitivo-emocional-fisiológica diante de afrontas percebidas, intrusões no terreno pessoal e/ou frustrações do comportamento dirigida a um fim. O terapeuta se esforça por associar isso à experiência do paciente (por exemplo, tendências cognitivas a exagerar a importância das coisas e a ser exigente, reações emocionais de fúria e raiva, e reações fisiológicas de mal-estares no estômago, bruxismo e tensão nos ombros). O programa das HECRs propõe-se a ajudar os pacientes a reduzir a ira percebendo mais os elementos mentais, emocionais e físicos da ira e de seus estímulos precipitadores, e empregando as habilidades de enfrentamento cognitivas e de relaxamento com eles. A ira é separada, do

INTERVENÇÃO COGNITIVO-COMPORTAMENTAL PARA O CONTROLE DA IRA **631**

ponto de vista conceitual, do comportamento quando se está aborrecido. Isto é, o indivíduo pode se comportar de uma série de formas adaptativas, tendentes à solução de problemas (por exemplo, pondo limites apropriados, tempo fora, asserção) ou desadaptativas (por exemplo, ataques físicos ou verbais, repressão inapropriada da ira, comportamento autodestrutivo, como comer em excesso ou consumir muito álcool). Mostra-se que o tratamento os ajudará a aumentar os comportamentos adaptativos e a diminuir os desadaptativos, porque conforme reduzirem a ira, terão um controle muito maior e serão muito mais capazes de pensar em, e escolher comportamentos positivos, em vez de agir de forma agressiva, impulsiva ou autoderrotista. Essa explicação não precisa ser extensa ou ampla, leva geralmente cerca de cinco minutos, e os clínicos deveriam ser cuidadosos para não explicar as coisas com termos demasiadamente técnicos.

A maior parte do resto da sessão dedica-se ao treinamento em relaxamento progressivo. O relaxamento é introduzido no começo da terapia, visto que satisfaz as expectativas de muitos pacientes e reduz as reações negativas, assinaladas anteriormente, diante da terapia cognitiva. O relaxamento é incluído na explicação como um meio para aprender a controlar as reações emocionais e fisiológicas da ira, e é preciso assinalar que o relaxamento progressivo constitui o primeiro passo para o desenvolvimento de habilidades de enfrentamento por meio do relaxamento. Se houver tempo, pode-se desenvolver uma imagem relaxante (veja Deffenbacher, 1997, no primeiro volume deste manual, para mais detalhes) e incluí-la no relaxamento progressivo. O relaxamento é demonstrado e completado tensionando e relaxando os grupos musculares pelo menos uma vez.

Dá-se aos pacientes a seguinte tarefa para casa:

1. Praticar o relaxamento progressivo diariamente e registrá-lo no Item de relaxamento (veja o quadro 22.3). Dá-se aos pacientes um folheto com os passos do relaxamento, a fim de facilitar a prática em casa.

2. Se não foi desenvolvida uma imagem relaxante na sessão 1, os pacientes têm de identificar um momento de seu passado que tenha sido muito tranqüilo e relaxado. Têm de escrever todos os detalhes que tornem essa situação tão real quanto possível e deverão levar essa descrição à sessão seguinte.

3. Devem auto-registrar as reações de ira, prestando especial atenção às situações que provocam ira e a suas reações a elas (elementos cognitivos, emocionais, fisiológicos e comportamentais) e registrá-las no Item de ira 1 (veja quadro 22.3). O formato real do Item de ira 1 deveria ser desenvolvido junto com o paciente e normalmente amplia os procedimentos de avaliação anteriores.

IV.3. *Sessão 2*

A segunda sessão amplia e consolida o desenvolvimento das habilidades de relaxamento e a percepção dos sinais situacionais e pessoais da ativação da ira.

Quadro 22.3. Exemplos de diários de ira e de relaxamento

Diário de relaxamento			
Data/hora	Experiência de relaxamento (áreas de tensão, problemas, distrações, áreas de relaxamento fácil etc.)	Nível de tensão (0-100) (0-100) Antes Depois	

Diário de ira 1			
Data/hora	Situação		Reações (sentimentos, reações físicas, pensamentos, comportamentos etc.) Avaliação (0-100)

Diário de ira 2			
Data/hora	Situação	Pensamentos	Reações (sentimentos, reações físicas, compor-tamentos) Avaliação (0-100)

Diário de ira 3				
Data/hora	Situação	Pensamentos	Reações	Esforços de enfrenta-mento (descreva o que fez) (0-100) Antes Depois

Nota: Normalmente os diários apareceriam em folhas de papel separadas. Os diários aumentam em complexidade com o tempo. O Diário de ira 1 exige somente um registro simples de situações provocadoras e reações de ira. O Diário de ira 2 separa o elemento cognitivo como uma parte diferente. O Diário de ira 3 acrescenta uma descrição dos esforços de enfrentamento. Geralmente, é uma boa idéia imprimir os diários em uma folha vertical, de modo que haja espaço suficiente para que os pacientes registrem os detalhes.

Essa sessão, e todas as sessões posteriores, começam com um repasse das tarefas para casa. Se for possível, o paciente entrega ao terapeuta os diários das tarefas para casa antes da sessão, a fim de que o terapeuta tenha tempo de revisá-los. Isso não somente faz com que a sessão seja o mais eficiente, mas também apóia a natureza de colaboração da relação terapêutica e a importância das tarefas para casa. O início dessa sessão é dedicado ao auto-registro da ira e à prática do relaxamento. O terapeuta escuta atentamente os exemplos e detalhes fornecidos pelo paciente, utiliza resumos e reflete de forma estratégica o que o paciente diz, para destacar os elementos afetivos, fisiológicos e cognitivos da ira. Se o paciente não fez o auto-registro ou o realizou de modo deficiente, esclarecem-se as razões e se buscam soluções a fim de resolver os problemas. Reitera-se a importância do auto-registro e inclui-se na explicação do tratamento; por exemplo, o paciente será capaz de utilizar o relaxamento e outras habilidades de enfrentamento quando perceber que a ira está aumentando, mas somente se a perceber. Se houver informação de outras fontes de tensão diferentes da ira, o terapeuta pode sugerir, também, que as habilidades de enfrentamento sejam adaptadas a essas emoções, como a ansiedade e a depressão. Repassa-se também a prática do relaxamento, não somente para esclarecer e apoiar a prática, mas também para recolher informação que possa ser empregada para modificar os procedimentos de relaxamento. Do mesmo modo, as áreas de tensão muscular anteriores à prática do relaxamento ou as áreas mais difíceis de relaxar podem sugerir sinais físicos que valham a pena auto-registrar, visto que freqüentemente se encontram implicadas na ativação emocional.

Se não tiver sido desenvolvida uma imagem relaxante na sessão anterior, deve-se fazê-lo antes de repetir o relaxamento. O paciente deve conseguir uma imagem relaxante clara, específica, que reflita um momento específico de sua vida. A cena deve incluir tantos detalhes sensoriais e afetivos quanto possível, a fim de torná-la vívida e relaxante quando for posteriormente utilizada na sessão (veja Deffenbacher, 1997, no primeiro volume desse manual, para mais detalhes e um exemplo). Depois de construída a cena, repete-se o relaxamento progressivo, tensionando os grupos musculares uma vez. Depois de tensionar e relaxar os músculos, os pacientes são treinados nas quatro seguintes habilidades de enfrentamento por meio do relaxamento (veja Deffenbacher, 1997, neste manual, a fim de ver exemplos de instruções para treinar cada habilidade):

a. *Relaxamento sem tensão*. O paciente centra a atenção em, e revisa os grupos musculares, como no relaxamento progressivo, exceto que aumenta o relaxamento sem tensionar realmente os músculos. As analogias que se referem a ondas ou fluidos de relaxamento através dos músculos facilitam freqüentemente essa habilidade de enfrentamento por meio do relaxamento.

b. *A imagem relaxante*. O paciente visualiza a cena de relaxamento construída anteriormente nessa sessão ou na sessão anterior. A cena é visualizada durante aproximadamente 30 segundos depois de o paciente indicar clareza na visualização.

c. *Relaxamento provocado pela respiração*. O paciente respira profundamente três ou quatro vezes e aumenta o relaxamento com cada exalação.

d. *Relaxamento controlado por estímulos*. O terapeuta repete lentamente a instrução "relaxe" ou alguma outra palavra ou frase tranqüilizadora, 10 a 20 vezes, instruindo o paciente a relaxar mais a cada vez que for repetida a palavra ou frase. Depois, indica-se ao paciente que repita a palavra lentamente para si mesmo, relaxando mais com cada repetição. O terapeuta pode sugerir que o paciente diga a palavra quando soltar o ar lentamente, visto que isso facilita a "habilidade de enfrentamento por meio do relaxamento".

Essas habilidades de enfrentamento são repetidas tantas vezes quanto o tempo o permitir, tentando ensaiar cada uma delas duas ou três vezes.

Depois de terminar e repassar a prática de relaxamento, são designadas as tarefas para casa:

1. e 2. Continuam o auto-registro e a prática de relaxamento, como na primeira sessão.
3. Pelo menos uma vez ao dia, o paciente tem de aplicar uma das habilidades de enfrentamento por meio do relaxamento em situações não estressantes, tais como esperar um elevador ou andar de ônibus. Isso é feito para começar a aplicação das habilidades de relaxamento em situações da vida real.
4. O paciente deve identificar, e anotar, uma situação que seja de aproximadamente 50 em uma escala de 100 pontos sobre a intensidade da ira. A cena deve incluir tantos detalhes situacionais (p. ex., parâmetros do lugar, outras pessoas implicadas etc) e internos (p. ex., impulsos cognitivos, emocionais, fisiológicos e comportamentais) quanto possível. Essa cena de ira será utilizada na sessão 4.

As cenas de ira são usadas para gerar a ativação da ira entre as sessões, a fim de melhorar a percepção da atividade da ira para proporcionar uma oportunidade de treinamento na aplicação das habilidades de enfrentamento cognitivas e de relaxamento. A natureza das cenas de ira deve ser adaptada ao paciente e aumentar o nível de intensidade ao longo das sessões. Em alguns de nossos estudos, a intensidade das cenas aumentou com as sessões sucessivas, geralmente com passos de dez unidades de intensidade da ira, começando com aproximadamente 50 em uma escala de 100 pontos de intensidade. Em outros, não somente aumentou a intensidade da cena, mas também o conteúdo variou sistematicamente, incluindo:

a. antecipar, esperar ou pensar sobre uma situação provocadora de ira que vai chegar, mas que ainda não aconteceu (p. ex., antecipação sobre tratar com alguém uma questão difícil) em um nível de ativação da ira de cerca de 50 pontos (sessão 4);
b. um nível moderado de ativação da ira de cerca de 60 pontos (sessão 5);
c. enfrentamento depois de um acontecimento causador de ira e/ou antes de um acontecimento que não pode ser resolvido (p. ex., reduzir a ira que provém de uma demissão ou de um trauma de infância) em um nível de 60-80 (sessão 6);
d. um elevado nível de ativação da ira a um nível de 75-100 (sessão 7); e
e. o pior tipo de provocação de ira no paciente, em um nível de 75-100 (sessão 8). A natureza e o formato do conteúdo da cena deve ser adaptado ao paciente, embora o formato possa ampliar a categoria do conteúdo situacional quando for empregado em um contexto de grupo.

A seguir, são descritas duas cenas de ira para mostrar o tipo de detalhes incluídos nelas. Uma inclui uma provocação ativa, na qual o indivíduo enfrenta a origem da ira (um pai que se aborrece com a falta de responsabilidade de seu filho) e a outra, mais passiva, na qual o indivíduo está às voltas com uma injustiça (uma mulher em um cargo de chefia em uma empresa de confecção, refletindo em uma reunião).

[Cena de nível 70] Aconteceu na terça passada, às 5:30 da tarde. Tinha voltado para casa do trabalho de bom humor. Tinha entrado pela parte de trás da casa e me dirigia à sala de TV. Quando olhei para a sala, vi Daniel [seu filho] deitado no sofá e todas as suas coisas esparra-

INTERVENÇÃO COGNITIVO-COMPORTAMENTAL PARA O CONTROLE DA IRA

madas pelo chão. O casaco, os livros da escola, a capa do violão, tudo estava em frente ao sofá. Havia também um prato com um sanduíche comido pela metade. Fiquei em pé, a uns dois metros, olhando para toda essa [detalhe situacional] desordem [avaliação cognitiva negativa]. Irritei-me imediatamente [detalhe emocional]. Uma corrente de calor fluía pelo peito e pelo rosto; podia sentir-me acalorado. Minhas mãos se tensionaram, apertando com força a alça de minha pasta, e podia sentir como ficavam tensos meus braços e meus ombros. Minhas mandíbulas estavam apertadas, quase como se estivesse rangendo os dentes [detalhe fisiológico]. Foi como se meu corpo fosse percorrido por uma onda de eletricidade transportando ira [analogia emocional-fisiológica]. Estava pensando: "Maldito seja! Voltamos ao começo! Toda a conversa que tivemos na outra noite não valeu de nada. Somente palavras. Idiota preguiçoso! Nunca cumpre os acordos que fazemos. Concorda com algo somente para que não o controle, mas logo joga tudo pela janela quando tem de fazer alguma coisa. Essa merda [referindo-se aos materiais de estudo, ao instrumento musical, ao agasalho, ao prato etc.] está tudo pelo chão. Ele nunca limpa nada quando termina, e eu estou cansado de limpar. Não vou recolher nada nunca mais [detalhe cognitivo que implica generalização, rótulo provocador e exigências com mais catastrofizações e exigências implícitas]. Estou muito incomodado com isso e vou dizer-lhe, aos gritos, quão irresponsável ele é" [detalhe comportamental].

[Cena de nível 80]. Estou em meu escritório [faz três ou quatro semanas]. Foi justamente depois de sair da reunião de chefia, na qual estivemos vendo os números do terceiro trimestre que indicavam que a produção e as vendas haviam baixado em minha área. Estou sentada de um lado da minha mesa olhando pela janela e pensando sobre a reunião [detalhe situacional]. Não podia deixar de pensar na reunião e no quão injusta foi. Estava pensando em coisas como: "Que diabos eles querem? Tiram de minha equipe pessoas-chave e perguntam por que não podemos fazer o trabalho. Sempre fazem isso e depois põem a culpa em nós, as idiotas, que têm de fazer com que suas decisões estúpidas funcionem. Isso me deixa tão furiosa, e já estou cansada disso. Isso [referindo-se ao conteúdo da reunião] tem de acabar. Não podem esperar que trabalhemos dessa maneira. Mas eu fiz de novo! Sentei-me ali e o fiz. Eu deveria ter-lhes dito o que pensava. Mas, em vez disso, fiquei de boca fechada. Fiquei tão furiosa comigo mesma por isso, por ser tão covarde, quando deveria estar lutando por meu pessoal" [detalhe cognitivo incluindo algum rótulo provocador, exigindo com uma catastrofização implícita e auto-recriminação e culpa]. Quando me sentei ali pensando em tudo isso, ficava cada vez mais furiosa [detalhe emocional]. Furiosa com eles, furiosa comigo. Estou com dor de estômago, arde [a paciente tem uma história de úlceras] e quase não posso respirar, uma espécie de respiração entrecortada, o peito tenso, como se tivesse uma mão que me aperta a garganta. Posso sentir como vai chegando uma dor de cabeça e tenho essa sensação de "máscara" tensa em meu rosto, nos olhos [detalhe fisiológico]. Sinto-me agitada, como se tivesse vontade de me levantar e gritar com alguém ou bater em algo ou jogar alguma coisa [impulsos comportamentais], mas não sei o que fazer. Sinto-me zangada e bloqueada, como se estivesse indefesa [mais detalhes emocionais e de avaliação cognitiva].

IV.4. *Sessão 3*

Enquanto as duas sessões anteriores centram-se principalmente no relaxamento, esta sessão ressalta os elementos cognitivos. Os objetivos são introduzir a idéia geral da influência dos fatores cognitivos e começar uma exploração de algumas distorções cognitivas específicas.

Na revisão das tarefas para casa, o terapeuta deve atender três coisas. Em primeiro lugar, deve-se notar um aumento da percepção dos elementos pessoais de ativação da ira e referi-lo à explicação do tratamento (por exemplo, melhorar o enfrentamento por meio da aplicação das habilidades quando percebe a ativação da ira). Em segundo lugar, devem ser esclarecidos e reforçados os exemplos de aumento da percepção e da modificação do enfrentamento. Em terceiro lugar, devem ser esclarecidos os exemplos nos quais são importantes os elementos cognitivos, com o fim de ir levando-os ao centro cognitivo da sessão. Por exemplo, o terapeuta pode buscar situações nas quais o "pensar sobre", a "atitude" ou o "olhá-la de uma determinada maneira" indicavam as diferenças. Outro exemplo é buscar duas situações similares nas quais o nível de ira variasse consideravelmente. Quando se lhe pergunta sobre a diferença, o paciente freqüentemente indica que se devia ao fato de que contemplava a situação de modo diferente. Esses exemplos proporcionam uma transição ao núcleo cognitivo da sessão.

Muitos pacientes não aceitam imediatamente a idéia de que os processos cognitivos influem na ira. Para eles, a ira é algo que surge de dentro ou que parece causada por acontecimentos externos. Buscar exemplos de contraste a partir das tarefas para casa ou da experiência passada do paciente proporciona, amiúde, uma forma de introduzir a influência geral das cognições. Perguntar aos pacientes por que pensam que os outros não reagem aos mesmos acontecimentos com tanta ira ou por que não reagem a todos os acontecimentos negativos com o mesmo nível de ira proporcionará uma porta aos processos cognitivos. Podem ser úteis vários exercícios ou simulações que facilitem um contraste baseado na experiência que ressalte os elementos cognitivos. Por exemplo, em nossos grupos das HECRs, empregamos um exercício (Deffenbacher, 1990) no qual os pacientes imaginam ser um indivíduo que experimentou o fim de uma relação significativa. Esse cenário é visualizado três vezes com diferentes diálogos consigo mesmo, um enfatizando o pensamento depressivo, outro a elevada ira e, um terceiro, a tristeza de forma realista, mas com uma perspectiva de mais aceitação e de solução de problemas. Revisam-se os contrastes da intensidade e da natureza dos sentimentos, enquanto se faz notar que a situação continua sendo a mesma. Isso destacará a importância dos fatores cognitivos e serve para introduzir a idéia de que, embora a vida proporcione muitos acontecimentos frustrantes, decepcionantes, tristes, irritantes, muitos indivíduos transformam as situações más em situações piores e se irritam muito pelo que pensam sobre os acontecimentos. Qualquer que seja o formato, o clínico deve ajudar o paciente a compreender a importância dos fatores cognitivos, visto que muitos esforços da intervenção referir-se-ão a esse ponto.

As estratégias de mudança cognitiva são desenvolvidas com base na suposição de que a ira de um indivíduo é, ao menos em parte, uma função da forma como o sujeito interpreta e dá sentido aos acontecimentos externos ou à estimulação externa. De fato, os acontecimentos podem provocar emoções apropriadas relacionadas com a ira, como a frustração, a irritação, o incômodo e a ira de leve a moderada. Esses são resultados negativos, realistas, que provêm do bloqueio do comportamento dirigido a um fim, das intrusões não desejadas no espaço físico ou psicológico da pessoa, da perda de oportunidades, de encontros degradantes ou abusivos, de expectativas não cumpridas etc. Esses acontecimentos são inevitáveis e as emoções negativas de leves a moderadas resultam bastante naturais ao experimentar esses acontecimentos não desejados. Porém, os processos cognitivos do indivíduo aborrecido freqüentemente transformam as situações "más" em situações piores (por exemplo, a forma como o indivíduo interpreta e processa a situação aumenta a intensidade da ira e, talvez, a probabilidade do comportamento agressivo). Isto é, o indivíduo constrói os acontecimentos de maneiras que produzem mais ira e a seguir responde ao significado emotivo dessa realidade construída, em vez de responder à realidade objetiva. As intervenções de terapia cognitiva centram-se na identificação e modificação desses processos cognitivos geradores de ira, de modo que a realidade percebida não seja aversiva de forma desnecessária.

Na clínica, foi encontrado que determinados processos cognitivos aumentam a ira. Estes são resumidos nas linhas seguintes, junto com as questões clínicas freqüentemente relacionadas a eles. A essas questões segue-se o resumo de um processo geral de cinco passos para mudar essas cognições geradoras de ira. Embora esses conceitos e as intervenções correspondentes sejam introduzidos aqui na terceira sessão, o peso da exploração e da mudança tem lugar nas sessões restantes.

a. *Catastrofizando e magnificando o negativo*. Quando se produz essa distorção cognitiva, o indivíduo percebe os acontecimentos de formas extremas, muito negativas. Por exemplo, se rotula os acontecimentos como espantosos, terríveis, como coisas que o indivíduo não pode suportar, que o deixarão desolado, refletindo em frases como "as coisas estão um inferno", em vez de fazê-lo em termos negativos realistas, tais como frustrante, decepcionante, triste, irritante etc. A ira vai aumentando, conforme o indivíduo responde aos significados emocionais desses termos extremos, em vez de fazê-lo à realidade negativa realista. Os pacientes nos quais se dá essa distorção cognitiva precisam substituí-la por um pensamento negativo realista (por exemplo, rotulando os acontecimentos por suas qualidades negativas realistas em vez de fazê-lo com qualidades exageradas). Os indivíduos precisam definir e explorar as implicações de seus termos. Por exemplo, pode-se pedir aos indivíduos que insistem que não podem suportar algo que percebam que estão, de fato, suportando, mas não gostam. A um indivíduo que rotula as coisas como "um inferno", pode-se pedir que defina o que é ser "um inferno" e se realmente isso se aplica. Quando se faz isso, é mais provável que esses indivíduos vejam que estão enfrentando um acontecimento negativo que podem suportar. Alternativamente, pode-se pedir aos pacientes que contrastem suas definições em termos de acontecimentos mais amplos. Por exemplo, termos como terrível e espantoso poderiam relacionar-se com acontecimentos mundiais recentes, como as guerras, os terremotos, os períodos de fome etc. Tendo o indivíduo definido o espantoso e o terrível desses acontecimentos, então pede-se a eles que os contrastem com o espantoso que é o acontecimento que lhe provocou a ira. Novamente, isso ajuda o indivíduo a colocar os fatos em perspectiva e ver que está enfrentando um acontecimento negativo, mas não arrasador. Isto é, os sujeitos que catastrofizam precisam aprender que podem substituir suas descrições desoladoras por outras mais realistas (embora negativas), que normalmente podem enfrentar.

Ao lidar com a catastrofização, o clínico deveria estar preparado para tratar o paciente que insiste no fato de que as situações são terríveis e arrasadoras. Esses acontecimentos deveriam ser considerados com seu valor aparente e avaliados mais profundamente. Os acontecimentos podem, de fato, implicar situações muito negativas, como o abuso de crianças, o abuso sexual, a intimidação verbal ou física, o assédio sexual etc. Depois dessa informação adicional, o terapeuta pode concordar que os acontecimentos são tão aversivos que precisam de um atendimento imediato e pode desviar sua atenção para a intervenção sobre a crise, ajudando o paciente a pôr limites e a facilitar o contato com diferentes recursos legais e/ou administrativos para retificar a situação. Porém, os acontecimentos freqüentemente não são tão terríveis como o paciente indica. O clínico deve estar disposto a aceitar que a situação é negativa, mas deve ajudar o indivíduo a explorar a negatividade extrema dos sistemas cognitivos de codificação. O centro de atenção volta, assim, a ser desviado, para ajudar o indivíduo a reduzir a exagerada negatividade e a tomar decisões sobre, e enfrentar, os acontecimentos aversivos realistas.

b. *Exigências, ordens e coações.* Quando se produz esse tipo de pensamento, os pacientes insistem, de forma rígida e autoritária, que o mundo deveria ser, tem de ser, precisa ser, espera que seja de determinada maneira (isto é, propõe-se um padrão rígido, absoluto, freqüentemente moralista, frente ao qual são avaliados os acontecimentos ou o próprio comportamento ou o dos outros). Porém, não necessariamente o mundo satisfará essas expectativas. A ira, então, vai aumentando conforme essa condição não se cumpre ou pode não se cumprir. Uma grande quantidade de ira provém, portanto, da exigência de que o mundo seja de uma determinada maneira e/ou da tentativa de coagir e forçar o mundo a se encaixar em um determinado molde. O paciente cometeu o erro de levar suas preferências a uma exigência ditatorial, e a elevada ira provém da violação da exigência, mais que da frustração natural por não obter o que quer. Os pacientes precisam de ajuda para substituir esses padrões de exigência e coação por desejos e preferências pessoais e pela aceitação das frustrações e decepções naturais que se produzem quando essas preferências não se satisfazem. Perguntar simplesmente por que os acontecimentos "deveriam" ser de uma determinada maneira é, amiúde, útil para fazer essa discriminação entre exigências e preferências. Além disso, perguntar ao paciente se sempre satisfaz outras expectativas ou exigências pode ser conveniente também. Se ele tem direito de violar as exigências dos demais, também os outros têm esse direito. Além disso, podem ser úteis as analogias ao "ditador autonomeado" ou ao "*status* de Deus". Isto é, o terapeuta faz notar que o paciente elevou suas preferências ao nível de uma exigência ou uma ordem e está reagindo com a fúria de um deus ou uma deusa, em vez de fazê-lo com a frustração de um simples mortal.

Vários temas relativos às exigências aparecem freqüentemente nos problemas de ira. Um desses é o perfeccionismo (isto é, as situações deveriam ser "corretas" e o comportamento deveria ser "exatamente assim"). Outro tema relacionado freqüentemente com a ira nas relações interpessoais é a "necessidade" de amor e aprovação (isto é, um indivíduo se zanga muito quando não recebe o amor e a aprovação de que "precisa", em oposição ao sentimento de perda e à dor natural que se produz quando não se obtém o amor e a aprovação que se quer). Um corolário à necessidade de amor e aprovação é a exigência de que os outros não se sintam incômodos ou tenham sentimentos negativos para com o sujeito (isto é, o indivíduo exige que os outros não tenham sentimentos negativos para com ele e se aborrece consigo mesmo quando se comporta de maneira que poderia produzir esses sentimentos ou se zanga com os outros porque eles estão incomodados). Outra exigência refere-se à culpa e ao castigo. O indivíduo crê que quando algo sai mal, alguém ou algo está funcionando mal e deveria ser culpado e castigado. Isso aumenta a probabilidade de externalizar a responsabilidade, zangando-se com a origem dela, e justificando o comportamento hostil ou agressivo para com ele. Outra forma de exigência é o que os terapeutas racional-emotivo-comportamentais chamam de baixa tolerância à frustração (Ellis, 1962, 1977). Ao cometer esse erro cognitivo, o indivíduo exige que não deveria experimentar dificuldades, problemas ou acontecimentos negativos. Então, quando acontece algo negativo, zanga-se com sua presença. Esse tipo de distorção cognitiva é freqüentemente encontrado nos processos de avaliação secundária (Lazarus, 1991) implicados na ira, enquanto o indivíduo exige que não deveria ter de suportar os acontecimentos frustrantes ou negativos. Ao lidar com estes, o paciente precisa de ajuda para reenquadrar as exigências em termos de suas preferências pessoais e para aceitar os contratempos e frustrações naturais que se produzem quando não se conseguem essas preferências.

Ao tratar com os tipos exigentes/coercitivos de cognições, o clínico deve estar preparado para lidar com três tipos diferentes de preocupações. A primeira é um processo no qual o paciente põe o terapeuta na defensiva. Isto é, o paciente trata os "deveria" como "é assim" e tenta fazer com que o terapeuta refute ou demonstre por que não deveria ser assim. O paciente passa à ofensiva e o terapeuta tem de defender a razão. Quanto mais o terapeuta proporciona um argumento lógico, mais o paciente o refuta, devido à qualidade de "é assim" que a exigência tem. O clínico dever adotar uma postura muito diferente, isto é, uma na qual o paciente tem de demonstrar ao clínico por que as exigências ou as expectativas deveriam ser assim, não o inverso (isto é, você demonstra e os dois acreditamos). Freqüentemente é útil perguntar ao paciente se alguma vez não satisfez as expectativas ou exigências de outras pessoas. Normalmente a resposta é afirmativa. O clínico pode, então, perguntar ao paciente por que é capaz de fazê-lo e com que direito. Geralmente, o paciente explica de modo muito razoável que os outros não têm o direito de lhe impor sua vontade e que ele tem o direito de tomar decisões por si mesmo e de dirigir seu próprio comportamento. Então, o clínico pode perguntar por que os outros não têm o mesmo direito. A exploração disso freqüentemente ajuda a pessoa a começar a ver que transformou suas preferências pessoais em um tipo de exigência.

Uma segunda questão é a implicação expressa direta ou implicitamente de que o terapeuta "não tem valores"; o paciente direta ou sutilmente acusa o terapeuta de não acreditar na importância dos valores e convicções. Isso pode ser enquadrado em termos religiosos ou filosóficos e o paciente defende que não tem por que aceitar a mudança de suas demandas ou exigências. Os clínicos devem abordá-lo diretamente, pelo menos de duas formas diferentes. Primeiro, devem indicar que não estão negando a importância dos compromissos e os valores pessoais. Ao contrário, apóiam sua importância, estimulando os pacientes a cuidar deles e a trabalhar duro para consegui-lo. Isto é, é muito importante manter fortes compromissos e convicções pessoais, gastar tempo, dinheiro e outros recursos para atingi-los e experimentar as frustrações, irritações e decepções naturais que se produzem quando não se conseguem. Pode-se indicar que isso é bastante difícil, mas que é algo a partir do qual o indivíduo pode repensar e decidir como desejaria enfocar a consecução do compromisso com os valores. Porém, elevar o nível de preferências pessoais ao nível de uma exigência somente aumenta a ira de forma desnecessária. Segundo, pode ser que o clínico deseje explorar a questão dos valores dentro do âmbito religioso ou filosófico da pessoa. Normalmente, os sistemas religiosos e filosóficos têm valores antiexigências, incluindo o perdão, a tolerância e a aceitação das diferenças nos outros. Isto é, pode ser útil para o indivíduo ver que tolerar as diferenças nos outros está em consonância com seu próprio sistema religioso ou filosófico, e que impor seus valores aos outros está realmente fora de seu sistema de crenças. Não obstante, um valor profundamente sentido não proporciona o imperativo "moral" para desprezar os valores e as crenças dos demais.

Uma terceira forma de justificativa das exigências aparece na forma de contrato social. Por exemplo, as coisas deveriam ser de uma determinada maneira porque é a lei, algo que um importante grupo apóia, alguém deu sua palavra, fazia parte das promessas conjugais, ou era uma condição do trabalho. Devido ao fato de os indivíduos terem feito um contrato e estado de acordo com as condições, estas deveriam ser invioláveis. É importante que o clínico reconheça as frustrações, decepções e custos gerados quando se rompem os contratos. Porém, é importante também observar que esses contratos foram feitos por seres humanos falíveis e que elevá-os a leis "morais" serve somente para exacerbar a ira quando se rompem. De fato, o indivíduo enfrenta uma realidade negativa, a das expectativas e promessas quebradas, e é preciso ajudá-lo a considerar que isso é bastante mau, mas que o único que as exigências conseguem é que a ira aumente e que a situação pareça pior. Por exemplo, o indivíduo pode enfrentar as mentiras e as decepções de um cônjuge infiel ou as promessas quebradas de seu chefe. Estas são realidades negativas e dolorosas. Mas insistir em que são "erradas" e "não deveriam" ter acontecido somente faz com que a ira aumente, assim como a probabilidade de evitar a dor de lidar com elas.

c. A generalização. Nessa distorção cognitiva, o indivíduo chega a conclusões sobre acontecimentos, pessoas, ele mesmo ou o tempo que vão além das características do momento e da situação (isto é, chega-se a características gerais a partir de aspectos específicos). A ira vai aumentando conforme o indivíduo responde ao significado emocional do rótulo, em vez de fazê-lo aos aspectos concretos. Um tema freqüente refere-se às generalizações sobre o tempo, onde uma pessoa afirma que as coisas são "sempre" ou não são "nunca" de uma determinada maneira. Outro tipo de generalização implica a aplicação de rótulos negativos às pessoas ou aos acontecimentos (por exemplo, algo é idiota, estúpido ou inútil). É preciso ajudar os pacientes que cometem esse erro a pensar e discriminar melhor (isto é, concentrar-se nos acontecimentos negativos de um momento e lugar específicos e basear suas reações comportamentais e emocionais nisso). É muito útil para o clínico utilizar uma série de perguntas para ajudar a pessoa a se centrar no que está acontecendo em um momento, lugar e com um "conjunto de condições" específicos. Com as repetições, o paciente vai tendendo mais a se centrar nos aspectos específicos e a responder a eles.

d. *O pensamento absurdo e provocador*: Essa distorção cognitiva implica rotular as coisas de formas muito negativas, freqüentemente grosseiras ou absurdas (por exemplo, chamar alguém de desgraçado, cretino, filho da puta, idiota, burro). Esses rótulos são gasolina cognitiva para o fogo da irritação, acrescentando um fogaréu de ira, não devido ao acontecimento por si mesmo, mas ao rótulo. Os indivíduos que cometem esse erro precisam de ajuda para substituir esses termos por descrições negativas realistas. Muito freqüentemente, uma boa estratégia é pedir à pessoa que defina seus termos de modo concreto. Ao fazê-lo, costumam perceber os elementos absurdos e/ou engraçados que, por sua vez, interferem com o fato de estar zangado. Além disso, pode-se pedir à pessoa que crie uma imagem específica do termo. Por exemplo, se um empregado irritado normalmente se refere a seu chefe como um "burro", pode-se pedir-lhe que defina esse termo especificamente. Examinar a idéia de não ser muito brilhante ou um pouco idiota durante a aplicação desse termo conduz, amiúde, a pessoa a ver o humor e o absurdo da frase. A seguir, pode-se indicar que grande parte da ira é uma função do rótulo que a pessoa aplicou, e a utilização de imagens concretas pode ajudá-los a rir e a conseguir uma pequena distância da situação difícil. Pode-se pedir à pessoa que recodifique a situação como uma frustração ou um contratempo e que o re-enfoque, lidando com as frustrações e as decisões que precisa tomar. Nossa experiência clínica nos diz que esses tipos de cognições são muito freqüentes nas reações de ira e respondem razoavelmente bem à concretização direta de termos e imagens.

e. *As atribuições errôneas e o pensamento limitado a um objetivo*. Os indivíduos com ira problemática freqüentemente saltam a conclusões ou explicações egocêntricas sobre os acontecimentos e a seguir respondem como se fossem verdade, sem considerar sua validade. Por exemplo, se alguém não faz o que eles querem, pensam que a pessoa está querendo, de propósito, irritá-los ou provocá-los ou, se outra pessoa está aborrecida e incomodada, supõem que o está com eles. Costumam não considerar outras possibilidades ou interpretações, mais favoráveis, como que a outra pessoa não percebeu seus (deles) pensamentos e desejos ou que estava fazendo o que pensava que era útil ou, no último exemplo, que a pessoa estava aborrecida e incomodada consigo mesma ou com outra pessoa, e que seus sentimentos (dela) têm pouco ou nada a ver com eles. Essas atribuições costumam ser caracterizadas por qualidades como "leitor de mentes" e "um único objetivo" (isto é, o indivíduo tem somente uma explicação e implicitamente "sabe" por que os outros se comportam como o fazem, sem precisar de mais evidências que o sustentem) (Beck, 1989). Além disso, as atribuições costumam caracterizar os acontecimentos como injustificados (isto é, o indivíduo considera que a situação é injustificada ou injusta), propositais (isto é, alguém expôs o sujeito aos acontecimentos de modo consciente e proposital), controláveis (isto é, o acontecimento poderia e deveria ter sido evitado) e culpados (isto é, considera que algo ou alguém é culpado e deveria sofrer), atribuições que, como se sabe, aumentam a ativação da ira e a probabilidade de agressão hostil (Deffenbacher, 1994). Os indivíduos que têm esse pensamento singular (Beck, 1976) precisam ser pensadores mais variados. Isto é, precisam aprender a identificar esses processos atribucionais automáticos e substituí-los por uma série de possíveis interpretações e explicações. Uma estratégia básica é estimular o paciente a chegar com uma variedade de explicações para os acontecimentos. Às vezes, é útil que o terapeuta modele uma série de possibilidades inverossímeis e exageradas, com o fim de estimular o paciente a pensar em possibilidades mais realistas e menos produtoras de ansiedade. Tendo a pessoa gerado alternativas, o terapeuta pode ajudá-la a avaliar as possibilidades e as implicações de diferentes atribuições.

Um problema clínico freqüente é que o paciente insistirá em que a atribuição negativa é verdadeira, ou ao menos sugerirá a possibilidade de que a atribuição seja verdadeira; em outras palavras, que sua explicação é verídica. O terapeuta não deve retroceder quando essa questão é proposta, mas tem de trabalhar de dois modos. Em primeiro lugar, a atribuição freqüentemente implica outras distorções cognitivas, normalmente a exigência de que os outros ou as situações "não deveriam" comportar-se ou ser de uma determinada maneira (por exemplo, a pessoa não deveria ser injusta ou mesquinha). A reestruturação cognitiva ao redor de temas de exigência é apropriada nesse caso. Em segundo lugar, o terapeuta e o paciente devem explorar a possibilidade de que este esteja certo. Se isso demonstrar ser verdade, o paciente precisará de ajuda para aceitar a realidade dolorosa e comportar-se apropriadamente. Por exemplo, pode ser verdade que o parceiro não se preocupa realmente com ele ou que não expressa muito afeto. É provável que seja necessária a reestruturação cognitiva da exigência de não experimentar acontecimentos negativos, mas o indivíduo continuará precisando de ajuda para aceitar essa realidade, tomando decisões apropriadas e levando-as a cabo de uma forma construtiva.

f. *O pensamento polarizado*. Esse erro cognitivo implica a codificação dos acontecimentos em conceitos dicotômicos, tais como perdedor-ganhador, certo-errado, bom-mau ou forte-fraco. Quando um acontecimento não confirma o pólo positivo, então, por conseqüência, confirma o pólo negativo, e o indivíduo se sente e reage de acordo com isso. Por exemplo, se um sujeito pensa que é forte ou fraco, qualquer comportamento que não seja forte é um sinal de fraqueza e pode provocar ira contra si mesmo. Alternativamente, se o comportamento dos outros é codificado como correto ou incorreto, então qualquer erro ou equívoco por parte da outra pessoa demonstra que está equivocada, provocando ira para com ela e, talvez, também agressão justificada. Deve-se ajudar os pacientes a substituir o pensamento dicotômico por um pensamento mais contínuo. Isto é, deve-se ajudar o indivíduo a aplicar vários tipos de adjetivos, advérbios e frases qualificadoras que coloquem os acontecimentos em vários pontos ao longo de um contínuo. Por exemplo, um indivíduo pode considerar os níveis de agrado que os outros podem sentir por ele e as diferentes características que os outros poderiam considerar positivas ou negativas, em vez de empregar uma única dicotomia, tal como agrado odei-am-me. Pode ser, também, benéfico para o clínico reelaborar ou reenquadrar os comportamentos dentro dos conceitos atuais do paciente. Por exemplo, a sensação de irritação de um paciente pode ser reenquadrada como a manifestação de um comportamento fraco na polaridade forte-fraco. Isto é, pode-se sugerir que não diz muito da força do caráter de uma pessoa gritar e maldizer, enquanto estar tranqüilo e ser assertivo pode ser um sinal muito mais claro dessa força.

Uma questão clínica freqüente é a sugestão de que o terapeuta, de novo, pode não ter valores ou padrões e, em conseqüência, que o paciente possa refutar o que o terapeuta diga. Isto é, se este não está de acordo com o paciente de que o comportamento é certo-errado ou bom-mau, ou que há ganhadores-perdedores, então o paciente pode sugerir que o terapeuta não tem valores ou moral e não acredita na busca da excelência. O terapeuta pode indicar que acredita na importância dos valores e padrões da atuação, mas que esta existe ao longo de um contínuo, que a atuação de muita gente não chega a atingir um tipo de padrão idealizado e que não são condenáveis, rejeitáveis e culpados por não consegui-lo. Além disso, a ira, a culpa e a agressão raramente melhoram o comportamento da outra pessoa.

g. *Superestimação e subestimação.* Os indivíduos com ira freqüentemente costumam superestimar a probabilidade de acontecimentos negativos e subestimar a probabilidade de acontecimentos positivos, dos recursos de ajuda e das capacidades de enfrentamento. Por conseguinte, o mundo é mais hostil e ameaçador, visto que é mais provável que as avaliações primárias indiquem perigo, ameaça e/ou violação. Isto é, os indivíduos com ira parecem ter um desvio do processamento da informação rumo à identificação de estímulos ameaçadores/violadores e estão preparados para responder a esses acontecimentos com ira e agressão. É como se a antena cognitiva do sujeito estivesse explorando sinais hostis do ambiente, ou aumentando a probabilidade de os encontrar, especialmente quando o indivíduo os processa com outras distorções cognitivas. Ao contrário, o indivíduo costuma não enfatizar a informação positiva, favorável e de enfrentamento. Por conseguinte, os processos de avaliação secundária não ressaltam a capacidade para enfrentar e diminuir a ira e lidar com os acontecimentos aversivos de uma forma positiva ou construtiva. Os pacientes que cometem esses erros precisam de ajuda para aprender um pensamento mais equilibrado (isto é, para ser capazes de avaliar com mais precisão a probabilidade de acontecimentos tanto positivos quanto negativos, de aumentar e esgotar os recursos). Uma estratégia útil é fazer com que o indivíduo explore a base de suas avaliações e esclareça as origens da evidência dessas previsões. Isso leva freqüentemente a uma reavaliação das estruturas de probabilidade que, por sua vez, costuma levar a percepções baseadas mais na realidade e com um maior centro de atenção para o enfrentamento.

Um freqüente ponto morto é um paciente que insiste em dizer que percebe e prediz com exatidão um ambiente negativo. Novamente, isso deve ser explorado diretamente, visto que o paciente pode estar certo; o ambiente pode ser aversivo e ele pode ter poucos recursos para modificá-lo. Porém, pode continuar precisando de fontes de ajuda. Em primeiro lugar, é possível que precise de ajuda para a exigência implícita de que não há de se expor a acontecimentos negativos (veja comentários anteriores sobre o pensamento exigente e polarizado). Em segundo lugar, pode precisar de ajuda para aceitar a realidade negativa que enfrenta e explorar as possibilidades e os comportamentos de que dispõe para abordar e resolver a situação. De novo, o paciente pode ter escolhas difíceis, e poucas – se é que tem alguma – opções boas, exceto não escolher a opção da fúria e ira inúteis.

Concluindo, os processos cognitivos freqüentemente distorcem a realidade e produzem mais ira; modificando essas cognições é possível diminuir a ira e pôr o indivíduo em uma melhor posição para o enfrentamento com mais recursos. Além disso, as cognições, freqüentemente, não estão isoladas nem são mutuamente excludentes. De fato, com freqüência estão mescladas entre si, às vezes em uma espécie de taquigrafia cognitiva. Por exemplo, a frase "Oh, meu Deus!" em um paciente era o equivalente cognitivo de "isso é terrível e espantoso, eu não deveria ter de lidar com isso e isso não deveria ter acontecido comigo", incluindo catastrofização e exigência ao mesmo tempo. Esses processos cognitivos costumam ser comuns e estão muito arraigados. Isso significa que a terapia implica, amiúde, uma reelaboração e uma reciclagem repetidas da mesma estrutura cognitiva, antes que tenha lugar uma mudança duradoura. Além disso, muitos dos processos cognitivos são aprovados e apoiados socialmente, o que significa que o terapeuta precisará manter o centro da atenção na identificação dos erros da cognição, e não simplesmente na concordância com o paciente porque os outros também acreditam nisso. Finalmente, a reestruturação cognitiva implica, também, um tipo de inclinação filosófica. Isto é, os pacientes são repetidamente expostos à idéia de que muitas coisas da vida são frustrantes, decepcionantes, irritantes etc. de forma natural, e um nível de ira leve é apropriado. Porém, os elevados níveis de ira freqüentes, intensos e duradouros constituem, às vezes, o resultado da maneira de pensar do indivíduo, piorando a situação. Porém, mesmo quando as distorções cognitivas são modificadas, é possível que o sujeito se depare com algum acontecimento negativo que deva enfrentar. Essa posição filosófica sobre o mundo não é precisamente popular com alguns pacientes e talvez o terapeuta precise, cortês mas firmemente, repassar a presença documentada dos acontecimentos negativos da vida e a tarefa evolutivo-existencial de lidar e fazer as pazes com eles.

A mudança cognitiva do processamento da informação truncada, como indicado anteriormente, implica cinco passos ou tarefas terapêuticas. Em cada passo é empregada uma série de estratégias para produzir a mudança (Beck e Emery, 1985; Deffenbacher, 1994; Meichenbaum, 1985). As duas primeiras tarefas, a de melhorar a percepção do paciente nas situações causadoras de ira e fazer com que os pacientes aceitem a influência dos processos cognitivos na ativação da ira já foram discutidos e serão repetidos quando for necessário nas sessões posteriores. Os passos três e quatro – esclarecimento dos erros cognitivos e desenvolvimento de respostas cognitivas novas, mais funcionais – começam no início dessa sessão e continuam nos primeiros momentos de cada uma das sessões posteriores. O quinto passo – ensaio e transferência às circunstâncias da vida real – começa na sessão 4 e se mantém ao longo das sessões que restam.

São empregados inúmeros enfoques para expor e esclarecer os erros cognitivos, sendo o mais básico o emprego de perguntas socráticas, com final aberto, que ajuda os pacientes a explorar os limites e implicações de seus pensamentos. Por exemplo, algumas perguntas do tipo "E então, o que aconteceria?" ajuda os pacientes a explorar os limites das interpretações catastróficas (isto é, quando os pacientes fingem que passam por toda uma série de acontecimentos em sua cabeça, com freqüência não se encontram tão estressados e aborrecidos). Poderia ser empregada uma pergunta do tipo "Qual seria outra forma de ver isso?" para aumentar a categoria de alternativas e atribuições que um paciente estava empregando, ou outra do tipo "Onde está a evidência que o demonstre?", que poderia ajudar um paciente a pôr à prova seus pensamentos dicotômicos e/ou estimar as probabilidades. Adicionalmente, uma pergunta como "Por que os outros têm de fazer o que você quer?", ou como "E por que não deveriam acontecer essas coisas más com você?", poderia abrir a exploração das exigências. O estilo dessas perguntas é, normalmente, cortês, mas as perguntas podem tornar-se muito incisivas e provocativas quando for necessário (por exemplo, "E quem o nomeou Deus?"). Pode-se utilizar, também, o modelo cognitivo no qual o terapeuta compartilha pensamentos alternativos. Por exemplo, o terapeuta poderia pensar em voz alta assinalando frustração, mas de forma menos exigente e catastrófica, e depois pedir ao paciente que indique seu grau de ira quando pensa seguindo esse estilo. Isso não somente proporciona ao paciente um diálogo consigo mesmo e formas de pensar alternativas, mas também um contraste com seu pensamento habitual. São empregados freqüentemente, também, experimentos comportamentais nos quais o paciente se comporta de forma diferente. Por exemplo, uma mulher zangada que "sabia" o que os outros estavam pensando, sentindo e por que se comportavam de modo negativo com ela concordou em perguntar aos outros durante uma semana o que pensavam e sentiam. Isso foi proposto para proporcionar atribuições e explicações alternativas, e para pôr em cheque sua previsão de que se se aproximasse dos outros conseguiria somente que lhe fizessem mal. Outro exemplo foi o caso de um motorista zangado que entrevistou doze indivíduos sobre o que pensavam quando se encontravam em um engarrafamento. Outra mulher irritada falou com várias de suas amigas que haviam sofrido a perda de um relacionamento e solicitou seus pensamentos sobre o outro indivíduo e como haviam enfrentado o acontecimento. Isso a ajudou a sair de seu "pensamento focado em um único aspecto" com relação a seu ex-parceiro e lhe proporcionou uma categoria de cognições alternativas e estratégias comportamentais de enfrentamento. Finalmente, um homem de negócios, que tinha uma história de resposta irada e impulsiva em reuniões, concordou em, durante três dias, limitar-se a escrever todos os seus pensamentos e procurar ver se os outros "o desprezavam e o ignoravam", que havia sido uma das razões para "se defender". Qualquer que seja o método, o objetivo dessa fase é fazer com que o paciente explore suas cognições automáticas e contemple os desvios causadores de ira e as distorções.

Porém, a compreensão não é suficiente. A quarta tarefa terapêutica é que o indivíduo concretize os conhecimentos e as perspectivas alternativas da etapa anterior em imagens e pensamentos novos, específicos, com os quais contrabalançar os disfuncionais de antes. Isto é, os pacientes precisam desenvolver imagens específicas, diálogos consigo mesmos e atitudes que os guiem através de situações provocadoras e que sirvam para diminuir sua ira. Esses procedimentos são refinados com o tempo e, amiúde, são escritos sob o formato de roteiros que o indivíduo pode empregar para reduzir sua ira.

O último passo implica ensaio e transferência desses processos cognitivos modificados às circunstâncias da vida real (ver as descrições das sessões posteriores). Qualquer que seja o formato de ensaio escolhido, a importância da prática nunca será suficientemente ressaltada. Embora as atividades de ensaio não sejam freqüentemente atraentes para o paciente ou para o terapeuta, este deve proporcionar experiências reiterativas na identificação da ativação da ira e no emprego com sucesso de novas habilidades cognitivas de enfrentamento para diminuir a ira, tanto dentro das sessões como na vida real. Às vezes isso supõe consideráveis repetições e revisões das frágeis habilidades cognitivas de enfrentamento, com o fim de formar um repertório confiável de respostas viáveis, baseadas em valores, que a pessoa empregará facilmente para a diminuição da ira.

Aproximadamente os últimos 15 minutos da sessão 3 serão passados em atividades de relaxamento. Caminha-se para um maior autocontrole do relaxamento por parte do paciente conforme os exercícios de tensão-relaxamento vão desaparecendo e o relaxamento começa com relaxamento sem tensão, o repasse dos músculos deixando escapar a tensão e o aumento do relaxamento sem tensionar os músculos. Com o fim de fortalecer o relaxamento controlado por si mesmo, repetem-se as outras habilidades de enfrentamento por meio de imagens relaxantes, relaxamento controlado por estímulos e relaxamento provocado pela respiração, quando o tempo o permitir.

As tarefas para casa da sessão 3 incluem pequenas modificações em relação às da sessão 2. Os pacientes continuam auto-registrando a ira, mas acrescentam uma parte separada, na qual registram os componentes cognitivos (veja o Diário de ira 2 no quadro 17.3). Têm de terminar sua primeira cena de ira e repassá-la para encontrar as distorções e os temas cognitivos, dando como resultado uma lista escrita de seus temas cognitivos pessoais e de suas respostas potenciais para cada distorção cognitiva. Pratica-se diariamente o relaxamento sem tensão e registra-se no Diário de relaxamento, junto com a aplicação de uma ou mais das habilidades de enfrentamento por meio do relaxamento, pelo menos uma vez ao dia em situações não estressantes.

IV.5. *Sessão 4*

Em muitos pontos, a sessão 4 é um protótipo para as sessões restantes. Na primeira parte de cada sessão esclarecem-se e desenvolvem-se novas, aceitáveis habilidades cognitivas de enfrentamento, e a última metade da sessão é dedicada ao treinamento em autocontrole ativo das habilidades de enfrentamento cognitivas e de relaxamento. De modo específico, a ira é ativada por meio da visualização de situações causadoras de ira. Os pacientes prestam atenção aos sinais internos cognitivos, emocionais e fisiológicos da ativação da ira e a seguir dão início às habilidades de enfrentamento cognitivas e de relaxamento para a redução da ira dentro da sessão. O nível de ira ativado, a quantidade de ajuda do terapeuta para produzir as habilidades de enfrentamento e elementos específicos do procedimento mudam nas sessões posteriores, mas o formato geral continua o mesmo.

A revisão inicial das tarefas para casa deve centrar-se tanto nos problemas como nos sucessos. Isto é, devem ser esclarecidas e abordadas as dificuldades e as dúvidas, mas o terapeuta tem também de apoiar e reforçar os exemplos positivos. Deve-se estimular os pacientes a começar a aplicar as habilidades de enfrentamento cognitivas e de relaxamento para a diminuição da ira e de outras emoções negativas. Devem ser avisados de que possivelmente essas habilidades não serão sempre eficazes nesse momento, mas que tentar é muito importante e que partes das sessões presentes e futuras serão dedicadas à pratica das habilidades cognitivas e de relaxamento para o controle da ira.

A seguir, fala-se sobre a cena de ira. Se a cena não for suficientemente clara para uma visualização vívida, paciente e terapeuta trabalham juntos para dar substância aos detalhes situacionais, cognitivos, emocionais e fisiológicos específicos. O paciente compartilha, então, seus temas cognitivos e as respostas úteis, e ou terapeuta o ajuda a esclarecer e reestruturar as cognições disfuncionais em respostas apropriadas, acrescentadas à lista que o paciente já tem e que serão utilizadas para o ensaio da habilidade cognitiva de enfrentamento no item seguinte da sessão. Em geral, a entrevista no começo da sessão, a cena de ira e o desenvolvimento das respostas cognitivas de enfrentamento ocupam aproximadamente a metade da sessão.

O centro de atenção muda após o treinamento das habilidades de enfrentamento. O formato geral é o seguinte: em primeiro lugar, o paciente se auto-induz ao relaxamento por qualquer um dos métodos que funcione melhor para ele e indica ao terapeuta, normalmente levantando um dedo, que está relaxado. A seguir, o terapeuta faz com que o paciente visualize a cena de ira e que se envolva como se estivesse acontecendo nesse momento (veja amostra de instruções mais adiante). Quando experimenta ira, o paciente faz um sinal ao terapeuta, que então se lhe diz para manter a visualização, para prestar atenção aos estímulos da ativação da ira e para que se irrite ainda mais. Quando o paciente tiver experimentado a ira durante aproximadamente 30 segundos, o terapeuta lhe pede que apague a cena de sua mente e que inicie uma ou mais das quatro habilidades de enfrentamento por meio do relaxamento. Quando tiverem sido ensaiadas as habilidades de relaxamento, o terapeuta instrui o paciente a pensar sobre a situação em termos dos pensamentos úteis (respostas) desenvolvidos anteriormente na sessão (por exemplo, substituindo as exigências por preferências ou ficando nas descrições situacionais em vez de generalizar), Quando o paciente estiver novamente tranqüilo, o que pode acontecer em qualquer momento durante o ensaio das habilidades de enfrentamento cognitivas ou de relaxamento, indica ao terapeuta. Este toma nota do sinal e continua com a exposição e o ensaio das habilidades de enfrentamento. Às vezes, o terapeuta pode induzir o sinal de tranqüilidade, seja porque o sinal não foi produzido ou porque não o viu. Isso pode ser feito por meio de uma simples instrução, como "faça um sinal quando estiver tranqüilo e relaxado". Se não houver nenhuma resposta, então faz-se o pedido oposto, como "indique se ainda não está tranqüilo e relaxado". Quando o paciente tiver indicado tranqüilidade e tiver ensaiado várias das cognições alternativas, repete-se o processo, enquanto o tempo o permitir. O conteúdo das respostas cognitivas deve ser relativamente específico nos primeiros três ou quatro ensaios. Porém, com mais repetições, o terapeuta pode ir atenuando a especificidade e passando a instruções mais gerais, como "Volte a centrar-se nessa situação e perceba-a mais em termos do que você queria, em vez de exigir... Tente não fazê-lo maior do que é, mantenha-se no presente... Tente vê-lo como um contratempo, um problema a resolver, em vez de um terrível problema...".

Uma mostra das instruções da sessão 4 para a apresentação das cenas de ira e para o treinamento das habilidades de enfrentamento, pode ser algo parecido ao seguinte:

Muito bem, dentro em breve vou a fazer com que você recorde a cena de ira que inclui [breve referência]. Quando o fizer, torne a entrar nessa situação tal como está ocorrendo neste momento, fazendo-me um sinal quando estiver sentindo-se zangado... Agora, traga à sua mente essa cena de ira... Entre nela, deixando que cada parte dessa situação se concretize e se torne mais real... [o paciente indica ira]. Bem, continue com a ira e deixe que cresça... Perceba como você a experimenta. Talvez seja pela tensão dos ombros e do pescoço, pelas mandíbulas e dentes apertados, essa sensação acalorada de ira, as exigências de que as coisas têm de ser exatas, ou esse tipo de confusão mental... Você realmente se encontra ali, cada vez mais irritado [a cena é exposta dessa maneira durante aproximadamente 30 segundos depois do sinal de ira]... Agora faça desaparecer essa cena e comece outra vez o relaxamento [uma das quatro habilidades de enfrentamento por meio do relaxamento], indicando-me quando estiver tranqüilo de novo... [quando o procedimento de relaxamento termina]. Agora temos uma perspectiva diferente sobre os pensamentos que se dão nessa situação, tais como... Claro que desejaria que fosse diferente, mas não tem por que [ênfase na voz do terapeuta] ser da forma que eu quero que seja. Desejaria que vissem como eu vejo, mas não é o fim do mundo se não acontece assim. O Sol continuará nascendo no Leste e se pondo no Oeste. De qualquer maneira, posso enfrentar e aceitar... [ensaiando um ou dois pensamentos mais, se for relevante]. E indique quando estiver novamente tranqüilo... Bem, vejo seu sinal... Continue sentindo-se bem por reduzir sua ira... Muito bem, repitamos o processo... [torna-se a passar uma variação do processo que acabamos de seguir].

Depois de três a seis repetições do ensaio das habilidades de enfrentamento, ativa-se o paciente e discute-se a experiência. O centro de atenção é posto no aumento da percepção dos sinais da ira, em qualquer estímulo adicional que tenha sido observado, e nos elementos com êxito do enfrentamento.

Desenvolvem-se as tarefas para casa da semana seguinte, que incluem:

1. a prática diária contínua do relaxamento sem tensão e seu registro no Diário de relaxamento;
2. a aplicação das habilidades de enfrentamento cognitivas e de relaxamento uma ou mais vezes ao dia para todos os tipos de reações estressantes, especialmente as que implicam ira, e o registro desses esforços no Diário de ira; e
3. o desenvolvimento de uma nova cena de ira com um nível de ira maior (veja a discussão anterior sobre o tipo de cenas de ira). As instruções para o desenvolvimento da cena de ira e o perfil dos temas cognitivos e das respostas são os mesmos da sessão 3. O Diário de ira é modificado para incluir a nova coluna dos Esforços de enfrentamento (veja Diário de ira 3 no quadro 22.3).

Além disso, advertem-se novamente os pacientes para que não esperem ter êxito em todas as tentativas de reduzir a ira, visto que as habilidades de enfrentamento não são ainda suficientemente fortes e confiáveis. Insiste-se, também, no fato de que devem praticar cada vez que se lhes apresentar a oportunidade, visto que isso lhes dará certa sensação de controle, proporcionará experiências válidas de enfrentamento e servirá para saber o que funciona e o que não funciona.

IV.6. *Sessão 5*

A sessão 5 é desenvolvida da mesma maneira que a sessão 4, salvo duas exceções. Em primeiro lugar, as tarefas para casa centram-se nos êxitos e nos problemas ao aplicar à ira e a outras emoções as habilidades de enfrentamento cognitivas e de relaxamento. Os êxitos do paciente são reforçados e incluídos como parte da explicação e dos procedimentos, as dificuldades são discutidas e desenvolvidos planos para sua superação. De qualquer maneira, apóiam-se e elogiam-se os esforços para pôr em prática as habilidades de enfrentamento. Aumenta-se o nível de ira da cena de ira, geralmente 10-15 unidades em uma escala de 100 pontos e, dependendo do formato da cena selecionada, muda-se para uma cena na qual a ira experimentada se produza depois de um acontecimento ou na qual a ira foi reprimida nesse momento, mas foi experimentada quando encontrou, mais tarde, estímulos que recordavam a situação. Exemplos dessas cenas poderiam incluir: *a.* remoer um acontecimento depois de ter ocorrido; *b.* recordações invasivas de acontecimentos passados provocadores de ira; *c.* um acontecimento no qual o indivíduo escolhe não falar sobre a injustiça ou os problemas por medo das represálias, mas sobre o qual continua experimentando uma ira considerável; *d.* acontecimentos que não podem ser resolvidos, como a ira do paciente para com um de seus pais, que está morto; ou *e.* situações nas quais um acontecimento provocador ocorre rapidamente, mas o sujeito continua zangado, como ser fechado por outro carro no trânsito. Com essas modificações nas tarefas para casa e no conteúdo e nível de ira da cena, os procedimentos da sessão 5 são os mesmos que os da sessão 4.

IV.7. *Sessão 6*

A sessão 6 é similar também à sessão 4, mas com três modificações. Em primeiro lugar, embora sejam repassadas as tarefas para casa como foi feito até então, presta-se mais atenção a: *a.* que os pacientes desfrutem de seus próprios êxitos; *b.* identificar e rotular os temas cognitivos freqüentes (por exemplo, "estou levando isso pro lado pessoal", "perfeccionismo irado", ou "eu me nomeio Deus de novo e condeno as coisas"); e *c.* começar a identificar os princípios e estratégias gerais para abordar as fontes da ira. Em segundo lugar, aumenta-se de novo o nível de ira em 10 unidades a mais e as tarefas para casa da sessão 6 incluem gerar uma cena de um elevado nível de ira (75-85) e definir o perfil dos temas cognitivos e as respostas. Em terceiro lugar, o treinamento em habilidades de enfrentamento muda para um maior controle por parte do paciente através de uma modificação no formato de apresentação da cena. Nas sessões 4 e 5, as sessões de ira eram eliminadas da visualização e a seguir aplicavam-se habilidades de enfrentamento. Na sessão 6 e nas seguintes, os pacientes são instruídos a permanecer na cena de ira e empregar de forma ativa as habilidades de enfrentamento cognitivas e de relaxamento para reduzir essa ira. Isto é, o paciente visualiza a cena e experimenta uma ativação da ira, tal como acontecia anteriormente, mas continua imaginando a cena enquanto aplica as estratégias de enfrentamento. O terapeuta instrui o paciente a empregar as habilidades de relaxamento que melhor funcionem em seu caso, proporciona menos respostas cognitivas detalhadas e coloca o centro de atenção na aplicação, por parte do paciente, dos pensamentos que lhe sejam mais úteis, indicando-lhe isso por meio de sugestões mais gerais (por exemplo, "Preferir, em vez de exigir", "Vê-lo como um problema ou contratempo, não mais", "Não brincar de Deus, mas comportar-se como um ser humano e preferir, não exigir", "Ficar com o que é certo nessa situação e não ir além" e "Manter a cabeça fria"), que se refiram a temas cognitivos gerais e que provoquem cognições mais específicas. O sistema de sinais é alterado também, para se acomodar a essas mudanças. O paciente deve levantar sua mão quando experimentar ira e a manterá assim até que a controle. Nesse ponto, baixará a mão para assinalar o retorno da tranqüilidade e eliminará a cena da imaginação. Continuará empregando as habilidades de enfrentamento cognitivas e de relaxamento até que se peça a ele que prepare a visualização da seguinte cena. As cenas serão repetidas enquanto o tempo o permitir, podendo ser utilizada a cena da sessão anterior, e são alternadas de modo apropriado. A seguir, são descritos exemplos de instruções para as apresentações das cenas da sessão 6:

Dentro de alguns instantes vou fazer com que você visualize a cena de ira que incluía... [breve referência ao conteúdo]. Quando o fizer, quero que você entre nela, que perceba como a vai sentindo... Indique, levantando o dedo, quando estiver sentindo essa ira, e mantenha o dedo levantado a partir desse momento e enquanto continuar zangado... Mantenha essa ira e deixe que cresça... Quando a ira for elevada, quero que continue na cena e comece com as habilidades mentais e de relaxamento para reduzir a ira. Isto é, permaneça na cena e enfrente a ira, indicando-me quando a tiver sob controle baixando o dedo. No momento em que baixar o dedo, faça desaparecer a cena e continue utilizando as habilidades mentais e de relaxamento.

Agora entre na situação. Você está aí e se encontra imerso nela, vivendo-a... [um pouco depois o paciente faz o sinal]. Bem, já vi o sinal. Deixe que a ira cresça, perceba como a está vivendo... [15-20 segundos depois]... Utilize seus melhores métodos de relaxamento para enfrentá-la e ter uma perspectiva diferente da situação... Talvez compensando sua tendência a exigir que seus colegas de trabalho concordem com você... Talvez substituindo suas maldições por termos negativos mais realistas... [depois que o paciente indicar tranqüilidade]... Muito bem, vejo o sinal. Faça desaparecer a cena e continue sentindo-se bem por ir colocando a ira sob controle.

IV.8. *Sessões 7, 8 e restantes*

Essas sessões continuam os procedimentos da sessão 6, salvo que são empregados níveis de cenas de ira ainda mais elevados, incluindo a "pior" situação de ira do paciente.

Por conseguinte, é necessário que as tarefas para o desenvolvimento de cenas e respostas cognitivas refletem o conteúdo da cena e/ou o nível para a sessão seguinte. Incentiva-se de modo significativo a aplicação das habilidades a problemas emocionais diferentes da ira (por exemplo, ansiedade, depressão, vergonha e culpa) e pode-se incluir, quando se considerar apropriado, cenas que impliquem essas emoções. A aplicação das habilidades de enfrentamento a questões tanto de ira como de outras emoções diferentes é registrada no Diário de ira 3 e discutida no princípio de cada sessão. Embora não seja necessariamente aplicável em todos os casos, pode-se planejar, por meio de contratos, tentativas específicas *in vivo* com ou sem a presença do terapeuta. Um exemplo de um contrato sem a presença do terapeuta é o caso de um estudante zangado que se irritava quando digitava em seu computador; comprometeu-se a deixar de digitar, ir para outra sala, relaxar e estruturar-se cognitivamente antes de apagar qualquer coisa que fosse mais longa que uma frase. Ou um homem de negócios que fazia um grande trabalho por telefone e que já havia destruído vários aparelhos devido à ira concordou em deixar que todas as ligações tocassem pelo menos três vezes, relaxar com cada toque antes de pôr o fone no gancho. Como exemplo de contrato com o terapeuta presente, este passou duas sessões na casa do paciente simulando e instigando as habilidades de enfrentamento diante de incidentes do comportamento incômodo das crianças. Além disso, se o treinamento das habilidades ou outras formas de terapia forem integradas nas HECRs, sugere-se que comecem na sessão 7 ou na 8, quando tenha sido estabelecido pelo menos um controle rudimentar. Finalmente, para facilitar a manutenção e a prevenção das recaídas, podem ser empregadas também estratégias, como aumentar o tempo que transcorre entre as últimas sessões, programar sessões de apoio, escrever contratos de manutenção, desenvolver roteiros de enfrentamento, por escrito ou gravados em fita magnética, para o controle futuro da ira, contatos periódicos por telefone e por escrito etc.

IV.9. *Outras estratégias de mudança cognitiva*

Os primeiros esforços para a mudança cognitiva centram-se na reestruturação cognitiva do processamento desviado da informação, tal como assinalamos anteriormente. Porém, conforme passa o tempo, freqüentemente se tornam relevantes outros elementos de mudança cognitiva e são incorporados às atividades de ensaio cognitivo. Posto que são desenvolvidos e integrados como questões que surgem no curso da terapia, são descritos aqui de uma forma geral, em vez de fazê-lo sessão a sessão. Vários dos exemplos seguem o conteúdo cognitivo proposto por Meichenbaum e Deffenbacher (1988).

a. *Controle final, rotas de fuga e tempo fora.* Incentiva-se o hábito de sair do lugar da provocação e/ou procurar retardar o momento da resposta, como uma estratégia cognitivo-comportamental simples, mas eficaz, para diminuir a ira. Esta é reduzida quando são eliminados os estímulos que a provocam e/ou se proporciona uma oportunidade para iniciar outras estratégias de enfrentamento e solução de problemas. Por exemplo, o sujeito poderia abandonar a situação provocadora de ira, com ou sem explicação, ou indicar que precisa de tempo para pensar detidamente nas coisas e tornar a retomar o assunto, quando, de fato, está escolhendo o retardo da resposta para reduzir a ira e os impulsos agressivos. É incluído como estratégia cognitiva, que os pacientes precisam desenvolver amiúde, um conjunto de auto-instruções com o qual dizer a si mesmos que abandonam a situação ou retardam a resposta (por exemplo, "Ponto final, tenho o controle. Sempre posso ir embora, em vez de perdê-lo" ou "Está bem escolher um tempo fora. Vá embora, agrupe seus recursos, depois volte e lide com isso. Agora é uma dessas ocasiões, de modo que peça desculpas e aja" ou "Estou verdadeiramente furioso agora. Se responder, direi algo estúpido; é melhor que diga que vou pensar com calma e voltarei a vê-la esta tarde"). Essas estratégias raramente são totalmente eficazes por si mesmas, mas, amiúde, são de certa ajuda e podem ser introduzidas logo na terapia, dando aos pacientes certo controle rudimentar.

Ao apresentar o tempo fora e as estratégias de distanciamento, os terapeutas devem estar preparados para lidar com quatro questões. Em primeiro lugar, os pacientes mantêm atitudes e expectativas que interferem com a colocação em prática. Por exemplo, podem pensar que utilizar o tempo fora é um sinal de fraqueza, de que está cedendo, de que se aproveitam dele, tudo o que conduz à evitação da estratégia. É freqüentemente necessário o reenquadramento cognitivo, a fim de mudar essas atitudes e crenças, de modo que o paciente possa ver a intervenção como positiva. Em segundo lugar, as atividades que as pessoas realizam durante um período de tempo fora podem precisar de atenção. Se o paciente simplesmente utilizar o tempo fora e se entregar a remoer os pensamentos de zanga, a ira pode realmente aumentar. Muitos pacientes precisam se auto-instruir para realizar o relaxamento, a reestruturação cognitiva, a solução de problemas ou outras atividades para a redução da ira, de modo que esta diminua, em vez de aumentar, durante o tempo fora. Uma terceira questão é a denominada "tempo dentro". Às vezes, utilizar o tempo fora é suficiente para o controle da ira; porém, o indivíduo freqüentemente tem de voltar mais tarde à situação difícil e lidar com ela. Alguns pacientes precisam de ajuda para adquirir a responsabilidade denominada tempo dentro, isto é, voltar à situação e lidar com ela. Se o clínico não tratar diretamente desse tema, poderá estar ajudando o paciente, sem perceber, a se comportar de modo disfuncional passivo-agressivo ou de retirada passiva. Finalmente, não se deve ignorar o tema da habilidade comportamental. Alguns pacientes se beneficiam com o ensaio, seja na imaginação ou por meio da representação de papéis, auto-instruções e atos comportamentais para levar a cabo um período de tempo fora.

b. *Solução de problemas, auto-instruções*. Ao longo da terapia, os acontecimentos provocadores e os sentimentos de zanga são reenquadrados como contratempos e problemas que devem ser abordados e, se possível, solucionados. Embora esse seja um conceito filosófico, consistente, alguns pacientes se beneficiam do treinamento em auto-instruções orientadas à tarefa de solução de problemas (Moon e Eisler, 1983), que podem incluir os seguintes tipos de subetapas:

– Em consonância com a filosofia anterior, alguns pacientes precisam instruir a si mesmos para conceituar uma provocação como um problema (por exemplo, "Não é terrível, é apenas um problema a solucionar. Nada mais, nada menos. De modo que, qual é o problema?" ou "Estou incomodado, mas é apenas um contratempo com o qual lidar" ou "Espere aí. É só um problema da vida, não algo para fazer drama").

– Alguns estados de ira aumentam cada vez mais porque está lidando com vários assuntos ao mesmo tempo, em vez de separá-los e atender um de cada vez. Essas situações seriam beneficiadas se as provocações e as reações de ira fossem decompostas em unidades menores (por exemplo, "É melhor dividir as coisas. Posso lidar melhor com os problemas se os considerar um a um" ou "É melhor fazer uma lista de assuntos. É como se mais de uma coisa estivesse alimentando minha irritação").

– As auto-instruções de solução de problemas e de planejamento dão início aos primeiros passos para desenvolver um plano racional, com menos aborrecimento, com o fim de abordar a situação e avaliar o progresso de sua colocação em prática (por exemplo, "Muito bem, vou desenvolver um plano tranqüilo. (Quais são os assuntos e quais são meus recursos? Bem, a primeira coisa a fazer é..." ou "Preciso de certo tempo para pensar. Vou sentar e desenvolver uma série de passos").

– Alguns pacientes precisam de ajuda para concluir a solução de problemas quando não se vê nenhuma solução. Isto é, nem todas as fontes de ira têm uma boa solução ou, ainda, nem sequer uma solução. Porém, muitos indivíduos zangados exigem encontrar uma solução e iradamente tratam de encontrar uma, tentando freqüentemente forçar os outros ou a si mesmos a algum tipo de solução. Alguns pacientes podem tirar proveito da aceitação dessa condição e da auto-instrução para abortar a solução de problemas (por exemplo, "É como se estivesse em uma dessas situações nas quais não há boas soluções. Não tenho escolha. Posso seguir adiante e dedicar-me a outra coisa ou continuar com a ira. (Qual é a melhor opção? Seguir adiante, com certeza). De modo que vou relaxar e dedicar-me ao que sei fazer" ou "Estou bloqueado. Preciso retroceder e pensar. Não faz sentido incomodar-me por isso" ou "Não consigo entender. (E o que há de mau nisso?) Não tenho de ser capaz de solucionar todos os problemas. Não tenho que ser perfeito. Tenho de aceitar e dedicar-me a outra coisa"). Uma variante desse tema é uma forma de tempo fora na qual a pessoa assume o controle cortando o aumento progressivo de ira (por exemplo, "Estou perdendo. Não vou ficar aqui e agir como uma criança de cinco anos" ou "Isso não está me favorecendo muito. Vou embora se piorar" ou "Estamos envolvidos em uma luta sem possíveis vencedores. Porém, se pensam que me vão fazer perder o sangue-frio, estão muito enganados. Vou embora antes que isso vá mais longe").

– Muitos pacientes se beneficiam também com as auto-instruções sobre auto-reforço e auto-eficácia. Esse diálogo consigo mesmo deveria conter pensamentos que apóiem os esforços de enfrentamento, que incentivem as auto-atribuições de mudança e que proponham expectativas realistas, positivas, para o enfrentamento futuro (por exemplo, "Bem, não estraguei tudo. Usei minhas habilidades de enfrentamento e mantive as coisas a um nível controlável. Está bom" ou "Sinto-me melhor com essas coisas para o controle da ira" ou "Estou contente. Reduzi a ira e escutei, em vez de gritar").

Ao abordar as intervenções auto-instrucionais de solução de problemas, talvez o terapeuta precise adaptar a reestruturação cognitiva (veja discussão anterior) ao redor de temas sobre as necessidades de controle, sobre as exigências do indivíduo de não ter de se expor a acontecimentos negativos, sobre o rótulo negativo e a generalização, por não ser capaz de resolver facilmente os problemas e sobre insistir que os outros mudem, em vez de o indivíduo controlar suas emoções e planejar um modo diferente de responder. O fracasso na abordagem desses temas pode impedir o indivíduo de levar a cabo as estratégias de solução de problemas.

c. *Pensamentos frios e atenuantes emocionais.* Esse tipo de auto-instrução impulsiona as habilidades de enfrentamento por meio do relaxamento (por exemplo, "Frieza. Respire profundamente e relaxe" ou "Assim, concentre-se nessa imagem de relaxamento e tranqüilize-se") ou introduz atenuantes verbais que ajudam o indivíduo a baixar o nível de ira e/ou suportar as condições aversivas (por exemplo, "No grande projeto global, isso é pouco importante. Que se dane!" ou "E isso também passará" ou "Não vale a pena. Não tem sentido estragar tudo por isso" ou "Mandar tudo à merda não me vai ajudar. Lembre-se, isso não é nada comparado a um ataque do coração ou perder o emprego"). Às vezes, o elemento atenuante é mais uma imagem visual ou uma metáfora. Por exemplo, quando uma paciente se zangou, imaginou que era uma tartaruga e que os comentários negativos de seus colegas de trabalho rebatiam em sua carapaça. Outro indivíduo que costumava irritar-se com os outros imaginou que era uma grande rocha no leito de um rio e que as provocações eram como correntes de primavera que freqüentemente fluíam torrencialmente ao redor da rocha, freqüentemente com lama e sujeira, mas, assim como a rocha, podia deixá-los correr ao seu redor em vez de bloqueá-los. Embora esses procedimentos atenuantes raramente sejam suficientes por si mesmos, ajudam ao sujeito a suportar e enfrentar as situações com menos ira e podem ser acrescentados facilmente a outras estratégias cognitivas.

d. *Humor absurdo.* Embora o humor pudesse ser incluído na reestruturação cognitiva, é suficientemente relevante para o controle da ira para merecer uma breve descrição em separado. O humor parece diminuir a ira não somente porque introduz uma emoção diferente, mas também porque proporciona uma distância cognitiva e, em alguns casos, porque proporciona interpretações e atribuições alternativas mais favoráveis. Um exemplo já assinalado anteriormente é a criação humorística em termos de palavras e imagens, onde o indivíduo literalmente define e desenha imagens de cognições provocadoras de ira, especialmente as absurdas e as ofensivas (por exemplo, "tosco", "merda" e "burro"). Fazer com que esses termos se tornem concretos e gráficos não somente provoca o riso, mas também melhora a percepção do indivíduo sobre a utilização desses termos e sua rápida reestruturação. Outro emprego do humor é a reatribuição humorística. Por exemplo, o comportamento ofensivo de um motorista poderia ser atribuído a um caso grave de diarréia, em vez de a um insulto pessoal. A falta de atenção e o esquecimento de outras pessoas poderia ser atribuído à presença de "lesão cerebral", em vez de a um descuido intencional. Pode ser útil, também, a hipérbole, onde os acontecimentos negativos são exagerados até proporções humorísticas. As exigências implícitas podem levar, elas mesmas, a esse tipo de intervenção. Por exemplo, um motorista impaciente se irritava facilmente pelas paradas e engarrafamentos do trânsito que encontrava quando ia ao trabalho. Depois de uma exploração humorística, o terapeuta descreveu quantas pessoas tinham de se levantar na hora adequada e coordenar suas atividades para engarrafar as estradas pelas quais a pessoa passava. Além disso, sugeriu-se que a equipe de apoio provavelmente era composta de milhares de pessoas com a finalidade de fazer com que os motoristas ofensores fossem trabalhar ao mesmo tempo. Um trabalhador que atribuía uma grande quantidade de suas frustrações e de sua ira à falta de esforço e perseverança dos outros afirmava que seus colegas de trabalho faziam as coisas para enfurecê-lo e para tornar sua vida difícil. O terapeuta lhe perguntou se seu local de trabalho era bem organizado, se as coisas eram planejadas e se havia cooperação, ao que ele replicou que não era assim. Então assinalou-se que era surpreendente, posto que exige uma grande quantidade de coordenação e comunicação entre os indivíduos implicados para frustrá-lo tão bem e tão continuamente. Isso foi elaborado com riqueza de detalhes, descrevendo os tipos de reuniões que tinham de ter feito e a contínua perseverança dos outros para tornar sua vida um inferno. O paciente percebeu quão ridículo era o assunto da conspiração e foi capaz de considerar seus colegas de trabalho frustrantes, mas não com intuito conspirador, e que suas frustrações não eram maiores que as dos outros. Às vezes, os indivíduos podem transformar sistemas sociais provocadores de ira em imagens de jogos de mesa humorísticos, com uma série de regras absurdas. Depois, quando se zangam, podem simplesmente pensar no jogo de mesa e atribuir a negatividade às idiossincrasias do jogo, em vez de tomá-lo como insultos ou ataques pessoais.

Deve-se levar em conta algumas sugestões clínicas sobre o emprego do humor. Em primeiro lugar, sugerir o emprego do humor não significa ensinar os pacientes a rir diante de seus problemas. Essa não é a questão. O humor é empregado para reduzir a ativação da ira e fazer com que o paciente dê um passo cognitivo atrás, a fim de obter uma perspectiva diferente e lidar com a provocação de uma maneira mais construtiva. Em segundo lugar, o tipo de humor deve ser absurdo. O humor sarcástico e hostil não cabe e serve somente para provocar mais ira e, talvez, um comportamento hostil e passivo-agressivo. Por outro lado, o humor absurdo ajuda a romper os esquemas cognitivos e a diminuir a emocionalidade encolerizada. Em terceiro lugar, posto que alguns pacientes podem reagir de modo defensivo diante do humor, sentindo que estão rindo deles ou que estão minimizando os problemas, sugere-se que o humor seja introduzido como uma intervenção posterior, quando o terapeuta tiver avaliado se o paciente tem um bom senso de humor, se existe uma boa relação de colaboração e se o paciente e a relação são suficientemente estáveis para suportar uma interpretação incorreta do humor. Finalmente, o humor raramente é suficiente, mas parece ser uma poderosa intervenção, uma intervenção que pode romper algumas diretrizes gerais da terapia, e que parece eficaz com alguns pacientes zangados.

V. CONCLUSÕES

O programa das HECRs, tal como descrito neste capítulo, foi desenvolvido para ajudar pessoas que tenham problemas com a ira, um conjunto de problemas emocionais freqüente, mas pouco definido do ponto de vista diagnóstico. Embora não haja dois pacientes que precisem exatamente da mesma intervenção, espera-se que as diretrizes para o tratamento descritas neste capítulo proporcionem ao terapeuta um conjunto flexível de estratégias e procedimentos com os quais ajudar os pacientes a lidar com a ira, estratégias que podem funcionar sozinhas ou integrar-se a outras intervenções médicas ou psicoterapêuticas.

REFERÊNCIAS BIBLIOGRÁFICAS

American Psychiatric Association (1994). *Diagnostic and statistical manual of mental disorders* (4.ª edición) (DSM-IV). Washington, DC: APA.

Averill, J. R. (1983). Studies on anger and aggression: Implications for theories of emotion. *American Psychologist, 38*, 1145-1160.

Beck, A. T. (1976). *Cognitive therapy and the emotional disorders*. Nueva York: International Universities Press.

Beck, A. T. (1989). *Love is never enough*. Nueva York: Harper & Row.

Beck, A. T. y Emery, G. (1985). *Anxiety disorders and phobias*. Nueva York: Basic Books.

Deffenbacher, J. L. (1988). Cognitive-relaxation and social skills treatments of anger: A year later. *Journal of Counseling Psychology, 35*, 234-236.

Deffenbacher, J. L. (1990). Demonstrating the influence of cognition on emotion and behavior. *Teaching of Psychology, 17*, 182-185.

Deffenbacher, J. L. (1992). Trait anger: Theory, findings, and implications. En C. D. Spielberger y J. N. Butcher (dirs.), *Advances in personality assessment*, vol. 9. Hillsdale, NJ: Erlbaum.

Deffenbacher, J. L. (1993). General anger: Characteristics and clinical implications. *Psicología Conductual, 1*, 49-67.

Deffenbacher, J. L. (1994). Anger reduction: Issues, assessment, and intervention strategies. En A. W. Siegman y T. W. Smith (dirs.), *Anger, hostility, and the heart*. Hillsdale, NJ: Lawrence Erlbaum.

Deffenbacher, J. L. (1997). Entrenamiento en el manejo de la ansiedad generalizada. En V. E. Caballo (dir.), *Manual para el tratamiento cognitivo-conductual de los trastornos psicológicos*, vol. 1. Madrid: Siglo XXI.

Deffenbacher, J. L., Demm, P. M. y Brandon, A. D. (1986). High general anger: Correlates and treatment. *Behaviour Research and Therapy, 24*, 480-489.

Deffenbacher, J. L., McNamara, K., Stark, R. S. y Sabadell, P. M. (1990). A comparison of cognitive-behavior and process oriented group counseling for general anger reduction. *Journal of Counseling and Development, 69*, 167-172.

Deffenbacher, J. L. y Sabadell, P. M. (1992). Leicht argerliche (high trait anger) personen und nur schwer zu argernde (low anger) personen: Ein vergleich. En M. Muller (dir.), *Psychophysiologische risikofaktoren bei herz-kreislauferkrakungen: Grundlagen und therapie*. Gottingen, Germany: Hogrefe Verlag.

Deffenbacher, J. L. y Stark, R. S. (1992). Relaxation and cognitive-relaxation treatments of general anger. *Journal of Counseling Psychology, 39*, 158-167.

Deffenbacher, J. L., Story, D. A., Brandon, A. D., Hogg, J. A. y Hazaleus, S. L. (1988). Cognitive and cognitive-relaxation treatments of anger. *Cognitive Therapy and Research, 12*, 167-184.

Deffenbacher, J. L., Story, D. A., Stark, R. S., Hogg, J. A. y Brandon, A. D. (1987). Cognitive-relaxation and social skills interventions in the treatment of general anger. *Journal of Counseling Psychology, 34*, 171-176.

Deffenbacher, J. L., Thwaites, G. A., Wallace, T. L. y Oetting, E. R. (en prensa). Social skill and cognitive-relaxation approaches to general anger reduction. *Journal of Counseling Psychology*.

Dryden, W. (1990). *Dealing with anger problems: Rational-emotive therapeutic interventions*. Sarasota, Florida: Professional Resource Exchange.

Ellis, A. (1962). *Reason and emotion in psychotherapy*. Secaucus, NJ: Lyle Stuart.

Ellis, A. (1977). *Anger: How to live with and without it*. Nueva York: Reader's Digest Press.

Hazaleus, S. L. y Deffenbacher, J. L. (1986). Relaxation and cognitive treatments of anger. *Journal of Consulting and Clinical Psychology, 54*, 222-226.

Lazarus, R. S. (1991). *Emotion and adaptation*. Nueva York: Oxford University Press.

Meichenbaum, D. H. (1985). *Stress inoculation training*. Nueva York: Pergamon.

Meichenbaum, D. H. y Deffenbacher, J. L. (1988). Stress inoculation training. *The Counseling Psychologist, 16*, 69-90.

Moon, J. R. y Eisler, R. M. (1983). Anger control: An experimental comparison of three behavioral treatments. *Behavior Therapy, 14*, 493-505.

Novaco, R. W. (1975). *Anger control*. Lexington, MA: Heath.

Spielberger, C. D. (1988). *State-Trait Anger Expression Inventory*. Orlando, FL: Psychological Assessment Resources.

Spielberger, C. D., Gorsuch, R. y Lushene, R. (1970). *Manual for the State-Trait Anxiety Inventory (Self Evaluation Questionnaire)*. Palo Alto, CA: Consulting Psychologists Press.

LEITURAS PARA APROFUNDAMENTO

Deffenbacher, J. L. (1993). Irritabilidad crónica: características e implicaciones clínicas. *Psicología Conductual, 1*, 51-72.

Deffenbacher, J. L. (1994). Anger reduction: Issues, assessment, and intervention strategies. En A. W. Siegman y T. W. Smith (dirs.), *Anger, hostility, and the heart*. Hillsdale, NJ: Lawrence Erlbaum.

Deffenbacher, J. L. y Stark, R. S. (1992). Relaxation and cognitive-relaxation treatments of general anger. *Journal of Counseling Psychology, 39*, 158-167.

Dryden, W. (1990). *Dealing with anger problems: Rational-emotive therapeutic interventions.* Sarasota, Florida: Professional Resource Exchange.

Novaco, R. W. (1975). *Anger control.* Lexington, MA: Heath.

INTERVENÇÃO FARMACOLÓGICA

Capítulo 23
TERAPIA FARMACOLÓGICA PARA OS TRANSTORNOS PSICOLÓGICOS

ARISTIDES VOLPATO CORDIOLI[1]

I. INTRODUÇÃO

O uso de psicofármacos no tratamento dos transtornos mentais, a partir dos anos 50, mudou radicalmente a falta de perspectivas que até então prevalecia no campo da psiquiatria e da saúde mental, provocando uma ampla reformulação das concepções e práticas vigentes, de tal forma que na atualidade, é indispensável conhecer os medicamentos existentes, as evidências que embasam seu uso, para um efetivo trabalho nessas áreas, mesmo para aqueles profissionais que se dedicam preferencialmente à prática psicoterápica.

A decisão de utilizar ou não um psicofármaco depende antes de tudo do diagnóstico que o paciente apresenta, incluindo eventuais comorbidades. Para muitos transtornos os medicamentos são o tratamento preferencial, como na esquizofrenia, no transtorno bipolar, em depressões graves ou no controle de ataques de pânico. Em outros, como nas fobias específicas, transtornos da personalidade, e problemas situacionais, as psicoterapias podem ser a primeira opção. E em muitas situações o ideal talvez seja a combinação de ambos os métodos.

Na prática o clínico procurará escolher, dentre as drogas que pesquisas bem conduzidas verificaram ser eficazes para o transtorno que o paciente apresenta, a mais apropriada. Para efetuar esta escolha levará em conta, além do diagnóstico, o perfil dos sintomas, a resposta em usos anteriores, a idade, a presença de problemas físicos, outras drogas em uso com as quais a nova droga possa interagir etc.

Uma vez escolhida a droga, definidos os sintomas alvo, o clínico fará um plano de tratamento que envolve a fase aguda, a manutenção e medidas para prevenção de recaídas. Deverá ainda ter em mente as doses que irá utilizar em cada uma dessas fases, o tempo necessário, os critérios nos quais se baseará para concluir sobre a efetividade ou não da droga, bem como a opção de associar ou não outras estratégias terapêuticas. Com essas decisões e alternativas em mente irá expor seu plano ao paciente e muitas vezes também aos familiares, com o objetivo preliminar de obter adesão.

A maioria das pessoas tem dúvidas e receios em relação ao uso de medicamentos, em especial se for por longo prazo. Ao esboçar o plano de tratamento é importante dispor de algum tempo para dar informações sobre a natureza do transtorno, o racional para o uso de drogas, as evidências de sua eficácia, o que se espera com seu uso, o tempo necessário para se observar o efeito, os possíveis efeitos colaterais e as medidas que podem ser

---

[1] Universidade Federal do Rio Grande do Sul (Brasil). E-mail: acordioli@terra.com.br

adotadas para reduzi-los. Dissipar tais dúvidas, além de fortalecer a relação com o paciente (e a aliança de trabalho) é indispensável para a adesão e para evitar interrupções precoces.

O presente capítulo apresenta os principais psicofármacos em uso na atualidade: ansiolíticos e hipnóticos, antidepressivos, antipsicóticos ou neurolépticos e estabilizadores do humor; suas indicações e contra-indicações; efeitos colaterais e mecanismos de ação, oferecendo ainda diretrizes para o seu uso nas situações mais comuns da clínica.

II. ANSIOLÍTICOS E HIPNÓTICOS

II.1. *Ansiedade: aspectos gerais*

Ansiedade e insônia são sintomas muito comuns na vida das pessoas. Podem representar respostas normais às pressões do cotidiano ou eventualmente manifestações de transtornos psiquiátricos que exigem tratamento específico.

A ansiedade deve ser considerada uma resposta normal diante de situações de perigo real, nas quais constitui um sinal de alarme, e portanto num mecanismo essencial para a defesa e a sobrevivência do indivíduo e da própria espécie. Também costuma ocorrer em situações de insucesso, perda de posição social, perda de entes queridos, ou em situações que geram expectativas de desamparo, abandono ou de punição ou que possuem tal significado para o indivíduo. Nessas circunstâncias, ela é uma emoção muito semelhante ao medo e é útil para que a pessoa tome as medidas necessárias, como lutar, enfrentar, fugir ou evitar. Dependendo da intensidade, do desconforto que provoca, da interferência ou não nas atividades diárias ou no sono e da duração, poderá ser considerada normal ou patológica.

A ansiedade está presente na maioria dos transtornos psiquiátricos, em muitos dos quais é um sintoma secundário. Entretanto, nos chamados Transtornos da Ansiedade, ela é a manifestação principal. O tratamento desses quadros, em particular, modificou-se de forma radical nesses últimos 20 anos. Os benzodiazepínicos (BDZ), que no passado eram os medicamentos preferenciais para o seu tratamento vêm cedendo progressivamente o lugar para os antidepressivos. E o uso de psicoterapias mais tradicionais como a psicanálise e as terapias de orientação analítica vêm cedendo lugar à terapia cognitivo-comportamental (TCC). Dentre as drogas utilizadas consideradas ansiolíticas destacam-se os BDZs e a buspirona.

Por outro lado a insônia é um sintoma muito comum na população em geral, em pacientes hospitalizados em hospitais gerais, além de fazer parte do quadro clínico da maioria dos transtornos mentais. Recentemente foram lançadas algumas drogas novas para o uso na insônia como o zolpidem, a zopiclona e o zaleplon. Vejamos estes grupos de medicamentos.

II.2. Os benzodiazepínicos

Os benzodiazepínicos constituem um grande grupo de drogas, cujos primeiros representantes foram o clordiazepóxido (Librium®) e o diazepam (Valium®), lançados no início da década de 60. Quase todos os BDZ têm propriedades farmacológicas semelhantes: todos eles possuem efeitos sedativos, ansiolíticos e hipnóticos. São ainda relaxantes musculares, anticonvulsivantes, produzem dependência e reações de abstinência. Têm poucos efeitos sobre o aparelho cardiocirculatório e respiratório o que explica sua larga margem de segurança. Embora todos sejam também hipnóticos em algum grau, este efeito é mais marcante com o nitrazepan, o flurazepan, o flunitrazepan e o midazolan.

Uso clínico e doses diárias

Os BDZ apresentam efeitos semelhantes e a escolha por um ou outro representante leva em conta diferentes parâmetros como o uso anterior de forma crônica: em geral há uma tolerância maior para os efeitos colaterais e são necessárias doses maiores; a idade: velhos e crianças necessitam de doses menores; em pessoas com comprometimento hepático: dar preferência pelos que não são metabolizados pelo fígado (oxazepam ou lorazepam) etc.

Um parâmetro no uso clínico é a meia-vida de eliminação que pode ser curta (menor que 5 horas); intermediária (5-24 horas) ou maior que 24 horas podendo chegar até 120 horas, em função da geração ou não de metabólitos ativos por ocasião de sua metabolização pelo fígado. A meia-vida tem relação com o tempo de duração do efeito clínico (Hollister *et al.,* 1993; Ballenger, 1998; Moller, 1999). O diazepam, o clonazepam e o clordiazepóxido são metabolizados lentamente, enquanto que o lorazepam, o alprazolam, o triazolam, o midazolam e o oxazepam são metabolizados de forma mais rápida e não possuem metabólitos ativos. São os preferidos em pacientes idosos ou com doença he-

Tabela 23.1. Benzodiazepínicos mais comuns: meia-vida e doses médias diárias. Dose média diária (mg).

Droga	Meia-vida (h)	Adulto	Idoso
Alprazolam (Frontal®)	10-14	1,5-10	0,25-3
Bromazepam (Lexotam®)	8-19	1,5-15	0,75-7,5
Clordiazepóxido (Libriurm®)	7-28	25-100	5-50
Clonazepam (Rivotril®)	18-56	1-8	0,5-4
Cloxazolam (Olcadil®)	20-90	1-16	0,5-6
Clorazepato (Tranxilene®)	35-200	15-60	7,5-30
Diazepam (Valium®)	20-90	5-40	2,5-15
Flurazepam* (Dalmadorm®)	15-30	15	15
Flunitrazepam* (Rohypnol®)	20	0,5–2	0,5-1
Lorazepam (Lorax®)	8-16	2 -10	0,5-3
Midazolam* (Dormonid®)	1,5-3	7,5-15	7,5
Oxazepam (Serax®)	5-15	20-60	10-20
Triazolam* (Halcion®)	2-3	0,12-0,5	0,12-0,25

* BDZ utilizados como indutores do sono.

pática. Os principais representantes e as doses usuais estão na tabela 23.1.

Os BDZ provocam sonolência diurna e diminuição dos reflexos, devendo-se evitar o seu uso ou utilizar com cuidado em pessoas que dirigem automóveis ou operam máquinas perigosas. Devem ser evitados em pacientes com potencial de abuso (dependentes químicos, alcoolistas), em deprimidos (agravam a depressão). Com a finalidade de evitar a dependência, como regra, deve-se ainda tentar utilizar a menor dose eficaz e pelo menor tempo possível, exceto no transtorno de ansiedade generalizada onde eventualmente o uso pode ser por tempo prolongado. Após o uso crônico é recomendável a retirada gradual para evitar-se a síndrome de abstinência.

Indicações e contra-indicações

Os BDZs são utilizados nos transtornos de ansiedade como o transtorno de pânico (alprazolam, clonazepam, diazepam) especialmente quando existe ansiedade antecipatória, em geral associados aos inibidores seletivos da recaptação da serotonina (ISRS) ou aos tricíclicos e à TCC (Tesar *et al.,* 1991; Rosenbaum *et al.,* 1996). Foram muito utilizados no transtorno de ansiedade generalizada (diazepam, bromazepam, clonazepam) (Gorman, 2002). Entretanto face aos inconvenientes do seu uso prolongado como a tendência a desenvolver tolerância e dependência, e em virtude do resultado de pesquisas que apontam para uma redução do seu efeito com o passar do tempo, eles vem sendo substituídos por antidepressivos: imipramina, venlafaxina e paroxetina (Davidson, 2001). Os BDZs são utilizados ainda na fobia social, isolados ou associados aos antidepressivos inibidores da monoaminooxidase (IMAO); aos inibidores seletivos da recaptação da serotonina (ISRS) e aos beta-bloqueadores (clonazepam, bromazepam, alprazolam) (Jefferson, 1995); nos transtornos de ajustamento quando existe ansiedade ou insônia intensas, por breves períodos (lorazepam, bromazepam, cloxazolam, diazepam); no tratamento da insônia (midazolam, nitrazepan, flurazepam, flunitrazepam), por tempo limitado; no *delirium tremens* (clordizepóxido, diazepam); em doenças neuromusculares com espasticidade muscular (tétano); como coadjuvantes no tratamento de diferentes formas de epilepsia: diazepam no estado de mal epiléptico, clonazepam em ausências e convulsões atônicas ou mioclônicas, além do clorazepato (controle de convulsões generalizadas) e o lorazepam (uso endovenoso no estado de mal epiléptico). São também utilizados como medicação coadjuvante no tratamento da mania aguda (clonazepam ou lorazepam) (Ballenger 1998), no manejo da acatisia, como medicação pré-anestésica, e em procedimentos de endoscopia (midazolam). São muito úteis como hipnóticos, particularmente em pacientes de hospitais gerais, onde o alto nível de estimulação, o estresse e a dor em geral interferem com o sono.

Os BDZs ainda são muito utilizados em situações heterogêneas e não bem definidas, como na ansiedade situacional, em pacientes com instabilidade emocional, nervosismo, nas quais existe ansiedade aguda e crônica, que não chega a preencher os critérios para uma categoria diagnóstica (CID X ou DSM IV) (Möller, 1999).

Os BDZs não devem ser utilizados em pacientes com hipersensibilidade a essas drogas, ou que apresentem problemas físicos como glaucoma de ângulo fechado, insufi-

TERAPIA FARMACOLÓGICA PARA OS TRANSTORNOS PSICOLÓGICOS

ciência respiratória ou doença pulmonar obstrutiva crônica, *miastenia gravis,* doença hepática ou renal graves (usar doses mínimas), bem como em alcoolistas e drogaditos (Ballenger, 1998).

Efeitos colaterais e reações adversas

Os BDZs causam sedação, fadiga, perda de memória, sonolência, incoordenação motora, diminuição da atenção, da concentração e dos reflexos, aumentando o risco para acidentes de carro ou no trabalho (Ballenger, 1998; Möller, 1999). Em pessoas idosas estão associados a quedas e fraturas do colo do fêmur.

Dependência, síndrome de abstinência e rebote

O uso crônico dos BDZs, especialmente os de meia-vida curta, utilizados em doses elevadas e por longo tempo, leva com freqüência a um quadro de dependência e a uma síndrome de retirada, caso o medicamento seja suspenso. A síndrome de retirada ou de descontinuação é muito semelhante a um quadro de ansiedade e caracteriza-se por inquietude, nervosismo, taquicardia, insônia, agitação, ataque de pânico, fraqueza, cefaléia, fadiga, dores musculares, tremores, náuseas, vômitos, diarréia, cãibras, hipotensão, palpitações, tonturas, hiper-reflexia, hipersensibilidade a estímulos, fotofobia, perturbações sensoriais, despersonalização, desrealização, disforia. Nos casos mais graves, podem ocorrer convulsões, confusão, *delirium* e sintomas psicóticos. A duração é variável: os sintomas físicos raramente ultrapassam sete dias. Para prevenir esse tipo de ocorrência deve-se fazer uma retirada gradual do medicamento: 50% da dose em 2 a 4 semanas, e os restantes 50% num período bem mais longo (Rickels *et al.*, 1999).

Farmacodinâmica e mecanismos de ação

Os benzodiazepínicos potencializam o efeito inibitório do ácido γ-amino-butírico (GABA) que é o principal neurotransmissor inibitório do SNC. Os receptores benzodiazepínicos na verdade são um subtipo de receptor GABA A, e sua ativação pelos benzodiazepínicos facilita a ação do GABA, provocando a abertura dos canais de cloro, a entrada do cloro para dentro da célula nervosa, e uma diminuição da excitabilidade nervosa. É, portanto, uma ação indireta e é limitada pela quantidade de GABA disponível (Stahl, 1997; Ballenger, 1998).

II.3. *Buspirona*

A buspirona, uma droga do grupo das azapironas, foi lançada com a expectativa de não apresentar os inconvenientes dos BDZ: sedação e dependência. E efetivamente não induz sedação, prejuízo cognitivo ou psicomotor, dependência física ou tolerância e não interage com o álcool.

Uso clínico e doses diárias

A meia-vida curta da buspirona exige que seja administrada em até 3 vezes ao dia, o que dificulta em parte a adesão ao tratamento. As doses variam de 20 a 60 mg/dia. São necessárias 3 a 4 semanas para que ocorra o efeito ansiolítico. Esta demora pode ser problemática quando os sintomas de ansiedade são graves ou quando o paciente já utilizava benzodiazepínicos.

Além do retardo no início da ação, a não existência de uma relação dose/efeito e a sua aparente menor potência ansiolítica foi menos eficaz que a venlafaxina, no transtorno de ansiedade generalizada num estudo controlado recente (Davidson *et al.*, 1999), diminuíram grandemente o entusiasmo inicial com este medicamento (Ballenger, 2001).

Indicações e contra-indicações

A buspirona é utilizada como segunda escolha no transtorno de ansiedade generalizada quando existem contra-indicações para o uso de antidepressivos ou BDZs. Além disso, é utilizada em quadros de ansiedade em pacientes idosos, normalmente mais sensíveis aos BDZs, ou em pacientes com alto potencial de abuso ao álcool ou aos BDZs. Sua eficácia nos demais transtornos de ansiedade não foi estabelecida.

Efeitos colaterais e reações adversas

Mais comuns são tonturas, cefaléia, náusea, fadiga, inquietude, sudorese, geralmente leves.

Farmacodinâmica e mecanismos de ação

Embora não bem compreendida, acredita-se que a ação ansiolítica da buspirona se deva a uma inibição do disparo de neurônios serotonérgicos do núcleo da rafe em função de sua ação como agonista (estimuladora) de receptores pré-sinápticos $5HT1_A$ (Ballenger, 2001). Não interage com o GABA e nem de forma direta com o canal de cloro e por esse motivo não produz sedação; não interage com o álcool, não interfere no desempenho motor, e não apresenta potencial de abuso.

II.4. *Zolpidem, zopiclona e zaleplon*

Efeitos colaterais e reações adversas

Zolpidem: amnésia, diarréia, fadiga, sonolência, tonturas.

Zopiclona: boca seca, gosto amargo, sonolência.

Zaleplona: cefaléia, fadiga, sonolência, vertigens.

Uso clínico e doses diárias

No tratamento da insônia deve-se sempre tentar identificar a causa, que pode ser depressão, transtornos de ansiedade etc. Nesses casos eventualmente o uso de antidepressivos pode ser suficiente. Entretanto se for necessário o uso de hipnóticos deve-se tentar restringi-lo a 7 a 10 dias. Se for necessário o uso por mais de 3 semanas, reavaliar o paciente. Evitar prescrever quantidades superiores a um mês de tratamento. Estas drogas são utilizadas predominantemente no tratamento da insônia em doses que variam de ½ a 2 comprimidos de 10 mg (zolpidem e zaleplon) e de 7,5 mg (Zopiclona). Em idosos, as doses devem ser menores.

Farmacodinâmica e mecanismos de ação

São hipnóticos que atuam através de receptores BDZ alternativos, do tipo Omega-1, e w-1, com meia-vida curta (2 a 6 horas), e pouco efeito mio-relaxante. Sua meia-vida curta faz com que ocorra pouca ou nenhuma sedação no período diurno, podendo inclusive ser ingerido no meio da noite.

III. ANTIDEPRESSIVOS

III.1. *Depressão: aspectos gerais*

Depressão normal e patológica

O termo depressão tem sido usado para descrever um estado emocional normal ou um grupo de transtornos específicos. Sentimentos de tristeza ou infelicidade são comuns em situações de perda, separações, insucessos, conflitos nas relações interpessoais fazem parte da experiência cotidiana e caracterizam um estado emocional normal, não patológico. Um exemplo é o luto normal, no qual há tristeza e ansiedade, mas normalmente não há culpa e auto-acusações que caracterizam os transtornos depressivos. Nessas situações podem ainda ocorrer disfunções cognitivas passageiras: sentimentos de desamparo ou desesperança, visão negativa de si mesmo, da realidade e do futuro, que em geral desaparecem com o tempo, sem a necessidade de ajuda especializada. No entanto, quando tais sintomas não desaparecem espontaneamente, são desproporcionais à situação ou ao evento que os desencadeou ou este inexiste, quando o sofrimento é acentuado, comprometendo as rotinas diárias ou as relações interpessoais, provavelmente o paciente é portador de um dos diferentes transtornos depressivos, caracterizados nos manuais de diagnósticos como o DSM IV–TR e o CID X. Nestes casos está indicado o tratamento, que envolve usualmente a utilização de psicofármacos associados a alguma modalidade de psicoterapia, como a terapia cognitivo-comportamental (TCC) e a terapia interpessoal (TIP), cuja eficácia, na depressão, tem sido estabelecida de forma mais consistente (Roth *et al.*, 1996; Zindel *et al.*, 2001).

Neurobiologia da depressão

A descoberta casual de que um anti-hipertensivo – a reserpina provocava depressão, e um tuberculostático – a iproniazida provocava euforia alertou os investigadores para a possibilidade desses quadros serem desencadeados por fatores de ordem biológica: disfunções da neuroquímica cerebral, envolvendo neuro-transmissores como a noradrenalina, a serotonina e a dopamina. Além disso, outros fatos observados posteriormente, como a resposta aos antidepressivos, a incidência familiar de quadros depressivos, acrescentaram novas evidências a favor desta hipótese particularmente quando se trata de depressões graves e recorrentes, com características melancólicas ou depressões do transtorno bipolar.

Tratamento das depressões

No tratamento de depressões leves ou moderadas, resultantes de problemas situacionais, relacionados a eventos vitais ou em resposta a estressores ambientais deve-se dar preferência ao uso de alguma modalidade de psicoterapia: terapia psicodinâmica, cognitiva, interpessoal, comportamental ou até mesmo o simples apoio psicológico, associando-se, eventualmente, por curto espaço de tempo um ansiolítico, se houver ansiedade ou insônia associadas (Grevet *et al.*, 2000; Trivedi *et al.*, 2001).

Os pacientes com depressão devem também ser encorajados a modificar seus hábitos: realizar atividades físicas regulares, manter um tempo mínimo de sono diário (6 a 8 horas por noite), ter uma boa alimentação, expor-se ao sol em horários apropriados e evitar o uso de substâncias como anorexígenos, álcool e tabaco.

Quando usar antidepressivos

Os antidepressivos têm-se constituído num importante recurso terapêutico, especialmente em depressões de intensidade moderada ou grave, nos quais a apresentação clínica e a história pregressa sugerem a participação de fatores biológicos. São sugestivos de uma etiologia neurobiológica: 1) características melancólicas do quadro clínico: sintomas são piores pela manhã, perda do apetite e do peso, diminuição da energia, agitação ou retardo motor, insônia matinal, falta de reatividade a estímulos prazerosos, culpa excessiva; 2) história pessoal de episódios depressivos recorrentes; 3) transtornos bipolares ou episódios depressivos em familiares; 4) ausência de fatores de natureza emocional ou de eventos vitais desencadeantes que justifiquem os sintomas.

Existem mais de duas dezenas de antidepressivos cuja eficácia clínica está bem estabelecida. Até o presente momento não foi comprovada a superioridade de uma droga sobre as demais. A maior diferença situa-se no seu perfil de efeitos colaterais. Os primeiros antidepressivos foram lançados no mercado no final da década de 50 e ao longo da década de 60 e pertencem ao grupo dos tricíclicos. Caracterizam-se por ter inúmeras ações neuroquímicas e por provocar muitas reações adversas. Os antidepressivos mais recentes atuam de forma mais específica, apresentam menos efeitos colaterais e, conseqüentemente, melhor tolerância.

A escolha do antidepressivo

Como, em princípio, todos os antidepressivos são igualmente efetivos, a escolha de uma ou de outra droga leva em conta a resposta e a tolerância em uso prévio, o perfil de efeitos colaterais, comorbidades psiquiátricas e problemas médicos, a presença de sintomas psicóticos e a idade.

Se uma determinada droga foi eficaz em episódio depressivo anterior do paciente, ou de seus familiares, e as reações adversas e efeitos colaterais foram bem tolerados, em princípio será a preferida. Na atualidade tem sido preferidos os inibidores seletivos da recaptação da serotonina (ISRS) ou alguns dos novos agentes como a nefazodona, a venlafaxina ou a bupropriona em virtude de seu perfil de efeitos colaterais ser mais favorável (Kennedy *et al.*, 2001). Entretanto em depressões graves muitos clínicos ainda preferem os tricíclicos, que poderiam ter uma eficácia maior nesses quadros o que, entretanto, é controverso.

O perfil dos efeitos colaterais das distintas drogas pode contrabalançar alguns dos sintomas associados aos quadros depressivos: amitriptilina, mirtazapina podem ser preferidos quando há insônia, embora ela tenda a melhorar com a melhora do quadro depressivo; paroxetina, mirtazapina, sertralina ou venlafaxina quando há ansiedade; amineptina e bupropriona, reboxetina, quando há anergia acentuada; os tricíclicos e a mirtazapina devem ser evitados em pacientes com sobrepeso ou obesidade; tricíclicos e IMAO devem ser evitados em pacientes com risco de suicídio, pois são perigosos em *overdose*. Na depressão crônica ou distimia preferir a fluoxetina, fluvoxamina, moclobemida, nefazodona, sertralina ou paroxetina (Kennedy *et al.*, 2001).

A resposta aos antidepressivos isolados, quando existem sintomas psicóticos associados é pobre, sendo necessário o acréscimo de antipsicóticos, que devem ser suspensos assim que os sintomas desaparecerem. São quadros que apresentam também boa resposta à eletroconvulsoterapia (ECT).

Dentre os problemas físicos, cardiopatias, hipertrofia prostática e glaucoma contra-indicam o uso dos tricíclicos; epilepsia contra-indica o uso de maprotilina, clomipramina ou bupropriona; disfunções sexuais podem ser agravadas pelos ISRSs e favorecidas pelo uso da trazodona, nefazodona ou da bupropriona; em insuficiência hepática deve-se evitar drogas de intensa metabolização hepática como a fluoxetina e, em princípio, as doses a serem utilizadas devem ser menores, assim como em idosos.

Quando existem comorbidades associadas ao quadro depressivo elas devem ser consideradas na escolha do medicamento: no transtorno de pânico, deve-se preferir as drogas de eficácia comprovada neste transtorno (clomipramina, imipramina, fluoxetina, paroxetina, sertralina); no transtorno obsessivo-compulsivo, preferir drogas bloqueadoras da recaptação da serotonina, como a clomipramina e os ISRS (Picinelli, *et al.*, 1995); em quadros com presença de dor, a amitriptilina, e no estresse pós-traumático a sertralina (Davidson *et al.*, 2001). Em episódios depressivos do transtorno bipolar, dar preferência ao lítio isolado (se não estava sendo utilizado) ou associado a um antidepressivo (bupropriona, paroxetina) por curto período de tempo, como forma de prevenir viradas maníacas, ou ainda à lamotrigina que aparentemente possui uma ação antidepressiva.

ARISTIDES VOLPATO CORDIOLI

Em pacientes idosos deve-se evitar os tricíclicos e os IMAO: agravam sintomas como hipotensão, confusão mental, constipação intestinal, retenção urinária, hipertrofia prostática. As doses utilizadas devem ser menores, assim como em indivíduos jovens. Na gravidez, a fluoxetina tem sido a droga mais utilizada e em princípio tem-se revelado segura (Altshuller *et al.*, 1997). A sertralina bem como a imipramina são pouco excretadas no leite e têm sido sugeridas durante a amamentação (Mammen *et al.*, 1997).

Tratamento da fase aguda da depressão

Uma vez escolhida a droga em função dos critérios anteriores, inicia-se o ensaio clínico, que geralmente dura de 6 a 8 semanas na depressão maior, período necessário para se concluir se houve ou não uma resposta à droga (Quitkin *et al.*, 1984). Particularmente quando os sintomas são graves, não se aguarda tanto tempo. Caso depois de 3 a 4 semanas o paciente não apresente nenhuma mudança na intensidade em pelo menos algum sintoma (p. ex., anergia, anedonia), e os efeitos colaterais estão sendo bem tolerados, pode-se tentar um aumento da dose ou a troca do medicamento. Em pacientes com distimia, deve-se aguardar até 12 semanas. Os primeiros resultados usualmente se observam somente 7 a 15 dias após o início do tratamento, e não de imediato.

Manejo do paciente refratário

Se após o período de 6 a 8 semanas do ensaio clínico não houve resposta ou esta foi parcial, pode-se adotar uma destas estratégias: 1) aumentar a dose (Fava *et al.*, 1994; Nelson, 1995; Rush *et al.*, 1998; Thase, 1997; Kennedy *et al.*, 2001; Fava, 2001; 2) trocar por um antidepressivo de outra classe (Fava, 2000; Craig Nelson, 2003); 3) associar lítio ou hormônio da tireóide (DeMontigny *et al.*, 1981; Joffe *et al.*, 1993); 4) usar antidepressivos de ação dupla; 5) usar inibidores da monoamino-oxidase, ou 6) combinar dois antidepressivos com ações distintas: um inibidor da recaptação da serotonina (5HT) com um inibidor da recaptação da norepinefrina (NE); bupropriona e ISRS ou venlafaxina; reboxetina e ISRS etc. (Stahl, 1997; Lam *et al.*, 2002). A superioridade de uma ou outra dessas estratégias não está estabelecida (Stimpson *et al.*, 2002). Se mesmo depois de várias tentativas não houver resposta, eventualmente é indicada a eletroconvulsoterapia. É importante salientar que nas depressões é usual a associação com TCC e que esta também pode ser uma estratégia a ser adotada em pacientes refratários aos medicamentos (Roth *et al.*, 1996; Trivedi *et al.*, 2001; Thase *et al.*, 2001).

Terapia de manutenção e prevenção de recaídas

Depois da remissão de um episódio agudo a manutenção do tratamento por longo prazo protege o paciente de recaídas e de recorrências. O risco maior está associado a ter tido 3 ou mais episódios depressivos no passado, persistência de sintomas residuais, não ter tido uma remissão completa depois de um tratamento agudo, sintomas graves, ter depressão e distimia (depressão dupla) ou depressão crônica (episódio depressivo com

TERAPIA FARMACOLÓGICA PARA OS TRANSTORNOS PSICOLÓGICOS **671**

mais de dois anos) (Whooley *et al.,* 200; Nieremberg, 2001). Um dos primeiros objetivos, no tratamento agudo, portanto, é obter-se a remissão completa, pois a presença de sintomas residuais é um fator de risco para recaídas. Tratando-se do primeiro episódio depressivo, deve-se manter a farmacoterapia pelo período de 12 a 18 meses, com doses iguais às utilizadas durante a fase aguda. Em episódios recorrentes manter por períodos maiores, como 2 a 5 anos sem diminuir a dose que se revelou efetiva na fase aguda, mesmo na ausência de sintomas. A partir do terceiro episódio ou de episódios subseqüentes, deve-se manter por tempo indeterminado (Frank *et al.*, 1990; Frank *et al.*, 1991; Rush *et al.,* 1998; Crismom *et al.*,1999). O acréscimo de terapia cognitivo-comportamental é uma outra alternativa para prevenção de recaídas especialmente quando não se consegue remissão completa (Trivedi *et al.*, 2001; Thase *et al.*, 2001).

III.2. *Drogas antidepressivas*

Na atualidade existe uma grande variedade de antidepressivos, que são classificados em razão da sua estrutura química ou do seu mecanismo de ação: tricíclicos e tetracíclicos, inibidores seletivos da recaptação da serotonina (ISRS), inibidores da monoamino-oxidase (IMAO), inibidores duplos etc. Continuam sendo chamados de antidepressivos embora estejam sendo utilizados cada vez mais em outros transtornos como no transtorno de pânico, transtorno obsessivo-compulsivo, transtorno de ansiedade generalizada, transtorno de estresse pós-traumático etc.

III.2.1. Tricíclicos

Indicações e contra-indicações

Os antidepressivos tricíclicos (ATC) vêm cedendo espaço para os ISRS em razão do seu perfil mais favorável de efeitos colaterais. Os ATCs são considerados por alguns como as drogas de escolha em depressões graves e em pacientes hospitalizados. Além disso, são efetivos no transtorno de pânico (imipramina e clomipramina), no transtorno de ansiedade generalizada (imipramina) (Rocca *et al.*, 1997), na dor crônica (amitriptilina), no déficit de atenção com hiperatividade (imipramina), e no transtorno obsessivo-compulsivo (clomipramina) (De Veaugh-Geiss *et al.*, 1991; Picinelli, 1995, Greist *et al.*, 1995).

São contra-indicados em pacientes com problemas cardíacos (bloqueio de ramo, insuficiência cardíaca) ou após o infarto recente do miocárdio (3 a 4 semanas), em pacientes com hipertrofia de próstata, constipação intestinal grave e glaucoma de ângulo estreito. Devem ser evitados ainda em pacientes idosos pelo risco de hipotensão postural e conseqüentemente de quedas, e em pacientes com risco de suicídio, pois são letais em *overdose*. São também contra-indicados em obesos, pois provocam ganho de peso. Em pacientes com mais de 40 anos é recomendável que antes do seu uso seja feito um eletrocardiograma. Deve-se iniciar com doses baixas (10-25 mg/dia), para o paciente adaptar-se aos efeitos colaterais. Na depressão são efetivos com doses diárias acima de 75-100 mg.

Efeitos colaterais e reações adversas

Os tricíclicos atuam sobre diversos tipos de receptores: bloqueiam a recaptação da norepinefrina, da serotonina e possuem afinidade por receptores colinérgicos, histaminérgicos e adrenérgicos (alfa1), razão pela qual apresentam uma grande variedade de efeitos colaterais (Glassman, 1998; Stahl, 1997). Os mais comuns são boca seca, constipação intestinal, retenção urinária, visão borrada, taquicardia, queda de pressão, tonturas, sudorese, sedação, ganho de peso, tremores.

Uso clínico e doses diárias

O efeito antidepressivo é dose dependente, razão pela qual deve-se tentar utilizar pelo menos as doses mínimas diárias recomendadas conforme especificadas na tabela 23.2. É usual começar-se com doses baixas incrementando-se a cada 2 a 3 dias, até se atingir as doses recomendadas para permitir a adaptação do paciente aos efeitos colaterais. Cuidados especiais devem ser tomados com pacientes idosos, debilitados ou cardiopatas.

Tabela 23.2. Antidepressivos tricíclicos

Droga	Doses diárias
Imipramina (Tofranil®)	100-300
Clomipramina (Anafranil®)	100-250
Amitriptilina (Tryptanol®)	100-300
Nortriptilina (Pamelor®)	50-200
Maprotilina (Ludiomil®)	100-225
Doxepina (Sinequan®)	100-300

III.2.2. Inibidores Seletivos da Recaptação da Serotonina

Com o objetivo de obter medicamentos com menos efeitos colaterais, que fossem mais específicos na sua ação neuroquímica, e conseqüentemente melhor tolerados, foram desenvolvidos especialmente a partir do início dos anos 1990, os chamados inibidores seletivos da recaptação da serotonina (ISRS), os quais progressivamente vêm ocupando o lugar dos tricíclicos, em razão do seu melhor perfil de efeitos colaterais.

Indicações e contra-indicações

Além de serem utilizados na depressão unipolar, os ISRS se revelaram eficazes no transtorno obsessivo-compulsivo (Greist *et al.*, 1995; Picinelli *et al.*, 1995), no transtorno de pânico (Rosenbaum *et al.*, 1996; Pollack *et al.*, 1998), na distimia, em episódios depressivos do transtorno bipolar, na bulimia nervosa (fluoxetina em doses elevadas), na fobia social (fluoxetina, paroxetina, sertralina), na ansiedade generalizada (paroxetina) (Rocca *et al.*, 1997; Lydiard *et al.*, 1998; Stein, *et al.*, 1998; Rickels *et al.*, 2000; Gorman, 2003), no estresse pós-traumático (sertralina) (Landborg *et al.*, 2001).

Estão contra-indicados em pacientes com hipersensibilidade a estas drogas ou com problemas gastrintestinais como gastrite, ou refluxo gastroesofágico. Pacientes que utilizam múltiplas drogas devem evitar a fluoxetina, pois ela apresenta interações medicamentosas bastante complexas. Devem ser evitados ainda em pacientes que apresentam disfunções sexuais não decorrentes de depressão, pois podem agravar esses quadros.

Efeitos colaterais

Mais comuns: ansiedade, desconforto gástrico (náuseas, dor epigástrica, vômitos), cefaléia, diminuição do apetite, disfunção sexual, inquietude, insônia, nervosismo, tremores (Kennedy *et al.*, 2001; Fava, 2000; Fava *et al.*, 2002; Montejo-Gonzales *et al.*, 2001).

Uso clínico e doses diárias

Os antidepressivos ISRS são mais bem tolerados que os antigos tricíclicos, e por este motivo, nos quadros depressivos, pode-se iniciar com a dose mínima recomendada conforme a tabela 23.3. O efeito terapêutico não é dose dependente. A reação adversa mais comum é a náusea: por este motivo recomenda-se a ingestão destas drogas durante ou logo após as refeições.

Tabela 23.3. Antidepressivos ISRS e doses diárias

Droga	Doses diárias (em mg)
Fluoxetina (Prozac®)	20-80
Sertralina (Zoloft®)	50-200
Paroxetina (Aropax®)	20-60
Citalopram (Cipramil®)	20-60
Escitalopram (Lexapro®)	5-20
Fluvoxamina (Luvox®)	100-300

III.2.3. Antidepressivos diversos

Uma variedade de substâncias com diferentes mecanismos de ação, além dos tricíclicos e ISRS são utilizados no tratamento da depressão e eventualmente em outros transtornos psiquiátricos (tabela 23.4).

Tabela 23.4. Antidepressivos diversos: doses diárias e mecanismos de ação

Droga	Doses diárias (em mg)	Mecanismo de ação
Amineptina (Survector®)	100-400	Inibição da recaptação da DA
Bupropriona (Wellbutrin®)	200-450	Inibição da recaptação da NE e DA
Fenelzina (Nardil®)	15-60	Inibição da monoamino-oxidase
Milnaciprano (Ixel®)	50-100	Inibição da recaptação 5HT e NE
Mirtazapina (Remeron®)	15-60	Facilitação da transmissão 5HT e NE
Moclobemida (Aurorix®)	150-600	Inibição da MAO reversível
Nefazodona (Serzone®)	200-600	Inibição da recaptação 5HT e NE, e bloqueio 5HT2
Reboxetina (Prolift®)	4-12	Inibição da recaptação da NE
Tianeptina (Stablon®)	25-50	Aumento da recaptação de 5HT
Tranilcipromina (Parnate®)	20-60	Inibição da MAO
Trazodona (Donaren®)	75-300	Inibição da recaptação 5HT e NE, bloqueio 5HT2
Venlafaxina (Efexor®)	75-375	Inibição da recaptação 5HT e NE

A bupropriona é utilizada em dependência química como auxílio na interrupção do tabagismo. A nefazodona e a mirtazapina têm um efeito sedativo bem marcado e eventualmente são preferidas em quadros depressivos acompanhados de ansiedade. A nefazodona, a mirtazapina e a bupropriona em princípio não causam disfunções sexuais. A venlafaxina vem sendo largamente utilizada no tratamento da ansiedade generalizada (Rickels *et al.*, 2000; Sheehan, 2001).

III.3. *Farmacodinâmica e mecanismos de ação dos antidepressivos*

Todos os antidepressivos afetam os sistemas serotonérgicos (5HT) ou catecolaminérgicos (dopamina ou norepinefrina) do sistema nervoso central, seja por bloquear a recaptação pré-sináptica, estimular sua liberação na fenda, inibir seu catabolismo (IMAO) ou por efeitos agonistas ou antagonistas nos receptores (tabela 23.4). O aumento da disponibilidade desses neurotransmissores na fenda sináptica é imediato, mas o efeito clínico em geral demora várias semanas, e correlaciona-se com um outro efeito neuroquímico: *a down regulation* de auto-receptores pré-sinápticos, responsáveis por modularem a liberação dos neurotransmissores na fenda sináptica. É importante assinalar ainda que a ação da maioria dos receptores está ligada à proteína G, substância envolvida numa cascata de eventos intracelulares relacionada com a síntese protéica, como a transcrição genética. Postula-se que através da ação prolongada dos antidepressivos sobre os receptores haveria uma modulação da proteína G e de outros sistemas de segundos mensageiros, e uma alteração na conformação dos novos receptores na medida em que forem sendo sintetizados, tendo como resultante a sua dessensibilização, a qual poderia contribuir tanto para a ação terapêutica dos antidepressivos como para o desenvolvimento de tolerância a muitos dos seus efeitos colaterais (Stahl, 1997; Reid *et al.*, 2001).

IV. ANTIPSICÓTICOS OU NEUROLÉPTICOS

Os antipsicóticos ou neurolépticos passaram a ser utilizados em psiquiatria a partir da descoberta casual de Delay e Deniker, no início da década de 1950, de que a clorpromazina, além de produzir sedação, diminuía a intensidade de sintomas psicóticos. Posteriormente foram introduzidos outros medicamentos derivados da clorpromazina – as fenotiazinas, as butirofenonas (haloperidol) e mais modernamente diversas outras substâncias: risperidona, olanzapina, ziprazidona, molindona, quetiapina, clozapina, zuclopentixol, aripiprazol, entre outros.

Os antipsicóticos ou neurolépticos são classificados em tradicionais, também chamados de primeira geração ou típicos, e atípicos ou de segunda geração (veja tabela 23.5). Esta divisão está relacionada com seu mecanismo de ação – predominantemente bloqueio de receptores da dopamina (D) nos típicos, e bloqueio dos receptores dopaminérgicos e serotonérgicos (5HT) nos atípicos, o que acarreta um diferente perfil de efeitos colaterais, em geral melhor tolerados nestes últimos (Blin, 1999).

Tabela 23.5. Antipsicóticos e doses diárias

	Doses diárias (em mg/dia)
Tradicionais de alta potência	
Haloperidol (Haldol®)	5-15
Flufenazina (Anatensol®)	2-20
Pimozida (Orap®)	2-6
Tradicionais de média potência	
Trifluoperazina (Stelazine®)	5-30
Tradicionais de baixa potência	
Clorpromazina (Amplictil®)	200-1200
Levomepromazina (Neozine®)	200-800
Atípicos	
Tioridazina (Melleril®)	150-800
Sulpirida (Equilid®)	200-1000
Clozapina (Leponex®)	300-900
Risperidona (Risperdal®)	2-6
Olanzapina (Zyprexa®)	10-20
Quetiapina (Seroquel®)	300-750
Aripiprazol (Abilify®)	6-20 mg

IV.1. *Indicações e contra-indicações*

Os antipsicóticos são indicados na esquizofrenia (episódios agudos, tratamento de manutenção, prevenção de recaídas), nos transtornos delirantes, em episódios agudos de mania com sintomas psicóticos ou agitação, no transtorno bipolar do humor, na depressão psicótica em associação com antidepressivos, em episódios psicóticos breves, em psicoses induzidas por drogas, psicoses cerebrais orgânicas, no controle *da* agitação e da agressividade em pacientes com retardo mental ou demência, no transtorno de Tourette (haloperidol, pimozida, risperidona).

Deve-se evitar o uso de antipsicóticos quando há hipersensibilidade à droga, discrasias sangüíneas (especialmente a clozapina), em estados comatosos ou depressão acentuada do SNC, nos transtornos convulsivos (tradicionais de baixa potência e a clozapina) ou quando o paciente apresenta doença cardiovascular grave (tradicionais e a clozapina). Em pacientes idosos: evitar os tradicionais por causarem problemas cardiocirculatórios e cognitivos.

IV.2. *Efeitos colaterais e reações adversas*

Entre os efeitos colaterais dos antipsicóticos destacam-se os efeitos extrapiramidais: acatisia, distonias e discinesias nos tradicionais. Devem-se ao bloqueio dos receptores D2 no sistema nigro-estriatal e são comuns durante o uso dos antipsicóticos tradicionais especialmente os de alta potência.

Acatisia é a sensação subjetiva de inquietude motora, ansiedade, incapacidade para relaxar, dificuldade de permanecer imóvel e a necessidade de alternar entre estar sentado ou de pé.

Distonias ou discinesias agudas são contraturas musculares ou movimentos estereotipados de grupos musculares que surgem minutos ou horas depois do início do uso de um neuroléptico.

Distonias ou discinesia tardias são movimentos estereotipados de grupos musculares, periorais, da língua, da cabeça, do tronco ou dos membros, que surgem geralmente depois do uso crônico de altas doses dos antipsicóticos. Podem ainda manifestar-se sob a forma de crises oculógiras, opistótono, torcicolo, abertura forçada da boca, protusão da língua, disartria, disfagia ou trismo com deslocamento da mandíbula. Ocorrem mais em homens (jovens), com menos de 40 anos.

Parkinsonismo é a diminuição dos movimentos dos braços, da expressão e mímica faciais, marcha em bloco (semelhante ao andar de um robô), rigidez, tremor de extremidades e da língua, hipersalivação, bradicinesia (movimentos lentos), acinesia (diminuição da espontaneidade dos movimentos).

Outros efeitos colaterais

Endócrinos por aumento dos níveis de prolactina: aumento e dor nos seios, galactorréia, amenorréia e da lubrificação vaginal, desencadeamento de diabete (Buse, 2002); *cardiocirculatórios* por bloqueio de receptores alfa-1 adrenérgicos: hipotensão ortostática, e taquicardia mais comuns nos tradicionais mais sedativos (clorpromazina, tioridazina, levomepromazina); *centrais:* sedação, sonolência, tonturas e ganho de peso – especialmente com a clozapina e a olanzapina (Sachs *et al.*, 1999; Gangulli, 1999; Aquila, 2002). Diversos: hipersalivação (clozapina), boca seca, visão borrada, constipação intestinal; disfunções sexuais diversas: ejaculação retrógrada, diminuição do volume ejaculatório,

TERAPIA FARMACOLÓGICA PARA OS TRANSTORNOS PSICOLÓGICOS

ejaculação dolorosa, diminuição da libido, disfunção erétil, anorgasmia e orgasmo retardado (Stahl, 1997; Blin, 1999).

IV.3. *Uso clínico e doses diárias*

A potência do antipsicótico correlaciona-se com a dose necessária para o bloqueio dos receptores D2 e para obter um determinado efeito clínico e não com sua eficácia clínica. Com exceção da clozapina, que reconhecidamente tem uma eficácia maior, os demais antipsicóticos têm uma eficácia semelhante quando utilizados em doses equivalentes.

IV.3.1. Escolha do antipsicótico

Os antipsicóticos tradicionais (potencialmente capazes de provocar reações extrapiramidais e um maior número de outros efeitos colaterais) podem constituir-se na primeira escolha para o tratamento de quadros psicóticos da fase aguda da esquizofrenia, como coadjuvantes nos episódios maníacos do transtorno bipolar do humor (TBH), por serem reconhecidamente eficazes e seguros, e principalmente pelo seu menor custo, quando este fator é decisivo. Entretanto os de baixa potência podem provocar tonturas, sedação, constipação intestinal; os de alta potência, sintomas extrapiramidais aos quais são suscetíveis especialmente jovens do sexo masculino. Os antipsicóticos atípicos em geral não causam efeitos extrapiramidais nas doses usuais, são mais bem tolerados e na atualidade vem sendo cada vez mais preferidos como primeira escolha: a risperidona quando há sintomas positivos proeminentes, hostilidade, agitação, obesidade, tabagismo, hiperglicemia ou diabetes; a olanzapina quando há tendência a ocorrerem sintomas extrapiramidais ou acatisia (Feifel, 2000), ou a clozapina quando ocorreu discinesia tardia (Miller *et al.*, 1999). Além de um melhor perfil de efeitos colaterais uma metanálise recente constatou uma melhor eficácia de alguns representantes dos atípicos: clozapina, amisulprida, risperidona e olanzapina em relação aos tradicionais (haloperidol), e não de outros como a quetiapina, a ziprazidona, o aripriprazol (Davis *et al.*, 2003).

IV.3.2. Tratamento dos episódios psicóticos agudos

No tratamento de episódios psicóticos agudos inicia-se em geral com doses baixas, aumentando gradualmente em função da tolerância aos efeitos colaterais, até atingir as doses médias diárias recomendadas (tabela 5). A preferência atual é pelos atípicos (exceto a clozapina) em razão de serem mais bem tolerados, igualmente ou mais efetivos em relação aos tradicionais. Apresentam ainda menos risco de provocar discinesia tardia, e provocam menos prejuízo cognitivo (Marder, 1994; Miller *et al.*, 1999; Pádua, 2000; Carpenter, 2001). Em compensação são medicamentos mais caros.

Em pacientes com sintomas psicóticos graves, agitação ou hostilidade oferecendo risco para si ou seus familiares, eventualmente as doses iniciais devem ser maiores ou administradas por via intramuscular, para uma sedação imediata, podendo ser utilizado o haloperidol ou os atípicos: risperidona e olanzapina (Feifel, 2000; Carpenter 2001). O efeito terapêutico, quando o antipsicótico é administrado por via oral pode demorar de 3 a 9 semanas para ser observado (Miller *et al.,* 1999). Deve-se aguardar este período, em uso de doses efetivas, para decidir quanto à continuidade do tratamento: manutenção, aumento da dose ou troca de medicamento. Quando a resposta é parcial, a primeira estratégia recomendada é a elevação da dose até os níveis máximos recomendados e mantendo tais níveis por mais duas semanas, avaliando novamente a situação depois deste período. Alguns pacientes poderão responder a esta estratégia, que dependerá também da aceitação e da tolerância aos efeitos colaterais. Caso não ocorra uma melhora, as alternativas são a troca de medicamento, a combinação de drogas, o uso de clozapina ou a eletroconvulsoterapia. Na troca de medicamentos recomenda-se a substituição por um antipsicótico de classe diferente (p. ex., uma butirofenona por uma fenotiazina ou por um atípico) (Lieberman *et al.*, 1997; CPA, 1998; Miller *et al.*, 1999; Pádua, 2000).

IV.3.3. Tratamento de manutenção e prevenção de recaídas

Deve-se levar em conta a natureza do transtorno (o diagnóstico), se agudo ou crônico, para decidir quanto à manutenção do medicamento por mais ou por menos tempo. Em episódios psicóticos breves, como os provocados por drogas ou problemas cerebrais, o antipsicótico pode ser suspenso pouco tempo depois de cessados os sintomas e removida a causa. Na esquizofrenia, entretanto, o tratamento deve ser mantido por longos períodos para a prevenção de recaídas. Após 6-8 meses utilizando doses adequadas, com boa resposta, pode-se tentar a redução ou o uso de antipsicóticos na forma *depot* (forma injetável de liberação prolongada, utilizada especialmente em pacientes que apresentam baixa aderência ao tratamento). A suspensão total raramente é possível e deve ser feita lentamente. Em outros quadros como na mania aguda, depressão com sintomas psicóticos, episódio psicótico agudo, o uso de antipsicóticos pode ser de curta duração.

IV.4. *Mecanismos de ação*

Postula-se que a ação terapêutica dos antipsicóticos deva-se ao bloqueio dos receptores dos sistemas dopaminérgicos mesolímbico e mesofrontal, podendo haver forte bloqueio de todos os subtipos de receptores (D1, D2, D3 e D4).

IV.5. *Clozapina*

Nos casos de ausência de resposta a dois antipsicóticos, usados em doses e tempos adequados, uma alternativa é o uso de clozapina. Vários estudos têm demonstrado uma superioridade clínica deste medicamento em relação aos demais antipsicóticos, sendo a única droga efetiva, até o momento, para pacientes refratários (Kane *et al.*, 1988; Kane *et al.*, 1992; Rosenheck *et al.*, 1997; Davis *et al.*, 2003). Outra indicação para o uso da clozapina é a presença de discinesia tardia.

Um dos riscos do seu uso é a possibilidade de ocorrer um quadro grave chamado de agranulocitose, caracterizado pela diminuição dos glóbulos brancos (polimorfonucleares) que pode chegar a níveis abaixo de 500/mm^3, levando a uma depressão imunológica que pode ser fatal. O risco maior ocorre nos primeiros três meses de tratamento, em mulheres e idosos. Esta possibilidade exige que durante o tratamento com clozapina, se faça o controle periódico dos níveis de leucócitos.

V. ESTABILIZADORES DO HUMOR

O transtorno bipolar (TB) é um transtorno mental grave que acomete indivíduos jovens, cujo curso em geral é crônico e muitas vezes incapacitante. No controle dos seus sintomas a farmacoterapia é fundamental. Além disso, abordagens psicoeducativas, individuais ou em grupo e incluindo os familiares, com informações sobre a doença (sintomas, períodos de crise, etiologia, curso e prognóstico, estresses indutores), sobre as drogas utilizadas (doses, tempo de uso, efeitos colaterais, controles laboratoriais), sobre aspectos nutricionais, exercícios físicos, impactos sociais são de grande utilidade, particularmente para manter a adesão ao tratamento que é de longo prazo e sujeito a intercorrências. Desenvolver no paciente a capacidade de identificar os sinais precoces do início de um novo episódio de mania ou depressão e de lidar com os fatores desencadeantes, é uma estratégia de grande valor para a prevenção de recaídas. Na tabela 23.6 estão os estabilizadores do humor em uso na atualidade, as doses diárias e níveis séricos recomendados. Lítio, ácido valpróico, carbamazepina são as drogas consideradas de primeira linha. Recentemente outros anticonvulsivantes como topiramato, lamotrigina e a gabapentina vêm sendo testados no transtorno do humor bipolar, bem como a olanzapina. A eficácia desses novos compostos, entretanto, não está estabelecida de forma consistente.

Tabela 23.6. Estabilizadores do humor, doses diárias e níveis séricos recomendados

Drogas	Doses diárias (mg)	Níveis séricos
Lítio (Carbolitium®)	900-2100	0,6-1,2 mEq/ml
Carbamazepina (Tegretol®)	400-1600	8-12 mg/ml
Ácido valpróico/valproato		
(Depakene®/Depakote®)	500-1800	50-120 mg
Lamotrigina (Lamictal®)	150-250	____
Topiramato (Topamax®)	200-600	____
Gabapentina (Neurontin®)	900-1800	____

V.1. *Lítio*

Indicações e contra-indicações

O lítio é utilizado no tratamento e na profilaxia de episódios agudos tanto maníacos como depressivos do transtorno bipolar, na ciclotimia, como potencializador dos antidepressivos em pacientes com depressão maior unipolar, que respondem parcialmente ou não respondem aos antidepressivos, em episódios de agressividade e de descontrole do comportamento.

O lítio deve ser evitado nos pacientes chamados de cicladores rápidos (4 ou mais episódios por ano), pois a resposta tem sido insatisfatória; em pacientes com insuficiência renal, disfunção do nódulo sinusal, arritmias ventriculares graves, e com insuficiência cardíaca congestiva. Pacientes que apresentam vários episódios de mania, depressão seguida de mania, mania grave, mania secundária, adolescentes com abuso de drogas como comorbidade também respondem pobremente ao lítio. Em pacientes com hipotireoidismo pode-se usar o lítio se for acrescentado o hormônio da tireóide. Na gravidez, o lítio deve se possível ser evitado no primeiro trimestre. Para o seu eventual uso deve-se levar em conta a relação entre o risco de ocorrerem má-formações com o uso do lítio, ou sem o seu uso, caso houver descontrole dos sintomas (WGBD, 2002).

Efeitos colaterais e reações adversas

Os mais comuns são acne, aumento do apetite, edema, fezes amolecidas, ganho de peso, gosto metálico, leucocitose, náuseas, polidipsia, poliúria, tremores finos. É importante destacar que o lítio tem uma faixa de níveis séricos terapêuticos bastante estreita, podendo facilmente atingir níveis tóxicos (vômitos, dor abdominal, ataxia, tonturas, tremores grosseiros, disartria, nistagmo, letargia, fraqueza muscular, que podem evoluir para o estupor, coma, queda acentuada de pressão, parada do funcionamento renal e morte).

Uso clínico e doses diárias

Antes de iniciar o tratamento com lítio, é necessário um exame clínico e laboratorial incluindo dosagem de creatinina, uréia, eletrólitos, T4 livre, TSH, hemograma, eletrocardiograma (em pessoas com mais de 40 anos ou com possibilidade de apresentarem cardiopatias) e teste de gravidez, se houver algum risco.

No uso do lítio é fundamental o controle laboratorial dos níveis séricos que, no início, devem ser verificados 5 dias após a estabilização das doses, sendo que o sangue deve ser coletado 12 horas após a última tomada ($\pm$ 2 horas). O nível sérico para o tratamento da fase aguda da mania deve estar entre 0,9 e 1,2 mEq/l, e na fase de manutenção, entre 0,6 e 0,9 mEq/l. A dose para uso como potencializador de antidepressivo é de 600 a 900 mg/dia (0,4 a 0,6 mEq/l no sangue).

Mecanismos de ação

O lítio é um cátion monovalente que, acredita-se, interfere nos sistemas intracelulares de segundos mensageiros. Ele inibiria vários passos do metabolismo do inositol trifosfato (IP3), e da fosfoquinase, interferindo na transdução de sinais, na transcrição e na expressão gênica, através da síntese de novas proteínas. Esses efeitos teriam influência em vários aspectos do funcionamento neuronal, e provavelmente seriam os responsáveis pela ação profilática do uso continuado do lítio nos transtornos bipolares (Lenox e Manji, 1995; Shansis *et al.,* 2000).

V.2. *Ácido valpróico, divalproato*

Indicações e contra-indicações

O ácido valpróico é um anticonvulsivante tradicionalmente utilizado na epilepsia: crises de ausência simples ou complexas, e em outros tipos. Pode ser de liberação gástrica (ácido valpróico) ou entérica (divalproato), que é melhor tolerada. É tão eficaz quanto o lítio no tratamento da mania e mais eficaz em cicladores rápidos e mania disfórica (Bowden *et al.*, 1994; WGBD, 2002). Tem sido preferido ainda em quadros maníacos de pacientes com traumatismo craniano, e em bipolares refratários ao lítio e/ou carbamazepina. O uso do ácido valpróico deve ser evitado em pacientes que apresentam insuficiência hepática, hepatite, hipersensibilidade à droga e durante a gravidez.

Efeitos colaterais e reações adversas

Os efeitos colaterais mais comuns são: ataxia, aumento do apetite, ganho de peso, desatenção, fadiga, náuseas sonolência, sedação, diminuição dos reflexos, tremores, tonturas (Swann, 2001).

Uso clínico e doses diárias

As doses diárias recomendadas variam de 750/2500 mg, divididos em três tomadas. No tratamento da mania aguda recomenda-se que sejam atingidos níveis séricos de 50-100 µg/ml, embora não esteja bem estabelecido, como no lítio, que exista uma correlação entre os níveis séricos e a eficácia clínica.

Mecanismo de ação

O mecanismo de ação do ácido valpróico não é totalmente conhecido. Acredita-se que ele atue tanto na mania quanto na epilepsia através de diversos mecanismos que teriam como efeito um aumento da atividade gabaérgica cerebral (inibitória): inibiria o catabolismo do GABA, aumentando sua liberação, diminuindo seu *turnover, e* aumentando a densidade de receptores GABA B.

V.3. *Carbamazepina*

A carbamazepina é um anticonvulsivante utilizado em diferentes tipos de epilepsia, especialmente epilepsia do lobo temporal, e que desde a década de 80 vem sendo utilizada no tratamento de quadros maníacos. Sua eficácia é comparável à do lítio, no tratamento agudo da mania (Post *et al.*, 1996; Ketter, 2002).

Indicações e contra-indicações

A carbamazepina é utilizada em pacientes não-responsivos ao lítio, ou que não o toleram, e na mania não clássica. Em pacientes maníacos hospitalizados se revelou tão eficaz quanto o lítio (Small *et al.*, 1991). Em cicladores rápidos, na mania disfórica, e na mania grave as evidências de resposta não são tão consistentes (Ketter *et al.*, 2002). É utilizada ainda para potencialização do efeito do lítio quando a resposta é parcial, e em quadros de agressividade ou descontrole dos impulsos. É contra-indicada em pacientes com doença hepática, trombocitopenia ou em pacientes que estejam usando clozapina (pode agravar problemas hematológicos).

Efeitos colaterais e reações adversas

Os efeitos colaterais mais comuns da carbamazepina são ataxia, diplopia, dor epigástrica, toxicicidade hepática, náuseas, prurido, *rash* cutâneo, sedação, sonolência, tonturas (Swan, 2001).

Uso clínico e doses diárias

As doses diárias variam de 400 a 1600 mg/dia, em média 1000 a 1200 mg, e devem ser aumentadas aos poucos para evitar efeitos colaterais como sedação, tonturas e ataxia. A recomendação de que sejam atingidos níveis séricos de 8 a 12 µg/ml é baseada no seu uso como anticonvulsivante, mas não foi estabelecida uma correlação dos níveis séricos com a eficácia clínica.

Mecanismos de ação

As ações anticonvulsivantes da carbamazepina parecem ser exercidas em nível da amígdala por meio de receptores benzodiazepínicos centrais. Estimularia a formação da pregnenolona, um esteróide neuroativo, que atuaria em tais receptores. Atuaria ainda sobre a noradrenalina e o GABA (diminui o *turnover* do GABA), e sobre receptores glutamatérgicos do tipo NMDA (Shansis *et al.*, 2000).

V.4. *Outros estabilizadores do humor*

Outros anticonvulsivantes estão sendo propostos para o uso como estabilizadores do humor: a lamotrigina, o topiramato e a gabapentina (Marcotte, 1998; Calabrese *et al.*, 1999; Calabrese *et al.*, 2001; Calabrese *et al.*, 2002, Zerjav-Lacombe, 2001). Embora os primeiros resultados sejam promissores, sua eficácia no TB, entretanto, não foi ainda firmemente estabelecida. O topiramato apresenta uma vantagem sobre os demais: a perda de peso. A olanzapina foi recentemente aprovada pelo FDA para o uso no transtorno bipolar, em monoterapia.

V.5. *Diretrizes gerais para o tratamento farmacológico do Transtorno Bipolar*

Mania aguda e hipomania

No tratamento agudo e de manutenção dos diferentes quadros maníacos (mania clássica, hipomania, ciclagem rápida) inicia-se, em geral com um dos estabilizadores do humor de primeira linha (lítio, ácido valpróico), associado ou não a benzodiazepínicos ou antipsicóticos (Schatzberg, 1998; Bowden, 1998; Bauer, 1999; Goldberg, 2000; Suppes *et al.*, 2001, 2002). A resposta favorável ao lítio está associada à presença de humor eufórico, um padrão clássico de mania seguida de depressão, recuperação completa entre os episódios, poucos episódios prévios, uma história pessoal de resposta ao lítio, e uma história familiar de resposta ao lítio ou de transtorno bipolar (Bowden, 1995; Ketter e Wang, 2002). A resposta pode demorar de duas a 4 semanas e está associada, como já vimos, a valores séricos que devem situar-se, para o lítio, entre 1,0 e 1,2 mEq/l, na fase aguda.

Se associado ao quadro de mania existe inquietude ou insônia intensas, pode-se associar benzodiazepínicos potentes como o clonazepam (Bowden, 1998). Se ocorrerem sintomas psicóticos, agitação psicomotora ou agressividade são utilizados antipsicóticos: haloperidol, risperidona ou a olanzapina. Os novos antipsicóticos eventualmente estão sendo propostos como terapia isolada nos episódios maníacos agudos (risperidona, olanzapina, ziprazidona) (Lakshmi, 2002, WGBD, 2002).

Ciclagem rápida

A ciclagem rápida é definida como a ocorrência de 4 ou mais episódios durante um ano, e é comum com o uso prolongado do lítio. A resposta, neste quadro, é mais favorável quando são utilizados o ácido valpróico e a carbamazepina (Bowden *et al.*, 1994, Bowden *et al.*, 1995; Calabrese *et al.*, 1992; McElroy *et al.*, 1988).

Episódio misto

A resposta ao lítio de episódios mistos é pobre. Por esse motivo o ácido valpróico tem sido a droga preferida (Freeman *et al.*, 1992; Swann *et al.*, 1997). Se houver inquietude ou insônia intensas, pode-se associar o clonazepam, e se o paciente apresenta também sintomas psicóticos, associa-se antipsicóticos, como no episódio maníaco.

Episódio depressivo

O lítio tem sido usado na depressão bipolar, mas nem sempre é eficaz. Caso não haja resposta e ele esteja sendo utilizado nas doses máximas recomendadas, a alternativa é associar um antidepressivo: bupropriona ou ISRS (paroxetina, citalopram) que, em princípio, tenderiam a provocar menos viradas maníacas, do que os tricíclicos, mantendo-se o antidepressivo pelo menor tempo possível. Uma alternativa é o uso da lamotrigina (Calabrese *et al.*, 1999; WGBD, 2002).

V.6. Terapia de manutenção e prevenção de recaídas

O TB é um transtorno crônico com alto índice de recorrências. A taxa de recaída após um episódio de mania aguda com o uso de lítio situa-se em torno de 34%, e com o placebo, em torno de 81% (Goodwin e Jamison, 1990). Depois de um primeiro episódio, com remissão completa dos sintomas recomenda-se o uso do lítio por pelo menos 6 meses, mantendo a litemia entre 0,6 a 0,8 mEq/l, pois este é o período de maior risco de recaídas, (Berghöfer *et al.*, 1996; Vestergaard *et al.*, 1998; Tondo *et al.*, 1998). Se o primeiro episódio de mania for bastante grave, psicótico ou causar importante ruptura na vida do paciente, ou se for seguido de ciclotimia, o tratamento de manutenção deve ser bastante longo, podendo durar 4 anos ou até mais. Uma alternativa ao lítio é o ácido valpróico. A eficácia da carbamazepina em prevenir recaídas não está bem estabelecida (WGBD, 2002).

Em pacientes refratários pode-se usar uma combinação de estabilizadores de humor – usualmente um anticonvulsivante com o lítio; pode-se ainda acrescentar um antipsicótico, e eventualmente até a clozapina.

REFERÊNCIAS BIBLIOGRÁFICAS

Altshuler, L.L., Cohen, L., Szuba, M.P., Burt, V.K., Gitlin, M. e Mintz, J. (1996). Pharmacologic management of psychiatric illness during pregnancy: dilemmas and guidelines. *American Journal of Psychiatry, 153,* 592-606.

Aquilla, R. (2003). Management of weight gain in patients with schizophrenia. *Journal of Clinical Psychiatry, 63* (suppl 4), 33-37.

Ballenger, J.C., Benzodiazepines. En A.F. Schatzberg e C.B. Nemeroff (org.) (1998), *The American Psychiatric Press Textbook of Psychopharmacology*, 2nd ed. Washington: American Psychiatric Press.

Ballenger, J.C. (2001). Overview of different pharmacotherapies for attaining remission in generalized anxiety disorder. *Journal of Clinical Psychiatry,* 62 (suppl.19), 11-19.

Ballenger, J.C., Davidson, J.R., Lecrubier, Y., Nutt, D.J. *et al.* (2001). Consensus statement on generalized anxiety disorder from the International Consensus Group on Depression and Anxiety. *Journal of Clinical Psychiatry, 62 (suppl 11),* 53-58.

Bauer M.S., Callahan A.M., Jampala C., Petty F., Sajatovic M., Schaefer V., Wittlin B., Powell B.J. Clinical practice guidelines for bipolar disorder from the Department of Veterans Affairs. *J. Clin Psychiatry* 1999; 60(1):9-2.

Berghofer A., Kossmann B., Muller-Oerlinghausen B. Course of illness and pattern of recurrences in patients with affective disorders during long-term lithium prophylaxis: a retrospective analysis over 15 years. *Acta Psychiatr Scand* 1996; 3(5):349-54.

Blin O.A. comparative review of new antipsychotics. Can J. Psychiatry 1999; 44:235-244.

Bowden C., Brugger A., Swann A. *et al.* Efficacy of divalproex vs lithium and placebo in the treatment of mania. *JAMA* 1994; 271:918-924.

Bowden C. Predictors of response to divalproex and lithium. *J. Clin Psychiatry* 1995; 56 (3-suppl): 25-30.

Bowden C. Key treatment studies of lithium in manic-depressive illness: efficacy and side effects. *J. Clin Psychiatry* 1998; 59 (6-suppl):13-19.

Buse J.B. Metabolic side effects os antipsychotics: focus on hyperglycemia and diabetes. *J. Clin Psychiatry* 2002; 63 (suppl 4):37-41.

Calabrese J.R., Markovitz P.J., Kimmel S.E., Wagner S.C. Spectrum of efficacy of valproate in 78 rapid-cycling bipolar patients. *J. Clin Psychopharmacol* 1992;12(1 Suppl):53S-56S.

Calabrese J.R., Bowden C., Sachs G. e cols. A double-blind placebo-controlled study of lamotrigine monotherapy in outpatients with bipolar I depression. *J. Clin Psychiatry* 1999; 60:79-88.

Calabrese J.R., Keck P.E., McElroy S.L., Shelton M.D. A pilot study of topiramate as monotherapy in treatment of acute mania. *J. Clin Psychopharmacol* 2001; 21:340-342.

Calabrese J.R., Shelton M.D., Rapport D.J., Kimmel S.E. Bipolar disorders and the effectiveness of novel anticonvulsivants. *J. Clin Psychiatry* 2002; 63 (suppl 3):5-9.

Canadian Clinical Practice Guidelines for the treatment of schizophrenia. The Canadian Psychiatric Association (CPA). *Can J. Psychiatry* 1998; 43 Suppl 2: 25S-40s.

Carpenter W.T. Evidence-based treatment for first-episode schizophrenia? *Am J. Psychiatry* 2001; 158(11):1771-1772.

Crismon M.L., Trivedi M., Pigott T.A. *et al.* The Texas Medication Algorithm Project: report of the Texas Consensus Conference Panel on Medication Treatment of Major Depressive Disorder. *J. Clin Psychiatry* 1999;60(3):142-56.

Davidson R.T., DuPont R.L., Hedges D., Haskins J.T. Efficacy, safety, and tolerability of venlafaxine extended release and buspirone in outpatients with generalized anxiety disorder. *J. Clin Psychiatry* 1999; 528-535.

Davidson J.R. Pharmacotherapy of generalized anxiety disorder. *J. Clin Psychiatry* 2001, 62 (suppl 11): 46-50.

Davidson J.R., Rothbaum B.O., van der Kolk B.A., Sikes C.R., Farfel G.M. Multicenter double-blind comparison of sertraline and placebo in the treatment of post- traumatic stress disorder. *Arch Gen Psychiatry* 2001, 58:485-92.

Davis J.M., Chen N., Glick I.D. A meta-analysis of the efficacy of second-generation antipsychotics. *Arch Gen Psychiatry* 2003; 60:553-564.

DeMontigny C., Cournoyer G., Morisette R. *et al.* Lithium carbonate addition in tricyclic antidepressant-resistant unipolar depression. *J. Affective Disord* 1983; 40:1327-1334.

De Veaugh-Geiss J., Katz R., Landau P. *et al.* Clomipramine Colaborative Study Group: Clomipramine in the treatment of obsessive-compulsive disorder. *Arch Gen Psychiatry* 1991; 48: 730-38.

Fava M., Rosenbaum J.F., McGrath P.J. *et al.* Lithium and tricyclic augmentation of fluoxetine treatment for resistant major depression: a double-blind controlled study. *Am J. Psychiatry* 1994; 151:1372-1374.

Fava M. Weight gain and antidepressants. *J. Clin Psychiatry* 2000: 61(suppl11):37-41.

Fava M., Rankin M. Sexual functioning and SSRIs. *J. Clin Psychiatry* 2002; 63(suppl 5):13-22.

Fava M. Management of nonresponse and intolerance: switching strategies. *J. Clin Psychiatry* 2000; 61 suppl 2:10-12.

Fava M. Augmentation and combination strategies in treatment-resistant depression. *J. Clin Psychiatry* 2001; 62 (suppl 18):4-11.

Feifel D. Rationale and guidelines for the inpatient treatment of acute psychosis. *J. Clin Psychiatry* 2002; 61 (suppl 14): 27-32.

Frank E., Kupfer D.J., Perel J.M. *et al.* Three-year outcomes for maintenance therapies in recurrent depression. *Arch Gen Psychiatry* 1990; 47(12):1093-9.

Glassman, A.H. Cardiovascular effects of antidepressant drugs: updated. *J. Clin Psychiatry* 1998; 59: (suppl.15)13-18.

Freeman T.W., Clothier J.L., Pazzaglia P., *et al.* A double-blind comparison of valproic acid and lithium in the treatment of acute mania. *Am J. Psychiatry* 1992 Jan;149(1):108-11.

Gangulli R. Weigh gain associated with antipsychotic drugs. *J. Clin Psychiatry* 1999; 60 (suppl 21):20-24.

Goldberg J. Treatment guidelines: current and future management of bipolar disorder. *J. Clin Psychiatry,* 2000; 61(suppl.13):12-18.

Goodwin F. & Jamison K. *Manic-Depressive Illness.* New York: Oxford Univesity Press, 1990.

Gorman J.M. Treatment of generalized anxiety disorder. *J. Clin Psychiatry* 2002; 63 (suppl.8): 17-23.

Gorman J.M.Treating generalized anxiety disorder. *J. Clin Psychiatry* 2003;64 Suppl 2:24-9.

Greist J.H., Jefferson J., Koback, K. *et al.* Efficacy and tolerability of serotonin transport inhibitors in OCD: a meta-analysis. *Arch Gen Psych* 1995; 52: 53-0.

Grevet H.E., Cordioli A.V. Depressão maior e distimia – algoritmo. In: Cordioli A.V. *Psicofármacos: consulta rápida.* Porto Alegre: Artes Médicas, 2ª Ed., 2000.

Hollister L.E., Muller-Oerlinghausen B., Rickels K., Shader R.I. Clinical uses of benzodiazepines. *J. Clin Psychopharmacol* 1993;13(6 Suppl 1):1S-169S.

Jefferson J.W. Social phobia: a pharmacologic treatment overview. *J. Clin Psychiatry* 1995; 56 (suppl.5):18-24.

Joffe R.T., Singer W., Levitt A.J., MacDonald C. A placebo controlled comparison of lithium and triiodothyronine augmentation of tricyclic antidepressant in unipolar refractory depression. *Arch Gen Psychiatry* 1993; 50(5):387-93.

Kane, J. Clinical efficacy of clozapine in treatment of refractory schizophrenia. *Brit. J. Psychiatry* 1992; 18(suppl 17): 41-54.

Kane J., Honigfeld G., Singer J. *et al.* Clozapine in the treatment-resistant schizophrenic. A double blind comparison with chlorpromazine. *Arch Gen Psychiatry* 1988; 45:789-796.

Keck P., McElroy S., Strakowski S. Anticonvulsivants and antipsy-chotics in the treatment of bipolar disorder. *J. Clin Psychiatry* 1998; 59 (Suppl 6): 74-81.

Ketter A.T., Wang P.O. Predictors of treatment response in bipolar disorders: evidence from clinical and brain imaging studies. *J. Clin Psychiatry* 2002; 63 (suppl 3):21-25.

Kennedy S.H., Lam R.W., Cohen N.L., Ravindran A.V.; CANMAT Depression Work Group. Clinical guidelines for the treatment of depressive disorders. I.V. Medications and other biological treatments. *Can J. Psychiatry* 2001; 46 Suppl 1:38S-58S.

Lam W.R., Wan D.D.C., Cohen N.L., Kennedy S.H. Combining antidepressants for treatment-resistant depression: a review. *J. Clin Psychiatry* 2002; 63:685-693.

Lakshmi N.Y. The role of novel antipsychotics in bipolar disorders. *J. Clin Psychiatry* 2002; 63 (suppl 3): 10-14.

Landborg P.D., Hegel M.T. Goldstein S. Sertraline treatment of post-traumatic stress disorder: results of 24 weeks of open-label continuation treatment. *J. Clin Psychiatry* 2001, 62:325-331.

Lenox R.H., Manji H.K. Lithium. In: Schatzberg A.F. & Nemeroff, C.B. – *The American Psychiatric Press textbook of psychopharma-cology.* Washington, Am Psychiatric Press, 1995.

Lieberman R.P., Lieberman J.A., Marder S.R. *et al.* Practice guideline for the treatment of patients with schizophrenia. American Psychiatric Association. *Amer J. Psychiatry* 1997, 154(suppl 4):1-63.

Lydiard R.B., Pollack M.H., Judge R. Fluoxetine treatment of panic disorder: a randomized, placebo-controlled, multicenter trial. *Am J. Psychiatry* 1998, 155:1570-1577.

McElroy S.L., Keck P.E. Jr., Pope H.G. Jr., Hudson J.I. Valproate in the treatment of rapid-cycling bipolar disorder. *J. Clin Psychopharmacol* 1988; 8(4):275-9.

Mammen O.K., Perel J.M., Rudolph G. *et al.* Sertraline and nonser-traline levels in three breastfed infants. *J. Clin Psychiatry* 1997; 58(3):100-3.

Marcotte D.Use of topiramate, a new anti-epileptic as a mood stabilizer. *J. Affect Disord* 1998 Sep; 50(2-3):245-51.

Marder S.R., Meibach R.C. Risperidone in the treatment of schizophrenia. *Am. J. Psychiatry* 1994;151: 825-835.

Miller A.L., Chiles J.A., Chiles J.K. *et al.* The Texas Algorithm Project (TMAP) schizophrenia algorithms. *J. Clin Psychiatry* 1999; 60(10): 649-657.

Möller H.J. Effectiveness and safety of benzodiazepines. *J. Clin Psychopharmacology* 1999; 19 (suppl. 2):2s-11s.

Montejo-Gonzales A.I., Lhorca G., Rico-Villademoros F. Incidence of sexual dysfunction associated with antidepressants agents: a prospective study of 1022 outpatients. Spanish Working Group for the Study of Psychotropic-Related sexual Dysfunction. *J. Clin Psychiatry* 2001; 62: Suppl 3:10-21.

Nelson J.C. & Docherty J.P. Algorithms for treatment of unipolar major depression. *Psychopharmacol Bull* 1995; 31:475-482.

Nelson J.C. Managing treatment-resistant depression. *J. Clin Psychiatry* 2003; 64 (suppl 1):5-12.

Nieremberg A.A. Long-term management of chronic depression. *J. Clin Psychiatry* 2001; 62 (suppl 6):17-21.

Pádua A.C., Baroni G.V. Esquizofrenia – algoritmo. In: Cordioli A.V. *Psicofármacos: consulta rápida.* Porto Alegre: Artmed; 2000.pp.273-278.

Picinelli M., Pini S., Bellantuono C. Efficacy of drug treatment in obsessive-compulsive disorder. *Brit J. Psychiatry* 1995; 166: 424-43.

Pollack M.H., Otto M.W., Worthington J.J., Manfro G.G., Wolkow R. Sertraline in the treatment of panic disorder: a flexible dose multicenter trial. *Arch Gen Psychiatry* 1998, 55: 1010-1016.

Post R., Ketter T., Denicoff K. *et al.* The place of anticonvulsivant therapy in bipolar illness. *Psychopharmacol* 1996; 128:115-129.

Quitkin F.M. & Rabkin J.G. Duration of antidepressant drug treat-ment: what is a adequate trial? *Arch Gen Psychiatry* 1984; 41: 238-245.

Reid I.C., Stewart C.A. How antidepressants work: new perspectives on the pathophysiology of depressive disorder. *Brit J. Psychiatry* 2001;178:299-303.

Rickels K., Pollack M.H., Sheehan D.V., Haskins J.T. Efficacy of extended release venlafaxine in nondepressed outpatients with generalized anxiety disorder. *Am J. Psychiatry* 2000, 157:968 -74.

Rickels K. DeMartinis N., Rynn M., Mandos L. Pharmacologic strategies for discontinuing benzodiazepine treatment. *J. Clin Psychopharmacology* 1999; 19 (suppl.2):12s-17s.

Rickels K., Weisman K., Norstad N. *et al.* Buspirone and diazepam in anxiety: a controlled study. *J. Clin Psychiatry* 1982; 43: 81-86.

Rocca P., Fonzo V., Scotta M. Zanalda E., Ravizza L. Paroxetine efficacy in the treatment of generalized anxiety disorder. *Acta Psiq Scand* 1997; 95:444-450.

Rosenheck R., Cramer J., Xu W. *et al.* A comparison of clozapine and haloperidol with hospitalized patients with refractory schizophrenia. *N Engl J Med* 1997; 337:809-815.

Rosenbaum J.F., Pollock R.A., Jordan S.K., Pollack M.H. The pharmacotherapy of panic disorder. *Bull Menninger Clin* 1996;60 (2 Suppl A):54-75.

Roth A., Fonagy P. *What works for whom? A critical review of psychotherapy research.* London: The Guilford Press, 1996.

Rush A.J., Crimson M.L., Topra M.G. *et al.* Consensus guidelines in the treatment of major depressive disorder. *J. Clin Psychiatry* 1998; 59 (suppl.59):73-84.

Sachs G.S. & Guille C. Weight gain associated with the use of psychotropic medications. *J. Clin Psychiatry* 1999: 60(suppl.21):16-19.

Segal Z.V., Whitney D.K., Lam R.W. Clinical guidelines for the treatment of depressive disorders III. Psychotherapy. *Can J. Psychiatry* 2001; 46 (suppl 1):29s-37s.

Schatzberg A. Bipolar Disorder: recent issues in diagnosis and classification. *J. Clin Psychiatry* 1998; 59 (6-suppl): 13-19.

Shansis E.H. Transtorno bipolar do humor: algoritmo. In: Cordioli A.V. *Psicofármacos: consulta rápida.* Porto Alegre: Artmed; 2000. pp. 251-261.

Sheehan D.V. Attaining remission in generalized anxiety disorder: venlafaxine extended release comparative data. *J. Clin Psychiatry* 2001; 62 (suppl.19):26-31.

Small J., Klapper M., Miketein V. *et al.* Carbamazepine compared with lithium in the treatment of mania. *Arch Gen Psychiatry* 1991; 48: 915-921.

Stahl S.M. *Essential psychopharmacology – neuroscientific basis and practical application.* Cambridge University Press, Cambridge, 1997.

Stein M.B., Liebowitz M.R., Lydiard B. *et al.* Paroxetine treatment of generalized social phobia: a randomized controlled trial. *JAMA* 1998; 280: 708-13.

Stimpsom N.A., Agrawal N., Lewis G. Randomized controlled trials investigating pharmacological and psychological intervention for treatment-refractory depression. *Brit J. Psychiatry* 2002; 181:284-294.

Suppes T., Swann A.C., Dennehy E.B. *et al.* Texas Medication Algorithm Project: development and feasibility testing of a treatment algorithm for patients with bipolar disorder. *J. Clin Psychiatry* 2001; 62:439-447.

Suppes T., Dennehy E.B. Swann A.C. *et al.* Report of the Texas Consensus Conference Panel on Medication treatment of bipolar disorder. *J. Clin Psychiatry* 2002; 63(4): 288-2002).

Swann A., Bowden C., Morris D. *et al.* Depression during mania: treatment response to lithium or divalproex. *Arch Gen Psychiatry* 1997; 54: 37-42.

Swann A.C. Major system toxicities and side effects of anticonvulsivants. *J. Clin Psychiatry* 2001; 62 (suppl 14): 16-21.

Tesar G.E., Rosenbaum J.F., Pollack M.H., Otto M.W., Sachs G.S., Herman J.B., Cohen LS, Spier S.A. Double-blind, placebo-controlled comparison of clonazepam and alprazolam for panic disorder. *J. Clin Psychiatry* 1991 Feb;52(2):69-76.

Thase M.E. & Rush A.J. When at first you don't succeed: sequential strategies for antidepressant nonresponders. *J. Clin Psychiatry* 1997; 58 (Suppl13):23-29.

Thase M.E., Fridman E.S., Howland R.H. Management of treatment-resistant depression: psychotherapeutic perspectives. *J. Clin Psychiatry* 2001; 62 (suppl 18):22-29.

Tondo L., Baldessarini R.J., Hennen J., Floris G. Lithium maintenance treatment of depression and mania in bipolar I and bipolar II disorders. *Am J. Psychiatry* 1998;155(5):638-45.

Trivedi M.H., Kleiber B.A. Algoritm for the treatment of chronic depression. *J. Clin Psychiatry* 2001; 62 (suppl 6):22-29.

Vestergaard P., Licht R., Brodersena *et al.* Outcome of lithium prophylaxis follow-up of affective disorder patients assigned to high and low serum lithium levels. *Acta Psychiatr. Scand* 1998; 98: 310-315.

Work Group on Bipolar Disorder (WGBP). Practice guidelines for the treatment of patients with bipolar disorder (revision). *Am J. Psychiatry,* 2002; 159 (suppl):1-39.

Wooley M.A., Simon G.E. Managing depression in medical outpatients. *The N. Eng J. Med* 2000; 343:1942-1949.

Zerjav-Lacombe S., Tabarsi E. Lamotrigine: a review of clinical studies in bipolar disorders. *Can J. Psychiatry* 2001; 46:328-333.

Pré-impressão, impressão e acabamento

grafica@editorasantuario.com.br
www.graficasantuario.com.br
Aparecida-SP